KB236134

블루리본서베이의 사명은

장소, 가격, 음식 종류, 분위기 등을 모두 고려하여

독자 여러분이 원하는 목적에 최대한 가까운 맛집을 선정할 수 있도록

정확한 정보를 제공하는 데 있습니다.

블루리본서베이

전국의 맛집
2025

BLUE RIBBON SURVEY

www.blueR.co.kr

BR미디어

목차

이 책의 사용법

이 책에는 총 3,782개의 맛집이 소개되어 있으며 본문은 지역별로, 부록 찾아보기에서는 음식종류별로 찾을 수 있습니다.

1부는 지난 1년간의 서베이 결과로 평가된 추천 맛집의 리스트입니다. 블루리본 전국편에서는 리본 두 개를 받은 곳이 최고의 맛집입니다.

2부는 맛집 디렉토리로, 지역별로 가나다순으로 배열되어 있습니다.

찾아보기에서 음식종류별로 맛집 상호를 찾은 후 자세한 내용을 2부의 디렉토리에서 찾아볼 수 있습니다.

업소명 외래어는 업소에서 사용하는 표기법을 우선으로 하는 것을 원칙으로 하되 그 외는 표준외래어 표기법에 따랐습니다.

맛집에 관한 간략한 리뷰 본점을 기준으로 한 설명이며 분점은 메뉴나 기타 내용이 달라질 수 있습니다.

메뉴 대표적인 메뉴를 실었습니다.

영업시간 영업 시작하는 시간에서 끝나는 시간. 브레이크 타임 등을 표시하였습니다.
– 정기 휴무일과 공휴일 및 명절연휴 영업 여부를 표시하였습니다.

주소 내비게이션을 이용하여 위치를 찾고자 할 때 사용할 수 있습니다. 단 주소를 이용하여 내비게이션을 이용할 때 오차가 있을 수도 있습니다.

전화 본점을 기준으로 합니다.

영문 업소명 간판에 알파벳으로 표기된 상호는 표준 외래어 표기법에 맞추어서
표기하는 것을 원칙으로 하였으나 업체에서 사용하는 고유 발음이 있는 경우
그에 따랐습니다.

한자 또는 일본어 업소명 간판에 한자나 일어로 업소명을 표기
하고 있는 경우에는 함께 적었습니다

블루리본 Blue Ribbon 嘉香 한정식

NEW

김치, 간장, 된장, 고추장류를 직접 담그며 재료 본연의 맛을
살리는 데 중점을 두고 있기 때문에 자극적이지 않다. 정갈한
한식을 전통 도자기를 사용하면서도 현대화된 상차림으로 서
빙함으로써 한식의 고급화, 현대화에 성공하였다. 코스 외에도
단품으로 즐길 수 있는 메뉴가 다양하게 있으며, 전복찜과 갈
비찜 등이 추친 메뉴. 한식의 세계화에 표준이 될 만한 레스토
랑으로 손꼽히고 있다.

ⓦ 진정식(8만2천원), 선정식(5만3천원), 미정식(3만5천원), 낮정식(2만
2천원), 신선로(1만8천원), 구절판(2만원), 갈비찜(5만원), 고등어조림(2
만원)

🕐 18:00~02:00(익일) – 일요일 휴무

🔍 서울 강남구 대치동 333–11

☎ 02–123–4567 Ⓟ 가능

음식의 종류 국가별로 세부적인 음식 종류를
구분하여 표기하였습니다.

맛집 평가 점수 블루 리본의 개수는 그 맛집에 대한 평가
점수를 나타냅니다.

리본이 없는 곳: 가까운 곳에 있으면 한 번 방문할 만한 곳

리본 한 개 다시 방문하고 싶은 곳

리본 두 개 주위 사람에게 추천하고 싶은 곳

리본 세 개 자신의 분야에서 가장 뛰어난
솜씨를 보이는 곳

NEW 주목할 만한 새 맛집

주차 주차가 가능한지 여부를 나타냅니다.
가능, 불가, 발레 파킹으로 나뉩니다.

〈블루리본 서베이〉에 대하여
우리나라 최초의 맛집 평가서

국제적인 대도시라면 어디나 그 도시를 대표하는 세계적인 맛집 가이드 북이 있습니다.

블루리본서베이는 이러한 가이드 북과 어깨를 나란히 하는 우리나라 최초의, 그리고 최고의

맛집 평가서입니다.

2005년 당시 전문적인 음식 평론에 대한 기반도 취약하고

맛에 대한 평가 기준이 모호한 환경에서 시작한 〈블루리본서베이〉는

지난 20년간 축적된 평가를 바탕으로 대한민국의 객관적인 레스토랑 평가 기준을 만들어 왔습니다.

블루리본서베이는 국내 최초로 다수 의견을 수렴하는 서베이 방식을 채택하여

객관적인 데이터를 수집하고 있습니다.

블루리본 웹사이트를 통해서 이루어지는 서베이에 많은 독자분이 평가에 참여하고 있으며

블루리본서베이는 독자 여러분의 공정한 평가를 바탕으로

우리나라 미식 발전에 공헌할 콘텐츠를 변함없이 제공할 것을 약속드립니다.

자세한 **블루리본서베이** 참여 방법은 www.blueR.co.kr에서 확인하실 수 있습니다.

이 책에 수록된 맛집에 관한 정보는 2024년 3월 1일부터 2025년 2월 28일까지 수집된 자료를 바탕으로 해서 만들어졌습니다. 업장별로 수시로 영업시간 및 휴무일의 조정이 있으므로 반드시 방문하기 전에 영업시간이나 휴무 여부를 꼭 확인하시기 바랍니다. 그 외에 문의하거나 제보하실 사항이 있으면 br@blueR.co.kr로 연락 주시기 바랍니다.

* 본문의 내용 중 가격과 메뉴 등을 비롯한 제반 사항들은 업소 측의 사정에 따라 변동될 수 있습니다.
* 〈블루리본서베이〉는 식당을 평가하거나 취재할 때 사전에 취재 협조 요청을 하지 않으며, 협찬도 받지 않습니다.

1부

2025 블루리본 추천 맛집

리본 세 개를 받은 자기 분야 최고의 맛집

독자 여러분이 뽑은 리본 세 개 맛집은 그 분야 최고의 맛집이라고 불리어도 손색 없는 곳입니다.
올해에는 7년만에 서울을 제외한 지역에서
리본 세 개의 맛집이 두 개 나왔습니다.
영광의 주인공은 부산의 **팔레트**, 청주의 **화이트크리스마스**입니다.

팔레트 palate 프랑스식

네오 비스트로를 표방하는 김재훈 셰프의 컨템포러리 프렌치 레스토랑. 아뮈즈에서 시작해서 애피타이저, 메인 요리까지 고급 식재료를 사용한 아름답고 섬세한 플레이팅의 요리를 즐길 수 있다. 셰프의 요리에 어울리는 박민욱 소믈리에의 와인 페어링을 추천한다. 최근 용호동에서 달맞이고개로 이전하면서 아름다운 바다 뷰를 감상하면서 식사할 수 있게 되었다.

- ⓦ 런치코스(8만8천원), 디너코스(20만원)
- ⏲ 12:00〜15:00/18:00〜22:00(마지막 주문 19:30) – 월, 화요일 휴무
- 🔍 부산 해운대구 달맞이길65번길 154 (중동) 메르씨엘 3층
- ☎ 051-626-2364 ⓟ 가능

화이트크리스마스 White Christmas 프랑스식

충북을 대표하는 클래식 프렌치 레스토랑. 김희겸 셰프가 주방을 맡고 있으며 정통 프렌치 요리를 코스로 즐길 수 있다. 맛은 물론 분위기에 대한 평 모두 좋다. 고풍스러운 인테리어와 앤티크 소품, 기물 등에서 오너의 레스토랑에 대한 애정이 느껴진다. 10세 이하의 어린이는 출입할 수 없으며, 드레스코드는 포멀 슈트, 비즈니스 캐주얼, 스마트 캐주얼이다. 2000년 충주에서 시작하여 2015년에 청주로 옮겨 다시 문을 열었다.

- ⓦ 블루코스(25만원), 그린코스(32만원), 화이트코스(11만원)
- ⏲ 12:00〜15:00/17:30〜22:00(마지막 주문 20:30) – 월요일 휴무
- 🔍 충북 청주시 흥덕구 비하로42번길 2 (비하동)
- ☎ 043-287-1225 ⓟ 가능

리본 두 개를 받은 전국의 맛집

독자가 뽑은, 전국에서 손꼽을 만한 맛집입니다.

한식(일반한식)

궁 한정식/전북특별자치도 전주시 완산구

기와집순두부조안본점 순두부/경기도 남양주시

대원식당 한정식/전라남도 순천시

도반 사찰요리/전라남도 강진군

동래할매파전 파전/부산광역시 동래구

부일식당 산채정식/강원특별자치도 평창군

비오토피아레스토랑 제주음식/제주특별자치도 서귀포시

오조해녀의집 전복죽/제주특별자치도 서귀포시

요석궁1779 한정식/경상북도 경주시

음식디미방 한정식/경상북도 영양군

전라회관 한정식/전북특별자치도 전주시 완산구

전통식당 한정식/전라남도 담양군

주천묵집 묵/강원특별자치도 영월군

지미원 한정식/전북특별자치도 군산시

천황식당 육회비빔밥/경상남도 진주시

청자골종가집 한정식/전라남도 강진군

파인 모던한식/전북특별자치도 전주시 완산구

포도호텔레스토랑 퓨전한식/제주특별자치도 서귀포시

호남각 한정식/전북특별자치도 전주시 덕진구

흥업묵집 묵/강원특별자치도 원주시

한식(가금류)

오케이목장가든 닭구이/전라남도 화순군

우성닭갈비 닭갈비/강원특별자치도 춘천시

원조숯불닭불고기집 닭갈비/강원특별자치도 춘천시

중앙탑초가집 닭볶음탕/충청북도 충주시

지곡산장 닭구이/전라남도 광양시

한식(면류)

고기리막국수 막국수/경기도 용인시 수지구

능라도 평양냉면/경기도 성남시 분당구

동무밥상 평양냉면/경기도 고양시 일산동구

백촌막국수 막국수/강원특별자치도 고성군

부안막국수 막국수/강원특별자치도 춘천시

샘밭막국수 막국수/강원특별자치도 춘천시

서부냉면 평양냉면/경상북도 영주시

영광정메밀국수 막국수/강원특별자치도 양양군

유포리막국수 막국수/강원특별자치도 춘천시

철원막국수 막국수/강원특별자치도 철원군

평양면옥 평양냉면/경기도 성남시 분당구

평양면옥 평양냉면/경기도 의정부시

한식(민물어패류)

강천매운탕 민물매운탕/경기도 여주시

괴산매운탕 민물매운탕/충청북도 괴산군

박쏘가리 민물매운탕/충청북도 단양군

오십년할머니집 민물매운탕/충청북도 괴산군

운두령 송어/강원특별자치도 평창군

원조분원붕어찜 붕어찜/경기도 광주시

원조진남매운탕 민물매운탕/경상북도 문경시

게눈감추듯 게장/충청남도 당진시
경도회관 갯장어/전라남도 여수시
계곡가든 게장/전북특별자치도 군산시
고래명가 고래/울산광역시 남구
국일식당 꼬막/전라남도 보성군
굴향토집 굴/경상남도 통영시
금메달식당 홍어/전라남도 목포시
남경미락 생선회/제주특별자치도 서귀포시
납작식당 오징어/강원특별자치도 평창군
덕인집 홍어/전라남도 목포시
도리포횟집 생선회/전라남도 무안군
독천식당 낙지/전라남도 영암군
동백섬횟집 생선회/부산광역시 해운대구
바다꽃게장 게장/충청남도 태안군
부일식당 졸복/경상남도 통영시
영란횟집 민어/전라남도 목포시
용바위식당 황태/강원특별자치도 인제군
우리식당 멸치/경상남도 남해군
은해갈치 갈치/부산광역시 수영구
이화식당 꽃게/전라남도 진도군
장수꽃게장 게장/충청남도 당진시
정이품 생선회/대구광역시 수성구
진미명가 다금바리/제주특별자치도 서귀포시
춘선네 곰치/강원특별자치도 속초시
화해당 게장/충청남도 태안군

가보정 소갈비/경기도 수원시 팔달구
거대갈비 소갈비/부산광역시 해운대구
고덕갈비 소갈비/충청남도 예산군
고력당 염소고기/전라남도 순천시
광양불고기금목서 소불고기/전라남도 광양시
대광식당 육전/광주광역시 서구
목장원 소고기구이/부산광역시 영도구
백학정 소떡갈비/전북특별자치도 정읍시
삼부자갈비 소갈비/경기도 수원시 영통구
소복갈비 소갈비/충청남도 예산군
신식당 소떡갈비/전라남도 담양군
양지말화로구이 삼겹살/강원특별자치도 홍천군
언양기와집불고기 소불고기/울산광역시 울주군
언양불고기부산집 소불고기/부산광역시 수영구
연리지가든 돼지고기구이/제주특별자치도 제주시
영남돼지 소고기구이/부산광역시 해운대구
영남식육식당 소고기구이/부산광역시 수영구
영암식당 소떡갈비/전라남도 목포시
옛날오막집 양곱창/부산광역시 서구
완주옥 소떡갈비/전북특별자치도 군산시
왕거미식당 뭉티기/대구광역시 중구
용평회관 소고기구이/강원특별자치도 평창군
장원식당 뭉티기/대구광역시 중구
청풍떡갈비 소떡갈비/충청북도 제천시
해운대소문난암소갈비집 소갈비/부산광역시 해운대구

한식(탕/국/찌개)

거대곰탕 곰탕/부산광역시 부산진구
목화식당 선지해장국/전라남도 구례군
서동관 곰탕/경기도 고양시 일산서구
설봉돼지국밥 돼지국밥/경상남도 밀양시
옥야식당 선지해장국/경상북도 안동시
왱이콩나물국밥 콩나물국밥/전북특별자치도 전주시 완산구
원조현풍박소선할매집곰탕 곰탕/대구광역시 달성군
유치회관 선지해장국/경기도 수원시 팔달구
이레옥 곰탕/부산광역시 해운대구
철뚝소머리국밥 소머리국밥/강원특별자치도 강릉시
하얀집 곰탕/전라남도 나주시
현대옥남부시장점
　　　콩나물국밥/전북특별자치도 전주시 완산구

중식

남풍 일반중식/부산광역시 해운대구
도림 일반중식/부산광역시 부산진구
임페리얼트레져 광동식중식/인천광역시 중구
차오란 일반중식/부산광역시 해운대구
팔레드신 모던차이니즈/부산광역시 해운대구

일식

동경밥상 일식장어/부산광역시 수영구
메르앤테르 스시/제주특별자치도 서귀포시
사까에 일식/부산광역시 해운대구
스시요헤이 스시/전북특별자치도 전주시 완산구
스시호산 스시/대전광역시 서구
스시호시카이 스시/제주특별자치도 제주시
아오모리 일식/부산광역시 해운대구
여우물 일식오마카세/제주특별자치도 서귀포시

오공공구일일 가이세키/대구광역시 수성구
우동선 일식우동/경기도 이천시
제주이와이 스시/제주특별자치도 제주시
하레마 스시/부산광역시 해운대구

이탈리아식

다안토니오 이탈리아식/경기도 양평군
이재모피자 피자/부산광역시 중구
트웰브키친 이탈리아식/대구광역시 수성구
피오또 이탈리아식/부산광역시 해운대구

프랑스식

랩24바이쿠무다 프랑스식/부산광역시 해운대구
밀리우 프랑스식/제주특별자치도 서귀포시

디저트/베이커리

브리앙 구움과자/부산광역시 동래구
성심당 베이커리/대전광역시 중구
쉐즈롤 케이크/경기도 양평군9

카페/커피/티

모모스커피 커피전문점/부산광역시 금정구
보헤미안박이추커피 커피전문점/강원특별자치도 강릉시
블랙업커피 커피전문점/부산광역시 부산진구
비비비당 전통차전문점/부산광역시 해운대구
커피템플 커피전문점/제주특별자치도 제주시
커피플레이스 커피전문점/경상북도 경주시
톨드어스토리 커피전문점/대전광역시 서구
히떼로스터리강서점 커피전문점/부산광역시 강서구

2부

전국의 맛집 2025

부산광역시

Busan Metropolitan City

18번완당집 만두

완당은 중국식 만두의 일종으로, 물만두와 비슷하다. 아주 얇은 피에 채소와 고기를 잘게 다져 만든 속이 들어가 있다. 진한 멸치 국물 맛이 시원하고 깔끔하다. 완당과 유부초밥, 김초밥 등으로 구성된 완당세트를 추천할 만하다. 작은 방에서 완당을 직접 빚는 모습을 볼 수 있다.

ⓦ 완당, 완당면, 완당우동, 소고기덮밥(각 1만원), 완당세트, 완당정식, 쟁반모밀(각 1만3천원), 김초밥, 김치김밥(각 5천원), 유부초밥(6천원), 냉모밀국수, 비빔모밀(각 9천원), 새우완당면(1만1천원)
ⓒ 10:30～20:00(마지막 주문 19:30) – 연중무휴
ⓠ 부산 중구 비프광장로 31 (남포동3가) 지하 1층
☎ 051-245-0018 ⓟ 불가

1983암돼지갈비 돼지고기구이

저렴한 가격과 푸짐한 양을 자랑하는 40여 년 전통의 돼지갈비 전문점이다. 싱싱한 채소와 과일로 만든 갈비 소스에 절인 돼지갈비의 맛이 일품이다. 물밀면과 돼지갈비를 함께 곁들여 먹으면 더욱 좋다.

ⓦ 암돼지갈비(200g 1만1천원), 생갈비(150g 1만1천원), 서울식불고기(1만2천원), 밀면(7천원), 점심특선(1만3천원)
ⓒ 11:20～22:00(마지막 주문 21:10) – 명절 휴무
ⓠ 부산 동래구 금강로 106 (온천동)
☎ 051-554-2497 ⓟ 가능

1993다이닝 이탈리아식

도우를 직접 만든 피자부터 생면파스타까지 다양한 이탈리안 요리를 맛볼 수 있다. 피자 또는 스테이크를 메인으로 한 세트 메뉴를 추천한다. 쾌적한 공간으로 각종 모임을 즐기기도 좋다.

ⓦ 1993세트(9만9천원), 스테이크세트(7만7천9백원), 피자세트(6만6천9백원), 오리지널치즈피자(2만8천9백원), 소불고기크림파스타(1만8천9백원), 우대꽃갈비스테이크(7만9천9백원)
ⓒ 11:30～21:00(마지막 주문 20:00) – 연중무휴
ⓠ 부산 금정구 금샘로 335 (구서동) 1993다이닝
☎ 051-518-1993 ⓟ 가능

60년전통할매국밥 ✺ 돼지국밥

부산의 유명한 돼지국밥 노포 중 하나. 부산의 돼지국밥은 뽀얀 국물을 내는 곳과 맑은 국물을 내는 곳으로 나뉘는데 이곳은 맑은 돼지국밥을 낸다. 국물이 맑다해서 맛이 가볍지 않다. 수육과 순대 모두 맛이 좋다

ⓦ 돼지국밥, 내장국밥, 따로국밥(각 8천원), 고기국수(7천원), 수육백반(1만원), 수육(소 1만3천원, 중 2만원, 대 3만원)
ⓒ 10:00～19:00 – 일요일, 명절 휴무
ⓠ 부산 동구 중앙대로533번길 4 (범일동)
☎ 051-646-6295 ⓟ 가능

60년전통할매국밥

611우드파이어 ✺ 611 WoodFire 그릴 | 유럽식

우드 파이어로 구운 요리를 코스로 맛볼 수 있는 곳으로, 다양한 지역의 계절 식재료가 입맛을 돋운다. 고급스러운 분위기에서 다양한 구성으로 나오는 코스 요리를 부담 없는 가격에 경험할 수 있다.

ⓦ 디너코스(7만5천원), 런치코스(4만2천원)
ⓒ 12:00～14:45/18:00～22:00(마지막 주문 22:00) | 화요일 18:00～22:00(마지막 주문 20:00) – 일, 월요일 휴무
ⓠ 부산 수영구 황령산로 14-1 (남천동)
☎ 0507-1318-6539 ⓟ 불가(매장 앞 2대)

77돌곱창 곱창전골

국내산 한우 곱창전골을 먹을 수 있는 오래된 노포다. 돌판에 끓여먹는 곱창전골이 대표 메뉴로, 국물 맛이 진하며 얼큰하다. 곱창을 다 먹은 후에는 국물에 사리를 넣어서 먹거나 밥을 볶아 먹을 수 있다.

ⓦ 곱창전골(중 3만원, 대 4만원～5만원), 볶음밥(2천원)
ⓒ 11:00～15:00/16:00～20:00 – 토, 일요일 휴무
ⓠ 부산 사상구 괘감로 98 (감전동)
☎ 051-317-0470 ⓟ 가능

EL16.52 ✺ 카페

부산 오션뷰를 즐길 수 있는 대형 베이커리 카페. 루프탑에는 바닷바람을 막아주는 돔 자리도 구비되어 있다. 시그니처 음료는 치즈크림을 올린 발렌타인. 베이커리는 해산물을 듬뿍 올린 바게트가 인기 있다.

ⓦ 아메리카노(6천원), 카페라테(7천원), 발렌타인(8천원), 오리온더비치(8천원), 크림새우바게트(7천원), 소금빵(4천5백원), 인절미소금빵(5천5백원), 파운드케이크(5천원～5천5백원), 티치즈케이크, 딸기무스케이크(각 7천5백원)
ⓒ 10:00～21:30(마지막 주문 21:00) – 연중무휴
ⓠ 부산 서구 암남공원로 177 (암남동) EL16.52
☎ 051-257-8880 ⓟ 가능

가가와 かがわ 일식돈가스 | 소바

동네 주민들의 단골 맛집으로, 줄서서 먹어야 하는 곳이다. 돈가스, 냉우동, 메밀 등으로 유명하다. 특히 전통 방식으로 만든 쯔유 맛이 일품인 메밀소바가 인기다.

ⓦ 카이젠메밀돈가스세트, 카이젠냉우동돈가스세트, 판메밀돈가스세트(각 1만4천5백원), 카이젠메밀, 카이젠냉우동(각 9천원), 로스가스정식(1만1천5백원)
ⓛ 11:00~17:00(마지막 주문 16:00) – 일, 월요일 휴무
ⓠ 부산 부산진구 중앙번영로 6 (범천동)
☎ 051-634-5303 ⓟ 불가

가마솥생복집 복

30년 넘게 복요리를 전문으로 하는 곳이다. 복 종류는 선택할 수 있으며, 싱싱한 복과 시원한 국물의 복국에는 콩나물과 미나리가 듬뿍 들어 있다. 초고추장에 무친 복껍질무침과 양념게장, 전 등 대여섯 가지가 넘는 반찬도 맛있다.

ⓦ 복지리, 복매운탕(각 밀복 1만7천원, 생밀복 2만3천원, 까치복 1만5천원, 은복 1만3천원, 활참복 4만5천원), 복튀김(소 1만5천원, 중 2만원, 대 2만5천원), 복수육, 복전골(까치복 중 5만원, 대 6만원, 밀복 중 6만원, 대 7만원, 활복 중 15만원, 대 17만원)
ⓛ 09:00~21:00 – 월요일 휴무
ⓠ 부산 기장군 기장읍 차성로 327-2
☎ 051-722-2995 ⓟ 가능

가미 佳味 일식오마카세

고급스러운 분위기의 일식당으로, 오마카세 코스를 선보인다. 조리장이 그날그날 신선한 재료를 사용해 만든 회와 요리를 맛볼 수 있다. 가격대비 만족도가 높은 곳.

ⓦ 코스(9만원)
ⓛ 17:50~21:30 – 일요일 휴무
ⓠ 부산 해운대구 센텀1로 9 (우동) 롯데갤러리움센텀 S동 212호
☎ 051-746-5252 ⓟ 가능

감성양고기 양고기 | 일반한식

숯불에 양갈비와 양등심을 구워 먹는 곳으로, 예약제로만 운영한다. 고기도 적당한 굽기로 직원이 직접 구워주기 때문에 더욱 맛있다. 볶음밥과 해물라면으로 식사를 마무리하는 것을 추천한다.

ⓦ 양갈비, 양등심(각 1만8천원), 모둠채소, 감성볶음밥, 감성해물라면(각 8천원)
ⓛ 17:00~21:00(마지막 주문 20:30) – 일, 월요일 휴무
ⓠ 부산 수영구 황령대로481번길 10-9 (남천동) 1층
☎ 051-900-9292 ⓟ 불가

개금밀면 밀면

가야밀면과 함께 60년의 역사를 자랑하는 곳. 밀가루에 고구마 전분을 섞어서 만든 면발의 쫄깃함이 특징이다. 여름에는 줄을 서야 먹을 수 있다.

ⓦ 물밀면, 비빔밀면(각 중 9천원, 대 1만원), 개금만두(6개 5천원), 고기고명, 회고명추가(각 2천원)
ⓛ 11:00~19:40 – 명절 당일 휴무
ⓠ 부산 부산진구 가야공원로14번길 88-8 (개금동)
☎ 051-892-3466 ⓟ 불가

개미집 해물탕 | 낙지

푸짐한 해물이 들어간 수중전골(해물탕)과 낙지볶음이 인기있다. 낙지와 새우가 들어간 낙새볶음, 곱창이 들어간 낙곱볶음 등이 인기며, 양념은 매운맛과 순한맛 중에 선택할 수 있다.

ⓦ 낙곱새볶음(1만4천원), 낙지볶음, 낙새볶음(각 1만3천원), 수중전골(1만4천원)
ⓛ 11:00~21:00(마지막 주문 20:30) – 연중무휴
ⓠ 부산 중구 중구로30번길 21-1 (신창동2가)
☎ 051-246-3186 ⓟ 불가

개화 開花 일반중식

부평동족발골목에 있는 중식당으로, 옛날 맛을 느낄 수 있다. 가는 면발에 다진 돼지고기 소스를 얹은 유니짜장이 인기 메뉴다. 바삭한 튀김옷의 탕수육과 중국식 냉면도 잘한다.

ⓦ 유니짜장(8천원), 짬뽕(9천원), 삼선간짜장(1만원), 삼선짬뽕(1만1천원), 중국식냉면(1만2천원), 탕수육(2만7천원, 대 3만7천원), 해삼탕밥(4만5천원)
ⓛ 11:00~21:30 – 화요일 휴무
ⓠ 부산 중구 광복로 21-1 (부평동1가)
☎ 051-245-6204 ⓟ 불가

거대갈비 소갈비 | 소고기구이 | 평양냉면

고급스러운 분위기에서 1++등급의 고급 한우를 즐길 수 있는 곳. 양념에 재어 숙성 과정을 거친 양념갈비가 대표 메뉴로, 갈빗살, 안심, 안창살 등 다양한 부위를 선보인다. 기본으로 나오는 곁들이 음식도 전체적으로 맛이 좋으며 평양냉면으로 입가심하면 좋다.

ⓦ 한우양념갈비(200g 7만5천원), 안심(100g 7만9천원), 갈빗살(100g 7만9천원), 등심(100g 7만8천원), 안창살(100g 8만3천원), 물/비빔평양냉면(각 1만1천원)
ⓛ 11:30~15:00/17:00~22:00 – 연중무휴
ⓠ 부산 해운대구 달맞이길 22 (중동)
☎ 051-746-0037 ⓟ 가능

거대곰탕 ✕✕✕ 곰탕 | 소떡갈비 | 평양냉면

한우 전문점으로 유명한 해운대의 거대갈비에서 운영하는 곰탕전문점. 투뿔한우 사골만 사용하여 푹 고아낸 육수로, 기호에 따라 진한곰탕과 맑은곰탕을 선택하여 먹으면 된다. 각 메뉴에 1천원 추가시 진한곰탕으로 변경할 수 있다.

- Ⓦ 진사골곰탕, 진한양곰탕(각 1만6천원), 진한섞어곰탕(1만7천원), 맑은고기곰탕, 맑은양곰탕(각 1만6천원), 한우떡갈비(1만2천원), 평양냉면(1만3천원), 곱빼기 1만6천원)
- ⏰ 11:00~21:00(마지막 주문 20:00) – 연중무휴
- 🔍 부산 부산진구 중앙대로 672 (부전동) 삼정타워
- ☎ 051-809-2223 Ⓟ 가능

거루캥테이블 GAROOKANG TABLE 브런치카페

호주식 브런치를 맛볼 수 있는 곳으로, 시즌마다 메뉴가 조금씩 바뀐다. 크루아상브렉퍼스트를 비롯하여 크랩비스크파스타가 추천 메뉴로, 위에 얹어주는 수란을 깨서 섞어 먹으면 더욱 고소하게 즐길 수 있다.

- Ⓦ 크루아상브랙퍼스트(1만8천원), 어지에그인헬(1만9천원), 크랩비스크파스타(2만1천5백원), 뵈르블랑스테이크(3만3천원), 바질크림스테이크파스타(2만1천5백원), 후무스미트볼로스트베지(2만7천원)
- ⏰ 10:30~15:30/16:30~18:00(마지막 주문 17:15) | 토, 일요일 10:30~20:00(마지막 주문 19:15) – 연중무휴
- 🔍 부산 해운대구 송정구덕포길 64 (송정동) B동
- ☎ 0507-1321-2511 Ⓟ 가능

거북선횟집 ✕✕ 생선회

신선한 자연산 회를 맛볼 수 있는 곳이다. 각종 밑반찬들도 정갈하게 나오며 매운탕도 추천할 만한 맛이다. 직접 담근 고추장에 마늘과 생강 등 여러 가지 양념을 섞어 6개월간 숙성 시킨 초장을 회에 곁들여 먹는다. 상추에 회와 김치를 얹어 함께 먹기도 한다.

- Ⓦ 양식모둠회(소 4만5천원, 중 5만5천원, 대 10만원), 자연산참가자미(소 5만5천원, 중 7만5천원, 대 10만원, 특 12만원), 향어(소 4만원, 중 5만5천원, 대 7만원, 특 9만원), 매운탕(소 3천원, 대 5천원)
- ⏰ 11:00~23:00 – 명절 휴무
- 🔍 부산 해운대구 달맞이길62번길 69 (중동)
- ☎ 051-741-8850 Ⓟ 가능

겐츠베이커리본점 ✕✕ GENTZ BAKERY 식빵

식사 대용으로 먹을 수 있는 빵부터 카늘레 같은 디저트까지 다양한 종류의 베이커리류를 맛볼 수 있다. 쫄깃한 치아바타와 밤식빵이 인기 메뉴다.

- Ⓦ 새우바질페스토치아바타(6천원), 통새우버거(7천원), 시오빵(4천원), 밤식빵(7천원), 올리브치아바타(5천원)
- ⏰ 07:30~21:00 – 연중무휴

🔍 부산 남구 분포로 111 (용호동) 엘지메트로시티
☎ 051-612-2040 Ⓟ 가능

경북산꼼장어 장어

3대째 운영하는 곰장어요리 전문점. 주문과 동시에 불향을 입혀 초벌한 곰장어를 소금 또는 양념구이로 즐길 수 있다. 소금반 양념반 메뉴도 선택 가능하며, 마무리로 볶음밥을 추천. 상차림으로 나오는 방아잎과 깻잎과 함께 쌈으로 즐겨도 좋다.

- Ⓦ 소금반양념반(5만5천원, 대 6만5천원, 특대 7만5천원), 소금구이, 양념구이(각 소 4만5천원, 중 5만5천원, 대 6만5천원, 특대 7만5천원)
- ⏰ 13:00~00:30(익일) | 금, 토, 일요일 11:00~01:30(익일) – 연중무휴
- 🔍 부산 동구 초량로 25 (초량동)
- ☎ 051-441-9292 Ⓟ 불가

경북횟집 ✕✕ 생선회

자연산 회 전문점. 깻잎 또는 상추에 김 한 장을 얹고 밥을 조금 올린 다음, 회와 갓김치를 올려 마늘과 막장을 곁들여 먹는다. 회를 다 먹고 난 후에 끓여주는 생선 매운탕의 얼큰한 맛이 일품이다.

- Ⓦ 회정식(1인 6만원)
- ⏰ 11:00~22:00 – 화요일, 명절 휴무
- 🔍 부산 해운대구 달맞이길62번길 28 (중동)
- ☎ 051-743-5917 Ⓟ 가능

고갈비남마담 생선구이

고갈비만을 전문으로 하는 집으로, 50여 년 역사를 자랑한다. 고등어에 소금 간을 하여 바삭하게 구워내는 맛이 일품인 고갈비는 식사로도, 안주로도 제격이다. 노릇하게 구워낸 달걀말이도 맛이 좋은 편. 현금 계산만 가능하다.

- Ⓦ 고등어갈비(1만8천원), 고등어조림(2만3천원), 달걀말이(1만원)
- ⏰ 15:00~23:00 – 연중무휴
- 🔍 부산 중구 광복로67번길 22 (광복동2가)
- ☎ 051-246-6076 Ⓟ 불가

고기형 ✕✕ 소고기구이 | 돼지고기구이

합리적인 가격에 1++ 한우 구이를 맛볼 수 있는 곳. 1인 화로에 구워 먹는 방식으로 혼자 먹는 사람들도 고기를 즐길 수 있다. 다진 파를 듬뿍 얹어 참기름, 김과 비벼 먹는 파밥도 식사 마무리로 좋다.

- Ⓦ 육식주의세트(400g 12만5천원), 대육식주의세트(600g 18만8천원), 소믈리에세트(400g 15만9천원), 혼술세트(5만9천원), 한우등심(100g 2만9천원), 한우꽃갈빗살(100g 3만8천원), 한우된장찌개(8천원)

⏱ 17:00~02:00(익일)(마지막 주문 00:30) – 연중무휴
🔍 부산 수영구 수영로679번길 22 (광안동)
☎ 0507-1445-9312 Ⓟ 불가

고스락 ✄ 소고기구이

바닷가에 있어 전망 좋은 방갈로로 되어 있다. 식당은 두 채로 되어 있으며, 한 곳에서는 양식을 먹을 수 있고, 다른 곳에서는 고기, 회를 먹을 수 있다. 식당 밖은 공원처럼 꾸며져 있어, 산책하기에도 좋다.

Ⓦ 한우등심구이(1인 150g 4만3천원), 한우안심(150g 4만1천원), 한우떡갈비솥밥정식(1인 2만7천원), 솥밥+한우곰탕(1만9천원), 김치찌개+솥밥, 된장찌개+솥밥(각 7천원)
⏱ 11:30~22:00(마지막 주문 20:30) – 연중무휴
🔍 부산 기장군 장안읍 해맞이로 286
☎ 051-727-0101 Ⓟ 가능

고옥 ✄ 古屋 일식장어

부산 남천동에서 처음으로 나고야식 장어덮밥인 히츠마부시를 선보인 곳. 매일 아침 장어를 직접 잡고 기모야키, 히레야키, 가쓰오부시, 백김치, 푸딩, 아이스크림 등도 직접 만든다. 히츠마부시는 민물장어를 잡자마자 숯불에 구워가며 타래를 바르는 전통 방식, 치야키 방식으로 굽는다. 고온의 숯불에 구워 굽기의 깊이가 있으며 타래, 신선한 장어가 잘 어우러진다.

Ⓦ 히츠마부시(소 2만8천원, 대 4만원), 바닷장어히츠마부시(3만원), 민물장어간구이(8천원), 히레야키(1개 4천원)
⏱ 11:30~15:00(마지막 주문 14:20)/17:00~ 21:00(마지막 주문 20:10) – 월요일 휴무
🔍 부산 수영구 광남로 6 (남천동)
☎ 051-622-1638 Ⓟ 가능

고향연화 일식돈가스 | 퓨전일식

라탄을 사용한 이국적인 인테리어에 기장 연화리의 바다가 한눈에 보이는 곳. 대표 메뉴는 다양한 맛의 돈가스로, 반죽

고향연화

에 부추와 쪽파를 넣은 것이 특징. 전복리조토도 추천 메뉴다.

Ⓦ 전복리조토(2만9백원), 기장쪽파모둠가스(1만3천9백원), 중화로제파스타(1만9천9백원), 연참후토마키(반줄 1만6천원, 한줄 3만2천원), 땡초불모둠가스(1만4천9백원), 멸치갈몬드모둠가스(1만5천5백원), 카레고로케(3pc 4천원), 왕새우튀김(2pc 5천원)
⏱ 11:30~15:00/17:30~20:30(마지막 주문 19:45) | 토, 일요일 11:00~15:30/17:10~20:30(마지막 주문 19:45) – 수요일 휴무
🔍 부산 기장군 기장읍 연화길 33-8
☎ 051-724-9005 Ⓟ 가능

곤국 ✄ gongook 곰탕 | 수육

맑고 깔끔한 국물의 한우 곰탕을 맛볼 수 있는 곰탕 전문점. 곰탕에는 큼지막한 고기가 상당히 들어 있다. 수육이나 스지수육도 부드럽게 삶은 고기 맛이 좋다는 평이다.

Ⓦ 한우곰탕(보통 1만5천원, 특 2만원), 한우맛보기스지수육(1만7천원), 한우스지수육(3만3천원), 한우수육(중 5만2천원, 대 7만원)
⏱ 10:00~15:30(마지막 주문 15:00)/17:00~21:00(마지막 주문 20:00) – 수요일 휴무
🔍 부산 수영구 수영로 506 (광안동)
☎ 0507-1305-0506 Ⓟ 불가

구조방낙지 낙지

소방골목에서 시작된 조방낙지를 하는 곳으로, 중독성 있는 매운맛의 낙지볶음으로 유명하다. 우동이나 라면 사리 등을 추가해 먹으면 더욱 맛있다. 2대에 걸쳐 이어오고 있는 곳이다.

Ⓦ 낙곱새, 낙새, 낙곱, 곱새(각 1만2천원), 낙지(1만1천원), 곱창전골(1만3천원) 연포탕, 산낙지볶음(각 중 5만5천원, 대 6만5천원), 산낙지회(4만원)
⏱ 10:00~21:00(마지막 주문 20:45) – 화요일 휴무
🔍 부산 동래구 명륜로94번길 39 (명륜동)
☎ 051-558-0295 Ⓟ 가능

구포집 ✄ 생선회 | 추어탕

60년 넘게 이어져오는 곳으로, 부산과 영남 지역에서 손꼽히는 추어탕집 중 하나다. 회를 뜨고 남은 광어뼈 국물과 미꾸라지를 삶아 뼈째로 갈아 넣는다. 삶은 배추 우거지로 국물 맛을 더하는 것이 특징. 방아잎이 특유의 향을 더한다.

Ⓦ 추어탕(1만1천원), 복국, 회비빔밥(각 1만5천원), 생선초밥, 파전(각 2만원), 생선회(5만원, 대 7만원)
⏱ 09:00~21:00 – 일요일, 명절 휴무
🔍 부산 중구 보수대로36번길 14-1 (부평동3가)
☎ 051-244-2146 Ⓟ 불가

구포촌국수 🎀 국수

멸치 국수 한 가지만 전문으로 하는 곳. 국수를 주문하면 삶은 면이 나오는데, 양은주전자에 담긴 육수를 취향에 따라 부어 먹는다. 육수는 남해안 멸치를 푹 끓여 만드는 것이 특징. 다진 청양고추를 듬뿍 넣어서 먹는 맛이 일품이다. 구포국수의 원조집이라 할 수 있다.

- Ⓦ 국수(보통 6천원, 곱빼기 7천원, 특대 8천원)
- 🕐 10:30~15:00 | 토, 일요일 10:30~19:00 – 월요일, 명절 휴무
- 🔍 부산 금정구 금샘로 490 (남산동)
- ☎ 051-515-1751 Ⓟ 가능

국제밀면 밀면

부산의 명물인 밀면을 전문으로 하는 곳으로, 푸짐한 밀면을 맛볼 수 있다. 메뉴는 밀면과 비빔밀면 단 두 가지밖에 없다. 부산 현지인이 많이 찾는 곳.

- Ⓦ 물밀면, 비빔밀면(각 9천원, 대 1만원), 사리추가(4천원)
- 🕐 10:00~20:00 | 4월~9월 10:00~21:00 – 연중무휴
- 🔍 부산 연제구 중앙대로1235번길 23-6 (거제동)
- ☎ 051-501-5507 Ⓟ 가능

규우정 🎀 소고기구이

창가 오션뷰 전망이 좋은 소고기 구이 전문점. 기본 찬과 소금, 참기름, 데미글라스 등 세 가지 소스가 나온다. 숙성시킨 고기를 구워 육즙이 가득한 풍미가 좋으며, 데미글라스 소스를 곁들인 오므라이스도 단품 식사로 즐기기 좋다.

- Ⓦ 안심, 등심, 살치살(각 100g 6만2천원), 제비추리(100g 6만2천원), 안창살, 토시살(각 100g 7만8천원), 한상가득모둠(2인 이상, 1인 12만9천원), 오므라이스(2만5천원)
- 🕐 11:00~15:00/17:00~22:00 – 수요일 휴무
- 🔍 부산 해운대구 해운대해변로298번길 24 (중동) 팰레드시즈 2층 2-3호
- ☎ 051-747-9229 Ⓟ 불가

그라치에 Grazie 뇨키 | 파스타 | 이탈리아식

뇨키가 유명한 이탈리안 레스토랑. 버섯 크림소스에 나오는 감자뇨키의 비주얼이 식욕을 자극한다. 통오징어먹물리조토도 추천 메뉴. 식사를 시키면 식전 빵과 함께 착즙사과케일주스가 나온다.

- Ⓦ 감자뇨키(각 1만6천원), 토마토폴로파스타, 잠봉크림리가토니(각 1만7천원), 프로슈토밀크리조토(1만5천원), 통오징어먹물리조토(1만7천원), 리코타치즈샐러드(1만2천원), 채끝스테이크(200g 3만4천원)
- 🕐 11:30~15:00(마지막 주문 14:30)/17:00~21:30 – 비정기적 휴무(인스타그램 공지)
- 🔍 부산 영도구 청학동로 12 (청학동) 1층
- ☎ 070-4150-9999 Ⓟ 가능(청학2동 공영주차장 이용. 1시간 무료)

금랑횟집 🎀 생선회

광안대교를 바라보며 회 한상차림을 즐길 수 있는 곳. 싱싱한 활어회와 함께, 매운탕, 전복찜, 메로스테이크, 모둠해산물, 새우장을 비롯한 곁들이 음식들이 푸짐한 한 상으로 식탁이 가득 찬다.

- Ⓦ 수변한상(1인 6만원), 광안한상(1인 5만원), 바다한상(1인 4만원), 특모둠회(20만원), 모둠회(소 8만원, 중 12만원, 대 16만원)
- 🕐 11:30~22:30(마지막 주문 21:30) – 연중무휴
- 🔍 부산 수영구 광안해변로344번길 17-5 (민락동) 마린리치 6층
- ☎ 051-752-5209 Ⓟ 가능

금랑횟집

금문 🎀 金門 일반중식

화교가 2대째 운영하고 있는 중식당이다. 불 맛이 나는 옛날식 볶음밥을 맛볼 수 있으며 특제소스와 함께 즐길 수 있는 북경오리도 추천메뉴 중 하나다. 인테리어가 깔끔하고 고급스러워 상견례나 가족 모임 장소로도 인기다.

- Ⓦ 북경오리(10만원), 탕수육(3만원), 궈바로우(3만5천원), 삼선간짜장, 삼선고추짬뽕(각 1만1천원), 유산슬밥(2만2천원), 해물볶음밥, 특군만두, 특찐만두(각 1만3천원)
- 🕐 11:30~14:40/17:00~21:30 – 둘째, 넷째 주 월요일, 명절 휴무
- 🔍 부산 동래구 온천장로119번길 57 (온천동)
- ☎ 051-555-4987 Ⓟ 가능

금수복국 🎀 錦繡 복

해운대 일대에서 가장 오래된 복국집. 복국은 부산의 대표적인 속풀이 해장국으로, 맑은 지리복국 한 그릇이면 숙취가 말끔히 사라진다. 얼큰한 복매운탕도 좋지만, 담백한 복어 맛을 제대로 보려면 지리를 권할 만하다. 2층은 다양한 복코스를 즐길 수 있는 공간으로 운영된다.

- Ⓦ 까치복국맑은탕(2만2천원, 특 2만6천원), 까치복국매운탕(2만3천원, 특 2만7천원), 복회무침(3만5천원), 복튀김(2만8천원), 복껍질튀김(2만5천원), 복껍질무침(1만8천원), 복사시미(소 7만

원, 중 10만원, 대 15만원)
- 🕐 1층 금수복국 24시간 영업 | 2층 복요리전문점 11:00~15:00(마지막 주문 13:30)/17:00~22:00(마지막 주문 20:30) – 연중무휴
- 🔍 부산 해운대구 중동1로43번길 23 (중동)
- ☎ 051-742-3600 Ⓟ 가능

금용 ✂ 金龍 중국만두

직접 빚은 옛날식 찐만두를 맛볼 수 있는 곳으로, 화교가 운영한다. 만두는 미리 만들어놓지 않고 그날그날 새로 만들기 때문에 육즙이 살아 있다. 군만두도 인기 메뉴이며 식사로는 만둣국밥을 추천할 만하다. 50년 넘게 만두에만 집중해온 저력을 느낄 수 있다. 군만두는 오전 10시 반 이후부터 먹을 수 있으니 방문 시 참고할 것.
- Ⓦ 물만두, 찐만두, 군만두(각 8천원), 오향장육(2만5천원)
- 🕐 10:30~20:30 – 연중무휴
- 🔍 부산 북구 구포만세길 75 (구포동)
- ☎ 051-332-1261 Ⓟ 불가

금정사계 ✂ 金井四季 카페

베이커리 뮤지엄이라는 콘셉트로 운영되고 있는 곳, 1층에서는 베이커리와 커피, 음료를 주문하고, 2층에서 취식이 가능하다. 숯불수비드닭가슴살빵, 금정돌만주, 베이컨라구빵 등을 맛볼 수 있으며 브루잉 커피와 함께 즐기기 좋다.
- Ⓦ 아메리카노(5천3백원), 카페라테(5천8백원), 금정밀크티(6천8백원), 무화과캄파뉴(4천8백원), 크로크마담(4천3백원), 소금빵(2입 3천8백원), 저염숙성명란바게트(5천5백원), 키미카레소시지(5천8백원), 토마토바질크리스피(5천5백원)
- 🕐 08:30~21:00 – 연중무휴
- 🔍 부산 금정구 금샘로 379 (구서동)
- ☎ 0507-1410-4454 Ⓟ 가능

급행장 ✂ 急行莊 소고기구이

숯불에 구워 먹는 한우의 질이 좋은 곳으로, 70년이 넘는 역사를 자랑한다. 한우모둠을 시키면 차돌박이, 낙엽, 살치살, 갈빗살 등이 나온다. 고소한 한우육회도 추천할 만하며 살얼음을 띄운 냉면으로 식사를 마무리한다.
- Ⓦ 한우생갈비(150g 4만9천원), 스페셜한우모둠(100g 4만1천원), 한우갈빗살(100g 3만6천원), 한우등심(100g 3만6천원), 한우차돌박이(100g 2만5천원), 한우육회(중 150g 2만5천원, 대 180g 3만원), 후식냉면(각 1만원)
- 🕐 11:00~22:00(마지막 주문 20:50) – 연중무휴
- 🔍 부산 부산진구 서면문화로 4 (부전동)
- ☎ 051-809-2100 Ⓟ 가능

기장곰장어 ✂ 곰장어

짚불에 굽는 기장 곰장어구이의 원조. 짚불에서 적당히 구워진 곰장어의 새까맣게 탄 껍질을 벗기면 노릇노릇하게 익은 하얀 속살이 드러나는데, 먹기 좋게 잘라 소금이나 기름장에 찍어 먹는다. 솔잎의 향긋함이 더해지는 생솔잎곰장어와 구수한 맛의 곰장어된장국 등도 맛볼 수 있다.
- Ⓦ 짚불구이, 양념구이, 소금구이(각 3만원), 곰장어매운탕, 곰장어된장국(각 1만5천원)
- 🕐 10:00~22:00(마지막 주문 20:30) – 명절 휴무
- 🔍 부산 기장군 기장읍 기장해안로 70
- ☎ 051-721-2934 Ⓟ 가능

기장끝집 전복죽 | 전복

기장 바닷가에 있는 전복 전문점. 파래전은 반죽으로 나와서 직접 프라이팬에 부쳐 먹으며 소쿠리에 해산물과 해초, 물회를 포함한 여러 가지 반찬이 담겨 나온다. 커다란 압력솥에 담겨 나오는 전복죽 맛이 일품이다.
- Ⓦ 오직전복죽(2인 보통 1만9천원, 특 2만5천원), 전복미역국(1만7천원), 전복구이(3만5천원), 싱싱해산물(2만5천원)
- 🕐 10:00~15:30/16:30~20:00(마지막 주문 19:10) | 토, 일요일 10:00~16:00/17:00~20:30(마지막 주문 19:40) – 연중무휴
- 🔍 부산 기장군 기장읍 기장해안로 895
- ☎ 0507-1491-0272 Ⓟ 가능

기장방우횟집 ✂ 생선회

자연산 회 맛이 일품인 곳. 활어숙성회를 도톰하게 썰어내는 것이 특징이다. 초고추장이나 잘게 다진 고추와 마늘을 곁들인 쌈장에 찍어 먹는 맛이 좋다. 회를 시키면 나오는 매운탕도 맛이 좋기로 유명하다.
- Ⓦ 모둠회(2인 4만원, 3인 6만원, 4인 8만원, 5인 10만원), 백김치(5천원)
- 🕐 15:00~21:30 | 일요일 15:00~20:30 – 월요일, 명절 휴무
- 🔍 부산 금정구 오륜대로 15 (부곡동)
- ☎ 051-581-4346 Ⓟ 불가

기장손칼국수 ✂ 칼국수

멸치 육수에 쑥갓과 부추가 올라가는 경상도식 칼국수를 맛볼 수 있다. 깨와 다진 마늘도 들어가며 담백하면서도 깔끔한 국물 맛이 특징이다. 면은 직접 반죽을 밀어서 만들고 깍두기가 유일한 밑반찬으로 나온다. 소박하면서도 푸짐한 손맛이 느껴진다.
- Ⓦ 손칼국수, 비빔손칼국수, 냉칼국수(각 7천원), 김밥(2천5백원)
- 🕐 09:00~20:00(마지막 주문 19:30) – 명절 휴무
- 🔍 부산 부산진구 서면로 56 (부전동)
- ☎ 051-806-6832 Ⓟ 불가

기장혼국보미역 미역국

아침 식사로 미역국을 맛볼 수 있는 곳. 재래 방식으로 자연 건조한 기장산 미역으로 만든 미역국을 선보인다. 가자미 한 마리가 통째로 들어간 국보미역국이 대표 메뉴. 테이블 인원이 2인 이상일 경우 빈대떡을 서비스로 내준다.

- ⓦ 전복미역국(2만원), 국보미역국(1만5천원), 순살가자미미역국(1만6천원), 소고기미역국(1만7천원), 얼큰소고기미역국(1만7천원), 전복가자미미역국(2만원), 전복황태미역국(2만1천원)
- ⏰ 08:30∼14:50/17:00∼20:30(마지막 주문 19:40) – 연중무휴
- 🔍 부산 기장군 기장읍 공수1길 3
- ☎ 051-723-2332 ⓟ 가능

까밀리아 Camellia 뷔페

호텔 주방장이 선보이는 고급요리를 즉석에서 맛볼 수 있는 오픈 키친과 샤부샤부, 숯불구이, 스시&사시미 코너 등이 마련되어 있다. 커다란 통유리 밖으로 보이는 해운대 바다의 아늑한 수평선과 함께 다양한 요리를 즐길 수 있다.

- ⓦ 아침(어른 5만8천원, 어린이 3만3천원), 점심(어른 9만8천원, 어린이 4만7천원), 저녁(어른 14만원, 어린이 5만7천원)
- ⏰ 06:30∼15:00/18:00∼21:30 | 토, 일요일 06:30∼13:30/14:00∼16:00/17:30∼22:00 – 연중무휴
- 🔍 부산 해운대구 동백로 67 (우동) 부산웨스틴조선호텔 로비층
- ☎ 051-749-7434 ⓟ 가능

깡통골목할매유부전골 어묵

유부보따리가 들어가 있는 부산오뎅으로 유명한 집. 유부에 당면, 양파, 버섯, 고기 등을 넣고 미나리로 묶은 주머니를 어묵 국물에 풀어 먹는 유부보따리를 맛볼 수 있다. 달착지근하면서도 진한 맛이 좋다.

- ⓦ 유부전골(6천원), 냉유뷰(7천원), 냉모밀(8천원), 유부비빔당면(6천원), 유부떡볶이(5천원), 유부보따리우동(6천원)
- ⏰ 10:00∼19:00(마지막 주문 17:50) | 공휴일 10:00∼18:00 – 월요일 휴무, 명절 휴무
- 🔍 부산 중구 부평3길 29 (부평동1가)
- ☎ 051-245-1878 ⓟ 불가

깡통집 돼지고기구이

신선한 국내산 돼지고기 구이를 맛볼 수 있는 곳이다. 두껍게 썰어 나오는 삼겹살과 목살은 육즙이 가득하고 씹는 맛이 좋으며, 껍데기는 숙성을 거쳐 식감이 쫄깃하다. 구수한 된장찌개에 라면사리를 넣은 된장라면도 별미.

- ⓦ 생깍둑썰기삼겹살(130g 1만원), 생목살(130g 1만원), 생돼지껍데기(150g 7천원), 돌솥밥(2인 이상, 1인 3천원), 김치찌개(8천원), 된장라면(5천원)
- ⏰ 17:00∼23:00 – 일요일 휴무
- 🔍 부산 남구 수영로346번길 17 (대연동)
- ☎ 051-990-4360 ⓟ 불가

꺼먹동네 붕장어 | 생선회

싱싱하고 맛있는 붕장어회를 저렴한 가격으로 즐길 수 있는 음식점으로, 50년이 넘는 전통 있는 집이다. 싱싱한 붕장어회에 양배추와 콩가루를 버무린 샐러드를 같이 싸 먹으면 좋다. 매콤달콤한 소스를 발라 구운 붕장어구이도 별미.

- ⓦ 붕장어회, 장어구이(각 5만원), 모둠회(소 6만원, 중 8만원, 대 10만원), 마리고기(시가), 우럭구이, 장어매운탕(각 3만원)
- ⏰ 09:00∼20:30(마지막 주문 19:30) – 둘째 주 월요일, 명절 휴무
- 🔍 부산 기장군 일광면 문오성길 509
- ☎ 051-727-1427 ⓟ 가능

꽃가람 곱창전골 | 주꾸미

주꾸미곱창철판볶음이 유명한 곳. 통통한 주꾸미와 두툼한 한우곱창이 양념과 잘 어울린다. 잘 볶아진 주꾸미 한 점과 곱창을 깻잎에 싸서 먹는 맛이 일품이다. 취향에 따라 콩나물이나 땡초를 넣기도 한다. 마지막에는 밥을 볶아 먹는다.

- ⓦ 주꾸미곱창철판볶음(2인 3만2천원, 3인 4만5천원, 4인 5만7천원), 중앙곱도리탕(2인 3만3천원, 3∼4인 5만원), 한우곱창전골(2인 3만5천원, 3인 4만5천원, 4인 5만7천원), 묵은지와차돌박이(120g 1만원), 묵은지와삼겹살(100g 9천원), 점심불고기정식, 점심주꾸미정식(2인 1만8천원)
- ⏰ 11:00∼15:00/17:00∼21:00 – 연중무휴
- 🔍 부산광역시 중구 비프광장로 3 (부평동2가) 1층
- ☎ 051-466-4600 ⓟ 가능

나가하마만게츠 長浜滿越 라멘

돼지뼈 육수를 사용하는 후쿠오카의 하카타라멘을 전문으로 한다. 진하고 기름진 국물이 일품이며, 면의 익힘 정도를 취향에 맞게 선택할 수 있다. 마늘과 매운 양념을 기호에 맞게 넣을 수 있으며, 일본식 갓김치도 라멘과 잘 어울린다.

- ⓦ 나가하마라멘(1만원), 야키라멘(1만2원), 야키교자(8천원), 라멘교자세트(1만7천원), 차슈추가(4천원)
- ⏰ 11:00∼15:30/16:30∼20:30(마지막 주문 20:00) | 토, 일요일 11:00∼20:30(마지막 주문 20:00) – 연중무휴

나가하마만게츠

🔍 부산 해운대구 우동1로 57 (우동) 대영빌딩1층
☎ 051-731-0886 Ⓟ 불가

낙불집송정본점 낙지

낙지 요리 전문점. 매콤하게 양념한 낙지와 보쌈을 함께 내어주는 눈꽃낙지보쌈한상이 인기 있는 메뉴다. 쌈무, 깻잎, 김, 콩나물 등 매콤한 양념과 잘 어울리는 밑반찬과 함께 먹으면 좋다. 부산 송정 바다를 바라보며 식사할 수 있다.

Ⓦ 눈꽃낙지한상(1만4천9백원), 눈꽃낙불한상(1만6천5백원), 눈꽃낙지보쌈한상(2만2천5백원), 별미치즈감자전(1만8천9백원), 낙꼼한상(1만7천5백원), 부산식낙지새우파전(1만9천9백원), 참치마요주먹밥(5천원)
🕐 11:30~15:00/17:30~20:50 – 연중무휴
🔍 부산 해운대구 송정광어골로 67 (송정동)
☎ 051-702-6555 Ⓟ 가능(협소)

남천낙지 곱창전골 | 해물탕 | 낙지

낙지 요리 전문점으로, 푸짐하고 신선한 재료로 끓인 낙곱새가 인기다. 국물을 자작하게 졸여 밥그릇에 덜어서 먹으면 된다.

Ⓦ 낙지, 낙새, 낙곱새(각 1만원), 산낙지볶음, 버섯전골(각 1인 2만원), 곱창전골(1인 1만3천원), 연포탕(소 4만2천원, 대 6만원)
🕐 10:00~20:00 – 일요일, 공휴일, 명절 휴무
🔍 부산 수영구 남천동로9번길 31 (남천동) 1층
☎ 051-626-2017 Ⓟ 불가

남포설렁탕 설렁탕

가성비 좋기로 알려진 설렁탕 전문점. 설렁탕 외에 양지탕, 곰탕 등의 메뉴도 인기가 좋다. 노포로 유명한 서울깍두기 바로 앞에 있어 화제가 된 곳이다.

Ⓦ 설렁탕, 맑은양지탕(각 1만원), 갈비탕(1만4천원), 도가니탕(1만5천원), 갈비찜(중 4만5천원, 대 5만5천원), 남포양지수육(3만5천원), 모둠수육, 도가니수육(각 4만원)
🕐 24시간 영업 – 연중무휴
🔍 부산 중구 구덕로34번길 5 (남포동2가)
☎ 051-255-2263 Ⓟ 불가

남포수제비 수제비

오랜 전통의 수제빗집. 반죽이 잘 된 적당한 두께의 수제비가 인기 메뉴다. 수제비는 평범한 모양새지만, 진한 국물 맛이 일품이다. 다양한 재료를 넣어 만든 주먹밥을 곁들이는 것도 좋다. 가격대도 낮아서 꾸준히 찾아오는 손님이 많다.

Ⓦ 수제비(7천원), 충무김밥(6천5백원), 비빔국수(7천5백원), 주먹밥(5천원)
🕐 09:30~21:30 – 연중무휴
🔍 부산 중구 광복로49번길 7-1 (창선동1가) 2층
☎ 051-245-6821 Ⓟ 불가

남풍 南風 일반중식

오랜 기간 부산의 고급 중식당을 대표하는 곳. 정통 광동식 중화요리를 한국식으로 재해석해 선보인다. 어자해삼, 광동식송아지갈비요리, 불도장 등은 남풍만의 레시피로 만들어지는 시그니처 메뉴다. 바다가 보이는 전망도 훌륭하다.

Ⓦ 점심코스(12만원), 셰프시그니처코스(17만원), 팔진탕면(4만5천원), 불도장(13만원), 어자해삼송이(13만원)
🕐 12:00~14:00/18:00~21:30(마지막 주문 20:30) | 토, 일요일 12:00~15:00/18:00~ 22:00(마지막 주문 21:00) – 연중무휴
🔍 부산 해운대구 해운대해변로 296 (중동) 파라다이스호텔부산 신관 3층
☎ 051-749-2260 Ⓟ 가능

남항횟집 생선회 | 멸치

대변어항 포구에서 맛볼 수 있는 별미인 멸치회와 멸치쌈밥 전문점. 멸치 머리 쪽을 잡고 손톱으로 훑어내 살을 분리한 후 깨끗한 물에 한 번 헹구고 초장을 곁들여 내는 멸치회가 일품이다. 짚불에 구운 양념곰장어도 별미.

Ⓦ 멸치쌈밥세트, 멸치물회세트(각 2인 이상, 1인 2만2천원), 남항코스(2인 이상, 1인 5만원), 짚불곰장어, 양념곰장어, 방어회, 아나고회, 모둠회(각 2인 이상, 1인 3만원), 해물탕(소 5만원, 대 8만원), 멸치구이(2인 이상, 1인 1만5천원), 멸치회, 멸치물회(각 1만6천원), 멸치쌈밥, 멸치찌개(각 2인 이상, 1인 1만4천원)
🕐 10:30~21:00(마지막 주문 20:00) – 화요일, 명절 휴무
🔍 부산 기장군 기장읍 기장해안로 572
☎ 051-721-2302 Ⓟ 가능

내당 內堂 한정식 | 약선요리

약선요리를 중심으로 한 한정식 전문점. 고풍스러운 한옥으로 된 공간이 운치 있으며 제철 식재료로 만드는 한식의 맛이 수준급이다. 상견례 장소로도 인기가 많다.

Ⓦ 9첩한상(주중점심 5만원), 수코스(주중 8만원), 라코스(13만원), 내당코스(17만원)
🕐 12:00~15:00/17:30~21:30 | 토, 일요일 11:30~13:30/14:00~16:00/17:00~19:00/19:30~21:30 – 연중무휴
🔍 부산 동래구 금강공원로20번길 23 (온천동) 호텔농심 별관 1층
☎ 051-550-2335 Ⓟ 가능

내호냉면 밀면 | 만두

부산 밀면집의 원조로도 알려져 있는 곳. 이틀에 한 번 한우 사골에 마늘과 생강 등을 넣고 7시간 이상 고아서 만드는 육수 맛이 뛰어나다. 함경도 흥남 내호리에서 동춘면옥이란 이름으로 1919년 문을 연 이곳은 한국전쟁 중이던 1952년 피난촌인 부산시 남구 우암동으로 옮겨와 문을 연 후, 70년 가까이 한 자리에서 맛을 이어오고 있다. 동춘면옥을 운영했던 이영순 할머니의 뒤를 이어 현재 4대째 운영 중이다.

ⓦ 냉면(소 1만1천원, 대 1만3천원), 밀면(소 8천원, 대 9천원), 비빔밀면(소 8천5백원, 대 9천5백원), 양념가오리회(1만3천원), 만두(6천원)

ⓒ 10:30~19:00(마지막 주문 18:30) - 연중무휴

ⓠ 부산 남구 우암번영로26번길 17 (우암동)

☎ 051-646-6195 ⓟ 가능

녹산횟집 생선회

신선한 자연산 회를 맛볼 수 있는 곳으로, 도다리와 볼락회를 전문으로 한다. 두툼하게 손질해 씹는 맛이 일품이다. 새우, 낙지 등 신선한 해산물이 곁들여 나오며, 물에 헹군 묵은지에 싸 먹으면 맛있다.

ⓦ 도다리, 뽈락, 열기, 돔(각 소 8만원, 중 12만원, 대 16만원), 회정식(3만원), 물메기탕(2만원), 스페셜물회, 가자미미역국(각 1만8천원), 도다리쑥국(2만5천원), 활매운탕(2만원), 회덮밥(1만2천원)

ⓒ 11:00~14:00/16:30~22:00 | 토, 일요일 11:00~22:00 - 마지막주 일요일 휴무

ⓠ 부산 연제구 월드컵대로99번길 37 (연산동) 연산오피스텔 2층

☎ 051-852-8939 ⓟ 가능(연산동 무인주차장 이용, 4시간 무료)

누아쥬앤모찌꼬 ✄ 베이커리

팥앙금이 든 쫀득한 식감의 모찌꼬를 맛볼 수 있는 베이커리. 토끼 모양의 캐릭터 식빵도 인기 있는 메뉴다. 천연발효종을 사용한 빵을 선보인다.

ⓦ 두바이초콜렛(1만원), 고구마치즈캄파뉴(7천원), 소프트바게트(5천원), 쫄깃식빵(7천원), 모찌꼬(9천원), 치아바타(4천5백원), 100%통밀빵(1만2천원), 카스텔라(1만2천원)

ⓒ 11:00~17:00 - 일, 월요일 휴무

ⓠ 부산 수영구 광안로49번길 25 (광안동)

☎ 010-3594-0553 ⓟ 불가

누오토 Nuoto 이탈리아식 | 파스타

이탈리아와 프랑스에서 경력을 쌓은 셰프가 선보이는 이탈리안 기반의 레스토랑. 1인 셰프가 운영하고 있으며, 부담 없는 가격으로 와인을 페어링 할 수 있다. 8시간 이상 끓여 만든 토마토 소스를 베이스로 한 봉골레토마토파스타가 시그니처.

ⓦ 봉골레토마토파스타(2만8천원), 구운앤다이브(2만4천원), 구운라디치오(2만4천원), 누오토감자뇨키(2만8천원), 캄파나라라구파스타(2만8천원), 딱새우리조토(3만3천원), 타르타르조엘로부숑(2만7천원)

ⓒ 12:00~22:00(마지막 주문 21:00) - 화요일 휴무

ⓠ 부산 수영구 수영로652번길 68-2 (광안동)

☎ 010-8745-7427 ⓟ 불가

늘리 ✄ NEWLY 스테이크 | 와인바

광안리 바다가 보이는 전망 좋은 스테이크 하우스. 알라카르트로 주문할 수 있으며, 세트에는 샐러드, 파스타, 한우 스테이크, 디저트가 코스로 나온다. 저녁때는 와인바로도 이용된다.

ⓦ 1인런치플레터(2만원), 1인프리미엄코스(3만3천원), 1인한우코스(7만5천원), 채끝스테이크(7만5천원), 안심스테이크(8만5천원), 립아이(4만3천원), 봉골레파스타(1만8천원), 비스크파스타(2만1천원), 아마트리치아나(1만6천원)

ⓒ 12:00~15:00/17:00~22:00(마지막 주문 21:00) - 화요일 휴무

ⓠ 부산 수영구 민락수변로 7 (민락동) ok타운 8층

☎ 010-5381-8102 ⓟ 가능(OK타운 주차장 이용, 1시간 무료)

다다우동 우동

진한 국물 맛이 특징인 우동 전문점으로, 40여 년 역사를 자랑한다. 멸치, 가쓰오부시 등을 넣어서 만든 육수의 맛이 일품이다. 새우튀김우동, 냄비우동 등의 다양한 메뉴를 선보이는 것이 특징. 즉석에서 튀겨 내는 새우튀김을 곁들이면 좋다.

ⓦ 다다우동(6천5원), 간장비빔우동, 충무김밥(7천원), 비빔우동, 어묵우동, 냉모밀, 모밀비빔국수(각 8천원), 유부초밥(6천원), 다다치킨(1만5천원), 등심돈가스(1만원)

ⓒ 11:00~15:00/16:00~21:30(마지막 주문 20:30) - 명절 휴무

ⓠ 부산 남구 유엔평화로 7-1 (대연동)

☎ 051-645-7733 ⓟ 가능

다리집 분식 | 떡볶이

떡볶이가 유명한 집으로, 긴 가래떡을 사용하는 것이 특징이다. 떡볶이와 곁들일 만한 오징어튀김과 어묵, 만두 같은 메뉴도 있다. 여고 앞에 있어, 오래 전부터 여고생들이 많이 찾던 맛집이다.

ⓦ 다리집세트(1만8천8백원), 국물어묵세트, 튀김어묵세트(각 1만5천원), 오징어튀김(3개 4천1백원)

ⓒ 11:30~21:00(마지막 주문 20:30) - 화요일 휴무

ⓠ 부산 수영구 남천바다로10번길 70 (남천동)

☎ 051-625-0130 ⓟ 불가(1시간 1천원)

다미복국 ✄ 복

참복, 까치복 등 여러 종류의 복 요리를 부담 없는 가격에 즐길 수 있는 곳. 복국, 복수육, 복전골이 주메뉴다. 복국을 주문하면 다양한 복어 요리가 기본 반찬으로 나온다. 초고추장에 버무려 먹는 복무침과 고소한 복튀김도 맛이 훌륭하다. 복국은 맑은 육수와 얼큰한 육수 중에서 선택할 수 있으며 한상 메뉴를 시키면 복초회, 튀김, 수육, 찜, 복국 등을 골고루 맛볼 수 있다.

다미복국

ⓦ 복국(은복 1만2천원, 밀복 1만6천원, 까치복 1만7천원, 참복 2만원), 복수육, 복전골(각 5만원~6만원), 주인장특선복국(2만5천원), 복튀김(2만원), 복삼불고기(2인 3만5천원), 참복한상(1인 4만원), 참복회코스(1인 8만원)
ⓣ 09:30~15:00/17:00~20:30(마지막 주문 20:00) – 월요일 휴무
ⓠ 부산 영도구 남항로9번길 2 (남항동1가)
☎ 051-417-7383 ⓟ 가능(협소)

다온한정식 ✖ 한정식 | 약선요리

각종 약초를 이용한 약선 한정식을 맛볼 수 있는 곳. 죽부터 회, 구절판, 갈비찜, 초계탕 등 다양한 요리와 함께 대통밥이 나온다. 모두 룸으로 되어 있어 조용하게 식사할 수 있다. 한옥 분위기로 실내를 꾸미고 도자기를 전시하고 있다. 점심특선과 코스, 미리맞이상은 2인 주문시 가격이 상이해지니 문의가 필요하다.

ⓦ 알천상(평일 5만원, 2인시 1인당 6만원), 해오름상(7만원, 2인시 1인당 9만원), 미리맞이상(10만원, 2인시 1인당 13만원), 송아리상(평일점심 2만5천원, 2인시 1인당 3만원), 달오름상(평일 6만원, 2인시 1인 7만5천원), 다온상(4인이상, 1인 15만원)
ⓣ 11:30~15:00/17:30~21:30(마지막 주문 19:30) – 월요일 휴무
ⓠ 부산 해운대구 해운대해변로 154 (우동) 마리나센타
☎ 051-959-0119 ⓟ 가능

다이도코로 台所 일본가정식

일본식 가정식을 맛볼 수 있는 곳. 계란 프라이가 올려진 밥, 메인 메뉴, 8가지 종류의 밑반찬, 디저트가 나온다. 세트 메뉴를 주문하면 우유 푸딩을 디저트로 맛볼 수 있다.

ⓦ 다이도코로세트(1인 1만9천8백원, 2인 3만3천원), 깐풍기세트, 돈가스세트(각 1만3천9백원), 치킨난반세트, 치킨가라아게세트(각 1만4천9백원)
ⓣ 11:00~15:30/17:00~21:00 – 연중무휴
ⓠ 부산 수영구 남천동로108번길 27 (남천동) 2층
☎ 070-8631-8402 ⓟ 불가

달뜨네 생선회 | 고등어

신선한 고등어초회로 유명해진 집. 참치회나 하몽세트도 인기 있다. 주인이 직접 담근 청주도 맛볼 수 있다. 예약제로 운영된다.

ⓦ 고등어초회, 참치회(각 5만원, 7만원, 10만원), 하몽세트(5만원, 10만원), 야성의코스(2인 이상, 1인 10만원), 생새우회(5pcs 3만원)
ⓣ 17:00~22:00 – 화요일 휴무
ⓠ 부산 서구 구덕로118번길 18 (충무동1가) 1층 102호
☎ 051-244-2212 ⓟ 불가

달타이 ✖ Dal Thai 태국식

뿌팟퐁커리와 똠얌꿍이 맛있기로 유명한 태국 음식점이다. 식당 내부도 태국 관련 소품으로 인테리어하여 태국에 온 듯한 기분을 느낄 수 있다.

ⓦ 태국쌀국수(1만5천원), 뿌팟퐁커리(3만2천원), 똠얌꿍(2만3천원), 팟타이(1만5천원), 카오팟꿍(1만3천원), 카오팟느어(1만5천원), 솜땀타이(1만3천원), 뿌님팟퐁커리(3만3천원)
ⓣ 11:30~21:00(마지막 주문 20:00) | 토, 일요일 11:00~21:30(마지막 주문 20:30) – 연중무휴
ⓠ 부산 해운대구 달맞이길 193 (중동)
☎ 0507-1403-1127 ⓟ 가능(2시간 무료)

대관원 ✖ 大觀園 일반중식

화교가 운영하는 중식당이다. 붉은 양념소스를 넣어 비벼 먹는 사천짜장을 맛볼 수 있다. 탕수육, 짜장면, 삼선짬뽕도 많이 찾는 메뉴다. 탕수육은 튀김옷이 얇은 편이다.

ⓦ 짜장면(7천원), 짬뽕, 볶음밥(각 8천원), 사천짜장, 삼선짬뽕(1만원), 탕수육(소 2만원, 중 2만5천원, 대 3만원), 라조기(3만2천원), 코스(A 3만5천원, B 4만5천원, C 5만5천원)
ⓣ 11:00~14:20/16:00~21:30 – 월요일 휴무
ⓠ 부산 동래구 충렬대로137번길 30 (온천동)
☎ 051-554-0334 ⓟ 불가

대길숯불갈비 ✖ 돼지갈비 | 삼겹살

양념갈비뿐만 아니라 돼지생갈비도 맛볼 수 있는 곳이다. 생갈비를 먼저 즐긴 후 양념갈비를 밀면이나 된장 등의 식사와 함께 즐길 것을 추천한다.

ⓦ 돼지양념갈비(200g 1만1천원), 돼지생갈비(150g 1만2천원), 기계밀면(7천원), 된장(2천원)
ⓣ 12:00~15:30/17:00~22:00 – 화요일 휴무
ⓠ 부산 동래구 금강로 150 (온천동)
☎ 051-558-8803 ⓟ 불가

도림 ✖✖✖ 挑林 일반중식

부산의 아름다운 정취와 모던하고 세련된 분위기가 잘 어우러진 중식 레스토랑. 정통 중국식을 고수하는 곳으로, 일품요리는 물론 코스요리도 선보인다. 요리 가짓수를 간소화해 식사 시간을 단축한 비즈니스 코스도 준비되어 있다. 롯데호텔 43층 창밖으로 보이는 전망도 뛰어나다.

- Ⓦ 런치코스(9만9천원~15만5천원), 디너코스(15만5천원~35만원), 비즈니스메뉴(18만원22만원), 셰프추천메뉴(6만원~21만5천원)
- 🕐 12:00~15:00(마지막 주문 14:20)/18:00~21:30(마지막 주문 20:40) – 연중무휴
- 🔍 부산 부산진구 가야대로 772 (부전동) 롯데호텔부산 43층
- ☎ 051-810-6340 Ⓟ 가능

돌고래순두부 ✖ 순두부 | 해물탕 | 낙지

40여 년 전통의 순두붓집. 뚝배기에 끓인 순두부찌개와 밥, 간단한 반찬이 나오는 순두부백반이 대표 메뉴. 보글보글 끓인 순두부를 대접에 밥과 함께 비벼 먹는다. 감칠맛이 훌륭한 낙지볶음도 인기 메뉴.

- Ⓦ 순두부백반, 된장찌개백반(각 8천원), 낙지볶음(1만2천원), 낙새볶음(1만3천원)
- 🕐 07:00~21:00(마지막 주문 20:30) – 명절 휴무
- 🔍 부산 중구 중구로40번길 15 (신창동2가)
- ☎ 051-246-1825 Ⓟ 불가

동경밥상 ✖✖✖ 일식장어 | 일식덮밥

장어 덮밥 전문집으로, 동경식 장어덮밥(우나쥬)과 나고야식 장어덮밥(히츠마부시)을 맛볼 수 있는 것이 특징이다. 히츠마부시는 덮밥을 어느 정도 먹다가 나머지는 오차즈케로 만들어 먹는 것이 특징이다.

- Ⓦ 동경식민물장어덮밥(4만3천원, 특상 5만2천원), 나고야식민물장어덮밥(3만8천원), 민물장어덮밥(2만8천원)
- 🕐 11:30~15:00/17:30~21:00(마지막 주문 20:30) – 연중무휴
- 🔍 부산 수영구 남천바다로 34-6 (남천동) 1층
- ☎ 070-7576-1428 Ⓟ 가능

동남횟집 ✖ 생선회

기장 앞바다를 보며 자연산 회 코스를 즐길 수 있는 곳. 문어, 오징어, 주꾸미, 조개, 생선구이, 전복 등 다양한 밑반찬을 내어 준다. 계절에 따라 생선의 종류는 변동된다.

- Ⓦ 자연산코스(1인 4만원~6만원), 돔+자연산(5만원), 돔(6만원), 새우구이(3만5천원), 생선구이(4만원), 해물모듬(소 5만원, 대 7만원), 도미찜(4만원), 전복회(5만원)
- 🕐 12:30~22:00 – 둘째, 넷째 주 화요일 휴무
- 🔍 부산 기장군 기장읍 공수해안길 15
- ☎ 051-721-4044 Ⓟ 가능

동래할매파전 ✖✖✖ 파전

80여 년에 걸쳐 4대째 이어오는 파전의 대명사인 곳이다. 식사 대용으로도 좋은 두툼한 파전은 해산물의 풍미가 어우러져 깊은 맛을 낸다. 대합, 새우, 굴, 홍합 등을 넣어 유채꽃기름으로 부쳐내는 것이 특징. 파전과 고동찜, 골뱅이무침, 더덕구이 등으로 구성된 한상차림 메뉴도 인기가 많다.

- Ⓦ 동래파전(소 2만8천원, 대 4만원), 동래고동찜(3만원), 약초전병무침(2만5천원), 삼색더덕구이, 골뱅이무침(각 2만3천원), 뚜기상(3인 이상, 1인 4만원), 뚜미상(3인 이상, 1인 3만5천원)
- 🕐 11:30~15:00/17:00~21:00 – 월요일 휴무
- 🔍 부산 동래구 명륜로94번길 43-10 (복천동)
- ☎ 051-552-0792 Ⓟ 가능

동백섬횟집 ✖✖✖ 생선회 | 세꼬시

현지인이 손꼽는 자연산 횟집으로, 회가 싱싱하기로 유명하다. 회코스를 주문하면 모둠회와 함께 여러 가지 해물과 튀김 등이 나온다. 이시가리라고도 하는 줄가자미 회가 유명하다. 초밥용 밥에 생선회를 얹어서 직접 초밥을 만들어 먹기도 한다. 식사로 매운탕과 생선찜이 나온다.

- Ⓦ 점심특선회정식(1인 4만원), 회코스(5만원, 7만원, 8만원, 10만원, 12만원, 15만원), 세꼬시(1인 5만원)
- 🕐 12:00~14:00/16:00~22:00(마지막 주문 20:20) – 연중무휴
- 🔍 부산 해운대구 해운대해변로209번나길 17 (우동)
- ☎ 051-741-3888 Ⓟ 가능

동화반점 ✖ 東華飯店 일반중식

부산에서 유명한 중식당 중 하나. 불 맛을 살린 요리 공력이 상당하다. 식사류에서는 유니짜장과 볶음밥이 특히 인기다. 가격은 다소 높은 편이지만 맛에 대한 만족도가 높다.

- Ⓦ 짜장면(7천원), 간짜장, 짬뽕, 우동(각 8천원), 볶음밥(8천5백원), 유니짜장, 삼선짜장, 삼선볶음밥, 새우볶음밥(각 9천5백원)
- 🕐 11:30~15:00/17:00~21:00 – 화요일 휴무
- 🔍 부산 중구 흑교로75번길 3 (보수동2가)
- ☎ 051-253-6661 Ⓟ 불가

디귿넛 D_nuts 도넛

직접 반죽하고 4가지 단계로 발효하여 도넛을 만드는 곳. 도넛은 당일 생산과 당일 폐기를 원칙으로 한다. 딸기우유, 청포도, 로투스 등 다양한 맛의 도넛을 맛볼 수 있다. 2층에는 먹고 갈 수 있는 좌석도 마련되어 있다.

- Ⓦ 아메리카노(3천원), 마스터셰프캐러멜(2천5백원), 사과농장(3천6백원), 크렘브륄레(3천8백원), 초코둥지(3천2백원), 우유목장카스텔라(3천2백원), 로투스드리즐크림(3천2백원), 독기품은아이스티(3천원)
- 🕐 12:00~23:00 – 월요일 휴무
- 🔍 부산 동래구 충렬대로181번길 62 (명륜동) 1층, 2층
- ☎ 0507-1432-7445 Ⓟ 불가

디아펠리즈 dia feliz 카페 | 브런치카페

화이트 톤의 깔끔한 매장에서 브런치와 커피를 즐길 수 있는 곳. 창문 너머로 보이는 부산 송도의 오션뷰도 감상할 수 있다. 브런치는 오전 10시부터 오후 2시까지만 맛볼 수 있다. 반려동물 동반도 가능하다.

Ⓦ 디아펠리즈브런치(1만3천원), 크림에그베네딕트, 에그인헬(각 1만4천원), 샌드위치(1만3천원), 콥샐러드(1만2천원), 아메리카노(4천5백원), 카페라테, 아포카토(각 5천2백원), 스무디(5천원~5천5백원)
🕐 10:00~24:00(마지막 주문 23:50) | 브런치 10:00~14:00 – 연중무휴
🔍 부산 서구 암남공원로 39 (암남동) 송도 풍림아이원 1층
☎ 0507-1381-1874 Ⓟ 불가

디저트시네마 ✖

Dessert Cinema 디저트전문점 | 크루아상 | 페이스트리

앤티크한 분위기의 베이커리카페. 결이 살아 있는 크루아상 맛이 일품. 진한 밀크티인 시네마우유와 진저우유 등을 곁들이면 더욱 좋다.

Ⓦ 크루아상(4천원), 팽오쇼콜라(4천3백원), 초코크루아상, 소시지페이스트리(각 4천8백원), 퀸아망(5천5백원), 핸드드립커피(5천원), 시네마우유, 진저우유(각 7천원)
🕐 토, 일요일 12:00~16:00(마지막 주문 15:30) – 월~금요일 휴무
🔍 부산 연제구 쌍미천로 32-1 (연산동)
☎ 051-867-5757 Ⓟ 불가

떼떼오네 ✖ TETE O NE 와인바

캐주얼하고 밝은 분위기의 와인 바. 프랑스식 육회인 비프타르타르가 인기 메뉴로, 함께 나오는 바게트에 얹어 먹는다. 주류와 음료는 필수로 주문해야 한다. 런치에는 식사 메뉴로 파스타도 선보인다.

Ⓦ 송어그라브락스&차지키소스(1만8천원), 한우비프타르타르(2만5천원), 능이오리라구파스타(3만원), 부야베스(2만5천원), 시즈널수프(8천원), 전복내장파스타(2만5천원), 문어카르파치오(1

떼떼오네

만5천원), 데미오므라이스(1만6천원)
🕐 15:00~24:00(마지막 주문 23:00) | 토요일 12:00~24:00(마지막 주문 23:00) | 일요일 12:00~18:00(마지막 주문 17:00) – 월, 화요일 휴무
🔍 부산 부산진구 동성로25번길 35 (전포동)
☎ 0507-1399-7911 Ⓟ 불가

뚱보집 ✖ 주꾸미

연탄에 구워 불향이 나는 주꾸미 구이를 맛볼 수 있는 곳이다. 구수한 콩나물밥에 주꾸미 구이를 함께 먹으면 더욱 맛있게 즐길 수 있다.

Ⓦ 주꾸미구이(1만8천원), 보쌈(소 1만8천원, 대 2만3천원), 록빈(2조각 1만원, 4조각 1만8천원), 두부정식(4천원), 콩나물밥(4천원), 장어구이(1만8천원)
🕐 11:30~13:30/14:00~22:40(마지막 주문 21:40) | 토요일 11:30~14:00/14:30~22:40(마지막 주문 21:40) | 일요일 11:30~14:00/14:30~21:40(마지막 주문 20:40) – 네번째 일요일 휴무
🔍 부산 중구 중앙대로29번길 2-11 (중앙동1가)
☎ 051-246-7466 Ⓟ 가능

라꽁띠 ✖ La ConTi 파스타 | 이탈리아식

수준 높은 이탈리아 요리를 즐길 수 있는 곳. 아침마다 매장에서 직접 만드는 파스타 생면을 사용하는 것이 특징이다. 일본의 다양한 식자재를 활용하여 이탈리안 파스타를 모던 재패니즈 스타일로 새해식한 와후파스타도 맛볼 수 있다.

Ⓦ 원통휠치즈생면카르보나라(2만6천원), 참숯에구운삼치올린청사포파스타(2만8천원), 문어폴포와쿠스쿠스(2만3천원), 새우레몬오일생면파스타(2만4천원), 한우채끝스테이크(200g 7만5천원), 이태리남부나폴리정통라구파스타(2만7천원), 명란시소크림파스타(1만8천원), 2인쉐어코스(10만6천원~14만3천원)
🕐 12:00~15:00(마지막 주문 14:30)/17:30~22:00(마지막 주문 20:30) – 화요일 휴무
🔍 부산 해운대구 청사포로 85 (중동)
☎ 051-701-7890 Ⓟ 가능

라라관 辣辣館 사천식중식 | 마라탕

사천식 마라훠궈전골을 맛볼 수 있는 곳. 산초와 고추가 많이 들어가 혀가 얼얼해지는 매운맛이 매력적이다. 마늘참기름장, 흑식초, 땅콩장 등 기호에 맞는 소스를 선택해 곁들이면 좋다. 중국전통 홍등 인테리어가 인상적인 곳.

Ⓦ 양고기마라훠궈전골(3만2천4백원), 소고기마라전골(2만9천5백원), 황도궈바로우(1만9천9백원), 소고기반반탕훠궈(3만3천5백원), 소고기토마토탕전골(2만9천5백원), 1인훠궈세트(2만5천원)
🕐 12:00~15:00/17:00~23:00(마지막 주문 22:00) – 명절, 비정기적 휴무
🔍 부산 부산진구 동천로 47-1 (부전동)
☎ 051-512-8878 Ⓟ 불가

라운지비 LOUNGE B 카페

북항을 마주한 항구뷰 카페로, 주류도 판매한다. 6층에 자리 잡고 있어 언뜻 아래를 내려다보면 모래사장이 보이지 않아 마치 바다 위에 떠 있는 느낌도 든다는 평. 단체석을 포함한 좌석이 넉넉하게 마련되어 있어 여유롭게 즐기기 좋다.

ⓦ 에스프레소(5천5백원), 아메리카노(5천5백원), 카페라테(6천원), 피스타치오크림라테(7천원), 딥스윗아인슈페너, 오라테, 멜티드초콜릿라테(각 7천원), 카이막(7천5백원), 애플시나몬에이드, 해풍쑥라테(각 6천5백원), 옛날팥빙수(1만2천원)
ⓒ 10:00〜22:00(마지막 주문 21:30) | 토, 일요일 10:30〜22:00 (마지막 주문 21:30) – 명절 당일 휴무
ⓠ 부산 영도구 해양로111번길 33 (청학동) 6층
☎ 0507-1358-9984 ⓟ 가능

라이옥 RAEOAK 베트남식

베트남 하노이에 있는 쌀국수 식당 라이옥에서 전수 받은 쌀국수를 재현하고 있는 곳이다. 깔끔한 국물의 소고기 쌀국수를 맛볼 수 있다. 현지 식당의 느낌을 재현한 인테리어도 인상적이다.

ⓦ 후띠우(1만원), 소고기쌀국수, 닭고기쌀국수(각 9천원, 곱빼기 1만원), 고이꾸온(2개 6천원, 4개 1만원), 라이옥밥(8천원), 짜조(6천원), 분짜(1만6천원), 반쎄오(1만3천원), 분보후에(1만1천원)
ⓒ 10:00〜15:00/16:00〜20:30(마지막 주문 20:00) – 월요일 휴무
ⓠ 부산 남구 용소로7번길 76 (대연동)
☎ 0507-1449-8011 ⓟ 불가

라이크댓커피 Like that coffee 커피전문점

아메리카노와 라테만 선보이는 스페셜티커피 전문점. 브루잉 메뉴로는 베이직셀렉션, 미디움셀렉션, 디럭스셀렉션 등 3가지 라인업이 있고 각 카테고리마다 원두의 가격과 퀄리티에 따라 나누어진다.

ⓦ 아메리카노(2천8백원), 카페라테(3천8백원), 크림라테(4천8백원)
ⓒ 10:00〜18:00 | 토요일 12:00〜20:00 – 일요일 휴무

라이크댓커피

라호짬뽕 짬뽕전문점 | 일반중식

진한 고기 육수 맛을 느낄 수 있는 짬뽕을 먹을 수 있는 곳이다. 진한 짬뽕에는 해산물과 돼지고기가 듬뿍 들어 있다. 약간의 해산물과 고기를 춘장과 함께 볶아 계란프라이와 함께 면 위에 올려주는 간짜장도 인기 메뉴. 깐풍새우는 오후 5시 이후부터 주문 가능하다.

ⓦ 라짬뽕, 양주식볶음밥(각 1만원), 호짬뽕(1만1천원), 간짜장(9천원), 등심탕수육(2만5천원), 깐풍새우(2만8천원)
ⓒ 11:30〜15:00/17:00〜21:30(마지막 주문 20:30) – 월요일 휴무
ⓠ 부산 해운대구 마린시티1로 137 (우동)
☎ 051-731-1222 ⓟ 가능

램바란스 일식징기스칸

양 갈비, 양 등심, 양 삼겹 등 부위별 양고기를 코스 요리로 즐길 수 있는 양고기 전문점. 코스 메뉴를 주문하면 식사와 디저트가 포함된 여덟 가지의 요리를 맛볼 수 있다. 북해도식 수프 카레도 식사로 좋다.

ⓦ 램A코스(6만9천원), 램B코스(4만9천원), 생양갈비, 생양등심(각 150g 2만3천원), 생양꼬치(7개 1만8천원), 양부채살(150g 2만2천원), 북해도식수프카레(1만5천원)
ⓒ 17:00〜23:30(마지막 주문 22:30) – 일요일 휴무
ⓠ 부산 사상구 사상로212번길 13 (괘법동)
☎ 070-8824-9595 ⓟ 가능

램지 프랑스식

비스트로 욘트빌 등에서 경력을 쌓은 이규진 셰프의 프렌치 레스토랑. 클래식 프렌치 요리를 이규진 셰프의 재해석을 담아 모던하게 풀어낸다. 런치는 6코스, 디너는 10코스로 구성되어 있다.

ⓦ 런치코스(8만3천원), 시그니처코스(17만9천원)
ⓒ 12:00〜15:00/18:00〜22:00(마지막 주문 21:00) – 월, 화요일 휴무
ⓠ 부산 수영구 광안해변로284번길 38 (민락동) 해링턴타워광안 디오션오피스텔
☎ 010-9406-3135 ⓟ 가능

랩24바이쿠무다
LABXXIV by KUmuda 프랑스식

에드워드권 셰프의 파인 다이닝 프렌치 레스토랑. 탁 트인 송정의 오션뷰를 볼 수 있으며, 고급스러운 분위기에서 섬세한 코스 요리를 즐길 수 있다.

ⓦ 런치코스(7만원〜13만원), 디너코스(12만5천원〜15만5천원)
ⓒ 11:30〜15:00/17:30〜22:00(마지막 주문 20:00) – 월요일 휴무

부산 해운대구 송정광어골로 41 (송정동) 쿠무다명상문화센터 4층
☎ 051–701–1301 ⓟ 가능

레땅 ✕ Restaurant L'étang 프랑스식

프랑스와 일본에서의 경험을 담아 부담 없는 가격으로 프렌치 코스를 선보이는 곳. 제철 식재료를 사용하여 계절마다 코스 구성이 변동된다. 내부는 카운터 테이블 구조로 되어 있으며, 1인 셰프로 운영되기 때문에 예약은 필수. 에스카르고, 토끼고기 등 평소 접하기 힘든 프랑스 요리를 합리적인 가격에 경험할 수 있다.

ⓦ 시즌코스(7만5천원)
🕐 12:00~15:00/18:00~21:00 – 월, 화요일 휴무
🔍 부산 부산진구 성지로 22 (연지동)
☎ 051–807–3636 ⓟ 불가

레망파티쓰리 ✕

lesmains patisserie 카페 | 베이커리

마들렌, 피낭시에 등 정통 프랑스식 구움과자를 전문으로 하는 곳. 초콜릿이 가득 찬 쇼콜라타르트, 밀푀유 등이 인기 메뉴. 딸기밀푀유, 빔마들렌 같은 시즌 메뉴도 있다.

ⓦ 딸기밀푀유(8천원), 프레지에(9천원), 레몬글라마들렌(3천원), 티그레(3천원), 헤이즐넛피낭시에(3천원), 솔티쇼콜라피낭시에(3천3백원), 아메리카노(3천3백원), 카페라테(3천3백원), 웨딩임페리얼(6천원)
🕐 12:00~19:00 – 월요일 휴무
🔍 부산 동래구 온천천로471번가길 38 (안락동)
☎ 010–4140–3723 ⓟ 가능

레스베러 ✕ less, better 디저트전문점

프랑스식 디저트 카페. 유자 크림과 바닐라 코코넛 무스, 코코넛 다쿠아즈로 만들어진 새콤달콤한 시그니처인 냉정과 열정사이를 비롯해 파티시에의 개성이 엿보이는 고급스러운 디저트를 선보인다. 채광이 좋아 따뜻한 느낌을 준다.

ⓦ 아메리카노(4천5백원), 카페라테(5천5백원), 바닐라빈라테(6천원), 냉정과열정사이(8천8백원), 샤를로트(9천원), 체리쇼트케이크(8천원)
🕐 12:00~22:00(마지막 주문 21:00) – 화요일 휴무
🔍 부산 동래구 온천천로471번가길 22–1 (안락동)
☎ 0507–1385–3766 ⓟ 가능 (2만원 이상 구매 시 50분 무료)

레썽스 ✕ L'Essence 프랑스식

프랑스 파리에서 BTS와 함께 코스 요리와 와인 페어링을 선보인 줄리앤 전 셰프의 컨템포러리 프렌치 레스토랑. 광안리 서쪽끝 해변에서 멀지 않은 한적한 골목에 있으며 계절감 있는 식재료를 활용하여 매달 2~3가지 이상 신메뉴들을 꾸준히 선보인다.

ⓦ 런치테이스팅코스(7만5천원), 디너테이스팅코스(15만5천원)
🕐 12:00~14:30/17:30~22:00(마지막 주문 21:00) | 수요일 17:30~23:00(마지막 주문 21:00) – 월, 화요일 휴무
🔍 부산 수영구 광남로22번길 17 (남천동) 3층
☎ 0507–1325–7050 ⓟ 가능

레아파티쓰리 ✕ 디저트전문점 | 케이크

보기에도 예쁜 다양한 케이크와 구움과자를 전문으로 하는 곳. 케이크는 시즌별로 라인업이 달라지며, 겨울에는 딸기프레지에가 인기 있다. 미리 예약하면 홀케이크도 주문 가능하다. 매장이 협소한 관계로, 맞은편 남천카페에서 음료를 주문하면 레아파티쓰리의 디저트를 반입할 수 있다.

ⓦ 레몬마들렌(2천8백원), 소금초코피낭시에(3천원), 딸기프레지에(8천5백원), 피스타치오딸기밀푀유(9천3백원), 마롱(9천원), 사르르레몬(8천6백원), 사브레브레통(2천5백원), 아메리카노(3천5백원)
🕐 12:00~20:00(마지막 주문 19:30) – 월, 화요일 휴무
🔍 부산 수영구 남천동로9번길 10–12 (남천동)
☎ 0507–1382–2163 ⓟ 불가

레플랑시 ✕ LES PLANCHES 프랑스식

이태원에서 오랜 기간 사랑 받았던 비스트로 르 생택스의 주방을 맡았던 프랑크 라마슈 셰프가 부산에 오픈한 프렌치 비스트로. 광안리 바다가 창밖으로 펼쳐지는 뷰를 감상하며 코스나 알라카르트 메뉴로도 맛볼 수 있다. 10층 루프탑은 커피와 와인, 바비큐를 즐길 수 있는 공간이다.

ⓦ 리비에라메뉴(6만5천원), 데규스테이션메뉴(8만9천원), 오늘의수프(9천원), 포치니버섯리조토(2만1천원), 훈제연어샐러드(2만3천원), 라구볼로네제파스타(2만4천원), 등심스테이크(3만8천원)
🕐 09:00~17:30 – 일, 월요일 휴무
🔍 부산 수영구 남천동로108번길 38 (남천동) 9층
☎ 0507–1400–2216 ⓟ 가능

루반도르 ✕

RUBAND'OR PATISSERIE 베이커리 | 케이크

부산에서 유명한 베이커리로, 천연발효종과 유기농 밀가루, 동물성 생크림 등 좋은 재료를 사용한 빵을 지향하는 곳이다. 레몬, 건포도, 감자 등 천연 효모만을 사용해 만든 건강발효빵을 베이스로 다양한 종류의 빵을 선보이고 있다. 미니 케이크 종류도 인기가 많다.

ⓦ 새우감자바게트(5천3백원) 팡도르(6천5백원), 눈내리는크림치즈(3천8백원), 호밀캄파뉴(5천원)
🕐 08:30~22:30 – 비정기적 휴무
🔍 부산 동구 중앙대로 375–1 (수정동)
☎ 051–467–6666 ⓟ 불가

르꽁비브 ✕ le convive 프랑스식

부산에서 유명한 빵집 옵스에서 운영하는 프렌치 레스토랑. 코스 메뉴로만 운영되며 베이커리가 만든 레스토랑답게 요리와 함께 나오는 빵에 대한 평이 좋다. 로맨틱한 분위기를 즐기며 보기 좋게 플레이팅된 요리를 즐길 수 있다.

ⓦ 런치코스(4만5천원, 5만9천원, 7만8천원), 디너코스(5만9천원, 7만3천원, 8만3천원, 12만9천원)
ⓒ 11:45~15:00(마지막 주문 14:00)/17:50~22:00(마지막 주문 20:00) – 연중무휴
ⓠ 부산 해운대구 센텀북대로 60 (재송동) 센텀IS타워
☎ 051–783–3693 ⓟ 가능

르도헤 ✕ Le DORER 모던한식

고급스러운 분위기의 모던한식 바로, 부산 바다를 보며 코스를 즐길 수 있다. 문어, 장어, 방어 등 다양한 제철 해산물을 사용한 요리가 나온다. 섬세하고 세련된 플레이팅의 코스 요리를 즐길 수 있는 곳.

ⓦ 런치코스(12만원), 디너코스(21만원)
ⓒ 12:30~14:30/17:00~22:00 – 화, 수요일 휴무
ⓠ 부산 해운대구 마린시티3로 37 (우동) 213호, 214호
☎ 0507–1438–8522 ⓟ 가능

리버사이드 River Side 이탈리아식 | 파스타

생면 파스타가 인기 있는 이탈리안 레스토랑. 꾸덕한 소스와 부드러운 생면이 어우러지는 파스타를 제공하며, 메[뉴판의 사진을 보며 메뉴를 선택할 수 있어 편리하다. 창문 너머로 푸른 오션뷰를 감상할 수 있는 곳.

ⓦ 관자알리오올리오(1만9천5백원), 전복명란파스타(2만1천5백원), 로제파스타(1만9천5백원), 라구피자(2만1천원), 고르곤졸라(1만9천5백원), 마르게리타(1만9천5백원), 살치살스테이크(4만5천원)
ⓒ 10:30~20:30(마지막 주문 19:30) – 연중무휴
ⓠ 부산 기장군 일광읍 일광로 582–44 1층
☎ 010–2166–8341 ⓟ 가능

리오네 ✕ Rione 파스타

뇨키가 맛있는 캐주얼 이탈리아 레스토랑. 알감자 모양의 뇨키는 트러플의 풍미와 크림소스가 잘 어우러진다. 입구 앞에 있는 자연친화적인 작은 정원이 이목을 끈다.

ⓦ 버섯샐러드(2만7천원), 성게알어란파스타(3만6천원), 알감자뇨키(2만9천원), 트러플드레싱문어샐러드(3만4천원), 트러플생면파스타(3만9천원), 부라타샐러드(2만9천원), 채끝등심스테이크(200g 8만6천원)
ⓒ 12:00~15:00/17:30~22:00(마지막 주문 20:30) – 연중무휴
ⓠ 부산 수영구 구락로 36 (수영동)
☎ 051–753–0202 ⓟ 가능

마가만두 馬家 중국만두 | 일반중식

부산 차이나타운에서 손꼽히는 만두 전문점. 얇은 만두피 안에 소를 꽉 채워 숙성한 뒤 쪄낸다. 고기의 풍미와 생강 향이 좋고 가득한 육즙과 쫄깃한 만두피가 인상적이다.

ⓦ 물만두, 찐만두, 군만두, 볶음밥(각 8천원), 짬뽕밥, 잡채밥(각 8천원), 유산슬(3만5천원), 탕수육(2만6천원), 라조육, 깐풍육, 라조기(각 3만원)
ⓒ 11:00~21:00 – 첫째, 셋째 주 월요일 휴무
ⓠ 부산 동구 대영로243번길 56 (초량동)
☎ 051–468–4059 ⓟ 불가

마당집 ✕ 소고기구이

숯불에 구워 먹는 한우가 인기인 곳. 입구에서 주문 즉시 바로 고기를 썰어내기 때문에 먹기 직전까지 신선한 한우의 맛이 유지된다. 된장찌개와 반찬이 한정식처럼 나온다.

ⓦ 꽃등심(100g 4만원), 안창살, 안거미(각 100g 4만8천원), 육회(150g 3만원), 돌솥한정식(점심 1만8천원, 저녁 2만원), 녹차굴비정식(3만7천원), 간고등어정식(3만원)
ⓒ 08:30~22:00 – 일요일 휴무
ⓠ 부산 부산진구 부전로 69 (부전동)
☎ 051–806–8602 ⓟ 가능

마라도 ✕ 일식

잘 숙성된 회를 푸짐하게 맛볼 수 있는 곳으로 부산의 명물 중의 하나다. 메뉴는 회와 아귀수육, 대게찜 등이 나오는 코스 한 가지뿐이다. 앙장구를 비롯하여 해삼창자(고노와다), 대부분의 메뉴를 무한 리필해주는 점이 장점. 코스 형식이며 예약 필수.

ⓦ 코스(1인 14만원), 1인사시미(3만5천원)
ⓒ 18:00~22:00 | 금, 토요일 17:50~22:00 – 일요일, 명절 휴무
ⓠ 부산 수영구 민락본동로11번길 38 (민락동)
☎ 051–755–1564 ⓟ 가능

마라톤집 ✕ 한식주점 | 빈대떡

60년이 넘는 전통의 선술집으로, 해물부침과 어묵이 대표 메뉴다. 마라톤은 굴과 홍합, 모시조개 등의 해산물이 푸짐히 들어간 해물부침을 말한다. 어묵탕은 무가 들어가 시원하게 달다. 해물채소볶음인 재건 또한 인기 메뉴 중 하나. 양이 푸짐하고 가격도 저렴해 단골손님이 많은 편이다.

ⓦ 해물부침마라톤, 해물채소볶음(각 1만8천원), 일본식전통오뎅(2만5천원), 파전(2만2천원), 해주식빈대떡(1만7천원), 소고기육회(소 2만3천원, 대 2만8천원)
ⓒ 16:00~24:00 – 일요일 휴무
ⓠ 부산 부산진구 가야대로784번길 54 (부전동)
☎ 051–806–5914 ⓟ 불가

마레 Mare 파스타 | 이탈리아식

그리스 산토리니를 연상케 하는 이탈리안 레스토랑으로, 특별한 날, 분위기 낼 만한 날에 찾으면 좋은 곳이다. 다양한 종류의 스테이크, 파스타 등을 맛볼 수 있으며, 와인 소스를 곁들인 스테이크의 맛이 색다르다.

- Ⓦ 토마토해물스파게티(2만5천원), 왕게살크림스파게티, 쇠고기토마토리조토(각 2만6천원), 전복해물리조토(2만8천원), 등심스테이크(7만원), 전복스테이크(7만3천원)
- 🕐 11:00~15:00/16:30~21:00(마지막 주문 20:00) | 토, 일요일 11:00~21:00(마지막 주문 20:00) – 명절 당일 휴무
- 📍 부산 기장군 일광면 일광로 350
- ☎ 051-721-1442 Ⓟ 가능

마산식당 돼지국밥 | 수육

부산을 대표하는 돼지국밥을 전문으로 하는 곳으로, 40여 년의 역사를 자랑한다. 뚝배기에 담긴 돼지국밥에 된장 양념을 얹어 다른 반찬들과 함께 내온다. 새콤한 부추무침을 곁들이면 좋다. 수육백반을 시키면 수육 반 접시와 국밥 국물 그리고 밥이 함께 나온다.

- Ⓦ 수육백반(1만1천원), 삼겹수육, 내장수육(각 소 2만5천원, 대 3만5천원), 돼지국밥, 내상섞어국밥, 내장국밥, 순대국밥, 순대섞어국밥(각 9천원)
- 🕐 24시간 영업 – 명절 휴무
- 📍 부산 부산진구 자유평화로 19 (범전동)
- ☎ 051-631-6906 Ⓟ 가능

마이클어반팜테이블
michael's Urban Farm Table 뉴아메리칸

부산의 제철 식재료를 사용하여 미국식으로 풀어내는 아메리칸 레스토랑. 치킨롤리팝, 문어&감자 등이 추천 메뉴. 복합문화공간 F1963에 위치해 있다. 부산의 시티뷰 야경을 즐길 수 있는 야외 테라스 자리를 적극 추천한다.

- Ⓦ 치킨롤리팝(2만1천원), 물프리트(2만2천원), 번트엔즈(2만1천원), 타코플레터(3만1천원), 클램차우더수프(1만9천원), 라디치오펌킨샐러드(2만1천원), 문어&감자(2만2천원), 양갈비(9만2천원), 존도리(4만2천원), 채끝스테이크(7만1천원)
- 🕐 11:30~14:30/17:00~22:00(마지막 주문 21:00) | 토, 일요일 11:00~22:00(마지막 주문 21:00) – 연중무휴
- 📍 부산 수영구 구락로123번길 20 (망미동) F1963 4층
- ☎ 051-602-8650 Ⓟ 가능

만선참가자미회전문점 생선회

참가자미회를 전문으로 하는 한국식 횟집. 2층 자리는 전부 룸으로 되어 있어 비즈니스 모임이나 프라이빗한 모임에 제격이다. 회를 시키면 가리비, 소라, 문어, 새우를 비롯한 찜 해산물과 명태찜, 새우튀김, 새우초밥 등을 내어준다. 길쭉

하게 잘라 나오는 참가자미회는 고소하고 씹는 맛이 좋다.

- Ⓦ 모둠회(소 9만원, 중 11만원, 대 13만원, 특대 15만원 VIP 18만원), 참가자미회(소 7만원, 중 9만원, 대 11만원, 특대 13만원, VIP 15만원)
- 🕐 11:25~15:00/16:00~22:00(마지막 주문 21:00) – 일요일 휴무
- 📍 부산 북구 금곡대로8번길 19 (덕천동)
- ☎ 0507-1386-8800 Ⓟ 가능

맥퀸즈라운지 McQUEEN'S Lounge 카페

아난티 앳 부산코브 내에 자리한 라운지. 환상적인 오션뷰를 바라보며 디저트와 차를 즐길 수 있는 공간이다. 시그니처 메뉴는 케이크 등의 베이커리와 시그니처 티 컬렉션으로 구성된 애프터눈티세트다.

- Ⓦ 애프터눈티세트(2인 8만원), 홍차, 허브차, 과실차, 녹차, 전통차(각 1만7천원), 에스프레소(1만6천원), 아메리카노(핫 1만6천원, 아이스 1만7천원), 카페라테(핫 1만7천원, 아이스 1만8천원), 칵테일(2만8천원)
- 🕐 10:00~20:00(마지막 주문 19:30) – 연중무휴
- 📍 부산 기장군 기장읍 기장해안로 268-32 아난티 앳 부산 코브 10층
- ☎ 051-509-1371 Ⓟ 가능

머그디저트랩 MUG Dessert LAB 라이브디저트

고급스러운 플레이팅의 라이브 디저트를 맛볼 수 있는 곳이다. 여름에는 복숭아, 가을엔 가을밤 등, 시즌마다 바뀌는 디저트를 선보인다. 인기 메뉴 라즈베리생토노레는 예약 필수.

- Ⓦ 생토노레(1만3천원), 피스타치오파리브레스트(1만2천원), 밀푀유(1만1천원), 플레인마들렌(2천3백원), 거제유자글라세마들렌(2천8백원), 약과피낭시에(2천8백원), 아메리카노(5천원), 카페라테(5천5백원), 솔티드발로나모카(6천5백원)
- 🕐 13:00~19:00(마지막 주문 18:00) – 화요일 휴무
- 📍 부산 해운대구 마린시티2로 38 (우동 해운대아이파크 C2 상가 3층 301호
- ☎ 070-4099-8074 Ⓟ 가능

머그디저트랩

머스트루 ✖ musTrue 유럽식

엘올리브, 라꽁띠 등을 거친 정재용 셰프의 모던 다이닝 레스토랑. 부산의 정서와 양식에 기초한 모던 다이닝을 선보인다. 테이스팅코스와 와인페어링을 하는 것을 추천한다.

- Ⓦ 런치코스(7만원), 디너코스(13만원)
- ⏱ 12:00~21:30 – 월, 화요일, 명절 휴무
- 🔍 부산 해운대구 좌동순환로433번길 29 (중동)
- ☎ 051-747-2369 Ⓟ 가능

먼스커피바 ✖ MONTH COFFEE BAR 커피전문점

컵테이스팅 한국 최초 세계 챔피언 문헌관 바리스타의 첫 번째 오프라인 매장. 두말의 여지가 없다. 커피와 분위기 모두 만족스럽다.

- Ⓦ 에스프레소(5천원), 아메리카노(5천5백원), 카페라테(6천원), 애프리콧라테(6천5백원), 필터커피(6천5백원~1만2천원), 먼스플래터(변동), 트로피칼바질파블로바(8천5백원), 바나나푸딩(6천5백원), 치즈케이크(7천원)
- ⏱ 11:00~19:00 | 토, 일요일 11:00~20:00 – 화요일 휴무
- 🔍 부산 부산진구 동성로87번길 5 (전포동) 1층
- ☎ 0507-1351-1850 Ⓟ 불가

메르데쿠르 Merdecour 카페

스페셜티 커피와 다양한 빵을 맛볼 수 있는 카페. 창문이 넓어 시원한 바다 뷰를 즐길 수 있으며 날이 좋을 때는 루프탑 테라스에 앉아 시간을 보내도 좋다.

- Ⓦ 에스프레소, 아메리카노(각 5천5백원), 에그타르트(3천5백원), 크루아상(4천6백원), 몽블랑(5천7백원), 팡도르(6천원), 소호밀크티(8천5백원), 생자몽에이드, 텐저린에이드(각 7천5백원)
- ⏱ 11:00~21:00(마지막 주문 20:30) | 토, 일요일 11:00~22:00(마지막 주문 21:30) – 연중무휴
- 🔍 부산 기장군 기장읍 기장해안로 871-1
- ☎ 051-724-5145 Ⓟ 가능

메이친 일반중식

시나몬을 넣은 소스에 바삭한 튀김의 탕수육이 유명한 중식당. 짜장면, 짬뽕, 볶음밥 등의 중식 요리를 폭넓게 선보이며, 마늘을 활용해 바삭한 식감을 더한 마늘새우도 추천 메뉴 중 하나. 룸 좌석도 마련되어 있다.

- Ⓦ 짜장면(7천원), 짬뽕(9천원), 탕수육(소 2만원, 중 2만5천원, 대 3만4천원), 매운탕수육(소 2만1천원, 중 2만6천원, 대 3만5천원), 삼선백짬뽕(1만2천원), 매운짜장면(9천원), 새우볶음밥, 게살볶음밥(각 1만원)
- ⏱ 11:30~15:00/16:00~22:00(마지막 주문 21:00) | 토, 일요일 11:30~22:00(마지막 주문 21:00) – 연중무휴
- 🔍 부산 해운대구 마린시티3로 23 (우동) 벽산오렌지프라자 1층
- ☎ 051-731-4540 Ⓟ 가능

메트르아티정 ✖ Maitre Artisan 베이커리

프랑스인 기유 다이망 블랑제가 운영하는 베이커리. 천연효모를 이용한 건강 빵을 선보이며 바게트, 크루아상 외에 퐁당쇼콜라, 피낭시에 등의 디저트도 선보인다. 파리 본토에서 먹는 듯한 빵과 디저트를 만날 수 있는 곳.

- Ⓦ 팽오쇼콜라(4천원), 초코크루아상, 피스타치오크루아상, 소시지크루아상, 크로크아무르, 메밀바게트, 앙버터바게트(각 4천원), 퐁당쇼콜라(3천5백원), 마들렌(1천3백원), 피낭시에(1천7백원)
- ⏱ 09:00~20:00 – 월요일 휴무
- 🔍 부산 수영구 남천동로22번길 21 (남천동)
- ☎ 070-8829-0513 Ⓟ 불가

명가양꼬치 ✖ 양꼬치

향신료를 알맞게 사용하여 양고기의 누린내가 느껴지지 않는 양꼬치를 맛볼 수 있다. 직접 담은 재료로 주방에서 조리해주는 마라탕도 인기 메뉴며, 재료에 따라 가격이 달라진다.

- Ⓦ 양꼬치(10개 1만2천원), 소꼬치(10개 1만2천원), 양갈빗살(10개 1만5천원), 마라룽샤워이(2만5천원), 샹라닭날개(1만8천원), 샹라새우(1만8천원), 매운깐양볶음(1만8천원)
- ⏱ 15:00~24:00 – 연중무휴
- 🔍 부산 기장군 기장읍 차성로322번길 43
- ☎ 0503-5339-1007 Ⓟ 가능

명당만두 ✖ 만두

40여 년간 만두를 만들어 온 곳으로, 옛날식 고기만두가 향수를 자극한다. 두꺼운 철판에 양쪽을 바삭하게 구워내는 군만두 맛이 일품이며, 만두피가 얇고 속이 꽉 차있다. 가게 한쪽에서는 만두를 직접 계속 만들어내고 있다.

- Ⓦ 고기만두, 김치만두(각 10개 6천원), 찐빵(1천원)
- ⏱ 11:00~21:00 – 일요일 휴무
- 🔍 부산 동구 진성로9번길 42 (수정동)
- ☎ 051-469-6326 Ⓟ 불가

모리 ✖ 森 가이세키

해운대 바다뷰를 즐기며 일식 가이세키를 경험할 수 있는 곳으로, 도쿄의 긴자코쥬(銀座小十)에서 수련하고 온 김완규 셰프가 주방을 맡고 있다. 인테리어와 직원의 유카타까지 일본 분위기를 물씬 느낄 수 있다. 신선한 제철 해산물을 활용한 회부터 스이모노, 튀김, 구이, 솥밥 등 다양하게 맛볼 수 있다.

- Ⓦ 코스(21만원)
- ⏱ 19:00~23:00 – 월요일 휴무
- 🔍 부산 해운대구 해운대해변로298번길 24 (중동) 팔레드시즈
- ☎ 0507-1349-9891 Ⓟ 가능(2시간 무료)

모리

모모스커피 ✕✕✕ Momos 커피전문점

부산에서 최고라고 손꼽히는 스페셜티 커피 전문점이자 세계바리스타대회 챔피언의 매장이다. 좋은 재료와 훌륭한 바리스타가 앙상블을 이룬다. 바리스타를 양성하는 학원을 운영할 정도로 바리스타의 수준이 높다. 매장에서 직접 굽는 빵과 케이크 종류도 추천할 만하다. 현대식 건물과 일본식 목조 건물이 어우러져 분위기도 좋다.

ⓦ 아메리카노, 에스프레소(각 6천원), 카페라테, 오늘의핸드드립(각 6천5백원), 모두의정원(7천원), 밀크티(6천5백원), 시즈널주스(7천5백원), 금실딸기케이크(7천8백원), 크루아상플레이트(5천8백원), 크로크무슈(7천원)
ⓒ 08:00~18:00(마지막 주문 17:30) – 명절 당일 휴무
Ⓠ 부산 금정구 오시게로 20 (부곡동)
☎ 051-512-0700 ⓟ 불가

모티 ✕ 위스키바

합리적인 가격에 다양한 위스키를 즐길 수 있는 위스키바. 취향에 맞는 위스키를 추천 받을 수 있으며, 위스키 종류를 바꿀 때는 탄산수로 입가심을 한다. 안주는 별도로 판매하지 않고 간단한 과자만을 준다.

ⓦ 별도 안주 없음. 기본 과자 종류만 제공.
ⓒ 19:00~24:00 | 금, 토요일 18:00~24:00 – 일요일 휴무
Ⓠ 부산 동구 망양로 669 (수정동)
☎ 051-469-8253 ⓟ 불가

목장원 ✕✕✕ 소고기구이 | 소갈비

한우 및 수입육을 맛볼 수 있는 숯불갈비 전문점. 태종대의 절경을 바라보며 식사할 수 있다. 2층 카페 드봄에서는 차 한잔의 여유를 즐길 수 있으며 연회장 및 야외 결혼식장도 함께 있다.

ⓦ 한우등심(100g 4만2천원), 한우양념구이(120g 3만6천원), 한우꽃등심(100g 4만5천원), 양념갈빗살(120g 3만2천원), 꽃갈빗살소금구이(100g 3만5천원), 한우곰탕, 갈비탕(각 1만6천원)

ⓒ 11:30~21:30(마지막 주문 20:30) – 명절 휴무
Ⓠ 부산 영도구 절영로 355 (동삼동)
☎ 051-404-5000 ⓟ 가능

못난이식당 ✕ 멸치 | 갈치

기장에서 유명한 멸치횟집. 새콤한 양념을 곁들인 멸치회무침을 비롯해 두툼한 제주산 갈치로 만드는 갈치구이와 갈치찌개 등을 맛볼 수 있다. 전어젓과 멸치젓 등의 기본 반찬도 하나같이 맛깔스럽다.

ⓦ 멸치회무침(소 2만원, 대 3만원), 갈치회무침(소 3만원, 대 5만원), 갈치구이, 갈치찌개(각 1인 4만3천원, 특대 5만5천원)
ⓒ 10:00~15:00(마지막 주문 14:30) | 토, 일요일 10:00~15:00(마지막 주문 14:30)/17:00~19:00(마지막 주문 18:30) – 화요일 휴무
Ⓠ 부산 기장군 기장읍 차성동로73번길 12
☎ 051-722-2527 ⓟ 불가

무슈뱅상 ✕ MONSIEUR VINCENT 베이커리

밀가루, 소금, 버터, 초콜릿 등 프랑스산 재료를 사용하는 프랑스식 베이커리 카페. 막대기 모양의 바통이 인기 있는 빵으로, 1인당 5개만 구매할 수 있다.

ⓦ 바통(5천1백원), 바게트(4천4백원), 오트아몬드(1만8백원, 1/2 5천4백원), 팽오쇼콜라(4천9백원), 크루아상(4천4백원), 시나몬롤(5천5백원), 올리브(1만8백원, 1/2 5천4백원)
ⓒ 11:00~16:20 – 월, 화요일 휴무
Ⓠ 부산 수영구 광남로48번길 19 (남천동)
☎ 051-625-1125 ⓟ 불가(수영구청 주차장 이용)

무진장횟집 ✕ 붕장어

오래된 아나고(붕장어) 전문점. 물기를 쫙 뺀 고슬고슬한 아나고회를 맛볼 수 있으며, 막장에 찍어 먹으면 일품이다. 아나고회를 주문하면 나오는 얼큰한 매운탕의 맛도 좋다. 바다가 보이는 곳에 자리하고 있어 경치도 좋다.

ⓦ 붕장어회(6만원), 모둠회(소 6만원, 중 9만원, 대 12만원), 도다리, 가자미, 돌돔(각 시가), 매운탕(5천원), 우럭, 광어, 농어(각 6만원), 전복죽(2인 3만원), 마리매운탕(3만원)
ⓒ 11:00~21:00 – 연중무휴
Ⓠ 부산 기장군 기장읍 연화1길 137
☎ 051-721-2956 ⓟ 가능

물꽁식당 ✕ 아귀

60년 넘게 아귀찜만을 만들어 온 아귀 전문점이다. 싱싱한 생아귀만을 사용해 깔끔하면서도 뒷맛이 개운한 찜 요리를 선보이고 있다. 아귀찜에는 경상도 지역에서 먹는 방아잎이 들어가 외지인에게는 맛과 향이 낯설 수 있다.

ⓦ 아귀찜(1인 1만5천원, 소 3만원, 중 5만원, 대 7만원), 아귀수육(소 4만원, 중 5만원, 대 7만원, 특대 7만원), 아귀탕(보통 1만

원, 대 1만5천원)
🕐 10:00~21:00 – 연중무휴
🔍 부산 중구 흑교로59번길 3 (보수동2가)
☎ 051-257-3230 ⓟ 가능

미각반점 ✕ 일반중식

합리적인 가격에 클래식한 중식을 즐길 수 있는 오래된 중
국집이다. 웍에서 순식간에 튀긴 계란프라이를 올려 주는
볶음밥은 밥알 하나하나 기름이 잘 코팅 되어 맛있다.
Ⓦ 짜장면(6천원), 우동, 짬뽕, 울면, 간짜장, 고추짜장(각 7천원),
탕수육(소 2만원, 중 2만5천원, 대 2만8천원)
🕐 전화 문의 – 비정기적 휴무
🔍 부산 금정구 장전로 38 (장전동)
☎ 051-512-6108 ⓟ 불가

미나미 ✕ 屋台村みなみ 해물포차

아늑한 분위기의 오뎅바. 모둠오뎅이 추천 메뉴로, 무, 파,
양파, 당근, 다시마, 말린 다랑어 등이 아낌없이 들어가 시원
한 국물 맛이 느껴진다. 오뎅과 잡채를 넣은 유부, 달걀, 무,
죽순, 곤약 등이 푸짐하게 나온다. 술안주로도 제격.
Ⓦ 모둠오뎅, 야키소바, 명란구이, 일본식달걀말이(각 1만8천
원), 오코노미야키(2만원), 스지+오뎅(2만8천원), 스지탕(3만원),
전복구이(2만9천원)
🕐 17:30~05:00(익일) – 명절 휴무
🔍 부산 해운대구 해운대로594번가길 46 (우동)
☎ 051-746-5645 ⓟ 가능

미담1974 돼지고기구이

샹들리에 조명이 눈에 띄는 모던한 분위기의 고깃집. 메인
메뉴는 삼겹살과 목살로 구성된 미담세트와 특수부위로만
구성된 1974세트가 있다. 최소 단위는 1인분이 아닌 반판세
트가 기본이다. 기본 상차림으로 편육을 제공해 주는 점이
독특하다.
Ⓦ 미담세트(삼겹살+목살)(600g 5만4천원, 900g 8만원), 1974
세트(특수부위)(600g 4만5천원, 900g 6만7천원), 벌집껍데기
(200g 8천원)
🕐 16:00~01:00(익일)(마지막 주문 24:00) | 토, 일요일 12:00~
23:00(마지막 주문 22:00) – 연중무휴
🔍 부산 강서구 명지국제2로28번길 34 (명지동) 에코팰리스
☎ 051-201-1974 ⓟ 가능(3시간 무료)

미미루 ✕ 美味樓 일반중식

부산에서 뜨거운 인기를 끌고 있는 중식당이다. 합리적인
가격에 훌륭한 중국 요리를 즐길 수 있다. 특히 매콤한 향과
재료의 조화가 인상적인 사천라즈지가 대표 메뉴. 모든 식
사메뉴에는 달걀프라이가 올라가는 것이 특징이다.
Ⓦ 짜장면(7천원), 짬뽕(9천원), 사천짜장면(8천원), 중화덮밥(9

천원), 사천라즈지, 유린기, 궁보기정, 멘보샤(각 2만5천원), 탕
수육(중 2만3천원, 대 2만8천원)
🕐 11:30~15:00/17:00~21:30(마지막 주문 20:30) – 연중무휴
🔍 부산 동래구 온천장로 91-1 (온천동)
☎ 051-555-6609 ⓟ 불가

미성하모샤브샤브 味成食堂 갯장어

여름에는 하모(갯장어)요리, 겨울에는 복어요리 딱 두 가지
만 전문으로 하는 곳이다. 하모는 4월부터 여름 한철 동안
만 맛볼 수 있으니 방문 시 참고해야 한다. 3층 건물을 전부
사용하고 있으며 송도 앞바다가 훤히 보이는 경관이 좋다.
Ⓦ 하모회 (소 7만원, 중 9만원, 대 11만원), 하모샤부샤부(소 8만
원, 중 11만원, 대 14만원), 하모어탕(8천원), 매운탕(소 3만원, 대
5만원)
🕐 11:30~15:30/16:30~21:30 – 월요일 휴무
🔍 부산 서구 충무대로 124 (암남동)
☎ 051-244-6143 ⓟ 가능

미소오뎅 ✕ 오뎅바

질 좋은 오뎅을 먹을 수 있는 곳. 오뎅바가 있어 자유롭게
오뎅을 가져다 먹는다. 독특한 메뉴인 스지오뎅탕은 오뎅
국물에 부드러운 스지를 넣어 끓여 나온다. 오뎅은 1인당 기
본 4꼬치 이상 주문해야 한다. 가볍게 술 한잔하기 좋은 곳.
Ⓦ 오뎅(1인 4꼬치 이상, 1개 1천원, 1천8백원), 스지오뎅탕(소 2
만9천원, 대 3만4천원), 타코와사비(6천원), 명란젓갈(7천원), 고
등어육포, 말린조개관자(각 1만8천원)
🕐 18:00~24:00 – 일요일 휴무
🔍 부산 남구 유엔평화로 14 (대연동)
☎ 051-902-2710 ⓟ 불가

미청식당 성게알 | 갈치

앙장구(말똥성게알)밥이 유명한 집. 고소한 참기름과 성게알
이 듬뿍 들어간 앙장구밥이 별미로 통한다. 앙장구밥 외에
도 성게미역국, 갈치구이, 갈치찌개 등의 메뉴도 맛볼 수 있
다. 기본으로 나오는 밑반찬도 푸짐하다.
Ⓦ 앙장구밥(2만원), 가자미찌개, 성게미역국(각 1만5천원), 갈치
구이(2만5천원), 갈치찌개(2만3천원)
🕐 10:00~15:00/17:00~20:00(마지막 주문 19:40) | 토, 일요일
10:00~20:00(마지막 주문 19:40) – 두 번째, 네 번째 수요일 휴
무
🔍 부산 기장군 일광면 기장해안로 1303
☎ 051-721-7050 ⓟ 가능

미포집 해물장 | 솥밥 | 해물

해물장과 솥밥 전문점. 미녀해물장정식이 대표 메뉴며, 전복
솥밥도 인기가 좋다. 해물장정식을 시키면 꽃게, 연어, 전복,
새우, 가리비, 소라 등 간장 양념이 잘 배어 있는 해산물장

이 푸짐하게 나온다. 웨이팅이 있는 날이 많으니 참고할 것.
- ⓦ 미녀해물장정식(3만8천원), 가리비솥밥(2만3천원), 전복솥밥.
문어솥밥, 갈비솥밥(각 1만9천원), 모둠해물장(2만5천원)
- ⓣ 11:00∼15:00/17:00∼21:00(마지막 주문 20:00) – 연중무휴
- ⓠ 부산 해운대구 달맞이길62번길 3 (중동)
- ☎ 051-747-2203 ⓟ 불가

미포할매복국 복

40여 년의 전통을 자랑하는 오래된 복국집이다. 부산의 대
표적인 해장음식인 복국을 선보이며 은복, 까치복, 밀복, 참
복 등 종류에 따라 선택할 수 있다. 복불고기, 복튀김 등의
요리가 함께 나오는 코스도 추천할 만하다.
- ⓦ 복국(1만4천원∼3만5천원), 복수육, 복찜(각 소 7만원∼15만
원, 대 9만원∼20만원), 복불고기(2인 이상, 1인 2만원), 복튀김
(소 2만원, 대 4만원)
- ⓣ 07:00∼21:30(마지막 주문 20:50) – 명절 휴무
- ⓠ 부산 해운대구 달맞이길62번길 27-1 (중동)
- ☎ 051-741-4114 ⓟ 불가

밀레니엄횟집 생선회

광안대교의 야경을 바라보며 신선한 회를 즐길 수 있는 곳.
국내산 생선만을 사용하며 광어, 우럭, 농어, 세꼬시 등이 나
오는 모둠회가 대표 메뉴다. 자연산 회를 맛보고 싶다면 자
연산 코스도 추천할 만하다.
- ⓦ A코스(4만원), 특A코스(5만원), 밀레니엄(7만원)
- ⓣ 11:00∼23:00(마지막 주문 22:00) – 연중무휴
- ⓠ 부산 수영구 민락수변로 103 (민락동) 밀레니엄프라자
- ☎ 051-755-0005 ⓟ 가능

밀양국밥 돼지국밥

진한 국물의 돼지국밥을 맛볼 수 있다. 고춧가루 양념이 기
본으로 국물에 풀어 나오는 것이 특징이다. 밀양식으로 부
추와 새우젓을 넣어서 먹는 맛이 일품이며 따로 나오는 소
면을 함께 넣어 먹는다.
- ⓦ 국밥, 내장국밥(각 1만원), 따로국밥(1만5백원), 순대국밥(1만
원), 수육백반(1만2천원), 수육(소 2만8천원, 중 3만3천원, 대 3
만9천원)
- ⓣ 08:30∼02:00(익일) – 연중무휴
- ⓠ 부산 사상구 사상로212번길 6 (괘법동)
- ☎ 051-311-1270 ⓟ 가능

바닷마을과자점 구움과자 | 디저트전문점

감성적인 분위기의 케이크와 구움과자를 선보이는 디저트
카페로, 광안리 바닷가에 위치한다. 도시와 꽃의 이름을 딴
케이크는 보기에도 감각적이다. 테이블을 예약하면 차가 제
공되며, 차의 종류는 매달 변경된다.
- ⓦ 생토노레(9천5백원), 카늘레(2천8백원), 갈레트브르통(3천4

백원), 피낭시에와인무화과(3천4백원), 봄의정원(1만7백원), 딸
기타르트(9천7백원), 파리광안리(9천원), 아몬드파이(5천4백원)
- ⓣ 12:30∼19:00 – 화, 수요일 휴무
- ⓠ 부산 수영구 광남로48번길 43 (남천동)
- ☎ 0507-1314-8780 ⓟ 불가

바로해장 선지해장국 | 일반한식

큼지막한 선지가 들어간 해장국을 맛볼 수 있는 곳. 해장국
은 기본적으로 토렴식으로 나오며, 우동이 들어간 우동 국
밥도 별미다. 부드러운 소갈빗살로 만든 수육은 함께 나오
는 부추와 싸 먹으면 더욱 맛있다.
- ⓦ 소한마리해장국(1만2천원), 소갈비수육(소 2만7천원, 중 3만2
천원, 대 3만7천원), 수육냉면무침(3만2천원), 영양해장전골(2만
7천원)
- ⓣ 11:00∼15:30/17:00∼22:00(마지막 주문 20:50) – 명절 휴무
- ⓠ 부산 수영구 광남로94번길 2 (광안동)
- ☎ 051-756-5515 ⓟ 불가

바오하우스 BAO HAUS 대만식중식

대만 스타일의 식사를 즐길 수 있는 곳. 대만 전통 찐빵인
꽈바오 사이에 여러가지 재료를 넣어 먹는 바오가 대표 메
뉴. 땅콩 소스가 고소한 탄탄면과 가지튀김도 인기 메뉴나.
- ⓦ 클래식바오, 새우바오(각 5천5백원), 어항가지튀김(소 9천원.
중 1만4천원), 마파두부&볶음밥(1만7천5백원), 루로우판(8천5백
원), 우육면, 탄탄면(각 1만2천5백원), 토마토달걀볶음(1만2천원)
- ⓣ 11:30∼15:00/17:00∼21:00 | 토, 일요일 11:30∼21:00 – 연중
무휴
- ⓠ 부산 부산진구 서전로38번길 62-9 (전포동)
- ☎ 0507-1324-1031 ⓟ 불가

박옥희할매집원조복국 복

깔끔한 맛의 복국을 즐길 수 있는 곳. 복국은 고기를 알맞게
넣고 육수를 잘 빼는 것이 중요한데, 알맞은 농도의 육수를

사용하여 상당한 맛을 자랑한다. 규모는 작아도 점심때면 줄을 서서 기다릴 정도로 인기가 많다.

Ⓦ 복국, 복매운탕(각 은복 1만3천원. 밀복 2만2천원. 참복 4만원), 은복수육(소 4만3천원. 대 4만8천원), 참복수육(소 15만원, 대 18만원), 밀복수육(소 6만5천원. 대 8만5천원), 까치수육(6만5천원. 대 8만5천원)
Ⓣ 24시간 영업 – 연중무휴
Ⓠ 부산 해운대구 달맞이길62번길 28 (중동)
☎ 051-747-7625 Ⓟ 가능

밤나무집 추어탕 | 닭백숙

시래기를 넣은 맑은 국물의 경상도식 추어탕을 맛볼 수 있다. 옛날 방식으로 장작불을 떼워 가마솥에 푹 익힌 추어탕이다. 야외에도 자리가 마련되어 있다.

Ⓦ 추어탕(1만원), 메기매운탕(소 3만3천원, 중 4만3천원, 대 5만3천원), 닭백숙, 닭볶음탕, 오리불고기(각 5만원), 도토리묵무침(1만원)
Ⓣ 09:30~19:00(마지막 주문 18:55) – 수요일 휴무
Ⓠ 부산 기장군 철마면 개좌로 763-15
☎ 051-721-9048 Ⓟ 가능

방파제 생선회

제철에 현지에서 나는 자연산 활어를 사용하는 횟집. 자연산 활어만을 취급하여 어종과 가격이 시기별로 다르며 신선하다. 해산물 요리와 생선회를 동시에 맛볼 수 있는 생선회 코스를 추천. 룸 시설이 잘되어 있어서 가족 모임이나 회식에 좋다.

Ⓦ 런치특별정식(3만원), A코스(4만원), 특코스(5만8천원), 어향코스(7만8천원), 어락코스(11만원), 수비드전복장덮밥정식(2만8천원), 물회정식, 회비빔밥정식(각 1만8천원)
Ⓣ 11:30~15:00/17:00~22:00(마지막 주문 20:30) – 월요일, 명절 당일 및 익일 휴무
Ⓠ 부산 수영구 광안해변로294번길 24 (민락동)
☎ 051-753-7325 Ⓟ 가능(광안정다운요양병원 주차장 이용, 2시간 무료)

방파제

배종관동래삼계탕 삼계탕

삼계탕만을 전문으로 해온 곳으로, 메뉴는 궁중약계탕과 동래삼계탕 두 가지뿐이다. 큼지막한 닭을 사용하며 진한 국물이 일품이다. 삼계탕이 나오기 전에 인삼주를 한잔 내어주며 삼계탕에는 파채가 올라가는 것이 특징이다.

Ⓦ 동래삼계탕(1만8천원), 궁중약계탕(2만원)
Ⓣ 11:00~15:00/17:00~20:30(마지막 주문 19:40) – 월, 화요일 휴무(6, 7, 8월 변동)
Ⓠ 부산 동래구 동래로116번길 39 (복천동)
☎ 051-555-2464 Ⓟ 가능(현대, 남천, 부영주차장 이용, 1시간 무료)

백객도 佰客到 일반중식

작은 노포 중국집으로, 간짜장이 맛있기로 유명하다. 단맛과 짠맛의 조화가 잘 이루어진 이곳의 간짜장을 인생 짜장 맛집이라 하는 사람도 있다. 옛날 스타일의 탕수육도 추천할 만하다.

Ⓦ 짜장면, 우동, 짬뽕, 울면, 간짜장, 볶음밥. 짬뽕밥, 짜장밥(각 5천원), 오므라이스(6천원). 탕수육(2만원)
Ⓣ 11:00~14:00 – 화, 수요일 휴무
Ⓠ 부산 동래구 금정마을로 70 (온천동)
☎ 051-554-5873 Ⓟ 불가

백경 고래

수육, 회, 불고기 등 다양하게 요리한 고래고기를 먹을 수 있다. 밍크고래고기는 다른 고래고기와 달리 냄새가 적고 육질이 부드러워 고급으로 친다. 다시마, 파, 고추 등의 재료로 국물을 내어 고래 등살과 등껍질을 넣은 후 된장과 고춧가루를 푼 고래탕의 맛이 일품이다.

Ⓦ 모둠(중 12만원, 대 16만원), 수육, 고래두루치기(각 10만원), 고래된장찌개(1만원), 고래탕(7천원)
Ⓣ 11:30~22:00(마지막 주문 21:00) – 일요일 휴무
Ⓠ 부산 수영구 광안해변로 31-13 (남천동)
☎ 051-621-9776 Ⓟ 가능

백광상회 오뎅바

오뎅과 함께 술 한잔하기 좋은 곳. 소뼈와 채소, 멸치, 새우 등을 넣고 우린 육수에 어묵과 각종 해물이 푸짐하게 들어간다. 스지로 만드는 스지탕도 단연 인기. 된장과 겨자를 섞은 소스에 찍어 먹으면 더욱 좋다. 고래고기를 비롯한 다양한 생선회도 즐길 수 있는 것이 특징. 60년이 넘는 역사를 자랑한다.

Ⓦ 오뎅, 스지(각 3만5천원), 다타키(2만5천원), 가오리무침(3만원), 한우육회(소 3만원, 대 5만원), 송이오뎅(4만5천원), 산낙지탕탕이(4만원), 산낙지숙회, 새우튀김, 새우구이(각 5만원)
Ⓣ 14:00~02:00(익일) – 연중무휴

부산 중구 남포길 25-3 (남포동2가)
☎ 051-246-3089 ⓟ 불가

백구당 ✖ 베이커리

부산에서 오래된 빵집으로, 60년 넘는 역사를 자랑한다. 부드러운 빵에 콘샐러드가 들어간 크로이즌이 인기 있다. 세련되지는 않으나 예스러운 맛의 빵이 많으며 향수를 느끼는 사람들이 많이 찾는다.

ⓦ 크로이즌(6천원), 파이만주(8천원), 밤식빵(3천5백원), 소금빵, 베이비슈, 고로케, 호두타르트(각 3천원), 코코넛볼, 이탈리안고로케(각 4천원)
ⓣ 07:30~21:30 – 일요일 휴무
부산 중구 중앙대로81번길 3 (중앙동4가)
☎ 051-465-0109 ⓟ 불가

백산키친 ✖ 이자카야 | 퓨전일식

신선한 해산물과 사케를 즐길 수 있는 이자카야. 모둠회를 시키면 참치를 아낌없이 내주며, 기름진 참치는 술과 잘 어울린다.

ⓦ 모둠회(6만원, 8만원, 12만원), 시로미카르파치오(3만원), 카이센타카나베(3만5천원), 수비드채끝스테이크(3만5천원), 갑오징어버터구이(3만5천원), 생아나고튀김(2만5천원)
ⓣ 17:30~01:00(익일)(마지막 주문 23:30) – 일요일 휴무
부산 동구 주방로 14 (범일동)
☎ 051-635-8219 ⓟ 가능(동일타워 주차장 이용, 2시간 무료)

백일평냉 평양냉면

진한 소고기 육수의 평양냉면을 전문으로 하는 곳. 면을 풀기 전 육수를 먼저 맛보는 것을 추천하며, 식초는 따로 요청할 경우 직접 만든 맛식초를 내어준다. 이북만두와 제육도 많이 찾는 메뉴다.

ⓦ 평양냉면, 비빔(각 1만3천원), 이북만두(1만원), 만둣국(1만2천원), 제육(2만4천원), 편육(3만원), 반반(2만7천원), 접시불고기(2만5천원), 어복쟁반(4만5천원)
ⓣ 11:30~15:30/17:30~21:00(마지막 주문 20:00) – 목요일 휴무
부산 수영구 남천바다로10번길 29 (남천동) 1층
☎ 0507-1419-5515 ⓟ 불가

백화양곱창 ✖ 양곱창

70년이 넘는 역사를 자랑하는 양곱창 전문점으로, 부산에서 인기가 좋은 곳으로 손꼽힌다. 작은 크기의 화로에 연탄불을 올리고 신선한 양곱창을 불 맛을 살려 구워준다. 골목을 따라 1호점에서 12호점까지 자리하고 있을 정도로 규모가 크다.

ⓦ 양곱창(250g 4만5천원), 양모둠(300g 양념, 소금 각 3만9천원), 볶음밥(1만2천원)

ⓣ 12:00~24:00(마지막 주문 23:30) – 첫째, 셋째, 다섯째 주 일요일 휴무
부산 중구 자갈치로23번길 6 (남포동6가)
☎ 051-245-0105 ⓟ 불가

뱅델올리브 Vin d'el olive 이탈리아식 | 파스타 | 피자

강변을 바라보며 제철 식재료를 활용한 다양한 요리를 맛볼 수 있는 곳. 날치알을 넣은 새우크림파스타, 안초비파스타 등의 이색 메뉴도 인기가 많다. 코스요리도 추천할 만하다. 시즌 메뉴 구성은 인스타그램을 통해 확인 가능하며 미리 예약 후 방문을 추천한다.

ⓦ 봉골레파스타(2만6천원), 날치알새우크림파스타(3만3천원), 안초비파스타(2만3천원), 생선카르토치오(4만3천원), 양갈비스테이크(200g 7만원), 한우안심스테이크(200g 11만2천원), 점심코스요리(4만2천원~6만원), 점심스테이크코스요리(9만원~13만2천원), 시즌디너코스요리(12만원)
ⓣ 11:50~15:30(마지막 주문 14:00)/18:00~22:00(마지막 주문 20:30) | 토, 일요일 11:50~15:30/17:30~22:00(마지막 주문 20:30) – 명절 당일 휴무
부산 수영구 좌수영로 129-1 (망미동)
☎ 051-752-7300 ⓟ 가능

베르크로스터스 ✖ Werk Roasters 커피전문점

전포동의 스페셜티 커피 원조로 꼽히는 곳으로, 온두라스, 콜롬비아 등 품질 좋은 스페셜티 커피 원두를 사용한다. 베이비라는 원두가 시그니처며 테이스팅 세트를 주문하면 각각 다른 원두로 내린 샷을 맛볼 수 있다.

ⓦ 에스프레소(5천원), 아메리카노(5천5백원), 필터커피, 라테, 콜드브루, 얼그레이과일차(각 6천원), 쿠키(1개 4천5백원, 4개 1만7천원)
ⓣ 10:00~18:30(마지막 주문 18:00) – 일요일 휴무
부산 부산진구 서전로58번길 115 (전포동)
☎ 051-817-2111 ⓟ 불가

벨라루나 Bellaluna 초콜릿

수제 초콜릿 전문점으로 초콜릿을 사용한 다양한 디저트가 있는 곳. 쇼콜라봉봉, 생초콜릿 등을 비롯해 다양한 초콜릿 음료와 디저트를 맛볼 수 있다. 머핀 위에 진한 초콜릿을 올린 퐁당오쇼콜라와 생초콜릿이 인기 메뉴.

ⓦ 생초콜릿(3천원~4천원), 초콜릿음료(7천7백원~8천원), 에스프레소(5천5백원), 아메리카노(6천원), 카페라테(6천5백원), 카푸치노(6천5백원)
ⓣ 11:00~19:00 – 월요일 휴무
부산 해운대구 송정광어골로 66-1 (송정동)
☎ 051-742-2427 ⓟ 가능

보느파티쓰리 ✂

Bonheur Patisserie 케이크 | 구움과자 | 베이커리

달콤한 빵, 구움과자, 케이크를 전문으로 하는 디저트 카페.
디저트와 즐길 수 있는 차도 다양한 종류를 선보인다. 몽블
랑, 포레블랑쉬 등이 인기 메뉴.

- ⓦ 아메리카노(4천원), 카페라테(4천8백원), 몽블랑, 프레지에
(각 9천9백원), 포레블랑쉬, 블루얼그레이, 파인고수타르트(각 9
천5백원), 카늘레(2천9백원), 티(1인 6천원, 2인 9천원)
- ⓣ 11:30~19:00 – 월요일 휴무
- ⓠ 부산 연제구 교대로 7 (거제동)
- ☎ 051-502-2451 ⓟ 불가(교대주차장 이용)

보몽드기장본점 ✂ 카페

별빛 축제가 열리는 숲속에 위치한 대형 카페. 유럽식 조형
물과 화려한 전구로 꾸며진 정원에서 특별한 시간을 보낼
수 있다. 매장 내부는 은은한 조명과 소품으로 포인트를 줬
으며, 다양한 베이커리와 커피, 양식 메뉴도 선보이고 있다.

- ⓦ 아메리카노(7천5백원), 카페라테(8천원), 해산물오일파스타(2
만5천원), 보몽드피자(2만5천원), 아인슈페너(9천원), 쇼콜라(1만
원), 콥연어샐러드(1만9천원), 토마토라구리조토(2만1천원), 바질
페스토피자(3만원)
- ⓣ 10:00~24:00(마지막 주문 23:30) – 연중무휴
- ⓠ 부산 기장군 장안읍 구기길 19-7
- ☎ 0507-1409-6737 ⓟ 가능

복성반점 福星飯店 일반중식

3대를 이어온 중식당으로, 40년 넘는 역사를 자랑한다. 한
치, 새우, 조갯살 등이 듬뿍 들어간 얼큰한 짬뽕이 맛있기로
유명하다. 짬뽕 외에 짜장면과 볶음밥, 탕수육도 좋다. 부산
3대 짬뽕으로 꼽히는 곳 중 하나다.

- ⓦ 짬뽕, 울면, 볶음밥, 짜장밥(각 9천원), 곱빼기 1만원), 짜장면
(6천원), 탕수육(2만5천원), 깐풍기(3만5천원), 양장피(4만원)
- ⓣ 10:30~21:00(마지막 주문 19:50) – 화요일 휴무
- ⓠ 부산 사하구 하신중앙로 289 (하단동)
- ☎ 051-291-7834 ⓟ 불가

본전돼지국밥 ✂ 돼지국밥

40년이 넘는 전통의 돼지국밥집. 국물이 맑고 깔끔한 스타
일이며 함께 나오는 부추무침을 넣어 먹으면 좋다. 수육과
국밥이 함께 나오는 수육백반도 추천할 만하다.

- ⓦ 돼지국밥, 순대국밥, 내장국밥(각 1만원), 수육백반(1만3천원),
수육(소 3만원, 중 3만5천원, 대 4만원)
- ⓣ 09:00~21:00(마지막 주문 20:30) – 명절 휴무
- ⓠ 부산 동구 중앙대로214번길 3-8 (초량동)
- ☎ 051-441-2946 ⓟ 불가

봉식당 ✂ 모던한식

프랑스에서 요리를 공부한 아들과 보쌈집을 하던 어머니가
함께 퓨전 한식을 선보인다. 한식에 프랑스 요리의 특징을
가미한 파인 다이닝을 즐길 수 있다.

- ⓦ 코스(1인 A 5만2천원, B 3만5천원, 스페셜 6만4천원), 한상가
득소쿠리정식(평일점심 2만원)
- ⓣ 12:00~15:00/17:00~22:00 – 연중무휴
- ⓠ 부산 동래구 온천장로119번길 26 (온천동)
- ☎ 051-556-9911 ⓟ 가능

부광반점 일반중식

탕수육이 맛있기로 유명한 중국집. 튀김옷이 바삭하고 양도
푸짐하게 나오며 갖은 채소를 듬뿍 넣은 소스와 잘 어울린
다. 탕수육을 비롯해 초마면, 볶음밥, 짜장면 등의 메뉴만 단
출하게 선보인다. 단골손님이 많은 곳으로 유명하며, 식사
시간대에는 줄을 서서 기다리기도 한다. 셰프의 넉넉한 인
심이 인상적인 곳.

- ⓦ 짜장면(7천원), 초마면(1만원), 볶음밥(9천원), 짬뽕(8천원), 탕
수육(소 2만원, 중 2만5천원, 대 3만원), 양장피, 유산슬, 고추잡
채, 칠리새우(각 3만5천원)
- ⓣ 11:30~15:30/16:30~20:00 – 화요일 휴무
- ⓠ 부산 동래구 명륜로98번길 118 (칠산동)
- ☎ 051-557-5915 ⓟ 가능

부다면옥 ✂ 평양냉면

깔끔한 국물 맛이 일품인 평양냉면 전문점. 평소에는 평양
냉면과 수육 2가지 메뉴만 선보이며, 겨울에는 곰탕과 육개
장도 맛볼 수 있다.

- ⓦ 순메밀냉면(소 1만2천원, 대 1만7천원), 사리(7천원), 맛보기
한우수육(2만원), 한우한마리꼬리수육(10만원)
- ⓣ 11:00~20:00(마지막 주문 19:30) – 월요일 휴무
- ⓠ 부산 해운대구 중동1로 36 (중동)
- ☎ 051-746-8872 ⓟ 가능(해운대시장 공영주차장 이용. 30분
무료)

부부냉면 ✂ 함흥냉면 | 밀면 | 평양냉면

노부부가 오랜 시간 동안 운영하고 있는 곳으로, 냉면과 밀
면을 전문으로 한다. 함흥식냉면은 고구마 전분으로 면을
만들며, 평양식냉면은 메밀로 면을 만드는 것이 특징이다.
고기와 계란지단, 오이 등이 얹어 나오는 밀면의 맛도 수준
급이다.

- ⓦ 함흥식비빔냉면, 평양식물냉면(각 7천원), 밀면(5천원), 밀비
빔냉면(5천5백원)
- ⓣ 11:00~20:00 – 연중무휴
- ⓠ 부산 동래구 미남로132번길 41 (온천동)
- ☎ 051-552-6964 ⓟ 가능

부산명물횟집 ✕ 회백반 | 백반 | 생선회

80여 년 전통의 회백반집. 푸짐하게 나오는 큼직큼직한 생선살과 초장, 반찬이 구미를 당긴다. 회백반에는 광어회 한 접시와 밥, 맑은 생선국, 대여섯 가지의 밑반찬이 나온다. 제철에 따라 창자젓, 볼락어젓, 게장 등이 상에 오른다.

- ₩ 회백반(4만3천원), 특 5만5천원), 회비빔밥(2만8천원), 물회(3만5천원), 전복죽(2만원), 돔머리탕(3만5천원), 양념구이(8만원), 전복물회(5만5천원), 전복구이(9만원)
- ⏱ 11:00~15:00/16:30~21:30 – 첫째, 셋째 주 월요일, 명절 휴무
- 🔍 부산 중구 자갈치해안로 55 (남포동4가)
- ☎ 051-245-4995 ⓟ 가능

부산밀면거제옥 밀면

부산 원조 코다리밀면집. 우리 밀을 사용하여 반죽하며, 주문 즉시 자가제면하는 쫄깃한 면발이 특징이다. 직접 만든 코다리 식해가 밀면과 어우러져 감칠맛을 돋운다. 밀면을 주문하면 참나무에 직화로 구운 숯불고기가 서비스로 나오는데 함께 먹는 맛이 일품이다.

- ₩ 우리밀밀면(7천원), 원조코다리밀면(9천원), 갈비만두(6천원)
- ⏱ 11:00~15:30/17:00~19:30(미지막 주문 19:00) 일요일 휴무
- 🔍 부산 연제구 거제대로272번길 22 (거제동) 1층
- ☎ 051-851-8255 ⓟ 가능

부산압구정한우갈비 소갈비

질 좋은 한우를 질 좋은 숯불에 맛볼 수 있는 곳. 반찬으로 나오는 양념게장도 인기가 좋다. 30여 년 전통을 자랑하는 고급 고깃집으로, 범어사 가는 길에 있어 경치도 좋고 공기도 좋다.

- ₩ 생갈비(160g 3만8천원), 양념갈비(220g 3만2천원), 갈빗살(110g 3만3천원), 꽃등심(130g 3만5천원), 통갈비(160g 5만4천원), 안창살(120g 4만7천원)
- ⏱ 11:30~21:30 – 명절 휴무
- 🔍 부산 금정구 청룡로 61 (남산동)
- ☎ 051-512-0025 ⓟ 가능

부산자갈치왕곰장어 곰장어

60년이 넘는 전통의 곰장어 전문점. 곰장어 손질 부문으로 기네스북에 올라간 사장이 운영하는 곳이다. 매콤하게 양념된 곰장어를 향긋한 깻잎에 싸 먹어도 좋고 소금구이로 불에 노릇하게 구워 먹어도 좋다.

- ₩ 곰장어(소 4만5천원, 중 5만5천원, 대 6만5천원), 볶음밥(2천원)
- ⏱ 10:00~02:00(익일) – 월 1회 비정기적 휴무
- 🔍 부산 동래구 온천장로107번길 44 (온천동)
- ☎ 051-552-5874 ⓟ 가능

부산정 ✕ 釜山亭 야키토리

일본식 닭꼬치인 야키토리와 술 한잔을 즐길 수 있는 곳. 튀김 토핑을 부순 뒤 섞어 먹는 튀김 국수도 별미. 16가지의 야키토리가 나오는 16종 세트는 미리 예약이 필요하니 참고할 것.

- ₩ 13종세트(4만1천5백원), 16종세트(5만5백원), 츠쿠네꼬치(5천원), 닭날개꼬치(3천5백원), 연골꼬치, 다리살꼬치, 모래집꼬치, 닭대파꼬치, 근막꼬치, 사태살꼬치, 목살꼬치, 안심꼬치(각 3천원), 튀김국수(8천원)
- ⏱ 18:00~22:00 – 일요일 휴무
- 🔍 부산 부산진구 신암로 13-1 (범천동)
- ☎ 010-6686-0878 ⓟ 불가

부산족발 ✕ 족발

부평족발골목에서 유명한 냉채족발 전문점. 돼지족발을 얇게 저며 접시에 담고 해파리, 게맛살냉채, 오이냉채 등을 곁들여 낸다. 여기에 다진 마늘, 양파, 간장, 식초 등으로 만든 새콤달콤한 소스가 맛을 더한다. 메뉴는 일반 족발과 냉채족발, 오향장육 세 가지만 있다.

- ₩ 족발, 냉채족발, 오향장육(각 소 3만5천원, 중 4만원, 대 5만원, 특대 6만원)
- ⏱ 10:00~24:00 – 연중무휴
- 🔍 부산 중구 광복로 13-1 (부평동1가)
- ☎ 051-245-5359 ⓟ 불가

부우사안 ✕ BUSAN 일반중식 | 북경오리

블랙톤으로 꾸민 모던한 분위기의 중식당. 바삭한 껍질의 베이징덕이 시그니처 메뉴로, 전용 화덕을 갖추고 제대로 만들고 있다. 베이징덕 외에도 다양한 중식 메뉴를 현대적인 터치를 가미해서 내고 있다. 마의상수, 산니백육 등이 독특한 메뉴다.

- ₩ 베이징덕(9만원), 유니짜장면(9천원), 삼선짬뽕(1만2천원), 동파육(4만원), 어향광어튀김(6만원), 사천식회과육(2만8천원), 소고기탕수육(6만8천원), 산니백육(3만2천원), 마라샹궈(3만5천

부우사안

원), 마의상수(3만원), 마파두부(3만원), 멘보샤(2만7천원)
- ⏰ 11:30~15:00/17:00~22:00(마지막 주문 21:10) – 연중무휴
- 🔍 부산 해운대구 해운대해변로209번나길 16 (우동)
- ☎ 051-741-3310 ℗ 가능

브레드365 ✖ bread365 베이커리
다양한 종류의 베이커리를 선보이는 빵집. 여러가지 종류의
바게트가 인기 메뉴다. 페이스트리 결이 잘 느껴지는 크루
아상과 담백한 식빵도 맛있다.
- Ⓦ 아몬드크루아상(4천원), 초코크루아상(4천5백원), 몽블랑(5천
8백원), 소금빵(2천2백원), 크루아상샌드위치(7천2백원), 잠봉샌
드위치(7천2백원), 감자빵(3천6백원), 블루베리브리오슈(3천6백
원), 무화과통밀(5천2백원)
- ⏰ 10:30~18:00(재료 소진 시 마감) – 일요일 휴무
- 🔍 부산 남구 못골로41번길 13 (대연동) 대연2차동원로얄듀크
- ☎ 051-711-1951 ℗ 불가

브리앙 ✖✖✖ Brilliant 구움과자 | 베이커리
프랑스 지역의 대표적인 향토 과자를 선보이는 구움과자 전
문점. 예약 주문 위주로 운영되고 제품 소진이 빠르기 때문
에 하루 전에 예약 해야 한다.
- Ⓦ 브리앙컬렉션(2만3천원), 브리앙그랑부아트(3만7천원), 마들
렌오랑(3천5백원), 카눌레(4천원), 피낭시에아망드(3천5백원),
가토시트롱(4천5백원), 갈래트브르통(3천5백원), 산딸기하트
슈(5천3백원)
- ⏰ 12:00~17:00(제품 소진시 마감) – 월, 화요일 휴무
- 🔍 부산 동래구 온천장로119번길 26 (온천동) 1층
- ☎ 010-8549-5709 ℗ 가능

블랙업커피 ✖✖✖ BLACKUP COFFEE 커피전문점
모모스와 부산 스페셜티 커피 전문점의 양대 산맥으로 꼽히
는 곳으로, 항상 신선하고 맛있는 커피를 제공하기 위해 원
두를 산지별로 직접 구매해서 판매하고 있다. 착한 커피 원
두 마켓이라고 불릴 정도로 다양한 원두를 갖추고 있다. 전
문 파티시에가 만드는 케이크도 평이 좋다.
- Ⓦ 에스프레소, 아메리카노(각 5천원), 핸드드립커피(6천원~1
만3천원), 해수염(6천8백원), 딸기초코쇼트케이크(7천5백원), 바
질치즈스콘(3천8백원), 바닐라마들렌(2개 4천8백원), 체리피낭
시에(3개 5천2백원)
- ⏰ 10:00~22:00 – 연중무휴
- 🔍 부산 부산진구 서전로10번길 41 (부전동)
- ☎ 051-944-4952 ℗ 가능

비바라쵸 VIVARACHO 타파스바
새벽까지 와인을 즐기기 좋은 스페인식 선술집. 스페인 타
파스가 주메뉴이며, 떠먹는 파스타, 스튜, 파에야 등의 요리
도 준비되어 있다. 하몽도 관리 상태가 좋다는 평. 인테리어

도 깔끔하고 새벽 늦은 시간까지 영업하는 것이 장점이다.
- Ⓦ 에스파라고스플란차(1만8천원), 부라타콘토마테(2만2천원),
하몽(30g 1만9천원), 카르파치오데바카(2만5천원), 알메하스(2
만5천원), 감바스알아히요(1만6천원), 크레마데감바스(2만1천
원), 칼라마레스프리토스(1만5천원)
- ⏰ 18:00~01:30(익일)(마지막 주문 00:30) – 월요일 휴무
- 🔍 부산 해운대구 세실로 43 (좌동) 경동코아 102호
- ☎ 051-701-0248 ℗ 불가

비비비당 ✖✖✖ 韮韮韮堂 전통차전문점
해운대 달맞이 고개에 있는 명품 전통 찻집이다. 30여 가지
에 이르는 우리나라 전통의 차를 즐길 수 있으며, 디저트도
떡과 한과만 있다. 바다를 내려다보는 전망이 아름답다.
- Ⓦ 우전녹차(1만2천원), 특우전녹차(1만5천원), 5년발효황차(1만
원), 오감차(1만2천원), 말차(1만5천원), 계절꽃차, 오늘의차(각 1
만원), 단호박빙수(1만3천원), 팥빙수(1만3천원), 연잇찻상(2인 3
만5천원)
- ⏰ 10:30~21:30(마지막 주문 21:00) | 토, 일요일 10:30~22:00
(마지막 주문 21:30) – 연중무휴
- 🔍 부산 해운대구 달맞이길 239-16 (중동) 4층
- ☎ 051-746-0705 ℗ 가능

비스트로정재집 이탈리아식
경성대와 부경대 인근에 위치한 1인 셰프의 이탈리안 레스
토랑. 조개, 해물 등 재료가 푸짐하게 들어가며, 양도 많은
편이다. 진하고 고소한 크림소스의 뇨키와 살치살스테이크
가 인기 메뉴다. 아기자기한 소품들로 꾸며진 인테리어가
데이트에 어울린다.
- Ⓦ 나폴리풍오일파스타, 클래식카르보나라(각 1만6천원), 호밀
빵과리코타치즈샐러드(1만1천원), 해산물파스타, 버섯크림베이
컨뇨키(각 1만7천원), 닭구이와초리조리조토(1만9천원), 아마트
리치아나(1만6천5백원)
- ⏰ 11:30~15:00/17:00~21:00(마지막 주문 20:00) – 일요일 휴
무
- 🔍 부산 남구 용소로21번길 109 (대연동) 1층
- ☎ 051-925-1866 ℗ 불가

비엔씨 ✖ B&C 베이커리
부산에서 오래된 빵집으로, 40여 년의 역사를 자랑한다. 카
스텔라 안에 팥앙금, 고구마 앙금 등이 들어간 카스텔라만
주를 맛볼 수 있다. 연근 단팥빵 등 색다른 종류의 빵도 다
양하게 선택이 가능하다.
- Ⓦ 카스텔라만주(2개 6천원), 연근팥빵, 통팥빵, 하트크림빵(각
2천8백원), 파이치퐁만주(8개 2만원), 크루아상(3천원), 프렌치
애플파이(5천원), 호두파이(8천원), 팡느젠느(2천5백원), 콩순
이, 잼마들렌(각 3천5백원)
- ⏰ 10:30~21:00(마지막 주문 20:00) | 금, 토, 일요일 10:30
~22:00 (마지막 주문 21:00) 명절 당일 휴무

부산 중구 광복로39번길 6 (창선동1가)
☎ 051-260-5201 ⓟ 불가

빅토리아베이커리가든 ✕
Victoria Bakery Garden 베이커리 | 카페

3층 건물에 자리한 대형 베이커리 카페. 1층은 베이커리, 2층 카페로 운영되며 3층에는 루프탑이 마련되어 있다. 공간이 넓고, 쾌적해서 음료와 베이커리를 함께 즐기기 좋다. 쪽파크림치즈소금빵, 밤고구마캄파뉴, 라벤더라테 등을 맛볼 수 있다.

ⓦ 에스프레소(4천5백원), 아메리카노(5천5백원), 카페라테(6천원), 달콤쪽파크림치즈소금빵(5천8백원), 트러플페퍼소금빵(3천원), 소금빵(2천5백원), 무화과호밀빵(6천5백원), 밤고구마캄파뉴(6천원), 에스프레소베리콘판나(5천원), 라벤더라테, 버터스카치라테(각 7천원)
ⓒ 08:00~20:00 – 연중무휴
부산 서구 엄광산로 33 (서대신동3가)
☎ 070-4414-1177 ⓟ 가능

빈스톡 ✕ BEAN STOCK 커피전문점 | 카페

우리 나라 1세대 커피 명인인 박윤혁의 로스터리 카페. 드립커피는 진한 정도를 취향껏 고를 수 있으며, 기본적으로 강배전 커피를 지향해 중후한 커피를 맛볼 수 있다.

ⓦ 아메리카노(5전원), 카페라테, 카푸치노(각 5천5백원), 드립커피(6천원), 카페솔티드, 모카솔티드(각 6천5백원)
ⓒ 11:00~18:00(마지막 주문 17:00) – 월요일 휴무
부산 서구 암남공원로 56 (암남동)
☎ 051-243-1239 ⓟ 가능

빠따슈 ✕ Pate a Choux 마카롱 | 디저트전문점

달콤한 프랑스 디저트를 전문으로 하는 곳. 대표 메뉴인 에클레르는 산딸기, 쇼콜라, 말차 등 종류가 다양하며 부드러운 크림이 입안 가득 퍼진다. 앙증 맞은 마카롱도 인기 메뉴 중 하나. 커피를 비롯해 홍차, 에이드도 판매한다.

빠따슈

ⓦ 아메리카노(3천5백원), 에클레르(4천원~4천5백원), 마카롱(3천원), 피낭시에(3천원~3천5백원), 차(5천원), 에이드(6천원)
ⓒ 12:00~20:00 | 일요일 12:00~18:00 – 월, 화요일 휴무
부산 해운대구 우동1로85번길 8 (우동) 1층
☎ 051-731-2459 ⓟ 불가

빨간등대영도본점 생선회

남항대교와 오션뷰를 감상하며 제철회를 맛볼 수 있는 곳. 제철회 코스를 주문하면 갖가지 다채로운 해산물 요리를 맛볼 수 있다. 상차림도 제철 해산물을 다양하게 내어준다. 겨울에 방문한다면 대방어를 꼭 맛볼 것을 추천.

ⓦ 제철회코스(2인 9만원, 3인 13만5천원, 4인 18만원), 제철회(점심 3만원), 영도해물밥상(점심 2만3천원), 영도물회밥상(2인 4만6천원, 3인 6만9천원, 4인 9만2천원)
ⓒ 11:30~15:00/17:00~21:30 – 연중무휴
부산 영도구 남항서로 40 (남항동3가) 2층
☎ 010-5205-5282 ⓟ 가능

사까에 ✕✕ SAKAE 일식 | 스시 | 데판야키

파라다이스호텔에 자리한 일식당. 신선한 재료를 활용한, 수준 높은 정통 일식의 진수를 맛볼 수 있다. 스시도 인기 있으며, 식재료 본연의 맛을 최대한 살린 데판야키도 주전할 만하다.

ⓦ 코스(아우마츠 20만원, 카이우 22만원, 시그니처 30만원), 철판코스(런치 15만원, 디너/주말/공휴일 23만), 세트요리(8만5천원~12만원)
ⓒ 12:00~14:30/18:00~21:30(마지막 주문 20:30) | 토, 일요일 12:00~15:00/18:00~22:00(마지막 주문 21:00) – 연중무휴
부산 해운대구 해운대해변로 296 (중동) 파라다이스호텔부산 본관 3층
☎ 051-749-2248 ⓟ 가능

사미헌 ✕ 思味軒 소고기구이

질 좋은 한우 고기를 맛볼 수 있는 한우 전문점. 상강꽃살과 특수부위는 하루에 한정된 양만 판매한다. 정갈한 찬들이 맛깔스러우며 갈비탕은 줄서서 먹을 정도로 인기가 좋다.

ⓦ 상강꽃살(5만7천원), 특수부위모둠(100g 5만3천원), 꽃등심(100g 4만5천원), 갈빗살(100g 3만9천원), 모둠구이+냉면/된장(점심 100g 3만5천원), 돌갈비탕(1만4천원)
ⓒ 11:00~21:30 – 명절 당일 휴무
부산 부산진구 서면문화로 19 (부전동)
☎ 051-819-6677 ⓟ 발레 파킹

사해방 四海坊 일반중식 | 중국만두

오래된 화상 중국집 분위기가 물씬 풍기는 곳이다. 물만두와 군만두를 추천할만하며 짜장면, 짬뽕 등도 맛이 좋다. 다양한 요리로 구성된 세트메뉴는 가격 대비 만족도가 높다.

ⓦ 짜장면(7천원), 사천짬뽕(1만1천원), 점심특선(2인 이상, A코스 1인 1만5천원, B코스 1인 1만7천원), 물만두(8천원), 오장향육, 깐풍기, 라조기(각 3만5천원), 게살샥스핀(9만원), 저녁특선(2인 이상, A코스 1인 3만5천원, B코스 1인 5만원, C코스 1인 6만원, D코스 1인 7만원)
ⓣ 11:00~15:00/16:00~21:00(마지막 주문 20:30) – 연중무휴
ⓠ 부산 동구 중앙대로195번길 14 (초량동)
☎ 051-463-9883 ⓟ 가능

산동완탕교자관 ✖ 완탕

부담없는 가격으로 완탕과 만두를 즐길 수 있는 곳으로, 중국 본토 맛을 느낄 수 있다. 요리와 안주도 낮은 가격대에 판매하여 주류와 함께 즐기기 좋다. 마파두부와 가지요리를 추천.

ⓦ 깐풍새우(1만8천원), 마파두부(1만2천원), 지삼선(1만8천원), 궈바로우(1만8천원), 완탕(6천원), 가지요리(1만4천원), 마라상궈(1만8천원), 샹라새우(2만5천원), 오향족발(2만5천원), 공보계정(1만8천원), 어향육슬(1만8천원)
ⓣ 11:00~22:00 – 둘째, 넷째 주 토요일 휴무
ⓠ 부산 동구 중앙대로296번길 11 (초량동) 장원하이드파크
☎ 070-8240-2385 ⓟ 불가

산성목살 돼지고기구이 | 삼겹살

서면에서 인기 있는 돼지고깃집. 삼겹살보다는 두툼하게 썰어 내오는 목살이 추천 메뉴다. 뜨겁게 달군 숯불 위에 고기를 구워 먹는다. 함께 나오는 반찬은 양파무침 등으로 단출한 편이며, 식사로는 된장찌개가 있다.

ⓦ 생목살(120g 1만1천원), 생삼겹살(120g 1만2천원), 생항정살(120g 1만3천원), 된장찌개(3천원), 점심특선(5천원)
ⓣ 18:00~23:00 – 일요일 휴무
ⓠ 부산 부산진구 부전로66번길 36-5 (부전동) 병구빌딩
☎ 051-806-5443 ⓟ 불가

산성집 닭백숙 | 오리 | 염소고기

금정산성 인근에 자리한 흑염소 전문점으로, 5대째 맛을 전하고 있다. 흑염소 외에도 오리, 닭 등 보양식을 전문으로 하며 40년이 넘는 전통을 자랑한다. 매장이 여러 개의 룸으로 나뉘어 있어 각종 모임에도 적당하다.

ⓦ 흑염소(300g 4만5천원), 오리불고기(600g 4만5천원), 오리백숙, 닭볶음탕(각 5만5천원), 닭백숙(5만원)
ⓣ 09:00~20:00 – 일요일 휴무
ⓠ 부산 금정구 산성로 524 (금성동)
☎ 051-517-5546 ⓟ 가능

산조호텔아쿠아펠리스점 일반중식

이산호 셰프의 붉은짜장을 맛볼 수 있는 퓨전중식점. 전통중식 메뉴와 시그니처 중식 메뉴를 함께 즐길 수 있다. 마라 짬뽕피자, 파네마파두부, 삼진어묵짬뽕 등 독특한 퓨전 메뉴도 맛볼 수 있다.

ⓦ 붉은짜장, 삼진어묵짬뽕, 파네마파두부(각 1만9천원), 마라짬뽕피자(2만9천원), 산조누룽지짜장면(1만2천원), 광동식샥스핀찜(중 6만5천원, 대 12만원), 샥스핀라미엔(2만9천원)
ⓣ 11:30~15:00/17:30~22:00 – 연중무휴
ⓠ 부산 수영구 광안해변로 225 (광안동)
☎ 0507-1401-2327 ⓟ 가능(식사 2만원 이상 1시간, 식사 5시간 이상 2시간 무료)

산청돼지국밥 돼지국밥

돼지고기가 듬뿍 든 맑은 국물의 돼지국밥을 맛볼 수 있는 곳이다. 국밥에 넣어 먹을 수 있는 소면도 기본적으로 나온다. 저녁에는 수육과 술 한잔하기도 좋다.

ⓦ 돼지국밥, 따로국밥, 순대국밥(각 1만원), 내장국밥(1만2천원), 수육백반(1만3천원), 돼지수육(중 3만원, 대 3만5천원), 모둠수육(4만원), 맛보기수육(1만5천원)
ⓣ 08:00~15:30/16:30~22:30 – 일요일 휴무
ⓠ 부산 중구 대청로134번길 18 (동광동3가)
☎ 051-245-4582 ⓟ 불가

산해갈비 ✖ 소갈비 | 돼지갈비

남포동 일대에서 유명한 갈빗집. 주메뉴는 돼지목살양념갈비로, 초벌구이한 갈비를 뜨거운 불에 한 번 더 구워 먹는다. 소갈비도 인기 메뉴 중 하나. 구수한 된장찌개에 국수를 넣은 해물된장국수나 냉면을 곁들여도 좋다.

ⓦ 돼지목살양념갈비(200g 1만2천원), 소양념갈비(180g 3만2천원), 소생갈비(180g 3만4천원), 해물된장국수(7천원), 열무국수(5천원), 물냉면(7천원)
ⓣ 10:30~21:00(마지막 주문 20:20) – 연중무휴
ⓠ 부산 중구 광복로39번길 35 (신창동2가)
☎ 0507-1392-1621 ⓟ 가능

삼대돼지불고기 돼지갈비

3대째 내려오는 곳으로, 자극적이지 않은 양념 맛이 인상적인 돼지불고기 전문점이다. 돼지갈비 양념을 산야초를 숙성해서 만드는 것이 특징. 생돼지갈비의 맛도 깔끔하고 신선한 맛이다.

ⓦ 돼지양념갈비(200g 1만1천원), 돼지생갈비(150g 1만1천원), 돼지간장불고기(6천9백원)
ⓣ 11:30~22:00(마지막 주문 21:10) – 월요일, 명절 휴무
ⓠ 부산 동래구 사직북로28번길 197 (온천동)
☎ 051-505-0388 ⓟ 가능

삼송초밥 三松 일식 | 스시

60년 넘는 오래된 전통을 이어오고 있는 일식집. 비교적 합리적인 가격에 즐길 수 있는 초밥정식이 인기 메뉴로, 후토

마키와 신선한 초밥이 인상적이다. 초밥을 비롯해 다양한 요리가 나오는 코스도 추천할 만하며 우동정식, 메밀정식 등도 선보인다.
- ₩ 삼송특선(10만원, 13만원, 16만원), 초밥정식(3만2천원, 4만2천원, 5만2천원), 생선회코스(10만원, 13만원, 15만원), 튀김정식(4만원), 우동정식, 메밀정식(각 1만2천원, 1만7천원), 회정식(4만3천원, 5만3천원), 점심특선(4만3천원)
- ⏰ 11:00~14:40/16:30~20:30 – 일요일, 명절 당일 휴무
- 📍 부산 중구 광복로55번길 13 (창선동1가) 2층
- ☎ 051-245-7870 ⓟ 가능

삼오불고기 ✂ 삼겹살 | 돼지불고기

냉삼이 유명한 집으로, 냉동대패삼겹살과 돼지불고기 두 가지 메뉴만 선보인다. 고기와 어울리는 다양한 밑반찬이 나오며, 후식으로 식혜를 준다. 양념게장이 밑반찬으로 나와 인기가 좋다. 부담없는 가격에 고기와 식사를 즐길 수 있다.
- ₩ 삼겹살, 돼지불고기(각 130g 9천원)
- ⏰ 17:30~22:30 – 수요일 휴무
- 📍 부산 수영구 수영로610번길 24-2 (광안동)
- ☎ 051-754-3610 ⓟ 불가

삼형제오리 ✂ 양꼬치

오리 바비큐와 양꼬치를 함께 즐길 수 있는 중국집이다. 오리바비큐는 북경오리 식으로 조리하여 바삭한 껍질이 일품이다. 오리바비큐를 맛보기 위해서는 예약이 필요하다.
- ₩ 양꼬치(2인 이상, 1인 10개 1만5천원), 양갈비(2인 이상, 1인 1만2천원), 오리바비큐(한마리 5만원), 오리세트(6만원)
- ⏰ 17:00~23:00 – 연중무휴
- 📍 부산 영도구 태종로73번길 23 (봉래동1가)
- ☎ 051-417-7043 ⓟ 불가

상황삼계탕오리불고기 ✂ 삼계탕 | 오리

상황과 각종 한약재를 넣어 끓인 상황삼계탕이 대표 메뉴이다. 닭똥집볶음 등 밑반찬도 정갈하게 나온다. 상황버섯과 각종 약재를 전시 판매하고 있다.
- ₩ 상황삼계탕(1만6천원), 옻상황삼계탕, 홍삼상황삼계탕(각 1만9천원), 옻+홍삼상황삼계탕(2만1천원), 전복상황삼계탕(2만8천원), 닭백숙, 오리백숙(각 5만5천원), 오리로스(4만5천원)
- ⏰ 10:30~21:00(마지막 주문 20:40) – 연중무휴
- 📍 부산 해운대구 좌동로91번길 45 (좌동) 1층
- ☎ 051-703-5298 ⓟ 가능(신도시주차장 이용, 1시간 무료)

새벽집 콩나물국밥

오래된 전주식 콩나물해장국집으로, 날달걀을 국물에 넣어 주는 삼백집 스타일이다. 시원한 국물이 해장에 그만이며 구수한 시래기된장국밥도 인기가 좋다. 얼큰한 선지국밥도 별미다.
- ₩ 콩나물국밥(8천원), 시래기된장국밥(9천원), 시레기따로국밥(9천5백원), 비빔밥, 김치콩나물국밥(각 8천5백원), 황태콩나물해장국(9천5백원)
- ⏰ 24시간 영업 – 연중무휴
- 📍 부산 수영구 광안해변로 267 (민락동)
- ☎ 051-753-5821 ⓟ 가능

새아침식당 생선구이

감칠맛 나는 양념을 발라 화덕에 굽는 생선구이정식이 유명한 곳. 정식을 주문하면 생선구이와 김치찌개를 비롯해 달걀말이 등의 10여 가지 반찬이 푸짐하게 나온다. 아침 일찍 열기 때문에 해운대에서 아침 식사를 하기 좋은 곳이다.
- ₩ 생선구이정식(1만2천원), 전복죽(1만5천원), 고등어화덕구이, 고등어조림(각 2인 이상, 1인 1만6천원), 갈치화덕구이(2인 이상, 1인 3만5천원), 갈치조림(2인 이상, 1인 3만6천원) 해장국(1만원)
- ⏰ 07:30~21:00 – 명절 당일 휴무
- 📍 부산 해운대구 달맞이길62번길 28 (중동)
- ☎ 051-742-4053 ⓟ 가능(협소)

새진주식당 ✂ 비빔밥

70여 년 역사의 진주식 육회비빔밥집. 각종 채소와 육회가 골고루 버무러저 나온다. 비빔밥을 시키면 나오는 서짓국과 물김치가 별미다. 이 외에 석쇠불고기, 파전, 가오리무침 등의 메뉴도 맛볼 수 있다.
- ₩ 육회비빔밥(1만5천원), 돌솥비빔밥, 회비빔밥(각 1만7천원), 석쇠불고기(소 3만원, 대 4만원), 육회(소 3만원, 대 5만원), 가오리무침(3만원), 파전(2만5천원)
- ⏰ 11:00~20:30 – 연중무휴
- 📍 부산 중구 흑교로 60 (보수동1가)
- ☎ 051-256-9110 ⓟ 가능(협소)

새총횟집 ✂ 생선회

고소한 지방 맛이 특징인 이시가리(줄가자미) 회를 맛볼 수 있는 곳이다. 자연산 회도 판매하여 도미, 가자미 등 다양한 고급 어종 회를 먹을 수 있다. 식사로 나오는 매운탕도 깊은 생선 맛을 느낄 수 있다.
- ₩ 자연산회(기본 3만원, 고급 4만원, 특고급 5만원), 이시가리(시가)
- ⏰ 14:00~22:00(마지막 주문20:00) – 첫째 주 월요일, 셋째 주 일요일 휴무
- 📍 부산 해운대구 반여로155번길 25 (반여동)
- ☎ 010-9312-5882 ⓟ 불가

서가원국수 ✂ 콩국수

담백하고 진한 콩국수를 맛볼 수 있는 집. 파주장단콩을 하루 전에 불려 천일염과 물로만 맛을 내는 것이 특징이다. 하

루에 뽑는 콩물의 양이 정해져 있으므로 포장을 원하면 전화 문의 후 방문하는 것이 좋다.

- ⓦ 콩국수(9천원), 잔치국수(6백원), 비빔국수, 얼음국수(각 7천백원)
- ⓒ 10:30~15:00 – 목요일 휴무
- ⓠ 부산 연제구 반송로 68 (연산동)
- ☎ 051-851-3313 ⓟ 불가

서가원국수

서울깍두기 ✖️ 설렁탕 | 수육

80여 년 동안 설렁탕을 만들고 있는 곳. 설렁탕은 보통 서울에서 많이 먹는 음식이지만, 부산 사람의 입맛까지 사로잡았다. 반찬은 배추김치와 깍두기 두 가지뿐이지만 그 맛이 일품이다.

- ⓦ 설렁탕, 곰탕(1만4천원, 특 1만7천원), 양지탕(1만6천원, 특 1만9천원), 수육(8만원)
- ⓒ 08:00~20:30(마지막 주문 20:00) – 연중무휴
- ⓠ 부산 중구 구덕로34번길 8 (남포동2가)
- ☎ 051-245-3950 ⓟ 불가

서진섭돼지국밥 ✖️ 돼지국밥

개운하고 구수한 맛이 일품인 돼지국밥을 맛볼 수 있는 곳이다. 잘 삶아진 수육과 순대 등이 푸짐하게 들어가 있다. 남포동 국제시장 내에 있으며, 맛있기로 입소문이 나 부산을 찾는 관광객들도 많이 찾는다.

- ⓦ 돼지국밥, 순대국밥(각 1만원), 섞어국밥(1만1천원), 내장국밥(1만2천원), 특모둠국밥, 수육백반(각 1만3천원), 수육(소, 3만5천원, 중 4만원, 대 5만원), 순대(중 3만원, 대 4만원), 모둠전골(중 3만5천원, 대 4만5천원)
- ⓒ 09:00~20:00(마지막 주문 19:30) – 첫째, 셋째, 다섯째 주 일요일 휴무
- ⓠ 부산 중구 광복로39번길 30-1 (신창동2가)
- ☎ 051-254-5074 ⓟ 불가

석기시대 중국만두

직접 빚은 만두를 맛볼 수 있는 곳으로, 노릇하게 구워낸 군만두가 대표 메뉴다. 만두피가 두꺼운 편이며 만두소가 넉넉하게 들어가 있다. 중독성 있는 소스와 오이가 어우러진 오향장육도 인기가 많다.

- ⓦ 군만두, 찐만두, 만둣국(각 6천원), 오향장육(소 1만9천원, 대 2만5천원)
- ⓒ 15:00~21:00 – 일요일 휴무
- ⓠ 부산 중구 동광길 75-1 (동광동5가)
- ☎ 051-465-0358 ⓟ 불가

석정갈비 돼지갈비

부산 동래구에 자리한 생갈비 전문점. 생갈비로 유명한 대길숯불갈비의 수석 주방장이 독립해 문을 연 곳이다. 칼집을 낸 생갈비의 씹는 맛이 특히 부드럽다. 서비스로 나오는 푸짐한 양의 김치찌개와 된장찌개도 인기 비결 중 하나다.

- ⓦ 생갈비, 양념갈비, 갈매기살(각 1만1천원)
- ⓒ 16:00~23:00 – 화요일 휴무
- ⓠ 부산 동래구 중앙대로1367번길 72 (온천동)
- ☎ 051-555-7021 ⓟ 불가

석화한정식 ✖️ 한정식

우리나라 고유의 온돌방과 200여 명까지 수용이 가능한 연회석이 준비되어 있는 한정식집이다. 파전, 화전, 불고기, 회, 구이, 탕 등의 다양한 요리가 나오며 화학조미료를 사용하지 않는다. 상견례나 피로연 장소로 많이 찾는 곳이다.

- ⓦ 석화고향한정식(4만3천원), 석화화정식(5만3천원), 석화특정식(7만3천원), 점심특선불고기반상(2만1천원)
- ⓒ 11:30~14:00/17:00~21:00(마지막 주문 19:00) – 격주 월요일 휴무
- ⓠ 부산 동구 조방로 21 (범일동)
- ☎ 051-632-5005 ⓟ 가능

선유도원 카페

회동수원지 뷰를 감상할 수 있는 대형 카페. 큰 통창 너머 억새밭과 저수지 뷰가 보이며, 모던한 건물과 잘 어우러진다. 동천, 동재, 서재의 세 개의 건물로 구성되어 있다. 시그니처 메뉴 중 복숭아쁘띠롤과 쪽파크림치즈, 소금빵을 추천한다.

- ⓦ 복숭아쁘띠롤(8천3백원), 말차크림단팥빵(3천9백원), 명란감자(4천3백원), 쪽파크림치즈(5천8백원), 퀸아망(4천4백원), 소금빵(2천2백원), 백도오룡밀크티(9천원), 흑임자크림라테(8천3백원), 콩슈패너(7천원)
- ⓒ 10:00~22:00(마지막 주문 21:30) – 연중무휴
- ⓠ 부산 금정구 상현로 64 (선동)
- ☎ 051-502-5929 ⓟ 가능

섬진강 재첩

진한 국물 맛이 일품인 재첩국을 전문으로 하는 곳. 낙동강 변에서 잡아 올린 재첩에 부추를 올려내는 재첩국은 숙취 해소에도 탁월하다. 반찬으로 나오는 고등어조림도 훌륭하 다는 평. 재료가 떨어지면 문을 닫으니 저녁에는 미리 확인 전화를 하고 찾는 것이 좋다.

- ⓦ 재첩국정식(1만3천원), 재첩국비빔밥(1만6천원), 재첩무침, 병 어회무침(각 3만5천원)
- ⓣ 07:00∼15:00 – 토요일 휴무
- ⓠ 부산 중구 광복로85번길 15-1 (동광동2가)
- ☎ 051-246-6471 ⓟ 가능(협소)

성일집 ✴ 곰장어

1950년 이래로 3대를 이어온, 70여 년 전통의 곰장어 전문 점. 곰장어 원조집으로 알려진 곳으로, 다른 집보다 낮은 가 격대가 강점이다. 소금구이와 양념구이 중 선택할 수 있다. 기본 반찬으로 제공되는 곰장어 껍질로 만든 묵이 독특한 맛을 낸다.

- ⓦ 곰장어소금구이, 곰장어양념구이(각 1만8천원)
- ⓣ 11:00∼23:00(마지막 주문 22:00) – 명절 휴무
- ⓠ 부산 중구 대교로 103 (중앙동6가)
- ☎ 051-463-5888 ⓟ 불가

셔블 ✴ Sheobul 한정식 | 일반한식

하나하나 정성이 가득한 한국 전통 요리가 준비되어 있다. 해운대 바다가 한눈에 보이는 연회실은 소중한 사람과의 모 임 장소로 이용된다.

- ⓦ 코스요리(12만원, 15만원, 18만원), 전복갈비찜(6만5천원), 한 우육회비빔밥(4만원), 한우떡갈비반상차림(4만원)
- ⓣ 11:30∼21:00 – 연중무휴
- ⓠ 부산 해운대구 동백로 67 (우동) 부산웨스틴조선호텔 해변 층
- ☎ 051-749-7437 ⓟ 가능

소공간다이닝 모던한식

부산의 아름다운 정서를 한식에 담아낸 모던 한식 다이닝. 부산의 제철 식재료로 맛을 낸 요리와 부산의 정체성을 표 현한 진한 한우곰탕으로 구성된 코스 요리를 선보인다. 정 갈한 음식이 돋보이며, 짜지 않고 담백한 맛을 즐길 수 있 다.

- ⓦ 런치8코스(9만2천원), 디너11코스(18만2천원)
- ⓣ 12:00∼15:00/18:00∼21:30(마지막 주문 19:30) – 연중무휴
- ⓠ 부산 해운대구 해운대해변로298번길 47 (중동) 4층
- ☎ 0507-1315-9100 ⓟ 가능

소수인 所守人 이자카야

일본풍 이자카야. 신선한 모둠회를 비롯해 생선구이와 솥밥 이 인기 있는데, 특히 스타우브에 지어 나오는 금태솥밥은 꼭 맛보기를 추천한다. 사케 종류도 다양하게 갖추었다.

- ⓦ 스타우브금태솥밥(3만8천원), 고등어봉초밥(2만7천원), 옥돔 구이(2만2천원), 표고버섯육회튀김(1만5천원), 한우채끝등심스 키야키(3만5천원)
- ⓣ 17:00∼24:00 | 금, 토요일 17:00∼01:00(익일) – 연중무휴
- ⓠ 부산 부산진구 가야대로750번길 17 (부전동)
- ☎ 051-808-4036 ⓟ 불가

소인수분해 양곱창

신선한 곱창구이를 먹을 수 있는 곳으로, 초벌한 곱창을 자 리에서 직원이 다시 구워준다. 신선한 곱창을 사용하여 곱 이 부드럽고 잡내도 없다. 쫄깃한 대창을 잘게 잘라 볶은 차 돌대창볶음밥으로 식사를 마무리.

- ⓦ 곱창모둠구이(2인 이상, 200g 2만원), 곱창전골(2인 이상, 1 인 1만9천원), 육회추가(7천원), 한우된장국(7천원), 차돌대창볶 음밥(2인 9천원)
- ⓣ 17:00∼24:00 | 금, 토요일 17:00∼01:00(익일) – 연중무휴
- ⓠ 부산 부산진구 동천로108번길 11 (전포동)
- ☎ 010-7264-0611 ⓟ 불가

속씨원한대구탕 ✴ 대구탕 | 대구

해운대에서 해장하면 손을 꼽는 대구탕집. 매운 대구탕 스 타일이 아니라 맑은 지리 스타일로, 청양고추를 넣어 매콤 하게 시원한 맛이 난다. 맛살, 대구살, 날치알이 듬뿍 들어 간 달걀말이도 인기 메뉴다.

- ⓦ 대구탕(1만5천원), 달걀말이(9천원), 대구찜(5만5천원), 곤이 추가(3천원)
- ⓣ 08:00∼15:00/16:00∼22:00(마지막 주문 21:00) | 토, 일요일, 공휴일 08:00∼22:00(마지막 주문 21:00) – 명절 당일, 전날만 휴무
- ⓠ 부산 해운대구 달맞이길62번길 28 (중동)
- ☎ 051-744-0238 ⓟ 가능

손즈램 Son's Lamb 일식징기스칸

양고기찹스테이크, 프렌치렉스테이크, 양등심스테이크를 맛 볼 수 있는 양고기 전문점. 식전에는 간단한 기본 반찬과 함 께 양 육수를 넣어 끓인 수프를 먼저 내어준다. 양고기는 채 소와 함께 구워주며 직접 만든 방아 페스토를 양고기에 곁 들여 먹어도 좋다.

- ⓦ 프렌치렉(3만2천원), 숄더렉(3만원), 등심(3만원), 양고기짬뽕 (9천원), 마라양짬뽕(1만1천원), 스테이크짬뽕(2만4천원), 찹스테 이크(200g 4만5천원), 프렌치렉스테이크(180g 5만원), 양등심 스테이크(200g 5만5천원), 소고기스테이크(250g 5만원), 보코 치니샐러드(1만원), 양고기토마토라구스파게티(1만8천원)

⏱ 16:30~22:30 | 토, 일요일 16:00~22:00 – 연중무휴
🔍 부산 동구 중앙대로361번길 24-14 (수정동) 1층
☎ 0507-1359-1122 Ⓟ 가능(부산역5번출구 부산주차장 이용)

송도키친 ✕ 양식 | 브런치카페

22층에 자리하여 송도 오션뷰 전망을 즐기며 식사를 할 수 있는 레스토랑. 창가 자리에 앉으면 송도 해수욕장 전망을 한 눈에 담을 수 있다. 샐러드부터 스튜, 스테이크, 파스타, 피자 등 다양하게 즐길 수 있다.

Ⓦ 바비큐피스트(2인 7만원), 프랑스식매콤홍합스튜(2만3천9백원), 해산물부야베스(3만4천9백원), 채끝등심스테이크(180g 3만4천9백원), 안심스테이크(180g 4만5천원)
⏱ 12:00~14:30/17:00~22:00(마지막 주문 21:30) – 연중무휴
🔍 부산 서구 송도해변로 113 (암남동) 페어필드바이메리어트 부산송도비치 22층
☎ 051-260-0050 Ⓟ 가능

송정3대국밥 ✕ 돼지국밥

돼지의 좋은 부위를 사용해 돼지국밥의 국물이 뽀얗고 깔끔하다. 당면 대신 찹쌀을 넣어서 만드는 찹쌀순대도 인기가 좋다. 서면의 돼지국밥 골목의 원조집 중 하나로, 80여 년의 역사를 자랑한다.

Ⓦ 돼지국밥, 순대국밥, 내장국밥, 따로국밥(각 9천원), 수육백반(1만1천원), 찹쌀순대(소 1만원, 대 1만3천원), 수육(소 2만8천원, 대 3만3천원)
⏱ 24시간 영업 – 명절 휴무
🔍 부산 부산진구 서면로68번길 33 (부전동)
☎ 051-806-5722 Ⓟ 불가

쇼진 ✕ 精進 일식오마카세 | 가이세키

일식 가이세키 코스 요리를 경험할 수 있는 곳. 금태, 참치, 성게알, 단새우, 소고기 등 계절마다 바뀌는 제철 고급 식재료를 사용한다. 사시미, 스이모노, 소바, 구이, 솥밥 등 다양한 요리를 조금씩 맛 볼 수 있다.

Ⓦ 오마카세(16만원)
⏱ 18:00~22:00 – 월요일 휴무
🔍 부산 해운대구 구남로 9 (우동) 라마다앙코르해운대 호텔 2층 214호
☎ 0507-1354-8060 Ⓟ 가능(호텔 지하주차장 이용)

수변최고돼지국밥 순대국밥 | 돼지국밥

항정살을 넣은 항정국밥으로 유명한 국밥 전문점으로, 다양한 종류의 돼지고기 국밥을 맛볼 수 있다. 다진 양념이 미리 넣어져 나와 국물이 매콤하다. 반찬으로 나오는 부추를 넣어서 먹으면 더욱 맛있다.

Ⓦ 항정국밥(1만3천원), 고기국밥, 내장국밥, 섞어국밥, 순대국밥, 모둠국밥(각 1만원), 항정수육(3만8천원, 맛보기 1만5천원), 수육(중 2만8천원, 대 3만5천원, 맛보기 1만2천원), 순대(중 1만3천원, 대 1만8천원, 맛보기 7천원)
⏱ 24시간 영업 – 연중무휴
🔍 부산 수영구 광안해변로370번길 9-32 (민락동)
☎ 0507-1333-9222 Ⓟ 불가

수월경화 水月鏡花 전통차전문점

부산 송정의 오션뷰를 감상하며 전통차를 즐길 수 있는 차 전문점. 직접 블렌딩한 차를 비롯해 다원에서 직거래로 찻잎을 받아오는 다양한 차를 즐길 수 있다. 차에 잘 어울리는 전통 다식을 활용한 디저트도 맛볼 수 있다. 한식 디저트로 구성된 달보드레 상자도 인기 메뉴. 창가 자리는 항상 만석으로 대기를 각오해야 한다.

Ⓦ 달보드레상자(1만3천원), 아이스말차모나카(7천원), 계절모찌(6천원), 앙모찌모나카(5천원), 봄물결, 멜롱망스, 홍유생, 헌월호지, 레몬석양, 루이월주(각 8천5백원), 쌍화차(9천8백원), 호나구룸, 말차구룸, 초매루이구룸(각 7천5백원)
⏱ 11:00~20:30(마지막 주문 20:00) – 연중무휴
🔍 부산 해운대구 송정중앙로6번길 188 (송정동) 4층
☎ 0507-1327-8450 Ⓟ 가능

쉐라미과자점 Cherami 베이커리

부산에서 유명한 빵집으로 50여 년의 오랜 역사를 자랑한다. 대표 메뉴인 통팥빵, 크림빵, 애플파이를 비롯하여 다양한 종류의 빵과 초콜릿, 양갱 등을 맛볼 수 있다. 매장 안에 커피를 마실 수 있는 공간이 마련되어 있다.

Ⓦ 옛날크림빵, 통팥빵(각 2개 6천원), 애플파이(4천8백원), 나가사키카스텔라(2만2천원), 찹쌀떡(2개 3천5백원).
⏱ 08:00~23:00 | 일요일 09:00~21:00 – 연중무휴
🔍 부산 사하구 낙동대로 238 (괴정동)
☎ 051-208-0033 Ⓟ 불가

쉐프리 ✕ Chef Lee 이탈리아식

기본에 충실한 이탈리안 레스토랑으로, 파스타가 인기 메뉴다. 피자는 이탈리아 스타일로 화덕에 구워 내주며, 요리마다 재료의 맛이 잘 느껴진다. 평소 접하기 어려운 이탈리아 맥주도 맛볼 수 있다.

Ⓦ 알리오올리오(1만9천원), 카치오페페(2만4천원), 안초비파스타(2만6천원), 고르곤졸라피자, 프로슈토피자(3만1천원), 루콜라피자(2만9천원), 감바스(2만3천원), 매운홍합찜(2만5백원), 한우채끝(180g 6만8천원)
⏱ 12:00~15:00(마지막 주문 14:00)/17:30~ 24:00(마지막 주문 22:00) – 일요일 휴무
🔍 부산 해운대구 해운대해변로209번길 13 (우동) 바게트호텔 3층
☎ 051-757-6127 Ⓟ 불가

슌사이쿠보 ✖ 旬彩久戊 일식장어

일본에서 10년간 경력을 쌓은 셰프가 운영하는 곳으로, 최근 리뉴얼 이후 갓포요리에서 히츠마부시 전문점으로 변신하였다. 히츠마부시는 나고야식 장어덮밥을 말하며 세 가지 방법으로 장어덮밥을 즐기는 것이 특징이다.

- ⊕ 히츠마부시(3만9천원), 1/2히츠마부시(2만7천원), 생연어덮밥(1만7천5백원), 민치가스정식(1만4천원)
- ⏰ 12:00〜15:00(마지막 주문 14:20)/17:30〜 21:00(마지막 주문 20:20) – 월요일 휴무
- 🔍 부산 북구 양달로4번길 17 (화명동) 금샘빌딩 1층
- ☎ 051-365-2959 Ⓟ 가능

스무고개 소고기구이 | 한우오마카세

한옥 인테리어와 목재 테이블을 사용한 고급스러운 분위기에서 한우 오마카세를 경험할 수 있는 곳이다. 화로의 숯으로 구워주는 꼬치구이도 보는 재미가 있다. 오마카세 외에도 단품 메뉴와 한상 메뉴도 준비되어 있다. 고기와 궁합이 좋은 다양한 사케도 구비하여 취향껏 곁들일 수 있다.

- ⊕ 한우오마카세(7만9천원), 등심(100g당 2만1천8백원), 한우양념갈비(100g당 2만9백원), 꽃등심(100g당 2만4천9백원), 한우생갈비(100g당 2만2천8백원), 육회비빔밥(1만2천원), 냉면(8천원), 볶음밥(7천원), 된장찌개(7천원)
- ⏰ 11:30〜15:00(마지막 주문 14:00)/17:00〜21:30(마지막 주문 20:30) | 토, 일요일 11:30〜21:30(마지막 주문 20:30) – 연중무휴
- 🔍 부산 해운대구 좌동순환로468번가길 81 (중동)
- ☎ 0507-1416-2759 Ⓟ 가능

스시시안 ✖ すし是安 스시

합리적인 가격으로 숙성된 스시를 맛볼 수 있는 곳이다. 스시는 단품으로 추가 주문할 수 있으며, 식사 전에는 깔끔한 샐러드와 장국이 나온다.

- ⊕ 스시(3만5천원)
- ⏰ 18:00〜20:30(마지막 주문 19:30) – 일요일 휴무
- 🔍 부산 해운대구 센텀1로 9 (우동) 롯데갤러리움센텀 E동. 2층 210호
- ☎ 051-611-2684 Ⓟ 가능

스시이루카 ✖ 스시

가격 대비 만족스러운 스시 오마카세를 맛볼 수 있는 곳. 적초를 사용한 샤리는 아지나 사바 같은 진한 맛의 생선과 잘 어울리는 맛이다.

- ⊕ 런치(7만원), 디너(12만원)
- ⏰ 12:00〜22:00 – 수요일 휴무
- 🔍 부산 해운대구 마린시티2로 38 (우동) 해운대아이파크 판매동 C2 2층 212호
- ☎ 0507-1361-9442 Ⓟ 가능

스시이루카

스시코우 ✖ 寿司こう 스시

1인 셰프로 운영되는 스시야. 신선한 숙성회를 사용한 스시 코스를 선보인다. 생선 고유의 맛이 잘 느껴지며, 잘 숙성된 스시를 맛볼 수 있다. 가격 대비 만족도도 높은 편.

- ⊕ 런치오마카세(4만5천원), 디너오마카세(7만원)
- ⏰ 12:00〜13:30/17:30〜22:00 – 연중무휴
- 🔍 부산 수영구 민락본동로31번길 46 (민락동) 1층
- ☎ 010-9231-8440 Ⓟ 불가

스시쿠도쿠 ✖ すしくどく 스시

비교적 낮은 가격대로 스시를 즐길 수 있는 곳. 제철에 맞는 신선한 식재료를 사용하여 스시 오마카세 코스를 선보인다. 여덟 석의 카운터 자리만 있는 아담한 규모다.

- ⊕ 스시오마카세(5만9천원)
- ⏰ 10:00〜22:00 – 연중무휴
- 🔍 부산 북구 의성로128번길 56 (덕천동) 2층
- ☎ 010-5026-5971 Ⓟ 가능

스트럿커피 ✖ 커피전문점

원두를 직접 로스팅하여 커피를 내리는 커피 전문점. 우유를 오트 밀크로 바꿀 수 있으며, 핸드드립 커피도 맛볼 수 있다. 매장에서 로스팅한 원두와 드립백도 판매한다.

- ⊕ 아메리카노, 에스프레소(각 5천3백원), 플랫화이트(6천3백원), 필터커피(6천5백원), 하우스필터커피(6천5백원), 오트러스(6천5백원), 애플시나몬오트밀크티(6천원), 스노우맨(7천5백원)
- ⏰ 08:30〜19:00(마지막 주문 18:30) | 토, 일요일, 공휴일 09:30〜 19:00(마지막 주문 18:30) – 연중무휴
- 🔍 부산 부산진구 동성로39번길 28 (전포동)
- ☎ 070-8840-2635 Ⓟ 불가

스페셜돼지 Special pork 돼지고기구이

돼지 특수부위 구이 전문점. 고기는 미리 먹기 좋게 구워준
후에 내어준다. 모소리살, 꼬들살, 오겹살, 껍데기, 된장찌개
까지 즐길 수 있는 세트 메뉴가 인기다.
- ⓦ 껍데기(200g 8천원), 모소리살(100g 1만2천원), 세트(소 3만9
천원, 중 6만원, 대 8만원)
- ⓣ 17:00~23:30(마지막 주문 23:00) – 일요일 휴무
- ⓠ 부산 연제구 시청로32번길 16-1 (연산동)
- ☎ 051-939-7788 ⓟ 가능(천평주차장 1시간 무료)

신발원 新發園 중국빵 | 중국만두

두꺼우면서도 부드러운 만두피와 생강과 돼지고기를 넣은
속이 조화를 이루는 중국만두로 유명하다. 중국만두 외에도
팥빵, 달걀빵 등 중국빵을 전문으로 한다. 중국 사람들이 아
침에 즐겨 찾는 콩국은 과자와 함께 나온다. 70년이 넘는 역
사를 자랑하는 곳.
- ⓦ 고기만두, 찐교자(각 4천5백원), 군만두(5천3백원), 마라만두
(5천8백원), 새우교자(6천5백원), 콩국&과자(3천5백원)
- ⓣ 11:00~21:00(마지막 주문 20:20) – 화요일 휴무
- ⓠ 부산 동구 대영로243번길 62 (초량동)
- ☎ 051-467-0177 ⓟ 불가

신창국밥 돼지국밥

50년 넘는 역사의 돼지국밥집. 곰탕을 연상케 하는 맑은 국
물이 특징이며 담백한 국물 맛이 일품이다. 수육과 함께 소
주 한잔하기에도 좋으며 수육과 국밥이 함께 나오는 수육밥
도 추천할 만하다.
- ⓦ 돼지국밥(1만원), 따로국밥(1만1천원), 수육밥(1만3천원), 수육
(소 3만2천원, 대 4만8천원)
- ⓣ 09:00~21:00(마지막 주문 20:30) – 일요일 휴무
- ⓠ 부산 서구 보수대로 53 (토성동1가)
- ☎ 051-244-1112 ⓟ 불가

신흥관 新興館 일반중식 | 사천식중식

70여 년 전통의 사천 중화요리 전문점. 불 맛이 느껴지는 사
천소스를 곁들인 짜장면과 오이, 당근, 목이버섯 등이 큼지
막하게 들어간 옛날식 탕수육이 인기 메뉴다. 고추기름과
간장이 섞인 양념에 찍어 먹는 깐풍기의 맛도 일품이다.
- ⓦ 짜장면(7천원), 우동(8천원), 짬뽕(9천원), 탕수육(중 2만6천
원, 대 3만6천원), 깐풍기(3만4천원)
- ⓣ 11:30~21:00 – 월, 화, 수요일 휴무
- ⓠ 부산 해운대구 중동1로 31-1 (중동)
- ☎ 051-746-0062 ⓟ 불가

신흥반점 新興飯店 일반중식

삼선짬뽕과 깐풍기가 유명한 중화요리 전문점. 깐풍기는 불
에 재빠르게 볶아내 불 향이 강하게 느껴지며 매콤한 맛이
일품이다. 삼선짬뽕은 백짬뽕 스타일로, 해물이 가득 들어간
다. 재료 소진 시 영업시간 중 잠시 문을 닫고 준비 시간을
가질 수도 있으니 방문 전 미리 전화해보는 것이 좋다.
- ⓦ 짜장면(6천원), 짬뽕(8천원), 삼선짜장면, 사천짜장면, 잡채밥
(각 9천원), 광동밥, 삼선짬뽕, 사천짬뽕, 광동면, 삼선우동, 삼선
울면(각 1만원), 깐풍기, 라조육(각 3만5천원), 탕수육(소 1만5천
원, 중 2만2천원, 대 3만원), 팔보채밥, 유산슬밥(각 2만원), 탕수
육밥(1만5천원), 라조육밥(1만8천원)
- ⓣ 11:00~13:50/16:00~20:00(마지막 주문 19:30) – 일요일 휴
무
- ⓠ 부산 서구 충무대로 284-1 (충무동1가)
- ☎ 051-242-6164 ⓟ 불가

쌍둥이돼지국밥 돼지국밥

줄을 서서 먹을 정도로 명성이 자자한 돼지국밥집. 뚝배기
에 밥을 담고 국물을 따랐다가 다시 쏟아내는 토렴 과정을
거쳐서 나온다. 정구지라고 부르는 부추무침을 국물에 듬뿍
넣어 먹으면 좋다. 항정살로 만든 수육도 추천할 만하다.
- ⓦ 돼지국밥, 내장국밥(각 9천원), 수육백반(1만1천원), 돼지수육,
모둠수육(각 소 2만5천원, 대 3만원)
- ⓣ 09:00~22:00 – 연중무휴
- ⓠ 부산 남구 유엔평화로 35-1 (대연동)
- ☎ 051-628-7020 ⓟ 가능

아난티앳부산빌라쥬버지니아 이탈리아식

제철 생선으로 만든 카르파치오, 제철생선구이, 시즈널파스
타 등을 맛볼 수 있는 이탈리안 레스토랑. 바다를 바라보며
식사할 수 있으며 내부는 고급스럽고, 깔끔한 분위기로 인
테리어 했다. 한우안심스테이크가 추천 메뉴.
- ⓦ 한우안심스테이크(7만8천원), 제철생선카르파초, 화이트라구

생면파스타(각 3만2천원), 문어폴포(2만9천원), 프라운파스타(3만3천원), 시즈널파스타(3만원), 제철생선구이(4만6천원), 런치코스(7만원)

🕐 12:00~15:00/18:00~22:00(마지막 주문 21:30) – 연중무휴
🔍 부산 기장군 기장읍 기장해안로 267-7 아난티앳부산빌라쥬 12F
☎ 051-662-7151 Ⓟ 가능

아데초이 A'de Choi 카페

수준 높은 디저트를 맛볼 수 있는 디저트 카페. 진하게 내린 핸드드립커피를 비롯해 다양한 커피를 선보이며 밀푀유, 피칸파이, 타르트 등 다채로운 디저트를 맛볼 수 있다. 브런치 메뉴도 실속 있다. 3층 테라스에서는 기장 앞바다가 한눈에 들어온다.

ⓦ 아메리카노(6천원~6천5백원), 카페라테(6천5백원~7천원), 바닐라라테(7천원~7천5백원), 핸드드립커피(8천원~1만6천원), 홍차(1인 1만2천원, 대 2만원), 어니언그라탕수프(1만3천원), 크루아상샌드위치(1만9천원)
🕐 09:00~22:00 – 명절 휴무
🔍 부산 기장군 일광면 문오성길 162-1
☎ 070-8804-1355 Ⓟ 가능

아미산 🎀 일반중식

해운대에서 20년 넘게 영업해 온 중식당. 국내 중화요리 1세대 셰프 중 한 사람인 양수평 셰프가 주방을 맡고 있다. 바다를 바라보며 깔끔한 중국요리를 맛볼 수 있는 곳. 메인홀, 룸 6개가 마련되어 있어 모임 장소로도 추천할 만하다.

ⓦ 삼선짜장면(1만4천원), 삼선짬뽕(1만9천원), 황제의베이징덕2인세트(18만원), 황실의보양식불도장세트(24만원), 자연송이덮밥(3만5천원), 삼선볶음밥(1만5천원), 잡채밥(1만9천원), 라조육(5만원)
🕐 11:30~15:00(마지막 주문 14:30)/17:30~21:30(마지막 주문 20:30) – 명절 당일 휴무
🔍 부산 해운대구 해운대해변로 154 (우동) 마리나센타 8층
☎ 051-747-0131 Ⓟ 가능

아오모리 🎀🎀 靑森 일식 | 스시

센텀호텔 내의 일식당. 수준 높은 사시미를 맛볼 수 있다. 코스를 시키면 사시미가 나온 후에 각종 해물이 나오고 채소와 관자, 소고기구이, 식사메뉴 등이 뒤이어 나온다. 스시코스도 인기가 있으며 사케 리스트도 좋은 편이다.

ⓦ 런치오마카세(7만5천원), 런치스페셜(5만원), 디너스시오마카세(11만원), 디너사시미오마카세(13만원)
🕐 12:00~14:30/18:00~21:50 | 토, 일요일 11:30~14:50/18:00~21:50 – 월요일 휴무
🔍 부산 해운대구 센텀3로 20 (우동) 해운대센텀호텔 3층
☎ 051-720-8201 Ⓟ 가능

아임타이 I'm Thai 태국식

방콕 현지 스타일의 태국음식을 즐길 수 있는 곳. 다른 곳에서 접하기 어려운 방콕오리가 시그니처 메뉴. 방콕오리비빔면도 추천 메뉴. 피시소스, 고추식초 등 기본적인 소스가 테이블에 준비되어 있어 취향대로 맛을 조절할 수 있다.

ⓦ 뿌님팟퐁커리(2만2천원), 똠얌꿍(2만원), 팟타이, 소고기쌀국수(각 1만2천원), 방콕오리비빔면, 아임타이볶음면, 팟씨유(각 1만3천원)
🕐 11:30~14:30/17:00~21:00 – 명절 당일 휴무
🔍 부산 부산진구 전포대로199번길 12 (전포동) 1층
☎ 070-8873-1324 Ⓟ 가능

아저씨대구탕 🎀 대구탕 | 대구

시원칼칼한 국물의 대구탕이 인기를 끄는 곳. 대구 머리를 넣고 국물 맛을 내는 것이 특징이다. 밑반찬으로 나오는 장아찌 종류와 멍게젓이 맛깔스럽다.

ⓦ 대구탕(1만3천원), 대구뽈찜(소 3만5천원, 대 5만원)
🕐 07:00~21:00 – 둘째, 넷째 주 월요일 휴무
🔍 부산 해운대구 달맞이길62번가길 31 (중동) 마린하우스
☎ 051-746-2847 Ⓟ 가능

아티성블렁제리빵빵빵 베이커리

다양한 종류의 프랑스 현지식 빵과 한국인 입맛에 맞는 빵을 둘 다 맛볼 수 있는 곳이다. 쫄깃한 사워도우바게트와 바게트샌드위치가 맛있다. 채식주의자를 위한 비건빵도 선보인다.

ⓦ 아메리카노(3천1백원), 카페라테(3천9백원), 사워도우브레드(8천5백원), 폴리쉬바게트(4천8백원), 대파푸가스(5천9백원), 치아바타플레인(4천8백원), 발로나블럭(6천8백원), 비건식빵, 비건바게트(각 5천2백원)
🕐 09:00~19:30 – 월요일 휴무
🔍 부산 해운대구 마린시티1로 91 (우동) 마린시티두산위브포세이돈 102동 102호
☎ 051-866-6666 Ⓟ 가능

안동갈비 소갈비

즉석에서 양념해 숯불에 구워 먹는 한우 전문점. 마블링이 뛰어난 최상급 한우를 제공하며, 풍부한 육즙과 깊은 풍미를 느낄 수 있다. 양념 간을 취향에 맞게 조절할 수 있어 개개인의 입맛에 맞는 최적의 맛을 경험할 수 있는 곳.

ⓦ 안동갈비(120g 2만3천원), 생갈비(120g 2만3천원), 안창살(100g 3만3천원)
🕐 17:00~24:00(마지막 주문 23:00) – 연중무휴
🔍 부산 해운대구 마린시티3로 23 (우동) 벽산이오렌지프라자 103호
☎ 0507-1335-7714 Ⓟ 가능(2시간 무료)

알로이타이레스토랑 ✂

Aloi Thai Restaurant 태국식

정통 타이 요리 전문점으로, 타이 정부가 인증한 타이셀렉트 프리미엄 인증점이다. 현지 호텔 요리사가 만드는 정통 타이 요리를 맛볼 수 있으며 만족도가 높다. 특히 게와 생크림을 넣어 만든 뿌팟퐁커리와 생파인애플을 푸짐하게 넣은 볶음밥 등이 인기다.

ⓦ 뿌팟퐁커리(2만8천원), 랍스터팟퐁커리(4만8천원), 솜땀(5천원), 얌운센, 카오팟싸파롯(각 1만3천원), 뽀삐아, 꾸웨띠오똠얌(각 1만1천원), 무사떼(1만5천원), 꾸웨띠오느아(9천원), 똠얌꿍(2만4천원), 똠카까이(1만5천원)

ⓣ 11:00~15:00/17:00~21:00(마지막 주문 20:20) – 화요일 휴무

ⓠ 부산 수영구 민락수변로239번길 26 (민락동)

☎ 051-756-0275 ⓟ 가능

알로이타이레스토랑

야가와 일식장어

도쿄의 가이세키 요리점인 와케토쿠야마, 200년 전통의 우나기 노포 코마가타마에카와에서 수련한 정시일 셰프가 선보이는 가이세키 기반의 컨템퍼러리 재패니즈 다이닝. 도쿄 현지에서 유행하는 스타일의 퓨전 일본요리를 맛볼 수 있다. 점심에 내는 우나기 덮밥 코스는 관서식 히츠마부시와는 다른, 관동 지방의 카바야키 스타일로 장어를 쪄낸 뒤 양념을 발라 구워 부드러우면서도 바삭한 맛을 경험할 수 있다. 코마가타마에카와의 스타일처럼 단맛이 절제되어 독특하다.

ⓦ 디너컨템퍼러리코스(15만원), 런치장어덮밥(4만8천원), 런치트러플콩국수추가(2만5천원)

ⓣ 12:00~13:30/18:00~20:30(마지막 주문 19:00) – 월요일 휴무

ⓠ 부산 해운대구 마린시티1로 9 (우동 마린시티자이)

☎ 0507-1386-3581 ⓟ 가능(협소)

야키토리규 야키토리

야키토리(닭꼬치) 전문점으로, 닭 외에도 다양한 사이드 메뉴와 돼지고기도 선보인다. 보리된장을 곁들여 먹는 오이나 토마토 샐러드도 술 안주로 좋다. 주류는 하이볼이 맛있기로 유명하다.

ⓦ 닭부위(목살, 무릎연골, 허벅지,껍질, 닭다리살파, 염통, 근위, 항정살 각 6천원, 츠쿠네 8천원), 새우삼겹말이, 꽈리고추삼겹말이(각 6천원), 츠쿠네산도(1만원), 모찌리도후플래터(1만5천원), 야키토리규오뎅나베(1만8천원)

ⓣ 17:30~01:00(익일)(마지막 주문 24:00) | 일요일 17:30~24:00(마지막 주문 23:00) – 화요일 휴무

ⓠ 부산 부산진구 신천대로102번길 34 (부전동) 1층 소셜담

☎ 051-817-3837 ⓟ 불가

야키토리백탄 ✂ 白炭 야키토리 | 일식

간단한 맥주나 하이볼과 함께 야키토리를 즐기기 좋은 술집이다. 신선한 닭을 사용하여 잡내 없이 부드럽다. 마감 시간 전에도 재료 소진으로 주문을 마감할 수 있어, 미리 유선 상으로 확인할 것을 추천한다.

ⓦ 백코스(3만5천원), 탄코스(1만9천원), 염통(3천원), 껍질(3천3백원), 안심, 가슴살, 아킬레스, 가슴연골, 무릎연골, 날개, 다리(각 4천원)

ⓣ 17:30~01:00(익일)(마지막 주문 23:30) – 연중무휴

ⓠ 부산 수영구 민락로13번길 21 (민락동) 금샘빌딩

☎ 0507-1332-6043 ⓟ 불가

야키토리해공 ✂ 該工 야키토리

고급스러운 분위기의 야키토리 전문점으로, 토종닭을 사용한 야키토리 오마카세로 유명하다. 안심, 목살, 굴살, 아킬레스건, 허벅지살, 날개, 다리, 껍질 등 거의 모든 부위를 맛볼 수 있다.

ⓦ 야키토리오마카세(5만9천원), 야키토리(4천원), 츠쿠네(6천원), 생채소보리된장(8천원), 모둠채소구이(1만1천원), 크림크로켓(1만원), 새우시소말이춘권튀김(1만원)

ⓣ 17:30~24:00(마지막 주문 23:30) | 토요일 17:00~24:00(마지막 주문 23:30) – 일요일 휴무

ⓠ 부산 수영구 민락본동로19번길 30-5 (민락동)

☎ 0507-1479-8334 ⓟ 불가(서희스타힐스 오피스텔 주차장 이용)

약콩밀면 밀면

약콩으로 만든 밀면을 부담없는 가격대로 먹을 수 있다. 육수는 소사골과 20여 가지 한약재, 채소를 48시간 이상 끓인 한방육수를 사용한다. 물비빔밀면이 대표 메뉴며, 육수가 깔끔하고 면발의 쫄깃한 식감이 좋다. 직접 만든 다시마식초를 곁들여 먹는다.

ⓦ 물밀면(8천원), 비빔밀면, 물비빔밀면(각 9천원), 갈비만두(5

개 4천원, 8개 6천원), 황소온면(중단)
- 11:00~15:30/17:00~19:10 – 월요일 휴무
- 부산 남구 동명로145번길 80 (용호동)
- 051–611–1231 ⓟ 불가

양가손만두 만두

만두가 맛있기로 유명한 곳. 얇은 만두피에 속이 가득 찬 스타일로, 가격대가 합리적인 편이다. 고기만두와 김치만두는 반반씩 섞어서 주문할 수 있으며, 만둣국 국물도 깔끔하다. 식당 한쪽에서 만두 빚는 모습을 지켜볼 수 있는 것이 특징. 50여 년의 전통을 자랑한다.
- 고기찐만두, 김치찐만두, 섞어찐만두, 고기군만두, 김치군만두, 섞어군만두(각 10개 6천원), 잔치국수(6천원), 비빔국수(6천5백원), 만둣국(7천원)
- 10:00~14:00/15:00~19:30(마지막 주문 19:00) – 화요일 휴무
- 부산 부산진구 가야대로482번길 16 (개금동)
- 051–894–9870 ⓟ 불가

양산국밥 돼지국밥

부산 향토음식인 돼지국밥을 전문으로 하는 곳이다. 국물이 맑은 스타일로, 밥을 토렴해서 나오는 것이 특징.
- 토렴국밥, 생생육면(각 1만1천원), 따로국밥(1만원), 수육백반(1만5천원), 무둠수육(4만원) 순대(1만8천원), 맛보기순대(9천원), 밀면, 비빔밀면(각 1만1천원)
- 09:00~22:00(마지막 주문 21:40) – 연중무휴
- 부산 해운대구 좌동로10번길 75 (중동)
- 051–703–3544 ⓟ 가능

양산도집 장어

70여 년의 전통을 자랑하는 민물장어구이 전문점. 다른 메뉴 없이 장어만 전문으로 한다. 참숯에 장어를 구워 접시에 내오는 것이 특징. 반찬으로 나오는 매실장아찌, 무장아찌, 땅콩 등도 맛있다.
- 민물장어구이(2만8천원), 식사(2천원)
- 11:30~21:00 – 명절 휴무
- 부산 사상구 낙동대로 799–34 (감전동)
- 051–311–4098 ⓟ 가능

양지횟집 생선회

부담 없는 가격으로 싱싱한 회를 맛볼 수 있는 생선회 전문점. 이곳 만의 독특한 막장을 회에 곁들여 먹으면 감칠맛이 더 살아난다. 얼큰한 매운탕으로 식사를 마무리하면 좋다.
- 모둠회(2인 5만원, 3인 7만원, 4인 9만원), 고급모둠회(중 8만원, 대 10만원, 특 12만원), 우럭통매운탕(3만원), 계절어종(시가)
- 11:00~22:00 – 연중무휴

- 부산 부산진구 백양대로60번길 70 (당감동) 1층
- 051–895–7977 ⓟ 불가(시장민영주차장 이용)

양화옥 洋和屋 일식징기스칸

정갈한 분위기의 양갈빗집. 삿포로식 양구이를 전문으로 한다. 1년 미만의 호주산 프리미엄 생양고기만을 사용하며, 인체에 무해한 비장탄으로 고기를 굽는 것이 특징이다. 잡내가 없고 풍미가 진한 양갈비를 먹을 수 있는 곳.
- 프렌치렉(200g 3만4천원), 양갈비(250g 3만2천원), 양고기 생등심(200g 3만원)
- 17:00~23:00(마지막 주문 21:50) – 연중무휴
- 부산 남구 용소로19번길 5 (대연동)
- 051–622–7372 ⓟ 가능(해림주차장 이용)

어가초밥 御街 일식

5명의 조리사가 즉석에서 초밥을 제공하는 스시 전문점으로, 다양한 크기의 다다미룸(일본 전통식 방)이 있다. 제철 자연산 회 요리를 맛볼 수 있으며 다양한 요리가 나오는 코스메뉴도 추천할 만하다. 실내가 고급스럽고 깔끔해 연회 장소로도 인기다.
- 생선회코스(점심 3만원~4만원, 저녁 6만원~15만원), 참치회코스(6만원~11만원), 회덮밥, 우동세트, 가자미미역국(각 1만8천원), 어가세트(2만원), 장어덮밥(4만원)
- 11:30~22:00 – 연중무휴
- 부산 동래구 온천장로107번길 32 (온천동)
- 051–554–0331 ⓟ 가능

언양불고기부산집 소불고기

언양불고기를 전문으로 하는 곳. 질 좋은 소고기를 잘게 저며 언양 지방의 독특한 양념에 재워 두었다가 숯불 위에 석쇠로 구워 먹는 맛이 일품이다. 같이 나오는 백김치에 불고기를 싸 먹으면 좋다.
- 언양불고기(200g 3만9천원), 등심(130g 4만3천원), 생갈빗살(100g 4만8천원), 육사시미(200g 4만8천원)
- 11:00~21:30 – 연중무휴
- 부산 수영구 남천바다로 32 (남천동)
- 051–754–1004 ⓟ 가능

에어리커피 aery 커피전문점

세계 바리스타 챔피언 대회 파이널리스트, 종합 5위의 역대급 성적을 기록한 한국 국가대표, 임정환 바리스타가 새롭게 연 커피 전문점. 공학자들이 제작한 스트롱 홀드 열풍식 로스팅 머신을 이용해서 섬세하고 아름다운 향미를 복합적으로 표현하고 있다. 챔피언의 핸드드립 브루잉 커피를 강력하게 추천한다.
- 에스프레소(6천원), 아메리카노(6천원), 카페라테(6천5백원),

필터커피(변동), 가토바스크(8천원), 쿠키오쇼콜라(3천8백원),
피낭시에(3천5백원)

🕐 10:00~19:00(마지막 주문 18:30) – 연중무휴

🔍 부산 중구 중앙대로 47 (중앙동2가)

☎ 0507-1411-0088 ⓟ 가능

에테르 Aether 브런치카페

관광객이 많이 방문하는 흰여울문화마을에 있는 브런치 카페. 높은 층고에 커다란 통유리창 너머로 광활한 바다가 펼쳐진다. 음료, 베이커리, 브런치 메뉴가 있으며, 랍스터롤 혹은 포르치니머시룸파스타가 추천 메뉴.

ⓦ 에스프레소, 아메리카노(각 6천2백원), 카페라테(7천원), 랍스터롤(2만9천원), 한치먹물리조토(2만5천원), 로제뇨키뽀끼(2만5천원), 치킨아보카도롤(1만9천원)

🕐 10:00~22:00 | 토, 일요일, 공휴일 09:00~22:00(마지막 주문 21:00) – 연중무휴

🔍 부산 영도구 절영로 234 (영선동4가)

☎ 0507-1405-5055 ⓟ 가능

에프엠커피 ✂ FM Coffee 커피전문점

부산에서 손꼽히는 스페셜티커피 전문점으로, 콜드브루에 크림을 올린 투모로우오리지널이 시그니처 메뉴다. 파나마 게이샤를 비롯한 다양한 스페셜티커피 원두를 브루잉으로 맛볼 수 있다.

ⓦ 오늘의커피, 플랫화이트(각 5천원~5천5백원), 에스프레소(4천5백원), 아메리카노(5천원), 콜드브루(5천5백원), 투모로우오리지널(6천5원), 아이스크림라테(7천원), 샤인머스켓타르트(7천원), 딸기타르트(7천원)

🕐 09:00~22:00(마지막 주문 21:00) – 연중무휴

🔍 부산 부산진구 전포대로199번길 26 (전포동)

☎ 051-803-0926 ⓟ 불가

여울책장 북카페

테라스에 앉아 바다를 바라보며 커피와 디저트를 즐길 수 있는 북카페. 큰 책장이 있어서 자유롭게 책을 읽을 수 있다. 망고와 레몬의 맛이 어우러진 옐로오션라테가 시그니처 메뉴다. 아이스크림이 얹어진 바삭한 크로플도 커피와 함께 즐기기 좋다.

ⓦ 에스프레소(5천원), 아메리카노(5천5백원), 옐로오션라테(7천3백원), 스무디(6천8백원~7천3백원), 아이스크림크로플(6천8백원), 카야토스트, 초코테린(각 6천5백원)

🕐 10:00~19:00 – 연중무휴

🔍 부산 영도구 흰여울길 381 (영선동4가)

☎ 051-412-7230 ⓟ 불가

연산돈 돼지고기구이

부담 없는 가격으로 교차숙성한 돼지고기를 먹을 수 있는 고깃집. 두툼한 고기는 직원이 숯불에 먹기 좋게 구워준다. 밑반찬과 함께 갈치속젓, 물김치, 명란젓을 내주며, 명란젓은 소스를 넣어 불판에 끓여준다.

ⓦ 교차숙성꽃삼겹, 꽃목살(각 130g 1만3천원), 갈매기살, 껍데기항정살(각 160g 1만6천원), 양념꿀고기(230g 1만6천원), 벌집껍데기(180g 8천원), 김치찌개(6천원), 꼬막솥밥(8천원), 물/비빔냉면(7천원)

🕐 17:00~01:00(익일)(마지막 주문 24:00) – 일요일 휴무

🔍 부산 연제구 쌍미천로155번길 34 (연산동)

☎ 0507-1448-2586 ⓟ 가능(1시간 무료)

영남돼지 ✂✂✂ 소고기구이 | 돼지고기구이

질 좋은 소고기와 돼지고기 구이를 다양하게 먹을 수 있는 곳. 고기를 먹기 좋은 굽기로 구워 주어 편하게 즐길 수 있다. 파채 무침, 멜젓도 나와 고기에 곁들이면 좋다. 식사는 육향이 느껴지는 국물의 물냉면이 인기 메뉴다.

ⓦ 소고기등심(2인 이상. 1인 100g 3만7천원), 갈빗살(100g 3만5천원), 차돌박이(120g 2만7천원), 양념차돌박이(150g 2만7천원), 안창살(예약 주문, 100g 4만4천원), 안거미(예약 주문, 100g 4만2천원), 삼겹로스, 삼겹살(각 120g 1만5천원), 목살(예약 주문, 2인 이상. 1인 120g 1만5천원), 양념삼겹로스(160g 1만5천원), 항정살, 흑돼지오겹살(각 120g 1만7천원), 물냉, 비빔냉면(각 1만원), 차돌된장(1만3천원)

🕐 1층 11:30~22:30(입장 마감 21:30, 마지막 주문 22:00) | 2층 11:30~21:30 – 연중무휴

🔍 부산 해운대구 해운대해변로209번가길 13 (우동)

☎ 051-747-4228 ⓟ 가능

영남식육식당 ✂✂✂ 소고기구이

영남푸드에서 운영하는 한우 전문점으로, 신선한 한우를 맛볼 수 있다. 간, 천엽, 등골 등이 서비스로 나온다. 육회의 선도가 상당히 좋은 편이며 구수한 된장라면도 별미다.

ⓦ 소금구이(보통 120g 3만7천원 특 120g 3만8천원), 한우양념(150g 3만3천원), 산더미불고기(200g 1만9천원), 특수부위(120g 4만8천원), 육회(소 150g 2만원 대 250g 3만원), 된장라면(2천원)

🕐 12:00~22:00(마지막 주문 21:00) – 명절 당일 휴무

🔍 부산 수영구 황령대로489번길 61 (남천동)

☎ 051-624-2228 ⓟ 가능

영도빨간등대밀면 밀면

육전과 양념가오리를 올린 새콤달콤한 양념의 비빔밀면이 유명한 밀면전문점. 육수를 자작하게 넣은 물비빔밀면도 추천할 만하다. 500원 추가 시 곱빼기로 맛볼 수 있다. 재료 소진 시 조기 마감할 수 있으니 참고할 것.

영도빨간등대밀면

- 물면, 비빔밀면, 물비빔밀면, 칼국수(각 7천원)
- 10:30~17:00 ─ 연중무휴
- 부산 영도구 남항남로 1-1 (남항동3가) 1층
- 없음 불가

영변횟집 세꼬시 | 생선회

송정해수욕장 부근에서 가장 유명한 세꼬시집. 부산에서는 잘 알려진 노포 중 하나다. 도다리세꼬시로 유명한 집이지만 최근에는 굉어니 기지미를 시용히기도 한다. 뻐째 잘게 썰어 내는 세꼬시는 생선회의 고소한 맛을 한층 높여주며, 초장보다는 부산식 막장에 찍어 먹는 것을 추천한다.

- 세꼬시(3만원), 가자미(4만원), 도다리(4만5천원), 광어, 우럭(각 7만원), 모둠회(소 7만원, 중 10만원, 대 12만원), 가자미구이(3만5천원), 새우구이(3만원)
- 11:00~21:00 ─ 연중무휴
- 부산 해운대구 송정강변로 15 (송정동)
- 051-703-7590 가능

영빈관 迎賓館 한정식

외국인도 많이 찾는 깔끔한 한정식집으로, 50년의 전통을 자랑한다. 정성스레 담겨 나오는 정갈한 음식은 자극적이지 않고 담백한 맛을 낸다. 인테리어가 깔끔하고 분위기도 좋아 상견례 장소로도 인기가 많다.

- 돌솥비빔밥(1만5천원), 점심특선(3만원), 매화상차림(4만원), 모란상차림(5만원), 영빈스페셜한정식(7만원), 특품상차림(10만원)
- 09:30~22:00 ─ 명절 휴무
- 부산 중구 광복로97번길 17 (동광동2가)
- 051-246-0328 불가

영주동삼대복국집 복

복국 전문점으로, 서울식과는 달리 복지리가 1인분씩 따로 끓여 나온다. 은복, 밀복, 까치복 등 복의 종류가 다양하다. 다 먹은 후 다진 양념을 풀어 밥을 말아 먹는 맛이 일품이다. 80년 가까운 내력을 자랑하는 오래된 복국집이다.

- 은복(1만2천원), 까치복(2만5천원), 참복(4만원), 은복수육(소 4만원, 대 5만원), 까치수육(7만원)
- 08:00~21:00(마지막 주문 20:30) ─ 연중무휴
- 부산 강서구 명지국제8로 284 (명지동)
- 051-465-7210 가능

영주복국 복

미나리를 넣은 시원한 국물의 복어요리 전문점. 참복, 밀복, 까치복, 은복 등 다양한 복어를 사용한 요리를 선보이며, 담백한 복수육과 바삭한 복튀김도 함께 즐길 수 있다. 저녁에만 맛볼 수 있는 코스 요리는 복어 요리를 다양하게 즐기기 좋다.

- 참복(2만5천원), 복튀김(2만원), 까치복(1만8천원), 밀복(2만원), 은복(1만2천원), 복불고기(소 4만원, 대 5만원), 참복수육(소 8만원, 대 9만원), 까치복수육, 밀복수육(각 소 6만원, 대 7만원), 은복수육(소 3만원, 대 4만원)
- 08:00~21:00 | 토요일 09:00~20:00 ─ 일요일, 공휴일 휴무
- 부산 동구 중앙대로180번길 12-7 (초량동) 1층
- 051-466-3616 가능(협소)

영진돼지국밥 돼지국밥 | 수육

부산에서 유명한 3대 돼지국밥집 중 하나다. 수육백반을 주문하면 돼지국밥과 함께 수육이 나온다. 수육에는 두부와 돼지기름에 볶은 김치가 나와 두부김치와 함께 수육을 싸 먹으면 맛있다. 국밥 국물 맛도 깔끔한 편.

- 돼지국밥, 내장국밥, 섞어국밥, 순대국밥(각 1만원), 수육백반(1만4천원), 수육(각 소 3만7천원, 대 4만8천원), 순대추가(1만3천원)
- 09:30~15:00/17:00~21:30 ─ 일요일 휴무
- 부산 사하구 하신번영로157번길 39 (신평동)
- 051-206-3820 가능

예이제 한정식

놋그릇과 작가들의 도자기에 담아 내오는 궁중 한정식을 맛볼 수 있는 곳이다. 따뜻한 음식은 따뜻하게, 찬 음식은 차게, 음식 하나하나 담아 내는 데에서 정성이 느껴진다. 간도 짜지 않고 담백하다. 분위기가 좋아 상견례 장소로도 인기가 많다.

- 코스요리(6만9천원~15만원), 점심한정식(평일 3만9천원, 4만9천원, 주말 5만9천원), 상견례요리(7만5천원)
- 12:00~15:00/17:30~21:20 ─ 명절 휴무
- 부산 해운대구 해운대해변로298번길 29 (중동) 푸르지오시티 2층
- 051-731-1100 가능

옛골 YETGOL 삼겹살 | 소고기구이

돌판에 굽는 대패 삼겹살과 한우 차돌박이를 맛볼 수 있는
곳. 고기가 어느 정도 구워지면 나오는 고깃기름에 콩나물
과 김치를 함께 볶아 먹는다. 고기와 함께 된장찌개도 많이
찾는다.

ⓦ 한우차돌박이(100g 1만7천원), 대패삼겹살(100g 7천원), 된장
찌개(3천원, 대 5천원), 차돌김치찌개(7천원), 청국장, 콩나물해
장국, 물냉면(각 6천원), 어묵라면(4천원)
🕐 16:00〜06:00(익일) – 연중무휴
🔍 부산 부산진구 중앙대로691번길 52 (부전동) 1층
☎ 051-807-2655 ⓟ 가능(삼한주차장 이용, 1시간 무료)

옛날오막집 ✕✕✕ 양곱창

60년 넘는 전통의 양곱창 전문점. 한우의 양과 곱창을 집에
서 직접 짠 참기름과 양념장에 재워 숯불에 굽는다. 양과 대
창, 곱창의 질이 좋고 양념 맛도 잘 어우러진다. 양념장은
고춧가루와 물엿을 섞어서 진하게 만든 경상도 스타일이다.
양볶음밥도 별미다.

ⓦ 특양(170g 3만8천원), 대창, 곱창(각 180g 3만7천원), 백특양
(130g 4만1천원), 양념갈비(280g 4만5천원), 생갈비(220g 5만
원), 염통, 콩팥(180g 3만7천원)
🕐 12:00〜21:30(마지막 주문 20:30) – 두 번째, 네 번째 월요일
휴무
🔍 부산 서구 구덕로274번길 14 (동대신동1가)
☎ 051-243-6973 ⓟ 가능

오르 OR 프랑스식 | 유럽식

파티세리 빠뜨아슈에서 운영하는 프렌치 비스트로로, 스튜
를 전문으로 하고 있다. 칠리, 미트볼, 토마토, 굴라시, 뵈프
브루기뇽 등 여러 나라의 스튜를 맛볼 수 있으며, 스튜에는
바삭하게 구워져 나오는 빵을 곁들여 먹으면 좋다. 파스타
나 샐러드와 와인 한잔하기에도 좋은 분위기다.

ⓦ 라타투이바질스튜, 트러플모둠버섯샐러드(각 1만5천원), 명
란오일파스타(1만6천원), 도미스테이크솥밥리조토(1만9천원)
🕐 11:00〜15:00(마지막 주문 14:00)/17:00〜 21:00(마지막 주문
20:00) | 일요일 11:00〜19:00 (마지막 주문 18:00) – 월요일 휴
무
🔍 부산 해운대구 우동1로71번길 26-1 (우동) 1층
☎ 051-731-2359 ⓟ 불가

오르디 ORRD 카페 | 디저트전문점

돌로 만들어진 테이블 위에 진열되어 있는 다양한 디저트가
인상적인 디저트 카페. 초당옥수수커피, 오르디슈페너 등 개
성있는 음료도 즐길 수 있고, 점심에는 브런치 메뉴도 맛볼
수 있다. 시멘트, 돌, 우드 등을 적절히 조화시켜 모던한 분
위기를 연출하고 있다.

ⓦ 아메리카노(4천9백원), 초당옥수수커피, 오르디슈페너, 고씨
말차라테(6천5백원), 브런치메뉴(1만원〜1만3천원), 초코무스(9
천원), 바스크치즈케이크(7천원), 단호박가토(7천5백원), 빅토리
아케이크(7천5백원), 생망고빙수(2만1천원)
🕐 11:00〜23:00 – 연중무휴
🔍 부산 사상구 대동로107번길 17 (학장동)
☎ 0507-1374-8669 ⓟ 가능

오르디

오브너스 ovenus 베이커리 | 카페

비건쌀모닝빵, 흑미식빵 등을 맛볼 수 있는 베이커리 카페.
광안대교를 바라보며 커피와 베이커리를 함께 즐길 수 있
다. 매장은 2층으로 되어 있으며, 내부 공간이 넓다. 매장에
서 바로 먹는 시오빵을 많이 찾는 편.

ⓦ 시오빵(3천원), 올리브시오빵(3천2백원), 상투과자(5천5백
원), 버터프레즐(4천원), 비건쌀모닝빵, 옥수수찰떡파(각 3천5백
원), 흑미식빵(7천원), 백미식빵(6천5백원), 사브레쿠키(5천원),
얼그레이피낭시에(2천원), 아메리카노(4천5백원), 카페라테(5천
5백원),
🕐 10:00〜22:50(마지막 주문 22:35) – 연중무휴
🔍 부산 수영구 광안해변로 364-9 (민락동)
☎ 051-755-2244 ⓟ 불가

오사카 大阪 일식

오사카 출신 재일 교포 부부가 운영하는 곳. 라멘, 돈부리,
우동 등 일본 가정식을 합리적인 가격에 맛볼 수 있다. 일본
생맥주를 비롯해 하이볼 등도 갖추고 있어 술을 곁들여도
좋다.

ⓦ 돈코츠라멘(8천5백원), 함박스테이크(9천5백원), 돈가스(9천
원), 카레라이스(6천원), 소고기덮밥(9천원), 우동(5천원)
🕐 11:00〜15:00(마지막 주문 14:30)/17:00〜21:00(마지막 주문
20:30) – 월요일 휴무
🔍 부산 사하구 낙동대로324번길 2 (괴정동)
☎ 051-205-8408 ⓟ 불가

오스테리아라치베타
OSTERIA LA CIVETTA 이탈리아식 | 파스타

합리적인 가격으로 이탈리안 코스 요리를 즐길 수 있는 곳이다. 코스 외에 파스타와 메인을 단품으로 주문 가능하며 잔술로 파는 와인도 있어 와인과 함께 식사를 즐기기 좋다.
- ⓦ 디너코스(A코스 7만원, B코스 5만5천원), 광어회카르파치오, 부르스케타미스토(각 1만8천원), 콘킬리에소테(1만5천원), 프로슈토샐러드, 페스카토라, 볼로네제, 콘킬리에(1만6천원), 칼라브레제, 포모도로에감베리비앙코, 카르보나라, 피스타치오크레마디감베리(각 1만7천원), 타르투포카치오에페페(2만4천원)
- ⓣ 12:00〜14:30/17:30〜23:00(마지막 주문 22:00) – 월요일 휴무
- ⓠ 부산 부산진구 가야대로784번길 46-6 (부전동)
- ☎ 051-819-6190 ⓟ 불가

옥미아구찜 鈺味 아귀

40여 년 전통의 전국 최고 아귀찜 전문점. 아귀를 말려서 사용하지 않고 신선한 생아귀를 사용한다. 콩나물의 씹히는 맛이 일품이며 감자 전분으로 만든 국수사리를 양념에 비벼 먹으면 색다른 맛을 느낄 수 있다. 부드러운 아귀수육도 별미로 통한다.
- ⓦ 아귀찜, 아귀탕(각 소 4만원, 중 5만원, 대 6만원), 아귀수육(소 6만원, 중 7만원, 대 8만원)
- ⓣ 11:00〜15:00/17:00〜21:00 | 토, 일요일 11:00〜21:00(마지막 주문 20:15) – 화요일, 명절 휴무
- ⓠ 부산 수영구 망미번영로55번길 35 (망미동)
- ☎ 051-754-3789 ⓟ 가능

옥산티하우스 중국차전문점 | 중국디저트

중국 차와 디저트를 즐길 수 있는 티하우스. 녹차, 백차, 우롱차, 홍차, 보이차 종류를 각각 2가지씩 준비해두고 있다. 차를 기반으로 하는 다양한 차음료와 커피도 가능하다. 대만에서 배워왔다고 하는 펑리수와 매실토마토차가 시그니처다. 당고화로세트는 함께 나오는 화로에 당고를 직접 구워 먹는다.
- ⓦ 녹모봉차, 운남백차, 이무숙차, 창녕야생차(각 7천원), 계절티코스(3만5천원), 펑리수A형(2천7백원), 청송사과펑리수(3천원), 나가사키카스텔라(3천원), 홍옥홍차파운드케이크(3천원), 피낭시에(2천원)
- ⓣ 13:00〜19:00(마지막 주문 17:00) – 목, 금요일 휴무
- ⓠ 부산 부산진구 동성로25번길 27-6 (전포동)
- ☎ 010-8233-8689 ⓟ 불가

옥생관 玉生館 일반중식

우동이 맛있기로 유명한 중식당. 짜장면과 우동이 인기 메뉴로, 푸짐한 해산물과 시원한 국물이 일품인 우동 맛이 좋다. 여름에는 중국식 냉면도 즐길 수 있다. 달걀프라이가 올라가는 부산식 간짜장도 별미. 70여 년의 역사를 자랑한다.
- ⓦ 짜장면(6천원), 짬뽕, 우동(각 8천원), 볶음밥(7천원), 탕수육(2만3천원), 깐풍기(3만5천원), 양장피(4만원)
- ⓣ 11:30〜14:30/16:00〜20:50 – 화요일, 명절 당일 휴무
- ⓠ 부산 중구 대청로 66 (부평동1가)
- ☎ 051-245-0298 ⓟ 불가

옵스남천점 Ops 베이커리

부산에서 입소문난 빵집 중 한 곳으로, 느끼하지 않고 부드러운 왕슈크림빵이 맛있기로 유명하다. 꾸준한 인기를 끌고 있는 슈크림빵은 금방 품절 될 수 있어 서둘러야 한다.
- ⓦ 학원전(2천3백원), 참치빵(3천2백원), 자연효모빵(소 4천6백원, 대 8천6백원), 명란바게트(3천5백원), 크림치즈허니(1개 3천원, 2개 6천원), 당근케이크(5천5백원), 브리오슈롤(4천원), 소금빵(1천5백원), 마스카포네푸딩(4천5백원)
- ⓣ 08:00〜22:00 – 명절 휴무
- ⓠ 부산 수영구 황령대로489번길 37 (남천동)
- ☎ 051-625-4300 ⓟ 가능

요이쿠마광안리점 善熊 텐동

일본식 튀김덮밥인 텐동 전문점. 구마덴동이 대표 메뉴로 제철 채소, 반숙 달걀, 김에 오징어먹물 튀김가루를 입힌 새우튀김과 장어튀김이 올려져 나온다. 닭가라아게에 달걀 소스를 올린 토리야마동도 인기 메뉴. 긴 다치 형태의 바테이블로 되어 있으며, 웨이팅은 감수해야 한다.
- ⓦ 요이텐동(1만1천원), 에비텐동(1만3천원), 쿠마텐동(1만7천원), 토리야마동(1만6천원), 토마토치즈샐러드, 달걀감자샐러드(각 4천5백원)
- ⓣ 11:00〜15:30/17:00〜21:00(마지막 주문 15:00/20:30) – 삼일절, 광복절, 명절 전날, 당일 휴무
- ⓠ 부산 수영구 광안해변로307번길 20 (민락동) 1층 요이쿠마
- ☎ 051-755-5497 ⓟ 불가(서희스타힐스센텀프리모 지하주차장 이용)

용궁해물야채쟁반짜장 일반중식

용궁사 입구에 있는 식당으로, 해물이 듬뿍 들어간 해물쟁반짜장이 대표 메뉴다. 신선한 해물을 사용해 비린내가 나지 않아 먹기가 좋다. 쟁반짜장 외에도 국물이 없이 나오는 해물쟁반짬뽕도 별미로, 인기가 많은 메뉴다.
- ⓦ 해물쟁반짜장(1만1천원), 해물짜장밥, 해물짬뽕밥(각 1만2천원), 해물짬뽕(1만2천원, 국물없음 1만3천원), 군만두, 물만두(각 8천원), 돼지고기탕수육(소 2만원, 대 3만원), 소고기탕수육(소 3만원, 대 4만원)
- ⓣ 10:00〜21:00(마지막 주문 20:30) – 월요일, 명절 당일 휴무
- ⓠ 부산 기장군 기장읍 기장해안로 208
- ☎ 051-723-0944 ⓟ 가능

용문각 龍門閣 일반중식

40년 넘게 영업하고 있는 오래된 중국집. 짜장면, 짬뽕 등의 식사메뉴를 비롯해 요리의 공력도 상당하다. 특히 쫀득한 소스와 튀김이 조화를 이루는 탕수육이 유명하다.

ⓦ 짜장면(7천원), 짬뽕(8천원), 잡탕밥, 유산슬밥(각 2만2천원), 쟁반짜장, 울면, 삼선짜장, 사천짜장(각 9천원), 탕수육(소 2만3천원, 중 2만6천원, 대 3만원), 삼선짬뽕, 삼선울면, 사천짬뽕, 사천우동(각 1만1천원), 사천쟁반짜장(1만원), 동구버섯(4만8천원), 칠리새우(4만5천원), 기스면, 고추짬뽕, 사천간짜장(각 1만원)
ⓣ 09:00~21:00(마지막 주문 20:50) – 첫째, 셋째, 넷째 주 화요일 휴무
ⓠ 부산 연제구 거제천로 209 (거제동)
☎ 051-852-7160 ⓟ 가능

용암할매횟집 멸치 | 갈치

50여 년 동안 멸치 요리를 선보이는 곳. 새콤한 양념의 멸치회와 멸치구이, 멸치찌개 등의 다양한 멸치 요리를 맛볼 수 있다. 된장에 고춧가루를 넣어 자작하게 끓인 후 밥에 싸 먹는 멸치찌개 맛이 일품이다.

ⓦ 멸치회, 멸치찌개(각 소 2만5천원, 중 3만5천원, 대 4만5천원), 갈치조림(1인 3만5천원, 특 5만5천원), 멸치구이(1만원), 갈치구이(1인 3만5천)
ⓣ 09:00~20:00(마지막 주문 19:00) – 수요일 휴무
ⓠ 부산 기장군 기장읍 기장해안로 615
☎ 051-721-2483 ⓟ 가능

용호동골목집 삼겹살 | 돼지고기구이

30여 년간 꾸준한 인기를 끈 돼지고기구이 전문점. 김치는 시원한 백김치와 일반 김치, 갓김치 총 3종류로 준비되며, 정갈한 밑반찬까지 모두 평이 좋다. 테이블에서 푸짐하게 끓여주는 된장찌개도 필수 주문 메뉴.

ⓦ 생삼겹살, 생오겹살, 생목살(각 130g 1만3천원), 항정살(100g 1만4천원), 알밥정식(1만2천원), 해물된장찌개(5천원)
ⓣ 12:00~21:30 | 월요일 17:00~21:30 – 연중무휴
ⓠ 부산 남구 용호로 203-4 (용호동)
☎ 051-623-4592 ⓟ 가능

우남정 소고기구이

정육 식당으로, 주문 즉시 고기 부위를 바로 썰어서 가져다 준다. 훌륭한 마블링과 부드러운 육질을 지닌 소고기를 강한 숯불에 구워 먹는다. 서비스로 조금 나오는 육회도 별미.

ⓦ 한우등심, 한우갈빗살, 한우낙엽살, 한우치마살, 한우차돌박이(각 100g 3만원), 한우꽃살(100g 3만5천원), 한우안거미, 한우안창살, 한우살치살(각 100g 3만9천원), 한우육회(소 3만원, 대 4만원)
ⓣ 10:00~21:00(마지막 주문 20:00) – 월요일 휴무

ⓠ 부산 기장군 철마면 곰내길 115
☎ 051-721-0341 ⓟ 가능

우디브룩 WOODY BROOK 카페

도심 인근에서 숲 뷰를 즐길 수 있는 카페. 전면 통유리로 개방감이 있으며, 정원도 잘 꾸며져 있다. 계곡 옆으로 자리를 잡으면 흐르는 물소리를 들으며 휴식을 취할 수 있다. 노키즈존, 노펫존으로 운영된다는 점 참고할 것.

ⓦ 아메리카노(5천5백원), 카페라테(6천5백원), 우디크림라테(7천원), 우디스윗라테(7천5백원), 솔티초코라테(7천3백원), 패션파인요거트라테(8천5백원), 생강라테(7천8백원)
ⓣ 11:00~19:00(마지막 주문 18:30) | 토, 일요일 11:00~21:00(마지막 주문 20:30) – 월요일 휴무
ⓠ 부산 사상구 학감대로 2 (학장동)
☎ 0507-1306-2593 ⓟ 가능

우미 海味 스시

해운대 일대에서는 최고의 스시로 꼽히는 곳 중 하나다. 스시효에서 경력을 쌓은 조리장의 솜씨가 훌륭하다. 다양한 종류의 초밥과 회를 코스로 즐길 수 있어 인기가 좋다.

ⓦ 디너오마카세(변동)
ⓣ 17:30~19:40/20:00~22:30 – 일요일 휴무
ⓠ 부산 해운대구 마린시티2로 33 (우동) 해운대두산위브더제니스 A동 127-1
☎ 010-8901-9315 ⓟ 가능

우봉샤브 일식샤부샤부

질 좋은 한우 샤부샤부를 맛볼 수 있는 곳. 바구니에 든 종이에 끓여 먹는 듯한 특이한 샤부샤부 냄비가 눈길을 먼저 끈다. 육수에 레몬이 들어가 상큼하며, 폰즈 소스도 구비되어 있다.

ⓦ 한우차돌박이샤부샤부,1++한우샤부샤부(각 2만2천원), 한우1++채끝등심샤부샤부, 한우1++부채살샤부샤부(각 3만원), 실속2인세트(5만4천원)
ⓣ 11:00~15:00(마지막 주문 14:20)/17:00~ 21:00(마지막 주문 20:20) | 토, 일요일 11:00~ 16:00(마지막 주문 15:20)/17:00~21:00 (마지막 주문 20:20) – 월요일 휴무
ⓠ 부산 해운대구 청사포로 127 (중동)
☎ 0507-1349-9256 ⓟ 불가

우적 소고기구이

고급스러운 분위기의 한우 특수부위 전문점으로, 안창살, 살치살, 안심, 등심 등 다양한 부위의 투뿔 한우를 맛볼 수 있다. 프라이빗 룸도 마련돼 있어서 모임하기에도 좋으며 와인, 사케를 비롯한 주류 리스트도 다양하다. 특수부위는 일찍 소진될 수도 있다.

ⓦ 새우살(100g 4만2천원), 안거미, 안창살, 살치살(각 100g 3

만7천원), 꽃등심(100g 3만5천원), 안심, 채끝살(각 100g 3만1천원), 한우된장찌개(6천원), 한우모듬세트(9만8천원~17만8천원)
🕐 16:00~24:00(마지막 주문 23:00) ｜ 토, 일요일 15:00~24:00(마지막 주문 23:00) – 명절 휴무
🔍 부산 사하구 낙동남로1405번길 9-7 (하단동) 1층
☎ 051-291-5567 Ⓟ 가능(에덴주차장 이용, 2시간 무료)

원산면옥 ✖ 元山麵屋 함흥냉면 ｜ 만두 ｜ 수육

70여 년 전통의 함흥냉면 전문점. 고구마 전분과 메밀을 사용하는 평양냉면도 선보이고 있지만, 함흥냉면이 더 맛있다는 평. 함흥냉면이라는 이름에 걸맞게 면발이 질긴 편이며 물냉면은 사골로 육수를 내는 것이 특징이다.
Ⓦ 함흥냉면, 평양냉면, 온면, 왕만두, 만두백반, 갈비탕(각 1만4천원), 수육(5만5천원), 전골쟁반(소 7만원, 대 10만원), 가오리회무침(소 3만5천원, 대 5만5천원)
🕐 11:00~21:30 – 연중무휴
🔍 부산 중구 광복로 56-8 (창선동1가)
☎ 051-245-2310 Ⓟ 불가

원조18번완당발국수 ✖ 만두 ｜ 메밀국수

70년 넘는 전통을 자랑하는 곳으로, 완당과 발국수를 전문으로 한다. 완당은 중국식 만둣국인 원툰의 광둥식 발음인 완탕에서 나온 말로, 깔끔한 국물과 잘 어우러진다. 발국수는 발에 올려 나오는 메밀국수를 말한다. 완당과 발국수 외에 유부초밥도 많이 찾는 메뉴다.
Ⓦ 완당, 완당면, 발국수(각 8천5백원), 교자완당(1만2천5백원), 돌우동(9천5백원), 유부초밥(4천원), 유부우동(7천5백원)
🕐 10:30~19:30(재료 소진 시 마감) – 연중무휴
🔍 부산 서구 구덕로238번길 6 (부용동1가)
☎ 051-256-3391 Ⓟ 가능

원조꼬리곰집 ✖ 꼬리곰탕

꼬리곰탕과 꼬리수육 전문점. 뽀얗고 진한 국물에 꼬리에 붙어 있는 살점도 크고 실하며, 부드럽다. 고기를 건져 먹은 후에는 국물에 부추무침을 넣어 먹기도 한다. 40년을 훌쩍

원조꼬리곰집

넘긴 노포인데, 깔끔하게 리모델링 했다.
Ⓦ 한우꼬리수육(9만2천원), 모듬수육(9만원), 한우꼬리탕(3만5천원, 특 4만5천원), 꼬리탕(2만7천원, 특 3만2천원), 곰탕, 양지탕(각 1만5천원, 특 2만원), 도가니탕(2만2천원, 특 2만7천원), 족탕(2만2천원, 특 2만7천원), 양곰탕(2만원, 특 2만5천원)
🕐 08:30~21:30(마지막 주문 20:50) – 월요일 휴무
🔍 부산 동래구 온천장로 52 (온천동) 1층
☎ 051-552-1106 Ⓟ 가능

원조소문난산곰장어 ✖ 곰장어

살아 있는 곰장어를 구워 먹는 곳. 돌판구이와 석쇠구이 중 선택할 수 있으며 소금구이보다는 특제 소스가 덧발라진 양념구이의 맛이 더 좋다는 평이다. 남은 양념에 볶아 먹는 밥도 일품이다.
Ⓦ 곰장어양념구이, 곰장어소금구이, 곰장어통구이(각 소 4만원, 중 5만원, 대 6만원)
🕐 16:00~24:00(마지막 주문 23:10) ｜ 일요일 15:00~23:00(마지막 주문 22:10) – 명절 휴무
🔍 부산 동래구 금강공원로26번길 34 (온천동)
☎ 051-554-8400 Ⓟ 가능

원조전복죽집 ✖ 전복죽 ｜ 전복

게우(내장)가 있는 전복을 통째로 끓인, 녹색의 오리지널 전복죽을 맛볼 수 있는 곳이다. 참기름과 전복만 사용하는 것이 특징. 전복과 해초, 나물 등이 푸짐히 들어간 비빔밥도 식사메뉴로 인기가 많다. 50년 넘는 역사를 자랑한다.
Ⓦ 원조전복죽(1만4천원, 특 1만9천원), 프리미엄전복죽(소 2만4천원, 대 3만6천원), 전복해초비빔밥(1만4천원), 전복회, 전복버터구이(각 소 3만7천원, 대 5만8천원), 전복콩나물해장국(9천원)
🕐 06:30~23:00 – 연중무휴
🔍 부산 해운대구 해운대해변로298번길 24 (중동) 1층
☎ 051-742-4690 Ⓟ 가능

원조짚불곰장어기장외가집 곰장어

기장 곰장어촌에 있는 곰장어 전문점. 살아 있는 국내산 곰장어만 취급한다. 짚불에 초벌구이한 곰장어를 철판에 올려 내온다. 양념곰장어도 인기 메뉴.
Ⓦ 짚불곰장어, 양념곰장어, 소금구이, 곰장어매운탕(각 3만원), 바다장어구이(2만5천원), 장어탕, 성게미역국(1만원)
🕐 10:30~21:00(마지막 주문 20:00) – 연중무휴
🔍 부산 기장군 기장읍 공수2길 5-1
☎ 051-721-7098 Ⓟ 가능

원조태성하모횟집 갯장어 ｜ 생선회

하모(갯장어)회를 비롯해 다양한 신선한 자연산 회를 즐길 수 있는 곳. 하모는 여름철 보양식으로도 좋다. 하모는 양파

에 곁들여 먹는 것이 보통이지만, 소스에 살짝 찍어 먹거나 유비키(샤부샤부)를 해 먹기도 한다.

ⓦ 하모회, 하모샤부샤부, 장어샤부샤부(소 8만원, 중 10만원, 대 12만원, 특대 15만원), 전복물회(2만원), 특물회(1만5천원), 모둠회(소 6만원, 중 10만원, 대 12만원, 특대 13만원)
Ⓛ 09:30~22:00 – 둘째, 넷째 주 목요일, 명절 휴무
Ⓠ 부산 서구 송도해변로 149 (암남동)
☎ 051-242-1886 Ⓟ 가능

원조할매낙지 ✖ 낙지

50년 넘는 전통의 낙지볶음집. 낙지볶음이지만 국물이 있어 전골에 더 가깝다. 소곱창이 함께 들어간 메뉴도 추천할 만하며, 낙지볶음을 밥에 비벼 먹거나 우동 사리를 추가해서 끓여 먹어도 좋다.

ⓦ 낙지볶음, 낙지새우볶음(각 9천5백원), 낙지소곱창볶음, 낙지새우소곱창볶음(각 1만원), 사리(1천원)
Ⓛ 09:30~20:50(마지막 주문 20:20) – 연중무휴
Ⓠ 부산 부산진구 골드테마길 10 (범천동)
☎ 051-643-5037 Ⓟ 가능

원조할매추어탕 추어탕 | 붕어찜

60여 년의 역사를 가진 추어탕 전문점으로, 3대째 내려오고 있다. 미꾸라지를 갈아서 만드는 방식의 추어탕을 낸다. 부산 지역답게 방아잎도 듬뿍 들어 있다. 강된장과 비빔밥, 추어탕이 함께 나오는 강비추도 인기 메뉴.

ⓦ 추어탕(9천원), 해물파전(1만원), (포장)고등어조림(1만원)
Ⓛ 07:00~19:50 | 수, 일요일 07:00~19:30 – 명절 당일 휴무
Ⓠ 부산 강서구 식만로 252 (식만동)
☎ 051-972-5858 Ⓟ 가능

원향재 ✖ 元香齊 일반중식

간짜장이 유명한 중식당으로, 60년이 넘는 전통을 자랑하는 곳이다. 달걀프라이를 얹은 간짜장의 맛이 일품이다. 바삭하게 튀긴 탕수육과 매콤한 깐풍기도 인기 메뉴.

ⓦ 짜장면(7천원), 간짜장, 볶음밥,(각 9천원), 오향족발, 오향장육(각 소 3만6천원, 대 5만2천원), 깐풍기(3만8천원), 탕수육(소 2만8천원, 대 4만2천원), 원향면(1만3천원), 깐풍기(3만8천원), 칠리새우(4만3천원), 사천짜장면, 짬뽕, 삼선짜장면(각 1만원), 삼선우동(1만1천원)
Ⓛ 11:00~15:00/17:00~21:00(마지막 주문 20:30) – 월요일 휴무
Ⓠ 부산 동구 대영로243번길 60 (초량동)
☎ 051-467-4868 Ⓟ 불가

월강 月江 일식

40년 넘는 역사의 일식집. 회의 양은 적은 편이나 신선한 자연산을 주로 사용하는 것이 자랑이다. 다양한 종류의 해산물 요리와 회를 즐길 수 있는 코스 메뉴가 추천할 만하다. 실내가 깨끗하고 널찍하여 단체 모임에도 좋다.

ⓦ 코스(하루 6만원, 나츠 8만원, 유키 10만원, 월강스페셜 12만원), 점심정식(3만원, 4만원), 점심생선초밥세트(3만원~7만원), 점심계절탕류(2만원~3만원)
Ⓛ 11:30~14:00/17:00~22:00(마지막 주문 20:30) | 토요일 11:30~21:30(마지막 주문 20:00) – 일요일, 명절 휴무
Ⓠ 부산 부산진구 서면로 7 (부전동) 월강빌딩
☎ 051-806-2500 Ⓟ 가능

웨이브온 ✖ Wave On 카페

푸른 기장 바다를 한눈에 볼 수 있는 오션뷰 카페로, 기장에서 핫한 곳으로 인기를 끌고 있다. 베르가못 향이 입안 가득 퍼지는 월내라테와 진한 초콜릿음료인 웨이브온코코 등이 인기 메뉴. 날씨가 좋은 때면 야외에 푹신한 빈백과 파라솔을 설치해 휴양지에 온 듯한 느낌을 만끽할 수 있다.

ⓦ 아메리카노(6천원), 카페라테(6천5백원), 월내라테, 풀문커피, 그레나딘자두라테(각 7천5백원), 웨이브온코코(8천5백원)
Ⓛ 10:00~24:00(마지막 주문 23:00) – 연중무휴
Ⓠ 부산 기장군 장안읍 해맞이로 286
☎ 051-727-1660 Ⓟ 가능

율링 ✖ yulling 모던한식

해운대의 멋진 오션뷰를 즐길 수 있는 한식 다이닝 레스토랑. 고급스러운 공간에서 '발효와 숙성'이라는 한국의 전통 요리법이 적용된 창의적인 한식을 즐길 수 있다. 1++BMS No.9 등급의 한우도 코스의 구성으로 맛볼 수 있다. 카운터 좌석과 여러 개의 개별 룸, 커다란 와인 셀러를 갖추고 있다.

ⓦ 런치코스(8만8천원~10만8천원), 런치안심/채끝코스(13만8천원), 디너코스(16만8천원~21만8천원)
Ⓛ 12:00~14:30/17:40~21:30 | 토, 일요일, 공휴일 12:00~14:00/ 17:00~21:30 – 수요일 휴무
Ⓠ 부산 해운대구 달맞이길62번길 28 (중동) 미포오션사이드호텔 2층

율링

☎ 051-741-3323 ⓟ 가능(미포 씨랜드 지하주차장 이용. 2시간 무료)

융캉찌에광안리점 대만식중식 | 우육면

대만식 우육탕면을 맛볼 수 있는 우육면 전문점. 매장 외관과 내부 모두 대만 현지 느낌을 살려 인테리어 했다. 셀프로 보이차를 가져다 마실 수 있으며, 흑식초와 절임배추가 비치되어 있다. 우육탕면에는 절임배추나 라장을 곁들여 먹기도 한다. 반려견은 케이지 입장으로 가능하며 가능한 자리가 따로 마련되어 있다.

ⓦ 우육탕면(1만5백원), 탄탄면(9천5백원), 마라곱창탕면(1만1천5백원), 마파두부덮밥(1만원), 돼지고기덮밥(1만3천원), 가지튀김(6천5백원), 오이무침(4천원)
ⓛ 11:00~15:00/16:00~21:30(마지막 주문 21:00) – 연중무휴
ⓠ 부산 수영구 광안해변로277번길 10 (민락동)
☎ 051-758-6011 ⓟ 불가(민락씨랜드시장공영주차장, 광인리 메디컬주차장, 형제주차장 이용)

으뜸이로리바타 일식오마카세 | 로바다야키

정으뜸 셰프의 일본 요리점으로 이로리(사각형으로 구덩이를 파고 재를 깔아 화로를 올리는 취사 및 난방 장치)에 요리하는 이로리야키를 전문으로 한다. 재료를 꼬치에 끼워 불 주변에서 장시간 구워내어 직화 구이와는 또 다른 풍미와 질감을 만들어낸다. 구이 진문집이지만 요리도 훌륭히며 사시미를 잘 다룬다.

ⓦ 오마카세(10만원)
ⓛ 19:00~22:00 | 월, 요일 17:30~22:00 – 일요일, 둘째. 넷째 주 월요일 휴무
ⓠ 부산 수영구 수영로408번길 20 (남천동)
☎ 010-6640-2884 ⓟ 불가

은하갈비 돼지갈비

돼지갈비가 맛있기로 유명한 노포 고깃집. 크고 화려하진 않지만 반찬이나 고기가 맛있어서 항상 손님들로 가득 차 있다. 직접 만든 양념에 재워둔 돼지갈비를 알루미늄 호일을 얹은 철판에 구워 먹는다.

ⓦ 양념갈비(160g 1만1천원), 돼지목살, 생갈비, 삼겹살(각 140g 1만1천원), 된장찌개(2천원)
ⓛ 11:00~22:00 – 둘째 주 화요일 휴무
ⓠ 부산 동구 초량중로 86 (초량동)
☎ 051-467-4303 ⓟ 불가

은해갈치 갈치

부산에서 신선한 제주 갈치 요리를 먹을 수 있는 곳. 갈치구이를 특대로 주문하면 손바닥 만한 크기와 두께로 구워져 나오는데, 탱탱하면서도 부드러운 식감이 가히 일품이다. 승합면서도 칼칼한 된장 베이스의 갈치찌개도 인기. 3가지 젓갈과 함께 차려지는 밑반찬도 맛있고 정갈하다.

ⓦ 갈치구이, 갈치찌개(각 1인 4만8천원, 특대 6만2천원), 갈치조림(1인 5만3천원, 특대 6만7천원), 왕특대구이, 왕특대찌개(각 13만원), 왕특대조림(14만원)
ⓛ 11:00~15:30/16:30~21:00(마지막 주문 20:00) – 연중무휴
ⓠ 부산 수영구 광안해변로295번길 4-7 (민락동)
☎ 051-925-2524 ⓟ 불가

음주양식당오스테리아어부

Osteria Aboo 파스타 | 이탈리아식

이탈리아 현지의 맛을 살린 요리와 함께 와인을 즐기기 좋은 곳. 제주산 딱새우와 링귀니 면이 어우러진 파스타와 클래식카르보나라가 특히 인기며 부드러운 송아지 종아리살이 곁들여진 오소부코리조토도 추천할 만하다. 그날그날 들어온 신선한 재료로 만드는 테이스팅코스도 선보인다.

ⓦ 시그니처테이스팅코스생선(14만8천원), 시그니처테이스팅코스한우(18만원), 칼라마리프리티(2만4천원), 가재파스타(3만6천원), 사프란리조토와밀라노식오리지날오소부코(5만9천원)
ⓛ 17:00~22:30(마지막 주문 21:00) | 토, 일요일 12:00~14:30(마지막 주문 13:00)/17:00~22:30(마지막 주문 21:00) – 월요일, 격주 화요일 휴무
ⓠ 부산 부산진구 동천로 58 (전포동)
☎ 051-802-8858 ⓟ 가능

의령돼지국밥 돼지국밥 | 일반한식

동래 시장에서 오랫동안 자리를 지켜온 국밥집. 수육을 시키면 나오는 명이나물에 고기를 싸먹으면 더욱 맛있다. 국밥은 소면도 나와 든든한 식사를 할 수 있다.

ⓦ 돼지국밥, 내장국밥, 섞어국밥(각 1만원), 소머리수백(1만4천원), 소머리곰탕(1만2천원), 소머리육개장(1만1천원), 소머리수육(소 3만8천원, 중 4만8천원, 대 5만8천원, 특대 6만5천원)
ⓛ 10:00~21:00 – 수요일 휴무
ⓠ 부산 동래구 명륜로98번길 65 (수안동)
☎ 051-555-4765 ⓟ 가능

의령식당 돼지국밥

깔끔하게 우려낸 육수가 일품이며, 부추무침을 곁들여 먹으면 좋다. 돼지국밥과 푸짐한 양의 돼지 수육이 함께 나오는 수육 백반도 가격대비 만족도가 높다.

ⓦ 돼지국밥, 내장국밥, 섞어국밥(각 7천원), 따로국밥(8천원), 수육백반(9천원), 수육(소 1만2천원, 중 1만5천원, 대 1만8천원)
ⓛ 08:30~21:00 – 일요일 휴무
ⓠ 부산 해운대구 우동1로50번길 15 (우동)
☎ 051-746-9661 ⓟ 불가

이랴이랴남산점 ✗ 소갈비

소양념갈빗살 전문점으로, 특제 소스의 맛이 일품이다. 불판이 타지 않도록 스팀 처리가 되는 점이 독특하다. 공깃밥을 주문하면 대접에 나물과 함께 담겨 나와 비벼 먹을 수 있다. 점심시간에는 고기와 된장찌개 등이 나오는 점심특선메뉴가 가격대비 만족도 높은 메뉴다.

ⓦ 갈빗살소금구이(150g 2만5천원), 갈빗살양념구이, 안창살주물럭(각 250g 2만9천원), 꽃갈빗살소금구이(120g 3만1천원), 갈빗살런치세트, 안창살런치세트(각 200g 2만5천원), 우삼겹순두부전골(1만2천원)

🕐 11:30~22:30(마지막 주문 21:30) – 연중무휴

🔍 부산 금정구 중앙대로 1975 (남산동)

☎ 051-517-1003　ⓟ 가능

이레옥 ✗✗✗ 怡來屋 곰탕 | 수육

곰탕 전문점. 한우를 사용한 담백하고 깔끔한 맛의 곰탕을 즐길 수 있다. 양이 들어간 양곰탕도 인기 메뉴. 테라스에 앉으면 광안대교가 한눈에 보여 최고의 전망을 자랑한다.

ⓦ 곰탕(1만6천원, 특 1만9천원), 양곰탕(1만8천원, 특 2만1천원), 특섞어곰탕(2만2천원), 수육(중 250g 8만원, 특 350g 9만원)

🕐 24시간 영업 – 연중무휴

🔍 부산 해운대구 마린시티3로 51 (우동) 더샵해운대아델리스 상가

☎ 051-742-6421　ⓟ 가능

이영식옛날돈까스 ✗ 돈가스

옛날 경양식집 스타일로 수프와 함께 나오는 돈가스를 맛볼 수 있다. 양배추 대신 쫄면이 곁들이로 나오는 것이 독특하다. 제주도흑돼지를 사용하며 생선가스는 달고기를 사용한다. 양정식에는 함박, 돈가스, 생선가스가 나온다. 두툼한 함박스테이크도 인기 메뉴.

ⓦ 돈가스(1만원), 치즈돈가스(1만2천5백원), 왕돈가스(1만2천원), 함박스테이크, 생선가스(각 1만1천원), 양정식(1만6천원)

🕐 10:20~19:40(마지막 주문 19:30) – 토, 일요일, 공휴일 휴무

🔍 부산 연제구 중앙대로1075번길 7 (연산동)

☎ 051-852-2577　ⓟ 가능(매장 앞 4대)

이재모피자 ✗✗✗ 피자

부산 현지인들에게 유명한 피자 전문점으로, 피자와 스파게티에 들어가는 치즈가 맛있다는 평이다. 페퍼로니피자가 인기 메뉴며, 모든 피자는 4천원 추가 시 큰 사이즈로 변경 가능하다. 대기가 상당하다.

ⓦ 치즈크러스트피자(S 2만5천원, L 2만9천원), 크러스트왕새우피자(S 3만2천원, L 3만6천원), 크러스트리치밤고구마(S 2만9천원, L 3만3천원), 페퍼로니피자(S 2만1천원, L 2만6천원), 스파게티(9천원~9천5백원)

🕐 10:00~21:10(마지막 주문 20:30) – 일요일 휴무

🔍 부산 중구 광복중앙로 31 (신창동1가 중앙아파트 상가 1층)

☎ 051-245-1478　ⓟ 불가

이타쇼 ✗ ITASHO 이자카야

광안대교를 바라보며 고급스러운 일식 다이닝을 즐길 수 있는 곳. 창가 카운터석에 앉으면 광안대교를 한 눈에 담을 수 있다. 사시미, 초밥 등 다양한 일식 안주와 사케를 맛볼 수 있으며, 주류 주문은 필수다.

ⓦ 오스스메(6만원), 한우1++채끝스테이크(5만원), 금태시오야키, 옥돔시오야키(4만5천원), 제철모둠사시미(2인 6만원, 3인 9만원), 시메사바, 이소베마키(2만7천원), 고등어봉초밥(2만8천원), 갈치가라아게(3만원)

🕐 17:00~01:00(익일)(마지막 주문 24:00) – 수요일 휴무

🔍 부산 수영구 광안해변로 197 (광안동)

☎ 0507-1396-1975　ⓟ 가능(광안타워민영주차장 이용, 1시간 무료)

이태리삼촌 일식돈가스

레고와 피규어 등의 소품으로 아기자기한 인테리어를 한 돈가스집. 두툼한 돼지고기를 바삭하게 튀긴 일식 돈가스와 돈가스샌드를 맛볼 수 있다. 직접 만든 돈가스소스를 내어준다.

ⓦ 모둠돈가스(1만2천원), 안심돈가스(1만1천원), 등심돈가스, 치킨가스, 돈가츠샌드(각 1만원)

🕐 11:00~15:00(마지막 주문 14:30)/17:00~20:00 | 토요일 11:00~ 15:00 – 일요일 휴무

🔍 부산 금정구 동부곡로5번길 83 (부곡동)

☎ 070-8259-8403　ⓟ 불가

일광대복집 복

은복, 밀복 다양한 복어로 조리하는 복어 요리 전문점, 수족관에 있는 복어를 그 자리에서 잡아서 요리하기 때문에 싱싱한 복어를 맛볼 수 있다. 식당 2층에서는 코스요리를 선보인다.

ⓦ 까치복(1만7천원), 밀복(2만원), 생밀복(각 2만5천원), 활참복(4만원), 까치복수육(7만원), 밀복수육(8만원), 활참복수육(16만원), 복수육(10만원)
ⓒ 08:00~21:00(마지막 주문 20:15) – 월요일 휴무
ⓠ 부산 기장군 일광읍 이화로 3
☎ 051-721-1561 ⓟ 가능

일번횟집 멸치

멸치로 유명한 대변항에서 멸치회와 멸치구이를 맛볼 수 있는 곳. 양파와 파, 초장으로 양념되어 나오는 멸치회는 새콤한 맛이 일품이며 깻잎에 싸 먹으면 맛이 좋다. 멸치 요리 외에도 신선한 회도 다양하게 맛볼 수 있다.

ⓦ 멸치회(4만원~5만원), 갈치회(4만원~8만원), 모둠회(5만원~13만원)
ⓒ 07:00~20:00 – 목요일 휴무
ⓠ 부산 기장군 기장읍 기장해안로 560-9
☎ 051-724-0101 ⓟ 가능

일품향 ✖ 一品香 중국만두 | 일반중식

물만두가 독특한 곳으로, 속이 비칠 정도로 얇은 만두피에 다진 돼지고기, 양파, 생강, 배추 등을 넣은 속이 넉넉히 들어간다. 새콤한 오이채 무침을 곁들여 먹으면 맛이 좋다. 난자완스도 추천. 짜장면, 짬뽕 등의 면 메뉴가 없는 것이 특징이다.

ⓦ 물만두, 찐만두(각 8천원), 튀김만두(9천원), 만둣국(9천원), 라조기, 깐풍기(각 3만원), 탕수육(2만8천원), 오향장육(3만원), 난자완스(4만원), 새우볶음밥(8천원)
ⓒ 11:00~15:00/17:00~20:00 – 월요일, 명절 휴무
ⓠ 부산 동구 대영로243번길 22 (초량동)
☎ 051-467-1016 ⓟ 가능

자매국밥 돼지국밥

돼지 머릿고기를 기본 베이스로 해서 국밥이나 수육을 만드는 곳. 고기는 누린내가 없으며, 담백하다. 돼지 사골을 푹 고아서 만든 육수는 칼칼하면서도 구수하다. 자극적이지 않고 느끼한 맛이 적은 국물 맛이 특징이다.

ⓦ 돼지국밥, 순대국밥, 살코기국밥(각 9천원), 수육백반(2인 이상 1인 1만2천원), 수육(소 1만8천원, 중 2만8천원, 대 3만8천원), 따로국밥, 내장국밥, 섞어국밥, 순대한접시(각 1만원)
ⓒ 10:00~21:00 – 일요일 휴무
ⓠ 부산 수영구 민락본동로27번길 56 (민락동)
☎ 051-752-1912 ⓟ 불가

잔둔가 멕시코식

멕시코 정통 음식을 독특하게 재해석한 곳으로, 직접 만든 부드러운 토르티야와 특제 살사를 더한 타코를 선보인다. 피시타코부터 대중적인 소고기타코까지 다양하게 즐길 수 있다.

ⓦ 알파스톨타코(2pcs 1만1천원), 피시타코(2pcs 1만2천원), 카르네아사다타코(2pcs 1만4천원), 참다랑어토스타다, 관자토스타다(각 1pcs 7천5백원), 허브과콰몰레(7천원), 알감자튀김(7천원), 콘립(8천5백원)
ⓒ 12:00~15:30(마지막 주문 15:00)/17:00~21:00(마지막 주문 20:30) – 월요일 휴무
ⓠ 부산 부산진구 동천로108번길 41 (전포동) 잔둔가
☎ 0507-1399-9208 ⓟ 불가

장성향 ✖ 長盛香 중국만두 | 일반중식

영화 〈올드보이〉에 등장하는 군만두로 유명해진 중국집. 바삭한 군만두 안에는 고기소가 가득 들어 있다. 간짜장은 불 맛이 느껴지며, 면과 양념소스를 잘 비벼서 고소한 계란프라이와 함께 먹는 것이 별미다.

ⓦ 군만두, 찐만두, 물만두(각 소 8천원, 대 1만원), 유니짜장면(7천원), 간짜장면(9천원), 짬뽕(9천원), 깐풍기(3만원), 오향장육(소 3만원, 대 4만원)
ⓒ 11:30~21:30 – 비정기적 휴무
ⓠ 부산 동구 대영로243번길 29 (초량동)
☎ 051-467-4496 ⓟ 불가

장춘방 長春芳 일반중식 | 중국만두

부산에서 오래된 중식당으로, 중국식 군만두와 물만두가 맛있는 곳이다. 바삭하게 구운 군만두와 침기름의 고소한 향이 묻어나는 물만두의 맛이 좋으며, 불 맛을 잘 살린 다른 요리도 괜찮다는 평이다. 영화 〈올드보이〉의 촬영 장소로 주목을 받았다.

ⓦ 오향장육(소 2만3천원, 중 3만3천원, 대 4만5천원), 짜장(소 7천원, 대 8천원), 유니짜장(소 8천5백원, 대 9천5백원), 볶음밥(소 7천원, 대 8천원), 마파두부밥(1만2천원), 잡탕밥(1만7천원)
ⓒ 10:40~21:00(마지막 주문 19:30) – 첫째, 셋째 주 월요일 휴무, 명절 당일 휴무
ⓠ 부산 동구 대영로243번길 30 (초량동)
☎ 051-467-5820 ⓟ 가능

장춘향 長春香 일반중식 | 중국만두

50여 년의 역사와 전통을 자랑하는 부산의 명물이다. 향신료를 사용하여 냄새를 제거해 연하고 고소하게 만든 족발과 만두의 맛이 일품이다. 오향장육과 만두가 추천 메뉴. 그외의 요리들도 맛이 좋다는 평이다.

ⓦ 짜장면(8천원), 짬뽕(9천원), 간짜장(1만원), 마파두부밥(1만2천원), 유산슬밥(2만원), 군만두(8천원), 오향장육(소 3만5천원, 중 4만5천원), 탕수육, 깐풍기(각 3만원), 새우탕수육, 크림새우, 깐쇼새우, 칠리새우, 깐풍새우(각 4만원), 고추잡채, 양장피(각 4만5천원), 동파육, 삼선누룽지탕(각 5만원)
ⓒ 10:00~22:00(마지막 주문 21:00) – 연중무휴

전산가든 아귀

기장 일대에서 인기 있는 아귀찜 가게. 아귀와 아귀 대창 등이 푸짐히 들어간 아귀찜을 낸다. 양념이 달지 않고 산초와 방아가 들어가 향긋한 것이 특징이다.

ⓦ 아귀수육(소 6만원, 중 7만원, 대 8만원), 아귀찜(소 4만원, 중 5만원)
🕐 11:00~20:00(마지막 주문 19:00) – 수요일 휴무
🔍 부산 기장군 일광읍 학리길 16
☎ 051-721-1093 ⓟ 가능(매장 앞)

정림전통한식 🎀 貞林 한정식 | 약선요리

약초한정식을 내세우는 자연음식 전문점. 산이나 들에서 캔 약초를 숙성, 발효시킨 양념을 사용해서 맛을 내며, 간장과 된장도 직접 만든다. 식재료는 야생초를 많이 사용하며, 약선 요리 연구가인 사장이 약초와 건강에 대한 이야기를 들려주기도 한다.

ⓦ 정림정찬(3만원), 행복밥상(4만원), 웰빙건강정찬(5만원), 웰빙정림스페셜(7만원)
🕐 11:30~15:00/17:00~21:00 – 명절 휴무
🔍 부산 동래구 충렬대로237번길 31-3 (수안동)
☎ 051-552-1211 ⓟ 가능

정짓간 순대국밥 | 수육

암퇘지 통사골을 가마솥에서 48시간 동안 푹 끓여 육수를 낸 돼지국밥을 맛볼 수 있는 곳. 진한 육수를 좋아하는 사람들에게 안성맞춤. 메뉴 주문 시 많이 뜨겁게, 비계 많이 등 옵션을 선택할 수 있어 편하다. 큼직하고 풍성한 고기 양으로 만족스럽다는 평.

ⓦ 돼지국밥(9천5백원), 순대국밥, 내장국밥, 섞어국밥(각 1만원), 수육백반(1만4천원), 수육보쌈(소 3만4천5백원, 중 4만8천5백원), 물/비빔막국수각 1만원), 왕만두(3개 5천원, 5개 8천원)

정짓간

정쭈삼 주꾸미

연탄불에 구운 쭈삼볶음을 맛볼 수 있는 곳이다. 기본 서비스로 홍합탕과 바삭한 부추전이 나온다. 맵기 조절이 가능한 쫄깃한 쭈삼볶음을 먹은 후 볶음밥으로 마무리하면 푸짐한 식사를 즐길 수 있다.

ⓦ 연탄주꾸미(소 2만7천원, 중 3만7천원, 대 4만7천원), 쭈삼볶음(소 2인분, 중 3만7천원, 대 4만7천원), 우쭈볶음(소 2만8천원, 중 3만8천원, 대 4만8천원), 1인쭈삼볶음(1만8천원), 1인우쭈볶음(1만8천원)
🕐 16:00~24:00(마지막 주문 23:00) – 연중무휴
🔍 부산 동구 초량로 7-2 (초량동) 1층
☎ 051-462-2873 ⓟ 불가

제로베이스 🎀 Zero Base 가이세키

일본 오사카의 유명 가이세키 요리점인 카가망에서 오랜 기간 근무한 유병찬 셰프의 일본요리점. 신선한 재료를 활용한 가이세키를 맛볼 수 있으며, 단일 코스만 진행한다. 다양한 종류의 사케와 도쿠리도 코스와 페어링하기 좋다. 생와사비, 북해도산 성게알 등 최상급 재료를 사용하고 있다.

ⓦ 단일코스(15만원)
🕐 18:30~22:30 | 2층 18:00~22:30 – 일요일 휴무
🔍 부산 수영구 민락로33번길 17 (민락동)
☎ 0507-1300-0326 ⓟ 가능(동방스카이 주차장 이용, 2시간 무료)

제일장횟집 🎀 생선회

자연산 회를 전문으로 하는 곳. 전형적인 한국식 회를 내지만 인테리어와 식기 등은 고급스러운 일본풍에 가깝다. 기본 반찬도 한상 가득 차려지는 것이 특징. 프라이빗한 룸이 있어 모임 장소로도 제격이다. 자연산 회가 없는 날에는 영업을 하지 않는다고 하니 전화로 확인하고 가는 것이 좋다.

ⓦ 자연산활어회(시가), 식사별도(3천원), 자연산활어회덮밥(2만원)
🕐 10:00~22:00 – 연중무휴
🔍 부산 수영구 민락수변로7번길 60 (민락동) e편한세상광안비치2층
☎ 051-752-9252 ⓟ 가능

제일횟집 🎀 생선회

초밥, 전복, 새우, 백합탕, 계란찜, 멍게 등 다양한 가짓수의 밑반찬 뿐만 아니라 메인 메뉴인 회도 푸짐하게 내어 준다. 식사로 나오는 매운탕은 특이하게 산초를 넣어 알싸한 맛이

일품이다.
- ⓦ 모둠회(소 5만원, 중 7만5천원, 대 10만원, 특대 12만원) 생우럭탕, 우럭매운탕(각 3만원), 매운탕(5천원)
- ⏱ 14:00~22:00(마지막 주문 21:30) – 연중무휴
- 🔍 부산 동래구 삼성대길 34-21 (명륜동)
- ☎ 051-553-7800 ⓟ 불가

젠스시 ✂ 善すし 스시

깔끔한 일식을 선보이는 곳. 재료의 손질 상태도 좋고 숙성이 잘된 쫄깃한 회 맛이 일품이다. 코스를 주문하면 애피타이저부터 디저트까지 한 번에 즐길 수 있다. 예약제로만 운영한다.
- ⓦ 스시오마카세(15만원)
- ⏱ 18:00~19:30/20:00~22:00 – 월, 화요일 휴무
- 🔍 부산 해운대구 대천로42번길 28-5 (중동)
- ☎ 051-746-7456 ⓟ 가능

종각집 우동

오래된 역사를 느낄 수 있는 옛 분식집의 가락국숫집. 2대째 대를 이어 한국식으로 맛을 내고 있다. 새우튀김가락국수기 유명하다. 새우튀김우동이 인기 있으며, 매콤하게 고춧가루를 뿌려 먹어도 좋다. 김초밥을 곁들여도 좋으며 가격도 합리적인 편이다.
- ⓦ 새우튀김가락국수(8천원), 종각가락국수(7천원), 김초밥(3천원), 비빔우동, 판모밀, 냉모밀, 쫄면, 비빔모밀, 어묵우동(각 8천원)
- ⏱ 11:00~20:00(마지막 주문 19:30) – 연중무휴
- 🔍 부산 중구 광복로49번길 7 (창선동1가)
- ☎ 051-246-0737 ⓟ 불가

주문진막국수 막국수

둔내막국수와 함께 부산에서 최고로 꼽히는 막국수 전문점. 살얼음이 동동 떠 있는 물막국수와 매콤한 양념으로 입맛을 당기는 비빔막국수 모두 맛이 좋다. 수육을 곁들여 먹어도 좋다.
- ⓦ 수육(소 2만5천원, 대 3만원), 물막국수(각 1만1천원), 비빔막국수(1만2천원)
- ⏱ 11:00~21:30 – 명절 휴무
- 🔍 부산 동래구 사직로58번길 8 (사직동)
- ☎ 051-501-7856 ⓟ 가능

주차장산꼼장어 꼼장어

2대에 걸쳐 대를 이어오고 있는 50년 넘는 전통의 꼼장어 전문점. 즉석으로 꼼장어를 잡아서 연탄불에 초벌해서 낸다. 국내산 꼼장어만을 취급하며 살아 있는 꼼장어를 바로 구워 식감이 쫄깃쫄깃하다. 양념구이와 소금구이 중 선택할 수

있다.
- ⓦ 연탄양념구이, 연탄소금구이, 통마리구이(소 4만원, 중 5만원, 대 6만원, 특대 7만원)
- ⏱ 10:30~22:30(마지막 주문21:30) – 연중무휴
- 🔍 부산 부산진구 부전로 176 (부전동)
- ☎ 051-808-0407 ⓟ 가능

중남해 ✂ 中南海 일반중식

롯데호텔 도림 출신 주방장이 깔끔한 중식 요리를 낸다. 얼큰한 국물의 짬뽕과 새콤한 냉채를 추천할 만하다. 룸도 여러 개 마련되어 있어 단체 모임을 하기에도 좋다.
- ⓦ 중남해냉채, 오향장육(각 소 4만원 대 4만5천원), 은이버섯수프(1만원), 삭스핀해물요리(소 5만원, 대 6만원), 고추잡채(소 3만원 대 4만원), 짬뽕(9천원), 볶음밥, 짜장면(7천원), 저녁코스(3만원~9만원)
- ⏱ 11:30~14:00/17:30~20:30 – 비정기적 휴무
- 🔍 부산 동구 대영로243번길 27 (초량동)
- ☎ 051-469-9333 ⓟ 가능

중앙모밀 메밀국수

70여 년 전통의 메밀, 우동 전문점. 일본식이라기보다는 한국식 우동과 메밀국수를 맛볼 수 있다. 메밀국수는 장국 맛인데, 파를 많이 넣어주는 것이 특징이다. 달착지근한 맛이 일품이며 김초밥이나 유부초밥 등을 곁들이면 더욱 좋다.
- ⓦ 메밀국수(9천원), 메밀냄비(9천원), 새우튀김우동, 얼큰우동, 특어묵우동(각 8천원), 가락우동(6천원), 유부초밥, 김초밥(각 4천원)
- ⏱ 11:00~19:30 – 수요일 휴무
- 🔍 부산 중구 중앙대로49번길 9-1 (중앙동2가)
- ☎ 051-246-8686 ⓟ 불가

진우린해장 JIN WOO RIN 갈비탕 | 수육

든든한 한 끼 해결하기 좋은 곳. 24시간 운영되어 부담 없이 방문할 수 있다. 대표 메뉴는 한우해장국과 맑은소한마리탕, 그리고 육회비빔밥이다. 육회비빔밥에는 해장국이 작은 뚝

진우린해장

배기로 준비되어 함께 맛볼 수 있어 좋다.
- ⓦ 갈비해장국(1만5천원), 한우해장국(1만원), 한우육회비빔밥(1만2천원), 맑은소한마리탕(1만2천원), 점심특선맛보기수육(200g 1만9천원), 육회(소 1만7천원, 중 2만5천원), 모둠수육(중 4만3천원, 대 5만3천원)
- ⓣ 24시간 영업 – 연중무휴
- ⓠ 부산 해운대구 중동1로 44 (중동) 1층
- ☎ 051-746-0222 ⓟ 가능

차오란 超然 일반중식

부산 시그니엘호텔의 고급 중식 다이닝 레스토랑. 1920년대 홍콩의 분위기를 반영하였으며 모던 광동식 요리를 맛볼 수 있다. 낮에는 딤섬과 차를, 저녁에는 바에서 칵테일을 즐길 수 있다.
- ⓦ 런치세트(13만원~17만원), 디너세트(13만5천원~30만원), 차오란덕(18만원), 페킹덕(18만원), 딤섬셀렉션(1인 8만5천원)
- ⓣ 12:00~15:00(마지막 주문 14:30)/18:00~21:30(마지막 주문 21:00) – 연중무휴
- ⓠ 부산 해운대구 달맞이길 30 (중동) 시그니엘 부산 5층
- ☎ 051-922-1250 ⓟ 발레 파킹

청송집 장어

일대에서 유명한 장어집으로, 메뉴는 장어구이 하나뿐이다. 양념한 장어를 불에 구워 내오며 더덕무침과 초생강을 곁들여 백김치에 싸먹으면 맛있다. 식전에 나오는 장어곰국도 별미.
- ⓦ 장어구이(3만원), 공기밥+재첩국(3천원)
- ⓣ 11:30~21:30 – 첫째, 셋째 주 일요일 휴무
- ⓠ 부산 사하구 하신번영로 432 (하단동)
- ☎ 051-292-2173 ⓟ 가능

청죽 靑竹 일식

아담한 정원이 있는 정겨운 분위기에서 먹는 참치가 맛있는 일식당이다. 다양한 가격대의 코스를 즐길 수 있으며 초밥, 탕, 구이 등의 단품도 주문할 수 있다. 일본식으로 꾸민 정원이 운치 있다.
- ⓦ 점심특선(A 3만원 B 3만5천원), 코스(4만원~15만원), 참치코스(10만원), 랍스터코스(11만원), 초밥(3만원~5만원), 새우구이, 모둠튀김(각 3만5천원), 장어구이(4만원), 우럭탕(2만5천원)
- ⓣ 10:00~22:00(마지막 주문 20:30) – 명절 휴무
- ⓠ 부산 서구 망양로 23 (서대신동3가)
- ☎ 051-247-8555 ⓟ 가능

청춘식당 돼지고기구이 | 소고기구이

국내 최고 등급의 돼지고기를 사용하는 곳. 얼리지 않은 생고기가 도마 위에 올려 나오는 것이 특징. 불판에 익혀 먹으면 풍부한 육즙과 쫄깃한 식감이 일품이다.

- ⓦ 오겹살, 삼겹살, 목살, 갈매기살(각 120g 1만원), 안창살(100g 3만8천원), 등심(100g 3만원), 차돌된장찌개(1만원)
- ⓣ 18:00~06:00(익일) – 일요일 휴무
- ⓠ 부산 해운대구 해운대해변로209번길 8-12 (우동)
- ☎ 051-746-6511 ⓟ 불가

초량1941 카페

1941년에 지어진 일본식 적산가옥을 고쳐 만든 카페. 독특하게도 우유를 전문으로 하고 있어 우유카페라는 별칭으로도 불린다. 바닐라우유를 비롯해 홍차우유, 말차우유, 생강우유 등 다양한 우유를 맛볼 수 있으며 병에 담아 판매한다. 앙팡, 브라우니, 푸딩, 과일산도 등의 메뉴도 다양하다.
- ⓦ 아메리카노(5천5백원), 바닐라우유, 커피바닐라우유, 홍차우유, 말차우유, 생강우유(각 6천8백원), 초량앙팡(3천5백원), 과일산도(7천원), 타마고산도(6천5백원)
- ⓣ 10:30~18:00(마지막 주문 17:50) – 연중무휴
- ⓠ 부산 동구 망양로 533-5 (초량동)
- ☎ 051-462-7774 ⓟ 가능

초량밀면 밀면

부산밀면을 전문으로 하는 곳. 사골 육수에 살얼음이 동동 떠있는 물밀면과 땅콩으로 고소함을 더한 새콤달콤매콤한 맛의 비빔밀면 두 가지 중에서 취향껏 선택하면 된다. 채소와 고기로 속이 꽉찬 만두도 인기 있다. 식사 시간 대에는 웨이팅이 있기도 한데, 회전율은 좋은 편.
- ⓦ 물밀면, 비빔밀면(각 소 7천원, 대 8천원), 칼국수(7천원), 해물칼국수(8천원), 왕만두(7천원)
- ⓣ 10:00~21:30(마지막 주문 21:00) – 명절 당일 휴무
- ⓠ 부산 동구 중앙대로 225 (초량동)
- ☎ 051-462-1575 ⓟ 불가

초원복국 복

복요리로 유명한 곳으로 60여 년간 2대째 내려오고 있다. 복지리, 복매운탕 등 다양한 복요리를 맛볼 수 있으며 원하는 복 종류를 선택할 수 있다. 복코스를 주문하면 저렴한 가격에 복샤부샤부, 복튀김, 복초회, 복죽 등 다양한 복요리가 나온다. 부산 곳곳에 지점을 두고 있을 만큼 인기 있는 곳.
- ⓦ 복국(은복 1만6천원, 밀복 2만5천원, 까치복 2만6천원, 참복 4만5천원), 복불고기(2인 이상, 1인 은복 1만9천원, 밀복 2만5천원, 까치복 2만7천원), 복코스(3인 이상, 1인 은복 3만5천원, 밀복 5만5천원, 까치복 5만5천원), 복샤부샤부(2인 이상, 1인 은복 2만1천원, 밀복 2만7천원, 까치복 2만9천원, 참복 5만원)
- ⓣ 09:00~15:00(마지막 주문 14:10)/17:00~21:00(마지막 주문 20:10) | 토, 일요일 09:00~20:00(마지막 주문 19:10) – 명절 휴무
- ⓠ 부산 남구 황령대로492번길 30 (대연동)
- ☎ 051-628-3935 ⓟ 가능

초필살돼지구이 🍴 돼지고기구이 | 돼지갈비

해운대에서 인기 있는 돼지고기 구이 전문점. 쫄깃한 육질이 풍미가 좋으며 파채, 소스 등과 함께 먹으면 좋다. 벌집 모양의 칼집을 낸 돼지껍데기가 시그니처 메뉴다. 가격대비 만족도도 좋은 편.

ⓦ 껍데기(150g 9천5백원), 소금구이(120g 1만2천원), 돼지갈비(200g 1만1천원), 뒷고기(120g 9천5백원), 대패삼겹살(200g이 1인분. 100g 7천원), 통삼겹김치찌개(2만7천원)
ⓣ 17:00~24:00(마지막 주문 23:00) – 연중무휴
ⓠ 부산 해운대구 마린시티3로 23 (우동) 벽산이오렌지프라자
☎ 0507-1417-5516 ⓟ 가능

춘하추동밀면 🍴 春夏秋冬 밀면

개금밀면, 가야밀면과 함께 부산에서 3대 밀면으로 꼽히는 곳이다. 살얼음을 띄운 밀면의 육수는 사골국물에 약초를 넣어 만들어 색이 진한 것이 특징이다. 매운 것을 좋아하는 사람에게는 비빔밀면을 추천한다.

ⓦ 밀면, 비빔밀면(각 9천원, 곱빼기 1만원), 만두(6천원), 편육(1만원), 고기사리(6천원)
ⓣ 10:00~21:30 | 동절기 10:00~21:00 – 명절 당일 휴무
ⓠ 부신 부신진구 시민문화로 40 1 (부전동)
☎ 051-809-8659 ⓟ 불가

취밍 🍴 翠明 일반중식

짬뽕이 맛있는 중국집. 칼칼하고 매콤하면서도 시원한 국물의 해물짬뽕과 백짬뽕인 공부탕면이 인기 메뉴다. 롯데호텔을 비롯 특급 호텔에서 20여년 근무한 이력이 있는 오너 셰프의 손맛이 느껴지는 탕수육도 추천할 만하다.

ⓦ 짜장면(7천원), 해물짬뽕. 공부탕면(각 9천원). 해물쟁반짜장(2인 1만6천원). 새우볶음밥(8천원), 게살볶음밥(9천원), 탕수육, 깐풍기, 칠리새우(각 소 1만8천원 중 2만6천원)
ⓣ 11:00~15:00/16:30~21:30(마지막 주문 20:40) – 연중무휴
ⓠ 부산 북구 금곡대로285번길 16 (화명동) 1층 106호
☎ 051-362-3376 ⓟ 가능

칠성횟집 🍴 생선회 | 세꼬시

광안대교를 바라보면서 세꼬시를 즐길 수 있는 곳. 세꼬시를 찍어 먹는 쌈장이 이 집 맛의 비결이다. 푸짐한 곁들이 음식은 없지만, 합리적인 가격에 질 좋은 세꼬시를 맛볼 수 있다. 뚝배기에 끓여 내오는 매운탕 맛도 일품이다.

ⓦ 도다리세꼬시(소 4만원, 대 6만원), 우럭, 광어(각 소 4만원, 대 5만원), 참돔(통마리 15만원), 광어(통마리 13만원)
ⓣ 12:00~22:00 – 연중무휴
ⓠ 부산 수영구 광안해변로 263 (민락동) 파로스오피스텔
☎ 051-753-3704 ⓟ 가능

칠암사계 🍴 七岩四季 카페 | 베이커리

제과제빵 직종 대한민국명장이 운영하는 베이커리 카페. 대표 메뉴인 소금빵을 사기 위해서는 웨이팅을 감수해야 한다. 1층에서는 다양한 종류의 빵을 만날 수 있으며, 2층이나 루프탑에서는 기장의 바다 뷰를 감상할 수 있다.

ⓦ 소금빵(2개 4천원), 칠암돌만주(2천3백원), 칠암블렌드, 사계싱글(6천5백원), 아메리카노(5천8백원), 카페라테(6천원), 칠암아인슈페너(6천5백원), 아이스크림(5천8백원)
ⓣ 10:00~21:00 – 연중무휴
ⓠ 부산 기장군 일광면 칠암1길 7-10
☎ 051-727-4900 ⓟ 가능

칠칠켄터키 🍴 프라이드치킨

향수를 불러일으키는 옛날식 치킨을 맛볼 수 있는 곳. 함께 나오는 카레향 팝콘과 양배추 샐러드가 어릴 적 먹던 치킨의 맛을 한층 더한다. 가격대비 푸짐한 양을 자랑해 인근 부산대학교 학생들이 즐겨 찾는 곳이다. 복고풍 인테리어로 리뉴얼해 더욱 분위기가 좋아졌다.

ⓦ 프라이드켄터키치킨(2만원), 깐풍켄터키치킨(2만2천9백원), 양념켄터키치킨(2만2천원), 간장켄터키치킨, 땡초켄터키치킨(각 2만2천5백원), 마늘켄터키치킨, 크리미어니언켄터키치킨(각 2만1천9백원)
ⓣ 11:20~15:00/17:00~23:30(마지막 주문 22:00) | 토.일요일 16:00~24:00(마지막 주문 22:30) – 연중무휴
ⓠ 부산 금정구 금강로 271-8 (장전동)
☎ 051-518-9777 ⓟ 불가

카파도키아 🍴 Cappadocia 튀르키예식

부산에서 보기 드문 튀르키예 음식 전문점으로, 케밥을 비롯한 다양한 정통 튀르키예 음식을 맛볼 수 있다. 다양한 종류의 케밥이 인기 메뉴이며, 전통 향신료에 절인 양갈비를 그릴에 구운 피르졸라도 즐길 수 있다. 귀화한 튀르키예인이 운영하며 가게 곳곳에 터키의 전통 공예품이 진열되어 있다.

ⓦ 치킨케밥, 타우크샤르마케밥(각 1만3천원), 아다나, 카파도키

아(각 1만4천원), 시시, 세브제리케밥(각 1만5천원), 피르졸라(3
만원), 런치세트(1만5천원~1만6천원), 카파도키아스페셜(1인 3
만9천원, 2인 7만4천원, 3인 10만9천원, 4인 14만3천원)
- 11:30~21:30(마지막 주문 20:30) – 화요일 휴무
- 부산 금정구 금단로 123–9 (남산동)
- 051–515–5981 ⓟ 가능

카페젤라떼리아 ✕ Cafe Gelateria 카페

직접 만든 젤라토와 소프트아이스크림을 맛볼 수 있는 아이
스크림 카페. 직접 구워 만드는 토스트와 소프트아이스크림
을 함께 먹을 수 있는 소프트허니러브세트의 인기가 높다.
1, 2층에 좌석이 많은 편이므로, 천천히 커피류와 함께 즐겨
도 좋다.
- 젤라토(4천5백원~3만3천원), 소프트아이스크림(7천원~1만
6천5백원), 허니러브토스트세트(1만원~1만3천5백원), 에스프레
소, 아메리카노(각 4천원), 카페라테(5천원)
- 11:00~23:00(마지막 주문 22:45) – 연중무휴
- 부산 수영구 광안해변로344번길 17–3 (민락동) 베네치아빌
딩 1층
- 051–754–3106 ⓟ 불가

칼질천번 오징어 | 생선회

섬세하게 칼질이 들어간 부드러운 식감의 오징어회를 전문
으로 한다. 한상을 시키면 일식 퓨전이 가미된 고급스러운
오징어회를 즐길 수 있다.
- 칼천한상(12만원), 칼천특한상(15만원), 칼천반상(8만원), 오징
어회세트(6만5천원), 생선회(2만5천원), 연포탕, 오징어회(각 3
만원).
- 11:30~14:00/16:00~22:30 – 연중무휴
- 부산 부산진구 골드테마길 63 (범천동)
- 051–638–7942 ⓟ 가능(2시간 무료)

칼질천번

커피맘스 ✕ COFFEE MOMS 커피전문점

큐 그레이더(커피감별사)가 직접 선별해 로스팅한 원두로
커피를 내려주는 곳. 핸드드립 커피를 주문하면 손님 테이
블에서 바로 내려준다. 로스팅한 원두를 구매할 수도 있다.
- 핸드드립커피(5천원~1만원), 에스프레소(4천5백원), 아메리
카노(4천5백원), 카페라테(5천원) 더치커피(5천원), 더치라테(5
천원)
- 11:00~20:00 – 일요일 휴무
- 부산 금정구 금샘로 403 (구서동)
- 051–582–4445 ⓟ 가능

커피어웨이크 ✕ Coffee Awake 커피전문점

수준 높은 스페셜티 커피를 즐길 수 있는 곳. 2가지 에스프
레소 블렌드가 있어 산미를 즐기는 사람과 중후한 맛을 선
호하는 사람 모두 만족할 수 있다. 진한 에스프레소의 향미
를 즐기는 사람들을 위해 에스프레소 2샷이 들어가는 롱블
랙, 플랫화이트도 선보인다.
- 필터커피(5천원~9천원), 에스프레소, 아메리카노(각 3천5백
원), 콜드브루, 플랫화이트, 카페라테, 초코라테(각 4천원), 바닐
라라테(4천5백원)
- 10:00~18:00(마지막 주문 17:45) – 비정기적 휴무
- 부산 금정구 부산대학로63번길 46–4 (장전동)
- 051–517–5721 ⓟ 불가

커피프론트 ✕ coffee front 커피전문점

약배전한 부드러운 원두의 맛을 즐길 수 있는 곳이다. 주문
시 원두의 종류는 물론 우유의 종류까지 선택이 가능한 것
이 특징. 유기농 우유를 사용하는 라테가 맛있는 곳이기도
하다.
- 아메리카노(5천3백원), 카페라테(6천5백원), 필터커피(6천5
백원), 플랫화이트(6천3백원), C플랫(6천5백원), 티소풀(5천원)
- 08:00~19:00(마지막 주문 18:30) | 토, 일요일, 공휴일
09:00~ 19:00(마지막 주문 18:30) – 연중무휴
- 부산 해운대구 APEC로 17 (우동) 센텀리더스마크 113호
- 051–731–2635 ⓟ 가능

코스피어 ✕ cospir 커피전문점

2019년 브루잉 커피 챔피언인 정형용 바리스타가 부산대 인
근에 오픈한 매장이다. 챔피언이 직접 내려주는 핸드드립
커피를 맛볼 수 있는 곳인 만큼, 싱글 오리진의 브루잉커피
를 추천한다. 커다란 컨테이너 감성의 외관에 미니멀한 공
간과 원목가구가 편안함을 주는 곳이다.
- 브루잉커피(6천5백원~1만5원), 아메리카노, 에스프레소(각
5천원), 카페라테(5천5백원), 바닐라라라테(6천원)
- 11:00~19:00 – 명절 전날, 당일 휴무
- 부산 금정구 장전온천천로79번길 4 (장전동) 1층
- 070–4400–7942 ⓟ 불가

쿠루미과자점 ✄ kurumi sweets 일본디저트

유기농 재료로 만드는 일본식 제과점. 당일 생산한 빵을 파는 것이 원칙으로, 빵 나오는 시간이 각각 정해져 있다. 아이스 모나카와 야키소바빵이 추천 메뉴다.

- Ⓦ 야키소바빵(3천5백원), 쿠루미팥빵, 유자팥빵, 크림빵(각 2천5백원), 다크초코/말차소라빵(각 3천5백원), 콜드브루(4천원), 바닐라라테(5천5백원)
- ⏱ 11:00~21:00(마지막 주문 20:30) | 토, 일요일 11:00~19:00(마지막 주문 18:30) – 화요일 휴무
- 🔍 부산 동래구 온천천로 71–1 (명륜동)
- ☎ 051–553–8725 Ⓟ 불가

클라우드32 ✄ Cloud32 이탈리아식 | 바

해운대 바다가 보이는 전망 좋은 이탈리안 레스토랑으로, 야경은 더욱 근사하다. 신선한 해산물 재료를 사용하며 와인이나 칵테일을 즐길 수 있는 바를 겸하고 있다.

- Ⓦ 프리미엄코스(20만원), S코스(13만원), 런치코스(6만9천원, 8만8천원), 런치파스타코스(3만9천원)
- ⏱ 12:00~15:30(마지막 주문 14:00)/17:00~24:00(마지막 주문 20:00) – 연중무휴
- 🔍 부산 해운대구 마린시티3로 52 (우동) 한화리조트 32층
- ☎ 051–749–5320 Ⓟ 가능

키친동백 ✄ 파스타 | 피자

해운대 달맞이길 인근에 자리한 이탈리안 레스토랑. 맛과 서비스, 플레이팅 모두 평이 좋다. 원래는 동백아트센터로 운영되던 곳으로, 곳곳에 전시된 예술 작품과 화이트 톤의 인테리어가 인상적이다. 드레스코드는 스마트캐주얼로, 슬리퍼 착용 등은 자제하는 것이 좋다.

- Ⓦ 한우안심스테이크(180g 8만5천원), 런치스테이크코스(6만9천원), 런치파스타코스(5만1천원), 쉐프테이스팅코스(10만9천원), 한우트러플페스토리조토(3만6천원), 트러플기타라파스타(3만4천원)
- ⏱ 11:00~15:00/17:00~22:00(마지막 주문 21:00) – 월요일 휴무
- 🔍 부산 해운대구 달맞이길117번가길 85 (중동)
- ☎ 051–731–0022 Ⓟ 가능

타카라멘 ✄ 라멘

닭육수를 베이스로 해서 깔끔한 국물의 라멘을 맛볼 수 있는 곳. 라멘 토핑으로 일반적인 말린 죽순 대신 무말랭이가 올라간다는 점이 특이하다. 수비드로 익힌 차슈도 담백하고 부드럽다.

- Ⓦ 마메파이탄(1만1천원), 소유라멘, 시오라멘(각 9천원), 닭가라아게(4천5백원)
- ⏱ 11:30~15:00/17:30~20:30(마지막 주문 19:30) | 일요일 11:30~16:00(마지막 주문 15:00) – 월요일 휴무

- 🔍 부산 부산진구 중앙대로691번가길 25–5 (부전동)
- ☎ 0507–1429–8521 Ⓟ 불가

탐복 ✄ 일반한식 | 전복

고급스러운 분위기의 전복 전문점. 기본 세트를 주문하면 탐복밥, 탐복죽, 탐복구이가 함께 나온다. 탐복밥 고명은 미역, 톳, 곤드레 중에 고를 수 있으며 게우소스와 전복장으로 비벼 먹는다.

- Ⓦ 구이반상(2만9천원), 기운차림세트(7만1천원), 탐복죽, 탐복밥(각 1만7천원), 탐복회, 탐복구이, 탐복청주찜(각 3만8천원)
- ⏱ 10:30~16:00(마지막 주문 15:00) | 토, 일요일 10:30~ 15:00/17:00~20:30(마지막 주문 19:30) – 월, 화요일 휴무
- 🔍 부산 기장군 일광읍 문오성길 31
- ☎ 051–727–4213 Ⓟ 가능

태백관 ✄ 일반중식

바삭한 탕수육이 맛있기로 유명한 집. 탕수육 외에도 다양한 중식 메뉴를 선보이지만, 손님 대부분이 탕수육을 주문한다. 작은 크기를 주문해도 탕수육이 산처럼 수북이 쌓여 나온다. 군만두와 짬뽕 국물은 서비스.

- Ⓦ 탕수육(소 2만원, 중 2만6천원, 대 3만1천원), 커플탕수육(2인 1만7천원), 짜장면(6천원), 짬뽕, 볶음밥(각 7천원)
- ⏱ 11:00~19:00 | 화요일 11:00~14:00 – 월요일 휴무
- 🔍 부산 동래구 충렬대로285번길 31 (칠산동)
- ☎ 051–556–6663 Ⓟ 불가

태산손만두칼국수 ✄ 칼국수 | 만두

40년 이상의 전통을 자랑하는 만둣집이다. 만두소가 다 보일 정도로 얇은 만두피에 잘게 다진 고기가 한가득 들어가 있다. 여름에는 콩국에 칼국수를 넣어 만든 냉콩칼국수가 별미다.

- Ⓦ 고기만두, 김치만두, 칼국수, 찐빵(각 6천원), 만둣국, 냉콩칼국수(각 7천원)
- ⏱ 11:00~15:30/16:30~20:30(19:30~20:30 만두 포장만 가능) – 일요일 휴무
- 🔍 부산 동래구 시실로 209–1 (명장동)
- ☎ 051–522–2597 Ⓟ 불가

태화육개장 육개장 | 수육

60여 년간 3대째 육개장과 수육만을 파는 곳. 육개장 국물은 맑고 깨끗한 편이며 국수 사리가 들어 있는 것이 특징이다. 시골장터에서 먹던 국밥을 연상케 한다. 부드럽게 삶은 수육을 곁들여도 좋다.

- Ⓦ 육개장(1만원), 수육, 양무침(각 소 2만5천원, 대 3만천원)
- ⏱ 08:30~21:30 – 첫째, 셋째 주 일요일 휴무
- 🔍 부산 부산진구 서면문화로 18 (부전동)
- ☎ 051–802–5995 Ⓟ 가능

토라후구가 ✖ とらふぐ家 복

일본의 겐핑후구의 체인으로 시작한 서울 논현동의 복요리점 현복집 출신인 정승훈 셰프가 운영하는 참복 전문점. 텟사(얇은 복사시미), 부츠기리(뭉텅 썰어놓은 사시미), 가라아게(튀김), 지리, 죠스이(죽) 등의 일본식 참복요리를 코스 혹은 단품으로 즐길 수 있다.

- ⓦ 런치(7만원), 디너(A 12만원, B 15만원), 사시미(3만8천원)
- ⓒ 12:00~14:30(마지막 주문 13:30)/18:00~22:30(마지막 주문 21:30) | 수요일 18:00~22:30 – 일요일 휴무
- ⓠ 부산 해운대구 좌동순환로 480 (중동) 금호어울림상가
- ☎ 051–743–5432 ⓟ 가능

토라후구가

토로 TORO 이탈리아식 | 파스타 | 피자

식전빵부터 소스까지 직접 만드는 이탈리안 레스토랑. 자갈치 시장에서 직접 공수해온 해산물을 넣은 여러 종류의 파스타와 10일 이상 숙성한 한우 스테이크가 맛있다. 주택을 개조한 실내 분위기가 아늑하다.

- ⓦ 포터하우스스테이크(1kg 15만5천원), 안심스테이크(200g 5만5천원), 채끝등심스테이크(200g 4만5천원), 본매로우만조리조토(2만5천원), 문어스테이크(3만5천원), 문어먹물리조토(2만5천원), 캐비어어란파스타(2만5천원)
- ⓒ 11:30~15:00/17:00~22:00(마지막 주문 21:00) | 토, 일요일, 공휴일 11:30~22:00 – 연중무휴
- ⓠ 부산 영도구 태종로750번길 46 (동삼동) 1층 토로
- ☎ 051–403–8939 ⓟ 가능

토암 한정식

커다란 정원을 걸어 들어가면 나오는 한정식집. 한정식을 시키면 20여 가지의 반찬과 요리가 나온다. 시골집에서 먹는 듯한 맛과 정취를 즐길 수 있다. 식사를 한 후에는 정원에 있는 테라스에서 차를 마실 수 있다. 도자기 공방으로도 사용했던 곳으로, 곳곳에 도자기를 구웠던 흔적이 남아 있다.

- ⓦ 선비정식(2만원), 소불고기정식(2만원), 갈치조림정식(3만8천원), 소불고기(1만8천원), 단팥죽(8천원), 민어조기구이(1마리 5천원)
- ⓒ 11:00~16:00/17:00~20:30(마지막 주문 19:30) | 토, 일요일 11:00~15:30/17:00~20:30(마지막 주문 19:30) – 명절 전날, 당일 휴무
- ⓠ 부산 기장군 기장읍 대변로 107–27
- ☎ 051–721–2231 ⓟ 가능

톤섬 일식돈가스

240시간 동안 교차 숙성한 돼지고기를 저온에서 튀긴 돈가스를 맛볼 수 있는 곳. 톤섬시그니처를 주문하면 블랙타이거새우, 치즈가스, 안심가스를 모두 맛볼 수 있다. 와사비, 소금, 레몬, 트러플 오일 등 돈가스와 어울리는 다양한 양념도 준비되어 있다.

- ⓦ 톤섬시그니처, 시마가스(각 1만7천원), 특등심가스(200g 1만6천원), 안심가스(200g 1만5천원), 등심가스(200g 1만4천원)
- ⓒ 11:00~14:00/17:30~20:00 | 토, 일요일 11:00~15:30/17:30~20:30 – 월요일 휴무
- ⓠ 부산 영도구 남항로9번길 36 (남항동1가)
- ☎ 0507–1337–0279 ⓟ 가능(영도남항주차장 이용, 1시간 무료)

톤쇼우 ✖ 豚笑 일식돈가스

일식 돈가스를 맛볼 수 있는 곳. 주문과 동시에 저온, 고온, 레스팅 순서로 조리가 진행되어 핑크빛의 육즙을 자랑한다. 영국 왕실 소금인 말돈 소금에 찍어 먹거나 특제소스에 겨자를 더해 먹으면 느끼함을 잡아준다.

- ⓦ 버크셔K로스가스(1만8천원, 특 2만1천원), 로스가스(1만4천5백원, 대 1만7천원, 특 1만8천원), 가츠산도(1만3천원), 모둠가스(1만8천원), 에비가스(1만4천5백원)
- ⓒ 11:00~21:30(마지막 주문 20:30) – 연중무휴
- ⓠ 부산 수영구 광안해변로279번길 13 (민락동)
- ☎ 051–752–7978 ⓟ 가능

트레져스커피 ✖ TREASURES 커피전문점

필터커피가 유명한 스페셜티 커피전문점. 직접 로스팅한 다양한 종류의 필터커피를 맛볼 수 있으며, 과테말라와 파나마 게이샤도 준비되어 있어 핸드드립을 좋아하는 이들에게 인기 있는 곳. 1층에는 바 위주의 좌석이, 2층에는 테이블 좌석이 있다.

- ⓦ 에스프레소, 아메리카노(각 5천원), 카페라테, 루비라테(각 6천원), 바닐라라테(6천5백원), 필터커피(6천원~1만1천원)
- ⓒ 12:00~18:00(마지막 주문 17:30) – 연중무휴
- ⓠ 부산 부산진구 전포대로216번길 28 (전포동)
- ☎ 051–915–0204 ⓟ 불가

팔각정 한정식

깔끔한 한정식을 맛볼 수 있는 곳. 랍스터, 대하, 구절판, 버섯모둠철판 등의 메뉴가 한 상 가득 푸짐하게 나온다. 날씨가 좋은 때에는 창문 너머 바다로 대마도까지 내다보인다.

- ₩ 한정식(1만5천원, 2만원, 2만5천원, 3만5천원), 생선회(소 3만원, 대 5만원)
- ◷ 12:00~21:00 – 명절 휴무
- ◲ 부산 기장군 기장읍 대변로 101
- ☎ 051-723-1717 ⓟ 가능

팔도미역본점 미역국

다양한 종류의 미역국과 식사를 즐길 수 있는 곳. 가자미살을 통으로 넣은 가자미미역국이 인기 메뉴. 고등어구이나 석쇠한우불고기를 함께 맛볼 수 있는 정식 메뉴도 준비되어 있다.

- ₩ 가자미미역국, 새우미역국, 황태미역국(각 1만3천원), 순살가자미미역국(1만4천원), 한우미역국(1만6천원), 새송이들깨미역국(1만2천원), 채소비빔밥(1만원), 한우육회비빔밥(1만4천원), 고등어구이정식(1만2천원), 석쇠한우불고기정식(2만2천원)
- ◷ 09:30~15:00/16:00~21:00 – 연중무휴
- ◲ 부사 부사지구 서면무화로 22 (부전동)
- ☎ 없음 ⓟ 불가

팔레드신 ✕✕✕

PALAIS DE CHINE 모던차이니즈 | 홍콩식중식 | 북경오리

오션뷰를 즐길 수 있는 그랜드조선부산의 모던 차이니즈 레스토랑. 시그니처는 단연 북경오리. 소흥주칠리새우, 훈연향메로도 인기 메뉴며, 불도장, 탕수육 등 웨스틴조선 홍연의 대표 메뉴도 맛볼 수 있다. 북경오리는 최소 4일 전에 예약해야 한다.

- ₩ 런치코스(7만5천원~13만5천원), 디너코스(12만5천원~24만5천원), 북경오리(15만원), 소흥주칠리새우, 훈연향메로(각 6만원), 이베리코차슈, 동파육(6만원), 삼선짜장면(2만6천원), 삼선짬뽕(3만2천원)
- ◷ 12:00~14:30/18:00~21:30 | 토, 일요일 12:00~14:30/17:30~21:30 – 연중무휴
- ◲ 부산 해운대구 해운대해변로 292 (중동) 그랜드조선부산 호텔 5층
- ☎ 051-922-5100 ⓟ 가능

팔레트 ✕✕✕✕ palate 프랑스식

네오 비스트로를 표방하는 김재훈 셰프의 컨템포러리 프렌치 레스토랑. 아뮈즈에서 시작해서 애피타이저, 메인 요리까지 고급 식재료를 사용한 아름답고 섬세한 플레이팅의 요리를 즐길 수 있다. 셰프의 요리에 어울리는 박민욱 소믈리에의 와인 페어링을 추천한다. 최근 용호동에서 달맞이고개로 이전하면서 아름다운 바다 뷰를 감상하면서 식사할 수 있게 되었다.

- ₩ 런치코스(8만8천원), 디너코스(20만원)
- ◷ 12:00~15:00/18:00~22:00(마지막 주문 19:30) – 월, 화요일 휴무
- ◲ 부산 해운대구 달맞이길65번길 154 (중동) 메르씨엘 3층
- ☎ 051-626-2364 ⓟ 가능

팔레트

팔복통닭 통닭 | 프라이드치킨 | 닭볶음탕

프랜차이즈의 파도에서도 살아남아 시장통에 굳건히 자리를 지키고 있는 얼마 안 되는 통닭집이다. 바삭하게 튀긴 통닭의 맛이 일품이다. 통닭도 맛있지만, 닭볶음탕의 일종인 닭두루치기도 유명하다. 중독성 있는 양념 맛이 좋으며 순한맛, 중간맛, 매운맛 중에 선택할 수 있다.

- ₩ 옥숙간장통닭(1만8천원), 옥숙닭도리탕(4만5천원), 닭볶음탕(3만1천원, 특 3만5천원), 닭똥집튀김(1만5천원), 닭두루치기(2만2천원), 후라이드반양념반(2만1천원), 양념통닭(2만3천원), 마늘통닭(2만원), 후라이드치킨(2만원)
- ◷ 12:00~23:00(마지막 주문 22:00) – 첫 번째, 세 번째 일요일 휴무
- ◲ 부산 부산진구 당감로50번길 20 (당감동)
- ☎ 051-895-5384 ⓟ 불가

페이센동전포본점 일식덮밥 | 일식우동 | 소바

하루 40팀 한정으로 운영되는 일본식 가정식 전문점. 식전에 매실차를 주어 입맛을 돋우기 좋다. 메뉴는 덮밥, 우동, 소바까지 다양하게 준비되어 있다. 재료들이 정갈하게 담긴

한 그릇에 깔끔하고 든든하게 한 끼 식사 할 수 있는 곳.
- Ⓦ 김치규동, 가츠동, 가라아게동, 에비동(각 1만원), 소고기우동, 냉모밀소바(각 9천원)
- ⓣ 11:30~15:00(마지막 주문 14:30)/17:00~20:00(마지막 주문 19:30) – 명절 당일 휴무
- Ⓠ 부산 부산진구 서전로46번길 6 (전포동) 동명빌딩 1층
- ☎ 051–808–9399 Ⓟ 불가

평산옥 ✖ 수육

100년이 넘는 전통을 자랑하는 돼지수육 전문점. 수육이 1인분씩 나오며 양도 넉넉한 편이다. 식사로 나오는 돼지사골국수는 특별한 맛은 아니지만 무난히 먹기 좋다. 수육 포장도 가능하다.
- Ⓦ 수육(1인 1만원), 국수(3천원), 열무국수(4천원), 국수(3천원)
- ⓣ 10:00~20:00 – 일요일, 명절 휴무(재료 소진 시 마감)
- Ⓠ 부산 동구 초량중로 26 (초량동)
- ☎ 051–468–6255 Ⓟ 불가

포구나무집 ✖ 돼지고기구이

오직 갈매기살만 파는 곳으로, 숯불에 구워 먹는다. 기름기는 적고 쫄깃한 맛의 갈매기살을 먹을 수 있으며, 소금구이로 시작할 것을 추천한다. 달콤한 양념에 재운 양념구이도 일품.
- Ⓦ 갈매기소금구이, 갈매기양념구이(각 120g 1만3천원), 냉면(4천원, 곱빼기 5천원)
- ⓣ 10:00~22:00 – 연중무휴
- Ⓠ 부산 금정구 조리2길 13–7 (두구동)
- ☎ 051–508–1446 Ⓟ 불가

포항돼지국밥 돼지국밥 | 수육

서면시장 돼지국밥거리 쪽에 있는 80여 년 전통의 국밥집이다. 따로 나오는 면 사리를 국밥에 넣어서 양념이 된 부추와 함께 먹는 맛이 일품이다. 옛날부터 한결같은 맛으로 많은 사람들이 찾는 곳이다.
- Ⓦ 돼지국밥, 내장국밥, 섞어국밥, 순대국밥, 따로국밥, 모둠국밥(각 9천원, 특 1만원), 수육백반(1만2천원) 순대한접시(1만3천원), 수육(소 3만원, 대 3만5천원)
- ⓣ 24시간 영업 – 연중무휴
- Ⓠ 부산 부산진구 서면로68번길 27 (부전동)
- ☎ 051–807–5439 Ⓟ 가능

포항회관 물회

30여 년간 물회를 선보이는 집. 얼음과 육수를 부어 먹는 일반 물회와 달리 육수가 따로 없는 것이 특징이다. 채 썬 오이와 배, 신선한 회 등을 넣고 새콤하게 무친 물회를 깻잎에 싸 먹는 맛이 일품이다. 학꽁치물회를 추천할 만하다.
- Ⓦ 섞어물회, 가오리물회, 잡어물회(각 1만6천원, 특 1만8천원),

한치물회(1만8천원, 특 2만원)
- ⓣ 11:30~15:00/16:00~21:00(마지막 주문 20:20) – 일요일 휴무
- Ⓠ 부산 연제구 거제천로182번길 42–2 (연산동)
- ☎ 051–866–0480 Ⓟ 불가

프랭클린커피로스터스
FRANKLIN COFFEE ROASTERS 카페

우유가 들어간 음료가 맛있기로 유명한 카페. 고소한 우유 맛과 홍차 맛이 어우러진 밀크티가 인기메뉴다. 밀크티는 병에 담아 팔아 테이크아웃 하기도 좋다.
- Ⓦ 아메리카노(3천원), 카페라테(4천5백원), 밀크티, 롱반, 레드(각 5천원),
- ⓣ 10:00~18:00 – 연중무휴
- Ⓠ 부산 부산진구 동성로 29 (전포동)
- ☎ 051–756–0002 Ⓟ 불가

프루터리포레스트
FRUiTERiE FOREST 과일카페 | 주스전문점 | 카페

광안리에 있는 과일을 주제로 하는 카페 프루터리의 해운대점으로, 넓은 정원이 있어 숲 속에 온 느낌이다. 과일착즙주스를 비롯하여 과일케이크, 팬케이크에 과일과 생크림이 올려진 프루츠베이비카스텔라 등이 대표 메뉴다.
- Ⓦ 아메리카노(6천원), 카페라테(7천원), 서핑애플, 베리웨이브, 키위포레스트(각 9천원), 프루터리세트(2만4천원), 스트로베리베이비카스텔라(1만8천원), 트로피칼베이비카스텔라(1만6천원)
- ⓣ 10:00~18:00 | 토, 일요일 10:00~20:00 – 연중무휴
- Ⓠ 부산 해운대구 달맞이길 491 (송정동) 프루터리포레스트
- ☎ 051–703–2018 Ⓟ 가능

피오또 ✖✖ fiotto 이탈리아식

지역에서 나는 식재료를 활용한 코스 요리를 맛볼 수 있는 이탈리안 파인 다이닝. 부부인 이동호, 김지혜 셰프가 운영하며, 부모님과 함께 운영하는 농장에서 재배한 식재료를 사용한 테이스팅 코스 한 가지만을 선보인다. 코스 별 요리의 원산지가 모두 적혀 있는 것이 특징. 요리가 자극적이지 않아 부담스럽지 않게 요리를 즐길 수 있다.
- Ⓦ 피오또테이스팅코스(15만원)
- ⓣ 17:00~22:00 – 월, 화요일 휴무
- Ⓠ 부산 해운대구 좌동순환로 432 (중동) 2층
- ☎ 0507–1349–1045 Ⓟ 불가

핏제리아곳간 피자 | 뇨키

캐주얼하고, 편안한 분위기의 이탈리안 레스토랑. 튀긴 가지와 직접 만든 리코타 치즈를 토핑 한 가지코타피자, 화덕에서 구운 칼조네와 청포도, 리코타 치즈를 곁들인 청포도샐

러드를 맛볼 수 있다. 감자와 치즈로 만든 뇨키에 트러플로 맛을 낸 트러플크림뇨키도 인기메뉴.
- ⓦ 카프레제부라타피자(1만9천5백원), 가지코타피자(1만8천원), 프로슈토피자(2만3천원), 치킨스테이크파에야, 지중해식파에야(2만2천5백원), 곳간스테이크(3만4천5백원), 트러플크림뇨키(1만5천5백원), 볼로네제라구파스타(1만6천9백원), 청보도샐러드(1만2천5백원)
- ⓣ 11:00~22:00(마지막 주문 21:00) – 화요일 휴무
- ⓠ 부산 사하구 낙동대로 543 (하단동)
- ☎ 051-294-0033 ⓟ 가능(1시간 무료)

하녹 ha:nok 카페

데이스 코스로 인기 있는 분위기 좋은 한옥 카페. 우드톤의 인테리어와 고즈넉한 정원의 분위기가 평온한 느낌을 주며, 다양한 한국식 디저트를 맛볼 수 있다. 음료와 함께 떡구이를 곁들이는 것을 추천한다.
- ⓦ 아메리카노(5천5백원), 카페라테(6천5백원), 소보로라테, 흑임자라테(각 7천5백원), 하녹블랜딩차(8천원), 떡구이(7천5백원), 연유실타래빙수(1만8천원), 망고실타래빙수(2만5천원), 앙버터(4천5백원)
- ⓣ 11:00~20:00(마지막 주문 19:30) | 토, 일요일 11:00~21:00 (마지막 주문 20:30) – 연중무휴
- ⓠ 부산 기장군 기장읍 내리길 146-5
- ☎ 0507-1478-0075 ⓟ 가능

하동재첩국 일반한식 | 재첩

뽀얀 국물의 재첩국이 시원하다. 비벼 먹을 수 있는 비빔밥이 함께 나오며 기본찬으로는 고등어조림, 물김치, 시래기국 등이 나온다. 밥, 재첩국, 고등어조림은 추가 비용 없이 더 추가 가능하다.
- ⓦ 재첩국(8천원), 재첩회(소 1만원, 대 1만5천원), 재첩회덮밥(1만원)
- ⓣ 05:00~21:30 – 연중무휴
- ⓠ 부산 사상구 낙동대로1518번길 33 (삼락동)
- ☎ 051-301-7200 ⓟ 가능(2대)

하레마 HAREMA 스시

신선한 고급 제철 재료를 사용하는 스시 오마카세. 디너 코스는 10가지가 넘는 츠마미가 먼저 나온다. 참치와 성게알, 아보카도 무스를 디올 접시에 서브한 뒤 김에 싸서 내어 주는 시그니처 요리를 맛볼 수 있다. 시즈오카에서 공수해온 마즈마 와사비를 즉석에서 갈아 사용한다.
- ⓦ 런치세트(12:00~14:00, 10만원), 디너1부(17:00~19:20, 18만원), 디너2부(19:30~22:00, 20만원)
- ⓣ 12:00~14:00/17:00~22:00 | 수요일 17:00~22:00 – 월요일, 화요일 휴무
- ⓠ 부산 해운대구 마린시티2로 33 (우동) 해운대두산위브더제니스 지하 1층, 106호
- ☎ 0507-1354-6558 ⓟ 가능(4시간 무료)

하선집숯불돼지갈비전문점 돼지갈비

비장탄 숯불에 질 좋은 돼지갈비를 구워 먹을 수 있는 곳. 양념갈비뿐만 아니라 생돼지갈비도 선보이며, 직원이 먹기 좋은 굽기로 구워준다. 고기와 잘 어울리는 밑반찬와 장아찌도 나온다.
- ⓦ 양념돼지갈비(220g 1만9천원), 생돼지갈비(180g 1만9천원), 생통갈매기살(150g 2만1천원), 생하우육회(소 2만원, 대 3만5천원), 생한우육회비빔밥(1만5천원), 물밀면, 비빔밀면(각 7천원)
- ⓣ 11:30~22:00(마지막 주문 21:00) – 연중무휴
- ⓠ 부산 해운대구 좌동순환로 395 (중동) 한라프라자 1층
- ☎ 051-704-1139 ⓟ 가능(2시간 무료)

하연정순두부 순두부

부드럽고 깊은 맛의 순두부찌개를 맛볼 수 있는 곳. 순두부찌개를 베이스로 기본 순두부찌개부터 하얀순두부찌개, 고추장찌개, 치즈순두부찌개, 순두부김치찌개 등 다양한 메뉴를 구비하고 있으며, 취향에 맞게 한 끼 식사를 즐길 수 있다. 기본 반찬으로는 무생채, 열무김치, 김치, 콩나물무침, 떡볶이가 나온다.
- ⓦ 순두부찌개(8천원), 순두부고추장찌개(9천원), 하얀순두부찌개(8천원), 치즈순두부찌개(8천5백원), 순두부된장찌개(8천원), 순두부청국장찌개(8천원), 순두부김치찌개(9천원), 순두부참치찌개(9천원)
- ⓣ 11:00~20:00(마지막 주문 19:30) – 일요일 휴무
- ⓠ 부산 부산진구 서면로68번길 35 (부전동) 비락빌딩
- ☎ 051-816-3935 ⓟ 불가

하진이네 조개구이

청사포에 늘어서 있는 조개구이집 중 하나. 삶은 새우, 고동, 김치 등이 밑반찬으로 나온다. 모둠조개구이가 대표 메뉴며 식사로는 돌솥밥이나 새우가 들어간 얼큰한 라면을 추천할 만하다.
- ⓦ 모둠조개, 가리비(소 3만5천원, 중 4만5천원, 대 5만5천원),

전복구이(중 4만5천원, 대 5만5천원), 해물모둠(4만원), 장어매운탕(3만5천원), 라면(3천원), 낙지, 개불, 새우구이(각 2만원), 우럭(2마리 4만원), 전복연포탕(5만5천원)

⏰ 11:30~03:00(익일) – 연중무휴

📍 부산 해운대구 청사포로 151 (중동)

☎ 051-702-4092 ⓟ 가능

할매가야밀면 밀면

남포동에 있는 긴 역사를 자랑하는 밀면집. 부담없는 가격에 밀면을 즐길 수 있어 인기가 좋다.

ⓦ 밀면, 비빔면(각 소 8천원, 대 9천원), 왕만두(4개 5천원)

⏰ 10:30~21:30 – 연중무휴

📍 부산 중구 광복로 56-14 (남포동2가)

☎ 051-246-3314 ⓟ 불가

할매복집 복

복지리, 복매운탕을 전문으로 하는 70년 넘는 전통의 식당. 미나리를 듬뿍 곁들여 시원한 맛을 내는 복지리가 특히 인기다. 매콤한 복불고기와 바삭바삭한 복튀김 등을 곁들여도 좋다.

ⓦ 은복국(1만2천원), 까치복국(1만8천원), 참복국(2만3천원), 복껍질무침(1만8천원)

⏰ 08:35~19:35(마지막 주문 19:15) – 월요일 휴무

📍 부산 사하구 다대로 12 (당리동)

☎ 051-206-9938 ⓟ 가능

할매재첩국 재첩

삼락동 재첩골목의 원조집. 재첩국을 시키면 재첩국과 밥, 비빔양념 그릇, 고등어조림, 깍두기, 김치, 된장찌개를 갖다준다. 재첩을 넣고 양념과 함께 비빈 밥과 시원한 국물이 어우러진 맛이 일품이다. 가마솥에 밥을 짓는 것이 밥맛의 비결이라고 한다.

ⓦ 재첩국(8천원), 재첩회(소 1만원, 대 1만5천원), 재첩찜(1만원)

⏰ 07:00~21:00 – 연중무휴

📍 부산 사상구 낙동대로1530번길 20-15 (삼락동)

☎ 051-301-7069 ⓟ 가능

할매집 비빔국수 | 회국수

국수에 회를 얹어 먹는 회국수의 원조집. 소면에 상추, 미역, 무채, 가오리회를 얹은 회비빔국수가 대표 메뉴로, 원하는 만큼 매운 양념장을 넣어 먹는다. 화끈하게 매운맛이 일품이며 곁들여 나오는 따뜻한 멸치국물로 얼얼한 입을 달래가면서 먹는다. 70년 넘는 역사를 자랑한다.

ⓦ 회비빔밥(9천원), 회비빔국수(8천원), 비빔국수, 냉국수(각 7천원), 물국수(6천원), 김밥(4천원)

⏰ 10:30~19:00 – 둘째, 넷째 주 화요일 휴무

📍 부산 중구 남포길 25-3 (남포동2가)

☎ 051-246-4741 ⓟ 불가

합천국밥집 돼지국밥 | 수육

돼지국밥을 시키면 돼지내장과 애기보 같은 고기를 국물에 토렴해서 내준다. 모둠따로, 순대따로, 내장따로, 그냥 따로 국밥 등 네 가지의 국밥 메뉴가 있다. 국물은 맑은 스타일로 나오는데 여기에 부추를 듬뿍 넣어서 먹는다. 식사 테이블은 다락방 위에 있어 주방이 내려다 보이는 것이 특징.

ⓦ 따로국밥(1만2천원), 수육백반(1만4천원), 수육, 모둠수육(각 소 4만원, 대 4만5천원), 순대(소 3만원, 대 3만5천원)

⏰ 09:30~14:00/14:30~20:00 – 연중무휴

📍 부산 남구 용호로 235 (용호동)

☎ 051-628-4898 ⓟ 불가

합천식당 돼지국밥

60여 년 동안 돼지국밥을 선보이는 곳. 진하게 끓여낸 돼지 사골 국물에 잘 익은 수육이 넉넉히 들어 있다. 기름지지 않고 국물이 맑고 깔끔한 것이 특징. 수육과 국밥국물이 함께 나오는 수육백반도 추천할 만하다.

ⓦ 돼지국밥, 따로국밥, 내장국밥, 섞어국밥, 순대국밥(각 9천원), 돼지국수(7천원), 수육백반(1만1천원), 수육(소 2만5천원, 중 3만원, 대 3만5천원), 순대(반 7천원, 한접시 1만3천원), 삼겹국밥(1만원)

⏰ 08:30~21:00(마지막 주문 20:30) – 일요일 휴무

📍 부산 부산진구 자유평화로 23 (범천동)

☎ 051-631-9561 ⓟ 가능

해목 海木 일식장어

나고야식 히츠마부시를 전문으로 하는 곳. 세 가지 다른 방식으로 장어 덮밥을 즐기는 것이 특징이다. 장어의 부드럽고, 짭쪼롬하고 달콤한 양념이 밥과 잘 어울린다. 히츠마부시를 먹는 방식 중 한 가지인 오차즈케는 꼭 시도해볼 것을 추천. 해산물을 좋아한다면 신선한 생선회와 성게알을 올린 카이센동도 추천한다.

ⓦ 히츠마부시(3만9천원, 특 5만8천원), 카이센동(3만7천원, 특 5만1천원), 연어사시미(2만8천원), 마구로다타키(1만8천원), 크림부라타치즈(8천원), 모찌리도후(9천원)

⏰ 11:00~15:00/17:00~22:00(마지막 주문 21:00) | 토, 일요일 11:00~22:00(마지막 주문 21:00) – 연중무휴

📍 부산 해운대구 구남로24번길 8 (우동)

☎ 0507-1385-3730 ⓟ 불가(근처 주차장의 주차권 제시 시 2천원 할인)

해성막창집 ✖✖ 양곱창

해운대에서 소막창과 대창을 저렴한 가격으로 즐길 수 있는 곳. 저렴하지만 푸짐한 양과 쫄깃한 식감으로 인기가 많다. 저녁에는 항상 줄을 서야 할 정도로 손님이 많은 곳이다.

- Ⓦ 소막창(180g 1만2천원), 대창(250g 1만2천원), 곱창전골(1만1천원)
- ⊙ 16:00∼24:00 | 금, 토요일 16:00∼01:00(익일) – 일요일 휴무
- Ｑ 부산 해운대구 중동1로19번길 29 (중동)
- ☎ 051-731-3113 Ⓟ 불가

해운대가야밀면 밀면

부산에서만 주로 맛 볼 수 있는 특이한 면 종류인 밀면 전문점으로, 시원한 육수와 쫄깃한 면발이 특징이다. 항상 웨이팅이 있지만, 테이블 회전이 빨라 오래 기다리지는 않는다.

- Ⓦ 밀면(9천원), 비빔면(9천5백원), 만두(6천원)
- ⊙ 10:00∼20:40 – 추석, 설 전날 및 당일 휴무
- Ｑ 부산 해운대구 좌동순환로 27 (좌동)
- ☎ 051-747-9404 Ⓟ 가능

해운대밀면 ✖ 만두 | 밀면

오직 밀면과 만두만 파는 밀면 전문점. 물밀면에도 양념장을 올려 주며, 시원한 국물과 쫄깃한 면발이 좋다. 얇고 쫄깃한 피로 싼 만두도 밀면과 함께 즐기기 좋다.

- Ⓦ 밀면, 비빔면(각 8천원, 곱빼기 9천원), 추가사리(2천원), 만두(6천원)
- ⊙ 10:40∼20:30 – 연중무휴
- Ｑ 부산 해운대구 중동2로10번길 21 (중동)
- ☎ 051-743-0392 Ⓟ 가능(온천주차장 이용 시 1천원 지원)

해운대소문난암소갈비집 ✖✖✖

소갈비 | 소불고기

해운대식 갈비의 원조로 꼽히는 곳. 1964년 창업한 이래로 꾸준히 그 명성을 이어오고 있다. 전골판 같이 생긴 불판에 고기를 구워 먹은 후, 감자로 만든 면사리를 추가해 전골처럼 즐길 수도 있다. 1년간의 리뉴얼 공사를 끝내고 2024년 7월 12일 재오픈하였다.

- Ⓦ 한우생갈비(180g 5만8천원), 한우양념갈비(180g 5만4천원), 불고기(200g 4만9천원), 뚝배기된장(6천원)
- ⊙ 11:30∼15:00/17:00∼22:00(마지막 주문 21:00) – 명절 휴무
- Ｑ 부산 해운대구 해운대해변로 333 (중동)
- ☎ 051-746-0033 Ⓟ 가능

해운대원조할매국밥 ✖ 소고기국밥 | 선지해장국

60여 년 전통의 국밥집. 고기와 콩나물이 가득 들어간 소고기국밥과 선지와 콩나물이 들어간 선지국밥이 대표 메뉴다.

해운대원조할매국밥

밥 대신 국수가 들어가는 선지국수도 추천 메뉴.

- Ⓦ 소고기국밥, 선지국밥, 소고기국수, 선지국수(각 8천5백원), 소고기따로국밥, 선지따로국밥(각 9천원), 소고기수육(소 2만원, 대 3만원)
- ⊙ 24시간 영업 – 수요일 휴무
- Ｑ 부산 해운대구 구남로21번길 33 (우동)
- ☎ 051-746-0387 Ⓟ 가능

해주냉면 ✖ 평양냉면 | 밀면 | 함흥냉면

60여 년 전통의 냉면집. 함흥냉면은 밀가루와 고구마 진분을 섞어 만든 면을 사용하며 비빔냉면으로만 맛볼 수 있다. 메밀면을 사용하는 평양냉면은 물냉면으로만 제공된다.

- Ⓦ 함흥비빔냉면, 평양물냉면(각 1만2천원, 곱빼기 1만4천원), 물밀면, 비빔밀면(각 9천원, 곱빼기 1만1천원)
- ⊙ 11:30∼20:00 | 동절기 11:30∼19:00 – 월요일 휴무
- Ｑ 부산 사하구 낙동대로324번길 5 (괴정동)
- ☎ 051-291-4841 Ⓟ 가능

향나무집 양곱창

40여 년 전통의 양곱창 명가. 매콤하게 양념된 대창과 양을 숯불에 구워 냄새 없이 담백한 맛을 즐길 수 있다. 새콤하게 무쳐낸 상추겉절이를 곁들이면 좋다. 식사를 시키면 나오는 구수한 된장찌개도 맛이 좋다는 평.

- Ⓦ 양, 대창, 양곱창(각 180g 2만5천원), 특양(180g 2만9천원), 곱창전골(중 3만원, 대 4만3천원), 양밥 된장찌개세트(2인 이상, 1인 6천원)
- ⊙ 12:00∼22:00 – 두 번째, 네 번째 일요일 휴무
- Ｑ 부산 수영구 남천동로9번길 27 (남천동)
- ☎ 051-622-6727 Ⓟ 가능

헤아릴 ✖ 프랑스식 | 스페인식

프랑스 요리와 스페인 요리를 함께 즐길 수 있는 유럽 분위기의 레스토랑이다. 기본에 충실한 요리를 맛볼 수 있으며, 다양한 와인도 구비하여 요리에 곁들이기 좋다. 에스카르고, 시저샐러드, 가리비관자소테 등이 인기 메뉴.

ⓦ 가리비관자소테(2만3천원), 양갈비스테이크(3만9천원), 시저
샐러드(1만5천원), 크림스튜(1만5천원), 비프트립스튜(1만8천원),
문어카르파치오(1만5천원), 에스카르고(1만9천원), 연어스테이크
(2만5천원)
ⓣ 17:30~23:00(마지막 주문 21:00) – 일, 월요일 휴무
ⓠ 부산 동래구 중앙대로1367번길 56–10 (온천동)
☎ 070–7622–9262 ⓟ 불가

헤일르 Hail le 카페

통유리창으로 보이는 바다가 시원한 카페. 푸른 바다를 머
금은 듯한 칼라의 오션라테가 시그니처로 달콤하고, 상큼한
맛을 즐길 수 있다. 소프트아이스크림도 인기 있는 메뉴.

ⓦ 아메리카노(5천5백원), 카페라테(6천원), 오션라테(6천5백
원), 소프트아이스크림(3천원~3천5백원), 딸기초코라테(6천5백
원), 쿠앤크화분프라페(6천8백원)
ⓣ 10:00~19:00(마지막 주문 18:00) | 토,일요일 09:00~20:00
– 연중무휴
ⓠ 부산 영도구 흰여울길 127 (영선동4가)
☎ 0507–1484–0994 ⓟ 불가

형제돼지국밥본점 돼지국밥

사골 육수에 15가지 천연 재료를 첨가하여 푹 끓인 돼지국
밥의 맛이 좋다. 국밥을 주문하면 푸짐한 양의 수육을 맛볼
수 있으며, 소량의 수육과 국밥이 함께 나오는 수육 백반도
인기가 많다. 하이브리드 국밥은 돼지의 특수 부위로 만든
국밥으로, 하루에 20개로 한정판매된다.

ⓦ 불꽃국밥, 콩나물해장국밥, 하이브리드국밥(각 1만원), 돼지
구리국밥, 마라국밥(각 1만1천원), 맑은국밥, 뽀얀국밥(각 1만원),
보쌈백반(1만4천원)
ⓣ 08:00~22:00(마지막 주문 21:00) – 명절 당일 휴무
ⓠ 부산 남구 용소로13번길 29–1 (대연동)
☎ 051–625–1014 ⓟ 불가

홀리라운지 holi lounge 브런치카페

송정바다와 해변열차를 바라보며 식사를 즐길 수 있는 캐주
얼 레스토랑. 직접 갈아 만든 비스크 소스에 블랙타이거 새
우를 첨가한 비스크오일파스타와 채끝살버섯크림파스타 등
을 맛볼 수 있다. 바질크림파스타에는 바질, 그린홍합, 잣,
안초비를 갈아 넣어 조리했다. 2층 창가석 자리는 미리 예
약 받는다.

ⓦ 홀리어란파스타(2만2천원), 갈릭화이트라구파스타(2만2천
원), K–명란파스타(1만9천원), 오징어토마토파스타 (2만원), 바
질크림파스타(1만9천원), 지중해식그릴스퀴드샐러드(1만9천원),
와규치맛살스테이크(3만9천원), 홀리버거(1만3천원), 바질&프로
슈토피자(2만2천원)
ⓣ 10:00~21:30 – 연중무휴
ⓠ 부산 해운대구 송정중앙로6번길 143 (송정동) 2, 루프탑

홀리라운지

☎ 070–4203–0960 ⓟ 가능(홀리라운지 전용 주차장, 라온 호
텔 공용주차장 이용)

홍복작은면가게 洪福小麵館 일반중식

화상이 대를 이어 운영하는 전통 있는 중식당. 해물이 들어
있는 매운 홍복면이 특이한 메뉴로 인기가 많다. 매콤한 깐
풍육도 추천할 만하다. 부담 없는 가격의 유니짜장은 느끼
하지 않고, 감칠맛이 일품이다.

ⓦ 쟁반짜장, 홍복면, 삼선백짬뽕, 관동밥, 삼선우동, 해물짬뽕,
해물볶음밥, 수초면(각 8천원), 유니짜장(5천원), 짬뽕, 간짜장,
잡채밥, 볶음밥(각 7천원), 칠리가지볶음, 가지튀김, 탕수육(각 1
만3천원), 탕짜면, 유산슬덮밥(각 1만원), 깐풍기, 깐풍육, 라조육
(1만7천원), 유산슬, 고추잡채, 깐풍새우, 깐쇼새우, 난자완스, 양
장피(각 2만원)
ⓣ 11:00~22:00(마지막 주문 21:15) – 연중무휴
ⓠ 부산 영도구 절영로49번길 30 (남항동1가)
☎ 051–417–0763 ⓟ 가능

홍성방 鴻聖坊 일반중식 | 중국만두

작은 만두 전문점으로 시작하여 현재는 차이나타운 상해거
리의 다른 중국요리 전문점과 경쟁하고 있다. 고기와 채소
가 들어간 얇은 만두피의 찐만두가 인기다. 가격대가 다양
한 코스요리도 추천할 만하다.

ⓦ 짜장면(7천원), 해물짬뽕(9천원), 잡채밥, 마파두부밥(각 9천
원), 물만두, 찐만두(각 8천원), 군만두, 만둣국(각 9천원), 탕수
육(2만8천원), 오향장육(3만원), 깐풍기(3만3천원), 라조기(3만5
천원)
ⓣ 11:00~21:00(마지막 주문 20:00) – 월요일 휴무
ⓠ 부산 동구 중앙대로179번길 1 (초량동)
☎ 051–467–3682 ⓟ 불가

홍소족발 족발

부평족발골목 초입에 있는 족발집. 고기가 부드럽고 야들야
들해 무난하게 먹기 좋으며 깔끔한 맛이 일품인 매생잇국이
무료로 제공된다. 새콤한 냉채족발이 별미로 통하며 일반

족발과 냉채족발이 반반씩 나오는 메뉴가 인기다.

Ⓦ 족발(소 3만5천원, 중 4만2천원, 대 4만9천원), 냉채족발(소 3만5천원, 중 4만2천원, 대 4만9천원), 반반냉채(중 4만원, 중 4만7천원 대 5만5천원), 반반불족(소 4만원, 중 4만7천원, 대 5만5천원)

Ⓣ 12:00~23:00 – 연중무휴

Ⓠ 부산 중구 광복로 21-2 (부평동1가)

☎ 051-257-2575 Ⓟ 불가

홍순덕전포양곱창 양곱창

양곱창으로 유명한 집. 양념구이와 소금구이 중 선택할 수 있으며 통마늘과 함께 구워 먹는다. 시원한 물김치와 백김치 등 함께 나오는 반찬의 맛도 좋다. 양도 푸짐하게 나와 가격대비 만족도가 높은 곳.

Ⓦ 양곱창양념구이, 양곱창소금구이(200g 각 3만4천원), 순양양념구이, 백양소금구이(200g 각 3만6천원)

Ⓣ 12:00~15:00/16:30~22:00(마지막 주문 20:50) | 토, 일요일 12:00~22:00(마지막 주문 20:50) – 화요일, 명절 휴무

Ⓠ 부산 수영구 과정로16번길 23 (망미동)

☎ 051-756-0543 Ⓟ 가능

화국반점 華國飯店 일반중식

화상 중국집으로, 2대에 걸쳐 40년 넘게 맛을 이어가는 있다. 반숙 달걀프라이가 올라가는 간짜장 맛이 좋기로 유명하다. 영화 촬영 장소로도 유명하다.

Ⓦ 간짜장, 유니짜장, 볶음밥(각 8천원), 삼선짜장, 삼선짬뽕(각 9천원), 탕수육(소 1만8천원, 대 2만5천원), 깐풍기, 라조기(각 3만5천원)

Ⓣ 11:30~15:30/17:00~21:30 – 첫째, 셋째 주 월요일, 명절 휴무

Ⓠ 부산 중구 백산길 3 (동광동3가)

☎ 051-245-5305 Ⓟ 불가

화남정돼지국밥 ✖ 和濫淨 돼지국밥

뜨끈한 돼지국밥과 항정살 보쌈이 유명한 곳. 항정살을 사용하는 보쌈(수육)은 따뜻하게 불 위에 올려 나오며 순대국밥에는 피순대가 들어가 진한 맛이 난다. 국밥에는 함께 나오는 부추를 듬뿍 넣어 먹는다.

Ⓦ 화남정효자수백(1만4천원), 항정살돼지국밥(1만1천원), 따로돼지국밥, 따로땡초국밥, 따로순대국밥, 따로섞어국밥, 따로내장국밥(각 1만원), 맛보기수육(1만5천원), 모둠보쌈(대 4만2천원, 중 3만7천원)

Ⓣ 11:00~15:00/17:00~21:00(마지막 주문 20:00) – 일요일 휴무

Ⓠ 부산 부산진구 성지로 50 (연지동)

☎ 051-809-8853 Ⓟ 불가

화수목 ✖ 火水木 일식

작은 규모의 일식집이지만, 코스가 알차게 나온다. 코스는 당일 들어온 신선한 재료로 주방장이 그때그때 만드는 음식으로 구성된다. 회 종류도 신선하고 맛이 좋다는 평.

Ⓦ 목코스(6만원), 수코스(4만5천원), 오마카세(12만원), 모둠생선회(4만원, 6만원), 참다랑어대뱃살(5만원~7만원), 메로구이(3만5천원)

Ⓣ 17:00~22:00(마지막 주문 20:30) – 일요일 휴무

Ⓠ 부산 연제구 중앙대로1124번길 24 (연산동)

☎ 051-466-9289 Ⓟ 가능

흐른 hrnn 카페

강변 산책로를 갖춘 낙동강뷰 카페. 고소한 땅콩 크림이 올라간 흐른라테가 시그니처 음료 중 하나이며, 퀸아망, 애플크림치즈파이와 함께 커피를 즐길 수 있다. 크루아상이 인기 있는 메뉴 중 하나로 추천할만하다.

Ⓦ 아메리카노(5천8백원), 카페라테(6천5백원), 바닐라라테(7천원), 흐른라테(7천3원), 앙버터크루아상(7천5백원), 퀸아망(5천원), 몽블랑(7천5백원)

Ⓣ 11:00~21:00(마지막 주문 20:30) – 연중무휴

Ⓠ 부산 강서구 식만로 112 (식만동)

☎ 051-941-3990 Ⓟ 가능

히떼로스터리강서점 ✖✖✖
HYTTE ROASTERY 기피전문점

전포동에서 라이트 로스팅 스페셜티커피로 유명한 히떼로스터리의 강서점. 1층은 로스팅실이며, 2층에서 커피를 즐길 수 있다. 다양한 원두를 고를 수 있으며, 커피와 먹기 좋은 베이커리도 준비되어 있다.

Ⓦ 에스프레소, 아메리카노(각 5천원), 플랫화이트(5천5백원), 필터커피(6천원~8천원), 피낭시에(2천8백원), 얼그레이파운드(4천8백원), 퀸아망(3천8백원)

Ⓣ 10:00~20:00(마지막 주문 19:00) – 연중무휴

Ⓠ 부산 강서구 공항로 475 (대저2동) 2층

☎ 0507-1325-0312 Ⓟ 가능

인천광역시

Incheon Metropolitan City

강나루숯불장어 장어

100% 국내산 참 숯불로 구운 장어 구이를 맛볼 수 있는 곳. 살아있는 싱싱한 장어만을 사용하며, 고추장과 간장 양념, 소금구이 등 장어구이의 전문성을 부각시킨 양념과 신선한 야채, 깔끔하고 담백한 밑반찬을 함께 즐길 수 있다.

- ⓦ 갯벌장어(2인 11만8천원, 3인 17만7천원, 4인 23만6천원), 민물장어(2인 10만8천원, 3인 16만2천원, 4인 21만6천원), 장어탕(1만6천원), 밴댕이회덮밥(1만5천원), 밴댕이회무침(중 2만원, 대 3만원), 어린이메뉴오리훈제와만두(1만6천원)
- ⓣ 10:00~21:00(마지막 주문 20:30) – 연중무휴
- ⓠ 인천 강화군 길상면 해안남로 92-6
- ☎ 032-886-0592 ⓟ 가능

강화국수 ✄ 잔치국수 | 비빔국수

70년이 넘는 세월 동안 비빔국수로 인기를 끈 곳이다. 처음에는 비빔국수와 잔치국수만 했으나 지금은 계절에 따라 열무국수, 콩국수, 냉국수도 맛볼 수 있다. 제대로 우려낸 멸치 육수 맛이 좋다.

- ⓦ 비빔국수(보통 6천원, 곱빼기 7천원, 특대 8천원), 잔치국수(보통 5천5백원, 곱빼기 6천원, 특대 7천원), 열무냉국수, 콩국수, 냉국수(각 7천원)
- ⓣ 11:00~19:30 – 일요일 휴무
- ⓠ 인천 강화군 강화읍 동문안길 12-1
- ☎ 032-933-7337 ⓟ 불가

강화까까 GANGHWA GGAGGA 에그타르트

강화인삼, 사자발약쑥과 같은 강화도 특산물로 만드는 에그타르트 전문점. 인삼과 쑥이 들어간 것은 쌉쌀한 맛, 끼리크림치즈가 들어 있는 시그니처타르트는 부드러운 맛이다. 한적한 산골에 있어 주변을 산책하기에도 좋다.

- ⓦ 타르트박스(6개 1만7천원), 시그니처타르트, 레몬인삼타르트, 사자발쑥타르트(각 2천8백원), 아메리카노(5천원), 콜드브루(6천원), 카페라테(5천5백원), 초코라테(6천원)
- ⓣ 11:00~19:00 – 수요일 휴무
- ⓠ 인천 강화군 불은면 덕진로 159
- ☎ 010-3627-8597 ⓟ 가능

갯마을산낙지전문점 ✄ 낙지

산낙지 전문점. 고추를 갈아 넣은 연포탕은 참기름을 넣지 않아 깨끗하고 시원한 맛이 해장에도 그만이다. 전남 무안에서 직접 보내는 재료를 사용하며, 낙지를 못 잡아 재료가 없으면 식당 문을 닫는다.

- ⓦ 철판산낙지, 산낙지전골, 산낙지연포탕, 산낙지볶음(각 국내산 2만8천원), 산낙지탕탕이(5만5천원)
- ⓣ 11:00~21:00 – 일요일 휴무
- ⓠ 인천 서구 담지로86번길 5-43 (청라동)
- ☎ 032-561-8077 ⓟ 가능

경남횟집 민어

신포시장에서 가장 오래된 횟집. 민어 전문점으로 유명하며, 회에서 조림, 전, 탕까지 다양한 민어 요리를 맛볼 수 있다. 60여 년의 역사를 자랑한다.

- ⓦ 민어회(8만원~14만원), 민어탕(1만5천원), 민어조림(1만7천원), 민어전(4만원)
- ⓣ 11:30~21:30 – 첫째, 셋째 주 일요일, 명절 휴무
- ⓠ 인천 중구 우현로45번길 24-1 (신포동)
- ☎ 032-766-2388 ⓟ 가능

경인면옥 ✄ 만두 | 평양냉면

오랫동안 냉면과 만두를 해온 집. 70년 넘게 2대에 걸쳐 평양냉면과 온면 맛을 그대로 이어오고 있다. 깔끔한 평양냉면을 선보이며 소고기와 돼지고기가 푸짐하게 들어간 만두를 곁들이면 좋다. 녹두만으로 만든 녹두부침도 추천.

- ⓦ 물냉면, 비빔냉면, 온면(각 1만2천원), 회비빔냉면(1만5천원), 녹두지짐(중 6천원, 대 1만1천원), 찐만두(8천원), 경인불고기, 서울불고기(각 200g 1만7천원), 한우수육(200g 3만원)
- ⓣ 11:00~15:00/16:30~20:20(마지막 주문 20:00) | 토, 일요일 11:00~15:30/17:00~20:20(마지막 주문 20:00) – 화요일(화요일이 공휴일인 경우 정상 영업), 명절 휴무
- ⓠ 인천 중구 신포로46번길 38 (내동)
- ☎ 032-762-5770 ⓟ 불가

경인면옥

계산동수제돈까스 돈가스 | 경양식

경양식집 스타일의 옛날 돈가스를 맛볼 수 있는 곳. 식사를 주문하면 크림수프가 먼저 나온다. 돈가스를 비롯하여 파스타, 햄버그스테이크 등의 메뉴가 준비되어 있다. 레드 톤을 활용한 실내 분위기도 예쁘다.

- ⓦ 등심가스(1만2천원), 안심가스(1만3천원), 목심가스(1만3천원), 피자치즈돈가스(1만3천원), 모차렐라치즈돈가스(1만3천5백원), 경양식돈가스(1만2천원), 햄버그스테이크(1만3천원), 토마토파스타(1만3천원), 크림파스타(1만4천원)
- ⓣ 11:00~14:40/17:00~20:40(마지막 주문 20:00) | 토, 일요

일 11:00~15:10(마지막 주문 14:00)/17:00~20:40(마지막 주문 20:00) – 월요일 휴무

Q 인천 계양구 계산로 149 (계산동) 영동프라자(재현빌딩) 202호

☎ 032-546-6321 Ⓟ 가능(서해 유치원 뒤 공영주차장 이용. 1시간 주차권 제공)

고루 한정식

멋들어진 한옥 외관의 전통 한정식집으로, 운치 있는 분위기가 돋보인다. 음식 맛이 자극적이지 않고 메뉴가 다채롭게 구성되어 있다. 방이 개별로 나뉘어 있어 상견례나 모임을 하기에 적합하다. 5명 이상 예약 시, 예약금을 별도로 지불해야 한다.

Ⓦ 능소화(3인 이상, 1인 12만4천원), 금감화(2인 이상, 1인 9만9천원), 수련(2인 이상, 1인 7만4천원), 물양귀비(평일 2인 이상, 1인 4만9천원), 한방소갈비찜정식(평일 4만9천원)

Ⓒ 12:00~15:00/17:00~21:30(마지막 주문 20:00) | 토, 일요일, 공휴일 12:00~16:00/17:00~21:30(마지막 주문 20:00) – 명절 휴무

Q 인천 서구 승학로 386 (검암동)

☎ 032-569-4886 Ⓟ 가능

권오길손국수 ✖ 국수

국수 명인이 만드는 면발이 맛있기로 유명하다. 즉석 칼국수, 비빔면, 김치말이국수 등이 인기 메뉴. 칼국수는 매운 국물과 맑은 국물 중에 선택할 수 있다. 면의 굵기도 넓은 것으로 주문할 수 있으며 공깃밥 대신 주문할 수 있는 보리밥도 별미다. 오랫동안 국수 공장을 운영해온 곳으로, 식당 위층은 여전히 국수 제조 공장을 겸하고 있다.

Ⓦ 즉석칼국수(2인 이상, 1인 9천원), 물만두(6천원), 보리밥(2천원)

Ⓒ 10:40~15:30/17:00~20:30(마지막 주문 20:00) | 토, 일요일, 공휴일 10:40~20:30(마지막 주문 20:00) – 화요일 휴무

Q 인천 서구 검단로 789 (불로동)

☎ 032-564-7541 Ⓟ 가능

그린홀리데이 브런치카페

푸른 녹지를 감상할 수 있는 유럽 스타일의 브런치 카페. 강화밀을 사용해 고소하고 쫄깃한 식감의 빵을 맛볼 수 있다. 잠봉뵈르가 포함된 메뉴인 미식가초이스와 시그니처 음료 메리고라운드를 추천한다.

Ⓦ 아메리카노(6천원), 카페라테(7천원), 시리어스모카(7천원), 메리고라운드(7천원), 밀크티(6천5백원), 미식가초이스(1만5천원),

Ⓒ 10:00~19:00(마지막 주문 18:30) | 토, 일요일 09:00~20:00(마지막 주문 19:30) – 연중무휴

Q 인천 강화군 길상면 해안남로 814

☎ 0507-1486-0560 Ⓟ 가능

금문도 ✖ 金門島 일반중식

30여 년 역사의 중식당으로, 강화도산 특산품으로 요리를 하는 것이 특징이다. 강화순무탕수육이 대표 메뉴로, 탕수육 위에 유자 소스로 버무린 순무채, 그 위에 양배추 채가 탑처럼 올려져 나온다. 밑에 깔린 탕수육과 순무를 함께 집어 소스에 적셔 먹는 맛이 독특하다. 강화속노랑간짜장에는 속이 노란 고구마채가 튀겨져 올려 나온다.

Ⓦ 강화백짬뽕(1만2천원, 곱빼기 1만4천원), 강화속노랑간짜장, 강화섬쌀볶음밥(1만1천원, 곱빼기 1만3천원), 강화삼선짬뽕(1만2천원), 강화순무탕수육(2만3천원, 더블 4만2천원)

Ⓒ 09:30~15:00(재료 소진 시 조기 마감) – 월요일 휴무

Q 인천 강화군 강화읍 중앙로 43 강화여객 터미널 213호

☎ 032-933-0833 Ⓟ 가능

금문도 ✖ 金門都 일반중식

매운 고추짬뽕이 유명한 중식당으로, 화상이 운영한다. 고추짬뽕은 약간 걸쭉한 국물 맛을 자랑하며 해산물과 채소 등이 넉넉히 들어가 있다. 2층은 룸으로 되어있어 단체모임 시 좋다. 직접 방문해 포장해가는 것은 가능하나 배달은 하지 않는다. 점심때는 줄을 서야 할 정도로 인기가 많다.

Ⓦ 고추짬뽕(1만원), 삼선짬뽕(1만1천원), 짜장면(7천원), 탕수육(2만2천원), 군만두(7천원)

Ⓒ 11:00~21:30 – 명절 휴무

Q 인천 계양구 효서로 268 (작전동)

☎ 032-544-6665 Ⓟ 불가

금산식당 ✖ 생선회 | 밴댕이

대표 메뉴인 밴댕이회를 신김치에 올려서 먹는 맛이 별미다. 밴댕이와 한치를 미나리, 당근, 오이 등의 채소와 함께 버무려내는 밴댕이무침도 맛있다. 밴댕이 철이 아닐 때는 준치회, 한치회, 전어회 등의 제철 회를 즐길 수 있다. 간장게장, 나물 등 밑반찬도 푸짐하게 나오는 편이다.

Ⓦ 밴댕이회무침(1만1천원), 횟감밴댕이회무침, 준치회무침, 전어회무침, 병어회무침(각 1만3천원), 밴댕이회(중 3만원, 대 4만원), 밴댕이구이(2만원), 모둠회(중 3만원, 대 4만원)

Ⓒ 10:00~21:30(마지막 주문 21:00)
 – 화요일, 명절 휴무

Q 인천 연수구 청능대로53번길 24-4 (청학동)

☎ 032-818-1893 Ⓟ 가능(협소)

긴자송도유원지점 ✖ 銀座 일식

빼어난 송도의 경관과 정통 일식의 진미를 동시에 느낄 수 있다. 하얀 햇살 사이로 내려다보이는 푸른 바다, 1천 평의 넓은 규모와 화려하고 세련된 일본 식당을 완벽하게 재현한 실내 장식이 돋보인다. 입구의 폭포와 분수, 넓은 정원에 조각처럼 세워진 건물, 현관에 설치된 다리도 인상적이다.

ⓦ 주말가족정식(3만5천원, 4만5천원, 6만5천원), 긴자사시미코스(8만5천원), 아라다케(5만원), 참치모둠사시미(8만원), 활어모둠사시미(12pcs 4만원, 18pcs 6만원), 점심(정식 2만6천원, 코스 3만5천원, 스페셜 5만5천원), 저녁(정식 3만9천원, 사시미코스 5만9천원, 사시미스페셜 8만9천원, 밸류스페셜 13만원)

🕐 11:30~22:00 – 연중무휴

🔍 인천 연수구 청량로120번길 10 (옥련동)

☎ 032-832-7722 Ⓟ 가능

깨비옥월드마크점 ✖ 곰탕

맑은 국물이 특징인 서울식 곰탕을 맛볼 수 있는 곳이다. 토렴해서 나오는 곰탕은 담백하고 고소하다. 육회비빔밥도 인기 메뉴다.

ⓦ 곰탕(1만3천원), 특 1만7천원), 매운양곰탕(각 1만4천원), 육회비빔밥(1만3천원), 한우모둠수육(중 4만8천원, 대 6만원), 도가니수육(4만3천원), 양무침(3만3천원), 육회(2만8천원)

🕐 11:00~15:00/17:00~23:00(마지막 주문 22:00) – 연중무휴

🔍 인천 연수구 컨벤시아대로 116 (송도동) 푸르지오월드마크 7단지 1층

☎ 032-833-7736 Ⓟ 가능

꼭대기집약수터 ✖ 삼겹살

일반 가마솥 삼겹살과는 달리 진짜 아궁이 가마솥 위에 삼겹살을 구워 먹는다. 주인장 내외가 직접 기른 돼지고기와 쌀을 사용하며, 가마솥밥이 기본으로 나온다. 가족 모임이나 회사 모임하기 적당하다.

ⓦ 한판메뉴(3만원), 고기추가(200g 1만5천원)

🕐 10:00~14:00(마지막 주문 13:00) – 목요일 휴무

🔍 인천 강화군 길상면 장흥로101번길 31-11

☎ 032-937-0914 Ⓟ 가능

남촌회관 카페

베이커리 30여 종과 찰옥수수 아포카토, 약과라테 등을 함께 맛볼 수 있는 대형 베이커리 카페. 1층과 2층으로 이루어진 매장이며 공간이 넓고, 좌석의 종류가 다양하다. 베이커리와 음료의 가격도 합리적인 편.

ⓦ 아메리카노(5천원), 카페라테(5천5백원), 남촌333, 엑설런트 약과라테(각 6천8백원), 밭에서온찰옥수수아포카토(7천8백원), 송도해돋이공원라임에이드(6천3백원), 새참브런치플레이트(2만4천8백원), 플레인크루아상(3천3백원)

🕐 10:00~20:40(마지막 주문 20:20) – 일요일 휴무

🔍 인천 남동구 찬우물로 9-4 (수산동)

☎ 032-466-3016 Ⓟ 가능

농가의식탁 ✖ Farm to Table 퓨전한식

강화도 농산물로 만드는 퓨전 한식을 즐길 수 있는 곳. 넓은 앞마당과 시골 농가에 초대되어 온 듯한 인테리어가 인상적이다. 삼겹구운채소구이가 가장 인기가 좋으며, 파스타도 많이 찾는 메뉴다. 신선한 샐러드와 음료, 후식 등이 준비된 샐러드바도 이용할 수 있다.

ⓦ 살치큐브정식(3만9천원), 삼겹구운채소구이(2만3천원), 불고기구운야채구이(2만원), 시금치바질크림파스타(2만4천원), 슈림프토마토파스타(2만3천원), 올리브소금빵(1만3천원), 이탈리아 유기농소다수(6천원)

🕐 10:30~16:00/17:00~19:30(마지막 주문 18:00) – 연중무휴

🔍 인천 강화군 선원면 해안동로 1037-8 2층

☎ 010-4417-9348 Ⓟ 가능

뉴욕반점

NEWYORK CHINESE RESTAURANT 일반중식

찹쌀탕수육으로 유명한 중국집. 탕수육을 2장, 4장, 6장 장수대로 주문할 수 있어 편리하다. 유니짜장도 인기 메뉴다. 실내 분위기도 깔끔하고 룸도 있어서 가족 모임에 좋다.

ⓦ 유니짜장(7천원), 삼선짜장(8천원), 삼선짬뽕(1만2천원), 게살볶음밥(9천원), 유산슬(3만원), 전가복(4만5천원), 찹쌀탕수육(2만3천원), 깐풍기(2만6천원)

🕐 11:30~16:00/17:00~21:10(마지막 주문 20:40)| 토, 일요일 11:30~15:30/16:30~21:00(마지막 주문 20:30) – 월요일 휴무

🔍 인천 부평구 부평대로87번길 4 (부평동)

☎ 032-516-4488 Ⓟ 불가

다복집 한식주점

50년 넘게 꾸준히 그 자리를 지키고 있는 대폿집. 소의 힘줄을 삶아 끓여낸 스지탕이 대표 메뉴로, 국물 맛이 깔끔하다. 노릇하게 구워낸 전을 곁들이면 좋다.

ⓦ 스지탕(3만3천원), 모둠전(2만원), 고추전(1만8천원), 홍어찜(2만3천원), 새우튀김(1만5천원)

🕐 16:00~22:00 | 토요일 15:00~21:00 – 일요일 휴무

인천 중구 우현로39번길 8-2 (신포동)
032-773-2416 ⓟ 불가

다츠도츠 DatzDotz 카페

시즌마다 달라지는 전시회를 즐길 수 있는 대형 갤러리 카페. 창문 밖으로 서해안 바다를 감상할 수 있으며, 야외 좌석이 마련되어 있어 힐링하기 좋다.

에스프레소(6천원), 아메리카노(6천5백원), 카페라테(7천5백원), 신크림라테, 바닐라라테, 초콜릿라테, 말차라테(각 8천원), 버터솔티드크림라테, 딸기라테, 레몬딜에이드(각 8천5백원)
10:30~19:00(마지막 주문 18:20) - 연중무휴
인천 중구 대무의로 230 (무의동) 지하 1층
0507-1383-9048 ⓟ 가능

단풍나무 육개장

1975년에 문을 연 노포 육개장집. 대파와 양지살이 가득 들어 진하고 시원하며, 맵지 않은 백개장이나 오리 메뉴도 가능하다. 오래된 기와집의 외관을 유지하면서 내부는 일부 개조하였으며, 식사 후에는 넓은 마당에 앉아 쉬어도 좋다.

육개장, 백개장(각 1만원), 육개장전골(중 3만2천원, 대 4만3천원), 오리백숙(6만원), 오리로스(5만3천원), 오리훈제, 오리주물럭(각 5만5천원), 닭백숙, 닭볶음탕(각 5만7천원), 오리볶음탕(6만원)
10:00~15:20/16:50~22:00 | 토요일 10:00~22:00 | 일요일 10:00~17:00 - 명절, 공휴일 휴무
인천 서구 검단로379번길 31-2 (왕길동)
032-563-5323 ⓟ 가능

대선정 ✕ 일반한식

강화에서 손꼽히는 전통 음식점. 시래기밥과 모두부 등의 음식을 맛볼 수 있다. 메밀칼싹두기는 메밀칼국수를 뜻하는 것으로, 구수한 맛이 일품이다. 시골 맛의 향취가 남아 있는 곳이다.

시래기밥, 메밀칼싹두기, 차돌된장뚝배기(각 9천원), 메밀부침, 감자부침(각 1만5천원), 메밀산낙지전(2만5천원)
11:00~24:00 - 수요일 휴무
인천 강화군 길상면 온수길 36 1동 1층
032-937-1907 ⓟ 가능

더리미집 장어

더리미장어마을 내에 자리한 장어 전문점. 장어는 민물장어와 갯벌장어 중 선택할 수 있으며 초벌구이해서 나온다. 양념은 따로 나오기 때문에 취향에 따라 직접 발라서 구워 먹으면 된다. 바다가 내려다보이는 전망이 훌륭하다.

민물장어(2인 이상, 1인 3만9천원), 갯벌장어(2인 이상, 1인 4만9천원)
10:00~21:00 - 연중무휴

인천 강화군 선원면 해안동로 1219
032-932-0787 ⓟ 가능

돌기와집 민물매운탕 | 붕어찜

오래된 고택에서 붕어찜을 즐길 수 있다. 오랜 시간 동안 쪄서 내오는 붕어찜이 매우 부드럽다. 현재 충남의 예당저수지에서 잡은 참붕어를 사용하며, 순무 등 열 가지가 넘는 반찬은 직접 재배한 채소로 만든다.

붕어찜(소 5만원, 중 6만원, 대 7만원), 추어탕(소 4만원, 중 5만원, 대 6만원), 해물파전(1만원)
12:00~21:00 - 일요일 휴무
인천 강화군 송해면 상도숭뢰길116번길 39-10
032-934-5482 ⓟ 가능

돌핀커피로스터스
Dolphin Coffee Roasters 커피전문점

한국 바리스타 챔피언이 운영하는 커피 전문점. 원목 소재의 인테리어가 아늑한 분위기. 시그니처 크림이 올라간 음료와 자리에서 시나몬을 직접 갈아주는 카푸치노가 인기 메뉴.

에스프레소(4천3백원), 아메리카노(5천2백원), 스페셜티브루잉(7천원~1만8천원), 카페라테, 플랫화이트(각 5천8백원), 시그니처카푸치노(6천원), 흑임자크림커피(6천7백원), 리얼바닐라라테(6천3백원), 피낭시에(3천5백원), 플레인스콘(4천5백원)
10:00~22:00(마지막 주문 21:30) - 연중무휴
인천 연수구 컨벤시아대로130번길 12 (송도동)
070-8844-1220 ⓟ 가능(2시간 무료)

동추원불고기 소불고기

서울식 불고기 전문점. 국물이 자작한 옛날불고기가 대표 메뉴로, 전골에 육수를 부어주고 파채를 넣은 다음 불고기와 채소를 넣어 샤부샤부처럼 끓여 먹는다. 소고기보신국밥 등 해장국도 인기 많은 메뉴다.

옛날불고기(2만5백원), 한우불고기(2만4천원), 한우보신전골(중 4만8천원, 대 6만1천원), 일품소고기보신국밥(1만5천9백원), 한우맑은곰탕(1만3천9백원), 한우보신국밥(1만8백원), 한우육회비빔밥(1만2천9백원)
11:00~21:30(마지막 주문 20:50) - 명절 휴무
인천 미추홀구 학익소로 67 (학익동) 신세계빌딩 1층
032-872-2292 ⓟ 가능(선정 주차장 이용, 식사 30분, 요리 1시간30분 지원)

디벨로핑룸 ✕ developing room 커피전문점

인천 스페셜티커피의 상징이라 할 수 있는 곳으로, 원목가구들이 따뜻한 느낌을 주는 로스터리 카페다. 큰 셰어 테이블 하나와 작은 테이블들을 적당하게 배치했다. 브루잉커피 주문 시 컵노트뿐만 아니라 누가 내렸는지도 적혀 있는 점

이 인상적인 곳.
- ⓦ 브라우너(6천원), 카페시트론(7천원), 에스프레소, 아메리카노(각 4천원), 카페라테(5천원), 브루잉커피(5천원~8천5백원), 바스크치즈케이크(7천원)
- ⏱ 11:00~22:00 – 연중무휴
- 🔍 인천 연수구 청명로 26 (청학동) 미백빌딩
- ☎ 032-821-2006 ⓟ 가능

레벨19 ✖ Level 19 뷔페

공원 조망과 해안 조망을 동시에 즐기면서 여유로운 식사를 할 수 있는 뷔페 레스토랑. 별실이 따로 있어 모임이나 비즈니스 장소로 좋다.
- ⓦ 조식(3만5천원, 10세이하 1만7천5백원), 점심(6만2천원, 10세이하 3만1천원), 저녁(8만2천원, 10세이하 4만1천원), 주말점심(6만8천원, 10세이하 4만9천원), 주말저녁(9만8천원, 10세이하 4만9천원)
- ⏱ 07:00~10:00/12:00~14:30/18:00~21:30(마지막 주문 21:00) – 연중무휴
- 🔍 인천 연수구 테크노파크로 151 (송도동) 오라카이송도파크호텔 19층
- ☎ 032-210-7360 ⓟ 가능

레스토랑8 ✖ restaurant eight 퓨전

8개의 각기 다른 코너로 나뉘어 있어 취향에 맞는 요리를 골라 먹을 수 있는 곳. 카페, 생선초밥, 제과, 디저트, 이탈리아식 요리, 한국식 그릴 요리, 일본식 꼬치구이, 국수 요리 등 주메뉴에 따라 각기 다른 코너로 구분되며 각각에 어울리는 색상으로 각 공간을 표현했다. 토, 일요일 디너는 뷔페로 운영한다.
- ⓦ 평일점심(성인 7만7천원, 어린이 3만8천원), 평일디너(성인 9만9천원, 어린이 4만9천5백원), 주말점심, 주말디너(각 성인 13만원, 어린이 6만5천원), 주말디너(성인 13만원, 어린이 6만5천원)
- ⏱ 06:30~10:00/12:00~14:30/18:00~21:30 | 토, 일요일 06:30~10:30/12:00~14:30/17:30~22:00 – 연중무휴

레스토랑8

- 🔍 인천 중구 영종해안남로321번길 208 (운서동) 그랜드하얏트인천 이스트타워
- ☎ 032-745-1234 ⓟ 가능

림 비건

다양한 비건 요리를 갖춘 레스토랑. 파스타, 파히타, 카레, 양배추 스테이크 등 다양한 비건 요리를 맛볼 수 있다. 대체육을 넣어 만든 라구파스타가 인기 메뉴.
- ⓦ 들기름파스타(1만5천9백원), 매콤로제리조토(1만7천9백원), 칠리가지튀김(1만8천9백원), 바질페스토파스타(1만6천9백원), 대파오일파스타(1만5천9백원), 트러플풍기피자(1만9천9백원)
- ⏱ 10:00~15:00/17:30~21:00 | 토, 일요일 11:00~21:00 – 연중무휴
- 🔍 인천 서구 보석로12번길 11 (청라동) 1층
- ☎ 070-4065-0619 ⓟ 가능

마냥집 한식주점

인천에서 40년이 넘는 시간 동안 자리를 유지하고 있는 한식 주점. 생선구이, 전, 회무침 등과 함께 술 한잔하기 좋다. 고추장 찌개를 찾는 손님도 많다. 좌석은 열 개 정도로 크지 않고 소박한 분위기다.
- ⓦ 생선구이(1만5천원~2만3천원), 모둠생선구이(3만2천원), 진류(1만5천원~2만5천원), 스지탕(2만5천원), 돼지고추장찌개(2만2천원)
- ⏱ 17:00~24:00 – 첫째, 셋째, 다섯째 수 일요일 휴무
- 🔍 인천 중구 개항로 20-1 (관동3가)
- ☎ 032-772-3786 ⓟ 불가

마산집 생선구이

60여 년 전통의 해물 전문점. 가운데 연탄불이 들어가 있는 테이블에서 생선과 조개 등의 해물을 골라 구워 먹거나 회로 즐길 수 있다. 전어 철에는 전어구이도 별미다. 대부분의 가격은 시가로 정해지며 싼 가격은 아니다.
- ⓦ 민어회(중 9만원, 대 11만원, 특 15만원), 갈치구이, 우럭구이(각 시가)
- ⏱ 12:00~22:00 – 연중무휴
- 🔍 인천 미추홀구 경인로7번길 3-7 (숭의동)
- ☎ 032-883-8849 ⓟ 불가

만다복 萬多福 일반중식

생긴 지는 그리 오래되지 않았지만, 현지인들이 많이 찾는 중식당. 옛맛을 그대로 살렸다는 백년짜장이 독특한 메뉴다. 외관은 중국풍으로 화려하다.
- ⓦ 짜장면(6천원), 백년짜장, 하얀백년짜장(각 8천원), 짬뽕, 새우볶음밥, 게살볶음밥(각 9천원), 울면, 마파두부밥(각 1만원), 특짬뽕(1만3천원), 탕수육(중 2만4천원, 대 3만5천원)
- ⏱ 11:00~21:30(마지막 주문 21:00) – 연중무휴

만복정 ✂ 밴댕이

강화풍물시장 내에 있는 식당으로, 50년 넘는 전통을 자랑한다. 밴댕이회무침이 맛있기로 유명하며, 인삼이 들어 있어 쌉쌀한 맛이 난다. 노릇하게 구운 밴댕이구이도 별미. 회를 주문하면 선짓국이 서비스로 나온다.

- ⓦ 밴댕이회정식(2인 3만5천원), 밴댕이회무침(2인 2만5천원), 밴댕이회, 밴댕이구이(각 2인 2만5천원), 소머리국밥(1만2천원), 바지락칼국수(8천원), 밴댕이회덮밥, 돌게장(1만3천원), 순대국(1만원), 선지해장국(9천원)
- ⓣ 09:00~19:00 – 첫째, 셋째 주 월요일 휴무
- ⓠ 인천 강화군 강화읍 중앙로 17-9 강화풍물시장 2층 32호
- ☎ 032-933-3085 ⓟ 가능

멜팅룸 ✂ Melting Room 햄버거 | 퓨전

진한 맛의 버거를 만날 수 있는 곳. 소고기 패티와 진득한 치즈가 어우러진 멜팅치즈버거를 비롯해 파리지앵버거, 풀드포크버거 등이 인기 메뉴다. 짭조름한 풀드포크가 들어간 치즈프라이를 곁들여도 좋다.

- ⓦ 풀드포크버거(8천9백원), 파리지앵, 멜팅치즈버거(각 1만2천5백원), 크레마감베리니(1만7천5백원), 채끝등심스테이크와트러플프라이(200g 3만9천원), 바비큐베이비백립(2만9천원)
- ⓣ 11:00~14:50/16:00~21:00(마지막 주문 20:30) – 월요일 휴무
- ⓠ 인천 남동구 은봉로312번길 29-16 (논현동)
- ☎ 032-428-8003 ⓟ 가능

명월집 백반

오래된 백반집으로, 메뉴는 김치찌개백반 한 가지뿐이다. 큰 대야에 한꺼번에 끓인 김치찌개를 원하는 만큼 가져다 먹는 것이 독특하다. 함께 나오는 밑반찬의 맛도 깔끔하다. 가끔 제육볶음이 반찬으로 나올 때도 있다.

- ⓦ 김치찌개백반(1만원)
- ⓣ 08:00~19:30 – 일요일 휴무
- ⓠ 인천 중구 신포로23번길 41 (중앙동3가)
- ☎ 032-773-7890 ⓟ 불가

명품관갈비 소고기구이 | 갈비탕

양념소갈비와 한우불고기전골 등을 선보이는 고깃집. 갈비탕도 인기 있는 메뉴로, 큼지막한 갈비뼈가 들어있다. 점심특선도 준비되어 있으며, 모든 점심 메뉴에는 냉면 또는 된장찌개를 함께 제공한다.

- ⓦ 갈비탕(1만5천원), 양념소갈비(250g 3만6천원), 한우꽃등심(130g 5만8천원), 한우소불고기전골(130g 2만8천원), 불고기전골(130g 2만원), 한우등심정식(3만8천원), 매운소갈비찜정식(1만

8천원)
- ⓣ 10:00~22:00(마지막 주문 21:00) – 연중무휴
- ⓠ 인천 중구 신도시남로141번길 13-5 (운서동) 영종도명품관 2층
- ☎ 032-746-9233 ⓟ 가능

미광 美光 일반중식

상당히 오래된 중식당으로 간짜장, 짬뽕 맛이 좋다. 옛날 스타일의 탕수육도 인기 메뉴. 오픈 시간부터 대기줄이 긴 편이며, 오후 5시까지 영업시간이지만 재료가 소진 시 일찍 닫기도 하니 참고할 것.

- ⓦ 간짜장, 짬뽕, 울면(각 7천5백원), 짜장면(6천원), 우동(7천원), 삼선짬뽕, 삼선볶음밥(각 1만1천5백원), 탕수육(소 2만원, 중 2만4천원, 대 2만7천원)
- ⓣ 11:30~16:00(재료 소진 시 마감) – 수요일 휴무
- ⓠ 인천 중구 참외전로13번길 15-4 (송월동2가)
- ☎ 032-772-5595 ⓟ 불가

미락횟집 생선회 | 밴댕이

밴댕이회로 유명한 집으로, 밴댕이무침, 구이, 탕 등 메뉴가 다양해서 취향에 따라 골라 먹을 수 있다. 밴댕이는 단백질이 많아 비린 맛이 날 수도 있으므로 깻잎에 쌈장을 넣고 함께 싸 먹어야 제맛을 즐길 수 있다. 7월 중순부터 8월 중순 사이에는 밴댕이 포획이 금지되기 때문에 미리 전화로 확인하는 것이 좋다.

- ⓦ 밴댕이회, 밴댕이무침(소 4만원, 대 6만원), 밴댕이조림탕, 밴댕이구이(각 4만원), 밴댕이코스(3만원)
- ⓣ 10:00~20:00 – 월요일, 명절 당일 휴무
- ⓠ 인천 강화군 화도면 해안남로2903번길 58
- ☎ 032-937-5098 ⓟ 가능

미투커피 카페

화려한 모양과 맛에 중점을 둔 음료가 준비되어 있는 곳. 메뉴에도 그 옛날의 향수가 느껴진다. 시그니처 메뉴는 악마의 스무디 시리즈다. 실내 장식부터 80~90년대 분위기가 생각나는 곳이다.

- ⓦ 에스프레소, 아메리카노(각 4천5백원), 카페라테(5천5백원), 엘리스의마카롱, 악마의누텔라(각 7천9백원), 사탄의오레오(7천4백원)
- ⓣ 11:30~24:00(마지막 주문 23:30) | 금, 토, 일요일 11:00~24:00(마지막 주문 23:30) – 수요일 휴무
- ⓠ 인천 중구 월미문화로 39 (북성동1가)
- ☎ 032-772-7131 ⓟ 불가

바그다드커피 BAGDAD COFFEE 카페

강화도 최초 로스터리 카페. 넓은 들판을 지나 한적한 곳에 위치해 있다. 빈티지하고 감각 있는 나무 인테리어에 프라

위 페이지 좌측 상단:

- ⓠ 인천 중구 차이나타운로 36 (북성동2가)
- ☎ 032-773-3838 ⓟ 가능

이빗룸이나 다락방 등 재미있는 공간들이 많다. 더블 토스트, 비엔나 커피, 큐브라테가 인기 메뉴며 핸드드립 커피도 맛볼 수 있다.

Ⓦ 아메리카노스윗(5천원), 아메리카노딥(6천원), 카페라테(6천5백원), 비엔나커피(8천원), 큐브라테, 더블토스트(각 8천5백원)
Ⓣ 10:30~21:00(마지막 주문 20:30) | 일요일 10:30~20:00(마지막 주문 19:30) – 연중무휴
Ⓠ 인천 강화군 선원면 연동로99번길 73
☎ 032-932-2155 Ⓟ 가능

바다앞농장 카페

오션뷰를 볼 수 있는 디저트 카페. 스페셜티 커피와 과일 음료, 샌드위치, 과일트레이, 과일이 올려진 다양한 종류의 디저트를 맛볼 수 있다. 농장 콘셉트의 인테리어로 꾸며져 있어 음식을 가지고 피크닉 나온 듯한 느낌이 든다. 테라스 자리에서는 바다가 바로 보인다.

Ⓦ 너티아메리카노(7천원), 너티라테(7천5백원), 곰돌이큐브연유라테(8천5백원), 시그니처애플시나몬티(8천원), 과일프렌치파이(1만5천원), 진짜멜론케이크(1만5천5백원), 양양골드키위케이크(9천5백원)
Ⓣ 10:00~21:30(마지막 주문 21:00) | 금, 토, 일요일 10:00~22:30 – 연중무휴
Ⓠ 인천 중구 은하수로 10 (중산동) 더 테라스프라자 2층
☎ 032-747-0139 Ⓟ 가능

바다앞테라스 커피전문점

서해바다가 한눈에 들어오는 베이커리 카페. 리조트 분위기로 루프탑과 테라스가 예쁘게 꾸며진 있어 날씨가 좋을 땐 사진 찍기 좋다. 통으로 올려진 파인애플이 시선을 사로잡는 파인애플주스와 시즌 음료도 있다.

Ⓦ 에스프레소(5천원), 아메리카노(6천원), 카페라테(6천5백원), 한라봉주스(9천5백원), 마늘빵(5천5백원), 크루아상(4천5백원), 조각케이크(7천원~9천원)
Ⓣ 09:00~21:00 – 연중무휴
Ⓠ 인천 중구 은하수로 10 (중산동) 더 테라스프라자 5층
☎ 032-747-0137 Ⓟ 가능

밥상편지 한정식

편안한 분위기의 한식당. 석모도 쌀로 지은 가마솥 밥과 함께 푸짐한 한상이 차려진다. 셀프바에서 기본 찬을 가져다 먹을 수 있으며, 유기농법으로 쌈 채소를 직접 키우고 재배하는 것이 특징이다. 꼬막무침과 미나리전을 추가로 맛볼 수 있는 꼬미추가세트도 인기. 프라이빗한 룸도 있어 가족 모임으로도 좋다.

Ⓦ 흑마늘소갈비찜차림(3만3천원), 밥상편지2인한상차림(4만5천원), 스페셜세트(4인 16만원), 직화고추장불고기차림(1만6천원), 직화간장불고기차림(1만6천원), 직화주꾸미차림(1만7천원)

Ⓣ 11:30~15:00/17:00~21:00(마지막 주문 20:20) – 월요일, 명절 휴무
Ⓠ 인천 연수구 하모니로 124 (송도동) 송도타운 3층
☎ 032-833-8854 Ⓟ 가능

백령도메밀청풍면옥 물냉면

백령도식 메밀냉면을 선보이는 곳. 메밀 향이 입안 가득 느껴지며, 식초와 겨자, 후추를 넣어 먹으면 더욱 맛있게 즐길 수 있다. 백령도에서 즐겨 먹는 짠지(김치)떡도 별미다.

Ⓦ 물냉면, 비빔냉면, 반냉면, 콩국수(각 9천원), 녹두빈대떡(8천원), 메밀왕만두(6천원), 수육(1만2천원), 메밀회냉면(1만3천원), 사골떡만둣국, 사골떡국(각 8천원)
Ⓣ 11:00~21:00 – 월요일 휴무
Ⓠ 인천 남동구 석정로 585 (간석동) 계전산업
☎ 032-426-8380 Ⓟ 가능

백면옥 어복쟁반 | 수육 | 평양냉면

40년 가까운 경력의 냉면 장인이 운영하는 평양냉면집. 한우 고기와 사골로 맑게 우려낸 육수를 사용하는데, 진한 육향이 나면서도 깔끔한 맛이다. 은 입힌 놋그릇을 차갑게 해서 육수의 온도를 유지시켜 먹는 내내 시원한 맛을 느낄 수 있다. 갈비탕과 어복쟁반도 인기 메뉴로 꼽힌다.

Ⓦ 평양냉면, 비빔냉면, 섞어냉면(각 1만2천원), 어복쟁반(5만8천원), 한우수육(2만9천원), 한우수육무침(2만9천원), 한우곰탕(1만2천원), 갈비탕(1만5천원) 한우돼지족찜(4만5천원), 녹두빈대떡(1만원)
Ⓣ 11:00~15:00/16:30~21:30 | 토, 일요일 11:00~21:30(마지막 주문 20:50) – 첫 번째, 세 번째 화요일 휴무
Ⓠ 인천 연수구 먼우금로222번길 41 (연수동) 102호
☎ 032-812-9030 Ⓟ 가능

백면옥

벌말매운탕 ✕ 민물매운탕 | 붕어찜

김포의 민물고기 매운탕의 원조가 되는 곳이다. 대형 음식점으로 바뀐 지금은 거의 양식을 쓰고 있다. 다진마늘과 미나리 등을 푸짐하게 넣은 메기매운탕이 대표 메뉴로, 칼칼한 국물 맛이 일품이다. 라면, 수제비 사리는 무한리필 된다.

ⓦ 메기매운탕(소 4만5천원, 중 5만3천원, 대 6만2천원), 빠가사리매운탕(소 5만원, 중 6만원, 대 7만원)
ⓣ 10:20~21:30(마지막 주문 20:30) – 연중무휴
ⓠ 인천 계양구 벌말로565번길 5 (상야동)
☎ 032–544–5785 ⓟ 가능

별미정 장어

강화도 더미리장어마을에서도 유명한 장어구잇집. 소금구이한 장어를 간장소스에 찍어 먹는 것이 특징이다. 민물장어와 갯벌장어 중 선택할 수 있으며 숯불에 초벌구이해서 나오기 때문에 연기가 덜 난다. 후식으로 나오는 장어죽도 별미로 통한다.

ⓦ 민물장어(2인 1kg 10만원), 갯벌장어(2인 1kg 12만원)
ⓣ 10:30~20:00 – 셋째 주 월요일 휴무
ⓠ 인천 강화군 선원면 더리미길 10
☎ 032–932–1371 ⓟ 가능

복래춘 復來春 중국디저트

1백여 년 동안 4대에 걸쳐 중국 전통 월병을 만들어 온 곳이다. 월병은 추석에 먹는 중국 전통 빵으로, 팥소를 넣은 월병과 여러 가지 채소를 넣은 월병 두 종류가 있다. 월병 외에도 공갈빵, 수과자 등 여러 종류의 중국 과자가 있으며 중국 술, 차, 제기 등도 판매한다.

ⓦ 월병(1개 1천4백원), 공갈빵(3개 3천5백원)
ⓣ 09:00~21:00 – 명절 휴무
ⓠ 인천 중구 차이나타운로55번길 20–1 (선린동)
☎ 032–772–3522 ⓟ 불가

복화루 ✕ 福華樓 일반중식

인천에서 가장 오래된 중식당으로, 70년 넘는 역사를 자랑한다. 오이채와 달걀프라이가 올라간 전통적인 간짜장을 맛볼 수 있다. 직접 빚어서 만드는 군만두의 맛도 상당하다. 탕수육을 비롯한 요리도 옛날식으로 나온다.

ⓦ 간짜장(8천5백원), 짬뽕(8천원), 고추짬뽕(1만3천원), 탕수육(소 2만2천원, 중 2만9천원, 대 3만5천원), 깐풍기(3만원)
ⓣ 11:30~15:00/17:00~20:00 – 일요일 휴무
ⓠ 인천 부평구 부평대로32번길 16 (부평동)
☎ 032–503–9725 ⓟ 가능(썬 주차장 이용, 1시간 무료)

봄날의정원한식당 ✕ 한정식

중정정원이 보이는 단아한 공간에서 한식을 즐길 수 있는 곳. 직접 담는 보쌈김치와 함께 나오는 보쌈정식이 추천 메뉴다. 모든 메뉴는 제철 나물 반찬과 잡곡 솥밥이 함께 나오는 1인 반상으로 제공된다.

ⓦ 보쌈정식(기본 1만8천원, 특 2만4천원), 한우육개장정식(1만8천원), 명품해물순두부정식(1만7천원), 육보세트(기본 2만2천원, 특 2만6천원), 보쌈한접시(4만4천원)
ⓣ 11:00~15:00/17:00~19:30(마지막 주문 18:40) | 일요일 11:00~15:00(마지막 주문 14:10) – 월요일 휴무
ⓠ 인천 강화군 선원면 선원사지로 67
☎ 032–934–0673 ⓟ 가능(가게 앞)

부암갈비 ✕ 돼지갈비

신선한 생돼지갈비를 맛볼 수 있는 곳으로, 숯 위에 불판을 올려 구워 먹는다. 갈치속젓, 고추장아찌, 묵은지 등의 반찬 맛도 일품. 마무리 식사로는 갈치속젓이 들어간 갈치속젓비빔밥을 빼놓을 수 없다. 2층에는 대기실이 마련되어 있다.

ⓦ 생갈비(200g 1만9천원), 젓갈볶음밥(3천원)
ⓣ 11:30~15:00/16:00~23:00(마지막 주문 22:30) – 화요일 휴무
ⓠ 인천 남동구 용천로 149 (간석동)
☎ 032–425–5538 ⓟ 가능

부영선지국 선지해장국

40여 년의 전통을 이어온 선지해장국을 맛볼 수 있는 곳. 구수하고 담백한 국물에 소 양과 콩나물 등의 재료를 더해 특별한 선짓국을 만든다. 신선한 선지를 사용해 맛이 더욱 좋다. 선짓국 외에도 갈비탕, 소머리국밥, 수육 등의 메뉴를 다양하게 선보인다. 선지전, 양무침 등도 별미.

ⓦ 기본선짓국(8천원), 소양선짓국, 옛날선짓국(각 9천원), 우거지갈비탕(1만원), 소내장선짓국(1만1천원), 소머리수육(소 3만원, 대 5만원), 양무침(2만5천원), 선지부침전(5천원)
ⓣ 09:10~15:00(마지막 주문 14:20) – 일요일, 추석 휴무
ⓠ 인천 미추홀구 장천로14번길 20 (숭의동)
☎ 032–884–5981 ⓟ 불가

부원집 ✕ 생선구이

생선구이 전문점으로, 다양한 생선으로 구성된 모둠생선구이가 대표 메뉴다. 소 힘줄을 뼈와 같이 끓인 스지탕도 인기가 좋으며 키조개관자구이도 술안주로 제격이다. 남은 국물에 수제비를 떠먹는 맛도 좋다.

ⓦ 모둠생선구이, 키조개관자구이, 스지탕(각 3만8천원), 생선찜(4만8천원), 키조개관자삼합(5만8천원)
ⓣ 17:00~23:00 – 일요일 휴무
ⓠ 인천 연수구 샘말로8번길 7–10 (연수동)
☎ 032–812–1085 ⓟ 가능

부평막국수 막국수

백령도 스타일로 까나리액젓이 들어간 물막국수를 맛볼 수 있다. 직접 메밀을 제분하는 것이 특징이며 전분 함량이 낮고 메밀 향이 훌륭하다. 까나리액젓 때문인지 육수가 약간 단맛이 나는 것이 특징. 동절기에는 사골만둣국, 메밀온면 등의 계절메뉴를 먹을 수 있다.

ⓦ 물막국수(1만원), 비빔막국수(1만원), 돼지수육(1만3천원), 녹두빈대떡, 메밀만두(각 7천원)
ⓣ 11:00〜20:00 – 연중무휴
ⓠ 인천 부평구 부평대로63번길 10−8 (부평동)
☎ 032−514−5535 ⓟ 가능

블랙차콜 Black Charcoal 양식

시즌마다 제철 식재료를 활용해 우드파이어 코스 요리를 선보이는 다이닝. 정갈하게 내어주는 요리에서 훈연향과 소스가 요리와 조화롭게 어우러진다는 평. 이탈리아, 베트남 등 세계를 여행하는 듯한 다채로운 맛을 경험할 수 있다.

ⓦ 블랙코스(9만9천원)
ⓣ 17:00〜22:00(마지막 주문 19:30) – 월요일 휴무
ⓠ 인천 연수구 센트럴로 313 (송도동) B동 3층 320호
☎ 032−710−8311 ⓟ 가능

비스트로페르레이 ✖

Bistro Per Lei 피자 | 파스타 | 이탈리아식

도심 속 쉼터인 청라중앙호수공원 앞에 자리한 이탈리안 레스토랑. 이탈리안 정통 화덕에 구운 피자를 비롯해 파스타, 리조토, 스테이크 등 진한 이탈리아의 맛을 느낄 수 있다.

ⓦ 어란파스타, 멜란자네에포모도로, 안초비감베리(각 1만8천원), 칼리마리감바스(2만3천원), 살치살스테이크(200g 4만원), 카르보나라, 크레마감베리(각 2만원)
ⓣ 11:30〜15:00(마지막 주문 14:30)/17:00〜22:00(마지막 주문 21:00) – 연중무휴
ⓠ 인천 서구 크리스탈로 100 (청라동) 청라호수공원프라자 305호
☎ 032−561−3666 ⓟ 가능

비스트로페르레이

비엣테이블 VIET TABLE 베트남식

층고가 높아 쾌적한 분위기의 베트남 캐주얼 다이닝. 숙주와 고기가 푸짐하게 채워진 반쎄오와 미니 쌀국수를 즐길 수 있는 합리적인 가격의 세트 메뉴가 인기 메뉴다.

ⓦ 반쎄오&베지터블(2만1천원), 대파돼지등뼈찜(중 1만9천원), 그린빈갈릭새우(2만8천원), 비엣오리지널쌀국수(R 1만1천원), 비엣두부쌀국수(R 1만원), 비엣소고기볶음밥(1만6천원), 비엣칠리볶음밥(1만5천원), 칠리해산물볶음쌀국수(1만6천원), 소고기분짜&베지터블(1인 1만6천원, 2인 3만1천원)
ⓣ 10:00〜16:00/17:00〜21:30(마지막 주문 21:00) – 명절 당일 휴무
ⓠ 인천 부평구 길주로 623 (삼산동) 대덕리치아노 333호
☎ 032−508−6111 ⓟ 가능(지하3〜5층 이용, 영수증 제시 3시간 무료 주차)

비하니 Bihanee 인도식 | 네팔식

네팔인이 운영하는 네팔, 인도 음식 전문점. 탄두리에 구워내는 닭구이와 난, 그리고 다양한 커리를 맛볼 수 있다. 디저트로 네팔식 요구르트 라씨도 한번 맛보는 것을 추천한다. 한국어 소통이 가능한 현지인이 직원으로 있어 주문하기도 쉽다.

ⓦ 탄두리치킨(1만원), 버터치킨마카니(1만2천원), 램빈달루(1만2천원), 치킨빈달루(1만2천원), 프라운빈달루(1만3천원), 갈릭난(3천원), 퍼니르난(4천원), 알루고비(9천원), 비하니만의램커리(1만2천원)
ⓣ 11:00〜22:00 – 연중무휴
ⓠ 인천 부평구 광장로24번길 13 (부평동) 신성빌딩 1층
☎ 032−525−8771 ⓟ 가능

뻘다방 ✖ MUD Coffee 커피전문점

다양한 브루잉커피를 맛볼 수 있는 이국적인 분위기의 로스터리 카페. 해변가에 자리하고 있어 전망도 좋다. 다섯 종류 이상의 싱글 오리진 브루잉커피와 두 가지 이상의 에스프레소 등을 선보인다. 바나나케이크, 얼그레이케이크도 준비되어 있다.

ⓦ 브루잉커피(7천원〜1만원), 에스프레소(5천5백원), 아메리카노(6천5백원), 카페라테(7천원), 카푸치노(7천5백원), 바닐라라테, 카페모카, 호두라테(각 7천5백원), 쇼콜라로쉐케이크, 멍키몽키바나나케이크, 얼그레이케이크(각 8천원)
ⓣ 10:00〜20:30(마지막 주문 20:00) – 화요일 휴무
ⓠ 인천 옹진군 영흥면 선재로 55
☎ 032−889−8300 ⓟ 가능(2시간 무료)

사곶냉면 물냉면

직접 담근 까나리액젓을 넣은 백령도식 메밀냉면과 칼국수를 맛볼 수 있다. 백령도 메밀국수는 황해도식 막국수라 할 수 있는데, 사골 육수에 까나리액젓이 어우러진 맛이 별미

다. 주문하면 바로 반죽해 삶아낸다.

Ⓦ 물냉면, 비빔냉면, 반냉면, 녹두빈대떡(각 9천원), 수육(1만2천원)

🕐 11:00~21:00 – 연중무휴

🔍 인천 옹진군 백령면 사곶로122번길 54-19

☎ 032-836-0559 Ⓟ 가능

사곶냉면 물냉면 | 수육

까나리액젓이 들어가는 백령도식 메밀냉면 전문점. 평양냉면식 육수에 까나리액젓이 들어가 독특한 맛을 느낄 수 있다. 면은 메밀 함량이 높고 약간 두꺼운 편이다. 수육을 싸서 먹는 것을 추천한다. 겨울에는 따뜻한 칼국수를 추천할 만하다.

Ⓦ 물냉면, 비빔냉면, 반냉면, 칼국수(각 1만2천원), 빈대떡(8천원), 수육(1만8천원)

🕐 11:00~15:30 | 토, 일요일, 공휴일 11:00~20:00 – 월요일 휴무

🔍 인천 남동구 논고개로123번길 17 (논현동) 아이플렉스2층 208호

☎ 032-469-1645 Ⓟ 가능

사리원냉면1999 물냉면 | 만두

일대에서 유명한 냉면 전문점이다. 냉면에 장조림이 들어가는 것이 특징이며 물냉면이 대표메뉴. 양지머리를 끓여서 만든 육수는 진하고 개운하며, 즉석에서 직접 뽑아내는 면이 쫄깃쫄깃하다. 매장에서 직접 빚은 고기만두도 별미다.

Ⓦ 물냉면, 비빔냉면(각 1만3천원), 만두(1만원), 홍어회냉면(1만7천원)

🕐 11:00~20:00 – 수요일 휴무

🔍 인천 서구 청라커낼로329번길 11 (청라동)

☎ 032-888-0690 Ⓟ 가능

사리원냉면1999

산동포자 山東包子 동북식중식

화상 중국집으로, 동북 3성 쪽 요리를 선보이는 곳이다. 요리집이기 때문에 짜장면, 짬뽕과 같은 면 요리와 다른 국물 요리가 없다. 돼지고기와 새우를 갈아서 만든 홍소스즈토우가 대표 메뉴. 그날 그날 되는 요리를 내기 때문에 특별히 먹고 싶은 요리가 있을 때는 사전에 문의해야 한다. 테이블 네 개의 아담한 공간이다.

Ⓦ 바지락, 경장육사(각 1만5천원), 궈바로우(2만원), 가지튀김(2만원), 가지새우(2만2천원), 해파리냉채, 꽃게튀김, 상라샤, 홍소스즈토우(각 2만5천원)

🕐 18:00~22:00(마지막 주문 21:30) – 비정기적 휴무

🔍 인천 부평구 마장로 75 (십정동) 대경빌딩 1층

☎ 032-431-8885 Ⓟ 불가

산향한정식 한정식

코스로 즐길 수 있는 한정식 전문점. 룸 공간도 구비하여 모임 장소로 인기가 좋으며, 소규모 돌잔치도 많이 열리는 편. 11층에 높게 위치해 있어 탁 트인 뷰를 보며 식사 할 수 있는 곳. 양이 굉장히 푸짐하고, 내어오는 음식 하나하나 맛이 좋다는 평.

Ⓦ 산향한정식(2인 이상, 1인 5만8천원), 산향스페셜(2인 이상, 1인 8만4천원), 산향비즈니스(2인 이상, 1인 11만원), 산향VIP(4인 이상, 1인 17만원), 산향VVIP(4인 이상, 1인 25만원)

🕐 10:00~15:30/17:00~20:40(마지막 주문 20:00) – 화요일, 명절 당일 휴무

🔍 인천 남동구 선수촌공원로17번길 28 (구월동) THE11일레븐

☎ 032-465-0010 Ⓟ 가능

삼강옥 설렁탕 | 도가니탕 | 꼬리곰탕

3대를 이어온 80여 년 전통의 설렁탕집으로, 인천에서 가장 오래된 집 중 한 곳으로 꼽힌다. 맑은 국물의 설렁탕을 맛볼 수 있으며 부드러운 고기의 맛이 일품이다. 도가니탕, 꼬리곰탕 등 다양한 국밥 종류도 먹을 만하다.

Ⓦ 설렁탕, 해장국, 육개장(각 1만1천원), 꼬리곰탕(2만3천원), 도가니탕(2만6천원), 수육, 도가니무침(각 소 3만7천원, 대 4만7천원)

🕐 08:30~15:00/17:00~21:00(마지막 주문 20:30) | 토, 일요일 08:30~21:00(마지막 주문 20:30) – 화요일 휴무

🔍 인천 중구 참외전로158번길 1 (경동)

☎ 032-772-7885 Ⓟ 가능

삼화정 ✕ 소고기구이

한우를 전문으로 하는 집. 배, 양파, 고추, 마늘 등의 채소가 곁들여 나오는 육회의 맛도 좋다는 평. 된장을 풀어 만든 우거지해장국도 식사메뉴로 인기가 많다. 40년이 넘는 역사를 자랑하는 곳.

ⓦ 꽃등심, 안창살(각 130g 4만5천원), 육회(300g 5만원), 생불고기(150g 2만5천원), 해장국, 육개장(각 1만3천원)
ⓣ 04:00~22:00 | 금, 토요일 04:00~24:00 – 연중무휴
ⓠ 인천 남동구 남동대로922번길 14 (간석동)
☎ 032-424-8898 ⓟ 가능

새라새 SERASÉ 모던한식

인천 파라다이스시티의 부티크호텔 아트파라디소 내에 자리한 모던 퓨전한식파인다이닝 레스토랑. 서양식의 조리 기법을 응용한 창의적인 한식 메뉴를 만날 수 있다. 직접 재배한 식재료를 사용하여 식재료 본연의 맛을 살리는 것이 특징. 조식은 일요일에는 제공되지 않으며 투숙객만 이용할 수 있다.
ⓦ 조식(6만5천원), 런치(9만원), 디너(15만원, 22만원)
ⓣ 07:00~10:30/12:00~15:00/18:00~22:00 – 예약제로 운영
ⓠ 인천 중구 영종해안남로321번길 186 (운서동) 파라다이스시티 아트파라디소 3층
☎ 032-729-5010 ⓟ 가능

새집칼국수 칼국수 | 만두

용동의 칼국수거리에서 초가집손칼국수와 함께 원조로 꼽히는 곳이다. 칼국수가 나오기 전에 보리밥과 밑반찬이 푸짐하게 나온다. 바지락으로 시원한 맛을 낸 칼국수와 함께 큼시박한 만두를 곁들이는 것도 좋다.
ⓦ 칼국수(8천원), 만두칼국수, 만둣국, 찐만두(각 9천원)
ⓣ 11:00~20:30 – 일요일 휴무
ⓠ 인천 중구 우현로90번길 39 (용동)
☎ 032-772-8333 ⓟ 불가

성진물텀벙 아귀

용현동 물텀벙거리의 원조 격이라 할 수 있다. 인천에서는 아귀를 물텀벙이라고 부르며 마산식과는 다르게 생물 아귀를 사용한다. 빨간 양념에 아귀를 비롯한 다양한 해산물이 넉넉히 들어간다. 남은 양념에 볶아먹는 밥도 일품.
ⓦ 아귀찜, 아귀탕, 아귀백숙, 아귀지리(각 소 3만7천원, 중 5만1천원, 대 6만3천원), 해물찜(중 6만5천원, 대 7만5천원)
ⓣ 11:00~21:30(마지막 주문 21:00) – 명절 휴무
ⓠ 인천 미추홀구 독배로403번길 10 (용현동)
☎ 0507-1376-1771 ⓟ 가능

소하다이닝바 soha dining bar 다이닝바 | 한식주점

제철 식재료로 만드는 요리에 다양한 술을 곁들이기 좋은 한식 다이닝 바. 약주, 증류주, 탁주, 과실주 등을 아우르는 70종이 넘는 전통주가 준비되어 있다. 계절코스는 제철 식재료를 활용한 요리들을 맛볼 수 있다. 1시간 30분에서 2시간 정도로 진행되며, 주류나 음료 주문이 필수이니 참고할 것.
ⓦ 계절코스(5만4천원), 안주코스(3만5천원), 점심코스(3만9천원)
ⓣ 13:00~22:30 – 일, 월요일 휴무
ⓠ 인천 부평구 주부토로32번길 3 (부평동) 1층
☎ 010-8664-8936 ⓟ 가능

송도갈매기 돼지고기구이

갈매기살 전문점. 감칠맛 나는 양념에 잰 갈매기살이 대표 메뉴며, 생갈매기살도 맛볼 수 있다. 고기 질이 좋은 편이며 밑반찬도 깔끔하다. 식사로는 쟁반막국수가 좋으며 점심에는 갈매기살을 라이스페이퍼에 싸 먹는 월남쌈을 즐길 수 있다.
ⓦ 갈매기살(180g 1만7천원), 통생갈매기살, 마늘갈매기살(각 150g 1만9천원), 소갈빗살(150g 2만5천원), 쟁반막국수(중 1만5천원, 대 1만9천원), 물막국수, 비빔막국수(각 9천원), 점심월남쌈(2인 이상, 1인 1만7천원)
ⓣ 11:30~22:00(마지막 주문 21:00) – 명절 휴무
ⓠ 인천 연수구 능허대로151번길 25 (옥련동)
☎ 032-831-0010 ⓟ 가능

송도국제경양식 경양식

옛날식 경양식집에서 나오던 식으로 채소 및 크림수프와 모닝빵이 돈가스나 햄버그스테이크와 함께 나온다. 50년 전통을 자랑하며, 옛 추억을 생각하면서 찾는 사람이 많다.
ⓦ 햄버그스테이크(1만9천원), 돈가스(1만5천원), 비프가스(1만7천원), 안심스테이크(3만2천원)
ⓣ 11:30~15:00/17:00~21:00(마지막 주문 20:00) | 토요일 11:30~15:00/17:00~20:30(마지막 주문 19:30) – 일요일 휴무
ⓠ 인천 연수구 센트럴로 194 (송도동) 더샵센트럴파크 2C동 225호
☎ 032-888-8525 ⓟ 가능

송도동산호 생태 | 민어

선주가 직접 운영하는 곳으로, 생선의 선도가 좋다. 흔히 볼 수 있는 빨갛고 얼큰한 생태찌개가 아니라 된장과 액젓, 고춧가루 등을 사용하여 국물을 낸다. 입구 근처에 손님들이 직접 달걀프라이를 해먹을 수 있도록 날달걀과 프라이팬을 준비해둔 것이 독특하다.
ⓦ 북어해장국(8천원), 전골동태찌개(1만5천원), 생태찌개(1만9천원), 민어탕(2만5천원), 민어회(소 9만원, 중 13만원, 대 17만원)
ⓣ 10:00~22:00 | 일요일 11:00~22:00 – 명절 휴무
ⓠ 인천 연수구 컨벤시아대로 81 (송도동) 드림시티 127호
☎ 032-858-1880 ⓟ 가능

송도술상 한식주점

다양한 한식안주와 함께 전통주를 즐길 수 있는 한식 주점. 쌈채소와 어리굴젓. 백김치 등이 함께 나오는 암퇘지오겹보쌈이 대표 메뉴다. 파절임에 싸 먹는 육전 맛도 별미다. 차돌된장전골은 국물 요리가 필요할 때 추천하며 메뉴는 계절별에 따라 약간 변동이 있다.

ⓦ 암퇘지오겹보쌈(3만2천원), 홍어삼합(4만5천원), 보리새우미나리전, 미나리주꾸미초무침(각 2만2천원), 한우육회(2만8천원), 왕새우전. 부추무침과편육(각 2만2천원), 매콤차돌두부전골. 차돌된장전골(각 2만5천원), 육전(2만원)
ⓒ 15:30~23:00(마지막 주문 22:00) – 일요일 휴무
ⓠ 인천 연수구 컨벤시아대로 80 (송도동) 인천송도힐스테이트 402동 117호
☎ 032-899-2299 ⓟ 가능

송도커피 ✖ 커피전문점

다양한 원두 종류를 취급하며 직접 로스팅을 하는 카페. 바리스타 챔피언이 운영하고 있으며 커피에 대한 설명이 자세하고, 커피 맛이 좋다는 평이다. 합리적인 가격으로 좋은 품질의 커피를 즐길 수 있다.

ⓦ 에스프레소. 아메리카노(각 5천원), 필터커피(6천5백원), 라테(5천5백원)
ⓒ 11:30~16:00 | 토, 일요일 10:00~18:00 – 수요일 휴무
ⓠ 인천 연수구 컨벤시아대로 60 (송도동) 송도월드마크푸르지오2단지 149호
☎ 0507-1399-3414 ⓟ 가능

송도콩나물해장국밥 콩나물국밥

송도에서 유명한 콩나물국밥집. 청양고추와 콩나물. 김, 날달걀을 듬뿍 넣어 칼칼한 해장국을 맛볼 수 있다. 식사 시간에는 줄을 서서 기다릴 정도로 인기가 많다.

ⓦ 콩나물해장국밥(1만원), 한우사골순댓국(1만1천원), 굴콩나물해장국. 오징어콩나물국밥. 김치콩나물국밥(각 1만2천원), 김치오징어해장국. 김치굴콩나물해장국(1만3천원)
ⓒ 05:30~20:30(마지막 주문 20:00) – 월요일 휴무
ⓠ 인천 연수구 청량로113번길 15 (옥련동)
☎ 032-833-5772 ⓟ 가능

송원식당 ✖ 밴댕이 | 게장

연안부두의 밴댕이회무침거리에서 원조로 통하는 곳. 생물 밴댕이만 사용하는 것이 특징이다. 된장에 찍어 먹는 밴댕이회, 매콤한 밴댕이회무침 등을 맛볼 수 있으며 무한리필되는 돌게장 맛이 일품이다. 푸짐하게 나오는 밴댕이회무침에 상추, 밥 등을 넣고 비벼 먹어도 맛이 좋다.

ⓦ 밴댕이무침(1만1천원~1만5천원), 밴댕이회. 병어회, 준치회. 모둠회(각 3만원~4만원), 생물물메기탕(2만원~3만원), 밴댕이구이(1만5천원)
ⓒ 09:00~20:00 – 연중무휴
ⓠ 인천 중구 연안부두로 24-1 (항동7가)
☎ 032-884-2838 ⓟ 불가(예술회관 공영 주차장 이용)

송쭈집 SONGJJUZIP 주꾸미

주꾸미 볶음 전문점. 돼지고기 대패꽃살을 매콤하게 양념된 주꾸미와 함께 볶은 뒤 눈꽃처럼 잘게 슬라이스한 치즈를 듬뿍 올려 먹는 주꾸미눈물치즈사리몽땅을 추천한다. 입안에서 느껴지는 매콤함과 고소함의 궁합이 일품이다.

ⓦ 눈꽃치즈주꾸미볶음+사리몽땅(2만1천1백원), 주꾸미볶음+사리몽땅(1만9천6백원), 눈꽃치즈주꾸미볶음(1만6천3백원), 주꾸미볶음(1만4천8백원), 시그니처주꾸등심(3만4천1백원)
ⓒ 11:00~15:30/16:30~21:50(마지막 주문 20:50) – 명절 휴무
ⓠ 인천 연수구 센트럴로 160 (송도동) 송도센트럴파크푸르지오 A동 상가 223~227호
☎ 032-833-7892 ⓟ 가능(건물 내 주차, 3시간 무료)

송쭈집

숙성명작 ✖ 소고기구이

캐주얼하고 깔끔한 분위기에서 숙성한우를 즐길 수 있는 곳이다. 저온에서 일주일간 숙성시킨 최고급 채끝등심과 안심을 치즈와 함께 구워 먹는 맛이 일품이다. 합리적인 가격대의 와인 리스트도 괜찮은 편이며 와인 콜키지가 무료다.

ⓦ 한우채끝등심. 한우안심(각 150g 5만4천원), 일품육회(150g 3만5천원), 구워먹는치즈(100g 1만5천원), 얼큰해물된장죽(9천원)
ⓒ 17:00~22:00(마지막 주문 21:00) – 일요일 휴무
ⓠ 인천 서구 담지로8번길 14 (청라동)
☎ 032-566-9298 ⓟ 가능

스시라 すし羅 스시

합리적인 가격에 수준급 스시를 맛볼 수 있는 스시 오마카세 전문점. 새벽 노량진에서 신선한 식재료를 공수해 와서 제공한다. 예약제로 운영되어 미리 확인. 예약 후 방문하는 것을 추천.

ⓦ 런치스시오마카세(5만원), 디너스시오마카세(10만원)
ⓛ 12:00~15:00/17:00~22:00 | 토, 일요일 11:30~15:30/17:00~22:00 – 월요일 휴무
ⓠ 인천 연수구 아트센터대로 203 (송도동) 센트럴파크푸르지오시티 B동 131호
☎ 070-7608-9942 ⓟ 가능

스시요로코부 よろこぶ 스시

비교적 부담없는 가격대의 스시야로, 오마카세로만 운영된다. 부드러운 샤리와 신선한 재료로 평이 좋은 편. 100% 예약제로 운영된다.
ⓦ 점심오마카세(7만원), 저녁오마카세(15만원)
ⓛ 11:30~14:00/19:00~22:00 – 일요일 휴무
ⓠ 인천 연수구 센트럴로 194 (송도동) 더샵 센트럴파크2 A동 123호
☎ 032-834-6809 ⓟ 가능

스시이와 すしいわ 스시

송도에서 수준 높은 스시를 만날 수 있는 곳. 제철에 맞는 신선한 식재료를 사용하는 오마카세 코스를 선보인다. 스시를 비롯해 맛보기용으로 나오는 카이센동, 튀김 등 구성이 다채롭다. 가격대비 만족도가 높은 편이다. 예약 필수.
ⓦ 카운터오마카세(런치 7만원, 디너 14만원), 룸오마카세(런치 7만원, 디너 12만원), 도시락(6만원), 어린이세트(1만5천원)
ⓛ 11:30~15:00/17:30~22:00(마지막 주문 20:30) – 연중무휴
ⓠ 인천 연수구 센트럴로 194 (송도동) 더샵 센트럴파크2 C동 109호
☎ 010-5639-5725 ⓟ 가능

시즈쿠 일식오마카세

기본 일식 요리와 퓨전 일식 메뉴까지 다양하게 선보이는 일식 다이닝. 오마카세와 스페셜오마카세를 즐길 수 있으며 모둠사시미도 많이 찾는다. 흰 살 생선에 해삼내장, 연어 알, 성게알을 올린 시즈쿠고노와다도 추천할 만하다.
ⓦ 오마카세(7만8천원), 스페셜오마카세(11만원), 모둠사시미(2인 4만8천원, 3인 7만2천원, 4인 9만6천원), 모둠스시(3만원), 혼마구로스시(4만원), 시즈쿠고노와다(3만6천원)
ⓛ 17:00~24:00(마지막 주문 23:00)| 금, 토요일 17:00~01:00(익일)(마지막 주문 24:00) – 일요일 휴무
ⓠ 인천 연수구 컨벤시아대로 50 (송도동) 푸르지오월드마크 102동 141호
☎ 0507-1320-6186 ⓟ 가능

신 Xin 鑫 일반중식

중식의 대가 유방녕 셰프가 운영하는 중국요리 전문점으로, 차이나타운에 자리하고 있다. 아삭한 숙주가 올라간 짜장면을 비롯해 해산물이 풍성하게 올라간 짬뽕, 탕수육 등 다양

한 메뉴를 선보인다. 합리적인 가격의 코스 요리도 있다.
ⓦ 점심코스(3만원), 정탁(8만원~15만원), 달인웰빙짜장면(7천원), 북경식옛날짜장면(9천원), 명품짬뽕(2만원), 탕수육(소 2만4천원, 중 3만2천원), 동파육(5만2천원)
ⓛ 11:00~21:00 – 연중무휴
ⓠ 인천 중구 차이나타운로 25 (북성동3가)
☎ 032-761-8889 ⓟ 불가

신성루 新盛樓 일반중식

중국 산둥성 출신의 주인 겸 주방장이 우리 입맛에 맞는 중식을 낸다. 대표 메뉴인 삼선고추짬뽕의 칼칼하고 시원한 맛이 일품이다. 중국 부추에 돼지고기, 버섯, 죽순, 새우 등을 넣고 볶아낸 부추잡채도 먹음직스럽다. 70여 년의 오랜 전통을 자랑하는 곳.
ⓦ 자춘걸, 부추잡채+꽃빵(각 4만원), 멘보샤(3만5천원), 탕수육(2만2천원), 전가복, 새우쏘양해삼(각 7만원), 유니짜장면(1만원), 삼선굴짬뽕(1만1천원), 팔보채, 류산슬(각 3만5천원) 삼선고추짬뽕(9천원), 짜장면(7천원), 볶음밥, 간짜장면(각 8천5백원), 라조기, 깐풍기, 라조육(각 2만8천원), 소고기탕수육(3만2천원), 누룽지탕(5만원)
ⓛ 11:00~15:00/16:30~21:30(마지막 주문 21:00) | 토, 일요일 11:00~21:30(마지막 주문 21:00) – 월요일 휴무(월요일이 공휴일인 경우 화요일 휴무)
ⓠ 인천 중구 우현로 19-14 (신생동)
☎ 032-772-4463 ⓟ 가능

신승반점 新勝飯店 일반중식

청요리 1백 년 역사를 자랑하는 유명한 공화춘을 처음으로 열었던 우회광 씨의 외손녀가 운영하고 있다. 공화춘 집안 대대로 내려오는 짜장소스의 맛이 좋다. 탕수육, 잡채밥도 추천할 만한 메뉴. 70여 년의 역사를 자랑한다.
ⓦ 짜장면(7천원), 짬뽕(1만원), 볶음밥(1만5백원), 잡채밥(1만2천원), 찹쌀탕수육(소 3만원, 대 4만5천원)
ⓛ 11:10~15:00(마지막 주문 14:50)/16:30~21:00 (마지막 주문 20:20) – 명절 휴무
ⓠ 인천 중구 차이나타운로44번길 31-3 (북성동2가)
☎ 032-762-9467 ⓟ 가능

신일반점 新一飯店 일반중식

인천에서 가장 오래된 화상 중식당 중 하나. 아직도 오픈 당시의 오너 주방장이 직접 웍을 잡고 있다. 탕수육과 고춧가루를 넣지 않은 백짬뽕인 초마면이 맛있기로 유명하다. 특히 해삼요리 공력이 높다. 직접 만든 군만두 역시 추천할만하다. 70년 넘는 역사를 자랑하는 곳.
ⓦ 탕수육(소 2만3천원, 중 2만6천원, 대 3만원), 멘보샤(4만원), 우동, 간짜장, 짬뽕, 볶음밥(각 8천원), 초마면(9천원)
ⓛ 10:30~24:00 – 명절 휴무

☎ 032-882-1812 ⓟ 불가

신포순대 ✄ 순댓국 | 순대

신포국제시장 내에서 유명한 순댓집. 찹쌀순대, 당면순대, 카레순대, 매운순대 등 직접 개발한 독특한 순대를 맛볼 수 있다. 깔끔한 국물의 순댓국과 철판에 볶아 먹는 순대곱창 볶음도 인기 있다.

₩ 찹쌀채소순대, 찹쌀고추순대, 찹쌀카레순대, 당면채소순대 (각 8천원), 모둠순대(소 1만4천원, 중 1만9천원, 대 2만4천원), 순대국밥(1만원, 특 1만3천원), 철판순대곱창볶음(소 2만5천원, 중 3만원, 대 3만5천원)

⏱ 09:00~21:00(마지막 주문 20:30) - 수요일, 명절 휴무

🔍 인천 중구 제물량로166번길 33 (신포동)

☎ 032-773-5735 ⓟ 불가

심스키친 Shim's Kitchen 피자 | 파스타 | 이탈리아식

낮에는 이탈리안 레스토랑 저녁에는 펍 분위기로 운영되는 퓨전 다이닝펍이다. 1인 셰프 레스토랑으로, 미소크림카르보나라와 불고기치아바타피자가 셰프 추천 시그니처 메뉴. 와인도 가성비가 좋은 편.

₩ 런치피자세트(4만3천원), 런치스테이크세트(5만3천원), 트러플육회(2만1천원), 미소크림카르보나라파스타(1만8천5백원), 큐브스테이크(3만3천9백원), 불고기샐러드피자(2만4천9백원), 탄두리치킨플래터(2만6천원), 페퍼로니심스피자(2만4천5백원)

⏱ 11:30~15:00/17:00~22:00(마지막 주문 21:00) - 일요일 휴무

🔍 인천 남동구 논현남로 17 (논현동)

☎ 032-423-2701 ⓟ 가능

십리향 十里香 중국만두 | 중국디저트

중국식 월병 전문점. 화덕에 넣어 구워 주는 옹기병이라는 화덕만두로 인기가 높은 곳이다. 만두를 먹고자 항상 줄이 늘어서 있을 정도. 옹기병은 원래 티베트의 전통 만두로, 고구마, 단호박, 팥, 고기 등 네 가지 종류를 선보인다.

₩ 고기만두, 고구마만두, 팥만두, 단호박만두, 마라만두(각 1개 3천원), 공갈빵(3개 5천원)

⏱ 12:00~20:00 - 연중무휴

🔍 인천 중구 차이나타운로 50-2 (북성동2가)

☎ 032-762-5888 ⓟ 불가

아뚜드스윗 ✄

A TOUT DE SWEET 카페 | 디저트전문점

다양한 프랑스식 디저트를 맛볼 수 있는 카페로, 시즌별로 바뀌는 디저트가 포인트다. 프릳츠 원두로 만든 달콤 쌉싸름한 커피가 디저트와 잘 어울린다. 독특한 외관의 건물로 인천시 건축상을 수상했으며 인테리어도 세련되면서 편안

하다.

₩ 아메리카노(5천원), 카페라테(5천5백원), 아인슈페너, 밀크슈페너(각 6천원), 티(7천원), 바닐라카늘레(3천5백원), 레몬파운드(3천8백원), 딸기생크림케이(7천8백원), 강화속노랑고구마바스크치즈(7천7백원), 쑥오페라(8천7백원)

⏱ 12:00~21:00 - 화요일 휴무

🔍 인천 강화군 강화읍 강화대로 456-14

☎ 032-932-5282 ⓟ 가능

안돈 ✄ 돼지고기구이

돼지고기를 오마카세로 즐길 수 있는 곳. 돌을 활용한 인테리어로 정적이면서도 고급스러운 분위기. 100% 예약제. 점심은 1부, 저녁은 2부로 나눠서 진행된다. 독창적인 애피타이저 메뉴부터 예사롭지 않다. 비주얼과 퍼포먼스를 모두 잡은 곳이라는 평.

₩ 돼지오마카세코스(5만9천원)

⏱ 12:30~14:00/17:30~19:00/19:30~21:00 - 명절 휴무

🔍 인천 연수구 컨벤시아대로 126 (송도동) 월드마크푸르지오8단지, 209~210호

☎ 032-831-7990 ⓟ 가능

안돈

안스베이커리 ✄ An's bakery 베이커리

30년 넘는 오랜 역사를 자랑하는 빵집. 빵의 종류도 다양하고, 케이크의 맛도 좋다는 평이 많다. 특허를 받은 명란 소스가 들어간 명란바게트가 인기 메뉴다. 부담 없는 가격의 소금빵도 많이 찾는다.

₩ 명란바게트(4천8백원), 소금빵(2천5백원), 몽블랑(5천5백원), 에그소금빵(3천5백원), 찹쌀꽈배기(2천원)

⏱ 07:30~23:30 - 연중무휴

🔍 인천 남동구 인주대로 664 (구월동) 메인프라자 2차 1층

☎ 032-463-0045 ⓟ 가능

연중반점 連中飯店 일반중식

화교가 시작한 유서 깊은 중식당으로, 3대째 대를 이어오고 있다. 겨울철이면 하얀 굴짬뽕 맛이 일품이다. 달걀프라이를 얹은 유니짜장도 옛날 맛을 그대로 보여주는 음식 중 하나다. 70여 년 역사를 자랑한다.

- Ⓦ 짜장면(6천원), 유니짜장면(9천원), 짬뽕, 볶음밥(각 8천원), 삼선짬뽕(1만원), 등심탕수육(소 2만5천원, 중 3만5천원, 대 4만5천원), 칠리새우(소 5만원, 중 6만원)
- ⏰ 11:30~14:30/17:00~21:00(마지막 주문 20:00) – 일요일 휴무
- 🔍 인천 미추홀구 구월로 6 (주안동)
- ☎ 032-422-0791 Ⓟ 가능(협소)

열두바구니 ✖ 청국장 | 게장

속이 꽉 찬 게장으로 인기가 좋은 곳이다. 게장을 주문하면 된장찌개, 청국장 등을 함께 내준다. 100% 우리 콩으로 쑨 메주와 간장으로 요리하며, 재래식으로 직접 담근 청국장의 맛이 깊고 진하다. 떡갈비에도 청국장 양념을 하는 점이 특이하다.

- Ⓦ 양념게장(1인 3만5천원, 2인 7만원), 간장꽃게장(1인 3만7천원, 2인 7만원, 3인 10만원, 4인 13만원), 떡갈비(1만5천원), 청국장, 순두부청국장, 김치찌개(각 1만1천원)
- ⏰ 10:30~21:00(마지막 주문 20:00) – 일요일 휴무
- 🔍 인천 연수구 신송로125번길 7 (송도동) 2층
- ☎ 032-834-4433 Ⓟ 가능(2시간 무료)

예전 Yejeon 카페 | 양식

월미도에 문화의 거리가 조성될 때 문을 연, 역사가 오래된 카페 겸 양식당. 돈가스와 스테이크, 파스타 등의 양식을 다양하게 즐길 수 있다. 창밖으로 내려다보이는 서해 낙조의 풍경도 아름답다.

- Ⓦ 돈가스(1만6천원), 예전정식(3만원), 햄버그스테이크(2만2천원), 날치알새우로제스파게티(1만9천원), 런치스페셜(2만5천원)
- ⏰ 12:00~16:00/17:00~20:00(마지막 주문 21:00) – 연중무휴
- 🔍 인천 중구 월미문화로 43-2 (북성동1가)
- ☎ 032-772-2256 Ⓟ 가능

오구당당 ✖ 哃口當堂 우렁쌈밥 | 쌈밥

우렁쌈밥이 유명한 곳으로, 우렁이 듬뿍 들어 있는 강된장이 맛있어서 찾는 사람이 많다. 쌈 채소도 다양하게 나오는 편. 우렁쌈밥 외에 낙지볶음도 맛이 좋다. 물 대신에 여름에는 헛개수차, 겨울에는 숭늉이 나온다.

- Ⓦ 우렁쌈밥(1만1천원), 훈제육우렁쌈밥(1만3천원), 오제육우렁쌈밥, 직화불곱창우렁쌈밥(각 1만4천원), 철판낙지볶음(중 2만8천원, 대 3만4천원), 소불고기우렁쌈밥, 직화불곱창우렁쌈밥(각 1만5천원), 치즈직화제육(중 2만5천원, 대 2만9천원)
- ⏰ 11:20~15:00/16:30~21:20(마지막 주문 20:20) – 명절 휴무

- 🔍 인천 부평구 경원대로1377번길 47 (부평동)
- ☎ 032-505-3388 Ⓟ 불가

오크레스토랑오크우드프리미어인천점 ✖

OAK RESTAURANT 스테이크 | 뷔페

36층의 스카이라운지급 전망을 자랑하는 레스토랑. 부위별 다양한 스테이크와 코스 메뉴를 즐길 수 있다. 메인을 시킨 후 애피타이저, 수프, 샐러드, 디저트, 커피가 진열되어 있는 안티파스티 뷔페를 함께 이용할 수 있다.

- Ⓦ 런치(평일 성인 6만5천원, 주말 성인 9만5천원), 디너(평일 성인 9만원, 주말 성인 9만5천원), 로맨틱파크뷰패키지(2인 33만원)
- ⏰ 06:30~21:00 | 런치 12:00~14:00/ 디너 18:00~21:00 | 토요일 런치 12:00~14:30/ 디너 17:30~22:00 | 일요일 런치 12:00~14:30/ 디너 18:00~21:00 – 연중무휴
- 🔍 인천 연수구 컨벤시아대로 165 (송도동) 포스코타워-송도 36층
- ☎ 032-726-2301 Ⓟ 가능

온기족발 족발 | 보쌈

네 가지 맛의 온족발, 간장족발, 불족발, 마늘족발을 선보이는 족발 전문점. 간장족발이 유명하다. 족발이 나오기 전에 기본으로 순댓국을 내어준다. 반반족발은 기본, 간장, 불, 마늘 중 두 가지 맛을 선택할 수 있다. 족발에 묵은지막국수도 곁들이면 좋다.

- Ⓦ 온기족발(중 4만원, 대 4만4천원), 간장족발, 반반족발(각 4만6천원), 묵은지막국수(1만2천원), 산더미굴보쌈(4만9천원~5만8천원), 온기보쌈(중 4만원, 대 4만4천원), 족발+보쌈(중 4만8천원, 대 5만1천원)
- ⏰ 17:00~23:00(마지막 주문 22:30) – 연중무휴
- 🔍 인천 서구 가정로293번길 10 (석남동)
- ☎ 032-575-3015 Ⓟ 불가

용현장어구이 붕장어 | 장어

민물장어, 붕장어, 곰장어를 모두 다루는 장어구이 전문점. 민물장어는 소금구이, 간장, 고추장 세 가지 맛을 선보이며 붕장어와 곰장어는 소금구이와 고추장 양념으로 맛볼 수 있다. 식사로는 장어탕도 좋다.

- Ⓦ 민물장어(1마리 3만5천원, 2마리 7만원, 3마리 10만원), 붕장어(1kg 8만원), 산곰장어(300g 3만원), 장어튀김(1만8천원), 아나고탕(소 5만원, 중 6만원, 대 7만원)
- ⏰ 10:00~22:00(마지막 주문 20:40) – 일요일 휴무
- 🔍 인천 미추홀구 낙섬서로10번길 3-22 (용현동) 1층
- ☎ 032-888-1195 Ⓟ 불가

용화반점 龍華飯店 일반중식

짬뽕밥이 유명한 중식집. 묵직하고 칼칼한 짬뽕 국물이 특히 좋다. 짬뽕은 순한 맛과 매운 맛을 고를 수 있다. 해물을 넣은 계란말이의 일종인 자춘결도 인기 메뉴로, 예약해야 맛볼 수 있다. 불 맛을 제대로 살린 볶음밥도 추천메뉴며 다른 중식 메뉴도 수준급이다. 70여 년의 전통을 자랑하는 곳. 정기휴무일과 관계없이 개인 사정으로 문을 닫는 날도 있어서 전화로 확인하는 것이 좋다.

- ⓦ 짬뽕밥(9천원), 짜장면, 군만두(각 7천원), 볶음밥(8천원), 탕수육(2만2천원), 깐풍기(3만3천원)
- ⓣ 11:30〜15:00/17:00〜20:00(재료 소진 시 마감) – 월요일 휴무
- ⓠ 인천 중구 참외전로174번길 7 (경동)
- ☎ 032-773-5970 ⓟ 가능

우순임할머니쭈꾸미집 주꾸미

60여 년 동안 주꾸미요리를 해온 곳. 소래포구에서 그날 들어온 싱싱한 주꾸미를 사용해 더욱 쫄깃하다. 주꾸미볶음이 대표 메뉴로, 주꾸미를 다 먹은 후에는 볶음밥으로 마무리한다. 이외에 주꾸미데침, 간재미매운탕 등도 선보인다.

- ⓦ 주꾸미볶음(소 3만8천원, 중 5만원, 대 6만원), 주꾸미데침, 간재미무침, 소라(각 2만원), 간재미매운탕(중 4만원, 대 5만원)
- ⓣ 11:00〜21:00 – 연중무휴
- ⓠ 인천 동구 제물량로 340-1 (만석동)
- ☎ 032-773-2419 ⓟ 가능

원보만두 元寶 중국만두 | 샤오룽바오

전통 중국식 만두로 유명한 중식당으로, 샤오룽바오와 군만두만을 전문으로 한다. 육즙 가득한 샤오룽바오와 피가 두꺼운 군만두 맛이 별미다. 포장도 가능하다.

- ⓦ 샤오룽바오, 군만두(각 6개 7천원)
- ⓣ 11:00〜20:00 – 명절 휴무
- ⓠ 인천 중구 차이나타운로 48 (북성동2가)
- ☎ 032-773-7888 ⓟ 불가

원조선창집장어구이 장어

강화의 명소인 더리미장어마을의 원조. 옛날 자연산 장어를 조리하던 방법 그대로 굽는 담백한 장어구이를 선보인다. 미리 토막을 쳐서 주방에서 초벌구이해 나오는데, 토막을 미리 내야 초벌구이를 하는 동안 장어의 기름이 빠져나가기 때문이라고 한다. 한 차례 구운 장어 토막을 고추장 양념에 담가 석쇠에 얹어 한 번 더 굽는다. 취향에 따라 양념을 더 진하게 발라 구울 수도 있다.

- ⓦ 민물장어(1kg 10만원), 갯벌장어(1kg 12만원)
- ⓣ 11:00〜21:00(마지막 주문 20:00) – 둘째 주 화요일, 명절 당일 휴무

- ⓠ 인천 강화군 선원면 해안동로 1199
- ☎ 032-932-7628 ⓟ 가능

웨스턴스토리송도점 양식

반려견 동반이 가능한 양식 레스토랑. 바삭한 도우와 치즈 토핑이 어우러지는 웨스턴피자와 각종 야채를 곁들여 먹을 수 있는 웨스턴스테이크가 인기 있다. 맥주와 잘 어울리는 메뉴들로 구성되어 있으며, 칵테일, 하이볼 등 다양한 주류를 구비하고 있다.

- ⓦ 철판추스테이크(350g 3만3천원), 메쉬포테이토소시지(2만2천원), 알리오올리오파스타(1만1천5백원), 포르치니파스타(1만6천원), 피쉬앤칩스(1만9천원), 웨스턴피자(2만2천원), 웨스턴시그니처피자(2만3천원)
- ⓣ 17:00〜01:00(익일)(마지막 주문 00:30) | 토요일 15:00〜01:00(익일)(마지막 주문 01:00) | 일요일 15:00〜24:00(익일)(마지막 주문 23:30) – 연중무휴
- ⓠ 인천 연수구 송도과학로16번길 33-3 (송도동) 송도 트리플스트리트 c동 2층
- ☎ 032-310-9505 ⓟ 가능

웨스턴스토리송도점

위드위치 With Wich 샌드위치 | 브런치카페

직접 로스팅한 커피와 다양한 종류의 샌드위치를 맛볼 수 있는 카페. 바싹불고기샌드위치, 아보카도루콜라샌드위치, 바비큐샌드위치 등 다양한 맛이 준비되어 있다. 깻잎라구파스타도 인기 있는 메뉴.

- ⓦ 루콜라채소샌드위치(7천8백원), 베이컨듬뿍샌드위치(9천5백원), 깻잎바싹불고기샌드위치, 닭가슴살샌드위치(각 9천6백원), 바비큐샌드위치(8천9백원), 아보카도루콜라샌드위치(1만5백원), 깻잎라구파스타(1만4천5백원), 아메리카노(4천원), 바닐라라테(4천8백원)
- ⓣ 09:00〜21:00(마지막 주문 20:00) – 연중무휴
- ⓠ 인천 남동구 선수촌공원로 36 (구월동) 더블루시티 107호
- ☎ 032-467-8784 ⓟ 가능

유노미 unome 이탈리아식

골목가에 자리한 이탈리안 레스토랑. 화학조미료를 사용하지 않고 재료 본연의 맛을 살리는 것을 추구한다. 쫀득한 식감의 트러플크림뇨키가 인기 메뉴. 포르치니 버섯이 올려진 리조토도 추천할 만하다.

ⓦ 유노미샐러드(1만1천원), 부라타치즈(1만4천원), 채끝등심스테이크(220g 3만9천원), 항정살스테이크(250g 2만9천원), 트러플크림뇨키(1만9천원), 카르보나라, 포모도로부라타(각 1만7천원), 포르치니슈림프리조토(1만8천원)
🕐 11:30~15:30/17:30~22:00 – 월요일 휴무
🔍 인천 남동구 성말로 43 (구월동) 1층
☎ 032-710-2076 Ⓟ 가능

이화찹쌀순대 ✄ 순댓국 | 순대

50년 넘는 역사를 자랑하는 순댓집. 찹쌀을 넣어 쫀득한 식감을 내는 찹쌀순대가 대표 메뉴. 내장과 함께 나오는 모둠 메뉴도 인기며 순대국밥도 식사메뉴로 좋다.

ⓦ 순대국밥(1만원, 특 1만2천원), 내장국밥(1만2천원), 술국(1만4천원), 순대(소 1만1천원, 중 1만7천원, 대 2만3천원), 모둠(소 1만8천원, 중 2만4천원, 대 3만원)
🕐 11:00~21:00 | 토요일, 공휴일 09:30~21:00(마지막 주문 20:30) – 일요일 휴무
🔍 인천 중구 인중로26번길 25 (도원동)
☎ 032-882-3039 Ⓟ 발레 파킹

인브스키친 Inb's kitchen 피자 | 파스타 | 이탈리아식

한옥 감성의 외관과 고풍스러운 서양식 실내가 잘 어우러진 이탈리안 레스토랑으로, 파스타와 화덕피자를 전문으로 한다. 파스타 메뉴는 전 메뉴 맵기 조절이 가능하며, 신선도를 위해 메뉴를 한정 수량으로 판매하고 있으니 주문 시 참고하면 좋다. 평일 런치 메뉴나 스테이크 세트 메뉴가 경쟁력 있다.

ⓦ 봉골레, 해산물토마토, 마르게리타피자(각 1만9천원), 풀드포크로제파스타(1만9천원), 감베리명란파스타(1만8천원), 와규안심스테이크(220g 6만7천원), 런치세트(3만5천원, 3만7천원), 스테이크세트(6만5천원, 7만5천원)
🕐 11:30~15:00/17:00~22:00(마지막 주문 20:30) | 일요일 11:30~15:00/17:00~21:30(마지막 주문 20:00) – 연중무휴
🔍 인천 부평구 부평대로 39-6 (부평동)
☎ 032-213-3027 Ⓟ 불가

인천콩나물국밥 콩나물국밥

인천식 콩나물해장국을 맛볼 수 있는 곳. 콩나물국에 간이 되어 있지 않으므로 함께 나오는 새우젓으로 취향껏 간을 해서 먹으면 된다. 밑반찬으로 함께 나오는 오뎅을 콩나물국에 함께 넣어 먹으면 맛있다.

ⓦ 콩나물국밥, 뚝배기김치찌개, 고추장콩나물비빔밥, 간장콩나

물비빔밥(각 1만원), 황태콩나물국(1만2천원)
🕐 06:00~21:00 – 명절 당일 휴무
🔍 인천 연수구 청량로113번길 12 (옥련동)
☎ 010-5342-3865 Ⓟ 가능

일용할양식 OUR DAILY MEAL 브런치카페 | 비건

채식 위주의 브런치 메뉴를 맛볼 수 있는 곳. 버섯 라구 소스를 베이스로 한 라타투이가 인기 메뉴로, 켜켜이 쌓인 토마토, 호박, 가지를 빵에 얹어 사워 소스와 함께 먹는다. 마늘종과 마늘의 풍미와 쫄깃하면서도 짭짤한 오징어의 식감이 어우러진 오징어오일파스타도 맛깔스럽다.

ⓦ 라타투이(2만2천원), 양배추스테이크(1만원), 오징어오일파스타(1만8천5백원), 시금치페스토파스타(1만8천원), 데일리샐러드(1만1천원), 그릭요거트(9천원)
🕐 11:00~16:30/17:30~21:00 – 일, 월요일 휴무
🔍 인천 남동구 인주대로522번길 50 (구월동) 1층 101호
☎ 010-7383-3303 Ⓟ 가능(노상공영주차장 이용 또는 골목가 이면주차)

임페리얼트레져 ✄✄✄
Imperial Treasure 광동식중식

중국 상하이의 광둥식 레스토랑 임페리얼트레셔의 한국 지점으로, 파라다이스시티 내에 자리한다. 딤섬을 비롯해 신선한 해산물로 만든 요리, 북경오리 등 시그니처 메뉴를 맛볼 수 있다. 북경오리는 하루 전 예약이 필수다.

ⓦ 북경오리(19만8천원), 세가지맛바비큐(6만5천원) 꿀소스돼지바비큐(5만5천원), 오향장육, 광동식해파리무침(각 4만8천원), 딤섬(2만원~2만8천원), 창펀(2만5천원)
🕐 12:00~15:00/18:00~22:00(마지막 주문 21:00) – 연중무휴
🔍 인천 중구 영종해안남로321번길 186 (운서동) 파라다이스시티 1층
☎ 032-729-2227 Ⓟ 가능

장어한판 장어

합리적인 가격대의 민물장어구이를 먹을 수 있는 곳이다. 주인장이 직접 양식장을 운영하며 싱싱한 장어만 취급한다. 장어는 초벌구이해서 상에 나온다. 함께 나오는 생강채나 묵은지에 싸 먹으면 좋다.

ⓦ 소금구이(1kg 5만4천원), 양념구이(1kg 5만8천원), 장어탕(7천원), 얼큰장어탕(8천원)
🕐 11:00~21:40 – 화요일 휴무
🔍 인천 부평구 주부토로145번길 24 (갈산동)
☎ 032-503-0588 Ⓟ 가능

전가복 ✄ 全家福 일반중식

화상이 운영하는 중국집. 삼선짬뽕이 아닌 일반 짬뽕에도 해물이 듬뿍 들어가 국물이 시원하다. 음식에 쓰이는 재료

가 신선해 맛을 잘 살리고 있다. 속이 시원하게 풀리는 굴짬뽕도 별미.

- Ⓦ 짜장면(7천원), 짬뽕(9천원), 굴짬뽕(1만3천원), 탕수육(소 1만8천원, 중 2만5천원, 대 3만원)
- ⏱ 11:00~16:00(마지막 주문 15:20) – 수요일 휴무
- 🔍 인천 남동구 하촌로59번길 24 (만수동)
- ☎ 032-468-7869 Ⓟ 불가

전라도대왕조개 조개구이

월미도 바다를 바라보면서 조개구이를 무한리필로 즐길 수 있는 곳. 입구에는 다양한 조개류가 들어 있는 수족관이 설치되어 있다. 조개를 다 먹고 난 후에는 칼국수로 마무리하면 좋다.

- Ⓦ 조개모둠구이(2만9천9백원), 대왕조개구이세트(3만4천9백원), 대왕몽땅세트(3만9천9백원)
- ⏱ 11:30~23:50(마지막 주문 22:50) | 일요일 11:00~21:50(마지막 주문 20:50) – 연중무휴
- 🔍 인천 중구 월미문화로 27 (북성동1가)
- ☎ 032-777-9291 Ⓟ 불가

정서진메밀면옥 ✕ 메밀국수 | 평양냉면

매일 아침 직접 메밀을 빻아 만드는 100% 순메밀국수 전문점. 양지로 육수를 낸 슴슴한 평양냉면인 물메밀과 비빔메밀이 대표 메뉴다. 바삭하고 고소한 맛이 별미인 감자채전과 곁들여 먹는 것을 추천한다.

- Ⓦ 평양냉면, 비빔냉면, 냉소바, 검은콩국수(각 1만3천원), 아롱사태수육(2만3천원), 감자채전(7천원), 메밀전병(1만2천원)
- ⏱ 11:00~20:30 | 월요일 11:00~15:30 | 동절기 11:00~15:00 – 화요일, 명절 전날 및 당일 휴무
- 🔍 인천 서구 아라로51번길 3 (시천동)
- ☎ 032-566-3844 Ⓟ 가능

제이라운지 ✕ J lounge 프랑스식

오너 셰프가 운영하는 프렌치 레스토랑으로, 예약제로 운영된다. 코스 메뉴는 계절별로 바뀌며 제철 식재료를 활용한

제이라운지

프렌치 요리를 즐길 수 있다. 특히 시그니처 메뉴인 양갈비구이의 완성도가 높다는 평.

- Ⓦ 기억코스(8만원), 추억코스(11만원)
- ⏱ 11:00~15:00/17:00~22:00 – 비정기적 휴무
- 🔍 인천 연수구 인천타워대로 257 (송도동) 아트포레 C동 207호
- ☎ 0507-1405-1672 Ⓟ 가능

제이콥스핏제리아 JACOB`S PIZZERIA 피자

신포시장 내의 피자집으로, 이탈리아에서 밀가루를 공수해 직접 반죽한 도우로 화덕피자를 선보인다. 가격대비 만족도가 높은 곳이다.

- Ⓦ 마르게리타(1만2천원), 페퍼로니(1만4천원), 고르곤졸라(1만5천원), 루꼴라리코타(1만8천원), 바질리코(1만7천원), 트러플풍기(1만6천원)
- ⏱ 11:40~15:00/17:00~21:00(마지막 주문 20:30) | 토, 일요일 11:40~21:00(마지막 주문 20:30) – 월요일 휴무
- 🔍 인천 중구 우현로45번길 29 (신포동)
- ☎ 032-763-1117 Ⓟ 불가

조양방직카페 카페

오래된 방직 공장 건물을 리모델링해 만든 카페. 커피와 함께 곁들일 수 있는 조각 케이크를 판매한다. 카페를 운영하기 전 앤티크숍을 운영했다는 주인의 인테리어 센스가 돋보이는 곳으로, 곳곳에 있는 예술작품과 앤티크 소품이 인상적이다.

- Ⓦ 아메리카노, 카페라테, 그린티라테(각 7천원), 바닐라라테(7천5백원), 코코넛라테, 블루베리히비스커스(각 8천원)
- ⏱ 11:00~20:00(마지막 주문 19:20) | 토, 일요일, 공휴일 11:00~21:00(마지막 주문 20:20) – 연중무휴
- 🔍 인천 강화군 강화읍 향나무길5번길 12
- ☎ 032-933-2192 Ⓟ 가능

죽림다원 ✕ 竹林茶園 전통차전문점

전등사 안에 있는 다원으로, 6개월 동안 설탕물에 숙성시킨 솔차, 녹차에 강화산 6년근 인삼을 넣은 인삼녹차, 대추차 등이 유명하다. 순무잎을 넣어 만든 순무잎떡을 곁들여도 좋다. 주변 경치가 빼어나 전등사를 방문하는 관광객이 한 번씩 들르는 곳이기도 하다.

- Ⓦ 유자차, 자몽차, 모과차, 생강레몬차(각 6천원), 대추차, 쌍화차(각 7천원), 전통차, 꽃잎차(5천원~8천원), 연꿀빵(8조각 1만원)
- ⏱ 09:00~17:30 | 하절기 08:30~18:30 – 연중무휴
- 🔍 인천 강화군 길상면 전등사로 37-41 전등사
- ☎ 032-937-7791 Ⓟ 가능

중앙옥 설렁탕 | 도가니탕 | 수육

40년 넘게 설렁탕, 수육 등을 전문으로 해 온 집. 날달걀을 설렁탕에 깨 넣어 반숙으로 먹는 것이 특징이다. 깔끔한 국물 맛이 좋으며 얼큰한 내장탕이나 도가니탕 등도 판매한다. 준비한 하루 판매 분의 설렁탕이 떨어지면 문을 닫는다.

ⓦ 설렁탕(1만원, 특 1만3천원), 내장탕, 스지탕(각 1만5천원), 우족탕, 도가니탕(각 1만7천원), 수육(소 2만원, 중 3만원, 대 4만원)

ⓣ 10:00~15:00/17:00~21:00(마지막 주문 20:10) − 일요일 휴무

ⓠ 인천 중구 신포로15번길 34−1 (중앙동3가)

☎ 032−773−2433 ⓟ 불가

중화루 中華樓 일반중식

인천에서 오래된 화상 중식당 중 하나. 삼선짬뽕의 맛이 좋다. 여름에만 선보이는 중국냉면도 추천메뉴. 전반적으로 두루두루 괜찮은 맛을 낸다. 코스 메뉴는 4인 이상 주문해야 한다.

ⓦ 짜장면(6천5백원), 삼선짬뽕(1만원), 소고기탕수육(3만8천원), 라조기(2만9천원), 코스(4인 이상, 1인 2만5천원~4만5천원), 중국냉면(6월~9월판매 1만원)

ⓣ 11:00~15:30/17:00~21:00 | 토, 일요일 11:00~21:00 − 명절 휴무

ⓠ 인천 중구 홍예문로 12 (중앙동4가)

☎ 032−762−0231 ⓟ 가능

진두강참장어 ✄ 장어

새끼장어를 바다에서 직접 잡아 6개월 정도 숯가루를 먹여 키운 후 잡는다. 숯불에 구워 먹는 장어는 선도가 좋으므로 소금구이를 추천한다. 순무김치와 장어의 궁합도 좋다. 식당 바로 앞이 진두강이라 강을 바라보며 식사할 수 있다. 포장도 가능하다.

ⓦ 참장어소금구이(1kg 6만원), 갯벌장어소금구이(1kg 8만원)

ⓣ 09:00~21:00 − 연중무휴

ⓠ 인천 강화군 내가면 황청포구로 489

☎ 032−932−6711 ⓟ 가능

진흥각 ✄ 振興閣 일반중식

차이나타운의 웬만한 곳보다 오랜 역사의 화상 중식당. 짜장면, 짬뽕, 탕수육을 비롯하여 당면잡채, 난자완스 등의 맛도 좋다. 전가복 같은 해물 요리도 맛이 좋다. 60여 년의 역사를 자랑하는 곳.

ⓦ 유니짜장(6천5백원), 간짜장(7천5백원), 짬뽕(8천원), 굴짬뽕(1만원), 탕수육(소 1만8천원, 중 2만6천원, 대 3만3천원), 난자완스(중 3만원, 대 4만5천원), 당면잡채(2만5천원), 전가복(소 6만원, 중 7만5천원, 대 9만5천원)

ⓣ 11:00~21:00 − 연중무휴

ⓠ 인천 중구 신포로23번길 20 (중앙동4가)

☎ 032−772−3058 ⓟ 불가

차담정 茶啖停 떡카페

한국 전통 다과를 현대적으로 해석한 디저트 카페. 찹쌀로 만든 주악, 과일과 치즈를 곁들인 찹쌀떡, 양갱, 제철과일모나카 등 다양한 디저트를 맛볼 수 있다. 전통 차와 함께 곁들이면 더욱 좋다.

ⓦ 아메리카노(5천원), 카페라테(5천5백원), 드립커피(4천5백원), 매실차(6천원), 찹쌀떡(각 3천원), 계절과일모나카(5천원), 양갱(2천5백원), 개성주악(1p 2천원, 3p 5천5백원), 김부각(50g 6천원), 약과(320g 1만1천원)

ⓣ 12:00~19:00(마지막 주문 18:00) | 일요일 12:00~17:00(마지막 주문 16:00) | 월요일 14:00~19:00(마지막 주문 18:00) − 화, 수요일 휴무

ⓠ 인천 남동구 성말로32번길 11−16 (구월동)

☎ 010−9255−0531 ⓟ 불가

창석원조닭알탕 닭내장

송림동 닭알탕거리에서 오래된 집 중 하나. 양은냄비에 닭알과 닭알집, 채소 등을 넣고 오랫동안 끓여낸다. 칼칼한 국물 맛이 일품. 술안주로도 제격이다.

ⓦ 닭알탕, 닭볶음탕, 매운탕, 감자탕, 생선알탕(각 소 2만5천원, 중 3만원, 대 3만5천원)

ⓣ 10:00~23:00 − 한 달에 한 번 비정기적 휴무

ⓠ 인천 동구 샛골로 169 (송림동)

☎ 032−764−6160 ⓟ 불가(건너편 동부시장 주차장 무료 이용)

첫번째부엌 first kitchen 이탈리아식

아담하고 아늑한 이탈리안 레스토랑. 바질 페스토 소스의 관자 뇨키, 라구파스타, 버섯크림리조토 등이 인기 메뉴며, 그날의 추천 메뉴를 시도해 보는 것도 좋다. 빨간 공중전화 부스 모양의 출입문을 열고 계단을 올라가면 앤티크한 소품들이 감성적인 분위기를 살려준다.

ⓦ 라구파스타(1만9천원), 비스크파스타(2만원), 버섯크림리조토(1만8천원), 불고기리조토, 베이컨크림파스타, 전복내장파스타, 고등어파스타(각 1만9천원), 부엌스테이크(3만8천원), 새우오일파스타(1만8천원)

ⓣ 12:00~15:30(마지막 주문 14:30)/17:00~22:00(마지막 주문 21:00) − 연중무휴

ⓠ 인천 부평구 대정로36번길 21 (부평동) 2층

☎ 010−6417−2560 ⓟ 불가

청강호 생선회 | 밴댕이

강화의 명물인 밴댕이 요리 전문점. 밴댕이회를 처음 선보인 곳으로 유명하다. 강화도 해안과 신안 앞바다에서 갓 잡아 올린 밴댕이로만 회와 구이, 완자탕을 만들고 있다. 바지

락 육수에 밴댕이를 갈아 수제비처럼 요리하는 완자탕도 별미로 꼽힌다.

Ⓦ 밴댕이회, 밴댕이무침, 밴댕이구이(각 중 4만원, 대 5만원), 밴댕이코스(5만원, 8만원, 10만원)

Ⓣ 10:30~20:00 – 목요일 휴무(목요일이 공휴일인 경우 정상영업)

Ⓠ 인천 강화군 화도면 해안남로2903번길 56

☎ 032-937-1994 Ⓟ 가능

청실홍실신포본점 ✖ 메밀국수

메밀국수 한 가지로 인천 지역을 석권한 집이다. 메밀 맛이 물씬 나는 고소한 면발과 짭짤한 다시마 국물, 면을 더욱 시원하게 만드는 무즙이면 시원한 메밀국수 한 그릇이 된다. 냉면처럼 겨자와 식초를 적당히 뿌려서 먹는 것도 괜찮다. 날씨가 추워지면 따뜻한 메밀우동, 부드러운 통만두나 매콤한 김치만두 등 선택의 폭이 넓어진다.

Ⓦ 메밀국수, 메밀비빔국수, 메밀우동(각 7천원), 튀김우동(6천원), 가케우동(5천5백원), 왕만두(5천원), 통만두(4천5백원)

Ⓣ 11:30~19:30(마지막 주문 19:10) – 월요일 휴무

Ⓠ 인천 중구 우현로35번길 23-1 (신생동)

☎ 032-772-7760 Ⓟ 불가

체나콜로아트포레 CENACOLO 이탈리아식

자극적이지 않은 맛의 이탈리안 요리를 즐길 수 있는 곳. 식재료의 맛과 풍미를 살려 담백한 맛이 좋다는 평이다. 바삭하게 구워낸 버섯크림뇨키는 누구나 좋아할 맛이다.

Ⓦ 카프레제샐러드(1만8천원), 아보카도빈샐러드(1만7천원), 멜란자네카로차(1만9천원), 카페산테, 바질페스토파스타(각 2만원), 알리오올리오(1만6천원), 버섯크림뇨키(2만3천원), 봉골레파스타, 칼라마리파스타(각 2만2천원), 새우로제파스타(2만7천원)

Ⓣ 10:00~15:00/17:00~22:00(마지막 주문 21:00) | 일요일 11:00~15:00/17:00~22:00(마지막 주문 20:30) – 월요일 휴무

Ⓠ 인천 연수구 인천타워대로 257 (송도동) 아트포레 c동 211호

☎ 032-773-5951 Ⓟ 가능(최대 4시간 지원)

체나콜로아트포레

최고집신포본점 돼지고기구이 | 소고기구이

소고기, 갈매기살 구이 전문점. 무생채, 명이나물, 파 절임, 샐러드, 계란찜이 밑반찬으로 나온다. 고기를 주문하면 꽈리고추가 함께 나오며, 알맞게 구워 고기에 곁들여 먹는다. 기본으로 나오는 된장찌개에 금액을 추가하면 된장술밥으로 맛볼 수 있다.

Ⓦ 토시살, 등심주물럭, 살치살, 생안창살, 양념안창살, 소갈빗살, 양념갈빗살(각 150g 1만9천원), 돼지갈비(250g 1만4천원), 생갈매기살, 생목살, 생삼겹살, 생가브리살, 생항정살(각 170g 1만4천원), 된장술밥(6천원)

Ⓣ 15:00~22:30(마지막 주문 21:45) | 토, 일요일 12:00~22:30(마지막 주문 21:45) – 연중무휴

Ⓠ 인천 중구 홍예문로 13 (중앙동3가)

☎ 0507-1318-2234 Ⓟ 불가

충남서산꽃게탕집 ✖ 꽃게

송도에서 유명했던 꽃게 요리 전문 포장마차가 확장 이전한 곳이다. 속이 알찬 게를 사용해 담백하고 깔끔한 맛이 일품이다. 꽃게찜, 꽃게탕, 꽃게무침, 게장 등 다양한 게 요리가 나오는 코스도 추천할 만하다.

Ⓦ 꽃게코스(A 18만원, B 16만원 C 13만원), 꽃게탕, 꽃게찜, 꽃게무침, 꽃게범벅(각 대 12만원, 중 10만원, 소 6만5천원)

Ⓣ 10:00~22:00 – 연중무휴

Ⓠ 인천 연수구 대암로22번길 11 (옥련동)

☎ 032-831-7339 Ⓟ 가능

충남서산집 ✖ 밴댕이 | 꽃게 | 게장

외포리선착장 인근에 있는 꽃게 전문점. 꽃게탕이 대표 메뉴로, 살이 꽉 찬 꽃게와 칼칼한 국물이 잘 어울린다. 순무김치를 비롯해 어리굴젓 등의 반찬도 맛이 좋으며 잡곡밥도 훌륭하다. 남은 국물에 수제비를 끓여 먹는 맛도 그만이다.

Ⓦ 꽃게탕(소 6만원, 중 8만원, 대 10만원, 특대 12만원), 꽃게찜(중 10만원, 대 12만원), 간장게장(3만5천원), 밴댕이회무침(소 3만원, 중 4만원)

Ⓣ 10:00~15:00/15:30~19:00(마지막 주문 17:50) – 연중무휴

Ⓠ 인천 강화군 내가면 중앙로 1200

☎ 032-933-8403 Ⓟ 가능

카이린펑 凱霖峰 우육면

중국 현지에서 다양한 면을 맛보고 한국인 입맛에 맞게 제작한 면으로 만든 우육면을 맛볼 수 있다. 돼지고기와 새우로 속을 채운 완탕에 고추기름을 뿌린 홍유초수도 우육면과 함께 먹기 좋다.

Ⓦ 우육탕면, 완탕면(각 1만1천원), 홍샤오우육면, 마라우육면, 마라완탕면(각 1만2천원), 종유반면(8천5백원), 페이창면(1만4천원), 바즈러우덮밥(1만2천원), 파이황과(5천원), 홍유초수(6천원), 청경채데침(6천원), 구수계(1만3천원), 오향장육(중 1만5천원, 대

2만5천원)

- ⏰ 11:00~18:00 | 토요일 11:30~19:00 | 일요일 11:30~18:30 –
월요일 휴무
- 🔍 인천 서구 청라커낼로 252 (청라동) 청라 롯데캐슬상가D동
105호
- ☎ 032-719-8816 ⓟ 불가(롯데마트 주차장 이용, 30분 1천5백
원)

카페뮤게트 ✖ MUGUE.T 커피전문점

블랙톤 인테리어의 깔끔하고 차분한 느낌의 로스터리 카페.
커피 원두는 산미가 있는 것과 없는 것 중에 선택할 수 있
다. 버터크림과 후추가 들어간 플랫버터와 뮤게트아인슈페
너가 시그니처 메뉴다. 레몬청과 탄산수를 넣은 디카페인
콜드브루 음료인 커몬커몬도 추천. 페퍼민트 차로 만든 밀
크티도 맛볼 수 있다.

- ⓦ 아메리카노(5천원), 카페라테(5천5백원), 바닐라라테, 카페모
카(6천원), 필터커피(변동), 플랫버터(6천원), 뮤게트아인슈페너,
열대야(각 6천5백원), 티라미수(7천5백원), 뮤게트치즈케이크,
말차치즈케이크(7천원), 소르코타(6천8백원)
- ⏰ 12:00~22:00(마지막 주문 21:00) – 화요일 휴무
- 🔍 인천 부평구 부평대로36번길 35 (부평동) 3층
- ☎ 032-213-1331 ⓟ 불가

커피화로스터스본점 ✖

COFFEE HWA ROASTERS 커피전문점

송도를 대표하는 스페셜티 커피 매장으로, 직접 원두 로스
팅을 하고 있다. 수상 경력이 많은 바리스타의 핸드 드립 솜
씨를 맛볼 수 있으며 커피를 주문하면 원두의 특징을 적은
메모지를 함께 준다. 피낭시에, 쿠키, 스콘, 크루아상 등 베
이커리 메뉴도 준비되어 있다.

- ⓦ 에스프레소, 아메리카노(각 3천5백원), 카페라테, 플랫화이
트(각 4천5백원), 필터커피(4천5백원~2만5천원), 티라미수케이
크(7천5백원), 바스크치즈케이크(6천5백원)
- ⏰ 09:00~18:00(마지막 주문 17:50) | 토, 일요일, 공휴일 10:00
~19:00(마지막 주문 18:50) – 연중무휴

커피화로스터스본점

- 🔍 인천 연수구 송도과학로27번길 70 (송도동) 롯데캐슬상가
106, 107, 108호
- ☎ 010-2973-7309 ⓟ 가능

크로마이트커피 ✖

CHROMITE COFFEE 커피전문점

인천의 상징적인 스페셜티 커피 매장. 오래된 주택을 개조
하여 아늑한 분위기로 꾸며져 있다. 일반적인 베리에이션
커피를 비롯해 사이폰커피, 핸드드립 커피 등 다양한 브루
잉커피를 맛볼 수 있다. 커피와 함께 곁들이면 좋은 티라미
수, 카스텔라 등의 디저트도 좋다.

- ⓦ 에스프레소, 아메리카노(각 5천원), 싱글라테(6천원), 브루잉
커피(6천원~1만5천원), 카스텔라(1만원), 티라미수(6천5백원)
- ⏰ 12:00~22:00(마지막 주문 21:30) | 일요일 12:00~21:30(마지
막 주문 21:00) – 연중무휴
- 🔍 인천 연수구 청량로155번길 39-5 (옥련동)
- ☎ 032-834-6506 ⓟ 가능

큰나루밴댕이회무침 밴댕이

밴댕이회, 밴댕이구이가 유명한 집. 무침, 구이, 회 등 다양
한 음식을 맛볼 수 있으며 새콤하고 고소한 밴댕이무침이
별미로 통한다. 밴댕이 철이 아닐 때는 병어, 준치, 한치 등
다양한 회를 맛볼 수 있다. 30년 가까이 이어져 오고 있다.

- ⓦ 밴댕이회, 밴댕이구이, 밴댕이회무침(각 3만원), 회덮밥(1만2
천원), 병어회, 준치회, 한치회(각 4만원), 모둠회, 간재미매운탕
(각 5만5천원)
- ⏰ 10:00~23:30(마지막 주문 22:30) – 명절 휴무
- 🔍 인천 남동구 문화서로4번길 61-23 (구월동)
- ☎ 032-421-3643 ⓟ 가능

키치키치다이닝 KITSCH KITSCH DINING

캐주얼다이닝 | 돈가스 | 오므라이스

파스타를 비롯하여 돈가스와 오믈렛, 필라프 등을 맛볼 수
있는 캐주얼 다이닝 레스토랑. 치즈가스, 김치오믈렛, 통베
이컨로제파스타가 인기 메뉴다. 하이볼이나 생맥주 등을 곁
들여도 좋다.

- ⓦ 필라프(1만9백원), 김치오믈렛(1만1천9백원), 등심&안심가스
(1만4천9백원), 치즈가스(1만5천4백원), 새우오일파스타(1만3천5
백원), 해산물토마토파스타(1만4천원), 통베이컨로제파스타(1만5
천9백원)
- ⏰ 11:30~15:00(마지막 주문 14:30)/17:00~21:00(마지막 주문
20:30) – 연중무휴
- 🔍 인천 부평구 주부토로145번길 23 (갈산동)
- ☎ 0507-1441-4103 ⓟ 불가

태림봉 泰臨鳳 일반중식

다양한 중국 음식을 맛볼 수 있는 곳. 별미 중 하나인 팔진 초면에는 초면과 새우, 조개, 키조개, 오징어, 해삼, 소라 등의 해물과 죽순, 청경채 등이 들어간다. 해삼에 새우, 키조개, 전복 등을 다져 넣은 기아해삼(원래 소양해삼으로 불리는 요리)도 유명하다. 70여 년의 역사를 자랑한다.

Ⓦ 짜장면(7천원), 회오리중새우(3만원), 고기짬뽕, 새우고추짜장, 가지덮밥, 매운잡채밥, 간짜장, 홍합짬뽕, 고기짬뽕밥, 삼선볶음밥(각 1만원), 탕수육(2만원), 깐풍기(2만3천원), 멘보샤(2만원), 삼선짬뽕, 삼선우동(각 1만5천원), 해물쟁반짜장면(2인 2만4천원), 유산슬밥(1만6천원), 잡탕밥(1만8천원)

Ⓛ 11:00~15:00/17:00~21:00(마지막 주문 20:30) | 토.일요일 11:00~21:00(마지막 주문 20:30) – 월요일, 명절 휴무

Ⓠ 인천 중구 차이나타운로59번길 23 (선린동)

☎ 032-763-1688 Ⓟ 가능

태화원 太和園 일반중식

채식요리로 유명한 중국집. 채식요리 외에도 육류를 사용하는 일반적인 요리도 맛볼 수 있다. 채식요리는 콩, 표고버섯, 두부, 찹쌀, 감자 등을 주재료로 사용해 만든다. 식사메뉴 외에도 요리메뉴 공력이 상당하다.

Ⓦ 코스(2만원~8만원), 짜장면(6천5백원), 백짜장, 유니짜장(각 9천원), 삼선짬뽕, 고추짬뽕, 백짬뽕, 굴짬뽕, 굴탕면, 중국냉면, 수초면(각 1만2천원), 삼선우동, 삼선울면(각 1만원), 삼선짜장, 사천짜장(각 9천5백원), 향토짜장면, 마파두부밥(각 1만원)

Ⓛ 11:00~15:30/17:00~21:00 | 토, 일요일 11:00~20:30 – 연중무휴

Ⓠ 인천 중구 차이나타운로59번길 10 (선린동)

☎ 032-766-7688 Ⓟ 가능

테라코타 TERRACOTTA 피자 | 이탈리아식

다양한 화덕피자와 파스타를 맛볼 수 있는 캐주얼한 분위기의 이탈리안 레스토랑. 피자빵을 덮어 오븐에 구운 해산물

테라코타

모둠 스파게티인 테라코타파스타는 토마토소스와 크림소스 중 선택할 수 있다. 화덕피자는 루콜라를 듬뿍 올린 마르게리타를 많이 찾는다.

Ⓦ 옥수수감베리피자(2만5천원), 마르게리타디루콜라(2만2천원), 리코타루콜라피자(2만4천원), 테라코타T파스타, 테라코타C파스타(각 2만3천원), 알리오올리오(1만8천원), 살치살스테이크(240g, 5만6천원), 비스테카(700g 12만원), 메차루나샐러드와베이컨(2만2천원), 리코타치즈샐러드(1만7천원)

Ⓛ 11:00~15:30(마지막 주문 14:30)/17:00~21:00(마지막 주문 20:00) | 토, 일요일 11:00~16:00(마지막 주문 15:00)/17:00~21:00(마지막 주문 20:00) – 월요일 휴무

Ⓠ 인천 연수구 송도과학로28번길 50 (송도동) 트리플타워 west동 상가224호

☎ 032-822-1113 Ⓟ 가능(3시간 무료)

토가 순두부 | 두부

강화도 토속 음식을 맛볼 수 있는 곳. 간이 되어 있지 않은 하얀 국물의 순두부가 특징이며 간장으로 간을 맞추어 먹는다. 청양고추와 새우젓으로 간을 맞추는 두부새우젓찌개도 인기 메뉴다. 한옥을 개조해 편안한 분위기다.

Ⓦ 순두부, 순두부새우젓찌개, 두부새우젓찌개, 누룽지탕, 콩국수(각 1만1천원), 두부김치(1만2천원), 두부돼지고기전골(소 2만7천원, 중 3만6천원, 대 4만6천원), 두부돼지고기볶음(중 3만8천원, 대 4만8천원), 토가맛된장찌개, 해장국, 상합칼국수, 메밀전병, 부추전(각 1만원)

Ⓛ 09:30~16:00/17:00~19:00(마지막 주문 15:55) – 수요일, 명절 휴무

Ⓠ 인천 강화군 화도면 해안남로 1912

☎ 032-937-4482 Ⓟ 가능

툴롱 TOULON 프랑스식

프렌치 요리를 단품으로 즐기기 좋은 비스트로. 제주산 광어로 만든 스테이크와 오리다리콩피를 곁들인 파스타, 오리가슴살스테이크 등이 추천메뉴다. 부담없이 즐기기 좋은 합리적인 가격대의 와인도 다양하게 갖추고 있다.

Ⓦ 오리가슴살스테이크(3만5천원), 오리다리파스타(2만7천원), 툴롱샐러드, 전복에스카르고(각 2만원), 달고기뫼니에스(3만2천원)

Ⓛ 11:30~15:00(마지막 주문 14:00)/17:30~22:00(마지막 주문 20:30) – 월요일 휴무

Ⓠ 인천 연수구 인천타워대로132번길 30 (송도동) 휴먼빌파크 208호

☎ 032-831-2003 Ⓟ 가능

파노라믹65 PANORAMIC 65 스테이크

오크우드프리미어인천 호텔 내에 있는 스카이라운지 바. 와인, 칵테일은 물론, 코스로 식사도 가능하다. 65층에 있어

아름다운 전망과 야경을 즐길 수 있다. 저녁 6시에서 9시까지 프리미엄파노바인(금, 토) 또는 파노바인(월~목) 메뉴를 선택하면 20여 종의 주류와 스낵 뷔페를 무제한으로 이용할 수 있다.
ⓦ 오션세트(18만원), 선셋세트(15만원), 클라우드세트(13만원), 파노라마세트(11만원), 기념일패키지(40만원)
ⓣ 18:00~24:00(마지막 주문 23:00) | 금, 토요일 18:00~01:00(익일)(마지막 주문 24:00) - 연중무휴
ⓠ 인천 연수구 컨벤시아대로 165 (송도동) 포스코타워-송도 65층
☎ 032-726-2301 ⓟ 가능

파니노구스토 Panino Gusto 피자 | 파스타
참나무 화덕에 구운 정통 나폴리식 피자를 맛볼 수 있는 곳. 저온 숙성한 도우를 사용해 쫄깃쫄깃한 식감이 살아 있다. 네 가지 종류의 진한 치즈 풍미를 느낄 수 있는 콰트로포르마지오피자와 바질, 치즈, 토마토 세 가지로 맛을 낸 D.O.C 피자 등이 대표 메뉴다.
ⓦ 콰트로포르마지오피자(2만1천원), D.O.C피자(2만2천원), 갈릭발사믹스테이크, 머쉬룸스테이크(각 3만 7천원), 만조스테이크·샐러드(1만9천5백원), 토리플만조리조토, 프루티디마레(각 1만9천5백원)
ⓣ 11:30~21:30(마지막 주문 21:00) - 명절 당일 휴무
ⓠ 인천 남동구 인하로507번길 14 (구월동) 탑플라자 2층
☎ 032-421-0046 ⓟ 불가

퐁듀크라상 FONDUE CROISSANT 베이커리
2대째 이어오는 25년 전통의 베이커리. 부드럽고 촉촉한 생크림이 들어간 떠먹는 카스텔라가 유명하다. 빵마다 사용된 재료가 표기되어 있어 안심하고 선택할 수 있다. 최근 유행하는 수건케이크도 판매하며, 다양한 빵을 선보인다.
ⓦ 아메리카노(2천9백원), 카페라테(3천8백원), 쑥듬뿍쑥설기(7천8백원), 카스티야(9천원), 치즈몬드(5천2백원), 수건케이크(1만5천원), 명란대파바게트(5천8백원), 에그베이글(4천8백원), 몽블랑(6천원), 레몬케이크(2천8백원), 피칸파이(5천5백원)
ⓣ 08:00~23:00(마지막 주문 22:30) - 연중무휴
ⓠ 인천 남동구 장승남로 35 (만수동) 대영프라자 1층
☎ 0507-1384-0294 ⓟ 불가

풍미 豊美 일반중식
4대째 내려오는 토박이 중국집. 해삼을 양념해서 튀긴 소양해삼이 독특한 메뉴다. 1957년에 시작하여 70년대 중반에 경영난으로 문을 닫았던 적이 있지만, 90년대에 다시 시작하면서 옛 맛을 지키기 위해 노력하고 있다.
ⓦ 짜장면(6천원), 볶음밥(9천원), 짬뽕(1만원), 소양해삼(소 7만원, 중 9만원), 탕수육(소 2만원, 중 3만원)
ⓣ 09:00~21:00 - 비정기적, 명절 휴무

ⓠ 인천 중구 차이나타운로 56-1 (선린동)
☎ 032-772-2680 ⓟ 불가

풍전식당 육개장 | 선지해장국
해장국과 육개장이 유명한 집. 뚝배기에 나오는 갈비탕에는 갈빗대와 부드러운 우거지가 들어 있다. 육개장은 두꺼운 양은그릇에 가득 담겨 나오며, 건더기와 고기가 실하게 들어 있다. 40년이 넘는 역사를 자랑한다.
ⓦ 해장국, 육개장(각 1만2천원), 비빔밥(1만원), 갈비탕(1만5천원), 등심(200g 4만원), 차돌박이(200g 2만5천원), 불고기, 쫄갈비, 삼겹살(각 200g 1만7천원)
ⓣ 06:00~22:00(마지막 주문 21:30) - 화요일 휴무(화요일이 공휴일인 경우 정상 영업)
ⓠ 인천 미추홀구 남주길 5 (주안동)
☎ 032-873-9292 ⓟ 가능

프렌치빌 French Ville 베이커리
3층으로 이루어진 베이커리&레스토랑. 커피를 비롯해 천연발효종을 사용해 구운 빵, 초콜릿 등을 다양하게 즐길 수 있다. 흰색 외관이 깔끔하면서도 예쁘며, 3층 야외 테라스에서 시간을 보내는 것도 추천한다.
ⓦ 에스프레소, 아메리카노(각 3천8백원), 카페라테(5천5백원), 타르트(5천8백원), 소금빵(3천원), 초콜릿(2천6백원)
ⓣ 08:00~22:00(마지막 주문 21:00) - 연중무휴
ⓠ 인천 중구 신포로 27-1 (관동3가)
☎ 0507-1478-3666 ⓟ 가능

피플즈 Pizza plz 미국식피자
두툼하게 그릇처럼 생긴 도우 속에 가득 담긴 치즈가 특징인 시카고식 피자 전문점이다. 처음 오는 사람에게는 시카고피자오리지널에 체다치즈를 추가할 것을 추천. 그 외에도 샐러드스파게티, 로제파스타, 화이트에일을 추천한다.
ⓦ 시카고오리지널(2만2천원), 시카고페퍼로니(2만5천원), 보스턴치즈, 보스턴하와이안(각 2만1천원), 매콤한로제파스타, 카르보나라, 매콤한토마토파스타(각 1만6천원), 버팔로윙&감자스틱(1만4천원)
ⓣ 11:50~21:30(마지막 주문 21:10) - 연중무휴
ⓠ 인천 부평구 시장로30번길 11 (부평동)
☎ 0507-1367-6612 ⓟ 가능(롯데시네마 주차장 이용, 3시간 무료)

학익궁중삼계탕 삼계탕
걸쭉한 국물과 부드러운 닭고기로 인천 일대에서 유명한 삼계탕집. 장뇌, 전복, 옻, 녹각 등이 들어간 다양한 종류의 삼계탕이 이색적이다. 40여 년의 전통을 자랑한다.
ⓦ 한방삼계탕, 전복죽(각 1만7천원), 전복삼계탕(2만2천원), 녹각삼계탕(1만8천원), 옻삼계탕(2만원)

🕐 10:30~21:00(마지막 주문 20:15) – 연중무휴
🔍 인천 미추홀구 학익소로63번길 23 (학익동)
☎ 032-861-3939 ⓟ 가능

해송쌈밥 쌈밥

을왕리에서 유명한 쌈밥집. 돌솥밥과 함께 우렁쌈장, 제육볶음 등의 반찬이 한상 가득 나온다. 쌈 채소는 주인이 직접 키운 채소를 사용하며 원하는 만큼 가져다 먹을 수 있다. 쌈밥은 2인 이상 주문해야 한다.

ⓦ 우렁돌솥쌈밥(2인 이상, 1인 1만9천원), 홍어(중 2만원, 대 3만원)
🕐 10:30~21:00(마지막 주문 20:00) – 월요일 휴무
🔍 인천 중구 공항서로 177 (남북동)
☎ 032-747-0073 ⓟ 가능

해월커피송도점 ✖ HAEWOL 커피전문점 | 크루아상

깔끔한 매장에서 커피와 디저트를 즐길 수 있는 카페. 커피는 에스프레소와 핸드드립 둘 다 준비되어 있다. 직접 만든 크루아상도 맛볼 수 있는데, 크루아상브런치와 마스카포네크림크루아상을 많이 찾는다.

ⓦ 에스프레소(4천원), 핸드드립커피(5천2백원), 오리지널아인슈페너(6천원), 바닐라하프앤하프, 하프앤하프아인슈페너(각 6천5백원), 크루아상브런치(1만4천원), 마스카포네크림크루아상(5천5백원), 양송이수프(6천원)
🕐 09:00~17:30(마지막 주문 17:00) – 연중무휴
🔍 인천 연수구 인천타워대로197번길 16 (송도동) 리치센트럴 132호
☎ 032-833-0146 ⓟ 가능(2시간 무료)

해장국 ✖ 우거지해장국 | 설렁탕

상호가 없는 해장국집. 해장국이라는 이름만 간판에 걸려 있다. 설렁탕은 한우 양지를 넣어 국물이 맑은 편이며 해장국은 설렁탕 국물에 우거지를 넣어 단맛이 난다. 오전 5시부터 10시 30분까지는 해장국을, 11시부터 오후 3시까지는 설렁탕을 판매한다.

ⓦ 해장국(1만원), 설렁탕(1만2천원)
🕐 05:00~10:30/11:00~15:00 – 명절 휴무
🔍 인천 동구 동산로87번길 6 (송림동)
☎ 032-766-0335 ⓟ 불가

향원 香圓 일반중식

오랜 역사의 화상 중식당으로, 짬뽕이 맛있기로 유명하다. 깨끗한 기름에 튀기는 찹쌀탕수육도 인기 메뉴 중 하나. 일반적인 탕수육 크기의 5배에 달하는 커다란 탕수육이 독특하며 소스를 묻힌 후 가위로 잘라 먹는다.

ⓦ 짜장면(6천5백원), 짬뽕(8천원), 삼선짬뽕(1만원), 모시조개짬뽕(9천원), 코스(2만원~2만2천원), 탕수육(소 1만8천원, 대 2만5천원), 찹쌀탕수육(소 2만원, 대 2만5천원)
🕐 11:00~21:30 – 격주 화요일 휴무
🔍 인천 중구 신포로15번길 6-1 (중앙동4가)
☎ 032-772-1688 ⓟ 불가

혜빈장 惠賓莊 일반중식

차이나타운 근처에서 60여 년 동안 2대가 이어온 중식당. 은은한 양파의 단맛과 오랜 내공의 불맛이 어우러진 간짜장이 시그니처 메뉴다. 신선한 해산물을 넣어 시원하고 얼큰한 짬뽕 역시 많이 찾는 메뉴 중 하나.

ⓦ 짜장면(6천5백원), 짬뽕, 간짜장(각 7천5백원), 군만두(7천원), 볶음밥(8천원), 잡채밥(9원), 라조육(2만5천원), 양장피, 유산슬(각 3만5천원), 탕수육(소 2만원, 중 2만3천원, 대 2만8천원)
🕐 11:00~15:00 – 월요일 휴무
🔍 인천 중구 참외전로13번길 21 (송월동2가)
☎ 032-772-1928 ⓟ 불가

화선횟집 ✖ 생선회

자연산 민어를 전문으로 하는 횟집. 가격은 높은 편이지만 두툼하게 썰어낸 회 맛이 좋다. 민어회를 다 먹고 난 후에는 칼칼한 민어탕으로 마무리한다. 기본으로 나오는 반찬의 맛도 깔끔한 편.

ⓦ 민어회(소 8만원, 중 10만원, 대 12만원, 특대 14만원), 민어탕(2인 이상, 1인 1만8천원), 민어회무침, 민어전(각 4만원)
🕐 11:00~21:30 | 일요일 11:00~20:30 – 연중무휴
🔍 인천 중구 우현로49번길 11-25 (신포동)
☎ 032-772-4408 ⓟ 가능(1시간 무료)

화선횟집

대구광역시

Daegu Metropolitan City

1LL커피 ✖ 커피전문점

조용한 분위기에서 커피를 즐길 수 있는 커피 전문점. 싱글 오리진 원두를 사용한 커피를 선보이며, 생두를 약하게 볶는 라이트 로스팅 기법을 사용해 커피 향이 풍부하고 가벼운 맛이 특징이다.

ⓦ 에스프레소(1천5백원), 아메리카노(3천원), 카페라테(4천5백원), 아인슈페너(4천원), 크림카푸치노(4천원)
ⓣ 11:00~15:00 – 일요일 휴무
ⓠ 대구 달서구 달구벌대로203길 26-10 (호산동) 1층
☎ 0507-1400-6747 ⓟ 가능(협소)

8번식당 ✖ 돼지국밥 | 순대

커다란 무쇠솥에 돼지사골과 족을 넣고 밤새 끓인 국물에 채 썬 대파를 얹고 깍두기 등 밑반찬을 곁들여 따로국밥을 차려 낸다. 암퇘지 사골과 삼겹살로 만든 국밥과 직접 빚는 순대를 부담 없는 가격으로 푸짐하게 맛볼 수 있다. 수육과 순댓국이 함께 나오는 8번 정식이 인기 메뉴.

ⓦ 순대국밥, 고기국밥, 섞어국밥(각 1만원), 암뽕국밥(1만1천원), 정식(1만4천원), 수육, 순대, 암뽕, 모둠수육(각 소 3만2천원, 중 4만3천원, 대 5만5천원)
ⓣ 10:00~21:30(마지막 주문 21:00) | 일요일 10:00~20:30(마지막 주문 20:00) – 연중무휴
ⓠ 대구 중구 서성로13길 8 (서성로1가)
☎ 053-255-0167 ⓟ 가능

T클래스커피 ✖ T Class Coffee 카페

커피와 디저트가 맛있기로 유명한 곳으로, 융드립 커피를 맛볼 수 있다. 원두를 직접 볶아 사용하는 것이 특징. 조각 케이크 중 크레이프케이크가 인기다. 2층과 3층으로 구성되어 있으며, 실내를 벽돌과 나무로 꾸며 아늑한 분위기다.

ⓦ 융드립커피(5천원), 싱글오리진(코스타리카 7천원, 콜롬비아, 과테말라 각 7천5백원), 케냐, 에티오피아워시드(각 7천8백원), 프리미엄(9천원), 카페라테(5천5백원), 콜드브루(6천3백원), 치즈크레이프케이크(7천4백원), 말차크레이프케이크(7천5백원)
ⓣ 10:00~22:50(마지막 주문 22:30) – 연중무휴
ⓠ 대구 중구 동성로2길 87 (동성로2가)
☎ 053-252-3555 ⓟ 불가

가스트로락 Gastro Rock 유럽식

가성비 좋은 코스 요리를 즐길 수 있는 유로피안 캐주얼 다이닝 레스토랑. 1인 셰프가 운영하고 있다. 전체적으로 음식의 완성도와 만족도가 높은 편이다. 디너는 하루 10팀만 받으므로 예약할 것을 추천한다.

ⓦ 런치코스(3만8천원, 4만5천원), 디너코스(6만5천원, 7만5천원)
ⓣ 11:30~15:00/18:00~22:30(마지막 주문 19:30) – 월, 화요일 휴무

가스트로락

ⓠ 대구 중구 동덕로8길 26-19 (대봉동)
☎ 053-281-5959 ⓟ 가능(김광석 공영 주차장 이용, 2천원 지원)

가스트로파체 Gastro PACE 다이닝바 | 이탈리아식

치즈 요리가 맛있는 이탈리아 요리 전문 와인 바. 샤퀴테리와 직접 만든 치즈의 궁합이 좋은 와인과 페어링하면 좋다. 이탈리아 현지의 클래식한 파스타 또한 인기 메뉴.

ⓦ 모차렐라(2만3천원), 살루미(변동), 카르보나라(2만7천원), 비스테카스테이크(350g 8만5천원), 카치오페페(2만5천원), 티라미수(1만5천원)
ⓣ 17:00~24:00(마지막 주문 22:30) – 일, 월요일 휴무
ⓠ 대구 수성구 달구벌대로501길 7 (범어동)
☎ 010-5874-2661 ⓟ 가능

가야성 ✖ 일반중식

대구에서 짬뽕으로 손꼽히는 집. 얼큰해 보이는 색에 비해 담백하면서도 맑은 맛의 국물이 인상적이다. 돼지고기와 오징어가 많이 들어 있는 것이 특징. 점심때면 줄을 서서 먹어야 할 정도로 인기가 많다.

ⓦ 짬뽕, 짬뽕밥, 볶음밥(각 9천원), 야키우동, 야키밥(각 1만원), 짜장면(6천원), 탕수육(소 2만원, 대 2만9천원)
ⓣ 11:00~21:00(마지막 주문 20:30) – 연중무휴
ⓠ 대구 달서구 월배로83길 7 (송현동)
☎ 053-654-0545 ⓟ 가능(목화주차장 50분 무료)

개정 GAEJEUNG 비빔밥 | 함흥냉면

대구에서 비빔밥과 냉면으로 인기를 끌고 있는 집. 전주식 놋그릇에 담겨 나오는 비빔밥 맛이 일품이며 육회가 넉넉하게 들어간 육회비빔밥도 인기다. 직접 빚는 만두 맛도 좋은 편. 한옥으로 되어 있어 운치 있는 분위기다.

ⓦ 전주특육회비빔밥(1만6천원), 돌솥비빔밥(1만5천원), 전주비빔밥(1만4천원), 해물순두부찌개(1만4천원), 김치부대찌개(1만4천원), 뚝배기불고기(1만6천원), 함흥물냉면(1만4천원), 비빔냉면(1만4천원), 회비빔냉면(1만6천원)

🕐 11:00~21:00(마지막 주문 20:30) | 11:00~21:30(마지막 주문 21:00) – 명절 휴무
🔍 대구 중구 동성로3길 52 (삼덕동1가)
☎ 053-424-7050 Ⓟ 불가

고향차밭골 ✖ 한정식

토속 음식으로 이루어진 한정식을 내는 곳. 시래기된장국을 비롯해 20여 가지 반찬이 나온다. 어린 시절 먹었던 시골 밥상처럼 그릇마다 가득 담겨 나오는 반찬이 정겹다. 기본 2인 이상 주문해야 하며 간장게장, 수육 등의 메뉴는 추가로 주문할 수 있다.

Ⓦ 차밭골정식(2인 이상, 1인 1만9천원), 간장게장, 수육(각 1접시 3만원)
🕐 11:30~15:00/16:00~20:00(마지막 주문 19:30) – 연중무휴
🔍 대구 동구 팔공산로 339 (송정동)
☎ 053-981-5883 Ⓟ 가능

광명반점 일반중식

50여 년 전통의 중화요리 전문점. 자극적인 맛보다 은은한 맛이 감도는 짜장면에서부터 주방장의 내공이 느껴진다. 볶음밥 역시 크게 기름지지 않으면서 고슬고슬하다 음식이 대체로 자극적이지 않은 편.

Ⓦ 짜장면, 오징어덮밥, 중화비빔밥(각 7천원), 짜장밥(8천원), 짬뽕(8천5백원), 볶음밥(9천원), 난자원스(소 1만5천원, 대 3만원), 짬뽕밥(9천5백원), 난자완스밥(1만5천원)
🕐 11:00~14:00(재료 소진 시 마감) – 일요일, 마지막 주 월요일 휴무
🔍 대구 북구 칠성로 70-1 (칠성동2가)
☎ 053-424-0938 Ⓟ 불가

교동따로식당 ✖ 소고기국밥

국일따로식당과 더불어 시내 한복판에 따로국밥거리를 형성하고 있는 집이다. 따로국밥은 소뼈를 한 곳에 넣어 푹 끓인 국물에 밥 한 그릇을 따로 낸다고 해서 붙인 이름. 선지를 같이 넣고 끓여 선지 씹히는 감촉이 부드럽다. 국물은 해장이나 식사용으로 두루 좋다. 50여 년의 역사를 자랑하는 곳.

Ⓦ 따로국밥(1만원), 선지술국(1만2천원), 소머리수육(2만6천원)
🕐 24시간 영업 – 연중무휴
🔍 대구 중구 경상감영1길 11 (포정동)
☎ 053-254-8923 Ⓟ 불가

구불로식당 소고기구이

경남 지방의 독특한 뒷고기라는 명칭의 부위를 전문으로 한다. 뒷고기란 소의 염통, 간, 창자 등의 내장을 가리키는 것으로, 이를 잘게 썰어서 참기름으로 양념하여 구워 먹는다. 50여 년의 역사를 자랑한다.

Ⓦ 뒷고기(200g 8천원), 등심, 갈빗살(각 100g 1만1천원), 소금구이(100g 9천원), 모둠(200g 8천원), 생고기(200g 2만8천원), 육회(200g 2만8천원), 불고기(200g 8천원)
🕐 10:00~23:00 – 연중무휴
🔍 대구 동구 팔공로35길 2 (불로동)
☎ 053-983-4584 Ⓟ 가능

국일따로국밥 ✖ 소고기국밥

80여 년의 역사를 지닌, 따로국밥의 원조 격이다. 처음에는 국에 밥을 말아 팔다가 연세 있는 어르신이 올 경우 예의에 어긋날 것을 우려해서 국과 밥을 따로 내놓았고, 이러한 상차림을 좋아하는 손님이 차츰 많아지면서 따로국밥이라는 이름으로 팔게 되었다고 한다. 소고기, 파, 선지 등이 들어간 국물 맛이 시원하고 개운하다.

Ⓦ 따로국밥, 따로국수(각 1만1천원), 특따로국밥(1만2천원)
🕐 24시간 영업 – 연중무휴
🔍 대구 중구 국채보상로 571 (전동)
☎ 053-253-7623 Ⓟ 가능

국일불갈비 ✖ 돼지갈비

60여 년의 역사를 가진 고깃집. 연탄불에 구운 돼지갈비를 맛볼 수 있다. 불 맛이 느껴지는 돼지갈비와 돼지불고기 외에도 매콤한 양념이 밴 고추장불고기도 별미로 통한다. 된장찌개에 면을 말아 내는 된장구수도 인기.

Ⓦ 돼지불고기(200g 9천원), 돼지불갈비(200g 1만원), 고추장불고기(200g 9천5백원), 고추장삼겹살(200g 1만1천원), 된장국수(4천원)
🕐 11:00~22:00 – 명절 휴무
🔍 대구 중구 태평로 172 (태평로1가)
☎ 053-424-5820 Ⓟ 가능

국일생갈비 ✖ 소고기구이 | 소갈비

오랜 전통의 생갈비 전문점으로, 1등급 한우를 사용하고 있다. 신선한 생갈비를 참숯에 구워 먹는 맛이 좋으며, 함께 나오는 명이나물에 싸 먹으면 맛있다. 한우 갈비와 재래식 된장을 넣고 끓인 된장찌개도 일품.

Ⓦ 한우특생갈비(170g 4만5천원), 한우생갈비(150g 3만2천원), 한우양념갈비(170g 3만2천원), 한우안창살(110g 3만8천원), 한우불고기(250g 2만원), 한우육개장, 한우갈비뼈탕(각 1만2천원), 냉면(1만원)
🕐 11:30~15:00/17:00~21:30(마지막 주문 20:30) | 토, 일요일 11:30~21:30(마지막 주문 20:30) – 명절 휴무
🔍 대구 중구 국채보상로 492 (동산동)
☎ 053-254-5115 Ⓟ 가능(국제 유료 주차장 이용, 2시간 무료)

극동구이 뭉티기 | 육회 | 소고기구이

소 뒷다리 부분을 깍두기 모양으로 썰어낸 뭉티기가 맛있다. 쟁반에 내오는 고기는 마블링 없이 검붉은 색인데 전체적으로 질이 좋고 신선하다. 고소하고 씹는 맛이 좋은 오드레기도 별미. 재료가 다 떨어지면 일찍 문을 닫으니 방문 전 미리 전화로 확인하는 것이 좋다.

ⓦ 생고기, 육회(각 200g 6만원), 양지머리+오드레기, 등골(각 200g 5만원)
ⓣ 15:30~00:30(익일) – 일요일, 명절 휴무
ⓠ 대구 수성구 들안로 1 (상동)
☎ 053-761-4500 ⓟ 가능

금산삼계탕본점 다슬기 | 삼계탕 | 전기구이통닭

40년 가까이 삼계탕과 고디탕을 선보이는 곳. 얼음 위에서 하룻밤 숙성시킨 영계를 사용해 육질이 부드럽다. 상황삼계탕, 전복삼계탕 등 삼계탕의 종류도 다양한 편이다. 경상도에서는 다슬기를 고디라고 부른다.

ⓦ 금산삼계탕(1만7천원), 상황삼계탕(2만원), 마늘전기통닭(2만1천원), 흑마늘삼계탕, 한방삼계탕, 송이삼계탕(각 2만3천원), 전복삼계탕(3만2천원), 고디탕(1만1천원)
ⓣ 10:30~23:00(마지막 주문 22:00) – 연중무휴
ⓠ 대구 수성구 들안로 49 (상동)
☎ 053-761-9331 ⓟ 가능

금수강산해물탕 錦繡江山 해물탕 | 해물찜

해물탕 전문점으로, 각종 싱싱한 해산물이 들어가 시원하고 칼칼한 맛을 선보인다. 함께 나오는 반찬들도 정갈하다. 해물탕을 다 먹고 난 후에는 볶음밥으로 마무리한다. 해물탕은 지리로도 선택 가능하다.

ⓦ 해물탕, 해물찜(소 5만5천원, 중 6만7천원 대 7만9천원), 아구찜(소 3만9천원, 대 4만9천원), 왕새우찜(소 4만원, 대 5만7천원), 아갑찜(소 4만8천원, 대 6만9천원), 아낙찜(소 4만9천원, 대 7만2천원), 산낙지철판(2인 4만4천원), 육회낙지탕탕이(5만원), 산낙지회(3만8천원)
ⓣ 11:00~15:00/17:00~22:00(마지막 주문 21:00) – 명절 당일, 익일 휴무
ⓠ 대구 수성구 들안로 60 (두산동)
☎ 010-2235-5034 ⓟ 가능

금와식당 칼국수

대구식 칼국수인 일명 누른국수를 맛볼 수 있는 곳. 멸치 육수로 낸 깔끔한 국물 맛이 좋으며, 면이 얇고 야들야들한 것이 특징이다. 부드럽게 삶은 돼지고기 수육이나 도토리묵을 곁들이면 좋다.

ⓦ 칼국수, 냉국수(각 8천원), 콩국수(1만원), 돼지고기수육(소 2만6천원, 중 3만3천원), 지짐이, 묵(각 1만7천원), 돼지고기두루치기(4만8천원)

ⓣ 11:00~21:00 – 연중무휴
ⓠ 대구 중구 서성로 3 (동산동)
☎ 053-252-5630 ⓟ 불가

김주연왕족발 족발

서남시장 내 40년 전통의 족발로 유명한 곳이다. 냄새 없이 족발을 잘 삶는다. 젤리를 씹는 듯한 껍데기는 짭조름해서 입맛을 당긴다. 영업종료 시간은 21시30분이지만, 포장은 22시까지 가능하다.

ⓦ 왕족발(소 2만5천원, 중 3만원, 대 3만5천원, 특대 4만원)
ⓣ 09:00~22:00 | 토, 일요일 08:00~22:00 – 월요일 휴무
ⓠ 대구 달서구 달구벌대로329길 28 (감삼동)
☎ 053-561-6933 ⓟ 불가

꼬꼬하우스 닭똥집

대구평화시장의 닭똥집 골목에서 유명한 집 중의 하나. 닭똥집은 튀김과 양념이 있는데, 느끼하지 않게 간장에 절인 양파와 양배추, 절인 무, 청양고추 등을 곁들여 먹는다. 부담 없는 가격에 술 한잔하기 좋은 곳.

ⓦ 튀김똥집, 양념똥집, 간장똥집, 반반똥집(각 소 1만원, 대 1만3천원), 모둠똥집(소 1만5천원, 대 1만8천원), 튀김통닭, 간장통닭, 양념통닭, 통닭반반(각 1만8천원), 마늘간장똥집(1만4천원)
ⓣ 11:00~24:00 – 수요일 휴무
ⓠ 대구 동구 아양로9길 10 (신암동)
☎ 053-956-7851 ⓟ 가능(매장 앞 2대)

낙산가든 돼지갈비

돼지갈비가 유명한 집. 갈비를 주문하면 불판에 우동 사리를 같이 올려주는 것이 특징이다. 갈비 양념이 밴 우동을 건져 먹는 재미가 쏠쏠하다. 달짝지근한 갈비 맛이 좋다는 평.

ⓦ 돼지갈비(200g 1만2천원), 돌솥비빔밥(1만원), 물냉면, 비빔냉면(각 8천원)
ⓣ 11:30~22:00(마지막 주문 21:15) – 월요일, 명절 휴무
ⓠ 대구 남구 봉덕로20길 24 (봉덕동)
☎ 053-471-8897 ⓟ 가능

낙영찜갈비 소갈비찜

동인동 찜갈비 골목의 찜갈빗집 중 하나. 매콤한 양념의 갈비찜이 양푼에 한가득 나온다. 갈비는 호주산과 한우 중 선택할 수 있다. 갈비를 먹은 후 남은 양념에 밥과 반찬을 넣고 비벼 먹으면 일품이다. 소고기찌개도 별미.

ⓦ 한우찜갈비(180g 3만원), 찜갈비(180g 2만2천원), 소고기찌개(9천원)
ⓣ 10:00~16:00/17:00~21:00(마지막 주문 20:30) – 격주 월요일, 명절 휴무
ⓠ 대구 중구 동덕로36길 9-17 (동인동1가)
☎ 053-423-3330 ⓟ 가능

낙원순두부 순두부 | 일반한식

약 50년 전통의 순두부집. 칼칼한 매운 양념이 순두부와 잘 어우러진 순두부찌개의 맛을 한결같이 지켜오고 있다. 새우를 푸짐하게 넣은 해물순두부찌개도 별미다.

Ⓦ 순두부찌개, 청국장, 김치찌개, 비빔밥(각 9천원), 해물순두부찌개, 육개장(각 1만원)

🕐 11:00∼15:30(마지막 주문 15:00)/17:30∼21:00(마지막 주문 20:30) – 일요일, 명절 휴무

🔍 대구 중구 동성로12길 21 (문화동) 2층

☎ 053-425-7167 Ⓟ 불가

남강장어 장어

대구 장어집의 원조 격이라 불리는 곳이다. 민물장어를 사용하며 간장구이, 고추장구이, 소금구이 중 선택할 수 있다. 감칠맛 나는 양념이 쏙 배어 있어 맛이 좋다. 장어탕이나 장어죽을 곁들여도 좋으며, 함께 나오는 밑반찬도 맛있다.

Ⓦ 민물장어구이(1kg 13만5천원, 1인 3만5천원), 민물장어탕(9천원), 민물장어죽(1만원)

🕐 11:00∼21:50(마지막 주문 20:40) – 명절 휴무

🔍 대구 달서구 화암로 378 (대곡동)

☎ 053-633-4040 Ⓟ 가능

남강회초밥 스시 | 일식

신선한 초밥과 회를 맛볼 수 있는 곳. 코스를 주문하면 전체 요리부터 메인 회, 해산물, 튀김, 탕까지 다채로운 곁들이음식을 선보인다. 룸도 갖추고 있어 단체모임 하기에 좋다.

Ⓦ 남강회정식(3만5천원), 초밥세트(2만5천원), 특모둠회(5만5천원), 주방장스페셜(6만5천원), 남강(8만원), 남강스페셜(10만원), 새우튀김(3만원), 모둠튀김(2만원)

🕐 11:30∼15:00/17:00∼22:30(마지막 주문 20:30) – 일요일 휴무

🔍 대구 수성구 들안로 17 (상동)

☎ 053-767-2233 Ⓟ 가능

남강회초밥

남문납짝만두 만두

대구의 명물인 납작만두를 맛볼 수 있는 곳. 만두를 납작하게 만들어 구운 후 간장을 뿌려 먹는다. 미성당과 함께 납작만두의 양대산맥으로 불리는 곳으로, 50여 년의 역사를 자랑한다.

Ⓦ 납작만두, 채소만두, 비빔만두, 생만두, 고기만두, 군만두, 찐교스(각 5천원)

🕐 10:00∼18:30 – 일요일, 명절 휴무

🔍 대구 중구 명륜로 64-1 (남산동)

☎ 053-257-1440 Ⓟ 불가

내당동섬 해물

대게를 비롯하여 멍게, 해삼, 개불, 새우, 문어, 소라 등 다양한 해산물을 맛볼 수 있는 곳. 사이드 메뉴로는 해물라면이 인기다.

Ⓦ 해산물모둠(독도 3만8천원, 울릉도 4만5천원, 제주도 5만5천원), 해산물단품(1만5천원∼4만5천원), 섬해물칼국수(1만원∼2만원), 섬해물탕(5만원)

🕐 17:00∼01:00(익일) | 일요일 17:00∼24:00 – 연중무휴

🔍 대구 서구 당산로47길 24 (내당동)

☎ 053-622-2722 Ⓟ 가능

노다웃 ✖ No doubt 커피전문점

합리적인 가격에 핸드드립 커피를 맛 볼 수 있는 커피 전문점. 커피를 자리에 직접 갖다 주며 원두에 대한 설명을 곁들여준다. 디저트인 블루베리크럼블도 인기 메뉴다.

Ⓦ 에스프레소, 아메리카노(각 4천원), 카페라테(4천5백원), 필터커피(변동), 크림라테, 아몬드라테(5천원), 커피셰이크(6천5백원), 오리지널버터바(3천5백원)

🕐 10:00∼21:30 | 토, 일요일 12:00∼18:00 – 연중무휴

🔍 대구 달서구 서당로7길 64 (신당동) 1층

☎ 070-4158-7777 Ⓟ 불가

녹양 ✖ 뭉티기 | 육회 | 소고기구이

소 뒷다리, 허벅지 안쪽 살을 깍두기 크기로 뭉텅뭉텅 썰어낸 뭉티기가 대표 메뉴다. 마블링이 전혀 없는 뭉티기는 쫀득쫀득하며, 고소한 참기름 양념에 찍어 먹는다. 함께 나오는 밑반찬도 한 상 가득 차려진다. 고소한 오드레기도 술안주로 인기.

Ⓦ 생고기, 육회, 양지머리, 오드레기, 대창구이, 등골(각 소 4만원, 중 5만원, 대 6만원), 생고기모둠(8만원)

🕐 12:00∼22:30 | 일요일 12:00∼22:00 – 두 번째, 네 번째 월요일 휴무

🔍 대구 중구 중앙대로 441 (화전동)

☎ 053-257-1796 Ⓟ 불가

뉴욕통닭 프라이드치킨

대구 3대 치킨 중 하나라고 일컬어질 만큼 치킨이 맛있는
곳이다. 치킨은 먹기 좋은 크기로 잘라서 나오며 은은한 마
늘 향이 배어 있는 양념치킨 맛이 좋다. 프라이드치킨과 양
념치킨을 반반씩 주문하는 것을 추천한다. 하루에 정해진
양만 튀기기 때문에 반드시 예약하고 방문해야 한다. 전화
예약은 오전 11시부터 가능하다.

ⓦ 프라이드치킨(2만1천원), 양념치킨, 반반치킨(각 2만2천원),
찜닭(2만8천원)
ⓒ 11:30~20:00 – 일요일 휴무
ⓠ 대구 중구 종로 12 (동성로3가)
☎ 053-253-0070 ⓟ 불가

단골식당 🎀 돼지불고기 | 소불고기

60년 전통의 노포로, 연탄불에 구운 돼지불고기 하나만을
선보인다. 주문 즉시 구워서 바로 접시에 담아 내오며 불 맛
을 살린 고기 맛이 일품이다. 식당 밖 골목길 한편에서 연탄
불에 고기를 굽는 모습이 보인다.

ⓦ 간장불고기(7천원), 고추장불고기(8천원)
ⓒ 09:00~20:10(마지막 주문 19:40) – 수요일, 명절 휴무
ⓠ 대구 북구 칠성시장로7길 9-1 (칠성동1가)
☎ 053-424-8349 ⓟ 불가

당인가차이나타운 唐人街 일반중식

화상이 운영하는 중국집으로, 달걀흰자를 푼 유산슬, 유니
짜장이 맛있기로 유명하다. 바삭하게 튀긴 고기에 파인애플
등을 곁들인 탕수육도 인기.

ⓦ 짜장면(6천원), 유니짜장(8천원), 짬뽕(7천원), 탕수육(소 1만5
천원, 대 2만8천원), 유산슬(소 2만3천원, 대 3만9천원)
ⓒ 11:30~14:30/17:00~20:30 – 화요일 휴무
ⓠ 대구 달서구 월배로69길 40 (송현동)
☎ 053-582-2713 ⓟ 불가

당주 堂酒 칵테일바

1949년에 세워진 가옥을 새롭게 꾸며 칵테일 바로 운영 중
이다. 기본 안주로 미역국이 나오며, 보쌈, 떡볶이, 참치카나
페와 술을 즐길 수 있다. 주류는 시그니처 칵테일뿐만 아니
라 위스키, 하이볼, 전통주 등을 준비했다.

ⓦ 보쌈(2만5천원), 떡볶이(1만8천원), 참치카나페(1만4천원), 하
몽크룽지, 허니너트브리구이(각 1만5천원)
ⓒ 18:00~02:00(익일)(마지막 주문 01:30) | 금, 토요일
18:00~04:00(익일)(마지막 주문 03:30) – 연중무휴
ⓠ 대구 중구 동성로12길 62 (공평동)
☎ 0507-1389-8921 ⓟ 불가

대덕식당 🎀 선지해장국 | 육개장

선지국밥과 육개장 전문점으로, 대구식으로 밥은 따로 내는
것이 특징이다. 수십 개의 가마솥에서 하루도 쉬지 않고 끓
여내는 국물에 선지를 따로 넣어 낸다. 신선한 선지와 푹 끓
인 국물이 잘 어울린다.

ⓦ 선지국밥(1만원), 육개장(1만1천원), 갈비탕(1만3천원), 소머리
수육, 갈비찜(각 3만원)
ⓒ 08:00~21:00 | 토, 일요일 07:00~21:00 – 연중무휴
ⓠ 대구 남구 앞산순환로 443 (대명동)
☎ 053-656-8111 ⓟ 가능

대동강 🎀 大同江 평양냉면 | 어복쟁반

2대에 걸쳐 60년 가까이 이북의 손맛을 지키는 곳. 평양냉
면이 유명하다. 깔끔한 육수의 냉면을 맛볼 수 있으며 따끈
한 국물에 닭고기와 채소를 넣은 평양온반도 별미다.

ⓦ 물냉면, 비빔냉면(각 1만2천원), 평양온반(1만1천원), 만둣국(1
만2천원), 어복쟁반(중 5만9천원, 대 7만9천원), 불고기(1만9천
원), 만두전골(중 2만9천원, 대 4만원), 초계무침(1만9천원), 녹두
빈대떡(1만원)
ⓒ 11:00~15:00/17:00~21:30(마지막 주문 21:00) – 연중무휴
ⓠ 대구 남구 대봉로 57-1 (봉덕동)
☎ 053-471-3379 ⓟ 가능

대동면옥 🎀 평양냉면

70년이 넘는 전통의 냉면 명가. 부산안면옥과 함께 대구에
서 양대산맥을 이루던 곳이다. 평양식 냉면을 주로 하고 있
으며 육수 맛이 진한 스타일이다. 10월부터 이듬해 2월 말까
지인 동절기에는 영업을 하지 않는다.

ⓦ 물냉면, 비빔냉면(각 1만2천원), 비빔냉면함흥식(1만2천원),
평양식(1만3천원) 한우갈비탕(1만9천원), 한우수육(3만5천원),
어복쟁반(2월~9월 7만5천원)
ⓒ 11:00~15:00/16:00~20:00 – 월요일 휴무, 10월~2월 휴무
ⓠ 대구 중구 국채보상로102길 28 (동산동)
☎ 053-255-4450 ⓟ 불가

대영식육식당 소고기구이

한우토시살을 비롯한 한우특수부위를 주메뉴로 하는 곳이다. 고기를 주문하면 돌판시래기된장찌개가 함께 나온다. 잡내 없이 얼큰한 국물이 소곱창이 듬뿍 들어간 한우곱창전골도 추천할 만한 메뉴 중 하나다.

ⓦ 한우주먹시(100g 3만원), 한우안창살(100g 3만원), 한우특수부위(100g 2만8천원), 한우소곱창고기전골(1만5천원), 한우제비추리(100g 2만원), 한우차돌박이(100g 2만원), 소곱창소금구이(150g 2만원), 제주생오겹살(130g 1만2천원), 한우육회(3만5천원), 소곱창돌판볶음(1만5천원)

ⓣ 10:00~22:00(마지막 주문 21:00) - 첫 번째, 세 번째 일요일 휴무

ⓠ 대구 북구 검단공단로 87 (검단동)

☎ 010-9385-7043 ⓟ 가능

대창숯불갈비 소고기구이 | 돼지갈비

대구 북구의 전통이 오래된 고깃집. 밑반찬도 깔끔하고 한우 고기의 육질이 뛰어나다. 마무리로 돌솥밥을 먹고 숭늉을 먹으면 든든한 식사가 된다.

ⓦ 한우갈빗살(100g 2만2천원), 한우꽃살(100g 3만원), 돼지갈비(1만원), 생삼겹살(110g 1만원), 한우모둠세트(100g 2만5천원), 육회(200g, 3만원), 육회비빔밥, 한우갈비탕(각 1만2천원), 돌솥밥정식(1만원~1만6천원)

ⓣ 11:00~14:00/17:00~22:00 - 두 번째, 네 번째 일요일, 명절 휴무

ⓠ 대구 북구 고성로28길 3 (고성동2가)

☎ 053-356-2800 ⓟ 가능

대풍반점 大豊飯店 일반중식

불 맛을 살린 중국요리를 맛볼 수 있다. 삼선짬뽕, 잡탕밥 등이 인기가 좋은 메뉴다. 잡탕밥에는 해산물이 푸짐하게 들어 있으며 삼선짬뽕은 국물이 뽀얀 것이 특징이다.

ⓦ 짜장면(6천원), 짬뽕, 군만두(각 7천원), 탕수육(소 2만3천원, 대 3만3천원), 간짜장(2인 이상, 1인 7천원) 삼선짜장, 삼선짬뽕, 삼선우동, 삼선 간짜장, 삼선 볶음밥, 삼선 울면, 사천짜장, 유니짜장, 야키우동, 야키밥, 라조면, 라조밥, 잡채밥, 기스면(각 9천원), 삼선야키우동(1만5천원)

ⓣ 11:30~19:00 - 첫 번째, 세 번째 일요일, 명절 휴무

ⓠ 대구 중구 달성공원로 12 (대신동)

☎ 053-554-4387 ⓟ 불가

대호불갈비 돼지불고기 | 돼지갈비

연탄불에 초벌구이한 돼지불고기를 맛볼 수 있다. 돼지불고기에는 파채가 수북이 올라가는데, 진한 양념과 파가 잘 어우러져 맛이 좋다. 기본으로 3인분 이상 주문해야 한다.

ⓦ 돼지불고기(150g 9천원), 돼지갈비, 고추장불고기(각 150g 1만원), 냉동삼겹살(150g 1만1천원)

ⓣ 10:00~21:00 - 명절 당일 휴무

ⓠ 대구 중구 태평로 172-18 (용덕동)

☎ 053-426-4357 ⓟ 가능

더키친노이 the kitchen NOI 이탈리아식

이탈리안 코스요리를 선보이는 레스토랑. 런치코스는 파스타가 메인으로 나오는 파스타 코스와 스테이크 코스 중 선택할 수 있다. 디너코스는 오늘의 파스타와 한우스테이크가 메인으로 구성된다.

ⓦ 런치코스(5만2천원, 6만8천원), 디너코스(6만8천원, 12만원), 한우안심스테이크(170g 5만2천원, 260g 6만9천원), 새우샐러드, 부라타치즈샐러드, 불고기타코피자, 새우관자피자, 살시체토마토파스타, 버섯크림리조토, 명란오일파스타, 안초비파스타(각 2만원), 고르곤졸라, 로제파스타, 라자냐, 해산물파스타, 트러플뇨키, 포르치니트러플파스타(2만2천원)

ⓣ 12:00~14:50/18:00~21:30(마지막 주문 20:30) | 토요일 12:00~14:50/18:00~20:30(마지막 주문 20:00) - 일요일 휴무

ⓠ 대구 수성구 청호로69길 51 (황금동)

☎ 053-741-7272 ⓟ 가능

데일리베이킹스튜디오 DAILY 베이커리

천연 발효종을 넣어 저온 숙성한 빵을 구워내는 곳. 동물성 생크림만을 사용하며 재료를 아낌없이 넣은 진한 풍미의 빵을 맛볼 수 있다.

ⓦ 마약빵(2천5백원), 팽오쇼클리(3천5백원), 앙비디(4천5백원), 쪽파베이글(4천8백원), 크림파운드(5천2백원), 버터롤(4천5백원)

ⓣ 08:00~22:00 - 연중무휴

ⓠ 대구 달서구 장기로 167 (본리동) 우정프라자 1층

☎ 053-525-3335 ⓟ 불가

도케비커피 DoKKeB COFFEE 카페

전망도 좋고 천장도 높아 시원한 느낌을 주는 대형 카페. 건물 입구에는 포토존 벽이 있으니 촬영을 마친 후 입장할 것을 추천. 야외 테이블 자리도 정원 곳곳에 있다. 핸드드립 커피를 주로 하고 있으며 브런치 메뉴도 준비되어 있다.

ⓦ 아메리카노(5천원), 카페라테(5천8백원), 다크노트(5천5백원), 땅콩크림라테, 바닐라플랫화이트(각 6천5백원), 자몽주스, 애플망고에이드(각 6천8백원), 시그니처플레이트(1만5천5백원), 바질새우샐러드(1만4천5백원), 마스카포네치즈샐러드, 하몽&모차렐라샐러드(1만1천5백원)

ⓣ 10:00~20:30(마지막 주문 20:00) - 연중무휴

ⓠ 대구 달성군 유가읍 음동길 130-15

☎ 053-616-8253 ⓟ 가능

동곡원조할매손칼국수 칼국수

3대에 걸쳐 60년 넘게 내려오는 칼국숫집. 장작불에 끓여내는 옛날 스타일의 누른국수를 맛볼 수 있다. 면을 삶아서 한 번 헹구어 내는 건진국수 스타일이며, 면에 육수를 붓고 김가루와 고명을 얹어 낸다.

- Ⓦ 손국수(8천원), 콩국수(1만원), 수육, 암뽕(각 1만7천원)
- ⓒ 10:00〜20:00 – 첫째 주 월요일, 명절 당일 휴무
- ⓠ 대구 달성군 하빈면 달구벌대로55길 97–5
- ☎ 053–582–0278 Ⓟ 가능

동명오코노미야끼 ✄

東明おこのみやき 오코노미야키

철판에서 구워주는 다양한 종류의 오코노미야키를 즐길 수 있다. 바 자리에 앉으면 화려한 철판 요리 과정을 볼 수 있다. 일본 전통의 맛을 기반으로 우리나라 입맛에 맞게 변형한 스타일이다.

- Ⓦ 스페셜치즈오코노미야키, 해물치즈오코노미야키(각 1만9천원), 모던야키(2만1천원), 스페셜치즈오코노미야키+한우투뿔안심스테이크(5만9천원), 한우투뿔안심스테이크(4만2천원), 키조개관자구이, 우나기야키(각 2만8천원), 도리야키(1만8천원), 스페셜야키소바, 야키우동, 새우구이(각 1만9천원), 메로구이(2만9천원)
- ⓒ 17:00〜02:00(익일)(마지막 주문 01:30) | 금, 토요일 17:00〜03:00 (익일)(마지막 주문 02:30) – 연중무휴
- ⓠ 대구 중구 동성로4길 10 (삼덕동1가)
- ☎ 053–424–7792 Ⓟ 불가

동봉숯불구이 ✄ 소막창

소막창과 소막구이 등이 유명한 곳. 주방에서 초벌구이한 막창을 자리에서 참숯불에 한 번 더 구워 먹는다. 쫄깃하면서도 고소한 맛이 일품. 함께 나오는 반찬도 맛깔스럽다.

- Ⓦ 한우막구이(100g 2만5천원), 한돈양념갈비(200g 1만2천원), 소막창(150g 2만원), 한돈구이(150g 1만2천원)
- ⓒ 11:30〜15:00/16:30〜23:30 – 명절 휴무
- ⓠ 대구 수성구 범어천로 128 (범어동) 1층
- ☎ 053–756–3668 Ⓟ 가능

동성로생고기 ✄ 생고기 | 육회 | 소고기구이

대구의 독보적인 뭉티기집. 쫀득한 뭉티기 식감이 인상적이며, 독특한 양념장에 찍어 먹는 맛이 일품이다. 뭉티기 외에도 대창, 양지머리구이 등의 다른 부위도 맛볼 수 있다.

- Ⓦ 생고기(중 210g 5만2천원, 대 300g 5만8천원), 육회(300g 5만원), 양지머리, 오드레기, 대창(각 210g 5만원), 곱창전골(4만7천원)
- ⓒ 16:30〜22:30 – 일요일, 명절 휴무
- ⓠ 대구 중구 명륜로23길 101 (남산동)
- ☎ 053–421–1007 Ⓟ 가능(제일주차장 1시간 무료)(전화로 확인)

뜨라또리아델리카르도 ✄

Trattoria del Riccardo 이탈리아식 | 파스타

파올로데마리아 셰프의 제자인 리카르도 셰프가 운영하는 이탈리안 레스토랑. 이탈리아 음식 본연의 맛을 잘 살린다는 평을 받는다. 부드러운 트러플크림감자뇨키와 봉골레, 모차렐라치즈와 루콜라 등이 올라간 프레시모차렐라피자 등이 인기다.

- Ⓦ 안초비관자오일파스타, 슈림프로제파스타, 트러플크림감자뇨키(각 1만7천5백원), 채끝등심스테이크(210g 4만6천원)
- ⓒ 11:30〜15:00/17:30〜21:30 – 일요일, 둘째, 넷째 주 월요일 휴무
- ⓠ 대구 북구 칠곡중앙대로54길 27 (태전동)
- ☎ 053–321–1993 Ⓟ 불가

라벨라쿠치나 ✄

La Bella Cucina 이탈리아식 | 파스타 | 피자

모던한 분위기에서 정통 이탈리아 요리를 즐길 수 있는 곳. 파스타, 피자, 스테이크 등의 요리를 선보이며, 코스도 가격 대비 만족도가 높다. 자연광과 인공광이 적절하게 조화된 인테리어가 소문난 곳이기도 하다. 늦은 저녁 시간에는 와인을 즐기기에 좋다.

- Ⓦ 런치코스(3만7천원〜5만7천원), 디너코스(9만원〜10만5천원), 스테이크(2만4천원〜7만5천원), 피자(2만4천원〜3만3천원), 파스타, 샐러드(1만2천원〜3만9천원)
- ⓒ 11:30〜22:00(마지막 주문 21:00) – 연중무휴
- ⓠ 대구 수성구 무학로 151 (지산동)
- ☎ 053–765–4774 Ⓟ 가능

련 일식 | 스시

캐주얼한 일식 요리 전문점. 스시와 사시미 외에도 돈가스, 우동, 알밥 등 다양한 정식메뉴가 있어 취향대로 골라 먹을 수 있다. 다양한 요리가 나오는 세트 메뉴도 추천할 만하다.

- Ⓦ 황금련(1인 5만원), 자오련(1인 4〜5만원, 3인 16만5천원), 커플세트(1인 3만7천원, 2인 7만5천원), 홍수련(4〜6인 25만원), 하루련(3〜4인 21만원), 초밥정식(1만7천9백원), 돈가스정식(1만6천5백원)
- ⓒ 11:20〜14:30/16:30〜23:00 | 토, 일요일 11:20〜15:30/16:30〜23:30 – 월요일, 명절 휴무
- ⓠ 대구 북구 동천로 128–15 (동천동) 2층
- ☎ 053–313–8889 Ⓟ 가능(신정주차장 이용, 2시간 무료)

로칸다오라 Locanda ora 파스타 | 이탈리아식

이탈리아 현지 음식의 맛을 내는 곳. 제철 식재료를 테마로 메뉴가 바뀌며 모든 면과 빵은 유기농 밀로 자가제면 한다. 최근 경북 구미에서 대구로 매장을 옮겨 재오픈하였다.

- Ⓦ 비스크, 한우라구(각 2만5천원), 완도산다시마파스타, 오라피자(각 2만6천원), 한우1++안심(200g 7만9천원), 폴포(2만7천원),

에스카르고(1만9천원)
- 11:30~15:00/17:00~21:30(마지막 주문 20:30) - 연중무휴
- 대구 수성구 상록로2길 55 (범어동)
- ☎ 053-746-8395 ⓟ 불가

롤러커피 ✕ ROLLER COFFEE 커피전문점

라테가 맛있기로 유명한 커피 전문점. 우유의 양은 5온즈와 7온즈 중 고를 수 있으며, 우유는 오트 밀크로 변경도 가능하다. 셀프바에 구비된 사탕수수 설탕을 커피에 넣어 먹으면 커피의 풍미가 더 좋아진다.

- ₩ 아메리카노, 에스프레소(각 3천5백원), 카페라테(4천원)
- 08:00~20:00 - 일요일 휴무
- 대구 중구 달구벌대로414길 36 (남산동)
- ☎ 053-253-7584 ⓟ 불가

루시드 ✕ Lucid 빙수

대구에 카페 문화가 번지기 시작한 초기부터 인기를 끌었던 곳이다. 커피를 비롯해 다양한 음료가 있으며 케이크와 마카롱 등의 디저트도 좋다. 여름에는 푸딩이 올라간 빙수가 유명하다.

- ₩ 아메리카노(핫 5천원, 아이스 5천5백원), 카페라테(핫 5천8백원, 아이스 6천3백원), 바닐라라테(핫 6천3백원, 아이스 6천8백원), 아인슈페너(핫 6천3백원, 아이스 6천8백원), 호지크림라테(핫 6천5백원, 아이스 6천8백원) 녹차빙수(1만6천5백원), 푸딩빙수(1만8천5백원)
- 12:00~21:00(마지막 주문 20:10) - 수요일, 명절 당일 휴무
- 대구 중구 동성로4길 94 (공평동)
- ☎ 053-422-7020 ⓟ 불가

르배 Lebae 베이커리

첨가물을 사용하지 않는 유럽풍 베이커리로, 대구 3대 빵집 중 하나로 꼽힌다. 오트밀건강빵, 소보로, 파네토네와 배반의장미 등이 인기 메뉴. 쿠키와 케이크도 여러 종류 있다.

- ₩ 소금빵(2천7백원), 몽블랑(6천5백원), 소보로빵(2천5백원), 돌소보로, 마그마슈(각 3천5백원), 호두단팥빵(2천8백원)
- 09:00~21:00 - 연중무휴
- 대구 수성구 화랑로8길 11-11 (만촌동)
- ☎ 053-384-2464 ⓟ 불가

마루막창 ✕ 돼지막창

대구는 서울과는 달리 양곱창보다 막창을 더 즐기는 지역이다. 살짝 데쳐 초벌구이해 내는 다른 집들과는 달리 이곳은 신선한 막창을 잘 손질해 양념 없이 생으로 낸다. 구워 먹을 때 씹는 맛이 좋고 고소하다.

- ₩ 한우소막창(150g 2만4천원), 소막창(150g 2만1천원), 돼지막창(150g 1만3천원), 목살, 삼겹살(각 170g 1만8천원), 버터관자구이(1만2천원)

- 17:00~24:00 | 금, 토요일 17:00~01:00(익일) - 연중무휴
- 대구 수성구 수성못2길 5 (두산동)
- ☎ 053-763-3003 ⓟ 가능

만수통닭수성못본점

통닭 | 프라이드치킨 | 전기구이통닭

옛날식 통닭과 프라이드치킨을 맛볼 수 있는 곳. 반마리 주문도 가능하여 여러가지 맛을 섞어 주문하는 것을 추천한다. 밑반찬으로 나오는 치킨무 외에도 마늘종 무침이 나온다는 점이 특이하다.

- ₩ 치킨(반마리 1만2천원, 한마리 2만원), 양념통닭, 간장통닭(각 반마리 1만4천원, 한마리 2만4천원), 치즈볼(각 5천원)
- 12:00~01:00(익일)(마지막 주문 24:00) - 연중무휴
- 대구 수성구 수성못6길 7 (두산동)
- ☎ 053-763-5277 ⓟ 가능

만수통닭수성못본점

맨션드방콕 Mansion de Bangkok 태국식

쌀국수와 팟타이가 인기 있는 태국 음식점. 마라차돌쌀국수 등 우리 입맛에 맞게 변형된 쌀국수를 맛볼 수 있다. 커리는 매운 정도가 조절 가능하다. 향신료가 강하지 않은 편이며 고수는 따로 요청하면 가져다준다.

- ₩ 렝쌥(1만9천원), 치킨플레이트(1만8천원), 크림새우(1만7천5백원), 치킨궈바로우(1만5천원), 슈림프커리(1만3천5백원), 크랩커리(1만6천5백원), 마라차돌쌀국수, 차돌사천쌀국수, 팟타이, 나시고랭(각 1만1천원)
- 11:30~16:10(마지막 주문 15:30)/17:00~ 21:20(마지막 주문 20:50) - 연중무휴
- 대구 중구 남성로 60 (동성로3가)
- ☎ 053-256-2777 ⓟ 불가

멘타와이 mentawai 베트남식

얼큰한 차돌쌀국수, 짬뽕쌀국수 등 우리 입맛에 맞는 베트남 쌀국수를 맛볼 수 있는 곳. 입맛에 따라 직화불고기나 아롱사태 토핑을 추가할 수 있다. 쌀국수 외에도 팟타이나 나

시고랭과 같은 동남아식 메뉴도 맛볼 수 있다.

- Ⓦ 똠얌쌀국수(1만3천원), 분보싸오(1만3천원), 소고기쌀국수(1만원), 곱창쌀국수(1만6천원), 분짜(1만4천원), 월남쌈(3만5천원), 나시고랭(1만1천원), 팟타이(1만1천원), 양지쌀국수(1만1천원), 얼큰소고기쌀국수(1만1천원), 마라쌀국수(1만1천원), 짬뽕쌀국수(1만3천원)
- ⏰ 11:00〜15:00/17:00〜21:00(마지막 주문 20:30) – 연중무휴
- 🔍 대구 중구 동덕로26길 121 (삼덕동3가)
- ☎ 053-252-1305 Ⓟ 가능

묘운 카페

배롱나무들로 둘러싸여 있는 한옥 카페. 전통회화, 서예, 공예 전문가들의 협업을 통해 지어진 한옥이다. 유료 예약제로 운영하는 사랑채, 충효당, 누마루는 5인 이상부터 이용 가능하며, 공간 대여 금액은 3만원이다.

- Ⓦ 아메리카노(6천원), 카페라테(6천5백원), 바닐라라테(7천원), 크림라테(7천5백원), 흑임자라테(7천원), 대추라테(7천원), 콘치즈절편(8천원), 크렘브륄레(1만원), 곶감단지(1만1천원), 묘운티라미수(2만원), 딸기바닐라케이크(1만6천원)
- ⏰ 11:00〜19:00(마지막 주문 18:30) – 연중무휴
- 🔍 대구 달성군 하빈면 육신사길 34
- ☎ 0507-1379-1072 Ⓟ 가능

뭄뭄 mummum 일본가정식

모던한 분위기에서 일본 가정식을 맛볼 수 있는 곳이다. 생연어 초밥이 대표 메뉴며, 주문 시 반만 구워 나오게 선택할 수 있다. 살치살과 달걀노른자, 생와사비 등을 얹은 스테이크동도 인기 메뉴다.

- Ⓦ 멘타이코파스타(1만4천원), 카라이가츠나베(1만4천원), 연어/생새우반반초밥(1만6천원), 스테이크동(1만7천원), 사케동(1만6천원), 우니파스타(1만9천원), 드라이커리(1만3천원), 붉은대게딱지장(1만6천원), 니쿠우동(1만2천원), 다마고산도(1만2천원)
- ⏰ 11:30〜15:00/17:00〜21:30(마지막 주문 20:40) – 월요일, 명절 당일 휴무
- 🔍 대구 달서구 월배로15길 8 (진천동)
- ☎ 053-632-4540 Ⓟ 가능

미남장어 장어

참숯불에 구운 국내산 토종 민물장어를 맛볼 수 있는 곳. 구이는 소금, 양념 중 선택할 수 있으며 초벌이 된 상태로 제공이 된다. 셀프 매장으로, 상차림비가 따로 있지만 부담 없이 리필할 수 있다. 키즈존도 구비되어 있다.

- Ⓦ 민물장어(시가), 장어탕(식사 5천원, 점심 8천원), 잔치국수, 비빔국수(각 5천원), 된장찌개(4천원), 상차림비(3천원)
- ⏰ 11:00〜15:00/16:30〜22:30 – 연중무휴
- 🔍 대구 수성구 들안로 56 (두산동)
- ☎ 053-768-8892 Ⓟ 가능

미도다방 전통차전문점

일제시대 때 문을 열어 현재까지 영업하고 있는 오랜 전통을 가진 다방으로, 쌍화차가 유명하다. 옛날식 다방의 모습은 물론 메뉴와 가격 또한 큰 변화 없이 유지하고 있다.

- Ⓦ 쌍화차, 인삼차, 강황꿀차(각 5천원), 약차, 유자차, 냉커피(각 4천원), 커피(3천원), 유자주스(5천원)
- ⏰ 09:30〜22:00 – 명절 당일 휴무
- 🔍 대구 중구 진골목길 14 (종로2가)
- ☎ 053-252-9999 Ⓟ 불가

미림 美林 일식돈가스

일본에서 배워온 기술을 바탕으로 한 돈가스를 선보인다. 옛날식 소스를 뿌린 돈가스를 맛볼 수 있으며, 카레를 넣은 수프가 함께 나온다. 아들이 기술을 전수받아 2대째 60여 년 동안 내려오고 있다.

- Ⓦ 돈가스(1만원, 곱빼기 1만5천원), 생선가스(1만5천원), 어묵우동(8천원), 냄비우동(5천원)
- ⏰ 11:30〜16:30/17:30〜20:00(마지막 주문 19:50) | 토요일 11:30〜15:30/16:30〜20:00(마지막 주문 19:50) – 일요일, 명절 휴무
- 🔍 대구 중구 국채보상로93길 6 (대신동)
- ☎ 053-554-6636 Ⓟ 가능

미성당납작만두 만두

대구 명물인 납작만두로 유명한 곳. 얇은 만두피에 당면과 부추, 파 등을 넣고 반달 모양으로 빚어 물에 한 번 삶은 후 철판에 겉이 약간 탈 정도로만 구워 낸다. 바삭바삭한 만두에 대파를 얹고 간장과 식초, 고춧가루를 뿌려 먹는다. 쫄면을 따로 시켜 만두와 함께 싸서 먹어도 맛있다.

ⓦ 납작만두(4천5백원), 라면(4천원), 우동(5천원), 쫄면(5천5백원)
ⓣ 10:30~21:00 | 토, 일요일 10:30~20:00 – 월요일, 명절 휴무
ⓠ 대구 중구 명덕로 93 (남산동)
☎ 053-255-0742 ⓟ 불가

미성복어불고기 美成 복

복불고기가 유명한 집으로, 전통이 있는 곳이다. 고추, 후추, 마늘 등의 양념을 넣은 복불고기의 맛이 매콤하다. 남은 양념에 볶아 먹는 볶음밥도 별미. 다양한 복요리로 구성된 코스도 추천할 만하다.

ⓦ 까치복어콩나물불고기(2인 이상. 1인 1만9천원), 콩나물복어불고기(2인 이상. 1인 1만6천원), 참복특선(5만3천원), 미특세트(0만9천원), 복세트(3만1천원), 까치세트(3만3천원)
ⓣ 10:30~16:00/17:00~22:00(마지막 주문 21:20) – 명절 휴무
ⓠ 대구 수성구 들안로 87 (상동)
☎ 053-707-0077 ⓟ 가능

미진삼겹살 돼지고기구이 | 삼겹살

숙성 돼지고기 구이 전문점. 모둠한판을 시키면 다 구워진 목살, 삼겹살, 껍데기가 콩나물, 김치, 버섯, 부추와 함께 철판에 담겨 나온다. 매콤달콤한 육장소스나 껍데기가루, 와사비 등을 곁들여 먹는다.

ⓦ 미진모둠(중 600g 4만8천원, 대 720g 5만9천원), 삼겹살. 목살(각 240g 2만2천5백원, 480g 4만5천원), 항정살(220g 2만6천원, 440g 5만2천원), 차돌된장찌개(5천5백원)
ⓣ 16:00~01:00(익일)(마지막 주문 24:00) – 연중무휴
ⓠ 대구 중구 공평로8길 25 (삼덕동2가)
☎ 053-215-6969 ⓟ 불가

민수사 閔壽司 일식 | 스시

푸짐하게 나오는 일식 코스를 즐길 수 있는 대형 일식집으로 스시도 수준급이다. 두툼하게 썰어져 나오는 잘 숙성된 회 맛이 일품이다.

ⓦ 런치스시(3만원), 스페셜스시(4만원), 디너(6만원), 사시미코스(A 8만원, B 6만원), 스시코스(A 4만원, B 3만원), 모둠회, 랍스터(각 5만원), 참치(8만원), 돈가스세트(1만5천원)
ⓣ 11:30~15:00/17:00~22:00(마지막 주문 21:00) – 연중무휴
ⓠ 대구 수성구 들안로 19 (상동)
☎ 053-768-2727 ⓟ 가능

밀밭베이커리 Wheat Field 베이커리

대구에서 40여 년의 역사를 자랑하는 베이커리. 모찌크림치즈, 마약옥수수빵 등의 메뉴가 있으며, 멜론 크림이 들어 있는 멜론빵이 인기 메뉴다.

ⓦ 멜론빵, 대구미인빵(각 3천3백원), 마약옥수수빵(3천3백원), 에멘탈치즈호떡(3천5백원), 소금빵(3천원), 마늘바게트(6천3백원)
ⓣ 08:00~23:00 – 연중무휴
ⓠ 대구 중구 국채보상로 602-1 (문화동)
☎ 053-426-1601 ⓟ 불가

바우만스테이크하우스
steak house Baumann 스테이크

한우 안심과 등심 스테이크를 맛볼 수 있는 곳. 스테이크와 함께 수프, 샐러드, 디저트 등이 나오는 특선 메뉴가 가격대비 만족도가 높다.

ⓦ 한우채끝등심스테이크(150g 4만8천원, 210g 5만8천원), 양갈비(250g 5만5천원), 한우안심스테이크(130g 5만5천원), 바닷가재버터구이(6만원), 점심특선(3만5천원), 디너특선(4만원)
ⓣ 11:30~15:00/17:30~22:00 – 일요일, 명절 휴무
ⓠ 대구 수성구 동대구로 397 (범어동) 웰스빌딩 2층
☎ 053-743-3074 ⓟ 가능

박곡칼국수 칼국수

해물칼국수로 유명한 곳. 여름에는 냉칼국수와 콩국수가 별미다. 시원하고 깔끔한 국물 맛이 인상적이다. 칼국수와 함께 빈대떡, 파전, 수육 등을 곁들여도 좋다.

ⓦ 칼국수, 콩국수, 냉칼국수, 매콤칼국수(각 8천원), 들깨칼국수(9천원), 파전(1만2천원), 수육, 수육무침회(각 2만원)
ⓣ 09:30~21:00 – 명절 당일 휴무
ⓠ 대구 달성군 다사읍 다사로 529-7
☎ 053-588-2467 ⓟ 가능

버들식당 양곱창 | 곱창전골

60여 년 전통의 집으로, 곱창과 대창을 잘하는 곳으로 소문났다. 부드럽게 씹히는 대창 맛이 일품이며 기본 3인 이상 주문해야 한다. 양념대창구이를 다 먹고 난 후에 볶아 먹는 볶음밥도 일품.

ⓦ 삼합전골, 곱창전골, 대창전골, 불고기전골(각 1만9천원), 곱창양념구이, 대창양념구이, 곱창+대창양념구이(각 250g 2만원), 육회(100g 1만5천원)
ⓣ 12:00~15:00/17:00~22:00(마지막 주문 21:00) – 명절 휴무
ⓠ 대구 달서구 두류공원로28길 8 (성당동)
☎ 053-656-1991 ⓟ 가능

범어만두 만두

튀긴 만두와 채소를 비벼 먹는 비빔만두로 유명하다. 모둠
만두를 시키면 군만두, 찐만두, 왕만두 등 세 종류의 만두가
나온다. 재료 소진시 조기 마감할 수 있으므로 저녁에는 미
리 전화하고 방문하는 것이 좋다.

ⓦ 군만두, 찐만두(각 6천5백원), 탕수만두(7천원), 비빔만두, 만
둣국(각 8천5백원), 경양식돈가스(9천5백원), 쫄면(8천원)
ⓣ 11:30∼15:00/16:00∼19:30(마지막 주문 19:00) – 일요일 휴무
ⓠ 대구 수성구 수성로 393 (수성동4가) 수성하이츠상가1층
140호)
☎ 053-755-0139 ⓟ 가능

벙글벙글식당 육개장

60년 넘는 역사의 육개장 전문점. 정확하게 말하자면 전통
적인 육개장보다는 대구탕(대구식 육개장)에 가깝다. 옛집,
진골목식당 등과 함께 대구에서 손꼽히는 육개장 맛을 볼
수 있다. 선지는 원하는 사람에게만 넣어주며 선지 양이 부
족하면 별도 금액을 내고 추가할 수도 있다.

ⓦ 육개장, 비빔밥, 육국수(각 1만원), 냉국수, 떡국(각 7천원), 선
지추가(소 2천원, 대 4천원), 수육(2만5천원)
ⓣ 08:00∼22:00 – 일요일, 명절 휴무
ⓠ 대구 수성구 지범로39길 11-12 (범물동)
☎ 053-782-9571 ⓟ 불가

벙글벙글찜갈비 소갈비찜

새빨간 고춧가루와 마늘, 생강을 버무려 양은냄비에 볶아서
요리한 이곳의 찜갈비는 대구의 대표 음식으로 자리 잡았
다. 화끈하게 매운맛에 짠맛, 단맛이 조화를 이룬다. 함께 나
오는 시원한 백김치로 싸 먹으면 색다른 맛을 느낄 수 있다.

ⓦ 한우찜갈비(180g 3만원), 미국산찜갈비(180g 2만2천원), 소
고기찌개(9천원), 볶음밥(2천원)
ⓣ 09:00∼22:00 – 명절 휴무
ⓠ 대구 중구 동덕로36길 9-12 (동인동1가)
☎ 053-424-6881 ⓟ 가능

보문손칼국수 칼국수

대구 칠성시장의 청과시장 안에 자리 잡은 칼국숫집. 직접
밀가루를 반죽해 면을 만들기 때문에 맛이 좋다. 반찬은 자
기가 먹고 싶은 만큼 가져다 먹으면 된다. 칼국수 외에 구수
한 보리밥도 인기 메뉴.

ⓦ 손칼국수, 보리밥, 잔치국수(각 5천원)
ⓣ 07:00∼17:00 – 일요일 휴무
ⓠ 대구 북구 칠성남로 229 (칠성동1가) 칠성시장 내
☎ 053-423-2116 ⓟ 불가

복해반점 福海飯店 일반중식

대구 종로의 화상 중국집 중 유명한 집이다. 얼큰한 국물 맛
이 일품인 짬뽕을 추천할 만하며 겨울에는 굴을 넣어 끓인
굴짬뽕이 인기다. 난자완스, 탕수육 등의 요리는 공력이 높
다. 가게 내부는 예스러운 분위기를 그대로 간직하고 있다.

ⓦ 짜장면(6천원), 짬뽕(7천원), 탕수육(소 1만5천원, 중 2만원 대
3만원), 난자완스(3만7천원), 굴고추짬뽕(1만원)
ⓣ 11:30∼21:30 – 월요일 휴무
ⓠ 대구 중구 종로 22 (종로2가)
☎ 053-254-8903 ⓟ 불가

본전식당 칼국수

멸치육수를 사용하여 개운한 손칼국수를 선보인다. 두 가지
콩을 사용하여 면을 뽑아내기 때문에, 서로 다른 색의 면이
섞여 있다. 돌문어숙회와 삼겹수육도 쫄깃쫄깃한 식감을 잘
살려 수준급이라는 평.

ⓦ 손칼국수, 잔치국수(각 8천원), 수육문어(소 2만8천원, 중 3
만8천원, 대 4만8천원), 돼지수육(소 2만5천원, 중 3만5천원, 대
4만5천원), 문어숙회(소 3만5천원, 중 4만5천원, 대 5만5천원)
ⓣ 11:30∼15:00/16:30∼21:30(마지막 주문 20:50) | 토요일
11:30∼21:30(마지막 주문 20:50) – 일요일, 명절 휴무
ⓠ 대구 수성구 수성로76길 38 (수성동2가)
☎ 053-742-9358 ⓟ 불가

봉산찜갈비 소갈비찜

50여 년 역사의 갈비찜 전문점. 갖은 양념으로 버무린 갈비
를 양재기에 듬뿍 담아 낸다. 남은 양념에 밥을 볶아 먹으면
더욱 맛이 좋다. 칼칼하고 자극적이지 않은 맛의 갈빗살찌
개도 별미로, 된장을 푼 국물에 갈빗살을 넣어 만든다.

ⓦ 한우찜갈비(180g 3만원), 호주산찜갈비(180g 2만2천원), 갈
빗살찌개(8천원)
ⓣ 09:00∼21:00(마지막 주문 20:30) – 명절 휴무
ⓠ 대구 중구 동덕로36길 9-18 (동인동1가)
☎ 053-425-4203 ⓟ 가능

부산안면옥 제육 | 소불고기 | 평양냉면

대구에서 손꼽을 만한 평양냉면집이다. 진한 육수 맛이 좋
으며 고명으로 올라간 고기도 부드럽다. 만둣국과 돼지고기
제육도 인기. 4월부터 추석 전까지만 영업하고 초봄과 겨울
에는 영업을 하지 않는다. 1905년에 평양에서 개업하여, 부
산을 거쳐 1969년에 대구에 터전을 잡은 역사깊은 곳이다.

ⓦ 평양냉면, 함흥냉면, 갈비탕(각 1만2천원), 만둣국(9천원), 돼
지고기제육(1만6천원), 소고기수육(3만4천원), 한우불고기(1만9
천원), 한우쟁반(7만5천원)
ⓣ 11:00∼20:30 – 10월∼3월 휴무
ⓠ 대구 중구 국채보상로125길 4-1 (공평동)
☎ 053-424-9389 ⓟ 불가

부창생갈비 소갈비

40년 넘게 생갈비만을 전문으로 하고 있는 전통 있는 갈빗집. 질 좋은 생갈빗살을 숯불에 구워 먹는다. 먹고 남은 갈비뼈를 넣어서 숯불에 끓여 먹는 된장찌개 맛도 일품. 대구의 옛맛을 그리워하는 사람들이 많이 찾는다.

- 부창생갈비(150g 3만2천원), 안창살(100g 3만5천원)
- 11:00~21:30 – 일요일 휴무
- 대구 중구 국채보상로 492-12 (동산동)
- 053-255-0968 ⓟ 가능

부케 파스타

직접 만든 소스로 요리하는 이탈리안 레스토랑. 매콤한 로제를 맛볼 수 있는 부케파스타와 24시간 이상 마리네이드 숙성한 부채살스테이크가 시그니처 메뉴다. 아늑하고 분위기 있는 공간으로, 다양한 모임을 즐기기 좋다.

- 부채살스테이크(2만5천원), 부케파스타(1만4천원), 씨푸드상하이파스타(1만4천원), 트러플마늘종알리오올리오(1만4천원), 명란크림파스타(1만4천원), 바질콜드샐러드파스타(1만3천원), 트러플머시룸리조토(1만4천원)
- 11:30~15:30(마지막 주문 14:50)/17:00~21:00(마지막 주문 20:20) – 연중무휴
- 대구 중구 경상감영길 213 (동문동)
- 070-8691-2218 ⓟ 불가

부케

브루어스브라더스

Brewers Brothers 크래프트맥주바

영국식 펍 분위기에서 생맥주와 피시앤칩스를 즐길 수 있는 곳. 자체적으로 만든 호피 브루어스와 골든 에일 등도 맛볼 만하다. 그 외에 순살치킨, 피자 등의 안주도 있으며 맥주만 주문도 가능해 간단히 혼맥 하기에도 적당하다.

- 피시앤칩스(중 1만8천원, 대 2만3천원), 감바스알아히요, 메르게즈소시지, 페퍼로니피자, 고르곤졸라피자(각 1만8천원), 먹

태구이(1만7천원), 푸틴(1만2천원)
- 18:00~01:00(익일) | 금, 토요일 17:00~02:00(익일) – 연중무휴
- 대구 중구 종로 29 (종로2가) 1층
- 053-256-0411 ⓟ 불가

블랙타코앤그릴 BLACK TACO&GRILL 멕시코식

동성로에 자리 잡고 있는 멕시코 음식 전문점. 타코와 케사디야, 엔칠라다 등을 선보이며 외국인 손님이 많이 방문한다. 고기와 채소를 함께 올려 먹을 수 있는 그랑데파히타가 인기 메뉴. 칵테일과 곁들이면 더욱 좋다.

- 비리아타코(1만1천원), 타코(1만2천원), 치미창가(1만6천원), 나초그랑데(1만3천원), 칠리프라이즈(1만5천원), 퀘사디아(1만4천원), 엔칠라다(1만4천원), 그랑데파히타(3만9천원)
- 12:00~15:00/17:00~22:00 – 연중무휴
- 대구 중구 공평로 31 (삼덕동1가)
- 053-426-2268 ⓟ 불가

블랙타코앤그릴

비스트로카라사

Bistro Karratha 이탈리아식 | 파스타 | 피자

돌문어 파스타로 유명해진 이탈리안 레스토랑. 쫄깃하며 부드러운 돌문어와 루콜라 페스토가 잘 어우러진 파스타가 시그니처 메뉴다.

- 포터하우스스테이크(750g 9만8천원), 꽃갈비스테이크(650g 6만5천원), 맥반석부채살스테이크(250g 3만5천원), 돌문어파스타(1만9천5백원), 소고기등심버섯리조토(1만8천원), 시금치새우크림파스타(1만7천원)
- 12:00~14:30/17:30~21:00 – 월요일 휴무
- 대구 북구 학정로110길 28 (학정동)
- 010-7594-1995 ⓟ 가능

삐에뜨라 🎀 PIETRA 이탈리아식

아늑한 분위기에서 소박한 이탈리안 요리를 맛볼 수 있는 곳이다. 파스타를 비롯해 피자, 리조토, 스테이크 등의 메뉴를 선보이며 가격 대비 만족도가 높다. 버섯 크림소스와 트러플오일을 곁들인 뇨키도 인기 메뉴다.

- Ⓦ 부라타에루콜라프로슈토피자(2만8천원), 스콜리오파스타(2만4천원), 꽃게리조토(각 2만3천원), 한우안심스테이크(180g 5만5천원), 뇨키(2만3천원)
- ⏱ 11:30∼15:00/17:00∼21:00(마지막 주문 20:00) – 월요일 휴무
- 🔍 대구 중구 약령길 45 (남성로)
- ☎ 053-742-4819 Ⓟ 불가

사야까 さやか 라멘 | 일식덮밥

일본인이 운영하는 대구의 일식집 중 가장 먼저 생긴 곳으로, 한우 사골을 베이스로 한 규코츠라멘을 맛볼 수 있다. 면은 자가제면하여 사용한다. 가츠동, 마파두부덮밥 등 덮밥도 준비되어 있다.

- Ⓦ 가츠동(9천원), 규코츠라멘, 규코츠소유라멘, 규코츠탄탄멘(각 1만1천원), 차슈규코츠라멘(1만4천원), 마파두부덮밥(9천원)
- ⏱ 11:30∼15:30/16:30∼20:30(마지막 주문 20:00) – 수요일 휴무
- 🔍 대구 중구 국채보상로125길 4 (공평동)
- ☎ 053-427-0141 Ⓟ 불가

사카바신카와 🎀 酒場新川 사카바

다양한 안주를 추천해 주는 페어링 전문 일식 주점. 상시 준비 중인 안주 메뉴는 없고, 주문한 주류에 맞춰서 안주를 내어주는 독특한 방식이다. 오마카세를 주문하면 하이볼, 사케, 일본소주, 위스키, 칵테일과 그에 어울리는 안주도 내어준다. 하이볼, 칵테일, 일본 위스키, 맥주 등 다양한 주류를 즐길 수 있는 곳.

- Ⓦ 쿠시가츠오마카세(주류 주문 시 제공)
- ⏱ 19:00∼02:00(익일) – 일요일 휴무
- 🔍 대구 수성구 들안로77길 2-24 (범어동)
- ☎ 053-215-0030 Ⓟ 불가

산꼼파 🎀 생선회

농어, 돔, 가자미회 등 여러 가지 잡어를 한 번에 즐길 수 있는 곳. 생선회 외에도 낙지, 새우, 조개 등 다양한 먹거리도 신선하고 푸짐하게 맛볼 수 있다. 어떤 종류의 생선인지 알아볼 수 있도록 회에 이름표가 달려 나오는 것이 특징.

- Ⓦ 자연산고급회(4만원), 자연산스페셜(6만원)
- ⏱ 16:00∼24:00 – 둘째, 넷째 주 일요일 휴무
- 🔍 대구 수성구 상화로 81 (상동)
- ☎ 053-765-0592 Ⓟ 불가

산너머남촌 메기 | 닭백숙

팔공산 자락에 위치해 있어 경치가 좋은 식당. 가운데 조그마한 연못이 있고 방갈로가 여러 채 있다. 방갈로에 앉아 먹는 메기매운탕과 토종닭백숙 맛이 일품이다.

- Ⓦ 한방닭백숙, 닭볶음탕(각 5만5천원), 옻닭백숙(6만원), 한방오리백숙, 오리볶음탕, 오리훈제(각 6만5천원), 메기매운탕(중 3만5천원, 대 4만5천원), 메기탕(4만2천원)
- ⏱ 09:00∼21:00 – 월요일 휴무
- 🔍 대구 군위군 부계면 한티로 1667
- ☎ 054-383-5445 Ⓟ 가능

삼송빵집 🎀 베이커리

60년 넘는 역사를 자랑하는 대구의 오래된 유명 빵집이다. 구운고로케와 통옥수수빵이 인기 있다. 구운고로케는 기름에 튀기지 않고 구워 느끼하지 않고 담백한 맛이다. 영업시간과 상관 없이 빵이 소진되면 문을 닫는다.

- Ⓦ 통옥수수빵(2천6백원), 채소고로케(2천6백원), 먹물통옥수수빵(3천2백원), 크림치즈찰떡빵(3천원), 소보로팥빵(2천8백원)
- ⏱ 08:00∼22:00(재료 소진 시 마감) – 명절 당일 휴무
- 🔍 대구 중구 중앙대로 397 (동성로3가)
- ☎ 053-254-4064 Ⓟ 불가

삼수장어 🎀 장어

30여 년 역사의 장어 전문점. 산삼장어, 황금장어 등 다양한 양념의 장어를 선보이고 있다. 세련된 외관에 실내 분위기도 깔끔하고 모던한 편이다.

- Ⓦ 전통장어(250g 4만1천원), 한마리장어(330g 4만9천원), 산삼장어, 황금장어(각 330g 5만9천원), 장어덮밥(1만8천원, 특 3만2천원), 정통정식(1인 4만8천원), 삼수정식(5만5천원), 명품정식(6만5천원)
- ⏱ 11:30∼15:00(마지막 주문 14:30)/17:00∼ 21:30(마지막 주문 20:30) – 명절 휴무
- 🔍 대구 수성구 신천동로 442 (수성동4가)
- ☎ 053-745-7800 Ⓟ 가능

삼아통닭 닭똥집 | 통닭

평화시장 닭똥집골목에서 원조집으로 통하는 곳으로 닭똥집튀김이 유명하다. 일반적인 닭똥집튀김 외에 매콤한 양념과 간장 양념을 덧바른 메뉴도 인기가 많다. 튀김옷을 입히지 않은 채 튀긴 누드똥집도 별미다.

- Ⓦ 튀김똥집, 양념똥집, 간장똥집, 반반똥집(각 중 1만원, 대 1만3천원), 누드똥집(1만3천원), 볶음똥집(1만4천원), 튀김통닭, 양념통닭, 간장통닭(각 1만8천원)
- ⏱ 10:00∼23:00 – 월요일 휴무
- 🔍 대구 동구 아양로9길 10 (신암동) 삼아아파트 상가 1층
- ☎ 053-952-3650 Ⓟ 불가(공영주차장 이용)

삼합가 문어 | 전복 | 해물

해산물삼합을 전문으로 하는 곳이다. 한우 차돌박이, 동해 참문어, 관자, 완도산 전복으로 만든 삼합을 즐길 수 있다. 차돌박이가 익으면서 흘러나온 육즙이 전복과 문어, 관자에 스며들어 맛을 배가시킨다.

- ⓦ 삼합A(중 10만원, 대 12만원), 삼합B(소 8만원, 중 10만원, 대 12만원), 문어숙회, 전복초무침(각 5만원), 해신탕(12만원), 전복조개탕(6만원)
- ⓒ 16:00~23:30 – 일요일 휴무
- ⓠ 대구 수성구 들안로 43 (상동)
- ☎ 053-768-4775 ⓟ 가능

상주식당 추어탕

60년 넘는 전통에 3대째 내려오는 추어탕집이다. 체로 곱게 걸러 부드럽게 넘어가는 추어탕 국물. 기름기를 쏙 빼내 담백한 곱창, 신맛이 우러나는 계핏가루가 어우러져 상주식당만의 추어탕 맛을 만들어낸다. 자연산 미꾸라지와 노지 재배종인 조선배추가 나오지 않는 12월 중순부터 2월 말까지는 문을 닫는다.

- ⓦ 추어탕+밥(1만3천원)
- ⓒ 10:00~19:00   12월~3월, 명절 휴무
- ⓠ 대구 중구 국채보상로 598-1 (동성로2가)
- ☎ 053-425-5924 ⓟ 불가

상주식당

새밭골농장 ✕ 닭구이

산 속에서 숯불 닭구이를 먹을 수 있는 곳. 메뉴판이 따로 없으며, 닭한마리를 주문하면 양념된 닭을 숯불에 구워먹는 닭구이와 칼칼한 국물의 닭매운탕이 준비된다. 직접 기른 닭을 잡아 요리하기 때문에 예약은 필수며, 찾기가 어려워 아는 사람만 간다고 하는 곳이다. 식사는 실내 공간 또는 야외 평상에서 먹을 수 있으며, 계산은 현금만 가능하다.

- ⓦ 생닭숯불구이, 옻닭. 백숙, 닭볶음탕(각 7만원)
- ⓒ 10:00~17:00(변동) – 비정기적 휴무

서영홍합밥 홍합

한옥 건물에서 홍합밥을 즐길 수 있는 곳. 정갈한 밑반찬과 배추 된장국이 나오며, 고추를 잘게 다져 넣은 간장을 홍합밥에 비벼 먹으면 더욱 맛있게 즐길 수 있다.

- ⓠ 대구 동구 매여로 463-6 (상매동)
- ☎ 053-963-3560 ⓟ 가능
- ⓦ 홍합밥(1만원), 녹두전(1만원), 칼국수(7천원), 수육(소 1만7천원, 중 2만3천원, 대 2만8천원)
- ⓒ 11:00~15:00/17:00~21:00 – 일요일 휴무
- ⓠ 대구 중구 약령길 33-8 (계산동2가)
- ☎ 053-253-1199 ⓟ 불가

성서제1능이버섯능이백숙 ✕ 닭백숙

능이버섯백숙 요리로 몸에 좋은 보양식을 선보이는 곳. 능이버섯 향이 가득한 깔끔하고 깊은 맛의 국물이 일품이며 녹두찹쌀죽과 함께 먹으면 좋다. 유황오리, 토종닭 두 종류가 있다. 능이오리백숙은 900도가 넘는 화염처리 과정을 거쳐 불순물과 불필요한 지방을 제거하여 잡내가 없으며 토종닭은 우리나라 고유 품종 닭을 사용한다.

- ⓦ 능이오리백숙(2~3인 7만9천원, 4~5인 11만8천원), 능이토종닭백숙(2~3인 6만9천원, 4~5인 11만8천원), 능계탕(1만8천원), 능이모둠버섯전(1만3천원)
- ⓒ 10:30~14:00/15:50~21:30(마지막 주문 20:30) | 토유일 10:30~21:30(마지막 주문 20:30) | 일요일 10:30~21:00(마지막 주문 20:00) – 명절 당일 휴무
- ⓠ 대구 달서구 달구벌대로251길 12 (이곡동)
- ☎ 0507-1361-4774 ⓟ 가능

성주숯불갈비식당 ✕ 소갈비

대구의 원조 갈빗집인 진갈비와 함께 오랜 전통을 지키고 있다. 양념하지 않은 생갈비를 숯불에 구워 먹으며 고기의 질이 좋은 편이다. 갈빗대를 넣고 끓인 된장찌개의 맛도 일품이다.

- ⓦ 생갈비, 갈빗살찜(각 220g 3만2천원), 안창살(100g 3만5천원), 불고기(100g 2만2천원), 갈비탕(9천원), 된장찌개(7천원), 소면(5천원), 소고기국(9천원)
- ⓒ 10:00~22:00 – 일요일, 명절 당일 휴무
- ⓠ 대구 중구 서성로 72 (서성로1가)
- ☎ 053-255-6851 ⓟ 가능

셀리우 ✕ Ce lieu 프랑스식

고급스러운 분위기에서 코스 요리를 즐길 수 있는 파인 다이닝 레스토랑. 오픈 주방 형태의 바 좌석과 테이블을 갖추고 있다. 다양한 와인리스트가 있어 와인과 페어링 하기도 좋다.

- ⓦ 런치코스(4만8천원), 디너코스(7만8천원)

⏱ 12:00~15:00/18:00~21:30(마지막 주문 19:30) – 월, 화요일 휴무
🔍 대구 중구 교동2길 43–9 (완전동)
☎ 053–260–9999 ⓟ 가능

소나무 ✖️ 위스키바

고풍스러운 한옥을 개조해 만든 싱글몰트위스키 전문 바. 싱글몰트위스키 이 외에도 위스키, 진, 보드카, 브랜디, 럼, 버번위스키 등 다양한 주류도 갖추고 있다.

ⓦ 스테이크(3만6천9백원), 과일치즈모둠플레이트(3만3천9백원), 감바스알아히요, 카망베르치즈구이(각 2만9백원), 한우육회(2만2천9백원), 스지어묵탕, 프랑스식대구살오븐요리(각 2만4천9백원), 바질냉우동(2만9천원), 들기름파스타(1만8천9백원)
⏱ 18:00~01:00(익일) | 금, 토요일 18:00~02:00(익일) – 화요일 휴무
🔍 대구 중구 동덕로 56–5 (대봉동)
☎ 053–422–1341 ⓟ 가능(협소)

수오미엔 ✖️ 嗦面 우육면 | 대만식중식

대만식 우육면, 가지 튀김, 돼지갈비 튀김 등 현지의 느낌을 살린 음식을 맛볼 수 있는 곳. 인테리어와 테이블 배치도 대만 현지 식당풍이다. 우육면은 한우사골육수를 사용하며, 아롱사태가 들어간다. 식사 메뉴 한정으로 공깃밥과 고추를 무료로 1회 추가할 수 있다.

ⓦ 우육면(9천원), 마장면(9천5백원), 완탕면(9천원), 홍로우판(9천5백원), 마파두부(9천원), 창잉터우(9천원), 가지튀김(1만2천원), 파이구(1만3천원), 군만두(5천원), 파이황과(4천원)
⏱ 11:30~15:00(마지막 주문 14:30)/17:30~20:00(마지막 주문 19:30) – 월요일 휴무
🔍 대구 중구 동덕로 64 (대봉동) 1층, 101호
☎ 0507–1433–0453 ⓟ 가능

수평적관계 ✖️ 커피전문점

대구 스페셜티 커피업계에서 오랫동안 활동해온 김태환 로스터의 매장. 오래된 한옥을 개조하면서 천장을 오픈해 개방감이 좋고, 깔끔하다. 머신을 이용하지 않고 핸드드립 방식으로 추출한다. 레몬크림이 올라가는 시트릭이 시그니처 메뉴.

ⓦ 브루잉커피(6천5백원~1만원), 이달의커피(변동), 플랫슈페너(6천8백원), 시트릭(6천8백원), 카페오레(6천원), 단호박슈페너(7천원), 호박라테(6천8백원), 멍푸치노(3천원), 애플망고오미자(6천8백원)
⏱ 11:00~22:00(마지막 주문 21:30) – 연중무휴
🔍 대구 중구 동덕로26길 115 (삼덕동3가)
☎ 053–218–4602 ⓟ 불가

스테드 sted 커피전문점 | 디저트전문점

필터 커피와 그에 맞는 디저트를 페어링 서비스를 진행하는 카페. 페어링 외에도 런던포그, 겨울 한정 메뉴인 밤라테와 애플티도 시그니처 메뉴다. 캐러멜과 바나나슬라이스가 올라가는 둘세데레체 등 디저트 종류도 다양하다. 고급스러운 외관에 실내 분위기도 채광이 좋아 밝은 느낌을 준다.

ⓦ 아메리카노(5천원), 카페라테(5천5백원), 바나나브륄레(6천9백원), 차트라뮤밀크티(6천7백원), 오렌지비앙코(6천원), 구름딸기케이크(8천5백원), 딸기레어치즈케이크(8천5백원), 카스텔라꿀고구마케이크(8천2백원)
⏱ 10:00~22:00 – 연중무휴
🔍 대구 중구 중앙대로77길 14 (종로2가)
☎ 053–255–0739 ⓟ 불가

시칠리아파스타바 ✖️ Sicilia pasta bar 파스타

직접 만든 생면 파스타로 코스 요리를 선보이는 곳이다. 와인 페어링을 추가하면 전채요리에 화이트 와인, 두 번째 파스타에 레드 와인이 제공된다. 사전 예약은 필수. 카운터 자리로 운영하였으나 최근 리뉴얼 이전하여 좌석 수도 많아졌다.

ⓦ 피스타치오페스토(2만원), 한우화이트라구(2만2천원), 라자냐클래식(2만2천원), 로마식카르보나라(2만원), 트러플고구마뇨키(2만1천원), 성게알보타르가(2만4천원), 한우채끝스테이크(150g 5만8천원)
⏱ 12:00~15:00(마지막 주문 14:30)/17:00~ 22:00(마지막 주문 20:30) – 일요일 휴무
🔍 대구 수성구 동원로1길 35 (범어동)
☎ 070–8287–1780 ⓟ 불가

신산홍 ✖️ 닭발 | 닭갈비

평화시장 똥집 골목 부근에서 닭목살로 유명한 곳. 주문할 때 맵기 조절이 가능하며 김을 살짝 구워서 닭목살소스를 같이 찍어 먹으면 좋다. 웰컴주로 산삼주 한 잔씩 주는 것이 특징.

ⓦ 양념닭목살(130g 9천원), 갈비양념닭목살(130g 1만원), 양념닭발(150g 9천원), 양념곰장어(150g 1만원), 양념아나고(130g 1만1천원), 트러플오일갈매기살(400g 3만원)
⏱ 17:00~23:00(마지막 주문 22:20) – 수요일 휴무
🔍 대구 동구 아양로7길 12 (신암동) 신암뜨란채 상가동 108호
☎ 010–5451–5650 ⓟ 불가

신성가든 SINSUNG GARDEN 소고기구이

50년 넘는 전통의 등심구이 전문점. 소고기를 급랭하여 며칠 숙성 시킨 후 살짝 언 상태로 내오는 것이 특징이다. 뜨거운 철판 위에 소기름을 두르고 구워 먹는 스타일로, 다 먹고 난 후에는 밥을 볶아 먹거나 된장찌개로 식사를 한다.

ⓦ 꽃등심, 갈빗살(각 3인 이상, 1인 3만1천원), 등심(3인 이상, 1

인 100g 2만9천원), 오드레기(3인 이상. 1인 100g 2만4천원), 샤부샤부(2인 이상. 1인 런치 1만3천9백원. 디너 1만5천9백원), 한우 샤부샤부(2인 이상. 1인 2만7천9백원)
ⓒ 11:30~15:00/17:00~21:00(마지막 주문 20:00) | 토요일 11:30~15:00/17:00~21:30(마지막 주문 20:30) – 월요일 휴무
Ｑ 대구 동구 송라로32길 2 (신암동)
☎ 053-941-4452 ⓟ 가능

신신반점 짬뽕전문점

대구에서 유명한 짬뽕 전문점. 큼지막한 문어 다리가 들어가는 문어짬뽕과 낙지가 푸짐하게 들어간 낙지짬뽕, 가리비짬뽕 등을 선보인다. 해물 양이 푸짐한 것이 장점이며 24시간 영업한다.
ⓦ 문어짬뽕. 문어짬제비(각 1만7천원), 짬뽕. 짬뽕밥(각 9천원), 낙지짬뽕밥. 낙지짬제비. 낙지짬뽕. 가리비짬뽕(각 1만2천원), 탕수육(소 1만9천원. 중 2만6천원. 대 3만4천원) 짜장면(6천5백원), 낙지고추짬뽕밥. 낙지고추짬뽕(각 1만3천원), 문어고추짬뽕밥. 문어고추짬뽕(각 1만8천원), 짜장면(7천원)
ⓒ 24시간 영업 – 월요일 휴무
Ｑ 대구 달서구 달구벌대로 1786 (두류동)
☎ 053-625-7750 ⓟ 가능

신짜오 Xin chao 베트남식

월남쌈을 시키면 큰 접시에 각종 채소와 돼지고기볶음. 버미셀리, 게맛살, 햄 등이 먹음직스럽게 담겨 나온다. 진한 고깃국물의 쌀국수도 풍미가 진하며 양도 푸짐하다. 향신료 향이 강한 편으로 베트남 요리 마니아에게는 인기가 있다. 이국적인 인테리어가 돋보이는 곳.
ⓦ 월남쌈(3만4천원), 한우쌀국수, 한우허브쌀국수(각 1만5천5백원), 콤비소고기쌀국수(1만5천원), 해물쌀국수, 닭쌀국수(각 1만3천5백원), 팟타이, 분짜(각 1만6천원)
ⓒ 10:30~16:00/17:00~21:30(마지막 주문 20:50) | 일요일 10:30~16:00/17:00~21:00(마지막 주문 20:20) – 명절 당일 휴무
Ｑ 대구 수성구 수성못6길 20-6 (두산동)
☎ 010-4450-6544 ⓟ 가능

싱글벙글막창전문점 돼지막창

돼지막창, 소막창 전문점으로, 연탄불 위에 석쇠를 놓고 막창을 구워 먹는다. 질기지 않으면서도 쫄깃한 맛이 좋다. 양은냄비에 나오는 콩나물국과 곁들여 먹는다.
ⓦ 돼지막창(소 2만7천원. 중 3만8천원. 대 4만9천원. 특대 6만원), 소막창(소 3만5천원. 중 5만원. 대 6만5천원. 특대 8만원), 된장찌개(3천원), 우동(5천원)
ⓒ 12:00~02:00(익일) | 금. 토요일 12:00~03:00(익일)(마지막 주문 02:00) – 화요일, 명절 당일 휴무
Ｑ 대구 북구 경진로1길 13 (복현동)
☎ 053-959-3006 ⓟ 불가

쏘이삼덕 SSOI SAMDUCK 태국식

태국 음식 전문점으로, 부위 별로 준비되어 있는 쌀국수와 똠얌꿍, 렝쌥 등을 즐길 수 있다. 소갈비, 스지 등 고기를 푸짐하게 맛볼 수 있는 쏘이스페셜쌀국수가 시그니처 메뉴다. 고수 마니아라면 직접 만든 고수김치도 별미.
ⓦ 쏘이스페셜쌀국수(1만7천원), 직화우삼겹쌀국수(1만4천원), 슈림프팟타이(1만4천원), 똠얌꿍(1만8천원), 렝쌥(3만6천원), 타이갈릭치킨(4p 4천원, 8p 1만2천원)
ⓒ 11:00~15:00/17:00~21:30 | 토. 일요일 11:00~16:00/17:00~21:30 – 비정기적 휴무(인스타그램 공지)
Ｑ 대구 중구 달구벌대로445길 44-19 (삼덕동3가)
☎ 070-7722-3355 ⓟ 불가

아라한참치 참치

들안길에서 유명한 참치전문점. 코스를 시키면 각종 곁들이 음식이 나오고 이어서 메인 참치회와 다양한 해산물이 나온다. 계속하여 세이로무시, 튀김, 초밥, 연어구이, 매운탕 등의 요리가 나온다. 단체모임으로도 좋다.
ⓦ 아라한참치(15만원), 명가참치(12만원), 실장코스(9만원), 골드코스(7만원), 스페셜코스(5만원)
ⓒ 14:00~24:00(마지막 주문 22:00) – 명절 당일 휴무
Ｑ 대구 수성구 들안로 41 (상동)
☎ 053-762-6633 ⓟ 가능

아리조나막창 돼지막창

쫄깃하고 고소한 막창으로 일대에서 유명하다. 기본 3인분 이상 주문해야 하며, 매콤한 양념을 입힌 불막창도 별미다. 막창과 구운 마늘, 감자 등을 함께 싸 먹는 맛이 좋다.
ⓦ 생막창(140g 1만2천원), 소막창(140g 2만1천원), 차돌박이(140g 1만5천5백원), 생삼겹살(140g 1만2천원), 양념갈빗살(130g 1만7천5백원), 양념불닭발(260g 2만3천원)
ⓒ 16:00~24:00(마지막 주문 22:30) | 금. 토요일 16:00~00:30(익일)(마지막 주문 23:00) – 연중무휴

아소다이닝 ❌ 我所 이자카야

깔끔한 느낌의 이자카야. 제철 재료를 사용하며 다양한 종류의 일본식 안주를 맛볼 수 있다. 이 집만의 방식으로 숙성한 9가지 사시미가 인기. 칡전분을 이용한 부드러운 크림깨두부 역시 인기 메뉴 중 하나다.

ⓦ 옥돔사쿠사쿠시오야키(소 2만6천원, 대 4만8천원), 1++한우 채끝숯불구이(100g 4만원, 200g 7만6천원), 양갈비프렌치렉숯불구이(4만8천원), 금태숯불구이(변동), 고등어봉초밥(2만6천원)

ⓣ 17:00~24:00(마지막 주문 23:00) – 일요일 휴무

ⓠ 대구 수성구 달구벌대로496길 34 (범어동)

☎ 053-217-1002 ⓟ 불가

아티코 ❌ ATTICO 파스타 | 피자

1인 셰프가 운영하는 이탈리안 레스토랑. 감베리버터&레몬라비올리와 하몽&루콜라피자가 시그니처 메뉴다. 아낌없이 들어간 재료와 진한 소스가 특징. 모노레일이 보이는 2층의 아담한 테라스는 포토스팟으로 인기 있다.

ⓦ 감베리버터&레몬라비올리(2만3천원), 하몽&루콜라피자(2만3천원), 트러플크림리조토(1만9천원), 잠봉&버터생면스파게티(2만1천원), 생면라자냐(2만3천원), 애호박&바질페스토피자(2만원)

ⓣ 11:30~14:30(마지막 주문 13:30)/17:30~ 20:30(마지막 주문 19:30) –

ⓠ 대구 수성구 지범로 43-12 (두산동)

☎ 010-9166-9279 ⓟ 가능

앞산할매손칼국수 칼국수 | 수제비

70여 년 전통의 손칼국숫집. 멸치 육수가 진하지는 않지만, 느릅나무가 들어간 손칼국수는 옛날 손칼국수 맛을 생각나게 한다. 메밀전병이나 수육, 직접 담근 찹쌀동동주를 곁들이면 더욱 좋다.

ⓦ 손칼국수, 밀수제비, 칼제비(각 8천원), 잔치국수, 메밀고기만두(각 7천원), 한방수육(소 2만원, 대 3만원), 녹두빈대떡(1만2천원), 메밀전병(1만1천원), 해물부추전(1만원)

ⓣ 10:00~22:00(마지막 주문 21:30) – 비정기적 휴무

ⓠ 대구 남구 앞산순환로87길 13 (대명동)

☎ 053-624-3386 ⓟ 가능

야자수지붕 동남아시아식

태국 음식을 기반으로 한 동남아 맛을 즐길 수 있는 곳이다. 쌀국수는 베트남 하노이 스타일이며 필리핀 음료인 칼라만시에이드도 맛볼 수 있다. 주류는 따로 판매하지 않으며, 따로 가져와서 마셔도 된다.

ⓦ 꿍팟퐁커리(1만8천원), 팟타이(1만2천원), 소고기쌀국수(1만2천원), 똠얌꿍(1만2천5백원), 그린커리(1만2천5백원), 새우볶음밥(1만2천원)

ⓣ 11:30~15:00(마지막 주문 14:30)/17:30~ 21:00(마지막 주문 20:30) – 일요일 휴무

ⓠ 대구 중구 경상감영길 229 (동문동)

☎ 053-256-3723 ⓟ 불가

양포수산 ❌ 대게 | 새우

통통하게 오른 싱싱한 대게와 새우회를 맛볼 수 있는 곳이다. 독도새우는 머리만 따로 잘라서 굽고, 몸통은 생으로 먹으면 된다. 그 자리에서 바로 손질을 해주기 때문에 싱싱한 새우회를 즐길 수 있다. 식사로는 대게의 내장과 소스를 버무린 게장밥과 해물라면 등을 추천한다.

ⓦ 킹크랩(시가), 대게(시가), 독도새우(300g 10만원 500g 15만원), 참가자미(8만원), 해물모둠(6만5천원), 전복(4만5천원), 해물라면(5천원), 게장밥(2천원)

ⓣ 16:30~00:30(익일)(마지막 주문22:30) – 명절 당일 휴무

ⓠ 대구 수성구 들안로 143 (중동)

☎ 053-567-6602 ⓟ 가능

양포수산

에스파냐 ❌ Espana 스페인식

스페인 요리 전문점. 스페인식 해물볶음밥이라 할 수 있는 파에야가 우리 입맛에도 잘 맞는다. 냄비에 새우와 조개 종류를 넣고 만든 파에야의 누룽지까지 박박 긁어 먹는다. 상그리아 한 잔을 곁들이면 스페인의 정취를 즐기기에 좋다.

ⓦ 산초판사코스(2인 이상, 1인 3만4천원), 점심특선(1만7천원), 돈키호테코스(4만4천원), 파에야(2만2천원), 타파스(1만원)

ⓣ 11:30~14:30/17:00~21:30 – 일요일, 명절 휴무

ⓠ 대구 수성구 달구벌대로 2421 (범어동)

☎ 053-622-2295 ⓟ 가능

연경반점 ❌ 燕京飯店 일반중식

산동 출신 화교가 하는 곳으로, 대구에서 유명한 중식당이다. 고추짬뽕이 맛있으며 전가복도 유명하다. 신선한 재료와

풍성한 해물의 맛을 느낄 수 있으며 저녁때는 예약을 하고 찾는 것이 좋다.

ⓦ 짜장면(7천원, 대 8천원), 짬뽕(8천원, 대 9천원), 탕수육(2만 9천원, 대 4만5천원), 전가복(9만5천원, 특 13만원), 깐쇼새우(소 4만8천원, 대 7만2천원), 고추잡채(소 5만원, 대 7만5천원)

ⓣ 11:30~14:20/17:00~21:00(마지막 주문 20:20) – 명절 휴무

ⓠ 대구 수성구 수성로 222 (중동) 연경빌딩

☎ 053-763-5988 ⓟ 가능

영생덕 ✖ 永生德 중국만두 | 일반중식

산동식 중국만두가 유명한 곳으로, 50년 넘는 역사를 자랑한다. 손으로 직접 빚어내는 물만두 하나만으로도 찾아가기에 아깝지 않다. 만두소에서 특유의 중식 향신료 향이 풍긴다. 만두 외에도 깐풍기, 전가복, 라조기 등의 요리도 많이 찾는다. 실내는 소박하지만 한결같은 맛을 지키고 있다.

ⓦ 고기만두, 찐만두, 군만두(각 8천원), 물만두(8천5백원), 고기만두(8천원), 만둣국(9천원), 돼지고기탕수육(소 2만2천원, 중 3만원, 대 4만원), 소고기탕수육(중 3만5천원, 대 4만5천원)

ⓣ 11:40~21:00 – 첫 번째, 세 번째 수요일 휴무

ⓠ 대구 중구 종로 39 (종로2가)

☎ 053-255-5777 ⓟ 불가

옛집식당 육개장

대구의 대표 음식인 육개장(대구탕)을 내는 곳이다. 대구탕은 흔히 말하는 육개장과 같은 것이지만 고기를 결대로 찢어 넣는 것이 아니라 큼직하게 잘라 넣는 데에 차이가 있다. 70년 넘는 역사를 자랑하는 곳.

ⓦ 육개장(1만원)

ⓣ 11:00~15:00(마지막 주문 14:30) – 일요일, 명절 휴무

ⓠ 대구 중구 달성공원로6길 48-5 (시장북로)

☎ 053-554-4498 ⓟ 불가

오공공구일일 ✖✖✖ 가이세키

대구 아소다이닝 이수길 셰프가 운영하는 가이세키 업장. 제철 식재료를 활용해 달마다 다르게 준비되는 코스요리를 맛볼 수 있다. 가이세키를 베이스로 국내산 식재료를 활용한 요리를 선보인다.

ⓦ 코스요리(22만원)

ⓣ 18:00~22:00 – 일요일 휴무

ⓠ 대구 수성구 동원로1길 34 (범어동)

☎ 053-755-0911 ⓟ 가능(건물 주차장)

오월의아침1호점 베이커리

대구의 3대 빵집으로 꼽히고 있는 곳. 천연 효모로 만든 건강한 빵을 맛볼 수 있으며 선보이는 빵이 하나같이 개성 있고 독특해 인기가 높은 곳이다. 카페 같은 실내 분위기로 꾸

몄으며 빵 외에도 케이크 종류도 다양하다.

ⓦ 명품단팥빵(2천원), 생크림단팥빵(3천원), 황금은행빵(3천원), 소금빵(2천5백원), 생크림소보루빵(3천원), 마늘페이스트리(5천5백원)

ⓣ 08:00~21:00 – 연중무휴

ⓠ 대구 달서구 상인서로 8-5 (상인동)

☎ 053-639-5578 ⓟ 불가

오호리준 OHORI 埈 이자카야 | 야키니쿠 | 모츠나베

한우 전문 이자카야로 , 후쿠오카 요리를 전문으로 한다. 후쿠오카의 명물인 모츠나베는 여러 가지 채소나 곱창. 대창 등을 추가해서 끓여 먹다가 마지막에 국수를 넣어 마무리하면 좋다. 미니화로에 살짝 구워 먹는 우설 맛도 일품이다. 에비수 생맥주나 하이볼과 함께 즐기기 좋다.

ⓦ 선동명란모츠나베(5만3천원), 한우차돌박이모츠나베(5만4천원), 한우채끝다타키(5만1천원), 난코츠가라아게(1만8천원), 메로구이(1만5천원)

ⓣ 17:00~02:00(익일) – 연중무휴

ⓠ 대구 중구 중앙대로81길 7 (동일동)

☎ 053-421-8965 ⓟ 불가

올가닉신라 ✖ organicshilla 이딜리아식 | 파스타

유기농 재료만을 사용해 건강하면서도 정갈한 이탈리아 요리를 선보이는 곳. 여러 요리가 조화롭게 나오는 코스메뉴를 추천할 만하다. 유기농 레스토랑답게 실내를 깔끔하고 편안하게 꾸며놓은 것이 특징이다.

ⓦ 런치파스타코스(4만3천원), 런치스테이크소스(6만1천원), 디너파스타코스(5만9천원), 스테이크코스(등심 120g 9만3천원, 안심 120g 10만3천원)

ⓣ 11:30~16:00/17:00~22:30(마지막 주문 20:00) – 월요일, 마지막 주 일요일 휴무

ⓠ 대구 중구 대봉로 200-25 (대봉동)

☎ 053-421-1628 ⓟ 가능

왕거미식당 ✖✖ 뭉티기

신선한 생고기가 푸짐하게 나오는 생고기 전문점. 쫀득한 생고기를 참기름에 다진 양념을 넣은 양념장에 찍어 먹는다. 미리 구워서 나오는 양지머리와 오드레기 등도 술안주로 인기. 한정된 양만 판매하므로 일찍 찾아가는 편을 추천한다.

ⓦ 생고기, 오드레기, 양지머리(각 5만원), 대창, 혓바닥(각 4만원), 육회(3만5천원), 등골(3만원)

ⓣ 16:00~21:00 | 금요일 15:00~21:00 – 일요일, 명절 휴무

ⓠ 대구 중구 국채보상로 696-8 (동인동4가)

☎ 053-427-6380 ⓟ 불가

왕근이칼국수 칼국수

멸치 육수에 고기, 호박, 양념장 등을 얹어 내오는 칼국수가 대표 메뉴다. 면을 삶아 물에 한 번 씻은 후 계절에 따라 여름에는 시원하게, 겨울에는 따뜻하게 육수가 나오는 왕근이칼국수도 별미로 인기가 좋다. 단호박을 넣은 노란 빛깔의 손만두도 많이 찾는다. 서문시장 안에서 60년 가까이 칼국수를 해온 집이다.

- Ⓦ 왕근이칼국수, 옛날칼국수(각 7천원, 곱빼기 8천원), 손만두 (5천원)
- 🕐 11:00~15:00 – 일요일 휴무
- 🔍 대구 북구 동암로38길 19-43 (구암동)
- ☎ 053-326-2154 Ⓟ 가능

용지봉 🍴 龍池峯 한정식 | 소고기구이

경북의 향토음식을 즐길 수 있는 한정식 전문점. 전체적으로 상차림이 정갈하고 깔끔하다. 특히 시원한 열무김치가 별미며 열무김치는 따로 판매도 한다. 단체모임으로 좋은 곳.

- Ⓦ 한정식코스(2인 이상, 1인 4만원, 5만원), 한정식구이코스(2인 이상, 1인 7만원, 10만원), 한식대첩코스(2인 이상, 1인 7만원, 10만원, 12만원), 한우안창살, 한우명품꽃등심(각 100g 4만원), 한우명품갈살(100g 3만8천원)
- 🕐 11:30~15:00/17:00~21:30(마지막 주문 20:30) – 명절 전날, 당일 휴무
- 🔍 대구 수성구 들안로 9 (상동)
- ☎ 053-783-8558 Ⓟ 가능

우가생고기대구본점 뭉티기

대구 매호 시장에서 2대째 운영을 이어오고 있는 뭉티기 전문점. 당일 도축한 한우 우둔살을 사용한다. 치킨집을 운영했던 튀김 기술로 사이드 메뉴인 튀김도 생고기만큼이나 인기가 좋다.

- Ⓦ 뭉티기(230g 5만5천원, 330g 7만원, 450g 9만원), 숙성육회 (250g 5만2천원, 350g 6만7천원, 450g 8만5천원), 옛날프라이드치킨(2만1천원), 연근&닭모래집튀김(소 2만원, 대 2만8천원)
- 🕐 16:00~23:30 – 일요일, 공휴일 휴무
- 🔍 대구 수성구 달구벌대로641길 17-4 (매호동) 우가생고기
- ☎ 053-795-9995 Ⓟ 가능(매장 앞 1대)

우각정 소고기구이

한우 갈비를 전문으로 하는 곳. 숯불에 구워 먹는 갈빗살이 가격대비 만족도 높다. 대구답게 육사시미(생고기) 맛도 좋으며 쫀득한 맛이 일품이다. 식사 마무리로 된장찌개에 말아 내오는 국수를 추천한다.

- Ⓦ 갈빗살(110g 1만9천원), 특갈비(110g 2만3천원), 양념갈비 (130g 2만원), 육회(200g 2만9천원), 된장국수(7천원), 한우불고기(중 300g 2만6천원, 대 450g 3만9천원), 한우떡갈비(점심 1만

4천원), 한우국밥, 한우육국수(각 1만원), 한우곰탕, 한우육회비빔밥(각 1만4천원), 한우뚝배기된장찌개(9천원)
- 🕐 11:30~15:00/17:00~22:00 – 명절 휴무
- 🔍 대구 수성구 신천동로 450 (수성동4가)
- ☎ 053-752-2257 Ⓟ 불가

원조돼지갈비찜 돼지갈비찜

양푼에 담긴 매운 양념돼지갈비찜이 인기인 곳이다. 메뉴는 돼지갈비찜 한 가지뿐이며 주문하면 바로 조리하기 때문에 음식이 나오는 데 20분 정도 걸린다. 갈비찜의 매운맛은 5단계 중 선택할 수 있으며 돼지갈비를 다 먹고 나면 볶음밥도 빠뜨리지 말아야 한다. 요리는 3인분 이상부터 주문 가능하니 방문 시 참고할 것.

- Ⓦ 돼지갈비찜(3인 이상, 1인 200g 1만2천원), 볶음밥(2천원)
- 🕐 11:30~22:00(마지막 주문 21:00) – 월요일 휴무
- 🔍 대구 동구 해동로 186 (검사동)
- ☎ 053-985-3314 Ⓟ 불가

원조신암태양칼국수 칼국수

칼국수를 먹기 위해 줄을 설 정도로 인기가 많은 곳. 참치와 돼지고기 고명을 올리는 것이 맛의 비결이며 밑반찬으로 나오는 콩나물을 넣어서 먹으면 좋다. 쫄깃하게 삶은 수육도 인기. 40년 넘게 2대에 걸쳐 영업하고 있다.

- Ⓦ 태양칼국수(8천5백원), 만두칼국수, 얼큰이칼국수, 콩국수(각 9천5백원), 얼큰이만두칼국수(1만5백원), 돼지수육(소 2만2천원, 중 3만2천원, 대 5만2천원), 암뽕(2만2천원), 해물파전(1만6천원), 감자만두(10개 6천원)
- 🕐 10:30~21:30(마지막 주문 20:50) – 명절 휴무
- 🔍 대구 동구 신성로 63 (신암동)
- ☎ 053-951-0321 Ⓟ 가능

원조제주도백록담통도야지 🍴

돼지국밥 | 순대 | 수육

목련시장 내에서 돼지국밥으로 유명한 집. 제주도산 돼지를 사용하며 진한 국물 맛이 좋다. 쫀득한 족발과 갈비수육도 별미로 통한다. 갈비수육은 적어도 방문 한 시간 전에 예약해야 한다.

- Ⓦ 국밥, 살코기국밥, 순대국밥(각 9천원), 수육정식, 순대정식, 암뽕정식, 족발정식, 살코기정식(각 1만1천원), 왕족발(3만7천원), 갈비수육(2만9천원)
- 🕐 07:00~23:00(마지막 주문 22:30) – 첫째, 셋째 주 일요일, 명절 휴무
- 🔍 대구 수성구 용학로42길 9 (지산동)
- ☎ 053-782-1743 Ⓟ 가능

원조할매곰탕집 곰탕

대구 스타일 곰탕을 내는 곳. 곰탕에 도가니와 스지가 푸짐하게 들어 있다. 곰탕 외에 도가니탕, 우족탕, 꼬리곰탕 등 다양한 부위의 국물을 맛볼 수 있다. 부드럽게 삶은 한우수육을 곁들이는 것도 좋다.

- ⓦ 곰탕(1만6천원), 설렁탕(1만2천원), 도가니탕, 양곰탕, 살코기특곰탕, 특곰탕(각 1만9천원), 우족탕, 꼬리곰탕(각 2만5천원), 수육(소 3만5천원, 대 4만원), 양수육(5만원), 꼬리수육, 족수육(각 6만원), 모둠수육(7만원)
- 🕐 09:00~21:00 – 연중무휴
- 🔍 대구 중구 종로 103 (태평로3가)
- ☎ 053-255-1122 ⓟ 가능

원조현풍박소선할매집곰탕 ✕✕✕ 곰탕 | 수육

80년 가까이 대를 이어가며 국물 맛을 지켜온 곳. 곰탕의 진한 국물 맛이 좋으며 곰탕에 들어간 고기의 쫄깃쫄깃한 육질이 일품이다. 대구의 도축장을 비롯하여 경북 지역 곳곳에서 엄선된 고기를 사온다. 가죽나물무침, 무장아찌, 씀바귀, 깻잎 등의 밑반찬도 맛깔스럽다.

- ⓦ 곰탕(1만4천원), 양곰탕(1만7천원), 특곰탕(1만7천원), 수육(4만원), 실코기곰딩(1민7친원), 폭탕(2민1친원)
- 🕐 09:00~20:30(마지막 주문 20:00) – 명절 휴무
- 🔍 대구 달성군 현풍읍 현풍중앙로 56-1
- ☎ 053-614-2143 ⓟ 가능

유창반점 일반중식

매운 짬뽕으로 유명한 곳으로, 작고 허름한 실내는 정겨운 느낌이 든다. 돼지고기, 양배추, 부추 등 각종 재료들이 한가득 들어간 짬뽕은 진하고 칼칼하여 해장용으로도 좋다. 불 맛을 살려 볶은 고기, 채소 등에 밥과 달걀프라이를 넣고 비벼 먹는 중화비빔밥도 별미. 오후 3시 이후에는 탕수육도 판매한다.

- ⓦ 짬뽕(8천5백원), 중화비빔밥, 중화비빔면(각 9천원), 군만두(10개 6천원), 탕수육(미니 1만2천원, 소 2만원, 대 2만8천원), 짜장면, 짜장밥(각 6천원)
- 🕐 11:00~19:30(마지막 주문 19:00) – 명절 당일 휴무
- 🔍 대구 중구 명륜로 20 (남산동)
- ☎ 053-254-7297 ⓟ 불가

은예문왕소금구이 삼겹살 | 돼지고기구이

질 좋은 국내산 삼겹살을 비교적 저렴한 가격에 구워 먹을 수 있는 곳. 숯에 굽기 때문에 기름기가 쫙 빠져서 고소한 맛을 느낄 수 있다. 목살도 수준급. 대구의 명물 생고기는 월요일과 목요일에만 선보인다.

- ⓦ 생삼겹살, 생목살(각 120g 1만원), 생고기, 육회(각 200g 3만5천원), 왕갈비(200g 1만원), 생오리(1마리 3만7천원), 생오리주

물럭(1마리 4만1천원)
- 🕐 16:00~01:00(익일) – 명절 휴무
- 🔍 대구 동구 화랑로25길 25 (효목동)
- ☎ 053-741-2624 ⓟ 불가

은예문왕소금구이

이모식당 순대 | 순댓국

60여 년 동안 지켜 온 순대국밥집이다. 막창에 순대 속을 넣어 만드는 막창순대를 사용하는 것이 특징. 깔끔한 국물 맛이 좋으며 순대국밥과 함께 순대, 수육이 조금씩 나오는 백반 메뉴를 추천할 만하다.

- ⓦ 순대구밥, 돼지국밥, 섞어국밥(각 9천원), 백반(1만3천원), 막창순대, 수육, 모둠(각 소 2만9천원, 중 3만9천원, 대 4만9천원), 암뽕(2만9천원), 뼈갈비(소 2만9천원, 대 4만9천원)
- 🕐 10:00~22:00 – 연중무휴
- 🔍 대구 중구 서성로13길 9 (서성로1가)
- ☎ 053-255-6971 ⓟ 불가

이태리앤이태리 ITALY & ITALY 파스타 | 피자

합리적인 가격에 피자, 파스타를 맛볼 수 있는 곳. 원하는 면의 종류와 소스, 토핑, 맵기 정도 등을 선택할 수 있는 것이 특징이다. 정통 이탈리아식이라기보다는 우리나라 입맛에 맞춘 스타일이다.

- ⓦ 고르곤졸라(1만4천원), 토마토피자(1만5천원), 바질페스토피자(1만6천원), 파스타(보통 1만1천원, 많이 1만2천5백원, 아주많이 1만4천원), 그라탱(1만4천원), 라자냐(1만4천원, 1만6천원), 리조토(1만1천원)
- 🕐 10:30~21:30 – 명절 휴무
- 🔍 대구 남구 삼정길 87 (봉덕동)
- ☎ 053-423-5122 ⓟ 불가

인비노 INVINO 다이닝바 | 와인바

대구를 대표하는 다이닝 & 와인 바 중 한 곳. 5백여 종의 와인을 보유하고 있으며, 오너 셰프와 소믈리에가 직접 와인과 잘 어울리는 메뉴를 추천해 준다. 코스는 하루 전에 예약

해야 한다.

- Ⓦ 스페셜코스(6만8천원), 등심스테이크, 양갈비스테이크, 이베리코하몽(각 3만8천원), 피자(2만2천원), 파스타(2만원~2만8천원), 광어 스테이크(3만2천원), 감바스알아히요(2만3천원)
- ⏰ 17:00~24:00(마지막 주문 23:00) – 일요일 휴무
- 📍 대구 수성구 국채보상로186길 81 (범어동)
- ☎ 053-767-5650 ℗ 가능

인투 🎀 into 지중해식

30년 역사의 지중해 음식 전문점. 파스타를 비롯해 그라탱, 파에야, 리조토 등 유럽 지중해식에 기반을 둔 다양한 요리를 선보인다. 젊은이들에게 인기 있는 곳으로 통한다.

- Ⓦ 감바스카수엘라(1만원), 그랑키오크레마, 마르게리타, 파에야무르시아, 감베리리조토(각 1만6천원), 필레미뇽(4만2천원), 세트A(3만7천원), 세트B(5만1천원), 세트C(6만1천원)
- ⏰ 12:00~15:00/17:00~21:00(마지막 주문 20:00) – 연중무휴
- 📍 대구 중구 동성로4길 95 (공평동)
- ☎ 053-421-3965 ℗ 불가

인화반점 仁和飯店 일반중식

수타면을 사용하는 중국집. 감자와 돼지고기가 들어간 짜장 소스는 1970년대 중국집의 전통을 그대로 간직하고 있다. 1955년 대구 최초의 화상 중국집이었다는 역사를 가지고 있으며, 2003년 이후 한동안 문을 닫았다가 아들이 2005년부터 다시 이어오고 있다.

- Ⓦ 짜장면(7천원), 짬뽕, 간짜장(각 8천원), 삼선볶음밥(9천원), 탕수육(소 2만2천원, 중 2만8천원, 대 4만원), 깐풍기(소 3만5천원, 중 4만5천원, 대 6만원), 코스(1인 3만5천원, 4만원, 5만원, 7만원)
- ⏰ 11:00~21:30 – 연중무휴
- 📍 대구 수성구 국채보상로 914 (범어동) 호산빌딩
- ☎ 053-751-4191 ℗ 가능

자갈마당복어 복

얼큰한 복어탕이 유명하다. 복어탕을 끓이다가 미나리와 콩나물이 익으면 건져내 양념에 볶아 밥과 함께 먹는다. 메뉴는 복껍데기와 복어탕 두 가지 뿐이다.

- Ⓦ 복어탕, 복껍데기(각 1만원)
- ⏰ 10:00~15:00 – 일요일 휴무
- 📍 대구 북구 오봉로1길 30 (노원동2가)
- ☎ 053-358-7112 ℗ 불가

장원식당 🎀🎀 뭉티기

대구에서 뭉티기라 부르는 신선한 생고기를 먹을 수 있는 곳으로, 테이블 네 개의 아담한 규모다. 쫀득한 맛이 일품인 질 좋은 생고기를 맛볼 수 있으며 고소한 기름장에 찍어 먹으면 일품이다. 기본으로 천엽과 간, 등골 등이 나온다.

- Ⓦ 한우생고기(4만5천원)
- ⏰ 17:00~21:00(재료 소진 시 마감) – 토, 일요일, 공휴일 휴무
- 📍 대구 중구 태평로 256-4 (동인동1가)
- ☎ 053-427-4363 ℗ 불가

잽엔헨리 🎀 ZAPP & HENRY 커피전문점

젊은 층이 좋아하는 분위기로 인테리어한 스페셜티커피 전문점. 에스프레소와 농후라테를 전문으로 한다. 농후라테는 우유의 수분을 30퍼센트 증발시켜 농축시킨 우유를 사용하는데, 고소함과 단맛을 극대화된다.

- Ⓦ 에스프레소, 아메리카노(각 4천원), 농후라테(4천5백원), 피스타치오크림라테(5천5백원), 흑마법커피(5천원)
- ⏰ 11:00~20:00(마지막 주문 19:30) – 연중무휴
- 📍 대구 중구 달구벌대로415길 39 (장관동) 1층
- ☎ 0507-1343-0548 ℗ 불가

적두병 赤豆餅 팥빵

대구 달성공원의 명물. 찰떡, 밤빵 등의 간식거리가 유명하다. 대표 메뉴인 적두병은 속에 팥이 듬뿍 들어 있는 만쥬 모양의 빵으로, 담백한 맛이 일품이다. 구운찰떡, 공갈빵, 밤빵 등도 인기다.

- Ⓦ 적두병(4개 3천원), 구운찰떡, 공갈빵, 밤과자, 밤빵(각 2천5백원)
- ⏰ 08:00~22:00 – 연중무휴
- 📍 대구 중구 달성공원로8길 10 (대신동) 달성빌딩 101호
- ☎ 010-2526-5374 ℗ 불가

정아칼치 갈치 | 생선찌개 | 게장

칼칼한 갈치찌개 전문점. 찌개 양념이 잘 배어 있는 감자와 무도 밥과 잘 어울린다는 평. 갈치구이도 맛볼 수 있으며, 양념게장과 세트 주문도 가능하다. 찌개와 구이 모두 2인 이상부터 주문 가능하다.

- Ⓦ 갈치찌개(2인 이상, 1인 1만2천원, 2만원), 갈치구이(2만3천원), 갈치찌개+양념게장, 갈치구이+양념게장(각 5만5천원)
- ⏰ 11:00~21:30 – 월요일 휴무

정아칼치

대구 수성구 들안로 102 (두산동)
☎ 053-768-9277 ⓟ 가능

정이품 생선회 | 물회 | 세꼬시

자연산 세꼬시와 활어회를 맛볼 수 있는 곳이다. 생굴, 도루묵구이, 재첩국, 과메기 등 평소에 접하기 어려운 요리가 곁들이 음식으로 나온다. 겨울철에는 이시가리도 맛볼 수 있다. 가격대비 푸짐하게 나와 만족도가 높다.

ⓦ 세꼬시, 광어, 도다리(각 5만원), 돔(6만원), 물회(2만원), 회덮밥(1만5천원), 돌돔, 이시가리(각 8만원)
ⓣ 16:00~22:30 – 일요일, 명절 휴무
대구 수성구 범어로19길 54-1 (범어동)
☎ 053-752-6228 ⓟ 가능

정화네하우스 돼지불고기

오래된 석쇠불고깃집. 양념한 돼지고기를 식당 앞에 있는 연탄불에 구워 내온다. 연탄불에 구워진 양념 맛이 그만이다. 가격 대비 만족도가 높다.

ⓦ 석쇠돼지불고기(200g 7천원), 고추장불고기(200g 8천원), 소불고기(200g 1만원), 족발(소 1만원, 중 2만원, 대 3만원), 껍데기(5천원)
ⓣ 10:00~21:00 – 일요일 휴무
대구 북구 칠성남로 216 (칠성동1가)
☎ 053-423-2503 ⓟ 불가

제일콩국 국수 | 분식

대구의 유명한 콩국집 중 하나로, 40여 년의 역사를 가지고 있다. 콩국에 도너츠를 곁들여 먹는데, 원형은 화교들에 의해 소개된 중국 음식인 또우장과 요우티아오다. 현지에서 맛보는 것보다는 조금 더 걸쭉하고 고소한 맛이 강조되어 있다. 일반적으로 먹는 콩국이나 콩물과는 결이 조금 다른 별미다.

ⓦ 제일콩국(6천원), 찹쌀콩국(6천5백원), 토스트(4천원), 비빔국수(7천원), 잔치국수(7천원), 콩국수(9천원), 돈가스(9천원)
ⓣ 09:30~15:00/16:00~01:30(익일)(마지막 주문 00:30) – 목요일 휴무
대구 중구 남산로6안길 47 (남산동) 로하스남산
☎ 053-253-4863 ⓟ 가능(가게 옆 무인주차장 이용, 1시간 무료)

종로숯불갈비 돼지갈비

진골목에서 오래되고 유명한 돼지갈빗집으로, 본래는 당대 부호의 저택이었다고 한다. 숯불에 구워 먹는 양념돼지갈비의 맛이 일품이며 한우갈빗살도 추천할 만하다.

ⓦ 한우갈빗살(100g 2만8천원), 한우버섯불고기(130g 1만7천원), 돼지갈비(200g 1만2천원), 한우육회(200g 3만원), 한우안창살(100g 3만5천원), 육회비빔밥(1만5천원), 된장전골(8천원)

ⓣ 11:50~15:00/17:00~22:00(브레이크타임 상황에 따라 변동 가능) – 월요일, 명절 휴무
대구 중구 종로 26 (종로2가)
☎ 053-252-7197 ⓟ 가능

주토피아 Jootopia 파스타 | 피자

나폴리 피자 협회에서 인증된 화덕피자를 하는 곳. 400도 이상의 고온에서 단시간에 구워낸 쫄깃하면서도 부드러운 도우 맛이 좋다.

ⓦ 기본샐러드, 주토피아샌드위치(각 1만7천원), 다테리노마르게리타(2만2천원), 카프리, 미모사꽃, 활봉골레파스타(각 2만8천원)
ⓣ 17:00~22:00(마지막 주문 21:30) – 월, 화요일 휴무
대구 중구 동덕로30길 141 (동인동4가)
☎ 010-9321-6549 ⓟ 불가

중화반점 일반중식

야키우동이 유명한 집. 납작만두와 함께 대구10미 중 하나인 야키우동은 채소와 새우, 오징어, 돼지고기를 넣어 센 불에 매콤하게 볶아낸다. 육즙이 물씬 느껴지는 샤오룽바오도 인기 메뉴.

ⓦ 야키우동(1만1천원), 야키밥(1만1천5백원), 심신우동(1만1천원), 샤오마이(9천원), 새우수정딤섬(9천원), 새우볶음밥(9천5백원), 탕수육(소 2만원, 대 3만6천원), 유산슬(4만5천원)
ⓣ 11:30~15:30/17:30~21:00(마지막 주문 19:50) | 토, 일요일 11:30~15:30/16:30~21:00(마지막 주문 19:50) – 월요일 휴무
대구 중구 중앙대로 406-12 (남일동)
☎ 053-425-6839 ⓟ 불가

진미생고기 뭉티기 | 육회

대구 명물인 뭉티기라고 하는 생고기를 맛볼 수 있는 곳. 윤기가 흐르는 뭉티기를 무순과 고소한 막장에 찍어 먹으면 더욱 좋다. 육사시미는 얇게 썬 생고기, 뭉티기는 두껍게 썬 생고기를 말한다. 뭉티기 외에도 푸짐한 양의 육회도 추천할 만하다. 생고기는 평일에만 맛볼 수 있으니 참고할 것.

ⓦ 생고기(중 5만원, 대 6만원, 특 8만원), 육회(중 5만원, 대 6만원), 대창전골, 곱창전골(5만원), 일반식전골불고기(350g 5만원), 양지머리(280g 5만5천원), 철판불고기(350g 5만5천원)
ⓣ 17:00~23:00 – 토, 일요일 휴무
대구 북구 고성로 194 (고성동2가)
☎ 053-357-6438 ⓟ 불가

진양식당 돼지국밥

신내당시장 안에 있는 돼지국밥집. 맑은 국물에 다진 양념과 쌈장이 함께 들어가는 것이 특징이다. 부담 없는 가격에 푸짐한 한 끼를 즐길 수 있어 오랫동안 사랑받고 있다.

ⓦ 진양국밥, 돼지국밥, 내장국밥(각 8천원), 섞어국밥(8천5백

원), 수육백반(1만원)

- ⏰ 10:00~21:00 – 일요일 휴무
- 🔍 대구 달서구 야외음악당로39동길 9 (두류동)
- ☎ 053-656-1108 Ⓟ 불가

짚탄 ✄ 삼겹살 | 돼지고기구이

볏짚에 구운 삼겹살을 맛볼 수 있는 곳. 바지락 탕과 겉절이를 기본으로 내어준다. 모둠구이를 주문하면 이미 익혀진 상태로 나오기 때문에 바로 먹을 수 있다. 양념이 잘 밴 돼지껍데기구이도 추천할 만하다.

- Ⓦ 모둠한판(720g 5만5천원, 1kg 7만9천원), 오겹+목살한판(500g 3만9천원 1kg, 7만8천원), 숯불돼지갈비한판(600g 3만9천원), 뭉티기(소 3만원, 대 5만원), 육회(한접시 3만원), 된장찌개(5천원), 항아리비빔국수(1만원)
- ⏰ 17:00~23:00(마지막 주문 22:00) – 연중무휴
- 🔍 대구 북구 학정로 115-1 (태전동)
- ☎ 010-2544-1644 Ⓟ 가능

차시호차 chasihocha 티카페

여유롭게 차를 즐길 수 있는 차 전문점. 말차, 쑥차 같은 전통차부터 밀크티 같은 서양차까지 다양한 종류의 차를 선보인다. 차에 곁들이기 좋은 디저트 메뉴도 준비되어 있다.

- Ⓦ 차시호차정기다회(변동), 차시호차번개다회(변동), 성장, 시작(각 1만1천원), 차시호차다점한상(8천원), 싱글오리진티(변동), 차시호차블랜딩티(8천원), 대용차(7천원), 티젤라토(4천원), 오리지널말차라테(7천원)
- ⏰ 08:30~20:00 | 금, 토요일 11:00~21:00 – 일요일 휴무
- 🔍 대구 중구 국채보상로 727 (동인동4가) 1층
- ☎ 0507-1486-1197 Ⓟ 불가

차시호차

청학식당 ✄ 대구탕

40년 가까운 역사의 대구탕집. 대구머리국밥, 뽈탕, 곤이와 알을 듬뿍 넣어 주는 순알곤탕, 몸통과 곤이를 알맞게 섞어 넣은 대구탕 등이 주메뉴다. 멸치와 다시마, 무를 삶아 우려

낸 담백한 육수로 만든 국물이 고깃국물로 맛을 낸 국밥과는 다른 맛을 낸다. 7, 8월에는 휴업을 하니 방문 시 참고하는 것이 좋다.

- Ⓦ 섞어탕, 대구탕(각 1만2천원), 알곤탕, 알탕(각 1만1천원), 대구찜(3만5천원)
- ⏰ 09:00~15:00 – 일요일, 공휴일 휴무
- 🔍 대구 남구 봉덕로1길 52-1 (봉덕동)
- ☎ 053-474-2807 Ⓟ 가능

칠성동할매콩국수 콩국수

대구에서 전통 있는 국숫집으로 꼽히는 곳으로, 일 년 내내 콩국수만을 전문으로 팔고 있다. 고소하고 걸쭉한 콩국수 국물이 일품이다.

- Ⓦ 콩국수(1만2천원), 볶음콩국수(1만3천원), 육전(2만원), 육전칼국수(1만원), 콩물(470cc, 8천원)
- ⏰ 하절기(4월~9월) 11:10~20:00 | 하절기 일요일 11:10~16:00 | 동절기(10월~3월) 11:10~17:00 – 10월~3월 일요일 휴무
- 🔍 대구 북구 침산남로 40 (노원동1가)
- ☎ 053-422-8101 Ⓟ 가능

커피맛을조금아는남자 ✄ 커피전문점

스페셜티커피 전문점으로, 로스팅도 직접 하고 있다. 여덟 종류의 산지별 원두를 핸드드립 커피로 만날 수 있으며, 1인 1메뉴 주문 시 1회 커피 리필이 가능하다. 베이커리와 디저트도 함께 즐길 수 있으며 커피 아카데미도 운영 중이다.

- Ⓦ 핸드드립(6천8백원~7천3백원), 에스프레소, 허니콘판나(각 6천원), 로마노, 스페니시라테, 카페오(각 6천5백원)
- ⏰ 10:00~22:00(마지막 주문 21:30) – 연중무휴
- 🔍 대구 수성구 범어천로 153 (수성동4가)
- ☎ 0507-1320-4601 Ⓟ 가능

커피명가라핀카 ✄ La Finca 커피전문점

대구 커피의 원조급인 커피명가에서 운영하는 곳. 커피 박물관, 도심형 식물공장 설비로 연중 커피묘목 성장 과정을 체험할 수 있다. 커피 생두를 수입해서 직접 로스팅 한다. 비엔나커피에 휘핑크림을 올린 명가치노와 신선한 딸기케이크가 인기 메뉴다.

- Ⓦ 에스프레소, 아메리카노(각 5천5백원), 핸드드립(8천원~1만5천원), 명가치노(6천원), 카페라테(6), 딸기케이크(8천5백원), 단호박케이크(6천원), 밀크롤(6천원)
- ⏰ 09:00~21:00(마지막 주문 20:30) – 연중무휴
- 🔍 대구 수성구 국채보상로 953-1 (만촌동)
- ☎ 053-743-0892 Ⓟ 가능

큰나무집 ✄ 닭백숙

토종닭과 한약재를 사용한 궁중한방백숙을 선보이는 대형 식당. 압력밥솥에 삶은 백숙을 직접 들고 와서 서빙한다. 함

께 나오는 배추물김치 맛이 일품이다. 백숙은 삶는 데 시간이 오래 걸리므로 예약하는 것이 좋다.

Ⓦ 궁중닭백숙(소 4만8천원, 중 6만원, 대 7만6천원), 능이백숙(소 6만4천원, 중 7만6천원, 대 9만2천원), 전복백숙(소 6만8천원, 중 8만원, 대 9만6천원), 스페셜백숙(소 8만4천원, 중 9만6천원, 대 11만2천원)
Ⓒ 11:00~21:00(마지막 주문 20:00) – 명절 당일 휴무
Ⓠ 대구 달성군 가창면 우록길 24
☎ 053-793-2000 Ⓟ 가능

태산만두 중국만두

화상이 운영하는 오래된 중국만두 전문점. 만두피가 두꺼운 스타일의 고기왕만두와 군만두가 인기 메뉴. 군만두 위에 쫄면 양념을 올린 비빔만두와 탕수육 소스를 얹은 탕수만두도 별미로 즐기기에 제격이다.

Ⓦ 군만두, 고기왕만두, 찐만두, 물만두(각 8천원), 비빔군만두, 비빔찐만두, 탕수만두, 만둣국, 떡만둣국(각 9천원), 해물만둣국(1만원)
Ⓒ 11:00~21:00 – 월요일 휴무
Ⓠ 대구 중구 달구벌대로 2109-32 (덕산동)
☎ 053-424-0449 Ⓟ 불가

트리니떼 TRINITE 프랑스식

프랑스에서 요리 경험을 쌓은 3남매가 운영하는 프랑스식 레스토랑. 다양한 가격대의 프렌치 코스를 선보인다. 예약제로만 운영되며, 레스토랑 한편에는 셰프가 만든 빵을 판매하는 매대가 마련되어 있다.

Ⓦ 연어코스(8만5천원), 한우코스(10만원)
Ⓒ 12:00~22:00 – 일, 월, 화요일, 명절 휴무
Ⓠ 대구 수성구 고산로 121-13 (매호동) 지하 1층
☎ 053-795-7848 Ⓟ 가능

트웰브키친 ✖✖✖

12 Kitchen 이탈리아식 | 파스타 | 피자

유기농 식재료를 사용하는 이탈리안 레스토랑. 제철을 맞은 식재료를 사용한 코스 요리를 선보인다. 음식의 개성을 살린 플레이팅이 인상적이다.

Ⓦ 점심코스(5만원~6만2천원), 저녁코스(8만5천원~11만원)
Ⓒ 11:30~15:00/17:00~22:00(마지막 주문 21:00) – 명절 당일 휴무
Ⓠ 대구 수성구 무학로11길 10 (상동) 1층
☎ 053-652-8007 Ⓟ 가능

포레스트 PHOREST 베트남식

베트남 쌀국수 전문점. 베트남 하노이에서 조리법을 전수받아 14시간 이상 한우뼈와 양지를 정성으로 우려내어 육수가 진하다. 소고기를 직화구이하여 만든 풍미 가득한 포레스트 쌀국수가 시그니처 메뉴다.

Ⓦ 포레스트쌀국수(1만2천원), 소고기쌀국수(9천5백원), 소고기볶음밥, 새우볶음밥(1만원), 소고기볶음면, 매운새우볶음면(각 1만1천원), 분짜(1만3천원), 분보남보(1만4천원), 짜조(6천원)
Ⓒ 11:30~15:00/17:00~21:00(마지막 주문 20:30) | 토, 일요일 11:30~21:00(마지막 주문 20:30) – 명절 당일 휴무
Ⓠ 대구 중구 동덕로14길 39 (대봉동)
☎ 053-270-7773 Ⓟ 불가

플로떼 flotter 디저트전문점

프티갸토와 구움과자를 만드는 카페. 프렌치프레스를 사용한 브루잉커피와 글라스에 담긴 아이스크림을 즐길 수 있다. 글라스멜론과 글라스마이스는 매장에서만 맛볼 수 있으니 참고할 것.

Ⓦ 카페오레(4천5백원), 아인슈페너(5천8백원), 바토프레즈(1만8천원), 몽블랑, 가을배, 플레르(각 9천8백원), 밀푀유(1만원), 타르트티라미수(9천7백원), 솔레이, 바니유(각 9천5백원), 슈프로피테로(1만8백원)
Ⓒ 11:00~19:00 – 수요일, 격주 화요일 휴무
Ⓠ 대구 수성구 청솔로22길 11 (범어동) 1층
☎ 0507-1378-1850 Ⓟ 불가

플로떼

피델리티커피 fidelity coffee 커피전문점

하명현 바리스타가 새롭게 오픈한 스페셜티커피 전문점. 스마트 로스팅 머신을 사용한 커피의 클린컵이 좋다는 평이다. 밀크커피로도 유명하며, 오트밀크로 변경할 수도 있다.

Ⓦ 에스프레소, 블랙커피(각 4천원), 밀크커피(4천5백원), 필터브루(5천5백원)
Ⓒ 08:00~18:00 – 일요일 휴무
Ⓠ 대구 수성구 수성로38길 26 (중동)
☎ 0507-1379-3719 Ⓟ 가능(가게 앞 3대)

합천할매손칼국수 칼국수

서문시장에 있는 유명한 칼국숫집으로, 40여 년의 전통을 이어오고 있는 곳이다. 칼국수 면을 직접 만들어 사용하며 멸치로 깔끔하게 육수를 우려낸다. 고소한 깨와 호박고명이 올라가는 것이 특징. 시원한 냉콩국수도 별미로 통한다. 가격도 저렴하고 양도 푸짐해 오랜 시간 동안 사랑받고 있다.

ⓦ 손칼국수, 잔치국수(각 5천원), 칼제비, 수제비(각 6천원), 비빔국수(2인 이상, 1인 6천원), 콩국수(7천원)
🕐 09:00~19:00 – 첫째, 셋째 주 일요일 휴무
🔍 대구 중구 큰장로28길 23 (대신동)
☎ 053-252-2596 ⓟ 불가

해금강 복

오랫동안 복어요리를 전문으로 해온 곳이다. 갓 잡은 신선한 밀복을 사용하며 콩나물은 직접 재배하여 사용한다. 냄비에 채반을 얹고 복어와 버섯, 미나리, 부추 등을 올려 찐 복수육과 채소를 소스에 찍어먹는 복사부전골이 유명하다.

ⓦ 복해물찜(2인 4만원, 3인 5만원, 4인 6만원), 참복정식(2인 이상, 1인 2만7천원), 밀복정식(2인 이상, 1인 2만5천원), 밀복튀김정식(2인 이상, 1인 2만3천원), 복불고기(2인 이상, 1인 2만원), 생복(시가)
🕐 09:30~21:30(마지막 주문 21:00) – 첫째, 셋째 주 월요일 휴무, 명절 당일 휴무
🔍 대구 동구 신암남로 133 (신암동)
☎ 053-954-2323 ⓟ 가능

허대구대구통닭 프라이드치킨

유채씨로 만든 채종유로 튀긴 바삭한 통닭이 인기인 집이다. 대구통닭의 특별한 마늘간장소스가 맛의 비결이라고 한다. 2대째 대를 이어오고 있다.

ⓦ 프라이드치킨, 전통양념치킨, 빨간양념치킨(각 2만원), 전통양념닭근위, 빨간양념닭근위, 프라이드닭근위(각 1만6천원)
🕐 17:00~02:00(익일)(마지막 주문 01:00) | 토, 일요일 16:00~02:00(익일)(마지막 주문 01:00) – 연중무휴
🔍 대구 수성구 들안로 380 (수성동4가)
☎ 053-755-9061 ⓟ 불가

형제수산 ✖ 생선회

자연산 회와 더불어 신선한 해물이 곁들이 음식으로 깔리는 횟집. 특히 신선한 참가자미와 줄가자미를 맛볼 수 있으며 가격도 합리적인 편이다. 해물을 비롯해 다양한 반찬이 나오는 것이 특징. 겨울철에는 대방어회도 맛볼 수 있다.

ⓦ 자연산참가자미모둠(3만1천원), 도다리(4만원), 줄가자미(시가)
🕐 12:00~24:00 – 연중무휴
🔍 대구 수성구 수성로 314 (수성동2가)
☎ 053-766-1313 ⓟ 불가

효령매운탕 민물매운탕

자연산 민물고기를 사용하는 민물매운탕 전문점. 직접 재배한 토란과 고추장이 들어가 잡내 없이 얼큰한 맛을 낸다. 추가 메뉴인 황게장, 새우장, 빙어조림 등을 추가해도 좋다. 테이블에는 하이라이트를 사용하는 등 실내 분위기도 깔끔한 편이다.

ⓦ 잡어매운탕(소 3만5천원, 중 4만5천원, 대 5만5천원), 메기매운탕(소 2만5천원, 중 3만5천원, 대 4만5천원), 빠가사리, 산천어(각 소 3만5천원, 중 5만원, 대 7만원), 황게장, 새우장(각 1만5천원)
🕐 11:00~20:00 – 월요일 휴무
🔍 대구 군위군 효령면 치산효령로 2267-8
☎ 054-383-9088 ⓟ 가능

후포회수산 ✖ 생선회 | 세꼬시

자연산 활어만을 취급하는 곳. 모둠생선회를 추천할 만하며 생선 사진을 보여주기 때문에 어떤 생선회인지 알고 맛볼 수 있다. 기본 곁들이음식으로 나오는 해산물도 신선하다. 겨울에는 제철을 맞은 대방어를 선보이며, 자연산 활어가 없는 날은 문을 열지 않는다.

ⓦ 대방어(5만원), 모둠(4만3천원), 특모둠(3인 이상, 1인 6만8천원), 생과일육수물회, 매실고추장물회(각 1만8천원), 참가자미(2인 이상, 1인 3만5천원), 참가자미(4만원), 해물(5만5천원)
🕐 11:30~15:00/16:30~22:30(마지막 주문 21:30) – 비정기적 휴무
🔍 대구 수성구 들안로 172 (황금동)
☎ 053-474-9494 ⓟ 가능

흐름디저트바 ✖ 라이브디저트

우리나라 전통 식재료와 세계 각국의 디저트를 접목시킨 색다른 디저트를 맛볼 수 있다. 한국적인 요소와 기발한 창의성이 더해진 디저트를 하나의 코스로 선보이며, 예술적인 비주얼과 조화로운 맛을 느낄 수 있는 곳. 귀여운 케이크가 조각조각 담긴 선물상자도 구매할 수 있다.

ⓦ 마지막계절(3만1천원), 간단한흐름(1만3천원), 포장케이크(8천5백원), 선물상자(1만9천원)
🕐 12:00~20:00(마지막 주문 19:00) – 마지막 주 일요일 휴무
🔍 대구 수성구 들안로16길 81 (두산동)
☎ 없음 ⓟ 가능

광주광역시

Gwangju Metropolitan City

1960청원모밀 메밀국수

가쓰오부시 국물이 아닌 멸칫국물로 쓰유를 만드는 한국식 메밀국수를 먹을 수 있는 곳. 60여 년의 내력을 자랑하는 집으로, 옛날식 유부초밥을 곁들이는 것도 좋다.

- Ⓦ 메밀국수, 짜장메밀, 마른메밀, 유부우동(각 8천원), 비빔메밀, 냉메밀, 유부메밀(각 9천원), 김치메밀(9천5백원), 유부초밥(6천원)
- 🕐 11:00~15:00/16:00~20:00 – 연중무휴
- 🔍 광주 동구 중앙로 174-1 (충장로3가)
- ☎ 062-222-2210 Ⓟ 불가

가매일식 佳梅 일식

모던하고 깨끗한 인테리어의 대형 일식집. 고급스럽고 수준 높은 일식을 맛볼 수 있다. 일본 사케도 여러 가지가 준비되어 있다. 김대중 전대통령이 방문하여 유명해진 집으로, 연예인의 사인도 한쪽 벽면에 가득 붙어 있다.

- Ⓦ 오마카세(A코스 12만원, B코스 8만원), 남도초밥정식(8만원), 남도초밥&상추튀김텐동(6만원), 가매런치정식(4만8천원), 생대구탕정식, 생대구지리정식, 마른부세굴비정식(각 3만원)
- 🕐 11:30~14:00/17:30~21:30 – 일요일, 명절 휴무
- 🔍 광주 서구 상무대로 1104-26 (농성동)
- ☎ 062-352-7711 Ⓟ 가능

가족회관 한정식

오랜 전통을 자랑하는 한정식 식당이다. 소고기, 생선회, 어패류, 나물 등 깔끔하고 맛있는 전라도 음식을 맛볼 수 있다. 자신의 입맛에 맞지 않는 음식은 손님에게도 내지 않는다는 주방장의 신념이 그대로 느껴지는 곳이다. 상견례나 잔치 등 각종 모임을 하기에 좋다.

- Ⓦ 점심특선(2만5천원), 저녁특선(3만원), 오찬정식(4만원), 정식(4만원), 가족정식(6만원), 황제정식(8만원), 신선정식(10만원)
- 🕐 12:00~15:00/18:00~21:00 – 연중무휴
- 🔍 광주 동구 동명로 50 (동명동)
- ☎ 062-222-3845 Ⓟ 가능

광명식당 생고기

생고기가 유명한 집이다. 앞다리살을 주로 사용하여 생고기를 가늘게 채 썬 후, 양념장이나 묵은지와 함께 먹는다. 참기름과 고추장에 비빈 생고기 비빔밥도 식사메뉴로 인기가 많다.

- Ⓦ 생고기(360g 3만6천원), 한우구이(300g 4만4천원), 한우육회(300g 3만원) 특비빔밥(1만원), 후식비빔밥(7천원)
- 🕐 11:30~14:00/17:00~21:00 – 일요일, 공휴일 휴무
- 🔍 광주 서구 월드컵4강로28번길 50-17 (화정동)
- ☎ 062-367-2085 Ⓟ 불가

광양숯불구이 소불고기 | 소갈비

40여 년간 광양식으로 양념한 한우숯불구이를 팔고 있는 곳이다. 달짝지근한 양념 맛으로 인해 남녀노소 모두 즐길 수 있다. 양념을 강하게 하고 일정 시간 재운 듯 색이 변해 있다. 밑반찬이 깔끔하게 나오는 편이다.

- Ⓦ 한우숯불구이(180g 3만7천원), 한우양념갈비(240g 4만4천원), 한우생갈비(200g 6만5천원), 한우안창살(130g 6만원), 한우꽃등심(130g 5만5천원)
- 🕐 11:30~14:30/16:30~21:30 | 토, 일요일 11:30~21:30 – 연중무휴
- 🔍 광주 동구 필문대로 229 (지산동)
- ☎ 062-226-9090 Ⓟ 가능

광주옥1947 光州屋 소불고기 | 만두 | 평양냉면

100% 순메밀로 제면하여 만드는 냉면 전문점. 70년 전통이 있는 곳이다. 평양냉면을 맛볼 때는 육수를 먼저 맛본 후, 식초는 면에 뿌려 먹고, 메밀면은 자르지 않은 상태로 먹다가 편육으로 마무리하는 것이 맛있게 먹는 방법이다.

- Ⓦ 평양냉면, 비빔냉면(각 1만2천원), 바싹돼지불고기(1만3천원), 큰갈비탕(1만5천원), 한우불고기(1만5천원), 한우수육(250g 2만9천원), 녹두빈대떡(1만원), 평양만두(6천원)
- 🕐 11:00~15:00/17:00~21:00 – 연중무휴
- 🔍 광주 서구 상무대로 1104-20 (농성동)
- ☎ 062-362-1616 Ⓟ 가능

궁전제과 베이커리

광주에서 50여 년의 오래된 빵집으로, 광주 곳곳에 분점이 있을 정도로 유명한 곳이다. 오래된 빵집이지만 생크림케이크와 직접 만든 초콜릿 등 현대적인 트렌드의 제품들도 많이 발견할 수 있다. 페이스트리에 달콤한 시럽이 올라간 나비파이가 대표 메뉴다.

- Ⓦ 공룡알, 나비파이(각 3천5백원), 생크림버거(4천원), 생크림케이크(1호 2만7천원, 2호 3만2천원), 초코브라우니케이크(4천3백원)
- 🕐 10:00~21:30 – 명절 당일 휴무
- 🔍 광주 동구 충장로 93-6 (충장로1가)
- ☎ 062-222-3477 Ⓟ 불가

김가원 홍어

톡 쏘는 홍어 맛이 일품인 흑산 홍어요리 전문점. 홍어회와 돼지고기를 묵은 김치로 감아 먹는 홍어삼합에는 삭힌 홍어와 삭히지 않은 홍어회 두 가지가 올라온다. 홍어를 푹 우려낸 홍어탕 역시 별미로 즐기기 좋다.

- Ⓦ 홍어회(5kg 5만원), 홍어삼합(7~8kg 12만원), 김치찌개, 동태탕(각 9천원), 청국장, 애호박찌개, 홍어애국(각 1만원), 수육(1만2천원)
- 🕐 10:00~22:00 – 일요일 휴무

Q 광주 동구 백서로 145-1 (남동) 2층
☎ 062-382-8700 ⓟ 가능

김명화서리태콩국수 ✕ 콩국수 | 국수

담양에서 유명했던 콩국수 집으로, 광주로 이전한 뒤로도
여전한 인기를 끌고 있다. 국산 서리태로 꾸덕하게 만든 콩
물이 일품이며, 계절에 따라 냉, 온콩국수를 즐길 수 있다.

Ⓦ 서리태콩국수(1만1천원), 팥칼국수(1만원), 서리태콩물1리터(1
만3천원), 투명만두(6천원)
🕐 11:00~15:00/17:00~19:30 – 일요일 휴무
Q 광주 남구 천변좌로338번길 16 (구동)
☎ 062-651-3232 ⓟ 불가(광주공원 주차장 이용)

까사델스페인 CASA DEL SPAIN 스페인식 | 타파스바

스페인 전통음식을 맛볼 수 있는 레스토랑. 스페인 현지 분
위기를 풍기는 외관과 내부 인테리어가 인상적인 공간이다.
바칼라우크로켓, 파타타브라바, 꿀대구 등 다양한 타파스도
맛볼 수 있으며, 스페인 전통 파에야 마리네라도 함께 즐길
수 있다.

Ⓦ 코스(A 4만5천원, B 6만원), 타바스(변동), 파에야(3만5천원),
스페인쿠카피자(2만5천원), 갈바스알아히유(2만원), 하몽알리올
리오(2만원), 폴포(300g 4만5천원), 이베리코(200g 3만5천원),
스페인등심(200g 7만원)
🕐 11:00~14:30/16:30~23:00(마지막 주문 22:30) | 일유일
11:00~23:00(마지막 주문 22:30) – 월요일 휴무
Q 광주 남구 제중로 40-1 (양림동) 1층
☎ 062-451-5595 ⓟ 불가(양림공영 주차장 이용. 2시간 무료)

까사델커피 ✕ Casa Del Coffe 커피전문점

광주에서 커피가 맛있기로 손 꼽히는 커피 전문점이다. 진
한 커피향과 너트의 고소함이 잘 어울러진 넛9가 시그니처
메뉴로, 플랫화이트도 인기가 많다.

Ⓦ 아메리카노, 에스프레소, 플랫화이트(각 7천원), 라테(8천원),
넛9(5천원), 드립커피(변동)
🕐 12:00~22:00 – 비정기적 휴무

까사델커피

Q 광주 남구 중앙로110번길 31 (사동)
☎ 0507-1397-3114 ⓟ 가능(협소)

나정상회 ✕ 돼지갈비

1971년부터 2대째 내려오는, 50여 년의 역사를 자랑하는 돼
지갈비 전문점. 갈비를 소스에 조리듯이 연탄불에 오랫동안
익혀 내오기 때문에 시간이 걸린다. 갈비는 기름기가 빠져
담백한 맛을 자랑하며 동치미와 된장국을 곁들여도 깔끔하
고 좋다.

Ⓦ 돼지갈비(200g 1만7천원), 비빔밥(4천원)
🕐 11:00~22:00(마지막 주문 21:20) – 명절 휴무
Q 광주 서구 상무자유로 24 (치평동)
☎ 062-944-1489 ⓟ 가능

내고향찐빵손만두 만두

60여 년 전통의 찐빵, 만두 전문점. 속이 비칠 정도로 얇은
만두피를 사용하는 것이 특징이다. 달지 않은 팥이 들어간
찐빵 맛도 좋다. 빵이 일찍 소진될 수 있으니 예약하고 방문
하는 것이 좋다.

Ⓦ 팥찐빵(5개 6천원, 10개 1만원), 채소찐빵(10개 1만원), 만두
(16개 1만원, 추가시 8개 6천원)
🕐 09:00~19:30 | 일요일 09:00~18:00 – 연중무휴
Q 광주 광산구 목련로394번길 9-13 (신가동)
☎ 062-055-1000 ⓟ 불가

대광식당 ✕✕✕ 大光 육전

전에 관해서는 광주 최고라고 일컬어지는 육전이 간판 메뉴
다. 육전은 육질이 좋은 아롱사태를 얇게 저며서 찹쌀가루
를 살짝 묻힌 뒤 달걀 옷을 얇게 입혀 굽는다. 자리마다 놓
인 전기 팬에서 바로 구워 먹는 것이 특징이다.

Ⓦ 육전(3만원), 산낙지전, 키조개전(각 3만원), 대구전, 굴전, 키
조개전, 산낙지전(각 3원), 돌솥밥(5천원), 매생이떡국(6천원)
🕐 11:30~14:00/16:30~21:30 – 일요일, 명절 휴무
Q 광주 서구 상무대로695번길 15 (마륵동)
☎ 062-226-3939 ⓟ 가능

덴푸라코에루 ✕ こえる 덴푸라 | 일식덮밥

신라호텔 출신의 셰프가 운영하는 일식 전문점. 질 좋은 재
료를 사용한 일본 요리와 일본식 튀김을 즐길 수 있다. 모든
좌석은 카운터석으로 구성되어 있으며, 디너에는 주류 주문
이 필수다. 런치, 디너 모두 예약제로 운영되니 참고할 것.

Ⓦ 런치덴푸라오마카세(6만원), 디너덴푸라오마카세(6만원)
🕐 12:00~14:00/17:25~22:00 – 일요일 휴무
Q 광주 광산구 첨단강변로87번길 5 (쌍암동) 야스텍타워 208
호
☎ 010-4838-4754 ⓟ 가능(야스텍타워 주차장 3시간 무료)

돌매순두부 _{순두부 | 전}

직접 콩, 배추, 쌀 등의 농사를 지어 두부를 만들어 내놓는 식당이다. 대표 메뉴는 순두부찌개다. 새우, 바지락, 새송이버섯 등 싱싱한 재료를 넣어서 아침에 만든 두부를 끓여 내온 찌개의 맛이 일품이다. 고춧가루나 다른 양념을 넣지 않은 흰순두부찌개 맛도 좋다. 직접 만든 콩비지는 무료로 가져갈 수 있다.

- Ⓦ 순두부찌개, 청국장, 연두부, 녹두전(각 1만원), 모두부, 해물파전(각 1만2천원)
- ⏱ 11:00~15:00 – 일요일, 명절 휴무
- 🔍 광주 남구 송암로 57-1 (송하동)
- ☎ 062-674-3355 Ⓟ 가능

동성떡갈비 _{소떡갈비}

송정 떡갈비골목에 있는 떡갈비 전문점. 송정 스타일로 네모로 만든 정통떡갈비는 물론, 매운떡갈비도 즐길 수 있다. 떡갈비를 시키면 한 명당 한 그릇씩 식전 갈비탕이 제공된다. 최근 리뉴얼하여 쾌적한 분위기에서 식사할 수 있다

- Ⓦ 정통떡갈비(1만8천원), 매운떡갈비(1만9천원), 한우떡갈비(2만6천원), 한우육회(5만원), 육회야채비빔밥(1만2천원), 정통야채비빔밥(1만1천원), 물, 비빔냉면(각 1만원)
- ⏱ 10:00~21:00 – 명절 휴무
- 🔍 광주 광산구 광산로29번길 16 (송정동) 동성빌딩 1층
- ☎ 062-944-8686 Ⓟ 가능

라롱드꺄레 ✖ la ronde carrée _{프랑스식}

프랑스와 이탈리아에서 유학하고 특히 파리의 라스트렁스에서 경력을 쌓은 김현우 셰프가 고향인 광주에 오픈한 레스토랑. 전남의 식재료를 사용하여 컨템포러리 프렌치 퀴진을 선보인다.

- Ⓦ 런치코스(5만5천원), 디너코스(11만원)
- ⏱ 12:00~14:00/17:00~22:00 – 일, 월요일 휴무
- 🔍 광주 동구 의재로136번길 35 (운림동)
- ☎ 062-232-3375 Ⓟ 가능

라비올레따 ✖ La Violetta _{이탈리아식}

이탈리아 파르마 알마에서 수학하고 우르비노, 피렌체 등의 다이닝 레스토랑에서 근무하다 귀국한 양창호 셰프가 고향인 광주에 오픈한 이탈리안 파인 다이닝. 한국식 피자, 파스타, 스테이크가 아닌 전남 지역의 식재료를 활용한 본격적인 본토식 이탈리안 다이닝을 만날 수 있다.

- Ⓦ 단품메뉴(2만원~2만5천원), 런치5코스(7만원), 디너7코스(9만원)
- ⏱ 12:00~15:00/18:00~22:00(마지막 주문 20:00) – 월요일 휴무
- 🔍 광주 남구 효천로92번길 40 (임암동) 2층
- ☎ 062-652-1369 Ⓟ 가능

라인벡 ✖ RHINEBECK _{뉴아메리칸 | 컨템포러리}

뉴욕, 샌프란시스코 등에서 요리를 했던 임정동, 전은혜 셰프의 컨템포러리 아메리칸 다이닝. 우리나라의 제철 식재료와 전통 음식을 적극 사용해 풀어나가는 창작 요리가 돋보인다. 시그니처인 토하젓파스타는 꼭 맛볼 것을 추천한다.

- Ⓦ 코스요리(8만8천원)
- ⏱ 17:00~22:00(마지막 주문 20:00) – 일, 월요일 휴무
- 🔍 광주 광산구 수완로50번길 44-5 (수완동)
- ☎ 0507-1491-0625 Ⓟ 불가

라인벡

로지에 ✖ L'osier _{케이크 | 디저트전문점}

프랑스 호텔 제과학교 에꼴 리츠 에스코피에를 졸업한 김아련 파티시에의 슈크림, 케이크 전문점. 밀가루, 버터, 초콜릿 모두 프랑스산을 공수해서 쓴다. 크리미하고 리치한 슈크림과 발로나 초콜릿을 사용한 케이크 모두 수준급이다. 일주일 중 3일만 영업하니 주의해서 방문할 것.

- Ⓦ 아메리카노(4천5백원), 카페라테(5천원), 천연바닐라슈(3천원), 파리브레스트슈(4천원), 슈8개세트(3만1천원), 프레지에(1만1천원),
- ⏱ 12:30~19:00 – 월, 화, 수, 목요일 휴무
- 🔍 광주 서구 유림로50번길 9 (쌍촌동)
- ☎ 0507-1397-3609 Ⓟ 가능(6대)

마리오셰프 ✖ MARIO chef _{이탈리아식}

정통 이탈리안 레스토랑. 직접 만드는 식전 빵은 본격적인 식사 전부터 입을 즐겁게 한다. 한우버섯리조토와 해산물파스타가 인기 메뉴. 파스타면은 스파게티, 링귀네, 페투치네 총 3종류가 준비되어 있으며 원하는 면으로 변경도 가능하다. 여유 있는 테이블 배치와 깔끔한 분위기가 느껴지는 인테리어다.

- Ⓦ 토마토롤라자냐(2만3천원), 한우버섯리조토(2만5천원), 초리조알리오올리오(1만7천원), 해산물파스타(2만3천원), 마르게리타피자(1만6천원)
- ⏱ 11:00~15:00(마지막 주문 14:30)/17:30~21:30(마지막 주문

20:30) – 연중무휴
광주 남구 제중로 42 (양림동)
062-682-5595 가능(양림동 제1공영주차장 2시간 무료 이용)

막동이회관 소고기구이 | 생고기

가격대비 질 좋은 한우 고기를 푸짐하게 먹을 수 있는 곳. 고기를 시키면 기본으로 맑은 국물의 선짓국과 소고기전, 육사시미 등이 나온다. 고기 마블링이 예술이며 참숯 상태도 좋은 편. 생고기(육사시미)도 유명하다.

안심추리, 안창살(각 150g 5만2천원), 꽃등심(150g 4만9천원), 숙성등심(150g 4만3천원), 갈빗살(150g 4만원), 생고기(150g 2만8천원), 갈비탕(2만1천원), 육개장(1만1천원)
11:00~14:30/16:30~21:00 – 격주 일요일 휴무
광주 동구 남문로 614 (소태동)
062-222-0840 가능

맥문동 麥門冬 이탈리아식 | 카페 | 브런치카페

계절감 있는 현지 식재료를 활용한 다이닝과 스페셜티커피를 선보이는 곳. 1층은 다이닝 레스토랑으로, 브런치, 파스타, 피자 등을 즐길 수 있다. 카페&라운지로 운영되는 2층에서는 스페셜티커피와 시즌 디저트를 맛볼 수 있다.

나폴레타나라구가지피자(2만9백원), 궁중불고기포레스트피자(2만2천5백원), 루꼴라와버터새우피자(2만1천5백원), 새우크림링귀니파스타(1만9천원), 트러플카르보나라(2만5백원), 특제안심스테이크(220g 3만7천5백원)
1층 다이닝룸 11:00~15:30/17:00~22:00(마지막 주문 21:00) | 2층 라운지 11:00~23:00(마지막 주문 22:30) – 월요일 휴무 (월 1회)
광주 서구 마록로 24 (마록동)
062-373-0895 가능

메종조이초이 maison JOYCHOY 프랑스식

프랑스 야닉 알레노 셰프의 레스토랑에서 수셰프를 역임하고, 국내 레스토랑에서도 활약한 최해영 셰프가 고향인 광주에 오픈한 캐주얼 프렌치 레스토랑. 에스카르고, 파테엉크루트, 치킨코르동블루 같은 클래식한 프렌치를 선보인다. 캐주얼한 요리지만 요리 곳곳에서 숨은 디테일이 돋보이며 맛도 훌륭하다. 일요일은 점심에만 영업하니 참고할 것.

양파그라티네수프(1만5천원), 파테엉크루트(1만8천원), 에스카르고(1만7천원), 라자냐(2만원), 코르동블루(2만8천원), 크렘브륄레(6천5백원)
11:30~22:00(마지막 주문 20:30) | 일요일 11:30~14:30(마지막 주문 13:00) – 수요일 휴무
광주 동구 구성로194번길 15-4 (대인동)
010-5381-7357 불가

명송생복집 복

500여 년 전통의 복요리 전문집. 가격대가 높은 편이지만, 신선한 재료를 사용한다. 복사시미를 시키면 복튀김, 복어무침, 복양념구이, 복어죽과 복어지리, 회와 초밥 등이 함께 나온다.

코스(A 6만원, B 8만원, C 10만원), 활어복(4만5천원), 복사부샤부(6만원), 활어복(4만5천원), 참복(2만8천원), 밀복(2만3천원), 복튀김(소 3만5천원, 대 5만원)
09:00~21:30 – 연중무휴
광주 서구 치평로 124 (치평동) 케이원오피스타운
062-452-3355 가능

명화식육식당 애호박찌개

애호박찌개로 유명한 식당. 애호박찌개는 돼지고기와 애호박에 고추장을 넣어 끓이는 찌개로, 밥이 국밥처럼 말아 나오는 것이 특징이다. 광주에서는 옛날 국밥이라고도 불린다.

애호박국밥(1만원)
10:00~21:00 – 일요일 휴무
광주 광산구 평동로 421 (명화동)
062-943-7760 가능

미미원 육전

광주에서 유명한 육전을 맛볼 수 있는 곳. 자리에 앉으면 소고기의 밑반찬이 나오고 즉석에서 소고기에 달걀옷을 얇게 입혀 구워준다. 육전에 파 무침을 곁들여 먹으면 더 감칠맛이 좋아진다. 식사는 돌솥밥과 반찬이 나온다.

육전(150g 3만원), 낙지탕탕이전(3만원), 새우전(2만9천원), 가리비전, 키조개전, 굴전(각 2만8천원), 명태전(2만4천원), 민어전(3만5천원)
11:30~15:00(마지막 주문 14:00)/17:00~ 21:30(마지막 주문 20:30) – 월요일 휴무
광주 동구 백서로 218 (동명동)
0507-1477-3101 가능

밀라네 MILANE 베이커리

프랑스에서 제과와 제빵을 심도 있게 파고든 부부가 운영하는 베이커리. 시큼하고 두툼하면서 바삭한 크러스트가 매력적인 캄파뉴나 바게트와 같은 제품들이 있으며, 정감 어린 도넛도 만날 수 있다. 귀여운 고양이 틀로 구워 낸 아야식빵과 달콤하고 풍요로운 크림이 가득한 바닐라슈 또한 꼭 맛보아야 할 메뉴.

바게트(4천원), 크루아상(3천8백원), 사과파이(6천원), 바닐라슈(3천5백원), 레몬마들렌(2천3백원), 사블레브루통(4천3백원), 치아바타(5천5백원), 올리브치아바타(6천원), 아야식빵(5천원), 팽오쇼콜라(4천원), 아몬드크루아상(4천5백원), 딸기쇼트케이크(7천원)
11:00~18:00 – 월요일 휴무

Q 광주 북구 효죽로 10 (중흥동)
☎ 010-6607-2432 Ⓟ 불가(골목 주차 가능)

박순자녹두집 일반한식

40여 년의 업력을 가진 노포지만, 리모델링을 거친 깔끔한 한식집이다. 남도식의 진한 김치맛도 훌륭하고 돼지비계와 김치를 넣어 부쳐낸 녹두전도 맛있다. 손으로 무심히 툭툭 뜯어 질감이 다채로운 수제비도 빼놓을 수 없다. 단골에게는 콩나물국밥이나 팥죽 등이 더 인기 있다.

Ⓦ 원조수제비(6천원), 콩나물국밥, 팥죽(각 7천원), 파전(9천원), 빈대떡(1만2천원), 굴전, 주꾸미무침(각 1만5천원), 코다리찜(1만7천원)
Ⓒ 11:30~21:00(마지막 주문 20:30) – 월요일 휴무
Q 광주 동구 구성로204번길 26 (대인동)
☎ 062-223-8694 Ⓟ 불가

반가사유 ✖ 半跏思惟 커피전문점

레트로하고 차분한 분위기에서 커피와 함께 책을 읽거나 사색하기 좋은 공간이다. 직접 로스팅하는 다양한 필터커피를 즐길 수 있으며, 에스프레소와 말차사유도 추천할 만하다. 입구에 간판이 없다는 점을 참고할 것.

Ⓦ 아메리카노(A 3천8백원, S 4천5백원), 카페라테(4천5백원), 아인슈페너(5천5백원~6천원), 에이드, 밀크티(각 5천5백원), 말차사유, 호우지라테(각 5천5백원)
Ⓒ 10:00~18:00 | 토요일 13:00~18:00 – 일요일 휴무
Q 광주 동구 백서로153번길 6 (서석동)
☎ 010-9234-2586 Ⓟ 불가

배리스키친 ✖ Baely's kitchen 베이커리

대구의 유명한 베이커리 르배의 형제가 운영하는 곳. 자연 발효 효모종을 사용한 바게트 등 건강빵 종류가 여러 가지 있다. 가격대도 좋은 편이다.

Ⓦ 찰떡소보로(3천원), 크림소보로(3천5백원), 양파치즈빵, 갈릭롱소세지(각 4천5백원), 딸기케이크(1호 3만8천원)
Ⓒ 11:00~13:20/14:30~20:20 – 월요일 휴무
Q 광주 광산구 임방울대로 324 (수완동) 1층
☎ 062-953-3367 Ⓟ 가능

베비에르과자점 verviers 베이커리

광주에서 유명한 베이커리 중 하나. 유기농 밀 등의 유기농 재료와 천연발효 효모종을 사용한다. 하루에 두 번 빵을 구워내기 때문에 항상 신선한 빵을 맛볼 수 있다. 빵 종류도 매우 다양하다. 달지않은 팥앙금이 꽉 차게 들어 있는 마왕파이가 대표 메뉴

Ⓦ 마왕파이(낱개 1천3백원, 8개 1만원), 몽블랑(5천7백원), 블루베리파이(2천7백원), 팥드러슈(2천9백원)
Ⓒ 07:00~22:00 – 연중무휴

Q 광주 서구 풍암중앙로 37 (풍암동) 그랜드프라자
☎ 062-682-0696 Ⓟ 가능

브우디엔 BUU DIEN 베트남식

베트남 현지풍으로 고급스럽게 꾸민 베트남 음식 전문점. 현지 음식의 느낌을 잘 살려낸 아롱사태쌀국수, 베트남식 맑은 조개탕, 전통 닭튀김 요리 등을 맛볼 수 있다. 식전에는 간단하게 자스민 차와 단무지가 나온다. 매장도 넓은 편.

Ⓦ 퍼토다(1만8천원), 아롱사태쌀국수, 퍼싸오보(각 1만3천원), 퍼싸오욘(소고기 1만8천원, 해산물 2만원), 퍼싸오하이산(1만4천원), 칸가친늑맘(1만5천원~2만8천원), 니우합쌔(1만5천원)
Ⓒ 11:00~15:00/17:00~21:00(마지막 주문 20:30) – 격주 월요일 휴무
Q 광주 서구 시청서편로4번길 19-22 (치평동) MVG
☎ 062-373-2744 Ⓟ 가능

빛고을떡갈비 돼지떡갈비 | 소떡갈비

달콤짭짤한 양념의 떡갈비를 맛볼 수 있는 곳. 한우와 돼지고기 모두 준비되어 있으며, 돼지는 매운맛도 있다. 서비스로 나오는 갈비탕과 함께 밑반찬도 푸짐하게 나온다.

Ⓦ 한우숯불떡갈비(300g 2만3천원), 돼지숯불떡갈비(250g 1만5천원), 매운숯불떡갈비(250g 1만6천원), 한우육회(한접시 5만원, 반접시 3만원), 한우육회비빔밥(1만원)
Ⓒ 10:00~21:30(마지막 주문 21:00) – 연중무휴
Q 광주 광산구 광산로29번길 14 (송정동)
☎ 010-2646-6042 Ⓟ 가능

삼희불낙 낙지

무안과 보성, 장흥 등지에서 올라오는 낙지를 사용하는 낙지 전문점. 매콤한 양념이 더해진 삼희불낙이 대표 메뉴며 그 밖의 다양한 낙지요리도 추천할 만하다.

Ⓦ 삼희불낙(2인 이상, 1인 2만원), 통낙지삼희불낙(2인 이상, 1인 2만5천원), 낙지볶음, 낙지전골, 낙지회무침(각 소 4만5천원, 중 5만5천원, 대 6만5천원), 낙지호롱구이(1만5천원), 마른연포(중 4만3천원, 대 5만3천원), 세트(8만3천원~12만7천원), 탕탕이(2만2천원), 낙지보쌈(5만8천원), 해신탕(13만원)
Ⓒ 10:30~22:00(마지막 주문 21:00) – 연중무휴
Q 광주 서구 상무누리로 143 (치평동)
☎ 062-383-3233 Ⓟ 가능

새반도정 일식

광주에서는 정종집이라고 부르는, 전형적인 한국식 일식집. 광주의 횟집답게 생고기와 육전 등이 곁들이 음식으로 나온다. 다양한 종류의 음식이 함께 나오는 정식과 메로와 고니를 넣고 푹 끓인 흑태탕을 추천할 만하다. 깔끔하고 풍부한 양으로 사랑받는 집.

Ⓦ 회정식(1인 4만원, 5만원, 6만원), 굴비정식(2만5천원), 흑태

탕, 농어탕(각 2만원), 생선초밥(2만5천원), 상추백반(2만8천원)
- 12:00~22:00 – 연중무휴
- 광주 동구 독립로264번길 26-1 (금남로5가)
- 062-223-9489 ⓟ 가능

서울곱창 돼지곱창

약 60년 전통의 돼지곱창 전문점으로, 소금과 간장 소스로 양념한 후 연탄에 조리되어 나온다. 쫄깃하면서도 고소한 맛을 느낄 수 있으며 과일 소스로 만든 달달한 양념장 맛이 독특하다. 기본으로 제공되는 내장국밥의 맛도 깔끔하다는 평.
- 곱창구이, 새끼보(각 2만4천원), 암뽕순대(1만6천원), 내장국밥(8천원)
- 10:30~21:00 – 명절 휴무
- 광주 광산구 송정로15번길 71 (송정동)
- 062-944-1135 ⓟ 가능

석암돌솥밥 솥밥

돌솥밥이 대표 메뉴인 곳. 다시마 등 여섯 가지의 재료를 우려낸 물로 돌솥밥을 짓는다. 여기에 갖가지 양념장이나 토히젓을 넣고 비버 먹는 맛이 일품이다. 돌솥밥을 주문하면 돼지고기 수육을 비롯해 다양한 반찬이 푸짐히 곁들여져 나온다.
- 영양돌솥밥(1만3천원), 삼계탕(1만7천원), 옻삼계탕(1만9천원), 석갈비찜(5만원)
- 11:00~21:00 – 명절 휴무
- 광주 북구 대천로139번길 8-1 (문흥동)
- 062-262-2222 ⓟ 가능

송정떡갈비 소떡갈비 | 육회비빔밥

1976년 송정식당으로 시작하여 육회비빔밥으로 이름을 날리다가 떡갈비를 같이 하게 되었다. 지금은 떡갈비가 더 유명하다. 떡갈비는 갈빗살을 곱게 다져서 양념하여 치댄 후 간장, 설탕, 파, 마늘 등 갖은 양념장을 발라가며 구운 것으

송정떡갈비

로, 연하고 부드러운 맛을 느낄 수 있다. 광주 떡갈비거리에서 원조집으로 통하는 곳 중의 하나다.
- 한우떡갈비(200g 2만4천원), 떡갈비(200g 1만5천원), 오리떡갈비(200g 1만6천원), 육회(300g 4만원), 육회비빔밥(1만원)
- 09:30~21:30(마지막 주문 21:00) – 일요일, 첫 번째 월요일 휴무(월요일이 공휴일인 경우 화요일 휴무)
- 광주 광산구 광산로29번길 1 (송정동)
- 062-944-1439 ⓟ 가능

수완지구폼 Fo_m 이탈리아식

아늑한 분위기의 이탈리안 레스토랑. 창문을 통해 보이는 나무들이 싱그러운 느낌을 준다. 계절마다 달라지는 제철 요리를 선보이고 있으며 사용한 재료와 요리의 설명은 인스타그램에서 확인할 수 있다.
- 제철요리(2만3천원~3만6천원)
- 12:00~15:00(마지막 주문 14:00)/17:30~22:00(마지막 주문 21:00) – 일요일, 두 번째, 네 번째 월요일 휴무
- 광주 광산구 수완로10번길 94 (수완동) 1층
- 062-431-1777 ⓟ 가능

신락원 新樂園 일반중식

광주에서는 유명한 화상 중국집으로, 광주 시내 곳곳에 분점을 거느리고 있다. 비교적 고급스러운 중식을 맛볼 수 있는 곳이다. 짜장면과 얼큰한 짬뽕의 맛이 좋은 편이며 탕수육을 곁들이면 금상첨화.
- 짜장(8천원), 우동, 짬뽕, 볶음밥(각 1만원), 양장피(4만원), 깐풍기(소 3만원, 대 4만5천원), 탕수육(소 2만2천원, 대 3만5천원, 곱빼기 5만원)
- 11:00~15:00/16:30~20:30 – 명절 휴무
- 광주 동구 충장로 45-5 (충장로5가)
- 062-223-6849 ⓟ 가능

쌍학 일식

광주에서 가장 오래된 일식집으로 꼽힌다. 완도에서 올라오는 생선회를 비롯하여 다양한 해물과 홍어삼합, 초밥, 매운탕이 나오는 남도식 일식이다.
- 런치코스(A 2만8천원, B 3만5천원), 쌍학코스(A 4만5천원, B 5만5천원, C 6만5천원), 모둠생선회코스(A 5만원, B 6만원, C 7만원), 대구탕, 민어탕, 회덮밥(각 2만2천원), 굴비정식, 영란정식(각 2만원), 특선정식(3만5천원), 회초밥(2만3천원)
- 11:30~22:00 – 일요일 휴무
- 광주 동구 구성로152번길 13 (수기동)
- 062-225-5200 ⓟ 가능

알랭 alain 프랑스식

예약제로 운영되는 프렌치 레스토랑. 프리픽스 메뉴로 구성된 코스와 단품 메뉴를 선보이며 가격도 합리적인 편이다.

와인, 맥주 등 요리에 곁들이기 좋은 주류도 다양하게 갖추고 있다.

ⓦ 클래식런치코스(5만8천원), 알랭코스(8만8천원), 비건코스(5만5천원)
ⓣ 12:00~15:00/18:00~21:00(마지막 주문 19:00) – 연중무휴
ⓠ 광주 북구 호동로 3-6 (용봉동) 2층
☎ 062-228-2345 ⓟ 불가

알로에피스 Allo Epice 초콜릿 | 베이커리

직접 만든 초콜릿과 타르트타탱과 같은 프랑스식 디저트를 선보이는 곳. 천연 발효종을 사용한 캄파뉴, 바게트 등의 베이커리도 즐길 수 있다. 미리 예약하면 뵈프부르기뇽이나 코코뱅 등 프랑스 요리를 매장에서 맛볼 수 있다.

ⓦ 식빵(8천원), 바게트(7천원), 캄파뉴(1만원), 포카치아(5천원), 크루아상(4천원), 팥빵, 초콜릿(각 3천원), 타르트타탱(8천원), 에스프레소(4천원), 아메리카노(4천5백원), 카페라테(5천원)
ⓣ 08:00~23:00 – 연중무휴
ⓠ 광주 남구 봉선중앙로 3 (봉선동) 1층
☎ 0507-1303-2231 ⓟ 가능

연화 육전

광주에서 별미로 통하는 육전 전문점이다. 실내가 모두 룸으로 구성되어 있는 것이 특징이며 예약하는 것이 좋다. 맛깔스러운 전라도식 달걀 옷을 얇게 입혀 부쳐낸 육전이 넉넉한 한상으로 나온다. 테이블마다 놓인 전기 그릴에 직접 구워 곧바로 따뜻하게 먹을 수 있다.

ⓦ 육전, 키조개전, 굴전, 새우전, 전복전, 낙지전, 더덕전(각 2만9천원), 조기탕(2만5천원), 굴비정식(2만7천원)
ⓣ 11:30~14:30/17:30~21:00 – 일요일 휴무
ⓠ 광주 서구 마륵복개로 147 (치평동)
☎ 062-384-1142 ⓟ 가능

영광오리탕 오리탕 | 오리로스

뚝배기에 미나리 등 각종 채소와 들깻가루를 함께 넣어 끓여낸 오리탕은 국물이 걸쭉하면서 칼칼하고 고소하다. 오리고기는 초장과 들깻가루를 버무린 양념장에 찍어 먹는다. 뼈를 발라내 살코기만 구워 먹는 오리로스구이도 좋다. 한약재를 넣어 끓인 약오리는 방문 4시간 전 예약해야 한다.

ⓦ 오리탕(반마리 4만원, 한마리 6만원), 오리주물럭, 오리로스(각 6만1천원), 약오리(7만원)
ⓣ 09:00~22:00 – 연중무휴
ⓠ 광주 북구 경양로119번길 18 (신안동)
☎ 062-524-0443 ⓟ 가능

영미오리탕 오리탕 | 오리로스

오리탕골목에서 가장 오래된 집으로, 50년이 넘는 역사를 자랑한다. 오리탕은 들깨를 풀어서 걸쭉하게 끓이며 미나리

가 향긋한 맛을 더한다. 육수는 무료로 1회 추가해준다.
ⓦ 오리탕(반마리 4만원, 한마리 6만원), 오리로스, 오리주물럭(각 6만1천원), 미나리추가(3천원)
ⓣ 11:00~15:00(마지막 주문 14:00)/17:00~ 21:00(마지막 주문 20:00) – 연중무휴
ⓠ 광주 북구 경양로 126 (유동)
☎ 062-527-0248 ⓟ 가능

영발원 永發園 일반중식

1955년부터 시작한 화상 중식당으로, 현재는 아들이 이어받아 운영하고 있다. 짜장면 맛이 일품이며 투명한 소스에 바삭하게 튀겨낸 고기가 조화를 이루는 옛날식 탕수육도 추천 메뉴다.

ⓦ 짜장면(7천원), 짬뽕, 백짬뽕(각 9천원), 건짬뽕(1만2천원), 탕수육(소 2만원, 중 3만원, 대 4만원), 유산슬, 팔보채(각 소 3만원, 대 4만원), 깐풍육(소 2만5천원, 대 3만5천원)
ⓣ 11:00~14:00/17:00~20:30(마지막 주문 20:00) – 일요일, 첫째, 셋째 주 월요일 휴무
ⓠ 광주 북구 서림로 141 (임동)
☎ 062-525-7436 ⓟ 가능

예향식당 백반

전라도 한정식 백반집. 조기구이, 닭조림, 꽃게장, 오이무침, 마른반찬 등 30여 가지나 되는 반찬이 한상 가득 차려진다. 꽃게 집게발이 들어간 미역국도 시원하고 좋다. 가격대도 만족할 만하다.

ⓦ 예향밥상(1인 1만1천원, 2인 2만원, 3인 2만9천원, 4인 3만8천원)
ⓣ 10:30~20:50(마지막 주문 20:20) – 일요일, 명절 휴무
ⓠ 광주 동구 중앙로 150-4 (호남동)
☎ 062-234-7731 ⓟ 가능(호남동공영주차장 30분 무료)

온천할머니집 보리밥

가마솥 보리밥에 10여 가지의 나물을 비벼 먹는 보리밥집. 메뉴는 보리밥뿐이다. 마무리로 아궁이에서 바로 떠주는 숭늉이 입안을 개운하게 해준다.

ⓦ 보리밥(2인 이상, 1인 1만원)
ⓣ 11:30~15:00(마지막 주문 14:30) – 월요일 휴무(비정기적 휴무 네이버 공지)
ⓠ 광주 동구 지호로127번길 29 (지산동)
☎ 062-225-0776 ⓟ 불가

원조동곡식당 게장

꽃게장백반에 반찬으로 꼬막무침, 가오리와 생선, 생굴, 도토리묵, 계란찜, 오이무침, 파김치, 초미역, 더덕 등 30여 가지가 한상을 가득 채운다. 꽃게장은 전라도 특유의 달착지근한 매운맛이 난다. 한 번 정도 리필이 가능하다.

ⓦ 꽃게장백반(1만4천원), 게장&영양돌솥밥(2만원), 꽃게장(소 5천원, 중 1만원), 자연굴밥정식(2만4천원), 양념돼지불고기정식(2만2천원), 꽃게장특정식(3만5천원)
🕐 10:30~21:00 – 명절 당일 휴무
🔍 광주 광산구 동곡로185번길 9–1 (하산동)
☎ 062–943–5005 ⓟ 가능

유향 柳香 일반중식

바삭한 군만두가 서비스로 나오는 중식당. 해산물과 통오징어가 올려져 나오는 유향짬뽕이 대표 메뉴며, 춘장을 사용하지 않고 고추기름에 해물을 볶아 만든 사천짜장도 인기다. 웨이팅 공간에 마련된 놀이방, 안마의자 등 세심한 서비스가 돋보이는 곳이다. 가격 대비 만족도도 높은 편.
ⓦ 쟁반짜장(2인 1만8천원, 3인 2만8천원), 짬뽕, 짬뽕밥, 우동, 우동밥(각 1만1천원), 탕수육(소 2만2천원, 대 3만9천원)
🕐 11:00~15:00(마지막 주문 15:00)/17:00~ 21:20(마지막 주문 20:30) – 월요일 휴무
🔍 광주 광산구 용아로400번길 33 (하남동)
☎ 062–954–9530 ⓟ 가능

육전명가 육전

전통적인 분위기의 실내에서 광주 육전을 즐길 수 있다. 이곳의 가장 큰 특징은 육전이 주방에서 조리되어 나오는 것이 아니라 즉석에서 고기에 계란을 묻혀 구워 주다는 점이다. 자리에서 바로 구워 먹기 때문에 육전 맛이 더욱 좋다. 낙지전은 전날 주문 예약시 맛볼 수 있으며 육전은 2인분 단위로 주문할 수 있다.
ⓦ 육전(2인 이상, 1인 3만원), 낙지전, 맛전, 키조개전(각 2만9천원), 새우전, 굴전(각 2만8천원), 홍어전(2만8천원), 명태전(2만6천원)
🕐 11:30~22:00 – 명절 휴무
🔍 광주 서구 상무자유로 174 (치평동)
☎ 062–384–6767 ⓟ 가능

제일반점 第一飯店 일반중식

짜장면이 맛있기로 유명한 집. 옛날짜장을 표방하는데, 특이하게도 짜장소스에 고구마가 들어간다. 면발이 쫄깃하고 짜장 고유의 달짝지근한 맛이 난다. 노릇하게 구운 군만두도 인기 메뉴. 오래된 화상 중국집으로, 60여 년의 역사를 자랑한다.
ⓦ 제일짜장(1만1천원), 짜장면, 군만두(8천원), 백짬뽕(1만원), 석화짬뽕, 석화국밥(각 1만6천원), 수초면(1만5천원)
🕐 10:30~15:00/16:30~21:00 – 일요일 휴무
🔍 광주 동구 구성로 174 (금남로5가)
☎ 062–223–6395 ⓟ 가능(공영주차장)

제주생갈비 삼겹살 | 돼지고기구이

광주에서 제주산 흑돼지를 맛볼 수 있는 곳. 밑반찬으로 묵은지와 따뜻한 미역국을 포함해 정갈하게 차려진다. 살코기와 함께 쫄깃한 껍데기 부분도 맛볼 수 있는 오겹살이 인기 메뉴다.
ⓦ 제주흑돼지오겹살, 숙성목살, 생갈비(각 200g 2만1천원), 제주생껍데기(5천원), 잔치국수(9천원), 양푼비빔밥(6천원)
🕐 11:30~14:30/17:00~21:30(마지막 주문 20:30) | 금, 토요일 11:30~14:30/17:00~22:00(마지막 주문 21:00) – 일요일 휴무
🔍 광주 남구 용대로53번길 8 (봉선동)
☎ 062–675–8206 ⓟ 불가

제주생갈비

조선옥 ✖ 굴비

20년이 넘는 전통의 굴비 전문점이다. 반건조시켜 구운 굴비의 맛이 일품이며, 정식을 시켜 나오는 밑반찬들도 훌륭하다는 평이다. 굴비와 함께 제공되는 녹찻물에 밥을 말아, 굴비와 함께 먹는 것이 특징이다.
ⓦ 굴비정식(2만원), 굴비수라상(2만6천원), 갈비탕(1만7천원), 조선옥특선(4인 17만원), 조선옥한정식(4인 20만원), 한정식골드(4인 24만원)
🕐 11:30~15:00/17:30~21:00(마지막 주문 20:00) – 명절 휴무
🔍 광주 남구 효덕로 105 (노대동)
☎ 062–654–3322 ⓟ 가능

주정숙청국장 청국장

40년 넘는 전통의 손맛을 이어오는 집이다. 100% 국내산 황태로 직접 띄운 청국장을 뚝배기에 자글자글 끓여 내는데, 그 맛이 구수하다. 청국장이 나오면 큰 그릇에 여러 가지 밑반찬으로 나온 나물을 넣고 청국장에 비벼 먹는다.
ⓦ 버섯야채청국장, 김치고기청국장, 순두부청국장(각 1만원), 홍어청국장(1만3천원), 맷돌쑥콩물국수(1만원), 김치찌개, 애호박찌개(각 1만원), 홍어전(2만8천원)
🕐 11:30~17:00 – 일요일 휴무

☎ 062-224-3583 ⓟ 가능

진심옥광주본점 한정식 | 해물장 | 생선구이

게장과 보리굴비를 대표 메뉴로 하는 한정식집. 그 외에도 해물장, 갈비찜 등의 메뉴가 있으며, 메인과 함께 정성 가득한 반찬이 한상 가득 깔린다. 모든 상에는 솥밥이 기본으로 제공된다.

ⓦ 팔도모둠해물장(3만7천원), 해물갈비찜(2만6천원), 영광보리굴비정식+직화불고기정식(2만7천원), 간장금게장정식(2만5천원), 양념금게장정식(2만5천원), 직화돼지불고기(1만5천원), 암꽃게장(1만8천원), 황금보리굴비(1만6천원)

🕐 11:00~15:00(마지막 주문 14:10)/16:40~21:00(마지막 주문 20:10) – 월요일 휴무

🔍 광주 북구 설죽로471번길 12-4 (삼각동) 1층

☎ 062-233-0522 ⓟ 가능

차차룸 ✄ 브런치카페 | 미국식피자

상호를 포카치아의 cia와 치아바타의 cia를 합쳐서 ciacia room이라고 지은 곳. 직접 만든 빵과 햄으로 만든 브런치 메뉴와 포카치아 빵으로 만든 피자 등을 맛볼 수 있다. 충장과 첨단에 분점이 있다.

ⓦ 차차브런치(1만7천5백원), 채끝등심스테이크(4만8천원), 마르게리타피자(1만3천5백원), 양송이치즈크림파스타(1만7천5백원), 차차룸어니언버거(1만3천5백원), 라구치즈프라이스(1만2천5백원)

🕐 11:00~22:00(마지막 주문 21:30) – 비정기적 휴무(전화 확인)

🔍 광주 북구 일곡택지로99번길 33 (일곡동) 1층

☎ 010-2049-3557 ⓟ 불가

충장빈대떡집 빈대떡 | 홍어

30여 년이 넘게 충장로를 지키고 있는 노포 식당. 인기 메뉴인 녹두전 외에는 그날의 재료에 따라 추천을 받아 주문할 수 있다. 녹두의 일부는 거칠게 갈아 돼지고기와 부쳐내는데, 부드러우면서도 녹두가 씹히는 대비되는 질감이 독특하다. 생강 향이 감도는 직접 담근 동동주도 음식과 찰떡궁합.

ⓦ 빈대떡, 파전(각 1만5천원), 홍어회(2만5천원), 홍어삼합(5만원)

🕐 저녁만 영업(전화 확인) – 비정기적 휴무(전화 확인)

🔍 광주 동구 필문대로 161 (산수동)

☎ 062-263-8771 ⓟ 불가

카페304 ✄ 304 COFFEE 커피전문점

광주의 상징적 스페셜티 커피 전문점. 핸드드립을 전문으로 하며 다양한 스페셜티커피 원두를 맛볼 수 있다. 로스팅도 직접 하고 있다. 넓고 탁 트인 카페 내부에 식물 화분을 늘어뜨린 인테리어와 은은한 커피 향이 매력적이다.

ⓦ 핸드드립커피(6천5백원~1만원), 에스프레소, 아메리카노(각 5천원), 카페라테(5천5백원), 너티봉봉(6천원), 304라테(6천5백원), 딸기라테(6천원), 패션후르에이드(6천5백원), 딸기케이크(7천원), 딸기케이크(7천5백원), 초코딸기케이크(7천8백원)

🕐 10:00~21:30(마지막 주문 21:20) – 연중무휴

🔍 광주 서구 상무누리로 15 (마륵동)

☎ 062-385-0304 ⓟ 가능

퀴비 quivi 이탈리아식 | 뇨키

양옥집을 개조한 아늑한 분위기의 이탈리안 레스토랑. 버섯 풍미 가득한 크림소스를 듬뿍 넣은 뇨키가 시그니처 메뉴. 직접 반죽하여 쫄깃한 식감의 도우에 잠봉을 올린 잠봉피자도 많이 찾는 메뉴다.

ⓦ 뇨키(1만8천원), 바질오일파스타(1만8천원), 알리오올리오(1만5천원), 스테이크리조토(1만8천원), 잠봉피자(1만9천원), 닭가슴살샐러드(1만5천원)

🕐 12:00~15:00(마지막 주문 14:00)/17:00~21:00(마지막 주문 20:00) – 연중무휴

🔍 광주 동구 동명로20번길 1 (동명동) 퀴비

☎ 010-5099-4209 ⓟ 가능(acc부설주차장 1시간 무료)

테이트모던웰니스하우스

Tate Modern Wellness Haus 캐주얼다이닝 | 브런치카페

자연주의 다이닝을 콘셉트로 하는 브런치 레스토랑. 자동차 공장을 개조한 건물을 활용하고 있다. 신선한 다섯 가지 해산물과 직접 만든 캐슈넛 오리엔탈 소스가 어우러진 푸른바다한소반이 시그니처다. 2024년 3월부터 테이트모던웰니스하우스로 리뉴얼하여 세계10대 슈퍼푸드로 만든 슈퍼볼과

브런치, 그릭요거트, 비건디저트 등도 맛볼 수 있다.

ⓦ 푸른바다한소반(2만5천9백원), 농부샐러드(1만8천9백원), 숙성스테이크부빔밥(2만5백원), 돌문어오일파스타(1만8천6백원), 그릴드킹프라운로제파스타(2만5백원), 마레블루가든(1만9천2백원), 마레블루플래터(2만9천5백원)

ⓣ 11:00〜15:30/17:00〜23:00(마지막 주문 21:30) | 토, 일요일 11:00〜16:00/17:00〜23:00 (마지막 주문 21:00) – 마지막 주 월요일 휴무

ⓠ 광주 서구 상무대로673번길 24 (마륵동)

☎ 062-383-0895 ⓟ 가능

피트 ✖ Pitt 프랑스식

호주에서 유학한 김도현 셰프가 한옥에서 선보이는 컨템포러리 코리안–프렌치 다이닝. 직접 담근 과하주와 술 지게미, 된장 등 발효 음식과 꼬막, 풋마늘, 두릅, 우리밀 등의 제철 식재료를 프렌치 테크닉으로 풀어낸다. 감각적이지만 가볍지 않고 진중하면서도 유쾌하게 잘 풀어낸 코스 요리는 완성도가 높다. 가격 또한 합리적인 편.

ⓦ 피트코스(7만원)

ⓣ 12:00〜14:00/19:00〜21:00 – 연중무휴

ⓠ 광주 남구 양림로68번길 5–3 (양림동)

☎ 010-9426-6399 ⓟ 불가

해송 낙지

매일 무안에서 공수해 온 낙지가 들어간 낙지볶음이 유명하다. 낙지의 싱싱함이 느껴지는 쫄깃하고 부드러운 식감이 좋다. 연포탕도 시원하다.

ⓦ 낙지비빔밥(1만8천원), 연포탕(2만원), 낙지볶음, 낙지회무침(각 중 6만원, 대 7만원), 낙지전골(중 6만5천원, 대 7만5천원)

ⓣ 11:30〜15:00/17:00〜20:30(마지막 주문 19:30) – 일요일 휴무

ⓠ 광주 북구 서양로41번길 9 (신안동)

☎ 062-523-0204 ⓟ 가능

홍아네 ✖ 한정식 | 홍어 | 굴비

전형적인 전라도식 밥상을 받아볼 수 있다. 식사로는 조기탕과 굴비 백반을 추천할 만하다. 한 상 가득 맛깔스러운 반찬이 차려지며 특히 멸치젓의 맛을 잘 살렸다. 현지인에게 더 유명한 집이며 예약을 해야 방문이 쉬우니 참고할 것.

ⓦ 전복(8만원), 조기탕(2만원), 굴비백반(2만5천원), 키조개구이(6만5천원), 흑산홍어삼합(15만원)

ⓣ 11:00〜14:30/17:30〜21:00 – 일요일, 공휴일 휴무

ⓠ 광주 서구 마륵복개로150번길 7 (치평동)

☎ 062-384-9401 ⓟ 가능

화이트셔츠커피 ✖

WHITE SHIRTS COFFEE 커피전문점

다양한 싱글오리진의 필터커피를 즐길 수 있는 커피 전문점. 작은 입구 계단을 통해 지하로 내려가면 아늑하면서도 쾌적한 공간이 카페로 꾸며져 있다. 라운드의 바 좌석에서 바리스타가 직접 추천하고 내려주는 커피를 맛보아도 좋다.

ⓦ 에스프레소, 아메리카노, 카페라테(각 4천5백원), 파이브캣츠, 그레이트블루, 밀크티(각 5천5백원), 크렘브륄레(4천원), 화이트셔츠치즈켄크(6천원), 쿠키(3천원)

ⓣ 12:00〜22:00(마지막 주문 21:30) | 수요일 12:00〜18:00(마지막 주문 17:30) – 연중무휴

ⓠ 광주 서구 월드컵4강로182번길 21 (내방동) 지하 1층

☎ 010-6496-0606 ⓟ 불가

화정떡갈비 ✖ 돼지떡갈비 | 소떡갈비

송정동 떡갈비골목에서 원조로 치는 집 중 하나. 이곳의 떡갈비는 소고기와 돼지고기를 적당히 섞어서 만드는 것이 특징이다. 갈비뿐만 아니라 육회비빔밥도 별미다.

ⓦ 떡갈비(1만5천원), 한우떡갈비(2만4천원), 비빔밥(8천원), 육회비빔밥(1만원), 육회(4만원)

ⓣ 09:30〜22:00 – 명절 당일 휴무

ⓠ 광주 광산구 광산로29번길 6 (송정동)

☎ 062-944-1275 ⓟ 가능

황톳길 한식주점

30년간 자리를 지켜온 전통주점. 등나무가 늘어져 있는 길을 걸어 입구에 들어서면 한옥과 고가구로 된 실내가 아늑한 느낌을 준다. 파전을 비롯한 여러 가지 전 종류와 잡채 등의 한식 안주는 전통주를 곁들이기 좋다. 10종류가 넘는 막걸리는 일반 막걸리부터 프리미엄 막걸리까지 가격대로 다양하게 즐길 수 있다.

ⓦ 도토리묵잡채, 골뱅이무침, 해물파전, 김치해물전(각 1만7천원), 도토리수제비(8천원), 반반전(1만8천원), 모둠전(2만7천원), 육새전(2만2천원)

ⓣ 17:00〜24:00 | 금, 토요일 17:00〜02:00(익일) – 일요일 휴무

ⓠ 광주 동구 동명로26번길 5–1 (동명동)

☎ 062-226-1550 ⓟ 불가

대전광역시

Daejeon Metropolitan City

가남지 🎀 迦南地 베트남식

대전에서는 오래된 베트남 요리 전문점. 다양한 쌀국수 메뉴와 월남쌈, 짜조 등을 즐길 수 있다. 반찬과 주스 등은 셀프로 가져다 먹을 수 있다.

- Ⓦ 양지쌀국수, 해물쌀국수(각 1만1천원), 닭쌀국수, 돈가스쌀국수(1만2천원), 분짜(1만3천원), 파인애플볶음밥(1만4천원), 월남쌈(소 3만원, 대 4만원), 짜조(7천원)
- 🕐 11:00~15:00/16:00~21:00 | 토요일 11:30~21:00 – 일요일 휴무
- 🔍 대전 유성구 대덕대로 588 (도룡동)
- ☎ 042-861-7557 Ⓟ 가능

강경옥 웅어 | 복

50여 년 역사의 복요리, 우여(웅어)회 전문점. 생복전골과 복해장국 등을 먹을 수 있다. 직접 담근 된장으로 복국 맛을 내는 것이 맛의 비결. 코스를 주문하면 우여회를 비롯해 생복요리를 한 번에 맛볼 수 있다.

- Ⓦ 활참복(3만9천원), 자연산참복(2만2천원), 활참복사시미+자연산민어회(5만원), 코스(변동), 활참복사시미+자연산참복찜(5만원), 활참복사시미(4만원)
- 🕐 11:00~15:00/17:00~21:50(마지막 주문 21:00) – 연중무휴
- 🔍 대전 유성구 유성내로 580-5 (구암동)
- ☎ 042-824-2508 Ⓟ 가능

개천식당 🎀 만두

80여 년의 역사를 지닌 연륜의 만둣국집. 대표 메뉴인 만둣국은 사골국물에 함경도식으로 손으로 빚은 만두를 넣어 만든다. 당면과 속 재료를 푸짐히 넣은 만두의 맛이 일품이며 국물 맛도 깔끔하다. 만둣국 위에 기본으로 고춧가루를 뿌려 내는 것이 특징. 만두가 다 떨어지면 문을 닫는다.

- Ⓦ 만둣국, 떡만둣국, 떡국, 국밥(각 9천원), 부추만두튀김, 개천김치만두, 부추고기만두(각 8천원)
- 🕐 11:00~20:30 – 연중무휴
- 🔍 대전 동구 대전로779번길 39-2 (원동)
- ☎ 042-256-1003 Ⓟ 불가

곰에스프레소 🎀

GOMESPRESSO 커피전문점 | 브런치카페

직접 원두를 볶는 로스터리 카페로, 다양한 에스프레소 베이스 커피를 즐길 수 있다. 엑설런트 아이스크림이 올라가는 대전토박이라테가 독특한 메뉴. 커피와 어울리는 피낭시에나 마들렌 등의 구움과자도 있으며 샌드위치 같은 간단한 브런치를 즐길 수 있다. 별바라기공원이 근처에 있어 산책길에 들러도 좋다.

- Ⓦ 아메리카노(4천5백원), 카페라테(5천원), 에스프레소(4천원, 4천5백원), 대전토박이라테(6천5백원), 에그애플샌드위치(8천9백원)

- 🕐 10:30~22:00 – 연중무휴
- 🔍 대전 유성구 봉명서로 15 (봉명동) 벧엘하우스
- ☎ 042-825-8515 Ⓟ 불가

공주떡집 떡 | 떡카페

60여 년의 역사를 자랑하는 떡집. 국내산 재료를 전국 곳곳에서 엄선하여 가져다 쓰고 있다. 전통적인 떡에 현대적인 재료와 맛을 가미하여 새롭게 선보인다. 흑임자인절미가 특히 인기다.

- Ⓦ 쑥왕송편(2만원), 콩찰편(1만7천원), 꿀떡(1만2천원), 모둠찰떡(2만원), 영양떡(1kg 2만원), 흑임자인절미(1kg 1만8천원), 호박인절미(1kg 1만7천원), 손송편(1kg 2만원)
- 🕐 08:00~21:00 – 연중무휴
- 🔍 대전 서구 용문로 89 (용문동)
- ☎ 1566-4108 Ⓟ 불가

광천식당 두부두루치기

50여 년 전통의 두부두루치기 전문점. 40대, 50대 단골손님들이 많이 찾는다. 미리 만들어 놓지 않고 주문하면 바로 조리해서 내온다. 두루치기를 먹은 후 남은 양념에는 면 사리나 공깃밥을 비벼 먹는다.

- Ⓦ 두부두루치기(2인 1만6천원), 오징어두루치기(2인 2만5천원), 수육(소 2만2천원, 대 3만8천원), 양념면(8천원), 칼국수(7천원)
- 🕐 10:30~15:00/17:00~21:30(마지막 주문 20:30) – 월요일, 명절 휴무
- 🔍 대전 중구 대종로505번길 29 (선화동)
- ☎ 042-226-4751 Ⓟ 가능(새마을금고 옆 공영주차장 이용 시 할인)

귀빈돌솥밥 🎀 솥밥

돌솥밥이 맛있기로 유명한 곳. 갓 지은 밥에 20여 가지의 나물을 넣고 비벼 먹는다. 나물의 식감과 향이 어우러져 고소한 맛이 좋다. 석갈비, 떡갈비 등의 메뉴도 인기.

- Ⓦ 돌솥밥(1만7천원), 소떡갈비(160g 1만5천원), 소석갈비(200g 2인 이상, 1인 2만5천원), 소석갈비정식(180g 2인 이상, 1인 3만5천원)
- 🕐 11:00~15:00/17:00~20:30(마지막 주문 20:10) – 연중무휴
- 🔍 대전 서구 만년로68번길 21 (만년동) 1층
- ☎ 042-488-3340 Ⓟ 가능(1시간 30분 무료)

금성삼계탕 🎀 삼계탕

대전에서 40년 넘게 삼계탕을 선보이는 곳. 뚝배기에 팔팔 끓여 나오며 닭고기 육질이 부드럽다. 바닥에 있는 닭죽을 긁어 먹는 재미도 있다.

- Ⓦ 삼계탕(1만5천원), 영양삼계죽(1만원), 건강닭죽(7천원)
- 🕐 10:30~21:30(마지막 주문 20:30) – 연중무휴
- 🔍 대전 동구 선화로196번길 44 (중동)
- ☎ 042-254-3422 Ⓟ 가능(인근 공영 주차장 이용, 1시간 무료)

꾸드뱅 ✖

QUEDEPAIN BAKERY CAFE 베이커리 | 카페

천연 발효종으로 만든 다양한 빵을 만날 수 있는 베이커리. 개량제와 화학첨가제를 사용하지 않으며, 프랑스산 밀가루와 유기농 통밀, 호밀 등 좋은 재료를 사용해 건강한 빵을 선보인다. 부드러운 크루아상과 버터프레즐, 그리고 바게트 안에 리코타치즈와 토마토, 바질 등을 넣은 빵이 인기다.

- Ⓦ 누네띠네페이스트리(4천8백원), 치즈모찌(2만6천원), 허니초코바게트(4천9백원), 쪽파크림치즈프레즐(4천7백원), 루콜라잠봉죄르(8천3백원), 고메버터소금빵, 플레인피낭시에(각 2천9백원), 꾸아망(5천3백원)
- ⏱ 08:30~21:30 – 연중무휴
- 🔍 대전 유성구 지족동로 146 (지족동) 계룡프라자
- ☎ 042-825-3033 Ⓟ 가능

나루터장어 ✖ 장어 | 민물매운탕

장어와 매운탕 전문점. 장어를 시키면 깔끔한 반찬이 여러 가지 나오며 새우탕도 맛이 좋다. 곁에서 보기에도 웅장한 한옥과 금강이 내려다보이는 전망도 훌륭하다.

- Ⓦ 장어구이(2만8천원), 새우탕(2인 이상, 1인 1만5천원), 냉면, 소면(각 4천원), 장어탕(6천원)
- ⏱ 11:00~20:00 | 화요일 11:00~14:00 – 비정기적 휴무
- 🔍 대전 대덕구 대청로 264 (용호동)
- ☎ 042-932-2404 Ⓟ 가능

누오보나폴리 ✖ Nuovo Napoli 피자 | 파스타

나폴리 정통 피자를 선보이는 곳. 이탈리아의 엄선된 밀가루와 시칠리아산 소금, 생효모만으로 반죽해 나폴리 본연의 피자 맛을 살리고 있다. 장작 화덕에 구워 풍미를 느낄 수 있으며 파스타도 추천할 만하다.

- Ⓦ 그란데알리오(2만2천원), 비스마르크(2만6천원), 카프리초사(2만9천원), 포르치니풍기크레마, 라구사프란(각 2만2천원), 페스카토레(2만원)
- ⏱ 11:30~15:00(마지막 주문 14:30)/ 17:00~22:00(마지막 주문 21:30) | 토, 일요일 11:00~16:00(마지막 주문 15:30)/ 17:00~22:00 (마지막 주문 21:30) – 월, 화요일 휴무
- 🔍 대전 유성구 농대로 15 (궁동) 3층
- ☎ 042-322-9582 Ⓟ 가능(협소)

대들보함흥면옥 ✖ 함흥냉면 | 소불고기

대전 최초의 냉면집으로 알려진 곳으로, 함흥식 비빔냉면을 맛볼 수 있다. 매콤한 회무침이 고명으로 올라가는 회냉면이 별미로 통한다. 주재료인 고구마 전분을 익반죽해 숙성시킨 다음 평양식 메밀을 섞어 만들고 있는 것이 특징. 육수는 한우양지, 사태, 각종 채소 등을 우려낸 국물에 동치미를 배합해 맛을 낸다. 한우를 사용하는 불고기도 인기 메뉴다.

3대를 이어온, 70여 년의 역사를 자랑한다.

- Ⓦ 물냉면, 비빔냉면(각 1만1천원), 회냉면(1만2천원), 한우양념불고기(150g 2만9천원), 생버섯불고기(170g 1만9천원)
- ⏱ 11:00~21:30(마지막 주문 20:30) – 명절 당일 휴무
- 🔍 대전 중구 계백로1583번길 39 (유천동)
- ☎ 042-522-5900 Ⓟ 불가

대선칼국수 ✖ 칼국수 | 두부두루치기

대전의 유명한 칼국숫집. 칼국수 반죽은 콩가루를 섞어 직접 손으로 만들고 썰기 때문에 면이 부드럽고 고소하다. 칼국수와 더불어 수육, 오징어두루치기도 인기가 좋다. 60여 년의 역사를 자랑하는 곳.

- Ⓦ 칼국수(9천원), 비빔국수, 냉비빔국수(각 9천5백원), 수육(소 3만원, 중 3만5천원, 대 4만원), 오징어두루치기(3만원), 두부두루치기(2만7천원)
- ⏱ 11:30~15:30(마지막 주문 14:30)/17:00~ 22:00(마지막 주문 21:30) – 연중무휴
- 🔍 대전 서구 둔산중로40번길 28 (둔산동) 오성빌딩 2층
- ☎ 042-471-0317 Ⓟ 가능

대성콩국수 콩국수

대전에서 40년 넘게 자리를 지키고 있는 유명한 콩국숫집. 청양, 금산, 연천, 논산 등에서 직접 수매해 아침마다 콩물을 뽑아내는데, 그 콩물이 고소하고 담백한 맛이 일품이다. 자가제면하는 중면 굵기의 쫄깃한 식감의 면은 콩국수의 맛을 배가 시킨다.

- Ⓦ 콩국수, 비빔국수(각 1만원), 생두부, 달걀말이(각 8천원), 면사리(4천원)
- ⏱ 11:20~19:00 – 연중무휴
- 🔍 대전 서구 도산로 141 (도마동)
- ☎ 042-533-4586 Ⓟ 가능

대연각 일반중식

500여 년 전통의 중국집. 짜장면, 짬뽕 등의 식사메뉴를 비롯해 불 맛이 살아 있는 바삭한 탕수육도 인기다.

- Ⓦ 짜장면(7천원), 짬뽕, 간짜장, 볶음밥(각 8천원), 삼선짬뽕, 삼선우동, 삼선간짜장(각 1만원), 탕수육(소 1만7천원, 중 2만3천원, 대 3만원), 양장피(3만원)
- ⏱ 10:40~20:00 – 일요일 휴무
- 🔍 대전 유성구 엑스포로539번길 209 (탑립동)
- ☎ 042-936-9200 Ⓟ 가능

대전갈비집 ✖ 돼지갈비

진하지 않은 양념으로 고기를 숙성시켜 숯불에 구워 먹는 돼지갈빗집. 갈빗대에 고기가 붙어 있는, 진짜 돼지갈비를 맛볼 수 있다. 돼지갈비는 기본 3인분 이상 주문해야 한다. 40년 넘는 역사를 자랑하는 오래된 곳.

ⓦ 돼지갈비(250g 1만2천원), 돼지불고기(200g 9천원), 삼겹살
(150g 1만2천원), 냉면(5천원)
⏱ 11:00~22:00(마지막 주문 21:00) – 연중무휴
🔍 대전 중구 대전천서로 419-8 (대흥동)
☎ 042-254-0758 ⓟ 가능

더노은로 카페 | 베이커리

돌하르방 등의 조형물과 현무암을 사용한 인테리어로 제주
도 분위기를 느낄 수 있는 큰 규모의 베이커리 카페. 빵 종
류도 다양하게 판매하여 커피와 즐기기 좋으며, 큼지막한
소금빵이 인기 메뉴다. 야외 자리와 정원도 마련되어 있다.
ⓦ 에스프레소, 아메리카노(각 6천원), 카페라테(6천5백원), 필
터커피(1만2천원~1만5천원), 아포가토(8천원), 우도땅콩크림라
테(8천원), 백록담(7천5백원), 몽블랑(6천5백원), 딸기생크림크
루아상(6천3백원), 팡도르(6천5백원), 앙버터소금빵(5천원)
⏱ 10:30~22:00(마지막 주문 21:00) – 연중무휴
🔍 대전 유성구 노은서로 19-2 (노은동)
☎ 042-826-3450 ⓟ 가능

더한다이닝 The Han dinning 모던한식

프렌치에 한식 식재료를 가미한 모던한식을 경험할 수 있는
파인다이닝 레스토랑. 타르트지에 수육과 막걸리 소스로 마
무리한 보쌈타르트와 같은 창의적인 요리를 맛볼 수 있다.
시즌마다 달라지는 메뉴를 즐기는 것도 좋다.
ⓦ 단일코스(11만원)
⏱ 17:30~22:00 – 월요일, 격주 화요일 휴무
🔍 대전 유성구 원신흥로40번길 81 (원신흥동) 지하 101호
☎ 042-826-8117 ⓟ 불가(힐탑교회 앞쪽 주차장 이용)

도어블 doAble 일반중식

모던한 분위기에서 중화요리와 술을 함께 즐기는 중국식 요
리주점. 푸짐하게 나오는 유린기와 누룽지탕이 시그니처 메
뉴다. 중국 술뿐 아니라 와인도 갖추고 있다.
ⓦ 포레스트유린기(3만원), 동파육(5만원), 은이버섯누룽지탕(3
만9천원), 팔보채(3만8천원), 양장피(4만원), 토마토칠리새우(3

도어블

만9천원), 삼선짬뽕면(1만3천원), 짜장면(8천원)
⏱ 11:30~15:00(마지막 주문 14:00)/17:30~21:30(마지막 주문
20:00) – 일요일 휴무
🔍 대전 중구 대흥로 117 (대흥동)
☎ 010-3202-3531 ⓟ 불가

동원칼국수 칼국수 | 두부두루치기

두부두루치기가 인기 있는 칼국수 전문점. 두부두루치기는
두툼하게 자른 두부와 채소를 함께 넣고 매콤한 양념에 졸
인다. 칼국수는 바지락 육수에 김과 쑥갓을 올려 맛과 향이
좋다. 여름철에만 선보이는 콩국수도 별미다.
ⓦ 칼국수(8천원), 비빔국수, 콩국수(각 9천원), 두부두루치기(1
만5천원), 오징어두부두루치기(2만7천원), 보쌈(소 1만4천원, 중
2만6천원, 대 3만6천원)
⏱ 11:00~22:00(마지막 주문 21:00) | 토요일, 일요일
11:00~15:00/ 16:30~22:00(마지막 주문 21:00) – 연중무휴
🔍 대전 서구 청사서로54번길 11 (월평동)
☎ 042-484-9075 ⓟ 불가(갓길 주차)

동해원 일반중식

공주 동해원 주인장의 아들이 운영하는 곳으로, 칼칼한 짬
뽕이 맛있기로 유명하다. 돼지뼈를 48시간 푹 고아 만든 육
수에 채 썬 돼지고기와 오징어와 채소를 넣은 전통 방식의
짬뽕을 맛볼 수 있다. 짜장면은 큼직한 감자가 들어간 옛날
식 짜장 제조법을 고수하고 있다.
ⓦ 짬뽕, 짬뽕밥(각 9천원, 곱빼기 1만원), 짜장면(7천원, 곱빼기
8천원)
⏱ 11:00~15:00 | 토요일 11:00~16:00 – 일요일 휴무
🔍 대전 유성구 궁동로14번길 14 (궁동)
☎ 042-823-3495 ⓟ 불가

띠울석갈비 소갈비 | 돼지갈비

다른 지역에서 찾아보기 어려운 석갈비가 유명한 곳. 석갈
비는 숯불에 구운 갈비를 뜨거운 돌판 위에 내오는 것을 말
한다. 다 익은 상태로 나와 먹기 좋으며 먹는 동안 식지 않
는 것이 장점.
ⓦ 소석갈비(250g 2만9천원), 돼지석갈비(250g 1만7천원), 고추
장석갈비(250g 1만8천원), 왕갈비탕(1만5천원), 냉면(1만원)
⏱ 11:30~22:00 – 연중무휴
🔍 대전 대덕구 신탄진로 209 (신대동)
☎ 042-627-4242 ⓟ 가능

랑골로 LANGOLO 파스타

이탈리아에서 공부한 셰프가 만드는 생면 파스타 전문점이
다. 메뉴는 파스타만 있으며 다양한 해산물이 들어간 뚝배
기파스타와 트레네테 파스타면에 시금치를 첨가해 시각적
즐거움을 살린 딱새우봉골레파스타가 인기다.

ⓦ 카르보나라비골리, 비골리아마트리치아나(각 2만원), 리가토니화이트라구(2만1천원), 스카모차리조토(2만4천원), 수비드채끝등심스테이크(9만5천원)
🕐 11:30〜15:00/17:30〜22:00(마지막 주문 20:30) | 월요일 17:30〜22:00(마지막 주문 20:00) – 연중무휴
🔍 대전 유성구 엑스포로151번길 19 (도룡동) D102, D103호
☎ 070-8826-1111 Ⓟ 가능

루하테이블 이탈리아식

다양한 종류의 파스타와 피자를 맛볼 수 있는 이탈리안 레스토랑. 오일 베이스 파스타에 버터에 구운 대파를 올린 대파파스타가 인기 메뉴다. 피자는 비스마르크를 많이 찾는다.
ⓦ 한우카르파치오(2만4천원), 해물샐러드(2만5천원), 크림리조토(2만6천원), 오징어먹물리조토(2만3천원), 알리오올리오(1만9천원), 카르보나라(2만1천원), 대파파스타(2만2천원), 비스마르크(2만4천원), 마르게리타엑스트라피자(2만1천원), 프리셰루콜라피자(2만3천원), 1++한우채끝스테이크(150g 6만5천원)
🕐 11:30〜14:30/17:00〜21:30 | 토, 일요일 11:30〜15:00/17:00〜21:30 – 화요일 휴무
🔍 대전 유성구 원신흥로55번길 6-34 1층
☎ 0507-1351-5071 Ⓟ 가능

리코제이 RICO'J 파스타 | 이탈리아식

앤티크한 인테리어가 돋보이는 이탈리안 레스토랑. 식전빵과 히비스커스 차가 기본으로 나오며 해산물토마토파스타와 포르치니크림파스타가 대표 메뉴다. 수비드로 익힌 스테이크를 선보이며, 와인 리스트도 좋은 편이다.
ⓦ 해산물토마토파스타, 트러플포르치니크림파스타(각 2만1천원), 카수엘라파스타(2만원), 블랙크림리조토, 소고기로제리조토(각 2만2천원), 한우안심스테이크(5만9천9백원)
🕐 11:30〜15:00/17:30〜21:00(마지막 주문 20:00) – 연중무휴
🔍 대전 유성구 대덕대로 598 (도룡동) 더포엠2 101호
☎ 010-8487-6672 Ⓟ 가능

리코제이

만나대흥본점 일식샤부샤부 | 샤부샤부 | 스키야키

오사카식 스키야키를 경험할 수 있는 곳이다. 달달한 간장 베이스의 와리시타 소스와 깔끔한 육수 베이스의 시로다시 소스 2가지가 나온다. 신선한 채소와 고기를 고소한 계란 노른자에 찍어 먹는다. 점심과 저녁 메뉴는 가격과 양에서 차이가 난다. 상추쌈샤부도 인기 메뉴다.
ⓦ 오사카식스키야키(목심150g 1만9천9백원, 부채살150g 2만4천9백원, 한우150g 2만9천9백원), 상추쌈샤부(수제떡갈비 1만8천9백원, 석갈비 2만2천9백원), 산삼갈낙탕(1만9천원)
🕐 11:00〜14:00/17:00〜21:00(마지막 주문 20:00) – 월요일 휴무
🔍 대전 중구 대흥로 138 (대흥동) 혜화빌딩
☎ 042-254-2540 Ⓟ 가능

만나한우복수집 소고기구이

모둠소고기를 시키면 등심, 차돌박이, 안창, 삼겹양지, 치마양지, 부채살 등이 나와 부위별로 다른 맛을 볼 수 있다. 후식으로는 시래기 된장국을 구수하게 끓여 준다. 소뼈를 고아 육수를 한 솥 가득 만들어 놓는다.
ⓦ 등심(200g 2만6천원), 업진살, 치마살(각 200g 2만8천원), 육사시미(200g 2만원), 토시살(한마리 15만원)
🕐 17:00〜22:00 – 일요일 휴무
🔍 대전 유성구 도안대로577번길 12 (봉명동)
☎ 042-825-0409 Ⓟ 가능

만촌 생선회 | 세꼬시

고급 일식점을 연상케 하는 고급스러운 분위기의 자연산 회 전문점. 낙지, 돌 멍게, 낙지 볶음 등 제철에 맞는 다양한 해산물 요리가 곁들여져 나온다. 룸이 있어 모임을 하기에도 적당하며, 가격대는 높지만, 서비스가 좋은 편이다.
ⓦ 세꼬시(소 9만5천원, 중 13만8천원, 대 16만원), 만촌생선회(1인 5만9천원부터), VIP생선회(8만원), 회+세꼬시(중 14만5천원, 대 15만9천원, 특별 22만원), 만촌물회(점심 1만8천원, 특 2만5천원), 세꼬시정식(점심 2만5천원)
🕐 10:00〜14:00/17:00〜22:00(마지막 주문 20:30) – 일요일 휴무
🔍 대전 서구 만년로 81 (만년동)
☎ 042-472-8777 Ⓟ 가능

명랑식당 육개장

육개장 한 가지 메뉴로 40년 넘는 전통을 이어온 식당이다. 기름기를 제거한 고기는 결대로 길게 찢어 그릇에 담겨 나온다. 얼큰하면서도 담백한 국물에 부드러운 양지머리 고기가 육개장의 참맛을 보여준다. 오후 3시까지만 영업하니 방문 시 참고할 것.
ⓦ 육개장(1만원)
🕐 11:00〜15:00 – 일요일, 공휴일 휴무

○ 대전 동구 태전로 56-20 (삼성동)
☎ 042-623-5031 Ⓟ 불가

뮤제 ✕ MuSée 베이커리 | 카페

박물관이라는 뜻의 베이커리 카페. 매장에 들어서면 빵 냄새와 함께 예술 작품처럼 일렬로 진열되어 있는 빵들이 이목을 끈다. 탁트인 모던한 공간에서 당일 만든 빵과 함께 커피를 즐길 수 있는 곳.

Ⓦ 에스프레소(4천5백원), 아메리카노(4천5백원), 카페라테(4천9백원), 크림라테(6천5백원), 애플브리치즈샌드위치(1만1천원), 뱅스위스(5천원), 팔미에(4천5백원), 커스터드크림크루아상(4천8백원)
○ 11:00~22:00(마지막 주문 21:30) - 수요일 휴무
○ 대전 중구 대흥로121번길 44 (대흥동)
☎ 042-222-1837 Ⓟ 불가

바질리코 ✕ Basilico 이탈리아식 | 파스타 | 피자

분위기 좋은 이탈리안 레스토랑. 아담한 3층 건물의 옥상은 허브밭으로 꾸며 신선한 허브를 사용한 요리를 낸다. 겨울에는 여름에 재배해 둔 허브를 냉동해 두었다가 사용한다.

Ⓦ 바질페스토, 로제라구(각 1만7천원), 살치살콤보스테이크(3만5천원) 매콤한관자영양덮밥(2만1천원), 멕시칸콤비네이션피자, 마르게리타피자(각 2만2천원)
○ 11:30~15:00/17:00~20:40 - 명절 휴무
○ 대전 유성구 한밭대로313번길 10 (장대동)
☎ 042-825-2825 Ⓟ 가능

박선희황태어글탕 황태

뽀얀 국물의 황태 어글탕을 맛볼 수 있는 곳. 따로 나오는 두부를 탕에 넣고 새우젓으로 간을 하여 먹는다. 담백한 국물맛이 일품이며, 취향껏 다진 청양고추를 넣어 먹어도 맛있다.

Ⓦ 황태어글탕(1만2천원), 황태전복어글탕(1만5천원), 황태구이(1만3천원), 돈가스(8천원), 불낙불고기볶음(소 3만2천원, 중 4만2천원, 대 6만2천원)
○ 11:00~15:00/17:00~21:30 - 일요일 휴무
○ 대전 서구 한밭대로707번길 30 (월평동)
☎ 042-482-7003 Ⓟ 가능

방동가든 ✕ 돼지갈비 | 소갈비

양념이 쏙 밴 돼지주물럭(돼지갈비)이 맛있기로 유명한 곳. 숯불에 구워 먹는 맛이 좋으며, 함께 나오는 밑반찬도 맛있다. 질 좋은 생갈비와 양념소갈비도 인기 메뉴. 바로 앞에 방동저수지가 있어 식사 후 근처를 산책하는 것도 좋다.

Ⓦ 돼지주물럭(국내산 200g 1만6천원, 미국산 200g 1만4천원), 양념소갈비(미국산 3만원), 소생갈비(미국산 150g 3만4천원), 비빔냉면(8천5백원), 물냉면(8천원)

○ 11:30~21:30(마지막 주문 20:00) - 명절 휴무
○ 대전 유성구 성북로 58 (방동)
☎ 042-544-3000 Ⓟ 가능

백마강 ✕ 장어

참숯에 굽는 민물장어 전문점. 질 좋은 민물장어를 사용하며 직원이 먹기 좋게 구워주므로 편하게 먹을 수 있는 장점이 있다. 함께 나오는 생강채나 묵은지에 싸 먹으면 별미. 구수한 장어탕으로 식사를 마무리한다.

Ⓦ 민물장어(반판 3만5천원, 한판 6만9천원), 장어탕(소 5천원, 대 8천원)
○ 11:00~22:00(마지막 주문 21:00) - 연중무휴
○ 대전 유성구 도안대로567번길 3 (봉명동)
☎ 042-825-1881 Ⓟ 가능

별난집 ✕ 두부두루치기

두부두루치기를 전문으로 하는 곳. 두부두루치기는 육수와 두부를 넣고 대파, 참기름, 고춧가루 등으로 양념하는 것이 특징이며 당면과 쫄면을 넣어 만든다. 매콤한 맛이 일품이며 자박한 국물에 밥을 비벼 먹으면 좋다. 40년 넘는 전통을 자랑하는 곳.

Ⓦ 두부두루치기(1만6천원), 녹두지짐(1만5천원)
○ 11:30~21:00(마지막 주문 20:30) | 토, 일요일 11:30~15:00(마지막 주문 14:30)/16:00~21:00(마지막 주문 20:30) - 마지막 주 수요일 휴무
○ 대전 동구 중앙로193번길 8 (중동) 1층
☎ 042-252-7761 Ⓟ 불가

부산식당 순댓국

한 자리에서 50여 년 동안 부담없는 가격으로 순대국밥을 팔고 있는 집. 국밥에 들어가는 순대를 직접 만들며 고기도 푸짐하게 들어가 있다. 순대를 비롯해 다양한 부위가 나오는 모둠안주도 인기며, 새콤한 머릿고기무침도 별미다. 가게 내부는 허름하지만 시장의 역사와 발자취를 볼 수 있는 글과 사진이 정겹다.

Ⓦ 순대국밥, 순대국수(1만원), 모둠안주(1만원~1만5천원), 머릿고기무침(1만5천원)
○ 07:30~21:00 - 연중무휴
○ 대전 유성구 유성대로730번길 34 (장대동)
☎ 042-822-2618 Ⓟ 불가(인근 공영 주차장 이용)

사리원면옥 ✕ 황해도냉면 | 소불고기

1952년부터 4대째 내려오는 전통의 냉면집으로, 실질적으로 대전 냉면의 원조라 할 수 있다. 황해도식을 기본으로 한 깔끔한 육수가 특징이다. 메밀과 전분을 섞어 면을 만드는 것이 특징. 냉면에 곁들이기 좋은 달큰한 소불고기도 꾸준히 인기가 있는 메뉴다.

ⓦ 물냉면, 비빔냉면(각 1만1천원), 곱빼기 1만3천원), 갈비탕(1만5천원), 찐만두(4개 4천5백원, 8개 9천원), 만둣국(1만원), 소고기김치비빔(1~2인 1만1천원, 3~4인 2만2천원)
ⓢ 11:00~21:30(마지막 주문 21:00) – 연중무휴
ⓠ 대전 중구 중교로 62 (대흥동)
☎ 042-256-6506 ⓟ 발레 파킹

산골묵집 묵 | 닭백숙

흙으로 지은 오래된 초가집에서 시작한 집으로, 담백한 도토리묵이 유명한 곳이다. 물묵뿐만 아니라 칡이나 옻을 넣고 삶은 백숙도 좋다. 백숙은 고기를 다 먹은 후 국물에 넣어 죽을 만들 찰밥이 별도로 용기에 담겨 나온다.
ⓦ 채묵, 보리밥(각 9천원), 파전(1만3천원), 두부김치(1만2천원), 묵무침(1만2천원), 칡백숙, 닭볶음탕(각 5만원), 옻닭(5만5천원)
ⓢ 10:30~15:00/16:30~20:30 | 토, 일요일 10:30~20:30 – 연중무휴
ⓠ 대전 유성구 관용로63번길 47 (관평동)
☎ 042-935-9900 ⓟ 가능

산밑할머니묵집 묵

묵채가 유명한 곳. 채 썬 묵에 멸치, 다시다, 무로 만든 육수를 부어 잘게 썬 김치와 김을 섞어 먹는 맛이 별미다. 가격대도 낮고 양도 푸짐한 편. 구수한 보리숭늉으로 식사를 마무리한다.
ⓦ 묵사발, 두부(각 9천원), 안주묵(1만원), 백숙(5만원), 닭볶음탕(5만5천원), 도토리채소전(1만5천원), 보리밥(1만원)
ⓢ 11:00~20:00 – 연중무휴
ⓠ 대전 유성구 관용로 33 (관평동)
☎ 042-935-7922 ⓟ 가능

설천순대국밥 순대국밥

대전을 대표하는 순댓국집 중 하나다. 우거지가 들어가 시원한 국물에 정구지(부추)를 넣어 먹으면 해장이 절로 된다.
ⓦ 순대국밥(1만원, 특 1만1천원), 모둠순대(소 3만원, 중 3만원), 맛순대(1만원), 곱창전골(소 3만5천원, 중 4만원)
ⓢ 05:00~01:00(익일) – 연중무휴
ⓠ 대전 서구 둔산로51번길 66 (둔산동)
☎ 042-482-4801 ⓟ 불가

성심당 聖心堂 베이커리

대전을 상징하는 오래된 빵집. 유산균을 발효시켜 만든 다양한 빵들을 먹을 수 있는 곳이다. 팥 앙금이 들어간 튀김소보로가 가장 유명하다. 70년 가까운 역사를 자랑한다.
ⓦ 튀김소보로(1천7백원), 튀소구마(1천7백원), 야키소바빵(4천원), 판타롱부추빵(2천원), 보문산메아리(6천원), 작은메아리(3천원), 성심순크림빵(2천5백원), 단팥빵(1천7백원), 소금빵(1천5백원), 야채고로케(2천3백원)

ⓢ 08:00~22:00 – 연중무휴
ⓠ 대전 중구 대종로480번길 15 (은행동)
☎ 1588-8069 ⓟ 가능

소나무집 칼국수

두부부침과 오징어칼국수를 하는 곳. 오징어와 총각김치를 넣어 끓여낸 오징어찌개에 칼국수를 넣어 먹는다. 합리적인 가격에 푸짐한 식사를 할 수 있는 것이 장점. 칼국수를 다 먹은 후에는 남은 국물에 밥을 비벼 먹는다.
ⓦ 오징어찌개(7천원), 사리, 공기밥(각 1천원), 두부부침(2천5백원)
ⓢ 11:30~15:30(마지막 주문 15:00)/17:30~21:00(마지막 주문 20:30) – 첫째, 셋째 주 월요일 휴무
ⓠ 대전 중구 대종로460번길 59 (대흥동)
☎ 042-256-1464 ⓟ 불가

솔밭묵집 묵 | 닭백숙 | 닭볶음탕

구즉도토리묵 거리에 있는 묵집 중의 하나. 도토리묵의 진한 맛을 볼 수 있다. 큼지막한 대접에 도토리묵을 채 썰어 담고 잘게 썬 김치와 김, 깨소금을 고명으로 얹어 국물을 부어낸다. 자극적인 맛을 원하면 삭힌 풋고추를 첨가하면 매콤하다. 묵과 함께 나오는 보리밥도 별미다.
ⓦ 채묵(중 6천원, 1인 9천원), 보리밥(9천원), 두부김치(1만1천원), 묵전(6천원), 파전(1만2천원), 묵무침(1만3천원), 닭백숙(4만5천원), 닭볶음탕(5만2천원)
ⓢ 10:30~20:30 – 연중무휴
ⓠ 대전 유성구 관용로 51 (관평동)
☎ 042-935-5686 ⓟ 가능

숯골원냉면 평양냉면 | 닭백숙

1·4 후퇴 때 평양에서 월남하여 4대에 걸쳐 일궈 놓은 평양냉면 전문점이다. 강원도 평창군 내 농가들과 계약 재배한 메밀을 사용하며, 국수를 누를 때 10% 정도 전분을 섞는다. 순메밀을 눌러 달라고 하면 순메밀국수도 말아준다. 면발이 깔깔하면서도 메밀 향을 잘 살리고 있다. 육수는 소고기가 아닌 닭고기를 사용하며, 거기에 알맞게 익힌 동치미 국물만 가미해서 약간 밍밍한 편이다. 고명으로 닭고기가 올라가는 것이 특징.
ⓦ 물냉면(1만1천원), 비빔냉면(1만2천원), 꿩냉면, 꿩온면, 꿩만둣국(각 1만5천원), 평양식왕만두(8천원), 토종닭백숙(4만원)
ⓢ 11:00~15:30/16:30~20:00 | 토, 일요일 11:00~20:00 – 연중무휴
ⓠ 대전 유성구 신성로84번길 18 (신성동)
☎ 042-861-3287 ⓟ 가능

숯골원조냉면 평양냉면

50여년 오랜 전통의 평양냉면집. 직접 담근 동치미 육수를 사용해 슴슴하면서도 깊은 맛이 나며, 자가제면한 메밀면을 사용해 면이 질기거나 끊어지지 않고 쫄깃하다.

ⓦ 물냉면(1만원), 비빔냉면(1만1천원), 갈비탕, 파전(각 1만3천원), 메밀왕만두, 김치메밀전병(각 5천원), 토종백숙(4만5천원), 닭볶음탕(5만원)
🕐 11:00~21:00 – 연중무휴
🔍 대전 유성구 신성로 121 (신성동)
☎ 042-861-6730 ⓟ 가능

스시아이 ✕ すし愛 스시

엄선된 식재료로 만든 스시 오마카세 코스를 즐길 수 있는 곳. 스시의 완성도가 높은 편이며 만족도가 높다. 기본 상차림으로 초생강과 우엉조림이 나오며 10년 이상 묵은 천일염과 강원도 철원산 고추냉이가 곁들여진다.

ⓦ 런치코스(7만원), 디너오마카세(13만원)
🕐 12:00~14:00/18:00~22:00(마지막 주문 19:30) – 일요일 휴무
🔍 대전 유성구 온천로 26 (봉명동) 리베라아이누리 110호
☎ 042-482-1005 ⓟ 가능

스시호산 ✕✕ 虎山 스시

신라호텔 아리아께에서 경력을 쌓은 조리장이 쥐는 스시야. 기대할 만한 수준의 스시를 맛볼 수 있는 곳. 대전에서는 최고의 스시로 손꼽을 수 있는 곳이다. 예약제로 디너오마카세만 운영하니 방문 시 참고할 것.

ⓦ 디너오마카세(25만원)
🕐 19:00~22:00 – 금, 토, 일, 월요일 휴무
🔍 대전 서구 대덕대로 366 (만년동) 해가든센트럴파크 1층
☎ 042-482-0053 ⓟ 가능

스시호산

스웨이 ✕ Sway 파스타

수제로 만든 생면 파스타를 전문으로 하는 곳. 식재료 본연의 맛을 살린 요리를 선보인다. 버터로 맛을 낸 소스에 계란 노른자를 섞어 먹는 세이지타야린이 인기 메뉴. 와인을 페어링 해서 먹기도 좋다.

ⓦ 세이지타야린, 카치오페페(각 2만4천원), 스칼피노(2만7천원), 트러플크림소스와감자뇨키(2만4천원), 봉골레(2만7천원), 한우1++냉장채끝스테이크(변동)
🕐 변동(인스타그램 공지) – 화요일 휴무(임시 휴일 인스타그램 공지)
🔍 대전 서구 문정로150번길 31-6 (탄방동)
☎ 010-4376-4347 ⓟ 불가

신도칼국수 ✕ 칼국수 | 수육 | 두부두루치기

공주분식과 함께 대전 칼국수의 양대산맥을 이루는 곳. 멸치로 육수를 내며 담백하면서도 진한 국물 맛이 특징이다. 취향에 따라 양념장을 가미해도 좋으며, 잡내 없는 쫄깃한 수육도 맛이 좋다.

ⓦ 칼국수(7천원, 곱빼기 9천원), 수육(소 2만원, 대 2만5천원), 두부두루치기(2만5천원)
🕐 10:00~15:00/17:00~19:30 – 연중무휴
🔍 대전 동구 대전로825번길 11 (정동)
☎ 042-253-6799 ⓟ 불가

신미식당 선지해장국 | 칼국수

선지국밥과 칼국수가 맛있기로 유명한 곳. 칼국숫집으로 시작했지만 지금은 선지국밥이 더 유명하다. 선지국밥은 소머리 육수에 된장을 풀고 우거지와 시래기, 부추를 넣고 끓인다. 저렴한 가격에 진한 국밥을 맛볼 수 있어 인기가 많다. 40년 넘는 전통을 자랑하며 점심시간이면 줄을 서야 할 정도로 인기다.

ⓦ 선지국밥, 손칼국수(각 6천원), 선지전골(1만8천원), 파전(8천원)
🕐 11:30~20:00(마지막 주문 19:30) | 토요일 11:30~19:00(마지막 주문 18:30) – 일요일 휴무
🔍 대전 동구 우암로85번길 35 (삼성동)
☎ 042-672-5728 ⓟ 가능

여자만장어구이 ✕ 장어

대형 장어구잇집으로, 민물장어와 바닷장어 모두 취급하고 있다. 장어는 기본 2인 이상 주문해야 하며 양념과 간장, 소금구이 중 선택할 수 있다. 일반 장어구이 외에도 몸에 좋은 산삼, 동충하초, 더덕 등을 곁들인 메뉴도 인기가 많다.

ⓦ 양념민물장어, 간장민물장어, 소금민물장어(각 1인 3만3천원), 동충하초민물장어, 산삼배양근민물장어(각 1인 4만원), 더덕민물장어(1인 4만3천원), 평일점심장어정식(1인 2만3천원)
🕐 11:30~21:30(마지막 주문 20:45) – 연중무휴

Q 대전 서구 만년로68번길 38 (만년동)
☎ 042-486-2486 ⓟ 가능

연래춘대반점 ✕ 燕來春 일반중식

고급스러운 분위기에서 중식을 즐길 수 있는 곳. 한국 전통 입맛에 맞춘 중식을 선보인다. 짜장면과 볶음밥 등의 식사 메뉴 외에도 전가복, 깐풍기 등의 요리 메뉴도 맛이 좋다.
ⓦ 짜장면(9천원), 삼선짜장, 삼선짬뽕(각 1만2천원), 새우볶음밥, 삼선짬뽕밥(각 1만3천원), 사천탕수육(3만5천원), 깐풍기(3만8천원), 전가복(8만5천원)
⏰ 11:00~15:00/17:00~21:30(마지막 주문 21:00) | 토, 일요일 11:00~21:30(마지막 주문 21:00) – 연중무휴
Q 대전 유성구 대학로 78 (궁동)
☎ 042-825-1177 ⓟ 가능

영화반점 일반중식

오랫동안 짜장면과 탕수육으로 인기를 끌고 있는 집. 부추가 들어간 간짜장과 홍합과 해물이 듬뿍 들어간 짬뽕 맛도 일품이다. 탕수육에 감자튀김이 올라가는 것이 독특하다.
ⓦ 간짜장, 볶음밥, 짜장밥(각 9천원), 해물짬뽕(1만원), 탕수육(소 1만8천원, 대 2만8천원)
⏰ 11:00~15:00(마지막 주문 14:30)/17:00~20:00(마지막 주문 19:30) – 일요일, 명절 휴무
Q 대전 대덕구 신탄진동로23번길 46 (신탄진동)
☎ 042-931-4158 ⓟ 불가

예이제448 카페

산 아래에 자리하여 쉬어 가기 좋은 한옥 카페. 과일 착즙 주스와 빙수가 생망고 빙수가 인기 있다. 야외에도 파라솔과 함께 테이블이 마련되어 있다.
ⓦ 아메리카노(5천5백원), 카페라테, 카푸치노(각 5천9백원), 예이제크로플(9천9백원), 생망고빙수(2만5천9백원), 바나나우유, 수박주스, 감귤주스(각 6천5백원)
⏰ 10:30~19:00 – 연중무휴
Q 대전 유성구 북유성대로487번길 37 (외삼동)
☎ 0507-1314-1226 ⓟ 가능

예지원 한정식

깔끔한 한정식을 즐길 수 있는 곳으로, 접대하기에도 좋다. 메뉴는 한정식 한 가지뿐으로, 한상 가득 맛깔스러운 반찬이 나온다. 예약은 꼭 하고 가야 한다.
ⓦ 평일정식(4만원), 주말정식(5만원)
⏰ 12:00~21:00 – 일요일 휴무
Q 대전 중구 중앙로16번길 27-17 (문화동)
☎ 042-222-3522 ⓟ 가능(협소)

오류옥천가 ✕ 소고기구이

대전에서 한우구이로 유명한 곳. 차돌박이, 치마살, 갈빗살 등의 다양한 부위가 나오는 한우알아서 메뉴가 특히 인기다. 청국장에 고기 파지를 듬뿍 넣고 밥을 말아 내는 사장밥도 별미로 통한다.
ⓦ 한우알아서(150g 3만5천원), 한우생갈비(150g 3만8천원), 한우생등심(150g 3만5천원), 모둠생고기(150g 2만원), 사장밥(6천원), 한우설렁탕(1만원)
⏰ 16:00~22:00 – 월요일 휴무
Q 대전 중구 계룡로874번길 87 (오류동)
☎ 042-532-5658 ⓟ 불가

오씨칼국수 칼국수

줄을 서서 먹어야 할 정도로 인기 있는 칼국숫집. 쫄깃한 면에 신선한 물총조개가 푸짐하게 들어 있다. 보통 물총을 주문해서 반쯤 먹은 뒤 칼국수를 추가해서 먹는다. 매콤한 김치를 곁들이면 더욱 맛있다.
ⓦ 손칼국수(8천5백원), 물총(1kg 1만4천원), 해물파전(1만2천원)
⏰ 11:00~15:00/15:30~21:00 | 토, 일요일 11:00~21:00 – 월요일 휴무
Q 대전 동구 옛신탄진로 13 (삼성동)
☎ 042-627-9972 ⓟ 가능

오한순손수제비 일반한식 | 수제비

민물새우가 가득 들어간 얼큰한 수제비를 먹을 수 있는 곳. 수제비는 손으로 얇게 뜯어 쫀득한 맛이 좋다. 세트로 시키면 수육도 맛볼 수 있어 추천한다.
ⓦ 세트A(3만8천원), 세트B(5만2천원), 민물새우손수제비(소 2만원, 중 2만9천원, 대 3만8천원), 부추손수제비(8천5백원), 수육(맛보기 1만2천원, 소 2만4천원, 대 3만6천원)
⏰ 11:00~15:00/17:00~21:30(마지막 주문 20:30) – 토요일 휴무
Q 대전 유성구 죽동로279번길 89 (죽동)
☎ 042-826-3373 ⓟ 불가

온천집 ✕ 일식샤부샤부 | 일식

새로 개발된 대전역 뒷편 소제동에 있는 곳으로, 일본 온천장을 재현했다. 퓨전 샤부샤부를 즐길 수 있다. 1인씩 세팅되는 정식이기 때문에 2명이 서로 다른 메뉴를 주문할 수 있다.
ⓦ 온천집스키야키(2만1천원), 복해도식얼큰한샤부샤부(2만원), 온천집1인샤부샤부(1만9천5백원), 비프스테이크정식(2만4천원), 트러플튀김덮밥(2만원), 온천집된장차돌샤부샤부(2만7천원)
⏰ 11:30~15:00(마지막 주문 14:00)/17:00~21:00(마지막 주문 20:00) – 연중무휴
Q 대전 동구 수향길 17 (소제동)
☎ 042-625-0906 ⓟ 불가

왕관식당 콩나물밥

50여 년의 전통을 자랑하는 콩나물밥집. 시어머니와 며느리, 2대에 걸쳐 가업을 잇고 있다. 콩나물밥에 육회를 넣고 양념장과 함께 비벼 먹는 스타일이다. 반찬은 된장국과 깍두기로 단출한 편. 점심시간 두 시간만 영업하는 곳으로도 유명하다. 동절기에는 무시래기를, 하절기에는 배추시래기를 직접 만든다. 손바닥만한 간판은 눈여겨보지 않으면 그냥 지나치기 쉽다.

- ⓦ 콩나물밥(6천원), 육회(소 7천원, 대 1만원)
- ⏱ 12:00~14:00(재료 소진 시 마감) – 일요일 휴무
- 🔍 대전 동구 선화로196번길 6 (중동)
- ☎ 042-221-1663 ⓟ 불가

용진식당 ✂ 소고기구이

주택을 개조하여 만든 한우 특수부위 전문점이다. 비교적 가격대가 높은 편이지만, 맛이 좋아 단골층이 두텁다. 부위 중 안창살이 인기며, 토시살도 추천할 만하다. 오랫동안 끓여 깊고 진한 맛을 내는 소고기뭇국에 밥을 말아 마무리하면 좋다.

- ⓦ 안창살, 토시살(각 130g 4만5천원), 치마살, 부채살, 업진살(각 150g 3만5천원), 탕국(2천원)
- ⏱ 10:00~16:00/17:00~22:00 – 일요일 휴무
- 🔍 대전 유성구 박산로140번길 201-2 (구암동)
- ☎ 042-823-8181 ⓟ 가능

월광박속낙지탕 ✂ 낙지

복지리 육수를 사용하여 시원한 국물의 박속낙지탕을 맛볼 수 있다. 신선한 산낙지를 테이블에서 바로 냄비에 넣고 끓여준다. 박속과 청경채, 배추 등이 들어가 국물 맛을 깊게 해준다.

- ⓦ 박속낙지탕(2인 이상, 1인 2만4천원), 낙지볶음(2인 이상, 1인 1만4천원), 탕탕이(산낙지)(2인 이상, 1인 2만4천원), 전복반속낙지탕(2만5천원), 호롱구이(2인 이상, 냉동4마리 2만4천원, 산낙지1마리 2만4천원)
- ⏱ 11:30~22:30 – 연중무휴
- 🔍 대전 서구 한밭대로707번길 27 (월평동) 2층
- ☎ 042-487-8253 ⓟ 불가

유성복집 ✂ 복

40년 넘는 역사의 복요리 전문점. 가게 앞의 수족관에서 헤엄치는 활복을 사용하여 신선한 회를 맛볼 수 있다. 다양한 요리로 구성된 코스 메뉴도 인기.

- ⓦ 복국, 전골(각 1만3천원~4만5천원), 해장복튀김(2만3천원), 밀복튀김(4만3천원), 해장복수육/빨간찜(각 4만4천원), 참복수육/빨간찜(각 12만원), 까치복코스(2인 이상, 1인 4만9천원)
- ⏱ 10:00~14:30/16:30~22:00(마지막 주문 21:20) | 일요일

유성복집

09:00~14:00/16:30~21:00(마지막 주문 20:20) – 월요일, 명절 당일 휴무
- 🔍 대전 유성구 온천서로 24 (봉명동) 2층
- ☎ 042-823-5388 ⓟ 가능

은골할먼네 민물새우

시골 할머니집에 온 것 같은 분위기의 민물새우탕집. 야외 자리에서는 대청호를 보며 식사할 수 있다. 수제비가 들어간 민물새우탕 맛이 일품이며 제철에 맞는 다양한 밑반찬이 함께 나온다.

- ⓦ 민물새우탕(소 2만5원, 중 3만원, 대 3만5천원), 손두부, 도토리묵(각 1민2천원), 야채전(8천원)
- ⏱ 11:00~18:00(마지막 주문 17:30) | 금요일 11:00~15:00(마지막 주문 14:30) – 월, 화, 수, 목요일 휴무
- 🔍 대전 동구 냉천로152번길 291 (마산동)
- ☎ 042-274-7107 ⓟ 가능

인동왕만두 ✂ 만두

40년 넘는 역사를 자랑하는 만둣집. 채소와 고기로 만든 만두 소가 푸짐하게 들어간다. 고기는 돼지고기와 소고기를 반반씩 섞는 것이 특징. 만두피가 두껍지 않아 부담없이 먹을 수 있다. 매장이 협소한 편이어서 포장해가는 손님이 많다.

- ⓦ 고기만두, 김치만두, 튀김만두, 통만두, 찐빵, 왕만두(각 6천원)
- ⏱ 09:00~21:00 | 일요일 09:00~20:00 – 연중무휴
- 🔍 대전 동구 대전로 697 (인동)
- ☎ 042-285-5060 ⓟ 가능(2팩 이상 구매 시 주차권 지원)

인디 INDY 인도식

15년 가까이 대전 지역에서 인기를 끌어온 인도음식점이다. 인도 현지 셰프가 요리하는 40여 종류의 커리와 정통 인도 요리를 맛볼 수 있으며, 실내 인테리어도 이국적이다. 커리, 샐러드, 난 등이 나오는 실속세트가 가격대비 구성이 좋으

며, 할랄 푸드 인증 레스토랑이다.
- ⓦ 탄두리치킨(2만6천원), 치킨마카니(2만원), 인디실속세트(A세트 1만7천원, B세트 1만9천원, C세트 2만5천원), 그린샐러드(1만5천원), 탄두리치킨샐러드(2만1천원), 머시룸수프(7천원), 난(3천원~6천원)
- ⓣ 11:30~15:00/17:30~22:00 | 토, 일요일 11:30~22:00 – 명절 휴무
- ⓠ 대전 서구 대덕대로 246 (둔산동)
- ☎ 042-471-7052 ⓟ 가능

일정 ✖ 一廷 굴비 | 한정식

법성포 굴비 전문점으로, 남도식 한정식을 내는 곳이다. 굴비정식을 시키면 보리굴비와 함께 맛깔스러운 반찬이 한 상 가득 차려진다. 녹찻물에 밥을 말아 굴비를 곁들이면 그 맛이 일품이다. 실내 분위기도 조용하고 고급스러워 손님 접대나 상견례에도 좋다.
- ⓦ 굴비정식(점심특선 2만9천원, 저녁 3만5천원, 4만5천원, 5만5천원), 한정식코스(6만원~8만원), 비지니스코스(8만원~15만원), 상견례코스(4만5천원, 5만5천원), 흑산도홍어삼합(10만원), 갈비찜, 병어조림, 전복(각 6만원)
- ⓣ 09:30~21:30 – 연중무휴
- ⓠ 대전 서구 만년로67번길 18-9 (만년동)
- ☎ 042-489-8877 ⓟ 가능

자작나무 카페

자작나무 숲길을 따라 들어가면 나오는 분위기 좋은 대형 카페. 오늘의드립커피가 추천 메뉴이며, 쿠키와 케이크 등 디저트도 즐길 수 있다. 벽마다 통창이 크게 나 있어서 어느 자리에 앉아도 뷰가 좋으며 겨울에는 마당 한가운데에 모닥불을 피우기도 한다.
- ⓦ 에스프레소(4천5백원), 아메리카노(5천원), 카푸치노, 카페라테, 초코라테(각 5천5백원), 레몬에이드, 자몽에이드, 오미자에이드(각 6천5백원), 갑동세이크(7천원), 마들렌(2천5백원), 못난이쿠키(4천5백원), 당근케이크(7천원), 바스크번트치즈케이크(7천원)
- ⓣ 10:00~21:00(마지막 주문 20:50) – 연중무휴
- ⓠ 대전 유성구 갑동로25번길 136 (갑동)
- ☎ 042-826-0134 ⓟ 가능

장가네대구왕뽈떼기대전본점 대구 | 대구탕

대구와 메로를 전문으로 하는 곳이다. 각각 매운탕과 찜, 지리 등 다양한 조리법으로 맛볼 수 있다. 깔끔하고 시원한 대구탕과 무와 콩나물이 듬뿍 들어가 개운한 맛을 낸 메로지리가 추천 메뉴. 점심 특선 메뉴는 2인 이상 주문 가능하며 가격도 부담 없다.
- ⓦ 메로탕, 메로지리, 메로찜(각 커플 4만원, 소 5만원, 중 5만8천원, 대 6만5천원), 대구탕, 대구지리, 대구찜(각 커플 3만5천

장가네대구왕뽈떼기대전본점

원, 소 4만원, 중 4만7천원, 대 5만2천원), 묵무침(1만원), 메로구이(2만원), 날치알주먹밥(5천원), 점심특선대구지리/탕(2인 이상, 1인 1만원), 점심특선대구찜(2인 이상 1인 1만1천원)
- ⓣ 11:00~15:00/17:00~22:00(마지막 주문 21:00) – 일요일 휴무
- ⓠ 대전 동구 계족로 309-1 (성남동)
- ☎ 042-623-0750 ⓟ 가능(협소)

적덕식당 족발

족발양념구이로 40년 넘게 영업해온 곳이다. 돼지족을 생강, 마늘, 맛술을 넣고 푹 삶아낸 후 숯불에 살짝 구워 고추장 양념에 버무린 것이다. 매콤하면서도 달달한 맛이 일품이다. 두부두루치기, 오징어두루치기, 칼국수 사리가 들어가는 두부오징어도 인기 메뉴다.
- ⓦ 양념족발(소 1만5천원, 중 2만원, 대 2만5천원), 두부오징어+사리(9천원), 우동칼국수(5천원)
- ⓣ 10:40~21:40 – 연중무휴
- ⓠ 대전 동구 우암로 220-3 (가양동)
- ☎ 042-633-4293 ⓟ 가능

진로집 두부두루치기

대전을 대표하는 음식인 두부두루치기는 국물이 거의 없이 졸여 내는 것이 특징이다. 밑반찬은 맑은 국물김치와 열무김치뿐. 잘 부쳐낸 두부전은 잘게 썬 파, 깨 등으로 양념한 간장 양념과 함께 먹는다. 50년 역사를 자랑한다.
- ⓦ 두부두루치기(소 1만3천원, 중 2만원, 대 2만6천원), 두부+오징어(1만8천원), 수육(소 1만8천원, 중 2만6천원, 대 3만5천원), 두부전, 부추전(각 6천원)
- ⓣ 11:30~15:00(마지막 주문 14:30)/16:30~22:00(마지막 주문 21:30) – 화요일 휴무
- ⓠ 대전 중구 중교로 45-5 (대흥동)
- ☎ 042-226-0914 ⓟ 불가

참숯향생선구이 생선구이

참숯으로 구운 생선구이를 즐길 수 있는 곳. 도톰한 생선살을 와사비간장에 찍어 먹으면 맛이 좋다. 생선조림, 대구뽈지리도 인기가 좋으며 숙성회는 하루 전에 예약해야 한다.

ⓦ 생선구이, 생선조림(각 1만1천원~1만5천원), 대구뽈매운탕, 대구뽈지리탕(각 1인 1만2천원), 왕갈치구이(8만원), 왕갈치조림(9만원), 새뱅이부추전, 김치전(각 1만원)
ⓣ 11:00~15:00/17:00~21:00(마지막 주문 20:30) – 첫째 주 일요일 휴무
ⓠ 대전 서구 둔산로74번길 29 (둔산동)
☎ 042-485-4122 ⓟ 가능

챔프스페이스커피로스터스 ✖
CHAMPSPACE COFFEE ROASTERS 커피전문점

국가대표 굿스피릿 챔피언 강민서 바리스타의 로스터리 카페. 구옥을 개조한 곳으로 구옥의 아늑함은 살리고, 현대식으로 깔끔하게 한 인테리어가 시각적인 요소도 훌륭하다. 브라질 세계대회에서 만들었던 커피칵테일을 재해석한 메뉴가 시그니처 음료다. 르뱅쿠키나 미니수플레 같은 디저트 메뉴도 준비되어 있다.

ⓦ 아메리카노(5천3백원), 카페라테(5천8백원), 오'메리카노(6천3백원), 챔프슈페너(7천3백원), 브루잉커피(변동), 패션한라봉에이드, 레몬소다에이드(각 7천원), 티라미수(7천5백원), 피낭시에(3천8백원)
ⓣ 11:00~21:00 – 설날 당일 휴무
ⓠ 대전 동구 수향길 97 (소제동)
☎ 0507-1425-5388 ⓟ 불가

천년의정원 ✖ 일반중식

고대 중국의 정원 느낌을 살린 인테리어가 뛰어나다. 특급호텔 출신의 조리사가 만들어 내는 요리들도 고급스러운 편. 퓨전이 약간 가미되어 있는 요리를 즐길 수 있다.

ⓦ 짜장면(1만1천원), 짬뽕(1만4천원), 사천탕면(1만2천원), 우육탕면(1만5천원), 탕수육(소 2만7천원, 중 3만3천원, 대 4만8천원), 런치코스(1인 3만원~6만5천원), 디너코스(1인 3만8천원~15만원)
ⓣ 11:30~21:30 – 명절 휴무
ⓠ 대전 서구 만년로67번길 18-13 (만년동)
☎ 042-485-1796 ⓟ 가능

천복순대국밥 순댓국

오랫동안 이어져 온 순대국밥 전문점. 밥을 말아 내오며 순대와 내장이 듬뿍 들어 있다. 내장을 원하지 않으면 순대만 달라고 하면 된다. 취향에 따라 테이블 위에 있는 들깻가루를 넣어 먹으면 좋다. 순대에는 채소가 들어 있어 아삭한 맛이 나는 것이 특징.

ⓦ 순대국밥(9천원), 편육(1만원), 황태해장국(8천원), 모둠순대

(소 1만원, 중 1만5천원), 콩나물국밥(7천원)
ⓣ 09:00~21:00 – 연중무휴
ⓠ 대전 서구 관저남로25번길 23-1 (관저동)
☎ 042-586-1090 ⓟ 불가

청주남주동해장국 ✖
선지해장국 | 콩나물국밥 | 뼈다귀해장국

뼈다귀해장국과 선지해장국, 콩나물해장국이 주메뉴로, 푸짐한 뚝배기에 담긴 칼칼하고 진한 국물 맛이 일품이다. 소뼈, 꼬리, 방광 등을 가마솥에 넣고 진한 국물을 만들어 사용한다.

ⓦ 콩나물해장국(8천원), 뼈다귀해장국, 소고기선지해장국, 소고기우거지해장국(각 9천원), 한우왕갈비탕(1만3천원)
ⓣ 05:00~22:00 – 연중무휴
ⓠ 대전 대덕구 대덕대로1458번길 9 (목상동)
☎ 042-935-9575 ⓟ 가능

청주해장국 선지해장국 | 콩나물국밥

80년 넘는 전통의 해장국집. 깔끔하고 진한 국물로 사랑받는 곳이다. 선지해장국 외에도 소고기해장국, 콩나물해장국 등 해장국 메뉴를 다양하게 갖추고 있어 종류별로 해장국을 선택해 즐기는 맛이 있다.

ⓦ 선지해장국, 콩나물해장국(각 8천9백원), 황태해장국, 등뼈해장국, 소고기해장국, 소내장탕(각 9천9백원), 도가니탕(1만3천9백원), 소곱창내장전골, 묵은지등뼈전골(각 중 3만4천원, 대 3만9천원)
ⓣ 24시간 영업 – 연중무휴
ⓠ 대전 유성구 온천로 63 (봉명동)
☎ 042-822-0050 ⓟ 가능

케이브파스타바 ✖ cave PASTA BAR 파스타

매일 직접 반죽한 생면으로 요리한 파스타를 선보이는 다이닝 바. 파스타를 단품 또는 파스타 코스로 즐길 수 있다. 파스타에 사용되는 육수와 소스도 직접 만든다. 두 가지 치즈를 곁들인 새우 라비올리가 시그니처 메뉴다. 예약 우선제로, 점심은 15분 단위에 한 팀씩 런치는 최대 6팀, 디너는 20분 단위로 한 팀씩 최대 12팀까지 받아 운영한다.

ⓦ 화이트트러플크림뇨키(1만9천원), 브라운라구(2만1천원), 성게알먹물파스타(2만7천원), 4가지색새우라비올리(2만6천원), 전복내장파스타(2만4천원), 토마토파스타(2만원), 정통카르보나라(2만2천원), 한우암소1++ No.9 채끝스테이크(가격 변동)
ⓣ 18:00~23:30(마지막 주문 22:00) | 토, 일요일 12:30~15:00(마지막 주문 13:30)/18:00~ 23:30(마지막 주문 22:00) – 화요일 휴무
ⓠ 대전 서구 갈마역로25번길 9-9 (갈마동)
☎ 010-8131-3417 ⓟ 불가(올림픽기념국민생활관 주차장 이용, 15분 3백원)

타볼라타 TAVOLATA 이탈리아식 | 파스타 | 피자

아늑하고 분위기 좋은 이탈리안 레스토랑. 화덕에 구운 이탈리안 피자를 비롯해 다양한 종류의 파스타를 선보인다. 특히 로제 소스 파스타에 커다란 꽃게가 들어가는 꽃게로제파스타와 해산물스파게티가 인기. 스테이크는 안심과 채끝등심 중 선택할 수 있다.

- ₩ 패밀리세트(3~4인 23만원), 토마호크2인세트(15만9천원), 평일런치코스(2만9천9백원), 코스(A 3만8천원, B 7만9천원, C 8만9천원), 마르게리타(2만9천원), 파스타(2만2천원~2만8천원)
- ⏱ 11:30~15:00/17:30~22:00(마지막 주문 21:10) – 연중무휴
- 🔍 대전 유성구 엑스포로97번길 40 (도룡동)
- ☎ 0507-1359-9781 Ⓟ 가능(2시간 무료)

태평소국밥 ✕ 소고기국밥 | 육사시미 | 소내장탕

대전 유성구에서 지역주민들이 모르는 이가 없을 정도로 유명한 곳이다. 내장수육, 소국밥과 따로국밥, 내장탕, 갈비탕, 육사시미 등 신선하고 질 좋은 한우 요리를 비교적 저렴한 가격대로 즐길 수 있다.

- ₩ 소국밥(9천원), 소내장탕(9천원, 특 1만원), 따로국밥(9천5백원), 소갈비탕(1만1천5백원), 한우육사시미(100g 1만2천원, 150g 1만8천원), 소머리수육(1만9천5백원), 소갈비찜(750g 2만9천원, 1110g 3만9천5백원)
- ⏱ 08:30~01:20(익일) – 연중무휴
- 🔍 대전 유성구 문화원로 140 (봉명동) 하이랜드 Ⅲ
- ☎ 042-472-8592 Ⓟ 불가

태화장 泰華莊 일반중식

대전에서 가장 오래된 중국집 중 하나로, 70여 년의 역사를 자랑한다. 짜장면, 짬뽕, 탕수육 등의 메뉴부터 수준 높은 공력을 자랑하는 요리 메뉴도 인기가 많다. 오붓하게 식사할 수 있는 룸이 많이 있어서 각종 모임에 좋다.

- ₩ 짜장면(7천원), 짬뽕, 볶음밥(각 8천원), 사천탕수육(2만8천원), 라조기, 양장피(각 3만8천원), 팔보채(4만원)
- ⏱ 11:30~15:00/17:00~21:00 – 첫째, 셋째 주 월요일 휴무
- 🔍 대전 동구 중앙로203번길 78 (정동)
- ☎ 042-256-2407 Ⓟ 가능

토미야 とみや 일식우동

가케우동, 덴푸라우동, 자루우동 등을 맛볼 수 있는 일식 우동 전문점. 우동면을 직접 제면하는 과정을 볼 수 있으며, 토리텐붓가케우동과 덴푸라우동을 많이 찾는 편이다. 사이드 메뉴로 야채튀김과 토리텐을 주문할 수 있다.

- ₩ 가케우동(7천원), 붓가케우동, 자루우동(각 8천원), 덴푸라우동, 토리텐붓케우동(각 9천원), 야채튀김(1천원), 토리텐(1천5백원)
- ⏱ 11:00~15:00/17:00~20:00(마지막 주문 19:30) – 일요일 휴무

🔍 대전 서구 청사서로 14 (월평동)
☎ 042-471-1153 Ⓟ 불가

톨드어스토리 ✕✕✕ TOLD A STORY 커피전문점

대전을 대표하는 스페셜티커피 매장. 하이엔드 로스터리 카페로, 커피 공장으로 사용하다 매장의 반을 나누어 카페로 오픈하였다. 브라질 스페셜티 커피 협회에서 인증받은 커피를 사용하며 다른 커피 전문점에 비해 합리적인 가격에 좋은 원두의 커피를 맛볼 수 있다. 신선한 원두와 드립 기구 등도 판매한다.

- ₩ 에스프레소, 아메리카노(각 4천원), 카페라테(5천원), 바닐라라테(5천5백원)
- ⏱ 10:30~18:30(마지막 주문 18:00) | 토, 일요일 11:00~19:00(마지막 주문 18:30) – 명절 휴무
- 🔍 대전 서구 갈마역로25번길 31 (갈마동) 1층
- ☎ 042-867-2335 Ⓟ 불가

트레비 ✕ TREVI 이탈리아식 | 파스타

이탈리아에서 유학한 셰프가 만드는 정통 이탈리아 요리를 맛볼 수 있다. 파스타에 사용하는 생면과 다른 요리에 들어가는 리코타치즈, 소시지 등을 모두 직접 만든다. 대전에서 제대로 된 이탈리아 요리를 먹을 수 있는 곳 중 하나라는 평을 받고 있다.

- ₩ 런치세트(3만5천원), 세트(6만원), 연어크림파스타, 송이버섯과로제소스, 4가지치즈크림소스(각 3만2천원), 토마토해물파스타(3만원), 볼로냐식라자냐(3만5천원)
- ⏱ 11:30~14:00(마지막 주문 13:00)/16:30~21:30(마지막 주문 20:30) – 일요일 휴무
- 🔍 대전 유성구 유성대로1689번길 8-8 (전민동)
- ☎ 042-862-9300 Ⓟ 가능(협소)

트리니티비스트로 Trinity Bistro 이탈리아식

1인 셰프가 운영하고 있는 이탈리안 비스트로. 블루치즈트러플뇨키, 해산물버터크림링귀니 등이 추천 메뉴다. 음식의 풍미를 위해 간을 세게 하는 편으로, 와인과 즐기기 좋다.

- ₩ 화이트발사믹부라타샐러드(1만6천원), 오징어새우해산물튀김, 트러플감자튀김(각 1만원), 블루치즈트러플리조토, 아마트리치아나(각 1만8천원), 채끝스테이크(3만9천원)
- ⏱ 11:30~14:30/17:30~21:00(마지막 주문 20:00) – 수요일 휴무
- 🔍 대전 서구 계룡로583번길 60 (탄방동)
- ☎ 010-9090-4631 Ⓟ 가능

평양숨두부 닭백숙 | 순두부

70여 년에 걸쳐 3대가 운영해 온 숨두부집. 숨두부는 순두부의 황해도식 방언으로, 담백한 맛이 좋다. 감칠맛 나는 양념장을 곁들여도 별미. 순두부를 만드는 콩은 충청남도와

전라도 지방에서 가져와서 사용한다.

ⓦ 숨두부(6천원), 삼계탕(1만5천원), 토종닭옻백숙, 오리한방백숙(각 5만8천원), 토종닭백숙, 토종닭볶음탕(각 5만3천원), 유황오리훈제(5만8천원), 오리로스(반마리 3만5천원, 한마리 5만8천원)

ⓒ 11:00~22:00(마지막 주문 21:30) − 월요일, 명절 휴무

ⓠ 대전 동구 대전로 381 (대성동)

☎ 042−284−4141 ⓟ 가능(협소)

포레디 foredi restaurant 파스타

1인 셰프가 운영하는 레스토랑. 매일 아침 반죽한 생면으로 만드는 파스타를 맛볼 수 있다. 최근 이전하면서 저녁때는 와인바로 이용되며 와인은 물론 소주, 맥주 등의 주류도 갖추고 있는 것이 특징이다.

ⓦ 폴포(1만6천원), 먹물리조토(1만8천원), 우니파스타(2만1천원), 화이트라구파스타(1만8천원), 트러플크림뇨키(1만9천원)

ⓒ 12:00~15:00/17:00~22:00(마지막 주문 21:00) − 일요일 휴무

ⓠ 대전 서구 도안동로11번길 54 (도안동) 비전타워1동 201호

☎ 010−9092−1816 ⓟ 가능(지하주차장 이용)

플랙스다이너 FLEX DINER 와인바

내추럴 와인을 즐길 수 있는 무국적 비스트로. 생면 파스타인 레몬소스탈리아텔레는 와인과 페어링 하기두 좋다 좌석은 'ㄷ'자 바 테이블 구조며, 예약하고 방문할 것을 추천한다.

ⓦ 리코타치즈토마토, 아란치니(각 1만원), 감자튀김(7천원), 포모도로오일파스타(1만5천원), 레몬소스탈리아텔레(1만5천원), 레몬버터탈리아탈레(1만6천원), 라구탈리아탈레(1만8천원), 소고기살치살스테이크(3만2천원), 티라미수(9천원)

ⓒ 18:00~23:00(마지막 주문 22:00) − 월, 화, 수요일 휴무

ⓠ 대전 유성구 대학로163번길 19 (궁동)

☎ 070−8777−0205 ⓟ 가능

플랙스다이너

피제리아다알리 ✕ Pizzeria da ALI 피자 | 파스타

알리네 피자집이라는 뜻의 레스토랑으로, 나폴리피자 인증을 받은 곳이다. 장시간 숙성한 도우로 피자를 만들며 참나무 화덕에 구워 담백한 맛을 느낄 수 있다. 감자튀김과 소시지를 듬뿍 올린 파타테&우스텔피자, 네 가지 치즈가 들어간 콰트로포르마지오피자 등이 인기 메뉴다.

ⓦ 파타테피자(2만3천원), 파타테에우스텔, 콰트로포르마지오피자(각 2만5천원), 부팔라피자(2만6천원), 오리지널카르보나라(1만8천원), 네로파스타(1만9천5백원)

ⓒ 11:30~15:00(마지막 주문 14:20)/17:00~ 21:30(마지막 주문 20:50) | 토요일 11:30~ 21:30(마지막 주문 20:50) − 일요일 휴무

ⓠ 대전 유성구 지족로349번길 40−5 (지족동) 1층

☎ 042−825−8308 ⓟ 불가

한밭식당 설렁탕 | 수육

70여 년간 설렁탕을 전문으로 해 온 집으로, 대전뿐만 아니라 전국적으로도 오래된 음식점으로 꼽히는 곳 중 하나다. 설렁탕은 주방에 걸린 큰 가마솥 3개를 옮겨가며 세 차례에 걸쳐 5시간 이상 끓여 낸다고 한다. 그 덕분에 나이 든 세대들이 좋아할 묵직한 맛이 난나. 뽀얀 실렁팅 한 그릇에 곁들여 먹는 깍두기 맛도 좋다.

ⓦ 소한마리탕(1만7천원), 설렁탕(1만원, 특 1만2천원), 갈비탕, 도가니탕(각 1만4천원, 특 1만7천원), 소머리수육, 도가니수육(각 3만5천원), 함흥냉면(9천원), 함흥비빔냉면(1만원)

ⓒ 10:00~20:30 | 일요일 10:00~20:00 − 연중무휴

ⓠ 대전 동구 태전로 3 (중동)

☎ 042−256−1565 ⓟ 가능(한약 거리 주차장 이용, 무료)

한밭칼국수 ✕ 칼국수 | 두부전골

두부를 넣고 얼큰하게 끓인 두부탕을 어느 정도 먹은 다음에 칼국수를 말아 먹는다. 진한 국물 맛이 특징이며 양도 매우 푸짐하다. 함께 나오는 김치를 곁들이면 칼칼한 맛이 좋다. 볶음밥으로 마무리하는 것도 추천할 만하다. 오픈시간부터 손님이 많기 때문에 웨이팅은 필수다.

ⓦ 칼국수(7천원), 두부탕(1만원), 닭볶음탕(3만원)

ⓒ 11:00~20:00 | 토요일, 공휴일 11:00~15:00/16:00~20:00 − 일요일 휴무

ⓠ 대전 중구 목척4길 6 (은행동)

☎ 042−254−9350 ⓟ 가능(협소)

한영식당 ✕ 닭볶음탕

매콤하고 구수한 닭볶음탕이 대표 메뉴다. 쫄깃하게 씹히는 육질, 잘 익은 감자, 큼직하게 썰어 넣은 양파 등의 식감이 좋다. 닭볶음탕에 들어가는 간장과 고추장을 재래식으로 직접 담그는 것이 특징. 볶음밥으로 식사를 마무리 하는 것도

추천할 만하다. 70여 년의 역사를 자랑한다.
- ⓦ 닭볶음탕(소 3만3천원, 대 4만8천원)
- ⓒ 11:00~21:30(마지막 주문 20:30) – 월요일 휴무
- ⓠ 대전 중구 계룡로874번길 6 (오류동)
- ☎ 042-533-2644 ⓟ 불가

한우김삿갓 ✖ 소고기구이

정육식당을 겸하고 있는 한우전문점. 소고기 질이 좋기로 유명한 집으로, 다양한 부위를 맛볼 수 있는 것이 특징이다. 숯불에 구워 먹는 고기 맛이 좋다. 인기가 높은 안창살은 재료가 일찍 떨어진다고 한다.
- ⓦ 한우명품꽃등심. 명품꽃살. 안심. 명품생갈비(각 150g 4만5천원), 한우낙엽살. 한우갈빗살(각 150g 3만9천원), 차돌박이(150g 2만7천원)
- ⓒ 11:00~21:30(마지막 주문 20:30) | 토, 일요일 11:00~21:00(마지막 주문 20:00) – 명절 휴무
- ⓠ 대전 유성구 유성대로1184번길 11-27 (신성동)
- ☎ 042-863-6076 ⓟ 가능

할머니묵집 ✖ 묵 | 닭백숙

80여 년 전통의 도토리묵과 메밀묵을 맛볼 수 있다. 가을철 마른 도토리 알맹이를 절구에 넣고 빻아서 4~5일 동안 물에 담가 떫은맛을 빼내기 때문에 맛이 부드럽다. 삭힌 풋고추와 참기름 섞인 조선간장으로 간을 해서 먹는 묵사발을 추천한다. 토종닭으로 만든 백숙도 좋으며 미리 예약하면 옻닭도 맛볼 수 있다.
- ⓦ 도토리묵사발. 메밀묵사발. 보리밥(각 9천원). 묵무침(1만3천원), 도토리전(8천원). 옻닭(5만8천원), 닭볶음탕. 토종백숙(각 5만5천원)
- ⓒ 11:00~20:00(비정기적) – 연중무휴
- ⓠ 대전 유성구 금남구즉로 1378 (봉산동)
- ☎ 042-935-5842 ⓟ 가능

향미각 ✖ 일반중식

꼬막짬뽕으로 인기 있는 중식당. 홍합과 돼지고기가 어우러져 국물 맛을 낸다. 탕수육도 인기가 있으며 고기와 야채를 잘게 다져 만든 유니짜장면도 맛볼 수 있다.
- ⓦ 유슬짜장(7천5백원), 알꼬막짬뽕. 꼬막짬뽕(1만원). 소고기짬뽕(1만1천원), 꼬막볶음면(3만5천원), 새우볶음밥(9천원), 등심탕수육(1만7천원)
- ⓒ 10:30~20:30(마지막 주문 20:20) – 월요일 휴무
- ⓠ 대전 대덕구 쌍청당로 14 (중리동)
- ☎ 042-626-8252 ⓟ 가능(협소)

향옥찻집 香玉茶馆 카페 | 전통차전문점

다양한 전통차를 비롯해 현대식으로 해석한 음료 메뉴를 갖춘 카페. 음료를 주문하면 웰컴디저트부터 음료와 함께 먹

기 좋은 구운쌀가래떡 디저트까지 같이 내어준다. 음료 한잔에 푸짐하게 대접 받는 경험을 할 수 있다.
- ⓦ 아메리카노(4천8백원), 카페라테(6천8백원), 단호박빙수(1만9천원), 대추차. 쌍화차. 찐생강차(각 6천8백원), 핑크소금커피, 아인슈페너(각 6천8백원)
- ⓒ 11:30~21:30 – 명절 휴무
- ⓠ 대전 서구 원도안로224번길 23-12 (도안동) 1층
- ☎ 042-543-4916 ⓟ 가능(전용주차장)

홍운장 ✖ 鴻運莊 일반중식

도마시장 골목에 자리한 중식당. 화교가 20년 넘게 운영하고 있는 곳이다. 옛날 스타일의 짜장면, 짬뽕, 탕수육 등을 맛볼 수 있으며 전반적으로 자극적이지 않은 맛이 특징이다. 직접 만두피를 빚어 만드는 군만두도 인기다.
- ⓦ 계란탕. 잡채. 마파두부(각 2만원), 고기튀김(2만4천원), 탕수육(소 1만8천원, 중 2만3천원, 대 3만원), 난자완스(3만3천원), 짜장면(6천원), 간짜장. 짬뽕(각 7천원). 삼선짬뽕. 삼선볶음밥. 삼선우동. 삼선간짜장(각 1만1천원), 기스면(1만원), 팔보채(4만5천원), 군만두, 볶음밥(각 7천5백원), 짬뽕밥(8천원)
- ⓒ 11:30~15:00/17:00~20:00(마지막 주문 19:00) – 연중무휴
- ⓠ 대전 서구 사마6길 35 (도마동)
- ☎ 042-523-4791 ⓟ 불가

흑룡산촌두부 ✖ 두부 | 순두부

국산콩을 사용해 재래식 방법으로 두부를 만드는 두부 전문점. 부드러운 두부의 맛이 좋다. 정식메뉴를 주문하면 두부김치, 도토리묵, 청국장 등 다양한 종류의 음식이 한상 가득 푸짐히 차려진다.
- ⓦ 촌두부한상(2인 3만6천원, 3인 5만3천원, 4인 7만원), 순두부. 청국장(각 1만원), 어리굴젓두부보쌈(3만5천원), 순두부전골(중 4만원, 대 5만원), 순두부두루치기(중 3만원, 대 4만원)
- ⓒ 11:00~15:00/16:00~21:00(마지막 주문 20:30) – 마지막 주 화요일 휴무
- ⓠ 대전 유성구 수통골로 65-7 (덕명동)
- ☎ 042-824-0511 ⓟ 가능

희락반점 喜樂飯店 일반중식

옛날식 탕수육으로 인기가 있는 곳. 바삭하게 튀긴 탕수육의 맛이 좋으며 다른 요리도 수준 높은 공력을 자랑한다. 식사메뉴로는 유니짜장을 단연 추천한다.
- ⓦ 짜장면(6천원), 유니짜장. 간짜장. 우동. 울면 짬뽕. 볶음밥(각 7천원), 탕수육. 고기튀김(각 1만7천원), 고추잡채(3만2천원), 새우튀김(3만4천원)
- ⓒ 11:00~21:00 | 토, 일요일 11:00~14:40/ 16:30~21:00 – 첫째, 셋째 주 일요일 휴무
- ⓠ 대전 중구 중앙로129번길 21 (선화동)
- ☎ 042-256-0273 ⓟ 가능

울산광역시

Ulsan Metropolitan City

가미닭갈비913 닭갈비

20년 넘게 운영 중인 닭갈비 전문점. 젊음의 거리에 자리 잡고 있다. 주문 시 기본으로 나오는 치즈 감자 옥수수콘을 팬에 직접 익혀 먹는 방식이 독특하다. 창밖으로 보이는 강변 뷰가 좋은 곳.

- ⓦ 닭갈비9천원), 콘치즈닭갈비(1만원), 볶음밥(2천원)
- ⏰ 11:00~22:00(마지막 주문 21:00) – 둘째 주 수요일, 명절 당일 휴무
- 🔍 울산 중구 젊음의2거리 29 (성남동) 웰컴시티 9층
- ☎ 052-245-3007 ⓟ 가능(웰컴시티 지하주차장 이용)

갈비구락부 소고기구이

울산에서 유명한 소고기구이 전문점. 질 좋은 한우를 숯불에 구워 먹을 수 있는 곳으로, 갈빗살을 추천할 만하다. 감칠맛 나는 양념이 인상적인 언양불고기도 맛이 좋다는 평.

- ⓦ 언양불고기(200g 2만2천원), 꽃등심, 갈빗살(각 110g 3만2천원), 특미모둠(110g 2만8천원), 한우도가니탕(1만2천원), 한우진곰탕(9천원), 한우국밥(6천원)
- ⏰ 10:00~21:00 – 연중무휴
- 🔍 울산 울주군 삼남면 남상평2길 34-12
- ☎ 052-264-4747 ⓟ 가능

갓포이찌 일식오마카세 | 이자카야

신선한 모둠회를 맛볼 수 있는 곳. 오마카세로도 즐길 수 있다. 기본 찬으로 작게 모찌리도후를 내어준다. 생선회를 제외하고서도 튀김과 조림, 그리고 국물요리도 매우 훌륭하다는 평.

- ⓦ 오마카세(1인 6만원), 모둠회(1인 3만원, 2인 4만5천원), 일본식스지수육(1만8천원) 후토마키(하프 1만원, 기본 1만9천원), 모둠초밥(10pcs 2만2천원), 스지오뎅나베, 나가사키짬뽕, 일본식소고기전골, 탄탄나베(2만5천원), 난코츠가라아게(1만2천원), 왕새우튀김(7ea 2만원)
- ⏰ 17:30~23:30 – 일요일 휴무
- 🔍 울산 남구 왕생로20번길 19 (달동)
- ☎ 052-256-5567 ⓟ 불가

고래고기원조할매집 고래

울산을 대표하는 고래고기 전문점으로, 3대째 대를 잇고 있다. 다양한 부위를 판매하고 있으며, 각 부위에 어울리는 양념이 준비된다. 4인 이상일 경우 수육, 육회, 생고기, 우네, 오베기가 한 접시에 나오는 모둠을 추천한다.

- ⓦ 수육(소 6만원, 중 8만원 대 10만원), 육회, 생고기(각 5만원), 우네, 오베기(각 6만원), 모둠(소 8만원, 대 10만원, 특대 15만원), 찌개(소 2만원, 중 3만원, 대 4만원)
- ⏰ 10:00~21:00(마지막 주문 19:00) – 월요일 휴무
- 🔍 울산 남구 장생포고래로 135 (장생포동)
- ☎ 052-261-7313 ⓟ 가능

고래명가 고래

다양한 부위의 고래고기를 먹을 수 있는 곳으로, 밍크고래만을 다룬다. 일행이 많다면 다양한 부위가 한 접시에 나오는 모둠을 추천한다. 얼큰하게 끓여낸 고래찌개의 맛도 좋다는 평이다.

- ⓦ 수육(소 5만원, 중 7만원, 대 10만원), 생우네, 오베기(각 5만원), 모둠(소 8만원, 중 10만원, 대 15만원), 생고기, 육회(각 5만원), 찌개(소 2만원, 대 3만원)
- ⏰ 10:00~22:00 – 월요일 휴무
- 🔍 울산 남구 장생포고래로 207 (장생포동)
- ☎ 052-269-2361 ⓟ 가능

고래명가

고래향 고래

울산을 대표하는 음식인 고래고기를 맛볼 수 있는 곳. 부드럽게 삶은 수육이 대표 메뉴다. 살코기를 비롯해 껍질, 잇몸, 내장, 목살, 꼬리, 허파, 지느러미까지 모두 맛볼 수 있다. 막찍기는 육사시미처럼 고래고기를 생으로 손질한 것으로, 또한 별미다.

- ⓦ 수육(중 11만원, 대 15만원, 특대 20만원), 육회, 막찍기(각 5만원), 육회비빔밥(1만2천원), 고래불고기전골(6만원), 찌개(1만원)
- ⏰ 16:00~02:00(익일) – 연중무휴
- 🔍 울산 남구 도산로139번길 5 (달동)
- ☎ 052-272-7373 ⓟ 가능

공원불고기 소불고기 | 소고기구이

언양의 대표적인 음식인 언양불고기를 맛볼 수 있다. 다진 소고기를 석쇠 위에 구워 먹는 맛이 일품이며 파절임 등에 싸서 먹으면 더욱 맛있다. 채 썬 배를 올린 육회도 추천할 만하다.

- ⓦ 석쇠불고기(180g 2만1천원), 꽃등심, 갈빗살(각 100g 2만6천원), 양념갈비(2만6천원), 특수부위(100g 2만8천원), 육회(200g 3만원, 300g 4만5천원)

🕐 10:00~21:00(마지막 주문 20:00) – 명절 당일 휴무
🔍 울산 울주군 언양읍 헌양길 32
☎ 052-262-0421 Ⓟ 가능

궁중삼계탕 ✖ 삼계탕

울산에서 가장 오래된 삼계탕집 중 한 곳으로, 약 50여 년의 역사를 자랑한다. 조미료나 잡다한 재료를 사용하지 않아 국물 맛이 시원하면서도 깔끔하다. 아삭한 깍두기와 된장에 무친 오이고추를 곁들이면 맛있다.
Ⓦ 삼계탕(1만6천원), 옻삼계탕(1만9천원), 전복삼계탕(2만3천원), 전복죽, 닭똥집볶음(각 1만6천원)
🕐 10:00~22:00(마지막 주문 21:00) – 명절 휴무
🔍 울산 중구 먹자거리 6 (성남동)
☎ 052-244-1156 Ⓟ 불가

금강장어 ✖ 장어

울산에서 수준 높은 장어 전문점으로 손꼽히는 곳. 태화강 주변은 옛날부터 민물장어가 많이 서식하여 장어구이로 유명했던 곳인데, 현재는 태화강에서 민물장어가 잘 잡히지 않아 부산 등지에서 직송한 민물장어를 사용하고 있다.
Ⓦ 상차림(6천원), 장어탕(1만원), 된장찌개(3천원)
🕐 11:00~21:30(마지막 주문 21:10) – 둘째, 넷째 주 월요일 휴무
🔍 울산 중구 산전길 8-1 (남외동)
☎ 052-297-9205 Ⓟ 가능

기와집숯불고기 ✖ 소고기구이

봉계한우불고기특구 내에 자리한 고깃집. 소금을 뿌린 고기를 숯불 위 석쇠에 구워 먹는 맛이 좋다. 고소한 육회도 별미다. 멸칫국물로 맛을 낸 된장찌개를 곁들여도 좋다.
Ⓦ 소금구이(100g 2만원), 양념구이(100g 2만원), 육회(소 2만원, 대 3만원), 된장찌개+밥(2천원)
🕐 09:00~21:00 – 세 번째 월요일 휴무
🔍 울산 울주군 두동면 계명1길 27
☎ 052-262-7288 Ⓟ 가능

나고야일식 なごや 일식

현대중공업 인근에 자리한 깔끔한 일식집. 코스메뉴에 나오는 음식이 신선하고 다양하다. 두껍게 썰어 나오는 회가 일품이며 해물뚝배기, 대구탕 등의 식사메뉴도 추천할 만하다.
Ⓦ 코스(4만원, 5만5천원, 7만원), VIP코스(9만원), 점심코스(3만원)
🕐 11:00~14:30(마지막 주문 14:00)/16:00~22:30(마지막 주문 22:00) – 월요일,명절 휴무
🔍 울산 동구 방어진순환도로 683 (일산동)
☎ 052-233-6009 Ⓟ 가능

나마스까르 Namaskar 인도식

인도 호텔 주방장 출신의 셰프가 만드는 정통 인도 음식을 맛볼 수 있다. 다양한 종류의 커리를 선보이며 계속해서 따뜻하게 먹을 수 있도록 양초에 받쳐 나온다. 탄두리치킨과 커리를 한 번에 즐길 수 있는 세트메뉴도 추천할 만하다.
Ⓦ 샐러드, 수프(4천원~1만2천원), 커리(1만1천원~1만4천원), 2인세트(2만원~3만5천원), 탄두리치킨(1만8천원), 치킨티카(1만3천원), 치킨칠리(1만5천원)
🕐 11:00~15:00/17:00~22:00 – 명절 휴무
🔍 울산 중구 젊음의거리 40-3 (성남동)
☎ 070-8832-5585 Ⓟ 불가

남도돼지국밥 돼지국밥

돼지곰탕처럼 맑은 국물의 울산 돼지국밥을 맛볼 수 있는 곳. 뽀얀 국물이 아니라 맑은 국물이 특징으로, 내장을 비롯한 고기와 부추가 뚝배기 가득 푸짐하게 나온다. 쫄깃하게 삶은 수육을 곁들이면 더욱 좋다.
Ⓦ 돼지국밥, 내장국밥, 살코기국밥(각 1만원), 순대국밥, 섞어국밥(각 1만1천원), 3가지섞어(1만2천원), 수육(2만8천원), 내장전골(2만8천원), 순대전골(3만3천원)
🕐 07:00~22:00 – 연중무휴
🔍 울산 울주군 범서읍 장검길 9-9
☎ 052-277-3312 Ⓟ 가능

농도 ✖ 農度 비빔밥 | 카페 | 베이커리

전통 한옥을 재현한 아름다운 공간에서 등억못을 바라보며 한식이나 전통차를 즐길 수 있는 곳. 정원이나 테라스 등이 훌륭한, 상당히 큰 규모의 카페. 베이커리도 겸하고 있어 커피나 차에 곁들이기 좋다. 식사는 농도정식세트 한 가지로, 한우불고기비빔밥&차&다과세트가 나오며 10시~14시까지 한정 판매한다.
Ⓦ 아메리카노(5천원), 카페라테(5천5백원), 농도정식세트(1만5천원), 꽃차, 단팥죽(각 8천원), 말차아포가토(6천5백원), 오미자, 레몬가든, 유자생강티, 모과애플티(각 7천원)
🕐 10:00~18:00 | 토, 일요일 10:00~20:00 – 연중무휴
🔍 울산 울주군 상북면 명촌길천로 23
☎ 052-264-1700 Ⓟ 가능

대일함흥냉면 함흥냉면

함남 함흥에서 월남한 실향민이 정착하여 만든 함흥냉면집으로, 40년 넘는 역사를 자랑한다. 함흥식 비빔냉면과 평양식 물냉면 중 선택할 수 있으며 두 냉면이 반반씩 나오는 두칸냉면도 인기가 많다.
Ⓦ 야채냉면(1만2천원), 돌판비빔밥(1만1천원), 물냉면, 비빔냉면(각 1만원), 두칸냉면(1만2천원), 갈비탕(1만4천원), 양지곰탕(1만1천원), 아롱사태(반접시 1만1천원, 한접시 2만2천원)
🕐 11:00~20:00 – 동절기 두 번째, 네 번째 화요일 휴무

📍 울산 중구 명정4길 13 (태화동)
☎ 052-249-5836 ⓟ 가능

덕클 DUCKLE 퓨전중식

중식을 기반으로 하는 아시안 퓨전 음식점. 소고기 살치살과 채소를 함께 볶은 몽골리안비프, 에그면에 사천식 소스를 부어 먹는 크리스피에그누들, 계란 볶음밥과 게살 수프를 함께 먹는 원앙볶음밥 등을 맛볼 수 있다. 통깨를 올려 고소한 맛을 살린 멘보샤도 추천할 만하다.

ⓦ 몽골리안비프(3만2천원), 크리스피에그누들(1만4천원), 원앙볶음밥, 돼지고기볶음면(각 1만3천원), 마파두부덮밥(1만1천원), 깨보샤(1만원)
🕐 11:30~15:00/17:00~21:00(마지막 주문 20:20) – 연중무휴
📍 울산 중구 신기4길 18 (태화동) 1층
☎ 0507-1348-4794 ⓟ 불가

데미안 DEMIAN 커피전문점

클래식 음악과 함께 핸드드립 커피를 마실 수 있는 복합문화공간이다. 다양한 베이커리도 선보이고 있다. 가게명은 헤르만헤세 소설 데미안의 이름을 따서 지었다.

ⓦ 핸드드립(7천원~1만2천원), 에스프레소(4천원), 아메리카노(4천5백원), 티(5천원~7천원), 아몬드쿠키(5천원), 소금빵, 쌀크렌베리쿠키(3천원)
🕐 09:00~22:00 – 월요일 휴무
📍 울산 중구 중앙길 130 (성남동) 1층
☎ 052-268-7515 ⓟ 가능(문화의거리 공영 주차장 이용, 1시간 무료)

도동산방 🎀 한정식

고풍스러운 한옥 건물이 인상적인 한정식 전문점. 궁중음식을 기초로 한 현대적인 한정식을 낸다. 음식이 대체로 정갈하며 요리에 들어가는 다양한 장은 직접 담가 사용한다. 식사를 마치면 식당과 연결된 전통찻집에서 무료로 차를 마실 수 있다. 연못과 정원을 거닐면서 운치를 즐기기 좋다.

ⓦ 수라한정식(3만3천원), 단오한정식(5만5천원), 방자한정식(7만7천원), 궁중한정식(11만원)
🕐 12:00~16:00/17:00~20:30(마지막 주문 18:30) – 월요일 휴무
📍 울산 울주군 상북면 송락골길 133
☎ 052-254-7076 ⓟ 가능

디앤유커피팩토리

DNU COFFEE FACTORY 커피전문점

한옥으로 된 건물의 운치 있는 카페. 소금맛이 나는 라테 사이렌의 유혹과 스페인식 라테인 코프타도가 추천 메뉴. 원두의 블렌드 정도를 세 가지 중에서 선택할 수 있는 것이

특징이다. 유리 창 밖으로 푸른 숲이 보이는 전망이 훌륭하다.

ⓦ 아메리카노(4천5백원), 카페라테(5천5백원), 샤케라토(7천5백원), 오렌지밤(7천5백원), 사이렌의유혹(7천원), 핑크진저라테(7천원), 레몬파운드(5천5백원), 소금빵(4천원), 몽블랑(6천원)
🕐 10:30~22:00(마지막 주문 21:30) – 연중무휴
📍 울산 남구 남부순환도로626번길 8 (두왕동) 2층
☎ 052-293-5565 ⓟ 가능

라메르판지 IAMER PANJI 카페

바다를 바라보며 커피와 디저트를 즐길 수 있는 대형 카페. 메이플크로칸, 호두팥앙금데니시 등의 다양한 베이커리와 블랙빈라테를 선보인다. 블랙모찌아포가토도 인기 메뉴이며, 매장에는 여러 포토존이 마련되어 있어 색다른 시간을 보내기 좋다.

ⓦ 에스프레소(6천원), 아메리카노(6천5백원), 카페라테(7천5백원), 블랙모찌아포가토(1만원), 블랙빈라테(9천원), 버터커피(8천원), 라자냐(1만9천5백원), 전복리조토(2만4천5백원), 클램오일파스타(1만9천5백원), 스테이크크림파스타(2만4천5백원), 에그인헬(1만9천원)
🕐 09:00~22:00 – 연중무휴
📍 울산 북구 판지1길 30 (구유동)
☎ 052-298-8787 ⓟ 가능

라피콜라이탈리아 🎀

La piccola italia 이탈리아식 | 와인바

벽에 걸려있는 미술 작품들이 미술관에 온 듯한 느낌을 주는 이탈리안 레스토랑. 모든 요리에 재료를 아낌없이 넣었으며, 와인과도 잘 어울린다. 버섯이 듬뿍 들어간 꾸덕한 버섯리조토가 인기 메뉴다. 저녁에는 와인바로도 운영된다.

ⓦ 티프나드해산물(2만9천원), 트러플파스타(4만5천원), 라자냐(2만9천원), 라구비앙코(2만9천원), 포르치니풍기리조토(2만5천원), 한우암소1+안심스테이크(8만2천원), 이베리코하몽플레이트(4만7천원), 봉골레(2만7천원), 비스코오일파스타(2만7천원)
🕐 17:00~01:00(익일)(마지막 주문 23:30) – 일요일 휴무

라피콜라이탈리아

○ 울산 남구 달삼로 58 (달동) 2층

☎ 0507-1400-2825 ⓟ 가능(삼산공영주차장 이용. 2시간 무료)

런던티 London Tea 브런치카페

울산대공원 옆에 자리한 브런치 카페. 속재료를 넣고 반달 모양으로 곱게 접어 내는 오믈렛과 부드러운 프렌치토스트가 대표 메뉴다. 브런치 메뉴와 함께 즐길 수 있는 다양한 티 종류도 갖추고 있다.

ⓦ 단호박수프(8천원), 훈제연어오믈렛(1만6천원), 런던티프렌치토스트(1만1천원), 아보카도샐러드, 바나나팬케이크(각 1만원), 사과체다치즈샌드위치(1만2천원)

○ 11:00~18:00(마지막 주문 17:00) - 수, 목요일 휴무

○ 울산 남구 대공원로115번길 10 (옥동) 동덕상가 5호

☎ 052-268-4542 ⓟ 불가

마시미로스터스 ✕

MASIMI ROASTERS 커피전문점

울산에서 몇 안 되는 스페셜티 커피 전문점으로, 로스팅도 직접 하고 있다. 핸드드립으로 내린 커피 맛이 일품. 커피 CSP 과정을 진행하여 커피 관련 전문적인 수업을 들을 수도 있다.

ⓦ 브루잉커피(6천5백원~1만원), 아메리카노(4천원), 카페라테, 카푸치노(각 5천원), 허브디(각 4천5백원), 미닐리리디, 리얼초코모카(각 6천원), 코코넛커피스무디(6천5백원)

○ 12:30~20:30(마지막 주문 20:00) - 월요일 휴무

○ 울산 울주군 범서읍 굴화길 51-2

☎ 0507-1422-4480 ⓟ 가능

만당 짬뽕전문점

해물짬뽕이 전문인 중국집. 입구에 수족관을 두고 사용하는 곳으로, 신선한 해산물을 자랑한다. 동그란 장독 뚜껑 모양의 뚝배기에 담겨져 나오는 스페셜짬뽕이 대표 메뉴며, 가리비짬뽕과 하얀 국물의 낙지짬뽕도 많이 찾는다.

ⓦ 가리비짬뽕, 키조개짬뽕(각 1만1천원), 전복짬뽕(1만3천원), 낙지짬뽕(1만6천원), 볶음짬뽕(1만원), 장독짜장(8천원),

○ 11:00~21:00 - 월요일 휴무

○ 울산 중구 태화강국가정원길 231-9 (태화동)

☎ 052-244-1337 ⓟ 불가

만복래숯불구이 ✕ 소불고기 | 소고기구이 | 육회

언양과 함께 경상도의 대표적인 불고기촌인 봉계한우불고기특구 내에 자리한 고깃집. 한우에 굵은 왕소금을 뿌려 숯불에 굽는 불고기가 유명하다. 깍두기 모양으로 손질한 깍두기육회도 인기. 참기름을 두른 고추장에 찍어 먹는 것이 특징이다.

ⓦ 소금구이(120g 2만4천원), 양념불고기(120g 2만2천원), 갈빗살(120g 2만7천원), 깍두기육회, 육회(각 소 2만원, 대 3만5천원)

○ 11:30~20:00(마지막 주문 19:45) - 둘째, 넷째 주 월요일, 명절 당일 휴무

○ 울산 울주군 두동면 두동로 1789

☎ 052-262-7255 ⓟ 가능

모던스키야키 modern sukiyaki 스키야키

관서풍과 관동풍 중 취향에 맞게 스키야키를 즐길 수 있다. 관서풍 스키야키는 고기와 채소를 철냄비에 졸여 먹는 전통적인 방식이다. 관동풍 스키야키는 재료에 육수를 부어 끓여 먹는다. 차분한 분위기의 매장으로 가족 또는 연인과 함께 방문하기 좋다.

ⓦ 특선스키야키(1인 1만5천8백원, 고기무제한 2만5천8백원), 호화스키야키(1인 2만3천8백원, 고기무제한 3만6천8백원), 극상스키야키(1인 3만8천8백원, 고기무제한 8만9천8백원)

○ 11:30~15:00/17:00~22:00(마지막 주문 21:30) - 명절 당일 휴무

○ 울산 남구 돋질로306번길 24 (삼산동) 지승빌딩 2층

☎ 052-258-0373 ⓟ 불가

무주골 ✕ 장어

장어구이로 유명한 집. 50여 년의 역사를 자랑한다. 토종 치어로 키운 국산 장어만을 사용하며 참숯에 구워 맛이 너무 좋다. 장어는 초벌구이 해서 나오며 간장 양념, 고추장 양념, 소금구이 중 선택할 수 있다.

ⓦ 장어구이(240g 4만3천원), 점심특선(120g 2만3천원, 180g 3만원), 더덕구이(2만원), 우거지된장찌개, 잔치국수(각 5천원)

○ 11:30~14:00/16:30~21:30 | 일요일 11:30~14:30/16:30~21:00 - 월요일, 명절 휴무

○ 울산 중구 종가6길 32 (우정동) KL빌딩 6층

☎ 052-243-2842 ⓟ 가능

미미옥울산점 MIMIOK 국수

경기도 이천의 쌀을 사용하여 만든 쌀국수 전문점. 한국식으로 재해석하여 고수 대신 방아잎을 사용하는 것이 특징이다. 소, 닭, 버섯을 각각 따로 육수를 내어 블렌딩하여 깔끔하고 깊은 맛을 낸다.

ⓦ 아롱사태쌀국수(9천9백원), 차돌박이쌀국수(1만9백원), 아롱사태+차돌쌀국수(1만5백원), 매콤새우감자고로케(4천5백원)

○ 07:00~15:00/17:00~20:30(마지막 주문 20:00) - 연중무휴

○ 울산 중구 동천1길 40 (서동) 세영이노세븐 C동 160호

☎ 052-708-0818 ⓟ 가능

미지 味誌 일식 | 스시

부담없는 가격으로 스시 오마카세를 즐길 수 있는 곳이다. 차완무시, 사시미, 전복찜 등이 나오고 본격적으로 스시 코스가 시작된다. 6인 다치석으로 운영되기 때문에 예약은 필수.

- Ⓦ 런치오마카세(39,000), 디너오마카세(7만9천원)
- ⏰ 12:00∼14:30/18:00∼21:30 | 토, 일요일 12:00∼14:30/17:30∼21:00 – 수요일 휴무
- 🔍 울산 남구 왕생로 136–1 (달동) 동영원룸
- ☎ 010–2439–3106 Ⓟ 가능(협소)

미지의 MIGIUI 카페

스토리가 담긴 정원과 이를 모티브로 한 작가들의 작품이 조화를 이루는 감성적인 카페. 커피 한 잔과 함께 전시를 감상할 수 있는 복합문화공간으로, 예술과 여유를 동시에 즐길 수 있다. 예약제로 운영되는 다이닝 코스는 정원에서 얻은 영감을 요리에 담아내 특별한 미식 경험을 선사한다.

- Ⓦ 핑거다이닝(11만5천원), 미지의프리미엄디저트(4만5천원), 미지의산책/디저트(1만8천원), 미지의키즈/디저트(1만5천원)
- ⏰ 10:30∼21:00 – 화, 수요일 휴무
- 🔍 울산 울주군 상북면 송락골길 130
- ☎ 0507–1461–2501 Ⓟ 가능

베테랑바베큐 소고기구이 | 돼지고기구이

바비큐 드럼통에 흑우와 흑돼지고기를 숯불 바비큐해서 먹는 곳. 질이 좋은 백탄을 사용한다. 밑반찬과 함께 나오는 묵국이 독특하며 식사 메뉴로는 쌈장찌개와 섞기냉면이 있다. 건물 옆에는 호수가 있어 산책을 즐기기에도 좋다.

- Ⓦ 안거미(150g 2만8천원), 본갈비(150g 2만9천원), 돼지목살(200g 1만8천원), 맛갈비(150g 2만7천원), 쌈장찌개(7천원), 냉면(8천원)
- ⏰ 12:00∼22:00(마지막 주문 21:00) – 연중무휴
- 🔍 울산 울주군 서생면 해맞이로 924
- ☎ 052–239–5515 Ⓟ 가능

본여우&본정 ✖ 本情 일식우동 | 소바

본정이라는 상호로 운영하던, 3대째 이어 내려오는 한국 스타일 우동집. 멸칫국물에 다시마, 가쓰오부시를 넣어 맛을 낸 여우우동이 대표 메뉴다. 우동과 초밥으로 구성된 정식 메뉴는 가격대비 만족도가 높다.

- Ⓦ 여우우동(소 4천5백원, 중 8천5백원, 대 1만5백원), 여우소바, 냉소바(각 소 5천5백원, 중 1만1천원, 대 1만3천원), 군만두(7개 6천원), 본여우정식(1만5백원∼1만5천5백원), 본정돈가스, 여우돈가스(각 1만1천원)
- ⏰ 11:30∼15:30/17:00∼20:00 – 일요일 휴무
- 🔍 울산 남구 왕생로120번길 5 (달동)
- ☎ 052–268–1164 Ⓟ 불가

봉계전통숯불구이 소고기구이 | 육회

봉계에서 숯불구이로 유명한 집. 소금구이와 양념구이 두 종류 중 선택할 수 있다. 깍두기 모양으로 썬 깍두기육회도 별미로 통하며 육회비빔밥도 맛이 좋은 편이다.

- Ⓦ 소금구이(120g 2만4천원), 양념숯불구이(120g 2만2천원), 차돌박이(120g 2만원), 육회(200g 2만원), 육회비빔밥(보통 1만원, 특 1만5천원), 깍두기육회(200g 2만원)
- ⏰ 10:00∼21:00 – 둘째 주 월요일 휴무
- 🔍 울산 울주군 두동면 두동로 1838
- ☎ 052–262–9088 Ⓟ 가능

사이먼스테이크 SIMON STEAK 스테이크

삼산동에서 인기 있던 스테이크 전문점으로, 롯데백화점 울산점이 오픈하면서 백화점으로 이전하였다. 랍스터 코스와 스테이크 7코스가 준비되어 있으며, 스테이크 코스 메인은 호주 안심, 한우 안심, 살치살 중 고를 수 있다.

- Ⓦ 시그니처코스(15만원), 7코스(5만8천원), 재즈코스(6만5천원), 런치코스 (3만5천원)
- ⏰ 10:30∼16:00(마지막 주문 14:30)/17:30∼22:30(마지막 주문 20:30) – 백화점 휴무일과 동일
- 🔍 울산 남구 삼산로 288 (삼산동) 롯데백화점 8층
- ☎ 052–269–3883 Ⓟ 가능

손가 孫家 일반중식

3대째 손맛을 잇는 대만식 중화요리 전문점. 매콤한 해물짜장면, 시원한 백짬뽕이 인기 메뉴며, 유린기와 만두도 맛보기를 추천한다. 모던하고 깔끔한 인테리어에 입식과 좌식의 단독룸도 갖추고 있다.

- Ⓦ 유니짜장(7천원), 해물짜장면(9천원), 통낙지짬뽕(1만5천원), 생고기탕수육(2만5천원), 레몬크림새우, 유린기(각 2만7천원), 멘보샤(2만2천원), 유산슬(3만원)
- ⏰ 11:30∼22:00(마지막 주문 21:30) – 월요일 휴무
- 🔍 울산 중구 문화의거리 12 (옥교동) 1층
- ☎ 052–244–5046 Ⓟ 가능

수림복국 ✖ 복

다양한 종류의 복요리를 맛볼 수 있는 곳. 복국을 주문하면 복튀김이 서비스로 나온다. 콩나물, 미나리 등이 푸짐하게 들어가 시원하게 속을 풀기에 제격이다. 2층은 복 전문점, 3∼4층은 회를 전문으로 하는 공간으로 나뉘어 있다.

- Ⓦ 복국(은복 1만7천원, 밀복 2만1천원, 까치복 2만3천원, 생참복 3만5천원), 복불고기정식(2만5천원), 복불고기(계절생복 3만5천원, 까치복 3만원, 밀복 2만5천원), 톳솥밥(1만8천원), 전복솥밥(1만8천원, 특 2만3천원)
- ⏰ 11:00∼21:30 – 일요일 휴무
- 🔍 울산 중구 종가6길 26 (우정동) 유성프라자 8층
- ☎ 052–224–0235 Ⓟ 가능

시그너스커피바 ✕ cygnus coffee 커피전문점

버건디색 벽지의 차분한 분위기의 로스터리 카페. 다양한 원두의 핸드드립 커피를 맛볼 수 있으며 커피를 주문하면 원두 소개 카드가 함께 제공된다.

- Ⓦ 에스프레스(5천원), 아메리카노(5천원), 카페라테(5천5백원), 핸드드립(변동), 커피젤리라테(7천원), 진저라테(6천원), 발로나초콜릿(7천원), 진저레몬소다(6천5백원)
- ⏱ 08:00~18:00(마지막 주문 17:30) | 토, 일요일 12:00~18:00 (마지막 주문 17:30) – 월요일 휴무
- Ⓠ 울산 남구 번영로 119 (달동) 1층
- ☎ 070-4228-9292 Ⓟ 가능

심돈 沈家眞心豚 돼지고기구이

한판구이를 시키면 다 구워진 돼지고기가 솥뚜껑에 채소와 함께 올려져 나오는 곳. 파절임, 김치, 콩나물, 양파, 버섯, 가래떡, 파인애플, 마늘이 함께 구워져 나온다. 듀록돼지 품종을 사용하여 풍부한 육즙을 즐길 수 있다

- Ⓦ 심돈모둠한판구이(600g 3만9천원, 850g 5만4천원), 꽃목살한판구이, 통삼겹한판구이(각 600g 3만8천원), 갓지은솥밥(2천5백원), 폭탄치즈계란찜(4천원), 된장술밥(6천원), 소고기솥밥(점심 1만4천원)
- ⏱ 11:00~14:30/17:00~22:00| 토, 일요일 11:00~22:00 – 연중무휴
- Ⓠ 울산 중구 종가6길 8-18 (우정동) 럭키빌딩 1층 심돈
- ☎ 052-707-6262 Ⓟ 가능

아니마 ✕ ANIMA 이탈리아식 | 파스타

분위기 좋은 이탈리안 레스토랑으로, 직접 뽑은 생면으로 만든 다양한 파스타를 선보인다. 블루크랩파스타, 트러플오일과 소등심이 들어간 트러플리조토를 비롯해 부채살스테이크가 대표 메뉴다. 파스타를 비롯해 다양한 음식이 나오는 세트 메뉴도 추천.

- Ⓦ 슈림프치즈크림뇨키, 등심화이트트러플라구파스타, 등심미트소스라구파스타, 슈림프베이컨오일파스타, 제철해산물을곁들인오일파스타, 제철해산물을곁들인토마토파스타, 트러플과소등심머시룸을더한리조토, 슈림프명란크림파스타(각 1만9천원), 부채살스테이크(3만2천원)
- ⏱ 12:00~14:30/17:00~20:50 | 토, 일요일 12:00~20:50 – 연중무휴
- Ⓠ 울산 남구 왕생로66번길 13 (달동)
- ☎ 052-903-0106 Ⓟ 불가

아비아채하사정1920

ABIACHAE HASAJEONG1920 카페

1920년부터 3대째 이어지는 한옥 하사정을 카페로 개조해서 운영하고 있다. 마당을 중심으로 커피와 베이커리를 주문할 수 있는 본채와 사랑채가 있으며, 브런치 세트가 주력

메뉴로 인기가 좋다.

- Ⓦ 모내기새참(3만5천원), 소풍가는날(3만5천원), 큐브스테이크(2만6천원), 불고기필라프(1만5천원), 강된장쌈밥(1만3천원), 연어그라브락스아보카도덮밥(1만8천원), 리얼딸기아이스크림(1만원), 페퍼앤올리브아이스크림(1만원)
- ⏱ 10:00~20:00(마지막 주문 19:00) – 연중무휴
- Ⓠ 울산 북구 동해안로 831-52 (어물동)
- ☎ 0507-1336-5959 Ⓟ 가능

언양기와집불고기 ✕✕✕ 소불고기 | 소고기구이

100년된 기와집을 개조해 만든 곳으로, 40여 년간 한우만을 다루고 있다. 불고기는 양념에 재워둔 소고기를 석쇠에 구워 상에 낸다. 질기지 않고 부드러운 한우의 맛이 좋으며, 반찬과 고기는 모두 천연 옥으로 만든 그릇에 담아 나온다.

- Ⓦ 언양불고기(180g 2만2천원), 알등심(120g 3만원), 부채살(120g 3만2천원), 토시살, 새우살, 살치살(각 120g 3만5천원), 물, 비빔막국수(각 5천원)
- ⏱ 11:00~20:50(마지막 주문 20:00) – 명절 전날, 당일 휴무
- Ⓠ 울산 울주군 언양읍 헌양길 86
- ☎ 052-262-4884 Ⓟ 가능

언양불고기 소불고기

언양식 석쇠불고기를 전문으로 하는 곳. 초벌구이해서 나오는 불고기를 불판 위에 올려 먹는다. 함께 깔리는 찬도 정갈하여 고기와 함께 곁들이기 좋다.

- Ⓦ 언양불고기(180g 2만2천원), 특미구이(100g 3만2천원), 모둠구이, 갈빗살, 꽃등심, 낙엽살(각 100g 2만7천원), 육회(소 3만원, 대 4만원)
- ⏱ 10:30~21:00 – 월요일 휴무
- Ⓠ 울산 울주군 언양읍 읍성로 104
- ☎ 052-263-5300 Ⓟ 가능

언양한우불고기 소불고기 | 소고기구이

한우 암소를 이용한 언양불고기를 맛볼 수 있는 집. 40여 년 된 내력을 자랑한다. 직접 운영하는 농장에서 암소를 선별하여 양념 및 숙성 후 석쇠에 구워낸다.

- ⓦ 언양불고기(180g 2만2천원), 갈빗살(110g 2만9천원), 낙엽, 특수부위(각 110g 3만원), 육회(소 200g 3만원, 대 300g 4만원), 육회비빔밥(1만8천원)
- ⏰ 11:00~20:30 – 격주 월요일 휴무
- 🔍 울산 울주군 언양읍 헌양길 87-3
- ☎ 052-262-0376 ⓟ 가능

엄지식육식당 소고기구이

울산에서 유명한 식육식당으로, 한우 암소만 취급하며 가격도 비교적 합리적인 편이다. 싱싱한 채소와 파절임이 함께 나온다. 된장찌개도 칼칼하고 맛있다.

- ⓦ 한우모둠세트(100g 1만4천원, 600g 8만4천원), 채끝살(각 100g 1만5천원), 한우갈빗살(100g 2만원), 차돌박이(100g 1만4천원), 한돈생삼겹살(100g 9천원), 목살(100g 9천원)
- ⏰ 16:00~22:30 – 일요일 휴무
- 🔍 울산 중구 옥교3길 119 (학성동)
- ☎ 052-297-1351 ⓟ 불가

엘라토 EL RATO 멕시코식

라탄 조명과 곳곳에 초록 식물들이 이국적인 분위기를 선사하는 멕시코 식당. 풍미 가득한 고기를 취향대로 싸먹는 대표 메뉴인 파히타의 토르티야와 소스는 리필이 가능하다. 모든 메뉴엔 고수가 기본적으로 들어가지 않으니 필요시 요청할 것.

- ⓦ 파히타(3만7천원), 해초연어보울(1만4천5백원), 비프보울(1만3천5백원), 부리토(1만2천5백원~1만3천5백원), 과콰몰레&나초(1만3천5백원), 케사디아(1만4천5백원), 타코(1만5백원)
- ⏰ 11:30~15:00/17:00~21:00(마지막 주문 20:20) – 화요일 휴무
- 🔍 울산 남구 삼산중로84번길 3 (삼산동) 리더스빌딩 B동 201호
- ☎ 070-7755-9021 ⓟ 가능(바로 옆 주차타워 이용, 2시간 무료)

오사카멘치 osaka-menchi 일식돈가스

신선한 최상급 돼지고기를 사용하는 일본식 돈가스 전문점. 부드러운 고기의 식감과 히말라야 암염의 조합이 좋다.

- ⓦ 특로스가스정식, 멘치가스정식(각 1만3천원), 특히레가스정식(1만4천원), 극상로스가스정식, 모둠돈가스정식(각 1만6천원)
- ⏰ 11:30~15:00/17:00~21:00(마지막 주문 20:30) – 연중무휴
- 🔍 울산 남구 왕생로72번길 19 (달동)
- ☎ 052-963-4164 ⓟ 가능

원조대구막창1번지 돼지막창

잘 익은 돼지막창을 상추에 올리고 땅콩가루, 청양고추, 실파 다진 것을 섞은 양념과 함께 싸 먹는 맛이 별미다. 생막창을 사용하는 것이 특징. 신선한 쌈 채소가 종류별로 나오며 막창은 기본 3인분부터 주문할 수 있다. 양이 푸짐히 나오는 편이며 서비스로 나오는 칼국수가 유명하다.

- ⓦ 돼지생고기막창(180g 1만3천원)
- ⏰ 16:00~24:00 – 월요일 휴무
- 🔍 울산 중구 곽남1길 35 (남외동)
- ☎ 052-297-5856 ⓟ 불가

원조옛날곰탕 곰탕

언양시장에서 곰탕으로 유명한 집. 깔끔한 맛의 고기가 푸짐하게 들어가 든든한 한 끼 식사로 좋다. 부드러운 수육과 곰탕이 함께 나오는 수육백반도 추천메뉴.

- ⓦ 곰탕(1만1천원), 특곰탕(1만5천원), 수육백반(2만원), 수육(중 4만원, 대 5만원)
- ⏰ 07:00~20:30(마지막 주문 20:00) – 매월 10일, 20일, 30일 휴무(토, 일요일인 경우 정상 영업)
- 🔍 울산 울주군 언양읍 장터2길 11-5
- ☎ 052-262-5752 ⓟ 가능

유통불고기 소불고기 | 소고기구이 | 육회

봉계한우불고기특구 내에서 오랫동안 인기가 많은 집. 가격도 다른 집보다 합리적인 편이다. 참숯에 구운 고기를 천일염에 찍어 먹는 맛이 좋다. 석쇠불고기 외에 갈빗살, 꽃등심 등의 한우도 맛볼 수 있다.

- ⓦ 석쇠불고기, 양념불고기(각 170g 2만원), 육회(200g 2만원), 특수부위(100g 2만8천원), 꽃등심, 갈비늑간살(각 120g 2만4천원), 육사시미(200g 2만원)
- ⏰ 09:30~20:00 – 셋째 주 월요일 휴무
- 🔍 울산 울주군 두동면 계명로 96
- ☎ 052-262-7477 ⓟ 가능

제1능이버섯삼산점 닭백숙

테이블 자리와 룸이 따로 있어서 가족끼리 외식하기에 좋다. 주말에는 미리 예약을 해야할 만큼 인기가 좋다. 국물도 계속 리필 가능하며 마무리로 죽을 먹는다. 능계탕은 예약이 필수다.

- ⓦ 능이토종닭백숙, 능이토종볶음탕(각 8만원), 능이오리백숙(8만5천원), 능이전골(중 4만원, 대 5만원), 능계탕(2만원), 능이회(4만원)
- ⏰ 10:00~21:30 – 연중무휴
- 🔍 울산 남구 남중로108번길 33 (삼산동)
- ☎ 052-260-1140 ⓟ 가능

종점숯불구이 소불고기 | 소고기구이

봉계한우불고기특구 내에서 잘 알려진 고깃집. 안심, 채끝등심 등의 부위를 다지지 않고 저며서 양념을 한 후 석쇠에 구운 양념불고기를 즐길 수 있다. 봉계에서는 고기를 도톰하게 썰어 숯불 석쇠 위에 올리고 소금을 뿌려가며 굽는 소금구이가 인기가 있다.

- 소금구이(120g 2만4천원), 특수부위(시가), 양념구이(150g 2만원), 떡갈비(200g 2만원), 육회, 깍두기 육회(150g 1만5천원, 300g 3만원), 암소 반마리(300g 5만1천원, 500g 8만5천원)
- 10:00~21:00(마지막 주문 20:20) – 두번째 월요일 휴무
- 울산 울주군 두동면 계명로 120
- 052-262-7279 P 가능

진미불고기 소고기구이

신선한 한우 암소고기를 즐길 수 있는 곳. 잘 다진 고기를 석쇠에 구워 먹는 불고기가 대표 메뉴다. 생고기로 만드는 깍두기육회를 즐기려면 전화로 문의하고 가는 것이 좋다.

- 언양석쇠불고기(180g 2만3천원), 특수부위(100g 3만5천원), 꽃등심, 갈빗살, 낙엽살(각 100g 2만8천원), 육회(소 150g 2만5천원, 대 250g 3만5천원)
- 10:30~21:00(마지막 주문 20:00) | 토, 일요일 10:30~20:30(마지막 주문 19:30) – 명절 당일 휴무
- 울산 울주군 언양읍 동문길 47
- 052 262 5550 P 기능

차일품 車一品 한정식

30여 년 된 한정식집으로, 울산 지역에서는 꽤 알려진 곳이다. 한정식을 주문하면 맛깔스러운 반찬이 한상 가득 나온다. 코스 구성은 주기적으로 바뀌며 예약하고 방문하는 편을 추천한다.

- 코스(5만5천원, 6만5천원, 8만원, 10만원), 점심특선(3만원)
- 12:00~14:30/16:00~21:30(마지막 주문 20:30) | 토요일 12:00~22:00(마지막 주문 21:00) – 일요일, 명절 휴무
- 울산 남구 삼산로352번길 14 (삼산동)
- 052-227-1571 P 가능

카페은린 카페

한옥 스타일의 카페로 깔끔하고 조용한 분위기며 애견 동반이 가능하다. 토피넛라테와 말차슈페너가 인기 메뉴.

- 아메리카노(5천5백원), 카페라테(6천원), 토피넛라테(6천5백원), 흑임자라테, 말차슈페너, 딸기라테, 자몽에이드(각 7천원)
- 11:00~20:00 | 월요일 11:00~19:00 – 연중무휴
- 울산 북구 아름1길 11 (어물동)
- 052-295-1022 P 가능

코델리아 CORDELIA Bakery Cafe 카페

더운 여름날 시원한 카페와 바다를 동시에 즐기고 싶다면 방문하기 좋은 대형 카페. 층고가 높고 통창으로 이루어진 인테리어로 강동바다뷰를 감상할 수 있다. 편안한 의자와 테이블이 마련되어 있으며, 3층과 4층은 노키즈존으로 운영되니 참고할 것.

- 아메리카노(5천5백원), 카페라테(6천원), 바닐라라테(7천원), 브라운아포가토(8천원), 코젤슈페너(7천5백원)
- 10:00~21:20(마지막 주문 21:00) – 연중무휴
- 울산 북구 동해안로 1120 (당사동)
- 0507-1449-1887 P 가능

터미날식당 백반

울산에서 유명한 백반집. 반찬으로 두부된장국, 가오리찜, 생선구이, 양념게장, 멸치액젓 등이 나오며 계절에 따라 수시로 바뀐다. 삼겹살과 두루치기는 한정식을 주문한 뒤에 추가메뉴로만 판매한다.

- 정식(1만1천원), 두루치기(1만5천원), 삼겹살(120g 1만원)
- 07:00~21:30 – 명절 당일 휴무
- 울산 남구 봉월로 164 (신정동)
- 052-275-8808 P 가능

파라안병영성 PARAAN 카페

웅상한 자태의 한옥카페. 동양과 서양의 느낌이 어우러진 공간으로, 1층은 현대적인 모던 스타일, 2층은 전통 한옥 스타일로 꾸며져 있다. 2층 테라스에 위치한 넓은 정원은 조경이 잘 되어 있어 느긋하게 커피를 즐기기에 좋다.

- 아메리카노(5천원), 카페라테(5천5백원), 바닐라라테(6천원), 병영크림라테(7천원), 아이스크림라테(7천원) 팥동동아이스크림(8천원), 병영아이스크림(6천5백원), 초코가나슈롤(6천5백원), 딸기수플레(6천5백원)
- 10:00~22:20(마지막 주문 21:40) – 연중무휴
- 울산 중구 병영로 92 (동동) 1~2층
- 052-222-8800 P 가능

파티세리오브 patisserie aube 디저트전문점

프렌치 디저트 전문점. 피에르에르메와 동경제과 출신 오너 셰프가 만드는 마카롱과 각종 구움과자를 맛볼 수 있다. 앙증맞은 모양의 케이크가 만들어져 나오는 시간은 11시니, 방문 시 참고하는 것이 좋다.

- 마카롱(2천8백원~3천2백원), 카늘레(3천원), 마들렌, 피낭시에(각 3천5백원), 머랭쿠키(4원), 이스파한(7천3백원), 쇼콜라노아젯(8천2), 아메리카노(4천원), 카페라테(4천5백원), 티(6천원), 프리미엄티(8천원), 에이드(5천5백원)
- 10:00~22:00 – 목요일,명절 당일 휴무
- 울산 남구 삼산로241번길 34 (달동) 현우골든맨션 107호
- 010-2925-6207 P 불가

표식 ✕ 모던재패니즈 | 이자카야

깔끔한 인테리어의 분위기 좋은 이자카야. 제철 식재료를 사용한 일식 요리를 사케와 즐길 수 있다. 다양한 종류의 생선이 나오는 사시미, 이소베마키, 고등어봉초밥 등이 추천 메뉴. 주문과 동시에 바로 재료를 손질하여 요리한다.

ⓦ 사시미(14ps 2만4천원), 이소베마키, 생선살프라이(각 1만6천원), 닭다리살가라아게(1만5천원), 숙성삼치구이(1만6천원), 안키모호소마키(1만6천원), 우니크림파스타(1만6천원), 가마살구이(1만6천원), 마제라이스(7천원)
🕐 18:00~24:00(익일)(마지막 주문 23:00) – 일요일 휴무
🔍 울산 남구 삼산로211번길 3 (달동)
☎ 0507-1433-1578 ⓟ 불가

풍로옥 ✕ 평양냉면 | 이북음식

정통 이북 음식을 선보이는 곳으로, 한우와 국내산 재철 채소만을 사용한다. 대표 메뉴인 평양냉면은 메밀 80% 함량의 면과 육향 가득한 육수가 조화를 이룬다. 평양냉면에 식초나 겨자를 뿌리지 않고 그대로 먹는 것 추천.

ⓦ 평양냉면, 비빔냉면, 온면(각 1만4천원), 양지곰탕(1만3천원, 특 1만6천원), 육개장(1만2천원), 접시만두(3개 7천원, 6개 1만4천원), 만둣국(1만4천원), 제육(280g 3만원, 140g 1만4천원), 불고기(2인 이상, 1인 160g 3만원), 어복쟁반(중 7만원, 대 9만원)
🕐 11:30~14:40/17:00~21:00(마지막 주문 20:30) – 일요일 휴무
🔍 울산 남구 돋질로239번길 6 (달동) 1층
☎ 052-266-0210 ⓟ 불가

함양집 ✕ 육회비빔밥

울산에서 가장 오래된 식당 중 하나로, 4대째 내려오는 90년 넘는 역사를 자랑한다. 비빔밥을 전문으로 하며 밥그릇과 국그릇도 옛날식 그대로 놋그릇을 사용한다. 소고기를 고아 낸 국물과 끼미(양념장)를 밥에 넣어 밑간을 하고 나서 고사리와 콩나물, 시금치나물 등을 올리고, 그 위에 육회와 전복회, 참기름과 고추장 등을 얹어 비벼 먹는다. 무와 소고기, 홍합을 넣고 끓인 탕국도 같이 나온다.

ⓦ 전통비빔밥(보통 1만5천원, 곱배기 1만7천원, 특 1만8천원), 한우물회(보통 1만5천원, 곱배기 1만7천원), 소고기국밥(1만1천원), 곰탕(1만원), 묵채(보통 6천원, 곱빼기 8천원), 석쇠불고기(200g 3만원), 육회(200g 3만원, 300g 4만원), 파전(2만원)
🕐 11:00~15:30/17:00~21:00 – 일요일, 명절 휴무
🔍 울산 남구 중앙로208번길 12 (신정동)
☎ 052-275-6947 ⓟ 가능

해월당 ✕ 베이커리

2024 르빵 크루아상 챔피언십 우승자의 크루아상을 직접 경험할 수 있는 대형 베이커리 카페. 크루아상은 물론 핑크빛의 복숭아빵도 추천하는 메뉴 중 하나. 베이킹 전반의 과

정을 엿볼 수 있는 통창으로 된 인테리어가 돋보인다.

ⓦ 아메리카노(4천5백원), 카페라테(5천원), 해월아인슈페너(6천5백원), 에그타르트(3천원), 레몬케이크(4천원), 쉬폰(5천8백원), 복숭아빵(6천5백원), 명란바게트(5천7백원), 육쪽흑마늘빵(6천8백원)
🕐 09:00~21:00 – 연중무휴
🔍 울산 울주군 상북면 봉화로 258-40
☎ 052-264-3030 ⓟ 가능

헤이메르 ✕ Hey-mer 베이커리 | 카페

울산 간절곶이 보이는 언덕에 자리한 카페. 아인슈페너와 시나몬크림라테가 시그니처 메뉴. 낮에는 오션뷰가, 밤에는 야경이 예쁜 곳으로 유명하다. 반려견을 동반할 수 있으며 2층은 노키즈존으로 운영된다.

ⓦ 아메리카노(5천5백원), 카페라테(6천원), 카푸치노(6천5백원), 바닐라라테(6천5백원), 차, 에이드(각 7천원), 초코라테, 밀크티라테, 고구마라테(각 6천5백원), 시나몬크림라테(7천5백원), 아인슈페너(7천원)
🕐 10:30~20:00 – 연중무휴
🔍 울산 울주군 서생면 잿골길 72
☎ 052-238-0333 ⓟ 가능

효정밥상 ✕ 게장

합리적인 가격에 게장백반을 즐길 수 있는 곳. 감칠맛 나는 간장에 절인 간장게장의 맛이 일품이며, 살도 꽉 차있다. 생선구이정식과 두루치기도 인기 메뉴다. 함께 나오는 반찬도 깔끔하다.

ⓦ 게장정식, 생선구이정식, 간장새우(각 1만원), 두루치기(소 2만원, 중 2만5천원, 대 3만원)
🕐 10:00~20:30 | 토, 일요일 10:00~20:00 – 명절 휴무
🔍 울산 울주군 청량읍 신덕하1길 9
☎ 052-227-4995 ⓟ 가능

히츠지 ひつじ 일식징기스칸

일본 북해도식 양고기 화로구이 전문점. 1년 미만의 어린 양고기만 취급하며 양갈비, 양제비추리, 양등심, 양프렌치렉 등 다양한 부위를 맛볼 수 있다. 히즈치양고기전골과 수육도 추천할 만한 메뉴. 주류 메뉴도 다양하게 준비되어 있으며, 양고기는 소금, 카레 가루, 고추냉이를 곁들여 먹는다.

ⓦ 양갈비(130g 1만5천5백원), 양갈빗살, 양등심(각 100g 1만5천원), 양프렌치랙(110g 1만6천원), 양고기전골, 양고기수육, 양고기찜(각 3만5천원), 모둠세트(6만원)
🕐 12:00~15:00(마지막 주문 14:30)/17:00~23:00(마지막 주문 22:30) – 명절 당일 휴무
🔍 울산 북구 당수골12길 13 (호계동)
☎ 010-4580-1985 ⓟ 가능

세종특별자치시

Sejong City

뇨끼온떨스데이 Gnocchi on thursday 이탈리아식

매일 아침 직접 제면한 생면 파스타와 뇨키를 맛볼 수 있는 곳. 뇨키와 파스타의 종류가 다양하며 화이트치킨뇨키스튜, 겨울대방어카르파치오 등 주말한정, 겨울한정으로 맛볼 수 있는 메뉴도 있다.

ⓦ 초리조토마토감자뇨키(1만9천원), 트러플버섯감자뇨키(2만1천원), 오리라구버섯뇨게티, 한우화이트라구탈리올리니(각 2만3천원), 홍새우오일먹물탈리올리니(2만1천원), 오리가슴살스테이크(3만6천원)
ⓣ 11:30~15:00(마지막 주문 13:30)/18:00~21:30(마지막 주문 20:00) – 월요일 휴무
ⓠ 세종 나성북1로 51 (나성동) 나릿재마을 6단지
☎ 044-863-0032 ⓟ 가능

능소비빔국수소정점 비빔국수

비빔국수가 인기 있는 국숫집. 비빔국수 양념장은 묽은 편이며, 각종 채소와 과일을 자연 발효시켜 개운하고 담백한 맛을 낸다. 시원한 멸치 육수의 잔치국수와 비빔국수에 차돌이 올라간 차돌비빔국수도 먹어볼 만하다.

ⓦ 비빔국수, 잔치국수(각 6천원), 우삼겹비빔국수(1만원), 어묵잔치국수(9천원), 콩국수(1만원), 만두(5천원)
ⓣ 09:00~21:00 – 연중무휴
ⓠ 세종 소정면 세종로 4283
☎ 044-562-2300 ⓟ 불가

디앨리스 The Alice 양식

46층 고층에서 강을 바라보며 식사를 할 수 있는 곳. 스테이크와 랍스터, 타이거 새우 등을 함께 맛볼 수 있는 스테이크플래터가 대표 메뉴다. 스테이크 부위는 안심, 채끝, 립아이 중 고를 수 있다. 파스타와 리조토도 추천할 만하다.

ⓦ 돈마호크스테이크플래터(10만9천원), 랍스터&채끝스테이크플래터(12만3천원), 비프스테이크플래터(14만3천원), 셰프스페셜파스타(2만원~2만7천원), 토마토라구파스타(2만원), 안심스테이크(150g 4만9천원), 트러플머시룸리조토(2만원)
ⓣ 11:30~15:00/17:00~22:00 – 1월 1일 휴무
ⓠ 세종 어울누리로 67 (나성동) 나릿재마을2단지 상가동 46층
☎ 044-866-2243 ⓟ 가능

뜨라또리아일페노메논 ✨

Trattoria il phenomenon 이탈리아식

클래식한 이탈리안 요리를 맛볼 수 있는 레스토랑. 자가제면한 생면 파스타, 웻에이징 한 채끝스테이크 등 다양하게 준비되어 있다. 한우와 한돈을 사용해 푹 끓여 풍미를 낸 라구 소스를 활용한 라자냐가 인기 메뉴.

ⓦ 멜란자네(1만7천원), 라자냐(2만6천원), 카르보나라(2만2천원), 채끝스테이크(5만8천원), 티라미수(9천원)
ⓣ 11:30~15:00(마지막 주문 14:00)/17:00~22:00(마지막 주문 20:30) | 토요일 11:30~16:00(마지막 주문 14:00)/17:00~22:00(마지막 주문 20:30) – 일요일 휴무
ⓠ 세종 법원2로 12 (소담동) 거북선빌딩 1층
☎ 044-865-6631 ⓟ 가능

라쎄종 ✨ 프랑스식

로컬 식재료를 활용한 요리를 선보이는 프렌치 레스토랑. 비프웰링턴과 돼지어깨살스테이크, 오리다리콩피 등을 맛볼 수 있다. 오리가슴살스테이크는 가격이 합리적인 편으로 많이 찾는 메뉴다.

ⓦ 비프웰링턴(4만5천원), 오리가슴살스테이크(2만7천원), 오리다리콩피(2만7천원), 카치오페페파스타(1만3천원), 토마토라구파스타(1만7천원), 피스타치오바질페스토파스타(1만8천원), 비프타르타르(1만7천원), 프로방스식감바스(1만8천5백원)
ⓣ 11:30~15:00(마지막 주문 14:10)/17:30~21:20(마지막 주문 20:10) – 일요일 휴무
ⓠ 세종 나성로 96 (나성동) 더센트럴 313호
☎ 010-8541-0655 ⓟ 가능

르비엣 ✨ LeVIET 베트남식

호주산 청정우를 15시간 이상 끓인 육수로 맛을 낸 쌀국수 전문점. 스페셜 쌀국수에는 한우 생고기, 힘줄, 양지 토핑이 잔뜩 들어있어서 웬만한 곰탕보다 든든하게 고기를 맛볼 수 있다는 평.

ⓦ 르비엣쌀국수(S 1만1천원, L 1만2천5백원), 직화소고기볶음밥(1만2천원), 분짜(1만5천5백원), 칠리팟차이(1만3천5백원), 해산물팟타이(1만3천5백원), 르비엣월남쌈(2–3인 3만9천원)
ⓣ 11:30~15:00(마지막 주문 14:00)/17:00~21:00(마지막 주문 20:00) – 연중무휴
ⓠ 세종 호려울로 29 (보람동) 세종시드니 2F 201호
☎ 044-862-2820 ⓟ 가능

르비엣

르비프 LE BEEF 소고기구이

최상급 한우를 숙성고에서 21일 이상 저온 숙성한 한우 레스토랑. 깔끔하고 모던한 분위기. 창가 자리는 금강 보행교를 마주하고, 한 켠에는 와인 다이닝 바도 마련되어 있다. 샐러드부터 한우 특수부위 모둠, 그리고 쌀국수 또는 볶음밥과 같은 식사류가 포함된 평일 런치메뉴도 즐길 수 있다.

Ⓦ 꽃새우등심, 샤토브리앙(각 150g 5만2천원), 플랫아이언(150g 4만8천원), 한우안심(150g 4만6천원), 한우등심(150g 4만5천원), 한우채끝(150g 4만4천원), 꽃새우살(150g 5만5천원), 스페셜플레터(160g 4만2천원), 한우육회(150g 3만원), 한우김치즈볶음밥2인(1만4천원), 평일런치세트(1인 3만원)

🕐 11:30~15:00/17:00~21:30(마지막 주문 20:30) – 일요일 휴무

🔍 세종 시청대로 167 (보람동) 세종드림빌딩 3F

☎ 044-868-2825 Ⓟ 가능

바이핸커피 ✖ by Hand Coffee 커피전문점

수준급의 로스터리 카페. 핸드드립으로 내린 스페셜티 커피를 맛볼 수 있으며 20여 가지 이상의 갓 볶은 원두도 구매할 수 있다.

Ⓦ 에스프레소, 아메리카노(각 4천원), 카페라테, 카페모카, 캐러멜마키아토(각 4천5백원), 핸드드립커피(6천원)

🕐 10:00~24:00 – 일요일 휴무

🔍 세종 절재로 172 (어진동) 태한프레스센터 1층

☎ 044-863-7927 Ⓟ 가능

부강옥세종부강본점 富强玉 순댓국

3대를 이어온 55년 전통의 순댓국집. 전통방식으로 만든 순대를 맛볼 수 있다. 잡내 없고 부드러운 모둠수육에는 머릿고기와 수육, 순대가 나온다. 식사 메뉴를 2인 이상 주문하면 맛보기수육 주문이 가능하다.

Ⓦ 명품순댓국(1만2천원, 특 1만5천원), 돈가스(1만3천원), 순대(소 1만6천원, 중 2만3천원), 모둠수육(소 3만5천원, 중 4만원), 맛보기수육(1만6천원)

🕐 08:00~20:00(마지막 주문 19:30) – 화요일 휴무

🔍 세종 부강면 부강외천로 103

☎ 044-866-3362 Ⓟ 가능

빠스타스 Fastars 이탈리아식

매달 제철 식재료를 사용해 메뉴를 달리하는 세종시의 이탈리안 레스토랑. 파스타, 피자, 스테이크, 디저트까지 모두 기본 이상의 맛이다. 양이 푸짐해 가격 대비 만족도도 높다. 예약 없이 방문 시에는 1층 매장을, 예약이나 대관을 원하면 4층을 이용하면 된다.

Ⓦ 연말콥샐러드, 미니코스유주시저샐러드, 홍새우비스큐오일파스타(각 1만7천원), 트러플크림뇨키, 잠봉트러플크림파네(각 1만8천9백원), 마르게리타(1만9천9백원), 베이컨감자수프(8천9백

원)

🕐 11:00~21:00(마지막 주문 20:00) – 명절 휴무

🔍 세종 달빛로 43 (종촌동) 금강빌딩 4층

☎ 010-5184-1992 Ⓟ 가능

세종축산 소고기구이

저렴한 가격에 질 좋은 국내산 한우를 맛볼 수 있는 곳. 1층 정육점에서 고기를 구매한 후, 2층에서 구워 먹는다. 고기의 상태가 좋아, 화려한 마블링을 자랑하며 맛도 일품이다. 간, 천엽, 선지해장국을 비롯한 곁들이 음식도 푸짐히 차려진다.

Ⓦ 한우(변동), 한우탕, 육회비빔밥(각 8천원), 한우불고기(9천원), 선지해장국(7천원)

🕐 11:00~22:00 – 연중무휴

🔍 세종 조치원읍 대첩로 75

☎ 044-862-7188 Ⓟ 가능

아호정 일반중식

모던한 분위기의 중식 레스토랑. 단품 중식요리부터 코스요리까지 주문 가능하다. 튀긴 닭다리살에 수북히 올린 파, 채소, 새콤한 간장소스가 뿌려진 유린기가 인기 메뉴중 하나.

Ⓦ 유린기(2만7천원), 어향가지(2만6천원), 마파두부(2만원), 탕수육(소 2만원, 중 2만9천원), 동파육(4만9천원), 짜장면(9천원), 오향장우육, 팔보채(각 4만원)

🕐 11:30~14:30/17:30~20:30 – 연중무휴

🔍 세종 가름로 232 (어진동) 세종비즈니스센터 B동 102호

☎ 044-998-0978 Ⓟ 가능

에이트 ATE 양식

다양한 파스타와 화덕에 구운 피자를 맛볼 수 있는 곳. 굴과 크림소스의 오이스터파스타와 로제소스의 새우로제칼조네가 시그니처 메뉴다. 잠봉피자에는 10일간 숙성해서 9시간 수비드한 잠봉이 올라간다.

Ⓦ 리코타치즈샐러드(1만4천원), 몽골리안라이스(1만1천5백원), 새우로제칼조네(1만9천원), 잠봉피자(2만원), 콰트로풍기피자(1만8천원), 잠봉샐러드(1만5천원), 버섯크림리조토(1만7천원)

에이트

🕐 11:30～15:00/17:00～21:30(마지막 주문 21:00) | 토, 일요일 11:30 ～16:00/17:00～21:30(마지막 주문 20:30) – 연중무휴
🔍 세종 한누리대로 288 (나성동) 갤러리밸류시티 204호
☎ 044-862-7008 ℗ 가능

올리부스꼼파뇨세종보람점
Ollibooth Compagno 이탈리아식

붉은 외벽이 돋보이는 외관. 오브제들로 꾸며진 공간에서 이탈리안 요리를 즐길 수 있는 곳이다. 파스타, 리조토, 뇨키 등 다양한 메뉴가 있으며 부드러운 문어를 큼직하게 올린 문어먹물리조토가 추천 메뉴 중 하나다.

Ⓦ 문어먹물리조토(18,900), 갑오징어토마토파스타(17,900), 단새우감태파스타(18,900), 홍새우로제파네파스타(18,900), 국내산햇감자단호박뇨키(18,900), 채끝등심스테이크(46,900), 시그니처감자수프(8,900), 이달의샐러드(17,900)ㅁ
🕐 11:00～15:00(마지막 주문 14:20)/17:00～20:30(마지막 주문 19:50) – 연중무휴
🔍 세종 시청대로 127 (보람동)
☎ 010-2665-6405 ℗ 가능

왕천파닭
王天파닭 프라이드치킨

세종전통시장에서 파닭이 맛있기로 소문난 곳. 파닭을 먹기 위해 멀리서도 손님이 찾아오는 집이다. 바삭하게 튀긴 위에 파채와 마늘, 레몬이 올라가는 것이 특징. 시간이 많이 지나도 바삭하며 퍽퍽하지 않다. 포장 판매만 하고 있다. 전화로 주문예약 후 방문하는 것이 좋다.

Ⓦ 파닭(2만2천원), 양념소스(5백원)
🕐 10:00～20:00 – 월요일 휴무
🔍 세종 조치원읍 조치원8길 16
☎ 044-862-7405 ℗ 불가

이한빵집 🎀 leehan bakery 베이커리

오월의종 출신 셰프가 세종시에 문을 연 베이커리. 갓 구워낸 담백한 빵을 합리적인 가격으로 즐길 수 있는 곳이다. 정기 휴무일 외에도 영업을 하지 않는 날이 있기도 하니 매달 말 SNS를 통해 공지하는 휴무 일정을 참고하는 것이 좋다.

Ⓦ 조리바게트(3천2백원), 고구마식빵(5천5백원), 사워도우브레드(7천원), 크랜베리호두바게트(3천5백원), 소보로(1천7백원), 단팥빵(1천6백원)
🕐 09:00～16:00(재료 소진 시 마감) – 일, 월요일 휴무
🔍 세종 마음로 272-3 (고운동) 102호
☎ 044-866-1391 ℗ 가능

장원갑칼국수세종본점 칼국수 | 샤부샤부

칼국수를 4가지 코스로 즐길 수 있는 자가제면 칼국수 전문점. 칼국수 코스는 1차로 고기와 미나리를 샤부샤부로 먼저 즐기고, 2차로 칼국수를 넣어 먹은 뒤, 볶음밥으로 마무리한다. 사이드 메뉴로 만두나 해물파전을 곁들여도 좋다.

Ⓦ 4가지코스칼국수(1만원), 활전복차돌샤부칼국수(2만원), 조치원복숭아비빔만두(9천9백원), 차돌박이미나리쌈샤부칼국수(1만3천5백원), 통새우해물파전(1만3천5백원)
🕐 10:30～16:00(마지막 주문 15:00)/17:00～2100(마지막 주문 20:00) – 연중무휴
🔍 세종 조치원읍 허만석1로 32
☎ 0507-1386-0925 ℗ 가능

카페더코너 The corner 카페

부담 없는 가격에 수준 있는 커피를 맛볼 수 있는 곳으로, 수동 머신으로 내린 스페셜티 커피를 선보인다. 가격대도 합리적인 편이며 내부 인테리어도 깔끔하게 꾸몄다.

Ⓦ 에스프레소, 아메리카노(각 2천8백원～3천3백원), 카페라테(3천8백원～4천3백원), 카푸치노(3천8백원), 레몬차(4천8백원), 키위주스(5천3백원)
🕐 11:00～01:00(익일) – 연중무휴
🔍 세종 보듬3로 8-20 (도담동) 한신휴시티 1층 140호
☎ 044-998-4847 ℗ 가능

콩밭가인 두부

순두부, 청국장, 두부보쌈과 같은 콩요리 전문점으로, 파주 장단콩을 사용하여 더욱 부드럽다. 고소한 들깨가 가득 들어간 들깨버섯순두부와 해물순두부가 인기 메뉴다.

Ⓦ 들깨버섯순두부, 콩비지찌개, 순두부청국장, 순두부김치뚝배기, 해물순두부(각 1만5백원), 두부보쌈(중 3만7천원, 대 5만원), 삼합(중 4만원, 대 5만원), 두부낙지볶음(2만6천원), 두부김치볶음(1만7천원), 모두부(8천원), 산초기름두부구이, 들기름두부구이(각 1만3천원)
🕐 11:00～22:00 – 연중무휴
🔍 세종 시청대로 167 (보람동) 세종드림빌딩 205호, 206호
☎ 042-841-6776 ℗ 가능

테이블레이 🎀 TABLE LAY 이탈리아식

생면 파스타와 드라이에이징 스테이크를 전문으로 하는 이탈리안 레스토랑. 미리 예약해야 하는 파스타오마카세는 여러 종류의 파스타를 코스로 맛볼 수 있다. 유럽의 갤러리를 모티브로 한 실내 분위기에서 쾌적하게 식사를 즐길 수 있다.

Ⓦ 베이컨그릭요거트무스(1만4천원), 가지라구그라탕(1만2천원), 제철조개봉골레(1만8천9백원), 트러플크림감자뇨키(2만1천원), 시즌샐러드(1만2천원), 알리오에올리오(1만5천원), 포르치니아란치니(1만4천원)

테이블레이

⊙ 11:30~15:00(마지막 주문 14:00)/17:30~20:50(마지막 주문 20:00) | 토, 일요일 및 공휴일 11:30~15:30(마지막 주문 14:30)/17:30~20:50(마지막 주문 20:00) – 비정기적 휴무(인스타그램 공지)
🔍 세종 다정중앙로 39 (다정동) 다정센터프라자2 207호
☎ 044-866-7220 ⓟ 가능(2시간 무료)

피제리아지알로 Pizzeria Giallo 피자 | 파스타

금강 수변에 위치한 선뷰 솧은 피자 전문점. 나폴리 방식으로 참나무 장작 화덕에 구운 피자를 맛볼 수 있다. 버팔로 모차렐라가 올라간 마르게리타 피자가 추천 메뉴 파스타 종류도 여러 가지 갖추고 있다.

ⓦ 스텔라피자(1만8천원), 마리나라(1만4천원), 마르게리타콘부팔라(2만원), 부라타(1만9천원), 폴포(2만5천원), 봉골레(2만원), 카르보나라(2만1천원), 감베리(2만1천원), 라자냐(2만5천원), 포르치니리조토(2만4천원), 티라미수(9천원), 채끝등심(200g 4만8천원)
⊙ 11:30~15:00(마지막 주문 14:00)/17:00~22:00(마지막 주문 20:30) | 토, 일요일 11:30~16:00(마지막 주문 14:00)/17:00~22:00(마지막 주문 20:30) – 연중무휴
🔍 세종 시청대로 137 (보람동) 리버피크닉 205호
☎ 044-865-6641 ⓟ 가능

호원 好院 일식장어

일본식 장어덮밥을 전문으로 하는 곳. 우나쥬, 히츠마부시를 모두 맛볼 수 있으며, 1인 트레이에 밑반찬과 함께 정갈하게 나온다. 점심 특선 메뉴로는 다마고 우나기동을 선보인다. 스테키동도 인기 메뉴.

ⓦ 우나쥬(4만4천원, 특 5만5천원), 히츠마부시(4만1천원 특 5만2천원), 타마고우나기동(2만9천원), 스테키동(2만7천원)
⊙ 11:30~14:30(마지막 주문 14:00)/17:00~21:30(마지막 주문 20:30) – 연중무휴
🔍 세종 달빛로 226 (아름동)
☎ 0507-1363-6091 ⓟ 가능

홍카페 HONG coffee & tea 카페

분위기 좋은 카페로, 복층으로 꾸며 천장이 높고 좌석도 많다. 전망이 좋고 한적하여 편안한 분위기 속에서 음료를 즐길 수 있는 곳이다. 특이한 디자인의 의자가 많아 보는 재미를 더한다. 1인 1주문을 원칙으로 한다.

ⓦ 아메리카노(4천원), 카페라테(4천5백원), 크림아메리카노(5천원), 크림라테(5천5백원)
⊙ 10:00~23:00 – 연중무휴
🔍 세종 조치원읍 섭골길 31
☎ 044-866-5504 ⓟ 불가

힛유어텅 HIT YOUR TONGUE 다이닝바

다양한 요리를 즐길 수 있는 다이닝바. 양갈비, 비스크파스타, 우니 페이스트와 조갯살, 감태 등을 넣어 맛을 낸 우니감태파스타 등이 인기 메뉴. 레드와인 소스를 곁들여 나오는 양갈비는 꼭 맛봐야 할 메뉴다.

ⓦ 우니감태파스타(3만6천원), 양갈비(4만5천원), 소갈빗살(4만2천원), 두항정가지아라비아타(2만9천원), 감바스알아히요(2만1천원), 부라타치즈(1만6천원), 차돌수란샐러드(1만7천원), 치즈플레이트(2만6천원), 통새우오일푸타네스카(2만2천원), 주꾸미냉이파스타(2만9천원), 차돌박이파스타(2만3천원), 명란크림파스타(2만3천원), 건새우마늘쫑알리오올리오(2만1천원), 하몽트러플감자튀김(1만8천원), 디저트1인(6천원)
⊙ 18:00~23:00(마지막 주문 22:00), 일, 월요일 휴무
🔍 세종 새롬로 56 (새롬동) 새뜸마을14단지 1419동 상가 1층 106호
☎ 0502-1920-0573 ⓟ 가능

힛유어텅

경기도

Gyeonggi-do Province

경기도 가평군

가평냉면부손설악본점 막국수 | 평양냉면

순메밀면으로 만든 막국수와 평양냉면을 맛볼 수 있다. 평양냉면은 슴슴한 국물 맛이 면과 잘 어울린다는 평이다. 쫄깃한 감자전이나 수육을 곁들여도 좋다.

- Ⓦ 평양냉면, 평양온반, 시래기온반, 시래기들기름국수, 평양온면, 부손비빔국수(각 1만2천원), 감자전(1만3천원), 부손냉수육(1인 1만3천원, 2인 2만1천원, 3인 3만원)
- Ⓣ 11:00〜16:00(마지막 주문 15:45) | 토, 일요일 11:00〜18:00(마지막 주문 17:45) – 화요일 휴무
- Ⓠ 경기 가평군 설악면 유명로 1818–13
- ☎ 031–584–7772 Ⓟ 가능

계화원 닭갈비

숯불에 초벌한 닭갈비를 구워 월남쌈으로 먹는 세트가 인기 있다. 닭갈비는 소금, 마늘간장, 고추장 맛 중 고를 수 있다. 닭갈비를 찍어 먹을 소스와 함께 동치미와 닭곰탕도 내어준다. 다양한 닭의 부위가 나오는 모둠세트도 인기 있다.

- Ⓦ 짚불훈연숯불닭갈비(소금, 마늘간장, 고추장 가 1만6천원), 짚불훈연숯불오리훈제구이(1마리 5만9천원), 월남쌈숯불훈연모둠세트(소 5만6천원, 대 8만9천원), 잣두부닭고기샤부샤부세트(소 5만원, 대 6만5천원), 닭껍튀들기름막구수(1만천원), 얼큰닭1대칼국수(1만원), 계살볶음밥(9천원)
- Ⓣ 10:00〜15:00/16:00〜20:30(마지막 주문 19:30) – 수요일 휴무
- Ⓠ 경기 가평군 상면 수목원로 276
- ☎ 0507–1394–7405 Ⓟ 가능

구성각 칼국수 | 육개장

육개장과 육개장칼국수를 맛볼 수 있는 곳. 여름에는 콩국수와 냉짬뽕, 냉우동을, 겨울에는 칼만두와 떡만두도 선보인다. 찐만두를 곁들여도 좋다.

- Ⓦ 육개장(1만원), 육개장칼국수, 바지락칼국수(2인 각 2만원), 찐만두(5천원), 콩국수(여름메뉴, 1만원), 냉짬뽕, 냉우동(여름메뉴, 각 1만2천원), 칼만두, 떡만두(겨울메뉴, 각 2만2천원)
- Ⓣ 10:30〜15:00 – 연중무휴
- Ⓠ 경기 가평군 가평읍 중촌로 15–47
- ☎ 0507–1414–6465 Ⓟ 가능

금강막국수닭갈비 막국수 | 닭갈비

가평 아침고요수목원 근처에서 막국수와 닭갈비를 맛있게 하는 집. 순메밀을 바로바로 멧돌에 갈아 국수를 뽑아낸다. 메밀 향이 메밀국수의 맛을 살린다. 푸짐하게 나오는 닭갈비도 인기며 메밀쌈에 싸먹는 숯불닭갈비도 추천할 만하다. 닭갈비에 치즈퐁듀를 추가해 즐길 수도 있다.

- Ⓦ 특수부위, 모둠구이, 고추장닭갈비, 간장닭갈비(각 1만6천원), 막국수(1만1천원)
- Ⓣ 10:30〜21:00 – 연중무휴
- Ⓠ 경기 가평군 상면 수목원로 16
- ☎ 031–584–5669 Ⓟ 가능

나무아래오후N ✖ 카페 | 브런치카페

아침고요수목원 가는 길목에 자리한 베이커리 및 브런치 카페. 다양한 종류의 빵, 디저트와 샥슈카, 라자냐, 샌드위치와 같이 간단히 식사할 수 있는 올데이 브런치도 선보인다. 클래식을 들을 수 있는 작은 별관과 빈백을 비치한 야외 자리도 마련되어 있다.

- Ⓦ 에스프레소, 아메리카노(각 7천5백원), 카페라테(8천3백원), 치아바타샌드위치(1만8천원), 샥슈카(2만3천원), 라자냐(2만1천원)
- Ⓣ 10:00〜18:00(마지막 주문 17:30) | 금, 일요일 10:00〜18:30(마지막 주문 18:00) | 토요일 10:00〜17:00 – 연중무휴
- Ⓠ 경기 가평군 상면 수목원로 204
- ☎ 031–584–9300 Ⓟ 가능

네자매평강막국수 ✖ 막국수

쫄깃한 식감의 메밀 막국수를 맛볼 수 있는 곳. 비빔막국수와 물막국수 중에 선택할 수 있으며, 육수가 주전자에 따로 담겨 있어 취향에 따라 더 넣어 먹으면 된다, 명태회 무침이 올라간 회국수도 별미로 통한다.

- Ⓦ 막국수(1만원), 회막국수(1만3천원), 감자전(1만7천원), 메밀전(9천원), 편육(소 3만5천원, 대 4만8천원)
- Ⓣ 10:30〜15:30/17:00〜20:00(마지막 주문 19:40) – 수요일 휴무
- Ⓠ 경기 가평군 설악면 한서로 87
- ☎ 031–585–1898 Ⓟ 가능

달과6펜스베이커리카페 moon&6pence 카페

야생화와 나무, 정자, 그리고 시계를 활용해 감각적으로 꾸민 카페 앞 정원이 눈길을 끄는 곳. 실내 인테리어 역시 정원 분위기가 그대로 이어져 편안하고 아늑하다.

- Ⓦ 아메리카노(5천원), 카페라테(6천원), 블루레몬에이드(6천5백원), 단팥빵(3천5백원)
- Ⓣ 12:00〜20:00(마지막 주문 19:30) – 월, 화요일 휴무
- Ⓠ 경기 가평군 청평면 상지로 107
- ☎ 070–4124–2577 Ⓟ 가능

델씨엘로 DEL CIELO 피자 | 파스타

청평 쪽으로 드라이브하다가 들르면 좋은 화덕 피자와 파스타 전문점. 지중해 풍의 흰 기둥과 벽으로 공간이 분리되어 이국적인 분위기에서 편안하게 식사할 수 있다. 아기를 위한 '아기토마토파스타'는 무료로 맛볼 수 있다.

- ⓦ 클래식라구(2만1천원), 남해해산물뚝배기파스타(2만2천원), 클래식마르게리타(2만원), 바질클래시카(2만3천원)
- ⓒ 11:00~20:00 – 연중무휴
- ⓠ 경기 가평군 청평면 경춘로 1031
- ☎ 031-584-1767 ⓟ 가능

들풀 한정식

설악에서 재배한 콩만 사용하는 정갈하고 건강한 한식집. 청국장이 대표 메뉴로 숯 황토방에서 띄우고 장독대에서 맛있게 익혀 사용한다. 된장, 간장, 들기름 등도 직접 만들고, 장아찌류와 나물 등 밑반찬은 리필하여 먹을 수 있다. 식사 후 주변을 산책하기에도 좋다.

- ⓦ 민들레정식(2인 이상, 1인 1만8천원), 달맞이정식(4인 이상, 1인 2만1천원), 연꽃정식(4인 이상, 1인 3만원)
- ⓒ 10:30~17:00(마지막 주문 16:00) | 토, 일요일 10:30~20:00(마지막 주문 19:00) – 화요일, 명절 휴무
- ⓠ 경기 가평군 설악면 한서로124번길 16-12
- ☎ 031-585-4322 ⓟ 가능

명지쉼터가든 ✖ 국수

잣으로 유명한 가평의 잣을 이용해 만든 잣국수가 별미다. 잣가루와 밀가루를 섞어 만드는 잣국수는 일반국수보다 면발이 매끄럽고 탄력 있다. 우유처럼 뽀얀 잣국물은 고소하고 진국이다. 잣국수 외에도 잣죽, 잣곰탕 등의 메뉴를 선보인다.

- ⓦ 잣국수, 잣죽(각 1만4천원), 잣곰탕(1만6천원), 수육전골(5만원), 감자부침, 도토리묵, 잣해물짬뽕(각 1만3천원), 산채비빔밥(각 1만1천원)
- ⓒ 08:30~17:00(마지막 주문 16:00) – 연중무휴
- ⓠ 경기 가평군 북면 가화로 777
- ☎ 031-582-9462 ⓟ 가능

방일해장국 ✖ 소내장탕 | 선지해장국 | 수육

유명산 인근에서 인기를 끌다가 현재의 위치로 이전한 해장국집. 선지와 내장이 푸짐하게 들어간 방일해장국이 대표

메뉴며 청양고추절임이 느끼한 맛을 잘 잡아준다. 전국적으로 체인점이 많이 있지만, 본점이 가장 뛰어나다는 평이다.

- ⓦ 선지해장국, 소고기해장국(각 1만2천원), 내장탕(1만4천원), 내장볶음(각 3만5천원)
- ⓒ 하절기 05:00~15:00/17:00~19:00(마지막 주문 18:30) | 동절기 06:00~15:00/17:00~19:00(마지막 주문 18:30) – 둘째, 넷째 주 월요일 휴무
- ⓠ 경기 가평군 설악면 신천중앙로 151
- ☎ 031-584-3116 ⓟ 가능

본가장작불곰탕해장국 선지해장국 | 도가니탕 | 곰탕

곰탕과 막국수 맛이 좋아 인기 있는 곳이다. 곰탕에 들어가는 육수는 장작불을 피워 가마솥에서 오랜 시간 고아내 진한 맛을 낸다. 메밀로 만든 막국수는 구수한 맛을 느낄 수 있다.

- ⓦ 본가곰탕, 선지해장국(1만1천원), 사골우거지해장국, 메밀막국수(각 9천원), 메밀전(6천원), 도가니수육(5만5천원)
- ⓒ 05:00~23:00 – 연중무휴
- ⓠ 경기 가평군 청평면 경춘로 712
- ☎ 031-584-1987 ⓟ 가능

산골농원 ✖ 닭볶음탕

장작불에 올린 솥뚜껑에 자글자글 끓여 먹는 닭볶음탕으로 유명한 곳. 달짝지근한 국물맛과 쫄깃한 토종닭의 맛이 인상적이다. 끓일수록 국물 맛이 깊고 진해져 식사를 마칠 때까지 맛있게 먹을 수 있다. 수제비나 라면 사리를 넣어 먹는 것도 추천.

- ⓦ 솥뚜껑닭볶음탕(1마리 8만원), 반마리추가(4만원), 주먹밥(3천원)
- ⓒ 10:30~20:00(마지막 주문 18:00) | 토, 일요일 10:00~20:00(마지막 주문 18:00) – 화요일 휴무
- ⓠ 경기 가평군 설악면 어비산길99번길 75-7
- ☎ 031-584-7415 ⓟ 가능

산장대통령 ✖ 山莊大通嶺 닭백숙

산장 규모만 3천 평으로, 식당 외부에는 개울 옆에 앉아 먹을 수 있는 야외 평상 자리와 방갈로 등이 있다. 백숙 재료인 장닭은 생후 5개월 된 닭을 사용하여 쫄깃하고, 각종 한약재를 넣어 끓인 육수가 시원하고 개운하다. 백숙을 다 먹고 나면 칼국수를 넣어준다. 도착하기 30~40분 전에 예약하는 것이 좋으며, 동절기에는 문을 닫는다.

- ⓦ 장닭한방백숙정식, 장닭볶음탕정식(각 9만원), 장닭한방백숙, 장닭볶음탕(각 8만원), 참나무장작구이삼겹살, 참나무장작구이닭갈비(각 200g 1만5천원)
- ⓒ 10:00~18:00(마지막 주문 16:30) – 동절기(1~2월), 명절 휴무
- ⓠ 경기 가평군 상면 비룡로 1745
- ☎ 031-585-2081 ⓟ 가능

서호식당 송어 | 민물매운탕 | 민물생선튀김

강을 바라보며 송어회를 즐길 수 있는 곳. 적당한 두께로 썬 송어회는 쫄깃하고 비린 맛이 없다. 두껍게 썬 송어를 튀긴 송어튀김과 쫄깃한 수제비를 넣은 진한 매운탕도 평이 좋다. 장어구이도 추천할 만하다.

- 쏘가리회(1kg 15만원), 송어회(1kg 5만원), 쏘가리매운탕(2인 8만원), 빠가사리매운탕(2인 6만원), 메기매운탕(2인 4만원), 빙어튀김(2만5천원), 송어튀김(3만원)
- 09:00~20:30(마지막 주문 19:00) – 화요일 휴무
- 경기 가평군 설악면 유명로 2343
- 031-584-0446 ℗ 가능

소희네묵집 묵

도토리로 만든 묵, 전, 면류의 요리를 맛볼 수 있는 곳이다. 도토리 고유의 질감과 향과 맛을 잘 살리고 있다. 정식 코스는 예약이 필수다. 실내 분위기도 아기자기하게 예쁘다.

- 도토리묵밥, 도토리수제비, 도토리막국수(각 1만2천원), 도토리얼큰수제비, 도토리얼큰칼국수(각 1만3천원), 도토리정식(1인 2만5천원)
- 09:00~21:00 – 연중무휴
- 경기 가평군 조종면 운악청계로 387
- 031-585-5321 ℗ 가능

송원막국수 막국수 | 수육

메밀을 쌓아 놓고 있다가 일주일 단위로 정미소에서 빻아 사용하기 때문에 메밀 향이 살아 있다. 주문을 받고 반죽을 하는 곳이라 면발이 좋다. 이전하기 전에는 손 반죽만 했었는데 지금은 기계 반죽을 한 후 손 반죽을 하고 있다.

- 막국수(소 1만원, 대 1만2천원), 수육(2만5천원)
- 10:30~17:00 – 화요일 휴무
- 경기 가평군 가평읍 가화로 76-1
- 031-582-1408 ℗ 불가

솥뚜껑닭볶음탕 Olympicvalley 닭볶음탕

마당에서 장작불에 대형 솥뚜껑을 올려 끓여주는 닭볶음탕을 맛볼 수 있다. 어비계곡 근처에 위치하여 물놀이 후 먹으면 맛이 일품이다. 토종닭을 사용하여 큼지막하고 부드럽다. 식사 후 솥뚜껑에 볶아주는 볶음밥도 식사 마무리로 좋다. 주문하면 끓이기 시작하기 때문에 40분 정도는 기다려야 한다.

- 솥뚜껑닭볶음탕한마리, 누룽지한방백숙한마리(각 8만5천원)
- 10:00~19:45(마지막 주문 18:30) – 수요일 휴무
- 경기 가평군 설악면 어비산길 130-18
- 010-5261-4503 ℗ 가능

쉐누 chez nous 프랑스식

컬러풀한 외관과 클래식한 실내에서 프랑스 가정식을 맛볼 수 있는 소박한 레스토랑. 프랑스 시골 가정집에 온 듯한 분위기다. 라클레르와 스테이크가 대표 메뉴. 텃밭에서 직접 가꾼 채소와 허브를 사용한다.

- 퐁듀부르기뇽(3만2천원), 라클레르와스테이크+생자크(2인 이상, 1인 3만2천원), 코코뱅(2만3천원), 뵈프부르기뇽(2만2천원), 풀레파네(각 1만8천원), 스테이크와라타투이(2만5천원)
- 11:00~15:00/17:00~21:00 | 일요일 11:00~15:00/17:00~20:00 – 월, 화요일 휴무
- 경기 가평군 청평면 잠곡로91번길 29
- 031-584-5865 ℗ 가능

유명산가마솥할머니해장국

선지해장국 | 곱창전골

인근 골프장을 찾는 사람들 사이에서 유명한 해장국집. 해장국에는 김치와 내장, 선지 등이 들어가 있다. 김치와 열무김치, 깍두기 반찬과 함께 먹는다. 직접 만든 두부가 들어간 전골도 좋다.

- 해장국(1만2천원 특 1만5천원), 모두부(1만원), 두부전골(2인 이상 1인 1만원), 곱창전골(소 4만원, 중 5만원 대 6만원) 내장무침(소 4만원, 중 5만원, 대 6만원)
- 05:00~15:00 – 수요일, 명절 휴무
- 경기 가평군 설악면 유명로 883
- 031-584-9341 ℗ 가능(1시간 무료)

유명숯불닭갈비 닭갈비

초벌된 닭갈비를 숯불에 구워 먹는 닭갈비 전문점. 간장 양념의 맛이 과하지 않아 부드러운 닭갈비를 맛볼 수 있다. 샐러드바가 따로 있어 신선한 야채와 반찬을 마음껏 먹을 수 있으며, 자가제면한 면을 사용한 막국수와 쫀득 바삭한 식감의 감자전도 추천할 만하다.

- 숯불닭갈비(250g 1만5천원), 메밀막국수(9천원), 감자전(1만4천원), 메밀만두(8개 6천원)
- 10:30~21:30(마지막 주문 20:30) – 연중무휴
- 경기 가평군 설악면 신천중앙로 15
- 031-584-3381 ℗ 가능

유일닭강정 닭강정

가평의 명물 잣을 이용한 잣닭강정 전문점. 닭다리살만 사용한 프리미엄유일잣닭강정이 추천 메뉴다. 소스는 간장베이스의 오리지널 맛과 매운맛 중에서 선택할 수 있다. 가평에서 만든 맥주를 곁들여 치맥을 즐겨도 좋다.

- 유일닭강정(중 1만9천원, 대 2만6천원), 프리미엄유일닭강정(2만4천원), 껍질튀김(7천원)
- 10:30~20:00 | 토, 일요일 11:00~20:00 – 연중무휴
- 경기 가평군 가평읍 가화로 122
- 031-581-6161 ℗ 가능

이경숙할머니음식점 장어

매운탕과 장어구이가 맛있는 곳으로, 매운탕 주문 시 팽이버섯과 쑥갓, 수제비 등이 든 냄비가 나온다. 그밖에 쫄깃하고 시원한 수제비와 가평산 쌀로 지은 밥, 그리고 장어구이도 즐길 수 있다.

- ⓦ 장어구이(7만5천원), 쏘가리매운탕(8만원), 빠가사리매운탕(2인 4만5천원, 3인 6만5천원, 4인 8만5천원), 메기매운탕(2인 4만원, 3인 6만원, 4인 8만원)
- ⓣ 09:00∼21:00 – 연중무휴
- ⓠ 경기 가평군 청평면 북한강로 2092
- ☎ 031-584-0064 ⓟ 가능

청평호반닭갈비막국수 막국수 | 닭갈비

가평에서 인기 있는 철판닭갈빗집으로, 야들야들한 닭갈비와 막국수를 즐길 수 있다. 함께 나오는 기본 찬이 맛깔스러우며, 우동사리를 추가해서 먹는 것도 별미다. 가격 대비 만족도가 높은 편.

- ⓦ 닭갈비, 닭내장(각 1만5천원), 막국수(1만원)
- ⓣ 10:30∼15:30/16:30∼20:00(마지막 주문 19:00) – 화요일, 명절 휴무
- ⓠ 경기 가평군 청평면 강변로 45-7
- ☎ 031-585-5921 ⓟ 가능

청평호반닭갈비막국수

더더간장게장 게장

간장게장을 무한리필로 먹을 수 있는 곳. 게살이 꽉 차 있고 비린 맛도 없고 간도 짜지 않다는 평이다. 마른 김에 밥과 날치알을 올려 먹는 것도 별미. 대기 줄이 있을 수 있다.

- ⓦ 간장게장무한리필세트(2만3천9백원), 한마리정식(1만5천원), 떡갈비(8천원), 꽃게탕(5천원)
- ⓣ 11:00∼15:20/16:20∼21:20(마지막 주문 20:30) | 토, 일요일 11:00∼21:20(마지막 주문 20:30) – 연중무휴
- ⓠ 경기 고양시 덕양구 원당로 357-1 (원당동)
- ☎ 031-969-8848 ⓟ 가능

도온정 곰탕

놋그릇에 정갈하게 나오는 깔끔한 국물의 한우 암소로 우린 곰탕을 즐길 수 있다. 고기가 듬뿍 들어간 한우전골도 인기 메뉴로, 남은 국물에 우동 사리는 김치를 넣어 매콤하게 즐긴다. 감자술, 동학, 솔송주 등 전통 약주, 청주도 구비하고 있다.

- ⓦ 곰탕(보통 1만2천원, 특 1만5천원, 스지 1만5천원, 차돌 1만8천원), 한우전골(4만2천원), 한우곱창전골(4만9천원), 고기부추전(1만6천원), 고기김치전(1만8천원), 고기무침(반접시 1만1천원, 한접시 2만1천원)
- ⓣ 11:00∼15:00/17:00∼22:00(마지막 주문 21:00) – 일요일 휴무
- ⓠ 경기 고양시 덕양구 꽃내음1길 130 (향동동) 1층
- ☎ 070-4044-1280 ⓟ 불가

리비토 LIBITO 피자 | 파스타

나폴리식 화덕피자를 선보이는 이탈리안 레스토랑. 피자는 일반적인 도우와 오징어먹물 도우 중에서 고를 수 있다. 시금치&루콜라피자와 통오징어먹물파스타가 추천 메뉴로, 파스타는 리조토로도 주문할 수 있다.

- ⓦ 시금치&루콜라피자(2만3천9백원), 풍기&살라미피자(2만2천9백원), 날치알부추파스타(1만7천9백원), 블랙올리브&해산물파스타(1만8천9백원), 통오징어먹물(리조토 1만9천9백원, 파스타 1만8천9백원), 부라타치즈와체리토마토(1만5천9백원)
- ⓣ 11:00∼15:00/17:00∼21:00(마지막 주문 20:00) – 월요일 휴무
- ⓠ 경기 고양시 덕양구 꽃내음1길 182 (향동동) 지하1층 (향동천 1층)
- ☎ 02-3159-2008 ⓟ 가능

민쿡다시마 MINCOOK 스시 | 일식돈가스

깔끔한 분위기의 초밥집. 5일 이내에 도정한 쌀을 사용하는 것이 특징으로, 제철 식재료를 사용한 초밥을 선보인다. 모

둠초밥이 인기며, 돈가스와 가츠동 등의 식사메뉴도 추천할
만하다. 점심에는 좀 더 할인된 가격에 맛볼 수 있다.
- ⓦ 초밥정식(2만7천원), 나베우동정식(1만8천원), 연어구이정식, 삼치된장구이정식(각 1만9천원), 민쿡정식(3만3천원), 모둠특초밥(12P 2만5천원), 관동식스키야키(1만9천5백원)
- ⏰ 11:00~15:00/17:00~21:00(마지막 주문 20:30) - 일요일 휴무
- 🔍 경기 고양시 덕양구 화신로260번길 37 (화정동) 진솔그린프라자 110호
- ☎ 031-978-3236 ⓟ 가능(화정이마트 주차, 1시간 무료)

민쿡앞바당 [illegible]✂ 생선구이
제철 생선 요리 정식을 맛볼 수 있는 한식당. 밑반찬이 다양
하게 나오며, 셀프바에서 추가로 가져다 먹을 수 있다. 고등
어구이와 갈치구이 등 생선구이를 많이 찾는 다.
- ⓦ 제철생선구이(2인 이상, 1인 2만원), 간장게장정식(1인 2만5천원), 한우떡갈비정식(2만3천원), 앞바당한상정식(1인 3만8천원), 제철생선조림정식(1인 2만1천원), 갈치구이정식(1인 2만2천원)
- ⏰ 10:00~15:00/16:30~21:00(마지막 주문 20:00) | 일요일 10:00~20:30(마지막 주문 19:30) - 월요일 휴무
- 🔍 경기 고양시 덕양구 흥도로415번길 60-1 (성사동)
- ☎ 031-978-7782 ⓟ 가능(매장 앞 공터 주차)

서삼릉보리밥 일반한식 | 보리밥
텃밭에서 직접 재배한 채소로 만드는 시골풍 건강식을 맛볼
수 있는 곳이다. 보리밥정식 외에도 쫄깃한 코다리가 인기
메뉴다. 보리밥과 함께 나오는 된장찌개도 별미.
- ⓦ 옛날보리밥, 녹두전(각 1만원), 코다리구이(1만원), 도토리묵, 주꾸미볶음(각 1만3천원), 우거지수제비(2인 2만원)
- ⏰ 11:00~19:00(마지막 주문 18:10) - 수요일, 명절 휴무
- 🔍 경기 고양시 덕양구 서삼릉길 124 (원당동)
- ☎ 031-968-5694 ⓟ 가능

신호등장작구이 닭구이 | 닭강정
겉을 바삭하게 구운 닭 장작구이를 맛볼 수 있는 곳이다. 닭
내장을 제거한 자리에는 찹쌀, 인삼, 마늘, 대추, 은행 등이
들어있어 건강하고 든든한 식사를 할 수 있다.
- ⓦ 닭장작구이, 골뱅이(각 2만2천원), 불닭발(1만7천원)
- ⏰ 12:00~24:00 - 연중무휴
- 🔍 경기 고양시 덕양구 서오릉로 396-14 (용두동)
- ☎ 02-382-4536 ⓟ 가능

옥루 퓨전중식
눈꽃찹쌀탕수육을 맛볼 수 있는 중국집. 일반 짜장보다 해
물이 더 들어간 옥루짜장, 문어 한 마리가 통째로 들어간 옥
루짬뽕, 탕수육에 치즈가루와 인절미가루가 곁들여진 눈꽃

찹쌀탕수육이 대표 메뉴다. 2인세트를 주문하면 세 가지를
골고루 맛볼 수 있다.
- ⓦ 짜장(7천원), 옥루짜장(8천원), 해물우동(9천원), 옥루짬뽕(1만3천원), 옥루특밥(1만원), 눈꽃찹쌀탕수육(소 2만원, 중 2만8천원, 대 3만6천원)
- ⏰ 11:00~21:00(마지막 주문 20:30) - 화요일 휴무
- 🔍 경기 고양시 덕양구 충장로 122 (행신동) 1층 101호, 113호
- ☎ 031-978-5959 ⓟ 가능

일미정 장어
50년 넘는 내력의 장어집. 여러 가지 한방재료를 넣고 달여
서 만든 양념장이 맛의 비결이다. 양념장을 열 번 이상 발라
색깔과 맛을 제대로 낸다. 닭볶음탕과 백숙은 예약 필수.
- ⓦ 일미장어정식(2인 이상, 1인 5만원), 양념구이, 소금구이, 고추장구이(각 1인 4만6천원), 민물매운탕(중 6만원, 대 7만원), 닭백숙(7만원), 닭볶음탕(7만원)
- ⏰ 11:30~22:00 - 연중무휴
- 🔍 경기 고양시 덕양구 행주산성로 168 (행주외동)
- ☎ 031-974-0123 ⓟ 가능

지리산어탕국수 ✂ 어탕국수
행주산성에서 유명한 어탕국숫집. 그날 잡히는 여러 가지
민물고기를 푹 고아 끓인 어탕국수는 한여름에 보양식으로
도 그만이다. 어탕국수는 면을 먼저 건져 먹어야 국물이 걸
쭉해지지 않는다. 재료가 소진되면 문을 닫으니 방문 전 미
리 전화해 보는 것이 좋다.
- ⓦ 어탕국수(8천원), 어탕포장(1만원)
- ⏰ 10:00~17:00 | 토, 일요일 08:00~17:00 - 월요일 휴무
- 🔍 경기 고양시 덕양구 행주로15번길 13 (행주내동)
- ☎ 031-972-6736 ⓟ 가능

포레스트피크닉 FOR:REST PICNIC CAFE 카페
숲속에 소풍 온 듯한 기분을 내는 카페. 넓은 잔디밭과 야외
테이블, 테라스 등 탁트인 뷰가 인상적이다. 커피 한 잔의
여유를 즐기며 힐링하기 좋다.
- ⓦ 아메리카노(4천9백원), 카페라테(6천원), 흑임자라테(6천9백원), 그린샷라테(6천5백원), 차(7천원~7천8백원), 블루베리에이드(6천9백원), 생자몽주스(7천원)
- ⏰ 11:00~22:00(마지막 주문 21:40) - 비정기적 휴무
- 🔍 경기 고양시 덕양구 서오릉로 317 (용두동)
- ☎ 02-3157-8820 ⓟ 가능

행주만리 일식장어 | 일식덮밥
일본식 민물장어덮밥인 히츠마부시 전문점. 3면의 큰 창이
있어 어느 자리에 앉아도 한강을 조망하며 식사 가능하다.
된장국, 샐러드, 계란찜 등을 포함, 디저트로 먹을 방울토마
토절임까지 한상 차림으로 내어준다. 다 먹어갈 때쯤 녹차

를 부어 오차즈케로 먹는 것도 좋다.
- Ⓦ 장어덮밥(3만9천원, 특 5만2천원), 사케동(2만5천원)
- 🕐 11:00~16:00/17:00~21:00(마지막 주문 19:00) – 화요일 휴무
- 🔍 경기 고양시 덕양구 행주산성로120번길 29 (행주외동) 3층
- ☎ 031-978-4980 Ⓟ 가능(전용 주차장)

경기도 고양시(일산)

고향옥얼큰순대국본점 순댓국

24시간 운영하는 순댓국 전문점. 알사골과 황칠나무, 그리고 여러 가지 한약재를 진하게 우려낸 육수를 사용한다. 셀프 코너에서 소면이 무한리필인 점이 장점. 숭덩숭덩 큼직하게 썰어 넣은 고기와 시래기 양도 푸짐해서 단골이 많다.

- Ⓦ 얼큰순댓국, 얼큰내장국밥(각 1만1천원), 황태해장국, 순댓국, 시래기순댓국(각 1만원), 추억의함박(9천원), 수육(1만5천원), 순대, 메밀전병, 미니보쌈, 명태회무침(각 7천원), 술국(2만1천원)
- 🕐 24시간 영업 | 토요일 00:00~15:00/17:00~24:00 | 일요일 00:00~15:00/17:00~22:00 | 월요일 10:00~24:00 – 연중무휴
- 🔍 경기 고양시 일산동구 무궁화로 8-38 (장항동) 1층
- ☎ 031-901-5110 Ⓟ 가능(호수그린오피스텔 주차장 이용, 2시간 무료)

꿀양집 양곱창

대화동 먹자골목에 있는 곱창 전문점. 합리적인 가격으로 고품질의 곱창을 맛볼 수 있다. 짚향으로 초벌해서 나오며, 곁들임 소스로 꿀을 찍어 먹는 것이 독특하다. 곱창을 다 먹고 나면 양밥도 추천할 만하다.

- Ⓦ 특양구이(150g 2만3천원), 한우곱창(300g 2만5천원), 한우대창(170g 2만3천원), 한우홍창(170g 2만1천원), 한우우설(150g 2만5천원), 막국수(7천원), 양밥(1만원)
- 🕐 16:00~23:00 | 토, 일요일 12:00~23:00 – 월요일 휴무
- 🔍 경기 고양시 일산서구 대산로211번길 7-17 (대화동)
- ☎ 031-923-3590 Ⓟ 가능

꿀양집

다루마야 だるま屋 일식징기스칸

삿포로식 양고기구이를 전문으로 하는 곳으로, 가운데가 볼록한 화로에 구워 먹는다. 양갈비가 가장 인기 있는 메뉴. 직원이 채소와 고기를 먹기 좋게 구워 미니 화로에 따뜻하게 올려준다. 양고기는 다루마야의 특제 소스에 찍어 먹는다.

- Ⓦ VIP양갈비(220g 3만2천원), 양생등심(160g 2만6천원), 고급양갈비(220g 2만8천원), 어묵탕(2만원), 통오징어해물짬뽕탕(2만8천원)
- 🕐 17:00~24:00 – 일요일, 명절 휴무
- 🔍 경기 고양시 일산동구 무궁화로 18 (장항동) 남정 씨티프라자, 112호
- ☎ 031-907-1414 Ⓟ 불가

동무밥상 평양냉면 | 이북음식

평양 옥류관 출신의 요리사가 만드는 평양냉면을 맛볼 수 있는 곳이다. 면발에는 메밀과 감자전분이 들어가는 것이 특징이며, 꿩과 닭을 우린 육수를 사용한다. 속이 알차게 찬 만두도 추천할 만하며 명태식해 등 이북 음식도 인기가 많다. 2022년 10월 합정동에서 일산으로 이전하였다.

- Ⓦ 평양냉면(1만4천원), 평양식회냉면(1만7천원), 찹쌀순대(1만3천원), 명태식해(1만5천원), 어복쟁반(8만원), 굴림만두, 굴림만둣국, 평양식돼지국밥(각 1만2천원), 돼지수육(한접시 2만원), 소고기초무침(1만8천원)
- 🕐 11:30~15:00/16:30~21:00 – 월요일 휴무
- 🔍 경기 고양시 일산동구 고양대로 1032 (식사동)
- ☎ 031-969-9199 Ⓟ 가능(1시간 무료)

두리원손두부 순두부 | 두부

충북 충주에서 계약재배한 콩으로 오전, 오후에 하루에 두 번 두부를 만들어 쓰는 손두부 전문점. 신선한 두부가 부드러우면서 맛이 진하다. 무나물, 고추장아찌, 감자조림, 빈대떡 등 맛깔스러운 밑반찬도 괜찮다. 여름에만 판매하는 콩국수도 추천할 만하다. 보쌈의 경우 제조 시간이 오래 걸리기 때문에 예약이 필수다.

- Ⓦ 황태순두부(1만5천원), 매운맛순두부, 순한맛순두부, 고기김치순두부, 된장순두부, 콩비지(각 1만4천원), 두부보쌈(5만5천원), 모두부(1만8천원), 두부전골(1인 1만8천원)
- 🕐 11:00~16:00(마지막 주문 15:00) – 월, 화요일 휴무
- 🔍 경기 고양시 일산동구 장진천길46번길 22-11 (설문동)
- ☎ 031-976-6009 Ⓟ 가능

떼네룸 TTENEROOM 파스타

1인 셰프가 운영하는 작은 공간에서 생면 파스타를 맛볼 수 있는 곳. 계란과 밀가루만을 사용하여 직접 반죽하여 만든 생면은 하루 숙성 후 사용한다. 살치살스테이크도 와인과

잘 어울리며 특별한 날에 방문하기 좋다.

ⓦ 오리가슴살스테이크(3만8천원), 양갈비스테이크(4만원), 살치살스테이크(4만1천원), 시금치크림가지라구라자나(2만원), 보타르가어란먹물리가토니(2만3천원), 비스크탈리아텔레(2만2천원), 판체타토마토리가토니(1만9천원), 광어세비체(2만3천원)

ⓞ 12:00〜15:30(마지막 주문 14:30)/17:00〜22:00(마지막 주문 21:00) – 월요일 휴무

ⓠ 경기 고양시 일산동구 대산로11번길 5–9 (정발산동) 1층 떼네룸

☎ 0507–1425–1294 ⓟ 가능(4대)

라테라스드파리 la Terrasse de Paris 카페

도심 속에서 파리 감성을 느낄 수 있는 카페. 붉은 벽돌 외관이 파리의 분위기를 자아낸다. 크루아상, 스콘 등 베이커리도 인기 있으며, 홍차도 종류별로 준비되어 있다.

ⓦ 아메리카노(4천5백원), 카페라테(5천원), 오틀리카페라테(6천원), 아쌈&로즈밀크티(7천5백원), 파리의밤밀크티(8천원), 캐모마일&허니밀크티(8천5백원), 썸머베리케이크(7천5백원), 발로나초코딸기케이크(7천5백원), 크루아상(4천원)

ⓞ 11:00〜21:00(마지막 주문 20:30) – 월요일 휴무

ⓠ 경기 고양시 일산동구 정발산로 24 (장항동) B동 255호

☎ 031–903–9463 ⓟ 가능(2시간 무료)

레오네 LEONE 이탈리아식 | 파스타

고급스러운 분위기의 이탈리안 레스토랑. 한쪽 벽면을 차지하고 있는 와인셀러가 인상적이다. 최고급 파스타면과 이탈리아 쌀을 사용한 리조토, 제대로 숙성된 치즈를 사용하여 이탈리아 본토의 맛을 최대한 재현하고 있다.

ⓦ 2인세트(15만원, 15만7천원), 레오네감바스카수엘라(2만2천원), 코코넛마늘크림새우(2만3천원), 트러플크림파스타(2만9천원), 숙성한우1++채끝(200g 8만5천원)

ⓞ 11:30〜15:00/17:00〜22:00(마지막 주문 21:00) – 수요일 휴무

ⓠ 경기 고양시 일산동구 대산로11번길 12 (정발산동)

☎ 031–902–0907 ⓟ 가능(4대)

로얄인디아 ROYAL INDIA 인도식

인도 요리를 전문으로 하는 곳. 인도 전통 향신료에 잰 치킨을 탄두리에 구운 탄두리치킨이 대표 메뉴며 케밥도 현지의 맛을 잘 살린다. 점심에는 바비큐와 커리, 난, 밥 등으로 구성된 세트메뉴를 저렴한 가격에 판매하고 있다.

ⓦ 탄두리치킨(half 1만2천원, full 2만2천원), 커리(1만2천원〜1만6천원), 난(2천5백원〜7천원), 런치세트(1만원), 스페셜세트(4만5천원)

ⓞ 12:00〜23:00 – 화요일 휴무

ⓠ 경기 고양시 일산동구 무궁화로 20–11 (장항동) 라페스타 F동 207호

☎ 031–816–6692 ⓟ 가능

르쁠라 Le Plat 프랑스식

프랑스 가정식 스타일의 요리를 내는 레스토랑. 계절 별로 메뉴 구성이 변동될 수 있다. 양파수프, 전식, 파스타, 스테이크, 디저트를 한 번에 맛볼 수 있는 세트도 준비되어 있다.

ⓦ 세트메뉴(2인 10만4천원, 3인 15만4천원, 4인 20만7천원, 5인 25만6천원), 르네상스(1만5천원), 에스카르고드브로고뉴(1만6천원), 갓브로콜리(2만7천원), 라비앙로즈안심스테이크(4만5천원)

ⓞ 12:00〜15:00/18:00〜21:00 | 금요일 12:00〜15:00/17:30〜22:00 | 토요일 12:00〜15:00/16:30〜21:00 – 일, 월요일 휴무

ⓠ 경기 고양시 일산동구 일산로358번길 34 (정발산동) 1층

☎ 0507–1410–9652 ⓟ 가능

마쓰야키토리 松やきとり 야키토리

부담 없는 가격의 꼬치구이를 선보이는 정통 일본 꼬치구이 전문점. 꼬치구이 주문 시, 바로 비장탄에 하나씩 구워 내 시간이 걸리지만, 그 맛은 보장할 수 있다.

ⓦ 야키토리오마카세(1인 3만5천원)

ⓞ 18:00〜24:00(마지막 주문 23:00) – 비정기적 휴무

ⓠ 경기 고양시 일산동구 강송로113번길 54–1 (백석동)

☎ 031–936–9292 ⓟ 가능

매일크리스마스 ✂ 파스타 | 이탈리아식

달마다 바뀌는 파스타와 브런치를 맛볼 수 있는 곳. 오픈키친의 구조로 되어 있으며, 50cm 바게트피자가 시그니처 메뉴다. 이탈리아 전통 레시피의 파스타를 선보이며, 식사 후 음료와 디저트까지 주문이 가능하며 와인 페어링을 곁들여도 좋다.

ⓦ 시그니처오리엔탈(1만8천원), 시그니처피자(2만2천원), 생송이와송이에센스모둠버섯볶음(3만2천원), 헝가리안토마토스튜와오르죠파스타(3만2천원), 오렌지마멀레이드치킨(2만8천원), 부채살스테이크와브라운소스(4만5천원), 푸타네스카파스타(1만7천원)

ⓞ 11:30〜14:30/17:30〜24:00(마지막 주문 23:00) | 토, 일요일 16:00〜24:00(마지막 주문 23:00) – 연중무휴

ⓠ 경기 고양시 일산서구 일현로 97–11 (탄현동) 제니스 1동 174호

☎ 010–9143–4455 ⓟ 가능

메기일번지 ✂ 민물매운탕 | 메기

참게와 민물 새우가 듬뿍 들어간 메기매운탕을 맛볼 수 있는 곳. 양이 푸짐하며 얼큰한 국물 맛이 일품이다. 남은 국물에 소면을 말아 어탕국수를 만들어 먹을 수도 있다. 소면과 수제비는 무제한 리필되는 것이 특징. 매운탕과 메기구이로 구성된 세트메뉴도 추천할 만하다.

ⓦ 메기매운탕(2인 3만6천원, 3인 5만1천원, 4인 6만4천원), 메

기구이(3만5천원), 메기구이세트(5만원~8만1천원), 코다리찜.
꼬막비빔밥(각 2인 이상, 1인 1만2천원)
🕐 11:30~22:00(마지막 주문 20:30) – 둘째, 넷째 주 월요일 휴
무
🔍 경기 고양시 일산서구 멱절길 22 (법곳동)
☎ 031-918-3838 Ⓟ 가능

미도향 ✄ 만두

일산에서 만두로 유명한 곳으로, 30여 년 역사의 꽤 오래된
만둣집이다. 사골육수로 만드는 만두전골이 대표 메뉴다. 전
골에 들어가는 만두는 직접 빚으며, 전골을 다 먹고 남은 국
물에 밥을 볶아 먹어도 좋다. 준비된 만두가 소진되면 일찍
문을 닫으니 전화 확인 후 방문하는 편을 추천한다.
Ⓦ 만두전골(소 3만2천원, 중 4만2천원, 대 5만2천원), 고기왕만
두, 김치왕만두, 물만두(각 1만원), 만둣국, 떡만둣국. 얼큰만둣
국(각 1만1천원)
🕐 11:00~20:30 – 월요일, 명절 휴무
🔍 경기 고양시 일산서구 대산로223번길 8-4 (대화동)
☎ 031-918-5332 Ⓟ 가능

밤가시버거 BAMGASI BURGER 햄버거

직접 구운 번을 사용하는 버거 전문점. 번은 우리밀과 유기
농 밀가루를 사용한다. 통통한 새우와 어니언링이 들어가는
슈림프버거가 유명하다. 브레이크 타임이 없는 것도 장점으
로 꼽힌다.
Ⓦ 아메리칸치즈버거(7천3백원), 밤가시오리지널버거(9천4백
원), 더블치즈버거, 오리지널칠리버거(각 9천3백원), 머시룸치즈
버거(9천8백원), 슈림프버거(1만3백원)
🕐 11:00~20:00(마지막 주문 19:30) – 비정기적 휴무
🔍 경기 고양시 일산동구 일산로372번길 46 (정발산동)
☎ 031-813-9010 Ⓟ 가능

보길도 ✄ 스시

성게알을 테마로 한 스시를 맛볼 수 있는 곳. 스사터부터 시
작하여 다양한 원산지의 성게알을 코스 곳곳에 올려 스시를
쥐어준다. 국내산 생선을 주로 사용하는 네타도 훌륭하다.
주류 필수.
Ⓦ 오마카세런치(6만5천원), 오마카세디너(13만원)
🕐 12:00~14:00/18:00~22:00(마지막 주문 21:00) – 일요일 휴
무
🔍 경기 고양시 일산동구 정발산로 15 (장항동) 드림월드빌딩
107호
☎ 0507-1497-8580 Ⓟ 가능

비스트로쎄봉 ✄ Bistrot C'est Bon 프랑스식

프렌치 코스요리를 프라이빗한 분위기에서 즐길 수 있는 곳
으로, 플레이팅부터 맛까지 만족도가 높다. 서강대 앞에서

인기를 끌었던 프렌치레스토랑 델리지오제의 김형준 셰프
가 운영하고 있으며 예약제로만 운영된다.
Ⓦ 런치코스(8만5천원), 디너코스(11만원), 셰프스페셜(13만5천
원)
🕐 18:00~22:00(마지막 주문 21:30) – 연중무휴
🔍 경기 고양시 일산동구 강촌로26번길 15-17 (백석동)
☎ 031-901-0898 Ⓟ 가능(협소)

빠니스비떼 Panis Vitae 베이커리

일산의 소문난 빵집으로 메이플갈릭바게트, 밀푀유크림바
게트 등을 맛볼 수 있으며 빵 종류가 다양하다. 소금빵과 바
게트를 많이 찾으며 천연 효모종으로 저온 발효시켜 빵을
만드는 것이 특징이다.
Ⓦ 메이플갈릭바게트(5천4백원), 밀푀유크림바게트(4천9백원),
소금빵(2천5백원), 국산팥단팥빵(2천5백원), 캄파뉴(6천8백원),
유기농현미쌀빵(4천3백원)
🕐 08:00~22:30 – 연중무휴
🔍 경기 고양시 일산동구 일산로 243 (마두동) 도헌프라자 1층
☎ 031-904-0505 Ⓟ 가능

서동관 ✄✄ 瑞東館 곰탕 | 수육

놋그릇에 나오는 곰탕이나 깍두기의 모습이 서울 하동관 스
타일의 곰탕을 연상시킨다. 메뉴도 거의 비슷한 편. 메뉴가
하동관만큼 다양하지는 않지만, 맛은 거의 비슷한 만족도를
준다는 호평을 받고 있다. 건물이 두개로 나뉘어져 있어 왼
쪽은 좌식, 오른쪽은 의자식 테이블에서 식사할 수 있다.
Ⓦ 곰탕(1만7천원), 양곰탕(1만9천원), 특곰탕(2만원), 특양곰탕(2
만2천원), 이오공탕(2만5천원), 수육(6만원)
🕐 09:00~15:30/17:00~21:00(마지막 주문 20:30) – 화요일, 명
절 휴무
🔍 경기 고양시 일산서구 호수로856번길 7-7 (대화동)
☎ 031-922-7463 Ⓟ 가능

속초어시장 ✄ 생선회

해삼, 피문어 등 신선한 해물을 먹을 수 있는 곳. 여름에는
매콤새콤한 국물과 회를 같이 먹을 수 있는 물회가 인기 있
다. 강원의 특산품 물곰도 맛볼 수 있다.
Ⓦ 광어회(소 6만원, 중 7만5천원. 대 9만원), 노랑참가자미세꼬
시(소 7만원, 중 10만원, 대 13만원), 도다리세꼬시(소 6만원, 중
8만원, 대 10만원), 전복찜, 가리비찜(각 3만5천원)
🕐 13:30~22:30 – 일요일 휴무
🔍 경기 고양시 일산동구 무궁화로 32-23 (장항동) 우림보보카
운티2차 1층
☎ 031-918-1325 Ⓟ 가능

아소산 阿蘇山 일식

고급스러운 분위기의 일식당. 생선회부터 초밥을 포함해서 복요리, 장어요리 등 다양한 메뉴가 있다. 모던한 스타일의 외관과 잘 꾸며져 있는 실내 정원 등이 돋보인다.

ⓦ 정식(6만9천원 특 7만9천원 특상 9만5천원), 셰프특선(14만원), 점심특선(진 4만3천원 특 5만3천원 특상 6만9천원), 생선초밥(4만5천원~9만3천원), 가족특선(진 5만5천원, 특 6만6천원, 특상 7만7천원)

ⓣ 11:30~15:00/17:00~21:30(마지막 주문 20:00) – 명절 휴무

ⓠ 경기 고양시 일산동구 정발산로 128 (마두동)

☎ 031-903-5333 ⓟ 가능

아시아아시아 AsiaAsia 인도식

인도 요리를 맛볼 수 있는 곳. 치킨, 양고기, 해산물 커리 등 다양한 종류의 커리를 선보인다. 탄두리에 구운 탄두리치킨과 탄두리킹프라운도 추천 메뉴. 은은한 마늘 향이 풍기는 갈릭난을 곁들이면 좋다.

ⓦ 탄두리치킨(2만3천원), 커리(1만7천원~2만원), 탄두리킹프라운(3만9천원), 난(2천5백원~5천원), 디너세트(4만원, 4만5천원)

ⓣ 11:30~22:00 – 연중무휴

ⓠ 경기 고양시 일산동구 정발산로 24 (장항동) 웨스턴돔 2층

☎ 031-901-0086 ⓟ 가능

앨리스케이커리 Alice's Cakery 케이크

다양한 맛의 쌀케이크를 선보이는 카페. 치즈케이크 베이스도 쌀쿠키를 사용하여 글루텐프리로 맛볼 수 있다. 변동되는 케이크 라인업은 인스타그램에서 확인할 수 있다.

ⓦ 바닐라바스크치즈케이크, 계절과일빅토리아(각 8천5백원), 쌀호두당근케이크(8천3백원), 사워크림치즈케이크(8천7백원), 딸기크레이프(9천3백원), 화이트아인슈페너(6천원), 브라운벨벳(5천5백원), 아메리카노(4천5백원)

ⓣ 12:00~21:00 – 월, 화요일 휴무

ⓠ 경기 고양시 일산동구 경의로 459-78 (정발산동)

☎ 0507-1312-7897 ⓟ 불가

양수면옥 소갈비 | 소고기구이

일산에서 유명한 고깃집. 파주에 있는 직영 농장에서 사육한 한우만을 취급하기 때문에 고기 품질은 믿을 수 있다. 지방이 부드럽게 녹아있는 소금구이가 인기가 좋다. 점심시간에는 청국장정식을 비롯한 점심특선메뉴를 판매한다. 매년 직접 담그는 청국장은 포장 판매도 한다.

ⓦ 생갈비(200g 7만2천원), 안창살(130g 7만원), 꽃등심(130g 5만7천원), 점심특선(1만4천원~2만7천원)

ⓣ 11:20~22:00 – 명절 당일 휴무

ⓠ 경기 고양시 일산동구 애니골길 34 (풍동)

☎ 031-901-3377 ⓟ 가능

어랑생선구이 생선구이 | 생선조림

일산에서 생선구이로 이름을 높이고 있는 곳. 구이 외에도 탕, 조림, 전골 등의 다양한 생선 요리를 맛볼 수 있다. 고등어, 삼치는 물론, 임연수어, 갈치 등 생선 종류도 많이 갖추고 있다.

ⓦ 고등어, 삼치(각 1만3천원), 갈치, 임연수어(각 1만5천원), 김치고등어조림, 갈치조림, 동태내장탕. 대구탕(각 1만3천원)

ⓣ 07:00~21:30(마지막 주문 21:00) – 연중무휴

ⓠ 경기 고양시 일산동구 정발산로 31-9 (장항동) 레이크프라자 1층

☎ 031-907-9295 ⓟ 가능

어랑생선구이

오오마참치 オオマ マグロ 참치

일산 근처에서 제대로 된 참치를 맛볼 수 있는 곳 중 하나로, 오랫동안 사랑을 받고 있는 참치 전문점이다. 참치 맛이 좋은 것은 물론, 양도 푸짐하다.

ⓦ 다이아참치(1인 6만원), 주방장스페셜(10만원), 오오마특선(8만원), 골드참치(1인 4만8천원), 오오마정식(2만원)

ⓣ 11:00~15:00/16:30~23:00(마지막 주문 21:00) – 명절 당일 휴무

ⓠ 경기 고양시 일산동구 중앙로1275번길 60-21 (장항동) 크리스탈 빌딩 109호

☎ 031-901-1014 ⓟ 가능

옥류담 평양냉면 | 꿩

이북음식 전문점이었던 모란각의 주방장이 독립해서 만든 냉면집. 순면의 함량을 높여 달라고 하면 순면으로도 해준다. 꿩으로 만든 육수가 특징이다. 꿩냉면에는 꿩고기가 고명으로 올라간다. 꼬들꼬들한 식감의 만두도 함께 곁들이면 좋다.

ⓦ 평양냉면, 비빔냉면(각 1만3천원), 온면, 꿩냉면, 회냉면, 갈비탕, 꿩곰탕(각 1만6천원), 꿩만두(1만원), 한우국밥(1만원), 생꿩전골(8만원), 꿩무침, 한우불고기(각 2만5천원), 한우국밥, 꿩만둣국(각 1만2천원)

🕐 11:00~21:30(마지막 주문 20:30) – 연중무휴
🔍 경기 고양시 일산동구 호수로 672 (장항동) 대우메종리브르 1층, 101호
☎ 031-912-8222 ⓟ 가능

우블리 ✖ woobulli 한우오마카세

본앤브레드에서 독립한 이순한 셰프가 운영하는 한우 오마카세 전문점으로, 화려한 인테리어를 자랑하는 곳이다. 본앤브레드의 고기를 사용하며, 코스 메뉴에 대창 등의 내장류가 포함되어 차별화된 오마카세를 즐길 수 있다. 늦은 저녁에는 단품 메뉴의 주문이 가능하다.

ⓦ 런치우블리코스(6만5천원), 디너우블리코스(14만원)
🕐 12:00~15:00/18:00~22:00 – 월요일 휴무
🔍 경기 고양시 일산동구 경의로 19 (백석동) 현대밀라트 C동 1층
☎ 010-2412-8292 ⓟ 가능(3시간 무료)

윤몽 ✖ 潤夢 파스타

한옥을 콘셉트로 한 현대적인 분위기에서 생면 파스타를 즐길 수 있다. 생면을 사용하여 탱탱한 파스타면이 일품이다. 유자와 바질로 맛을 낸 연어스테이크와 양갈비스테이크, 베리소스를 곁들인 오리가슴살스테이크도 선보인다.

ⓦ 연어스테이크(3만3천원), 오리가슴살스테이크(3만4천원), 양갈비스테이크(3만9천원), 이베리코스테이크(3만5천원), 토마토라구파스타(2만1천원), 봉골레파스타(1만9천원), 갈치속젓크림파스타(1만9천원)
🕐 12:00~15:00(마지막 주문 14:00)/17:30~21:00(마지막 주문 20:00) – 화요일 휴무
🔍 경기 고양시 일산동구 대산로31번길 5-16 (정발산동) 1층
☎ 010-2743-2118 ⓟ 가능(2대)

일산칼국수 ✖ 칼국수

작은 칼국숫집에서 시작하여 지금은 빌딩까지 세울 정도로 인기가 있다. 면발은 직접 반죽하여 쫄깃함이 살아 있고, 국물은 닭고기가 들어가 진한 맛이다. 칼국수에 파와 김치를 곁들여 먹는다. 메뉴는 닭칼국수뿐이지만, 단골이 많다.

ⓦ 닭칼국수(1만원)
🕐 10:00~20:00(마지막 주문 19:30) | 토, 일요일, 공휴일 10:00~19:30(마지막 주문 19:00) – 대체 공휴일, 명절 휴무
🔍 경기 고양시 일산동구 경의로 467 (정발산동)
☎ 031-903-2208 ⓟ 가능

재이식당 ✖ J KITCHEN 베트남식

베트남식 샌드위치인 반미가 특히 인기인 베트남 음식 전문점. 새콤하고 매콤한 분보싸오와 모닝글로리볶음도 맛이 좋다는 평이다. 반미는 한정수량으로 판매하니 늦지 않게 방문하는 것이 좋다.

ⓦ 쌀국수(1만1천원), 분보싸오(1만3천원), 코코넛커리(1만2천원), 보코(1만6천원), 새우볶음밥(1만5백원), 짜조(7천5백원), 반미샌드위치(8천5백원)
🕐 11:00~15:00(마지막 주문 14:30)/17:00~20:30(마지막 주문 20:00) – 월요일, 화요일 휴무
🔍 경기 고양시 일산동구 일산로380번길 53 (정발산동)
☎ 070-7763-1036 ⓟ 불가

제주은희네해장국일산본점 선지해장국

해장국, 내장탕이 유명한 곳이다. 사골로 장시간 우려낸 육수에 선지, 소고기, 우거지, 콩나물, 당면 등을 푸짐하게 넣어 만든 해장국이 대표 메뉴며 얼큰하고 개운한 맛을 낸다. 공깃밥은 흰쌀밥이 아닌 흑미밥으로 나오며 무료로 추가할 수 있다.

ⓦ 해장국(1만2천원), 내장탕(1만3천원), 돔베고기(소 1만3천원, 중 2만4천원, 대 3만5천원), 양무침(1만6천원), 돔베모둠(3만8천원)
🕐 07:00~17:00 – 연중무휴
🔍 경기 고양시 일산동구 고양대로 946 (식사동)
☎ 031-969-0831 ⓟ 가능

젠틀비 Gentle B 베이커리

잠봉뵈르, 무화과크림치즈바게트와 사워도우 등을 맛볼 수 있는 베이커리다. 잠봉뵈르는 오리지널과 루콜라가 들어간 것 중에 선택할 수 있다. 소금빵도 많이 찾는다.

ⓦ 바게트(4천원), 사워도우(8천원), 잠봉뵈르(오리지널 9천원, 루콜라 1만1천원), 크루아상(4천5백원), 팽오쇼콜라(4천8백원), 팽오스위스(5천5백원), 소금빵(4개 1만원), 모카소금빵, 블랙치즈소금빵(각 3천5백원), 스콘(3천8백원)
🕐 10:00~18:00 – 월, 화요일 휴무
🔍 경기 고양시 일산서구 킨텍스로 255 (대화동) 대방디엠시티 126호
☎ 031-922-8847 ⓟ 가능(1시간 무료)

초대창백석본점 CHO DAE CHANG 양곱창

한우 대창을 숯불에 구워 먹는 곳으로, 빨간 양념으로 특별하게 맛을 낸다. 대창 외에도 특양과 김와사비의 조합이 일품으로 색다른 맛을 경험을 할 수 있다. 새콤달콤한 미나리양무침이나, 시원한 김치말이국수에 곁들여 먹으면 좋다.

ⓦ 모둠구이A(640g 6만6천원), 모둠구이B(510g 5만7천원), 대창구이(200g 1만8천원), 특양구이(130g 2만1천원), 염통구이(130g 1만2천원), 매운대창구이(200g 2만원), 대창전골(2만8천원), 한우육회(2만6천원), 양볶음밥(1만3천원), 된장찌개(5천원), 김치말이국수(7천원), 얼큰된장술밥(7천원)
🕐 16:00~24:00(마지막 주문 23:20) | 일요일 16:00~23:00(마지막 주문 22:20) – 연중무휴
🔍 경기 고양시 일산동구 강송로87번길 39 (백석동)
☎ 031-903-7879 ⓟ 가능(매장 앞)

초대창백석본점

파스타스토리 Pasta Story 이탈리아식

안심 샐러드와 해산물 볶음요리 스튜, 포모도로, 그린치오파
스타 등을 선보이는 이탈리안 레스토랑. 호수 공원 뷰를 바
라보며 식사를 즐길 수 있으며 라자냐와 파타타피자도 추천
할 만하다.

ⓦ 안심샐러드(2만6천원), 파쉐(2만3천원), 파네(2만4천원), 알리
오올리오(1만8천원), 안심스테이크(4만2천원), 파스타스토리샐
러드(1만6천원), 카프레제(2만1천원), 루콜리피지(2만3천원), 리
자냐(2만2천원)

ⓒ 11:00~21:00(마지막 주문 20:10) – 연중무휴

ⓠ 경기 고양시 일산동구 호수로 688 (장항동) 코오롱레이크폴
리스Ⅱ B동109호

☎ 031–911–9993 ⓟ 가능

평양냉면양각도 ✖ 평양냉면

이북 출신 윤선희 셰프의 현대식 평양냉면 전문점. 소고기,
돼지고기, 토종닭으로 육수를 내고 고기, 과일, 야채, 김치
등의 고명을 올려 낸다. 육수를 처음 먹을 때는 삼삼하지만
먹을수록 깊은 맛이 느껴진다는 평. 옥류관 스타일을 체험
할 수 있는 옥류관쟁반냉면도 인기다.

ⓦ 평양냉면, 비빔냉면(각 1만5천원), 평양불고기(2만5천원), 장
국밥, 굴린만두, 육개장(각 1만3천원), 어복쟁반(중 7만원 대 9만
원), 쟁반냉면(1만9천원), 제육(2만8천원), 수육(4만원)

ⓒ 11:00~15:30/17:00~21:00(마지막 주문 20:30) – 연중무휴

ⓠ 경기 고양시 일산동구 호수로 640 (장항동) 청원레이크빌 1
층 103~106호

☎ 031–923–9913 ⓟ 가능

포레스트아웃팅스 ✖

forest outings 카페 | 베이커리 | 북카페

정원이나 숲 속에 들어온 듯한 인테리어로 인기를 끌고 있
는 대형 카페. 작은 연못과 다리 등 실내에서 산책할 수 있
는 분위기다. 베이커리 카페답게 빵 종류도 다양하게 갖추

고 있으며 파스타 등 식사 메뉴도 즐길 수 있다.

ⓦ 아메리카노(다크 6천8백원, 쥬시 7천5백원), 카페라테(7천5
백원), 베르데크랩오일파스타(2만6천원), 소갈빗살버섯리조토(2
만7천원), 포레스트루꼴라피자(2만5천원), 흑당프렌치토스트(2
만4천원)

ⓒ 10:00~22:00(마지막 주문 식사 20:00, 음료 21:00) – 연중무
휴

ⓠ 경기 고양시 일산동구 고양대로 1124 (식사동)

☎ 031–963–0500 ⓟ 가능

포폴로피자 Pizzeria del Popolo 피자 | 파스타

이탈리아 정통 화덕 피자 전문점. 참나무 장작 화덕에서 나
폴리 정통 스타일로 구워내어, 도우가 쫄깃하다. 도우 위에
토핑을 올리고 반달 모양으로 접어 구운 칼조네도 선보이고
있다. 매장이 협소하여, 줄 서는 것을 감수해야 한다.

ⓦ 포폴로클라시카(2만3천7백원), 마리나라(9천2백원), 마리나
라포폴로(1만5천8백원), 스파게티알페스토디루꼴라(1만7천8백
원), 풍기아란치니(8천2백원), 포모도로부라타(1만5천2백원), 카
프레제샐러드(1만5천2백원)

ⓒ 11:30~15:30(마지막 주문 14:30)/17:00~21:30(마지막 주문
20:30) | 토, 일요일, 공휴일 11:30~21:30(마지막 주문 20:30) –
월요일 휴무

ⓠ 경기 고양시 일산동구 정발산로 43–20 (장항동) 센트럴프라
자 102, 103호

☎ 031–932–9337 ⓟ 가능

피오커피 P.O COFFEE ROASTERS 커피전문점

커핑 국가대표가 내리는 핸드드립 커피가 유명하다. 나무사
이로의 스페셜티 커피 원두를 받아 직접 로스팅하여 사용한
다. 일산 호수공원 산책길에 들르면 좋은 곳이다.

ⓦ 에스프레소(4천원, 시즌 6천5백원), 아메리카노(4천원, 시즌
6천5백원), 카페라테(5천원), 시그니처크림라테(6천5백원), 바닐
라빈라테(6천원), 에이드(각 6천원), 스무디(각6천5백원), 말차라
테(핫 6천원, 아이스 6천5백원), 밀크티(6천원), 티라미수(6천5
백원), 아이스크림와플(1만5천원), 베리와플(1만6천원)

ⓒ 08:00~23:00 | 토, 일요일 09:00~23:00 – 연중무휴

ⓠ 경기 고양시 일산동구 정발산로 43–7 (장항동) 메리트윈 1층
110호

☎ 031–909–0066 ⓟ 가능

해오름한정식 한정식

정갈한 코스로 내어주는 한정식 전문점. 맞이요리, 처음요
리, 본요리로 구성되어 다채로운 종류의 음식을 맛볼 수 있
다. 프라이빗 룸도 있어 특별한 날 방문하기 좋다.

ⓦ 런치(A 2만9천원, B 4만5천원), 코스(A 5만2천원, B 7만5천
원)

ⓒ 11:30~15:30/17:30~21:30(마지막 주문 14:00, 20:00) – 연중
무휴

경기도 과천시

경마장오리집 ✖ 오리

건강에 좋은 유황오리진흙구이를 주메뉴로 하고 있다. 진흙구이는 3시간 이상 구워야 하기 때문에 최소 3시간 전 전화예약이 필수다. 건강한 재료를 가득 넣어 푹 끓인 오리 한방백숙은 깊고, 진한 국물의 맛이 일품이며 양도 푸짐하다.

ⓦ 유황오리진흙구이, 오리한방백숙, 오리들깨전골(각 8만5천원), 국수(8천원)

🕐 11:30~21:30 – 명절 당일 휴무

🔍 경기 과천시 궁말로 20-4 (과천동)

☎ 02-502-7500 ⓟ 가능

동성회관 선지해장국 | 도가니탕 | 갈비탕

과천에서 도가니탕으로 이름을 날리고 있는 곳. 진한 국물맛이 좋으며, 꼬리곰탕과 선지해장국, 갈비탕 등의 메뉴도 인기가 좋다. 왕갈비탕에는 큼직한 갈비가 여러 토막 들어가 있어 가격대비 만족도가 높다.

ⓦ 도가니탕(1만9천원), 꼬리곰탕(2만5천원), 선지해장국(1만원), 왕갈비탕(1만5천원), 꼬리찜(중 5만5천원, 대 7만5천원), 도가니편육(중 5만5천원, 대 7만원), 모둠수육(중 4만5천원, 대 6만원)

🕐 09:00~22:00 – 명절 휴무

🔍 경기 과천시 새술막길 36 (중앙동) 동성빌딩 1층

☎ 02-502-1333 ⓟ 불가

라온식탁 이탈리아식

이탈리아 식자재로 이탈리안 요리를 선보이는 레스토랑. 파스타, 스테이크, 피자 등 메뉴들이 다양하게 준비되어 있다. 직접 만들어 쫀득한 식감의 크림뇨키가 시그니처 메뉴.

ⓦ 크림뇨키(1만7천원), 수비드살치살스테이크(250g 3만8천원), 화이트라구타야린파스타(1만9천원), 살시치아피자(2만4천원), 마리나라(1만7천원), 마르게리타피자(1만9천원), 루콜라&프로슈토햄피자(2만4천원)

🕐 11:00~15:00/17:00~21:00(마지막 주문 20:00) | 토요일 10:00~15:00/17:00~21:00(마지막 주문 20:00) – 연중무휴

🔍 경기 과천시 관문로 92 (중앙동)

☎ 0507-1344-9050 ⓟ 가능

만춘 滿春 일식돈가스

무항생제 한돈을 사용한 일본식 돈가스를 맛볼 수 있는 곳. 임실치즈가 들어간 임실치즈가스가 대표 메뉴다.

ⓦ 임실치즈가스(1만5천9백원), 새우가스(1만5천9백원), 심해어달고기가스(1만4천9백원), 무항생제한돈안심가스(1만4천9백원), 머시룸버터커리수프(2천9백원), 새우가스(3천9백원)

🕐 11:00~15:00(마지막 주문 14:30)/15:00~20:30(마지막 주문 20:00) – 연중무휴

🔍 경기 과천시 과천대로7길 26 (갈현동) 과천 스마트케이 업무시설

☎ 0507-1317-4439 ⓟ 가능

엘올리보 ✖ El Olivo 스페인식

스페인 셰프가 만드는 정통 스페인 요리를 맛볼 수 있는 곳이다. 세트 메뉴는 런치, 디너, 스페셜로 나누어져 있다. 런치와 디너 세트를 주문하면 엔살라다와 타파스, 메인메뉴를 맛볼 수 있다. 스페셜 세트에는 파에야가 나온다. 스페인에서 직접 수입한 와인도 맛볼 수 있다.

ⓦ 런치세트(1인 A 3만5천원, B 4만5천원, C 6만5천원), 디너세트(1인 세르반테 6만5천원, 달리 11만원), 셰프스페셜코스(1인 15만원), 파스타(2만6천원), 베렌헤나스아사르(2만3천원)

🕐 11:30~15:00/17:30~22:00(마지막 주문 21:00) | 토, 일요일 11:30~22:00(마지막 주문 21:00) – 명절 휴무

🔍 경기 과천시 뒷골2로 16 (과천동) 에스엠케이 1층

☎ 02-502-1156 ⓟ 가능

토정 한정식 | 산채정식

과천에서는 꽤 오래된 한정식집. 전북 진안 출신 주인장의 손맛이 좋다. 자연산 산채를 많이 사용해서 건강식으로 즐겨 찾는다. 찾는 사람이 많아 방문 전 예약이 필수다.

ⓦ 점심정식(2만1천원~3만원), 저녁정식(3만원~5만5천원)

🕐 09:00~15:00/17:00~21:00 – 월, 화요일 휴무

🔍 경기 과천시 새술막길 10-13 (중앙동) 태양빌딩 3층

☎ 02-502-1374 ⓟ 불가

통나무집 부대찌개 | 족발

소시지와 햄이 듬뿍 들어간 푸짐한 양의 부대찌개를 맛볼 수 있는 곳으로, 과천에서는 오래된 맛집으로 통한다. 얼큰한 국물 맛이 일품. 쫄깃한 족발도 많이 찾는다.

ⓦ 부대찌개(1인 1만2천원), 왕족발(4만원)

🕐 10:00~22:00(마지막 주문 21:30) – 토요일, 명절 휴무

🔍 경기 과천시 새술막길 38 (중앙동) 중앙빌딩 1층

☎ 02-503-9555 ⓟ 불가

경기도 광명시

북해도목장 일식징기스칸

다양한 양고기 부위를 맛볼 수 있는 일식 징기스칸 전문점. 모든 양고기는 직접 구워준다. 비법 레시피로 만든 간장소스와 잘 구워진 양고기를 함께 맛볼 수 있으며 토르티야와 다양한 채소, 소스를 곁들여 먹기도 한다. 양파, 마늘, 가지, 새송이버섯, 대파, 옥수수 등이 기본으로 나오며 양고기와 함께 구워 먹는다.

ⓦ 목장세트(2인 6만2천원), 북해도세트(2~3인 6만4천원), 북해도목장세트(3-4인 8만8천원), 양갈비, 양토시살(각 120~130g 1만6천원), 양살치살, 양등심(각 120~130g 1만5천원)
ⓣ 16:00~01:00(익일)(마지막 주문 24:00) | 토, 일요일 13:00~01:00(익일)(마지막 주문 24:00) – 연중무휴
ⓠ 경기 광명시 오리로854번길 16-11 (철산동)
☎ 0507-1423-1592 ⓟ 불가(철산상업지구 공영주차장 이용)

스너그로스터리 Snug Roastery 커피전문점 | 카페

스페셜티 커피 전문점으로, 자체 로스팅 작업을 하며, 자체 블렌딩 원두를 사용하고 있다 코지블렌드, 다락방블렌드, 디카페인 중 선택이 가능하다. 최근에는 티라미수, 마들렌, 쿠키슈 등의 디저트 메뉴도 강화하였다.

ⓦ 에스프레소, 아메리카노(각 4천5백원), 카페라테(5천원), 바닐라크림라테(6천원), 플랫화이트, 카푸치노, 티(각 5천원), 라임모히토(6천원), 생과일주스(6천5백원), 마들렌(2천3백원), 티라미수(7천원)
ⓣ 08:00~22:00(마지막 주문 21:30) – 연중무휴
ⓠ 경기 광명시 시청로 50 (철산동) 상가 A동 AA123호
☎ 02-3666-2010 ⓟ 가능

이나까 いなか 갓포요리

그날의 모둠숙성사시미를 내는 갓포요리 전문점. 셰프가 직접 요리를 가져와서 설명을 해준다. 하루 전에 미리 숙성하

는 사시미가 대표 메뉴며, 아마에비와생가리비도 셰프 추천 메뉴다. 메로구이도 인기가 많고 안주 메뉴도 다양하다.

ⓦ 모둠숙성사시미(2인 4만5천원 3인 6만5천원), 마구로우니화산마키(2만8천원), 생가리비와아마에비세비체(3만원), 메로구이(2만6천원) , 와규스테이크볶음(2만5천원), 더진한전복파스타(2만2천원)
ⓣ 17:00~01:00(익일)(마지막 주문 24:00) – 연중무휴
ⓠ 경기 광명시 오리로856번길 26 (철산동) 영일빌딩 2층
☎ 02-518-3185 ⓟ 가능

이학순베이커리 LEE HAK SOON BAKERY 베이커리

몽블랑, 앙버터, 버터프레첼, 연유나 마늘 바케트 등 다양한 빵을 구비하고 있다. 카페를 겸하고 있어 음료와 함께 빵을 즐기기에도 좋다.

ⓦ 바닐라빈라테, 자몽허니블랙티(5천원), 딸기요구르트스무디(6천5백원), 동백꽃아이스티(5천5백원), 몽블랑(7천원), 버터프레첼(4천5백원), 앙버터크루아상(5천5백원)
ⓣ 09:00~22:00 – 연중무휴
ⓠ 경기 광명시 소하로75번길 10 (소하동)
☎ 02-899-0807 ⓟ 가능

정인면옥평양냉면 평양냉면 | 수육

서울 인근 지역에서 먹을 수 있는 평양냉면 중 손꼽을 만한 곳이다. 가격을 고려한다면 더욱 만족스럽다. 평양냉면뿐만 아니라 수육도 맛있는 것으로 유명하다.

ⓦ 물냉면, 비빔냉면, 들기름메밀면(각 1만2천원), 녹두전(8천원), 차돌박이수육(소 1만6천원, 대 3만원), 한우수육전골(4만8천원), 육개장, 들깨메밀칼국수(만원)
ⓣ 11:30~21:00(마지막 주문 20:30) – 월요일 휴무
ⓠ 경기 광명시 목감로268번길 27-1 (광명동)
☎ 02-2683-2612 ⓟ 불가

조선식탁오정족발 족발

매일 3시간 동안 압력 솥으로 삶은 족발과 보쌈을 맛볼 수 있는 곳. 사과, 오이, 양파를 갈아 넣어 만든 쟁반막국수도 함께 곁들여 먹기 좋다. 냉채소스, 족발 양념 등 모든 메뉴에 들어가는 소스를 직접 만드는 것이 특징.

ⓦ 조선한상세트(중 4만9천원, 대 6만원), 오정족발(앞발 4만2천원, 뒷발 3만7천원), 보쌈(중 3만7천원, 대 4만2천원), 냉채족발(중 3만9천원, 대 4만5천원), 쟁반막국수(1만2천원)
ⓣ 11:00~01:00(익일)(마지막 주문 24:00) – 연중무휴
ⓠ 경기 광명시 오리로854번길 16-11 (철산동) 삼희빌딩
☎ 02-2618-6980 ⓟ 가능(철산 12단지 공영주차장 무료)

철산명가가마솥밥상 한정식

집에서 먹는 듯한 푸짐한 한상을 받을 수 있는 곳이다. 밥은 솥에서 직접 지어 내며, 한상 가득히 나오는 반찬이 깔끔하

다. 작은 가마솥에 끓여먹는 누룽지가 일품이다.

Ⓦ 가마솥밥상(2인 이상, 1인 2만3천원), 행복한밥상(2인 이상, 1인 3만3천원), 명가밥상(2인 이상, 1인 4만3천원), 보리굴비밥상(2만9천원)

🕐 11:30~21:30(마지막 주문 20:30) – 연중무휴

🔍 경기 광명시 안양천로 459 (철산동) 2층

☎ 02-2060-9219 Ⓟ 가능

경기도 광주시

강마을다람쥐 ✄ 일반한식 | 묵

도토리로 만든 음식을 전문으로 하고 있다. 도토리로 만든 음식을 선보이고 있으며 다람쥐소풍세트를 시키면 도토리 음식을 전부 맛볼 수 있다. 식사 후 강가를 산책하거나 정원에서 놀기에도 좋다. 평일에도 대기표를 받고 기다려야 할 정도라 예약은 받지 않는다.

Ⓦ 도토리물국수, 도토리비빔국수, 도토리묵사발, 도토리묵밥, 도토리새싹비빔밥(각 1만3천원), 도토리들깨칼국수(2인 2만6천원) 도토리전(8천원), 도토리전병, 도토리묵무침(1만8천원), 한방수육(3만원)

🕐 11:00~19:30(마지막 주문 18:30) | 토, 일요일 11:00~19:00(마지막 주문 18:00) – 연중무휴

🔍 경기 광주시 남종면 태허정로 556

☎ 031-762-5574 Ⓟ 가능

건강한밥상 곤드레밥 | 오리백숙 | 닭백숙

남한산성 자락 경치 좋은 곳에 있는 한식당. 엄나무를 넣고 정성스럽게 고아낸 오리백숙, 닭백숙, 매콤하고 알싸한 닭볶음탕의 맛이 좋다. 강원도 정선의 곤드레나물로 지은밥과 나물 반찬이 한상 차려지는 곤드레밥상도 인기 메뉴. 문을 닫는 시간이 유동적이므로 가기 전에 전화를 해보는 것이 좋다.

Ⓦ 곤드레밥상(2인 이상, 1인 1만2천원), 누룽지엄나무오리백숙, 토종닭백숙, 토종닭볶음탕(각 6만5천원), 맷돌녹두전, 도토리묵, 담양떡갈비(각 1만5천원)

🕐 11:30~21:00(마지막 주문 20:00) – 월요일 휴무

🔍 경기 광주시 남한산성면 남한산성로 731-23

☎ 070-8883-3080 Ⓟ 가능

건업리보리밥 ✄ 보리밥 | 돼지두루치기

현지 산꾼도 단골로 찾는 업소로, 경기 연천과 충북 제천에서 생산된 국산 콩만으로 직접 담근 된장과 청국장이 유명하다. 청국장은 보리밥을 주문하면 함께 나온다. 돼지고기에 더덕을 넣어 구워 먹는 두루치기도 곁들이면 좋다. 된장과 고추장, 청국장과 반찬류 등은 포장과 택배 가능하다.

Ⓦ 보리밥(1만5천원), 영양솥밥(4인상, 1인 2만8천원), 건업리특정식(2인 이상, 1인 2만원), 소불고기(2인 이상, 1인 1만7천원), 두부부침, 녹두전(각 1만2천원), 돼지석쇠구이, 보리굴비구이(각 1만5천원)

🕐 09:00~21:00 – 명절 당일 휴무

🔍 경기 광주시 곤지암읍 광여로 841

☎ 031-761-8148 Ⓟ 가능

골목집소머리국밥 ✄ 소머리국밥 | 수육

곤지암을 전국 최강의 소머리국밥촌으로 만든 집이다. 진한 국물이 속을 확 풀어준다. 그 안에 동동 뜬 소머릿고기를 씹고 있으면, 국밥보다는 우탕에 가까운 소머리국밥의 묘미가 잘 살아난다. 푹 고아낸 국물과 부드럽게 씹히는 소머릿고기의 맛이 잘 어울린다.

Ⓦ 국밥(1만4천원, 특 1만7천원), 수육(소 4만5천원, 대 5만5천원)

🕐 06:00~20:30 – 화요일 휴무

🔍 경기 광주시 곤지암읍 경충대로 621

☎ 031-762-6265 Ⓟ 가능

구일가든 ✄ 소고기국밥

정직하게 끓여낸 소머리국밥을 맛볼 수 있는 곳. 비교적 덜 알려져 있지만 나름 찾는 사람이 많다. 모든 재료는 국내산을 이용하며 좋은 부위의 고기가 제법 푸짐하게 들어가 깔끔하면서 구수한 맛을 느낄 수 있다.

Ⓦ 소머리국밥(1만4천원, 특 1만8천원), 수육(소 4만5천원, 대 5만5천원)

🕐 06:00~21:00 – 수요일 휴무

🔍 경기 광주시 곤지암읍 경충대로 540

☎ 031-763-6366 Ⓟ 가능

나래한옥레스토랑 ✄ NARE 이탈리아식

아늑한 한옥에서 스테이크, 리조토, 파스타 등 다양한 양식 메뉴를 맛볼 수 있으며, 레스토랑 안에 있는 카페에서 커피와 전통차도 즐길 수 있다. 소담한 정원과 한옥이 고즈넉한 정취를 풍긴다.

Ⓦ 안심스테이크(6만원), 새우안초비오일파스타(2만원), 새우바질크림파스타(2만1천원), 마르게리타피자(1만9천원), 나래샐러드(1만9천원), 아메리카노(6천원)

🕐 11:00~21:00(마지막 주문 20:00) – 첫 번째, 세 번째 수요일 휴무

🔍 경기 광주시 곤지암읍 광여로313번길 22

☎ 0507-1434-7834 Ⓟ 가능

담하 DAMHA 일반한식

곤지암리조트 내에 자리한 한식집. 식사 주문 시 1인 트레이에 밑반찬과 정갈하게 나온다. 자리에서 끓여 먹는 한우불

고기가 인기 있으며, 2인 이상 주문 가능하다.

Ⓦ 한우불고기(2인 이상, 1인 3만원), 담하어복쟁반(3만2천원), 더덕한우지짐(4만원), 미나리보리새우전(2만원), 은이버섯갈비탕(3만원), 생목살김치찌개(2만원), 차돌박이된장찌개(1만9천원)

Ⓛ 07:30~10:30/11:30~14:30/17:30~21:00(마지막 주문 20:30) – 연중무휴

Ⓠ 경기 광주시 도척면 도척윗로 278

☎ 031-8026-5530 Ⓟ 가능

두레 닭백숙 | 오리백숙

남한산성 꼭대기 계곡 앞에서 닭백숙이나 오리백숙을 먹을 수 있는 곳. 백숙은 끓이는 데 시간이 걸리므로 미리 예약을 하고 가는 것이 좋다. 더덕정식이나 두부전골 같은 식사 메뉴도 많이 찾는다. 야외 좌석에 앉으면 계곡에 온 기분으로 식사가 가능하다.

Ⓦ 능이버섯더덕오리/닭백숙(각 9만원), 능이버섯오리백숙(8만5천원), 능이버섯닭백숙, 찹쌀누룽지오리백숙, 오리백숙(각 8만원), 찹쌀누룽지닭백숙, 토종닭백숙, 오리볶음탕(7만5천원), 닭볶음탕(6만원), 오리주물럭/로스(7만원), 더덕정식(2인 3만원), 도토리묵, 해물파전, 감자채전(각 2만원), 두부김치(1만8천원)

Ⓛ 11:00~20:00(마지막 주문 18:00) | 토, 일요일 10:00~20:00(마지막 주문 18:00) – 연중무휴

Ⓠ 경기 광주시 남한산성면 남한산성로 731-14

☎ 031-744-3532 Ⓟ 불가(중앙주차장 유료 이용, 50% 할인권 제공)

두레

라그로타 ✖ La Grotta 파스타 | 이탈리아식

라그로타는 이탈리아어로 동굴을 뜻하는 총 길이 100m, 높이 5.4m, 폭 8m에 달하는 동굴 와인 레스토랑이다. 최상의 와인 숙성 환경을 갖추고 있어 각국의 유명 와인과 이탈리아풍의 음식을 함께 즐기는 특별한 경험을 할 수 있다.

Ⓦ 라그로타코스(변동), 시저샐러드(1만7천원), 라구소스라자냐(2만6천원), 비프와버섯크림파스타(2만9천원), 머시룸크림숏파스타(2만7천원), 알리오올리오파스타(2만4천원), 해산물토마토

파스타(2만7천원)

Ⓛ 11:30~14:30/17:30~21:00(마지막 주문 20:00) – 월요일 휴무

Ⓠ 경기 광주시 도척면 도척윗로 278

☎ 031-8026-5566 Ⓟ 가능

라체나 ✖ LA CENA 피자 | 파스타

72시간 숙성시킨 도우로 만든 피자를 참나무장작을 사용한 화덕에서 485도의 고온에 구워낸 화덕피자와 파스타를 맛볼 수 있는 곳. 아침 신선한 우유로 만든 리코타 치즈가 들어간 루콜라리코타피자가 인기 메뉴 중 하나.

Ⓦ 루콜라리코타피자(2만6천8백원), 마르게리타클라시카(1만9천8백원), 트리플풍기피자(2만4천8백원), 카르보나라파스타(1만9천8백원), 볼로네제파스타(2만3천8백원)

Ⓛ 11:30~15:00/17:00~21:00(마지막 주문 20:00) – 월요일 휴무

Ⓠ 경기 광주시 퇴촌면 천진암로 360

☎ 031-798-7981 Ⓟ 가능

란이네가든 ✖ 소고기구이

한우가 맛있는 곳. 고기 질이 좋은 편이며 함께 나오는 반찬과 김치 맛이 일품이다. 고기를 먹고 밥을 시키면 청국장이나 누룽지탕, 고등어찌개는 서비스로 나온다. 깔끔한 실내에는 별실도 따로 마련되어 있다

Ⓦ 안심(120g 7만원), 안창살(120g 7만7천원), 꽃등심, 갈빗살, 살치살(120g 6만5천원), 간장게장(5만원), 고등어김치찌개+청국장(1만원), 후식냉면(6천원)

Ⓛ 10:00~21:30 – 연중무휴

Ⓠ 경기 광주시 곤지암읍 광여로 849-11

☎ 031-798-6598 Ⓟ 가능

마당넓은집 ✖ 소고기구이

투뿔 등급 이상의 한우만 취급하는 한우구이 전문점. 살아 있는 마블링과 담백한 육질을 자랑하며, 기본 찬으로 직접 담근 김치와 나물 반찬을 내준다. 식사로 나물밥과 해물 된장도 추천 메뉴.

Ⓦ 꽃등심(130g 6만5천원), 살치살(130g 6만5천원), 안창살(130g 7만8천원), 특수부위(120g 6만8천원), 육사시미(130g 6만8천원), 갈비탕(1만5천원), 뚝배기불고기(1만5천원), 멍게비빔밥(1만5천원)

Ⓛ 11:00~22:00 – 연중무휴

Ⓠ 경기 광주시 곤지암읍 광여로 817

☎ 031-763-9255 Ⓟ 가능

마방집 ✖ 馬房 한정식

1백 년이 넘는 역사를 자랑하는 곳으로, 메뉴는 장작불고기와 전통 재래식으로 만든 토종된장찌개 및 산채나물을 곁들인 한정식 등이 있다. 모든 양념(간장, 된장, 고추장, 참기름, 들기름, 깨소금)은 직접 만들어 사용한다. 자리에 앉아 주문하고 기다리면 밥상이 통째로 나온다. 최근 하남에서 광주로 이전하였다.

- Ⓦ 한정식, 꽁보리밥(각 1만7천원), 소장각불고기(2만원), 돼지장작불고기(1만4천원), 더덕구이(1만2천원), 보김치(1만원)
- ⏱ 11:00~15:00/16:00~21:00 – 명절 휴무
- 🔍 경기 광주시 남한산성면 엄미길 93-4
- ☎ 031-791-0011 Ⓟ 가능

백제장 ✖ 산채정식 | 소고기구이

남한산성 자락에 자리 잡고 있어 경치 좋고 공기 맑은 한식집이다. 산채정식이 주메뉴로, 취나물, 더덕잎, 참나물, 고사리, 우엉뿌리, 달래무침 등 10여 가지의 나물무침과 닭볶음, 동태부침, 묵, 된장찌개가 곁들여 나온다. 불고기, 더덕구이 등을 추가로 시켜도 좋다. 옛 대갓집의 구조를 그대로 살려 고풍스러운 분위기며 식당 뒷동산은 서울이 한눈에 보이는 운치 있는 옛길 수어장대 길로 통한다. 50년 넘는 역사를 자랑한다.

- Ⓦ 산채정식(2인 이상, 1인 2만1천원), 숯불불고기(200g 1만8천원), 녹두빈대떡(1만5천원), 숯불더덕구이(1만6천원), 도토리묵(1만1천원)
- ⏱ 11:00~21:00 – 연중무휴
- 🔍 경기 광주시 남한산성면 남한산성로780번길 3
- ☎ 031-746-4296 Ⓟ 가능

산성대가 오리백숙 | 닭백숙

남한산성 부근의 한옥으로 된 식당. 경치 좋고 운치 있는 곳에서 맛있는 음식을 즐길 수 있다. 닭백숙과 오리백숙 등 몸에 좋은 보양식 메뉴가 인기다.

- Ⓦ 닭도가니, 닭볶음탕, 엄나무닭백숙(각 6만8천원), 능이버섯닭백숙(7만8천원) 오리로스, 오리주물럭, 오리훈제(각 7만원), 황기오리백숙, 엄나무오리백숙(각 7만3천원), 감자전, 도토리묵, 파전(각 1만7천원)
- ⏱ 11:00~19:00(마지막 주문 18:00) – 월요일, 명절 당일 휴무
- 🔍 경기 광주시 남한산성면 남한산성로792번길 11-12
- ☎ 031-743-6559 Ⓟ 가능

송유향 ✖ 宋侑鄕 일반중식

호수가 보이는 전망 좋은 중식당으로, 다양한 일품 요리부터 코스 요리까지 선보이고 있는 곳이다. 채소와 해산물이 가득해 진하고 얼큰한 삼선짬뽕이 인기 메뉴 중 하나다.

- Ⓦ 전가복(5만1천원), 크림중새우요리, 칠리중새우요리(각 3만5천원), 해물누룽지탕(3만8천원), 차돌짬뽕(1만4천원), 짜장면(8천원), 삼선간짜장(1만원), 해물볶음짜장(1만원), 삼선짬뽕(1만2천원)
- ⏱ 11:30~21:15 – 연중무휴
- 🔍 경기 광주시 순암로 270 (중대동)
- ☎ 031-765-1171 Ⓟ 가능

수레실가든 ✖ 오리 | 삼겹살

오리고기구이 전문점. 황토와 한지로 지어진 집으로, 산장에 와서 먹는 듯한 분위기다. 널찍한 화강암 돌판 위에 독에서 꺼낸 시원한 김치를 포기째 올리고 감자, 양파, 버섯과 함께 고기를 구워 먹는다. 고기를 먹은 후에는 돌판에 밥을 볶아 주는데, 밥이 누룽지가 될 때까지 눌게 한 뒤 돌돌 말아 잘라 준다. 오리구이가 전문이지만 삼겹살도 먹을 수 있다.

- Ⓦ 돌판오리구이(1kg 6만8천원), 돌판삼겹살(200g 2만6천원)
- ⏱ 11:30~21:30 – 화요일 휴무
- 🔍 경기 광주시 오포읍 수레실길 129
- ☎ 031-718-5292 Ⓟ 가능

쉐프깐딴떼 Chef Cantante 피자 | 파스타

이탈리아 정통 요리를 즐길 수 있는 곳. 나폴리피자장인협회(A.P.N)에서 인증 받은 화덕 피자 전문점이며 쫄깃한 도우가 맛있다.

- Ⓦ 나폴리마르게리타피자, 고르곤졸라피자(각 2만2천원), 알리오올리오(1만4천5백원), 알리오루꼴라(1만7천5백원), 새우토마토파스타(1만5천5백원), 바질페스토크림파스타(1만6천원), 가정식샐러드(소 1만2천5백원, 중 1만5천5백원)
- ⏱ 17:30~21:00 | 토요일 12:00~15:30/17:30~21:00 | 일요일 16:00~21:00(마지막 주문: 20:10) – 월, 화, 수요일 휴무
- 🔍 경기 광주시 순암로 55 (장지동)
- ☎ 031-769-9239 Ⓟ 가능

쌍령해장국 ✖ 선지해장국

규모가 큰 해장국 전문점. 선지와 내포, 콩나물 등이 듬뿍 들어가 있는 선지해장국 맛이 좋다. 국물이 진하면서도 얼큰하다. 가격대도 착한 편이다.

- Ⓦ 선지해장국, 황태해장국(각 1만1천원), 편육(1만2천원), 갈비탕(1만5천원)
- ⏱ 06:00~21:00 – 명절 당일 휴무
- 🔍 경기 광주시 초월읍 현산로 12
- ☎ 031-766-7823 Ⓟ 가능

아라비카 Arabica 카페

깊은 산 속 산장 풍의 카페 내부는 아기자기한 소품으로 가득 차 있다. 겨울에는 참나무 장작으로 난로에 불을 지피기 때문에 아늑하고 따뜻하다. 전면이 통유리로 되어 있어 밖의 경치를 감상하기 좋다.

ⓦ 에스프레소, 아메리카노(각 7천원), 카페라테(8천원), 핸드드립커피(8천원~9천원), 티(7천5백원), 치즈케이크(7천원), 티라미수(7천5백원)

ⓛ 10:00~23:00(마지막 주문 22:30) – 연중무휴

ⓠ 경기 광주시 남한산성면 남한산성로 536-27

☎ 031-746-5956 ⓟ 가능

언더스탠드커피
understand coffee roasters 커피전문점

직접 로스팅 하는 스페셜티 커피 전문점으로, 올데이 브런치 카페 푸르레여울과 함께 운영되고 있다. 팔당 호숫가 근처에 자리 잡고 있어서 호수 경관을 바라보며 커피를 즐길 수 있다. 티라미수와 우유식빵 등 베이커리도 맛볼 수 있다.

ⓦ 아메리카노(6천원), 카페라테(6천5백원), 아인슈페너(7천5백원), 버섯피자(2만5천원), 라자냐(2만2천원), 트러플리조토(1만8천8백원), 푸르레여울파스타(2만7천8백원), 슈림프로제파스타(1만8천8백원), 당근라페샌드위치(1만2천8백원)

ⓛ 10:00~19:00(라스트오더 18:30) | 토, 일요일 10:00~20:00(라스트오더 19:30) – 화요일 휴무

ⓠ 경기 광주시 남종면 산수로 1684

☎ 0507-1385-2900 ⓟ 가능(공영주차장)

언더스탠드커피

엄지매운탕 ✄ 민물매운탕

잡어매운탕이 유명한 집. 매운탕에 넣어 끓여 먹는 수제비의 맛이 일품이다. 주문하면 바로 고기를 손질해서 탕을 끓이기 때문에 미리 전화를 해두는 것이 좋다.

ⓦ 잡고기매운탕(1인 1만7천원), 메기매운탕(1인 1만9천원)

ⓛ 10:00~21:00 – 연중무휴

ⓠ 경기 광주시 퇴촌면 천진암로 336

☎ 031-767-5839 ⓟ 가능

예전한정식 ✄ 한정식

운치 있는 한옥에서 자연을 느끼며 정갈하고 깔끔한 음식을 맛볼 수 있는 곳이다. 상견례나 비즈니스 접대에도 좋은 분위기다.

ⓦ 솔정식(2만6천원), 예전한정식(3만6천원), 예전특정식(4만6천원), 궁중정식(5만8천원), 진어정식(7만8천원), 예전수라상(13만원), 평일점심특선(1만8천원)

ⓛ 11:00~21:00(마지막 주문 20:00) – 명절 휴무

ⓠ 경기 광주시 퇴촌면 천진암로 515-14

☎ 031-767-0242 ⓟ 가능

옛날순두부집 ✄ 순두부 | 두부

남한산성의 손두부 원조집으로, 육수와 양념을 넣어 짜박하게 졸여서 먹는 짜박두부가 유명하다. 짜박두부를 먹은 후에 만들어 먹는 볶음밥도 별미다. 1930년에 산성손두부로 시작하여 4대째 내려오는 1백여 년의 전통의 두부집이다.

ⓦ 짜박두부(2인 이상. 1만3천원), 원조얼순(1만2천원), 초당순두부(1만1천원), 손두부김치(1만8천원), 두부김치반(9천원), 두부전골(소 3만2천원, 중 4만1천천원. 대 5만1천원)

ⓛ 09:00~20:00(마지막 주문 19:30) – 월요일 휴무

ⓠ 경기 광주시 남한산성면 남한산성로 732

☎ 031-745-4619 ⓟ 가능(3~4대. 남한산성 주차장 이용시 50% 할인권 제공)

오라운트로스터리카페 ORAUND 커피선분섬

생두를 직접 수입하는 창고형 로스터리 & 베이커리 카페. 빨간 벽돌의 물류 창고를 카페로 개조해 개방감이 뛰어간 실내 공간을 갖추었으며, 여러가지 테마로 좌석을 꾸며 놓았다. 세 가지 타입의 로스팅기를 보유하고 있어 생두의 상태에 따라 로스팅을 진행하고 있다. 싱글오리진 핸드드립으로 추출하는 이달의 원두를 추천한다.

ⓦ 아메리카노(5천3백원), 라테(5천9백원), 바닐라빈라테. 카라멜마키야토. 인어공주에이드(각 6천9백원), 크루아상(4천2백원), 에그타르트(3천5백원), 소금빵(4천원), 블루베리크라운(4천5백원), 앙버터(5천9백원), 딸기생크림케이크(7천원)

ⓛ 10:00~21:00 | 토, 일요일 10:00~22:00 – 연중무휴

ⓠ 경기 광주시 양벌로 320-4 (양벌동) 오라운트

☎ 0507-1338-3793 ⓟ 가능

오복손두부 ✄ 닭도가니탕 | 순두부 | 닭백숙

90여 년 동안 3대째 내려오는 곳. 직접 만든 순두부에 양념 간장을 넣어서 먹는 순두부백반이 대표 메뉴다. 도토리묵과 감자전도 별미다.

ⓦ 순두부백반(1만원), 주먹두부, 감자전, 도토리묵(각 1만5천원), 두부전골(중 3만원, 대 4만원), 산채비빔밥(9천원), 닭백숙, 닭볶음탕. 닭도가니탕(각 6만원), 한방오리백숙(7만원), 오리탕(6만5천원)

⏱ 07:00~19:00(마지막 주문 17:30) | 토, 일요일 07:00~14:50/
15:35 ~19:00(마지막 주문 17:30)(재료 소진 시 조기 마감) – 월
요일 휴무
📍 경기 광주시 남한산성면 남한산성로 745–10
☎ 031–746–3567 Ⓟ 가능(남한산성도립공원중앙주차장 이용,
50% 지원)

용마루 ✖ 닭백숙

50년 전통을 이어온 백숙 전문점으로, 요리에 조미료를 일
절 사용하지 않는다고 한다. 용마루의 시그니처 메뉴인 산
나물 정식은 봄철 한정 메뉴로 4~6월까지 주문 가능하다.
Ⓦ 능이오리백숙(8만5천원), 능이토종닭백숙, 누룽지오리백숙
(각 8만원), 토종닭볶음탕(6만9천원)
⏱ 11:00~17:00(마지막 주문 16:00) | 토, 일요일 11:00~18:00(마
지막 주문 17:00) – 월요일, 명절 휴무
📍 경기 광주시 남한산성면 남한산성로780번길 35
☎ 031–746–9206 Ⓟ 가능

원조분원붕어찜 ✖✖✖ 붕어찜 | 민물매운탕

1976년 분원에서 처음으로 붕어찜을 메뉴로 내놓은 곳이다.
붕어에 시래기를 듬뿍 넣고 갖은 양념으로 비린내를 없애
부드러우면서 담백한 맛이 별미다. 붕어찜을 제대로 먹으려
면 미리 예약하는 것이 좋다.
Ⓦ 월척붕어(2인 5만5천원), 미남붕어찜(2인 5만원), 원조붕어찜
(2인 4만5천원), 장어덮밥(2만원)
⏱ 10:30~21:00(마지막 주문 19:30) – 비정기적, 명절 당일 휴
무
📍 경기 광주시 남종면 산수로 1633
☎ 031–767–9055 Ⓟ 가능

장지리가마솥해장국 ✖ 선지해장국

가마솥해장국 한 가지만 전문으로 한다. 선지, 천엽 등 내용
물이 충실하게 들어 있는 해장국을 맛볼 수 있다. 국물은 진
하지만 자극적이지 않은 편이다.
Ⓦ 특선사골해장국(1만3천원)
⏱ 06:00~20:00 – 월요일 휴무
📍 경기 광주시 순암로 150 (중대동)
☎ 031–767–8386 Ⓟ 가능

천현한우집 ✖ 소고기구이 | 소갈비

서울의 유명 갈빗집에 한우를 납품하다 직접 한우구잇집을
차린 곳이다. 고기의 질은 그만큼 명품이라 할 수 있다. 경
기 양평과 광주에서 직접 한우를 키우고 있으며 직접 재배
한 채소로 만든 반찬도 맛깔스럽다.
Ⓦ 스페셜특꽃심(160g 4만2천원), 꽃심(160g 3만4천원), 모둠구
이(160g 2만5천원), 육회(220g 3만원), 생갈비(1대 5만5천원), 불
고기전골(1만4천원), 육회비빔밥, 곰탕(각 1만원)

⏱ 11:00~15:00/17:00~21:00 | 토, 일요일 11:00~21:00 – 명절
당일 휴무
📍 경기 광주시 초월읍 무갑길 68
☎ 031–763–5762 Ⓟ 가능

최미자소머리국밥 ✖ 소머리국밥 | 수육

원래 사골국이라 불렸던 소머리국밥이 오늘날 곤지암의 명
물이 된 것은 40여 년 동안 노력해온 이곳의 역할이 컸다고
할 수 있다. 옹기 그릇에 담아 나오는 신선한 겉절이 배추
김치와 깍두기김치가 국밥의 감칠맛을 더해준다. 재료 소진
시 일찍 문을 닫는다.
Ⓦ 소머리국밥(1만4천원), 수육(소 4만5천원, 대 5만5천원)
⏱ 06:00~16:00(마지막 주문 15:45) – 월요일, 명절 휴무
📍 경기 광주시 곤지암읍 도척로 58
☎ 031–764–0257 Ⓟ 가능

최미자소머리국밥

카페512 CAFE 512 카페

공기 좋은 곳에서 막힘없이 자연 그대로를 감상할 수 있는
카페. 특히 테라스 좌석이 인기가 좋으며, 단체석도 넉넉히
마련되어 있어 여러 명이 함께 방문하기에도 좋다. 풍미가
좋은 산성샌드를 추천한다.
Ⓦ 에스프레소(5천8백원), 아메리카노(6천원), 카페라테(6천5백
원), 콜드브루(5천5백원), 아포카토(8천5백원), 소금빵(4천원),
몽블랑(6천8백원), 딸기파이(4천2백원), 흑임자크림치즈(5천2백
원), 마늘크림빵(6천원)
⏱ 11:00~21:00(마지막 주문 20:40) – 연중무휴
📍 경기 광주시 남한산성면 남한산성로 504–15
☎ 0507–1327–0935 Ⓟ 가능

푸주옥 설렁탕 | 도가니탕

진하고 뽀얀 국물의 도가니탕이 대표 메뉴. 국수와 고기가
푸짐하게 들어 있다. 매장으로 들어서면 한쪽에 국물이 가
득 담긴 채 펄펄 끓고 있는 가마솥을 볼 수 있다.
Ⓦ 설렁탕(1만5천원, 특 1만8천원), 도가니탕(2만2천원), 꼬리곰

탕(2만5천원), 모듬수육, 도가니수육(각 소 5만원, 대 6만원), 모듬수육(대 6만원), 꼬리수육(대 7만원)
- 🕐 24시간 영업 – 연중무휴
- 🔍 경기 광주시 이배재로 141 (탄벌동)
- ☎ 031-765-3055 ⓟ 가능

함지박 닭백숙 | 오리백숙

남한산성 백숙 거리에서도 꽤나 규모 있는 식당 중 한 곳으로, 오리백숙과 닭백숙을 전문으로 한다. 자연 경관뿐만 아니라 고풍스러운 소품들로 운치를 내어 볼거리도 두루 갖춰져 있다. 오리 또는 닭이 푹 우러난 진한 백숙 육수에 실한 고기와 정갈한 밑반찬까지 푸짐하게 맛볼 수 있다.

- Ⓦ 능이누룽지백숙, 능이백숙(각 8만5천원), 옻백숙(8만원), 토종닭볶음탕/백숙/도가니(각 7만원), 오리탕/오리도가니(각 7만5천원) 더덕구이(3만원),
- 🕐 10:00~20:00 – 연중무휴
- 🔍 경기 광주시 남한산성면 남한산성로 731-15
- ☎ 031-744-7462 ⓟ 가능(전용주차장)

향촌건업리묵집 ✂ 묵 | 닭백숙

직접 만든 도토리묵과 메밀묵을 잘한다. 도토리묵밥은 묵이 가득 들어간 그릇에 오이, 상추, 김, 깨 등이 고명으로 올라간다. 잘게 썬 김치를 넣고 비벼 먹는다. 직접 기르는 토종닭백숙을 먹으려면 미리 예약해야 한다.

- Ⓦ 도토리묵밥(9천원), 도토리묵무침(2만원), 꿩찐만두(6천원), 전복한방백숙, 전복닭볶음탕(각 7만원)
- 🕐 10:00~21:00 – 둘째, 넷째 주 월요일 휴무
- 🔍 경기 광주시 곤지암읍 광여로 826
- ☎ 031-762-8467 ⓟ 가능

흙토담골 ✂ 한정식

두 채의 기와집과 추가집이 대청마루로 이어져 있는 운치 있는 한정식집. 한정식을 시키면 간장게장, 더덕구이 등 여러 가지 반찬과 돌솥밥이 나온다. 옛날 가구와 병풍, 놋그릇 등으로 장식되어 있는 실내 분위기도 고풍스럽다.

- Ⓦ 토담골한정식(2인 이상, 1인 3만5천원), 꽃게간장게장정식(1인 5만9천원), 보리굴비정식(1인 3만9천원)
- 🕐 11:00~15:30/16:30~21:00(마지막 주문 20:00) | 토, 일요일 11:00~21:00(마지막 주문 20:00) – 수요일 휴무
- 🔍 경기 광주시 퇴촌면 석둔길 3
- ☎ 031-767-2855 ⓟ 가능

덴마크마가린 요리주점

다양한 퓨전 안주를 선보이는 술집. 수육, 파스타, 전골 등 다양한 안주를 맛볼 수 있다. 수비드로 조리한 수육이 시그니처 메뉴로, 모듬수육과 아롱사태 수육이 인기 있다. 주류도 위스키, 와인 등 다양하게 갖추고 있다.

- Ⓦ 모듬수육(중 2만8천원, 대 4만원), 아롱사태수육(2만3천원), 돌문어삼겹삼합(3만7천원), 아롱사태&양지차돌반반냉채(2만5천원), 모듬수육전골(2만3천원), 덴마식라자냐(1만8천5백원), 매콤수비드치킨타코(2만4천원)
- 🕐 16:30~01:00(익일) – 일요일 휴무
- 🔍 경기 구리시 안골로63번길 42-4 (수택동)
- ☎ 0507-1400-5875 ⓟ 가능(구리시장 공영주차장 이용)

모던기와커피 ✂ 카페

한옥으로 된 카페로 아늑한 분위기에서 커피를 즐길 수 있다. 다양한 커피를 비롯해 오미자차, 레몬차 등 음료 종류도 다양하다. 정원에 있는 야외 테라스에서는 한강과 강번북로가 보여 전망이 좋다.

- Ⓦ 에스프레소(5천원), 아메리카노(5천8백원), 카페라테(6천3백원), 오미자차, 레몬차(각 6천8백원)
- 🕐 10:30~18:00 – 연중무휴
- 🔍 경기 구리시 아차산로 37 (아천동)
- ☎ 02-2049-0118 ⓟ 가능

묘향만두 ✂ 만두

두부가 들어간 담백한 손만두를 맛볼 수 있는 곳. 한약재 향이 나는 만둣국 국물이 일품이다. 만두소를 으깨 넣어 끓인 묘향뚝배기는 육개장처럼 얼큰해 인기가 많다. 새콤한 오이소박이국수도 별미.

- Ⓦ 손만둣국, 찐만두(각 1만2천원), 묘향뚝배기(1만3천원), 만두전골(4만3천원), 오이소박이국수(1만1천원), 녹두빈대떡(1만8천원)
- 🕐 09:30~21:30(마지막 주문 21:00) – 월요일 휴무
- 🔍 경기 구리시 아차산로 63 (아천동)
- ☎ 02-444-3515 ⓟ 가능

양평해장국 ✂ 선지해장국

선지와 콩나물을 넣어 시원한 해장국을 맛볼 수 있다. 대표 메뉴인 양평해장국에는 콩나물과 선지, 그리고 큼직한 양이 푸짐하게 들어가 있어 맛이 무척 깊고 부드럽다.

- Ⓦ 양평해장국(1만2천원), 선지해장국, 콩나물해장국(각 1만1천원), 황태북어해장국(1만3천원), 내장탕(1만6천원)
- 🕐 24시간 영업 | 월요일 00:00~22:00) – 연중무휴

경기 구리시 아차산로 188-4 (아천동)
031-562-9145 ℗ 가능

위클리테이블 weekly table 피자 | 파스타

편안한 분위기의 이탈리안 레스토랑. 트러플버섯뇨키, 벌꿀집콰트로포르마지피자 등을 맛볼 수 있다. 마르게리타피자를 많이 찾으며, 계절에 따라 재료가 달라지는 시즌 한정 뇨키도 선보인다.

ⓦ 살치살스테이크(3만9천원), 트러플버섯뇨키, 마르게리타피자, 페퍼로니피자(각 1만8천원), 콰트로포르마지피자(1만9천5백원), 루콜라에하몽피자(2만1천원), 루콜라새우오일파스타(1만8천원), 라구볼로네제(1만8천원)
🕐 11:30~15:30/16:30~21:00(마지막 주문 20:00) – 화요일 휴무
경기 구리시 안골로97번길 37 (수택동) 2층
031-563-5636 ℗ 가능(구리 전통시장 공영주차장 이용. 1시간 무료)

위클리테이블

충북추어탕 추어탕

구리시장에서 40년이 넘게 추어탕만을 팔고 있는 곳. 메뉴는 추어탕 하나며, 양은냄비에 매콤한 추어탕이 나온다. 매운탕에 가까운 스타일이며 매콤한 맛이 일품이다.

ⓦ 추어탕(갈아서, 통으로 각 1만원), 추어부추전(1만3천원)
🕐 10:00~20:00 – 명절 휴무
경기 구리시 안골로57번길 36-8 (수택동)
031-563-2393 ℗ 불가

크리밀크 Creamilk 젤라토

원재료 맛을 그대로 담은 젤라토를 즐길 수 있는 곳. 젤라토는 매장에서 직접 만든다. 진한 우유 맛의 크리밀크와 골든퀸 3호 쌀로 만들어 구수함과 쫀득함을 느낄 수 있는 쌀R이 가장 인기 있다.

ⓦ 젤라토컵(두가지맛, 5천원), 젤라토포장(소 300g 1만3천원, 중 420g 1만7천원, 대 600g 2만2천원)

🕐 12:00~21:30(마지막 주문 20:50) – 화요일 휴무
경기 구리시 안골로63번길 39 (수택동)
070-7743-0109 ℗ 불가

경기도 군포시

군포식당 설렁탕 | 수육

양지로만 우려낸 맑은 양지탕이 유명하다. 고기도 푸짐하게 들어 있고 겉절이, 무김치와 같이 먹는 맛이 일품이다. 양지보쌈은 양지수육에 보쌈을 곁들인 것으로, 보쌈김치 맛이 좋다. 60년 넘는 역사를 자랑한다. 명절 연휴에는 영업시간이 다르기 때문에 문의하고 방문해야 한다.

ⓦ 한우양지설렁탕(1만3천원, 특 1만6천원), 한우양지수육(소 3만6천원, 대 4만9천원), 보쌈제육(소 3만1천원, 대 4만1천원)
🕐 10:00~14:30/16:00~20:00 – 일요일, 명절 당일 휴무
경기 군포시 군포로556번길 6 (당동)
031-452-0025 ℗ 가능

숨두부촌 콩비지 | 김치찌개 | 순두부

직접 만든 두부와 콩을 넣은 다양한 찌개를 부담 없는 가격에 먹을 수 있는 곳이다. 진득한 국물의 콩비지 찌개가 인기 있다. 가까운 거리에 수리산이 있어 하산 후 등산객들이 두부보쌈을 찾기도 한다.

ⓦ 콩비지, 청국장, 숨두부찌개, 김치찌개, 콩국수, 콩비지찌개(각 9천원), 모두부(1만원), 도토리묵(1만5천원), 두부김치(2만원), 두부보쌈(4만원)
🕐 10:00~21:00 | 토, 일요일 09:00~21:00 – 월요일 휴무
경기 군포시 산본로482번길 7 (산본동)
031-394-0292 ℗ 가능

요요연연 天天娟娟 베이커리

당일 생산한 빵을 당일 판매하는 군포의 작은 빵집. 담백한 팥앙금과 버터, 프레첼이프레첼 조화로운 앙버터이 인기 메뉴다. 빵 소진 시 영업을 종료하니, 확인 후 방문하는 것이 좋다.

ⓦ 아메리카노(3천원), 앙버터프레첼(4천3백원), 호두브라우니(5원), 플레인식빵(5천5백원), 시골빵(7천원), 조개크림빵(3천원), 브리오슈알몽(4천원), 마늘빵(4천4백원)
🕐 11:00~19:00 – 월, 화, 수요일 휴무
경기 군포시 산본천로 18 (산본동) 을지아파트 상가
010-3952-3306 ℗ 가능

경기도 김포시

가혜리 카페 | 브런치카페

동남아 휴양지 콘셉트의 대형 카페로, 곳곳에 다양한 포토 존들이 있다. 음료와 디저트도 다양하며 점심에는 브런치를 즐길 수 있고 리얼코코넛스무디는 주문 시 매장에서 직접 손질해준다.

- Ⓦ 아메리카노(6천5백원), 카페라테(7천원), 등심고르곤크림파스타(2만4천원), 스테이크피자(2만7천원), 혜리브런치(2만1천원), 가혜브런치(4만2천원), 김치필라프(1만9천원), 마르게리타(1만9천원), 스윗데리야키소고기플래터(1만8천원)
- Ⓣ 10:00~21:00(마지막 주문 20:00) | 금, 토요일 10:00~22:00(마지막 주문 21:00) – 연중무휴
- Ⓠ 경기 김포시 대곶면 덕포진로103번길 84 김포대형카페 가혜리
- ☎ 0507-1451-3042 Ⓟ 가능

구스타프커피 gustav coffee roasters 커피전문점

직접 볶은 원두를 합리적인 가격에 맛볼 수 있는 로스터리 카페. 구스타프커피가 시그니처 메뉴다. 흰색과 우드 계열의 인테리어를 활용하여 규모는 작지만 아늑하고 깔끔하다. 테이크 아웃 손님이 많은 편.

- Ⓦ 스페셜디이메리카노(2천5백원), 콜드브루(3천원), 리디, 플랫화이트(3천5백원), 바닐라빈라테(4천원), 구스타프커피(5천5백원), 단호박치즈케이크(8천5백원), 꿀구마치즈케이크(8천5백원), 반죽쿠키(3천8백원), 반죽스콘(3천8백원)
- Ⓣ 월, 화요일 10:00~18:00 | 수, 목, 금요일 10:00~20:00 | 토, 일요일 12:00~18:00 – 연중무휴
- Ⓠ 경기 김포시 김포한강11로 312 (운양동) 1층 127호
- ☎ 010-7474-9962 Ⓟ 가능

규원 ✖ 揆湲 한우오마카세

김포에서 최상급의 투뿔 한우를 오마카세로 즐길 수 있는 곳. 티본과 엘본의 뼈고기와 다양한 특수부위가 코스에 포함되며, 구성도 좋은 편이다. 애피타이저와 채끝등심, 특수부위, 버거로 구성되는 런치A는 부담없는 가격에 즐길 수 있다.

- Ⓦ 런치한우오마카세(8만9천원), 디너한우오마카세(13만원)
- Ⓣ 10:00~15:00/18:00~20:00 – 연중무휴
- Ⓠ 경기 김포시 김포한강11로140번길 15-18 (운양동) 1층
- ☎ 031-998-8091 Ⓟ 가능(만차시 이용 주차장: 경기 김포시 김포한강11로 139-8)

그집 주꾸미

주꾸미가 맛있는 집. 통통한 주꾸미와 매콤한 양념이 일품이며 숯불에 구워 더 맛이 좋다. 대접에 나오는 밥에 주꾸미를 넣고 비벼 먹으면 일품이다. 새우튀김도 별미로 곁들여 먹기 좋다.

- Ⓦ 주꾸미볶음(1만원), 황태구이, 더덕구이, 도토리무침(각 1만1천원)
- Ⓣ 11:10~21:00(마지막 주문 20:30) – 명절 휴무
- Ⓠ 경기 김포시 양촌읍 구래로87번길 137
- ☎ 031-981-7111 Ⓟ 가능

김포한탄강 ✖ 민물매운탕

메기매운탕으로 널리 알려진 집. 매운탕은 기본 양념을 해서 나오지만 다진양념, 소금 등은 자기 입맛에 맞추어 넣게 되어 있는 것이 독특하다. 매운탕 양이 푸짐한 편이며 수제비와 라면, 떡사리가 기본으로 나온다.

- Ⓦ 메기매운탕(소 3만6천원, 중 4만8천원, 대 5만8천원), 새우+빠가사리매운탕(소 4만5천원, 중 6만2천원, 대 7만8천원), 메기+새우+빠가사리 (중 5만4천원, 대 7만원)
- Ⓣ 10:30~21:00 | 화요일 10:30~15:00 – 연중무휴
- Ⓠ 경기 김포시 김포대로 1466 (운양동)
- ☎ 031-985-6556 Ⓟ 가능

남강메기 ✖ 민물생선찜 | 민물매운탕 | 메기

30여 가지 양념으로 만든 메기매운탕이 대표 메뉴로, 시원한 맛을 내다가 계속 끓이면 구수한 맛을 낸다. 육수는 일곱 가지 재료로 만드는데 속초에서 사온 황태대가리가 맛을 내는 비결이라고 한다. 남은 국물에 볶아 먹는 밥도 별미.

- Ⓦ 메기매운탕(1인 1만7천원), 참게+메기매운탕(1인 2만3천원), 빠가사리매운탕(2인 이상, 1인 2만5천원), 메기양념구이(찜)(2인 이상, 1인 2만2천원)
- Ⓣ 11:00~15:00/17:00~21:00(마지막 주문 20:15) – 화요일, 명절 휴무
- Ⓠ 경기 김포시 김포대로 1535 (장기동)
- ☎ 031-985-7764 Ⓟ 가능

띠디 弟弟 일반중식

깔끔한 오픈 주방에서 주문 즉시 고기와 양파를 볶아주는 고기 짜장면을 맛볼 수 있다. 매콤한 맛의 고추짜장은 맵기 조절도 가능하다. 다양한 해산물이 들어간 짬뽕도 좋다.

- Ⓦ 짜장면(9천9백원), 고추짜장(1만1천원), 짬뽕(1만3천원), 탕수육(1만2천원)
- Ⓣ 10:00~18:00(마지막 주문 17:30) – 화요일 휴무
- Ⓠ 경기 김포시 김포한강8로 416 (구래동) 채움메디컬빌딩
- ☎ 없음 Ⓟ 가능

몬떼델피노 Monte Del Pino Bakery & Cafe 카페

라이브 공연이 있는 조경이 멋진 대형 카페. 매일 14:30, 18:30, 19:30, 20:20에 40분씩 공연을 진행한다. 화요일에서 토요일까지 브런치 메뉴도 함께 맛볼 수 있다.

ⓦ 에스프레소(5천원), 아메리카노(5천5백원), 카페라테(6천원),
고구마라테(6천5백원), 블루베리요거트스무디(7천5백원), 고르
곤졸라(6천원), 크루아상(4천원), 망고무스(7천원), 티라미수(7천
5백원), 아메리칸브런치플레이트(1만9천5백원)

🕐 10:00〜22:00 – 연중무휴

🔍 경기 김포시 양촌읍 김포한강6로 49-19

☎ 0507-1440-7678 ⓟ 가능

미성각 味成珏 일반중식

여경래 셰프의 제자였던 정덕수 셰프가 문을 연 중식당. 주
방장 추천 메뉴는 전가복누룽지탕이며, 인기 메뉴는 궈바로
우와 마라크림삼선짬뽕이다. 창가 좌석에서는 라베니체의
전경이 한눈에 들어온다.

ⓦ 전가복누룽지(5만원), 전복팔보채(4만원), 안심탕수육(2만원),
궈바로우(2만2천원), 칠리중새우(2만2천원), 삼선짬뽕(1만원), 어
향가지(2만5천원), 크림중새우(2만2천원), 깐풍기(2만8천원)

🕐 11:30〜21:00(마지막 주문 20:30) – 월요일 휴무

🔍 경기 김포시 양촌읍 석모로 11 1층

☎ 031-983-1116 ⓟ 가능

벌말매운탕 ✖ 민물매운탕

메기매운탕으로 유명한 곳. 빠가사리와 메기를 섞은 매운탕
도 있고 참게와 메기를 섞은 매운탕도 맛볼 수 있다. 민물고
기가 큼지막해 가격대비 만족도가 높다. 반찬은 김치, 깍두
기, 동치미 정도로 단출한 편. 수제비와 라면을 넣어 먹어도
좋다.

ⓦ 메기매운탕(소 4만5천원, 중 5만3천원, 대 6만2천원), 빠가사
리매운탕, 빠가사리+메기매운탕, 빠가사리+참게+메기 매운탕,
참게+메기 매운탕(각 소 5만원, 중 6만원, 대 7만원)

🕐 10:00〜22:00 – 연중무휴

🔍 경기 김포시 대곶면 대명항1로28번길 59

☎ 031-997-0626 ⓟ 가능

빵집우상향 베이커리

부부가 운영하는 아담한 공간의 빵집. 프릳츠 컴퍼니에서
제빵팀을 이끌었던 허민수 제빵사가 빵을 굽는다. 달달한
크림이 들어간 빵 종류보다는 담백한 맛의 쫄깃한 식사 빵
류가 위주인 듯하다. .

ⓦ 단팥빵(2천5백원), 소금빵(2천3백원), 베이글(1천8백원), 크루
아상(2천8백원), 치즈할라피뇨(2천8백원)

🕐 08:30〜17:00 – 일, 월, 화요일 휴무

🔍 경기 김포시 유현로 215 (풍무동) 풍무 센트럴 푸르지오 후
문(Gate 2) 상가

☎ 031-981-0577 ⓟ 불가

성가옥 진주냉면 | 육전

고명으로 육전을 올리는 진주식 냉면을 맛볼 수 있는 곳. 메
밀가루와 고구마 전분을 직접 배합하고, 숙성 반죽하여 제
면한다. 한우 소머리와 사골을 5시간 이상 끓여 우려낸 육
수를 사용하는 것이 특징이며 비빔냉면과 육전을 함께 먹는
것이 별미다.

ⓦ 물냉면(1만1천원), 온면, 비빔냉면(1만2천원), 한우소머리곰탕
(1만3천원), 비빔냉면+육전세트(1만8천원), 육전(2만7천원), 한우
소머리수육(반접시 2만원, 한접시 4만원)

🕐 11:00〜15:30/17:00〜20:00(마지막 주문 19:30) – 월요일 휴
무

🔍 경기 김포시 북변중로 15 (사우동) 1층

☎ 031-987-9797 ⓟ 가능

성가옥

소쇄원 ✖ 한정식 | 게장

옛날 시골 생활의 정취를 느낄 수 있는 전통 게장 전문점.
죽, 탕평채, 해파리냉채, 삼색전, 생선 요리, 불고기, 간장게
장, 영양돌솥밥, 된장찌개 등이 한 상 가득 차려진다. 전통
가옥으로 된 안채는 방으로 구성되어 있어 상견례나 손님을
접대하기에도 좋다.

ⓦ 간장게장정식(일반 4만원, 특대 4만7천원), 보리굴비정식, 양
념게장정식(각 2만9천원), 소갈비찜정식(3만5천원), 옥돔구이정
식(2만5천원)

🕐 11:30〜20:00(마지막 주문 19:00) – 월요일 휴무

🔍 경기 김포시 하성면 금포로1915번길 53

☎ 031-983-8801 ⓟ 가능

송만두 만두전골 | 만두

매장에서 직접 빚은 큼직한 만두를 맛볼 수 있는 만두 전문
점. 만두 전골은 맑은 국물과 매콤한 빨간 국물 중에 고를
수 있다. 청경채, 배추, 호박 등 다양한 채소를 넣어 자극적
이지 않은 국물 맛이 좋다는 평이다.

ⓦ 맑은만두전골(1만1천원), 얼큰만두전골(1만1천원), 버섯만두전

골(1만4천원), 손만두(1만원), 녹두빈대떡(1만2천원), 물막국수(1만1천원), 들기름막국수(1만1천원)

🕐 10:00~20:00(마지막 주문 19:30) – 연중무휴

🔍 경기 김포시 월곶면 군하로 14

☎ 031-985-7876 Ⓟ 가능

수갈비 秀갈비 소고기구이 | 돼지갈비

합리적인 가격대와 맛으로 동네 주민들에게 인기 있는 돼지갈비 전문점이다. 돼지갈비 외에도 1⁺⁺등급의 한우도 갖추고 있다. 셀프코너에서 신선한 채소류를 부담 없이 리필할 수 있다는 점이 좋다.

💰 돼지갈비(250g 1만9천원), 한우육회(100g 1만6천원, 200g 3만원), 함흥냉면(7천원)

🕐 11:30~15:00/17:00~22:00(마지막 주문 21:00) | 토, 일요일, 공휴일 11:30~15:30/16:30~22:00(마지막 주문 21:00) – 연중무휴

🔍 경기 김포시 김포한강3로237번길 17 (장기동) 1층

☎ 031-989-2389 Ⓟ 가능

아보고가 ABOGOGA 베이커리

피라미드를 연상시키는 모습의 대형 베이커리 카페. 빵을 굽고 있는 모습도 직접 볼 수 있으며, 트러플버터롤이 시그니처 메뉴. 샌드위치나 브런치 메뉴도 준비되어 있다. 시원한 숲과 한강이을 바라 보는 전망도 좋다

💰 아메리카노(6천5백원), 카페라테(7천원), 아몬드크림귀리라테, 흑임자크림귀리라테(각 8천5백원), 트러플버터롤(4천원), 잉글리시브렉퍼스트(2만원), 에그베네딕트(1만9천원), 햄치즈치아바타샌드위치(1만6천5백원)

🕐 10:00~19:50(마지막 주문 19:30) | 토, 일요일 10:00~20:50(마지막 주문 20:30) – 첫째 주 화요일 휴무

🔍 경기 김포시 하성면 월하로 977-19

☎ 031-996-9780 Ⓟ 가능

외갓집 한정식 | 게장 | 닭백숙

샘재 한옥마을 안에 있는 한정식 전문점. 가정집을 개조한 방 안에서 한 상 차림으로 한정식을 즐길 수 있다. 간장게장이 맛있기로 유명하며, 한정식 주문 시 된장찌개, 계란찜을 비롯해 열 다섯 가지 정도의 반찬을 맛볼 수 있다.

💰 시골정식(1만8천원), 외갓집정식(2만5천원), 간장게장정식(4만5천원), 갈비찜(3만원)

🕐 11:30~20:00 – 연중무휴

🔍 경기 김포시 하성면 석평로 374-8

☎ 031-998-4331 Ⓟ 가능

인생화로 소고기구이 | 돼지고기구이

질 좋은 생고기를 열흘 이상 숙성시켜 숯불에 구워 먹는다. 소고기 외에도 저온 습식 숙성으로 맛을 낸 통삼겹과 통목

살을 맛볼 수 있으며, 된장찌개가 아닌 꽃게와 민물새우가 들어있는 토하매운탕이 고기와 함께 나오는 점이 특이하다.

💰 깍둑꽃갈빗살(150g 2만8천원), 양념꽃갈비(180g 3만1천원), 갈빗살(150g 2만2천원), 마늘양념갈빗살(180g 2만3천원), 통갈매기살(180g 1만8천원), 삼겹살, 깍둑목살(각 180g 1만7천원)

🕐 15:00~23:30 | 토, 일요일 11:00~23:00 – 연중무휴

🔍 경기 김포시 김포한강9로12번길 7-15 (구래동) 1층

☎ 031-981-6227 Ⓟ 가능

카페드첼시 CAFE de CHELSEA 카페

1만 평 규모의 야외 정원이 있는 카페. 영국 왕실 소품과 다양한 티포트 다구가 전시되어 있으며 애프터눈 티 코스도 경험할 수 있다. 시그니처 티 세트와 샌드위치, 구움과자, 디저트로 구성된 애프터눈티세트는 예약제로 운영된다.

💰 아메리카노(6천5백원), 카페라테(7천원), 첼시브랙퍼스트, 로얄블랜드, 로즈포총, 얼그레이클래식, 마르코폴로, 웨딩임페리얼(각 8천원), 애프터눈티세트(3만4천원), 프렌치토스트브런치(1만9천원), 슈림프로제파스타(2만3천원), 트러플풍기피자(1만9천원)

🕐 10:00~21:00(마지막 주문 20:30) – 연중무휴

🔍 경기 김포시 통진읍 김포대로2435번길 107-20

☎ 0507-1368-7780 Ⓟ 가능

쿠오체레 CUOCERE 피자 | 파스타

호텔 출신 셰프가 만드는 담백한 화덕 피자와 파스타를 맛볼 수 있다. 피자와 파스타 모두 기본에 충실한, 전통적인 맛이다. 버섯크림콘킬리오니, 디아볼라피자, 비스마르크피자 등이 추천 메뉴다.

💰 안티파스티디쿠오체레(1만9천원), 새우비스크파케리(2만1천원), 버섯크림콘킬리오니(2만원), 봉골레(2만원), 아마트리치아나(1만9천원), 디아볼라, 콰트로포르마지피자, 비스마르크피자, 한우채끝등심스테이크(200g 5만8천원)

🕐 11:00~15:00(마지막 주문 14:00)/17:00~21:00(마지막 주문 20:00) | 토요일 11:30~16:00 (마지막 주문 15:00)/17:00~21:00(마지막 주문 20:00) – 일요일 휴무

🔍 경기 김포시 김포한강1로 240 (운양동) 라비드퐁네프 블루동 302호

☎ 031-994-3437 Ⓟ 가능(지하주차장 이용)

포지티브스페이스566
POSITIVE SPACE 566 베이커리 | 카페

상당한 규모의 대형 베이커리 겸 카페. 아래층과 위층이 에스컬레이터로 연결되어 있을 정도다. 대형 스크린과 샹들리에 등 화려한 컬러의 인테리어를 감상할 수 있다. 다양한 식사 메뉴는 물론 베이커리도 준비되어 있어 식사와 디저트를 한 곳에서 즐길 수 있다.

💰 아메리카노(6천8백원), 카페라테(7천5백원), 에이드(8천원),

잠봉&루콜라피자(2만2천원), 크림불고기리조토(2만4천원), 채끝등심스테이크(4만4천원)

🕐 10:00~22:00(마지막 주문 21:00) – 연중무휴

🔍 경기 김포시 검단로 910 (감정동) 포지티브 스페이스566 1층

☎ 02-333-0008 Ⓟ 가능

한성치킨 프라이드치킨

전국 5대 치킨 중 하나로 이야기될 만큼 맛있는 프라이드치킨을 맛볼 수 있는 곳. 옛날식 프라이드치킨의 바삭함을 느낄 수 있다. 가격이 저렴한 편이며 테이크아웃만 가능하다.

Ⓦ 프라이드치킨(2만2천원), 양념치킨, 반반치킨(각 2만3천원)

🕐 13:00~21:00(마지막 주문 20:00) – 월요일 휴무

🔍 경기 김포시 양촌읍 석모로73번길 85

☎ 031-989-2744 Ⓟ 가능

항만식당 동태

동태탕, 동태내장탕이 유명한 곳. 칼칼한 국물 맛이 일품이며 매운탕과 지리 중에서 선택할 수 있다. 계절별로 바뀌는 밑반찬도 맛깔스러우며 생갈치조림도 인기다. 강화도에서 가까워 강화도를 방문한 사람도 많이 찾아온다.

Ⓦ 동태탕, 동태내장탕(각 1만원, 특 1만2천원), 머리내장탕(1만3천원), 동태내장모둠전골(소 3만원, 중 4만원. 대 5만원), 갈치조림(1만1천원), 황태만두(4천원)

🕐 08:00~20:00(마지막 주문 19:00) – 화요일 휴무

🔍 경기 김포시 월곶면 김포대로 2954

☎ 031-981-0311 Ⓟ 가능

경기도 남양주시

가든갤러리 Garden Gallery 파스타 | 이탈리아식

한강이 바라보이는 정원에서 스테이크, 파스타 등을 즐길 수 있는 이탈리안 레스토랑. 허브 등의 식재료는 직접 재배하고 있으며 허브차 종류도 다양하다. 가을에는 밤을, 겨울에는 모닥불에 고구마를 구워 먹는다. 예약하면 야외에서 뷔페식 바비큐 요리를 즐길 수 있으며 계절별로 각종 연주회 및 문화행사도 열리고 있다.

Ⓦ 텍사스바비큐비프립(800~900g 9만8천원, 1.5~1.7kg 17만8천원), 프로슈토(R 2만2천5백원, L 2만5천원), 만조크림파스타(2만3천5백원), 홍게살크림파스타(2만2천원), 오징어먹물리조토(2만2천5백원)

🕐 11:00~21:30(마지막 주문 20:40) – 월요일, 명절 휴무

🔍 경기 남양주시 강변북로632번길 57-28 (수석동)

☎ 0507-1420-7814 Ⓟ 가능

개성집 국수

오이소박이국수로 유명한 곳. 시원하면서도 단맛이 강해 독특한 맛을 낸다. 사골국물 칼국수 맛도 좋은 편이며 찐만두를 곁들이면 더욱 좋다.

Ⓦ 오이소박이냉국수(각 1만원, 곱빼기 1만3천원), 만둣국(1만3천원), 찐만두(1만2천원), 떡만둣국(1만4천원), 만두전골(중 3만8천원, 대 4만8천원), 녹두전(1만5천원), 도토리묵(중 1만2천원, 대 1만6천원)

🕐 10:00~16:00(마지막 주문 15:30)/17:00~21:00(마지막 주문 20:30) | 토, 일요일 10:00~21:00(마지막 주문 20:30) – 연중무휴

🔍 경기 남양주시 와부읍 경강로 876

☎ 031-576-6497 Ⓟ 가능

고야 古野 오리

양주골프장 바로 앞에 있는 훈제오리 전문점. 호박에 싸여 나온 훈제오리는 잡내가 없어 부담 없이 먹을 수 있다. 호박오리구이는 시간이 조금 걸리기 때문에 예약해야 한다. 백김치, 버섯, 파래, 총각무, 나물 등의 반찬이 나온다.

Ⓦ 호박오리구이(7만8천원), 훈제오리구이(6만8천원), 대나무밥정식(2만2천원), 대나무밥(8천원)

🕐 12:00~21:00(마지막 주문 19:30) – 연중무휴

🔍 경기 남양주시 화도읍 북한강로 1542

☎ 031-592-1666 Ⓟ 가능

광릉돌솥밥 솥밥

즉석에서 따끈하게 지어내는 돌솥밥이 유명한 집으로, 영양솥밥이 대표 메뉴. 스키 시즌이 되면 스키 애호가로 문전성시를 이룬다. 따끈한 돌솥밥에 깔끔한 된장찌개와 시원한 동치미 국물이 일품이다.

Ⓦ 영양솥밥(1만8천원), 영양솥밥+고추장불고기(1인 2만1천원), 영양솥밥+소고기버섯불고기(1인 2만4천원), 굴솥밥(2만2천원), 전복솥밥(2만4천원), 2인정식(4만9천원, 5만5천원)

🕐 10:40~20:30(마지막 주문 19:40) | 토, 일요일 10:40~15:00/16:00~20:30(마지막 주문 19:40) – 수요일 휴무

🔍 경기 남양주시 진접읍 금강로1845번길 1

☎ 031-527-3334 Ⓟ 가능

광릉불고기 소불고기 | 돼지불고기 | 돼지고기구이

간판 없는 집으로 유명한 불고기 전문점. 주방 한편에서 숯불에 기름기를 쏙 빼고 구워져 나오는 불고기가 물김치, 열무, 깻잎 등 깔끔한 밑반찬과 잘 어울린다. 반찬은 셀프 바에서 가져다 먹는다. 가격이 저렴한 만큼 백반은 2인 이상 주문 가능하고 고기는 추가 주문을 받지 않는다.

Ⓦ 돼지숯불고기백반(200g 1만2천원), 소숯불고기백반(200g 1만8천원), 소숯불고기(600g 5만4천원), 돼지숯불고기(600g 3만6천원), 비빔막국수(1만2천원)

광릉한옥집 ✕ 소불고기 | 돼지불고기

광양불고기에 메밀쌈을 더한 메뉴로 인기를 끌고 있다. 커다랗게 부친 메밀쌈과 채소, 광양불고기가 함께 나온다. 메밀쌈은 기계로 얇게 부쳐낸 것으로, 여기에 고기와 채소를 올려 둥글게 말면 메밀전병이 된다. 슴슴한 맛의 평양냉면도 인기.

ⓦ 돼지숯불고기메밀쌈(200g 1만5천원), 소숯불고기메밀쌈(200g 2만6천원), 평양냉면(1만4천원, 곱빼기 1만6천원), 비빔막국수(1만2천원, 곱빼기 1만4천원)
ⓣ 11:00~15:50(마지막 주문 15:00) | 토, 일요일, 공휴일 11:00~20:50(마지막 주문 20:00) – 화요일, 명절 휴무
ⓠ 경기 남양주시 진접읍 광릉내로 36
☎ 031-574-6630 ⓟ 가능

광천정육점식당 소머리국밥 | 수육

4대에 걸쳐 내려오는 소머리국밥집. 1959년 신선옥이라는 상호로 문을 연 후 현재는 광천정육점식당이란 상호로 영업 중이다. 하루 24시간을 꼬박 삶아낸 국물이 진국이다. 포장 판매도 하고 있다.

ⓦ 소머리국밥(보통 1만2천원, 특 1만4천원), 한우차돌박이(150g 2만5천원), 녹차삼겹살, 목살(각 200g 1만7천원), 육회비빔밥(보통 1만3천원, 특 2만4천원)
ⓣ 10:30~19:00 – 월요일, 명절 당일 휴무
ⓠ 경기 남양주시 진접읍 광릉내로 52
☎ 031-527-7002 ⓟ 가능

기와집순두부조안본점 ✕✕✕ 순두부 | 두부

순두부 전문점으로, 순두부 백반은 양념이나 고명이 전혀 첨가되지 않은 하얀 두부만 나오는 것이 특징이다. 돼지고기, 신김치 등을 넣어 빨간 순두부 스타일로 나오는 칼칼한 콩탕도 좋다. 아삭한 겉절이 김치와 곁들여 먹는 제육생두부와 바삭하게 잘 부친 녹두전도 별미. 60년 된 한옥 기와집을 개조해 4대째 대물림해 사용하고 있어 고풍스러운 분위기다.

ⓦ 순두부백반, 콩탕백반, 비빔밥(각 1만1천원), 재래식생두부(1만3천원), 두부김치, 파전, 녹두전, 도토리묵, 군두부(각 1만6천원), 생두부&수육(2만5천원), 수육(3만2천원), 황태양념백반(1만4천원)
ⓣ 10:30~20:30(마지막 주문 20:00) – 명절 휴무
ⓠ 경기 남양주시 조안면 북한강로 133
☎ 031-576-9009 ⓟ 가능

김삿갓밥집본점 한정식

30종류의 반찬을 내어주는 전라도식 한정식집. 직접 짠 참기름과 들기름을 활용해 만든 30가지 나물 반찬과 보리밥, 수육, 호박죽이 나오는 삿갓정식 단일 메뉴만 제공하고 있다. 정성이 깃든 음식과 따뜻한 분위기의 식당이다.

ⓦ 삿갓정식(2만2천원)
ⓣ 11:00~17:00(마지막 주문 16:00) | 토, 일요일 10:30~19:30(마지막 주문 18:30) – 월, 화요일 휴무
ⓠ 경기 남양주시 화도읍 경춘로 2483
☎ 031-559-9188 ⓟ 가능

덕소숯불고기 ✕ 돼지불고기 | 소불고기

숯불에 구운 돼지고기로 유명한 곳. 고기를 얇게 썰어 먹기 편하며 직접 구워서 가져다 준다. 추가 주문은 되지 않기 때문에 처음에 양을 넉넉하게 시켜야 한다. 잡채, 고추볶음, 오이무침, 버섯, 김치볶음 등 반찬도 하나같이 맛있다.

ⓦ 돼지숯불고기(1인 250g 1만8천원), 고추장삼겹숯불고기(1인 250g 2만1천원), 소숯불고기(250g 2만4천원), 반다시국수(1만원), 물냉면, 메밀국수(각 9천원)
ⓣ 11:00~15:00/16:00~21:00(마지막 주문 20:00) – 월요일 휴무
ⓠ 경기 남양주시 와부읍 수레로 213
☎ 031-577-3892 ⓟ 가능

라온숨 raon soom 카페 | 베이커리

북한강 뷰가 매력적인 대형 베이커리 카페. 각 층마다 다양한 콘셉트의 분위기로 꾸며져 있으며, 3층에는 작품을 전시하는 갤러리 공간이 마련되어 있다. 솔트크림라테와 쑥크림라테가 시그니처 음료.

ⓦ 아메리카노(8천원), 카페라테, 쑥크림라테(각 8천5백원), 솔트크림라테(9천원), 쑥크림빵(5천5백원), 앙버터크루아상(7천5백원), 흑임자롤케이크(8천5백원)
ⓣ 10:00~22:00 – 연중무휴
ⓠ 경기 남양주시 화도읍 북한강로 1146
☎ 031-591-3433 ⓟ 가능

라온숨

목향원 ✕ 쌈밥

석쇠불고기를 곁들인 쌈밥정식 하나만을 선보이는 곳. 달착지근한 양념에 잰 고기 맛이 좋으며 불 맛이 살아 있다. 유기농으로 재배한 쌈채소만을 사용하는 것이 특징. 불암산을 한눈에 바라볼 수 있으며 초가집 이엉을 얹어 목가적 분위기를 자아낸다.

ⓦ 석쇠불고기쌈밥정식(200g 1인 1만8천원)
🕐 10:30~21:30(마지막 주문 20:40) – 연중무휴
🔍 경기 남양주시 덕릉로1071번길 34–11 (별내동)
☎ 031–527–2255 ⓟ 가능

백련 白蓮 닭백숙 | 바비큐

한가로운 전원 속에 위치한 곳으로, 실내 좌석뿐만 아니라 야외 정원에서 바비큐를 즐길 수 있다. 텃밭에서 직접 기른 신선한 채소가 기본으로 제공되며, 직접 키운 토종닭으로 만든 닭백숙의 맛도 일품이다.

ⓦ 모둠숯불구이(2인 4만8천원), 숯불구이삼겹살(400g 3만4천원), 오리볶음탕, 오리백숙(각 7만원), 닭백숙, 닭볶음탕(각 6만원)
🕐 12:10~23:00 – 화요일 휴무
🔍 경기 남양주시 별내면 용암제청말길 121
☎ 031–841–6588 ⓟ 가능

뷰66 VIEW66 크루아상 | 카페 | 베이커리

북한강변에 자리 잡은 전망 좋은 대형 카페. 넓은 매장에서 다양한 음료와 파스타, 샌드위치, 디저트를 즐길 수 있다. 창가 자리에서는 북한강을 감상할 수 있으며, 카페 외부에는 차양막 아래서 잔디를 즐길 수 있는 자리도 마련되어 있다. 루프탑에서는 하늘 풍경을 즐길 수 있다.

ⓦ 아메리카노(8천원), 카페라테, 생강레몬차, 흑임크림라테, 문경오미자차, 오미자에이드, 플랫화이트(각 9천원), 바닐라빈라테(9천5백원), 핸드드립커피(1만원), 햄치즈크루아상샌드위치(8천5백원)
🕐 10:00~22:00(마지막 주문 21:30) | 토요일 10:00~23:00(마

지막 주문 22:30) – 연중무휴
🔍 경기 남양주시 강변북로632번길 66 (수석동)
☎ 031–559–5550 ⓟ 가능

브레드쏭 breadssong 카페 | 베이커리

한강이 한눈에 보이는 루프탑이 있는 카페. 프랑스산 최상급 버터를 이용해 직접 구운 빵과 커피를 함께 즐길 수 있다.

ⓦ 아메리카노(6천원), 바닐라라테(6천8백원), 샷그린티라테(7천8백원), 브레드정식(1만6천8백원), 크루아상(4천원), 찰옥수수크림빵(6천8백원), 생마늘바게트(5천8백원)
🕐 10:00~24:00 – 연중무휴
🔍 경기 남양주시 와부읍 경강로926번길 15
☎ 031–576–8522 ⓟ 가능

빵에갸또 ✕ Pains et Gâteaux 베이커리

20년 경력의 프랑스인 셰프가 직접 만드는 빵과 과자들을 선보이는 곳으로, 수준 높은 전통 프랑스식 빵과 다양한 음료를 맛볼 수 있다. 주차 공간이 협소하니, 대중교통을 이용할 것을 추천한다.

ⓦ 밀푀유캐러멜, 데지르시크레(각 9천2백원), 잠봉치즈바게트샌드위치, 리코타프로슈토바게트샌드위치(각 8천8백원), 마르크폴로, 웨딩임페리얼(각 8천2백원), 아메리카노(5천6백원)
🕐 08:30~22:00 | 금, 토요일 08:00~22:30 – 연중무휴
🔍 경기 남양주시 두물로39번길 25 (별내동)
☎ 031–528–6424 ⓟ 가능

삼대째손두부 ✕ 순두부 | 두부

남양주에서 손꼽히는 두부요리 전문점. 고소하고 부드러운 두부 맛이 좋다. 두부를 이용해 다양한 요리를 선보이고 있으며 그중 얼큰한 두부해물전골이 인기다. 식사 후 계산대 옆에서 두부와 콩비지를 1인분씩 포장해서 서비스로 나눠주고 있으며, 모든 요리는 포장도 가능하다.

ⓦ 일품순두부, 차돌박이순두부, 얼큰해물순두부(각 1만원), 초당담백순두부, 들깨순두부(각 9천원), 두부해물전골(소 3만5천원, 중 3만8천원, 대 4만2천원), 두부해물뚝배기(1만원), 순두부내장탕(1만원)
🕐 09:30~21:30 | 하절기 09:30~15:00/16:00~21:30 – 명절 휴무
🔍 경기 남양주시 오남읍 진건오남로 531
☎ 031–573–0573 ⓟ 가능

쉐프맥나인 ✕ chefmac9 피자 | 파스타 | 이탈리아식

화덕 피자와 파스타를 맛볼 수 있는 분위기 좋은 이탈리아 레스토랑. 해산물과 토마토소스가 들어간 디마레파스타와 체다치즈, 모차렐라, 리코타, 고르곤졸라가 들어간 콰트로화덕피자를 선보인다.

맥나인샐러드(1만5천원), 콰트로화덕피자, 파네(각 1만7천9백원), 토마토아라비아타, 디마레(각 1만6천9백원), 트러플크림리조토, 로제문어리조토(각 1만8천9백원)
11:00~15:00(마지막 주문 14:00)/17:00~21:00(마지막 주문 20:00) – 수요일 휴무
경기 남양주시 천마산로 21 (호평동) 스마트스퀘어 1층
070-7762-3003 P 가능

어랑손만두국 ✖ 만두

정통 이북식 만두의 맛을 보여주는 곳. 식당 이름은 주인의 고향인 함경북도 어랑의 지명에서 따온 것이다. 직접 담근 포기김치와 콩나물국처럼 시원하고 감칠맛이 나는 만두 국물이 일품. 어랑뚝배기는 만두를 터뜨려 뚝배기에 담고 국물을 부어 육개장처럼 얼큰하게 끓여낸 것이다.
손만둣국, 어랑뚝배기, 도시락만두, 녹두빈대떡(각 1만3천원), 어랑전골(3만7천원)
08:00~21:00(마지막 주문 20:30) – 연중무휴
경기 남양주시 경춘로 1084-25 (금곡동)
031-592-2959 P 가능

엠아르 em.rr. 브런치카페

북한강늘 바라보며 브런치 메뉴를 즐길 수 있는 곳. 엠아르샐러드, 직접 만든 리코타 치즈를 사용한 샐러드, 마운틴버거를 선보인다. 시나몬크림커피도 추천하며 머시룸버거가 인기 있다. 매장 2층은 노키즈존으로 운영된다.
엠아르샐러드(1만7천원), 리코타곰젤리샐러드(2만2천원), 마운틴버거(2만2천원), 매콤카르보나라(2만3천원), 크림카레우동(2만3천원), 머시룸버거(2만원), 시나몬크림커피(8천원), 어메이징라테(8천원), 티라미수(1만원), 바스크치즈케이크(9천원)
11:00~20:00(마지막 주문 18:30) – 월요일 휴무
경기 남양주시 화도읍 북한강로 1602-22 리즈갤러리
031-559-0911 P 가능

예봉산더덕집 일반한식

더덕이 들어간 온갖 요리를 맛볼 수 있는 곳이다. 더덕이 들어간 백숙, 닭볶음탕. 옻닭은 토종닭을 사용하여 양이 상당하다. 더덕 막걸리까지 있어 더덕을 맘껏 즐길 수 있다.
더덕토종닭백숙, 더덕오리백숙, 더덕닭볶음탕. 더덕옻닭(각 8만원)
전화로 확인 후, 예약 후 방문 – 비정기적 휴무
경기 남양주시 와부읍 팔당로139번길 43
031-521-4286 P 가능

오뵈르 ✖ Au beurre 베이커리

크루아상을 비롯한 프랑스 빵을 전문으로 하는 곳. 기본 베이스의 빵들이 버터 향이 깊고 진하며 결의 바삭함이 살아 있다. 유자 맛 몽블랑인 유즈 블랑, 에쉬레 버터를 사용한

소금빵이 추천 메뉴. 직접 만드는 로열밀크티를 곁들여도 좋다. 금요일과 일요일에는 베이킹 클래스도 진행하고 있다.
뵈르(4천8백원), 바닐라퀸아망(5천원), 유기농남해유자(6천5백원), 피스타치오피낭시에(4천5백원)
11:00~19:30 | 토, 일요일 11:00~19:00 – 월, 목요일 휴무
경기 남양주시 순화궁로 249 (별내동) B-117호
0507-1437-6442 P 가능

온고재 피자 | 파스타

팔당대교 인근의 이탈리안 레스토랑. 전통 한옥에서 식사를 즐길 수 있으며, 참나무로 구워 쫀득하고 깊은 풍미의 도우를 가진 화덕 피자를 선보이고 있다. 매월 변동되는 휴무일은 홈페이지에서 참고할 수 있다.
가지토마토피자(2만6천원), 콰트로포르마지피자(2만4천원), 풍기크레마파스타(2만6천원), 마르게리타(2만2천원)
10:30~15:30/17:00~21:00(마지막 주문 20:30) – 연중무휴
경기 남양주시 와부읍 팔당로139번길 19-29
031-577-8702 P 가능

왈츠와닥터만 ✖

Waltz and Dr.Mahn 이탈리아식 | 커피전문점

북한강변에 있어 전망이 좋은 곳이다. 왈츠는 20여 년 전 서울 시내에 원두커피 붐을 일으켰던 커피 전문점의 이름이기도 하다. 볶음 커피의 생명이라 할 수 있는 생두의 선별 구입에 비용과 시간을 아끼지 않고 있다.
핸드드립커피(1만5천원~3만원), 디저트(9천원~2만5천원), 런치코스(7만5천원), 디너코스(11만5천원), 로얄코스(20만원)
11:00~21:00(마지막 주문 20:00) | 토요일 11:00~22:00(마지막 주문 21:00) – 연중무휴
경기 남양주시 조안면 북한강로 856-37
031-576-0020 P 가능

위켄드바베큐 WEEKEND BBQ 패밀리레스토랑

비프립, 브리스킷, 풀드포크 바베큐를 메인으로 하는 패밀리 레스토랑. 참나무로 12시간 동안 훈연해 부드럽고 촉촉한 육질의 바베큐를 제공한다. 미국 서부의 이색적인 분위기를 갖춘 공간에서 가족이나 연인과 함께 식사하기 좋다. 자이언트비프립플래터는 한정 수량만 판매하므로 미리 예약할 것.
풀드포크(240g 1만9천원), 스페어립(350g 2만6천원), 와규브리스킷(240g 3만3천원), 포크플래터(2인 6만1천원), 하우스플래터(7만8천원), 자이언트비프립플래터(9만8천원), 99cm모둠플래터(24만9천원)
17:00~22:00(마지막 주문 21:00) | 금, 토, 일요일 11:30~22:00(마지막 주문 21:00) – 연중무휴
경기 남양주시 경춘로 416 (다산동)
0507-1471-4868 P 가능

인크커피다산1호점 베이커리 | 북카페

종로 서적과 협업하여 지하 1층부터 지상 1층까지 대형 카페 공간을 선보이는 곳. 책을 읽으며 커피를 마실 수 있는 문화 공간이다. 다양한 베이커리와 봉골레파스타, 크림트러플파스타도 맛볼 수 있다.

- Ⓦ 자카파밀크(8천원), 럼배럴아메리카노(6천5백원), 럼배럴카페라테, 럼베럴크림커피, 론자카파티라미수크루아상(각 6천8백원), 인크슈페너(7천5백원), 수플레팬케이크(1만9천원), 봉골레파스타, 크림트러플파스타, 라구파스타(각 2만1천원)
- Ⓣ 09:00~22:00 – 연중무휴
- Ⓠ 경기 남양주시 다산순환로 20 (다산동) 현대프리미어캠퍼스
- ☎ 0507-1317-0275 Ⓟ 가능

죽여주는동치미국수 일반한식 | 국수

일반적으로 집에서 먹는 맑은 동치미가 아니라 빨간 동치미 국물이다. 얼음이 떠 있는 국물에 청양고추를 뿌리고 소면에 백김치 한쪽을 같이 먹으면 맛이 좋다. 약간 묵은 듯한 동치미의 맛이 시원하며 김치만두를 곁들여도 좋다. 직접 쑨 묵으로 무친 쟁반도토리묵도 인기다.

- Ⓦ 동치미국수(9천원), 떡만둣국(1만1천원), 찐만두(매운김치, 육즙고기 각 9천원), 오겹살수육(반접시 1만3천원, 한접시 2만원), 쟁반도토리묵(1만7천원)
- Ⓣ 10:00~15:30/16:30~20:00(마지막 주문 19:30) | 토, 일요일 10:00~20:00(마지막 주문 19:30) – 월요일, 명절 당일 휴무
- Ⓠ 경기 남양주시 조안면 북한강로 547
- ☎ 031-576-4020 Ⓟ 가능

진미오리구이 오리

비닐하우스에서 간장 양념을 묻힌 오리를 숯불에 구워 먹는다. 오리도 직접 기른 것을 사용하고 부추나 들기름 같은 양념도 직접 재배한 것을 쓰거나 주변의 농가에서 구매한다. 식사로 내는 매콤한 비빔국수는 오리를 먹고 난 뒤 남아 있는 느끼함을 잡아준다.

- Ⓦ 오리숯불주물럭(700g 4만5천원, 900g 5만5천원), 비빔국수(7천원)
- Ⓣ 11:00~21:00 | 토, 일요일 11:00~15:30/16:20~21:00 – 화요일, 명절 휴무
- Ⓠ 경기 남양주시 와부읍 석실로율석길 58
- ☎ 031-577-5292 Ⓟ 가능

초대 한정식

한강변에 있는 전망이 좋은 한정식집으로, 두 개의 건물로 이루어져 있다. 깔끔하게 현대화된 한정식 코스를 즐길 수 있다. 초대정식은 낮에만 주문할 수 있으며 주말에는 예약이 필수다. 식사 후에는 넓은 정원에서 강을 바라다보며 차 한잔하기 좋다.

- Ⓦ 초대정식(2만9천원), 친구상차림(3만5천원), 연인상차림(4만5천원), 은혜상차림(6만5천원) 어린이정식(1만원)
- Ⓣ 11:30~14:20/15:10~21:00(마지막 주문 19:50) – 명절 휴무
- Ⓠ 경기 남양주시 강변북로632번길 6-45 (수석동)
- ☎ 031-555-7318 Ⓟ 가능

태능숯불갈비 ✕ 소갈비 | 돼지갈비

50여 년의 역사를 자랑하는 돼지갈빗집. 갈매동에서 오래 운영하다 재개발로 인해 청학리로 이전하였다. 간장 양념에 고춧가루를 살짝 뿌린 것이 특징. 고기를 먹은 뒤에는 시래깃국에 김치를 반찬으로 하여 밥 한 공기로 식사를 마무리한다.

- Ⓦ 돼지갈비(250g 1만9천원), 돼지왕갈비(300g 1만9천원), 소갈비(350g 3만2천원), 냉면(6천원), 갈비탕(뼈1 9천원, 뼈2 1만4천원)
- Ⓣ 11:00~21:30 – 연중무휴
- Ⓠ 경기 남양주시 별내면 순화궁로 992-20
- ☎ 031-572-6652 Ⓟ 가능

태릉허참갈비 소갈비 | 삼겹살 | 돼지갈비

40여 년 전통의 돼지갈빗집. 갈비의 육질이 부드럽고 달콤한 양념이 잘 배어 있으며 소갈비, 생삼겹살 등도 선보인다. 밑반찬으로 나오는 게장무침의 칼칼한 맛이 좋다.

- Ⓦ 참배돼지갈비(250g 1만9천원), 생삼겹살(180g 2만1천원), 소생갈비(250g 3만6천원), 소양념갈비(250g 3만4천원), 김치찌개(8천원), 왕갈비탕(1만3천원)
- Ⓣ 11:00~22:00(마지막 주문 21:10) – 연중무휴
- Ⓠ 경기 남양주시 불암산로 30-2 (별내동)
- ☎ 031-573-3392 Ⓟ 가능

토리코코로 とりこころ 라멘

진하게 우린 닭 육수를 맛볼 수 있는 일본 라멘 전문점으로, 자가제면한 면을 사용한다. 진하지만 닭 육수 베이스여서 담백한 맛이다. 양이 부족할 경우 공기밥을 무료로 추가할 수 있다.

토리코코로

쇼유라멘, 시오라멘, 카라이미소라멘, 마제소바, 탄탄멘, 마제메시(각 8천5백원)

🕐 10:00~21:00 – 토요일 휴무

📍 경기 남양주시 불암로 25-39 (별내동)

☎ 010-6442-1892 ⓟ 가능

평창갈비 ✄ 소갈비 | 돼지갈비

천마산 등산로에서 유명한 대형 갈비 전문점. 미국산을 비롯해 질 좋은 한우갈비를 맛볼 수 있으며 점심에는 비교적 저렴한 가격에 정식 메뉴를 즐길 수 있다. 본관과 별관까지 있어 가족끼리 외식하기에도 좋다.

Ⓦ 평창양념구이(250g 2만2천원), 암퇘지삼겹살(160g 2만2천원), 한우양념갈비(210g 6만9천원), 한우채끝등심(150g 6만원), 한우육회(150g 4만원), 녹차보리굴비(3만3천원), 양념갈비(210g 4만2천원), 생갈비(170g 4만7천원)

🕐 11:30~22:00(마지막 주문 21:00) – 연중무휴

📍 경기 남양주시 화도읍 묵현로 95

☎ 0507-1429-9933 ⓟ 가능

하백 HABAEK 카페 | 베이커리

직접 로스팅한 싱글 오리진 원두로 스페셜티 커피를 선보이며, 유기농 밀가루와 프랑스산 고급 버터를 사용한 빵을 만든다. 통유리창 밖으로 북한강 뷰를 감상하거나 야외 테라스에서 운치를 즐기기도 좋은 곳.

Ⓦ 아메리카노(8천5백원~8천7백원), 카페라테(8천8백원), 연유크런치라테, 바다코코넛라테(각 9천5백원), 핑크링치(9천2백원), 자몽에이드(8천8백원), 찹쌀호떡(5천원), 올리브치아바타(6천5백원)

🕐 09:00~24:00(마지막 주문 23:45) – 월요일 휴무

📍 경기 남양주시 화도읍 북한강로 1136

☎ 031-592-2345 ⓟ 가능

하술 HASUL 이자카야

아늑한 분위기의 유럽형 이자카야. 워커힐호텔 15년 경력의 셰프가 운영하는 곳이다. 하술에서 선보이는 훈제연어는 저온에서 특제 염장법과 참나무로 훈연하는 것이 특징이며, 그릴 향 가득한 메로구이도 추천할 만한 메뉴.

Ⓦ 숙성생연어사시미(2만7천원), 훈제연어(2만6천원~3만3천원), 참다랑어사시미(3만9천원), 메로구이(2만7천원), 모시조개술찜(1만8천5백원), 닭다리살꼬치구이(1만8천원)

🕐 17:00~02:30(익일)(마지막 주문 01:30) – 일요일 휴무

📍 경기 남양주시 다산중앙로123번길 9 (다산동) 로데오프라자 2층 202호

☎ 0507-1357-9935 ⓟ 가능(2시간 무료)

황토마당 ✄ 민물매운탕 | 장어

장어요리를 전문으로 하지만 닭볶음탕과 민물고기매운탕도 잘하는 곳이다. 반찬 종류가 많지는 않지만 하나하나 맛있다. 벤치가 군데군데 있는 넓은 정원과 연꽃이 피어 있는 산책로가 아름답다. 3대째 내려오는 전통 있는 집이다.

Ⓦ 장어구이(2인 이상, 1인 4만2천원), 메기매운탕(소 4만3천원, 중 5만8천원, 대 7만3천원), 빠가사리매운탕(소 5만3천원, 중 7만3천원, 대 9만3천원), 닭볶음탕(2인 4만5천원, 3인 6만3천원)

🕐 11:00~15:00/16:00~20:30(마지막 주문 19:30) – 화요일, 명절 휴무

📍 경기 남양주시 조안면 다산로 759

☎ 031-576-8087 ⓟ 가능

흑미담다산점 염소고기

매일 직접 우려낸 흑염소 사골 육수를 사용한 흑염소탕을 맛볼 수 있는 흑염소 전문 식당. 흑염소탕은 홍탕과 백탕 중 선택해 주문할 수 있다. 배받이수육, 흑염소대파볶음도 많이 찾는 메뉴.

Ⓦ 배받이수육(1인 3만5천원), 눈꽃전골(1인 2만9천원), 흑염소대파볶음(3만5천원), 홍탕, 백탕(2만원~2만5천원), 등심돈가스(1만5천원), 한방늑이산게탕(1만9천원)

🕐 11:00~15:00/16:30~22:00(마지막 주문 21:00) | 토요일 11:00~22:00(마지막 주문 21:00) | 일요일 11:00~21:00(마지막 주문 20:00) – 월요일 휴무

📍 경기 남양주시 다산순환로 351 (다산동) 킹덤부띠끄 1층

☎ 031-553-8253 ⓟ 가능(2시간 무료)

경기도 동두천시

넓은공간 일반한식 | 산채비빔밥

소요산 등산로 초입에 자리한 토속음식점. 파전, 도토리묵, 더덕구이 등 다양한 메뉴와 함께 동동주를 즐기는 사람이 많다. 50년 가까운 역사를 자랑하는 곳.

Ⓦ 도토리묵(1만5천원), 메밀전병(1만2천원), 감자전(1만2천원), 해물파전, 더덕구이(각 1만9천원), 오징어볶음, 골뱅이무침(각 2만원), 노가리, 부추전(각 1만3천원), 대구포, 마른오징어(각 1만7천원), 김치전(1만2천원), 두부김치(1만8천원)

🕐 09:00~23:00 – 연중무휴

📍 경기 동두천시 평화로2910번길 82 (상봉암동)

☎ 031-865-6787 ⓟ 가능

도너츠윤본점 donutsyoon 카페 | 도넛

크림찹쌀 도넛을 처음으로 만들어 유명해진 곳이다. 찹쌀 도넛 속에는 딸기, 고구마, 누텔라 등 다양한 맛의 크림이

듬뿍 들어 있다. 인기 메뉴는 크림치즈와 콩크림도넛. 선물
용 박스도 여러 가격대로 준비되어 있다.
ⓦ 크림도넛(9개 1만6천원, 16개 2만8천원), 맛보기박스(7천원),
모둠박스(1만4천원), 콩크림찹쌀도넛, 고구마크림찹쌀도넛, 유
자크림찹쌀도넛, 팥크림찹쌀도넛, 크림치즈찹쌀도넛(각 1천9백
원), 미니찹쌀도넛(10개 3천5백원), 아메리카노(4천5백원), 카페
라테(5천원), 바닐라라테(5천5백원)
ⓣ 10:00~22:00 – 연중무휴
ⓠ 경기 동두천시 벌마들로 26–16 (상패동)
☎ 070–5143–8156 ⓟ 가능

도너츠윤본점

매초약선 ✖ 오리
오리단호박구이로 유명한 곳. 커다란 단호박 안에 먹기 좋
게 손질한 오리구이가 들어 있으며 무화과, 버섯, 건포도 등
이 맛을 더한다. 달콤한 맛이 일품. 식사 후에 고소한 들깨
칼국수가 나와 푸짐하게 식사할 수 있다.
ⓦ 오리단호박구이(2인 4만원, 4인 7만3천원), 오리훈제찜(4인
6만9천원), 오리연훈제(중 4만3천원 대 5만3천원), 수제비(1만
원)
ⓣ 10:30~21:00 – 명절 휴무
ⓠ 경기 동두천시 삼육사로 1324–15 (탑동동)
☎ 031–859–1112 ⓟ 가능

비아포르타 Via Porta 파스타
해외와 서울에서 경력을 쌓은 셰프가 운영하는 생면파스타
를 맛볼 수 있는 곳. 셰프가 직접 면부터 육수, 피클, 잠봉까
지 만들고 있다. 고구마크림뇨키, 돼지고기시래기파스타 등
이 독특한 메뉴다.
ⓦ 문어(1만9천원), 스파이시해산물리조토(1만9천5백원), 화이트
라구파스타(1만9천5백원), 살치살스테이크(4만9천원), 스파이시
게살크림파스타(1만8천원), 돼지고기시래기파스타(2만원), 버섯
소고기리조토(2만1천원), 해시브라운브루스케타(1만3천5백원)
ⓣ 11:00~15:00/17:00~21:30(마지막 주문 21:00) – 연중무휴

ⓠ 경기 동두천시 중앙로 275 (생연동) 1층
☎ 031–858–7504 ⓟ 가능(2시간 무료)

생연칼국수삼계탕 ✖ 삼계탕 | 칼국수
조개를 끓여 만든 육수에 수제비를 넣어 만드는 칼국수 국
물 맛이 시원하다. 또 다른 별미로는 삼계탕이 있는데 닭을
삶을 때 육수 대신 생수를 넣는 것이 특징이다. 동두천의 물
맛이 좋기 때문이라고 한다. 아늑한 분위기를 느낄 수 있으
며, 50여 년의 역사를 자랑한다.
ⓦ 칼국수(9천원), 삼계탕(1만5천원), 오골계탕(2만7천원), 닭칼
국수(1만원)
ⓣ 09:30~21:00 – 월요일 휴무
ⓠ 경기 동두천시 생연로 124 (생연동)
☎ 031–865–2011 ⓟ 가능

소담골 닭백숙 | 돼지등갈비
전원 분위기가 물씬 나는 곳으로, 등갈비, 산채비빔밥, 닭백
숙 등 다양한 메뉴를 맛볼 수 있다. 대표 메뉴는 등갈비로,
미리 익힌 다음 소스를 걸쭉하게 발라서 가져다준다. 새콤
매콤한 양념 맛이 좋으며 깔끔한 국물의 백숙도 인기다.
ⓦ 자연산능이전골(2만2천원), 토종닭능이백숙(9만원), 오리주
물럭(7만5천원), 자연산버섯전골(1만6천원), 산채비빔밥(1만2천
원), 토종닭볶음탕(6만5천원), 자연산송이전골(3만2천원), 파전
(2만원)
ⓣ 10:00~20:00(마지막 주문 19:30) – 명절 휴무
ⓠ 경기 동두천시 평화로2910번길 148–24 (상봉암동)
☎ 031–867–5999 ⓟ 가능(소요산 주차장 이용, 2천원 지원)

송월관 ✖ 소떡갈비
떡갈비는 갈빗살을 잘게 다진 다음, 마늘, 파, 후추, 참기름,
설탕 등 갖은 양념을 한 후 갈빗대에 빈대떡처럼 두툼하게
붙여서 석쇠에 한 번 구운 후 다시 달군 놋쇠 판에 구워낸
다. 씹히는 육질이 쫀득거리면서도 부드럽다. 50여 년이 넘
는 역사를 자랑한다.
ⓦ 떡갈비(2인 이상, 1인 280g 3만원), 매운떡갈비 (2인 이상, 1
인 280g 3만원), 갈비탕(1만7천원)
ⓣ 11:30~16:00/17:00~20:00(마지막 주문 19:30) | 토, 일요일
11:30~20:00(마지막 주문 19:30) – 연중무휴
ⓠ 경기 동두천시 큰시장로 28–10 (생연동)
☎ 031–865–2428 ⓟ 가능

오륙하우스 56HOUSE 양식 | 경양식
역사가 50년이 넘는 곳으로, 클래식한 분위기를 느낄 수 있
는 양식집이다. 60년대에 유행했던 경양식 스타일로 시작했
지만, 지금은 스테이크, 햄버거, 스파게티 등의 양식을 만날
수 있다. 입구의 수족관에는 살아 있는 바닷가재도 있다. 옛

추억을 떠올리게 하는 56하우스정식이 추천 메뉴다.

Ⓦ 56하우스정식(2만2천원), 햄버그스테이크(2만2천원), 56하우스스페셜(4만원), 킹버거, 클럽샌드위치(각 7천5백원), 알등심(200g 4만5천원), 돈가스(1만7천원), 생선가스(1만8천원)

🕐 11:30〜21:00(마지막 주문 20:00) – 수요일 휴무

🔍 경기 동두천시 상패로 210–9 (보산동)

☎ 031–865–5656 Ⓟ 가능

유정부대찌개 ✖ 부대찌개

부대찌개 전문점이다. 미군 부대 인근에서 수입품 햄과 소시지를 구해 재료로 사용한다. 훈제 돼지고기를 솥뚜껑에 구워 먹기도 한다. 양이 매우 푸짐하다.

Ⓦ 부대찌개(1만원), 소시지사리(4천원)

🕐 10:30〜21:00(마지막 주문 20:30) – 수요일 휴무

🔍 경기 동두천시 평화로 2718 (동두천동)

☎ 031–863–4491 Ⓟ 가능

진미옥 ✖ 설렁탕 | 수육

동두천에서 유명한 설렁탕집. 동두천 도축장에서 생산되는 한우를 사용하며 국물이 맑고 깔끔한 것이 특징이다. 소머리, 양지, 사골, 등뼈 등을 12시간 동안 끓인다. 당일 생산한 재료로 당일 판매하고 있다.

Ⓦ 설렁탕(1만원, 특 1만5천원), 양지설렁탕(1만5천원), 수육(3만원), 양지수육(3만5천원), 수육전골찜(소 5만원 대 6만원)

🕐 07:00〜21:00 – 첫번째, 세번째 화요일, 명절 당일 휴무

🔍 경기 동두천시 생연로 185–1 (생연동)

☎ 031–865–3626 Ⓟ 가능

진짜커피사랑이야기 커피전문점

커피에 대한 깊이 있는 지식과 이야기를 나눌 수 있는 공간. 다양한 커피를 음미할 수 있는 커피 코스로 진행된다. 차분한 분위기 속에서 커피 한 잔에 담긴 사장님의 정성과 장인 정신을 엿볼 수 있어, 특별한 커피 경험을 원하는 이들에게 추천한다.

Ⓦ 핸드드립스페셜티커피(6천원), 카페라테(6천원), 오마카세코스커피(1만5천원), 허니젤리디움(8천원), 전통융드립(8천원), 아인슈페너(8천원), 티라미수(8천원), 커피푸딩, 자몽푸딩(각 8천원)

🕐 11:30〜21:00 | 토, 일요일 14:00〜21:00 – 비정기적 휴무

🔍 경기 동두천시 삼육사로 931 (생연동) 1층

☎ 070–7779–1424 Ⓟ 가능

파인힐커피하우스 PineHill Coffee House 카페

영국식 스콘과 프랑스 홍차를 맛볼 수 있는 대형 카페. 카페 정원의 규모가 2만 여평 정도로 자연 풍경을 바라보며 고즈넉한 분위기를 즐길 수 있다. 리얼바닐라빈라테와 파인힐딸기라테도 많이 찾는 메뉴.

Ⓦ 에스프레소, 아메리카노(각 5천5백원), 카페라테(6천원), 파인힐뱅쇼(7천5백원), 리얼바닐라빈라테, 파인힐딸기라테(7천원), 마리아쥬프레르홍차, 사과시나몬차(각 7천원), 유자차(6천5백원), 스콘(4천원)

🕐 11:00〜22:00(마지막 주문 21:30) – 연중무휴

🔍 경기 동두천시 안흥로 65–34 (안흥동)

☎ 0507–1306–5084 Ⓟ 가능

평남면옥 ✖ 평양냉면 | 수육

동치미막국수와 순메밀냉면의 맛을 이어온 70여 년 전통의 냉면집. 면발이 희고 부드러우며 메밀 냄새가 진하다. 한우 양지를 삶은 냉면 육수에 기름을 걷어낸 후 동치미 국물, 꿩고기 국물을 가미하여 꿩고기 경단을 올린다. 겨자에 고기를 무친 겨자무침이 별미로 통한다.

Ⓦ 물냉면, 비빔냉면(각 1만1천원), 온면, 온반(각 1만2천원), 돼지고기편육(2만2천원), 돼지고기겨자무침(4만원), 소고기편육(3만8천원), 소고기겨자무침(5만원)

🕐 11:30〜21:00 – 연중무휴

🔍 경기 동두천시 생연로 127 (생연동)

☎ 031–865–2413 Ⓟ 가능

호수식당 부대찌개

동두천에서는 유명한 부대찌개 원조집 중 하나. 쑥갓을 많이 넣고 사리로 당면을 넣는 것이 특징이다. 부대볶음은 국물의 양이 적고 양파 등의 채소가 많이 들어가 있다. 저녁때는 줄을 서야 할 정도로 손님이 많다.

Ⓦ 부대찌개(1만원), 부대볶음(1만1천원), 사리(1천원〜5천원)

🕐 09:00〜21:30 – 둘째, 넷째 주 일요일, 명절 휴무

🔍 경기 동두천시 중앙로 312 (생연동)

☎ 031–865–3324 Ⓟ 불가

황주생고기 소불고기 | 소고기구이

석쇠를 사용하여 구운 불고기 맛이 일품으로, 주인 할아버지의 고향인 황해도 황주식이라고 한다. 불고기 외에도 소고기를 구워 먹을 수 있는데, 모둠을 시키면 차돌, 부채살, 제비추리, 치맛살 등이 나온다. 고기를 먹은 후에는 동치미 국수로 마무리한다. 50년 넘는 전통을 자랑한다.

Ⓦ 한우불고기(250g 3만6천원), 생등심, 모둠(각 250g 4만7천원), 육사시미(200g 4만7천원), 제비추리, 치맛살(각 200g 5만원), 토시살, 안창살(각 200g 6만원), 국수(6천원)

🕐 11:00〜22:30 – 월요일, 명절 휴무

🔍 경기 동두천시 생연로 142 (생연동)

☎ 031–865–2026 Ⓟ 가능

강원한방토종삼계탕 ✖✖ 삼계탕

부천에서 가장 유명한 삼계탕집. 말간 국물이 아니라 약간 걸쭉한 편이다. 토종닭이 쫄깃하며 양파무침을 곁들이면 더욱 맛있다. 반찬이 깔끔하며 추가 반찬은 셀프로 가져다 먹는다. 삼계탕을 주문하면 인삼주가 함께 나온다.

- ₩ 한방삼계탕(1만7천원), 한방옻계탕(1만9천원)
- 🕐 11:00~21:40(마지막 주문 20:30) – 명절 휴무
- 🔍 경기 부천시 원미구 부일로237번길 23 (상동) 2층
- ☎ 032-325-9119 ⓟ 불가

나리스키친 ✖✖

NaLee's Kitchen 피자 | 파스타 | 이탈리아식

김포에서 유명한 나리병원에서 운영하는 이탈리안 레스토랑. 참나무 장작 화덕에서 구운 피자와 파스타, 스테이크 등을 다양하게 즐길 수 있다.

- ₩ 토스카나코스(1인 7만4천8백원), 피에몬테코스(1인 7만9천8백원), 풍기샐러드(1만9천9백원), 카프레제샐러드(2만3천9백원), 만조트러플(200g 5만9천8백원), 카르보나라(2만3천8백원), 마르게리타피자(2만6천8백원), 낙지리조토(2만5천8백원)
- 🕐 11:30~14:30(마지막 주문 14:20)/17:00~23:00(마지막 주문 21:30) – 명절 당일 휴무
- 🔍 경기 부천시 원미구 신흥로 150 (중동) 위브더스테이트 702동 110호
- ☎ 032-620-5690 ⓟ 가능

디몰토 **Di Molto** 피자 | 파스타

천연발효종을 사용해 저온으로 장기 발효한 도우 피자와 생면 파스타를 선보이는 이탈리안 레스토랑. 매일 아침 직접 생면을 만든다. 제주산 딱새우소스파스타가 인기 메뉴. 모던하면서도 따뜻한 나무 감성의 내부 인테리어와 야외 테라스석을 갖추고 있다.

- ₩ 트러플크림뇨키(1만8천9백원), 제주딱새우소스먹물파스타, 포르치니머시룸크림파스타(각 1만5천9백원), 프로슈토루콜라피자(1만1천9백원), 알리오올리오파스타(1만3천9백원), 해산물토마토파스타(1만5천9백원)
- 🕐 09:00~21:00 – 월요일 휴무
- 🔍 경기 부천시 오정구 원종로79번길 24(원종동) 1층
- ☎ 010-6820-3529 ⓟ 가능

땅차커피드립바 커피전문점

아늑한 분위기의 핸드드립 커피 전문점. 커피 바를 콘셉트로 하며 직접 로스팅한 원두를 핸드드립으로 내려준다. 원두에 대해 물어보면 친절하게 설명해주며 매장 곳곳에 있는 커피 설명을 둘러보는 재미도 있다.

- ₩ 핸드드립커피(3천원~7천원), 땅차바닐라, 카페오레, 더치커피(각 3천5백원~4천5백원), 카푸치노(3천5백원), 비엔나커피(4천5백원)
- 🕐 10:00~21:00 | 토요일 12:00~21:00 | 일요일 12:00~20:00 – 명절 당일 휴무
- 🔍 경기 부천시 원미구 부흥로315번길 27 (중동) 와이즈빌딩 103, 104호
- ☎ 032-321-4879 ⓟ 불가

마므레크로와상 ✖✖

mamre croissant 크루아상 | 베이커리

마곡에서 인기를 끌었던 크루아상 전문점으로, 최근 부천으로 이전 오픈하였다. 플레인 외에도 얼그레이, 소시지 등 다양한 종류의 크루아상을 맛볼 수 있다. 소금빵, 에그타르트 등도 준비되어 있다.

- ₩ 크루아상(3천5백원), 얼그레이크루아상(4천3백원), 뱅오쇼콜라(4천5백원), 아몬드바나나초코크루아상(5천5백원), 얼그레이호두스콘(4천원), 발로나초코스콘(4천원), 생크림크랜베리스콘(4천원)
- 🕐 10:00~20:00(재료 소진 시 마감) – 일, 월요일 휴무
- 🔍 경기 부천시 원미구 상동로 83 (상동) 그랜드프라자 106호
- ☎ 010-8777-2270 ⓟ 가능

묵향 한정식

정갈한 음식을 내는 한정식집. 점심에 방문하면 저렴한 가격에 한정식을 즐길 수 있다. 음식이 깔끔하고 맛깔스러우며 구성도 좋은 편이다. 단아하고 깔끔한 인테리어로 꾸며 가족 모임은 물론 상견례 장소로도 인기 있다.

- ₩ 점심특선한정식(1만5천원), 한정식(3만5천원, 4만5천원, 5만5천원, 6만5천원)
- 🕐 11:30~22:00(마지막 주문 21:00) – 월요일, 명절 휴무
- 🔍 경기 부천시 원미구 중동로254번길 104 (중동) 호정프라자 206호
- ☎ 032-322-3481 ⓟ 가능

반코 **BANCO** 이탈리아식

모던 콘셉트의 1인 이탈리안 식당. 카운터석과 홀 테이블 모두 마련되어 있으며, 파스타는 생면을 활용한다. 김윤재 셰프의 뛰어난 이해도를 바탕으로 한 감자 뇨키가 시그니처 메뉴다. 예약 후 방문을 추천한다.

- ₩ 한우1++채끝등심스테이크(160g 4만9천원), 라자냐(2만3천원), 감자뇨키(2만2천원), 감베리(2만1천원), 비프타르타르(2만2천원), 브루스케타(1만4천원), 부라타치즈와계절과일(1만7천원), 티라미수(7천원)
- 🕐 17:00~23:00(마지막 주문 22:00) | 금, 토요일 17:00~24:00(마지막 주문 23:20) – 월요일 휴무

◎ 경기 부천시 원미구 소향로 181 (중동)
☎ 010-3094-3062 ⓟ 가능(상가 주차장)

복성원 ✂ 일반중식

불 맛 나는 잡채밥과 짬뽕이 맛있기로 유명한 곳. 대표 메뉴인 잡채밥은 고슬고슬하게 볶은 볶음밥 위에 맛깔스러운 잡채와 달걀프라이가 올라간다. 간짜장과 짬뽕의 공력도 상당하다.

ⓦ 잡채밥(1만원), 짜장면, 짬뽕(각 7천원), 간짜장(8천원), 탕수육(중 1만9천원, 대 2만3천원), 난자완스(3만1천원)
Ⓛ 11:00~16:00(마지막 주문 15:30) – 일, 월요일 휴무
◎ 경기 부천시 원미구 부천로122번길 16 (원미동)
☎ 032-611-4278 ⓟ 불가

봉순게장 ✂ 게장

부담 없는 가격으로 게장 정식을 맛볼 수 있는 곳. 양념게장이나 간장게장 정식을 시키면 새우장을 비롯한 여러 가지 반찬과 함께 나온다. 게장과 새우장은 1마리씩 추가 주문이 가능하다.

ⓦ 봉순정식(1인 2만1천원), 간장게장, 양념게장(각 1마리 8천원), 새우장(6마리 6천원), 새우만두, 갈비만두(각 6천원), 계란찜(3천원)
Ⓛ 10:30~20:30 | 토, 일요일 10:30~19:00 – 연중무휴
◎ 경기 부천시 오정구 역곡로284번길 18 (작동)
☎ 032-682-0029 ⓟ 가능

부천집 생선구이

생선구이 전문점. 태블릿을 이용해서 원하는 생선을 선택해서 주문하면 짜글이를 포함해서 반찬이 푸짐하게 나온다. 셀프바에서 반찬을 리필할 수 있으며 김치전도 직접 부쳐 먹는다.

ⓦ 모둠생선구이(2인 4만9천원, 3인 7만2천원, 4인 9만4천원), 보리굴비정식(3만7천원), 신안참조기정식, 신안민어구이정식(각 4만2천원), 볼락구이정식, 임연수구이정식(2만3천원), 고등어구

이정식, 가자미구이정식(각 1만9천원), 갈치구이(2만7천원), 짜글이(2인 2만원, 3인 3만원, 4인 4만원), 제육눈꽃불고기(1만5천원)
Ⓛ 11:00~15:00(마지막 주문 14:15)/17:00~21:20(마지막 주문 20:35) – 월요일 휴무
◎ 경기 부천시 원미구 상동로 113 (상동) 승재프라자 2층
☎ 032-325-2333 ⓟ 가능(2시간 무료)

산마루들녘에 한정식

야생초를 사용한 건강식으로 유명하다. 인공적이지 않은 자연식을 즐길 수 있다. 사기그릇에 정갈하게 담아내오는 음식이 맛깔스럽다. 예약을 하는 것을 추천한다.

ⓦ 앵초코스(3만5천원), 우슬초코스, 산야초쇠고기석쇠구이(각 4만5천원), 구절초코스, 구절초양념장어구이(각 5만5천원)
Ⓛ 11:30~21:30 – 명절 당일 휴무
◎ 경기 부천시 오정구 길주로561번길 15 (여월동)
☎ 032-678-6506 ⓟ 가능

삼도갈비 ✂ 소갈비

질 좋은 한우 고기를 맛볼 수 있는 곳. 한우갈비 메뉴를 추천할 만하며 고기를 다 먹은 후에는 슴슴한 맛의 평양냉면으로 입가심하면 좋다. 가게 안에는 통유리로 외부와 구분된 작업실이 있어 고기 손질하는 모습을 지켜볼 수 있다.

ⓦ 한우생갈비, 한우마늘양념갈비(각 300g 7만5천원), 소생갈비, 소마늘양념갈비(각 300g 3만6천원), 프리미엄돼지갈비(300g 1만9천원), 평양냉면(1만1천원)
Ⓛ 11:00~22:00(마지막 주문 21:00) – 명절 당일 휴무
◎ 경기 부천시 원미구 상이로85번길 32 (상동)
☎ 032-324-8600 ⓟ 가능

손가면옥 함흥냉면 | 만두

부천에서 손꼽히는 함흥냉면 전문점. 갈비탕도 많이 찾는 메뉴. 물냉면보다는 회냉면이 더 인기가 많으며 왕만두도 곁들이면 좋다.

ⓦ 굴보쌈(4만5천원), 오징어보쌈(4만5천원), 고기보쌈(중 4만3천원, 대 5만3천원), 돼지왕갈비(1만9천원), 돼지갈비(1만5천원), 소양념갈비(3만8천원), 삼겹살(1만4천원), 갈빗살(500g 4만8천원)
Ⓛ 11:00~22:00 – 연중무휴
◎ 경기 부천시 원미구 신흥로 313 (약대동)
☎ 032-677-8800 ⓟ 가능

스즈란 すずらん 이자카야

단품 메뉴와 주류 코스를 즐길 수 있는 이자카야. 모던한 분위기의 공간에서 양식, 한식 기법을 가미한 일식을 즐길 수 있다. 스페인산 참치와 특별한 숙성법으로 숙성한 회가 나오는 사시미모리아와세와 문어가라아게가 추천 메뉴.

약초와산이야기 일반한식 | 오리백숙 | 닭백숙

직접 캐온 약초로 만든 반찬과 약초 백숙을 맛볼 수 있다. 다양한 약초와 산삼, 약재가 들어간 건강한 백숙이며 큼지막한 토종닭과 토종오리를 사용한다.

- ⓦ 산야초토종닭백숙, 산야초토종오리백숙(각 7만원), 석이버섯(4만원), 산더덕, 산도라지, 백하수오, 산잔대, 상황버섯, 자연산 능이백숙(각 15만원), 산양산삼백숙(30만원〜50만원)
- ⓒ 11:30〜비정기적 – 비정기적 휴무
- ⓠ 경기 부천시 원미구 길주로77번길 55-19 (상동)
- ☎ 032-326-9959 ⓟ 불가

온심재 溫心齋 모던한식

모던한 한정식 코스를 맛볼 수 있는 곳. 주전부리로 시작해 해산물, 육회, 불고기, 스테이크, 솥밥, 후식이 차례대로 나오며, 구성은 시즌에 따라 바뀐다. 우니전복솥밥으로 변경하는 것도 추천. 음료나 주류 주문이 필수이다.

- ⓦ 한식오마카세(6만5천원)
- ⓒ 13:00〜21:30 | 토, 일요일 13:00〜15:00/17:00〜21:30 – 연중무휴
- ⓠ 경기 부천시 원미구 신흥로56번길 53 (심곡동) 1층, 102호
- ☎ 0507-1346-6453 ⓟ 불가

이오참치 ✖ EOTUNA 참치

참다랑어만을 사용한 숙성 참치를 내는 곳. 가격대에 따라 참치뱃살을 포함해 다양한 부위가 1인당 200g 기준으로 제공된다. 좋아하는 부위를 따로 추가 주문할 수도 있다. 오마카세 메뉴에는 성게알, 가리비, 랍스터 등이 포함된다.

- ⓦ 오마카세(12만원), 이오VIP(9만원), 이오스페셜(7만원), 이오특선(5만5천원)
- ⓒ 17:00〜23:00(마지막 주문 20:30) – 일요일, 공휴일 휴무
- ⓠ 경기 부천시 원미구 길주로121번길 18-7 (상동) 성원프라자 2층
- ☎ 032-323-2537 ⓟ 가능(건물 지하주차장 2시간 무료)

이태리백반 ✖ 피자 | 파스타 | 이탈리아식

3개월 마다 바뀌는 합리적인 가격의 파인 다이닝 레스토랑. 이탈리안을 베이스로 하여 한식, 양식, 일식을 경험한 셰프의 다양하게 해석된 요리를 맛볼 수 있다. 다양한 칵테일과 주류가 있으며 특히 한국 전통주를 활용한 칵테일이 궁합이 잘 맞는다

- ⓦ 오마카세코스(1인 5만5천원), 이태리백반스페셜코스(8만5천원), 랍스터파스타(2만6천원), 대창파스타(1만6천원), 만조리조토(1만6천원), 수비드살치살스테이크(3만원), 수비드오리가슴살스테이크(3만원)
- ⓒ 12:00〜15:00/17:00〜21:30(마지막 주문 20:30) | 토, 일요일 12:00 〜15:40(마지막 주문 14:40)/17:00〜21:30(마지막 주문 – 월요일 휴무

ⓦ 디너코스(10만원), 런치스시오마카세(4만5천원), 모나카(1만원), 문어가라아게(3만원), 치즈방울토마토(2만4천원), 아나고시라야키(3만원), 채끝등심(5만원), 난코츠가라아게(2만4천원)
ⓒ 12:00〜15:00/18:00〜22:00(마지막 주문 21:00) – 일요일 휴무
ⓠ 경기 부천시 원미구 길주로 234 (중동) 힐스테이트 중동
☎ 0507-1464-9089 ⓟ 가능(2시간 무료)

심가면옥 돼지갈비 | 소갈비

20년이 넘게 부천에서 돼지갈비가 인기 있는 곳으로, 소갈비도 맛볼 수 있다. 밑반찬도 정갈하게 깔리며, 식사로는 코다리냉면을 추천한다. 점심시간에는 영양갈비탕이 인기 메뉴.

- ⓦ 돼지갈비(250g 1만9천원), 생삼겹살(150g 1만7천원), 소양념갈비(250g 3만6천원), 한우등심(150g 4만원), 갈빗살(150g 2만원), 옛날불고기(250g 1만8천원), 영양갈비탕(1만6천원), 함흥냉면(1만원)
- ⓒ 11:00〜22:00(마지막 주문 21:00) – 월요일 휴무
- ⓠ 경기 부천시 오정구 소사로 697 (원종동) mg새마을금고빌딩
- ☎ 0507-1392-6657 ⓟ 가능(2시간 무료)

안나푸르나레스토랑

Annapurna Restaurant 인도식

탄두리치킨, 난, 커리 등을 맛볼 수 있는 인도 음식 전문점. 실내 분위기도 인도 본토의 분위기를 잘 살렸다. 가격대도 만족스러운 수준이다.

- ⓦ 스페셜런치(2인 2만9천원), 스페셜디너(2인 3만7천원), 커리(9원〜1만3천원), 치킨탕그리케밥(1만9천원), 탄두리치킨(소 1만원, 대 1만9천원), 사모사(4천원)
- ⓒ 11:00〜22:30 – 토, 일요일, 명절 당일 휴무
- ⓠ 경기 부천시 원미구 부흥로402번길 45 (심곡동)
- ☎ 032-662-5075 ⓟ 가능

 경기 부천시 원미구 장말로362번길 30 (심곡동) 삼양빌딩
☎ 070-4001-1356 ℗ 가능

인하찹쌀순대 ✄ 순댓국 | 순대
얼큰한 국물의 순댓국을 맛볼 수 있는 곳. 순댓국에는 순대가 들어 있지 않아 원할 경우에는 미리 주문해야 한다. 순대 대신에 돼지부속이 많이 들어간 스타일로, 돼지국밥에 가깝다. 다진 양념을 넣어서 간을 맞춰서 나온다.
Ⓦ 순대국밥, 술국(각 1만1천원), 국밥(1만원), 특 1만1천원), 찹쌀순대(반접시 8천원, 한접시 1만5천원), 따로국밥(1만2천원), 모듬고기(2만원)
Ⓣ 09:00~20:00(마지막 주문 19:15) – 명절 휴무
 경기 부천시 소사구 심곡로34번길 43 (송내동)
☎ 032-652-3834 ℗ 가능

진리면관 zinri面馆 우육면 | 대만식중식
대만식 우육면과 탄탄면, 쇼마이와 같은 딤섬도 맛볼 수 있다. 우육면은 진한 소고기 육수와 고명으로 올라간 아롱사태가 일품이다. 잘게 부순 땅콩이 듬뿍 올라간 매콤한 탄탄소바도 인기 메뉴.
Ⓦ 타이완우육면(9천9백원),진리우육면(1만2천9백원) 마라우육면, 마라비빔탄탄면(각 1만9백원), 비빔탄탄면(9천9백원), 쇼마이(7천9백원), 홍유완탕(7천9백원), 타이완탕수육(1만7천9백원), 마파두부(1만2천9백원), 마늘꽃볶음(1만5천9백원)
Ⓣ 11:00~15:30(마지막 주문 15:00)/16:50~22:00(마지막 주문 21:00) – 월요일 휴무
 경기 부천시 원미구 길주로 284 (중동) 1동 124호
☎ 010-8505-1275 ℗ 가능(1시간 무료)

청정칼국수수제비전문점본점 칼국수
푸짐하게 대접해 주는 칼국수 전문점. 밑반찬으로 나오는 열무김치는 칼국수가 나오기 전 보리밥에 비벼 먹고, 빨간 배추김치는 칼국수와 먹는다. 다 먹은 후 추억의 콘 아이스크림이 준비되어 있으니 입가심으로 좋다.
Ⓦ 바지락칼국수, 들깨칼국수, 들깨수제비(각 1만원), 팥칼국수(1만1천원), 만두(9천원)
Ⓣ 11:00~21:00(마지막 주문 20:30) – 명절 당일 휴무
 경기 부천시 원미구 상일로145번길 42 (상동)
☎ 032-323-6504 ℗ 가능(매장 앞 2대)

털보해물탕 ✄ 해물탕 | 꽃게 | 게장
부천에서 손꼽히는 해물 전문점으로, 해물탕과 해물찜, 간장게장 등이 인기가 있다. 매콤한 양념이 일품인 꽃게찜도 인기다. 양이 푸짐하고 전 메뉴 포장 가능하다.
Ⓦ 해물탕, 해물찜(각 2인 5만원, 소 6만1천원, 중 7만2천원, 대 8만3천원), 꽃게탕, 꽃게찜(각 2인 5만5천원, 소 7만원, 중 8만5천원, 대 10만원), 간장게장정식(2만8천원, 3만원, 3만5천원), 아

귀찜, 아귀탕(각 2인 4만원, 소 4만9천원, 중 6만2천원, 대 7만5천원), 대구지리(1호 3만6천원, 2호 4만2천원), 대구매운탕(1호 2만2천원, 2호 3만3천원)
Ⓣ 12:00~21:00 – 명절 휴무
 경기 부천시 소사구 경인로 65 (송내동)
☎ 032-662-6848 ℗ 가능

향원 일반중식
작은 규모의 정통 중화요리 전문점. 간짜장, 짬뽕, 멘보샤, 탕수육이 특히 인기 있다. 가격도 부담 없는 가격대며, 계란국과 밥은 리필 가능하다.
Ⓦ 유니짜장(6천원), 간짜장(8천5백원), 멘보샤(6개 1만7천원), 볶음밥(8천원), 짬뽕(8천5백원), 고추짬뽕(9천5백원), 탕수육(소 1만7천원, 중 2만3천원, 대 3만원), 잡채밥(1만원)
Ⓣ 11:30~15:00/17:00~20:30(마지막 주문 20:00) | 일요일 11:30~15:00/17:00~20:00(마지막 주문 19:30) – 화요일 휴무
 경기 부천시 원미구 부일로445번길 4-1 (심곡동)
☎ 032-325-5445 ℗ 불가

경기도 성남시

대한민국명장김영모다이닝테이블 ✄
캐주얼다이닝
김영모 명장이 이끄는 다이닝 레스토랑으로, 빵과 접목한 특별한 메뉴를 선보인다. 대표 메뉴로는 몽블랑트러플크림, 올드패션드버거, 비프스테이크타르틴, 연어아보카도베네딕트가 있다. 넓은 주차 공간과 테라스 좌석도 있어 만족스러운 시간을 보낼 수 있다.
Ⓦ 몽블랑트러플크림(2만3천원), 올드패션드버거(2만3천원), 비프스테이크타르틴(2만5천원), 연어아보카도베네딕트(1만9천원), 더블치즈버거(1만9천원), 그릴드치킨버거(2만2천원), 해산물토마토파스타(2만2천원)
Ⓣ 09:00~21:00(마지막 주문 19:30) – 연중무휴
 경기 성남시 수정구 설개로14번길 25 (시흥동)
☎ 0507-1473-1396 ℗ 가능

면통단 ✄ 일식우동
강남에서 퓨전일식집 붐을 일으켰던 남경표 셰프가 운영하는 우동 전문점. 깊은 국물과 어우러지는 쫄깃한 면발이 일품이다. 대표 메뉴인 면통단우동 외에도 카레우동, 야키우동 등 메뉴가 다양하다. 여름에는 시원한 국물 맛이 좋은 냉우동이 별미다.
Ⓦ 면통단우동(1만원), 치킨카레우동(1만3천원), 스파이시치킨, 함박스테이크, 가지볶음(각 1만9천원), 가케우동(8천5백원), 자루우동(9천원), 소고기우동(1만4천원), 야키우동(1만6천5백원),

카라이우동, 오뎅우동(1만2천원), 매운맛야키우동(1만7천원), 유
부초밥(2개 4천원), 감자고로케(2개 6천원)
🕐 11:00~15:15(마지막 주문 14:45)/17:00~20:30(마지막 주문
20:00) | 월요일 11:00~15:15(마지막 주문 14:45) – 연중무휴
🔍 경기 성남시 중원구 성남대로997번길 51-2 (여수동)
☎ 031-755-1222 ⓟ 가능

새소리물소리 ✕ 전통차전문점

한옥 벽을 유리로 개조하고 가운데는 조그만 실내 연못도
있어 차를 즐기는 정취가 좋다. 시골에 와 있는 듯한 분위기
를 즐길 수 있다. 차를 주문하면 서비스로 경단이 하나씩 나
온다. 단체 손님을 위한 별채도 따로 마련되어 있어 때로는
상견례도 진행한다고 한다.

Ⓦ 쌍화차, 대추차, 오미자차(각 1만3천원), 단팥죽, 팥빙수(각 1
만5천원), 경단(9알 6천원), 꿀케이크(6천원), 가배차(1만1천원),
자몽주스(1만1천원), 쌍대차(1만4천원)
🕐 11:00~22:00(마지막 주문 21:10) – 명절 휴무
🔍 경기 성남시 수정구 오야남로38번길 10 (오야동)
☎ 031-723-7541 ⓟ 가능

새소리물소리

소우스 SOUSE 브런치카페 | 와인바

낮에는 브런치카페로, 저녁에는 와인바로 운영되는 곳. 포근
한 공간에서 브런치와 커피를 여유롭게 즐길 수 있으며, 저
녁 시간에는 와인과 함께 특별한 식사를 만끽하기 좋다. 2
층 좌석도 마련되어 있다.

Ⓦ 핑크캔디드베이컨샌드버거(1만6천원), 무화과잠봉샌드버거
(1만4천원), 해산물메들리알리오(2만1천원), 오리고기미나리파
스타(2만4천원), 버섯리조토(2만3천원), 제철그린샐러드(1만6천
원), 록키살몬(1만4천원), 아메리카노(5천원), 카푸치노(6천원)
🕐 화, 수, 목요일 12:00~22:00 | 금, 토, 일요일 12:00~23:00 –
월요일 휴무
🔍 경기 성남시 수정구 위례서일로3길 33-3 (창곡동)
☎ 010-9604-7811 ⓟ 가능

소우스

유정집 ✕ 닭도가니탕 | 오리 | 닭백숙

남한산성에서 유명한 닭백숙집. 닭도가니탕은 항아리 안에
토종닭과 밤, 대추, 찹쌀 등을 넣어 푹 고아서 내는 것으로,
닭백숙과는 또 다른 별미를 즐길 수 있다. 오리고기도 탕이
나 로스로 즐길 수 있다.

Ⓦ 능이오리백숙(8만3천원), 능이닭백숙(7만8천원), 오리도가니
(7만3천원), 한방오리(7만3천원), 한방백숙(6만8천원), 누룽지백
숙(5만8천원), 감자전, 도토리묵(각 1만3천원), 더덕구이(2만원)
🕐 11:00~21:30(마지막 주문 20:30) – 연중무휴
🔍 경기 성남시 수정구 수정로 460-2 (단대동)
☎ 031-748-8791 ⓟ 가능

의천각 일반중식

30년 이상 자리를 지킨 노포 중국집으로, 저렴한 가격에 옛
감성과 맛이 담긴 중식을 선보이고 있다. 짧은 시간 내에 볶
아 생생한 채소와 춘장의 풍미가 어우러진 간짜장이 시그니
처 메뉴 중 하나다.

Ⓦ 짜장면(5천원), 우동, 짬뽕, 간짜장(각 7천원), 삼선짬뽕, 삼선
간짜장(각 9천원), 볶음밥(7천원), 탕수육(소 1만6천원, 중 2만원,
대 2만7천원)
🕐 11:00~15:00(마지막 주문 14:55) – 월요일 휴무
🔍 경기 성남시 수정구 산성대로215번길 10-18 (신흥동)
☎ 031-756-6783 ⓟ 불가

청계산장 소고기구이

청계산 등산길에 많이 찾는 한우 생등심구이 전문점. 저렴
한 가격에 한우고기를 푸짐하게 먹을 수 있다. 넉넉하게 마
련되어 있는 야외 자리에서 즐기는 고기 맛도 좋다.

Ⓦ 한우생등심, 한우주물럭(각 500g 7만4천원), 한우특수부위
(300g 7만4천원), 된장찌개, 김치찌개(각 1만원)
🕐 11:00~22:00 – 명절 당일 휴무
🔍 경기 성남시 수정구 청계산로 442 (상적동)
☎ 031-723-9938 ⓟ 가능

180커피로스터스 ✖ 커피전문점

한국의 대표적인 로스팅 마스터 이승진 대표가 운영하는 커피 전문점. 매장의 지하에 마련된 로스팅 공간에서 로스팅한 원두를 실력 있는 바리스타가 추출한다. 싱글오리진 원두를 고르면 사이폰 추출로도 커피를 마실 수 있다.

- Ⓦ 에스프레소, 아메리카노(각 4천5백원), 카페라테(5천5백원), 꾸러기수비대, 아인슈타인, 오랑제트(각 7천원),
- ⏰ 09:00~18:00(마지막 주문 17:20) – 명절 휴무
- 🔍 경기 성남시 분당구 문정로144번길 4 (율동)
- ☎ 031-8017-1180 Ⓟ 가능

K헤밍웨이베이커리카페&다이닝
KHemingway Bakery Cafe & Dinining

캐주얼다이닝 | 카페 | 베이커리

600평 규모의 대형 베이커리 카페로, 헤르멘헤세 출판 그룹이 오픈한 1호점이다. 넓은 실내에 유리 천정, 화려한 샹들리에가 인상적이며, 좌석이 널찍하게 배치되어 분위기도 쾌적하다. 다양한 음료와 베이커리 뿐아니라 파스타와 같은 다이닝도 가능하다.

- Ⓦ 에스프레소(6천원), 아메리카노(6천5백원), 카페라테(7천원), 감베리오일파스타(2만원), 전복리조토(2만3천원), 게내장파스타(2만2천원), 하우스샐러드(1만9천원), 채끝등심샐러드(2만9천원), 고르곤졸라(2만8천원)
- ⏰ 07:00~22:00(마지막 주문 21:00) – 연중무휴
- 🔍 경기 성남시 분당구 대왕판교로34번길 21 (금곡동)
- ☎ 031-726-1001 Ⓟ 가능

가비양 GABEEYANG 커피전문점

로스터리를 겸하고 있는 커피 전문점. 다양한 종류의 원두를 핸드드립으로 즐길 수 있으며, '신의 커피'라 불리는 게이샤커피도 선보인다. 매장에서 직접 로스팅한 원두를 구매할 수 있으며 커피와 잘 어울리는 티라미수, 머랭쿠키 등의 디저트를 곁들여도 좋다. 앤티크한 분위기가 인상적인 곳.

- Ⓦ 핸드드립커피(9천원~1만원), 게이샤커피(2만8천원), 카페라테(8천5백원), 머랭쿠키(4천원), 티라미수, 당근케이크(각 9천원)
- ⏰ 10:00~22:00 – 연중무휴
- 🔍 경기 성남시 분당구 안골로 33 (서현동)
- ☎ 031-708-4288 Ⓟ 발레 파킹

감미옥 ✖ 설렁탕

2대째 대를 이어온 설렁탕집. 고소하고 담백한 국물 맛을 내기 위해 순수 사골만으로 무쇠 가마솥에서 24시간 이상 푹 고아서 만들어 낸다. 옹기그릇에 담아 내오는 김치와 깍두기가 감칠맛을 더한다. 점심때는 번호표를 받아 기다려야 할 정도다.

- Ⓦ 돌판수육(6만5천원), 접시수육(5만5천원), 돌솥설렁탕(1만5천원), 설렁탕(1만3천원), 꼬리탕(2만5천원), 도가니탕(2만2천원)
- ⏰ 5월~10월 07:00~15:00/17:00~22:00 | 11월~4월 07:00~15:00 /17:00~21:00 – 수요일, 명절 휴무
- 🔍 경기 성남시 분당구 탄천로 181 (야탑동)
- ☎ 031-709-9448 Ⓟ 발레 파킹

겐 ✖ 弦 일식우동

수타우동 전문점. 오픈 키친으로 되어 있어 면을 반죽하는 모습을 볼 수 있다. 장어덮밥이나 튀김 등도 맛있다는 평이다. 짭조름하고 쫄깃한 수타 면발이 일품.

- Ⓦ 치쿠와우동(1만1천원), 덴푸라우동(1만2천원), 소고기우동(1만5천원), 가라아게붓가케, 명란붓가케(각 1만3천원), 덴푸라붓가케(1만3천5백원), 자루(1만1천원), 덴푸라와자루(1만4천원), 장어덮밥, 치킨가라아게(2만원)
- ⏰ 11:00~15:00/17:00~20:00(마지막 주문 19:50) – 연중무휴
- 🔍 경기 성남시 분당구 야탑로 72 (야탑동)
- ☎ 031-704-5545 Ⓟ 가능

긴자 ✖ 銀座 일식

일본의 신사에 들어오는 듯한 웅장함이 느껴지는 큰 규모의 일식집이다. 정갈한 일식 쿠스를 맛볼 수 있는 곳으로, 코스 구성은 계절에 따라 달라진다. 프라이빗한 룸도 마련되어 있어 상견례나 모임을 하기 좋다.

- Ⓦ 점심정식(2만6천원), 점심코스(3만5천원), 점심스페셜(5만5천원), 저녁정식(3만9천원), 사시미코스(5만9천원), 사시미스페셜(8만9천원), 밸류스페셜(13만원), 주말가족정식(3만5천원), 주말가족코스(4만5천원), 주말가족스페셜(6만5천원), 김치대구탕(1만5천원), 매생이전복죽(1만8천원), 활어회덮밥(2만5천원)
- ⏰ 11:30~22:00 – 연중무휴
- 🔍 경기 성남시 분당구 새마을로 75 (서현동)
- ☎ 031-701-7774 Ⓟ 가능

돈파스타 ✖ Don Pasta 피자 | 파스타

참나무 화덕에 굽는 나폴리 정통 피자와 파스타를 맛볼 수 있는 곳. 토종 우리 밀가루를 혼합해 반죽을 만들며 상온에 발효해 부드러우면서도 쫄깃한 도우를 만든다. 피자 외에 다양한 종류의 파스타도 추천할 만하다.

- Ⓦ 살시치아피자(3만2천원), 마르게리타피자(2만3천원), 엑스트라마르게리타피자(2만7천원), 마리나라피자(1만7천원), 피칸테피자(2만8천원), 새우페투치니(2만2천원)
- ⏰ 11:30~15:00(마지막 주문 14:30) | 토요일 11:30~15:00/17:00~20:30(마지막 주문 20:00) – 일, 월요일 휴무
- 🔍 경기 성남시 분당구 황새울로342번길 11 (서현동) 금호리빙스텔 2층
- ☎ 031-701-2155 Ⓟ 가능

라라테이블 LALA TABLE

피자 | 파스타 | 이탈리아식

3일 동안 숙성한 피자 도우를 이탈리아 나폴리 방식 그대로 화덕에 구워내는 피자를 선보이는 곳. 피자용 모차렐라 치즈는 산지에서 직접 직송한다. 뚝배기에 나오는 해산물파스타와 스테이크리조토가 추천 메뉴. 산이 보이는 야외 테라스석에 앉으면 도심 속 정원을 느낄 수 있다.

- Ⓦ 라라세트(2인 5만6천원), 테이블세트(3~4인 10만2천원), 다양한계절채소샐러드(1만8천원), 얼큰해산물스파게티(1만8천원), 스테이크리조토(1만9천원), 마르게리타피자, 4가지치즈피자(각 1만9천원)
- Ⓣ 10:30~15:00/17:00~21:00 – 연중무휴
- Ⓠ 경기 성남시 분당구 발이봉남로31번길 2 (수내동)
- ☎ 031-711-9998 Ⓟ 가능

라슈크레꼼마 La Sucree, 카페

프랑스 현지식으로 버터를 듬뿍 넣은 크루아상이 인기 있는 베이커리 카페. 커피와 다양한 베이커리를 선보인다. 크루아상 또는 치아바타로 만든 샌드위치도 추천하는 메뉴.

- Ⓦ 크루아상(4천5백원), 통밀크루아상(4천8백원), 퀸아망(4천7백원), 초코크루아상(5천5백원), 크러핀(5천2백원), 카늘레(3천원), 앙버터(5천2백원), 크루아상샌드위치(1만5백원), 치아바타샌드위치(1만5백원), 판콘토마테(7천9백원), 뱅오쇼콜라(5천2백원), 뱅오바나나(5천5백원)
- Ⓣ 09:00~18:00 – 월, 화요일 휴무
- Ⓠ 경기 성남시 분당구 판교공원로3길 14 (판교동) 102호
- ☎ 010-5962-9963 Ⓟ 불가

리즈델리 Lee's Deli 햄버거

주문 즉시 구워내는 두툼한 패티와 부드러운 빵, 신선한 채소가 가득 들어 있는 버거를 맛볼 수 있는 곳. 치즈가 두툼하게 들어간 더블치즈버거와 치즈버거 등이 인기다. 3천 원을 추가하면 햄버거와 사이드 메뉴, 음료가 세트로 나온다.

- Ⓦ 치즈버거, 데리야끼버거(각 7천5백원), 더블치즈버거(9천5백원), 치즈베이컨버거(7천원)
- Ⓣ 11:30~20:30(마지막 주문 20:30) | 토요일 10:00~17:00(마지막 주문 16:30) – 월요일 휴무
- Ⓠ 경기 성남시 분당구 정자일로 121 (정자동) 분당더샵스타파크 상가동 1층 B30호
- ☎ 070-8801-2865 Ⓟ 가능

마이보틀 My Bottle 카페

정준희 바리스타가 운영하는 카페. 누적 15만 보틀 이상 판매고를 올린 바닐라라테 트와일라잇이 꾸준한 인기메뉴. 얼그레이 100%로 냉침하는 허니로열밀크티가 시그니처 메뉴다.

- Ⓦ 꼬숩아메리카노(4천5백원), 꼬숩카페라테(5천9백원), 바닐라라테트와일라잇(6천5백원), 허니로열밀크티(6천9백원), 2X버터바, 로열벚꽃꿀약과(각 6천9백원), 애플망고코코넛빙수(2만3천9백원)
- Ⓣ 11:00~15:30/18:30~22:00 | 일요일 16:00~22:00 – 토요일 휴무
- Ⓠ 경기 성남시 분당구 중앙공원로 54 (서현동) 시범단지우성아파트 단지 내 분산상가
- ☎ 010-5862-0703 Ⓟ 가능

만강홍 滿江紅 일반중식

분당에서 인기 있는 대형 중식당. 짬뽕이나 탕수육 같은 대중적인 메뉴에 정성을 들이고 있으며 요리 수준도 높다. 다양한 메뉴로 구성된 코스 메뉴가 가격 대비 만족도가 높다. 단독 룸도 갖추고 있어 모임을 하기에도 좋다.

- Ⓦ 만강홍짜장(1만2천원), 만강홍짬뽕(1만3천원), 만강홍볶음밥(1만4천원), 탕수육(소 2만8천원, 대 3만8천원), 동파육(5만원), 점심코스(2만5천원~3만8천원), 저녁코스(4만원~15만원)
- Ⓣ 11:30~15:00/17:00~21:30(마지막 주문 21:00) – 명절 당일 휴무
- Ⓠ 경기 성남시 분당구 황새울로 337 (서현동) 웰빙프라자 3층
- ☎ 031-705-8555 Ⓟ 가능

민수라간장게장 게장 | 꽃게

간장게장과 양념꽃게장이 맛있는 곳. 살이 알차게 차 있으며, 맛깔스러운 양념이 맛을 더한다. 반찬으로 나오는 김과 꼬막, 달걀말이 등이 모두 방금 만든 듯 깔끔하고 맛있다.

- Ⓦ 간장게장(1인 3만2천원), 양념꽃게장(1인 3만5천원), 꽃게탕(소 4만5천원, 중 6만원, 대 7만5천원), 꽃게알비빔밥(1인 1만8천원), 아귀찜(소 4만3천원, 중 5만8천원, 대 7만원)
- Ⓣ 10:00~22:00 – 연중무휴
- Ⓠ 경기 성남시 분당구 새마을로7번길 5 (서현동)
- ☎ 031-705-0602 Ⓟ 가능

벨라로사 BellaRosa 파스타 | 이탈리아식

차분한 인테리어의 이탈리안 레스토랑. 호텔 출신 셰프가 선보이는 다양한 이탈리아 요리를 맛볼 수 있으며, 스테이크도 추천할 만하다. 세트 메뉴가 특히 가격 대비 만족도가 높다.

- Ⓦ 디너코스(5만7천원~8만9천원), 등심스테이크세트(200g 5만2천원), 이탈리안파스타세트(2만2천원), 바닷가재스파게티세트(3만5천원), 고르곤졸라소스로맛을낸안심스파게티(3만원), 카르보나라(1만9천원), 봉골레파스타(1만7천원), 해산물리조토, 토스카나리조토, 안심스파게티, 해산물토마토스파게티(각 1만9천5백원)
- Ⓣ 11:30~15:00/17:00~22:00 – 일요일, 명절 휴무
- Ⓠ 경기 성남시 분당구 성남대로 295 (정자동) 대림아크로텔 A동 상가 118호
- ☎ 031-717-7282 Ⓟ 가능

봄날에청국장 한정식 | 청국장

강원도 정선에서 재배한 고랭지 콩으로 만든 청국장을 맛볼 수 있는 곳이다. 청국장과 궁합이 좋은 보리비빔밥이 인기 메뉴. 연잎밥에 청국장, 떡갈비와 각종 밑반찬이 나오는 연잎밥정식도 추천한다.

- 청국장과보리비빔밥(1만2천원), 연잎밥정찬(2만3천원), 청국장과떡갈비정식(1만5천원), 청국장비빔밥과두루치기정식(1만6천원)
- 11:00~15:30/17:00~21:30(마지막 주문 20:50) – 명절 휴무
- 경기 성남시 분당구 정자일로 210 (정자동) 동양정자파라곤 102동지하상가102호
- 031-712-0888 P 가능

봉봉 ✖

BONGBONG Pâtisserie&Roastery 디저트전문점

무스케이크가 대표 메뉴인 디저트 카페. 후추가 들어가는 리모네케이크가 인기 메뉴. 평일과 주말에 나오는 무스케이크가 종류가 다르므로 인스타그램을 참고하면 좋다. 커피하는 남편과 제과하는 아내가 운영하고 있다.

- 코코, 몽돌, 아무르(각 9천원), 리모네(9천5백원), 피낭시에(3천원~3천5백원), 이메리기노(4천원), 기페리디데, 가푸치노(긱 4천5백원), 이주의필터커피(6천원), 봉봉아이스크림라테, 피스타치오크림라테(각 6천5백원)
- 12:00~18:00 월요일, 명절 당일 휴무
- 경기 성남시 분당구 백현로144번길 19-1 (정자동)
- 070-7718-9740 P 가능(매장 앞 1~2대)

분당칼국수 칼국수

양식 셰프가 선보이는 퓨전 칼국수. 고전과 현대적인 감각이 깃든 칼국수를 맛볼 수 있으며, 담백하면서도 묵직한 울림이 있는 칼국수를 선보인다. 자가제면한 면에 48시간 동안 숙성시킨 양념을 얹은 비빔칼국수가 대표 메뉴.

- 비빔칼국수(1만2천원), 순한칼국수(1만1천원), 얼큰칼국수(1만1천원), 통새우부추전(1만5천원), 대파완자튀김(소 6천원, 중 1만2천원), 아롱사태볶음(1만9천원), 아롱사태수육(1만8천원)
- 11:00~15:00/17:00~21:00(마지막 주문 20:20) | 토, 일요일 11:00~21:00(마지막 주문 20:20) – 비정기적 휴무
- 경기 성남시 분당구 느티로87번길 15-1 (정자동) 1층
- 0507-1342-0117 P 가능(협소)

블루메쯔분당수내점 BLUMETZ 샤퀴테리 | 독일식

슈바인학센과 고기파이소시지 등 독일 본연의 맛을 즐길 수 있는 독일식 레스토랑이자 다양한 육류를 파는 정육 매장. 독일 육가공 마이스터가 만드는 샤퀴테리와 함께 맥주 한잔하기 좋다. 슈바인학센은 3시간 전에 미리 예약해야 한다.

- 고기파이(1만6천원), 슈바인학센(4만5천원), 파스트라미샌드위치(1만8천원), 독일마이스터부어스트4종(2만원), 특별한파스

타(1만8천원), 바이스빈스튜(2만4천원), 슈니첼(1만5천원)
- 11:00~15:00/16:00~21:00(마지막 주문 20:00) – 명절 휴무, 월요일 휴무
- 경기 성남시 분당구 발이봉남로25번길 2 (수내동)
- 031-717-6658 P 가능

사계진미 청국장 | 콩국수

국내산 콩을 직접 갈아서 만든 콩국수를 맛볼 수 있다. 주문하면 바로 콩을 갈아서 내기 때문에 고소하면서도 진한 맛을 느낄 수 있다. 청국장과 육개장도 인기 메뉴.

- 콩국수, 한우육개장(각 1만2천원), 작두콩청국장, 해물순두부(1만원)
- 11:30~21:30 | 토, 일요일 11:30~15:30/17:00~20:30 – 연중무휴
- 경기 성남시 분당구 양현로 453 (야탑동)
- 031-707-5868 P 가능

생선선생 생선조림 | 생선구이

속초식 모둠생선조림을 맛볼 수 있는 곳. 가오리, 열기, 가자미, 코다리 등 여러 종류의 생선이 조림으로 나온다. 양념이 잘 배인 생선을 솥밥으로 지은 시래기밥과 함께 남해 곱창김에 싸 먹는다.

- 모둠생선구이(소 2만9천원, 중 4만3천원, 대 5만6천원), 모둠생선조림(소 3만6천원, 중 4만7천원, 대 5만8천원), 가오리조림(소 3만8천원, 중 4만9천원, 대 6만원), 시래기코다리조림(소 2만5천원, 중 3만6천원, 대 4만7천원), 점심코다리맑은탕(1만3천원)
- 11:30~15:00/17:00~21:30(마지막 주문 20:30) – 월요일 휴무
- 경기 성남시 분당구 내정로119번길 7 (정자동)
- 031-714-0898 P 가능(협소)

생선선생

서현실비 🎀 돼지고기구이 | 돼지갈비

돼지갈비와 항정살, 삼겹살 등을 부담 없는 가격에 참숯에 구워 먹을 수 있는 곳. 고기 두께가 두툼해 육즙을 제대로 느낄 수 있는 것이 특징. 김치볶음밥도 별미로 통한다.

Ⓦ 오겹살한판(450g 4만8천원), 얇은오겹살, 가브리살, 통갈매기살(각 160g 1만8천원), 양념돼지갈비(280g 2만4천원), 항정살(160g 2만2천원), 육회(100g 2만원), 김치볶음밥, 열무소박이국수(각 1만원)

🕐 11:30~23:00(마지막 주문 22:00) – 연중무휴

🔍 경기 성남시 분당구 황새울로311번길 14 (서현동) 서현리더스빌딩

☎ 031-8016-0624 Ⓟ 가능(1시간30분 무료)

센다이 🎀 せんだい 이자카야

분당에서 인기몰이를 하고 있는 이자카야. 메뉴가 다양하며 맛깔스럽다. 저렴하면서도 맛있는 안주, 편안한 분위기 때문에 사람들이 많이 찾고 있다.

Ⓦ 센다이꼬치(5종 1만6천원), 셰프사시미(5만2천원), 기본사시미(1만9천원), 닭고기완자꼬치, 감자버터구이꼬치(각 1p 7천원), 팽이삼겹꼬치, 아스파라거스꼬치(2p 7천원), 명란꼬치(2p 1만1천원)

🕐 17:30~02:00(익일) – 일요일 휴무

🔍 경기 성남시 분당구 정자일로 192 (정자동) 지.파크프라자

☎ 031-715-1470 Ⓟ 가능(1시간 무료)

수래옥 🎀 秀來屋 평양냉면

평양냉면만 40년 넘게 한 조리장이 운영하는 평양냉면 전문점. 한다. 육수는 한우 암소로 우려내 진하고 깊은 맛을 내며, 불판 위에 구워 먹는 불고기와 함께 곁들이기도 좋다. 오픈한 지 얼마 안되었지만 입소문을 타고 있다.

Ⓦ 전통평양냉면, 전통평양비빔냉면, 전통온면, 장국밥, 육개장(각 1만6천원), 불고기(150g 3만7천원)

🕐 11:30~15:00/17:00~21:30(마지막 주문 20:30) – 월요일 휴무

🔍 경기 성남시 분당구 대왕판교로 275 (궁내동)

☎ 031-711-5758 Ⓟ 가능

순 🎀 旬 이자카야

좋은 식자재를 사용하여 많은 단골손님이 찾아오는 이자카야. 각종 꼬치를 직접 구워주는 꼬치모둠구이가 대표 메뉴다. 순세트는 2인, 3인, 4인 구성으로 일품요리, 사시미, 튀김, 나베를 함께 맛볼 수 있다. 여러 종류의 사시미를 맛볼 수 있는 사시미 모리아와세도 추천하는 메뉴다.

Ⓦ 꼬치모둠(2만3천원), 순세트(2인 8만원, 3인 9만원, 4인 11만5천원), 순오마카세(2인 이상, 1인 5만9천원), 사시미모리아와세(2인 3만8천원, 3인 4만8천원, 4인 5만8천원), 차돌탄탄나베(2만5천원)

🕐 11:30~14:00/16:30~01:00(익일)(마지막 주문 00:10) | 월, 화요일 11:30~24:00(마지막 주문 23:10) – 일요일 휴무

🔍 경기 성남시 분당구 장미로 42 (야탑동) 야탑리더스 빌딩1층

☎ 031-709-5795 Ⓟ 가능

스시료코 🎀 すし旅行 스시

분당에서 수준 높은 스시 오마카세를 즐길 수 있는 곳. 가격 대비 구성이 좋은 편이며, 아나고스시가 맛있기로 유명하다. 점심에만 선보이는 장어덮밥코스도 인기.

Ⓦ 런치스시코스(5만5천원), 런치오마카세코스(9만원), 런치장어덮밥코스(5만5천원), 디너스시코스(8만원), 디너사시미코스(10만원), 디너오마카세코스(15만원), 디너장어덮밥코스(6만5천원)

🕐 11:30~15:00/17:30~22:00 – 일요일 휴무

🔍 경기 성남시 분당구 수내로 38 (수내동) 두산위브센티움1 1층 101호

☎ 031-719-2013 Ⓟ 가능

스시야 🎀 すし家 스시

분스야라는 애칭으로 불리는 분당의 스시야. 예약하기 어렵기로 소문난 곳이다. 시그니처인 문어와 전복, 이어서 다양한 츠마미가 나오면서 스시코스가 시작된다. 복어고니, 쥐치, 아오이이카 등 개성 있는 네타가 특징이다.

Ⓦ 점심오마카세(10만원), 저녁오마카세(20만원)

🕐 12:00~16:00/17:00~22:00 – 일, 월요일 휴무

🔍 경기 성남시 분당구 정자일로 146 (정자동) 엠코헤리츠1단지 101-203호

☎ 031-717-6689 Ⓟ 가능

앙토낭카렘 antonin careme 베이커리

서현동에서 30여 년 동안 영업하고 있는 베이커리. 프랑스식 빵을 비롯해 다양한 종류의 빵을 선보이며 달콤한 연유크림이 들어간 우유모닝빵, 마늘바게트 등이 인기.

Ⓦ 마카롱(2천5백원), 샌드위치(5천5백원~6천원), 우유모닝빵, 마늘바게트(각 6천8백원), 통밀산딸기바게트(5천3백원), 화이트롤(6천3백원)

🕐 07:30~23:00 – 명절 당일 휴무

🔍 경기 성남시 분당구 불정로 380 (서현동) 동남프라자

☎ 031-704-0715 Ⓟ 불가

야마다야 🎀 山田家 일식우동

일본 가가와현의 사누키 우동을 재현한 곳. 가쓰오부시와 소금으로 국물 내는 것이 특징이며, 수타 방식으로 만든 탱탱한 면발이 일품이다. 야키 우동은 볶음면에 가쓰오부시가 올라간다. 자루붓가케는 면에 튀김가루를 뿌리고 쯔유를 붓는다.

Ⓦ 가케우동(1만원), 덴푸라우동(1만1천원), 야키우동(1만3천원),

가케정식(1만5천원), 자루붓가케우동(1만1천원), 새우튀김(반접 시 9천원, 한접시 1만7천원)
ⓘ 11:00~14:30/17:00~20:00 – 화요일, 명절 휴무
📍 경기 성남시 분당구 구미로 124 (구미동) 굿모닝프라자1
☎ 031-713-5242 ⓟ 가능

엑성프로방스카페 ✖ AIX EN PROVENCE 카페

탁 트인 높은 층고에 푸릇푸릇한 식물로 생기를 더한 디저트 카페. 케이크가 유명한 곳으로, 빅토리아초코케이크, 오레오케이크, 보틀케이크, 당근케이크 등 달콤한 케이크를 다양하게 선보인다. 이국적이면서 개방감 있는 매장에서 시간 보내기 좋다.
Ⓦ 빅토리아초코케이크(9천5백원), 오레오케이크(9천5백원), 보틀케이크(1만원), 당근케이크(9천5백원), 크레이프(딸기 9천5백원), 과일타르트(8천5백원), 롤크레이프(1만원), 빅토리아생크림케이크(9천5백원), 흑임자크림라테(7천5백원), 크림라테(7천5백원), 청자몽에이드(7천5백원)
ⓘ 11:30~ 02:30(익일) | 일요일 11:30~23:00(마지막 주문 22:30) – 명절 당일 휴무
📍 경기 성남시 분당구 정자일로 197 (정자동) 푸르지오시티 2차 210호
☎ 031-715-3316 ⓟ 가능(3시간 무료)

오또코 ✖ 男 이자카야

정지동에 있는 유명한 이자카야. 분위기는 물돈, 맛노 뛰어나 항상 사람들로 붐빈다. 저녁 시간에는 자리가 없는 경우가 많으니 예약하고 가거나 조금 일찍 들어가는 것이 좋다.
Ⓦ 사시미모리아와세(2만5천원), 오마카세사시미(6만원, 8만원, 10만원, 15만원), 시메사바(1만7천원), 바지락버터구이(1만2천원), 나가사키짬뽕(2만원), 도리가라아게(1만2천원)
ⓘ 17:00~23:30(마지막 주문 22:30) | 금, 토요일 17:00~24:00(마지막 주문 23:00) – 일요일 휴무
📍 경기 성남시 분당구 느티로 16 (정자동) 젤존타워1
☎ 031-711-0771 ⓟ 가능

오또코

유타로 ✖ 雄太郎 라멘

일본식 돈코츠라멘을 전문으로 한다. 돼지뼈로 우려낸 국물 맛이 진하다. 오코노미야키는 저녁 시간과 토, 일요일에만 주문할 수 있다.
Ⓦ 시로라멘, 쇼유라멘, 부타동(각 9천5백원), 쿠로라멘, 매운라멘(각 1만원), 교자(4천원), 오코노미야키(기본 1만7천원, 미니 1만1천원)
ⓘ 11:30~14:30(마지막 주문 14:00)/17:00~22:00(마지막 주문 21:30) – 명절 휴무
📍 경기 성남시 분당구 황새울로335번길 8 (서현동) 덕산빌딩 101호
☎ 031-708-5999 ⓟ 가능

율평 ✖ 평양냉면

제주도 순메밀을 사용하는 평양냉면 전문점. 깊은 육향이 돋보이는 한우 육수와 순메밀면이 조화롭게 어우러진다. 국물이 비린맛 없이 깔끔하다는 평. 다시마초를 면에 몇 방울 떨어뜨려 더욱 감칠맛 나게 즐기는 방법을 추천한다. 매장 가운데는 메밀 제분실이 설치되어 있다.
Ⓦ 평양냉면, 평양비빔면, 서리태콩국수, 평양들기름냉면(각 1만5천원), 메밀만둣국(1만5천원), 한우곰탕(1만5천원), 메밀손만두(3개 7천원, 6개 1만3천원), 한우사태수육(반접시 2만5천원, 한접시 4만5천원), 삼겹살수육(반접시 1만7천원, 한접시 3만2천원)
ⓘ 11:00~21:00(마지막 주문 20:30) – 목요일 휴무
📍 경기 성남시 분당구 문정로 154 (율동) 1층
☎ 0507-1429-5586 ⓟ 가능

진우동 ✖ 일식우동

사누키우동을 전문으로 하는 곳. 24시간 이상 숙성해서 쫄깃한 맛을 내는 면이 돋보이며 국물 맛도 깔끔하다. 국물 없이 날계란을 넣어 먹는 가마우동이 대표 메뉴. 시원한 맛이 일품인 냉우동도 별미로 통한다.
Ⓦ 진우동(7천5백원, 특 1만원), 가마우동, 냉우동(각 9천5백원, 특 1만3천원), 크림고로케(8천원), 니쿠우동(1만3천원, 특 1만5천원)
ⓘ 11:00~17:00(마지막 주문 16:30) – 비정기적 휴무
📍 경기 성남시 분당구 황새울로335번길 8 (서현동) 덕산빌딩
☎ 031-708-1357 ⓟ 가능

커맨드에센셜 ✖ commond essential 커피전문점

한국에서 가장 다양한 종류의 인디아 생두를 수입하는 스페셜티커피 전문 매장. 커맨드의 추천커피인 기본 블렌딩 커피, 듀오블렌딩과 하모니블렌딩이 추천 메뉴. 듀오블렌딩커피는 에티오피아 싱글오리진과 인디아 마이소르 너겟 싱글오리진을 블렌딩했으며, 에티오피아 커피 특유의 향미와 인디아 싱글오리진의 단맛과 질감이 인상적이다.

에스프레소(3천9백원), 아메리카노(3천9백원), 카페라테(4천
4백원), 카푸치노(4천4백원), 플랫화이트(4천4백원), 플랫오트바
닐라(4천9백원), 오트라테(4천9백원), 커맨드크림라테, 크림초
코(각 4천9백원), 플레인스콘(3천8백원)
🕐 07:30~18:30(마지막 주문 18:10) – 토, 일요일 휴무
🔍 경기 성남시 분당구 분당로53번길 10 (서현동) 동호플라자
☎ 031-702-1617 Ⓟ 불가

콘비노 ✖ CONVINO 이탈리아식 | 와인바

근사한 외관과 고풍스러운 분위기의 이탈리안 레스토랑 겸
와인바. 애피타이저부터 파스타, 리조토, 스테이크 등 다양
한 메뉴와 코스요리도 선보이고 있다.
Ⓦ 시그니쳐코스(1인 16만5천원), 콘비노코스(2인 16만5천원),
커플코스(2인 12만5천원), 심플코스(1인 9만5천원), 시저샐러드
(2만원), 그린샐러드(1만5천원), 해산물토마토파스타(2만4천원),
알리오올리오(2만원), 한우1++채끝스테이크(200g 8만5천원),
한우1++안심스테이크(160g 8만5천원)
🕐 17:00~24:00(마지막 주문 22:00) – 일요일 휴무
🔍 경기 성남시 분당구 돌마로522번길 10-1 (서현동)
☎ 010-2700-9166 Ⓟ 발레 파킹

콘비노

쿠치나디까사 Cucina di Casa 피자 | 파스타

이탈리아 남부 가정식을 전문으로 하는 곳. 도우와 육수, 드
레싱, 리코타치즈 등을 직접 만들며, 재료 본연의 맛을 살려
조리한다. 피자와 파스타, 리조토 등 선보이는 메뉴가 다양
하다. 날이 좋을 때는 테라스에 앉아 식사를 즐길 수 있다.
Ⓦ 부채살스테이크(3만원), 차돌대파파스타, 가리비오일파스타,
시금치새우크림파스타, 명란오일파스타, 슈림프파스타, 슈림프
포테이토피자(각 1만8천원), 아마트리치아나, 카르보나라(1만7
천원), 비프리조토, 해산물파쉐, 볼로네제라자냐(각 1만9천원),
알리오올리오(1만5천원), 중화풍해물볶음(2만3천원)
🕐 11:00~21:00(마지막 주문 20:20) – 명절 당일 휴무
🔍 경기 성남시 분당구 문정로 136 (율동)
☎ 031-705-7866 Ⓟ 가능

탈리 THALI 인도식

인도인 세 명이 운영하는 곳. 현지인이 요리하지만, 인도 음
식을 처음 접하는 사람에게도 무리가 없는 맛이다. 애피타
이저, 탄두리치킨, 커리, 난 등으로 구성된 세트가 추천할 만
하다. 노란 톤의 인테리어가 에스닉한 느낌이다.
Ⓦ 버터치킨커리(1만3천원), 사모사(3천원), 탄두리치킨(1만5천
원), 점심세트(1만5천원), 저녁&주말세트(1만9천원)
🕐 11:30~22:00 – 연중무휴
🔍 경기 성남시 분당구 서현로 192 (서현동) 야베스밸리 2층
☎ 031-707-3192 Ⓟ 가능

페삭 ✖ Pesak 데판야키

카운터에 10석 정도 규모의 철판 요리 전문점. 스테이크, 푸
아그라, 새우, 바닷가재, 샥스핀, 복어, 아귀, 간, 등 다양한
재료를 셰프가 즉석에서 철판에 볶아 내준다. 트러플과 캐
비아 같은 고급 식재료도 적절히 사용한다. 한 타임에 한
팀, 3인 이상만 받기 때문에 예약이 어려운 편이다. 런치는
2부, 디너는 4부로 운영된다.
Ⓦ 페삭스페셜코스(3인 이상, 1인 9만9천원)
🕐 런치1부 12:00~14:00, 런치2부 13:10~15:10/디너1부
17:00~19:00, 디너2부 18:10~20:10, 디너3부 19:20~21:20, 디너
4부 20:30~22:20 – 일요일, 명절 휴무
🔍 경기 성남시 분당구 황새울로214번길 8 (수내동) MS프라자
306호
☎ 031-718-7852 Ⓟ 가능

평가옥 ✖ 平家屋 이북음식 | 만두 | 평양냉면

3대째 내려오는 이북음식 전문점. 소고기와 꿩고기로 낸 육
수에 소고기, 돼지고기, 닭고기, 꿩완자까지 올라가 고명이
화려한 평양냉면을 선보인다. 면발은 두껍고 메밀의 함량이
적은 편이다. 냉면 외에 만두, 녹두전 등 냉면을 즐기지 않
는 사람이라도 좋아할 메뉴를 많이 갖추고 있다.
Ⓦ 평양냉면(1만6천원, 곱빼기 1만9천원), 온반, 만둣국(각 소고
기 1만5천원, 토종닭 1만6천원), 녹두지짐(1만7천원), 어복쟁반
(소 8만2천원, 중 9만4천원, 대 10만6천원), 명품만두전골(2인
이상 1인 2만9천원, 4인 11만2천원)
🕐 11:00~21:30(마지막 주문 21:00) – 명절 휴무
🔍 경기 성남시 분당구 느티로51번길 9 (정자동)
☎ 031-786-1571 Ⓟ 가능

평양면옥 ✖✖ 평양냉면 | 수육 | 어복쟁반

평양식 냉면 전문점으로, 메밀 함량이 높아 정통 평양냉면
을 즐기는 사람들에게 추천할 만하다. 세 가지 부위의 소고
기로 만드는 육수 맛도 좋다. 이북식 전골인 어복쟁반도 별
미. 손님이 적을 때는 순면 주문도 가능하다.
Ⓦ 냉면, 비빔냉면, 온면, 접시만두, 만둣국(각 1만6천원), 제육

(3만4천원), 편육(3만6천원), 어복쟁반(소 7만5천원, 대 10만원),
불고기(200g 3만8천원)
🕐 11:30~21:30 – 명절 휴무
🔍 경기 성남시 분당구 안골로 27 (서현동)
☎ 031-701-7752 Ⓟ 불가

피크닉엣더나무사이로 🎀

NAMUSAIRO 커피전문점 | 디저트전문점

스페셜티 커피 납품 업체를 위한 테이스팅 룸이 준비되어
있는 나무사이로의 본부. 다양한 종류의 블렌딩 커피를 선
보이며, 커피바를 중심으로 직접 로스팅한 원두 종류를 진
열하고 있다. 확 트인 통유리창의 풍경과 함께 스페셜티 커
피를 즐기기도 좋다.
Ⓦ 에스프레소(5천3백원), 아메리카노(5천원), 카페라테(6천원),
필터커피(7천원), 비건크림라테, 아마레또라테(각 7천5백원), 윈
터블라썸(9천원)
🕐 10:00~18:00 – 연중무휴
🔍 경기 성남시 분당구 석운로 194 (석운동)
☎ 070-4196-0885 Ⓟ 가능

하누비노 hanuvino 소고기구이

투뿔 숙성 한우 선분점. 최소 21일간 1.2도에서 저온 숙성한
1++한우를 알맞은 굽기로 구워준다. 부위를 골고루 맛보고
싶다면 안심, 채끝, 생등심이 같이 나오는 한우스페셜을 주
문하면 된다. 고기와 같이 구워서 곁들여 먹는 채소는 리필
이 가능하다.
Ⓦ 특안심(150g 5만9천원), 하누스페셜(150g 5만6천원), 채끝등
심(150g 5만5천원), 특등심(150g 5만2천원), 한우육사시미(4만5
천원), 차돌깍두기볶음밥(1만5천원)
🕐 11:00~15:00/17:00~23:00(마지막 주문 21:30) – 연중무휴
🔍 경기 성남시 분당구 정자일로 136 (정자동) 엠코헤리츠 3단
지 101호
☎ 031-719-2192 Ⓟ 가능

한소헌 🎀 소고기구이 | 소갈비

최고급 한우구이와 블랙앵거스 프라임 양념소갈비를 맛볼
수 있는 소고기구이 전문점. 여러 부위의 한우를 숯불에 구
워 소금, 와사비, 홀그레인 머스터드 등과 함께 먹으면 좋다.
깔끔한 함흥냉면으로 마무리할 것을 추천.
Ⓦ 등심(150g 5만2천원), 양념소갈비(270g 3만8천원), 함흥냉면
(9천원), 한돈양념구이(250g 2만2천원)
🕐 11:00~15:00/17:00~22:00(마지막 주문 21:00) – 일요일, 명
절 휴무
🔍 경기 성남시 분당구 성남대로331번길 3-3 (정자동) 2층 206
호
☎ 031-711-9220 Ⓟ 가능

해올 한정식

깔끔하고 화사한 분위기의 한정식집. 생선조림, 해물, 회정
식 등 어패류, 해물을 베이스로 한 다양한 한정식을 선보인
다. 함께 나오는 반찬이 맛깔스럽고 가격대비 구성이 좋은
편이다. 한정식 메뉴는 2인 이상 주문해야 하며 혼자 주문
할 수 있는 1인 식사 메뉴도 있다.
Ⓦ 매콤코다리건강밥상(2인 이상, 1인 1만5천5백원), 보리굴비
정식(2만1천원), 해올정식(2인 이상, 1인 2만6천원), 해초건강밥
상(2인 이상, 1인 1만2천5백원), 고등어구이(9천5백원)
🕐 11:00~21:30(마지막 주문 20:30) – 연중무휴
🔍 경기 성남시 분당구 야탑로75번길 9 (야탑동) 금호프라자 2
층
☎ 031-707-4947 Ⓟ 가능

행하령수제비 🎀 수제비

분당에서 수제비가 맛있기로 손꼽히는 집. 국물은 오사리
멸치를 우려낸 것이며 김치도 직접 담근다. 양념이 진한 김
치가 수제비와 잘 어울린다. 하루 200그릇만 판매하며 준비
된 재료가 떨어지면 문을 닫는다.
Ⓦ 칼국수, 수제비, 섞어수제비(각 1만3천원), 얼큰수제비, 얼큰
섞어수제비, 얼큰수제비국밥(각 1만4천원)
🕐 11:30~15:00/17:00~20:00 | 토, 일요일 11:30~16:00/17:00~
20:00(마지막 주문 19:50) – 명절 휴무
🔍 경기 성남시 분당구 성남대로144번길 14 (구미동)
☎ 031-716-2335 Ⓟ 가능

헬로오드리 🎀

HELLO AURDREY 이탈리아식 | 파스타 | 피자

예쁘고 소담한 정원이 있는 이탈리안 레스토랑. 화덕에 구
운 피자를 비롯해 파스타, 리조토 등 다양한 요리를 선보인
다. 여러 메뉴로 구성된 세트 메뉴도 추천할 만하다. 공간이
넓고 쾌적해 데이트나 모임 장소로도 인기가 많으며, 계절
에 따라 달라지는 정원을 구경하는 재미도 남다르다.
Ⓦ 루콜라&만조리조토(2만9천원), 안심스테이크(150g 6만원),
채끝스테이크(200g 5만5천원), 주파디칼라마리(3만5백원), 감
베리토마토파스타(2만6천원)
🕐 10:30~15:00(마지막 주문 14:20)/ 17:30~ 21:00(마지막 주문
20:20) | 토, 일요일 10:30~ 15:00(마지막 주문 14:20)/17:00~
21:00(마지막 주문 20:20 – 연중무휴
🔍 경기 성남시 분당구 석운로202번길 12 (석운동)
☎ 031-8017-8746 Ⓟ 가능

효 孝 세이로무시 | 스키야키

조용한 분위기에서 세이로무시와 스키야키를 즐길 수 있는
곳. 특히 편백으로 만든 나무 찜통에 각종 채소와 한우를 쪄
먹는 세이로무시는 맛이 담백해 어른을 모시고 가기에도 좋

다. 성게 알을 올린 우니게살비빔밥과 육즙이 풍부한 스테이크동도 인기다.

Ⓦ 세이로무시(11만2천원~18만원), 관서식스키야키(1인 6만원~8만5천원), 도미버섯솥밥(3만5천원), 명란우니볶음면(2만8천원), 얼큰미나리한우나베, 동죽미나리한우나베(런치 각 1인 3만3천원), 벚꽃세이로무시(중 30만원, 대 36만원), 벚꽃스키야키(12만원~14만원)

Ⓣ 11:30~22:00 – 명절 휴무

Ⓠ 경기 성남시 분당구 느티로 2 (정자동) AK와이즈플레이스 1층

☎ 031-712-2755 Ⓟ 가능

경기도 성남시(판교)

교소바 소바

국내산 메밀을 직접 도정해서 제면하는 메밀소바 전문점. 실내에는 도정 공간이 따로 있을 정도다. 자루소바가 대표 메뉴며 가평잣을 사용한 잣국수도 맛볼 수 있다. 일본풍으로 생맥주나 하이볼을 곁들여도 좋다.

Ⓦ 흑임자콩국소바(1만6천원), 다누끼소바(1만6천원), 명란돈가스(1만8천원), 가케온소바(1만4천원), 주와리자루소바(1만4천원), 가평잣국수(2만2천원), 경양돈가스(1만5천원)

Ⓣ 11:00~15:00/17:00~20:30 – 연중무휴

Ⓠ 경기 성남시 분당구 대왕판교로645번길 36 (삼평동) NS홈쇼핑별관 지하 1층

☎ 031-606-8521 Ⓟ 가능

능라도 평양냉면 | 소불고기 | 어복쟁반

판교 일대에서 정통 평양냉면과 만두를 맛볼 수 있는 곳이다. 주인이 이북 출신인 만큼 비교적 평양냉면을 잘 재현하고 있어 평양냉면 마니아 사이에서 좋은 점수를 받고 있다. 속이 알차게 찬 접시만두와 제육을 곁들이면 좋다.

Ⓦ 평양냉면, 평양온면(각 1만6천원, 곱빼기 2만원), 평양온반(1만4천원), 만두(1만5천원), 제육(200g 3만2천원, 반 1만7천원), 녹두지짐이(2만원), 어복쟁반(중 8만원, 대 11만원), 한우불고기(150g 3만6천원)

Ⓣ 11:00~21:30 – 명절 당일 휴무

Ⓠ 경기 성남시 분당구 산운로32번길 12 (운중동)

☎ 031-781-3989 Ⓟ 발레 파킹

데이빗앤룰스 DAVID&RULES 스테이크

하이엔드급 스테이크 하우스를 표방하는 곳. 한우 1+ 등급 이상의 소고기만을 선별해 사용하는 것이 특징이다. 안심스테이크를 비롯해 무쇠 주물팬에 시어링한 채끝등심스테이크, 포터하우스스테이크 등이 대표 메뉴다. 감자튀김이나 퓌

레, 채소 등을 사이드 메뉴로 곁들이는 편을 추천한다. 런치타임에는 파스타 등의 식사 메뉴를 선보인다.

Ⓦ 안심스테이크(100g 4만7천원), 채끝등심스테이크(300g 이상, 100g 5만2천원), 포터하우스(800g 이상, 100g 4만4천원), 티본스테이크(600g 이상, 100g 4만원), 매시드포테이토(1만1천원), 구운야채(1만2천원)

Ⓣ 11:00~15:00/17:30~22:00(마지막 주문 20:30) – 연중무휴

Ⓠ 경기 성남시 분당구 판교로319번길 13 (삼평동)

☎ 031-602-8915 Ⓟ 가능

데조로의집 TESORO 베이커리

유기농 밀가루와 국산 팥, 천연효모종을 사용해 빵을 만드는 곳이다. 바게트 종류가 특히 맛있기로 유명하며, 바질향이 입안 가득 퍼지는 바질크런치베이글도 인기다. 겨울에는 슈톨렌을 한정으로 판매하기도 한다.

Ⓦ 배고파브레첼(5천2백원), EN마스터(5천8백원), 클래식잠봉뵈르(6천8백원), 명란바게트(4천5백원), 딸기시루, 청포도시루(각 6천8백원), 페퍼치킨샌디치(6천8백원), 루꼴라잠봉뵈르(7천8백원)

Ⓣ 09:00~20:00(재료 소진 시 마감) – 비정기적, 명절 휴무

Ⓠ 경기 성남시 분당구 판교로 376 (삼평동) 마크시티 퍼플 108, 109호

☎ 031-8017-8248 Ⓟ 가능

라비떼 La Vite 피자 | 파스타 | 이탈리아식

화덕 피자와 파스타로 유명한 이탈리안 음식점. 안티파스티로 청포도샐러드가 인기 있는데, 리코타 치즈와 플랫브레드를 넣어준다. 피자와 파스타 종류도 다양하며, 티본스테이크도 추천할 만하다.

Ⓦ 청포도샐러드, 고르곤졸라(각 2만8백원), 스테이크루콜라(2만9천8백원), 마르게리타(2만2천9백원), 칠리크림쿠치나(2만2천8백원), 알리오올리오(1만7천8백원), 티본스테이크(600g 10만2천원), 부라타피자(3만2천8백원), 프로슈토루콜라(2만9천8백원), 초리조피자, 콰트로포르마지오, 풍기피자, 부라타치즈샐러드, 굴라시(각 2만4천8백원), 감바스(2만6천8백원), 토마토쿠치나(2만1천8백원), 토마토치즈(1만9천8백원)

Ⓣ 11:00~15:00(마지막 주문 14:00)/17:30~21:30(마지막 주문 20:30) – 화요일 휴무

Ⓠ 경기 성남시 분당구 판교공원로3길 16 (판교동) 1층

☎ 070-4221-8116 Ⓟ 불가

레디쉬브라운 Redish Brown 커피전문점

판교 백현동카페거리에서 수준 높은 로스터리 커피를 맛볼 수 있는 곳. 핸드드립으로 내린 커피를 추천할 만하다. 백현동카페거리의 출발점이라 할 수 있을 정도로 카페거리를 대표하는 곳이다. 브라운톤의 깔끔한 인테리어가 분위기 있다.

Ⓦ 에스프레소, 아메리카노(각 5천5백원), 카페라테(6천5백원),

댕유자차, 애플생강차, 플렛화이트(각 7천원), 빙수(1만4천5백원
~1만5천원)

🕐 11:00~20:00 | 일, 월요일 11:00~19:00 – 화요일 휴무

🔍 경기 성남시 분당구 판교역로18번길 30 (백현동)

☎ 031-8016-2055 ⓟ 가능

레디쉬브라운

베네쿠치 Bene cuci 파스타 | 이탈리아식

아늑한 분위기의 이탈리안 레스토랑. 브런치 메뉴는 오픈
시간부터 12:30까지만 주문할 수 있다. 다양한 종류의 파스
타도 선보이며, 적당하게 구운 스테이크도 인기다.

Ⓦ 런치피스디(1민8천9백원), 힌우린지거플세드(11민원), 블렉디
이거관자요리(4만원), 명품한우채끝등심(16만5천원, 4인세트 33
만원), 명란크림파스타, 명란알리오(각 2만1천9백원), 알리오올
리오(2만9백원), 패쉐(2만4천9백원), 연어타르타르(3만원), 스테
이트샘플러4인세트(29만7천원)

🕐 11:30~14:40/17:00~21:30(마지막 주문 20:30) | 토, 일요일
11:30~14:40/17:00~21:00(마지막 주문 20:00) – 월요일, 명절
휴무

🔍 경기 성남시 분당구 운중로146번길 19 (운중동) 운천빌딩 1
층

☎ 031-8016-0955 ⓟ 가능

비스트로도마 스테이크

스테이크 오마카세, 와규 스테이크 등을 맛볼 수 있는 레스
토랑. 스테이크 오마카세를 주문하면 셰프 특선 애피타이저
와 세 가지 스테이크, 파스타, 디저트까지 함께 맛볼 수 있
다. 깔끔하고, 세련된 인테리어의 매장이다.

Ⓦ 스테이크오마카세(9만9천원), 와규스테이크(단품 4만8천원,
세미코스 5만1천원), 이베리코흑돼지스테이크(단품 2만9천원,
세미코스 3만2천원)

🕐 11:00~15:00/17:00~22:00(마지막 주문 20:40) – 명절 휴무

🔍 경기 성남시 분당구 하오개로 383 (운중동)

☎ 031-702-6009 ⓟ 가능

세렌 SEREN 이탈리아식 | 파스타

외벽이 통유리로 되어 있어 좋은 경치를 감상하며 식사할
수 있다. 점심 시간에는 부담없는 가격으로 파스타세트를
즐길 수 있으며 와인 리스트도 다양한 편이다.

Ⓦ 2인세트(8만9천원), 토마호크패밀리세트(17만8천원), 파스타
세트, 리조토세트(각 2만1천원), 피자세트(2만4천원), 페쉐(2만3
천8백원)

🕐 11:00~15:00(마지막 주문 14:20)/17:30~ 21:00(마지막 주문
20:20) – 연중무휴

🔍 경기 성남시 분당구 운중로188번길 11 (운중동) 1층

☎ 031-709-0775 ⓟ 가능

스시쿤 스시

합리적인 가격의 스시 오마카세 전문점. 전체적으로 양이
많고 가격대비 만족도가 높은 곳이다. 자리는 테이블과 카
운터석으로 구성되어 있다.

Ⓦ 런치카운터오마카세(7만원), 디너테이블오마카세(10만원), 디
너카운터오마카세(12만원), 런치테이블오마카세(6만원)

🕐 12:00~15:00/18:00~22:00 – 일요일 휴무

🔍 경기 성남시 분당구 대왕판교로 660 (삼평동) 유스페이스몰
1차 지하1층 A동 115호

☎ 0507-1355-6972 ⓟ 가능

스시혼 すし本 스시

판교에 있는 가격 대비 만족도가 높은 스시야. 신선한 제철
재료로 선보이는 오마카세를 만날 수 있다. 점심에만 맛볼
수 있는 정식도 추천할 만하다.

Ⓦ 오마카세(6만8천원), 스시오마카세(8만원), 모리아와세(9만
원), 스시정식(2만5천원)

🕐 11:30~15:00/17:30~22:00(마지막 주문 21:00) – 연중무휴

🔍 경기 성남시 분당구 동판교로177번길 25 (삼평동) 판교 호반
써밋 플레이스

☎ 031-701-0923 ⓟ 가능

아임홈 I'm Home 브런치카페

판교 백현동카페거리에서 합리적인 가격으로 훌륭한 브런
치세트를 즐길 수 있는 곳. 예쁘게 꾸며진 실내에 푸짐하게
나오는 브런치세트와 빙수가 훌륭하다. 드라마 촬영장소로
알려지며 주목받고 있다.

Ⓦ 아메리칸브랙퍼스트세트(2만9백원), 파스타세트(1만6천5백
원), 샐러드세트(9천5백원~1만6천5백원)

🕐 10:00~22:00(마지막 주문 21:00) – 수요일, 명절 당일 휴무

🔍 경기 성남시 분당구 판교역로10번길 3-1 (백현동)

☎ 070-4418-0415 ⓟ 불가

알레그리아판교점 ✖️ Alegria 커피전문점

원두를 직접 수입해 로스팅하는 커피로스팅 전문회사로, 품질 좋고, 정성어린 커피를 맛볼 수 있다. 카페라노체가 시그니처 커피다. 통창 너머로 가로수가 보여 전망도 좋다.

ⓦ 에스프레소, 아메리카노(각 5천3백원), 카페라테, 플랫화이트, 카푸치노(각 5천9백원), 핸드드립(7천원~8천원), 카페라노체(6천7백원)

ⓒ 08:00~20:30 | 토, 일요일, 공휴일 10:00~20:30 – 명절 휴무

ⓠ 경기 성남시 분당구 판교역로 230 (삼평동) 삼환하이펙스 B동 1층 119호

☎ 031-696-0305 ⓟ 가능

양바위 ✖️ 양곱창 | 소고기구이

양, 대창구이와 숙성한우를 전문으로 하는 곳. 부드럽고 쫄깃한 맛이 좋으며 참숯에 구워 불맛을 느낄 수 있다. 양깃머리와 잘게 썬 깍두기를 넣고 철판에 볶은 철판양밥과 칼칼한 한우곱창전골도 별미로 통한다. 고급스러운 인테리어로 꾸며 모임 장소로도 좋다.

ⓦ 한우스페셜(2인 이상, 1인 150g 5만2천원), 특양구이(160g 4만5천원), 대창구이(180g 4만5천원), 특안심(150g 5만9천원), 채끝등심(150g 5만8천원), 생갈빗살(150g 3만9천원), 한우곱창전골(런치 2인 이상, 1인 3만3천원)

ⓒ 11:00~15:00(마지막 주문 14:30)/17:00~ 22:00(마지막 주문 21:30) | 토, 일요일 11:00~ 22:00(마지막 주문 21:30) – 연중무휴

ⓠ 경기 성남시 분당구 동판교로177번길 25 (삼평동) 판교호반써밋플레이스 110, 111호

☎ 031-706-9288 ⓟ 가능

양우정판교점 ✖️ 양곱창 | 소고기구이

고급스러운 분위기에서 양곱창을 먹을 수 있는 곳이다. 양곱창구이는 참숯에 구워 먹는다. 이 외에도 매콤하고 고소한 맛이 좋은 곱창전골도 추천할 만하다. 단체로 앉을 수 있는 프라이빗 룸도 갖추고 있다.

ⓦ 특양구이, 한우대창구이(각 160g 4만1천원), 한우곱창구이(4만2천원), 한우꽃등심(150g 6만5천원), 한우새우살(150g 7만9천원), 양밥(2만8천원)

ⓒ 11:00~15:00/17:00~22:00(마지막 주문 21:00) – 연중무휴

ⓠ 경기 성남시 분당구 대왕판교로606번길 10 (백현동) 라스트리트 1동 112호

☎ 031-706-9252 ⓟ 가능

이탈리 ✖️ Eataly 피자 | 파스타 | 이탈리아식

이탈리아 프리미엄 식재료 브랜드인 이탈리에서 운영하는 레스토랑. 나폴리 화덕 피자에 구운 피자를 비롯해 다양한 종류의 파스타, 스튜 등을 만날 수 있다.

ⓦ 카르보나라, 안초비(각 2만1천원), 알리오올리오(2만원), 봉골레(2만3천원), 포르치니리조토, 완두콩크림뇨키(각 2만4천원), 안심스테이크(180g 4만8천원), 갑오징어튀김(2만5천원), 피렌치식스테이크(7만원~9만5천원), 해산물스튜(2만6천원)

ⓒ 10:30~20:00(마지막 주문 19:30) | 금, 토, 일요일 10:30~21:00(마지막 주문 20:30) – 백화점 휴무일과 동일

ⓠ 경기 성남시 분당구 판교역로146번길 20 (백현동) 현대백화점 판교점 지하 1층

☎ 031-5170-1061 ⓟ 가능

일편뎅심판교직영점 이자카야

자리마다 개별 육수통이 배치된 프리미엄 오뎅바. 아늑한 분위기에서 오뎅을 안주 삼아 사케와 하이볼 등의 다양한 주류를 즐길 수 있다. 사각오뎅이 대표 메뉴이며, 가라아게, 레몬크림새우, 두부튀김 등 다양한 튀김 메뉴도 많이 찾는 편.

ⓦ 꼬치오뎅(2천5백원), 간장무조림(4천5백원), 아츠아게(6천원), 스지조림(9천원), 레몬새우(1만4천원), 아츠아게(6천원), 스지조림(9천원), 야마이모가라아게(1만2천원), 고추장닭다리살구이(2만2천원), 키조개치즈관자구이(2만1천원)

ⓒ 18:00~02:00(익일)(마지막 주문 01:00) | 일요일 17:00~01:00(익일)(마지막 주문 00:30) – 명절 휴무

ⓠ 경기 성남시 분당구 판교역로192번길 14-1 (삼평동)

☎ 031-708-0508 ⓟ 가능(판교예미지 주차장))

제로투나인 ✖️ Zero to Nine 스테이크

압구정 구스테이크의 창립 총괄 셰프 정성구 셰프가 운영하는 스테이크 전문점. 앵거스 품종 중에서도 품질이 좋은 고기만을 사용한다.

ⓦ 런치드라잉에이징스테이크(400g 14만원), 건조숙숙성포터하우스(100g당 3만3천원), 건조숙성티본스테이크(100g당 3만1천원), 런치안심스테이크와파스타(200g 11만원)

ⓒ 11:30~14:30/17:00~21:30(마지막 주문 20:30)| 토요일 11:30~15:00/17:00~21:30(마지막 주문 20:30) | 일요일 11:30~15:00/17:00~21:00(마지막 주문 20:00) – 월요일 휴무

ⓠ 경기 성남시 분당구 운중로146번길 19-3 (운중동)

☎ 031-702-6625 ⓟ 가능

차고145 ✖️ Chago145 소고기구이

차돌관자삼합과 1++숙성한우를 즐길 수 있는 고깃집. 콜키지 프리며, 커다란 룸을 갖춰 모임을 갖기에 좋다. 판교 직장인들을 위한 가성비 좋은 점심 메뉴도 있다. 분당의 숙성한우 전문점인 하누비노에서 운영한다.

ⓦ 한우차돌관자삼합(차돌80g+관자+묵은지 3만원), 1++한우특안심(150g 5만7천원), 1++한우특등심(150g 5만6천원), 1++한우채끝등심(150g 5만6천원), 점심차돌볶음과된장찌개(1만5천원)

ⓒ 11:30~15:00/17:00~22:00 – 연중무휴

Q 경기 성남시 분당구 판교역로 145 (백현동) 알파리움2단지 1층

☎ 031-781-1450 ⓟ 가능

치화 治華 일반중식

명동에서 40년 넘게 운영하던 화교 중식당 금정이 분당에서 맥을 잇는다. 합리적인 가격대에 수준 높은 중식 요리를 맛볼 수 있다. 송이버섯을 비롯해 갖가지 식자재를 넣어 다채로운 맛을 즐길 수 있는 송이전복이 대표 메뉴다.

ⓦ 런치코스B(2만5천원), 유니짜장면(8천원), 사천짜장면(9천원), 해물짬뽕(1만2천원), 삼선짜장면, 기스면, 마파두부밥, 잡채밥(각 1만원), 새우볶음밥(9천원), 탕수육(소 2만2천원, 중 3만원)

ⓒ 11:00~15:00/16:30~21:00(마지막 주문 20:30) – 월요일 휴무

Q 경기 성남시 분당구 하오개로351번길 3 (운중동) 2층

☎ 031-705-3335 ⓟ 가능

카츠쇼쿠도우 ✖ 일식돈가스

국내산 최상급 암퇘지만을 엄선하여 사용하는 일본식 돈가스 전문점이다. 과일 유자를 이용해 12시간 저온 숙성을 한 고기를 사용해 육질이 부드러운 게 특징. 로스가스정식, 히레가스 등을 맛볼 수 있다.

ⓦ 로스가스(1만4천원, 정식 1만6천원), 히레가스(1만5천원, 정식 1만7천원), 모둠가스(1만8천원, 정식 2만원), 로스가츠동(1만3천원, 정식 1만6천원)

ⓒ 11:30~21:30(마지막 주문 20:40) | 토, 일요일 11:30~21:00(마지막 주문 20:10) – 연중무휴

Q 경기 성남시 분당구 판교역로 152 (백현동) 지하1층

☎ 031-622-7134 ⓟ 가능

카츠쇼쿠도우

커피미학판교점 珈琲美學 카페

정통 에스프레소 커피와 하우스블렌드 커피를 선보이는 커피의 명가로, 청담동의 커피 문화를 선도했던 곳이다. 커피 외에 레몬, 페퍼민트, 라벤더, 로즈레드 등의 허브차와 케이크, 질소아이스크림도 맛볼 수 있다.

ⓦ 아메리카노(5천원), 카페라테(5천5백원), 오늘의커피(7천원), 핸드드립커피(7천5백원~1만5천원), 허브차(6천5백원), 팥빙수(1만2천원), 질소아이스크림(6천5백원)

ⓒ 10:30~22:00(마지막 주문 21:30) – 연중무휴

Q 경기 성남시 분당구 동판교로177번길 25 (삼평동) 판교호반써밋플레이스 2층

☎ 031-8017-0723 ⓟ 가능

파파라구 papa ragu 피자 | 파스타

라구소스를 베이스로 한 파스타를 전문으로 하는 레스토랑. 메뉴는 라구라자냐, 라구파스타, 화덕피자 총 세 가지로 단출한 편이지만 셰프스페셜피자 메뉴가 매월 바뀌어 새로운 맛의 피자를 맛볼 수 있다. 소고기와 돼지고기, 채소를 넣고 5시간 이상 뭉근하게 끓인 라구 소스의 맛이 좋다.

ⓦ 라구라자냐(1만3천원), 라구파스타(1만6천원), 화이트크림파스타(1만8천원), 플라워마르게리타피자(1만6천원), 써니피자(1만9천원)

ⓒ 11:30~15:00(마지막 주문 14:20)/17:00~21:00(마지막 주문 20:20) – 화요일, 명절 휴무

Q 경기 성남시 분당구 판교역로10번길 22-3 (백현동)

☎ 031-709-5624 ⓟ 불가

핏제리아체뽀 CEPPO 피자

나폴리식 정통 화덕 피자를 선보이는 핏제리아체뽀가 용인에서 판교로 이전했다. 참나무를 사용하여 나폴리피자협회에서 인증받은 스테파노페라라 화덕에 굽는 것이 특징이다. 피자의 쫄깃한 도우를 자랑하며, 시그니처인 체뽀파스타도 독특하다는 평.

ⓦ 마르게리타(1만7천5백원), 비스마르크(2만원), 프로슈토루콜라(2만4천5백원), 부라타잠봉(2만8천원), 라구리가토니(2만1천원), 체뽀파스타(1만8천5백원)

ⓒ 11:30~15:00/17:00~22:00(마지막 주문 21:00) – 월, 화요일 휴무

Q 경기 성남시 분당구 판교역로10번길 8 (백현동)

☎ 031-336-2782 ⓟ 가능(백현동 카페거리 공영 주차장 이용, 1시간 무료)

하루 소바 | 덴푸라

정갈한 일식 소바와 덴푸라를 내어주는 일식당. 작은 일본 요리와 수타소바가 차례로 나오는 오마카세 코스가 마련되어 있다. 추천 메뉴 중 하나인 새우붕장어텐자루소바는 새우와 붕장어 덴푸라를 계절야채, 수타소바와 함께 즐길 수 있는 메뉴다.

ⓦ 새우붕장어텐자루소바(2만6천5백원), 점심코스(6만원), 디너오마카세(9만원), 자루소바(1만3천5백원), 오로시소바(1만7천5백원), 토로로소바(1만8천5백원), 구운가지냉카케소바(1만8천5백

원),
🕐 11:30~14:30/17:30~21:30(마지막 주문 21:00) – 일요일 휴무
🔍 경기 성남시 분당구 판교역로 231 (삼평동) 1층 131호
☎ 0507-1490-0009 Ⓟ 가능

하림닭요리판교점 닭요리 | 닭볶음탕

닭요리 전문점. 당일 도계한 신선한 하림 닭만을 사용하며, 삼계탕에서 닭모둠구이까지 다양한 닭요리를 선보인다. 판교 테크노밸리에 위치해 있어 점심에는 직장인을 위한 1인 닭볶음탕이나 닭국수 메뉴도 먹을 수 있다.

Ⓦ 담백닭칼국수(1만2천원), 매운닭칼국수(1만3천원), 뚝배기닭떡볶이(1만3천원), 매콤닭한마리볶음탕(소 3만6천원, 중 4만8천원), 서울식닭갈비볶음정식(1만3천원), 안동식찜닭(소 3만5천원, 대 4만7천원), 닭구이모둠한판(580g 3만3천원, 750g 4만3천원)
🕐 11:00~15:00/17:00~20:30 – 토, 일요일, 공휴일 휴무
🔍 경기 성남시 분당구 대왕판교로645번길 36 (삼평동) NS별관 지하1층
☎ 031-606-8514 Ⓟ 가능

경기도 수원시

GTS버거본점 GTS BURGER 햄버거

버거에 들어가는 토핑재료와 소스를 다양하게 선택할 수 있는 버거 전문점. 불고기의 감칠맛에 치즈의 고소함이 더해진 불고기 치즈버거가 추천 메뉴다. 버거와 함께 맥주를 즐기기에도 좋으며 셰이크 종류도 다양하다.

Ⓦ 블랙맘바더블버거(1만3천5백원), 매니아더블버거(1만2천9백원), 배틀쉽슈림프버거(1만2천5백원), 베이컨더블버거(1만2천9백원), 두바이칼리파버거(1만9천5백원)
🕐 10:30~15:00/16:00~21:00(마지막 주문 20:55) – 연중무휴
🔍 경기 수원시 영통구 매영로310번길 87 (영통동) 상가 지하 1층
☎ 031-202-2484 Ⓟ 가능

가보정 소갈비

갈비가 유명한 수원에서도 맛집으로 꼽히는 대형 갈빗집. 한우갈비와 미국산갈비를 취향에 맞게 시킬 수 있으며 같이 나오는 반찬도 다양하다. 사거리를 둘러싸고 1관, 2관, 3관 세 개의 건물로 이뤄져 있는 것이 특징.

Ⓦ 한우생갈비(250g 10만2천원), 한우양념갈비(270g 6만9천원), 한우채끝등심(150g 6만7천원), 한우육회(180g 3만7천원), 미국산생갈비(450g 6만9천원), 미국산양념갈비(450g 6만1천원), 한우갈비탕(2만8천원), 물냉면(1만2천원, 식사 1만5천원)
🕐 11:30~21:30 | 토요일 11:00~22:00 | 일요일 11:00~21:30 – 명절 당일 휴무

🔍 경기 수원시 팔달구 장다리로 282 (인계동) 의성빌딩
☎ 1600-3883 Ⓟ 가능

계략 GYERYAK 닭구이 | 닭내장

닭 특수부위를 전문으로 하는 닭구이 전문점. 국내산 닭 특수부위로 이루어진 모둠구이가 대표 메뉴이며, 부위마다 다른 맛과 식감을 경험할 수 있다. 부위 별로 선택해 맛볼 수도 있으며, 닭내장탕, 닭지리, 닭무침 등의 메뉴도 구비되어 있다.

Ⓦ 닭모둠구이(중 2만9천원, 대 4만4천원), 닭내장탕(2만8천원), 닭지리(2만8천원), 닭무침(2만원), 누드닭발(1만8천원), 국물닭발(1만8천원), 닭발편육(1만5천원), 닭전(1만2천원), 닭해장라면(1만원)
🕐 11:30~23:00 – 일요일 휴무
🔍 경기 수원시 영통구 영통로130번길 31 (망포동) 서윤빌딩
☎ 031-305-7310 Ⓟ 가능(매장 앞 2대)

고등반점 高等飯店 일반중식

1970년부터 3대째 대물림하며 같은 자리를 지키고 있는 중식당. 대표 메뉴는 해삼, 전복, 새우, 송이버섯 등 각종 해산물과 채소를 넣어 만든 전가복이다. 간장이나 케첩 등을 넣지 않은 옛날식 탕수육과 마늘종을 볶아 넣은 짜장면도 많이 찾는다.

Ⓦ 전가복(소 5만원, 중 6만5천원), 짜장면(6천원), 짬뽕(8천원), 간짜장(9천원), 탕수육(소 1만7천원, 중 2만2천원) 깐쇼새우(3만2천원, 중 4만원), 해물누룽지탕(소 3만5천원, 중 4만5천원), 코스(3인 이상, 1인 2만5천원, 3만원, 4만3천원)
🕐 11:00~15:00/17:00~21:00 | 토, 일요일 11:00~21:00(마지막 주문 19:50) – 명절 당일 휴무
🔍 경기 수원시 팔달구 팔달로52번길 43 (고등동)
☎ 031-255-3291 Ⓟ 가능

골목집설렁탕 설렁탕 | 수육

수원에서 가장 오래된 설렁탕집 중의 하나. 진득한 국물과 시원한 깍두기 맛이 잘 어울린다. 실내 분위기도 쾌적한 편이다.

- ⓦ 설렁탕(1만3천원), 수육(중 4만원, 대 5만원)
- ⓣ 10:00∼16:00/17:00∼20:00(마지막 주문 19:30) – 일요일 휴무
- ⓠ 경기 수원시 장안구 팔달로291번길 21-17 (영화동)
- ☎ 031-242-6059 ⓟ 가능(협소)

군포해물탕 ✄ 해물탕

푸짐한 해산물이 가득 들어간 얼큰한 해물탕으로 수원에서 오랫동안 사랑받고 있는 집이다. 해물탕 재료로는 생물 해산물만을 사용해 신선함이 일품이다. 미리 예약 후 방문하는 것이 좋다.

- ⓦ 해물탕(소 7만5천원, 중 11만원, 대 18만원)
- ⓣ 12:00∼22:30 – 일요일 휴무
- ⓠ 경기 수원시 영통구 동수원로513번길 11 (매탄동)
- ☎ 031-215-3705 ⓟ 불가(공영주차장 이용)

그레이락 grayrock 이탈리아시

장안문을 바라보며 파스타를 즐길 수 있는 곳. 이탈리아 로마식으로 요리한 파스타를 맛볼 수 있다. 바삭한 뇨키에 크림소스를 곁들인 트러플뇨키가 인기 메뉴. 샐러드와 카르파치오 등은 식사 전 입맛을 돋워주며, 가볍게 와인을 곁들이기도 좋다.

- ⓦ 한우1+채끝살스테이크(5만8천원), 한우1+카르파치오, 대광어세비체(각 1만8천원), 부라타치즈와토마토(2만원), 봉골레파스타(2만원), 비스크파스타(2만4천원), 페퍼로니파스타(2만1천원), 문어파스타(2만8천원), 트러플뇨키(2만8천원), 성게알파스타(2만9천원), 수비드항정살(3만5천원)
- ⓣ 12:00∼15:00/17:00∼22:00(마지막 주문 21:00) – 연중무휴
- ⓠ 경기 수원시 팔달구 정조로 904-1 (북수동) 1층
- ☎ 010-9817-9665 ⓟ 불가(화홍문 공영주차장 이용)

그집해장국 뼈다귀해장국

수원에서 나름 이름난 해장국집. 뼈다귀해장국 하나만을 선보이며, 고기가 푸짐하게 들어간다. 국물도 진국으로 평가받고 있다. 가격대비 만족도도 높은 편.

- ⓦ 해장국(7천원)
- ⓣ 06:00∼21:00 – 일, 월요일 휴무
- ⓠ 경기 수원시 장안구 송정로 142 (조원동)
- ☎ 031-244-6694 ⓟ 불가

다래식당 ✄ 동태

칼칼한 동태찌개와 말갛게 끓인 동태지리를 전문으로 하는 곳. 동태찌개와 동태지리 단 두 가지 메뉴만을 선보인다. 큼지막한 동태가 국물에 깊게 우러나와 그 맛이 훌륭하다. 함께 나오는 밑반찬도 하나같이 맛깔스럽다.

- ⓦ 동태찌개, 동태지리(각 2인 이상, 1인 1만2천원)
- ⓣ 10:30∼20:00 | 일요일 10:30∼16:00 – 연중무휴
- ⓠ 경기 수원시 권선구 세권로195번길 28-3 (권선동) 양지빌딩
- ☎ 031-233-1627 ⓟ 불가

다엔리코 Da Enrico 피자 | 파스타

화덕피자를 맛볼 수 있는 이탈리안 레스토랑. 페투치네면과 버섯과 소고기로 맛을 낸 크림소스파스타와 루콜라피자, 제주 딱새우비스크소스, 구운 왕새우를 곁들인 파스타 등 다양하게 맛볼 수 있다. 건표고, 트러플 오일을 곁들인 화이트 라구파스타도 추천하는 메뉴.

- ⓦ 버섯만조페투치네, 마르게리타, 고르곤졸라(각 1만8천원), 루콜라피자(2만2천원), 화이트라구(2만원), 새우비스크파스타, 디아볼라, 네가지치즈피자(각 1만9천원)
- ⓣ 11:30∼14:30(마지막 주문 13:30) – 토, 일요일 휴무
- ⓠ 경기 수원시 영통구 삼성로 188-3 (매탄동) 케이아이빌딩 지하1층
- ☎ 031-215-5861 ⓟ 가능(협소)

대원옥 ✄ 평양냉면 | 수육 | 소불고기

평양 출신 할머니가 문을 연 평양냉면집으로, 70여 년의 역사를 자랑한다. 메밀 함량이 높은 편이며, 메밀 100%가 들어간 순메밀냉면도 맛볼 수 있다. 겨울에는 문을 열지 않는 때도 있으므로 확인하고 가야 한다.

- ⓦ 평양냉면, 비빔냉면(각 1만5천원), 수육(2인 4만원)
- ⓣ 11:30∼20:00(마지막 주문 19:30) – 월요일, 명절 휴무
- ⓠ 경기 수원시 팔달구 정조로800번길 6-3 (팔달로1가)
- ☎ 031-255-7493 ⓟ 가능(협소)

델리다바 DELHI DHABA 인도식

인도 요리 전문점으로, 주방장을 비롯한 직원 모두 인도 현지인이다. 커리와 케밥이 주메뉴며, 인도 출신 현지인이 만들기 때문에 본토와 비슷한 맛을 낸다. 매장 한쪽에서는 인도 식료품도 판매한다.

- ⓦ 탄두리치킨(반마리 9천원, 한마리 1만7천원), 카레(1만1천원∼1만3천원), 난(2천원∼6천원), 라씨(3천원∼3천5백원)
- ⓣ 11:00∼21:00 – 연중무휴
- ⓠ 경기 수원시 팔달구 매산로 6-2 (매산로1가)
- ☎ 031-248-1090 ⓟ 가능

두꺼비집부대찌개 ✄ 부대찌개

40년이 넘는 역사의 부대찌개집으로, 육수가 맑은 것이 특징이다. 칼칼하고 개운한 맛으로 오랜 시간 사랑받아온 곳이다. 햄과 소시지, 베이컨구이 등도 추천할 만하다.

- ⓦ 부대찌개(1만원), 햄구이, 소시지구이, 베이컨구이(각 2만원),

스테이크(2만5천원), 모둠구이(4만원)

🕐 09:30~21:30 – 명절 휴무

📍 경기 수원시 영통구 반달로 32 (영통동)

☎ 031-202-4267 ⓟ 가능

뜨라또리아로마냐 ✖
TRATTORIA ROMAGNA 파스타

아담한 분위기의 가정식 이탈리안 레스토랑. 셰프가 직접 빚은 라비올리로 만든 로마냐라비올리가 대표 메뉴다. 라비올리 안에는 단호박으로 만든 소를 넣었다. 매일 아침마다 직접 제면한 생면 파스타를 사용한다.

Ⓦ 로마냐라비올리(2만3천원), 프렌치어니언수프(2만2천원), 트러플아란치니(1만9천원), 카르보나라(2만원), 볼로네제(2만1천원), 바질페스토뇨키(1만9천원), 한우채끝스테이크(5만1천원)

🕐 11:30~15:00/17:30~20:00(마지막 주문 19:30) – 일, 월요일 휴무

📍 경기 수원시 영통구 대학1로8번길 81 (이의동) 1층

☎ 010-2037-2944 ⓟ 불가

르디투어 ✖ LeDetour 카페 | 베이커리

수려하고 개성 있는 공간의 대형 베이커리 카페. 세계 건축상을 받은 건축가가 지은 건물로, 1층부터 루프탑까지 매력적인 가구와 소품, 작품들이 더해졌다. 프리미엄급 재료를 사용하는 베이커리와 함께 스페셜티 커피점 펠트커피의 원두를 즐길 수 있다.

Ⓦ 에스프레소(4천8백원), 아메리카노(5천5백원), 카페라테(6천원), 아인슈페너(7천원), 피스타치오레이어드페이스트리(6천8백원), 크루아상(4천6백원), 콘에그크루아상(6천8백원),

🕐 10:00~21:00(마지막 주문 20:30) – 연중무휴

📍 경기 수원시 영통구 웰빙타운로36번길 46-234 (이의동)

☎ 031-217-0004 ⓟ 가능

매스버거 MASSBURGER 햄버거

치즈버거 한 종류만 선보이는 미국식 버거 전문점. 투박하게 바짝 구워져 나오는 스매시드 패티의 육즙이 가득하다. 패티의 장 수에 따라 싱글, 더블, 트리플 선택이 가능하며, 가격 대비 만족도도 높은 편이다. 테이크아웃 시 시간이 지나면 버거 번이 눅눅해지니, 가능한 바로 먹는 것이 좋다.

Ⓦ 치즈버거(싱글 5천5백원, 더블 8천5백원, 필라델피아 9천원), 매스프라이즈(7천원), 치킨샌드위치(7천5백원), 치킨너겟(4천5백원), 버팔로윙(5천5백원), 감자튀김(2천5백원), 코울슬로(2천5백원)

🕐 11:00~21:00(마지막 주문 20:20) | 일요일 11:00~15:00 – 연중무휴

📍 경기 수원시 영통구 청명남로4번길 8 (영통동) 1층 매스버거 (massburger)

☎ 031-206-8862 ⓟ 불가

매향통닭 ✖ 통닭

가마솥통닭 전문점. 닭에 튀김옷을 입히지 않고 통으로 한 마리를 바삭하게 튀겨내는 것이 특징이다. 생맥주와 함께 즐기기에 좋다. 팔달문 인근의 수원통닭거리에서 처음으로 통닭집을 낸 원조집이다.

Ⓦ 가마솥통닭(1만9천원), 닭껍질교자, 떡볶이(각 5천원)

🕐 11:00~22:30 | 토, 일요일 11:00~22:00 – 수요일, 명절 당일 휴무

📍 경기 수원시 팔달구 수원천로 317 (남수동)

☎ 031-255-3584 ⓟ 불가

멘야고코로 ✖ 麺屋こころ 마제소바 | 라멘 | 소바

마제소바를 선보이는 소바 전문점. 매일 매장에서 직접 면을 만든다. 소바가 절반 정도 남았을 때 넣는 다시마 식초는 적정한 산미와 감칠맛을 더해 색다른 맛을 즐길 수 있다. 다양한 소스의 마제멘이 있으며 돈코츠라멘도 맛볼 수 있다.

Ⓦ 마제멘(1만1천원), 니쿠마제멘(1만3천원), 카레마제멘, 시오마제멘(각 1만2천원), 고코로마제멘(1만5천원), 소유츠케맨(1만2원), 교자(7천원)

🕐 11:00~15:00/17:30~21:00(마지막 주문 20:30) – 일요일, 명절 휴무

📍 경기 수원시 영통구 월드컵로179번길 16 (원천동)

☎ 031-215-1259 ⓟ 불가

명산식당 순댓국

머릿고기와 순댓국이 유명한 곳. 순댓국에는 기본적으로 매운 양념이 들어가며 고기와 순대가 푸짐하게 들어간다. 머릿고기에 술 한잔 곁들이기도 좋은 분위기. 40년 넘는 전통을 자랑하는 집으로, 바로 옆에 있는 아다미식당, 일미순대국과 함께 수원역 앞에서 이름난 순댓국집 중 하나다.

Ⓦ 순댓국(9천원), 따로국밥(1만원), 술국(1만7천원), 모둠수육, 머리수육, 내장수육(각 소 2만원, 중 2만5천원, 대 3만원)

🕐 24시간 영업 – 연중무휴

📍 경기 수원시 팔달구 매산로 1-6 (매산로1가)

☎ 031-242-3999 ⓟ 불가

무안낙지골 낙지

다양한 낙지 요리를 선보이는 곳. 무안과 여수에서 직송한 산낙지를 사용하여 국물 맛이 일품인 연포탕은 박속을 넣어 더욱 시원하다. 낙지가 연분홍빛을 내면서 익으면 다리 부분을 먼저 먹고 국물 맛을 충분히 즐긴 뒤 몸통을 건져 먹는다. 낙지를 다 먹은 후 국물에 소면을 끓여 먹는다.

Ⓦ 연포탕(소 4만2천원, 중 6만3천원, 대 8만4천원), 낙지철판볶음, 낙지볶음(1인 2만1천원), 산낙지초무침(소 4만2천원, 중 5만8천원, 대 7만4천원), 탕탕이회(중 3만5천원, 대 4만5천원)

🕐 11:00~22:00 – 두번째, 네번째 일요일 휴무

📍 경기 수원시 영통구 청명남로12번길 28 (영통동)

☎ 031-202-7450 ⓟ 가능

바다예찬 해물 | 생선회

신선한 회를 비롯해 제철 해산물을 즐길 수 있다. 다양한 메뉴로 구성된 스페셜코스를 추천할 만하며 매콤상큼한 물회도 별미다. 점심시간에는 회덮밥, 갈치조림, 동태탕 등의 식사 메뉴를 부담없는 가격에 선보인다.

- ⓦ 스페셜모둠숙성회코스(1인 4만5천원), 모둠회(소 7만6천원, 중 11만원, 대 14만5천원), 물회(중 3만5천원, 대 6만원), 점심메뉴(1만원~2만3천원)
- ⏱ 11:00~23:00(마지막 주문 22:30) – 연중무휴
- 🔍 경기 수원시 팔달구 효원로249번길 18-5 (인계동) 경일빌딩 101호
- ☎ 031-236-4466 ⓟ 가능

백운농장 보리밥 | 묵밥 | 닭백숙

광교산 등산로 초입에 자리한 식당. 묵과 김치를 썰어 넣고 따뜻한 국물에 나오는 묵채(일명 묵밥)를 비롯해 건강에 좋은 보리밥, 닭백숙, 숯불바비큐 등을 즐길 수 있다. 인심이 후해서 양이 많은 편. 닭볶음탕, 닭백숙, 오리백숙은 미리 전화로 예약해야 한다.

- ⓦ 보리밥(1만원), 숯불바비큐(2만3천원), 도토리묵무침(1만5천원), 잔치국수(6천원), 비빔국수(7천원), 두부김치(1만2천원), 해물파전(1만5천원), 한방닭백숙, 한방오리탕, 한방오리백숙, 한방닭볶음탕(각 6만원)
- ⏱ 09:00~21:00 – 명절 당일 휴무
- 🔍 경기 수원시 장안구 광교산로 564 (상광교동)
- ☎ 031-257-9600 ⓟ 가능

본수원갈비 ✕ 소갈비 | 소고기구이

수원왕갈비를 맛볼 수 있는 곳. 50여 년 역사의 전통 있는 갈빗집으로, 소갈비를 10cm~12cm 정도로 큼지막하게 잘라 내 양념하는 것이 특징이다. 서비스로 나오는 재래식 된장의 맛이 좋다. 큼지막한 갈비가 들어간 갈비탕은 점심에만 판매한다.

- ⓦ 생갈비(미국산, 450g 6만5천원), 양념갈비(미국산, 450g 6만원), 갈비탕(1만8천원), 냉면(1만2천원), 된장찌개(5천원)
- ⏱ 11:30~21:30(마지막 주문 20:30)| 월, 일요일, 공휴일 11:30~21:00(마지막 주문 20:00) – 명절 휴무
- 🔍 경기 수원시 팔달구 중부대로223번길 41 (우만동)
- ☎ 031-211-8434 ⓟ 가능

삼부자갈비 ✕✕ 소갈비

현재와 같은 대중적인 수원갈비의 원조격이다. 소금으로 간을 한 수원갈비의 전통을 따른다. 해동과 냉동을 두세 차례 반복한 한우를 숯불에 구워 낸 다음 소금으로 간을 한 특유의 양념을 곁들인다. 갈비뼈로 우려낸 구수한 된장찌개도 일품. 담백하고 고소한 게장과 시원한 국물 맛의 동치미, 감주 등이 나온다.

삼부자갈비

- ⓦ 한우생갈비(180g 6만9천원), 한우양념갈비(200g 5만3천원), 수입생갈비(280g 4만5천원), 수입양념갈비(300g 4만3천원), 삼부자점심특선(2만9천원), 한우육회(150g 3만5천원), 갈비탕(1만6천원), 냉면(1만2천원), 된장찌개(4천원)
- ⏱ 11:30~21:30(마지막 주문 20:30) – 명절 당일 휴무
- 🔍 경기 수원시 영통구 중부대로 335 (원천동) 삼부리치안
- ☎ 031-211-8959 ⓟ 가능

셈프레베네 ✕ Semprebene 이탈리아식 | 파스타

분위기 좋은 이탈리안 레스토랑. 다양한 파스타와 리조토, 피자, 스테이크 메뉴를 갖추고 있다. 주방 마감 시간 이후에도 늦은 시간까지 와인을 즐길 수 있다. 루프탑에서는 탁 트인 전망을 즐길 수 있다.

- ⓦ 토마호크세트(700g 15만원), 티본스테이크(500g 10만원), 사프란리조토(2만원), 해산물피자(2만1천원), 고등어대파올리브오일파스타(2만원)
- ⏱ 11:30~15:00/18:00~22:00(마지막 주문 20:30) – 일요일 휴무
- 🔍 경기 수원시 팔달구 효원로235번길 53 (인계동) 송덕빌딩 4층
- ☎ 031-235-2580 ⓟ 가능

소곱친구 ✕ sogopfriend 양곱창

깔끔한 분위기에서 한우 곱창과 대창, 막창을 맛볼 수 있는 한우곱창 전문점. 두꺼운 철판 위에 곱창을 올려 구워 먹는다. 아트볶음밥으로 불리는 눈꽃치즈볶음밥으로 식사를 마무리할 것을 추천한다.

- ⓦ 알곱창(200g 2만8천원), 2인럭셔리모둠(600g 6만5천원), 곱창, 대창(각 200g 2만5천원), 막창(200g 2만6천원), 눈꽃치즈볶음밥(5천원)
- ⏱ 16:00~24:00(마지막 주문 22:50) – 일요일, 마지막 주 월요일 휴무
- 🔍 경기 수원시 영통구 효원로 393 (매탄동) 밀레니엄프라자 2층 202, 203호
- ☎ 031-213-3332 ⓟ 불가(영통구청 주차장 이용)

송풍갈비 ✕ 소갈비

숯불에 구워 먹는 왕갈비의 살점을 부드럽게 만드는 노하우는 냉장 숙성에 있다고 한다. 식사로는 된장찌개와 조밥이 나온다. 양념갈비에 식사가 나오는 갈비정식도 가격대비 만족도가 높다.

- ₩ 점심수원왕생갈비정식(220g 3만3천원), 점심수원왕양념갈비(220g 2만9천원), 한우안창살(150g 7만원), 한우생갈비(250g 6만6천원), 한우양념갈비(250g 5만6천원), 드라이에이징한우등심(150g 6만2천원), 송풍특갈비탕(1만5천원)
- ⏰ 11:00~15:00/17:00~21:30(마지막 주문 20:30) – 명절 당일 휴무
- 📍 경기 수원시 장안구 경수대로 1013 (송죽동)
- ☎ 031–252–4700 ⓟ 가능

수엠부수원역점 Swoyambhu 인도식 | 네팔식

인도, 네팔 음식 전문 레스토랑. 현지인이 직접 운영하는 곳으로, 전통 커리를 즐길 수 있다. 아담한 실내 한쪽에서는 인도 뮤직비디오를 틀어 음악을 들으면서 식사할 수 있다.

- ₩ 난(2천원~5천원), 커리(1만2천원~1만6천원), 탄두리치킨(1만6천원~3만5천원)
- ⏰ 11:00~22:00 – 연중무휴
- 📍 경기 수원시 팔달구 매산로20번길 9 (매산로2가) 2층
- ☎ 031–258–3305 ⓟ 불가

수원만두 ✕ 중국만두 | 중국식국수

화교가 운영하는 50여 년 된 중국집. 중국식 만두를 전문으로, 물만두, 군만두 등과 각종 탕면 등이 유명하다. 땅콩을 갈아 만든 뜨거운 콩국수 같은 단단탕면도 특색 있다. 일반 중식 요리 종류나 짜장면, 짬뽕은 팔지 않는 것이 특징.

- ₩ 고기만두, 군만두, 찐만두, 물만두, 소고기탕면, 볶음면, 단단탕면(각 9천원), 깐풍기(소 2만5천원, 대 3만원), 탕수육(소 2만원, 대 2만5천원)
- ⏰ 11:30~21:00 – 명절 휴무
- 📍 경기 수원시 팔달구 창룡대로8번길 6 (팔달로1가)
- ☎ 031–255–5526 ⓟ 가능

쉐푸스 Chefoo's 뷔페

현대적 감각의 세련된 분위기와 격조 높은 서비스, 최고급 요리가 조화를 이루는 정통 뷔페로, 조식, 중식, 석식 뷔페를 제공하고 있다.

- ₩ 아침뷔페(성인 3만9천원, 어린이 2만1천원), 점심, 저녁뷔페(성인 9만5천원, 어린이 4만8천원)
- ⏰ 06:30~10:00 | 토, 일요일 06:30~10:00/12:00~14:30/18:00~21:00 – 연중무휴
- 📍 경기 수원시 팔달구 중부대로 150 (인계동) 라마다프라자수원 5층
- ☎ 031–230–0074 ⓟ 가능

스시쇼쿠젠 SUSHI SHOKUZEN 食 스시

고급스럽게 스시오마카세를 즐길 수 있는 곳. 차완무시로 시작하여 회가 몇 점 나오고 생선구이, 튀김이 나온 후 다양한 재료를 사용한 스시가 이어진다. 마무리로 솥밥이 나오는데, 오챠즈케로 먹어도 맛이 일품이다.

- ₩ 런치(6만원), 디너(12만원)
- ⏰ 11:30~14:30/18:30~22:00 – 연중무휴
- 📍 경기 수원시 영통구 법조로 25 (하동) 광교 SK VIEW Lake 1층 106호
- ☎ 010–8287–4670 ⓟ 가능

스팅키베이컨트럭 ✕

Stinky Bacon Truck 미국식 | 캐주얼다이닝

바비큐로 인기를 끌었던 유용욱바비큐연구소에서 오픈한 미국식 레스토랑. 직접 만든 두툼한 베이컨을 맛볼 수 있으며, 햄버거와 와플치킨도 선보이고 있다. 브런치플래터를 주문하면 베이컨을 비롯해 핫케이크, 해시브라운까지 다양하게 즐길 수 있다.

- ₩ 하우스샐러드와스모크드베이컨(1만6천9백원), 브런치플래터(런치 1만8천9백원), 베이컨&치즈샌드위치와베이컨(런치 1만6천9백원), 에브리데이미트볼(디너 1만8천9백원), 와플&치킨(2만2천9백원)
- ⏰ 10:00~15:30/17:00~22:00 | 토, 일요일 10:00~22:00 – 연중무휴
- 📍 경기 수원시 장안구 수성로 175 (정자동)
- ☎ 010–3215–4325 ⓟ 가능

신라갈비 ✕ 소갈비

수원에서 손꼽히는, 오래된 갈빗집 중 하나. 숯불에 구워 먹는 갈비 맛이 좋고 반찬도 정갈하고 깔끔하다. 야외 테라스에는 식후에 차를 마실 수 있는 공간이 있다.

- ₩ 한우생갈비(250g 8만7천원), 한우양념갈비(270g 6만7천원), 왕생갈비(450g 6만5천원), 왕양념갈비(450g 6만원), 한우육회(180g 3만9천원), 갈비탕(1만7천원), 냉면(1만2천원)
- ⏰ 11:30~22:00 | 일요일 11:00~21:30 – 연중무휴
- 📍 경기 수원시 영통구 동수원로 538 (원천동)
- ☎ 031–212–2354 ⓟ 가능

아다미식당 순댓국

순대국밥과 머릿고기가 유명한 집. 명산식당과 함께 수원 역전에서 쌍벽을 이루는 순대국밥집으로 알려졌다. 고기의 양도 푸짐하다. 머릿고기를 시켜놓고 술 한잔 기울이는 사람들이 많아 저녁때는 자리가 없을 정도다. 60여 년 역사를 자랑하는 곳.

- ₩ 순댓국(9천원), 따로국밥(1만원), 술국(1만7천원), 모둠수육, 머리수육, 내장수육(각 소 2만원, 중 2만5천원, 대 3만원)
- ⏰ 24시간 영업 – 명절 휴무

경기 수원시 팔달구 매산로 1-8 (매산로1가)
031-242-4190 ℗ 불가

아름다운땅 ✄ 이탈리아식 | 피자 | 파스타

고급스러운 분위기의 이탈리안 레스토랑이다. 참나무 화덕 피자와 파스타, 스테이크와 함께 와인을 즐길 수 있다. 조용한 지하 공간은 저녁 시간 때 이용하기 좋다.

곤돌리에라파스타(2만2천원), 풍기리조토(1만9천원), 마르게리타(2만원), 한우안심스테이크(170g 6만5천원), 프렌치렉양갈비스테이크(170g 4만5천원)
11:30~15:00/17:00~22:30 | 토, 일요일 11:00~15:00/17:00~22:00 – 월요일 휴무
경기 수원시 영통구 청명남로4번길 2 (영통동)
031-204-8875 ℗ 가능

어구미 ✄ 생선구이

생선구이 전문점. 숯불로 굽고 강황을 뿌려 생선의 비린내를 없앴다. 밑반찬도 깔끔하고 생선구이 맛 역시 전체적으로 훌륭하다는 평.

고등어구이정식(1만2천원), 임연수구이정식(1만5천원), 삼치구이정식(1만6천원), 갈치구이정식(1만7천원), 모둠구이(소 3만2천원, 대 5만원)
11:00~15:30/17:00~21:30 – 명절 휴무
경기 수원시 팔달구 권광로134번길 35 (인계동)
031-238-8535 ℗ 가능

에스쿱 Esque'p 이탈리아식 | 와인바

홍콩식 이탈리안 요리를 선보이는 와인바. 오픈된 주방에서 직접 만든 육수와 생면으로 비스트로 요리를 선보인다. 4시간 동안 저온 조리한 소볼살이 대표 메뉴. 와인 리스트가 좋으며, 가격 대비 만족도가 높은 편이다. 애피타이저로 입맛을 돋우어 주는 크림치즈로 속을 채운 토마토샐러드도 추천할 만하다.

토요일오마카세(1부 4만원, 2부 5만원), 한우안심카르파치오(2만3천원), 와규치마살스테이크(3만8천원), 꿀대구와아이올리

에스쿱

(2만5천원), 라구리가토니(1만8천원), 칼조네(2만1천원)
17:00~22:00(마지막 주문 21:00) | 토요일 17:00~21:30(마지막 주문 20:30) – 일요일 휴무
경기 수원시 장안구 덕영대로445번길 37 (율전동) 1층 102호
0507-1480-3239 ℗ 불가

오봉베르 ✄ AU BON BEURRE 크루아상 | 베이커리

광교카페거리에 자리한 베이커리 카페로, 크루아상이 유명하다. 초코, 아몬드, 홍차, 앙버터 등을 넣은 다양한 크루아상이 입맛을 사로잡는다. 먹고 갈 수 있는 공간도 마련되어 있으며, 노키즈존으로 운영된다.

크루아상(4천4백원), 명란감태바게트, 콘치즈페스츄리(각 4천원), 무화과크림크루아상, 얼그레이크루아상(각 6천원), 아메리카노(4천5백원), 카페라테(5천원)
10:00~19:30(마지막 주문 19:00) – 연중무휴
경기 수원시 영통구 센트럴파크로127번길 142 (이의동) 지하 1층
010-2326-2104 ℗ 불가

오이탈리안 oh-Italian 이탈리아식

셰프, 소믈리에, 바리스타, 디자이너 4인의 전문가가 만드는 「음식과 문화를 남는 공간」이라는 콘셉트를 추구한다. 1인 1메뉴 주문 시 브레드 서비스를 주는데, 셰프가 갓 구워 내어주는 4종의 빵이 특색있다. 세트로 주문시 다양하게 맛볼 수 있다.

시저샐러드, 카르보나라(각 1만6천9백원), 들깨크림뇨키(2만1천9백원), 해산물디아블로(각 1만8천9백원), 보타르가(1만9천9백원), 마르게리타(1만5천9백원), 치미추리리조토(1만8천9백원)
11:00~15:00/17:30~21:15(마지막 주문 20:30) – 연중무휴
경기 수원시 영통구 센트럴타운로 85 (이의동) cb39호
031-548-0066 ℗ 가능

오젬므 Oseme Cafe 디저트전문점

스트로바니밀푀유, 바질릭블랙토마토타르트, 얼그레이쇼콜라생토노레 등을 맛볼 수 있는 디저트 카페. 커피는 플랫화이트를 많이 찾으며, 좌석은 창가와 주방 앞 쪽에 바 형식의 테이블이 마련되어 있다. 디저트와 음료를 다양하게 즐기기 좋은 편이다.

스트로바니밀푀유, 말차밀푀유(각 9천8백원), 바질릭블랙토마토타르트(8천5백원), 홀리데이산타마롱타르트, 얼그레이쇼콜라생토노레, 스트로베리치오타르트(각 1만원), 클래식바닐라타르트(9천원), 플랫화이트(5천5백원), 아메리카노, 에스프레소(각 4천5백원), 라테(6천원)
11:00~20:00 – 수요일 휴무
경기 수원시 권선구 권선로766번길 7-4 (권선동) 트윈하우스 1층
010-2803-7077 ℗ 가능

온유여월 溫柔與月 한식디저트 | 카페

고즈넉한 한옥의 분위기를 그대로 담은 한식 디저트 전문 카페. 곶감, 호두, 크림치즈로 달콤하면서 고소한 맛을 낸 호두크림치즈곶감말이가 시그니처 메뉴 중 하나로, 커피와 함께 즐기기 좋다. 이외에도 다양한 한식 디저트 메뉴를 갖추고 있어 특별한 맛을 경험할 수 있다.

- Ⓦ 호두크림치즈곶감말이(7천원), 붕어소금빵(5천5백원), 토아이스크림브라우니(8천원), 현미튀밥아이스크림(5천원), 아이스홍시찹쌀떡(4천5백원), 생딸기롤케이크(8천원), 아메리카노(5천5백원), 온유라테(6천5백원)
- 🕐 11:00~21:00(마지막 주문 20:50) – 화요일 휴무
- 🔍 경기 수원시 팔달구 신풍로 65 (장안동) 한옥카페 온유여월
- ☎ 0507-1331-3850 Ⓟ 불가

용성통닭 통닭 | 프라이드치킨

수원통닭골목에서 진미통닭과 함께 양대산맥으로 꼽히는 곳이다. 닭을 시키면 닭모래집과 닭발이 서비스로 나온다. 바삭하게 튀겨서 기름이 쫙 빠진 프라이드치킨이 별미다.

- Ⓦ 프라이드치킨, 통닭(각 1만9천원), 양념치킨(2만원), 왕갈비통닭(2만2천원)
- 🕐 11:00~23:00 – 화요일 휴무
- 🔍 경기 수원시 팔달구 정조로800번길 15 (팔달로1가)
- ☎ 031-242-8226 Ⓟ 불가

운멜로 Un Melo 파스타 | 이탈리아식

파스타, 리조토 전문점으로, 수원에서 제대로 된 이탈리아 음식을 와인과 함께 즐길 수 있는 곳이다. 세트메뉴를 이용하면 보다 저렴하게 다양한 메뉴를 즐길 수 있다.

- Ⓦ 세트(M세트 3만9천원, 스테이크세트 4만5천원, R세트 5만5천원), 비프바비큐샐러드, 블랙빈감베리파스타(각 1만5천원), 알리오올리오(1만4천원), 풍기크레마리조토(1만6천원), 스테이크(2만원)
- 🕐 11:30~15:00/16:30~21:30(마지막 주문 20:30) – 명절 당일 휴무
- 🔍 경기 수원시 팔달구 화서문로32번길 4 (신풍동) 2층
- ☎ 031-256-0149 Ⓟ 불가

운봉농장 오리로스

참숯으로 구운 훈제오리, 생오리 등 다양한 요리를 맛볼 수 있다. 질 좋은 생오리고기가 나오는 오리로스가 인기다. 가격 부담이 없어 친구, 가족끼리 부담 없이 찾기 좋은 곳이다. 식당 한쪽에는 김치, 쌈채소, 샐러드, 나물 등을 마음껏 가져다 먹을 수 있는 셀프 바가 마련되어 있다.

- Ⓦ 생오리(300g 2만1천원), 훈제오리(300g 2만3천원), 볶음밥(3천원)
- 🕐 11:00~15:30/16:30~22:00(마지막 주문 21:00) – 월요일 휴무

- 🔍 경기 수원시 영통구 중부대로 236 (매탄동)
- ☎ 031-213-5668 Ⓟ 가능

유치회관 선지해장국 | 수육

40년 넘는 전통을 자랑하는 곳으로, 원래 광교산 등산객에게 인기 있었던 해장국집이다. 우거지와 콩나물을 넣고 끓인 해장국에 팽이버섯을 넣는 것이 독특하다. 현재 선지해장국으로는 수원 제일이라는 평을 받고 있다.

- Ⓦ 해장국(1만1천원), 수육, 수육무침(각 3만5천원)
- 🕐 24시간 영업 – 명절 휴무
- 🔍 경기 수원시 팔달구 효원로292번길 67 (인계동)
- ☎ 031-234-6275 Ⓟ 가능

유치회관

인계해장 소내장탕 | 설렁탕

직접 우려낸 한우 사골 육수로 만든 한우 내장탕, 한우 설렁탕, 한우 해장국 등을 맛볼 수 있는 국밥 전문점. 한우 곱창전골과 명란 치즈 볶음밥도 많이 찾는 편이며, 한우수육과 육사시미도 추천할 만한 메뉴. 룸과 단체석도 마련되어 있으며, 24시간 영업 한다.

- Ⓦ 한우내장탕(1만2천원, 특 1만3천원), 한우설렁탕, 한우해장국(각 1만1천원, 특 1만3천원), 한우내장전골(중 3만5천원, 대 4만5천원), 한우곱창전골(중 4만원, 대 5만원), 육사시미(100g 1만5천원, 150g 2만2천원), 한우수육(250g 3만5천원, 500g 5만5천원), 명란치즈볶음밥(3천원)
- 🕐 24시간 영업 – 연중무휴
- 🔍 경기 수원시 팔달구 인계로166번길 26 (인계동)
- ☎ 031-232-8780 Ⓟ 가능

일미순대국 순댓국

오랫동안 수원역 부근에 자리 잡고 있는 순댓국집으로, 국산 돼지고기만을 사용하여 국물이 진하면서 맛있고, 육질이 좋다. 순대국밥은 밥이 말아져 나오고 따로국밥은 공깃밥이 따로 나온다. 머릿고기수육과 내장모둠도 많이 찾는다.

- Ⓦ 순대국밥, 돼지머리국밥(각 1만원), 따로국밥(1만1천원), 술국

(2만원, 대 2만5천원), 머릿고기, 내장모둠(각 소 2만원, 중 2만5천원, 대 3만원, 특대 4만원)
🕐 10:00~22:00 – 비정기적 휴무
🔍 경기 수원시 팔달구 향교로 2 (매산로1가)
☎ 031-251-9640 ⓟ 불가

입주집 ✂ 양곱창

수원에서 오래된 곱창집. 초벌로 구워온 곱창을 두꺼운 철판 위에 구워 먹는 스타일이다. 같이 나오는 부추 겉절이를 곁들이면 더욱 맛이 좋다.
🏧 소곱창구이(200g 2만3천원), 소막창구이(200g 2만3천원), 소대창구이(250g 2만3천원), 모둠한판(600g 6만2천원), 소곱창전골(중 4만4천원, 대 5만1천원)
🕐 12:00~15:00/16:00~22:00(마지막 주문 21:20) – 일요일 휴무
🔍 경기 수원시 팔달구 팔달문로3번길 37 (팔달로1가)
☎ 031-255-5384 ⓟ 가능

자선농원 보리밥

정통 보리밥으로 알려진 50여 년 전통의 한식집. 직접 텃밭에서 따온 채소가 나오며 하나같이 맛깔스러운 반찬이다. 실내 분위기에서 연륜이 느껴진다.
🏧 자선보리밥, 유기농청국장(각 1만원), 차돌얼큰청국장(1만2천원), 해물얼큰청국장(각 1만1천원), 묵무침(1만5천원), 버섯파전(1만3천원)
🕐 09:00~21:00(재료 소진 시 마감) – 명절 당일 휴무
🔍 경기 수원시 장안구 광교산로 363-1 (하광교동)
☎ 031-247-6093 ⓟ 가능

잔잔수원역점 ✂

ZANZAN 이자카야 | 모던재패니즈 | 야키토리

사시미부터 꼬치, 구이, 튀김, 일품요리 등 수십 종의 메뉴가 준비되어 있는 이자카야. 사케 및 주류 종류도 다양하다. 스키야키와 샤부샤부도 인기 메뉴다. 2층 룸에서는 프라이빗하게 술자리를 즐길 수 있다.
🏧 참치다타키, 소고기다타키, 찹스테이크(각 2만3천원), 차돌박이숙주볶음(2만원), 키조개관자버터야키(1만9천원), 오코노미야키(2만1천원), 스키야키, 모츠나베(각 2만8천원), 생선구이(1만6천원~2만5천원), 추천꼬치(5종 1만8천원, 7종 2만2천원)
🕐 18:00~02:00(익일)(마지막 주문 01:00) | 금, 토요일 18:00~03:00(익일)(마지막 주문 02:00) – 연중무휴
🔍 경기 수원시 팔달구 향교로 43 (매산로2가)
☎ 0507-1419-0876 ⓟ 불가

장수생고기 김치찌개 | 돼지고기구이

돼지고기구이와 김치찌개를 즐길 수 있는 곳. 김치와 두부, 돼지고기를 적절하게 넣은 김치찌개가 맛있다. 돼지고기 외에 한우 등심도 맛볼 수 있다.
🏧 김치찌개(1만원), 가브리살, 갈매기살, 삼겹살(각 180g 1만8천원), 가브리살수육(200g 2만원), 한우등심(200g 5만4천원, 400g 10만6천원)
🕐 11:30~15:00/17:00~21:40(마지막 주문 21:10) – 명절 휴무
🔍 경기 수원시 팔달구 효원로291번길 17 (인계동) 동건빌딩
☎ 031-239-3074 ⓟ 가능

장수촌망포점 닭백숙 | 오리백숙

닭백숙을 전문으로 하는 곳. 닭백숙은 주문과 동시에 조리되어 15~20분 정도 소요되므로 미리 예약하는 것을 추천한다. 아삭한 겉절이와 함께 곁들여 먹는다. 누룽지오리백숙은 예약제로만 운영되며, 1시간 전 예약이 필수다.
🏧 누룽지백숙토종닭(4만4천원), 누룽지오리백숙(5만2천원), 산더미쟁반막국수(1만5천원), 통골뱅이무침(2만원), 사리추가(3천원)
🕐 10:30~22:00(마지막 주문 21:00) – 월요일 휴무
🔍 경기 수원시 영통구 영통로214번길 41 (영통동) 토야프라자 205호
☎ 031-202-9959 ⓟ 불가

중평떡볶이 떡볶이

인계동 한쪽에 자리 잡고 있는 떡볶이집. 보기에는 매워 보이지 않지만 막상 먹다 보면 어느새 입안이 얼얼해진다. 이곳의 비법은 한 번 만든 떡볶이 국물에 물엿이나 고추장을 더 풀어서 재사용하지 않는 것. 새벽까지 사람들이 붐비는 곳이다.
🏧 떡볶이(4천5백원), 찰순대(순대만 4천5백원, 내장포함 5천5백원), 꽁지김밥(3개 4천원), 불고기버거, 꼬마스팸김밥(각 4천원), 한입만두(5천5백원)
🕐 10:50~04:30(익일) – 연중무휴
🔍 경기 수원시 팔달구 효원로265번길 44 (인계동)
☎ 031-226-8878 ⓟ 불가

진미통닭 ✂ 프라이드치킨

수원 팔달문 근처에서 오랜 시간 동안 사랑받고 있는 치킨집. 워낙에 인기가 좋아 주말에는 매장 안에서 먹으려고 기다리는 사람은 물론, 포장을 기다리는 사람들까지 줄이 길다. 치킨을 시키면 닭모래집이 서비스로 나온다.
🏧 프라이드치킨, 통닭(각 1만9천원), 양념통닭, 반반치킨(각 2만원)
🕐 11:00~23:00 – 월요일 휴무
🔍 경기 수원시 팔달구 정조로800번길 21 (남수동)
☎ 031-255-3401 ⓟ 불가

진미회관 삼겹살 | 생태

생태찌개로 유명한 집이다. 곤이를 추가할 수 있으며 맵지 않은 지리 스타일로 내오는 것이 특징이다. 청양고추를 원하는 만큼 풀어 칼칼하게 매운 맛을 내서 먹을 수도 있다. 점심에는 생태찌개를, 저녁에는 고기를 판매한다..

- Ⓦ 생태찌개(1인 1만6천원), 생삼겹(180g 1만5천원), 차돌박이(100g 1만5천원)
- 🕐 11:30~15:00/17:00~21:50 | 토요일 11:30~15:00/17:00~21:00 – 일요일, 명절 휴무
- 🔍 경기 수원시 영통구 매탄로79번길 6-25 (매탄동)
- ☎ 031-212-9266 Ⓟ 불가

카야마구로 Kaya Maguro 참치

숙성 참치 전문 이자카야로, 고급스럽고 쾌적한 인테리어. 룸으로 구성된 좌석도 있어 프라이빗하게 즐길 수 있다. 메인메뉴인 참치는 냉동이 아닌 생물을 손질해 내어준다. 회의 빛깔부터 신선함이 남다르다는 평.

- Ⓦ 아카미호소마키, 마구로동(각 2만원), 메로구이, 세이로무시(3만원), 스키야키(3만원), 숙성참치(2인 7만4천원, 3인 11만원, 4인 14만5천원, 5인 18만2천원)
- 🕐 17:00~01:00(익일)(마지막 주문 24:00) – 명절, 일요일 휴무
- 🔍 경기 수원시 팔달구 효원로235번길 52 (인계동) 2층
- ☎ 010-7118-2688 Ⓟ 불가(수원시청 주차장 이용)

코끼리만두 분식 | 만두

40년 넘게 자리를 지키고 있는, 수원에서는 유명한 분식집이다. 상호에서 알 수 있듯이 만두가 가장 유명하며 우엉이 들어간 김밥과 쫄면도 인기 메뉴다. 실내 분위기도 카페처럼 아기자기하고 깨끗하다.

- Ⓦ 찐만두, 튀김만두, 김치만두, 쫄면(각 8천5백원), 채소김밥(5천원), 냉면(9천원)
- 🕐 10:25~20:00(마지막 주문 19:50) | 일요일 10:25~19:00(마지막 주문 18:50) – 연중무휴
- 🔍 경기 수원시 팔달구 중부대로3번길 27 (팔달로3가)
- ☎ 031-255-6704 Ⓟ 불가

크레마노영통본점 ✖ Cremano 커피전문점

정통 이탈리안 에스프레소를 표방하는 커피바. 이탈리안 에스프레소 챔피언 박대훈 바리스타의 매장으로, 다양한 향미를 갖춘 에스프레소 메뉴를 접할 수 있다. 이탈리아 유명 도시의 풍미를 느낄 수 있는 에스프레소 메뉴도 마련했다.

- Ⓦ 에스프레소(2천3백원), 아메리카노(3천2백원), 카페라테(3천7백원), 만다린에이드, 바이올렛에이드(각 4천4백원), 오늘의커피(3천7백원), 크루아상(2천9백원), 브리첼커스터드(3천6백원)
- 🕐 09:00~21:00 – 연중무휴
- 🔍 경기 수원시 영통구 청명남로 32 (영통동) 월드프라자
- ☎ 070-4115-0524 Ⓟ 가능

키와마루아지 極味 라멘 | 일식덮밥

돈코츠라멘의 일종인 미라멘이 유명하다. 닭육수로 만든 담백하고 칼칼한 극라멘 역시 인기 있는 메뉴. 극라멘으로 속풀이 해장을 하기 위해 찾는 손님도 많다. 미라멘에 토핑을 푸짐하게 올린 특미라멘도 추천할 만하다.

- Ⓦ 미라멘(7천5백원), 부타동, 규동(각 8천5백원), 특미라멘, 극라멘, 츠케멘, 챠슈동(각 9천원), 특챠슈동(만원)
- 🕐 11:00~21:30(마지막 주문 20:45) – 명절 휴무
- 🔍 경기 수원시 팔달구 아주로13번길 22 (우만동)
- ☎ 031-214-9015 Ⓟ 불가

팔미옥 ✖ 소고기구이

수원에서 유명한 한우 특수부위 전문점으로, 다양한 부위를 맛볼 수 있다. 살치살, 안창살, 제비추리, 치맛살, 토시살 등 거의 모든 부위가 메뉴에 있지만, 그날그날 좋은 고기만 가져오기 때문에 보통 네 종류의 고기를 모둠 형태로 내온다. 40년 전통을 자랑한다.

- Ⓦ 살치살(2인 이상 150g 5만원), 갈빗살(150g 4만3천원), 안창살(2인 이상 150g 5만7천원), 치맛살(150g 3만9천원), 토시살(150g 4만원), 제비추리(150g 4만원), 육회(250g 3만8천원), 특수부위모둠(300g 7만3천원, 600g 14만6천원), 냉면(8천원), 육회비빔밥(1만5천원)
- 🕐 11:30~14:30/17:00~22:30 – 월요일 휴무
- 🔍 경기 수원시 팔달구 효원로 3-1 (매산로3가) 2층
- ☎ 031-245-6325 Ⓟ 가능

평장원남문점 平場院 이북음식 | 평양냉면

이북 음식 전문점으로, 평양냉면이 대표 메뉴다. 육향 가득한 뽀얀 국물에 메밀면의 식감이 잘 느껴지는 평양냉면을 맛볼 수 있다. 자극적이지 않은, 슴슴한 평양냉면 고유의 맛을 잘 살렸다는 평이다.

- Ⓦ 물냉면, 비빔냉면, 육개장밥, 만두, 만둣국(각 1만2천원), 회냉면(1만5천원), 수육(3만2천원, 절반 1만6천원), 녹두전(1만3천원)
- 🕐 24시간 영업 – 연중무휴
- 🔍 경기 수원시 팔달구 중부대로 22-13 (구천동)
- ☎ 031-245-0990 Ⓟ 가

풍년설렁탕해장국 선지해장국 | 곰탕

40여 년의 내력을 지닌 곳으로, 수원 북문 부근에서는 오래된 집 중 하나다. 새벽에 해장하러 들르는 사람들이 많다. 풍년집이라고도 알려져 있다.

- Ⓦ 선지해장국(7천원), 설렁탕, 곰탕(8천원), 내장곰탕, 설곰탕(각 9천원), 도가니탕(1만2천원), 꼬리곰탕(1만7천원), 모둠수육(4만원), 도가니수육(4만5천원)
- 🕐 24시간 영업 – 명절 휴무
- 🔍 경기 수원시 장안구 팔달로271번길 40 (영화동)
- ☎ 031-243-8237 Ⓟ 가능(동명 주차장 이용. 30분 무료)

하누담 소고기구이

프라이빗 한 공간에서 한우를 즐길 수 있는 곳. 모든 좌석이 단독 룸으로 되어 있어 모임을 즐기기에 좋다. 한우 특등심이 대표 메뉴이며 안심과 특수부위를 한 번에 즐길 수 있는 특수부위 모둠도 인기 메뉴다. 왕갈비와 푸짐한 해산물, 더덕이 함께 있는 갈비 해신탕은 예약이 필수다.

Ⓦ 한우등심(150g 3만9천5백원), 한우안심(150g 4만2천원), 갈빗살(150g 3만7천원), 한우특등심(150g 4만9천5백원), 한우특수부위모둠(350g 15만원), 생갈비(250g 7만5천원)

Ⓛ 11:30~15:00(마지막 주문 14:30)/16:30~22:00(마지막 주문 21:30) – 연중무휴

Ⓠ 경기 수원시 영통구 청명남로34번길 21 (영통동) 테라스가든 상가 2층

☎ 031-205-9998 Ⓟ 가능(건물 내 주차, 2시간 무료)

하얀풍차 whitewindmill 베이커리

역사가 오래된 빵집. 매탄점이 재개발 되어 곡반점으로 이전하였다. 유기농 밀가루와 천연사과 발효액종으로 빵을 발효시켜서 만든다. 버터와 설탕도 거의 사용하지 않는다. 다양한 건강빵과 조리빵, 케이크를 만날 수 있다. 화이트롤, 치즈바게트 등이 인기 메뉴다.

Ⓦ 화이트롤(6천8백원), 치즈바게트(6천1백원), 쌀바게트(5천9백원), 옛날맘모스(4천6백원), 햄버거(6천3백원), 몽블랑(6천3백원), 소금빵(2천7백원)

Ⓛ 07:30~23:00 – 연중무휴

Ⓠ 경기 수원시 권선구 곡반정로 160 (곡반정동) 라퍼스트 1동 134~136호

☎ 031-215-3738 Ⓟ 가능

한마당생고기 쌈밥 | 소고기구이 | 돼지고기구이

한우와 제주도 흑돼지 고기와 함께 직영농장에서 직접 재배하는 다양한 종류의 유기농 쌈 채소를 맛볼 수 있는 곳. 10여 가지가 넘는 맛깔스러운 반찬이 한 상 가득 깔린다.

Ⓦ 제주흑돼지오겹살, 제주흑돼지목살(각 180g 2만1천원), 한우차돌박이(180g 2만8천원), 한우꽃등심(160g 5만4천원)

Ⓛ 10:00~15:00/17:00~22:00(마지막 주문 21:30) | 일요일 10:00~ 20:00(마지막 주문 19:30) – 연중무휴

Ⓠ 경기 수원시 장안구 장안로75번길 61 (정자동) 1층

☎ 031-246-0288 Ⓟ 가능

항아리집 소고기구이 | 육사시미 | 돼지갈비

함평 한우를 사용하여 질 좋은 한우를 즐길 수 있는 곳. 꽃등심, 생갈비, 갈빗살 등이 나오는 항아리갈비세트가 인기며, 돼지고기구이도 즐길 수 있다. 광교산 자락에 있어 식사 후 차 한잔 하면서 즐기는 풍경이 운치 있다.

Ⓦ 항아리집갈비(1kg 9만8천원), 돼지왕갈비(330g 1만8천원), 소갈빗살(200g 2만4천원), 육회(200g 2만5천원), 생삽겹살

(200g 1만8천원), 멍석왕갈비(1대 1만원), 보리밥, 곤드레밥(각 1만2천원)

Ⓛ 11:00~21:00 – 명절 휴무

Ⓠ 경기 수원시 장안구 파장천로 144-6 (파장동)

☎ 031-271-0099 Ⓟ 가능

해피누디 Happy NUD 디저트전문점 | 마카롱

직접 만든 다양한 종류의 마카롱을 맛볼 수 있는 곳이다. 비트, 백련초, 치자황 등의 천연가루를 사용해 색상을 낸다. 조개 모양을 연상케 하는 비주얼이 독특하다.

Ⓦ 마카롱(2천5백원~3천원), 피낭시에(2천5백원), 아메리카노(500ml 2천5백원, 1L 4천5백원), 카페라테(500ml 3천5백원, 1L 6천원), 달고나라테(500ml 4천원, 1L 6천5백원)

Ⓛ 11:00~20:00 – 연중무휴

Ⓠ 경기 수원시 영통구 도청로 95 (이의동) 유니코어, 지하1층 104호

☎ 010-7654-3340 Ⓟ 가능

해피누디

홍밀면옥 막국수 | 보쌈 | 평양냉면

보쌈과 막국수 전문점. 보쌈의 돼지고기는 소금으로만 간하여 삶기 때문에 조미의 맛이 없는 깔끔한 맛이며, 소고기 수육이 추가된 우돈보쌈도 인기 메뉴다. 보쌈과 막국수가 주력이지만, 평양냉면 맛집으로도 알려져 있다.

Ⓦ 보쌈(소 3만9천원, 중 4만6천원, 대 5만4천원), 우돈보쌈(중 5만5천원, 대 7만원) 물막국수, 비빔막국수(각 1만2천원), 들기름막국수(1만3천원), 평양냉면(1만2천원)

Ⓛ 11:00~15:00/17:00~21:30(마지막 주문 20:40) | 토, 일요일 11:00~14:40/17:00~21:30(마지막 주문 20:40) – 월요일 휴무

Ⓠ 경기 수원시 팔달구 수성로157번길 5-16 (화서동) 1층

☎ 031-271-4842 Ⓟ 가능

화양가옥수원역점

花樣家屋 피자 | 파스타 | 이탈리아식

파스타와 로마 피자를 선보이는 이탈리안 선술집. 레트로한 개화기 풍의 인테리어와 메뉴판이 눈길을 끈다. 이탈리아 음식으로 저녁 식사하며 술 한잔하기 좋다.

Ⓦ 루콜라체리토마토(9천9백원), 갈비토마토파스타(1만8천9백원), 올리브페퍼로니(8천9백원), 왕새우로제리조토(1만8천9백원), 꽃게로제파스타(2만9백원)

Ⓣ 11:30~15:00/17:00~23:00(마지막 주문 22:00) – 월요일 휴무

Ⓠ 경기 수원시 팔달구 향교로 58 (매산로3가) 1층 화양가옥

☎ 031-247-0877 Ⓟ 불가

화청갈비 소갈비

1945년 수원에서 갈비를 최초로 시작했다는 화천옥을 뿌리로 하는 곳으로, 그 후에 이름이 바뀐 화청갈비의 명맥을 유지하고 있다. 고기를 양념에 3~4일간 숙성시켜 육질이 부드럽다. 푸짐한 갈빗대가 들어간 갈비탕도 인기다.

Ⓦ 수입양념갈비정식(3만4천원), 수입생갈비정식(3만7천원), 한우양념갈비정식(3만7천원), 한우생갈비정식(4만7천원), 전복갈비탕(1만7천원), 우거지갈비탕(1만6천원), 갈비탕(1만5천원), 옛날불고기(1만5천원)

Ⓣ 11:00~22:00 – 명절 휴무

Ⓠ 경기 수원시 팔달구 창룡대로41번길 12 (매향동)

☎ 031-216-5005 Ⓟ 불가

후이후이 HUIHUI 일반중식

불향 가득한 삼겹짬뽕이 맛있는 중식집. 신라호텔 팔선 출신 셰프가 정갈한 중식을 선보인다. 바삭하고 튀김옷이 얇은 탕수육도 인기 메뉴. 프라이빗룸도 마련되어 있어 모임을 갖기에도 좋다.

Ⓦ 삼선짜장(1만원), 삼겹짬뽕(1만1천원), 짜장면(8천원), 게살복음밥(1만4천원), 깐풍기(2만7천원), 유린기(2만7천원), 팔보채(3만5천원)

Ⓣ 11:00~15:00/17:00~21:00(마지막 주문 20:30) – 연중무휴

Ⓠ 경기 수원시 영통구 덕영대로 1566 (영통동) 더 판타지움 1층

☎ 031-8001-9700 Ⓟ 가능

늘솜당 베이커리

넓은 정원을 갖춘 대형 베이커리 카페. 70여 가지의 다양한 베이커리를 선보이고 있다. 마늘바게트와 몽블랑이 인기 있다. 테라스 자리도 넓게 갖추고 있으며, 루프탑도 마련되어 있다.

Ⓦ 아메리카노(5천원), 카페라테(5천3백원), 솜당라테(6천8백원), 솜당밤식빵, 마늘바게트, 월넛, 몽블랑(각 6천8백원), 블루베리뚱타르트, 뉴욕치즈뚱타르트(각 8천원), 육쪽마늘빵(5천5백원), 트레이션치아바타(4천8백원)

Ⓣ 10:00~22:00 – 연중무휴

Ⓠ 경기 시흥시 하우로122번길 50-3 (대야동)

☎ 0507-1330-0950 Ⓟ 가능

늘솜당

더숲소전미술관 카페

공간별 테마가 있는 미술관 카페. 숲으로 둘러싸여 있어 별장에 놀러 온 듯한 느낌을 준다. 음료를 마시며 책을 읽고, 예술 작품을 관람할 수도 있다. 카페 금액의 1%는 미술관 입장료로 사용된다.

Ⓦ 아메리카노(5천3백원), 카페라테(5천8백원), 시나몬크림라테(7천원), 말차슈페너(7천원), 비프파니니, 버섯파니니(각 1만2천원), 버섯포케(1만3천원), 훈제오리포케(1만3천5백원), 달가슴살포케(1만4천원), 연어포케(1만4천5백원)

Ⓣ 10:00~14:00/16:00~21:00 – 연중무휴

Ⓠ 경기 시흥시 소래산길 41 (대야동)

☎ 031-314-0206 Ⓟ 가능

들꽃향 한정식

운치 있는 카페 분위기로 연출한 깔끔하고 정갈한 한정식집. 직접 담근 장으로 요리를 하며 간장게장, 코다리찜 등의 전통적인 한식을 맛볼 수 있다. 장독대와 저수지가 어우러

진 풍경이 입맛을 돋운다.

ⓦ 파낙지볶음솥밥간장국수, 전복낙지돌솥밥새우장(각 1만7천원), 낙지볶음삼합솥밥(1만9천원), 왕갈비낙지전골새우장솥밥(2인 4만8천원), 갈비사태찜(중 2만9천원, 대 4만2천원), 오징어초무침(1만5천원), 순수감자전, 가지야채탕수, 어린이돈가스(각 1만원).
ⓣ 11:00~21:00(마지막 주문 20:00) – 명절 휴무
ⓠ 경기 시흥시 물왕수변로 12–1 (산현동)
☎ 031–405–4054 ⓟ 가능

베러스퀘어 BETTER SQUARE 양식

쫀득한 화덕 피자와 다양한 양식 메뉴가 있는 큰 규모의 양식 레스토랑. 가정집을 리모델링 한 곳으로, 따뜻한 분위기의 실내 또는 초록이 가득한 정원에서 분위기 좋은 식사를 즐길 수 있다. 가족 또는 반려동물과 방문하기 좋은 곳.
ⓦ 청양페퍼로니(2만3천9원), 치즈인더파이브(2만6천9백원), 페퍼로니피자(2만2천9백원), 라타투이피자(2만4천9백원), 하와이안피자(2만5천9백원), 루콜라리코타피자(2만6천9백원), 고르곤졸라피자(2만1천9백원)
ⓣ 11:30~16:00/17:00~22:00(마지막 주문 20:30) | 토, 일요일 11:30~22:00(마지막 주문 20:30) – 연중무휴
ⓠ 경기 시흥시 날월실 81 (월곶동) 베러스퀘어
☎ 031–434–0921 ⓟ 가능

청춘조개 조개구이

오이도에 있는 무한리필 조개구이 전문점. 회수에 상관없이 다양하고 신선한 조개가 모둠으로 리필된다. 세트 메뉴를 시키면 무한리필은 되지 않지만, 세트에 따라 물회나 왕새우구이, 해물칼국수 등이 함께 나온다.
ⓦ 명품왕조개무한리필(1인 3만8천5백원), 명품조개구이(3만5천5백원), 3단가리비치즈구이, 명품미나리조개삼합(각 3만7천5백원), 세트메뉴(8만6천원~22만원)
ⓣ 11:20~24:00(마지막 주문 23:00) | 토, 일요일, 공휴일 10:20~ 02:00(익일)(마지막 주문 01:00) – 연중무휴
ⓠ 경기 시흥시 오이도로 199–1 (정왕동)
☎ 010–4134–8458 ⓟ 발레 파킹

청화공간 ✖ 카페

소래산 아래에 자리한 크고 웅장한 한옥 베이커리 카페. 넓은 마당이 있는 한옥을 개조한 카페로, 다양한 음료와 베이커리를 즐길 수 있다. 아몬드라테 베이스에 단짠의 조화가 느껴지는 시그니처 음료, 푸른소금슈페너를 추천한다.
ⓦ 에스프레소(5천2백원), 아메리카노(5천2백원), 카페라테(5천5백원), 오곡라테(6천원), 푸른소금슈페너(6천4백원), 쑥현미크림라테(6천4백원), 달콤딸기라테(6천3백원), 초코바나나크루아상(6천5백원), 디플로마트생과일크루아상(5천5백원)
ⓣ 10:00~21:30(마지막 주문 21:10) | 토, 일요일 10:00~22:00(마지막 주문 21:40) – 연중무휴

ⓠ 경기 시흥시 호현로 155–25 (대야동)
☎ 0507–1371–8832 ⓟ 가능

쿠:움 ✖ ku : woom 구움과자

셰프가 직접 만드는 구움과자 전문점. 피낭시에가 시그니처로, 30가지가 넘는 피낭시에 라인업을 갖추고 있다. 케이크에는 밀가루가 들어가지 않으며, 구움과자에도 밀가루가 소량 들어가는 것이 특징이다. 구움과자에 맞추어 로스팅한 세 가지 원두도 맛볼 수 있다.
ⓦ 아메리카노(5천원), 카페라테(5천8백원), 바스크치즈케이크(4만8천원), 쿠키슈(5천8백원), 얼그레이가토(4만7천원), 구움과자패키지(2만4천원), 구움과자케이크(변동), 발로나초코가나슈마들렌(4천8백원), 스모어초코칩쿠키(4천5백원), 티그레(5천3백원), 버터바(5천3백원)
ⓣ 11:00~19:00 – 월요일 휴무
ⓠ 경기 시흥시 매화로 45 (매화동)
☎ 010–6214–7071 ⓟ 가능

경기도 안산시

26호까치할머니손칼국수 칼국수

대부도 가는 길에는 유난히 바지락칼국수집이 많이 있다. 원래 서해안 염전에서 일하는 인부들의 주식이었던 바지락칼국수는 방조제가 생긴 후 외지인들이 많이 몰려오면서 전국적인 명성을 얻게 되었다. 서해안에서 나는 바지락을 푸짐하게 넣고 끓여서 국물 맛이 시원하며 김치전이나 해물파전을 곁들이면 든든한 식사가 된다.
ⓦ 바지락칼국수(1만1천원), 해물파전(2만원), 김치전(1만6천원)
ⓣ 09:00~22:00 – 연중무휴
ⓠ 경기 안산시 단원구 대부황금로 805 (대부동동)
☎ 032–886–0334 ⓟ 가능

구이동 소고기구이

등심 전문점으로, 꽃등심은 양념을 뿌린 일본 야키니쿠 스타일로 나온다. 실내가 깔끔해 손님 접대에 좋아 인근 제일컨트리클럽 고객들이 많이 찾는다.
ⓦ 꽃등심(150g 4만3천원), 특수부위(500g 12만원)
ⓣ 11:00~23:00 – 연중무휴
ⓠ 경기 안산시 상록구 태마당로 25 (부곡동)
☎ 031–417–9290 ⓟ 가능

궁중삼계탕 宮中蔘鷄湯 삼계탕

안산에서 오래된 삼계탕집. 옻, 녹두, 쑥 등 한방 재료를 사용하여 다양한 삼계탕을 선보이고 있다. 전복 한 마리가 통째로 들어가는 한방전복삼계탕이 인기 메뉴다.

Ⓦ 한방삼계탕(1만8천원), 한방새싹인삼삼계탕, 한방옻삼계탕, 한방녹두삼계탕, 한방매운삼계탕, 한방카레삼계탕, 한방쑥삼계탕(각 2만1천원), 한방전복삼계탕, 한방흑마늘삼계탕(각 2만5천원), 한방누룽지삼계탕, 들깨삼계탕(각 2만5천원), 한방전기구이통닭(1만7천원), 한방닭볶음탕(소 5만5천원, 대 6만원)

Ⓣ 10:00∼21:30(마지막 주문 21:00) – 명절 휴무

Ⓠ 경기 안산시 상록구 석호공원로 69 (사동) 인우빌 101호

☎ 031-502-9090 Ⓟ 가능

긴자인도레스토랑 Kinza 인도식

인도인이 직접 경영하는 레스토랑으로, 커리가 맛있다. 채소만 들어간 커리도 있어 채식주의자가 방문하기에도 좋다. 독특한 분위기의 실내에, 음악도 인도 노래다.

Ⓦ 치킨마크니(1만1천원), 치킨마살라(1만2천원), 팔락파니르(1만원), 탄두리키친(2pcs 1만원, 4pcs 1만8천원), 램마살라(1만3천원), 난(2천원), 세트메뉴(3만5천원)

Ⓣ 11:30∼22:00 – 두 번째 수요일 휴무

Ⓠ 경기 안산시 단원구 광덕대로 151 (고잔동) 삼영타운 304호

☎ 031-383-2223 Ⓟ 불가

더수플레 The souffle 팬케이크 | 디저트전문점

부드러운 수플레팬케이크 전문점. 플레인부터 바나나 딸기를 곁들인 수플레도 맛볼 수 있다. 직접 만든 과일청을 사용한 과일에이드도 인기 메뉴.

Ⓦ 아메리카노(4천6백원), 카페라테(5천1백원), 밀크티, 얼그레이티, 레몬/자몽에이드(각 5천8백원), 수플레팬케이크(1만2천원), 바나나캐러멜팬케이크(1만4천원), 딸기팬케이크(1만7천원)

Ⓣ 11:30∼23:00 – 수요일 휴무

Ⓠ 경기 안산시 단원구 광덕3로 135-18 (고잔동) 월드타워 112호

☎ 070-8833-7215 Ⓟ 불가

둥근상시골집 ✄ 백반 | 갈치

50년 전통의 갈치구이 백반집으로, 가마솥에 지은 밥맛이 좋다. 12종의 반찬이 나오며 셀프바에서 리필도 가능하다. 식사 마무리로는 숭늉이 나온다. 50여 년의 역사를 자랑하며 가격대비 만족도가 높다.

Ⓦ 갈치구이정식(1만1천원), 특갈치구이정식(1만6천원), 어린이갈치구이(6천원), 계란찜(2천원)

Ⓣ 11:00∼20:00 – 명절 휴무

Ⓠ 경기 안산시 상록구 도마길 100 (건건동)

☎ 031-419-0788 Ⓟ 가능

디유히엔콴 DiỆU HiỀN QUÁN 베트남식

안산 다문화거리에 있는 베트남 음식점. 소고기, 닭고기, 돼지고기, 족발, 꽃게살 등 여러 재료가 들어간 쌀국수를 선택할 수 있다. 그 밖에 메추리, 뱀장어, 개구리 등으로 만든 베

트남 현지 음식도 맛볼 수 있다.

Ⓦ 소고기쌀국수, 닭고기쌀국수, 족발쌀국수, 베트남햄과돼지고기비빔쌈, 월남쌈(각 1만원), 닭고기볶음(소 1만5천원. 중 2만원, 대 2만5천), 닭날개튀김(1만5천원)

Ⓣ 09:30∼22:00 – 연중무휴

Ⓠ 경기 안산시 단원구 다문화1길 6 (원곡동)

☎ 031-493-3756 Ⓟ 불가

라쬬 RAZZO 피자

베수비오 화산석으로 만들어진 화덕에 참나무 장작을 넣고 구워낸 나폴리 화덕 피자를 다채롭게 맛볼 수 있는 곳이다. 토마토소스, 모차렐라치즈, 튀긴 가지 등이 올라간 노르마피자나 마르게리타가 추천 메뉴.

Ⓦ 카프레제샐러드(1만3천9백원), 마르게리타(1만5천3백원), 제노베제에노르마(1만7천8백원), 프로슈토에부라타(2만6천5백원), 콰트로포르마지오(1만7천5백원)

Ⓣ 11:30∼15:00/17:30∼22:00(마지막 주문 21:00) – 월요일 휴무(월요일이 공휴일인 경우 휴무일 공지)

Ⓠ 경기 안산시 단원구 광덕1로 165 (고잔동) 동남레이크빌 108호, 109호

☎ 010-4212-1531 Ⓟ 가능(공간 협소)

베트남고향식당 베트남식

안산에서 인기가 많은 베트남 쌀국숫집. 들어서자마자 동남아 특유의 향신료 냄새가 확 풍긴다. 진한 국물 맛이 좋으며 신선한 채소를 라이스페이퍼에 싸 먹는 월남쌈도 추천할 만하다. 이 외에도 청경채볶음, 공심채볶음 등 다양한 요리를 선보인다.

Ⓦ 소고기쌀국수, 닭고기쌀국수(각 9천원), 월남쌈(2만5천원. 특 3만원), 해물볶음밥(1만원), 짜조(1만원. 특 1만5천원), 모닝글로리볶음(1만2천원)

Ⓣ 10:00∼22:00(마지막 주문 21:30) – 화요일 휴무

Ⓠ 경기 안산시 단원구 중앙대로 443 (원곡동)

☎ 031-492-0865 Ⓟ 불가(신천길 앞 공영주차장 이용)

봉궁순대국본점 순댓국 | 순대

산낙지 두 마리가 들어가는 산낙지순댓국과 보양시래기순댓국으로 인기를 끈 곳. 순댓국에는 순대와 고기가 푸짐하게 들어 있다. 접시순대나 불막창볶음도 추천 메뉴다. 반찬과 밥은 셀프바에서 리필이 가능하다.

- 눈꽃, 불꽃순댓국(각 1만원), 시래기순댓국, 오소리순대국(각 1만2천원), 뽈살순댓국(1만4천원), 산낙지순댓국(1만9천원), 편육(1만6천원), 접시순대(1만5천원), 불막창볶음(2만4천원)
- 09:00~15:00/16:00~21:00 – 명절 휴무
- 경기 안산시 상록구 사사안골길 2-2 (사사동)
- 031-439-0005 ⓟ 가능

삐쭉이백합칼국수 칼국수

삐쭉이 조개를 넣어 칼국수를 끓이는 것이 특징이다. 삐쭉이는 백합조개를 말하며 살아 있는 백합을 넣어서 끓이는 백합탕 맛도 좋다. 탕을 먹고 난 후에는 칼국수를 추가해 먹을 수 있다.

- 백합칼국수(1만2천원), 백합탕(소 6만원, 대 8만5천원), 해물파전(2만원), 낙지초무침(2만5천원)
- 10:00~21:00(마지막 주문 20:40) – 명절 당일 휴무
- 경기 안산시 단원구 대부항금로 1337 (대부북동)
- 032-886-1002 ⓟ 가능

사계솥밥 솥밥

계절마다 구성된 재료가 바뀌는 사계솥밥을 맛볼 수 있는 솥밥 전문점. 전복솥밥과 제육볶음을 많이 찾는 편이며, 직접 만든 강된장에 구운 가지를 올린 강된장 가지솥밥도 추천할 만하다. 제육볶음도 많이 곁들이는 메뉴다.

- 스테이크솥밥(1만9천원), 사계솥밥(1만5천원), 전복솥밥, 고등어명란솥밥(각 1만6천원), 강된장가지솥밥(1만2천원), 사계영양솥밥(1만원), 제육볶음(8천원)
- 11:30~15:30/17:00~21:00(마지막 주문 20:30) – 일요일 휴무
- 경기 안산시 단원구 광덕대로 161 (고잔동) 웅신아트프라자,1층 107호
- 010-2570-0538 ⓟ 가능(2시간 무료)

사마르칸트안산점

Samarkand 러시아식 | 우즈베키스탄식

우즈베키스탄식 전문점이지만, 러시아식 음식과 많이 닮았다. 페이스트리 안에 고기가 들어 있는 채소고기빵, 크림소스와 비슷한 국물에 삶은 물만두, 향신료를 첨가한 소고기꼬치 등 한국인의 입맛에 맞는 메뉴를 다양하게 선보이고 있다. 전체적으로 자극적이지 않고 싱거운 편이며, 한국인이 오면 고추와 쌈장을 따로 내주기도 한다. 러시아식 맥주도 다양하게 맛볼 수 있다. 실내가 아기자기하고 깔끔하다.

- 소고기볶음밥(1만4천9백원), 왕만두(1만5천원), 양갈비감자바비큐(1만8천원), 양고기감자(1만5천5백원), 야채소고기수프, 야채칼국수, 양고기수프(각 1만원), 뼈없는치킨(1만2천5백원)
- 10:00~22:00 – 월요일, 명절 휴무
- 경기 안산시 단원구 다문화2길 3 (원곡동)
- 031-492-6984 ⓟ 불가

소굿 SOGOOD 컨템포러리

제철 식재료를 활용해 다채롭게 선보이는 컨템포러리 다이닝 바. 아뮤즈부슈, 애피타이저, 앙트레, 메인, 디저트 순으로 이어지는 코스를 카운터에 앉아 즐길 수 있다. 세 번에 걸쳐 나오는 글라스 와인 페어링 코스를 추가해도 좋다. 가격 대비 만족도가 높은 편이다.

- 디너코스(8만9천원), 안키모토스트(2ps 1만2천원), 부라타치즈샐러드(1만6천원), 와규스테이크(4만9천원), 양갈비스테이크(4만3천원), 프레쉬트러플버터파스타(2만1천원)
- 17:00~24:00(마지막 주문 23:00) – 일, 월요일 휴무
- 경기 안산시 단원구 광덕2로 163-11 (고잔동) 21세기빌딩 111호
- 070-7542-8077 ⓟ 가능

송호싱돈카츠 일식돈가스

일식돈가스와 함박스테이크를 전문으로 하는 곳. 호텔 출신 셰프가 운영하며 점심 특선을 제외한 모든 메뉴에는 수프와 샐러드가 포함되어 나온다. 함박은 소고기와 돼지고기를 섞어 만들어 고급스러운 맛이다.

- 히레가스, 로스가스(1만3원), 치즈가스, 핫돈가스, 모둠히레핫, 모둠히레치즈(각 1만3천5백원), 가츠동(1만1천원), 소바, 사누끼우동(각 1원)
- 11:00~14:00(마지막 주문 13:50)/17:00~20:00(마지막 주문 19:50) – 월요일 휴무
- 경기 안산시 단원구 광덕동로 99 (고잔동) 현대타운 1층 115호
- 031-410-8209 ⓟ 불가

스몰바이츠 small bites 에스프레소바

붉은 벽돌 외관이 눈에 띄는 아담한 규모의 에스프레소 바. 다양한 맛의 에스프레소를 마실 수 있으며, 칼리바우트초콜릿, 밀크폼에 시그니처 크림을 올린 스몰바이츠샷이 시그니처다. 간단한 디저트도 준비되어 있다.

- 에스프레소(2천5백원), 아메리카노(4천5백원), 스트라파차토(2천7백원), 오렌지비앙코(5천5백원), 피에노, 로마노, 콘판나, 그라니타(각 2천9백원), 스몰바이츠샷(3천5백원), 아포가토(5천5백원), 레몬케이크, 티라미수(각 6천원)
- 11:00~22:00(마지막 주문 21:30) – 수요일 휴무
- 경기 안산시 단원구 광덕대로 141 (고잔동) 제1층 103호
- 0507-1352-7462 ⓟ 가능

시골순대 순댓국

맑은 국물의 순댓국을 맛볼 수 있는 곳으로, 안산에서는 유명한 곳이다. 들깻가루가 뿌려진 순댓국에는 순대와 내장, 머릿고기가 들어 있다. 순대는 선지와 채소로 속을 채워서 만드는 것이 특징. 날씨가 쌀쌀해지면 줄을 서야 할 정도다.

ⓦ 순댓국밥. 오소리머리국밥. 내장머리국밥(각 1만1천원). 오소리만. 곱창만(각 1만2천원) . 수육. 막창순대(각 소 1만6천원. 대 3만2천원)

ⓒ 10:00~16:00/17:00~20:50(마지막 주문 20:20) – 월요일 휴무

ⓠ 경기 안산시 상록구 용신로 351 (본오동) 대아상가

☎ 031-418-3352 ⓟ 불가

안산국보만두 ✖ 샤부샤부 | 만두

직접 빚은 손만두를 사용한 다양한 요리를 만날 수 있는 곳. 쫄깃한 만두피 안에 속이 가득 들어가 있으며 바삭하게 튀긴 튀김만두도 별미다. 코스로 즐기는 만두전골을 콘셉트로 한 세트 메뉴가 경쟁력 있다.

ⓦ 한우사골제주흑돼지떡만둣국. 샤부샤부만두전골세트(3인 5만8천원). 3~4인 8만8천원. 4인 10만8천원). 잡스만두(1만3천원)

ⓒ 11:30~15:00/17:00~21:00(마지막 주문 20:00) | 토, 일요일 11:30~16:00/17:00~21:00(마지막 주문 20:00) – 연중무휴

ⓠ 경기 안산시 단원구 광덕서로 62 (고잔동) 고잔법조빌딩 101,102호

☎ 031-481-9882 ⓟ 불가

안산국보만두

에비수 일식덮밥 | 일식솥밥

일본식 덮밥과 솥밥을 맛볼 수 있는 일식집. 지라시스시와 모둠튀김, 반반롤, 우동까지 맛볼 수 있는 특선2인정식이 추천 메뉴다. 합리적인 가격의 회덮밥도 인기 있다.

ⓦ 특선2인정식(5만5천원), 보양2인정식(5만5천원), 전복솥밥(2만5천원), 장어덮밥(1만8천원), 가리아게동(1만2천원), 에비수우동(1만7천원), 회덮밥. 모둠튀김(각 1만원)

ⓒ 11:30~15:00/17:00~20:30(마지막 주문 20:00) – 토요일 휴무

ⓠ 경기 안산시 상록구 성안길 93 (사동) 1층

☎ 031-502-3012 ⓟ 불가

연안생태찌개 생태

생태찌개만을 전문으로 하는 곳으로, 푸짐한 양을 자랑한다. 생태의 선도가 좋은 편이며 곤이, 내장 등이 넉넉하게 들어간다. 향긋한 미나리가 그 맛을 더한다. 공깃밥 대신 갓 지은 따뜻한 돌솥밥이 나오는 것이 특징이다.

ⓦ 생태찌개(2인 3만6천원). 내장추가(소 5천원. 대 1만원)

ⓒ 11:00~15:00/17:00~21:00 | 토, 일요일 11:00~15:00 – 첫 번째, 세 번째 토요일 휴무

ⓠ 경기 안산시 상록구 서암로3길 23 (사동)

☎ 031-406-1104 ⓟ 불가

유니스의정원 ✖

Eunice's Garden 이탈리아식 | 카페 | 바비큐

주인이 직접 가꾼 정원이 아름다운, 휴양림 겸 카페&레스토랑. 유니스의정원 안에 있는 더그릴에서는 파스타와 스테이크뿐만 아니라 정원에서 수확한 허브를 이용한 요리를 즐길 수도 있다. 폭립바비큐, 치킨스테이크, 그릴새우, 구운 감자 등이 나오는 모둠바비큐코스도 추천메뉴다.

ⓦ 2인용모둠바비큐오스틴(6만4천9백원), 3인용모둠바비큐록하트(8만9천9백원). 토마호크스테이크(800g 18만9천원, 1.5kg 32만9천원). 파스타(2만2천9백원~2만4천9백원)

ⓒ 11:00~15:00/17:00~21:00 | 토, 일요일 11:00~16:00/17:00~21:00 – 월요일 휴무

ⓠ 경기 안산시 상록구 반월천북길 139 (팔곡일동)

☎ 031-437-2045 ⓟ 가능

제일생고기 소고기구이 | 돼지고기구이

제일CC 인근에서 유명한 고깃집이다. 한우모둠구이에는 등심과 차돌박이, 안창살 등이 함께 나온다. 배추겉절이, 갓김치, 신김치, 어리굴젓 등의 채소 반찬은 고기의 느끼한 맛을 상쇄시켜주기에 충분하다. 푹 삶아서 갖다 주는 배추 시래기가 고기와 궁합이 잘 맞는다.

ⓦ 한우모둠구이(150g 5만5천원), 삼겹살(150g 1만5천원), 항정살(150g 2만원)

ⓒ 10:00~22:00 – 명절 휴무

ⓠ 경기 안산시 상록구 부곡로 89 (부곡동)

☎ 031-502-1373 ⓟ 가능

조순금닭도리탕 닭볶음탕

안산에서 30년 전통을 자랑하는 닭볶음탕 전문점. 생닭을 마늘로 24시간 숙성하여 만드는 것이 특징이다. 중독적인 매콤한 맛을 자랑하는 닭볶음탕은 실한 닭고기살과 큼지막

하게 썬 감자가 가득 들어 있다. 닭볶음탕을 먹고나면 볶음
밥까지 즐겨보는 것을 추천.
- Ⓦ 닭볶음탕(중 3만6천원, 대 5만3천원), 볶음밥(3천원), 부침개
(4천원)
- Ⓣ 11:30~21:50(마지막 주문 20:50) – 월요일 휴무
- Ⓠ 경기 안산시 상록구 본삼로 39 (본오동) 인제빌딩 6층
601,602,603호
- ☎ 031-501-1007 Ⓟ 불가

진짜원조소나무집 칼국수

산지에서 바로 채취해서 만드는 바지락칼국수가 유명한 집.
바지락과 면이 푸짐하게 들어 있어 배부르게 식사할 수 있
다. 평일에만 주문할 수 있는 파전을 곁들이는 것도 좋다.
실내에는 소나무가 곳곳에 세워져 있어 소나무집이라 불릴
만하다.
- Ⓦ 바다향칼국수(소 1만7천원, 중 1만9천원, 대 2만2천원), 바다
향파전(소 3만원, 중 3만6천원, 대 4만원)
- Ⓣ 11:00~16:00 | 토, 일요일, 공휴일 10:00~18:00 – 월요일, 명
절 휴무
- Ⓠ 경기 안산시 단원구 대부황금로 732 (대부동동)
- ☎ 032-886-2450 Ⓟ 가능

카페그리닝중앙역점 GREENING 포케 | 샐러드

신선한 재료로 만든 샐러드와 포케를 간편하게 즐길 수 있
는 곳. 새콤달콤한 연어물샐러드와 부채살스테이크포케가
시그니처 메뉴. 매장에는 두 명 정도 앉을 수 있는 자리가
마련되어 있으며, 대부분 포장해서 가져가는 손님이 많다.
- Ⓦ 연어물샐러드(1만4천9백원), 부채살스테이크포케(100g 1만6
천9백원, 200g 2만9백원), 훈제오리포케(100g 1만3천5백원), 오
트밀그린샐러드(80g 8천5백원), 단호박샐러드(80g 9천5백원),
햄치즈오픈토스트(3천9백원), 플레인그릭요거트(5천5백원)
- Ⓣ 07:00~24:00 – 연중무휴
- Ⓠ 경기 안산시 단원구 광덕4로 250 (고잔동) 씨티프라자 119호
- ☎ 010-7594-0416 Ⓟ 가능

칸티푸르 Kantipur 인도식 | 네팔식

네팔과 인도 음식을 전문으로 하는 곳. 네팔 사람인 주방장
이 현지에서 재료를 직접 공수해온다고 한다. 탄두리치킨과
난 등이 대표 메뉴며 실내 분위기도 현지에 온 듯하다. 메뉴
를 선택하기 어렵다면 주인의 조언을 받는 것을 추천한다.
- Ⓦ 탄두리치킨(풀 1만8천원, 하프 1만원), 치킨티카(1만2천원), 난
(2천5백원~5천원), 탄두리프론(2만2천원), 램도피아자(1만2천
원), 팔락파니르(1만원)
- Ⓣ 11:00~23:00 – 연중무휴
- Ⓠ 경기 안산시 단원구 다문화2길 28 (원곡동)
- ☎ 031-493-9563 Ⓟ 불가(유료)

팔레트커피 palette coffee 카페 | 베이커리

바리스타 대회 심사위원 출신이 직접 운영하는 로스터리 카
페다. 에스프레소블렌딩을 비롯하여 여러 종류의 싱글 오리
진 원두 중에 선택할 수 있다. 바리스타코스는 에스프레소
와 카푸치노, 탄산수가 함께 나오는 구성이다. 글루텐프리케
이크와 카늘레도 다양하게 준비되어 있다.
- Ⓦ 아메리카노(4천원), 카페라테(4천5백원), 브루잉커피(5천5백
원), 얼그레이카페라테(6천원), 카늘레(3천5백원), 스콘(4천원),
딸기생크림케이크(6천5백원)
- Ⓣ 07:00~22:00(마지막 주문 21:30) – 연중무휴
- Ⓠ 경기 안산시 단원구 예술대학로 17 (고잔동) 안산중앙노블레
스 204,205호
- ☎ 010-3368-1388 Ⓟ 가능

포크너 Forkner 피자 | 파스타 | 이탈리아식

좋은 분위기에서 합리적인 가격으로 이탈리아 요리를 즐길
수 있는 곳. 시그니처 메뉴는 이탈리아 정통 카르보나라며,
두툼한 통베이컨토마토파스타도 인기 있는 메뉴. 주말에는
브레이크 타임 없이 운영한다.
- Ⓦ 바질페스토파스타(1만9천원), 통베이컨토마토파스타, 명란크
림파스타(각 1만0천원), 살치살스데이크(3만9친원), 스테이크도
마토리조토(1만8천원), 아보카도샐러드(1만6천원)
- Ⓣ 11:00~15:30/17:00~22:00(마지막 주문 21:00) – 연중무휴
- Ⓠ 경기 안산시 단원구 예술대학로 11 (고잔동) 해남빌딩
- ☎ 031-401-4752 Ⓟ 가능

필름시네마 Film Cinema 카페

영화 포스터와 어둑한 조명으로 아늑하게 인테리어한 카페.
음료를 주문하면 영화 포스터를 넣은 LP판 모양의 코스터
를 고를 수 있다. 즉석으로 자리에서 토치로 커스터드 크림
을 녹여주는 씨네마토스트가 인기 메뉴.
- Ⓦ 씨네마커피(6천5백원), 핸드드립커피(6천원), 아메리카노(4
천5백원), 카페라테(5천원), 바닐라라테(5천5백원), 전남친딸기
라테(6천원), 씨네마토스트(9천5백원), 제철과일생크림케이크,
중앙동티라미수(각 7천8백원), 바스크치즈케이크(6천5백원)
- Ⓣ 12:00~23:30(마지막 주문 23:00) – 월요일 휴무
- Ⓠ 경기 안산시 단원구 고잔로 108 (고잔동) 롯데시네마 센트럴
락 3층
- ☎ 0507-1335-8420 Ⓟ 가능(4시간 무료)

고삼묵밥 묵밥

아궁이에서 직접 불을 때어 가마솥에서 묵을 만든다. 쓰지 않고 담백하며 부드러운 묵맛이 일품. 오래된 낡은 가정집에서 먹는 맛이 옛날로 돌아간 듯한 느낌이다.

ⓦ 도토리묵밥(1만원), 도토리빈대떡, 두부김치(각 9천원), 촌돼지수육(2만8천원)

ⓣ 10:30~20:00(마지막 주문 19:20) – 화요일 휴무

ⓠ 경기 안성시 고삼면 무쇠막안길 2–8

☎ 031–672–7026 ⓟ 가능

낙원간장게장 게장

게장 전문점. 간장 꽃게장, 양념 꽃게장, 돌게장, 꽃게 범벅 등을 맛볼 수 있으며 간장 게장을 주문하면 정갈한 밑반찬과 솥밥이 나온다. 꽃게는 직접 손질해 주어 편하게 먹을 수 있다.

ⓦ 간장꽃게장(소 4만원, 중 4만5천원, 대 5만원), 양념꽃게장(3만원), 보리굴비(2만5천원), 돌게장(2인 이상, 1인 1만7천원), 꽃게범벅(소 6만원, 중 8만원, 대 9만원)

ⓣ 11:00~16:00/17:00~21:00(마지막 주문 20:00) – 연중무휴

ⓠ 경기 안성시 거리미길 14–4 (현수동)

☎ 0507–1375–8502 ⓟ 가능 –〉4/4

도토리네칼국수 칼국수

담백하고 구수한 국물의 도토리칼국수를 맛볼 수 있는 곳. 메뉴는 도토리칼국수 하나밖에 없으며, 지역 주민이 많이 찾는다. 칼국수에 곁들이는 배추 겉절이도 별미다. 점심 시간에만 영업하며, 재료 소진 시 조기 마감한다.

ⓦ 도토리칼국수(9천원)

ⓣ 11:00~14:00 – 둘째, 넷째, 다섯째 주 월요일 휴무(공휴일인 경우 정상영업)

ⓠ 경기 안성시 사곡길 2 (사곡동)

☎ 031–672–1621 ⓟ 가능

두향 칼국수 | 국수

국산콩으로 만든 진한 콩물의 콩국수가 유명한 곳이다. 겨울 한정 메뉴로 팥칼국수와 팥새알심도 맛볼 수 있다.

ⓦ 두향콩국수(3월이후판매, 보통 1만원, 곱빼기 1만2천원), 왕만두(4개 6천원), 팥칼국수(2인 이상, 1인 1만2천원), 팥새알심(2인 이상, 1인 1만2천원)

ⓣ 11:00~15:00/17:00~19:30 – 일요일 휴무

ⓠ 경기 안성시 보개면 서동대로 5680

☎ 031–672–3217 ⓟ 가능

북경반점 北京飯店 일반중식

40년 경력의 솜씨 좋은 화상이 하는 중식당. 속이 더부룩하지 않은 짜장면을 맛볼 수 있으며 바삭한 탕수육, 불 맛 살려 볶은 볶음밥 등도 인기가 많다. 볶음밥에는 옛날식으로 달걀프라이가 올라간다.

ⓦ 짜장면(7천원), 간짜장, 짬뽕(각 8천원), 볶음밥, 우동(각 9천원), 잡채밥(1만1천원), 탕수육(소 2만원, 중 2만8천원, 대 3만8천원), 양장피, 팔보채(각 4만5천원), 고추잡채(4만원), 라조기(3만5천원), 군만두(6천원)

ⓣ 10:30~19:00(마지막 주문 18:30) – 비정기적 휴무

ⓠ 경기 안성시 안성맞춤대로 1047–1 (서인동)

☎ 031–674–2356 ⓟ 불가

솔리자운 일반한식 | 청국장

청국장 명인이 만든 전통 청국장을 내어주는 한식당. 기본 청국장부터 매운청국장, 마늘청국장, 들깨청국장까지 다양한 맛의 청국장이 준비되어 있으며, 함께 나오는 장아찌와 궁합이 좋다. 이외에도 다양한 한식 메뉴와 어린이를 위한 메뉴도 갖추어 가족 단위로 방문하기 좋은 곳.

ⓦ 명인청국장, 매운청국장, 마늘청국장, 들깨청국장, 강된장(각 1만6천원), 명란두부(9천원), 냉수육(1만6천원), 예두부(1만8천원), 사모전(2만원), 명인불고기(2만3천원),

ⓣ 11:30~15:00/16:00~20:00(마지막 주문 19:30) | 토, 일요일 11:00~20:00(마지막 주문 19:30) – 월요일 휴무

ⓠ 경기 안성시 일죽면 금일로 332

☎ 0507–1326–5221 ⓟ 가능

솔리자운

싼타나레스토랑
SANTANA RESTAURANT 양식 | 경양식

창진 산장 휴게소 내에 있는 레스토랑으로 돈가스, 스테이크 등의 양식을 낸다. 제주산프리미엄돈가스, 새우와안심스테이크가 대표 메뉴다. 창가 자리에 앉으면 숲이 펼쳐지는 전망이 훌륭하며 주말에는 라이브 공연도 진행한다. .

ⓦ 백년돈가스(평일한정, 1만2천원), 짬뽕파스타(1만3천원), 블랙타이거왕새우와안심스테이크(4만9천원), 제주프리미엄돈가스(1만5천원), 카르보나라(1만9천원), 트러플버섯크림파스타(2만3천원), 뉴욕함박스테이크(2만5천원)
ⓣ 11:00~15:00/17:00~21:00(마지막 주문 20:20) – 연중무휴
ⓠ 경기 안성시 양성면 만세로 859 창진산장휴게소
☎ 031-674-7676 ⓟ 가능

안성마춤한우촌 소고기구이

한우를 직접 키워 알맞은 육질의 암소만을 골라내는 한우농가 마을의 구잇집이다. 옛 그대로인 마을 풍경과 한우 고유의 맛이 어우러져 안성맞춤이다. 고기는 농장에서 직접 키운 유기농 채소에 싸 먹는다.
ⓦ 생등심(130g 4만8천원), 갈빗살(130g 4만5천원), 안심(130g 5만3천원), 육사시미(130g 3만5천원), 육회(80g 1만6천원, 170g 3만2천원)
ⓣ 11:30~22:00(마지막 주문 20:50) – 월요일 휴무(월요일이 공휴일인 경우 화요일 휴무)
ⓠ 경기 안성시 삼죽면 신미1길 126
☎ 031-673-5550 ⓟ 가능

인일옥 소고기국밥 | 설렁탕 | 수육

4대째 이어진 100년 전통의 소고기국밥집이다. 소머리국밥(설렁탕)에는 머릿고기가, 우탕에는 사골뼈를 푹 고아낸 다음 양지머리, 도가니, 꼬리, 갈비, 족 등 여러 재료가 들어간다. 국물이 진한 편이 아니어서 다소 아쉽게 느끼는 사람도 있다. 족, 꼬리, 도가니, 머릿고기 등의 부위를 종류별로 가지런히 썰어 접시에 담은 모둠수육은 다양한 부위의 고기를 맛볼 수 있다.
ⓦ 설렁탕, 곰탕(각 1만1천원), 소머리국밥(1만5천원), 꼬리곰탕, 도가니탕(각 1만9천원), 소머리수육(소 350g 3만2천원, 대 470g 4만2천원), 모둠수육(1kg 6만원), 안성맞춤우탕(2만7천원)
ⓣ 08:00~15:00/17:00~21:00(마지막 주문 20:00) – 명절 당일, 명절 당일 다음날 휴무
ⓠ 경기 안성시 중앙로411번길 20 (영동)
☎ 031-675-2486 ⓟ 가능

영흥루 永興樓 일반중식

오랜 역사의 화교 중식당. 쌉싸래한 맛이 나는 감자가 들어간 옛날식 짜장면 맛이 좋다. 돼지고기가 들어간 옛날식 볶음밥 역시 불 맛을 잘 느낄 수 있다.
ⓦ 짜장면(7천원), 짬뽕, 볶음밥, 간짜장, 짬뽕밥(각 8천원), 삼선짬뽕밥, 유니짜장, 삼선우동, 삼선짜장, 삼선짬뽕, 삼선볶음밥(각 1만2천원), 탕수육(2만원), 깐풍기, 깐풍육(각 3만5천원), 팔보채(5만원), 고기튀김(2만8천원), 잡채밥(1만원), 잡탕밥(3만6천원), 계란탕(1만8천원), 불로새우, 양장피(각 4만원), 유산슬(4만5천원)

ⓣ 10:30~15:00(마지막 주문 14:30) – 화요일 휴무
ⓠ 경기 안성시 중앙로412번길 26 (동본동)
☎ 031-675-4722 ⓟ 불가

유유차적 uuchajeok 티카페

발효 약선차와 커피, 다식을 함께 맛볼 수 있는 곳. 웨딩 임페리얼 홍차가 더해진 드립 커피도 추천할 만하다. 다식 메뉴 중에서는 대표 메뉴인 말차양갱과 금귤정과를 많이 찾는다. 넓은 정원도 있어 힐링하기 좋은 카페다.
ⓦ 루이보스바닐라밀크니(7천원), 산목련한송이꽃차(1만2천원), 밤양갱(4천원), 금귤정과(5천원), 말차양갱(3천5백원), 홍차-마르코폴로(9천원), 웨딩인더가든(8천원), 로즈가든(8천원)
ⓣ 11:00~19:00(마지막 주문 18:00) – 월요일 휴무(월요일이 공휴일일 경우 정상 영업)
ⓠ 경기 안성시 공도읍 명삼길 267-14
☎ 070-4224-2822 ⓟ 가능(전용 주차장)

장안면옥 평양냉면 | 수육 | 제육

오래된 평양냉면 전문점으로, 최근 리뉴얼 오픈하였다. 안성의 특산품인 유기그릇에 냉면을 담아주는 것이 특징이다. 약간 굵은 듯한 면발은 직접 메밀을 빻아서 뽑아내며 육수는 고기 육수에 동치미를 섞어서 만든다. 수육과 냉면 사리를 비벼 먹는 수육무침도 많이 찾는 메뉴다. 평택에서 이름을 널렸던 고빅사냉면집의 일가이기도 하디.
ⓦ 평양냉면, 평양비빔냉면, 함흥냉면(각 1만1천원), 코다리냉면(1만2천원), 제육무침(2만8천원), 수육무침(3만2천원)
ⓣ 10:00~20:00 – 연중무휴
ⓠ 경기 안성시 중앙로371번길 54 (연지동)
☎ 031-675-4703 ⓟ 가능

중앙가든 소갈비

안성에서 유명한 갈빗집이다. 대표 메뉴인 한우생갈비를 숯불 위의 불판에 얹고 구워 먹는다. 서비스로 나오는 한우육회가 별미며 약간 굵은 면발의 물냉면도 괜찮다. 모든 음식이 깔끔한 편.
ⓦ 생갈비(300g 8만원), 양념갈비(300g 6만3천원), 생고기모둠(150g 6만3천원), 불고기(300g 2만2천원), 육회비빔밥(1만5천원)
ⓣ 11:00~22:00 – 명절 휴무
ⓠ 경기 안성시 공도읍 서동대로 4559
☎ 031-618-9144 ⓟ 가능

포커시스디자인아카이브
FOCUSIS DESIGN ARCHIVE 카페

유럽과 미국에서 수입한 주방용품과 가구들을 만나볼 수 있는 카페. 다양한 디자인의 상품과 함께 고즈넉한 시골 풍경과 칠곡저수지 뷰를 즐길 수 있다. 아인슈페너와 흑임자아

인슈페너가 인기 있는 편이며, 여름에는 시원한 애플망고치
즈빙수를 맛봐도 좋다.
ⓦ 에스프레소, 아메리카노(각 6천5백원), 카페라테(7천5백원),
아인슈페너, 흑임자아인슈페너(각 8천5백원), 딸기와플(1만2천
9백원), 클래식김치볶음밥(1만3천9백원), 불고기파니니(1만6천9
백원), 포커시스브렉퍼스트(1만7천9백원)
ⓣ 11:00~22:00(마지막 주문 21:00) – 연중무휴
ⓠ 경기 안성시 원곡면 만세로 1146
☎ 0507-1331-3974 ⓟ 가능

핏제리아수플리 ✖ 피자

나폴리식 화덕피자 전문점. 이탈리아 화덕과 식재료를 사용
하여 정통 나폴리 방식대로 피자를 조리한다. 당도가 높은
옐로 토마토와 선 드라이 토마토, 부라타치즈, 바질이 토핑
된 파시노피자와 프로슈토트러플뇨키 등을 맛볼 수 있다.
ⓦ 파시노피자(2만5천원), 수플리피자(2만7천원), 트러플프로슈
토뇨키(2만3천원), 토마토소스와머시룸아란치니(3pcs 1만3천
원), 마르게리타(1만9천원), 초리조아라비아타(1만9천원)
ⓣ 11:00~15:00(마지막 주문 14:00)/17:00~ 21:00(마지막 주문
20:00) – 목요일 휴무
ⓠ 경기 안성시 원곡면 만세로 1140
☎ 0507-1346-5728 ⓟ 가능

홍익정육점식당 소고기구이 | 삼겹살 | 돼지고기구이

정육점을 운영하면서 고기를 파는, 일명 정육식당이다. 고기
는 프라이팬에 구워 먹는 스타일이다. 고기를 무에 싸서 먹
으면 좋다. 특수부위 고기는 보기에 마블링이 좋아 보인다.
가격이 저렴한 돼지고기 특수부위도 질이 괜찮다.
ⓦ 한우특수부위(200g 4만5천원), 등심(200g 4만원), 생삼겹살
(200g 1만2천원), 항정살(200g 1만8천원), 차돌박이(200g 2만5
천원)
ⓣ 12:00~21:00 | 동절기 12:00~20:00 – 월요일 휴무
ⓠ 경기 안성시 금광면 진안로 1016
☎ 031-671-0729 ⓟ 가능

꼬꼬바베큐 바비큐치킨

40년의 역사를 자랑하는 바비큐치킨 전문점. 오랫동안 이어
온 원조바비큐와 맵기 조절이 가능한 매콤달콤바비큐가 대
표 메뉴. 양념이 잘 배어서 나온 바비큐에 떡이나 계란을
곁들여 먹기 좋다. 바비큐에 계란찜, 만두, 김말이 등을 함께
즐길 수 있는 황제세트도 추천할 만 하다.
ⓦ 1987원조바비큐, 매콤달콤바비큐(각 2만3천원), 원조프라이
드(2만1천원), 황제세트(3만원), 황후세트(3만5천원)
ⓣ 15:00~04:00(익일) – 연중무휴
ⓠ 경기 안양시 만안구 장내로149번길 11 (안양동)
☎ 031-445-7726 ⓟ 불가

남부정육점 ✖ 선지해장국 | 소고기구이

남부시장 안에서 40년 넘게 영업하고 있는 전통의 고깃집.
한우 암소를 저렴한 가격에 맛볼 수 있는 곳으로, 고기를 원
하는 만큼 구매해서 가져다 구워 먹는 스타일이다. 육회 맛
이 일품이며 해장국도 많이 찾는다.
ⓦ 한우암소육회, 육사시미(각 300g 2만5천원, 600g 5만원),
상차림비(1인 3천원), 해장국(2천8백원)
ⓣ 11:30~22:30 – 둘째 주 월요일 휴무
ⓠ 경기 안양시 만안구 장내로150번길 32 (안양동)
☎ 031-444-6305 ⓟ 가능(협소)

네이키드키친 Naked Kitchen 브런치카페 | 양식

파스타를 메인으로 선보이는 브런치 카페. 수프, 브런치 플
레이트, 음료까지 한 번에 맛볼 수 있는 메가브런치는 오후
3시까지만 가능하며, 주말에는 저녁에도 주문할 수 있다. 매
번 달라지는 식전 수프도 내어준다.
ⓦ 메가브런치(1인 1만9천원, 2인 2만9천원), 뇨키(2만2천원), 카
르보나라(1만6천원), 머시룸파니니(1만원), 고르곤졸라파니니(1
만원)

네이키드키친

🕐 10:30~15:00/17:00~21:00 – 월요일 휴무

🔍 경기 안양시 동안구 귀인로190번길 140-9 (평촌동)

☎ 031-381-3191 ⓟ 가능(평촌주차빌딩 1시간 무료 주차권 지급)

마부시 まぶしい 카이센동

낮에는 신선한 카이센동, 히츠마부시 등 요리를, 저녁에는 사시미와 다양한 안주를 맛볼 수 있는 분위기 좋은 일식당. 카이센동은 초밥으로 만들어먹거나 김에 싸서 먹는 것도 좋다. 모리코무라는 상호도 같이 사용 중이다. 창가 자리가 전망이 좋다.

Ⓦ 히츠마부시(3만9천원), 스페셜카이센동(3만9천원), 니쿠온우동(1만원), 우나기냉소바(2만8천원), 스키야키정식(1만8천원), 에비동(3만2천원), 사케동(1만6천원), 우나기동(2만8천원)

🕐 11:30~15:00/17:00~21:30(마지막 주문 20:30) – 연중무휴

🔍 경기 안양시 동안구 시민대로 280 (관양동) 평촌 샤르망2

☎ 031-384-3436 ⓟ 가능

미키 みき 일식

모던한 재패니즈 다이닝을 즐길 수 있는 이자카야. 파스타 면에 조개가 듬뿍 올려진 조개술찜파스타가 인기 메뉴며 모둠카이센, 우니한판 등 신선한 해산물을 이용한 메뉴를 즐길 수 있다. 미키마우스를 테마로 한 소품들이 인상적이다.

Ⓦ 모둠기이센(3만5천원), 부산금대숯블구이, 부산금태회(시가), 우니한판(6만9천원), 감태말이(4pcs 2만8천원), 짚불우대갈비(7만9천원), 최상급우니한판과단새우(6만5천원), 고등어봉초밥(3만6천원)

🕐 17:00~24:00 – 월요일 휴무

🔍 경기 안양시 동안구 관평로182번길 43 (관양동) 삼일프라자 202호

☎ 070-8830-6014 ⓟ 불가(공영 주차장 이용)

부산복칼국수 ✖ 복 | 칼국수

깔끔하고 시원한 맛이 좋은 복칼국수가 맛있기로 유명한 곳. 복어를 비롯해 해물이 듬뿍 들어가며 미나리가 향을 더한다. 다 먹고 나서는 남은 국물에 밥을 볶아 먹는다. 시원한 국물이 해장으로도 좋으며 가격대도 만족스럽다.

Ⓦ 복칼국수(1만1천원), 해물칼국수(1만1천원), 복튀김(중 2만5천원, 대 3만7천원), 복지리(2인 이상, 1인 2만1천원), 볶음밥(4천원)

🕐 10:30~15:00/17:00~21:00(마지막 주문 20:00) | 토, 일요일 10:30~21:00(마지막 주문 20:00) – 연중무휴

🔍 경기 안양시 동안구 귀인로190번길 61-21 (평촌동)

☎ 031-386-2849 ⓟ 가능

비소원 ✖ 秘燒苑 소고기구이 | 평양냉면

질 좋은 한우와 평양식 냉면을 맛볼 수 있는 곳. 두툼하게 썰어 나온 고기를 두꺼운 돌판 위에 구워 먹는다. 고급스러운 놋그릇에 담아 나오는 평양식 냉면도 맛이 좋다는 평이다. 점심시간에는 쌈밥 등을 런치메뉴로 선보인다. 개별 룸도 갖추고 있어 모임 장소로도 좋다.

Ⓦ 갈비탕(1만5천원), 소고기국밥(1만원), 양념불고기(2만원), 숯불양념갈비(4만원), 한우양념갈비(5만2천원), 숯불생갈비(4만3천원), 한우생갈비(6만7천원), 한돈돼지갈비(2만2천원), 한우갈빗살(3만8천원), 한우특상안창(6만8천원), 한우육사시미(4만7천원), 한우설화꽃살(6만원), 한우특상안심(5만3천원)

🕐 11:00~22:00(마지막 주문 20:50) | 토, 일요일 11:00~21:00(마지막 주문 19:50) – 연중무휴

🔍 경기 안양시 동안구 관악대로 415 (관양동)

☎ 031-425-7794 ⓟ 가능

산타루치아 Santalucia 이탈리아식

아크로타워 42층에 위치한 스카이라운지. 창 밖으로 보이는 평촌의 야경이 좋다. 파스타, 스테이크 등 이탈리아 요리를 단품으로 즐길 수 있으며 6가지 코스로 이루어진 정찬코스도 인기 있다.

Ⓦ 정찬코스(9만9천원), 산타파스타(1만5천원), 런치코스(A 3만원, B 4만5천원, C 6만원), 이벤트코스(13만원), 카페산테(2만8천원), 홍새우카포나타(3만원), 문어카르파치오(3만2천원), 과일샐러드(1만8천원)

🕐 11:30~15:00/17:30~22:00(마지막 주문 20:50) – 연중무휴

🔍 경기 안양시 동안구 시민대로 230 (관양동) 평촌대림아크로타워 B동 42층

☎ 0507-1400-7000 ⓟ 가능(최대 3시간 무료 주차)

석기정 ✖ 부대찌개 | 곱창전골

40년 넘게 부대찌개를 만들어온 곳이다. 두툼한 돌솥에 찌개가 나오는 것이 특징이며 냉이를 넣어 개운한 맛을 더한다. 삼겹부대찌개, 낙지부대찌개 등 다양한 종류의 부대찌개와 곱창찌개를 선보이고 있다. 모든 메뉴는 2인분 이상부터 주문할 수 있다.

Ⓦ 부대찌개(2인 이상, 1인 1만원), 곱창찌개(2인 이상, 1인 1만2천원), 섞어찌개(2인 이상, 1인 1만1천원), 삼겹부대찌개(1만1천원)

🕐 10:30~22:00(마지막 주문 21:40) – 명절 휴무

🔍 경기 안양시 만안구 장내로139번길 55 (안양동)

☎ 031-444-6426 ⓟ 불가

스시미우 ✖ 美友 스시

엄선한 제철 재료를 사용한 스시로 구성된 오마카세 코스를 합리적인 가격에 맛볼 수 있는 스시야. 오마카세를 시키면 사시미와 스시가 적절하게 조합되어 나온다. 카운터석과 테

이블석, 그리고 프라이빗 룸도 하나 준비되어 있다.
ⓦ 오마카세(디너 9만원, 런치 5만원)
🕐 12:00〜14:30/18:00〜21:30(마지막 주문 20:00) – 월요일, 일요일 휴무
🔍 경기 안양시 동안구 흥안대로 415 (평촌동) 두산벤처다임 250호
☎ 010–8407–2489 ⓟ 가능

시그니쳐로스터스 ✄
Signature roasters 커피전문점

평촌 학원가에 있는 스페셜티 커피 전문점. 월드로스팅챔피언십에서 수상 경력이 있는 장문규 로스터가 원두를 직접 로스팅한다. 그레이 톤의 모던한 인테리어가 차분한 분위기를 낸다.
ⓦ 아메리카노(4천원), 에스프레소(4천5백원), 카페라테(4천5백원), 캐러멜라이즈, 아인슈페너, 넛(각 7천원), 모카앤크림(6천5백원), 크림얼그레이밀크티(6천원)
🕐 09:30〜21:30 | 토, 일요일 09:30〜20:30 – 연중무휴
🔍 경기 안양시 동안구 평촌대로127번길 88 (호계동)
☎ 070–7783–8904 ⓟ 불가

연평도아구찜꽃게찜 아귀 | 꽃게 | 게장

연평도 심해에서 잡은 암꽃게로 만든 간장게장이 별미. 가격대는 높은 편이지만 알이 꽉 찬 꽃게 맛이 일품이다. 꽃게탕과 찜도 인기 메뉴다.
ⓦ 아귀찜, 아귀탕(각 중 5만원, 대 6만원), 아귀수육, 아귀지리(각 중 5만원, 대 6만원), 꽃게찜(중 10만5천원, 대 14만원)
🕐 10:00〜22:00 – 연중무휴
🔍 경기 안양시 동안구 귀인로190번길 71 (평촌동)
☎ 031–384–9333 ⓟ 가능

옛집 일반한식 | 쌈밥

30여 년 전통의 쌈밥 전문점으로, 유기농 채소 50여 가지와 꽃쌈요리를 맛볼 수 있다. 쌈 채소는 생 채소뿐만 아니라 양배추, 호박잎 등의 데친 채소도 제공한다. 강원 콩으로 직접 담근 장이 쌈밥의 맛을 더한다.
ⓦ 꽃쌈밥정식(1만3천원), 쌈밥정식(9천원), 낙지볶음(소 2만7천원, 대 3만1천원), 제육볶음(소 1만원, 대 1만5천원)
🕐 11:00〜21:00 – 일요일, 명절 휴무
🔍 경기 안양시 만안구 만안로55번길 40 (안양동)
☎ 031–442–4886 ⓟ 가능

올타커피 OLTA 커피전문점

올타 커피, 쿠나 커피 등을 맛볼 수 있는 스페셜티 커피 전문점. 원두는 스윗고, 베리고, 디카페인 중에서 선택할 수 있다. 핸드드립 커피는 밀크 초콜릿, 견과류, 복숭아, 시나몬의 풍미를 느낄 수 있는 원두 중에서 선택해 맛볼 수 있다. 디

저트로 바스크치즈케이크도 많이 찾는 편.
ⓦ 에스프레소, 아메리카노(각 3천5백원), 콘판나(3천8백원), 사케라토, 카페라테, 플랫화이트(각 4천원), 올타커피, 아인슈페너(각 4천5백원), 핸드드립(5천5백원〜6천원), 트리플스윗블랙티(6천원), 바스크치즈케이크(7천원)
🕐 08:30〜19:00 – 일, 월요일 휴무
🔍 경기 안양시 만안구 박달로 504 (박달동) 1층
☎ 0507–1375–5656 ⓟ 가능

진성장어 ✄ 장어

부담 없는 가격으로 장어를 맛볼 수 있는 곳이다. 소금구이, 마늘구이, 양념구이, 간장구이 네 가지 중 선택할 수 있다. 장어는 미리 다 구워져 나온다. 점심특선으로는 장어구이정식이 있다.
ⓦ 장어구이(1마리 250g 3만7천원), 장어구이정식점심특선(2인 이상, 1인 2만6천원)
🕐 11:00〜15:30/16:30〜22:00 – 연중무휴
🔍 경기 안양시 동안구 귀인로 295 (평촌동) 1층, 2층
☎ 031–422–6677 ⓟ 가능

타이마실 ✄ MARSIL THAI FOOD 태국식

캐주얼한 분위기의 타이 음식점으로, 일명 '댕리단길'이라 불리는 안양 디자인거리에 자리하고 있다. 바삭하게 튀긴 소프트크랩에 태국식 커리 소스를 얹은 뿌팟퐁커리가 대표 메뉴며 파인애플볶음밥과 진한 맛의 쌀국수도 인기다. 새콤한 솜땀과 타이 당면으로 만든 얌운센 등을 곁들여도 좋다.
ⓦ 뿌팟퐁커리, 느어팟남만호이(각 2만4천원), 팟타이꿍, 텃만꿍(각 1만2천원), 파인애플볶음밥, 얌운센, 솜땀(각 1만원)
🕐 11:30〜15:00(마지막 주문 14:30)/17:00〜 22:00(마지막 주문 21:30) – 연중무휴
🔍 경기 안양시 만안구 양화로72번길 83–25 (안양동)
☎ 031–466–8880 ⓟ 가능

타이마실

태원정육식당 소고기구이

안양에서 한우를 저렴하게 맛볼 수 있는 곳이다. 참숯에 익힌 한우를 부추무침과 함께 먹으면 소고기의 깊은 풍미를 느낄 수 있다.

- Ⓦ 살치살(500g 11만원), 갈빗살(500g 9만원), 등심, 특수모둠(각 500g 8만3천원), 한우육회(500g 6만원), 안심(500g 9만원)
- ⏰ 11:30~22:00 – 화요일 휴무
- 📍 경기 안양시 만안구 박달로507번길 19 (박달동)
- ☎ 031-443-9233 Ⓟ 가능(협소)

파스타까사 ✖ Pasta Casa 피자 | 파스타

파스타와 피자가 매력적인 이탈리안 레스토랑이다. 부담 없는 가격으로 음식을 맛볼 수 있다. 실내는 모던한 분위기에 맞춰 인테리어 했다. 단호박이 그대로 들어간 단호박파스타에 대한 평이 좋으며 많이 찾는 메뉴다.

- Ⓦ 칼조네, 카사, 폴로그라탱, 해산물리조토, 단호박파스타(각 1만7천원), 돌체크레마, 감베로니, 봉골레(1만6천원)
- ⏰ 11:00~21:00(마지막 주문 20:20) – 연중무휴
- 📍 경기 안양시 동안구 평촌대로227번길 26 (호계동) 세종상가
- ☎ 031-476-3053 Ⓟ 가능

함흥곰보냉면 ✖ 비빔냉면

50여 년의 역사를 자랑하는 안양에서 유명한 냉면집이다. 소고기로 우려낸 육수는 진하고, 면의 식감은 쫄깃하면서도 목 넘김이 좋다. 면에 육수 맛이 잘 배어 있어서 감칠맛이 훌륭하다.

- Ⓦ 물냉면, 비빔냉면, 회냉면, 세끼미(각 1만2천원), 수육(1만4천원), 만두(1천5백원)
- ⏰ 11:30~20:30 – 연중무휴
- 📍 경기 안양시 동안구 귀인로190번길 23 (평촌동)
- ☎ 031-387-1122 Ⓟ 가능

흑산도홍어 ✖ 홍어

제대로 된 국내산 홍어를 맛볼 수 있는 곳이다. 기본인 홍어삼합부터 찜, 홍어만두, 홍어튀김, 홍어애에 이르기까지 코스 구성도 완벽하다. 홍어 마니아라면 놓치지 말아야 할 집.

- Ⓦ 사시미(소 5만원, 중 7만원), 삼합(소 6만원, 중 8만원), 국내산홍어탕(소 6만원, 중 10만원)
- ⏰ 14:00~23:00 – 일요일 휴무
- 📍 경기 안양시 만안구 장내로 104 (안양동)
- ☎ 031-468-4566 Ⓟ 가능

홀수선 ✖ 한식주점

갑오징어무침과 병어무침 등 다양한 메뉴를 선보인다. 저녁 때 술안주하기 좋은 메뉴도 많이 준비하고 있으며 홍합탕도 많이 찾는 메뉴 중 하나.

- Ⓦ 갑오징어무침(5만원), 홍합탕(4만5천원), 무늬오징어무숙회,

병어무침, 사시미(각 5만5천원)
- ⏰ 17:00~24:00 – 토, 일요일 휴무
- 📍 경기 안양시 동안구 부림로 121 (관양동) 동아프라자아케이드 1층
- ☎ 031-386-9545 Ⓟ 불가

경기도 양주시

그릴휘바 ✖ hyvaa grill 북유럽식

북유럽 비스트로를 표방하는 곳으로, 수년간 핀란드 회사를 다니면서 북유럽 음식에 정통한 대표가 농원에서 직접 가꾼 채소를 사용한다. 주변 경관과 정원이 잘 어우러져 자연의 정취와 여유로움을 즐기며 식사할 수 있으며, 복합 문화 공간인 헤세의 정원 내에 있다.

- Ⓦ 리코타가지구이샐러드(2만1천원), 북유럽의아침(2만원), 메이플시럽호박고구마피자(2만7천원), 새우날치알로제파스타와잡곡토스트, 가리비봉골레파스타(2만5천원)
- ⏰ 11:00~21:30(마지막 주문 20:30) – 연중무휴
- 📍 경기 양주시 장흥면 호국로550번길 107
- ☎ 031-877-5177 Ⓟ 가능

다인막국수 多仁 메밀 | 막국수

메밀로 만든 요리 전문점으로, 메밀막국수가 대표 메뉴다. 메밀쌈밥정식을 시키면 제육볶음, 계란찜을 비롯하여 20여 가지 반찬이 한 상에 차려진다. 메밀전에 메밀싹을 싸서 먹으면 그 맛이 일품이다. 여름에는 서리태콩국수가 인기다.

- Ⓦ 막국수(1만원, 곱빼기 1만2천원), 쟁반막국수(2만5천원), 산채보리밥(1만원), 녹두부침, 메밀부침(각 1만3천원), 메밀찐만두(6천원), 삼겹살수육(2만3천원)
- ⏰ 11:00~16:00/17:00~20:30(마지막 주문 20:00) – 화요일 휴무
- 📍 경기 양주시 송랑로 147 (만송동)
- ☎ 031-543-9995 Ⓟ 가능

덕화원 ✖ 德華園 일반중식

50년 넘는 전통의 중국집으로, 2대째 맛을 전하고 있다. 짜장면, 볶음밥 등의 식사메뉴를 비롯해 탕수육, 깐풍기, 양장피 등 요리 메뉴도 수준 높은 공력을 자랑한다. 리모델링해 실내가 깔끔해졌다.

- Ⓦ 짜장면(7천원), 간짜장, 짬뽕(각 8천원), 쟁반짜장(2인 이상, 1인 9천5백원), 볶음밥(8천5백원), 탕수육(소 1만9천원, 중 2만4천원, 대 3만4천원), 깐풍기(2만8천원), 고추잡채(3만5천원), 해물누룽지탕(4만7천원)
- ⏰ 11:00~14:30/17:00~21:00 | 토, 일요일 11:00~14:30/17:00~20:30 – 수요일 휴무

경기 양주시 덕정길 4 (덕정동)
031-858-0103 ⓟ 가능(유료)

데니스스모크하우스 ✖
DENIS smoke HOUSE 바비큐

실내에서 캠핑 분위기를 즐기며 바비큐를 즐길 수 있는 곳. 16시간 동안 저온으로 조리한 정통 텍사스 스타일의 바비큐를 선보인다. 브리스킷, 풀드포크 등 바비큐와 모닝빵, 코울슬로, 감자튀김이 함께 나오는 모둠플래터가 인기다.

ⓦ 2인데니스플래터(400g 5만6천원), 3인텍사스플래터(600g 8만4천원), 4인빅보이플래터(800g 11만2천원), 6인자이언트플래터(1200g 16만8천원)
ⓣ 11:00~16:00/17:00~22:00(마지막 주문 21:00) – 월요일 휴무
경기 양주시 장흥면 북한산로 1014-4 1층
031-829-0290 ⓟ 가능

만포면옥 ✖ 평양냉면 | 수육 | 만두

냉면과 어복쟁반 등 이북음식을 선보이는 곳. 심심한 듯한 평양냉면이 대표 메뉴로, 고기 육수와 동치미 국물을 섞어 만든 국물 맛이 좋다. 노릇하게 부친 녹두지짐을 곁들여도 좋다. 지금도 나이 든 이북 실향민이 많이 찾는 명소며, 50여 년의 역사를 자랑한다.

ⓦ 평양냉면, 비빔냉면(각 1만4천원), 만두전골(1만5천원), 어복쟁반(소 4만8천원 대 7만원), 옛날불고기(250g 2만3천원), 왕만두(4개 8천원), 녹두지짐(1만5천원), 갈비탕(1만6천원), 소갈비찜(소 4만8천원, 대 6만8천원), 갈비탕(1만6천원), 육개장, 소고기곰탕, 우거지해장국(각 1만3천원), 떡만둣국(1만2천원)
ⓣ 09:30~21:00(마지막 주문 20:30) – 연중무휴
경기 양주시 장흥면 호국로 513
02-359-3917 ⓟ 가능

모밥가 ✖ 된장찌개

된장찌개를 단일 메뉴로 선보이는 한식집으로, 강원도에서 직접 공수한 나물과 가자미구이 등 다양한 밑반찬과 압력솥으로 만드는 흑미밥이 된장찌개와 맛의 조화를 이룬다.

ⓦ 모밥(2인 2만4천원), 된장찌개(3인 1만원), 오늘의반찬9종(1만3천원)
ⓣ 11:00~20:00 – 일요일 휴무
경기 양주시 송랑로 212 (삼숭동)
031-842-1178 ⓟ 가능

비스트로지노 유럽식

1인 셰프로 운영하는 유로피안 비스트로. 신선한 천연 식재료를 사용하여 요리를 선보인다. 클래식라자냐와 비프웰링턴이 인기 있으며, 비프웰링턴은 최소 하루 전 예약이 필요하다. 와인 종류도 다양하며 분위기도 좋아 특별한 날 방문

비스트로지노

하기 좋다.

ⓦ 그라브락스(2만8천원), 비프웰링턴(5만9천원), 감자테린(1만5천원), 바질페스토부라타치즈(2만1천원), 클래식라자냐(2만5천원), 치즈플레이트(2만1천원)
ⓣ 17:00~24:00(마지막 주문 23:00) | 금, 토, 일요일 15:00~24:00(마지막 주문 23:00) – 월요일 휴무
경기 양주시 옥정동로7길 91 (옥정동)
010-8389-3445 ⓟ 가능

시실리 일반한식 | 오리백숙 | 오리

호박에 넣고 구운 오리구이 요리로 유명한 집. 잘 익은 호박의 달콤함과 오리고기의 조화가 좋다. 오리호박구이는 조리 시간이 한 시간 정도 소요되기 때문에 예약이 필수다.

ⓦ 오리호박구이, 연잎오리진흙구이, 오리능이백숙(각 7만6천원), 돼지등갈비(6만5천원), 오리주물럭(6만6천원), 유황오리바비큐(6만2천원), 더덕오리주물럭(8만6천원), 생선정식(점심 2인 이상 1만5천원)
ⓣ 10:00~22:00(마지막 주문 21:00) – 화요일 휴무
경기 양주시 부흥로1398번길 26-13 (유양동)
031-842-5295 ⓟ 가능

온달면가 비빔국수

의정부 부흥국수 면을 사용하여 쫄깃한 면의 식감을 즐길 수 있는 곳이다. 새콤달콤한 양념을 올리고 야채 육수 국물이 자작한 비빔국수를 맛볼 수 있으며, 겨울에는 깊고 개운한 맛의 소고기탕면도 추천할 만하다.

ⓦ 비빔국수(7천원), 소고기탕면, 바지락칼국수(각 8천원), 고기완자(1만원)
ⓣ 11:00~19:30 – 월요일 휴무
경기 양주시 백석읍 권율로 1125
031-855-1355 ⓟ 가능

용암리막국수 ✖ 샤부샤부 | 칼국수 | 막국수

메밀막국수와 칼국수, 만두버섯전골을 맛볼 수 있는 메밀요리 전문점. 매일 세 번 이상 반죽하여 제면한 면을 사용한다. 돼지고기수육도 맛볼 수 있다.

ⓦ 메밀막국수(1만2천6백원), 만두버섯샤부(1만7천3백원), 메밀손만두(1만4백원), 돼지고기수육(2만8천2백원)
🕐 11:00~20:00(마지막 주문 19:20) – 화요일 휴무
🔍 경기 양주시 은현면 평화로1889번길 46–12
☎ 031–859–6223 ⓟ 가능

자반고 생선구이

고등어구이, 임연수 구이, 삼치, 갈치구이를 맛볼 수 있는 생선구이 전문점. 어린이가 먹을 수 있는 어린이 고등어 메뉴도 준비되어 있어서 가족과 함께 방문하기 좋은 편. 밑반찬은 궁채나물, 취나물, 잡채, 연근 샐러드, 총각김치 등이 나온다.

ⓦ 고등어구이, 임연수구이, 직화제육(각 1만4천원), 삼치구이(1만6천원), 갈치구이(1만7천원), 오징어볶음(2인 이상 1만2천원), 어린이고등어(7천원)
🕐 11:00~15:30(마지막 주문 14:50)/17:00~21:30(마지막 주문 20:30)| 토, 일, 공휴일 11:00~21:30(마지막 주문 20:30) – 연중무휴
🔍 경기 양주시 광사로 152 (만송동)
☎ 0507–1475–1703 ⓟ 가능

장흥폭포수식당 닭백숙

장흥계곡 옆에 있는 식당. 계곡 근처에 식당 좌석이 마련되어 있어 따로 준비물을 챙겨가지 않아도 계곡에서 놀기 좋다. 계곡 위에 있는 평상 자리가 명당이다. 백숙은 토종닭으로 만들었으며, 백숙에 들어가 있는 닭고기가 부드럽다.

ⓦ 모둠구이한상(1만8천원), 고등어구이한상(1만5천원), 임연수구이정식, 묵은지고등어조림정식(각 1만6천원), 닭백숙, 닭볶음탕(각 7만원), 오리백숙(7만5천원), 도토리묵(1만8천원), 갈치구이정식(2만1천원), 능이닭백숙(8만5천원), 능이오리백숙(9만원), 삼겹살(150g 2만1천원), 감자전, 김치전(각 2만원)
🕐 09:30~21:00(마지막 주문 20:30) – 추석 당일 휴무
🔍 경기 양주시 장흥면 권율로309번길 169
☎ 031–855–5656 ⓟ 가능

진흥관 ✖ 振興館 일반중식

송추계곡 뒤에 등산로가 있어 등산객 사이에 입소문으로 알려진 중국집. 짬뽕 잘하는 집으로 소문나 있다. 삼선짬뽕에는 신선한 해물들이 듬뿍 들어 있어 풍부한 국물 맛을 느낄 수 있다. 매장 내부도 넓고 깔끔하다.

ⓦ 짬뽕(1만2천원), 삼선간짜장(1만1천원), 짜장면(8천원), 볶음밥(9천원), 탕수육(소 2만1천원, 중 2만7천원, 대 3만5천원), 양장피, 고추잡채, 팔보채(각 3만8천원)
🕐 10:30~21:00(마지막 주문 20:20) – 명절 휴무
🔍 경기 양주시 장흥면 호국로 550
☎ 031–826–4077 ⓟ 가능

차우림 전통차전문점 | 중국차전문점

아늑한 공간에서 차에 집중할 수 있는 곳. 한 가지, 두 가지, 세 가지 차 중 선택해 주문할 수 있으며 흑차, 보이차, 백차 코스도 선보인다. 차에 대한 설명을 들으며 음미하기 좋다.

ⓦ 한가지차(1인 1만원, 2~3인 2만원, 4~5인 3만5천원), 두가지차(1인 1만6천원, 2~3인 3만원, 4~5인 4만5천원), 핫초코, 레모네이드, 자몽주스, 망고주스(각 6천원), 티코스(1인 3만원)
🕐 11:00~19:00 – 월요일 휴무
🔍 경기 양주시 백석읍 중앙로 300
☎ 031–877–5930 ⓟ 가능

카페휘바 cafe Hyvaa 카페

북한산 둘레길 산책로에 있는 카페로, 핀란드를 콘셉트로 꾸몄다. 나무를 훼손하지 않기 위해 자연친화적인 건축과 조경을 추구한 것이 특징이다. 헤세의정원 그릴휘바라는 레스토랑도 같은 공간에 있다.

ⓦ 아메리카노(6천5백원), 카페라테(7천원), 바닐라라테, 카페모카(각 7천5백원), 라즈베리에이드(7천5백원), 라즈베리치즈케이크(6천5백원), 티라미수(8천원)
🕐 10:30~21:30(마지막 주문 20:15) – 명절 휴무
🔍 경기 양주시 장흥면 호구로550번길 111
☎ 031–877–5111 ⓟ 가능

평양면옥 ✖ 평양냉면 | 초계탕 | 어복쟁반

옛날 방식으로 꿩육수를 기본으로 하여 양지와 사태 등으로 깔끔한 국물을 내는 평양냉면 전문점. 이북 출신이 평양에 가까운 맛이라 평할 정도다. 면을 직접 반죽하여 뽑기 때문에 메밀 향이 살아 있다. 냉면 외에 어복쟁반, 초계탕 등의 이북 음식을 맛볼 수 있다. 최근 새 건물로 이전하여 실내가 쾌적해졌다.

ⓦ 꿩냉면, 비빔냉면(1만4천원), 갈비탕(1만5천원), 초계탕(4만8천원), 어복쟁반(중 4만원, 대 5만원), 찐만두(1만1천원), 만둣국, 녹두지짐(각 1만2천원)
🕐 10:30~20:00(마지막 주문 19:30) – 명절 휴무
🔍 경기 양주시 장흥면 호국로 615
☎ 031–826–4231 ⓟ 가능

가든하다 소고기구이 | 돼지고기구이

쾌적하고 넓은 공간에서 한우 소고기 구이를 맛볼 수 있는 곳. 탁 트인 창 너머로 푸른 정원이 펼쳐져 있어 운치 있는 분위기다. 고소한 풍미가 살아있는 한돈생오겹살과 양념이 잘 배인 양념갈빗살도 많이 찾는 메뉴.

Ⓦ 한우1++생등심(150g 4만5천원), 한우1++채끝등심(150g 4만7천원), 소양념갈비(300g 3만9천원), 갈빗살(150g 2만원), 한돈양념구이(200g 1만9천원), 한돈오겹살(180g 1만7천원), 한돈목살(180g 1만7천원), 한우육회(200g 3만5천원), 가든갈비탕(1만4천원), 우거지국밥(1만원), 차돌보리된장찌개(9천원)

Ⓣ 11:30〜15:00/17:00〜22:00(마지막 주문 21:00) | 토, 일요일 11:30〜22:00(마지막 주문 21:00) – 명절 당일 휴무

Ⓠ 경기 양평군 강하면 강남로 316-5

☎ 070-8876-2203 Ⓟ 가능

개군할머니토종순대국 순대

3대째 내려오는 순댓국 전문점. 된장과 시래기를 넣는 점이 다른 곳과 다른 점이다. 순대 속은 당면이 아닌 선지와 우거지, 채소 등을 넣어서 만든다.

Ⓦ 토종순댓국(1만2천원), 토종순대, 머릿고기(각 소 1만3천원, 중 2만원), 토종순대전골(대 4만8천원, 중 3만6천원), 모듬순대(중 1만8천원, 대 2만5천원)

Ⓣ 06:00〜19:40(마지막 주문 19:10) – 수요일 휴무

Ⓠ 경기 양평군 개군면 하자포길 29

☎ 031-772-8303 Ⓟ 가능

고바우설렁탕 설렁탕 | 수육

양평에서 유명한 설렁탕집. 메뉴는 설렁탕과 수육 두 가지다. 설렁탕은 뚝배기에 한가득 담아 내온다. 설렁탕 국물에 밥이나 국수를 말아 먹어도 좋다. 밥과 국수는 무료이며 무한 리필도 가능하다.

Ⓦ 설렁탕(보통 1만3천원, 특 1만8천원), 수육(소 3만5천원, 대 4만5천원), 어린이설렁탕(7세미만 6천원)

Ⓣ 07:00〜16:00(마지막 주문 15:30) – 수요일 휴무

Ⓠ 경기 양평군 용문면 은고갯길 3

☎ 031-771-0702 Ⓟ 가능

곽지원빵공방 베이커리

직접 배양한 효모종과 직접 재배한 유기농 재료를 사용한 빵을 선보이는 양수리의 빵집. 식감과 크기가 압도적인 두물머리스페셜빵이 대표 메뉴 중 하나다.

Ⓦ 두물머리해돋이딸기빵(1만2천원), 치즈캄파뉴, 크렌베리캄파뉴(각 7천원), 호두캄파뉴, 크렌베리캄파뉴(각 1만1천원), 플레인캄파뉴(1만원), 초코칩스콘(4천5백원)

Ⓣ 07:00〜19:00 – 연중무휴

Ⓠ 경기 양평군 양서면 두물머리길8번길 28

☎ 031-774-0376 Ⓟ 불가

구벼울 카페

양평 드라이브코스로 좋은 베이커리 카페. 넓은 정원이 있어 아이들이 뛰어놀기 좋고 가족과 함께 방문하기 좋다. 루프탑에서 남한강이 한눈에 보인다.

Ⓦ 에스프레소, 아메리카노(각 7천5백원), 카페라테(8천원), 밤크림라테, 흑임자크림라테, 쇼콜라초코라테(각 9천원), 꿀밤케이크, 펌킨케이크(각 9천5백원), 쌀소금빵(4천5백원)

Ⓣ 10:00〜21:00 – 연중무휴

Ⓠ 경기 양평군 옥천면 남한강변길 123-19

☎ 0507-1489-2359 Ⓟ 가능

꽃구름 카페

멋진 리버뷰를 감상할 수 있는 카페. 다양한 꽃과 플랜테리어로 꾸며진 감성적인 공간이다. 루프탑에서는 강이 보이는 멋진 전망을 즐길 수 있으며, 달콤한 바닐라 시럽을 넣은 꽃구름라테를 추천한다.

Ⓦ 아메리카노(5천5백원), 카페라테(7천원), 꽃구름라테(8천5백원), 이건얼망고(9천5백원), 이건딸기유(8천5백원), 고건딸바유(9천원), 히비스커스뱅쇼(9천원), 꿀인삼차(9천5백원), 꿀삼우유(9천5백원), 딸기치즈케이크(8천5백원), 수프(8천5백원)

Ⓣ 10:00〜21:00(마지막 주문 20:30) – 연중무휴

Ⓠ 경기 양평군 강하면 강남로 475

☎ 0507-1310-7086 Ⓟ 가능

내추럴가든529 Natural Garden 529 카페

울창한 숲과 계곡이 보이는 넓은 정원의 카페 레스토랑. 입장권 구매 시 커피 또는 차 메뉴로 교환할 수 있다. 식재료의 본연의 맛을 살린 홈메이드 이탈리아 레스토랑도 운영 중이다.

Ⓦ 에스프레소, 아메리카노(각 8천원), 카페라테(1만원), 하우스샐러드(1만원), 해산물누룽지파스타(2만4천원), 새우관자로제리조토(2만2천원), 스테이크&샐러드피자(2만3천원), 등심스테이크(220g 4만5천원)

Ⓣ 10:00〜20:00 – 연중무휴

Ⓠ 경기 양평군 서종면 내수입길 108-8

☎ 031-771-7208 Ⓟ 가능

다안토니오 DA ANTONIO 이탈리아식

자연주의 음식과 베이커리를 선보이는 안토니오심 셰프의 이탈리안 레스토랑. 유기농하우스에서 직접 재배한 채소를 사용하며, 직접 제면한 생면파스타와 화덕에서 구운 나폴리피자가 유명하다. 나폴리 피자는 2일간 숙성하여 만든 도우를 사용한다. 사전 예약은 필수다.

토마호크2인커플세트(20만원), 코스메뉴(2인 이상, 1인 A코스 8만원, B코스 10만원, C코스 13만원), 럭셔리봉골레파스타(2만9천원), 한우소등심스테이크(170~180g 5만5천원), 마르게리타부팔라(2만9천원), 디아볼라(3만2천원)

11:30~15:00/17:00~20:00(마지막 주문 19:00) | 동계 1~3월 일요일 11:30~15:00(마지막 주문 13:30) – 월, 화요일 휴무

경기 양평군 옥천면 향교길45번길 13

031–773–5228 ℗ 가능

리오네즈 ✖ LYONNAISE 프랑스식

아름다운 정원이 있는 평화로운 공간에서 프랑스 가정식을 코스로 선보이는 레스토랑. 유럽풍의 앤티크한 가구와 식기로 꾸며진 매장이 프랑스 가정집에 방문한 듯한 따뜻한 분위기를 자아낸다. 어니언수프, 에스카르고 등 클래식한 프렌치를 맛볼 수 있다.

프랑스가정식(2코스 7만5천원, 3코스 9만5천원, 4코스 9만5천원), 프렌치어니언스프(2만4천원), 에스카르고(2만6천원), 오늘의샤퀴테리(2만2천원), 오늘의제철생선요리(6만5천원)

12:00~15:00/17:00~20:00 – 화요일 휴무

경기 양평군 서종면 수대울길 139

031–774–0139 ℗ 가능

문호리팥죽 ✖ 팥칼국수 | 죽

팥죽 전문점. 국산 팥을 사용한 팥죽과 팥칼국수 맛이 일품이다. 국산 팥만을 사용하며 팥 외에 다른 첨가물은 삼가고 있어 팥 고유의 진한 맛을 느낄 수 있는 곳이다. 취향에 따라 소금과 설탕을 적당히 넣어 먹으면 맛있다.

팥죽(1만6천원), 팥칼국수(1만4천원), 팥짜장면(1만6천원), 해물파전(1만8천원), 감자전(1만6천원)

11:00~14:50/16:00~19:10(마지막 주문 18:30) – 월요일 휴무

경기 양평군 서종면 북한강로 641

031–774–5969 ℗ 가능

사각하늘 ✖ 스키야키

북한강변에 있는 스키야키 요리점. 화려하지는 않지만, 격식 있는 일식을 맛볼 수 있다. 메뉴는 단일메뉴로, 테이블에서 직접 조리해주기 때문에 예약이 필수다. 뒷마당에 마련되어 있는 다실에서 다회를 가져보는 것도 좋다.

점심스키야키(2인 이상, 1인 4만8천원), 저녁스키야키(2인 이상, 1인 6만원), 다실말차체험(4만원)

12:00~14:30 | 토, 일요일 12:00~15:00/17:00~19:30 – 월, 화요일 휴무

경기 양평군 서종면 길곡2길 53

031–774–3670 ℗ 가능

서종가든 ✖ 두부

직접 만든 두부로 유명해진 30년 전통의 두부집. 담백한 두부의 맛이 일품이며 얼큰하게 끓인 두부전골도 인기 메뉴다. 70년 된 한옥을 개조한 분위기도 고풍스럽다.

두부전골, 두부찜(각 2인 이상, 1인 1만원), 손두부(1만2천원), 감자전(1만원), 곱창전골(중 3만5천원, 대 4만5천원), 닭볶음탕(6만원), 닭백숙(6만5천원)

10:30~21:00 – 화요일 휴무

경기 양평군 서종면 무내미길 68

031–773–6035 ℗ 가능

서종가든

소풍 So, poong 카페

저녁때면 정원에서 모닥불을 피워 불멍을 즐길 수 있는 카페로, 입장권을 구매하면 이용이 가능하다. 입장권에는 음료 한 잔이 포함되며, 아메리카노부터 다양한 차와 에이드까지 선택할 수 있다. 모닥불에 구워 먹을 수 있는 마시멜로우, 가래떡, 고구마 등을 주문해 색다른 시간을 보내기 좋다.

입장권(9천원), 아메리카노(6천5백원), 카페라테(7천원), 솔티크림슈페너(8천원), 흑임자슈페너(8천원), 버터스카치라테(8천원), 선셋패션후르츠에이드(8천원), 자두에이드(8천원), 자두차, 복숭아차(각 7천5백원), 마시멜로우(1천원), 초청가래떡(2천5백원)

09:00~21:00 | 금, 토, 일요일 08:00~24:00 – 연중무휴

경기 양평군 양서면 골용진길 21

031–771–4929 ℗ 가능

쉐즈롤 ✖✖ CHEZ-ROLL 케이크 | 디저트전문점

프리미엄 롤케이크로 시작해서 인기를 끈 곳으로, 롤케이크 외에 다양한 빵 종류를 만날 수 있다. 매일 아침 참나무 장작에 불을 지펴 직접 제분한 토종밀을 사용하여 저온에서 발효시킨 빵 반죽을 장작가마에서 구워낸다. 한적한 정원의 야외 테이블을 이용해보는 것도 추천.

아메리카노(6천원), 라테(6천원), 쉐즈롤, 녹차롤(미니 5천원,

하프 9천원, 풀 1만8천원), 밀크딸기(6천5백원), 자뎅블루, 루이보스, 레몬오렌지차, 자몽오렌지차(각 6천5백원), 레몬마들렌(2천5백원), 플레인치아바타(4천5백원)
🕐 10:00~17:00 – 월, 화, 수요일 휴무
🔍 경기 양평군 서종면 낙촌길 7-7
☎ 031-775-8911 ℗ 가능

신내강호해장국 ✂ 선지해장국

60여 년 전통의 선지해장국집. 시래기와 콩나물이 들어가는 해장국 맛이 좋다. 내장과 선지도 듬뿍 들어 있다. 해장국집의 원조가 몰려 있는 양평에서도 그 이름값을 하는 곳이다. 준비된 재료가 다 떨어지면 문을 일찍 닫을 수 있으니 저녁때는 전화 후 방문하는 것이 좋다.
Ⓦ 해장국(1만1천원), 소머리국밥(1만2천원), 내장탕(1만3천원), 수육(4만원)
🕐 08:00~21:00 – 둘째, 넷째 주 목요일 휴무
🔍 경기 양평군 개군면 신내길 9
☎ 031-772-8627 ℗ 가능

양평신내서울해장국본점 ✂ 소내장탕

양평에서 유명한 해장국집. 내장과 선지 등이 넉넉하게 들어 있으며 콩나물과 무청도 푸짐하다. 얼큰하게 먹으려면 식탁에 놓여 있는 고추기름을 넣고, 맛이 싱거우면 절임고추로 간을 한다. 국물 맛이 시원하고 개운하여 해장 음식으로 인기가 많다.
Ⓦ 해장국(1만4천원), 버섯야채탕(1만2천원), 내장탕, 해내탕(각 1만7천원), 수육(5만원)
🕐 07:00~16:00 – 명절 당일 휴무
🔍 경기 양평군 개군면 신내길 16
☎ 031-773-8001 ℗ 가능

양평신내서울해장국본점

양평축협한우프라자 ✂ 소고기구이

양평에서 질 좋은 한우를 저렴하게 즐길 수 있는 곳. 농장에서 직접 기른 한우를 사용한다. 모둠한우를 주문하면 등심, 안심, 갈빗살, 채끝살, 차돌박이가 골고루 나온다. 불판에 양파, 마늘과 함께 올려 구워 먹으면 일품.
Ⓦ 꽃등심, 생갈비, 특수부위, 등심, 채끝, 한아름모둠(시가), 한우양념불고기(1만9천원), 물냉면(1만원)
🕐 11:00~21:00(마지막 주문 20:30) – 화요일 휴무
🔍 경기 양평군 강상면 강남로 851
☎ 031-772-7793 ℗ 가능

연밭 연잎밥 | 장어

연잎을 소재로 한 다양한 한식을 선보인다. 연잎 찰밥에 갖은 반찬이 차려지는 연잎정식이 대표 메뉴다. 민물매운탕과 장어정식도 많이 찾는다.
Ⓦ 한방장어구이(8만1천원), 연밭정식(2인 이상, 1인 2만원), 연잎수육쌈정식(2인 이상, 1인 2만1천원), 연잎수육쌈밥(2인 이상, 1인 1만6천원), 해물솥밥(1만5천원), 해물순두부(1만원)
🕐 11:30~19:00 | 하절기 11:30~21:00 – 월요일 휴무
🔍 경기 양평군 양서면 목왕로 34
☎ 031-772-6200 ℗ 가능

옥천고읍냉면 황해도냉면 | 수육

굵은 면발의 옥천식 냉면을 즐길 수 있다. 메밀 함량도 높은 편. 큼직하게 부친 완자와 편육을 곁들이면 더욱 좋다. 곱빼기를 따로 판매하지 않지만 양이 충분히 많다고 소문난 맛집이다. 동절기에는 영업시간과 관계없이 재료가 소진되면 일찍 문을 닫으며, 월요일 영업시간이 일정치 않기 때문에 전화로 문의하는 것이 좋다.
Ⓦ 물냉면, 비빔냉면(각 1만원), 완자, 편육(각 2만2천원)
🕐 11:00~17:30 | 월요일 11:00~14:00 – 화요일 휴무
🔍 경기 양평군 옥천면 옥천길98번길 12
☎ 031-772-5302 ℗ 가능

옥천냉면황해식당 ✂ 황해도냉면

이 일대에는 황해도식 냉면인 옥천냉면을 내세우는 집들이 여럿 모여 있다. 그 중에서도 3대째 내려오는, 70여 년 전통을 자랑하는 집이다. 옥천냉면의 특징은 평양냉면에 비해 면발이 굵고 쫄깃하다는 점이다. 식초와 겨자를 넣어 톡쏘는 육수의 맛은 각 냉면집마다 고유의 비법을 갖고 있다.
Ⓦ 물냉면, 비빔냉면(각 1만4천원), 완자, 편육(각 2만8천원)
🕐 11:00~20:00 – 수요일 휴무
🔍 경기 양평군 옥천면 경강로 1493-12
☎ 031-773-3575 ℗ 가능

옥천면옥 ✕ 황해도냉면 | 수육

황해도식 냉면을 하는 곳. 황해도식 냉면은 돼지고기 육수에 간장과 설탕을 넣어 맛을 낸다. 메밀에 감자가루를 적당히 배합하여 면발이 탱탱하고, 전분 함량이 높아 쫄깃하다. 살짝 얼린 육수의 시원함이 맛을 배가한다. 냉면과 함께 완자를 곁들이는 것도 추천. 50여 년의 역사를 자랑한다.

- Ⓦ 물냉면, 비빔냉면(각 1만1천원), 완자, 편육, 빈대떡(각 2만2천원), 삼오곰탕(1만2천원)
- ◷ 09:30~19:50(마지막 주문 19:40) – 연중무휴
- Ⓠ 경기 양평군 옥천면 옥천길 13
- ☎ 031-772-5187 Ⓟ 가능

용문산중앙식당 ✕ 산채정식

용문산 산행길에 들를 만한 한식집. 반찬 수가 20여 가지나 되는 산채정식을 맛볼 수 있다. 용문산에서 제철에 채취하여 잘 말린 산나물의 향이 좋다. 50여 년간 산채정식을 해오고 있는 할머니의 손맛을 느낄 수 있다.

- Ⓦ 더덕산채정식(2인 이상, 1인 1만7천원), 산채정식(2인 이상, 1인 1만4천원), 더덕제육산채정식, 능이버섯전골산채정식(각 2인 이상, 1인 1만9천원), 황태구이산채정식(1만9천원), 더덕불고기산채정식(2인 이상, 1인 2만원), 산채비빔밥, 황태해장국(각 1만1천원), 돌솥산채비빔밥(1만4천원)
- ◷ 09:00~20:00 – 명절 휴무
- Ⓠ 경기 양평군 용문면 용문산로 644
- ☎ 031-773-3422 Ⓟ 불가

진영관 ✕ 鎭榮館 일반중식

부부가 운영하는 화상 중국집. 탕수육이 유명한 곳으로, 폭신하면서 바삭한 식감을 내는 튀김 기술이 뛰어나다. 단맛, 신맛 등 오묘한 양념이 조화를 이룬다. 걸쭉한 국물과 부추향이 좋은 짬뽕도 맛이 좋다.

- Ⓦ 탕수육(소 2만3천원, 대 3만5천원), 짜장면(7천원), 짬뽕(8천원), 깐풍육(3만5천원)
- ◷ 11:00~20:00 – 화요일, 명절 휴무
- Ⓠ 경기 양평군 양평읍 양근강변길78번길 6
- ☎ 031-774-8519 Ⓟ 가능(협소)

참좋은생각 ✕ 한정식

깔끔한 공간에서 한정식을 즐길 수 있다. 정통 한정식보다는 퓨전 한식 느낌의 음식이다. 식사를 마치고 정원을 산책하기에 좋다. 저녁 시간에는 예약이 없으면 일찍 닫는다고 하니 전화 후 방문하는 것이 좋다.

- Ⓦ 행복정식(5만8천원), 향기정식(3만8천원), 참정식(2만7천원), 야채전(1만2천원)
- ◷ 11:30~15:30/17:00~20:30(마지막 주문 동절기 19:00, 하절기 19:30) – 명절 휴무
- Ⓠ 경기 양평군 강하면 수대골길 45
- ☎ 031-774-7577 Ⓟ 가능

커피리얼리스트
REALIST COFFEE X DESSERT 커피전문점

모던한 외관과 깔끔한 실내 분위기의 양평 시내 카페. 커피 위에 거품이 올려있는 아이스아메리카노가 시그니처 메뉴다. 커피 테이크아웃이 많은 편이며, 콜드브루와 마카롱, 크로플과 같은 디저트류도 인기 메뉴.

- Ⓦ 에스프레소, 아메리카노(각 4천원), 카페라테, 카푸치노(각 4천5백원), 콜드브루(5천5백원), 차(5천원~5천5백원), 피칸바(2천5백원)
- ◷ 09:00~21:00 – 일요일 휴무
- Ⓠ 경기 양평군 양평읍 중앙로 80
- ☎ 031-771-1406 Ⓟ 가능

커피의정원 ✕ 커피전문점

핸드드립 커피를 마실 수 있는 커피전문점. 강배전으로 로스팅해 진한 커피를 좋아하는 사람에게 추천할 만하다. 겨울에도 맛볼 수 있는 다양한 빙수 메뉴도 유명하다. 최근 성남시 분당에서 양평으로 이전하였으며, 정미소였던 공간을 활용해 아늑한 분위기다.

- Ⓦ 핸드드립커피(6천원~9천원), 에스프레소, 아메리카노(각 5천원), 카페라테(6천원), 팥빙수, 커피빙수, 녹차빙수, 오미자빙수(각 1만6천원)
- ◷ 11:00~19:00(마지막 주문 18:20) – 월요일, 명절 당일 휴무
- Ⓠ 경기 양평군 서종면 부내미길 63
- ☎ 0507-1327-2033 Ⓟ 가능

커피하우스제로제 Seerose 커피전문점

에스프레소와 핸드드립 커피가 유명한 곳. 다양한 싱글오리진 원두와 제로제만의 플로랄샤워 블렌딩 원두를 핸드드립으로 즐길 수 있다. 세계 각지의 원두를 들여와 직접 로스팅하고 있으며 매년 여름철에는 특별메뉴를 개발하여 선보인다. 화덕피자도 다시 맛볼 수 있는데, 최근 인기를 끌고 있는 카노토 스타일을 선보인다.

- Ⓦ 에스프레소, 아메리카노(각 5천원~6천원), 플랫화이트, 카페라테(각 5천5백원), 드립커피(7천원~9천원), 차, 과일스무디(각 6천5백원)
- ◷ 10:00~22:00 – 일요일 휴무
- Ⓠ 경기 양평군 용문면 서원말길 3
- ☎ 031-774-7237 Ⓟ 가능

큰골칼국수 KEUNGOL 칼국수

멸치로 육수를 낸 시골 칼국수와 시원하고, 담백한 맛의 닭육수로 만든 닭칼국수를 맛볼 수 있는 곳. 칼국수를 주문하면 열무보리밥을 무료로 내어준다. 칼국수에 곁들이기 좋은 손만두도 많이 찾는 메뉴. 믹스커피, 원두커피도 무료 제공한다.

- Ⓦ 시골칼국수(1만원), 닭칼국수(1만1천원), 손만두(5천원~1만

원), 소고기육전(반접시 8천원, 한접시 1만5천원)

🕐 10:00~20:00(마지막 주문 19:30) – 명절 당일 휴무

🔍 경기 양평군 서종면 북한강로 1161 큰골

☎ 031-771-2526 Ⓟ 가능

페이지모먼트 Page moment 카페

포장전문매장인 오늘페이지가 새로운 이름으로 2024년 8월에 확장 이전하였다. 폭이 넓은 창문과 여러 소품의 실내 인테리어와 수국, 자갈로 이루어진 정원이 예쁘다. 커피, 차 및 이와 잘 맞는 디저트도 준비되어 있으며, 반려동물 동반도 가능하다.

Ⓦ 아메리카노(5천5백원), 카페라테(6천원), 청귤슬러쉬(7천원), 버터크림라테, 페이지크림라테(각 7천원), 레몬파운드케이크, 초코오렌지파운드케이크(각 6천원), 바닐라마들렌, 말차마들렌(각 3천원), 딸기우유푸딩(6천5백원)

🕐 10:00~18:00 – 월, 화, 수요일 휴무

🔍 경기 양평군 서종면 황순원로 13 페이지모먼트

☎ 031-7722-004 Ⓟ 가능

평양초계탕막국수 막국수 | 초계탕

초계탕으로 유명한 곳. 식초와 겨자로 맛을 낸 육수가 입맛을 살려준다. 초계탕을 시키면 매콤한 닭무침, 훈제닭, 메밀전, 초계탕에 넣어 먹는 막국수, 한입에 쏙 들어가는 메밀국수 등 다양한 음식이 나온다.

Ⓦ 초계탕(2인 4만2천원, 3인 6만원, 4인 7만2천원), 막국수, 메밀전, 닭곰탕(각 1만2천원), 훈제닭, 닭무침(각 3만원)

🕐 11:00~21:30 – 연중무휴

🔍 경기 양평군 강하면 강남로 309

☎ 031-772-8229 Ⓟ 가능

평양초계탕막국수

프란로칼 Från Lokal 이탈리아식

홍대 앞 22서더맘의 엄현정 셰프가 양평으로 내려와 운영하는 자연주의 레스토랑. 직접 농사짓거나 인근 농가로부터 식재료를 공급 받는 팜투테이블 레스토랑을 지향한다. 지역의 제철 식재료를 활용한 이탈리아 코스 요리를 맛볼 수 있으며, 풍미 좋은 제철 채소로 만든 요리가 돋보인다. 100% 예약제로 운영된다.

Ⓦ 런치세트(9만5천원), 디너코스(15만원~18만원)

🕐 12:00~16:00(마지막 주문 14:00)/18:00~21:00(마지막 주문 19:00) – 월, 화, 수요일 휴무

🔍 경기 양평군 서종면 북한강로 819

☎ 031-773-7576 Ⓟ 가능

핏제리아루카 PIZZERIA LUCA 피자 | 파스타

나폴리 피자이올로협회가 인증한 화덕피자 전문점으로, 485도 고온의 화덕에서 구워낸 다양한 나폴리 정통피자를 맛볼 수 있다. 아침에 반죽한 생면으로 만든 파스타도 선보이고 있다.

Ⓦ 매운슈림프크림파케리파스타(2만3천8백원), 루콜라글루텐프리피자(2만9천8백원), 마르게리타풍기피자(2만5천8백원), 감자와살시챠소시지피자피자(2만6천8백원), 갈릭스노윙피자(2만7천8백원)

🕐 11:00~15:00/16:00~20:20(마지막 주문 19:20) | 토, 일요일 11:00~15:00/15:30~20:20(마지막 주문 19:20) – 월요일 휴무

🔍 경기 양평군 강상면 강남로 802

☎ 031-772-3589 Ⓟ 가능

하버커피 Harbor Coffee 카페

북한강과 산자락이 한눈에 들어와 전망이 좋은 카페. 양수리에서 유명한 카페로, 경치가 좋아 사람들이 많이 찾는다. 테라스와 창가 자리가 전망을 감상하기에 명당 자리다.

Ⓦ 에스프레소, 아메리카노(각 6천5백원), 카페라테(7천원), 얼그레이(7천5백원), 오미자에이드, 딸기에이드(각 8천5백원), 허니버터브레드(9천원)

🕐 10:00~22:00 | 토, 일요일 09:00~22:00 | 동절기(11월~2월) 10:00~21:00 – 연중무휴

🔍 경기 양평군 서종면 북한강로 1041

☎ 070-4402-2060 Ⓟ 가능

하우스베이커리 HAUS BAKERY 카페 | 베이커리

넓은 한옥 공간에 들어선 베이커리 카페. 밀 비율을 줄이고 곡물 비율을 70% 이상으로 늘려 소화가 잘되는 빵을 선보이는 것이 특징. 에이드 메뉴도 추천할 만하다. 아이와 함께 이용할 수 있는 공간이 따로 마련되어 있으며, 반려견 동반도 가능하다.

Ⓦ 아메리카노, 카페라테(각 8천원), 시그니처커피(8천원), 에이드(8천8백원), 문호리옥수수빵(6천원), 퀸아망캐러멜(7천7백원)

치아바타샌드위치, 리얼새우샌드위치(각 9천8백원), 연유쌀바
게트(8천8백원), 소금버터스콘(5천원)

🕐 10:30~20:00 | 토, 일요일 09:00~21:00 – 연중무휴

🔍 경기 양평군 서종면 북한강로 684

☎ 031-772-8333 Ⓟ 가능

해물꾼조태산양평본점 칼국수

낙지, 통오징어, 활전복, 새우, 조개 등이 들어간 해물칼국수
를 전문으로 하는 곳. 칼국수에 사용되는 육수에는 꽃게, 미
더덕, 북어, 다시마 등 13가지의 재료가 들어가며 2시간 동
안 끓여낸다. 13인치 크기의 해물파전도 추천할 만하다.

Ⓦ 태산해물칼국수(1인 1만9천원), 왕새우해물튀김전(2만원), 새
우튀김(4마리 9천원, 6마리 1만3천원), 찜만두(1만원)

🕐 10:50~20:30(마지막 주문 19:50) – 연중무휴

🔍 경기 양평군 서종면 북한강로 962 서종임마누엘

☎ 031-775-5816 Ⓟ 가능

홍춘관 鴻春館 일반중식

3대째 내려오는 화상 중국집. 레몬향이 나는 탕수육은 겉은
바삭하고 속은 촉촉해 인기가 좋다. 얼큰하고 진한 국물과
쫄깃한 면발, 해산물이 듬뿍 들어가 해물짬뽕도 추천 메뉴
중 하나. 깨끗하고 넓은 실내를 자랑한다.

Ⓦ 해물짬뽕, 해물간짜장(각 1만1천원), 탕수육(소 2만5천원, 대
3만5천원), 난자완스(3만7천원), 새우칠리소스(4만6천원), 전가
복(8만3천원)

🕐 11:00~21:00 – 월요일, 명절 휴무

🔍 경기 양평군 양평읍 한빛길 4 2층

☎ 031-774-7359 Ⓟ 불가

화천갈비 소갈비

양념갈비로 유명한 곳으로, 초벌구이한 갈비를 상 위에서
숯불에 구워주는 방식이다. 식사로 나오는 된장찌개와 바삭
한 김구이가 맛있다. 반찬으로 나오는 간장게장을 좋아하는
단골도 많다. 시골 한옥집이어서 편안하고 정겨운 분위기다.

Ⓦ 양념소갈비(250g 4만8천원), 된장찌개(4천원)

🕐 11:00~21:30(마지막 주문 20:30) – 월요일, 명절 휴무

🔍 경기 양평군 양평읍 양근로147번길 16-1

☎ 031-771-2487 Ⓟ 가능

강계봉진막국수 막국수 | 수육

천서리막국수촌에서 가장 오래된 집이자 제 맛을 내는 집이
다. 메밀을 반죽해서 직접 면을 뽑기 때문에 면발이 부드러
우면서도 담백하다. 편육과 동동주를 함께 먹으면 그 맛이
더욱 일품이다. 50여 년의 역사를 자랑한다.

Ⓦ 비빔막국수, 물막국수, 온면막국수(각 1만원, 곱빼기 1만1천
원), 편육(250g 1만9천원)

🕐 11:30~18:40 | 토, 일요일 11:00~19:00 – 화요일 휴무

🔍 경기 여주시 대신면 천서리길 26

☎ 031-882-8300 Ⓟ 가능

강천매운탕 민물매운탕

매운탕이 맛있기로 유명한 곳. 쏘가리, 빠가사리 등과 잡고
기를 넣어 각종 채소와 함께 끓여낸다. 겨울철이면 참게도
함께 넣어 오도독 씹히는 맛이 별미다. 여주 쌀로 만든 밥과
맛깔스런 밑반찬들도 괜찮다.

Ⓦ 쏘가리매운탕(15만원), 빠가사리매운탕, 잡고기매운탕(소 5
만원, 중 6만원, 대 7만원, 특 8만원), 메기+빠가사리매운딩(소
4만원, 중 5만원, 대 6만원, 특 7만원), 자연산장어구이(18만원),
쏘가리회(20만원), 용봉탕(시가)

🕐 11:00~21:00 – 첫째, 셋째 주 화요일 휴무

🔍 경기 여주시 강천면 강천리길 85

☎ 031-882-5191 Ⓟ 가능

걸구쟁이네 비건 | 사찰요리

오신채를 멀리 하고, 고기를 일절 쓰지 않은 사찰음식을 선
보인다. 부족한 기름기는 깨, 콩, 부각 등으로 보충하고, 계
절마다 산야에서 나오는 냉이나물, 취나물, 유채나물, 곤드
레, 소루쟁이, 곰취 등 각종 나물을 주재료로 한다. 가죽나
물, 콩잎, 더덕 같은 장아찌류와 버섯구이, 호박꼬지, 산초두
부, 장떡, 도토리묵무침, 된장국과 청국장까지 곁들인다.

Ⓦ 나물밥상(1만8천원), 제육볶음(1만원), 사찰정식(1인 1만5천
원), 솔잎편육(4만원)

🕐 09:00~21:00(마지막 주문 18:00) – 연중무휴

🔍 경기 여주시 강천면 강문로 707

☎ 031-885-9875 Ⓟ 가능

능서돼지국밥 돼지국밥

솥밥이 나오는 돼지국밥집. 여주 쌀을 솥밥에 그때그때 지
어 밥 맛이 일품이다. 뽀얗고 진한 국물에 밥을 말아 김치를
곁들이면 좋다. 쫀득한 순대도 맛있기로 유명하다.

Ⓦ 돼지국밥, 순대국밥(각 1만1천원), 수육(1만5천원), 돼지불고
기(1만2천원), 모둠순대(1만3천원)

🕐 10:30~15:00/17:00~20:30(마지막 주문 19:50) | 일요일

10:30~19:40(마지막 주문 19:00) – 토요일 휴무

경기 여주시 흥천면 흥천로 5

070-4117-1155 ℗ 가능

두메산골 청국장 | 일반한식 | 소고기구이

청국장을 잘한다는 소문이 난 집. 직접 띄운 청국장을 사용하는 것이 맛의 비결이다. 김치를 썰어 넣어 맛을 더하며, 나오는 밑반찬도 깔끔하다. 청국장 외에 황태해장국, 제육쌈밥, 두부전골 등의 메뉴도 다양하게 선보인다.

청국장, 황태해장국, 콩비지찌개(각 1만1천원), 버섯두부전골(중 3만2천원, 대 3인 5만원, 4인 5만4천원), 제육쌈밥(2인 이상, 1인 1만7천원)

10:00~14:30(마지막 주문 14:00) – 일요일 휴무

경기 여주시 강천면 부평로 340-3

031-885-6088 ℗ 가능

마을식당 선지해장국

김치사골해장국이 맛있는 곳이다. 해장국에는 우거지대신 김치와 선지, 고기 등이 들어가 얼큰하다. 가마솥에서 해장국과 육개장을 끓여낸다.

해장국, 순댓국(각 1만2천원)

06:30~20:00(마지막 주문 19:00) – 월요일 휴무

경기 여주시 여양로 54 (상동)

031-885-2450 ℗ 가능

만우정육점생고기식당 육사시미 | 소고기구이

정육점과 식당을 함께 하는 곳. 직접 소를 기르면서 정육점을 운영하는 곳이라 가기 전에 미리 소 잡는 날을 확인하면 더욱 좋다. 식사로는 김치전골이 일품이며, 오후 4시까지 주문할 수 있다. 인근에 골프장이 있어 골프 라운딩 후 방문하는 손님이 많다.

한우생등심, 한우주물럭등심(각 200g 4만3천원), 한우안심(200g 4만5천원), 한우특수부위(200g 4만8천원), 한우안창살(200g 5만8천원), 한우육사시미(120g 2만원, 250g 4만원), 김치전골, 한우된장찌개(각 9천원), 한우고추장육회(150g 2만원), 생삼겹살, 목살(각 200g 1만6천원), 갈매기살, 항정살(200g 1만9천원)

11:30~21:30(마지막 주문 20:30) – 명절 휴무

경기 여주시 가남읍 태평로 68

031-883-6305 ℗ 가능

보배네집 두부 | 만두

만두가 맛있기로 유명한 집. 잘게 썬 묵은지와 두부, 돼지고기, 마늘, 파 등을 넣어 만든 만두 소가 맛깔스럽다. 직접 만든 두부와 보리밥도 별미. 여름에는 열무국수, 콩국수 등을 맛볼 수 있다.

만두, 순두부, 두부, 도토리묵, 보리밥, 떡만둣국, 만둣국, 열

무국수, 콩국수(각 9천원), 소고기만두(1만원), 만두전골(중 3만6천원, 대 4만5천원)

10:00~21:00 – 명절 휴무

경기 여주시 여양로 576-16 (오금동)

031-884-4243 ℗ 가능

시골맛집 청국장 | 두부

두부요리와 청국장 요리를 잘하는 곳. 부드러운 두부보쌈과 걸쭉한 청국장이 입맛을 살려준다. 개량 한옥이며 마당에 탈곡기, 절구통, 지게 등이 놓여있는 모습이 정겹다. 청국장, 두부 등은 포장해갈 수 있다.

모두부맛집정식(2인 이상, 1인 1만8천원), 맛집정식(2인 이상, 1인 1만6천원), 모두부(중 7천원, 대 1만4천원), 청국장, 비지찌개, 순두부찌개(각 1만2천원)

09:30~21:00(마지막 주문 20:30) – 명절 휴무

경기 여주시 장여로 1662 (삼교동)

031-882-8905 ℗ 가능

여내울 yeonaul 한정식 | 일반한식

여주쌀부터 채소까지, 대부분 직접 농사지은 식재료를 사용한 한상차림을 먹을 수 있는 곳. 누룽지 향이 나는 밥맛이 좋기로 유명하다. 보쌈과 게장, 코다리 등이 나오는 실속 한상이 인기 메뉴며, 육개장, 짜글이도 추천.

실속한상(3인 7만원), 수육+육개장, 수육짜글이(각 1만5천원), 여내울정식(1만6천원), 육개장, 우리콩칼국수, 시래기청국장(각 1만1천원), 시골두부전골(소 2만8천원, 대 4만원)

10:00~21:00 – 명절 당일 휴무

경기 여주시 여주남로 70 (월송동)

031-886-1282 ℗ 가능

예닭골 한정식

전통 기와집과 안마당을 갖춘 한정식집. 뚝배기에 담아 내오는 찌개와 나물반찬 등 20여 가지의 신선한 반찬이 한 상 가득 차려지는 예닭돌솥정식은 푸짐한 양으로 인기가 많다.

예담돌솥정식(1만8천원), 예담돌솥특정식(3만5천원), 홍어무침(3만원)

10:30~15:30/16:30~20:30 – 월요일 휴무, 명절 휴무

경기 여주시 북내면 여양2로 211

031-883-5979 ℗ 가능

은성손두부 일반한식 | 두부 | 소고기구이

한적한 곳에 자리잡고 있는 손두부 전문점. 국내산 콩을 사용한 두부 요리를 맛볼 수 있다. 대표 메뉴는 버섯과 채소가 듬뿍 들어간 두부전골. 구운두부를 곁들여도 좋으며 여름에만 맛볼 수 있는 콩국수도 별미다.

두부버섯전골(중 3만3천원, 대 3만8천원), 해물두부전골(중 4만2천원, 대 5만2천원), 콩비지, 하얀순두부, 콩국수(각 1만원),

모두부, 구운두부(각 1만2천원)
🕐 11:00~15:00/17:00~20:00(마지막 주문 19:30) – 화요일 휴무
🔍 경기 여주시 가남읍 헌바디길 23–121
☎ 031–886–7579 ℗ 가능

천서리막국수 막국수

쫄깃한 면에 매콤하면서도 진한 맛의 양념이 조화를 이룬 막국수를 낸다. 짭짤한 양념이 배어 있는 수육을 같이 곁들여도 좋다. 여주 현지인에게 인기 있는 곳이다.

Ⓦ 동치미막국수, 비빔막국수. 매운비빔막국수(각 1만원), 편육(1만9천원)
🕐 10:30~20:30(마지막 주문 20:00) – 연중무휴
🔍 경기 여주시 대신면 여양로 1974
☎ 031–883–9799 ℗ 가능

초계탕막국수 ✂ 막국수 | 초계탕

평안도 지방의 토속 음식인 초계탕과 평양막국수의 맛을 그대로 재현해 내는 별미 국숫집이다. 초계탕은 살얼음이 육수에 둥둥 떠 있고 막국수 위에 오이, 무, 닭고기, 양념, 고추 등이 고명으로 올라간다. 동절기엔 손님이 없을 경우 일찍 문을 닫으므로 미리 전화 후 방문하는 것이 좋다.

Ⓦ 초계탕(4인 8만원), 닭한접시(3만원), 물막국수, 비빔막국수(각 1마워), 메밀전(1만원), 닭온면, 닭곰탕(계절메뉴 1만1천원), 초계탕면(1인 1만5천원)
🕐 11:00~19:00(마지막 주문 18:30) – 화요일 휴무
🔍 경기 여주시 산북면 광여로 1024
☎ 031–884–7709 ℗ 가능

홀인원쌈밥집원조본점 쌈밥

여주쌀로 지은 쌈밥 정식을 맛볼 수 있는 곳. 식사 전 상차림으로 콩비지와 각종 반찬들이 나오며, 2천원 추가 시 솥밥으로 변경할 수 있다. 대패삼겹쌈밥과 제육쌈밥이 인기 메뉴며 한우배춧국과 청국장도 많이 찾는다.

Ⓦ 한우배춧국(1만2천원), 대패삼겹쌈밥(2만원), 제육쌈밥(2만

천원), 청국장. 콩탕(각 1만1천원), 한우국밥(1만2천원), 생오징어쌈밥(2만2천원), 차돌박이쌈밥(2만2천원), 소불고기쌈밥(2만4천원), 토종닭백숙, 닭볶음탕(각 8만5천원)
🕐 09:00~15:00/16:30~21:00(마지막 주문 20:00) – 연중무휴
🔍 경기 여주시 북내면 당전로 79
☎ 031–881–2244 ℗ 가능

홍원막국수 막국수 | 수육

강계봉진막국수와 함께 천서리막국수의 양대산맥이다. 강계봉진막국수보다 조금 늦게 시작했지만, 지금은 어깨를 나란히 하고 있다. 양지머리, 무, 다시마를 넣고 고은 육수가 별미다. 겨울철에는 햇메밀로 만든 비빔막국수가 괜찮다. 50여 년의 역사를 자랑한다.

Ⓦ 비빔국수, 물국수(각 1만원, 곱빼기 1만1천원), 편육(1만9천원)
🕐 11:00~15:30/17:00~19:00 | 토, 일요일, 공휴일 11:00~19:20 – 월요일(월요일이 공휴일인 경우 화요일 휴무), 명절 휴무
🔍 경기 여주시 대신면 천서리길 12
☎ 031–882–8259 ℗ 가능

경기도 연천군

군남면옥 물냉면 | 수육 | 막국수

저렴한 가격으로 푸짐하고 맛도 좋은 냉면, 막국수를 즐길 수 있는 곳. 메밀과 전분이 섞인 면과 닭으로 우려낸 육수의 조화가 좋다. 얇게 썰어져 나오는 수육의 식감도 좋다.

Ⓦ 물냉면, 물막국수(각 9천원), 비빔냉면, 비빔막국수(각 1만원), 갈비탕(1만2천원, 특 1만5천원), 수육(중 2만5천원, 대 3만원)
🕐 10:00~16:00 – 수요일 휴무
🔍 경기 연천군 군남면 군남로 413–6
☎ 031–833–8131 ℗ 불가

명신반점 ✂ 明信飯店 일반중식

50년 가까이 2대째 내려오는 화상중식당. 수타면을 사용하는 짜장면이 맛있는 집이다. 옛날식으로 투명한 소스와 바삭한 튀김이 어우러진 탕수육도 추천할 만하다.

Ⓦ 짜장면(6천원), 짬뽕, 볶음밥(각 7천원), 잡채밥(8천원), 탕수육(소 1만원, 중 1만7천원, 대 2만5천원), 마파두부(2만원), 깐풍기(소 1만5천원, 중 2만5천원, 대 3만5천원), 라조기(2만5천원)
🕐 11:00~15:30/16:30~20:30 – 수요일 휴무
🔍 경기 연천군 전곡읍 전곡역로 61
☎ 031–832–2307 ℗ 가능(1시간 무료)

세라비한옥카페 카페

수백 개의 장독대와 푸르른 풍경이 어우러지는 대형 한옥 카페. 쌀알이 씹히는 식감이 좋은 연천율무식혜가 시그니처 메뉴다. 건강한 전통차와 특색 있는 음료를 맛볼 수 있다. 족욕을 할 수 있는 공간도 마련되어 있다.

ⓦ 에스프레소(5천5백원), 아메리카노(6천원), 카페라테(6천5백원), 연천율무식혜(8천원), 연천율무풍라테(8천원), 연천귀리라테(8천원), 연천한반쌍화탕(1만2원), 생강차(9천원), 대추차(9천원)

🕐 10:00~18:00 | 토, 일요일 10:00~19:00 – 연중무휴

🔍 경기 연천군 군남면 군중로 134

☎ 010-8832-0646 Ⓟ 가능

신라가든 ✖ 소갈비 | 소불고기

한우 숯불 구이와 서울식 옛날 불고기를 선보이는 곳. 불고기를 주문하면 돌솥밥이 기본으로 나온다. 밑반찬을 깔끔하게 내어주며, 한돈 갈비와 전복 왕갈비탕도 함께 맛볼 수 있다. 단체 손님이 이용한 가능한 룸도 개별 공간에 마련되어 있다.

ⓦ 한우꽃갈빗살(180g 5만3천원), 이동갈비(3만5천원), 불고기돌솥정식(1만5천원), 한우안심(180g 4만2천원), 전복왕갈비탕(1만7천원), 돼지갈비(300g 1만8천원), 한우육회비빔밥(1만3천원)

🕐 10:30~21:00(마지막 주문 20:30) | 토, 일요일 10:30~15:00/17:00~21:00(마지막 주문 20:30) – 연중무휴

🔍 경기 연천군 청산면 평화로 335

☎ 0507-1444-7666 Ⓟ 가능

아씨마늘보쌈 보쌈

보쌈과 족발 전문점. 마늘보쌈이 가장 유명한 메뉴다. 마늘보쌈에는 다진 마늘이 돼지고기 위에 듬뿍 뿌려져 나온다. 홍어무침이 들어가 있는 보쌈 김치 맛도 일품이다.

ⓦ 돈통마늘보쌈(소 3만6천원, 중 4만원, 대 4만8천원), 마늘족발(앞발 4만원, 대 4만5천원), 불족발(4만3천원), 메밀쟁반국수(소 1만원, 중 1만5천원, 대 1만8천원), 보족애세트(대 6만1천원, 특대 7만1천원)

🕐 11:00~22:00 – 둘째, 넷째 주 일요일 휴무

🔍 경기 연천군 전곡읍 전곡로188번길 11

☎ 031-833-5353 Ⓟ 가능

황지참게매운탕 참게 | 민물매운탕

참게매운탕과 민물매운탕이 맛있는 집. 민물고기와 참게를 함께 넣어 매운탕을 끓이는 것이 특징이다. 임진강의 참게는 가을에 잡은 것을 최고로 친다. 잡은 참게는 맑은 물에 일주일 동안 두어 흙냄새를 없앤다. 쏘가리매운탕과 자연산 장어는 예약해야 맛볼 수 있다.

ⓦ 참게매운탕(소 5만원, 중 6만원, 대 7만원), 빠가사리참게매운탕(소 4만원, 중 5만원, 대 6만원)

🕐 11:00~20:00(마지막 주문 19:30) – 연중무휴

🔍 경기 연천군 군남면 군남로 24

☎ 031-833-4595 Ⓟ 가능

경기도 오산시

대흥식당 돼지국밥 | 수육

오산 오색시장 내에 있는 돼지머리국밥집으로, 60년 전통을 자랑한다. 국밥의 양도 많은 편이고, 고기도 푸짐하게 들어있다. 남자는 비계, 여자는 살코기 위주로 담아 주는데, 미리 이야기 하면 원하는 부위를 내어 준다. 수육과 편육도 잡내 없이 부드러워 추천할 만하다.

ⓦ 돼지머리국밥(9천원), 돼지머리수육, 돼지머리편육(각 소 1만원, 중 1만5천원, 대 2만원)

🕐 08:00~20:30 – 월요일 휴무

🔍 경기 오산시 오산로278번길 9-12 (오산동)

☎ 031-374-4723 Ⓟ 불가

메르오르블랙 MERHEURE BLACK 카페

원목과 블랙으로 인테리어한 고급스러운 분위기의 카페. 통창으로 푸른 숲 뷰를 감상할 수 있고, 2층 중앙에는 식물 온실이 있다. 메르오르블랙에서는 다양한 베이커리와 음료를, 메르오르 본점에서는 브런치를 즐길 수 있다.

ⓦ 에스프레소(5천원), 아메리카노(5천8백원), 카페라테(6천5백원), 홀리데이로맨스(8천원), 흑임자크림커피(8천원), 치즈아일랜드(8천5백원), 소금빵(3천5백원), 단팥빵(3천5백원), 감자베이글(5천원), 크루키(5천4백원), 푸딩(4천9백원)

🕐 10:00~20:50(마지막 주문 20:30) – 연중무휴

🔍 경기 오산시 남부대로 26 (두곡동)

☎ 0507-1408-3977 Ⓟ 가능

부용식당 순대국밥 | 돼지국밥 | 수육

오산 오색시장 내에 자리한 돼지국밥집으로, 지역 주민들에게 인기가 많은 곳이다. 맑고 담백한 국밥의 국물은 잡내가 거의 없는 편이며, 국밥 주문 시 머릿고기가 서비스로 나온다. 부드럽게 삶은 수육을 곁들이는 것도 좋다.

ⓦ 돼지국밥(9천원, 특 1만1천원), 순댓국, 내장탕(각 9천원), 술국, 머릿고기수육, 오소리감투수육(각 2만원)

🕐 04:00~20:30 – 매월 4, 19일 정기 휴무(토, 일요일 제외)

🔍 경기 오산시 오산로278번길 11 (오산동)

☎ 031-377-1420 Ⓟ 가능

새말해장국 소내장탕 | 선지해장국 | 소고기구이

해장국 간판을 달고 있지만, 정육점을 겸하고 있어 해장국
과 함께 소고기를 구워 먹을 수 있는 곳이다. 숯불에 굽는
고기의 맛이 좋다. 살치살은 손질하는 데 시간이 걸리므로
예약하는 것이 좋다.

- Ⓦ 한우등심(600g 14만원), 한우살치살(600g 18만원), 가브리살
(600g 5만4천원), 항정살(600g 5만6천원), 선지해장국(1만1천
원), 얼큰내장탕(1만3천원), 한우특수부위(600g 15만원), 한우살
빗살(600g 13만원)
- Ⓣ 06:00~22:00 – 명절 당일 휴무
- Ⓠ 경기 오산시 현충로 95 (은계동)
- ☎ 031-373-5929 Ⓟ 가능

오산할머니집 ✖ 소머리국밥

오산 오일장에서 소머리국밥으로 시작한, 80여 년 전통의
국밥집. 소머리와 사골을 넣고 끓인 진한 국밥(설렁탕)을 맛
볼 수 있다. 오산에서 가장 유명한 식당 중 하나로 꼽힌다.

- Ⓦ 설렁탕(1만2천원, 특 1만5천원), 수육(4만원)
- Ⓣ 10:00~20:00(마지막 주문 19:30) – 일요일 휴무
- Ⓠ 경기 오산시 오산로300번길 3 (오산동)
- ☎ 031-374-4634 Ⓟ 불가

우도 牛道 소고기구이

무쇠 불판에 구워 먹는 한우구이 전문점. 등심, 갈빗살, 안
심, 살치살 등의 부위와 들기름 국수를 함께 즐길 수 있다.
우도모둠을 주문하면 살치살, 생등심, 늑간살이 나온다. 직
접 만든 갓김치도 고기에 곁들이면 좋다.

- Ⓦ 우도모둠(500g 13만9천원, 800g 21만9천원), 생등심, 갈빗살
(각 100g 2만8천원), 안심, 살치살, 새우살(각 100g 3만5천원),
채끝살(100g 3만3천원), 들기름국수(8천원), 한우된장술밥(1만1
천원)
- Ⓣ 16:30~23:00 – 연중무휴
- Ⓠ 경기 오산시 외삼미로 160 (외삼미동) 1층
- ☎ 0507-1327-4592 Ⓟ 가능

운암회관 우거지해장국

소 갈빗살이 푸짐히 들어간 해장국을 맛볼 수 있는 곳. 우거
지와 연한 소 갈빗살이 넉넉히 들어가 있으며, 선지를 양푼
에 따로 내주는 것이 특징이다.

- Ⓦ 해장국, 소머리국밥, 얼큰국밥(각 1만1천원), 수육(4만원), 곱
창전골(중 3만5천원, 대 4만원)
- Ⓣ 24시간 영업 – 연중무휴
- Ⓠ 경기 오산시 운천로 61 (원동)
- ☎ 031-372-4886 Ⓟ 가능

행복한콩박사 버섯전골 | 두부전골 | 만두

직접 농사지은 콩으로 만든 두부 요리를 즐길 수 있는 곳이
다. 가장 인기메뉴인 정식을 시키면 생두부, 순두부, 두부 샐
러드, 청국장, 콩비지를 비롯한 갖가지 콩과 두부 요리를 다
양하게 맛볼 수 있어 추천한다.

- Ⓦ 콩박사정식(1만8천원), 만두두부전골, 버섯두부전골(2인 2만
8천원), 맑은순두부(9천원), 쫄면순두부, 청국장(각 9천원), 들깨
옹심이순두부(1만원), 부침두부(1만3천원)
- Ⓣ 11:00~21:00(마지막 주문 20:00) | 토, 일요일 11:00~15:00/
16:30~21:00(마지막 주문 20:00) – 연중무휴
- Ⓠ 경기 오산시 양산로398번길 8-11 (양산동)
- ☎ 031-372-1232 Ⓟ 가능

경기도 용인시

그레텔 grettel 디저트전문점

매일 만드는 구움과자를 선보이는 디저트 카페. 무색소마카
롱과 플레인스콘, 뉴욕 스타일의 르뱅초코쿠키, 브라우니 등
이 인기 메뉴며, 시즌마다 새로운 메뉴를 선보인다. 파스텔
톤의 감성 인테리어에 아기자기한 소품들로 꾸며져 있다.

- Ⓦ 아메리카노(4천5백원), 카페라떼(5천원), 아인슈페너, 딸기라
떼, 애플레몬티, 레모네이드, 얼그레이밀크티(각 6천원), 프로슈
토오픈샌드위치(9천원), 어니언수프(8천원)
- Ⓣ 11:00~22:00(마지막 주문 21:30) – 수요일 휴무
- Ⓠ 경기 용인시 처인구 중부대로1313번길 20-13 (역북동) 1층
- ☎ 010-5175-4266 Ⓟ 가능

그린웨일 GREEN WHALE CAFE & BAKERY 카페

경기도 건축문화상을 받은 베이커리 카페. 화이트톤의 깔끔
한 인테리어가 돋보이며, 통창 너머로 펼쳐지는 시원한 저
수지뷰를 감상할 수 있다. 브라운아인슈페너와 인절미라테
가 시그니처 음료.

- Ⓦ 아메리카노(7천원), 카페라테(7천5백원), 브라운아인슈페너(8
천5백원), 인절미라테(8천5백원), 패션푸르트애플티에이드(8천5
백원), 자몽허니블랙티(8천5백원)

🕐 10:30〜19:00 | 토, 일요일, 공휴일 10:30〜20:00 – 화요일 휴무
🔍 경기 용인시 처인구 이동읍 어진로 771
☎ 0507-1354-5771 ⓟ 가능

동강민물매운탕 東江 민물매운탕

문산에서 30년 넘게 대를 이어 매운탕을 팔고 있는 여울이라는 집과 친척관계라서 그곳에서 배운 대로 매운탕을 만들고 있다고 한다. 칼칼한 매운탕 국물 맛이 일품이다. 건더기를 어느 정도 먹고 나면 국물에 수제비를 넣어 먹는다.

ⓦ 메기매운탕(중 4만5천원, 대 5만5천원), 빠가사리매운탕(중 6만5천원, 대 7만5천원)
🕐 11:00〜21:00(마지막 주문 20:00) – 비정기적 휴무
🔍 경기 용인시 처인구 이동읍 이원로 319
☎ 031-332-2913 ⓟ 가능

메종포레 maisonforet 그릴

6인용 원 테이블로 운영되는 프라이빗 식당으로, 예약이 필수다. 산으로 둘러싸인 전원주택 안으로 들어가면 오픈 주방에서 바로 조리를 하고, 음식을 내어준다. 아보카도새우샐러드, 감자퓌레와문어구이, 차돌박이부추무침, 스테이크 등 순서대로 나오는 음식들을 맛볼 수 있다.

ⓦ 디너(1인 평일 16만5천원, 주말 18만원)
🕐 11:30〜18:00 – 월요일 휴무
🔍 경기 용인시 처인구 포곡읍 금어로 555
☎ 0507-1315-2672 ⓟ 가능

메종포레

묵리459 카페

통유리창 밖으로 자연을 구경할 수 있는 브런치 카페. 삼봉산 자락이 카페를 둘러싸고 있다. 브런치와 함께 블렌딩 티를 선보이며, 실내에서 공연이 펼쳐지기도 한다.

ⓦ 불고기로제리조토(1만9천원), 묵리플(2만1천원), 묵리플레이트(2만원), 로마냐피자(2만2천원), 들깨버섯크림파스타, 깻잎오일파스타(각 2만원), 마르게리타피자(2만1천원), 목라테(7천5백

원)
🕐 10:00〜20:00 – 연중무휴
🔍 경기 용인시 처인구 이동읍 이원로 484
☎ 031-335-4590 ⓟ 가능

백암식당 순댓국 | 순대

백암에서 순대가 맛있는 곳. 맑게 나오는 국물에 새우젓과 다진 양념으로 간을 하여 먹는다. 순대에 채소가 많이 들어 있어 맛이 깔끔하다. 막창으로 만드는 막창순대도 독특하다.

ⓦ 순댓국(1만원, 특 1만2천원), 소머리국밥(1만2천원), 막창모둠순대(2만2천원), 백암순대, 머릿고기, 오소리감투(각 1만7천원)
🕐 10:00〜19:30(마지막 주문 19:00) – 수요일 휴무
🔍 경기 용인시 처인구 백암면 근창로 17-8
☎ 031-322-5432 ⓟ 가능

베툴라 카페

자작나무 숲이 있는 2만5천평 규모의 테마 정원과 220평 규모의 베이커리를 겸비한 카페. 2024년에 완공된 복합문화시설이며, 입장료 지불 후 이용 가능하다. 작은 온실, 전망대, 숙박 가능한 펜션 등 다양한 시설들이 있다. 개방된 통창으로 인테리어한 카페 내부에는 음료와 함께 즐길 수 있는 다양한 종류의 베이커리가 준비되어 있다.

ⓦ 에스프레소(6천원), 아메리카노(6천원), 카페라테(7천원), 자작크림라테(7천원), 발로나생초코라테(7천5백원), 보성유기농말차라테(7천5백원), 딸기크루아상(6천원), 소금앙버터(4천원), 대파베이글(6천5백원)
🕐 10:30〜20:00(마지막 주문 19:30) – 화요일 휴무
🔍 경기 용인시 처인구 백암면 황새울로 223-18
☎ 0507-1393-9554 ⓟ 가능

송전매운탕 민물매운탕 | 붕어찜

송전저수지 근처에 있는 매운탕집으로, 특히 주변 파인크리크 골프장 회원들이 즐겨 찾는 곳 중 하나다. 뱅뱅돌이라고 불리는 빙어양념구이도 특이하다.

ⓦ 메기찜, 참게매운탕(각 소 4만원, 중 5만원, 대 6만원), 메기매운탕, 새우매운탕(각 소 3만5천원, 중 4만5천원, 대 5만5천원) 섞어매운탕(각 소 4만원, 중 5만원, 대 6만원), 빠가사리매운탕(소 5만5천원, 중 6만5천원, 대 7만5천원), 닭볶음탕, 닭백숙(각 5만5천원), 뱅뱅돌이(1만5천원)
🕐 10:00〜23:30(마지막 주문 19:30) | 금, 토요일 10:00〜21:00(마지막 주문 20:00) – 화요일 휴무
🔍 경기 용인시 처인구 이동읍 경기동로751번길 7
☎ 031-336-7339 ⓟ 가능

아이소 AISO SOUND 커피전문점

현대적인 외관과 모던한 매장이 돋보이는 대형 카페. 직접 로스팅 한 원두를 선보이며, 로스팅을 연구하는 건물이 따

로 마련되어 있다. 커피는 고소하고 묵직한 원두, 은은한 산미가 느껴지는 원두, 디카페인 중 선택할 수 있다.

- ⓦ 아메리카노(6천5백원), 카페라테(7천원), 딸기라테(7천5백원), 상하목장아이스크림(6천5백원), 아포가토(7천5백원), 리본퓌이테(7천3백원), 뱅오쇼콜라(6천3백원), 소금빵(3천5백원), 퀸아망(4천8백원)
- ⓣ 10:00~20:00(마지막 주문 19:50) – 연중무휴
- ⓠ 경기 용인시 처인구 양지면 은이로 72 1, 2층
- ☎ 070-4610-1835 ⓟ 가능

유프로네 ✂ 소고기구이 | 소불고기

전라도 함평에서 올라오는 암소 한우 생고기를 받아 상등품인 등심을 발라내고, 남은 부위는 불고기정식으로 낸다. 가격은 다소 높은 편이며, 예약은 필수다.

- ⓦ 암소불고기정식(1인 2만8천원), 영광보리굴비정식(1인 3만원), 암소채끝육회비빔밥(1만5천원), 왕새우살(6만5천원), 살치살(6만3천원), 한우암소뭇국(1만원)
- ⓣ 10:00~21:30 – 명절 당일 휴무
- ⓠ 경기 용인시 처인구 모현읍 능원로 33
- ☎ 031-339-9180 ⓟ 가능

인더트립 ✂ in the trip 파스타 | 이탈리아식

아늑하고 따뜻한 분위기의 이탈리안 레스토랑. 빈티지한 느낌과 상호인 in the trip에 어울리는 탑승권 디자인의 메뉴판이 특색있다. 몽골레파스타와 매콤크림파스타가 인기 메뉴다. 빵가루를 묻혀 튀긴 아란치니도 좋다.

- ⓦ 클램차우더(8천원), 아란치니(9천원), 양갈비스테이크(3만9천원), 크림뇨키(1만6천원), 라자냐(1만8천원), 치킨크림리조토(1만6천원), 오징어먹물리조토, (1만6천원), 페퍼로니피자(1만9천원) 봉골레파스타, 매콤크림파스타(각 1만5천원)
- ⓣ 11:30~15:00/17:00~21:30(마지막 주문 21:00) | 토, 일요일 11:30~21:30(마지막 주문 21:00) – 연중무휴
- ⓠ 경기 용인시 처인구 금령로12번길 6 (김량장동)
- ☎ 010-9431-7190 ⓟ 가능(2대)

자작나무이야기 양식

산속에 있는 전망 좋은 레스토랑. 야경과 분수의 모습이 멋지다. 분위기 있게 스테이크나 바닷가재를 즐길 수 있다. 각 테이블마다 노트가 비치되어 있어 방문객들이 그 날의 추억을 기록할 수 있다.

- ⓦ 자작나무스페셜코스(1인 8만5천원), 패밀리세트(3인 10만3천원), 커플세트(2인 8만1천원), 샤토브리앙스테이크(5만2천원), 오리엔탈안심스테이크(4만9천원), 뚝배기해산물파스타(2만3천원)
- ⓣ 11:30~22:00(마지막 주문 20:00) – 월요일 휴무
- ⓠ 경기 용인시 처인구 양지면 대대로 302
- ☎ 031-332-3928 ⓟ 가능

자작마을 소고기구이 | 돼지고기구이

44개의 자작나무로 만들어진 나무 불판 위에서 숯불로 고기를 굽는 곳이다. 직접 만든 소스로 맛을 낸 직화불고기+콩나물 세트도 많이 찾는 메뉴. 김치찌개와 된장찌개를 주문해 고기와 함께 먹기도 하며 한우 육회도 추천할 만하다.

- ⓦ 1++한우등심(150g 3만9천원), 한돈모둠(650g 5만8천원), 불고기+콩나물(1만원), 1++한우육회(150g 2만3천원), 삼겹살, 특목살, 가브리살(각 150g 1만3천원), 한돈항정살(150g 1만5천원), 김치찌개(1원), 된장찌개(8천원)
- ⓣ 11:30~14:30/17:00~21:00 – 월요일, 마지막 주 일요일 휴무
- ⓠ 경기 용인시 처인구 백암면 백암로192번길 3-4
- ☎ 031-322-5564 ⓟ 가능

제일식당 ✂ 순댓국 | 순대

백암 일대에서 오래된 순댓집 중 하나. 머릿고기와 순대가 같이 나오며 모둠순대는 순대와 오소리감투를 섞어서 준다. 순대에는 채소와 선지, 돼지고기가 들어가 있다. 쫄깃쫄깃한 오소리감투도 괜찮다. 순대국밥은 밥을 담아 뜨거운 국물에 여러 차례 토렴을 해서 가져다준다.

- ⓦ 모둠, 백암순대, 오소리감투(각 1만8천원), 순대국밥(1만원)
- ⓣ 06:00~21:00(마지막 주문 20:00) – 수요일 휴무
- ⓠ 경기 용인시 처인구 백암면 백암로201번길 11
- ☎ 031-332-4608 ⓟ 가능

중앙식당 순댓국 | 순대

용인 처인구 백암에서 가장 오래된 순댓집 중 하나로, 90년 역사를 자랑한다. 백암순대의 원조로 통한다. 순대 껍질이 쫄깃하게 씹히면서도 부드러우며 오소리감투를 삶아서 새우젓에 찍어 먹는 맛도 일품. 대를 이어 전통 백암순대를 만들고 있다. 재료가 소진되면 일찍 문을 닫는다.

- ⓦ 순댓국(9천원, 특 1만원), 순대(1만원), 모둠순대(1만5천원)
- ⓣ 09:00~20:00 – 연중무휴
- ⓠ 경기 용인시 처인구 백암면 근창로 13
- ☎ 031-333-7750 ⓟ 불가

타이씨암레스토랑 Thai Siam 태국식

애버랜드 부근에 위치한 전원주택풍의 레스토랑. 정통 타이 음식을 즐길 수 있는 곳이다. 기본적인 쌀국수부터 똠얌꿍 등의 음식까지 다양하게 즐길 수 있다. 놀이공원을 이용 후 찾는 손님들이 많다.

- ⓦ 소고기쌀국수(1만2천원), 태국식파인애플볶음밥(1만2천원), 돼지고기볶음밥(1만3천원), 뿌팟퐁커리(2만6천원), 똠얌꿍(2만원), 얌팍(1만2천원), 카오팟무/꿍(1만1천원)
- ⓣ 10:00~22:00(마지막 주문 20:30) – 연중무휴
- ⓠ 경기 용인시 처인구 포곡읍 성산로 629
- ☎ 031-323-3235 ⓟ 가능

풍성식당 순댓국 | 순대

백암 3대 순대식당 중 하나로 꼽히는 곳. 50년 된, 3대째 내려오는, 백암순대의 원조집 중 하나다. 당면을 넣은 순대가 아니라, 고기와 배추 등의 채소를 듬뿍 넣어 만들어 느끼하지 않고 담백하다. 가마솥에서 돼지 뼈를 넣고 24시간 끓여낸 맑은 국물의 순댓국에 취향에 따라 다진 양념과 새우젓을 넣어서 먹는다. 순대와 순댓국만 전문으로 하고 있다.

ⓦ 순댓국(1만원, 특 1만2천원), 순대, 모둠순대, 머릿고기, 오소리감투(각 1만8천원, 반접시 1만원)

ⓣ 09:00~20:00(마지막 주문 19:30) – 명절 휴무

ⓠ 경기 용인시 처인구 백암면 백암로 179

☎ 031-332-4604 ⓟ 가능

한터시골농장 오리백숙 | 닭백숙

주인이 직접 지었다는 황토 흙집은 예스러운 정취가 가득하며, 룸 자체가 각각 독립가옥으로 구성되어 옆 테이블의 방해를 받지 않고 편안히 식사를 즐길 수 있다. 직접 농가에서 사육한 3개월에서 6개월 된 오리를 15가지의 한약재를 넣고 끓인 오리요리는 맛이 담백하고 부드럽다.

ⓦ 능이오리백숙, 한반유황백숙(7만5천원), 참숯쪽갈비(500g 3만원), 오리부추구이, 약닭백숙(각 6만원), 닭볶음탕(7만원)

ⓣ 10:00~21:30(마지막 주문 21:00) – 연중무휴

ⓠ 경기 용인시 처인구 양지면 한터로 690

☎ 031-339-6600 ⓟ 가능

경기도 용인시 (기흥)

관악장 소고기구이

등심 맛이 좋은 곳으로, 비빔된장찌개를 맛보려고 찾는 사람도 많다. 쌀과 보리의 비율이 7대 3인 보리밥에 콩나물, 시금치, 우거지, 열무김치, 무생채를 올리고 비빔된장찌개로 비벼 먹는다. 직접 메주를 띄워 담근 장을 사용한다.

ⓦ 꽃등심(150g 4만4천원), 떡심(150g 5만원), 삼겹살(180g 1만6천원), 비빔된장찌개(9천원), 묵은지김치찌개(9천원)

ⓣ 11:00~21:00 – 토, 일요일, 공휴일 휴무

ⓠ 경기 용인시 기흥구 농서로 162-2 (농서동)

☎ 031-693-5799 ⓟ 불가

데일리아트스토리용인점

Daily Art Story 베이커리

2,000평 규모의 미디어아트 전시와 베이커리와 브런치, 카페, 를 함께 즐길 수 있는 복합 문화 공간. 프렌치토스트나 샥슈카 같은 간단한 브런치 메뉴가 있으며 음료는 트로피컬아이스티가 추천 메뉴. 카페에서 식음료를 구입하면 전시

입장료를 20% 할인받을 수 있다.

ⓦ 에스프레소(4천8백원), 아메리카노(6천3백원), 카페라테(6천8백원), 데일리라테(7천3백원), 아트크림라테(7천8백원), 스토리트로피칼아이스티(6천8백원), 올데이블랙퍼스트(2만1천8백원), 데일리프렌치토스트, 샥슈카(각 1만8천8백원), 포모도로모차렐라파스타(1만9천8백원)

ⓣ 10:00~21:00 | 금, 토요일 10:00~22:00 – 연중무휴

ⓠ 경기 용인시 기흥구 중부대로746번길 1 (상하동)

☎ 031-287-2167 ⓟ 가능

뜨라또리아비니에올리 ✖

TRATTORIA vini e oli 이탈리아식 | 피자 | 파스타

보정동 카페거리에 있는 이탈리안 레스토랑. 다양한 파스타와 리조토, 피자 등을 맛볼 수 있다. 오붓하고 아늑한 분위기로 꾸며 와인을 즐기기에도 좋으며, 가격대도 만족스러운 편이다.

ⓦ 포르치니크림파스타(1만9천원), 해산물토마토파스타(2만3천원), 포르치니크림리조토(1만9천원), 볼로네제로제리조토(1만8천원), 마르게리타피자(1만8천원), 고르곤졸라피자(2만1천), 양갈비스테이크(2만9천원)

ⓣ 10:30~15:20/17:30~21:30(마지막 주문 20:30) – 월요일 휴무

ⓠ 경기 용인시 기흥구 죽전로15번길 8-1 (보정동)

☎ 031-889-4932 ⓟ 가능

라스마가리타스 Las Margaritas 멕시코식

보정동 카페거리에서 멕시칸 음식을 선보이는 곳. 토르티야에 고기나 채소를 싸 먹는 파히타가 인기 메뉴며 케사디야, 엔칠라다 등도 추천할 만하다. 다양한 메뉴로 구성된 세트 메뉴도 만족도가 높다.

ⓦ 파히타(치킨 4만3천5백원, 치킨&소고기 4만5천5백원, 소고기 4만7천5백원), 타코(2개 1만3천원, 3개 1만8천5백원), 케사디야(2만5백원), 엔칠라다(2만1천5백원), 치미창가(2만2천5백원), 마가리타스샘플러(4만1천5백원), 커플세트(5만9천5백원), 패밀리세트(10만4천5백원)

ⓣ 11:30~15:00/16:00~22:00(마지막 주문 21:20) | 토, 일요일 11:30~22:00(마지막 주문 21:20) – 월요일 휴무(공휴일인 월요일 정상영업, 화요일 휴무)

ⓠ 경기 용인시 기흥구 죽전로15번길 15-8 (보정동) 101호

☎ 031-889-4343 ⓟ 가능

빠델라디파파 ✖ Padella di Papa 피자

정통 나폴리 화덕피자를 맛볼 수 있는 곳. 이탈리아와 동일한 방식을 고집하여 이탈리아산 식자재와 나폴리 화산석으로 만든 화덕을 이용해 짧은 시간 안에 바삭하게 구워낸다. 나폴리 피자대회에서 아시아 1위 수상을 한 바 있는 셰프가 운영한다.

ⓦ 마르게리타콘부팔라피자(2만6천원), 디아볼라리코타피자(2만5천원), 프로슈토루콜라피자(2만7천원), 스콜리오파스타(2만5천원), 감베리에루콜라파스타(2만4천원)
🕐 11:00~15:00/17:00~20:30(마지막 주문 20:00) – 일요일 휴무
🔍 경기 용인시 기흥구 구성로279번길 10 (청덕동)
☎ 031-283-5890 ⓟ 가능

사또가든 ✖ 소고기구이

한우구이를 맛볼 수 있는 곳으로. 한우 외에 미국산 프리미엄 안창살도 추천할 만하다. 식사로는 두부청국장 생선구이정식, 김치청국장 생선구이정식, 토속된장 생선구이정식 등을 맛볼 수 있다.
ⓦ 한우생등심(150g 6만5천원), 안창살(150g 5만3천원), 사또청국장정식, 사또김치청국장정식, 사또토속된장정식(각 1만8천원)
🕐 09:30~21:30 – 명절 당일 휴무
🔍 경기 용인시 기흥구 기흥단지로 89 (고매동)
☎ 031-285-6865 ⓟ 가능

성남숯불갈매기살 돼지고기구이

1985년 개업하여 30년 넘게 갈매기살을 전문으로 하는 집이나. 산수골목상에서 식섭 사육한 갈매기살늘 낭일 배송하여 판매한다. 고기의 질이 좋으며 함께 나오는 대파와 버섯을 곁들여 먹으면 더욱 맛있다.
ⓦ 양념갈매기살, 생갈매기살(각 200g 1만8천원), 가브리살(1만9천원), 한우육사시미(1만6천원), 냉면(5천원), 된장찌개(3천원)
🕐 12:00~21:30 – 월요일 휴무(월요일이 공휴일이면 정상영업)
🔍 경기 용인시 기흥구 이현로29번길 19 (보정동) 1층
☎ 031-264-1880 ⓟ 가능

수담 ✖ 만두

손만두를 즐길 수 있는 곳. 만두를 주문하면 미리 준비해둔 소를 만두피에 넣어 만두를 빚는다. 음식을 기다리는 시간은 약간 길지만, 막 만든 제대로 된 만두의 맛을 느낄 수 있다. 만두전골은 얼큰한 것과 담백한 것 중 선택할 수 있다.
ⓦ 수담만두(9천원), 영양만둣국(1만원), 담백전골. 얼큰전골(각 2인 2만7천원. 3인 3만9천원. 4인 5만2천원. 5인 6만5천원)
🕐 11:30~15:10(마지막 주문 14:25)/17:00~20:40(마지막 주문 19:55) – 일, 월요일 휴무
🔍 경기 용인시 기흥구 죽전로27번길 14-6 (보정동)
☎ 031-897-6987 ⓟ 가능

수타우동모루 手打ちうどん もる 일식우동

일본 정통 사누키 우동을 전문으로 하는 곳. 매일 아침 직접 소금물과 최상급 밀가루를 사용하여 면을 만들고, 24시간 동안 숙성한다. 가케우동, 기쓰네우동, 덴푸라우동, 가모보코우동 등 다양하게 맛볼 수 있다.

수타우동모루

ⓦ 가케우동(1만원), 자루붓가케우동. 자루우동(각 1만1천원), 알.곤이카라이우동, 들기름니꾸붓가케우동. 마제소보로우동(각 1만4천5백원)
🕐 11:00~15:00(마지막 주문 14:30)/17:00~20:00(마지막 주문 19:30) – 수요일 휴무
🔍 경기 용인시 기흥구 구교동로118번길 30-2 (마북동) 1층
☎ 031-274-2227 ⓟ 가능

신갈나주집 ✖ 갈비탕 | 소고기구이

고급 한우를 전문으로 하는 고깃집. 부드러운 고기 맛이 일품이며 등심, 차돌박이의 인기가 높다. 다양한 부위가 나오는 한우모둠도 추천할 만하다. 남도의 맛이 느껴지는 산낙지탕탕회, 홍어삼합 등도 별미.
ⓦ 한우모둠(150g 5만5천원), 차돌박이(150g 4만9천원), 부채살(150g 5만8천원), 갈빗살(150g 6만2천원), 살치살(150g 6만5천원), 육사시미(150g 6만원), 육회(150g 5만5천원), 산낙지탕탕이(시가), 홍어삼합(9만원), 갈비탕(2만원)
🕐 09:00~22:00 – 연중무휴
🔍 경기 용인시 기흥구 기흥로14번길 10-12 (구갈동)
☎ 031-283-0303 ⓟ 가능

암소제비추리 소고기구이

40년 넘게 제비추리와 차돌박이만 판매하는 곳. 제비추리와 차돌박이를 돌판에 구워 먹는다. 돌판 둘레에 달걀을 풀어 기름기를 없앤다. 식사로는 된장찌개가 있다.
ⓦ 차돌박이, 제비추리(각 180g 6만원), 된장찌개(7천원)
🕐 11:00~21:40 – 명절 당일 휴무
🔍 경기 용인시 기흥구 석성로 107 (마북동)
☎ 031-283-3294 ⓟ 가능

에코의서재 북카페

보정동카페거리에서 유명한 북카페다. 책의 종류가 다양하며 실내가 편안한 분위기여서 책을 읽으며 시간을 보내기에 좋다. 브런치메뉴를 비롯해 와플이 인기다.
ⓦ 에스프레소(5천원), 아메리카노(5천5백원), 카페라테(6천원).

뉴욕치즈케이크(6천5백원), 인절미와플(1만8천원), 아이스크림와플(1만7천5백원)
- ⏰ 11:00~23:00 – 연중무휴
- 📍 경기 용인시 기흥구 죽전로15번길 11–3 (보정동)
- ☎ 031–266–1138 ℗ 가능(협소)

피제리아다문 Pizzeria da moon 피자 | 파스타

보정동 카페거리에서 유명한 피자집. 화덕에 구운 정통 나폴리 피자를 맛볼 수 있는 곳이다. 23가지의 다양한 피자의 종류를 선보여 선택의 폭이 넓은 게 강점. 문스피자와 문스라자냐가 대표 메뉴다. 도우를 48시간 저온에 숙성 시켜 풍미와 쫄깃한 맛을 살렸다.

- 🅦 문피자(2만2천5백원), 마르게리타콘부팔라(1만8천5백원), 감베레티(1만9천5백원), 칼조네풍기에크레마(2만1천5백원), 문스라자냐(2만1천원), 새우오일파스타(1만9천9백원), 트러플풍기(1만8천5백원)
- ⏰ 11:00~15:15/17:00~21:20(마지막 주문 20:45) – 연중무휴
- 📍 경기 용인시 기흥구 죽전로15번길 11–8 (보정동) 1층
- ☎ 031–889–2010 ℗ 가능

경기도 용인시 (수지)

고기리막국수 막국수 | 수육

고급스러운 막국수로 이름난 곳으로, 매장에서 직접 빻은 메밀로 막국수를 만든다. 대표 메뉴인 들기름막국수를 찾는 손님들로 늘 붐빈다. 정원과 테라스도 있어 분위기도 쾌적하다.

- 🅦 물막국수, 비빔막국수, 들기름막국수(각 1만1천원), 수육(소 1만7천원, 중 2만5천원)
- ⏰ 11:00~21:00(마지막 주문 20:20) – 화요일 휴무
- 📍 경기 용인시 수지구 이종무로 157 (고기동)
- ☎ 031–263–1107 ℗ 가능

고기리막국수

르헤브드베베 Le reve de bebe 디저트전문점

프랑스 르노트르 제빵학교 출신 셰프가 만든 다양한 마카롱을 맛볼 수 있다. 100% 아몬드가루로 만드는 부드러운 식감의 마카롱이 인기며 40여 종류에 달할 만큼 다양하다. 쫄깃한 꼬끄와 달콤한 필링이 잘 어우러진다.

- 🅦 마카롱(각 2천8백원), 아메리카노, 카페라테(각 5천원), 홍차(hot 5천원, ice 6천원), 밀크티(7천원)
- ⏰ 11:00~19:00 – 월, 화요일 휴무
- 📍 경기 용인시 수지구 죽전로168번길 3–3 (죽전동) 단대레드존상가 1층 101, 102호
- ☎ 031–889–5012 ℗ 가능

모소밤부 Mosobamboo 카페 | 브런치카페

레스토랑, 카페, 미용실을 동시에 운영 중인 곳으로, 모소밤부의 이름에 걸맞는 대나무라테를 선보이고 있다. 카페 바로 앞에 계곡이 있어, 물이 흐르는 소리를 들으며 여유로운 시간을 보낼 수 있다.

- 🅦 잉글리쉬브렉퍼스트(1만8천원), 잠봉뵈르샌드위치(1만6천원), 크루아상샌드위치(1만원), 크로플(1만원), 비프샐러드(2만1천원), 리코타치즈샐러드(1만8천원), 블랙타이거새우비스크파스타(2만5천원), 밤부라테(7천원), 잘생긴아이스티(7천원)
- ⏰ 10:00~20:00(마지막 주문 19:15) – 월요일 휴무
- 📍 경기 용인시 수지구 고기로 470 (고기동)
- ☎ 070–4667–3001 ℗ 가능

산사랑 한정식

야생 산나물 전문점으로, 된장도 직접 만들고 두부도 국산콩으로 직접 만들며 모든 밑반찬도 직접 만든다. 줄지어 서 있는 장독대가 정겹다. 고춧가루, 마늘, 참기름 사용을 줄이고, 들기름, 된장, 고추장을 사용하여 맛을 낸다. 넓은 정원이 있어 아이들과 가면 뛰어놀 수 있어서 좋다. 들어가는 진입로가 좁아 토, 일요일 저녁에는 다소 혼잡하다.

- 🅦 산사랑정식(2만원)
- ⏰ 10:40~20:30(마지막 주문 19:30) – 명절 휴무
- 📍 경기 용인시 수지구 샘말로89번길 9 (고기동)
- ☎ 031–263–6080 ℗ 가능

산으로간고등어 생선구이

화덕에 구운 생선요리를 전문으로 하는 큰 규모의 한식당. 고등어, 임연수, 삼치, 갈치구이를 맛볼 수 있다. 생선을 화덕에 구워 기름기가 적은 편. 추가 밑반찬은 셀프 코너에서 자유롭게 가져다 먹을 수 있으며 밥과 시래깃국도 같이 내어주며 리필이 가능하다.

- 🅦 고등어구이, 임연수구이(각 1만5천원), 삼치구이, 직화제육(각 1만6천원), 갈치구이(2만9천원)
- ⏰ 10:50~15:50/17:00~21:00(마지막 주문 20:15) – 연중무휴

경기 용인시 수지구 고기로 126 (동천동)
☎ 0507-1306-6823 ℗ 가능

산의아침 ✖ 막국수

현대적인 분위기의 막국숫집. 막국수에 채소와 고기, 달걀지단 등의 고명이 넉넉히 올라가며 면의 식감도 좋다. 막국수와 함께 녹두전이나 메밀만두 등을 곁들이면 좋다. 20여 년의 역사를 갖고 있다.

Ⓦ 동치미물막국수, 비빔막국수(1만1천원), 소바(1만2천원), 메밀손만두(8천원), 감자전(7천원), 통녹두전(1만9천원)
ⓣ 11:00~20:00(마지막 주문 19:30) – 월요일 휴무(공휴일인 경우 영업)
경기 용인시 수지구 샘말로 96 (고기동)
☎ 031-265-2200 ℗ 가능

송정갈비 ✖ 松亭 돼지갈비

시골길을 한참 달려야 찾을 수 있는 돼지갈빗집이지만 식사 시간이면 늘 만원일 만큼 소문이 자자한 곳. 두툼한 돼지갈비를 숯불에 구워 먹는 맛이 일품이다. 식사로는 함흥냉면이 있다.

Ⓦ 소이동갈비(4만3천원), 소양념갈비(280g 4만3천원), 소생갈비(280g 4만9천원), 참숯갈빗살(150g 3만4천원), 한우생등심(5만8천원), 한우주물럭(150g 5만8천원), 돼지양념구이(2만1천원), 전라도식한우양념육회(3만8천원)
ⓣ 11:00~22:00 | 일요일 11:00~21:30 – 연중무휴
경기 용인시 수지구 신봉1로330번길 10 (신봉동)
☎ 031-262-0010 ℗ 가능

스프링사운즈 SPRING SOUNDs 카페

제과제빵 40년 경력의 명장이 운영하는 큰 규모의 베이커리 카페. 규모와 비례하는 종류의 베이커리와 디저트들을 판매하고 있다. 이스트룸은 음료와 베이커리를 주문할 수 있으며, 웨스트룸은 좌석만 있는 공간으로 분리되어 있다. 체리, 딸기, 키위, 청포도 등 다양한 맛으로 즐길 수 있는 떠 먹는케이크가 인기 메뉴.

Ⓦ 에스프레소(6천원), 아메리카노(6천원), 카페라테(7천5백원), 오트카페라테(8천5백원), 시나몬라테(8천원), 제주우도땅콩크림샷오트라테(8천원), 강화쑥라테(8천5백원), 밤라테(8천5백원), 납작복숭아에이드(7천원), 배&플에이드(8천원), 딸기바나나주스(1만원), 고흥유자차(7천원)
ⓣ 10:00~22:00 – 연중무휴
경기 용인시 수지구 동천로 339 (동천동)
☎ 031-262-2002 ℗ 가능

신분당선숯불구이 소갈비 | 삼겹살 | 돼지갈비

돼지갈비, 소갈비가 유명한 곳. 한돈을 사용하여 생갈비 맛도 좋다. 새우장, 해파리냉채 등 함께 나오는 반찬도 다양하

다. 직접 면을 뽑아 만드는 냉면도 추천 메뉴.

Ⓦ 한돈돼지갈비(250g 1만7천원), 한돈생갈비(220g 1만8천원), 한돈삼겹살(180g 1만7천원), 소생갈비(250g 3만4천원), 소양념갈비(250g 3만2천원), 물냉면(7천원), 함흥냉면(1만원)
ⓣ 16:00~22:00(마지막 주문 21:15) | 토, 일요일 11:30~22:00(마지막 주문 21:15) – 첫째 주 월요일 휴무(명절 달 제외)
경기 용인시 수지구 만현로 82-6 (상현동)
☎ 031-261-9339 ℗ 가능

써니스피자마켓

Sunny's PIZZA MARKET 미국식피자

미국식 두툼한 도우의 피자를 맛볼 수 있는 곳. 페퍼로니피자가 대표 메뉴며, 할라피뇨를 올려 매콤한 맛이 나는 매콤페퍼로니피자와 햄이 올려진 밤봉루콜라피자도 인기 메뉴. 방문 포장 시 3천 원 할인 혜택이 있다.

Ⓦ 식스치즈피자, 써니스마가리타(각 P 9천8백원, R 1만6천9백원, L 2만9백원), 페퍼로니(P 1만8백원, R 1만8천9백원, L 2만2천9백원), 클래식오븐파스타(7천9백원)
ⓣ 11:00~15:00/17:00~23:00(마지막 주문 22:50) | 화요일 17:00~23:00(마지막 주문 22:50) | 토, 일요일 11:00~23:00(마지막 주문 22:50) – 월요일 휴무
경기 용인시 수지구 분인로31번길 8 (풍덕천동)
☎ 010-6611-6866 ℗ 불가

야키도리겐지 ✖

やきとりけんじ 이자카야 | 야키토리

정통 일본 야키토리를 전문으로 하는 이자카야. 비장탄에 구운 다양한 부위의 닭꼬치를 먹을 수 있다. 닭다리살로 만든 모모니쿠가 대표 메뉴며, 나가사키짬뽕이 인기. 기본 안주로는 양배추가 제공된다.

Ⓦ 야키토리오마카세(2만6천원, 3만원, 3만3천원), 야키오니기리(4천원), 오징어볼어묵(2천5백원), 구운어묵(3천원), 세세리, 모모, 네기마, 츠쿠네(각 5천원)
ⓣ 18:00~22:30(마지막 주문 22:00) – 일요일 휴무
경기 용인시 수지구 수지로 119 (성복동) 데이파크 c동 122호
☎ 0507-1380-8592 ℗ 불가

엑시트커피 ✖ EXIT Coffee Roasters 커피전문점

국가대표 로스팅 챔피언, 세계 탑5 우승 경력을 갖춘 진명기 오너로스터, 바리스타가 커피로 일상을 탈출하고 싶다는 의지를 표현한 커피 전문점. 커피 생두에 최소한의 충격을 가해 커피 향미와 맛을 극대화하는데 목표를 두고 있다. 시즌별 다양한 커피를 선보이는 곳.

Ⓦ 에스프레소(4천원), 아메리카노(4천원), 라테(4천5백원), 바닐라빈라테(5천원), 시그니처라임에이드(6천5백원), 블랙레몬에이드(5천5백원), 레드체리에이드(6천원)
ⓣ 10:30~19:00(마지막 주문 18:30) – 연중무휴

○ 경기 용인시 수지구 문인로31번길 3-9 (풍덕천동)
☎ 070-4282-4878 Ⓟ 가능

연지 ✄ 宴地 한정식

분위기 좋은 정원을 바라보며 한정식을 즐길 수 있는 곳. 인테리어도 깔끔하고 음식도 정갈하게 나온다. 후식으로 나오는 매실차의 맛이 좋으며 야외 정원에서 이야기를 나누기도 좋다.

Ⓦ 한정식(2만7천원~7만2천원), 평일점심특선(2만1천원)
◷ 11:00~15:00/17:00~21:00 – 연중무휴
○ 경기 용인시 수지구 신봉1로 291 (신봉동)
☎ 031-896-5678 Ⓟ 가능

오월식당 ✄ owol 한정식

조용하고 고즈넉한 한옥 구조의 한식당. 정갈한 한식 반상을 선보인다. 단호박갈비찜반상이 인기 메뉴다. 기본 찬은 리필이 가능하며, 와인 리스트도 좋은 편. 바로 옆에 있는 오월다방도 함께 이용해 볼 만하다.

Ⓦ 고등어구이반상(1만8천원), 모둠장반상(2인 이상 짝수 단위로 주문, 1인 4만원), 단호박갈비찜반상(2인 이상 짝수 단위로 주문, 1인 3만6천원), 간장게장반상(4만8천원), 양념게장반상, 보리굴비반상(각 3만2천원), 전복돌솥영양밥반상(3만원)
◷ 11:00~15:00/17:00~21:00 | 토, 일요일 11:00~21:00 – 연중무휴
○ 경기 용인시 수지구 동천로 411 (동천동)
☎ 070-8865-2009 Ⓟ 가능

일템포 IL TEMPO 파스타 | 이탈리아식

현대적인 이탈리안 요리를 선보이는 레스토랑. 피자는 이탈리아의 유기농 밀가루 등 현지 식재료를 많이 사용한다. 스테이크가 포함된 코스 구성이 좋은 편이며, 피렌체 스타일의 정통 티본스테이크도 추천 메뉴.

Ⓦ 비프부르기뇽파케리(2만8천원), 부라타치즈카프레제(2만2천원)), 마르게리타(2만3천원), 콰트로포르마지(2만5천원), 티본스테이크(800g 15만2천원), 이탈리안문어요리(2만3천원)
◷ 11:30~15:00/17:00~22:00(마지막 주문 20:30) – 연중무휴
○ 경기 용인시 수지구 용구대로 2701 (죽전동) 테이스티에비뉴 111호
☎ 031-266-6261 Ⓟ 가능

일호점미역 미역국 | 한정식

다양한 종류의 미역탕 정식을 먹을 수 있는 곳. 최상급의 완도 미역을 무쇠솥에 볶아 갈무리한 후, 각각의 탕을 따로 끓여 낸다. 기본 찬이 푸짐한 편이며, 셀프바에 정갈하게 준비되어 있는 추가 반찬은 무한리필로 이용 가능하다.

Ⓦ 조개미역탕정찬(1만7천원), 소고기미역탕정찬, 가자미조개미역탕정찬(각 1만9천원), 고추장숯불돼지불고기정찬(2만원), 바싹

불고기정찬, 활전복무침정찬(각 2만2천원), 육전(2만5천원)
◷ 10:30~15:00(마지막 주문 14:15)/17:00~20:30(마지막 주문 19:45) | 토, 일요일 10:30~20:30(마지막 주문 19:45) – 연중무휴
○ 경기 용인시 수지구 고기로 157 (동천동)
☎ 031-261-2200 Ⓟ 가능

태국식당팟퐁 PATPONG 태국식

죽전에서 제대로 된 현지 스타일의 태국 음식을 먹을 수 있는 곳. 상호에도 있듯이 팟퐁커리가 추천 메뉴다. 향신료가 부담스러운 사람은 순한 맛으로도 주문할 수 있다.

Ⓦ 똠얌꿍(2만4천원), 뿌님팟퐁커리(2만9천원), 뿌팟퐁커리(3만8천원), 텃만꿍(1만5천원), 팟타이꿍, 카우팟꿍(1만3천원), 솜땀타이, 팍붕화이뎅(각 1만5천원)
◷ 11:00~15:00(마지막 주문 14:00)/ 16:30~21:00(마지막 주문 20:00) | 토요일 11:00~15:00(마지막 주문 14:00)/ 16:30~20:20(마지막 주문 19:20) – 일요일 휴무
○ 경기 용인시 수지구 죽전로144번길 7-5 (죽전동) 단대로데오타워 1층
☎ 031-898-1976 Ⓟ 가능(점심 1시간, 저녁 2시간 무료)

히카리 일식

보정동 까페거리 내에서 유명한 일식집. 메뉴가 다양하고 분위기도 좋아서 직장동료나 친구들끼리 모임을 하기에 좋다. 세트도 다양해서 저렴한 가격에 맛좋은 음식을 즐길 수 있다.

Ⓦ 시메사바(1만3천원), 육회(2만2천원), 연어사시미(2만7천원), 참치다타키(2만6천원), 시샤모구이(1만3천원), 명란구이(2만2천원), 메로구이(2만6천원), 닭고치(2pcs 8천원), 나가사키짬뽕탕(2만2천원)
◷ 18:30~02:00(익일)(마지막 주문 01:00) – 월요일 휴무
○ 경기 용인시 수지구 현암로 111 (죽전동) 진성프라자 108호
☎ 0507-1378-7453 Ⓟ 가능

명가 ✕ 만두

만두 맛집으로 소문난 곳이다. 김치가 들어간 만두를 직접 빚어내며, 쫄깃한 만두피와 알찬 속이 잘 어우러진다. 얼큰하게 끓인 만두전골도 인기. 식사시간에는 어느 정도 웨이팅을 감수해야 한다. 만두만 테이크아웃해가는 손님도 많다.
- Ⓦ 명가만두(1만1천원), 만두전골(1만1천원), 만두전골스페셜(1만1천원), 해물칼국수(1만2천원), 소고기샤부샤부(1만원)
- 🕐 10:00∼20:30(마지막 주문 20:00) – 연중무휴
- 🔍 경기 의왕시 솔고개길 23 (왕곡동)
- ☎ 031–429–9030 Ⓟ 가능

봉덕칼국수 ✕ 샤부샤부 | 칼국수 | 만두

직접 반죽하여 칼국수면을 만드는 칼국수 전문점. 가느다란 칼국수가 아닌, 우동 면발처럼 굵은 손칼국수다. 샤부샤부칼국수가 대표 메뉴로, 채소와 버섯, 고기 등을 샤부샤부 해서 건져 먹은 후 칼국수를 넣어 끓여 먹는다.
- Ⓦ 샤부샤부버섯칼국수(1만1천원), 바지락칼국수(1만원), 만두(8천원)
- 🕐 11:00∼21:30(마지막 주문 21:00) – 연중무휴
- 🔍 경기 의왕시 징계골길 11 (이동)
- ☎ 031–456–8464 Ⓟ 가능

일출보리밥 ✕ 보리밥

모락산 입구에 있어 등산객이 많이 찾는 보리밥집이다. 보리밥을 주문하면 열 가지 나물, 된장찌개가 보리밥과 함께 나온다. 보리밥을 나물과 비벼 쌈나물에 싸 먹으면 더욱 맛있다. 해물파전에 동동주를 곁들이면 좋다.
- Ⓦ 일출보리밥(1만원), 도토리묵(1만1천원), 감자전(1만2천원), 해물파전(1만5천원), 제육볶음(1만8천원)
- 🕐 09:30∼21:00 – 명절 휴무
- 🔍 경기 의왕시 손골길 13 (내손동)
- ☎ 031–421–1142 Ⓟ 가능

고산떡갈비 ✕ 高山 소떡갈비

숯불 석쇠에 구워 기름이 빠진 두터운 고기 속에 육즙이 살아 있는 떡갈비 전문점. 양념 맛이 강하지 않아 고기 본연의 맛을 느낄 수 있다. 별미인 열무국수는 열무김치 국물의 칼칼한 뒷맛이 입안을 개운하게 해준다. 40년이 넘는 역사를 자랑한다.
- Ⓦ 소떡갈비(300g 3만원), 돼지떡갈비(300g 1만9천원), 갈비탕(1만8천원), 열무냉국수(3천원)
- 🕐 11:00∼20:30(마지막 주문 20:00) – 연중무휴
- 🔍 경기 의정부시 평화로562번길 13 (의정부동)
- ☎ 031–842–3006 Ⓟ 가능

글로우37 Glow37 디저트전문점

모양이 예뻐서 선물하기에도 좋은 디저트 전문 카페. 타르트와 티그레 등의 디저트를 선보이며, 바닐라타르트, 두바이초콜릿을 많이 찾는다. 음료도 다양하게 준비되어 있으며, 버터스카치크림라테를 맛봐도 좋다.
- Ⓦ 이메리가노(4천5백원), 카페라테(5천원), 바닐라빈라테(5천원), 버터스카치크림라테(6천5백원), 레몬블랙(6천원), 필터커피(7천5백원), 흑미라테(6천5백원), 바닐라타르트(9천원), 두바이초콜릿(1만원), 오리지널디그레(3천5백원)
- 🕐 10:00∼22:00 | 일요일 10:00∼18:00(마지막 주문 17:30) – 월요일 휴무
- 🔍 경기 의정부시 동일로711번길 37 (금오동)
- ☎ 070–5222–8724 Ⓟ 가능(자금동쌈지 공영 주차장 이용. 30분 무료)

다소니 카페

프라이빗하게 이용 가능한 전통적인 한옥 카페. 내부에서도 전통적인 한옥의 분위기를 그대로 느낄 수 있다. 고즈넉한 한옥 카페에서 전통차와 전통 다과를 맛볼 수 있다. 진한 대추차가 인기 메뉴 중 하나며, 차와 함께 유과를 무료로 내어준다.
- Ⓦ 에스프레소, 아메리카노(각 6천원), 카페라테(7천원), 대추차(8천원), 쌍화차(9천원), 대추쌍화차(9천원), 미숫가루(8천원), 가래떡구이(1천5백원), 모시송편(1천5백원), 인절미토스트(6천9백원), 인절미와플(8천9백원)
- 🕐 11:00∼22:00 – 연중무휴
- 🔍 경기 의정부시 민락로465번길 5–28 (낙양동)
- ☎ 031–852–5817 Ⓟ 가능

다이닝1324 DINNING 1324 이탈리아식

이탈리안에 프렌치를 더한 듯한 요리를 맛볼 수 있는 곳. 통오징어 구이가 올라가는 통오징어먹물리조토가 인기 메뉴다. 와인도 다양하게 구비하여 스테이크, 샐러드에 곁들이기 좋다.

Ⓦ 통로메인샐러드(각 7천원), 프렌치어니언수프(8천원), 돼지안심(240g 2만3천원), 살치살스테이크(230g 2만8천원), 봉골레파스타(1만4천원), 만조파스타(1만6천원), 라구파스타(1만7천원), 통오징어먹물리조토(1만7천원)

🕐 11:30~15:00/17:00~22:00(마지막 주문 21:00) | 토, 일요일 11:30~16:00/17:00~ 22:00(마지막 주문 21:00) – 연중무휴

🔍 경기 의정부시 시민로132번길 4 (의정부동) 지상2층

☎ 070-7543-5744 Ⓟ 불가

당고개냉면 함흥냉면 | 평양냉면

메밀로 만든 평양냉면과 전분으로 만든 함흥냉면 모두 맛볼 수 있는 곳이다. 냉면의 면이나 만두는 직접 만든 것만 사용한다. 노원구 상계동에서 유명했던 냉면집으로, 남양주로 이전하였다가 2021년 현재의 위치로 다시 이전하였다.

Ⓦ 전분함흥냉면, 메밀평양냉면(각 1만1천원), 회냉면(1만2천원), 왕만두(7천원), 수육(1만2천원), 홍어무침(1만2천원)

🕐 11:00~19:50(마지막 주문 19:20) – 월요일 휴무(공휴일인 월요일 정상영업, 화요일 휴무)

🔍 경기 의정부시 송산로 903 (산곡동)

☎ 02-936-6481 Ⓟ 가능

메종키친 Maison Kitchen 이탈리아식

파스타, 피자와 함께 와인을 즐기기 좋은 이탈리안 레스토랑. 2층은 화이트톤의 깔끔하고 감성적인 인테리어로 꾸며져 있으며, 3층은 플랜테리어의 실내와 루프탑의 테라스 좌석이 있어 와인이나 칵테일 마시기 좋다.

Ⓦ 비스마르크피자(2만5천원), 프로슈토루콜라피자(2만3천원), 채끝등심스테이크(4만3천원), 이베리코맥적구이(2만8천원), 명란어란오일스파게티(1만7천원), 단새우세비체(1만3천원)

메종키친

보영식당 부대찌개

의정부부대찌개거리에 있는 곳으로, 미국에서 수입한 질 좋은 소시지를 사용한다. 부대찌개용 소스를 만들기 위해 일년에 두 번씩 전통 재래장을 담그는 것이 특징. 칼칼하면서도 시원한 국물 맛이 일품이다. 반세기가 넘는 역사를 자랑한다.

Ⓦ 부대찌개(1만2천원), 햄사리, 소시지사리(각 5천원)

🕐 08:00~22:00 – 연중무휴

🔍 경기 의정부시 태평로133번길 26 (의정부동)

☎ 031-842-1129 Ⓟ 가능

부흥국수 ✖ 비빔국수

의정부에서 유명한 비빔국수 맛집으로, 국수를 제조하던 공장이 직접 국수 전문점을 개업하여 유명해진 곳이다. 육수가 자작한 비빔국수를 비롯해 각양각색의 비빔국수를 기호에 따라 선택해 맛볼 수 있다. 부흥국수만의 전통 기계식 수타 공법으로 제면하여, 면이 탱글탱글하고 쫄깃하다. 셀프로 메밀전을 부쳐 먹을 수도 있다.

Ⓦ 멸치국수, 비빔국수(각 9천원), 메밀막국수, 김메밀막국수(각 1만원), 물만두(4천원)

🕐 09:30~16:00 | 금, 토, 일요일 09:30~18:00 – 월요일 휴무

🔍 경기 의정부시 장곡로 458 (신곡동)

☎ 031-841-4939 Ⓟ 불가

수흥부대찌개 부대찌개

한국적인 매운맛을 잘 살린 부대찌개를 선보인다. 햄, 소시지, 다진 소고기, 두부와 온갖 채소가 들어 있는 부대찌개는 매운 김치찌개를 연상케 할 만큼 진하고 칼칼한 맛을 낸다.

Ⓦ 원조부대찌개(1만원), 모둠부대찌개, 부대볶음(각 1만2천원)

🕐 10:00~22:00(마지막 주문 21:20) – 연중무휴

🔍 경기 의정부시 태평로73번길 41 (의정부동)

☎ 031-846-8620 Ⓟ 불가

신래향 ✖ 新來香 중국만두 | 일반중식

오랜 역사를 자랑하는 화상중국집. 만두가 맛있기로 유명하며 짜장면 등 식사 외에 요리 메뉴도 잘한다. 60여 년째 영업을 이어오고 있다.

Ⓦ 찐만두, 군만두, 물만두(각 8천원), 짜장면(6천원), 짬뽕(7천원), 탕수육(소 1만5천원, 대 2만2천원), 볶음밥(9천원)

🕐 11:30~15:00/17:00~20:00(마지막 주문 19:30) – 월요일, 명절 휴무

경기 의정부시 호국로1298번길 74 (의정부동)
031-846-2910 ℗ 불가

실비식당 부대찌개

베이컨, 햄, 소시지가 들어간 부대찌개는 물론 부대볶음도
인기가 좋은 곳이다. 의정부부대찌개거리에 있다가 2000년
대 초에 경민대 앞으로 이전하였다.

부대찌개(1만원), 부대볶음(2인 이상, 1인 1만원)
11:00~16:00 – 첫째, 셋째 주 일요일 휴무
경기 의정부시 호국로1123번길 12 (가능동)
031-872-1269 ℗ 가능(협소)

아나키아 ANARKH 카페

단독 건물의 1~3층에 자리한 대형 베이커리 카페. 층마다
다른 분위기로 인테리어 했으며, 클래식 공연도 열린다. 4층
과 5층은 레스토랑으로 운영되며 새우파스타, 치킨파스타,
안심스테이크 등을 맛볼 수 있다.

아메리카노(7천5백원), 아몬드크림라테(9천5백원), 월넛찰브
래드(7천원), 스테이크샐러드(2만6천원), 새우파스타(2만2천원),
치킨파이(2만7천원), 안심스테이크(4만5천원), 버섯파스타(1만9
천원), 치킨파스타(2만원), 통베이컨파스타(2만1천원)
10:00~22:00(마지막 주문 21:30) – 연중무휴
경기 의정부시 잔돌길 22 (산곡동)
031-856-5169 ℗ 가능

약초원 薬草園 염소고기

흑염소탕과 흑염소 수육, 전골 등 흑염소 고기 요리를 전문
으로 선보이는 식당. 흑염소 고기와 각종 채소를 볶아 만든
흑염소 무침도 추천할 만하며 12시간 이상 흑염소 사골을
우려낸 흑염소 전골을 많이 찾는 편이다. 한방백숙을 포함
한 닭, 오리 메뉴는 예약 주문이 필수다.

흑염소수육(3만4천원), 흑염소전골(3만1천원), 흑염소무침(3
만1천원), 흑염소탕(1만6천원), 한방백숙(7만5천원), 옻닭(7만5천
원), 오리백숙, 옻오리(각 8만원)
11:00~15:00/16:00~22:00(마지막 주문 21:00) | 토, 일요일
11:00~22:00(마지막 주문 21:00) – 명절 휴무
경기 의정부시 범골로 47 (호원동)
031-876-7337 ℗ 가능(전용 주차장)

오뎅식당 ✖ 부대찌개

60여 년 전에 의정부부대찌개거리를 탄생시킨 주인공. 커다
란 솥뚜껑을 뒤집은 냄비에는 파, 당면, 김치, 햄, 두부, 다진
고기 등이 들어가 있다. 된장을 약간 넣는 것이 맛의 비결이
라 한다. 포장도 가능하다.

부대찌개(1만1천원), 모둠사리(1만원), 햄사리, 소시지사리(각
6천원), 라면사리, 당면사리(각 2천원)
08:30~21:30 – 연중무휴

경기 의정부시 호국로1309번길 7 (의정부동)
031-842-0423 ℗ 가능

오크힐스테이크 ✖ OAK HILL STEAK 스테이크

의정부 잠암동 외각 드라이브 코스에 자리한 스테이크 전문
점으로, 건물 전체가 넓은 유리통창으로 되어 있다. 스테이
크를 비롯하여 다양한 종류의 파스타와 피자 등도 합리적인
가격대로 만나볼 수 있다. 수락산, 도방산, 북한산이 한 눈에
들어오는 전망이 훌륭하다.

등심스테이크(4만6천원), 안심스테이크(4만9천원), 채끝스테
이크(4만3천원), 머시룸크림파스타, 마르게리타(각 1만8천원),
세트(5만3천원, 5만6천원, 5만9천원)
11:00~15:00/16:30~21:00(마지막 주문 20:00) | 토, 일요일
11:00~21:00(마지막 주문 19:50) – 연중무휴
경기 의정부시 동일로150번길 102 (장암동) 2층
031-876-3654 ℗ 가능

오크힐커피 ✖ OAK HILL 카페 | 브런치카페

정원과 숲이 있는 커피 전문점. 7,000평 규모의 넓은 야외
정원이 있어 커피를 즐긴 후 산책을 즐기기에 좋다. 커피를
비롯해 파스타, 샐러드, 브런치 등의 메뉴도 다양하게 있다
브런치 메뉴는 오전 10시부터 오후 4시30분까지 주문 가능
하다.

에스프레소, 이메리기노(긱 7천원), 카페라테(7천5백원), 생과
일주스(9천원), 차(7천원~7천5백원), 카르보나라파스타(1만6천
원), 먹물단호박치즈파니니(1만4천원)
10:00~22:00 – 연중무휴
경기 의정부시 동일로150번길 114 (장암동)
031-877-3654 ℗ 가능

일미만두1981의정부 만두전골 | 만두

직접 만든 만두와 만두전골을 맛볼 수 있는 식당. 기본 만두
전골은 아롱사태가 들어간 맑은 육수로 칼국수 사리와 닭만
두 한 개가 같이 나온다. 직접 만든 양념장과 고사리를 넣은
얼큰한 육개장만두전골을 많이 찾는 편이며, 튀김만두도 인
기 메뉴.

만두전골, 닭고기만두전골(각 2인 3만4천원), 육개장만두전
골, 육개닭고기만두전골(각 2인 3만6천원), 고기만두, 김치만두
(각 8천원), 고기왕만두, 고기튀김만두, 김치튀김만두(각 1만원)
11:00~15:30/16:30~21:40(마지막 주문 20:55) | 토, 일요일,
공휴일 10:45~21:40 – 연중무휴
경기 의정부시 평화로 311 (호원동)
031-876-1981 ℗ 가능

일월담 ✕✕ 굴비 | 게장

노르스름한 알이 꽉 찬 간장게장을 맛볼 수 있는 곳이다. 꽃게는 제철에 잡은 싱싱한 암꽃게만 사용한다. 간장게장이 달짝지근하면서 짜지 않는 점이 좋다. 간장게장 외에도 보리굴비, 곤드레돌솥밥, 꽃게탕, 보쌈 등의 메뉴도 있다.

Ⓦ 간장게장정식(특 3만6천원, 특대 4만5천원, 스페셜 6만원), 양념게장정식(특 3만8천원, 특대 4만8천원, 스페셜 5만8천원), 보리굴비정식(2만4천원, 특 3만원)
Ⓣ 10:00~20:40(마지막 주문 20:00) – 연중무휴
Ⓠ 경기 의정부시 동일로150번길 119 (장암동)
☎ 031-874-3377 Ⓟ 가능

정통부대고기 부대찌개

50여 년 동안 부대찌개를 팔고 있는 곳으로, 얼큰한 국물 맛이 일품이다. 칼칼한 김치와 육수 맛이 좋으며 남은 국물에 밥을 볶아 먹으면 좋다. 부대찌개뿐만 아니라 국물 없이 졸여 먹는 부대볶음도 인기가 많다.

Ⓦ 부대찌개(1인 1만원), 부대볶음(2인 2만4천원, 3인 3만4천원, 4인 4만4천원), 오징어볶음, 제육볶음(각 2인 2만4천원)
Ⓣ 09:00~21:00 – 명절 당일 휴무
Ⓠ 경기 의정부시 호국로 1102 (가능동)
☎ 031-872-7814 Ⓟ 가능

지동관 志東館 일반중식

의정부에서 가장 오래된 화상중국집. 짜장면과 탕수육이 유명하다. 겨울에는 굴짬뽕이 인기다. 주중 점심때는 세트메뉴를 시키는 것이 저렴하게 즐기는 방법이다. 지마구라는 빵이 디저트로 나오는 것이 독특하다.

Ⓦ 유니짜장면(1만원), 삼선짜장면, 백짬뽕, 고추짬뽕(각 1만1천원), 등심탕수육(소 2만1천원, 중 2만7천원), 궈바로우(2만8천원), 깐쇼중새우, 크림중새우(각 3만9천원), 깐풍가지함(3만2천원), 난자완스(4만원), 지동관짬뽕밥(1만2천원), 런치코스(2인 이상, 1인 3만5천원~ 6만원), 디너코스(2인 이상, 1인 4만5천원~13만원)
Ⓣ 11:00~15:00/17:00~21:00(마지막 주문 20:45) | 토, 일요일, 공휴일 11:00~15:30/17:00~21:00(마지막 주문 20:15) – 월요일, 명절 휴무
Ⓠ 경기 의정부시 호국로1298번길 78 (의정부1동)
☎ 031-846-2047 Ⓟ 가능

파크프리베 ✕✕ Parc Privé 이탈리아식 | 카페

레스토랑 겸 카페로 1층은 디저트카페, 2층은 이탈리안 레스토랑으로 구성되어 있다. 바로 앞에 펼쳐져 있는 드넓은 잔디밭을 바라보면서 여유를 즐길 수 있는 점이 좋다. 잔디밭 곳곳에 테이블과 벤치가 배치되어 있어 마치 소풍 나온듯한 느낌을 준다.

Ⓦ 에스프레소, 아메리카노(각 7천원), 소금라테(9천원), 바닐라

빈라테(8천8백원), 해산물토마토파스타(2만4천원), 수란카르보나라크림파스타(2만2천원), 매콤소시지페이스트리(7천2백원), 단팥빵(4천원), 크루아상(4천5백원)
Ⓣ 카페 10:00~23:00 | 레스토랑 11:00~22:00(마지막 주문 20:30) – 연중무휴
Ⓠ 경기 의정부시 동일로192번길 28-27 (장암동)
☎ 031-873-9200 Ⓟ 가능

평양면옥 ✕✕✕ 평양냉면 | 수육

평양냉면의 원형과 가장 비슷하다는 평을 받는 곳으로, 전국 최고로 꼽는 사람들도 있다. 한우 사태와 돼지고기 삼겹살을 함께 고아서 육수를 만들고, 돼지고기 편육을 고명으로 얹은 후 고춧가루를 살짝 뿌린다. 그래서 육수 맛이 좀 더 고소하게 느껴지고 칼칼한 맛도 느낄 수 있다. 빨간 양념이 얹어져 나오는 비빔냉면은 입맛 당기는 은근한 매운맛을 맛볼 수 있다. 면은 메밀로 만들기 때문에 부드럽고 면발이 약간 가는 편. 서울의 을지면옥, 필동면옥, 의정부평양면옥과 같은 집안이다.

Ⓦ 메밀물냉면, 메밀비빔냉면, 메밀온면(각 1만4천원), 돼지고기수육(200g 2만4천원), 소고기수육(200g 2만8천원), 만둣국(계절메뉴 10-3월 1만4천원)
Ⓣ 11:00~20:20(마지막 주문 19:50) – 일 ,월요일, 명절, 공휴일 휴무
Ⓠ 경기 의정부시 평화로439번길 7 (의정부동)
☎ 031-877-2282 Ⓟ 가능

한양식당 HANYANG RESTAURANT 부대찌개

아침을 먹을 수 있는 부대찌개집. 의정부 부대찌개 골목에 자리하여, 맑은 육수를 사용하는 의정부식 부대찌개를 맛볼 수 있다. 베어컨부대찌개가 인기 있는 메뉴다.

Ⓦ 부대찌개(1만1천원), 치즈부대찌개(1만2천원), 베이컨부대찌개(1만4천원), 세트(A 3만원, B 4만원, C 5만원), 부대볶음(2인 이상, 1만4천원), 스테이크(2인 이상, 2만5천원)
Ⓣ 09:00~01:00(익일) – 연중무휴
Ⓠ 경기 의정부시 호국로1309번길 8 (의정부동)
☎ 031-848-2664 Ⓟ 가능

해금강 해물탕

해물탕이 유명한 곳으로, 안에 들어가는 해물 대부분은 살아 있는 것이다. 재료의 신선함과 푸짐함은 독보적이다. 해물을 다 건져 먹은 후에는 밥을 볶아 먹는다.

Ⓦ 해물탕, 해물찜(각 소 9만원, 중 11만원, 대 12만5천원), 아귀탕, 아귀찜, 꽃게탕(각 소 6만원, 중 7만원, 대 8천원), 주꾸미볶음(1만3천원), 낙지볶음(1만4천원), 코다리조림(1만5천원)
Ⓣ 11:00~15:00/17:00~20:50(마지막 주문 20:20) | 토, 일요일 11:00~20:50(마지막 주문 20:20) – 명절 휴무
Ⓠ 경기 의정부시 고산로 102 (고산동)
☎ 031-841-8019 Ⓟ 가능

형네식당 부대찌개

의정부부대찌개거리에 있는 집 중 하나로, 50여 년
동안 부대찌개만을 해온 곳이다. 고추장, 된장으로 맛을 내
서 얼큰하고 감칠맛 있다. 다양한 사리를 추가해 즐기는 것
도 좋다.

- Ⓦ 형네부대찌개(1만1천원), 1972부대찌개(1만4천원)
- ⏰ 10:00~21:30 – 명절 당일 휴무
- 🔍 경기 의정부시 호국로1309번길 9 (의정부동)
- ☎ 031-846-4833 Ⓟ 가능

화사랑아사도 ✖ ASADO 아르헨티나식

아르헨티나식 전통 바비큐 아사도 전문점. 소갈비에 안데
스 호수의 천연 소금과 레몬으로 밑간을 한 후, 2~3시간 동
안 통째로 숯불에 구워내 육즙이 그대로 살아있다. 치미추
리 소스, 토마토로 만든 살사크리올라, 홀그레인머스터드 3
종 소스를 곁들여 먹으면 고기의 맛이 배가 된다. 적어도 3
시간 전에 예약할 것을 추천.

- Ⓦ 소갈비아사도(2인 이상, 1인 5만원), 양갈비아사도(5만원), 채
끝등심스테이크(5만8천원), 포크스테이크(600g 6만원)
- ⏰ 11:30~22:00(마지막 주문 21:00) – 연중무휴
- 🔍 경기 의정부시 경외로 61 (의정부동)
- ☎ 031-836-7171 Ⓟ 가능

흥선 ✖ 興仙 중식주점 | 일반중시

더플라자호텔의 40년 전통 중식 레스토랑 도원 출신 셰프 3
명이 모여 의정부 신시가지에 문을 연 정통 중화요릿집. 호
텔에서 맛볼 수 있는 고급 중화요리를 합리적인 가격으로
선보인다. 삼선초마탕, 관자중국콩볶음, 멘보샤 등이 인기
며, 메뉴에 없는 요리도 주문하면 조리해준다.

- Ⓦ 멘보샤, 유린기, 깐풍기, 흥선탕수육, 흥선사천탕수육(각 2
만원), 마파두부(1만8천원), 흥선초마탕(1만5천원), 관자중국콩볶
음(3만원), 양장피, 팔보채(각 3만5천원), 북경오리(반마리 5만2
천원, 한마리 9만3천원)
- ⏰ 11:20~15:00/17:00~23:00(마지막 주문 22:00) | 금, 토요일
11:20~15:00/17:00~24:00(마지막 주문 23:00) | 일요일 11:20~
21:00(마지막 주문 20:00) – 연중무휴
- 🔍 경기 의정부시 둔야로 20 (의정부동) 중앙오피스텔
- ☎ 031-829-0707 Ⓟ 불가

강민주의들밥본점 ✖ 한정식

들밥을 시키면 서리태가 들어간 돌솥밥과 청국장, 보리쌈장
등 맛깔스러운 반찬이 한 상 가득 차려진다. 이천쌀을 사용
해 밥 맛이 좋으며, 돼지숯불고기와 간장게장, 보리굴비 등
을 추가로 주문해 곁들여도 좋다.

- Ⓦ 들밥(1인 1만7천원), 어서기고등어(1만3천원), 보리굴비(1만9
천원), 간장게장(2만원), 주꾸미(1만7천원)
- ⏰ 11:00~15:30/16:30~20:00(마지막 주문 19:15) – 명절 휴무
- 🔍 경기 이천시 마장면 지산로22번길 17
- ☎ 031-637-6040 Ⓟ 가능

관촌순두부 ✖ 순두부 | 보쌈

직접 만든 순두부 맛이 좋으며 솥밥을 주문하면 그때부터
밥을 짓는다. 음식 나오는 데 시간이 조금 걸리는 것은 감안
해야 한다. 서리태두부는 포장해갈 수 있다.

- Ⓦ 순두부정식, 콩비지정식, 청국비지정식(각 1만2천원), 굴순두
부정식(1만3천원), 두부젓국찌개(2인 이상, 1인 1만4천원), 보쌈
전시(4만7천원), 명태두부전골(중 3만8천원, 대 4만0천원), 손두
부숙회(1만5천원), 두부버섯부침(2만원), 불고기전골(중 3만8천
원, 대 4만8천원), 생불고기(200g 2만2천원)
- ⏰ 10:00~15:00 | 토, 일요일 10:00~21:00 명절 휴무
- 🔍 경기 이천시 경충대로 2934 (사음동)
- ☎ 031-635-6561 Ⓟ 가능

까사디차차 casa di chacha 카페

벽돌 주택을 개조하여 감성 있는 분위기로 인테리어 한 카
페. 화이트 초콜릿과 바닐라빈으로 맛을 낸 차차라테, 직접
만든 바닐라빈 크림이 들어간 미소라테를 맛볼 수 있다. 바
질토마토포카치아, 망고컵케이크, 우도땅콩피낭시에도 디저
트 메뉴로 선보인다.

- Ⓦ 에스프레소(4천원), 아메리카노(4천5백원), 라테(5천원), 미소
라테(6천원), 차차라테(7천5백원), 콘판나(5천원), 바나나오트밀

까사디차차

이 인기가 좋다. 제주은갈치와 청어, 가자미 등이 나오는 생선정식도 별미로 통한다.

- ⓦ 이천쌀밥정식(2인 이상. 1인 1만8천원), 나랏님정식(2인 이상. 1인 2만9천원), 갈비찜정식(2인 이상, 1인 3만8천원), 보리굴비정식(1인 3만7천원)
- ⓣ 10:00~21:00(마지막 주문 20:10) – 연중무휴
- ⓠ 경기 이천시 경충대로 3052 (사음동)
- ☎ 031-636-9900 ⓟ 가능

논스페이스 카페

논과 밭을 배경으로 자리 잡고 있는 대형 카페. 콘크리트로 된 인상적인 건축물에 들어서면, 논 뷰와 어우러지는 인테리어를 감상할 수 있다. 경치를 보며 커피 한 잔의 여유를 만끽하기 좋다.

- ⓦ 에스프레소, 아메리카노(각 6천원), 카페라테(7천원), 바닐라빈라테(7천원), 더치커피(6천5백원), 연유더치커피(7천원), 아포가토(7천원), 크로플, 무지개케이크(각 7천5백원)
- ⓣ 11:00~21:00(마지막 주문 20:30) – 연중무휴
- ⓠ 경기 이천시 호법면 동산로395번길 139-12
- ☎ 0507-1472-7055 ⓟ 가능

마산아구이천쌀밥 한정식 | 아귀 | 게장

직접 농사지은 이천 쌀밥에 10여 가지의 반찬이 함께 나오는 쌀밥정식을 선보인다. 인천 연안부두에서 알이 찬 꽃게를 구매해 급랭시켜 담근 간장게장을 무한리필로 즐길 수도 있다. 매콤한 양념이 맛깔스러운 아귀찜도 인기가 많다.

- ⓦ 이천쌀밥정식(2인 이상. 1인 1만8천원), 간장꽃게장정식(1인 소 2만5천원, 대 4만9천원), 아귀찜, 아귀탕(각 중 4만9천원, 대 5만9천원)
- ⓣ 11:00~15:00/15:30~21:00(마지막 주문 20:00)(재료 소진 시 조기 마감) – 월요일 휴무
- ⓠ 경기 이천시 마장면 덕평로882번길 2-9
- ☎ 031-632-6924 ⓟ 가능

마산아구이천쌀밥

보승루 일반중식

이천에서 역사가 오래된 전통의 중국집이다. 기본적인 중식 메뉴를 잘하는 편이며 난자완스(난젠완쯔)도 추천할 만하다. 고기의 씹히는 맛이 좋고 소스 맛이 특이하다.

- ⓦ 짜장면(7천원), 짬뽕(8천원), 난자완스(2만7천원), 양장피(3만원), 탕수육(2만2천원), 깐풍새우(3만원), 잡채(1만8천원), 잡채밥(9천원), 유산슬(3만원)
- ⓣ 11:00~21:00 – 비정기적 휴무
- ⓠ 경기 이천시 부악로76번길 6 (증일동)
- ☎ 031-635-2223 ⓟ 가능

살로네 ✖ Salone 이탈리아식

뚜또베네, 팔레드고몽, 마렘마 등에서 경력을 쌓은 경주환 셰프의 이탈리안 레스토랑. 국내 다양한 식재료를 적극 사용하여 프렌치 기법을 가미한 완성도 높은 컨템포러리 이탈리안 코스요리를 선보인다. 간도 풍미도 조리 수준도 복합미도 모두 훌륭하다. 1인 업장으로 손님을 많이 받지 않아 프라이빗한 느낌도 들고 실내도 클래식하고 아늑한 느낌으로 잘 꾸며놓아 쾌적하다. 점심은 단품, 저녁은 코스로 진행된다.

- ⓦ 런치코스(3만9천원), 디너코스(12만5천원)
- ⓣ 12:00~15:00/18:30~22:00(마지막 주문 21:00) – 월요일 휴무
- ⓠ 경기 이천시 이섭대천로 1216 (창전동)
- ☎ 0507-1336-9945 ⓟ 불가

쌍용해장국 ✖ 선지해장국

이천에서 유명한 대형 해장국집이다. 선지를 한 덩이 먼저 주는데 짭짤하고 입에 착 들러 붙는 맛이다. 국물은 진하지 않은 맛이고 건더기가 넉넉한 스타일의 해장국이다. 여기서는 해장국을 쌍용탕이라고 부른다.

- ⓦ 해장국(1만2천원), 갈비탕(1만5천원), 우거지탕(9천원), 도가니탕(1만5천원), 도가니수육(3만원), 도가니무침(3만2천원)
- ⓣ 06:00~21:00(마지막 주문 20:30) – 명절 당일 휴무
- ⓠ 경기 이천시 부발읍 중부대로1796번길 5
- ☎ 031-636-3319 ⓟ 가능

어향미가 ✖ 한정식

아담하게 한옥으로 단장된 전통 한정식 전문점. 무공해 쌀을 수시로 찧어다가 햅쌀밥처럼 지어내는 이천 쌀밥이 자랑이다. 토속적인 밑반찬이 정갈하게 차려진다.

- ⓦ 녹차보리굴비정식(3만2천원), 갈치조림정식(2인 이상. 1인 2만원), 제육볶음(1만8천원), 생선구이정식(1만6천원), 통갈치조림(4인 14만원)
- ⓣ 10:00~21:00 | 화요일 10:00~14:00 – 연중무휴
- ⓠ 경기 이천시 경충대로 3066 (사음동)
- ☎ 031-633-3010 ⓟ 가능

옛날맛손두부 두부

직접 재배한 콩으로 만든 두부를 묵은김치에 싸 먹는 맛이
일품이다. 두부부침, 손두부찌개, 비지 등 다양한 두부 요리
를 만든다. 파전을 만들 때 부침가루를 제외한 모든 재료를
직접 재배한다. 맛이 좋기로 유명한 이천 쌀에 흑미와 콩을
넣어 가마솥에 쪄내는 밥맛도 좋다.

- Ⓦ 두부(8천원), 두부전, 파전(각 9천원), 청국장, 된장찌개, 비지
  찌개, 순두부찌개(각 1만원), 김치두부전골(3만5천원)
- Ⓣ 12:00~21:00 – 일요일 휴무
- Ⓠ 경기 이천시 부발읍 가좌로103번길 158
- ☎ 031-633-5190 Ⓟ 가능

오동추야 돼지갈비

숯불에 구워 먹는 돼지갈비 전문점. 대기해서 먹을 만큼 이
천에서 인기 있는 갈빗집이다. 한상 가득 차려져 나오며, 육
전과 육회가 기본 찬으로 나온다. 고기와 함께 곁들여 먹는
슴슴한 함흥식 냉면도 별미.

- Ⓦ 돼지갈비(250g 1만9천원), 돼지생갈비(250g 2만1천원), 한우
  육회비빔밥(1만2천원), 누룽지+된장찌개(9천원)
- Ⓣ 11:00~22:00(마지막 주문 21:00) – 연중무휴
- Ⓠ 경기 이천시 증신로 160 (증포동)
- ☎ 031-631-9288 Ⓟ 가능

온정손만두 만두

이천에서 유명한 만둣집으로, 금방 빚어내는 손만두가 대표
메뉴다. 김치만두를 기본으로 하기 때문에 고기만두를 먹고
싶다면 주문 시 따로 이야기해야 한다. 만둣국과 얼큰한 버
섯만두전골 등도 선보이며 직접 반죽하여 만든 면을 사용하
는 냉면도 여름철 별미로 통한다.

- Ⓦ 찐만두(1만1천원), 만둣국, 떡만둣국, 칼만둣국, 바지락칼국수
  (각 1만원), 버섯만두전골(소 2만9천원, 중 3만7천원, 대 4만5천
  원), 코다리물냉면, 코다리비빔냉면(각 1만1천원, 곱빼기 1만2천
  원), 민물메기매운탕(소 4만5천원, 대 5만5천원)
- Ⓣ 10:30~20:30(마지막 주문 20:00) – 월요일 휴무
- Ⓠ 경기 이천시 애련정로 49-1 (안흥동)
- ☎ 031-638-2282 Ⓟ 가능

우동선 膳 일식우동

30년이 넘는 경력의 우동 명인이 만드는 우동과 소바를 먹
을 수 있는 곳. 덴푸라붓가케우동과 텐동이 대표 메뉴며, 직
접 만든 가쓰오부시와 통메밀을 직접 분쇄해서 제면한 면발
이 특징. 여름 햇메밀에 국내산 생들깨기름을 사용하는 들
기름소바도 인기 메뉴다. 우동을 먹기 위해 이천까지 가는
이들이 있을 정도로 맛에 대한 평이 좋다.

- Ⓦ 가케우동(9원), 유부우동, 기쓰네우동, 구운어묵우동(각 1만
  원), 소고기카레우동(1만1천원), 니신소바(2만3천원), 덴푸라붓가

케우동(1만3천원), 소갈빗살붓가케우동(1만4천원), 규동(1만1천
원), 텐동(1만4천원), 닭다리살튀김(6천원)
- Ⓣ 11:30~14:30/17:00~20:00 – 일요일 휴무
- Ⓠ 경기 이천시 중리천로 54 (중리동)
- ☎ 010-5544-1064 Ⓟ 가능(협소)

원이쌀밥 한정식

이천쌀밥 한정식을 맛볼 수 있는 곳. 15가지가 넘는 반찬이
한 상 가득 차려지며 뚝배기에 된장찌개와 조기조림이 나온
다. 밥은 흰 쌀밥에 약간의 조를 섞어 돌솥에 나오는데, 밥
을 뜨고 난 뒤 물을 부어 숭늉을 만들어 먹는다. 이천 대월
농협에서 생산된 임금님표 쌀만 사용한다.

- Ⓦ 원이정식(2만9천원), 간장게장정식(3만9천원), 황태구이솥밥
  정식, 더덕구이반상, 소불고기반상, 제육볶음반상(각 2만1천원),
  소갈비찜(3만8천원), 간장게장(1마리 2만8천원)
- Ⓣ 10:30~21:00(마지막 주문 20:00) – 월요일 휴무
- Ⓠ 경기 이천시 대월면 사동로 76-19
- ☎ 031-636-0893 Ⓟ 가능

원조주막칡냉면 칡냉면 | 수육

함흥냉면, 평양냉면과는 다른 칡냉면을 맛볼 수 있다. 전통
냉면 맛은 아니지만, 별미로 먹어 보기에는 괜찮다. 냉면에
는 수박이나 파인애플과 같은 과일이 고명으로 올라가는 것
이 특이하다.

- Ⓦ 코다리물냉면, 비빔냉면(각 1만3천원), 물냉면, 비빔냉면, 들
  깨칼국수, 돈가스, 김치떡만둣국(각 1만1천원), 수육(2만원, 반접
  시 1만1천원), 한우떡갈비(1만6천원), 갈비만두, 김치튀김만두(각
  7천원), 수수부꾸미(8천원), 감자전(1만6천원)
- Ⓣ 10:00~20:00 | 하절기 10:30~20:00 – 명절 휴무
- Ⓠ 경기 이천시 증신로 22-49 (갈산동)
- ☎ 031-631-4942 Ⓟ 가능

이진상회 李鎭商會 카페 | 베이커리

커피와 베이커리, 갤러리를 함께 즐길 수 있는 대형 복합문
화공간. 이진상회 안에 메종드쁘띠푸르가 입점해 있으며, 미
니 가마솥 도자기에 담겨 있는 순쌀꽃단지와 미니 밥공기에
담겨 있는 순쌀밥한공기 디저트가 독특하다.

- Ⓦ 아메리카노(5천5백원), 카페라테(6천5백원), 살구코코넛(1만
  8천원), 뉴욕치즈케이크, 티라미수(각 3만원), 시오빵(2천5백원),
  순쌀밥한공기, 계란프라이(각 6천5백원)
- Ⓣ 09:30~21:00(마지막 주문 20:30) – 연중무휴
- Ⓠ 경기 이천시 마장면 서이천로 648
- ☎ 070-8888-8882 Ⓟ 가능

일송정 소불고기

오직 불고기쌈밥 한 메뉴만 선보이는 곳. 국물을 자작하게
끓여 먹는 서울식 불고기로, 고기에 양념이 된 육수를 부어

끓인다. 당귀잎 등 쌈채소에 싸서 밥과 함께 먹기 좋다.
- Ⓦ 불고기쌈밥(3만5천원)
- ⊙ 12:00~20:00 – 월요일 휴무
- Ⓠ 경기 이천시 모가면 공원로 349
- ☎ 031–633–5704 Ⓟ 가능

임금님쌀밥집 ✄ 한정식

한정식집으로, 나무로 꾸며져 있는 3층짜리 건물이 토속적인 느낌을 준다. 보쌈, 계란지단, 밀쌈, 노릇하게 지진 녹두부침과 두부부침, 잡채 등 반찬이 깔끔하다. 취향에 따라 소불고기, 떡갈비, 간장게장을 추가해서 먹을 수 있다.
- Ⓦ 쌀밥정식(1만9천원), 수라정식(4만6천원), 임금님정식(6만1천원), 떡갈비(3만9천원), 간장게장(1마리 3만3천원), 소불고기(2만8천원)
- ⊙ 10:30~21:00(마지막 주문 19:40) – 목요일, 명절 휴무
- Ⓠ 경기 이천시 신둔면 경충대로 3134
- ☎ 031–632–3646 Ⓟ 가능

장흥회관이천본점 ✄ 곱창전골

2대 째 이어오고 있는 곱창전골 전문점. 차돌박이, 낙지, 곱창을 넣은 차낙곱전골이 대표 메뉴다. 칼칼한 국물에 미나리, 버섯까지 더해져 더욱 개운한 맛을 낸다. 생선구이를 포함한 반찬도 푸짐하게 차려진다.
- Ⓦ 차낙곱전골/차돌곱창전골(소 5만5천원, 대 6만9천원), 낙지곱창전골(소 4만5천원, 대 5만9천원), 생태매운탕/생대구매운탕(7만9천원)
- ⊙ 10:30~21:30(마지막 주문 20:30) – 연중무휴
- Ⓠ 경기 이천시 중리천로 8–1 (중리동)
- ☎ 031–635–3710 Ⓟ 가능(1시간 무료)

장흥회관이천본점

지산가든 김치찌개 | 소고기구이 | 돼지고기구이

흑돼지소금구이와 김치전골이 대표 메뉴. 텃밭에서 직접 키운 채소로 만든 반찬도 맛깔스럽다. 흑돼지도 직접 방목하여 쓴다. 안창살은 소고기의 갈비 안쪽에 붙은 횡격막 살로,

쫄깃하고 부드러운 맛이 일품이다.
- Ⓦ 흑돼지오겹살(200g 1만9천원), 흑돼지모둠구이(200g 1만5천원), 흑돼지김치전골(1만1천원), 안창살(200g 5만5천원), 흑돼지매운볶음(1만2천원), 소곱창전골(1만7천원)
- ⊙ 10:00~14:30(마지막 주문 14:00)/16:30~21:00(마지막 주문 20:30) – 일요일 휴무
- Ⓠ 경기 이천시 마장면 지산로 142
- ☎ 031–638–8626 Ⓟ 가능

청목 靑木 한정식

이천 한정식집으로, 이천 쌀로 지은 돌솥밥과 간장게장, 생선구이, 부침개, 보쌈, 잡채 등 20여 가지 반찬이 한 상 가득 나온다. 돼지불고기정식은 간장 양념과 고추장 양념 중 선택할 수 있다. 웨이팅이 긴 편이지만 회전율이 빨라 예상보다 일찍 입장할 수 있다.
- Ⓦ 한상정식(2인 이상, 1인 1만8천원), 간장게장정식, 간장돼지그릴정식, 고추장돼지그릴정식(각 2인 이상, 각 1인 2만3천원), 보리굴비정식(2인 이상, 1인 3만2천원), 홍어회무침(1만6천원)
- ⊙ 09:50~21:15(마지막 주문 20:15) – 명절 휴무
- Ⓠ 경기 이천시 경충대로 3046 (사음동)
- ☎ 031–634–5414 Ⓟ 가능

카페호야 Cafe HoYa 카페

상당한 규모의 한옥 카페. 내부도 고풍스러운 현대식의 한옥 인테리어로 테이블 간 간격도 넓어 차분히 음료를 즐길 수 있다. 이천의 명물인 쌀을 이용하는 것이 특징. 이천쌀라테는 고소하고 담백한 쌀 맛을 느낄 수 있으며 이천쌀과 국산팥을 사용한 쌀빙수도 대표 메뉴. 50년 역사의 전통도자전시장도 함께 운영하고 있으며 카페 내에도 도자기와 차가 전시되어 있다.
- Ⓦ 핸드드립커피(콜롬비아오리진 6천원, 콜롬비아게이샤 9천원), 이천쌀라테(7천원), 문라이트쟈스민(9천원), 피치블로썸, 호야밀크티, 레몬차캐모마일(각 8천원)
- ⊙ 11:00~21:00 – 월요일 휴무
- Ⓠ 경기 이천시 신둔면 황무로 485 한국도요 내
- ☎ 031–631–3333 Ⓟ 가능

한내송어회 송어

송어회를 전문으로 하는 곳. 송어회와 송어 통매운탕, 송어튀김을 맛볼 수 있으며 겨울철에는 빙어튀김도 선보인다. 초밥을 추가해 송어회를 올려 먹기도 한다.
- Ⓦ 송어회(150g 1만6천원), 송어통매운탕(3~4인분 5만원), 송어튀김(2만5천원), 빙어튀김(겨울철 2만원), 초밥추가(1만원)
- ⊙ 11:00~21:00 – 연중무휴
- Ⓠ 경기 이천시 경충대로3070번길 48 (사음동)
- ☎ 031–635–6088 Ⓟ 가능

갈릴리농원 ✕ 장어

40년 가까이 민물장어를 양식하는 집. 장어 농장을 직영하고 있기 때문에 가격대가 좋은 편이다. 장어 이외에 곁들이는 반찬은 간단하다. 초벌되지 않은 생물 장어가 나오면 화력 좋은 숯에 직접 구워 먹는 방식이다.

ⓦ 장어(1kg 6만8천원), 생장어포장(1kg 4만2천원)
ⓣ 11:00~21:00(마지막 주문 20:00) | 토, 일요일 10:30~22:00(마지막 주문 21:00) – 연중무휴
ⓠ 경기 파주시 탄현면 방촌로 1196
☎ 031-942-8400 ⓟ 가능

경성양과점 쿠키

직접 만든 다양한 종류의 쿠키를 맛볼 수 있는 디저트 카페. 르뱅쿠키는 꾸덕한 식감으로 인기가 좋은 편. 평이 좋은 황치즈버터바는 황 치즈의 고소함을 잘 살려내어 느끼하지 않고, 깔끔한 맛이 좋다는 평이다.

ⓦ 버터바5종선물세트(2만5천원), 르뱅쿠키, 황치즈버터바(각 5천0백원), 레드벨벳크림치즈쿠키(4천5백원), 오리지널스콘(3천8백원), 에그타르트(3천2백원), 브륄레치즈수플레(7천9백원), 피낭시에(2천5백원~2천9백원), 아메리카노(3천5백원), 경성버스키치그림리데(5천9백원), 쑥쑥이라테(5천9백원)
ⓣ 11:30~21:00(마지막 주문 20:50) | 월요일 11:30~19:30(마지막 주문 19:20) | 일요일 11:30~20:00(마지막 주문 19:50) – 연중무휴
ⓠ 경기 파주시 송학1길 139 (야당동) 1층
☎ 070-8657-0344 ⓟ 가능

광탄은행나무집 옻닭

옻나무를 달여 낸 물에 닭을 넣고 끓인 옻닭이 유명하다. 백숙 외에 오리백숙, 닭볶음탕 등의 메뉴도 선보인다. 휴일이 정해져 있지 않으므로 가기 전에 전화로 확인해보는 것이 좋다.

ⓦ 토종옻닭, 토종한방닭백숙, 토종닭볶음탕(각 5만원), 유황오리백숙, 옻오리백숙(각 6만원)
ⓣ 10:00~22:00 – 비정기적 휴무
ⓠ 경기 파주시 광탄면 혜음로 1220-11
☎ 031-947-0618 ⓟ 가능

교하제면소 칼국수 | 비빔국수

첨가물 없이 자가제면하여 만든 칼국수가 맛있는 곳. 돼지등뼈를 고아낸 진한육수로 만든 뼈칼국수와 비법양념장에 참기름의 조화가 좋은 비빔칼국수 두가지 메뉴가 있다.

ⓦ 뼈칼국수(1만1천원), 비빔칼국수(1만원), 고기만두(5천5백원)
ⓣ 11:30~15:00(마지막 주문 14:20)/17:00~19:50(마지막 주문 19:10) – 월요일 휴무

ⓠ 경기 파주시 탄현면 평화로 725
☎ 031-957-8989 ⓟ 가능

두지리강촌매운탕 ✕ 민물생선회 | 민물매운탕

맑은 임진강에서 직접 잡아 올린 민물고기를 사용하여 시원하고 매콤한 매운탕을 푸짐하게 끓여낸다. 다진 마늘을 푸짐하게 넣어 칼칼한 국물 맛이 좋으며 셀프 바에서 수제비 반죽을 가져다 넣어 먹을 수도 있다. 물생선조림, 눈치회무침, 쏘가리회 등도 별미.

ⓦ 메기매운탕(2만원), 참게매운탕, 잡어매운탕(각 2만3천원), 빠가사리매운탕, 메기조림(각 2만5천원), 쏘가리매운탕(4만5천원), 자연산장어(1kg 25만원), 쏘가리회(1kg 15만원), 눈치회무침(시가)
ⓣ 10:30~21:00(마지막 주문 19:30) – 명절 휴무
ⓠ 경기 파주시 적성면 술이홀로2316번길 31
☎ 031-959-3858 ⓟ 가능

루미케익 rumicake 케이크

제철 과일로 만든 무스 케이크와 커피를 함께 즐길 수 있는 카페. 층고가 높고, 감성적인 인테리어의 공간이다. 조용히 휴식을 취하기 좋은 편이며 레어치즈케이크와 치즈수플레 케이크가 추천할 만하다.

ⓦ 에스프레소, 아메리카노(각 5천원), 카페라테(5천5백원), 케이크(7천원), 홀케이크(3만8천5백원), 버라이어티세트(4만9천원), 미니피낭시에(8천5백원), 다쿠아즈(3천5백원)
ⓣ 11:00~21:00(마지막 주문 20:30) – 수요일 휴무
ⓠ 경기 파주시 가람로21번길 62-24 (와동동)
☎ 0507-1493-2702 ⓟ 가능

리버베라멘토 riverberamento 커피전문점

감각적인 소품과 높은 층고, 통창에서 차분한 분위기를 느낄 수 있는 카페. 핸드드립 커피 전문점으로, 시즌별로 바뀌는 시즌 원두도 준비되어 있다. 간단히 즐기기 좋은 피낭시에도 맛보기 좋다.

ⓦ 특별한원두, 스페셜티(변동), 카페오레(8천원), 콜롬비아디카페인(7천원), 눈꽃크림치즈딸기라테(8천원), 레드애플시나몬티(7천원), 꽃차(각 7천원), 딸기그릭요거트, 딸기그래놀라그릭요거트(각 1만2천원), 레몬파운드, 브라우니(각 6천원)
ⓣ 12:00~21:00 | 토, 일요일 11:00~21:00 – 화요일 휴무
ⓠ 경기 파주시 문산읍 방촌로 1779-40
☎ 0502-1928-1779 ⓟ 가능

모아냉면 ✕ 평양냉면

깔끔하고 시원한 냉면 맛으로 문산 일대에서 오랫동안 사랑받아온 냉면 전문점. 매장에서 직접 뽑은 메밀면이 소고기 육수와 잘 어우러진다. 숯불에 구워 먹는 고기구이 또한 선보이고 있으며, 겨울철에는 만둣국과 온반도 맛볼 수 있다.

ⓦ 물냉면, 비빔냉면(각 1만1천원, 곱빼기 1만3천원), 육개장(1만

1천원), 한우꽃등심(180g 4만5천원), 소주물력(200g 2만2천원), 돼지주물력(200g 1만7천원)

⏰ 11:00~15:00/17:00~20:30(마지막 주문 19:30) – 명절 휴무
📍 경기 파주시 문산읍 방촌로 1622
☎ 031-952-9002 ⓟ 가능

문지리535 MUNJIRI.535 카페

식물원 분위기의 대형 카페. 실내의 야자수 나무와 통유리 창 밖으로 탁 트인 논밭 뷰가 시원한 느낌을 준다. 다양한 베이커리 종류를 선보이며, 쫀파스콘이 시그니처. 브런치 메뉴도 추천할 만하다.

ⓦ 아메리카노(5천5백원), 카페라테(6천원), TWG티(7천원), 파운드(5천5백원), 쫀파스콘(4천5백원), 시금치아보카도크림파스타(1만7천원), 슈림프크루아상(1만2천원)
⏰ 10:00~20:00(마지막 주문 18:30) – 연중무휴
📍 경기 파주시 탄현면 자유로 3902-10
☎ 0507-1470-1408 ⓟ 가능

뮌스터담 ✖

Münster-dam CAFE & PUB 펍 | 카페 | 베이커리

독일 감성을 느낄 수 있는 대형 베이커리 카페 & 펍. 높은 층고에 커다란 창을 통해 들어오는 채광으로 밝은 분위기다. 실내 한쪽은 펍 공간으로, 슈바인학센과 같은 독일식 안주와 함께 분위기 있게 맥주를 즐길 수 있다.

ⓦ 아메리카노(7천원), 카페라테(7천5백원), 블루레몬에이드(8천5백원), 슈바인학센(4만2천원), 커리부어스트(2만1천원), 슈림프크림파스타(1만8천원), 트러플오일버섯파스타(1만9천원), 해산물리조토(1만9천원), 스테이크샐러드피자(2만8천원)
⏰ 10:00~21:50 – 연중무휴
📍 경기 파주시 운정로 113-175 (상지석동)
☎ 031-949-6020 ⓟ 가능

밀밭식당 칼국수 | 만두

직접 반죽하여 만드는 손칼국수와 만두가 유명한 집이다. 똑같은 반죽으로 국수면을 뽑고 만두를 빚는다. 만두피가 두꺼우면서도 쫄깃한 스타일이며, 매콤한 소와 잘 어울린다.

ⓦ 만둣국, 칼만둣국, 떡만둣국, 칼국수, 찐만두, 떡국, 비빔국수 (각 9천원)
⏰ 09:00~21:00 – 명절 휴무
📍 경기 파주시 문산읍 문향로 84
☎ 031-952-7152 ⓟ 불가

반구정나루터집 ✖ 민물매운탕 | 장어

전국적으로도 규모가 큰 장어구이집 중 하나다. 양념장에 50년 전통이 배어 있다. 넓은 평상에 앉아 숯불에 구워다 주는 장어를 먹는 맛이 일품이다. 창밖 너머로는 임진강이 내다보인다.

ⓦ 장어간장구이, 장어소금구이(각 250g 6만원), 메기매운탕(소 5만원, 중 6만원, 대 7만원), 장어죽(3천원)
⏰ 11:30~22:00(마지막 주문 21:00) – 설날 당일 휴무
📍 경기 파주시 문산읍 반구정로85번길 13
☎ 031-952-3472 ⓟ 가능

반구정어부집 ✖ 민물매운탕 | 황복 | 장어

자연산 황복과 자연산 장어가 맛있는 곳. 쫄깃한 황복회의 맛이 일품으로, 독성을 빼낸 후 회를 떠서 일정 온도에 한 시간 가량 숙성시킨다. 얼큰한 민물고기매운탕도 별미. 장어는 숯불에 구워 내오기 때문에 편하게 먹을 수 있다.

ⓦ 빠가사리매운탕(소 5만5천원, 중 6만5천원, 대 7만5천원 특대 8만5천원), 참게매운탕(소 4만5천원, 중 5만5천원, 대 6만5천원 특대 7만5천원), 메기매운탕(중 5만원, 대 6만원 특대 6만5천원), 자연산장어, 자연산황복(각 시가)
⏰ 11:30~21:00(마지막 주문 20:00) – 월요일 휴무, 명절 휴무
📍 경기 파주시 문산읍 사목로26번길 62
☎ 031-952-0117 ⓟ 가능

반구정임진강나루 ✖ 장어

임진강을 보며 식사할 수 있는 장어구이 전문점. 참숯불에 구워 쫄깃하고 담백한 민물장어 구이를 선보이고 있다. 5~6월에만 맛볼 수 있는 임진강 쫄깃한 황복요리도 인기 메뉴 중 하나다.

ⓦ 민물장어(3마리 8만5천원, 4마리 11만5천원), 장어정식(1인 4만원), 자연산장어, 황복회(각 시가), 쏘가리회(20만원), 쏘가리매운탕(소 10만원, 중 12만원, 대 14만원), 빠가사리매운탕(소 6만원, 중 7만원, 대 8만원)
⏰ 10:00~22:00 – 명절 당일 휴무
📍 경기 파주시 문산읍 반구정로 53-51
☎ 031-954-9898 ⓟ 가능

반마이 baann mai 태국식

이국적이고 화사한 분위기에서 태국 음식을 즐길 수 있다. 뿌팟퐁커리나 똠얌꿍이 많이 찾는 메뉴. 항정살 구이인 커무양이나 볶음밥 종류도 추천할 만하다. 고수나 고추절임, 설탕 같은 양념은 따로 준비되어 입맛에 맞춰 넣어 먹을 수 있다.

- Ⓦ 뿌팟퐁커리(2만9천원), 꿍팟퐁커리(2만6천원), 커무양(2만원), 카이팟멧마무앙(2만6천원), 팟타이꿍, 카오카무(각 1만3천5백원), 그린커리(1만4천5백원), 똠얌꿍(1만9천원)
- Ⓣ 11:30~15:30(마지막 주문 14:40)/17:00~ 20:00(마지막 주문 19:20) | 토, 일요일, 공휴일 11:30~20:00(마지막 주문 19:20) – 월요일 휴무
- Ⓠ 경기 파주시 교하로 555 (동패동)
- ☎ 070-7764-8799 Ⓟ 가능

비엣남 Vietnam Noodle Bar 베트남식

베트남 현지의 맛을 잘 살린 쌀국수 전문점. 29시간 직접 끓인 육수 맛이 좋다. 반쎄오, 분짜도 추천 메뉴. 일자로 된 테이블은 혼밥하기에도 좋다. 베트남 맥주도 판매한다.

- Ⓦ 차돌양지쌀국수(1만원), 직화쌀국수, 매운쌀국수(각 1만2천원) 리얼팟타이(1만3천원), 분짜(1만4천원), 비엣남돼지고기덮밥(1만원), 새우나시고랭(1만2천원), 직화나시고랭(1만4천원), 닭껍질튀김(5천원)
- Ⓣ 11:00~15:00(마지막 주문 14:30)/17:00~ 21:30(마지막 주문 21:00) – 연중무휴
- Ⓠ 경기 파주시 교하로159번길 7 (목동동) 목동 트윈프라자 112호
- ☎ 031-945-5004 Ⓟ 가능(지하 주차장)

산내음 한정식

한적한 산 속에 있어 공기가 좋은 한정식집. 산채정식을 시키면 산나물이 열가지 넘게 나오고 생선구이, 된장찌개, 전 등 전부 20여 가지의 반찬이 깔린다. 더덕구이와 불고기 맛도 좋다.

- Ⓦ 특정식(3만원), 산채정식(2만2천원), 산내음정식(1만5천원), 황태구이정식(1만8천원), 산채비빔밥(1만원)
- Ⓣ 09:30~22:30 – 연중무휴
- Ⓠ 경기 파주시 탄현면 평화로 885-18 산내음
- ☎ 010-5341-4565 Ⓟ 가능

시골보리밥집 보리밥 | 닭백숙

보리밥 정식을 전문점으로, 각종 나물을 보리밥에 비벼 먹는다. 꽁보리밥과 쌀밥을 반씩 섞은 반보리 메뉴도 갖추고 있다. 인근 영장리 일대 전용 밭에서 채소를 직접 기른다고 한다. 손님이 많은 편이지만, 점심 시간을 피하면 줄서지 않고 여유 있게 먹을 수 있다.

- Ⓦ 시골보리밥정식(2인 이상, 1인 1만5천원), 백숙, 닭볶음탕(각

6만5천원), 녹두전, 감자전, 도토리묵, 손두부(각 1만5천원)
- Ⓣ 11:00~20:00(마지막 주문 19:00) – 둘째, 넷째 주 화요일 휴무
- Ⓠ 경기 파주시 광탄면 보광로471번길 32-22
- ☎ 031-948-7169 Ⓟ 가능

심슨더스파이스 Simpson the Spice 태국식

팟타이와 뿌팟퐁커리를 대표 메뉴로 하는 태국 음식점이다. 태국 음식 외에도 다양한 동남아 음식을 맛볼 수 있다. 분짜와 나시고랭도 많이 찾는다.

- Ⓦ 팟타이(1만3천원), 뿌팟퐁커리(2만9천원), 짜조(8천5백원), 솜땀(9천5백원), 똠얌꿍(1만9천원), 나시고랭(1만1천원)
- Ⓣ 11:00~15:00/17:00~21:00(마지막 주문 20:30) – 월요일 휴무(월요일 대체 공휴일 시 화요일 휴무)
- Ⓠ 경기 파주시 운정벌판길 24-22 (상지석동) 단독건물
- ☎ 031-941-9267 Ⓟ 가능

오두산막국수 🎀 막국수

메밀 함유량 60% 이상의 두툼한 메밀 면발에서 구수한 메밀 향이 느껴진다. 돼지 기름으로 부친 녹두전을 곁들여 먹어도 좋다. 만화 〈식객〉에 소개되어 유명해진 곳.

- Ⓦ 물메밀국수, 비빔메밀국수, 김치말이메밀국수(각 1만원, 곱빼기 1만3천원), 녹두전(1만2천원), 메밀전(1만원)
- Ⓣ 11:00~21:00(마지막 주문 20:30) – 연중무휴
- Ⓠ 경기 파주시 평화로 204 (야동동)
- ☎ 031-944-7022 Ⓟ 가능

원조두지리매운탕1호점 🎀 민물매운탕

민물매운탕과 황복을 전문으로 하는 곳. 두지리매운탕의 특징은 고추장 국물을 사용한다는 점이다. 칼칼하면서도 얼큰한 국물 맛이 일품이며 다 먹은 후에는 국물에 수제비를 넣어 먹는다.

- Ⓦ 메기매운탕(소 3만8천원, 중 5만7천원, 대 7만6천원), 빠가사리매운탕(소 4만6천원, 중 6만9천원, 대 9만2천원), 참게매운탕(소 4만8천원, 중 7만2천원, 대 9만6천원)
- Ⓣ 10:00~21:00(마지막 주문 20:00) – 연중무휴
- Ⓠ 경기 파주시 적성면 술이홀로2316번길 45
- ☎ 031-959-5377 Ⓟ 가능

원조삼거리부대찌개 🎀 부대찌개

메뉴는 부대찌개 한 가지로, 50여 년의 역사를 자랑한다. 반찬도 김치와 짠무뿐이지만 진한 국물에 칼칼한 맛으로 인기가 있다.

- Ⓦ 부대찌개(1만1천원), 라면사리(1천원), 소시지사리(5천원), 고기사리(1만원)
- Ⓣ 08:00~21:30(마지막 주문 20:30) – 일요일 휴무
- Ⓠ 경기 파주시 문산읍 문향로 103
- ☎ 031-952-3431 Ⓟ 가능

원조할머니묵집 묵 | 닭백숙

묵, 닭백숙, 오리 등을 전문으로 하는 곳. 직접 재배한 채소를 사용해 반찬을 만들어 반찬 맛이 일품이다. 얼음을 동동 띄운 시원한 묵밥과 고소한 도토리수제비 등이 별미다. 찾기 어려운 곳에 있지만 유명해서 찾아오는 사람들이 많다.

- Ⓦ 한방토종닭백숙, 토종닭볶음탕(각 6만5천원), 묵밥(9천원), 도토리묵무침, 도토리묵간장, 도토리전(각 1만원), 부추전, 김치전(각 1만3천원)
- ⏰ 10:00~21:00 – 월요일, 명절 휴무
- 🔍 경기 파주시 돌곶이길 108-5 (서패동)
- ☎ 031-942-3017 Ⓟ 가능

은하장 銀河莊 일반중식

3대째 내려오는 화상중식당. 유니짜장과 짬뽕, 탕수육이 대표 메뉴. 폭신폭신하게 튀긴 탕수육은 옛 맛을 찾는 사람들의 향수를 자극할 만하다. 옛날 중국집에 온 듯한 실내 분위기가 정겹다.

- Ⓦ 짜장면(7천원), 짬뽕(1만원), 유니짜장(9천원), 탕수육(2만3천원), 깐풍새우(3만7천원)
- ⏰ 11:00~19:00 – 월요일 휴무
- 🔍 경기 파주시 문산읍 문향로 78 뮤직갤러리
- ☎ 031-952-4121 Ⓟ 불가

장단콩두부집 두부

파주 파평에서 유명한 두부집이다. 품질로 유명한 장단콩을 사용하여 두부를 만든다. 콩으로 만드는 콩비지, 콩국수의 맛도 훌륭하다. 기본 반찬도 맛있다. 식사를 마치고 갈 때에 서비스로 콩비지를 봉지에 넣어 준다.

- Ⓦ 순두부전골, 두부전골, 코다리두부찜, 황태두부찜, 김치두부전골(각 소 3만원, 중 4만원, 대 5만원), 참게두부전골(시가)
- ⏰ 12:00~15:00 | 토, 일요일 12:00~16:00 – 월요일, 명절 휴무
- 🔍 경기 파주시 파평면 장마루로 197
- ☎ 031-958-6057 Ⓟ 가능

초계탕 막국수 | 초계탕

평양식 냉면과 비슷한 초계탕을 전문으로 하는 곳이다. 식초와 겨자로 맛을 낸 육수에 배, 오이, 동치미 무 등을 저며 넣고 삶아서 기름기 뺀 닭 살코기를 잘게 찢어 넣어 먹는다. 육수에는 메밀국수를 말아 먹으면 시원하다. 초계탕과 함께 나오는 닭껍질무침과 메밀전도 별미다. 재료 소진 시 일찍 문을 닫는다.

- Ⓦ 초계탕(2인 3만8천원, 3인 5만4천원, 4인 6만8천원), 막국수(1만4천원), 닭무침, 닭한마리(각 2만2천원)
- ⏰ 11:00~17:00 – 수요일 휴무
- 🔍 경기 파주시 법원읍 초리골길 110
- ☎ 031-958-5250 Ⓟ 가능

카메라타 Camerata 카페

전설적인 DJ 황인용 씨가 운영하는 곳으로 유명하다. 카페라기보다는 음악감상실이라 할 수 있으며, 대부분 클래식을 틀어준다. 입장료 내고 들어가면 커피, 매실차 같은 음료수와 빵을 무제한으로 가져다 먹을 수 있다. 토요일마다 작은 음악회가 열리는데 감상 시에는 추가로 돈을 더 낸다. 신청곡도 받으며 CD를 가져가도 틀어준다. 아날로그 시절의 스피커 등 오디오 시설이 훌륭하다.

- Ⓦ 문화비(성인 1만5천원, 초중고생이하 1만2천원)
- ⏰ 11:00~21:00 – 목요일 휴무
- 🔍 경기 파주시 탄현면 헤이리마을길 83
- ☎ 031-957-3369 Ⓟ 가능

카페나라 Cafe Nara 커피전문점

일산에서 스페셜티 커피 로스터리 카페로 자리 잡고 있던 카페나라가 파주로 이전해 문을 열었다. 핸드드립커피와 시그니처 메뉴였던 레드에스프레소는 여전한 인기 메뉴. 이외에도 다양한 과일주스와 디저트도 판매한다. 넓어진 매장은 통유리로 되어 있어 탁 트인 느낌을 준다.

- Ⓦ 핸드드립커피(7천5백원~8천5백원), 밀크티(6천원), 콩콩라테(6천5백원), 상봄라테(6천원), 아메리카노, 에스프레(각 4천원), 카페라테(5천원)
- ⏰ 11:00~22:00 – 월요일 휴무
- 🔍 경기 파주시 돌곶이길 176 (서패동)
- ☎ 031-942-7481 Ⓟ 가능

타이로드 THAI ROAD 태국식

태국 쌀국수 전문점으로, 베트남 쌀국수와 비교했을 때 향신료가 더 많이 들어가는 것이 특징이다. 대표 메뉴는 소고기쌀국수이며, 똠얌꿍에 쌀국수를 넣은 똠얌쌀국수도 추천 메뉴. 육수, 면, 밥이 무료 리필되며, 바 좌석으로만 되어 있어 1인이나 2인이 식사하기 좋다.

- Ⓦ 소고기쌀국수(1만1천원), 똠얌쌀국수(1만2천원), 새우팟타이(1만3천원), 미니춘권(3천원)

타이로드

⏱ 11:00~15:00(마지막 주문 14:30)/17:30~ 21:00(마지막 주문 20:30) –
🔍 경기 파주시 경의로 1046 (야당동) 이더펠리체 104호
☎ 0507-1310-1585 Ⓟ 가능(1시간 무료)

통일동산두부마을 ✖ 두부

두부요리 전문점으로 파주에서 유명한 곳이다. 장단콩을 사용하여 만든 부드러운 두부를 이용한 다양한 요리를 맛볼 수 있다. 두부전골이 많이 찾는 메뉴.

Ⓦ 청국장정식, 된장정식, 콩비지정식(각 1만7천원), 두부버섯전골(소 3만7천원, 중 5만2천원), 두부보쌈(소 4만원, 중 5만5천원), 두부김치(2만원)
⏱ 06:30~23:00 | 토, 일요일 06:30~15:00/16:30~23:00 – 명절 휴무
🔍 경기 파주시 탄현면 필승로 480
☎ 031-945-2114 Ⓟ 가능

평양초계탕막국수 닭무침 | 막국수 | 초계탕

시원한 얼음을 띄운 국물에 크게 썰어 넣은 오이와 매운 고추, 그리고 몇몇 채소와 겨자를 발라 찢은 부드러운 닭살이 일품인 초계탕을 먹을 수 있다. 초계탕이 나오기 전에 초계탕에 넣을 부분을 뺀 나머지 목뼈나 날개 부위를 굵은 소금과 함께 먹을 수 있도록 제공한다. 북한식 물김치를 푸짐하게 기본으로 제공하며 닭고기와 함께 버무린 오이무침, 맛깔스러워 보이는 메밀무침도 맛있다.

Ⓦ 초계탕(2인 3만8천원, 3인 5만1천원. 4인 6만4천원), 막국수(1만2천원), 닭무침, 찜닭(각 3만원), 평만두(1만원)
⏱ 11:00~22:00 – 연중무휴
🔍 경기 파주시 광탄면 보광로 566
☎ 031-948-4631 Ⓟ 가능

포비든플레이스 forbidden place 카페

임진각 평화 곤돌라를 타고 넘어가 입장할 수 있는 카페. 통창으로 된 실내에서 임진강을 바라보는 전망이 좋다. 다양한 음료와 베이커리가 준비되어 있다. DMZ 민간인 통제구역 내에 있기 때문에 출입을 위해서는 신분증을 제시해야 한다.

Ⓦ 에스프레소, 아메리카노(각 5천원), 카페라테(6천원), 버블티, 에이드(각 6천원~6천5백원), 오미자차(6천5백원), 마들렌, 피낭시에(각 2천8백원), 스콘(3천원~3천5백원), 딸기크루아상(5천원), 케이크(6천원~7천2백원)
⏱ 10:00~18:00 | 토, 일요일, 공휴일 09:00~18:00(DMZ 사정에 따라 변동) – 연중무휴
🔍 경기 파주시 군내면 적십자로 139
☎ 없음 Ⓟ 가능

필무드 FILLMOOD 카페

마장호수 흔들다리 인근에 있는 대형 베이커리 카페. 건물의 전면이 격자창으로 되어있어 채광이 뛰어나다. 2층에서는 주변의 푸르른 산 전망을 볼 수 있으며, 넓은 테라스와 정원도 있어 여유롭게 시간을 즐길 수 있다.

Ⓦ 아메리카노(6천원), 카페라테, 카푸치노(7천원), 연유라테, 바닐라라테, 아인슈페너(각 8천원), 티(7천원~8천5백원), 필무드플로트(9천원), 연유빵, 에그타르트(각 5천5백원), 크림치즈바게트(7천원)
⏱ 10:30~21:00 – 마지막 주 화요일 휴무
🔍 경기 파주시 광탄면 기산로 129
☎ 0507-1382-0387 Ⓟ 가능

흑사당 黑蛇堂 도넛 | 카페

매장에서 직접 만드는 다양한 종류의 도넛과 베이글을 맛볼 수 있는 카페. 크렘브륄레도넛, 티라미수도넛, 라즈베리도넛, 쪽파부추베이글 등을 선보인다. 매장은 층고가 높고, 공간이 넓은 편.

Ⓦ 에스프레소(4천5백원), 아메리카노(5천5백원), 무화과크림치즈피낭시에, 솔티카라멜피칸피낭시에(각 3천3백원), 크렘브륄레도넛(6천원), 디리미수도넛, 라즈베리도넛, 피스타치오노넛(각 5천5백원), 코코넛도넛, 오레오도넛(각 5천3백원)
⏱ 11:00~19:30 | 토, 일요일 10:00~21:00 – 연중무휴
🔍 경기 파주시 탄현면 헤이리미을길 37-10
☎ 070-4143-2000 Ⓟ 가능

경기도 평택시

개화식당 開化食堂 일반중식

평택에서 영빈루와 함께 짬뽕이 유명한 집이다. 원조짬뽕을 시키면 짬뽕의 본모습이라 할 수 있는 백짬뽕이 나온다. 센 불에 볶은 채소가 만들어내는 육수 맛이 진하다. 맑은 소스의 탕수육 맛도 일품이다.

Ⓦ 볶음밥, 짬뽕(각 8천원), 옛날짜장, 유니짜장(각 7천원), 탕수육(소 1만5천원, 중 2만원, 대 3만원), 깐풍기(2만5천원)
⏱ 11:00~15:00/17:00~19:30 | 토, 일요일 11:00~14:30/17:00~19:00 – 월요일 휴무
🔍 경기 평택시 통복시장로6번길 2 (통복동)
☎ 031-655-2225 Ⓟ 가능(통복시장 공영주차장 1시간 30분 무료)

고복수평양냉면 평양냉면

80여 년 전통에 3대째 내려오는 냉면집. 1930년대 평안북도 강계에 오픈한 중앙면옥이 시초다. 예전 상호인 고박사냉면

으로 더 알려져 있기도 하다. 메밀과 감자전분을 적당하게
섞어 뽑아낸 면발과 양지머리를 곤 국물에 동치미를 섞어
만든 시원한 육수가 특징이다.
- ⓦ 냉면, 비빔냉면(각 1만2천원, 곱빼기 1만5천원), 반반냉면(1만
4천원), 가오리회냉면(1만5천원, 곱빼기 1만7천원), 녹두빈대떡(1
만원)
- ⓣ 11:00~15:30/17:00~21:00(마지막 주문 20:30) – 명절, 동절
기 월요일 휴무
- ⓠ 경기 평택시 조개터로1번길 71 (합정동)
- ☎ 031-655-4252 ⓟ 가능

김네집 ✄ 부대찌개

송탄 미군부대 인근에서 유명한 부대찌개집. 햄, 소시지, 치
즈, 다진 돼지고기가 들어간 부대찌개가 푸짐하다. 반찬은
김치 하나로 단출하다. 폭찹과 베이컨로스도 별미. 포장은 9
시 30분부터 가능하며, 식사는 11시 10분부터 할 수 있다.
- ⓦ 부대찌개(1만1천원), 폭찹, 베이컨로스(각 200g 1만2천원)
- ⓣ 11:10~15:00/17:00~21:00(마지막 주문 19:30) | 토, 일요일
11:10~~15:00/17:00~20:30(마지막 주문 19:00) – 첫째, 셋째
주 월요일, 명절 휴무
- ⓠ 경기 평택시 중앙시장로25번길 15 (신장동)
- ☎ 031-666-3648 ⓟ 불가

김네집

들뫼약산흑염소전문점 염소고기

약 20년의 업력을 가진 흑염소 전문점. 탕, 수육, 무침, 전골
요리 등으로 다양하게 즐길 수 있다. 식전주로 삼지구엽주
를 내어주어 입맛을 돋운다. 무생채, 미역무침, 콩고기 등 푸
짐하게 차려진 밑반찬은 고기와 곁들여 먹기 좋다.
- ⓦ 흑염소수육, 무침(각 1인 3만2천원), 전골(1인 2만8천원), 탕
(1만8천원, 특 2만4천원), 매운갈비찜(3만4천원), 갈비수육(3만4
천원)
- ⓣ 11:00~21:00(마지막 주문 20:20) – 화요일 휴무
- ⓠ 경기 평택시 오리곡길 101 (지산동)
- ☎ 031-611-0778 ⓟ 가능

르샹띠에 LE SENTIER 프랑스식

100% 예약제로 운영되는 프렌치 레스토랑. 프랑스에서 공
부하고 신라호텔 콘티넨탈 등에서 경력을 쌓은 엄상호 셰프
가 코스 요리를 선보인다. 셰프스페셜 외에도 한우안심스테
이크, 비프부르기뇽, 오리다리콩피 등의 가정식을 맛볼 수
있는 세트 메뉴가 있다.
- ⓦ 셰프스페셜(2인 이상, 1인 11만원), 르샹띠에세트(2인 14만원),
파스타코스(4만5천원), 가정식코스(5만5천원), 안심스테이크코
스(7만원)
- ⓣ 11:30~15:00(마지막 주문 13:30)/17:00~ 22:00(마지막 주문
20:30) – 월요일 휴무
- ⓠ 경기 평택시 진위면 하북4길 129-4 2층
- ☎ 031-667-8292 ⓟ 가능

리오그릴 RIO GRILL 브라질식

브라질 사람이 직접 운영하는 슈하스코 전문점. 슈하스코는
브라질식으로 꼬치에 꿰어 그릴에 구운 스테이크를 말하는
것으로, 우리나라 사람들에게는 무한리필 스테이크집으로
알려져 있다. 본인이 원하는 부위를 직접 테이블에서 썰어
주는 방식이다.
- ⓦ 디너, 주말, 공휴일(각 3만9천원) , 5~7세(2만1천원)
- ⓣ 16:30~22:00 | 토, 일요일 12:00~22:00 – 월요일 휴무
- ⓠ 경기 평택시 중앙시장로6번길 30-14 (신장동)
- ☎ 031-666-7136 ⓟ 불가

미스리햄버거 miss Lee 햄버거

싸고 푸짐한 햄버거로 유명하다. 햄버거는 달걀프라이, 햄,
소시지, 양배추 등을 넣어 만드는 것이 특징이다. 치즈버거,
불고기버거, 스테이크버거 등이 인기 메뉴. 최근 이전하면서
메뉴가 더욱 다양해졌다. 명절 휴무 여부를 홈페이지에 공
지하기 때문에 검색하고 가는 것이 좋다.
- ⓦ 오리지널버거(5천원, 스페셜 9천원), 새우버거(4천원, 스페셜
9천원), 불고기버거, 스테이크버거, 칠리버거, 소고기버거(각 6
천원, 스페셜 9천5백원), 핫도그(3천5백원~5천5백원)
- ⓣ 10:45~17:30(마지막 주문 17:20)(재료 소진 시 조기 마감) –
월, 목요일 휴무
- ⓠ 경기 평택시 쇼핑로 33 (신장동) 월드프라자
- ☎ 031-667-7171 ⓟ 불가

미스진햄버거 햄버거

미군 비행장 정문 앞에 있는 곳으로, 미군 사이에서 유명해
진 집이다. 달걀프라이가 들어가는 한국식 햄버거로, 케첩과
마요네즈, 양배추가 맛을 더한다. 다양한 크기와 가격대의
햄버거를 선보인다.
- ⓦ 칠리버거, 치즈버거, 새우버거, 불고기치즈버거, 스테이크치
즈버거(각 5천원), 햄버거, 불고기버거, 스테이크버거(각 4천5백

원), 치킨버거(6천원), 핫도그(4천원~5천5백원), 샌드위치(4천5백원~5천원)

🕐 11:00~02:00(익일) – 연중무휴
🔍 경기 평택시 쇼핑로 3-1 (신장동)
☎ 031-667-0656 Ⓟ 불가

석일식당 게장 | 주꾸미

평택에서 간장게장과 주꾸미볶음이 맛있는 곳 중 하나. 짜지 않고 적당한 간의 게장을 서리태를 넣어 지은 흰밥과 함께 먹는 맛이 일품이다.

Ⓦ 간장게장(대 1마리 4만5천원, 소 1마리 2만5천원), 오징어볶음(소 2만2천원, 중 3만3천원, 대 4만4천원), 주꾸미볶음(시가), 꽃게탕(중 7만원, 대 9만원)
🕐 11:30~15:00/16:30~21:00(마지막 주문 19:30) | 토요일 11:30~21:00(마지막 주문 19:30) – 일요일 휴무
🔍 경기 평택시 중앙로 209-1 (비전동)
☎ 031-652-9101 Ⓟ 불가

센뽀 せんぼう 야키토리 | 이자카야

야키토리와 각종 꼬치, 간단한 사이드 메뉴를 맛볼 수 있는 일식 주점. 꼬치는 3개부터 주문 가능하며, 술 종류도 다양하게 준비되어 있다. 매장 공간은 아늑한 편이고, 바 자리와 4인석 테이블이 있다.

Ⓦ 추천다섯가지(1만7천원), 야키토리(2천5백원~6천5백원), 오이무침(4천원), 감자샐러드(5천원), 스지조림(1만9천원), 우설(1만5천원)
🕐 18:00~01:00(익일)(마지막 주문 00:30) – 연중무휴
🔍 경기 평택시 자유로20번길 10 (합정동) 1층
☎ 0507-1361-4597 Ⓟ 가능(매장 앞 1대)

숯고개부대찌개 부대찌개 | 스테이크

햄과 다진 고기, 치즈가 푸짐하게 올라간 부대찌개를 맛볼 수 있는 곳. 국물 맛이 깔끔해 맛이 좋다. 별미로 통하는 찌개스테이크는, 살짝 구운 소고기 스테이크를 부대찌개에 샤부샤부처럼 넣었다 먹는 것으로 인기가 많다.

Ⓦ 부대찌개(1만1천원), 폭찹(200g 1만5천원), 베이컨(180g 1만3천원), 등심스테이크(3만5천원), 티본스테이크(250g 3만5천원)
🕐 11:00~15:00/16:30~21:00 – 화요일 휴무
🔍 경기 평택시 쇼핑로 39-4 (신장동)
☎ 031-666-2768 Ⓟ 불가

쌍흥원 雙興園 일반중식

평택의 5대 중식당 중 하나로 꼽히는 곳이다. 태화루, 영빈루와 함께 유명했던 곳. 짜장면과 짬뽕, 탕수육이 인기 메뉴다. 비취면이라 하여 녹색 빛의 면발을 사용하는데 시금치로 색을 내는 일반적인 방법이 아니라 부추를 넣어 반죽하는 방법을 사용한다.

Ⓦ 우동, 유니짜장면, 짬뽕, 하얀짬뽕(각 7천원), 볶음밥, 고추짬뽕(각 8천원), 탕수육(소 1만2천원, 중 1만8천원, 대 2만5천원)
🕐 11:00~15:30 – 일요일 휴무
🔍 경기 평택시 이충로100번길 45 (서정동)
☎ 031-666-2004 Ⓟ 불가

엘피노323 ✕ El Pino 323 멕시코식

미국 멕시칸 가정에서 자란 셰프가 선보이는 멕시칸 레스토랑. 멕시칸 할머니로부터 배운 정통 멕시칸 스타일의 요리를 선보인다. 매일 아침 만드는 토르티야는 쫄깃해 맛을 더한다. 치킨엔칠라다와 카르니타스타코가 인기 메뉴다. 2024년 5월에 서울 신사동에서 평택으로 이전하였다.

Ⓦ 수요미식회세트(4만5천원), 비바멕시코세트(3만6천원), 엘콤플리토세트(5만원), 피에스타세트(6만원), 브리스킷엔칠라다(2만2천5백원), 포크그린엔칠라다(1만9천5백원), 치킨엔칠라다(1만8천5백원)
🕐 11:00~20:30(마지막 주문 19:45) – 월요일 휴무
🔍 경기 평택시 고덕갈평9길 76 (고덕동) 1층
☎ 02-797-3233 Ⓟ 가능(2시간 무료)

영빈루 ✕ 迎賓樓 일반중식

짬뽕으로 서울까지 이름을 떨친 곳. 짬뽕은 그리 맵지 않으면서 옛날식으로 돼지고기의 향과 맛이 아주 진하다. 점심시간에는 요리 주문을 받지 않으며 저녁에만 받는데, 그나마도 바쁘면 짜장면과 짬뽕만 주문할 수 있다. 요리도 탕수육과 잡채 두 가지뿐. 50년이 넘는 역사를 자랑한다.

Ⓦ 짜장면(5천원), 짬뽕(8천원), 짬뽕밥(9천원), 탕수육(소 1만3천원, 대 2만5천원), 잡채(2만원), 만두(6천원)
🕐 10:00~21:00 – 연중무휴
🔍 경기 평택시 탄현로 341 (신장동)
☎ 031-668-8328 Ⓟ 가능

은영이네 조개구이

평택항 조개구이촌 안에서도 단골이 많기로 유명한 조개구잇집이다. 조개구이를 먹은 후 해물이나 바지락으로 맛을 낸 칼국수로 마무리한다. 조개구이 외에도 생선회, 새우구이, 장어구이 등 다양한 해산물을 맛볼 수 있다.

Ⓦ 조개구이(중 5만원, 대 7만5천원, 특대 8만5천원), 모둠회(10만원), 돔(6만원), 농어, 놀래미(각 5만5천원), 광어(5만원), 우럭(4만5천원), 숭어(3만천원), 전어, 산낙지, 해삼, 멍게(시가), 우럭매운탕(3만5천원), 해물탕(4만5천원), 조개탕(5만원), 간재미무침, 소라무침(각 중 4만5천원, 대 5만원), 바지락칼국수, 냉콩국수(각 1만원)
🕐 10:00~24:00 – 연중무휴
🔍 경기 평택시 현덕면 서동대로 169
☎ 031-682-9981 Ⓟ 가능

이탈리안테이블 Italian Table 피자 | 파스타

이탈리아 나폴리식 화덕 피자를 전문으로 하는 곳. 직접 만든 생면 파스타도 준비되어 있다. 요청하면 내어주는 꿀에 피자 크러스트를 찍어 먹어도 좋다.

ⓦ 고르곤졸라(2만1천원), 디아볼라피자(2만2천원), 프로슈토루콜라, 프로슈토풍기피자(각 2만5천원), 마리나라피자(1만5천원), 마르게리타피자(2만원), 아마트리치아나파스타(1만7천원), 해물오일, 해물토마토파스타(각 2만원), 화이트라구, 토마토라구파스타(각 1만8천원), 포르치니파스타(2만2천원)
ⓒ 11:00~15:00/17:00~22:00 – 연중무휴
ⓠ 경기 평택시 함박산8길 21 (고덕동) 1층 101호
☎ 010–5742–6835 ⓟ 가능

인화루 仁和樓 일반중식

50년이 넘는 역사를 자랑하는 화상 중국집. 깐쇼새우와 양장피가 인기 있는 메뉴다. 식사로는 고추고기짬뽕과 간짜장을 대표 메뉴로 맛볼 수 있다. 탕수육도 많이 찾는다..

ⓦ 고추고기짬뽕. 간짜장(각 1만원), 굴짬뽕(1만3천원), 짜장면(8천원), 탕수육(소 2만5천원, 중 3만5천원, 대 5만원), 깐쇼새우(소 3만5천원, 중 5만원, 대 7만원), 양장피(소 4만5천원, 중 5만5천원, 대 6만5천원)
ⓒ 10:00~22:00 – 명절 휴무
ⓠ 경기 평택시 탄현로 283 (신장동)
☎ 031–666–2370 ⓟ 가능

일등시골집고덕직영점 추어탕

시골의 정겨운 분위기가 느껴지는 곳에서 즐기는 구수한 추어탕 전문점. 살아있는 메기와 미꾸라지가 들어가 걸쭉한 추어갈매운탕과 함께 낙지볶음, 감자전, 새우탕 등의 메뉴가 있다. 밑반찬으로는 깻잎장아찌, 무생채, 콩나물, 겉절이가 나온다.

ⓦ 추어갈매운탕(1만2천원), 낙지볶음(1만2천원), 생감자전(1만2천원), 낙지부추전(1만2천원), 새우탕(1만2천원), 추어통매운탕(1만2천원), 메기매운탕(소 4만5천원, 중 5만원, 대 5만5천원)

일등시골집고덕직영점

ⓒ 09:30~21:00(마지막 주문 20:00) – 연중무휴
ⓠ 경기 평택시 고덕면 방축3길 73
☎ 031–666–7707 ⓟ 가능

정운숯불갈비 소갈비

평택에서 오래된 대형 갈빗집으로, 50여 년의 내력을 지니고 있다. 미군 부대 앞에 있어 외국인도 많이 찾는 곳이다. 삼겹살도 훌륭하다는 평.

ⓦ 양념돼지갈비(250g 1만5천원), 양념소갈비(200g 2만5천원), 소생갈비(250g 3만원), 제주생삼겹살(200g 1만6천원)
ⓒ 07:30~22:00 – 연중무휴
ⓠ 경기 평택시 중앙시장로9번길 5 (신장동)
☎ 031–666–4279 ⓟ 불가

진미식당 순댓국 | 순대

통복시장 내에 있는 순댓국집으로, 1980년대부터 약 40년간 한결같은 맛을 자랑하는 곳이다. 진하게 끓여낸 사골국물에 직접 만든 순대와 돼지고기가 푸짐히 들어간다. 순대와 돼지고기 수육이 푸짐히 나오는 모둠수육은 가격도 매우 저렴해 국밥과 곁들이면 좋다.

ⓦ 순대국밥(9천원, 특 1만1천원), 순대(7천원), 수육, 오소리감투, 모둠안주(각 소 1만원, 대 1만5천원), 편육(1만원), 곱창전골, 곱창볶음(각 소 2만2천원, 중 2만7천원, 대 3만2천원)
ⓒ 06:00~20:30 – 수요일, 명절 휴무
ⓠ 경기 평택시 통복시장2로9번길 15 (통복동)
☎ 031–652–2068 ⓟ 가능

최네집 부대찌개

송탄 미군부대 인근에서 시작한, 50년이 넘는 역사의 부대찌개는 전국적으로 유명하다. 부대찌개를 다 먹은 다음에는 밥을 볶아 먹기도 한다. 큼지막하게 나오는 티본스테이크도 먹어볼 만하다.

ⓦ 부대찌개(1만1천원), 베이컨(200g 1만4천원), 티본스테이크(250g 3만6천원), 모둠구이(5만3천원)
ⓒ 10:00~23:00(마지막 주문 22:00) – 연중무휴
ⓠ 경기 평택시 경기대로 1401 (서정동)
☎ 031–663–8922 ⓟ 가능

커피냅로스터스HQ
COFFEE NAP ROASTERS 커피전문점

양조장으로 건축되어 창고, 공장으로 사용된 공간을 카페로 개조한 곳. 천장은 골조가 그대로 드러나 있고, 바닥 곳곳에는 식물이 심어져 있다. 커피는 세 가지 원두 중 한 가지 맛을 선택하여 마실 수 있다. 디저트 메뉴로는 카늘레와 크림크루아상 등이 있다.

ⓦ 필터커피(6천원~8천원), 에스프레소, 아메리카노, 플렛화이

트(각 5천원), 카페라테(6천원), 카페바닐라(6천5백원), 카늘레(3천5백원), 에그타르트(3천8백원), 소금빵(3천6백원)
- 09:00~20:00 | 토, 일요일 10:00~20:00 – 연중무휴
- 경기 평택시 진위면 봉남2길 35 커피냅로스터스
- 031-666-4131 ⓟ 가능

태화루 泰和樓 일반중식

60여 년 역사의 화상중국집. 고추짬뽕의 매운맛으로 유명하다. 직접 만드는 야키만두(군만두) 맛도 일품이며 짜장면도 수준급이다.
- 낙지고추짬뽕, 고기짬뽕(각 1만1천원), 짬뽕(9천원), 군만두(9천원), 짜장면(7천원)
- 11:00~20:30 – 둘째 주, 넷째 주 월요일 휴무
- 경기 평택시 동안길 1 (지산동)
- 031-662-3444 ⓟ 가능

파스타비노 Pasta vino 파스타 | 피자

유럽의 노천카페 같은 분위기에서 다양한 종류의 파스타를 맛볼 수 있는 곳. 가성비가 좋아 송탄 미군부대 인근에서 유명한 곳이다. 아기자기한 소품과 꽃을 사용한 인테리어가 이상적이다.
- 파스타샐러드(1만3천원), 미트볼스파게티(1만9천원), 아마트리치아나스파게티(1만7천원), 마르게리타피자(1만7천원), 큐브스테이크(3만원), 감자튀김(6천원)
- 11:00~21:00(마지막 주문 20:20) – 명절 휴무
- 경기 평택시 중앙시장로9번길 21 (신장동)
- 031-666-1617 ⓟ 불가

파주옥 ✂ 꼬리곰탕 | 곰탕 | 수육

50여 년의 내력을 가지고 있는 집으로, 평택 시내에서 가장 오래된 곰탕집이다. 곰탕에 들어 있는 고기는 따로 양념장에 찍어 먹는 것이 이 집의 스타일이다. 주방에 걸려 있는 대형 무쇠 솥에서는 밤새 국물을 고아 내고 있다.
- 곰탕(1만2천원), 갈비탕(1만6천원), 도가니탕(각 1만7천원), 수육, 도가니안주(각 반접시 2만원, 한접시 4만원)
- 10:30~21:00 – 명절 휴무
- 경기 평택시 중앙2로 3 (평택동) 1층
- 031-655-2446 ⓟ 불가

평양면옥 평양냉면

40년 역사의 평양냉면집이다. 슴슴한 정통 평양냉면을 기대하는 사람에게는 약간 진한 맛일 수도 있지만 여름철이면 주변 주민이 많이 찾는 곳 중 한 곳이다. 매콤새콤하게 무친 수육무침과 제육무침을 곁들이면 좋다. .
- 냉면(보통 1만원, 곱빼기 1만3천원), 수육무침(3만원), 제육무침(2만5천원), 녹두빈대떡(1만원)
- 하절기 11:00~15:00/16:00~20:00 | 동절기 11:00~15:00(마

지막 주문 14:40) – 월요일 휴무
- 경기 평택시 서정로 300 (서정동)
- 031-665-8791 ⓟ 불가

프리퍼카페 PREFER 카페

갤러리와 카페가 함께 있는 대형 베이커리 카페. 빵의 종류가 다양하고 1, 2, 3층으로 운영되는 넓고 쾌적한 내부가 특징. 특히 2층의 빈백존이 인기 있으며, 가족과 연인 모두 가기 좋은 곳이다.
- 에스프레소, 아메리카노(각 5천원), 카페라테(5천8백원), 동키모카(6천8백원), 크로와상샌드위치세트(1만1천원), 파니니샌드위치세트(1만4천원), 라즈베리바스크치즈케이크세트(1만7천원)
- 09:00~21:00(마지막 주문 20:30) – 연중무휴
- 경기 평택시 지산로140번길 243 (지산동)
- 0507-1312-9240 ⓟ 가능

해주탕집 꼬리곰탕 | 곰탕

뼈와 머릿고기, 각종 부위의 고기를 넣어 끓인 황해도 해주식 곰탕을 선보인다. 진하고 구수한 국물 맛이 일품. 소머리무침, 내장무침, 꼬리안주 등 다양한 메뉴를 갖추고 있어 술을 곁들이기도 좋다.
- 소머리국밥(1만원), 진곰탕(1만1천원), 꼬리곰탕(1만8천원), 족탕(1만5천원), 소머릿고기, 수육(각 4만5천원), 꼬리안주(시가)
- 11:30~20:30 – 비정기적 휴무
- 경기 평택시 통복시장2로39번길 2 (통복동)
- 031-655-3893 ⓟ 불가

호성식당 ✂ 생선매운탕 | 꽃게 | 게장

꽃게 요리를 전문으로 하는 곳으로, 꽃게탕이나 매운탕을 시키면 간장게장이 나오는 곳으로 유명하다. 여러 가지 젓갈과 함께 나오는 반찬도 손맛이 뛰어난 편. 봄과 가을에는 꽃게찜을 선보인다.
- 꽃게탕(소 11만원, 중 12만원, 대 13만원), 생선매운탕(중 9만원, 대 10만원), 게장정식(4만8천원), 양념게장(4만5천원), 꽃게찜(시가)
- 11:00~20:00(마지막 주문 19:00) – 월요일 휴무
- 경기 평택시 포승읍 연암길 87
- 031-681-7786 ⓟ 가능

호아마이 HOAMAI 베트남식

평택의 대표적인 베트남 쌀국숫집으로, 우리 입맛에 잘 맞는 요리를 선보인다. 월남쌈도 푸짐하게 나온다. 비빔쌀국수와 볶음쌀국수도 많이 찾는 메뉴다.
- 안심홍쌀국수, 양지차돌안심쌀국수, 하노이볶음밥, 하노이볶음면(각 1만2천원), 왕새우튀김(5천원), 에그롤, 스프링롤(각 4천원)

🕐 10:30~15:30/17:00~21:00(마지막 주문 20:30) – 월요일 휴무

🔍 경기 평택시 신장1로17번길 2 (신장동)

☎ 031-664-2555 Ⓟ 가능

호커스포커스로스터스 ✖
HOCUS POCUS ROASTERS 커피전문점

분위기 좋은 브런치 카페. 커피도 직접 로스팅하며, 산미 있는 원두와 고소한 원두 중에서 선택할 수 있다. 우유가 들어간 음료는 오틀리로 변경도 가능하다. 통창에 채광이 좋으며, 정원도 잘 꾸며져 있어 여유롭게 시간을 보내기 좋다.

🆆 에스프레소, 아메리카노(각 5천5백원), 카페라테(5천8백원), 필터커피(6천원)삭슈카(1만4천5백원), 부채살스테이크&계절나무무침(2만8천3백원), 슈림프파히타(1만6천9백원), 바질페스토파스타(1만6천5백원), 토마토라구파스타(1만6천5백원), 루콜라샌드위치(1만2천4백원)

🕐 10:00~22:00(마지막 주문 음료 21:00, 음식 19:00) – 연중무휴

🔍 경기 평택시 장안웃길 12 (장안동)

☎ 031-662-7783 Ⓟ 가능

홍태루 ✖ 鴻泰樓 일반중식

50년이 넘는 오랜 역사를 자랑하는 화상중국집. 해물 없이 고기만 넣어서 만든, 불 맛이 느껴지는 고기고추짬뽕이 유명하다. 볶음밥과 탕수육 맛도 일품이다.

🆆 짜장면(5천원), 고기고추짬뽕, 볶음밥(각 1만원), 새우볶음밥(1만3천원), 탕수육(소 2만2천원, 중 3만3천원, 대 4만4천원), 깐풍기(5만원)

🕐 11:30~15:30/17:30~21:00(마지막 주문 20:00) | 토, 일요일, 공휴일 11:30~21:00(마지막 주문 20:00) – 수요일 휴무

🔍 경기 평택시 탄현로327번길 9 (신장동)

☎ 031-666-3871 Ⓟ 불가

갈비생각 소갈비

포천이동갈비로 유명한 갈빗집. 배, 사과, 파인애플, 키위 등을 잘게 다져 만든 즙으로 육질을 부드럽게 만든 갈비에 버섯, 고추, 실파 등을 고명으로 얹어 낸다.

🆆 한우생갈비, 한우이동갈비(각 8만2천원), 한우안창살(120g 7만9천원), 한우암소육회(200g 3만원), 생갈비, 포천이동갈비(각 4만3천원), 일품멍석갈비(5만8천원), LA맛갈비(3만5천원)

🕐 11:00~21:30(마지막 주문 20:55) – 연중무휴

🔍 경기 포천시 소흘읍 광릉수목원로 1189

☎ 031-541-6100 Ⓟ 가능

고모리691 브런치카페

고모저수지 바로 옆에 있어 낭만과 분위기가 있는 카페다. 파니니, 파스타 등을 선보이며 커피만을 즐길 수도 있다. 특히 모든 건물이 통유리로 되어 있어 저수지를 바라보면서 식사하기에 좋다. 식사를 시킬 경우 커피는 2천원 할인된다.

🆆 에스프레소, 아메리카노(각 6천5백원), 카페라테(7천원), 먹물파니니(1만5천원), 아보카도치킨오픈샌드위치(2만1천원), 스페셜브런치(2만2천원), 누룽지파스타(2만2천원)

🕐 11:30~21:00(마지막 주문 20:00) – 연중무휴

🔍 경기 포천시 소흘읍 고모루성길 267

☎ 031-541-9691 Ⓟ 가능

곰터먹촌 국수

함병헌김치말이국수가 새로운 모습으로 다시 시작한다. 좀 더 깔끔해진 실내 분위기가 국수 맛을 한층 올려준다. 고명이 듬뿍 얹어진 김치말이 국수에는 곰탕 국물이 함께 나온다. 만두를 곁들이면 좋다.

🆆 김치말이국수, 김치말이밥, 김치말이비빔국수, 곰탕, 온면(각 1만원), 만두(6개 7천원, 8개 8천원), 녹두전(9천원)

🕐 10:00~16:00(마지막 주문 15:30) | 토, 일요일 10:00~15:30/16:00~19:00(마지막 주문 18:30) – 연중무휴

🔍 경기 포천시 내촌면 내촌로 169

☎ 031-534-0732 Ⓟ 가능

김근자할머니집 ✖ 소갈비

김미자할머니집과 함께 포천 이동갈비의 원조로 알려져 있다. 양념이 진하지 않고 고기 본래의 맛을 살려 담백한 편이다. 사이다와 배 등의 과즙으로 단맛을 내고, 수삼과 국산 농산물로 양념하는 것이 특징이다.

🆆 양념갈비(400g 4만3천원), 생갈비(300g 5만2천원), 왕갈비탕(1만5천원), 물.비빔냉면(각 8천원), 동치미소면(6천원), 된장찌개(4천원)

🕐 10:00~21:00 – 연중무휴

경기 포천시 이동면 장암1길 14
031-532-4667 ⓟ 가능

김미자할머니집 ✄ 소갈비

60여 년의 역사를 자랑하는 전통 있는 이동갈비 전문점. 조선간장과 조청을 끓여 양념장을 만들고, 사과, 배, 레몬 등의 과일을 넣어 단맛을 더했다. 살짝 얼음이 언 동치미도 별미. 식사로는 동치미국수나 우거지된장찌개가 있다.

ⓦ 소양념갈비(400g 4만3천원), 소생갈비(300g 5만2천원), 물냉면(7천원), 비빔국수, 비빔냉면(각 8천원), 동치미국수(6천원)
ⓣ 10:00~21:00(마지막 주문 20:00) – 연중무휴
경기 포천시 이동면 화동로 2087
031-532-4459 ⓟ 가능

느티나무갈비 소갈비

포천이동갈비의 원조로 꼽히는 곳 중 하나. 달착지근한 양념을 바른 갈비를 숯불에 구워 먹는 맛이 좋다. 시원한 동치미메밀국수와 냉면으로 식사를 마무리한다. 커다란 느티나무가 있는 집으로, 개울과 산을 바라보며 즐기는 갈비 맛이 일품이다.

ⓦ 양념갈비(100g 1만원), 생갈비(400g 4만7천원), 동치미메밀국수(5천원), 냉면(8천원)
ⓣ 10:00~20:00 – 연중무휴
경기 포천시 이동면 화동로 2080
031-532-4454 ⓟ 가능

명덕잣나무집 ✄ 오리백숙 | 닭백숙

닭과 오리 요리를 전문으로 하는 곳. 진하게 끓인 백숙이 대표 메뉴며, 로스구이와 볶음탕도 추천할 만하다. 채소도 직접 재배하는 것이 특징. 조리하는 데 시간이 걸리므로 방문 전 전화로 주문하는 것을 추천한다. 매장에서 식사시, 인근 포레스트힐cc를 할인된 가격으로 이용할 수 있다.

ⓦ 능이토종닭백숙, 능이오리백숙(각 7만9천원), 토종닭볶음탕, 오리볶음탕(각 6만9천원)
ⓣ 10:00~21:00 – 명절 휴무
경기 포천시 화현면 봉화로 107
031-532-9734 ⓟ 가능

명지원 ✄ 소불고기 | 소갈비

이동갈비를 전문으로 하는 곳으로, 전통 가옥풍 외관이 눈에 띈다. 갈비의 기름기를 제거하고 나서 참나무 숯불에 구워 맛을 내는 것이 특징. 달착지근한 양념을 바른 이동갈비 외에 생갈비도 인기 메뉴다. 직접 농사지은 농작물로 푸짐한 상차림을 선보이고 있다.

ⓦ 이동갈비(400g 4만원), 생갈비(300g 4만5천원), 버섯생불고기(300g 1만8천원), 한방갈비탕(1만1천원), 동치미국수(6천원),

함흥물냉면(9천원), 함흥비빔냉면(1만원)
ⓣ 11:00~21:00(마지막 주문 21:00) – 월요일(공휴일인 경우 정상영업), 명절 당일 휴무
경기 포천시 일동면 화동로 1258
031-536-9919 ⓟ 가능

물꼬방 카페

전통차 및 한식 디저트를 즐길 수 있는 한옥 카페. 홍시 빙수와 개성 주악이 인기 메뉴. 개성주악은 인기가 많아 조기 소진될 수 있다. 카페는 노키즈존으로 운영된다.

ⓦ 전통쌍화차, 쌍화대추차(각 9천원), 생강차, 유자차, 오미자차, 레몬차(각 7천원), 대추차(8천원), 개성주악(1알 2천5백원) 인절미(5천원), 홍시빙수(1만8천원)
ⓣ 11:00~20:30 – 명절 휴무
경기 포천시 소흘읍 고모루성길 258
0507-1371-1695 ⓟ 가능

미미향 ✄ 美味香 일반중식

화상 중국집으로, 70여 년의 역사를 자랑한다. 튀김 공력이 높은 집으로, 제대로 만든 옛날식 탕수육으로 유명하다. 찹쌀을 넣지 않고도 바삭하고 맛있게 튀겨낸다. 짜장면도 수준급. 주문하면 그때부터 만들기 때문에 시간이 조금 걸린다. 탕수육 외에 깐풍새우(새우튀김)도 인기가 좋다. 요일에 상관없이 웨이팅이 있기 때문에 예약하는 것이 좋다.

ⓦ 짜장면(8천원), 간짜장(9천원), 탕수육, 잡채(각 2만8천원), 깐풍새우(4만2천원), 해삼탕(5만5천원), 삼선짜장면, 삼선간짜장, 삼선우동, 삼선울면, 굴짬뽕, 볶음밥, 짬뽕밥(각 1만1천원), 쟁반짜장(2만2천원), 깐풍기(3만3천원), 샥스핀(4만7천원), 라조육, 라조기(각 3만5천원), 짬뽕(1만원), 팔보채(4만원)
ⓣ 12:00~15:00/17:00~20:00(마지막 주문 19:00) – 수요일 휴무
경기 포천시 이동면 화동로 2063
031-532-4331 ⓟ 가능

산비탈 순두부 | 두부

버섯두부전골이 괜찮은 곳이다. 직접 만든 두부를 사용하며 마늘 향이 강한 것이 특징이다. 나오는 반찬이 정갈하고 깔끔하다. 이 외에 순두부정식, 메밀전병 등의 메뉴도 있다.

ⓦ 두부버섯전골(소 4만원, 중 5만원 대 6만원), 순두부정식(2인 이상, 1인 1만3천원), 두부청국장, 두부김치찌개(각 1만2천원), 메밀전병(1만3천원)
ⓣ 08:00~15:00/17:00~20:00(마지막 주문 19:30) – 목요일, 명절 휴무
경기 포천시 영북면 산정호수로 295
031-534-3992 ⓟ 가능

소문난이동갈비 소갈비

양념장을 버무린 갈비를 48시간 숙성시킨 후 상에 올린다. 강원산 참나무 숯이 고기의 풍미를 더한다. 서비스로 나오는 도토리묵과 된장찌개도 옛 맛을 느끼기에 충분하다. 식사로는 시원한 동치미국수가 좋다.

- ₩ 양념갈비(450g 4만3천원), 생갈비(350g 5만3천원), 냉면(7천원), 동치미국수(5천원)
- ⏰ 11:00~21:00(마지막 주문 20:00) – 연중무휴
- 🔍 경기 포천시 이동면 화동로 1996
- ☎ 031-531-0721 ℗ 가능

송영선할머니갈비집 소고기구이

40여 년 전통의 이동갈비집. 숙성 과정을 거친 갈비는 직원이 먹기 좋게 구워준다. 밑반찬도 정갈하고 다양하게 나오며, 특히 버섯양념장을 고기에 곁들이는 것을 추천. 냉면으로 식사를 마무리 해도 좋다.

- ₩ 이동양념갈비(400g 4만3천원), 생갈비(350g 5만원), 비빔냉면(8천원), 물냉면(7천원), 냉소면(7천원), 된장찌개(4천원)
- ⏰ 10:00~20:30(마지막 주문 19:30) – 연중무휴
- 🔍 경기 포천시 이동면 화동로 2091 1, 2층
- ☎ 031-532-4562 ℗ 가능

운천막국수 막국수 | 수육

겨울철 햇메밀로 뽑아낸 순도 높은 막국수가 인기가 좋다. 시원한 동치미국물이 새콤하게 입맛을 돋운다. 담백한 편육과 같이 하면 더욱 좋다.

- ₩ 물막국수, 비빔막국수(각 9천원, 곱빼기 1만원), 편육(중 1만5천원, 대 2만원)
- ⏰ 10:00~22:00 – 연중무휴
- 🔍 경기 포천시 영북면 영북로 215-1
- ☎ 031-532-5748 ℗ 가능

원조파주골손두부 순두부 | 두부

40년 넘는 동안 직접 두부를 만들어 내는 곳. 연천과 철원에서 재배한 콩으로 만든 손두부가 부드럽고 고소하다. 규모가 큰 한옥으로, 내부가 깔끔하며 토속적인 느낌이다.

- ₩ 순두부정식, 모두부(각 8천원), 두부전골, 두부튀김, 두부파전(각 9천원), 도토리묵(1만원)
- ⏰ 08:00~20:00 – 연중무휴
- 🔍 경기 포천시 영중면 성장로 179
- ☎ 031-532-6590 ℗ 가능

이동폭포갈비 소갈비

유명한 이동갈빗집 중 하나. 인공폭포가 바라다보이는 전망이 좋다. 밑반찬은 셀프 코너에서 원하는 만큼 가져다 먹을 수 있다. 1천4백 명을 수용할 수 있는 규모다.

- ₩ 양념갈비(350g 4만2천원), 생갈비(300g 4만6천원), 한우육

회(200g 4만원), 갈비탕(평일만판매 1만5천원), 냉면(1만원), 육회냉면(1만3천원), 국수(6천원)
- ⏰ 11:00~20:00(마지막 주문 19:00) | 토, 일요일 10:00~21:00(마지막 주문 20:00) – 연중무휴
- 🔍 경기 포천시 이동면 여우고개로 698
- ☎ 080-2080-9292 ℗ 가능

이모네 우렁 | 우렁쌈밥

자연산 논우렁만을 전문으로 요리하는 식당이다. 철원 등 오염원이 없는 전방 지역에서 잡은 논우렁을 상에 올린다. 통 논우렁이에 낙지, 모시조개 등의 해물과 채소를 넣고 끓여 내는 우렁전골 국물 맛이 시원하다. 우렁쌈장, 우렁초무침도 맛깔스럽다. 여기에 포천막걸리를 한잔 곁들이면 제격이다.

- ₩ 우렁된장찌개(1만원), 우렁쌈밥(2인 이상, 1인 1만3천원), 우렁초무침(중 3만원, 대 4만원), 우렁전골(중 4만원, 대 5만원), 우렁각시(3만5천원), 우렁신랑(3만원)
- ⏰ 09:00~21:00 – 비정기적, 명절 휴무
- 🔍 경기 포천시 영북면 산정호수로411번길 98
- ☎ 031-534-6173 ℗ 가능

지장산막국수 칡냉면 | 막국수

포천에서는 유명한 오랜 전통의 막국숫집. 건조면을 사용하는 것이 특징이다. 자극적이지 않은 매운맛의 비빔막국수에는 얼음 육수가 들어가 시원하다. 채소 같은 재료는 직접 재배한다.

- ₩ 막국수, 칡냉면, 소고기국밥, 만둣국(각 1만원), 편육(2만3천원), 메밀전, 찐만두(각 8천원)
- ⏰ 08:00~17:00 – 연중무휴
- 🔍 경기 포천시 관인면 창동로 895
- ☎ 031-533-1801 ℗ 가능

참나무쟁이 한정식

옛 대농집 분위기를 고루 갖춘 한식집이다. 신선로와 구절판, 모둠전과 찜류를 격식 있게 갖춘 큰상차림에서 간편한 진지상까지 한식 전반을 고루 갖추고 있다. 간간이 흘러나오는 가야금 소리를 들으면서 식사하는 분위기가 운치 있다. 초가 한옥과 소를 매어 놓은 마당이 이채롭다.

- ₩ 낮것상(2만1천원), 진지상(3만3천원), 교자상(4만2천원), 진찬상(5만6천원), 수라상(8만5천원), 비빔밥(1만1천원)
- ⏰ 11:00~15:30/17:00~21:00 – 명절 휴무
- 🔍 경기 포천시 내촌면 금강로 2458
- ☎ 031-531-7970 ℗ 가능

초가집순두부보리밥 일반한식 | 보리밥 | 두부

보리밥과 순두부를 잘하는 집. 보리밥은 채소가 담겨 있는 그릇에 담아 비빔밥으로 먹는다. 반찬으로 나온 열무김치나

무나물 등을 함께 넣어 고추장과 버무린다. 국산콩으로 만든 순두부와 한약 재료와 생삼겹살로 만든 보쌈도 인기.

ⓦ 코다리보리밥정식, 보쌈보리밥정식, 쭈꾸미보리밥정식(각 1인 1만4천원), 곤드레나물정식(1인 1만2천원), 보리밥(9천원), 청국장순두부찌개(9천원), 생선구이정식(1만4천원), 쭈꾸미볶음(2만원)
ⓣ 06:00~21:00 – 연중무휴
ⓠ 경기 포천시 화현면 화동로 395
☎ 031-533-0966 Ⓟ 가능

카페숨 BREATH IN SOOM 카페

실내 작은 정원과 야외 산책로가 있는 대형 카페. 전반적인 우드 인테리어가 산장같은 포근함을 준다. 조용히 휴식을 취하고 싶은 이들을 위한 마운틴뷰의 힐링존도 있다. 전체가 노키즈 존이며, 주말과 공휴일에만 운영하는 점 참고.

ⓦ 에스프레소(5천5백원), 아메리카노(7천5백원), 카페라테(8천원), 그린카페라테(9천5백원), 아인슈페너(8천5백원), 진저라테(9천원), 아포가토(9천5백원)
ⓣ 11:00~19:00(마지막 주문 18:30) – 월, 화, 수, 목, 금요일 휴무
ⓠ 경기 포천시 소흘읍 죽엽산로 502-61
☎ 031-542-1449 Ⓟ 가능

카페숨

프롬이태리 ✖ FROM ITALY 이탈리아식

20여 년간 이탈리안 요리를 해온 셰프가 운영하는 퓨전 이탈리안 레스토랑. 합리적인 가격으로 코스 메뉴가 특히 좋은 평을 받는다. 요리 하나하나에서 정성이 느껴진다는 평이 많다. 2022년에 서울 부암동에서 광릉수목원 부근으로 이전하면서 벽돌로 된 단독 건물에 클래식한 인테리어로 더욱 고급스러워졌다.

ⓦ 게바위파스타(2만8천원), 주카돌체(3만6천원), 관자바질리조토(2만7천원), 차돌박이샐러드(2만7천원), 블루베리피자(3만2천원), 스테이크(변동),
ⓣ 11:30~15:30/17:00~21:00(마지막 주문 20:00) | 토, 일요일

11:00~21:00(마지막 주문 20:00) – 월요일 휴무
ⓠ 경기 포천시 소흘읍 죽엽산로 669
☎ 0507-1349-0414 Ⓟ 가능

경기도 하남시

강영감네닭내장수구레 닭모래집 | 닭내장

닭모래집과 닭내장이 푸짐하게 들어간 닭내장전골이 인기가 좋다. 전골에 라면 사리를 넣어 먹은 후 마지막에 밥을 볶아 먹는다. 40여 년의 전통을 자랑하는 곳이다.

ⓦ 닭내장(소 2만5천원, 중 3만원, 대 3만5천원), 수구레(소 3만원, 중 3만5천원, 대 4만원), 김치찌개(소 1만8천원, 중, 2만7천원, 대 3만6천원), 닭볶음탕(4만5천원), 닭모래집볶음, 뼈없는닭발(각 1만5천원)
ⓣ 10:00~21:30 – 일요일 휴무
ⓠ 경기 하남시 하남대로 1039 (풍산동)
☎ 031-795-1821 Ⓟ 가능

기와집양대창센타 ✖ 양곱창

가격대비 훌륭한 양곱창을 맛볼 수 있는 집. 숯불에 구운 양이 고소하고 담백하다. 양을 주문하면 염통, 대창이 서비스로 나오는 것이 특징. 함께 나오는 동치미, 상추파무침 등의 곁들이 음식도 훌륭하다. 식사로는 구수한 잔치국수를 추천할 만하다.

ⓦ 양곱창(340g 4만3천원), 대창(330g 3만9천원), 막창(250g 3만9천원), 차돌박이(200g 3만9천원), 양즙(1공기 3만5천원), 잔치국수(5천원)
ⓣ 12:00~22:00 – 명절 휴무
ⓠ 경기 하남시 감일남로 16 (감일동) 1층
☎ 02-431-2329 Ⓟ 가능

나주개미집 ✖ 보리밥 | 삼겹살 | 닭백숙

나주 출신 아주머니의 솜씨로 만들어낸 밑반찬과 광주에서 직송해 온 오겹살 맛이 훌륭하다. 오겹살은 새우젓과 콩가루를 찍어 먹으면 제대로 된 고기 맛을 느낄 수 있다. 식사로는 묵밥과 반찬이 푸짐하게 나오는 보리비빔밥이 좋다. 실내는 다소 허름한 편. 토종닭, 오리요리의 경우에는 1시간 전에 예약해야 한다.

ⓦ 오겹살(1만4천원), 묵밥, 보리밥, 청국장, 순두부(각 8천원), 김치찌개, 도토리묵, 부추전(각 1만원), 토종닭, 옻닭, 오리, 오리로스(각 7만원)
ⓣ 10:00~22:00(마지막 주문 21:00) – 연중무휴
ⓠ 경기 하남시 학암로 52 (감이동)
☎ 02-400-8709 Ⓟ 가능

미미곱창 양곱창

미사호수공원 바로 앞에 위치한 곱창구이 전문점. 초벌로 구워져 나오며, 양파간장과 고추장, 두 가지 특제 소스를 내어 주는데 기호에 따라 찍어 먹으면 풍미가 더해진다. 마무리는 양밥으로 하기를 추천하며, 야외에도 테이블이 있어 호수공원 뷰를 볼 수 있다.

- ⓦ 한우모둠곱창(5만7천원), 한우곱창전골(중 6만5천원, 대 8만5천원), 곱창, 대창(2만1천원), 막창, 특양(2만5천원), 곱창된장찌개(9천원)
- ⓣ 16:00~24:00 | 금, 토, 일요일 15:00~24:00 – 연중무휴
- ⓠ 경기 하남시 미사강변중앙로 193 (망월동) 120-122
- ☎ 010-8788-8783 ⓟ 가능

언피니쉬드 ✖ UNFINISHED

이탈리아식 | 파스타 | 피자

합리적인 가격에 파스타와 피자, 스테이크를 맛볼 수 있는 이탈리안 레스토랑. 가격 대비 높은 만족도를 자랑한다.

- ⓦ 봉골레오일파스타(1만6천9백원), 양갈비스테이크(250g 3만6천원), 게살크림리조토(1만6천9백원), 해산물토마토파스타, 해산물토마토리조토(각 1만6천9백원), 매콤살라미피자(1만5천9백원)
- ⓣ 11:00~15:00/17:00~22:00(마지막 주문 21:00) – 일요일 휴무
- ⓠ 경기 하남시 미사강변서로 16 (풍산동) 하우스디스마트밸리 R118호
- ☎ 031-5175-7099 ⓟ 가능

오스테리아308 ✖ Osteria308 이탈리아식 | 파스타

요리하는 성악가 전준한 셰프의 이탈리안 레스토랑. 소박한 이탈리안 가정식을 선보인다. 스테이크, 갈치속젓미나리봉골레파스타 등이 있으며 코스메뉴도 추천할 만하다. 한 달에 한 번 동료 성악가들과 함께 레스토랑에서 자선 공연을 펼치기도 한다.

- ⓦ 코스(나폴리 3만5천원, 로마 5만5천원), 알리오올리오(1만5천9백원), 라구파스타세트(평일점심 1만2천9백원), 토시살스테이크(400g 4만8천원), 갈치속젓미나리봉골레, 칸델레라구(각 1만8천5백원), 해물파스타(1만8천7백원), 슈림프제노베제(1만8천8백원), 전복카르보나라(2만1천5백원)
- ⓣ 11:00~15:00/17:30~21:00(마지막 주문 20:00) | 일요일 12:00~ 15:00/17:30~21:00(마지막 주문 20:00) – 월요일 휴무
- ⓠ 경기 하남시 미사대로 520 (덕풍동) B동 2층 22호
- ☎ 070-8834-6673 ⓟ 가능

우동쯔요시 udontsuyoshi 일식우동

자가제면하는 사누키우동 전문점. 주문 즉시 우동을 삶아 10~15분 정도 걸린다. 새우튀김이 올라간 붓가케우동이 인기 있다.

- ⓦ 가케우동, 가마아게우동(각 8천원), 히야타마우동(8천5백원),

가마버터우동(9천5백원), 붓가케우동, 니쿠우동(각 1만5백원), 아지타마고(2천원), 토리텐(6천5백원)
- ⓣ 11:30~15:00(마지막 주문 14:00)/17:30~20:30(마지막 주문 19:30) | 토요일(11:30~15:00(마지막 주문 14:00) – 일요일 휴무
- ⓠ 경기 하남시 미사강변중앙로111번길 55 (풍산동)
- ☎ 0507-1485-8600 ⓟ 불가

찌엔용 일반중식

청와대 출신인 박건영 셰프가 미사역 인근에서 운영하는 중식당. 중국신 비빔면인 삐앙삐앙미엔, 동파육이 대표 메뉴다. 두툼하고 쫀득한 탕수육도 인기 메뉴. 실내 인테리어도 고급스럽다.

- ⓦ 동파육(4만원), 삐앙삐앙미엔(1만3천원), 탕수육(소 2만2천원, 중 2만9천원, 대 3만8천원), 유린기(2만8천원), 팔보채(6만원), 마파두부(2만5천원), 해물완자탕(3만원)
- ⓣ 11:30~15:00/17:00~22:00(마지막 주문 20:30) | 토, 일요일 11:30~15:30/17:00~22:00(마지막 주문 20:30) – 연중무휴
- ⓠ 경기 하남시 미사강변동로 79 (망월동) 미사역타워 2층 204호
- ☎ 031-795-8778 ⓟ 가능

최부자집 샤부샤부 | 만두

만두가 들어간 샤부샤부를 즐길 수 있는 곳이다. 샤부샤부에는 고기와 채소로 만든 만두소에 얇게 묻힌 만두피로 재료 본연의 맛을 극대화한 굴림만두가 들어간다. 아침 26가지의 신선한 재료와 2일간 숙성된 반죽을 이용하여 만두를 빚는다.

- ⓦ 무한리필편백샤부(평일 점심 1만7천5백원 저녁/주말/공휴일 1만9천5백원 미취학아동 8천 9백원), 스페셜 무한리필편백샤부(평일 점심 2만1천원 저녁/주말/공휴일 2만3천원 미취학아동 8천 9백원)
- ⓣ 11:00~21:00(마지막 주문 20:30) – 연중무휴
- ⓠ 경기 하남시 서하남로 447 (춘궁동)
- ☎ 031-796-0876 ⓟ 가능

하남장터곱창 양곱창

곱창을 비롯해 양, 막창, 대창, 염통 등 다양한 부위를 구워 먹을 수 있는 곳이다. 모둠을 시키면 곱창, 막창, 대창, 양이 함께 나온다. 돌판에 김치, 양파, 버섯 등과 함께 볶아 먹는 맛이 일품이며 간과 천엽이 서비스로 나오는 것이 장점이다.

- ⓦ 모둠(250g 2만3천원), 곱창, 양(각 200g 2만5천원), 막창, 대창(각 200g 2만3천원), 염통(200g 1만7천원), 곱창전골(중 4만5천원, 대 6만원), 볶음밥(3천원)
- ⓣ 15:00~22:30(마지막 주문 21:30) – 일요일 휴무
- ⓠ 경기 하남시 하남대로787번길 10 (신장동)
- ☎ 031-793-0582 ⓟ 가능

한채당 ✕ 韓彩堂 한정식

전통 한옥식 건물에서 한정식을 즐길 수 있다. 뒤뜰에는 정
원이 있어 차를 마시기에 좋다. 2백 석 규모로 4~6인 개별
룸과 60인 룸까지 다양한 크기의 방이 마련되어 있어 상견
례나 단체 모임, 외국 손님을 접대하기에도 좋다.

ⓦ 사대부정식(5만8천원), 한채당떡갈비정식(3만2천원), 양반보
리굴비정식(4만2천원), 양반갈비찜정식(4만2천원), 사대부주안
상(7만5천원), 궁중정식(8만8천원), 궁중주안상(12만원)

ⓣ 11:30~15:00/17:30~21:30(마지막 주문 20:30) – 연중무휴

ⓠ 경기 하남시 미사동로 38 (미사동)

☎ 031-791-8880 ⓟ 가능

경기도 화성시

가비옥 Gaviok 돼지곰탕

맑은 국물의 돼지곰탕을 맛볼 수 있는 곳. 곰탕에 들어있는
고기에는 가리비젓갈이나 양념장을 얹어 먹으면 좋다. 가브
리살로 만든 수육도 곁들이기 좋으며, 덮밥과 막국수도 준
비되어 있다.

ⓦ 맑은돼지곰탕(보통 1만원, 특 1만3천원), 명란아보카도덮밥(1
만1천원), 수육(반접시 1만6천원, 한접시 3만원), 한돈수육전골
(중 3만5천원, 대 4만3천원)

ⓣ 11:00~15:00/17:00~21:00 | 토요일 11:00~15:00 – 일요일
휴무

ⓠ 경기 화성시 동탄기흥로 559 (영천동) 으뜸유테크밸리 106
호

☎ 0507-1393-1327 ⓟ 가능

감뜰 카페

120년 세월의 옛스러움을 느낄 수 있는 한옥 카페. 한옥과
감나무가 어우러진 곳으로 정원이 잘 가꿔져 있다. 커피와
디저트의 평이 좋은 편. 통창으로 이루어진 매장으로 쾌적
한 내부에서 바깥 경치를 감상하기 좋다.

감뜰

ⓦ 아메리카노(6천원), 카페라테(6천5백원), 90's스카치스파클
링커피(7천원), 바닐라라테(7천원), 고구마빵(5천6백원), 마늘크
림치즈빵(5천8백원), 쑥빵(5천6백원)

ⓣ 10:00~19:00(마지막 주문 18:30) – 연중무휴

ⓠ 경기 화성시 서신면 담밭성지길 8

☎ 0507-1487-8666 ⓟ 가능

다람쥐할머니 ✕ 묵밥 | 묵

직접 만든 도토리묵을 이용한 전통 요리를 선보이는 곳으
로, 현지인들에게 유명한 로컬 식당이다. 냉묵밥은 새콤한
국물과 쫀득한 도토리묵의 식감이 잘 어울린다. 계절과 시
기에 맞는 취나물이나 시래기 등의 나물 반찬과, 볶은김치,
무말랭이 등의 직접 만든 밑반찬도 내어 준다.

ⓦ 도토리냉묵밥, 도토리온묵밥, 도토리묵무침(각 1만원), 도토
리전(9천원), 순두부찌개(1만원), 1세트, 2세트(각 2인 2만9천원)

ⓣ 09:00~16:00(마지막 주문 15:30) – 월요일 휴무

ⓠ 경기 화성시 비봉면 비봉로 165

☎ 031-356-7636 ⓟ 가능

마리에뜨 Mariette 피자 | 파스타 | 이탈리아식

캐주얼하게 이탈리아 요리를 즐길 수 있는 곳. 10가지가 넘
는 종류의 파스타와 화덕 피자를 선보이며, 다양한 메뉴로
구성된 세트 메뉴가 가격 대비 만족도가 높다. 보타르가파
스타가 추천 메뉴.

ⓦ 베이컨오일파스타(1만1천원), 보타르가(1만1천원), 봉골레(1만
3천원), 마르게리타(1만3천원), 고르곤졸라(1만3천원), 꽃등심스
테이크(S 2만9천원, R 3만5천원), 2인세트(3만원~4만8천원)

ⓣ 11:00~22:00 – 명절 당일 휴무

ⓠ 경기 화성시 동탄공원로3길 32-2 (반송동)

☎ 031-8003-9211 ⓟ 불가

몽연 夢宴 일반중식

중식 세트, 코스 요리부터 다양한 육류 요리까지 맛볼 수 있
는 중식당. 내부는 룸으로 분리되어 있어서 프라이빗한 식
사나 단체모임도 가능하다. 어향가지새우와 몽골리안비프
가 대표 메뉴다.

ⓦ 평일런치세트(A 1만6천원 B 2만3천원), 올데이런치세트(C 3
만원 D 3만8천원), 코스(데이지 4만8천원, 라벤더 6만5천원, 아
카시아 8만원), 고법불도장수프(7만원), 깐풍램(소 5만5천원 중
7만5천원), 어향가지새우(4만3천원)

ⓣ 11:30~15:00/17:00~22:00 | 토, 일요일 11:30~22:00(마지막
주문 21:00) – 연중무휴

ⓠ 경기 화성시 노작로 195 (반송동) 코스모타워 2층

☎ 0507-1343-0060 ⓟ 가능(4시간 무료)

상해루 ✕✕ 上海樓 일반중식

우리에게 익숙한 옛날 중식 요리를 다양하게 맛볼 수 있는 곳이다. 대표 메뉴는 멘보샤(새우샌드위치튀김)와 대게살볶음이다. 점심 때는 부담 없는 가격으로 코스 메뉴를 즐길 수 있다.

- ⓦ 삼선짜장(1만원), 짬뽕(9천5백원), 탕수육(소 2만5천원, 중 3만8천원), 양장피(소 4만5천원 중 6만8천원), 대게살볶음(5만8천원), 멘보샤(3만5천원)
- ⓛ 11:00~15:00/17:00~21:30 – 월요일 휴무
- ⓠ 경기 화성시 노작로 147 (반송동) 돌모루프라자
- ☎ 031-8015-0103 ⓟ 가능

소울라자냐 soul lasagna 이탈리아식

라자냐가 시그니처인 이탈리안 레스토랑. 녹진하게 끓인 라구 소스를 넣은 라자냐를 맛볼 수 있다. 치즈를 듬뿍 올린 고르곤졸라파스타도 추천할만하다. 라자냐는 조리 또는 비조리로 포장도 가능해 집에서도 즐길 수 있다.

- ⓦ 더블라구라자냐, 화이트라구라자냐(각 1만9천원), 블랙파스타(1만7천원), 화이트라구파스타(1만8천원), 라자냐2인세트(4만5천원), 한우1++스테이크(230g 3만9천원), 마르게리타(1만7천원), 고르곤졸라(1만5천원), 소울라구떡볶이(1만2천원)
- ⓛ 11:30~15:00(마지막 주문 14:00)/17:30~22:00(마지막 주문 21:00) – 월요일 휴무
- ⓠ 경기 화성시 동탄광역환승로 62 (오산동) 동탄역 삼정그린코아 1층 114호
- ☎ 070-4603-0920 ⓟ 가능(3시간 무료)

수엠부동탄점 Swoyambhu 인도식 | 네팔식

인도, 네팔 음식 전문 레스토랑으로, 현지에서 직접 요리를 배운 사장이 운영한다. 현지 출신 셰프가 요리하는 전통 커리를 즐길 수 있으며, 큼지막한 난과 함께 먹는다. 인테리어에서도 현지 느낌이 난다.

- ⓦ 채소커리, 머시룸코르마, 채소빈달루, 달프라이(각 1만3천원), 치킨티카마카니, 치킨티카마살라, 치킨빈달루(각 1만6천원), 양고기커리, 새우커리(각 1만7천원)
- ⓛ 11:00~15:00(마지막 주문 13:50)/17:00~ 20:00(마지막 주문 19:00) – 월, 화요일 휴무
- ⓠ 경기 화성시 노작로4길 18-15 (반송동) 1층
- ☎ 031-8015-2494 ⓟ 불가

수원소갈비해장국 선지해장국 | 갈비탕

해장국 전문점으로, 갈빗살, 우거지, 숙주 등을 푸짐하게 넣고 매콤하게 만든 술국이 인기 메뉴다. 선지와 날계란이 기본으로 제공되며, 술국이나 해장국에 넣어 먹으면 된다.

- ⓦ 해장국, 술국(각 1만1천원), 갈비탕(1만3천원)
- ⓛ 08:30~14:30/16:30~20:30 – 첫 번째, 세 번째 화요일 휴무
- ⓠ 경기 화성시 장안면 3.1만세로 125
- ☎ 031-358-7339 ⓟ 가능(뒷편 전용 주차장 이용)

카페제부리 cafe jeburi 카페

서해바다가 한눈에 보이는 제부도의 카페. 낮의 따사로운 채광과 저녁의 석양이 지는 바다가 분위기를 더해준다. 커피한잔의 여유를 만끽하기에 좋은 곳. 물때에 따라서 영업시간이 변동되니 확인 후 방문할 것을 추천한다.

- ⓦ 아메리카노(6천원), 카페라테(6천5백원), 바닐라라테, 카푸치노, 카페모카(각 7천원), 카모마일티, 얼그레이티(각 6천5백원), 치즈케이크(6천원)
- ⓛ 11:00~19:00(마지막 주문 18:30) – 화요일 휴무
- ⓠ 경기 화성시 서신면 해안길 330-1
- ☎ 010-7135-7776 ⓟ 가능

포레스트 FOREst.PHO 베트남식

소고기쌀국수와 왕갈비쌀국수가 인기 있는 베트남 음식점. 한정판매인 포레스트쌀국수는 소꼬리, 사골, 왕갈비, 차돌, 양지, 소목뼈 등을 넣어 맛을 냈다. 목살, 전지 숙주를 올린 매운 쌀국수도 준비되어 있다. 직접 만든 소스가 들어간 미트힐라이스도 추천한다.

- ⓦ 포레스트쌀국수(1만5천원), 왕갈비쌀국수(1만4천원), 소고기쌀국수(1만1천원), 새우탕쌀국수, 매운쌀국수(각 1만2천5백원), 미트힐라이스(1만3천원)
- ⓛ 11:30~15:00/17:00~21:30(마지막 주문 20:30) – 연중무휴
- ⓠ 경기 화성시 동탄공원로2길 33-9 (반송동)
- ☎ 031-8003-6616 ⓟ 가능

혜경궁베이커리 카페

영화에 나올 법한 외관과 멋진 정원이 돋보이는 대형 한옥 카페. 거대한 풍채를 자랑하는 기와집으로, 혜경궁솔방울이라는 초콜릿 디저트가 인기 메뉴로 추천할만하다.

- ⓦ 아메리카노(7천원), 카페라테(7천5백원),혜경궁라테(9천원), 바닐라라테(8천원), 콜드브루(7천5백원), 혜경궁솔방울(8천9백원), 요거트토끼무스(6천원), 올리브치아바타(4천3백원), 초코촉촉(5천2백원), 얼그레이쉬폰(1만5천원)
- ⓛ 10:00~21:00(마지막 주문 20:30) – 연중무휴
- ⓠ 경기 화성시 정남면 보통내길219번길 13-12
- ☎ 0507-1329-6995 ⓟ 가능

강원도

Gangwon-do Province

강릉감자옹심 ✂ 감자옹심이 | 칼국수

쫀득쫀득한 감자옹심이를 넣은 손칼국수를 맛볼 수 있는 곳으로, 개운하고 시원한 국물 맛이 일품이다. 쫀득한 감자옹심이와 구수한 국물 맛이 잘 어우러진다. 감자로 만든 투명한 빛깔의 감자송편을 곁들여도 좋다. 영업시간과 관계없이 재료가 다 떨어지면 문을 닫는다.

Ⓦ 감자옹심이칼국수(9천원), 순감자옹심이(1만원), 감자송편(6천원)

🕐 10:30~16:00 – 목요일, 명절 휴무

🔍 강원 강릉시 토성로 171 (임당동)

☎ 033–648–0340 Ⓟ 가능(1만6천원 이상 식사 시 무료)

강릉감자옹심

강릉짬뽕순두부동화가든본점 ✂

청국장 | 순두부 | 두부

바닷물로 간을 맞춰 두부를 만드는 곳이다. 얼큰한 짬뽕 국물에 순두부를 넣어 끓여낸 짬뽕순두부와 구수한 청국장을 맛볼 수 있다. 초두부백반을 주문하면, 새하얀 초당 순두부와 맛깔스러운 반찬이 함께 나온다.

Ⓦ 짬뽕순두부(1만5천원), 안송자청국장(2인 이상, 1인 1만2천원), 초두부백반(1만2천원), 얼큰순두부(1만1천원), 모두부(1만2천원), 모두부반모(6천원)

🕐 07:00~16:00/17:00~19:30(마지막 주문 18:55) – 수요일 휴무

🔍 강원 강릉시 초당순두부길77번길 15 (초당동)

☎ 033–652–9885 Ⓟ 가능

강릉하루키친 ✂

HARU KITCHEN 일식우동 | 일식돈가스

일본츠지요리학교 출신 일본인이 헤드 셰프로 있는 곳으로, 강원도 로컬 재료를 활용한 일식 요리를 선보인다. 투뿔 한

우와 송고버섯이 들어간 우동, 한우니쿠우동이 시그니처 메뉴. 자가제면한 쫄깃한 면발과 바삭한 덴푸라의 식감이 조화롭게 어우러지는 붓가케우동도 추천할 만한 메뉴.

Ⓦ 한우니쿠우동(1만9천원), 붓가케(1만6천원), 카케(1만4천원), 등심가스(1만7천원), 안심가스(1만8천원), 모둠튀김(3만원), 생대구튀김(1만5천원), 덴푸라(7천원), 카케아게(6천원)

🕐 11:00~15:00/16:00~20:00(마지막 주문 18:50) – 화요일 휴무

🔍 강원 강릉시 강릉대로587번길 23 (초당동)

☎ 033–653–3727 Ⓟ 가능

강릉한우원 소고기구이

1++ 한우의 특수 부위를 다루는 소고기 전문점. 다양한 부위를 맛볼 수 있는 한우원 모둠세트가 추천 메뉴다. 가리비 관자와 표고버섯을 구워 감태에 싸 먹으면 좋다.

Ⓦ 으뜸사백상(400g 12만원), 으뜸육백상(600g 18만원), 으뜸팔백상(800g 24만원), 특별차림(500g 20만원), 알등심. 채끝등심(각 100g 3만원), 갈빗살, 양념갈빗살. 부채살. 업진살(100g 각 2만8천원), 안심, 꽃갈빗살(100g 3만3천원), 새우살(100g 3만5천원)

🕐 11:30~23:00 – 연중무휴

🔍 강원 강릉시 하슬라로 180 (교동)

☎ 010–9989–2592 Ⓟ 가능

경포팔도강산 생선회 | 조개구이

50여 년의 역사를 가진 곳으로, 경포해변 바다를 바라보며 싱싱한 회를 즐길 수 있다. 회를 주문하면 곁들임 음식이 푸짐하게 깔린다. 조개구이도 인기 메뉴. 게스트하우스를 함께 운영하고 있어 숙박하는 경우 식사는 할인을 해준다. 새벽까지 영업에 가격대도 좋아서 젊은이들이 많이 찾는다.

Ⓦ 모둠회(소 12만원, 중 15만원, 대 18만원), 전복죽(소 1만5천원, 특 2만원), 대게세트(소 18만원, 중 23만원, 대 28만원)

🕐 15:00~02:00(익일) | 금요일 15:00~04:00(익일) | 토요일 13:00~04:00(익일) – 연중무휴

🔍 강원 강릉시 창해로 461 (강문동)

☎ 033–644–1046 Ⓟ 가능

고성생선찜 생선찜

매콤한 맛의 생선찜을 전문으로 하는 집. 메뉴는 3가지 밖에 없으며, 가오리, 도루묵, 가자미, 명태, 갈치 등 다양한 생선을 한꺼번에 맛볼 수 있는 모둠생선찜의 인기가 많다.

Ⓦ 모둠생선찜. 가오리찜. 열기찜(각 소 4만원, 중 5만원, 대 6만원)

🕐 11:00~20:00(마지막 주문 19:20) | 토, 일요일 10:30~13:40/15:00~19:00(마지막 주문 18:20) – 화요일 휴무

🔍 강원 강릉시 성덕포남로 56 (입암동)

☎ 033–651–6959 Ⓟ 가능

그린볼 ✕ GREENBOWL 양식

자연주의 로컬푸드를 표방하는 로컬릿의 남정석 셰프의 레스토랑. 이탈리안 베이스의 브런치와 와인을 선보인다. 그린볼샐러드와 가지라자냐, 시금치아뇰로티를 맛볼 수 있다. 텃밭에서 기른 채소와 강릉의 제철 재료를 사용하므로 메뉴나 재료는 변경될 수 있다.

- Ⓦ 그린볼샐러드(1만원), 가지라자냐(1만7천원), 초리조대파파스타(2만원), 한우라구크림뇨키(2만2천원), 시금치아뇰로티(2만4천원), 한우채끝스테이크(4만9천원)
- Ⓣ 10:00~14:00(마지막 주문 13:00)/17:00~21:00(마지막 주문 20:00) – 일, 월요일 휴무
- Ⓠ 강원 강릉시 산양큰길22번길 30 (포남동)
- ☎ 0507-1323-3663 Ⓟ 가능

금학칼국수 ✕ 콩나물밥 | 칼국수

50여 년의 전통을 이어온 장칼국수집으로, 손님이 끊이지 않는다. 고추장을 풀어 칼칼한 맛을 내는 장칼국수를 직접 담근 김치와 함께 맛볼 수 있다.

- Ⓦ 장칼국수, 콩나물밥(각 8천원)
- Ⓣ 10:00~20:00(마지막 주문 19:30) – 일요일 휴무
- Ⓠ 강원 강릉시 대학길 12-6 (금학동)
- ☎ 033-646-0175 Ⓟ 불가

기사문 ✕ 생선회

고급스럽고 깔끔하게 꾸민 일본식 횟집으로, 한식을 바탕으로 한 생선회코스를 즐길 수 있다. 메뉴는 오마카세 코스 단한 가지로, 신선한 제철 생선회를 비롯해 다양한 해물과 수준 높은 음식이 푸짐하게 나온다.

- Ⓦ 디너코스(1인 10만원), 락강정(3만원), 홍가자미덮밥(1만5천원), 문어샐러드(1만8천원), 꽃새우튀김(5천원)
- Ⓣ 11:30~13:00(마지막 주문 12:30)/18:00~21:00(마지막 주문 20:30) – 월요일 휴무
- Ⓠ 강원 강릉시 정원로 78-22 (교동)
- ☎ 033-646-9077 Ⓟ 가능

대동면옥 막국수 | 함흥냉면 | 수육

함흥냉면의 계보를 이어가는 곳. 질긴 녹말 성분의 면 위에 가자미회를 얹은 회비빔냉면을 맛볼 수 있다. 수육의 경우, 삶아내는 데 시간이 걸리므로 인원수가 많다면 예약 후 방문하는 것이 좋다.

- Ⓦ 회비빔냉면, 회비빔막국수(각 1만2천원), 물냉면, 물막국수(각 1만원), 수육(소 2만5천원, 중 3만원, 대 3만5천원)
- Ⓣ 10:30~15:00/16:00~20:00(마지막 주문 19:00) – 명절 당일 휴무
- Ⓠ 강원 강릉시 주문진읍 연주로 438
- ☎ 033-662-0076 Ⓟ 가능

동진네횟집 생선회

수조에서 바로 해산물과 생선을 꺼내 회를 떠주는 물회 전문점으로, 가격에 대한 부담 없이 회를 즐길 수 있는 곳이다. 물회에는 생선 이외에도 전복, 소라, 멍게, 전복, 채소류 등이 들어가며, 숙성된 특제소스에 물회를 비비면 새콤달콤한 물회를 맛볼 수 있다.

- Ⓦ 물회(1만5천원, 특 2만원)
- Ⓣ 09:00~20:00 – 둘째, 넷째 주 월요일 휴무
- Ⓠ 강원 강릉시 주문진읍 시장길 38 주문진수산시장
- ☎ 033-662-7769 Ⓟ 불가

두부마을초당순두부 두부

재래식으로 만든 순두부를 내오는 곳으로, 3대째 그 전통을 이어가고 있다. 고소하면서도 식감이 부드러운 모두부와 순두부, 그리고 얼큰한 두부찌개를 맛볼 수 있다.

- Ⓦ 손두부, 모두부(각 1만원), 두부찌개(2, 1인 1만2천원)
- Ⓣ 07:00~17:00 – 첫째, 셋째 주 수요일, 명절 당일 휴무
- Ⓠ 강원 강릉시 사임당로 131-1 (홍제동)
- ☎ 033-646-4936 Ⓟ 가능

라꼬시나 LA COCINA 스페인식

강릉 초당 거리에 위치한 스페인 레스토랑. 컬러풀한 외관과 실내가 스페인에 여행 온 느낌이다. 세트 메뉴로 주문 시 하몽, 멜론, 그리고 타파스가 나오며, 파에야, 이베리코항정살, 꿀대구, 살치살, 랍스터꼬릿살 중 메인을 고를 수 있다. 상그리아를 곁들일 것을 추천.

- Ⓦ 런치세트(2만8천원~4만2천원), 디너세트(3만2천원~4만6천원), 이베리코항정살(240g 3만4천원), 꿀대구(240g 3만2천원), 해산물파에야(3만6천원)
- Ⓣ 11:30~15:00/17:30~21:00 – 목요일 휴무
- Ⓠ 강원 강릉시 난설헌로 228-13 (초당동)
- ☎ 033-652-1006 Ⓟ 가능

미트컬쳐 MEAT CULTURE 북유럽식 | 스테이크

강릉에서 스테이크와 북유럽식 요리를 즐길 수 있는 곳이다. 네덜란드식 청어 초절임과 바삭하게 구운 바게트를 올린 헤링을 애피타이저로 추천한다. 스웨디시미트볼도 꼭 맛보아야 한다. 그 외에도 다양한 생선 요리도 함께 즐길 수 있다.

- Ⓦ 뉴욕스트립스테이크(400g 6만원), 안심스테이크(200g 4만5천원), 양갈비스테이크(5만8천원), 스테이크머시룸리조토(3만2천원), 스웨디시미트볼(2만5천원), 오늘의생선요리(변동), 피시앤칩스(2만7천원), 헤링(1만3천원), 골뱅이에스카르고(1만5천원), 청새치세비체(시즌메뉴, 1만3천원), 대구크로켓(9천원), 시저샐러드(1만5천원)
- Ⓣ 11:30~15:00(마지막 주문 14:00)/17:30~ 22:00(마지막 주문 21:00) – 화, 수요일 휴무

⌕ 강원 강릉시 경강로 2629 (견소동)
☎ 0507-1318-5439 ⓟ 가능

바다마을횟집 ✕ 홍합 | 생선회

7~8년 정도 지난 자연산 홍합인 섭을 전문으로 하는 곳. 입구에서 사장이 직접 손질하는 신선한 섭을 맛볼 수 있다. 고추장을 넣은 얼큰한 섭해장국 맛이 일품이다. 섭칼국수도 추천메뉴며 섭 외에 신선한 자연산 회도 선보인다. 정동진 기찻길 옆에 있어 운치도 있다.

ⓦ 섭해장국(1만3천원), 바다회세트(A 39만원, B 25만원, C 19만원), 바다세트(A 35만원, B 21만원, C 14만원), 상차림도다리, 상차림광어우럭, 상차림모둠회(각 11만원), 상차림도미광어(14만원), 섭장칼국수(1만원), 회덮밥(1만7천원~2만원), 물회(1만8천원~2만1천원)
⊙ 10:00~22:30 | 금, 토, 일요일 10:00~23:00 – 수요일 휴무
⌕ 강원 강릉시 강동면 정동등명길 23 (강문동)
☎ 010-4236-5747 ⓟ 가능

버드나무브루어리 크래프트맥주바

크래프트 맥주 양조장인 버드나무 브루어리에서 운영하는 펍으로. 강릉의 스토리를 담은 맥주들을 선보인다. 안주로는 피자, 피시앤칩스, 샤퀴테리보드 등이 있으며, 한쪽에서 다양한 굿즈와 책을 판매하기도 한다. 감각적인 인테리어와 펍 내 양조 시설을 둘러보는 재미도 남다르다.

ⓦ 송고버섯피자(2만9천원), 마르게리타피자(2만7천원), 곤드레비스마르크(2만9천원), 시저샐러드와버드나무베이컨(1만6천원), 주문진파스타(2만5천원), 불고기캐밥(2만9천원), 훈제생선딥(1만5천원), 감자튀김(9천원)
⊙ 12:00~16:00/17:00~23:00(마지막 주문 22:00) – 연중무휴
⌕ 강원 강릉시 경강로 1961 (홍제동)
☎ 033-920-9380 ⓟ 불가

벌집 콩국수 | 칼국수 | 비빔국수

일반 가정집을 개조한 식당으로, 장칼국수가 맛있는 집이다. 장칼국수는 직접 담근 고추장으로 얼큰한 맛을 내며, 직접 반죽한 칼국수 면이 쫄깃하다. 다진 고기가 고명으로 올라가며, 새콤한 비빔국수도 별미다.

ⓦ 장칼국수, 손칼국수(각 9천원)
⊙ 10:30~14:40/17:00~18:20(재료 소진 시 마감) – 화요일 휴무
⌕ 강원 강릉시 경강로2069번길 15 (임당동)
☎ 033-648-0866 ⓟ 불가

보헤미안박이추커피 ✕✕✕
BOHEMIAN ROASTERS 커피전문점

한국 커피의 상징과도 같은 곳으로, 우리나라 1대 바리스타인 박이추 바리스타가 운영하는 커피 전문점이다. 구형 열풍 로스터를 사용한 프렌치 로스팅으로 원두를 강하게 로스팅하는 것이 특징이다.

ⓦ 에스프레소, 카페라테(각 5천원), 핸드드립(5천원~1만원), 카페오레(6천원), 레몬에이드, 아이스크림, 크림소다, 코코아(각 5천원), 강릉커피빵(1만원)
⊙ 09:00~17:00 | 토, 일요일 08:00~17:00 – 월, 화, 수요일 휴무
⌕ 강원 강릉시 연곡면 홍질목길 55-11
☎ 033-662-5365 ⓟ 가능

부산처녀횟집 ✕ 생선회 | 대게

경포대에서 가장 오래된 횟집 중 하나로, 깔끔한 수족관에서 갓 잡은 자연산 활어회를 맛볼 수 있다. 다양한 메뉴로 구성된 세트 메뉴를 주문하면 신선한 해산물과 반찬이 한상 가득 차려진다. 창 밖으로 경포대 바다를 볼 수 있다.

ⓦ 광어, 우럭(각 소 10만원, 중 13만원, 대 16만원), 모둠회(소 11만원, 중 14만원, 대 17만원), 부산처녀스페셜(60만원), 대게+스키세트(1kg 14만원)
⊙ 11:00~23:00 | 금, 토요일 11:00~23:30 – 연중무휴
⌕ 강원 강릉시 창해로 485 (강문동)
☎ 033-644-2828 ⓟ 가능

삼교리원조동치미막국수 ✕ 막국수 | 수육

동치미 국물에 메밀 함량이 높은 면발이 특징이다. 막국수에 콩가루를 뿌려주는 것이 특이하다. 동치미 국물만을 사용하는데, 살얼음이 살짝 낀 시원한 동치미 국물 맛이 일품이다. 국숫발도 일반 막국수보다는 약간 더 쌉쌀하고 거친 편이다.

ⓦ 물막국수, 비빔막국수(각 8천원), 메밀전(7천원), 수육(소 1만9천원, 중 2만4천원, 대 2만9천원), 회막국수(1만원)
⊙ 10:00~19:00 – 동절기(10월~3월), 둘째, 넷째 주 월요일 휴무
⌕ 강원 강릉시 주문진읍 신리천로 760
☎ 033-661-5396 ⓟ 가능

샌마르 SANMAR PIZZA 미국식피자

남미 해변가에 온듯 컬러풀한 인테리어의 미국식 피자 전문점. 한식과 양식이 혼합된 퓨전 피자인 강릉꼬막피자와 양념돼지고기와 바질 잎, 모차렐라 치즈가 토핑된 마르더베스트가 시그니처 메뉴다. 그 밖에 해바라기의 형상으로 만든 해바라기고구마피자가 있다.

ⓦ 강릉꼬막피자(2만9천5백원), 마르더베스트피자(2만5천5백

원), 마르썬(2만7천9백원), 고구마피자(2만2천원), 샌마리안피자
(1만8천9백원), 감자베이컨피자(2만6천9백원), 감자튀김(7천5백
원), 마르봉(8천5백원)
- 🕐 12:00〜15:00/17:00〜22:00(마지막 주문 21:00) – 화요일 휴
무
- 🔍 강원 강릉시 문화의길 8 (임당동)
- ☎ 070-8285-0759 ⓟ 가능(우리주차장 이용, 1시간 무료)

서지초가뜰 ✖ 카페

창녕 조씨 명숙공 가문의 종가댁으로, 300년이 넘은 고즈넉
한 한옥 건물에 있는 카페다. 창녕 조씨 반가 음식을 선보인
한정식집으로 운영되었으나, 현재는 카페로 변경되었다. 창
녕 조씨 종가의 음식인 씨종지떡은 여전히 맛볼 수 있으며,
밤, 호박, 쑥, 강낭콩, 볍씨 등이 들어간다.
- ⓦ 아메리카노(4천5백원), 에스프레소(4천원), 카페라테(5천원),
씨종지떡, 곶감약밥, 인절미와플(각 6천원), 차(5천원〜7천원),
생강라테(6천원), 오늘의추천차(5천5백원)
- 🕐 10:30〜19:00 | 일요일 11:00〜19:00 – 연중무휴
- 🔍 강원 강릉시 난곡길76번길 43-8 (난곡동)
- ☎ 033-646-4430 ⓟ 가능

소돌막국수 마국수

시원한 막국수를 맛볼 수 있는 곳으로, 비빔막국수에는 감
칠맛 나는 양념장과 명태식해가 고명으로 올라간다. 명태식
해를 곁들인 수육과 찐만두를 곁들여도 좋다. .
- ⓦ 물막국수(9천원, 곱빼기 1만1천원), 비빔막국수(1만원, 곱빼기
1만2천원), 수육(소 2만2천원, 중 3만3천원), 찐만두(5천원), 옹심
이칼국수, 펑만둣국(각 9천원)
- 🕐 10:30〜15:30/16:30〜20:00(마지막 주문 19:00) – 수요일 휴
무
- 🔍 강원 강릉시 주문진읍 연주로 571
- ☎ 033-662-2263 ⓟ 가능

송정해변막국수 ✖ 막국수

막국수와 메밀부침이 유명한 곳. 메밀을 속껍질째 곱게 갈
고 고구마 전분과 밀가루를 알맞은 비율로 섞어 면을 뽑는
다. 육수는 멸치와 다시마, 무, 대파 등을 넣어 우려낸다.
- ⓦ 메밀물막국수, 메밀비빔막국수(각 1만원), 메밀전(8천원), 수
육(소 2만5천원, 대 3만5천원), 도토리묵채, 도토리무침(각 1만
원), 메밀전병(7천원)
- 🕐 10:00〜15:00/17:00〜20:00(마지막 주문 19:40) – 화요일 휴
무
- 🔍 강원 강릉시 창해로 267 (강문동)
- ☎ 033-652-2611 ⓟ 가능

순두부젤라또2호점 ✖

SOONTOFU GELATO 젤라토

순두부로 유명한 초당소나무집에서 운영하는 젤라토집의 2
호점. 1호점은 초당소나무집에 함께 있으며, 2호점은 별도의
4층 건물에서 운영하고 있다. 모던한 건물에 테라스 자리와
루프탑도 있어 항상 사람들로 북적인다.
- ⓦ 젤라토(4천5백원), 아메리카노(5천원), 카페라테(5천5백원),
젤라토라테, 젤라토아포가토(각 7천원)
- 🕐 09:30〜21:00 – 연중무휴
- 🔍 강원 강릉시 경강로 2642 (견소동) 1〜4층
- ☎ 010-4752-5534 ⓟ 가능

쉘리스커피 Shelly's Coffee 커피전문점 | 베이커리

사천진 바닷가에 있어 조용하고 분위기 있게 핸드드립 커피
를 맛볼 수 있는 곳. 직접 로스팅하기 때문에 신선한 원두를
즐길 수 있다. 베이커리 메뉴도 준비되어 있으며 지하에는
와인 셀러가 있어 예약하면 와인도 마실 수 있다. 앤티크하
면서도 아늑한 분위기가 인상적이다.
- ⓦ 핸드드립커피(7천5백원〜9천5백원), 에스프레소(5천5백원),
아메리카노(6천원), 카페라테(6천5백원), 카푸치노(6천5백원),
카페모카(7천원), 쇼콜라(7천원) 아이리시커피(1만3천원), 아이스
카페오레(1만2천원), 치즈케이크(9천원), 가토쇼콜라(9천원), 화
이트초콜릿티라미수(1만9천원)
- 🕐 10:00〜19:00(마지막 수문 18:00) – 목요일 휴무
- 🔍 강원 강릉시 사천면 진리해변길 95
- ☎ 033-644-2355 ⓟ 가능

스시카이토 ✖ 海音 스시

강원도 지역 특산물과 제철 생선을 활용해 선보이는 오마카
세. 하루에 점심 두 타임, 디너는 한 타임으로 운영된다. 타
임당 최대 10인까지 받고 있으며, 두 명의 셰프가 맡는다.
런치, 디너 모두 20여 가지가 넘는 다양한 구성으로 준비해
만족스러운 식사를 즐길 수 있다.
- ⓦ 런치오마카세(1인 8만원), 디너오마카세(1인 13만원)

스시카이토

⏱ 11:40〜15:00/18:00〜20:00 – 첫 번째 월요일 휴무
🔍 강원 강릉시 초당원길 17 (초당동)
☎ 0507-1431-2535 ⓟ 불가(갯마을 입구 앞 공터주차장)

에티오피아 커피전문점

커피의 도시로 유명한 강릉의 커피 전문점 중 하나. 숯불 로스팅을 하는 것이 특징으로, 원두를 품종별로 다양하게 선택할 수 있다. 카페 안쪽은 아늑하고 편안한 분위기로 꾸몄으며, 원두와 커피용품의 구매 또한 가능하다.

ⓦ 핸드드립커피(5천원〜9천원), 에스프레소(4천5백원), 아메리카노(4천원), 카페라테(4천5백원)
⏱ 10:00〜23:00 – 연중무휴
🔍 강원 강릉시 안현로 36 (안현동)
☎ 033-644-1277 ⓟ 가능

영진횟집 ✖ 생선회

50여 년 전통을 자랑하는 자연산 회 전문점. 모둠회를 주문하면 해삼, 멍게, 소라, 장어, 오징어회, 성게알 등이 곁들이음식으로 나온다. 자연산이 아닌 양식산 회 또한 맛볼 수 있으며, 창가에 앉으면 바다가 한눈에 보인다.

ⓦ 모둠회(소 13만원, 중 17만원, 대 21만원), 대게물회(2인 21만원, 3인 27만원, 4인 36만원), 물회(2만3천원), 전복물회, 모둠물회(각 3만원)
⏱ 09:30〜22:00 | 토요일 09:00〜23:00 – 일요일 휴무
🔍 강원 강릉시 연곡면 해안로 1427
☎ 033-662-7979 ⓟ 가능

옛태광식당 ✖ 미역국 | 물회

강원 해안 지방에서 주로 먹었던 우럭미역국을 선보이는 곳. 소고기 대신 우럭을 넣어 끓이는 것이 특징이며, 시원하고 담백한 맛이 좋다. 국물에 뿌린 들깻가루가 고소한 맛을 더한다. 밑반찬도 미역국과 잘 어울린다.

ⓦ 우럭미역국, 초당순두부(각 1만2천원), 곰칫국(2만5천원), 문어물회, 가자미물회(각 1만5천원), 가자미무침(4만원), 생대구탕, 도루묵찌개(각 2, 1인 1만8천원)
⏱ 07:30〜15:00(마지막 주문 14:30) – 연중무휴
🔍 강원 강릉시 난설헌로 105 (포남동)
☎ 033-653-9612 ⓟ 가능

원조강릉교동반점본점 짬뽕전문점

짬뽕의 얼큰한 국물 맛이 인상적인 곳으로, 메뉴는 짬뽕과 군만두뿐이다. 짬뽕은 밥과 면 중 선택할 수 있으며, 홍합이 푸짐하게 들어가며 후추 향이 강한 편이다.

ⓦ 짬뽕, 짬뽕밥(각 1만2천원), 공기밥(1천원)
⏱ 10:00〜18:00 – 월요일 휴무
🔍 강원 강릉시 강릉대로 205 (교동)
☎ 033-646-3833 ⓟ 불가

원조초당순두부 ✖ 두부 | 순두부

초당순두부마을 내에 자리하여, 60여 년의 역사를 자랑하는 순두부집. 간수 대신 청정해수 바닷물로 제조하는 것이 특징이다. 순두부백반을 주문하면 고소한 비지찌개와 된장찌개, 깍두기, 호박무침 등이 함께 나오며, 사기그릇에 담긴 뜨거운 순두부와 국물은 고소하고 진하다. 얼큰한 순두부전골도 맛볼 수 있다.

ⓦ 순두부백반(1만3천원), 순두부전골(2인 이상, 1인 1만5천원), 어린이백반(7천원)
⏱ 08:00〜16:30(마지막 주문 16:00) – 화요일, 명절 휴무
🔍 강원 강릉시 초당순두부길77번길 9 (초당동)
☎ 033-652-2660 ⓟ 가능

원조춘하추동 감자탕 | 선지해장국

50년의 전통을 이어오면서 단골이 많은 감자탕 전문점으로, 감자탕과 해장국, 설렁탕 등 다양한 탕요리를 맛볼 수 있는 곳이다. 남은 국물에 밥을 볶아먹거나, 라면 사리를 추가하는 것도 좋다.

ⓦ 감자탕(소 3만3천원, 중 3만8천원, 대 4만3천원), 뼈감자국, 설렁탕(각 1만1천원), 선지해장국(9천원)
⏱ 07:00〜23:00 – 둘째, 넷째 주 화요일 휴무
🔍 강원 강릉시 임영로116번길 4 (성내동)
☎ 033-641-2714 ⓟ 가능

월성식당 생선찜 | 생선조림

주문진 항에서 장치찜을 맛볼 수 있는 곳으로, 꼬들꼬들하게 말린 장치와 매콤달콤한 양념이 어우러진 장치찜은 오히려 조림에 가깝다. 그 외에도 반건조한 양미리조림, 마른오징어와 마늘종조림, 미역무침 등 반찬도 맛깔스럽다.

ⓦ 장치찜(소 2만4천원, 중 3만6천원, 대 4만8천원), 생선구이, 생선조림(각 소 2만5천원, 중 3만6천원, 대 4만8천원), 곰칫국(소 4만원, 중 6만원, 대 8만원)
⏱ 08:00〜21:00 – 월요일 휴무
🔍 강원 강릉시 주문진읍 시장3길 4
☎ 033-661-0997 ⓟ 불가

인하선생 inha先生 이자카야

아늑한 분위기의 일식주점. 주문진항, 삼척항 등 동해의 항구에서 직접 가져오는 자연산 해산물 요리가 주를 이룬다. 세트 메뉴를 주문하면 부담 없는 가격으로, 다양한 구성의 해산물 요리를 맛볼 수 있다.

ⓦ 해산물스페셜(2〜3인 8만원, 3〜4인 10만원), 참문어+참소라숙회(4만원), 세트메뉴(2가지 4만원, 3가지 5만5천원, 4가지 6만5천원), 모둠생선구이(중 2만3천원, 대 3만원), 동해안새우튀김(2만6천원)
⏱ 17:30〜01:00(익일)(마지막 주문 24:00) | 일요일 16:00〜24:00(마지막 주문 23:00) – 연중무휴

🔍 강원 강릉시 율곡초교길43번길 4 (교동)
☎ 010-7756-9150 ⓟ 불가

장수삼계탕 長壽蔘鷄湯 삼계탕 | 닭백숙

누룽지 찹쌀밥으로 만든 삼계탕을 메인으로 하는 식당. 푹 끓여 진한 국물과 큰 닭을 사용해 든든하게 식사를 즐길 수 있다. 밑반찬도 깍두기 외에 장아찌 등 정갈하게 나온다.

🅦 능이삼계탕(1만8천원), 해장삼계탕(1만8천원), 옻삼계탕(1만7천원), 들깨삼계탕(1만7천원), 한방삼계탕(1만5천원), 왕갈비탕(1만8천원), 영계도리탕(1만8천원), 냉동삼겹살(200g 1만3천원), 능이백숙(8만원), 옻백숙(8만원), 토종닭볶음탕(7만5천원)
🕐 10:30~23:00 – 둘째, 넷째 수요일 휴무
🔍 강원 강릉시 주문진읍 시장길 51 1층
☎ 0507-1475-8311 ⓟ 가능

장안횟집 물회 | 회덮밥

물회가 인기 있는 집으로, 오징어회와 물가자미회 중 선호에 따라 선택할 수 있다. 회를 먹은 국물에 소면을 추가하는 것도 좋다. 깔끔한 맛의 우럭미역국도 맛볼 수 있다.

🅦 물가자미물회, 물가자미회덮밥(각 2만원), 우럭미역국(1만2천원), 광어물회, 광어회덮밥(각 2만2천원), 오징어물회, 오징어회덮밥(각 2만5천원)
🕐 09:00~18:00 – 월요일 휴무
🔍 강원 강릉시 사천면 진리항구길 51
☎ 033-644-1136 ⓟ 가능

주문진항#20 생선회

잘 숙성된 회를 부담없는 가격에 즐길 수 있는 횟집. 바닷가가 아닌 도심에 위치한 곳으로, 현지인이 많이 찾는다. 회를 시키면 함께 나오는 반찬도 푸짐하다. 막회라고 하지만 광어, 도다리 같은 생선도 섞여서 5~6가지 회가 나온다.

🅦 자연산막회(소 5만원, 대 7만원), 문어&골뱅이(4만5천원), 물회, 회덮밥(각 1만5천원), 매운탕(1만원), 회무침, 멍게(각 2만원)
🕐 17:00~22:00(마지막 주문 20:00) | 토요일 15:00~22:00(재

🔍 료 소진시 조기 마감) – 일, 월요일 휴무
🔍 강원 강릉시 하평길 68 (포남동)
☎ 033-651-1144 ⓟ 가능

주문활게 대게 | 홍게

바다를 보며 홍게와 대게를 맛볼 수 있는 곳. 대게 세트와 홍게 무한리필을 선보인다. 대게 세트를 주문하면 기본 상차림이 푸짐하게 나온다. 파스타, 제철회, 홍게 라면 전골, 볶음밥 등을 같이 즐길 수 있다.

🅦 대게(2인 1kg 18만원, 3인 2kg 28만원, 4인 3kg 38만원, 5인 4kg 48만원), 홍게무한리필(4만3천원), 킹크랩세트(변동)
🕐 10:00~22:00(마지막 주문 20:50) – 연중무휴
🔍 강원 강릉시 주문진읍 해안로 1730 수협 1층
☎ 033-661-1072 ⓟ 가능

쫑라이 ✖ 正來 일반중식

신라호텔 출신 김정래 셰프가 운영하는 중식당. 두툼하게 튀겨진 탕수육이 인기 메뉴며, 전반적으로 자극적이지 않은 맛이다.

🅦 짜장면(9천원), 짬뽕면(1만1천원), 안심탕수육(중 2만7천원, 대 3만9천원), 고추잡채(중 2만8천원, 대 3만8천원)
🕐 11:00~14:30/17:00~21:00(마지막 주문 20:00) | 토, 일요일, 공휴일 11:00~21:00 – 월요일 휴무
🔍 강원 강릉시 사임당로 131 (홍제동) 유천S클래스 203호
☎ 033-641-9716 ⓟ 가능

차현희순두부청국장 ✖ 두부

초당마을 내에 있는 곳으로, 두부와 청국장을 전문으로 한다. 두부 제조실을 방문하면 가마솥에서 두부를 직접 만드는 모습을 볼 수 있으며, 따로 비지를 받아갈 수도 있다. 특히, 정식 메뉴를 주문하면 10여 가지의 반찬이 함께 나온다. 현지인이 많이 찾는 곳이다.

🅦 순두부전골정식, 두부전골정식, 청국장정식, 순두부흰색정식(각 2인 이상, 1인 2만원), 순두부전골, 두부전골, 청국장, 콩비지전골(각 1만5천원), 어린이순두부(7천원)
🕐 07:30~20:00 | 수요일 07:30~16:00 – 목요일 휴무
🔍 강원 강릉시 초당순두부길 98 (초당동)
☎ 033-651-0812 ⓟ 가능

철뚝소머리국밥 ✖✖✖ 소머리국밥

주문진에서 유명한 소머리국밥집. 사골 육수의 진하고 깊은 향이 일품이다. 쫄깃하고 부드러운 머릿고기를 맛볼 수 있으며, 함께 나오는 밑반찬이 맛깔스럽다.

🅦 소머리국밥(1만3천원)
🕐 07:00~16:30 – 첫째, 둘째, 셋째 주 목요일 휴무
🔍 강원 강릉시 주문진읍 철둑길 42
☎ 033-662-3747 ⓟ 불가

초당고부순두부 두부 | 순두부

강릉 경포호 인근 순두부 마을에 있는 순두부 전문점. 초당 두부는 낮은 염도의 간수를 써 두부의 맛이 부드럽고 구수하며, 감칠맛이 난다. 순두부백반을 비롯하여 두부전골, 두부구이 등 다양한 두부요리를 선보인다. 최근에 리뉴얼하여 쾌적해졌다.

ⓦ 순두부백반(1만원), 순두부전골, 두부전골(각 2인 이상, 1인 1만2천원), 모두부(2조각 1만원)

🕐 07:00~17:00(마지막 주문 16:00) – 월요일 휴무

🔍 강원 강릉시 강릉대로587번길 17 (초당동)

☎ 033-653-7271 ⓟ 가능

초당소나무집 ✖ 두부

강릉 초당마을의 두부집 중의 하나. 가마솥에서 직접 두부를 만들고 있다. 손으로 만든 모두부를 깻잎김치에 싸먹으면 그 맛이 일품이다. 담백한 순두부도 추천 메뉴. 건물 안에 오픈한 순두부 젤라토도 줄을 서서 먹을 정도로 인기가 좋다.

ⓦ 순두부전골(2인 이상, 1인 1만2천원), 두부조림(2인 이상, 1인 1만1천원), 해물짬뽕순두부전골(2인 이상, 1인 1만3천원), 해물짬뽕두부전골(소 3만7천원 대 4만7천원), 순두부백반(1만원), 모두부(6천원), 젤라토(3천5백원)

🕐 07:40~15:30/17:00~19:30(마지막 주문 19:15) | 월요일 07:40~ 16:00(마지막 주문 15:45) – 화요일, 명절 당일 휴무

🔍 강원 강릉시 초당순두부길 95-5 (초당동)

☎ 033-653-4488 ⓟ 가능

초당할머니순두부 ✖ 두부

40여 년 동안, 한결같은 맛을 선보이는 강릉의 명물 중 하나다. 간수 대신 바닷물을 사용하는 것이 특징이며, 순두부 외에도 직접 담근 된장으로 끓인 된장찌개와 비지장, 막된장에 묵힌 고추장아찌, 그리고 1년 익힌 김치의 맛 또한 변함이 없다. 어머니에서 아들로 그 비법이 이어지고 있다.

ⓦ 순두부백반(1만1천원), 얼큰복순두부(1만2천원), 모두부(1만5천원), 두부반모(8천원)

🕐 08:00~16:00/17:00~19:00 | 화요일 08:00~15:00 | 토, 일요일, 공휴일, 8월 08:00~15:30/17:00~18:30 – 수요일 휴무

🔍 강원 강릉시 초당순두부길 77 (초당동)

☎ 033-652-2058 ⓟ 가능

초시막국수 막국수

오래된 막국수 전문점으로, 살얼음이 둥둥 떠 있는 시원한 물막국수를 맛볼 수 있다. 동절기에는 비정기적 휴무가 잦으니 전화 후 방문하는 것을 추천한다.

ⓦ 물막국수, 비빔막국수(각 8천5백원, 곱빼기 9천5백원), 수육(소 2만8천원, 대 3만3천원)

🕐 11:00~16:00 | 하절기 11:00~19:30 – 비정기적 휴무

🔍 강원 강릉시 연곡면 초시길 33-1

☎ 033-661-6231 ⓟ 가능

카페뤼미에르 cafe lumiere 카페

안목해변옆에 위치한 전망 좋은 카페로, 핸드드립커피를 비롯하여 다양한 음료와 디저트, 식사를 선보이는 곳이다. 블루큐라소 시럽을 넣은 안목바다에이드를 맛볼 수 있다.

ⓦ 에스프레소(5천5백원), 아메리카노(핫 5천5백원, 아이스 5천8백원), 카페라테(핫 5천8백원, 아이스 6천원), 아몬드크림라테(핫 6천3백원, 아이스 6천5백원), 핸드드립커피(핫 6천원, 아이스 6천5백원), 안목바다에이드(6천5백원), 쑥파운드케이크(6천5백원)

🕐 09:00~23:00 – 연중무휴

🔍 강원 강릉시 창해로14번길 18 (견소동)

☎ 033-642-2221 ⓟ 가능

테라로사커피공장 ✖

TERAROSA COFFEE 브런치카페 | 베이커리 | 커피전문점

2003년에 문을 연 테라로사 강릉 본점이다. 커피 전문점, 커피공장, 커피박물관, 화원까지 겸하는 복합 문화 공간으로, 수준 높은 핸드드립 커피와 에스프레소 커피를 즐길 수 있다. 직접 구워 내는 빵과 케이크도 판매하고 있으며, 카페 옆 건물에서는 제작된 굿즈를 판매하고 있다. 레스토랑에서는 오전 9시부터 11시까지 모닝 플레이트를 즐길 수 있으며, 17시까지는 일반 브런치 및 디저트를 주문할 수 있다.

ⓦ 아메리카노(5천5백원), 카페라테, 카푸치노(각 6천원), 핸드드립커피(6천5백원~1만2천원), 하우스주스(8천원), 아메리칸피칸파이, 레몬치즈케이크(각 7천원)

🕐 09:00~19:00(마지막 주문 18:30) – 연중무휴

🔍 강원 강릉시 구정면 현천길 7

☎ 033-648-2760 ⓟ 가능

테라로사커피공장

토담순두부 두부 | 순두부

초당두부의 본 고향인 초당마을에 있는 두부전문식당. 간수 대신 동해 바닷물을 사용하여 두부를 만든다. 담백한 순두부백반을 비롯해 얼큰하게 끓인 순두부전골이 대표 메뉴다.

- ⓦ 순두부전골(2인 이상, 1인 1만4천원), 두부전골(2인 이상, 1인 1만4천원), 순두부백반(1만1천원), 모두부(1만2천원)
- ⓣ 08:00~16:00(마지막 주문 15:20) – 수요일 휴무
- ⓠ 강원 강릉시 난설헌로193번길 1–19 (초당동)
- ☎ 033–652–0336 ⓟ 가능

통일집 ✖ 소고기구이

50여 년 전통의 고깃집. 미국산 등심과 안창살을 부담없는 가격으로 즐길 수 있다. 차돌박이는 한우를 사용한다. 고기를 특제 소스에 담가서 숯불에 굽는 것이 특징. 식사 메뉴로 시골밥상 같은 된장찌개가 있으며 밥은 일반 공깃밥과 찰밥 두 가지 중 선택할 수 있다.

- ⓦ 등심, 차돌박이, 안창살, 양(각 200g 2만5천원), 된장찌개(2천원)
- ⓣ 12:00~14:30/17:00~21:00 – 명절 휴무
- ⓠ 강원 강릉시 금성로61번길 11–1 (성남동)
- ☎ 033–648–3824 ⓟ 가능(협소)

툇마루 ✖ 커피전문점

흑임자라테로 전국적으로 유명해진 곳이다. 툇마루키피리는 메뉴가 흑임자라테를 말하며 차가운 우유에 고소하고 달달한 흑임자크림과 찐득하고 씁쓸한 에스프레소를 얹어 만든다. 최근 확장 이전하면서 예전처럼 네 시간씩 웨이팅하지는 않지만, 여전히 줄을 서서 기다려야 한다.

- ⓦ 에스프레소, 아메리카노(각 4천5백원), 라테(5천3백원), 툇마루커피(6천원), 플랫화이트, 카푸치노(각 5천원), 바닐라라테(5천8백원), 밤슈(4천4백원), 옥수수슈(4천7백원), 카푸치노슈(4천2백원), 흑임자쿠키(3천3백원), 현미누룽키쿠키(3천3백원)
- ⓣ 11:00~19:00(마지막 주문 18:00) – 화요일 휴무
- ⓠ 강원 강릉시 난설헌로 232 (초당동)
- ☎ 033–922–7175 ⓟ 가능

풍년갈비 ✖ 소갈비

비장탄 숯불에 구운 돼지갈비, 소갈비를 즐길 수 있는 곳. 생후 90일 미만의 암퇘지를 저온에서 이틀간 숙성하고, 양념에 재워 삼일간 숙성하여 부드러운 육질을 자랑하는 돼지갈비를 선보이고 있다. 수려한 소나무 경치가 보이는 전망이 아름답다.

- ⓦ 풍년한우양념갈비(200g 5만6천원), 풍년한우생갈비(200g 5만8천원), 풍년한돈갈비, 풍년한돈생갈비(각 250g 2만원)
- ⓣ 11:00~21:00(마지막 주문 20:10) – 연중무휴
- ⓠ 강원 강릉시 강릉대로587번길 10–5 (초당동)
- ☎ 033–651–9245 ⓟ 가능

현대장칼국수 칼국수

김가루를 가득 뿌린 장칼국수가 유명한 곳이다. 쫄깃한 면의 장칼국수는 매콤하고 얼큰한 것이 특징이나, 맵기의 조절이 가능하다.

- ⓦ 장칼국수(9천원, 곱빼기 1만원), 맑은칼국수(9천원), 공기밥(1천원)
- ⓣ 10:00~19:00(마지막 주문 18:20) – 화요일, 명절 당일 휴무
- ⓠ 강원 강릉시 임영로182번길 7–1 (임당동)
- ☎ 033–645–0929 ⓟ 불가

형제막국수 ✖ 막국수 | 수육

더운 여름날, 시원한 막국수를 맛볼 수 있는 막국수 전문점이다. 막국수에 수육을 곁들이면 한 끼 식사로 손색이 없다. 비빔막국수에 함께 나온 육수를 부어 먹는 것도 좋다.

- ⓦ 비빔막국수, 물막국수, 비빔냉면, 물냉면(각 1만원), 수육(소 3만원, 대 4만원)
- ⓣ 10:30~15:30/17:00~20:00(마지막 주문 19:30) – 목요일 휴무
- ⓠ 강원 강릉시 사임당로 113–3 (홍제동)
- ☎ 033–645–9969 ⓟ 가능

강원도 고성군

광범이네횟집 물회

해삼과 생선회가 실하게 들어 있는 물회가 유명하다. 새콤달콤한 육수에 얼음이 둥둥 떠 있는 물회가 시원하다. 회를 건져 먹고 나서 소면을 말아서 먹으면 한 끼 식사로도 든든하다.

- ⓦ 물회(2, 보통 1인 1만7천원, 특 1인 2만7천원), 회덮밥(1만7천원), 매운탕(소 4만원, 대 6만원)
- ⓣ 10:00~20:00(마지막 주문 19:00) – 월요일 휴무
- ⓠ 강원 고성군 죽왕면 가진해변길 114
- ☎ 033–682–3665 ⓟ 가능

교동막국수 막국수 | 수육 | 쌈밥

구수한 막국수와 쌈밥을 맛볼 수 있는 곳이다. 고성 지역 심산계곡에서 채취한 산나물의 향이 독특하고 신선하며, 함께 나오는 밑반찬도 깔끔하다. 가격 대비 만족도가 높다는 평이다.

- ⓦ 명태회막국수(1만원), 메밀물막국수(9천원), 쌈밥(2인 이상, 1인 9천원), 비빔밥(9천원), 수육(소 1만5천원, 중 2만원)
- ⓣ 11:00~19:00 – 연중무휴
- ⓠ 강원 고성군 간성읍 진부령로 2709–4
- ☎ 033–681–3307 ⓟ 가능

금화정막국수 막국수

시원하게 담근 동치미 국물과 구수한 메밀면, 고명 등이 어우러진 동치미막국수가 인기 있는 매콤한 비빔국수도 추천 메뉴며, 고소한 메밀전병을 명태회무침에 싸먹는 것도 좋다.
Ⓦ 동치미막국수, 비빔막국수(각 1만원), 메밀부침, 메밀전병, 찰수수부꾸미(각 7천원), 불판수육(소 1만5천원, 대 2만3천원)
Ⓣ 10:30~16:30(마지막 주문 16:00) – 월요일 휴무
Ⓠ 강원 고성군 토성면 화원길 42-21
☎ 033-632-5466 Ⓟ 가능

동루골막국수 ✖ 닭백숙 | 막국수 | 수육

속초 사람들만 찾는다는 숨은 맛집이다. 알맞게 익은 상큼한 동치미 국물 맛과 소박하면서 구수한 메밀국수 맛이 일품이다. 텃밭에서 금방 따온 채소와 직접 농사지은 고춧가루, 들기름 등이 맛의 비결이다. 계절 별미로 송이육개장이 있다.
Ⓦ 막국수(보통 1만원, 곱빼기 1만2천원), 수육(2만8천원), 백숙(7만원), 육개장(1만원), 닭볶음탕(7만원)
Ⓣ 10:00~15:00(마지막 주문 14:50) | 토, 일요일 10:00~17:00(마지막 주문 16:50) – 화요일 휴무
Ⓠ 강원 고성군 토성면 성대로 188
☎ 033-632-4328 Ⓟ 가능

동루골막국수

바다정원 ✖

seaside garden 베이커리 | 카페 | 이탈리아식

푸른 동해를 바라보며 시간을 보낼 수 있는 카페. 파란 소다시럽이 깔린 바다라테와 민트 시럽이 깔린 정원라테가 시그니처 메뉴다. 바다가 정면으로 보이는 정원 자리가 인기 있으며 5층 건물 층마다 포토존이 있다.
Ⓦ 에스프레소, 아메리카노(각 6천3백원), 카페라테(6천8백원), 레몬에이드, 카라멜밀크쉐이크(각 7천3백원), 레몬파운드, 초코파운드, 치즈파운드, 녹차파운드(각 7천3백원)
Ⓣ 10:00~21:00(마지막 주문 20:00) – 연중무휴

Ⓠ 강원 고성군 토성면 버리깨길 23
☎ 033-636-1096 Ⓟ 가능

백촌막국수 ✖✖✖ 막국수 | 수육

고성의 명물이 된 막국숫집. 메밀 함량이 높은 면발에 살얼음이 낀 동치미 국물 맛이 일품이다. 햇메밀로 만드는 겨울철이나 이른 봄철에 찾아가면 최고의 맛을 즐길 수 있다. 주문하면 면을 삶기 시작하는 것이 특징. 기본찬으로 나오는 백김치, 명태무침도 별미. 부드럽고 촉촉한 수육과 곁들이면 더욱 일품이다. 양이 충분하므로 반은 물막국수로, 반은 비빔막국수로 먹어보는 것도 만족도를 높이는 요령 중 하나.
Ⓦ 메밀국수(1만원, 곱빼기 1만2천원), 편육(3만원)
Ⓣ 10:00~17:00 – 화, 수요일 휴무
Ⓠ 강원 고성군 토성면 백촌1길 10
☎ 033-632-5422 Ⓟ 가능

보배진 일식돈가스

돈가스를 코스로 맛볼 수 있는 곳. 돼지 안심, 등심, 등심 가브리, 등심 삼겹, 목살, 항정 등의 부위를 원육의 숙성 정도와 상태에 따라 날마다 다르게 준비되며, 한 코스에 총 5가지 부위가 나온다. 예약제로 운영된다.
Ⓦ 가츠코스점심(4만8천원), 가츠코스저녁(6만원)
Ⓣ 12:00~15:00/18:00~21:00 – 화, 수, 목요일 휴무
Ⓠ 강원 고성군 토성면 토성로 148-1 101호
☎ 0507-1393-2266 Ⓟ 불가

봉포선영이네물회전문점 물회 | 생선회

고성에서 물회로 손꼽을 만한 집으로, 광어, 성게, 오징어, 소라, 개불, 멍게, 해삼 등 제철 해산물이 물회에 듬뿍 들어간다. 물회에 다시마 국수가 들어가는 것이 특징이며, 육수는 황태와 과일초장으로 만들어 새콤달콤하다.
Ⓦ 특선영물회, 오미자물회(각 2만5천원), 전복죽(2만2천원), 오징어순대(1만9천원), 전복회덮밥, 멍게비빔밥, 전복미역국(각 2만원)
Ⓣ 10:30~16:00/17:30~20:50(마지막 주문 20:00) – 화요일 휴무
Ⓠ 강원 고성군 토성면 토성로 75
☎ 050-4458-1590 Ⓟ 가능

부부횟집 ✖ 물회 | 생선회

자연산 잡어회와 물회 전문점. 자연산 활어회, 오징어, 멍게 등 그날 들어온 생선과 해산물이 들어간 시원한 물회가 인기 메뉴다. 새콤달콤한 물회 육수 맛이 일품이며 소면을 넣어 말아 먹으면 든든하다.
Ⓦ 물회(2만원), 회덮밥(1만8천원), 우럭매운탕, 지리탕(각 2인 4만원, 3인 6만원)

⏱ 10:30~20:30(재료 소진 시 조기 마감) – 화요일 휴무
🔍 강원 고성군 죽왕면 가진해변길 88
☎ 033–681–0094 ⓟ 가능

산북막국수 막국수 | 제육 | 닭백숙

산골 구석에 있는 막국수 전문점. 물김치와 동치미에 순무를 사용하여 국물이 분홍빛이 나는 것이 특징이다. 면을 직접 뽑아 삶기 때문에 음식이 나오는 데에는 시간이 약간 걸리는 편. 편육을 곁들이는 것도 좋다.

Ⓦ 메밀막국수(소 9천원, 대 1만원), 순메밀막국수(1만원), 들깨메밀칼국수(9천원), 수육(소 2만원, 대 2만5천원), 능이백숙(10만원), 활기백숙, 닭볶음탕(각 6만5천원)
⏱ 11:00~18:30(마지막 주문 18:00) – 화요일, 명절 당일 휴무
🔍 강원 고성군 거진읍 산북길 16
☎ 033–682–1733 ⓟ 가능

송원 일반한식

강원도 향토음식을 선보이는 한식당. 메뉴는 찌개를 비롯해서 탕, 면, 밥, 코스 요리까지 다양하다. 조식 메뉴와 일반 식사 메뉴를 따로 구성해 오전 8시부터 11시까지 조식 메뉴를 맛볼 수 있다. 설악산 울산바위가 보여 전망이 좋다. 델피노리조트 내에 있으며 클럽하우스로 주로 이용된다.

Ⓦ 더덕산채비빔밥, 한우사골떡만둣국, 어린이한상(각 2만원), 한방꼬리곰탕(2만5천원), 황태해장국, 한우사골누거시해장국(각 1만6천원), 해물짬뽕순두부, 소머리국밥, 전복죽(각 1만8천원), 명태씨앗젓갈비빔밥, 버섯뚝배기불고기(각 1만7천원), 돼지고기묵은지전골(2인 이상, 2만4천원), 곱창전골(2 2만5천원)
⏱ 08:00~15:00(마지막 주문 14:30) – 연중무휴
🔍 강원 고성군 토성면 미시령옛길 1153 델피노골프앤리조트 C동 지하 2층, D동 2층
☎ 033–639–8370 ⓟ 가능

스퀘어루트 SquareRoot 카페 | 베이커리

갤러리와 함께 운영하는 베이커리 카페. 바다 인근에 자리 잡고 있어 루프탑에서 오션뷰를 볼 수 있는 곳이다. 전문 바리스타가 직접 로스팅한 커피를 맛볼 수 있으며, 커피 산지에서 엄선한 스페셜티 뉴크롭 원두만을 사용한다. 다양한 베이커리 종류를 함께 즐기기도 좋다.

Ⓦ 블랙씨드라테(8천5백원), 스퀘어아이스티(8천원), 아메리카노(5천5백원), 카페라테(6천5백원), 스트로베리툴시, 로투스쎈데(각 7천5백원)
⏱ 10:00~19:00 | 토, 일요일 09:00~19:00 – 연중무휴
🔍 강원 고성군 죽왕면 가향길 2–7
☎ 033–681–0604 ⓟ 가능

아바라운지 다이닝바 | 전복죽

아침에는 전복죽, 저녁에는 안주 코스를 맛볼 수 있는 한식당. 저녁 안주 코스에는 당일 준비되는 해산물과 한우로 구성된 7~8가지 메뉴가 나온다. 저녁은 하루 전 예약 후 이용할 수 있으며 와인과 함께 즐기기 좋다.

Ⓦ 아침전복죽(M 1만5천원, L 2만원), 저녁안주코스(11만원)
⏱ 08:40~10:00/18:00~20:00 – 연중무휴
🔍 강원 고성군 토성면 아야진해변길 19 1층
☎ 0507–1335–9861 ⓟ 가능

아야트커피 Ayatt 카페

아야진 해수욕장과 바다를 한 눈에 볼 수 있는 카페. 흑임자커피가 시그니처 음료. 3층과 4층은 숙소로 영업하며, 5층에는 루프탑 자리도 마련되어 있다. 루프탑에선 마운틴뷰도 감상할 수 있다.

Ⓦ 아메리카노(6천원), 카페라테(6천5백원), 흑임자커피(7천원), 자몽레몬모히토, 애플레몬모히토(각 7천원), 크로플(1만원), 대파크림치즈베이글(9천원), 바질치킨파니니(1만2천원)
⏱ 10:00~19:00(마지막 주문 18:30) | 토, 일요일 09:00~19:00(마지막 주문 18:30) – 연중무휴
🔍 강원 고성군 토성면 이야진헤변길 137–1 2층
☎ 0507–1370–0426 ⓟ 가능

지매해녀횟집 물회 | 생선회 | 세꼬시

가진항활어회센터 내에 자리한 횟집으로, 물회가 대표 메뉴다. 해삼과 소라, 멍게 등이 푸짐하게 들어가는 스페셜물회도 별미며, 국수 사리를 추가하면 좋다. 자연산 광어, 도다리, 우럭회도 선보이고 있으며, 모둠회도 추천할 만하다.

Ⓦ 고급물회, 해삼물회(각 1만5천원), 스페셜물회(2만원), 해삼소라멍게물회(2만원), 세꼬시(중 5만원, 대 7만원), 삼숙이매운탕(각 중 4만원, 대 6만원), 회덮밥(1만5천원), 멍게덮밥(2만원), 아귀매운탕(대 6만원), 모둠회(8만원~15만원)
⏱ 08:00~22:00 – 월요일 휴무
🔍 강원 고성군 죽왕면 가진해변길 123
☎ 033–681–1213 ⓟ 가능

자매활어횟집 생선회 | 삼숙이 | 물회

고추장과 고춧가루로 얼큰하게 끓인 삼숙이매운탕을 선보이는 곳이며, 새콤달콤한 물회와 신선한 모둠회 또한 맛볼 수 있는 곳이다. 특히 10월부터 이듬해 4월까지 잡히는 삼숙이의 맛이 좋다고 한다.

Ⓦ 물회(일반 1만5천원, 모둠 2만원), 광어(8만원), 우럭(7만원), 모둠회(소 6만원, 중 8만원, 대 10만원, 특대 12~15만원), 삼숙이매운탕, 복매운탕, 복지리(각 7만원), 회무침, 매운탕(각 5만원), 생선구이(4만원), 도치알탕(6만원), 전복죽, 오징어(2만원), 오징어순대(1만5천원)
⏱ 08:30~21:00 – 연중무휴

🔍 강원 고성군 거진읍 거진항1길 62
☎ 033-682-7533 Ⓟ 가능

제비호식당 ✕ 생선찌개 | 생선매운탕 | 동태

40년 넘게 거진항에 자리한 생태찌개 전문점이나, 요즘은 그날의 재료에 알맞은 메뉴를 선보이고 있다. 동태탕과 갈치조림, 도치알탕 등을 주로 맛볼 수 있다.

Ⓦ 생대구탕, 가자미조림(각 3만2천원), 도치알탕, 갈치조림, 생선모둠조림(각 2인 3만원)
🕐 09:00~15:00 – 화요일 휴무
🔍 강원 고성군 거진읍 거진항길 29
☎ 033-682-1970 Ⓟ 가능

제비호식당

창바위식당 닭백숙 | 오리백숙

아침마다 직접 잡은 토종닭을 능이와 함께 백숙으로 고아내는 곳으로, 능이와 닭에서 우러나온 국물이 진하다. 능이를 넣은 오리백숙 또한 맛볼 수 있다. 메뉴의 조리 시간이 있으니, 예약 후 방문하는 것을 추천한다.

Ⓦ 능이백숙(한마리 8만원, 한마리반 12만원), 닭복음탕(8만5천원), 능이옻백숙(한마리 8만5천원, 한마리반 12만5천원), 감자전, 도토리묵, 메밀전병(각 1만2천원)
🕐 11:00~21:00 – 두 번째 화요일 휴무
🔍 강원 고성군 토성면 원암학사평길 28
☎ 033-632-1837 Ⓟ 가능

화진포박포수가든 막국수 | 보쌈

70여 년간 자리를 지키는 메밀막국수 전문점. 동치미 국물에 말아 나오는 막국수를 맛볼 수 있으며, 수육이나 명태식해를 곁들여도 좋다. 실내가 넓어 쾌적한 느낌을 준다.

Ⓦ 막국수(1만원, 곱빼기 1만2천원), 수육보쌈(3만원), 도토리묵무침(1만1천원), 전병, 메밀왕만두(각 8천원), 명태식해(4천원)
🕐 하절기 10:30~19:00(마지막 주문 18:20) | 동절기 10:30~18:00

(마지막 주문 17:20) – 둘째, 넷째 주 월요일휴무
🔍 강원 고성군 현내면 화진포서길 76
☎ 033-682-4856 Ⓟ 가능

강원도 동해시

냉면권가 冷麵權家 함흥냉면 | 평양냉면 | 통닭

3대에 걸쳐 내려오는 권영한 대표의 평양냉면집. 소고기 육수와 동치미 육수를 섞어 은은한 육향에 적당한 산미가 느껴진다. 스팀 오븐에 구워내는 통닭을 곁들이는 것이 특징이다.

Ⓦ 평양냉면, 함흥냉면, 온면(각 1만3천원), 순면(1만8천원), 통닭(2만8천원)
🕐 11:00~14:30/16:30~20:00(마지막 주문 19:30) – 월요일 휴무
🔍 강원 동해시 중앙로 236-1 (천곡동)
☎ 033-533-9911 Ⓟ 불가(중앙로 공영주차장 이용)

덕취원 ✕ 德聚園 일반중식

80여 년간, 3대에 걸쳐 내려온 전통이 있는 중식당으로, 해산물이 넉넉히 들어있는 쟁반짜장을 맛볼 수 있는 곳이다. 여름에는 시원하고 고소한 중국 냉면을, 겨울에는 시원한 굴짬뽕을, 그리고 대게 철에는 게살샥스핀을 선보이고 있다.

Ⓦ 짜장면(7천원), 쟁반짜장(2인 2만원), 짬뽕, 복음밥(각 9천원), 굴짬뽕(1만2천원), 탕수육(소 2만3천원, 중 3만원, 대 4만원), 게살샥스핀(6만5천원)
🕐 11:30~14:50(마지막 주문 14:40)/17:00~ 20:40(마지막 주문 19:40) – 수요일 휴무
🔍 강원 동해시 대동로 118 (구미동)
☎ 033-521-4054 Ⓟ 불가

동그라미해물집 생선구이 | 생선회

생선구이와 모둠회와 더불어 맛깔스러운 반찬을 한상 가득 내는, 푸짐한 생선정식을 선보이는 곳. 생선정식 외에도, 모둠회나 물회 등을 맛볼 수 있다.

Ⓦ 동그라미정식(2인 이상, 1인 1만6천원), 물회(1만5천원), 생선구이(소 1만5천원, 중 3만원, 대 4만원), 모둠회(중 5만원, 대 7만원), 전복물회(1만5천원)
🕐 11:30~14:30(마지막 주문 13:30)/17:30~20:30(마지막 주문 19:30) – 연중무휴
🔍 강원 동해시 효자로 686-4 (효가동)
☎ 033-522-4449 Ⓟ 가능

동해바다곰치국 곰치 | 가자미

묵호항 인근에서 소문난 곰칫국 전문점으로, 강원도 특산물 곰치를 김치와 끓여 낸 곰칫국을 맛볼 수 있는 곳이다. 생선 아가미젓갈을 넣은 깍두기, 반건조 오징어볶음, 가자미식해, 톳나물, 곰피 등의 맛깔스러운 반찬들도 선보인다.

ⓦ 곰칫국(2만5천원), 가자미구이(2인 3만원), 가자미횟밥(1만5천원), 가자미조림(3만5천원), 성게비빔밥(계절메뉴 2만원)

🕐 06:30~18:30 – 첫째, 셋째 주 화요일 휴무

🔍 강원 동해시 일출로 179 (묵호진동)

☎ 033-532-0265 ⓟ 가능

무릉별유천지전망카페 아이스크림

시멘트 채굴장이었던 공간에 전망 카페를 조성한 곳으로, 시멘트 아이스크림이 유명하다. 무릉별유천지와 가까워 전망대나 야외 테이블에서 풍경을 즐기기 좋다. 시멘트 아이스크림은 흑임자 맛으로, 구운 마시멜로가 함께 나온다. 삽 모양의 숟가락도 독특하다.

ⓦ 시멘트아이스크림, 우유카스텔라(각 6천5백원)

🕐 10:00~17:30(마지막 주문 17:25) – 월요일 휴무

🔍 강원 동해시 이기로 97 (삼화동) 4층

👥 010-4068-3958 ⓟ 가능

물곰식당 곰치 | 도루묵

동해항 인근의 곰칫국 전문점. 콩나물을 넣어 맑고 시원하게 끓이는 스타일이다. 곰칫국 외에도 도루묵찌개, 생태찌개 등 속을 풀어주는 메뉴를 선보이고 있다.

ⓦ 곰칫국(2만원), 갈치조림, 복매운탕, 복지리(각 소 3만5천원, 중 4만원, 대 4만5천원), 대구탕, 매운탕, 고등어조림, 생선구이(각 소 3만원, 중 3만5천원, 대 4만원), 황태해장국(1만원)

🕐 하절기 05:00~20:30 | 동절기 06:00~19:30 – 첫째 주 화요일 휴무

🔍 강원 동해시 산제골길 3 (묵호진동)

☎ 033-535-1866 ⓟ 가능

부흥횟집 물회 | 생선매운탕 | 쏙

50여 년의 전통을 자랑하는 횟집으로, 채소에 살얼음이 낀 시원한 육수를 부어 내는 물회가 유명하다. 취향에 따라 매운탕과 지리 중 선택할 수 있는 생선탕과 모둠회도 선보이고 있다.

ⓦ 물회, 회덮밥, 대구매운탕, 맑은탕(각 1만5천원), 모둠회(중 4만원, 대 4만5천원)

🕐 09:30~14:30/17:00~20:00 – 첫째 주 일요일, 셋째 주 월요일 휴무

🔍 강원 동해시 일출로 93 (묵호진동)

☎ 033-531-5209 ⓟ 불가(수변공원 주차장 이용)

선창횟집 물회 | 생선회 | 오징어

식당 소유의 어장이 있기 때문에 그날그날의 신선한 회를 맛볼 수 있는 회 전문점. 회 이외에도 곁들이 음식과 칼칼한 매운탕 등을 다양하게 선보이고 있다.

ⓦ 선창스페셜(20만원, 30만원), 모둠회(소 8만원, 중 10만원, 대 12만원), 물회덮밥(보통 2만원, 곱빼기 2만5천원), 우럭매운탕(중 6만원, 대 7만원)

🕐 10:00~22:00 – 월요일 휴무

🔍 강원 동해시 일출로 233 (어달동)

☎ 010-4803-5862 ⓟ 가능

잉걸 INGLE 다이닝바 | 와인바

망상해수욕장 앞에 있어 바다뷰가 펼쳐지는 다이닝 & 와인바. 숯 연기와 불로 요리하는 우드파이어 그릴이 특징이다. 낮에는 숯불에 구운 함박 런치도 맛볼 수 있으며, 저녁에는 야외 테라스에서 꿀대구, 이베리코, 문어, 와규 같은 요리와 함께 와인을 즐기기 좋다.

ⓦ 런치숯불함박(1만9천원), 새우크로켓(9천원), 프렌치프라이(8천원), 스페인식올리브꼬치(8천원), 아스파라거스(1만6천원), 새우&토마토수프(1만8천원), 문어장파에야(3만3천원), 오징어해산물피에야(3만5천원), 제주흑돼지뼈등심(4만5천원)

🕐 12:00~14:00(마지막 주문 13:00)/18:00~22:00(마지막 주문 21:00) – 월, 화요일 휴무

🔍 강원 동해시 동해대로 0270-18 (망상동) 1층

☎ 010-7554-6270 ⓟ 불가

참맛골 코다리

칼칼한 매콤한 코다리찜과 짭짤하고 달짝지근한 코다리조림을 선보이는 곳. 조림에 들어가는 감자가 별미며 함께 나오는 반찬들도 맛깔스럽다.

ⓦ 코다리조림(소 3만5천원, 중 4만5천원, 대 5만원), 코다리찜(소 3만5천원, 중 4만5천원, 대 5만원), 씨암탉조림(2인 소 3만7천원, 중 4만7천원, 대 5만2천원)

🕐 09:30~21:30 – 일요일 휴무

🔍 강원 동해시 동굴로 69 (천곡동)

☎ 033-533-3776 ⓟ 가능

충북횟집 물회 | 생선회 | 오징어

어달 회타운 안에 자리하고 있어 동해와 까막바위가 보이는 횟집으로, 20여 가지의 반찬과 해산물이 나오는 모둠회를 선보이고 있다. 오징어회와 오징어물회도 추천할 만하다.

ⓦ 광어, 우럭, 가자미, 모둠회(각 소 8만원, 중 11만원, 대 13만원), 물회(소 1만5천원, 특대 2만원), 곰칫국(시가)

🕐 09:00~22:00 – 첫째 주 수요일 휴무

🔍 강원 동해시 일출로 151 (묵호진동) 4호

☎ 033-535-1485 ⓟ 가능

해변으로 칼국수 | 수제비

바다 내음이 물씬한 성게칼국수 전문점. 성게가 듬뿍 들어 있는 것은 아니지만, 별미로 한 번 먹어볼 만하다. 시원하고 맑은 국물이 깊고 진하다.

Ⓦ 성게칼국수, 성게수제비(각 9천원), 성게비빔밥(2만3천원), 콩국수(2인 이상, 계절메뉴, 1인 1만원)

🕐 08:00~19:00 | 하절기 08:00~20:30 – 연중무휴

🔍 강원 동해시 일출로 217 (어달동)

☎ 033-533-5424 Ⓟ 가능

강원도 삼척시

덕성루 德盛樓 일반중식

동해의 덕취원과 함께 오랜 역사를 자랑하는 곳으로, 화교가 운영하는 정통 화상 중식당이다. 짜장면과 볶음밥이 맛있다. 옛날스타일의 탕수육도 기본 이상은 한다.

Ⓦ 짜장면(7천원), 간짜장, 짬뽕, 볶음밥(각 8천원), 탕수육(소 2만원, 중 2만5천원, 대 3만원), 중식냉면(하절기 1만2천원)

🕐 11:30~15:00/17:00~20:00(마지막 주문 19:30) – 수요일 휴무

🔍 강원 삼척시 대학로 16-2 (당저동)

☎ 033-574-8860 Ⓟ 불가

만남의식당 곰치 | 대구 | 생태

곰치와 김치를 넣고 얼큰하고 시원하게 끓여낸 곰치해장국이 속을 잘 풀어준다. 반찬으로 나오는 미역무침이나 아가미젓갈 등 반찬도 맛깔스럽다. 곰치가 잡히지 않으면 곰치해장국은 팔지 않으니 전화로 재료가 있는지 확인 후 방문하는 것이 좋다.

Ⓦ 곰치해장국(2만원), 대구해장국(1만5천원)

🕐 08:00~15:00 – 월요일 휴무

🔍 강원 삼척시 새천년도로 84 (정하동)

☎ 033-574-1645 Ⓟ 가능

맛과향이있는집 문어

문어숙회가 맛있기로 유명한 집. 살아 있는 싱싱한 문어를 주문 즉시 삶아 낸다. 문어 삶은 물에 끓여내는 수제비 맛도 일품이다. 문어 숙회가 나오기 전, 기본 반찬으로 제공되는 두부전과 커다란 굴이 들어간 배추김치도 술안주로 좋다. 예약 필수.

Ⓦ 문어숙회오마카세(시가)

🕐 18:00~24:00(예약 필수) – 연중무휴

🔍 강원 삼척시 대학로 51 (당저동)

☎ 033-575-0215 Ⓟ 불가

바다마을 가자미 | 곰치 | 대구

곰칫국은 5월~6월에 가격이 올라 취급하지 않는 곳이 많지만, 이곳에서는 1년 내내 곰칫국을 먹을 수 있다. 6개월 이상 묵은 김치를 넣어 시원하고 얼큰하다. 매콤새콤한 가자미회무침도 별미. 삼척해수욕장 인근에 있어 시원한 파도 소리와 함께 식사를 즐길 수 있다.

Ⓦ 곰칫국(2만원), 가자미회무침(3만원), 대구탕(1만5천원)

🕐 08:00~14:00 – 연중무휴

🔍 강원 삼척시 테마타운길 53 (갈천동) 삼척테마타운 3동 102호

☎ 033-572-5559 Ⓟ 가능

바다횟집 ✵ 곰치 | 생선회

항구 초입에 늘어선 많은 곰칫국집 중에서 원조로 꼽히는 집. 1993년 처음으로 곰치를 사용한 해장국을 끓여 내놓았다고 한다. 흐물흐물한 곰치 살과 시원한 국물이 해장에 좋다. 함께 나오는 짭조름한 가자미식해도 일품.

Ⓦ 곰칫국(2만원), 대구탕(1만5천원), 도루묵찜, 장치찜(각 소 4만원, 대 6만원), 광어, 우럭(각 1kg 7만원), 모둠회(소 6만원, 중 8만원, 대 10만원), 매운탕(소 3만원, 중 4만원, 대 5만원), 회밥, 물회(각 소 2만원, 대 2만5천원)

🕐 07:00~21:00 – 수요일, 명절 휴무

🔍 강원 삼척시 새천년도로 88 (정하동)

☎ 033-574-3543 Ⓟ 가능

부일막국수 ✵ 막국수 | 수육

육수 맛이 일품인 막국수 전문점. 육수는 멸치 국물에 다시마, 무, 미나리, 파, 마늘 등 10여 가지의 채소를 넣고 끓이는 것이 특징이다. 메밀 함량이 부족한 듯한 면발이 아쉽지만, 육수 맛이 면발의 부족함을 충분히 상쇄시킨다는 평이다.

Ⓦ 물막국수, 비빔막국수(각 소 9천원, 대 1만1천원), 수육(소 4만원, 대 5만원)

🕐 11:00~15:30 – 화요일 휴무

🔍 강원 삼척시 새천년도로 596 (갈천동)

☎ 033-572-1277 Ⓟ 가능

삼정식당 복 | 생선찜 | 생태

생태탕, 복지리를 맛볼 수 있는 곳. 깔끔한 국물 맛이 좋으며 맛깔스러운 반찬도 한 상 가득 나온다. 시원한 황태해장국과 가자미찜 등도 인기 메뉴다. 가오리, 갈치, 열기, 코다리 등 다양한 생선을 찐 생선모둠찜도 추천할 만하다.

Ⓦ 복지리, 복매운탕, 생태지리, 생태매운탕, 갈치조림, 생선모둠찜(각 2인 3만원, 2~3인 4만5천원, 3~4인 6만원), 가자미회무침(중 3만원, 대 5만원)

🕐 08:00~16:00(마지막 주문 15:30) – 연중무휴

🔍 강원 삼척시 새천년도로 30 (정하동)

☎ 033-573-3233 Ⓟ 가능

삼척보스대게 Samcheok Boss Crab 대게

대게와 전방대게, 킹크랩을 전문으로 하는 곳으로, 해산물을 코스로 먹을 수 있다. 활어회, 오징어순대, 골뱅이, 킹새우, 해물라면 등이 순차적으로 나와 푸짐하게 먹을 수 있으며, 대게는 먹기 편하게 손질되어 나온다. 인근 지역은 픽업 서비스도 가능하다.

ⓦ 삼척보스커플세트(19만9천원), 빅보스세트(31만9천원), 중간보스세트(27만9천원), 베이베보스세트(19만9천원), 모둠회(6만원), 전복회(4만원)

ⓒ 11:00~15:30/16:30~21:30(마지막 주문 20:30) – 화요일 휴무

ⓠ 강원 삼척시 테마타운길 39 (갈천동)

☎ 010-2163-8784 ⓟ 가능

영화춘 일반중식

큰 뚝배기 채로 내어주는 짬뽕을 맛볼 수 있는 중식당이다. 짬뽕에 다양한 종류의 해산물과 채소가 들어가 개운하면서도 시원한 맛을 낸다. 사과를 비롯해 목이버섯, 대파 등이 들어간 새콤달콤한 탕수육도 인기다.

ⓦ 뚝배기짬뽕(중 2만2천원, 대 2만7천원), 탕수육(소 1만5천원, 중 2만원, 대 2만5천원), 고추잡채, 깐풍기(각 3만원), 유산슬(4만원), 짜장면(6천원), 짬뽕(7천원)

ⓒ 11:00~20:00 – 연중무휴

ⓠ 강원 삼척시 원덕읍 삼척로 437-24

☎ 033-572-6109 ⓟ 불가

용화찬미 카페

포토존이 가득한 조경이 아름다운 카페. 수국 정원과 어우러지는 바다 풍경이 매력적인 곳이다. 음료와 함께 다양한 베이커리와 간단한 브런치 메뉴인 잠봉뵈르를 맛볼 수 있다. 선라이즈라테와 콜드브루아인슈페너가 시그니처 음료 중 하나.

ⓦ 에스프레소(5천원), 아메리카노(6천원), 카페라테(6천5백원),

콜드브루(7천5백원), 다크테이스트(7천5백원), 에티오피아로드플라워블라썸(7천5백원), 케냐마사이컴투게더밸런스(7천8백원), 선라이즈라테(7천5백원), 아인슈페너콜드브루(7천5백원), 잠봉뵈르싱글(9천원), 크림치즈마늘빵(5천5백원), 크루아상(3천5백원)

ⓒ 10:00~20:00 – 수요일 휴무

ⓠ 강원 삼척시 근덕면 용화길 27-52

☎ 0507-1339-9955 ⓟ 가능

일미어담 생선구이 | 게장

삼척 해변가 인근에 위치하여 바다를 보며 식사를 즐길 수 있다. 다섯 가지 생선이 나오는 생선구이 정식과 간장게장 정식이 인기메뉴며, 2인 이상 주문해야 한다.

ⓦ 생선구이정식(1인 1만9천원), 간장게장정식(1인 2만5천원), 모둠물회(1만7천원), 생우럭탕(중 6만5천원, 대 8만원)

ⓒ 11:00~22:00 – 연중무휴

ⓠ 강원 삼척시 테마타운길 19 (갈천동)

☎ 033-576-0814 ⓟ 가능

정라횟집 ✖ 생선구이

도루묵의 명가로 꼽히는 곳. 찬바람이 불 때 잡히는 도루묵은 알의 부피가 몸의 절반을 차지하는데, 알이 가장 많이 차는 10월부터 11월에 잡은 것을 냉동해서 여름까지 쓴다고 한다. 수시로 잡히 싱싱한 두루묵두 맛볼 수 있으며 반찬으로 나오는 가자미식해도 별미다.

ⓦ 도루묵찜, 장치찜, 아귀찜(각 소 3만원, 중 3만8천원, 대 4만8천원), 해물탕, 해물찜(각 소 3만5천원, 중 4만5천원, 대 5만5천원), 알탕(3만원), 도루묵구이(3만원), 생선모둠구이(2인 3만원, 4인 4만원), 생새우(2만원), 새우무침(3만원), 가자미회무침(2만5천원)

ⓒ 11:00~14:30/16:30~22:00 – 일요일 휴무

ⓠ 강원 삼척시 대학로 28 (남양동)

☎ 033-573-3670 ⓟ 불가

춘도식당 솥밥

대추, 고구마, 잣, 해바라기씨 등을 넣어 윤기가 도는 돌솥밥이 유명하다. 신선한 해산물 반찬과 맛깔스러운 나물 반찬이 한 상 가득 차려진다.

ⓦ 영양돌솥밥(1인 2만원)

ⓒ 09:00~20:00 – 격주 수요일 휴무

ⓠ 강원 삼척시 근덕면 삼척로 3606-56

☎ 033-573-0447 ⓟ 가능

한옥카페오시 카페

넓은 잔디정원과 연못을 갖추고 있는 한적한 시골마을의 한옥 카페. 매일 준비되는 디저트의 종류가 다르다. 조용하고 한적하게 커피를 즐기는 것이 가능하다.

ⓦ 아메리카노(5천원), 카페라테(5천5백원), 바닐라라테(6천원), 팔곰크림라테(6천원), 아인슈페너라테(6천원), 대추생강라테(6천5백원), 대추생강차(6천원), 생과일생크림케이크(변동)

Ⓣ 11:00∼18:00(마지막 주문 17:00) – 수요일 휴무

Ⓠ 강원 삼척시 자원길 83–25 (자원동)

☎ 0507–1484–5486 Ⓟ 가능

항구식당 생선구이 | 생선매운탕 | 생선회

도루묵구이를 잘하기로 소문난 집. 도루묵은 11월∼12월이면 본격적인 산란기로 접어들기 때문에 알을 막 배기 시작하는 10월∼11월 초순이 가장 기름지고 맛이 좋다.

ⓦ 모둠회(소 8만원, 중 10만원, 대 12만원), 광어(6만원), 곰칫국(2만원), 대구지리(1만5천원), 대구김치(1만5천원), 가자미회(5만원), 회덮밥, 물회(각 1만5천원)

Ⓣ 08:30∼20:30 – 연중무휴

Ⓠ 강원 삼척시 새천년도로 169 (정하동)

☎ 033–573–0616 Ⓟ 가능

강원도 속초시

88생선구이 생선구이

모둠생선구이로 유명한 곳으로, 손질한 생선을 자리에서 직접 구워준다. 청어, 꽁치, 가자미, 메로, 삼치, 오징어, 고등어, 도루묵 등 푸짐하고 다양한 생선을 선보이며, 숯불로 구워 생선 고유의 맛이 그대로 살아 있다. 생선구이는 인원수에 맞게 주문해야 한다. 50여 년 역사를 자랑하는 곳.

ⓦ 생선구이모둠정식(2인 이상, 1인 1만9천원)

Ⓣ 08:30∼15:00(마지막 주문 14:30)/16:30∼20:15(마지막 주문 19:30) – 연중무휴

Ⓠ 강원 속초시 중앙부두길 71 (중앙동)

☎ 033–633–8892 Ⓟ 가능(1시간 무료)

88순대국 순댓국

아바이순대타운에서 3대째 운영중인 집. 명태회무침과 함께 나오는 아바이순대와 오징어순대가 인기 메뉴다. 모둠순대국밥에는 아바이순대, 감치순대, 찰순대 모두 들어가 있다. 항상 웨이팅이 있는 것을 감안해야 한다.

ⓦ 순대국밥, 찰순대(각 1만원), 아바이순대국밥, 모둠순대국밥, 김치순대국밥(각 1만2천원), 얼큰순대국밥(1만1천원), 순대모둠전골(소 2만5천원, 중 3만원, 대 3만5천원), 오징어순대(1만5천원), 오징어+아바이모둠(2만5천원), 아바이순대(1만3천원), 소머리안주+돼지머리안주(3만원)

Ⓣ 07:30∼21:00(마지막 주문 20:30) – 연중무휴

Ⓠ 강원 속초시 중앙로129번길 35–13 (금호동) 속초중앙시장 아바이순대타운 내

☎ 033–636–5798 Ⓟ 가능

감나무집감자옹심이 ✂ 감자옹심이

쫄깃한 감자옹심이가 맛있기로 유명한 곳. 강원 인제와 평창에서 나는 토종 생감자를 직접 갈아서 녹말을 걸러낸 후 사용한다. 쫄깃하면서도 구수한 맛이 일품. 기본 2인 이상 주문해야 한다. 감자옹심이 하나로 40여 년 동안 이어오는 곳. 영업시간과 무관하게 재료 소진 시 문을 닫는다.

ⓦ 감자옹심이(2인 이상, 1인 1만2천원), 오징어순대(2마리 2만8천원)

Ⓣ 10:00∼14:30(마지막 주문 14:10) – 목요일 휴무

Ⓠ 강원 속초시 중앙시장로 110–8 (중앙동)

☎ 033–633–2306 Ⓟ 가능(30분 무료)

감자바우 감자옹심이 | 회국수

감자 전분으로 만들어 쫄깃한 맛이 일품인 감자옹심이와 오징어회국수를 맛볼 수 있는 곳. 걸쭉하면서도 구수한 맛이 일품이며, 2인 이상 주문해야 한다. 오징어회국수는 산오징어를 냉동해서 사용하는 것이 특징이며 시원한 맛이 좋다. 회국수를 주문하면 감자옹심이를 조금 내준다.

ⓦ 감자옹심이(2인 이상, 1인 1만원), 회국수(1만3천원), 회덮밥(1만5천원), 쟁반국수(1만8천원), 회무침(4만원), 감자전(1만원)

Ⓣ 10:00∼15:00(마지막 주문 14:30)/17:00∼20:00(마지막 주문 19:30) – 두 번째, 네 번째 수요일 휴무

Ⓠ 강원 속초시 청초호반로 242 (청학동)

☎ 033–632–0734 Ⓟ 불가

금성각 일반중식

현지인 사이에서 짬뽕이 맛있기로 유명한 곳. 칼칼하고 푸짐한 옛날식 짬뽕을 맛볼 수 있다. 요리는 탕수육과 잡채, 군만두만 단출하게 선보인다.

ⓦ 짬뽕, 짬뽕밥, 볶음밥, 우동(각 9천원), 짜장면, 짜장밥, 군만두(각 7천원), 탕수육(소 1만7천원, 중 2만1천원, 대 2만5천원), 쟁반짜장(2만원), 쟁반짬뽕(2만2천원), 간짜장(2 9천원), 잡채밥(2 1만원)

Ⓣ 10:30∼19:00 – 일요일 휴무

Ⓠ 강원 속초시 중앙로55번길 7 (교동)

☎ 033–638–5255 Ⓟ 불가

김영애할머니순두부 ✂ 순두부

메뉴는 순두부정식뿐으로, 직접 만든 순두부가 담백하다. 국산 콩으로 만드는 것이 특징이며, 심심하면서도 고소한 맛이 일품이다. 순두부와 함께 짭조름한 비지장과 맛깔스러운 반찬이 나온다. 1965년에 시작한 곳으로, 오랜 역사를 자랑한다.

ⓦ 순두부정식(1만2천원)

Ⓣ 07:00∼14:00(마지막 주문 13:50) – 화요일 휴무

Ⓠ 강원 속초시 원암학사평길 183 (노학동)

☎ 033–635–9520 Ⓟ 가능

다이닝옥남 파스타 | 피자

화덕에 구운 담백한 피자를 맛볼 수 있는 곳. 네 가지 치즈 (모차렐라 치즈, 파마산 치즈, 고르곤졸라 치즈, 마스카르포네 치즈)를 토핑으로 올려 만든 콰트로포르마지피자가 인기 메뉴다. 이 외에도 다양한 종류의 파스타도 선보인다.

ⓦ 콰트로포르마지피자(1만9천5백원), 부라타치즈샐러드(1만5천원), 연어바질파스타, 비프고르곤졸라(각 1만8천원), 명란파스타, 마르게리타(각 1만7천원), 우양지파스타(1만7천5백원),
ⓣ 11:30~15:00(마지막 주문 14:00)/17:30~20:30(마지막 주문 19:30) | 일요일 11:30~15:00(마지막 주문 14:00) – 월요일, 명절 당일 휴무
ⓠ 강원 속초시 선사로5길 43 (조양동)
☎ 033-631-0414 ⓟ 가능

단천식당 함흥냉면 | 오징어순대

아바이마을 내에 자리한 곳으로, 이북식 단천냉면과 아바이순대로 유명하다. 단천냉면은 명태회가 올라간 함흥냉면을 말하는 것으로, 고구마 전분으로 만든 면발은 검푸른 빛이 돌고 특유의 질긴 맛을 간직하고 있다. 오징어순대와 함경도식 아바이순대도 추천할 만하다. 50여 년의 전통을 자랑한다.

ⓦ 명태회냉면, 물냉면, 아바이순대국밥(각 1만원), 아바이순대, 오징어순대(각 소 1만5천원, 중 2만9천원), 보늠순대(2만9천원)
ⓣ 08:30~19:00(마지막 주문 18:30) – 연중무휴
ⓠ 강원 속초시 아바이마을길 17 (청호동)
☎ 033-632-7828 ⓟ 가능

당근마차 해물포차

속초에서 유명한 해물포차. 신선한 해산물을 비교적 저렴한 가격에 마음껏 먹을 수 있다. 생선구이, 문어연포탕, 조개찜 등이 인기 메뉴며 대게 철에는 대게탕 맛도 일품이다. 반찬으로 나오는 새우장 맛도 좋다. 최근 새 건물로 이전해 정겨운 포장마차 분위기는 다소 사라져 아쉽다는 평. 창가 자리에 앉으면 영금정이 한눈에 보여 운치를 즐길 수 있다.

ⓦ 문어연포탕, 대게찜, 대게탕, 털게찜, 털게탕(각 시가), 모둠생선구이(소 3만원, 대 4만원), 해삼(2만5천원), 모둠해산물(소 3만원, 대 4만원), 새우구이(1만5천원)
ⓣ 13:00~02:00(익일) – 화요일 휴무
ⓠ 강원 속초시 영랑해안길 14 (동명동)
☎ 033-632-3139 ⓟ 가능

대선횟집 생선회

자연산 회와 함께 한 상 가득 차려지는 해산물과 곁들이 음식이 푸짐하다. 호남 지역의 한정식 상차림을 능가한다. 7월~8월은 자연산 횟감이 귀하지만, 참돔과 우럭, 오징어가 제철이고 새치와 도다리, 가자미에 가리비와 멍게, 해삼 등 어패류를 곁들여 동해안의 제철 활어회를 즐길 수 있다. 창문을 통해 동해 바다가 한눈에 들어오는 전망이 뛰어나다.

ⓦ 모둠회(소 12만원, 중 15만원, 대 18만원), 광어회, 우럭회(시가), 스페셜모둠(소 20만원, 중 25만원, 대 30만원, 특대 35만원), 도미, 병어, 농어(각 시가)
ⓣ 10:00~22:00 – 연중무휴
ⓠ 강원 속초시 영랑해안길 12 (동명동)
☎ 033-635-3364 ⓟ 가능

대포면옥 함흥냉면

현지인들이 즐겨 찾는 속초 대포항의 함흥냉면 맛집. 쫄깃한 면발의 명태회냉면이 일품이며, 냉육수와 무채가 함께 나오는데 같이 비벼 먹으면 좋다. 직접 잡은 가자미로 만드는 가자미회도 인기 메뉴다.

ⓦ 명태회냉면, 회막국수(각 1만1천원), 가자미회냉면(1만2천원), 막국수(1만원), 왕만두(9천원), 수육(소 1만5천원, 중 2만7천원, 대 3만2천원)
ⓣ 10:30~16:00/17:00~20:00(마지막 주문 19:30) – 화요일 휴무
ⓠ 강원 속초시 설악산로4번길 163-11 (대포동)
☎ 033-632-6688 ⓟ 가능

도문커피 道門 카페

멋드러진 한옥 건물과 연못, 정원이 어우러진 운치 있는 카페. 시그니처인 도문슈페너와 감주, 미숫가루, 차 등의 음료와 간단한 디저트를 맛볼 수 있다. 2층에도 자리가 마련되어 있다.

ⓦ 아메리카노(6천원), 카페라테(6천7백원), 도문슈페너(7천2백원), 미숫가루(6천7백원), 보늬밤(6천원), 차(6천원), 바질토마토소르베(7천원), 바스크치즈케이크(6천5백원)
ⓣ 11:00~18:00(마지막 주문 17:00) | 토, 일요일 10:00~18:00(마지막 주문 17:00) – 목요일 휴무
ⓠ 강원 속초시 상도문1길 31 (도문동)
☎ 0507-1430-7321 ⓟ 가능(도문농요전수관 앞 주차장 이용)

도문커피

돌고래회센터 생선회

다양한 해산물과 회를 맛볼 수 있는 회센터. 생선회, 해삼, 멍게, 전복 등 다양한 해산물이 들어가는 모둠물회가 인기 있다. 대게세트도 많이 찾는다.

- Ⓦ 물회(1만9천원~3만3천원), 계회세트(19만원), 모둠회(시가), 대게(시가), 매운탕(2인 5만원, 4인 8만원), 오징어순대(1만5천원)
- ⏰ 10:00~21:00 | 토요일 10:00~22:00 – 연중무휴
- 📍 강원 속초시 대포항희망길 49 (대포동)
- ☎ 0507-1354-5256 Ⓟ 가능

동명항생선숯불구이 ✖ 생선구이

속초에서 생선구이로 유명한 곳으로, 다양한 생선숯불구이와 해물된장찌개, 영양돌솥밥이 세트로 나온다. 기본 2인 이상 주문해야 하며, 그날그날 생선의 종류가 달라진다. 영랑호가 한눈에 들어오는 전망이 좋다. 1970년대부터 3대째 맛을 전하고 있다.

- Ⓦ 모둠생선구이(2인 이상, 1인 1만7천원)
- ⏰ 10:30~15:00/17:30~21:00(마지막 주문 20:00) – 화요일 휴무
- 📍 강원 속초시 번영로129번길 21 (동명동)
- ☎ 033-632-3376 Ⓟ 가능

동해순대국집 순댓국 | 순대

50여 년의 전통을 자랑하는 순댓국집. 합리적인 가격으로 든든하게 배를 채울 수 있다. 순댓국에 머릿고기가 듬뿍 들어가며, 주인의 푸근한 인심에서 재래시장의 향수를 느낄 수 있다.

- Ⓦ 순대국밥(1만원), 아바이순대국밥, 오징어순대, 소머리국밥, 순대안주, 오징어순대(각 1만2천원), 돼지내장국밥(1만1천원), 아바이순대(1만3천원) , 오징어순대아바이순대세트, 돼지머리고기, 돼지모둠안주(각 2만3천원), 소머리고기안주(2만8천원), 순대술국(1만5천원), 소머리술국(1만8천원)
- ⏰ 07:00~10:30/11:00~15:30/16:00~20:00 – 화요일 휴무
- 📍 강원 속초시 중앙로129번길 35-17 (금호동)
- ☎ 033-633-1012 Ⓟ 가능

두메산골 ✖ 황태

황태구이 전문점. 부드럽고 포슬포슬한 황태의 참맛을 느낄 수 있으며, 황태국, 황태구이, 명태전이 나오는 황태정식이 대표 메뉴. 맛깔스러운 밑반찬과 함께 오징어젓과 가자미식해를 맛보기 젓갈로 내어 준다.

- Ⓦ 황태정식(2만원), 황태해장국(1만2천원), 황태구이, 더덕구이(각 2만3천원), 오징어순대(2만5천원), 황태찜(소 3만원, 대 4만5천원), 명태전(1만9천원), 메밀전(8천원)
- ⏰ 08:30~15:00/17:00~20:00(마지막 주문 19:30) – 화요일 휴무

- 📍 강원 속초시 관광로 457-11 (노학동)
- ☎ 033-635-2323 Ⓟ 가능

만석닭강정 닭강정

속초중앙시장 내에서 유명한 닭강정집. 항상 줄을 서야 하는 곳으로, 여러 개의 튀김솥에서 계속 닭을 튀겨내고 있다. 주로 포장해서 가져가는 손님들이 많다. 식어도 맛있다는 것이 사람들의 평이다.

- Ⓦ 닭강정(뼈 1만9천원, 순살 2만원), 매운맛(뼈 2만원, 순살 2만1천원), 프라이드치킨(뼈 1만7천원, 순살 1만8천원)
- ⏰ 10:00~20:00 – 연중무휴
- 📍 강원 속초시 청초호반로 72 (조양농)
- ☎ 1577-9042 Ⓟ 가능(협소)

명천명태순대 명태순대 | 오징어순대 | 순대

아바이마을 내에 자리한 순대 전문점. 오징어 속에 찹쌀, 선지 등을 넣은 오징어순대와 명태 속에 내장, 알, 부추 등을 가득 채운 명태순대 등 독특한 함경도식 순대를 맛볼 수 있다. 새콤한 물회도 별미.

- Ⓦ 생선구이(3만원), 모둠순대(소 2만7천원, 중 3만7천원, 대 4만7천원), 모둠순대(소 2만7천원, 중 3만7천원, 대 4만7천원), 명태순대(3만5천원), 순댓국(1만원), 아바이물회(1만5천원), 아바이회냉면, 물냉(각 9천원), 홍게라면, 성게알비빔밥(각 1만5천원), 성게알미역국(1만3천원), 탕탕낙지비빔밥(1만2천원)
- ⏰ 07:00~23:00 – 연중무휴
- 📍 강원 속초시 아바이마을길 11-4 (청호동) 1층
- ☎ 033-638-8893 Ⓟ 가능

몽트비어 Mont Beer 크래프트맥주바

맥주 양조장 겸 펍. 1층에는 양조 시설이 있고, 2층 홀에 좌석이 있으며, 맥주와 곁들이기 좋은 안주 메뉴도 갖추고 있다. 인근 리조트에 놀러 와서 방문하거나 포장해 가는 이들이 많은 편. 맥주 테이크아웃은 11시부터 가능하다.

- Ⓦ 몽트해물야채감바스(2만3천원), 몽트갈릭피자앤샐러드(2만1천원)
- ⏰ 13:30~22:00(마지막 주문 21:30) | 금, 토요일 13:30~23:00(마지막 주문 22:30) – 연중무휴
- 📍 강원 속초시 학사평길 7-1 (노학동)
- ☎ 033-636-9010 Ⓟ 가능

뮤토로스팅플랜트
Muto Roasting Plant 커피전문점

핸드드립 커피가 맛있는 로스터리 카페. 다양한 종류의 핸드드립 커피를 맛볼 수 있다. 1층은 로스팅 및 원두 납품, 판매하는 공장이 있으며 2층은 카페로 구성되어 있다.

- Ⓦ 에스프레소, 아메리카노(각 4천원), 카페라테(4천5백원), 바닐라라테(5천4백원), 핸드드립커피(6천원)

○ 10:00~18:00(마지막 주문 17:20) – 토, 일요일 휴무
Q 강원 속초시 이목로 21–3 (노학동)
☎ 010–9157–1271 Ⓟ 가능

미가 ✖ 황태

황태구이가 맛있는 곳. 정식 메뉴를 시키면 10여 가지 반찬
이 정갈하게 나오며 매콤한 양념이 입맛을 돋운다. 뒷맛이
깔끔한 황태해장국도 인기 메뉴. 주인장이 황태덕장을 직접
운영하고 있어 황태를 따로 구매할 수도 있다.

Ⓦ 황태구이정식(2인 이상, 1인 1만8천원), 더덕구이정식(2인 이
상, 1인 1만9천원), 황태구이(3만2천원), 더덕구이(2만5천원), 황
태해장국, 순두부(각 1만원), 황태+더덕(3만2천원), 어린이황태
국(5천원)
○ 08:00~16:00(마지막 주문 15:30) – 목요일 휴무
Q 강원 속초시 신흥2길 41 (노학동)
☎ 033–635–7999 Ⓟ 가능

봉포머구리집 ✖ 물회 | 생선회 | 해물

물회가 맛있기로 유명한 곳. 성게해삼모둠물회가 인기 메뉴
다. 성게와 해삼 외에도 다양한 해물이 듬뿍 들어 있다. 새
콤달콤한 물회에 국수를 넣어 먹으면 더욱 맛있다.

Ⓦ 모둠물회(2만원), 성게알밥(2만3천원), 멍게비빔밥(1만8천원),
전복회덮밥, 광어회덮밥(각 2만2천원), 전복죽(1만6천원), 오징
어수대(1만5천원), 해삼물회, 전복물회(각 2만5천원), 전복해삼
물회(2만6천원), 모둠회(15만원)
○ 10:00~21:00(마지막 주문 20:15) | 토, 일요일, 공휴일
09:30~21:30(마지막 주문 20:45) – 연중무휴
Q 강원 속초시 영랑해안길 223 (영랑동)
☎ 033–631–2021 Ⓟ 가능

북청닭강정 닭강정

50년 전통의 닭강정 전문점. 닭강정은 매콤한 편이며 살도
통통하다. 닭강정에서 은은한 깻잎 향이 풍기며, 닭강정 종
류도 다양하다. 주문과 동시에 닭강정을 튀겨준다. 닭강정은
가격 대비 양이 푸짐하며, 닭강정 가격도 상대적으로 저렴
한 편이다.

Ⓦ 뼈닭강정(1만9천원), 순살닭강정(2만원), 프라이드(2만원), 프
라이드+강정(2만원), 델리강정(2만1천원)
○ 08:00~21:00 – 명절 휴무
Q 강원 속초시 중앙로147번길 16 (중앙동)
☎ 033–633–0078 Ⓟ 가능

사돈집 ✖ 곰치

물곰탕(곰칫국)으로 유명한 집. 삼척과 마찬가지로 속초에서
도 술 먹은 다음 날 물곰탕으로 해장을 많이 한다. 얼큰하면
서도 시원한 국물에 하얀 생선살이 듬뿍 들어가 있다. 가자
미조림도 별미.

사돈집

Ⓦ 물곰탕(변동), 가자미회무침(2만원), 가자미조림(1만8천원),
가자미구이(2만5천원)
○ 08:00~15:00 – 목요일, 명절 연휴 휴무
Q 강원 속초시 영랑해안길 8 (영랑동)
☎ 033–633–0915 Ⓟ 가능

섭죽마을 ✖ 섭

자연산 홍합인 섭으로 만든 죽이 유명하다. 주 메뉴는 섭죽,
섭해장국, 홍게죽으로 시원한 국물 맛이 일품이다. 해장을
위해 아침부터 사람들이 많이 찾는다.

Ⓦ 홍합(섭)죽, 매운홍합(섭)죽, 홍게죽, 섭해장국(각 1만3천원),
황태해장국(1만원)
○ 07:00~16:00(마지막 주문 15:30) – 명절 당일 휴무
Q 강원 속초시 관광로 352 (노학동)
☎ 033–635–4279 Ⓟ 가능

소야삼교리동치미막국수 ✖ 막국수 | 수육

속초시에서 막국수로 유명한 곳이다. 동치미 육수를 사용하
여 새콤하면서도 구수한 맛을 느낄 수 있다. 양념장이 따로
나와 취향에 따라 비빔막국수로 즐길 수 있다.

Ⓦ 막국수(9천원), 메밀전(8천원), 사리추가(3천원), 수육(소 2만
3천원, 대 2만9천원), 메밀전병(7천원), 메밀만두(6천원)
○ 10:30~15:00/17:00~20:00(마지막 주문 19:30) – 연중무휴
Q 강원 속초시 청초호반로 76 (조양동)
☎ 033–633–1228 Ⓟ 가능

속초강동호식당 일반한식

제철 생대구로 만든 대구탕으로 유명한 곳. 푹 끓인 대구탕
은 국물이 시원하고 대구살은 통통하다. 홍게살을 게장에
무친 반찬과 다른 나물 반찬도 정갈하다.

Ⓦ 물곰탕(2인 이상, 1인 2만3천원), 대구탕(2인 이상, 1인 2만
원), 골뱅이무침(3만원), 가자미조림(소 3만5천원, 대 4만원)
○ 08:00~15:00(마지막 주문 14:55) – 첫 번째, 두 번째 화요일
휴무
Q 강원 속초시 만천1길 16–1 (교동) 1층
☎ 033–631–2252 Ⓟ 가능

속초생대구 ✕ 대구

동명항 인근에 있는 대구 전문점. 생대구전, 생대구탕 등 대구로 만든 요리를 다양하게 맛볼 수 있다. 대구탕은 미나리를 듬뿍 넣어서 고춧가루를 넣지 않고 맑게 끓이는 스타일로, 해장에도 좋다. 곤이를 넣은 이리전도 별미다.

- Ⓦ 생대구탕(2만3천원), 생대구전(3만원)
- 🕐 10:00~14:30/17:00~20:00(마지막 주문 19:00) | 토, 일요일 08:30~14:30/17:00~20:00(마지막 주문 19:00) – 화요일 휴무
- 🔍 강원 속초시 영랑해안3길 14 (영랑동)
- ☎ 033–636–9774 Ⓟ 가능

속초생대구

송도물회 ✕ 가자미 | 물회 | 생선회

자연산 가자미회를 전문으로 하는 곳. 물회는 가자미와 오징어를 주재료로 하여 무와 배, 초고추장을 넣고 비벼 새콤달콤한 맛이 일품이다. 해녀들이 전복을 잡아온 날에는 전복회도 맛볼 수 있다.

- Ⓦ 가자미회(소 3만원, 중 4만원, 대 5만원, 특대 6만원), 물회(1만5천원), 멍게, 해삼(각 소 3만원, 중 4만원, 대 5만원), 우럭매운탕, 장치매운탕(각 3만원)
- 🕐 09:00~15:00/17:00~21:00 – 화요일 휴무
- 🔍 강원 속초시 중앙부두길 63 (중앙동)
- ☎ 033–633–4727 Ⓟ 가능

송원면옥 ✕ 함흥냉면 | 수육

50여 년 전통의 냉면집으로, 함흥냉면을 전문으로 한다. 맵지도 달지도 않은 냉면이 일품이다. 수육도 별미인데, 일반 보쌈용 무김치가 아니라 명태회무침과 함께 싸먹는다. 실내 분위기도 깔끔한 편이다.

- Ⓦ 냉면, 갈비탕, 육개장, 소머리국밥, 사골우거지(각 1만1천원), 메밀만두(8천원), 수육(중 2만5천원, 대 3만원)
- 🕐 11:00~15:00/16:30~20:00 – 화요일 휴무
- 🔍 강원 속초시 미리내1길 9 (청호동)
- ☎ 033–631–2526 Ⓟ 가능

신다신 순댓국 | 순대 | 평양냉면

찹쌀이 많이 들어가 찰지면서 고소한 아바이순대와 함흥식 냉면 맛이 좋다. 냉면은 입맛에 따라 가자미회와 명태회를 선택해 즐길 수 있다. 가리국밥은 함경도 전통음식으로, 사골국물에 묵은지 김치와 고사리, 콩나물, 소고기 등을 넣어 비벼 먹는다. 70년 전통을 자랑한다.

- Ⓦ 아바이순대(소 1만6천원, 중 2만8천원), 오징어순대(소 1만7천원, 중 3만원), 모둠순대(3만원), 함흥냉면(1만1천원), 가리국밥(1만2천원), 아바이순댓국(1만1천원)
- 🕐 09:00~19:00(마지막 주문 18:30) – 화요일 휴무
- 🔍 강원 속초시 아바이마을길 22 (청호동)
- ☎ 033–633–3871 Ⓟ 가능

아루나 aruna 카페

속초 해안가에 위치한 모던한 디자인의 카페. 통창으로 된 창문과 옥탑을 통해 속초 앞바다를 한눈에 담을 수 있다. 디저트도 여러 가지 준비되어 있다.

- Ⓦ 에스프레소(4천5백원), 아메리카노(핫 4천5백원, 아이스 5천원), 클래식라테(핫 5천원, 아이스 5천5백원), 에이드(6천원), 진저레몬(5천원), 카스텔라모치(2천5백원)
- 🕐 09:00~19:00(마지막 주문 18:30) – 연중무휴
- 🔍 강원 속초시 청호해안길 85 (청호동)
- ☎ 없음 Ⓟ 가능

아바이식당 순대 | 오징어순대

오징어 몸통에 내장과 다리를 잘게 썰어 속을 채운 오징어순대와 돼지내장으로 속을 채운 아바이순대가 유명하다. 이북에서 내려온 사람들이 정착해서 만든 식당 중 하나로, 50년 가까운 전통을 자랑한다.

- Ⓦ 아바이순대(소 1만5천원, 중 2만5천원, 대 3만5천원), 오징어순대(소 2만원, 중 3만원, 대 4만원), 모둠순대(소 2만5천원, 중 3만5천원, 대 4만5천원), 아바이순댓국(8천원)
- 🕐 08:00~20:00 – 토, 일요일 휴무
- 🔍 강원 속초시 아바이마을1길 3–1 (청호동)
- ☎ 033–635–5310 Ⓟ 불가

양반댁함흥냉면 함흥냉면

고구마 전분만으로 뽑은 면을 선보이는 냉면 전문점. 화학 조미료가 첨가되지 않은 냉면의 육수는 소고기 사태와 각종 채소를 4시간 동안 끓이고, 고추씨를 더해 뒷맛의 매콤함과 감칠맛을 살리는 과정을 통해 만들어졌다. 신선한 명태회를 얹은 명태회함흥냉면이 대표 메뉴다.

- Ⓦ 함흥냉면, 물냉면(각 1만1천원, 곱빼기 1만2천원), 수육(3만원), 편육(2만8천원)
- 🕐 10:00~20:00(마지막 주문 19:30) – 화요일 휴무
- 🔍 강원 속초시 청초호반로 302 (금호동)
- ☎ 033–636–9999 Ⓟ 가능

에이플레이스 **A PLACE** 카페

속초해수욕장이 한눈에 내다보이는 곳에 자리한 카페로, 부드러운 라테와 레몬에이드, 시원한 맥주 등 다양한 음료를 맛볼 수 있는 곳이다. 2층과 3층은 펜션으로 운영되며, 1층과 옥탑은 카페로 운영된다.

- Ⓦ 에스프레소, 아메리카노(각 4천5백원), 카페라테(5천원), 미네스트로네(6천원), 햄&치즈파니니(9천원), 퍼지브라우니타르트, 스모키치즈케이크(각 6천원)
- Ⓛ 09:30~19:00 | 토, 일요일 11:00~19:00 – 연중무휴
- Ⓠ 강원 속초시 청호해안길 31 (조양동)
- ☎ 033-635-4371 Ⓟ 가능

영금정생선조림 회국수 | 생선구이 | 생선조림

자극적이지 않은 양념과 신선한 생선이 조화를 이루는 담백하고 개운한 맛의 생선조림이 맛있다. 막회를 썰어 넣은 회국수도 자랑거리다. 창밖으로 바다가 보이는 전망이 좋다.

- Ⓦ 가자미조림, 회무침(각 소 4만원, 중 4만원, 대 5만원), 물곰탕, 생대구탕(각 시가), 생선구이(2만원)
- Ⓛ 06:00~ 21:00 – 연중무휴
- Ⓠ 강원 속초시 영랑해안길 191 (영랑동)
- ☎ 033-636-9922 Ⓟ 가능

오봉식당 백반 | 홍게

푸짐한 홍게백반을 맛볼 수 있는 곳. 백반에는 맛깔스러운 밑반찬과 함께 홍게가 들어간 홍게된장국이 나온다. 홍게다리살과 몸통이 넉넉하게 들어가 있으며 시원한 맛이 좋다. 홍게를 넣은 라면과 매콤한 홍게장칼국수도 별미.

- Ⓦ 홍게골뱅이전골(소 2만5천원, 중 3만5천원, 대 4만5천원), 홍게삼겹살볶음(1만3천원), 홍게백반(1만2천원), 홍게칼국수(9천원), 홍게라면(8천원)
- Ⓛ 08:30~21:00 – 연중무휴
- Ⓠ 강원 속초시 중앙로 398 (장사동)
- ☎ 033-633-7376 Ⓟ 불가

원산면옥 元山麵屋 만두 | 함흥냉면 | 수육

함흥냉면을 전문으로 하는 곳. 냉면 위에는 잘 삭힌 명태를 맛깔스럽게 양념한 명태회가 올라가며, 돼지고기편육이나 수육, 찐만두 등을 곁들여도 좋다. 30여 년 동안 변함없는 맛을 자랑한다.

- Ⓦ 함흥냉면(1만1천원, 곱빼기 1만2천원), 물냉면(1만1천원, 곱빼기 1만2천원), 찐만두(9천원), 돼지고기수육(2만8천원), 소고기수육(3만5천원)
- Ⓛ 10:00~17:00(마지막 주문 16:40) – 화요일 휴무
- Ⓠ 강원 속초시 중앙로 91-6 (청학동)
- ☎ 033-633-8838 Ⓟ 가능

원조재래식할머니순두부 ✕ 황태 | 두부 | 순두부

순두부 전문점으로, 바닷물을 가져와 간수로 사용하기 때문에 따로 양념하지 않아도 간이 맞고 부드러운 것이 특징이다. 모든 메뉴에는 순두부가 조금씩 딸려 나오는 것이 특징. 50여 년의 전통을 자랑한다.

- Ⓦ 순두부백반, 황태해장국, 모두부, 도토리묵, 메밀전병(각 1만2천원), 두부전골(소 3만5천원, 대 5만5천원), 두부조림(2만5천원), 황태구이(2마리 3만원)
- Ⓛ 08:00~18:00 – 수요일 휴무
- Ⓠ 강원 속초시 원암학사평길 177 (노학동)
- ☎ 033-635-5438 Ⓟ 가능

원조털보네토종닭 ✕ 닭백숙 | 오리백숙

닭을 바로 잡아서 끓여주는 닭백숙으로 유명한 곳. 능이버섯을 넣고 진하게 끓인 능이백숙과 엄나무백숙이 인기 메뉴다. 보약같이 진한 국물 맛이 일품. 백숙을 다 먹고 나오는 죽에 남은 닭고기 살을 찢어 넣어 먹어도 좋다. 조리하는 데 시간이 걸리므로 1시간 전 예약하고 방문할 것을 추천한다.

- Ⓦ 능이오리백숙, 옻오리백숙(각 9만5천원), 엄오리백숙, 능이백숙, 오리볶음탕(각 9만원), 엄백숙, 닭볶음탕(각 8만5천원)
- Ⓛ 10:30~21:00(미지막 주문 19:00) 월, 목요일 휴무
- Ⓠ 강원 속초시 청대마을길 100 (조양동)
- ☎ 033-636-3500 Ⓟ 가능

이모네식당 ✕ 가오리 | 대구 | 생선찜

모둠생선찜을 전문으로 하는 곳. 모둠생선찜에는 가오리, 명태, 도루묵, 갈치 등 그날 들어온 싱싱한 생선이 들어간다. 생선찜은 나오기까지 시간이 걸리기 때문에 미리 주문해 놓는 것도 좋은 방법이다.

- Ⓦ 생선모둠찜, 대구머리찜(각 소 4만5천원, 중 5만5천원, 대 6만5천원), 가오리찜(소 5만원, 중 6만원, 대 7만원)
- Ⓛ 10:00~15:00/17:00~19:00(마지막 주문 18:00) – 수요일, 명절 휴무
- Ⓠ 강원 속초시 영랑해안6길 16 (영랑동)
- ☎ 033-637-6900 Ⓟ 가능(협소)

이조면옥 함흥냉면 | 수육

명태를 북어처럼 말린 후 맵고 달콤한 양념으로 버무려 고명으로 얹은 비빔냉면 맛이 일품이다. 취향에 따라 차가운 육수를 냉면에 부어 먹어도 좋다. 수육을 명태회무침에 얹고 백김치로 싸 먹으면 잘 어울린다.

- Ⓦ 냉면, 갈비탕, 육개장(각 1만1천원), 막국수(1만원), 수육(2만8천원)
- Ⓛ 10:00~20:00(마지막 주문 19:40) – 화요일 휴무
- Ⓠ 강원 속초시 동해대로 3887 (조양동)
- ☎ 033-632-3181 Ⓟ 가능

일출봉횟집 ✖ 생선회 | 대게

속초 대포동에서 유명한 횟집. 신선한 자연산 회와 물회 등을 맛볼 수 있다. 회를 시키면 여러 가지 해산물이 함께 나온다. 특히 대게와 신선한 생선회로 구성된 게+회 세트 메뉴가 추천할 만하다. 4층 단독 건물로 이전하며 전망이 더욱 좋아졌다.

Ⓦ 모둠회(소 10만원, 중 15만원, 대 18만원, 특대 20만원), 스페셜모둠회(소 16만원, 중 20만원, 대 25만원, 특대 30만원), 게+회세트(소 18만원, 중 28만원, 대 32만원, 특대 35만원), 광어+우럭(양식)(소 12만원, 중 15만원, 대 18만원), 아바이물회(2인 4만8천원)
Ⓣ 10:00～22:00(마지막 주문 21:00)| 토, 일요일 10:00～23:00 – 연중무휴
Ⓠ 강원 속초시 해오름로 77 (대포동)
☎ 033-635-2222 Ⓟ 가능

점봉산산채식당 ✖ 산채정식 | 산채비빔밥

산채의 천국이라 할 수 있는 점봉산 깊은 산골짜기에서 채취한 산채의 진수를 모아놓은 곳이다. 상에 오르는 산채수는 약 20가지로, 다양한 산채를 즐길 수 있다. 얼레지, 취나물, 표고버섯, 목이버섯, 박쥐나물, 노란 동백, 산당귀, 참나물, 물푸레나무, 고비 등에서 풍겨나는 향기가 일품이다. 우산나물이나 당귀잎, 단풍취에 쌈을 싸서 된장을 약간 얹어 먹으면 좋다.

Ⓦ 점봉산산채정식(2인 이상, 1인 2만원), 산더덕구이(3만원), 산나물전, 도토리묵(각 1만5천원), 솔향고추장철판삼겹살(4만원), 버섯들깨해장국(1인 2만원)
Ⓣ 09:00～20:30(마지막 주문 19:50) – 연중무휴
Ⓠ 강원 속초시 이목로 132 (노학동)
☎ 033-636-5947 Ⓟ 가능

정든식당 ✖ 칼국수

고추장을 넣어 만드는 장칼국수가 유명한 곳. 청양고추를 넣으면 더욱 칼칼한 맛이 난다. 손으로 직접 면을 만들기 때문에 두께가 일정하지 않고 굵은 편이지만 쫄깃한 맛이 일품이다. 반죽이 떨어지면 영업시간과 상관 없이 문을 닫는다고 하니 전화 확인 후 방문하는 것이 좋다.

Ⓦ 장칼국수(9천원), 손칼국수(8천원), 장칼제비(1만원), 장만둣국밥(9천원), 귀음만두(4천원)
Ⓣ 10:00～15:00/16:30～19:00(마지막 주문 18:30)| 토, 일요일 10:00～15:00(마지막 주문 14:30) – 월요일 휴무
Ⓠ 강원 속초시 번영로105번길 39 (동명동)
☎ 033-631-1287 Ⓟ 가능

진양횟집 ✖ 오징어 | 순대

속초의 명물인 오징어순대 전문점. 오징어를 통째로 다듬어 씻고 그 속에 찹쌀과 무청, 당근, 양파, 깻잎 등을 넣어 쪄낸다. 60년 넘는 역사를 자랑하는 곳.

Ⓦ 오징어순대(1마리 1만5천원, 2마리 2만8천원), 진양물회, 세꼬시물회, 성게비빔밥(각 1만7천원), 오징어순대+먹물순대(2만9천원), 전복물회(2만3천원), 특물회(2만8천원), 산오징어물회(2만5천원), 명란성게비빔밥, 전복죽(각 2만원), 해초명란비빔밥, 회덮밥(각 1만5천원), 고등어구이(1만3천원), 생대구맑은탕(소 4만원, 중 5만원, 대 6만원)
Ⓣ 11:00～22:00 – 연중무휴
Ⓠ 강원 속초시 청초호반로 318 (중앙동)
☎ 033-635-9999 Ⓟ 가능(진양횟집 뒤편에 주차)

초당순두부집 ✖ 두부

학사평 순두부촌 일대에서 가장 오래된 순두부 전문점으로, 콩비지 장에 나물을 곁들여 먹는 것이 특징이다. 재래식 공정으로 만든 두부는 고소한 맛이 으뜸이며 두부를 만들 때 생기는 비지에 여러 가지 양념을 한 비지장이 별미다.

Ⓦ 순두부, 황태해장국(각 1만1천원), 얼큰순두부, 청국장(각 1만2천원), 감자전, 메밀전병, 모두부, 도토리묵(각 1만2천원), 순두부전골, 두부전골, 황태전골(각 소 3만5천원, 대 4만5천원)
Ⓣ 07:00～16:00 – 연중무휴
Ⓠ 강원 속초시 원암학사평길 104 (노학동)
☎ 033-635-5523 Ⓟ 가능

최옥란할머니순두부 ✖ 두부 | 순두부

학사평 순두부촌의 토박이로, 재래식 손맛이 그대로 살아 있다. 순두부 맛의 비결은 순수 국산 콩만 사용하고 간수 대신에 오염되지 않은 청정 바닷물을 끓여 사용하는 것이라고 한다. 분위기 있는 별장식 통나무집으로 되어 있다.

Ⓦ 초당순두부(1만2천원), 황태해장국, 얼큰순두부, 산채비빔밥(각 1만3천원), 황태구이정식(1만9천원), 모두부김치(반모 1만원, 한모 1만8천원), 옥란정식(2인 5만원), 감자전, 도토리묵(각 1만3천원), 황태양념구이, 오징어순대(각 2마리 2만8천원), 두부전골, 두부조림(4만5천원), 한우불고기(5만원)
Ⓣ 06:50～19:50(마지막 주문 19:00) – 연중무휴
Ⓠ 강원 속초시 관광로 415 (노학동)
☎ 033-635-0322 Ⓟ 가능

춘선네 ✖✖ 곰치 | 생선매운탕

푸짐하고 양이 많은 곰칫국(물곰탕)으로 유명하다. 비린내가 없고, 육질이 담백하고 연해 숟가락으로 떠먹기 좋다. 해장국으로도 많이 찾는다. 곰치는 겨울에만 잡히는 생선으로, 여름에는 먹기 어렵다. 예전에는 옥미식당이라는 이름으로 널리 알려진 곳이기도 하다.

Ⓦ 곰칫국(4만원), 가자미조림, 도치알탕, 대구탕(각 4만원), 도

루묵찌개(3만5천원), 세꼬시회(3만원)
- ⓣ 07:00〜22:00 – 연중무휴
- ⓠ 강원 속초시 청초호반로 230 (교동)
- ☎ 033-635-8052 ⓟ 가능

카페소리 MUSIC CAFE SORI 카페 | 북카페

설악산 울산바위 뷰를 볼 수 있는 뮤직 카페. 복합문화공간
인 설악산책 2층에 위치해 있으며, 1층에는 북카페가 있다.
층고가 높고 좌석이 넉넉해 음악을 들으면서 전망을 즐기거
나 책을 읽으며 시간을 보내기 좋은 곳.
- ⓦ 아메리카노(5천5백원), 카페라테(6천원), 캐러멜마키아토(6
천5백원), 드립커피(1만원), 콜드브루(6천원), 티(6천5백원〜7천
원)
- ⓣ 09:00〜20:00 | 일요일 09:00〜18:00 – 둘째, 넷째 주 월요
일 휴무
- ⓠ 강원 속초시 관광로 439 (노학동)
- ☎ 033-638-4080 ⓟ 가능

한산횟집 생선회

회를 시키면 성게, 비단멍게, 오징어, 새우, 골뱅이 등 해산
물이 함께 나온다. 곱게 간 광어 뼈와 각종 양념을 버무려
쌈장처럼 만든 것이 특징. 이어서 오싱어순내와 가사비튀
김, 날치알 등이 나오고 오징어 통찜과 생선찜 등도 나온다.
하얀 순두부와 고소한 콩비지찌개도 별미다.
- ⓦ 모둠회(각 소 12만원, 중 15만원, 대 18만원, 특대 20만원), 자
연산스페셜(각 소 18만원, 중 20만원, 대 25만원, 특대 30만원),
잡어물회(2만원)
- ⓣ 10:00〜22:00 – 연중무휴
- ⓠ 강원 속초시 장사항해안길 23 (장사동)
- ☎ 033-633-5566 ⓟ 가능

한성면옥 함흥냉면 | 수육

3대에 걸친 냉면집. 직접 반죽한 면을 사용하여 냉면을 만
든다. 반죽을 치대는 세기와 국수를 삶는 시간에 따라 면의
쫄깃한 맛이 결정된다. 육수는 소 뼈를 사흘 동안 푹 고아
만든 진한 국물에 20여 가지 재료를 넣어 우려낸다. 회냉면
에는 맵고 톡 쏘는 명태포가 고명으로 올라간다.
- ⓦ 명태회냉면, 물냉면(각 기본 1만1천원, 대 1만2천원), 명태회
+골뱅이회냉면(기본 1만5천원, 대 1만6천원), 수육(소 2만5천원,
대 3만5천원)
- ⓣ 10:30〜15:30/17:00〜18:40(마지막 주문 18:20) – 연중무휴
- ⓠ 강원 속초시 밤골5길 28 (교동)
- ☎ 033-635-1118 ⓟ 가능(협소)

함흥냉면옥 ✖ 함흥냉면 | 수육

함흥냉면이라고도 하는 회냉면을 처음으로 시작한 원조집.
탱탱하고 질기게 씹히는 면발이 좋으며 새콤하게 무친 명

태회가 올라간다. 양념은 약간 세다 싶을 정도로 진한 편이
며, 여기에 식초와 겨자를 곁들여 먹어도 좋다. 주방은 밖에
서도 면을 뽑는 모습을 볼 수 있도록 오픈해 놓았다. 70년이
넘는 역사를 자랑하는 곳으로, 함흥에서 피난 내려와서 처
음 가게를 차린 주인은 작고했지만, 대를 이어 성업 중이다.
- ⓦ 함흥냉면, 물냉면(각 1만2천원), 곱빼기 1만3천원), 손찐만두(8
천원), 돼지고기수육(2만8천원), 소고기수육(3만5천원), 갈비탕(1
만3천원), 만두전골(3만5천원), 육개장(1만2천원)
- ⓣ 10:30〜20:30(마지막 주문 20:00) | 동절기(12월〜3월) 월,
화, 수요일 10:30〜16:00 – 목요일 휴무
- ⓠ 강원 속초시 청초호반로 299 (금호동) 1층
- ☎ 033-633-2256 ⓟ 가능

형제닭집 닭강정

만석닭강정과 양대산맥을 이루는 닭강정 전문점으로, 50여
년의 전통이 있는 곳이다. 닭강정에 양념이 잔뜩 묻어 있지
만, 눅눅하지 않고 바삭바삭하다. 닭강정에 깨, 땅콩, 청양고
추가 많이 들어가 고소하면서도 매콤하다.
- ⓦ 닭강정, 프라이드치킨(각 1만8천원), 순살닭강정, 순살프라이
드치킨(각 1만9천원)
- ⓣ 07:30〜20:30 – 연중무휴
- ⓠ 강원 속초시 중앙로129번길 40 (중앙동)
- ☎ 033-633-3293 ⓟ 가능

후포식당 ✖ 생선조림 | 생선매운탕

속초에서 오래된 생선요리 전문점. 생선조림과 매운탕을 잘
한다. 현지인이 주로 찾는 곳으로, 양도 푸짐하고 반찬도 깔
끔하게 나온다. 담백하게 끓인 지리탕 종류도 인기다.
- ⓦ 조림(소 2만5천원, 중 3만원, 대 4만원), 회무침(1만〜1만5천
원), 장치찜(소 3만원, 대 4만원), 생태, 대구지리탕(각 4만원),
도루묵찌개, 도치알탕(각 3만원), 도치숙회, 문어(각 1만5천원),
물회(1만원), 회덮밥(7천원)
- ⓣ 08:30〜21:00 – 연중무휴

강원도 양구군

광치막국수 막국수 | 전

막국수와 감자전, 민들레전이 맛있는 곳. 주문 즉시 반죽하여 면을 뽑는 것이 특징이며 육수와 양념장이 조화를 이룬다. 민들레에 각종 채소를 더해 부친 민들레전은 쌉싸름한 맛이 일품이다. 이 외에도 두부구이, 감자옹심이, 감자전, 도토리옹심이를 넣은 임자탕 등 강원 토속 음식을 다양하게 즐길 수 있다.

ⓦ 막국수(8천원), 감자전(9천원), 민들레전(1만원), 편육(250g 1만8천원)

ⓣ 11:00~17:00 | 토, 일요일 11:00~19:00 – 월요일 휴무

ⓠ 강원 양구군 국토정중앙면 남동로 34-7

☎ 033-481-4095 ⓟ 가능

도촌막국수 막국수

광치막국수와 함께 양구에서 유명한 막국수 전문점. 아직 관광객의 때가 묻지 않은 강원 깡촌의 막국수를 맛볼 수 있다. 잘 삶은 편육을 곁들여도 좋다. 도토리묵과 감자전(감자부침)의 맛도 시골의 맛이다.

ⓦ 막국수(8천원, 곱빼기 1만원), 편육(2만원), 감자부침, 메밀전병, 메밀왕만두(각 7천원), 도토리묵(8천원), 메밀옹심이칼국수(2인 이상, 1인 1만6천원), 메밀옹심이칼국수(2 1인 1만8천원)

ⓣ 10:00~19:00 – 첫 번째, 두 번째, 세 번째 월요일 휴무

ⓠ 강원 양구군 남면 국토정중앙로 6

☎ 033-481-4627 ⓟ 가능

석장골오골계숯불구이 오골계

충남 논산에서 직접 키운 오골계 중 지방이 적은 60~70일 된 영계를 사용한다. 양념한 오골계숯불구이와 오골계백숙이 특히 맛있다. 일반 닭보다 담백하고 쫄깃하다. 식사 마무리로 나오는 오골계탕도 별미다.

ⓦ 오골계숯불구이(1마리 5만원), 오골계백숙, 오골계볶음탕(각 1마리 6만원)

ⓣ 12:00~21:00(마지막 주문 20:00) – 연중무휴

ⓠ 강원 양구군 양구읍 양록길23번길 16-7

☎ 033-482-0801 ⓟ 가능

아인53카페 CAFE AIN53 카페

자연을 내다볼 수 있는 좋은 전망의 카페로, 커피를 비롯해 에이드, 생과일주스 등 다양한 음료를 선보이고 있다. 세 가지의 오픈 샌드위치와 샐러드를 포함한 브런치 메뉴는 오후 2시까지 맛볼 수 있으며, 감각적으로 꾸민 인테리어가 분위기를 더한다. 2층은 노키즈존으로 운영된다.

ⓦ 에스프레소(4천원), 아메리카노(4천원~4천5백원), 카페라테(5천원), 브런치(9천5백원~1만7천5백원), 피낭시에(2천2백원), 아인브레드(1만원)

ⓣ 10:30~21:00 | 동절기 10:00~19:00 | 토요일 10:00~20:00 – 일요일 휴무

ⓠ 강원 양구군 양구읍 성곡로 200-1

☎ 010-4115-5002 ⓟ 가능

월운막국수 막국수 | 수육

막국수와 수육이 맛있는 곳. 채소와 김, 달걀이 들어간 막국수는 양념이 자극적이지 않고 깔끔하여 맛이 좋다. 비계와 살코기의 비율이 좋아 식감이 남다른 편육도 별미. 고소한 녹두전을 곁들여도 좋다.

ⓦ 막국수(8천원, 곱빼기 9천원), 녹두전(7천원), 편육(1만3천원), 도토리묵무침(1만1천원)

ⓣ 10:00~20:00 – 비정기적 휴무

ⓠ 강원 양구군 동면 금강산로 1873-4

☎ 033-481-0076 ⓟ 가능

장수오골계숯불구이 오골계 | 옻닭

오골계 숯불구이, 오리구이, 옻닭 등을 선보이는 건강 보양식 전문점. 뼈까지 검은 오골계를 숯불에 구워 기름기 없이 담백한 맛을 즐길 수 있다. 구이 메뉴를 주문하면 오리탕, 오골계탕 등의 탕 메뉴가 함께 나온다.

ⓦ 오골계숯불구이(5만원), 오골계볶음탕, 오골계옻백숙(각 6만원), 오리옻백숙, 오리숯불구이, 토종닭옻백숙, 토종닭볶음탕(각 7만원)

ⓣ 12:00~22:00 – 둘째, 넷째 주 월요일 휴무

ⓠ 강원 양구군 양구읍 양록길23번길 6-17

☎ 033-481-8175 ⓟ 가능

강원도 양양군

각두골 닭백숙

주전골 계곡 인근에 자리한 한방백숙으로 유명세를 떨치는 곳. 마당에 풀어 기른 닭으로 만든, 각종 약초와 버섯을 넣은 바디감 두터운 국물의 푹 고아낸 백숙이 일품이다. 직접 채취한 산나물로 만든 반찬과 약초로 만든 술도 빼놓을 수 없다.

- Ⓦ 약초능이백숙정식, 약초산만삼백숙정식, 약초백하수오백숙정식(각 9만원), 약초산잔대백숙, 약초산더덕백숙정식, 약초산더덕백숙정식, 약초닭볶음탕(각 8만원)
- ⏱ 09:00~19:00(마지막 주문 17:30) – 비정기적 휴무(전화 확인)
- 🔍 강원 양양군 서면 설악로 1111–10
- ☎ 0507–1466–314 Ⓟ 가능

감나무식당 황태

시원한 황태국밥을 선보이는 곳. 고소하면서도 담백한 황태국밥과 칼칼한 황태해장국이 대표 메뉴다. 가자미구이와 황탯국이 함께 나오는 백반도 가격 대비 만족도가 높다. 여럿이 방문한다면 황태전골도 추천한다.

- Ⓦ 송이황태국밥, 송이황태해장국(각 1만9천원), 황태국밥, 황태해장국(각 1만2천원), 황태구이(1만5천원), 황태전골(중 4만원, 대 5만원), 버섯불고기(2인 이상, 1인 2만원), 제육볶음(2인 이상, 1인 1만5천원)
- ⏱ 07:00~15:00(마지막 주문 14:30) – 목요일 휴무
- 🔍 강원 양양군 양양읍 안산1길 73–6
- ☎ 033–672–3905 Ⓟ 가능

그린생칼국수 칼국수

송이칼국수가 맛있기로 유명한 곳. 깔끔한 국물과 면, 송이향이 어우러진다. 직접 담근 고추장으로 칼칼한 맛을 낸 장칼국수도 단연 별미며, 오동통한 홍합이 듬뿍 들어간 홍합칼국수도 추천할 만하다.

- Ⓦ 송이칼국수(1만2천원), 홍합장칼국수(9천원), 홍합칼국수, 장칼국수(각 8천원), 손칼국수(7천원), 감자전(1만원)
- ⏱ 10:00~19:00 – 두 번째, 네 번째 수요일 휴무
- 🔍 강원 양양군 양양읍 남문5길 10
- ☎ 033–671–5694 Ⓟ 가능

남설악식당 더덕 | 산채비빔밥 | 산채정식

한 상 가득 차려지는 산채정식이 맛있기로 유명한 곳. 황태와 더덕구이와 묵무침, 감자전, 산나물 등 강원 별미를 한자리에서 맛볼 수 있다. 직접 담근 된장으로 끓인 된장찌개도 맛깔나다. 모든 정식 메뉴는 2인 이상

- Ⓦ 남설악정식(2인 이상, 1인 1만5천원), 약수돌솥밥정식, 약수곤드레돌솥밥정식(각 2인 이상, 1인 2만원), 된장산채백반, 산채돌솥비빔밥(각 1만원), 표고찌개백반(1인 1만2천원), 두부전골(3만5천원)
- ⏱ 09:00~20:00 | 토, 일요일 07:00~21:00 – 연중무휴
- 🔍 강원 양양군 서면 대청봉길 58–45
- ☎ 033–672–3159 Ⓟ 가능

닌베 仁部 카페 | 빙수

양양 양리단길 빙수 맛집이다. 일본식 빙수로 유명하지만 팥, 떡 모두 양양 카페에서 직접 만들어 정갈한 맛은 한국식이다. 우유를 얼려 곱게 갈았으며, 팥, 고물, 떡을 따로 한상차림으로 차려내어주는 필크 팥빙수가 서퍼들의 더위를 식혀준다.

- Ⓦ 밀크팥빙수(1만2천원), 녹차팥빙수, 초코빙수(각 1만3천원), 에스프레소(3천5백원), 아메리카노(4천원), 카페라테(4천5백원), 밤양갱세트(8천원)
- ⏱ 11:00~17:00(마지막 주문 16:30) – 화, 수요일 휴무
- 🔍 강원 양양군 현남면 인구항길 6
- ☎ 070–4090–7720 Ⓟ 불가

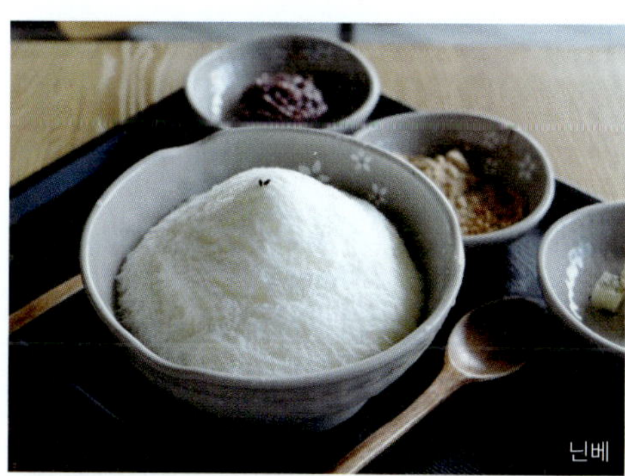
닌베

단양면옥 막국수 | 함흥냉면 | 수육

100년에 걸쳐 3대째 내려오는 전통 있는 집이다. 메밀가루에 감자 또는 고구마 전분을 섞어 반죽한 후 뽑아내는 막국수와 냉면이 별미다. 냉면 사리에 가자미회무침을 얹어주는 함흥식 회냉면도 좋다. 메밀막국수는 평양식, 전분냉면은 함흥식이다.

- Ⓦ 가자미함흥회냉면, 회비빔막국수(각 1만1천원), 함흥물냉면, 물막국수(각 1만원), 수육(3만원)
- ⏱ 11:00~19:00 – 월요일 휴무
- 🔍 강원 양양군 양양읍 남문6길 3 1층
- ☎ 033–671–2227 Ⓟ 불가(양양전통시장 공영주차장 이용)

돌바우횟집 ✕ 세꼬시 | 생선회 | 물회

자연산 회를 전문으로 내는 곳. 회의 선도가 좋으며 닭새우
와 같은 자연산 어종도 다양하게 만날 수 있다. 시원한 조개
탕으로 식사를 시작해서 칼칼한 매운탕으로 마무리한다. 신
선한 해산물도 단연 추천할 만하다.

ⓦ 모둠회(소 10만원, 중 12만원, 대 15만원, 특대 20만원), 도다
리, 자연산광어(각 시가) 매운탕(소 3만원, 대 5만원), 물회(잡어
2만원, 전복만 2만8천원)
ⓒ 12:00~15:00(마지막 주문 14:00)/17:30~21:00(마지막 주문
19:00) – 화요일, 명절 당일 휴무
ⓠ 강원 양양군 현남면 매바위길 51
☎ 033-671-7537 ⓟ 가능

돌바우횟집

동해막국수 ✕ 막국수

메밀막국수를 맛볼 수 있는 곳으로, 시원하면서도 진한 육
수가 일품이다. 채썬 무와 당근이 올라가는 것이 특징이며,
면은 쫄깃하고 찰기가 살아 있다. 육수는 동치미 국물과 고
기 국물을 섞어서 만드는데, 고기 국물 맛이 좀 더 강하다.
수육을 곁들여도 좋다.

ⓦ 물막국수, 비빔막국수(각 1만원), 수육(소 200g 2만3천원, 대
300g 3만원)
ⓒ 09:30~18:00(마지막 주문 17:30) | 금, 토요일
09:30~19:00(마지막 주문 18:30) – 화요일 휴무
ⓠ 강원 양양군 현남면 동해대로 54
☎ 033-671-7117 ⓟ 가능

등불 소고기구이 | 소불고기 | 송이

양양군 일대에서 나는 한우를 그날그날 들여와 숙성고에 걸
어 놓고, 주문한 만큼만 즉석에서 손질해 낸다. 숯불에 구워
먹는 고기 맛이 일품이며 찬으로 물김치와 나물류가 깔끔하
게 곁들여 나온다. 채소와 김칫거리도 대부분 텃밭에서 직
접 가꿔 낸다. 자연산송이버섯도 판매하고 있으므로 함께
먹으면 좋다.

ⓦ 자연송이버섯전골(6만원), 한우특수부위(150g 5만5천원), 한
우꽃등심(180g 5만5천원), 한우송이버섯불고기, 한우자연산능
이버섯불고기(각 3만5천원), 한우육회(6만원), 자연송이버섯(시
가)
ⓒ 17:00~21:30 – 명절 당일 휴무
ⓠ 강원 양양군 양양읍 포월나들길 23
☎ 033-671-1500 ⓟ 가능

범바우막국수 막국수

40여 년 역사의 막국수 전문점. 비트와 꾸지뽕에서 우러나
온 빨간 빛의 독특한 육수를 사용한다. 비빔막국수는 취향
에 맞춰 양념을 듬뿍 넣어 먹으면 좋다. 인근의 해양레포츠
를 즐긴 사람들이 시원한 막국수를 맛보려 많이 찾는다.

ⓦ 들깨막국수, 비빔막국수(각 1만1천원), 촌두부(1만원), 수육(소
2만2천원, 대 3만7천원), 메밀전병(1만2천원), 갈비탕(1만3천원)
ⓒ 08:30~18:00 – 수요일 휴무
ⓠ 강원 양양군 강현면 동해대로 3277-22
☎ 033-671-5966 ⓟ 가능

범부메밀국수 막국수 | 수육

메밀막국수를 전문으로 하는 곳으로, 까칠한 면발과 향긋한
메밀 향이 특징이다. 면을 미리 뽑아 놓지 않고 주문을 받으
면 즉시 반죽을 만들어 면을 뽑는다. 무쇠 가마솥에서 삶아
내는 전통 방식을 고수하고 있다. 국물은 한우 사골을 우려
내 깊은 맛을 느낄 수 있다. 도토리로 만든 도토리냉면도 별
미. 명태무침이 함께 나오는 수육도 만족도가 높다.

ⓦ 메밀물국수, 메밀비빔국수, 도토리물냉면, 도토리비빔냉면
(각 1만원), 수육(2만5천원, 반 1만3천원), 촌두부, 찐만두(각 6천
원)
ⓒ 11:00~19:00 – 수요일 휴무
ⓠ 강원 양양군 서면 고인돌길 6
☎ 033-671-0743 ⓟ 가능

비치얼스 Beacheers 카페 | 피자

서퍼들이 많이 찾는 곳 답게 서핑 분위기가 나는 카페로, 사
랑의 초성 계단이 유명하다. 다양한 음료와 쿠바 피자 등 식
류도 맛볼 수 있다. 카페 루프탑에선 서피비치가 한눈에 들
어온다.

ⓦ 아메리카노(5천원), 카페라테, 에이드(각 6천원), 쿠바피자(2
만7천원), 코코넛새우튀김(5개 1만원, 10개 1만8천원)
ⓒ 10:30~21:00(마지막 주문 20:30) – 격주 월, 화, 수요일 휴무
ⓠ 강원 양양군 현북면 하조대4길 32
☎ 0507-1405-9306 ⓟ 가능

산골식당 산채정식 | 산채비빔밥

설악산국립공원 오색지구에 있는 식당. 2대에 걸쳐 대를 이
어온 50여 년의 역사를 자랑한다. 오색약수물을 사용하여

밥을 짓고 산에서 직접 채취한 나물로 상을 차리며, 반찬이 하나같이 맛깔스럽다. 정식은 기본 2인 이상 주문해야 한다.

ⓦ 오색약수정식(2인 이상. 1인 2만2천원), 황태정식, 더덕정식(각 2인 이상. 1인 1만8천원), 산채정식(2인 이상. 1인 1만5천원), 곤드레밥, 산채비빔밥(각 1만2천원), 산채정식, 메밀전병, 메밀전, 감자전, 도토리묵, 초당두부(각 1만5천원), 돌솥비빔밥(1만3천원), 산채모둠나물, 표고찌개(각 2만원),원), 버섯전골(소 4만5천원, 대 6만원)
ⓣ 08:00~21:00 – 연중무휴
ⓠ 강원 양양군 서면 약수길 39
☎ 033–672–3428 ⓟ 가능

삼십년할머니순두부 두부 | 산채정식 | 순두부

순두부와 모두부 맛이 좋은 곳. 고비나물과 곤드레나물 등의 반찬 등도 정갈하다. 소박하고 시골스러운 가게 내부의 모습이 정겹다.

ⓦ 순두부, 얼큰순두부, 산채비빔밥, 모두부, 도토리묵, 메밀전병, 감자전(각 1만2천원), 더덕구이(2만5천원)
ⓣ 08:00~18:00(마지막 주문 17:00) – 화요일 휴무
ⓠ 강원 양양군 서면 설악로 1322–4
☎ 033–672–8437 ⓟ 가능

송월메밀국수 막국수 | 두부

메밀막국수를 맛볼 수 있는 곳. 소의 목뼈와 가슴뼈로 우려낸 육수에 김가루를 잔뜩 뿌려 고소한 맛을 더하며, 은은한 감칠맛이 난다. 막국수 외에도 제대로 만든 시골손두부와 아들야들하게 삶은 문어숙회가 맛있기로도 유명하다.

ⓦ 물.비빔메밀국수(각 9천원), 순모두부(1만원), 수육(2만6천원), 문어(3만5천원)
ⓣ 09:30~16:00 – 화요일 휴무
ⓠ 강원 양양군 손양면 동명로 282–4
☎ 033–672–3696 ⓟ 가능

송이골 송이 | 솥밥

다양한 송이요리를 선보이는 곳. 송이영양돌솥밥을 시키면 산채무침, 생선, 해초무침 등 10여 가지 반찬이 따라나온다. 비교적 저렴한 가격에 송이 향을 즐기며 토속적인 밑반찬을 먹을 수 있는 것이 장점이다. 가을에 난 송이를 영하 30도에서 급랭시켜 향을 유지하는 것이 비결이라고 한다.

ⓦ 송이돌솥정식(2만원), 약수돌솥정식(1만4천원), 송이소금구이(2인 이상. 시가), 송이불고기(4만원), 송이전골(3만원), 국내산한우불고기(2만원), 능이백숙(7만원)
ⓣ 09:00~14:00/17:00~20:00 – 화요일 휴무
ⓠ 강원 양양군 손양면 동명로 4
☎ 033–672–8040 ⓟ 가능

송이버섯마을 송이 | 버섯전골

가을철에 낙찰받은 자연 송이를 급속 냉동시켜 두었다가 1년 내내 사용한다. 송이전골이 대표 메뉴로, 새송이, 표고, 느타리, 팽이 등 갖은 종류의 버섯에 송이를 얇게 저며 올린다. 송이버섯의 맛과 향이 다른 버섯을 압도한다. 양양 남대천 일대가 한눈에 보이는 전망이 좋다.

ⓦ 송이버섯전골(1인 3만원), 능이버섯전골(2인 이상. 1인 2만8천원), 버섯전골(소 3만원, 중 4만5천원, 대 5만5천원), 송이불고기(100g 3만5천원), 송이버섯구이(시가), 송이차돌박이정식(5만원), 한우생등심구이(4만원), 송이등심샤부샤부(5만5천원), 등심샤부샤부, 송이샤부샤부(각 4만원), 한우샤부샤부(2만5천원)
ⓣ 11:00~15:00/17:00~20:00 – 화요일, 명절 당일 휴무
ⓠ 강원 양양군 양양읍 남대천로 55–20
☎ 033–672–3145 ⓟ 가능

수라상 섭

해녀가 직접 잡았다는 통섭 전골을 맛볼 수 있다. 큼지막한 통섭이 들어간 전골은 성게 비빔밥을 곁들이면 더욱 좋다. 통섭 채취가 안되는 날도 있으니, 미리 확인할 것.

ⓦ 통섭전골(2만5천원), 섭전골(2만2천원), 섭찰솥밥(1만5천원), 스페셜물회(2만5천원), 해산물모둠(7만원), 물회(1만8천원)
ⓣ 09:00~21:00(마지막 주문 20:00) – 수요일 휴무
ⓠ 강원 양양군 손양면 수산1길 41
☎ 0507–1378 5857 ⓟ 가능

실로암메밀국수 막국수 | 수육

직접 만든 천연 메밀과 오염되지 않은 지하수로 만든 시원한 동치미 국물이 조화를 이루는 막국수를 맛볼 수 있다. 메밀과 양념류는 방앗간에서 직접 빻아 쓰는 것이 특징. 부드럽게 삶은 보쌈을 곁들여도 좋다. 70여 년의 역사를 자랑한다.

ⓦ 삶은돼지고기(3만5천원), 백김치(1만2천원), 묵은지(1만3천원), 동치미, 비빔메밀국수(각 1만1천원), 메밀사리(5천원)
ⓣ 10:30~17:00(마지막 주문 16:50) | 토, 일요일 10:30~18:30(마지막 주문 18:20) – 수요일 휴무
ⓠ 강원 양양군 강현면 장산4길 8–5
☎ 033–671–5547 ⓟ 가능

싱글핀에일웍스

SINGLEFIN ALEWORKS 피자 | 크래프트맥주바

양양서피비치 내에 있는 피자 전문점으로, 다양한 피자와 맥주를 즐길 수 있다. 셀프 주문 매장이며, 두꺼운 도우의 페퍼로니피자가 인기 메뉴. 서핑과 관련된 다양한 소품들과 보드들로 내부를 꾸몄고, 서핑보드 렌탈 및 서핑보드 강습도 진행하고 있다.

ⓦ 클래식시카고피자(2만6천원), 치즈시카고피자, 페퍼로니시

카고피자, 하와이안시카고피자(각 2만9천5백원), 초당옥수수알튀김(1만2천원)

🕐 11:00~15:00/17:00~22:00(마지막 주문 21:00) – 연중무휴
🔍 강원 양양군 현북면 하조대2길 48-42
☎ 070-8879-6181 ⓟ 가능

알로하웨이브 ALOHA WAVE 포케 | 경양식

죽도해수욕장 인근에 있어, 바다를 바라보며 식사를 즐길 수 있는 곳으로, 서퍼들이 많이 찾는 곳이다. 하와이 현지풍의 인테리어와 서퍼에게 어울리는 포케를 선보이고 있다.

Ⓦ 포케(1만2천원~1만3천원), 햄버그스테이크(1만3천원~1만4천원), 피시앤칩스(1만5천원), 코코넛파인애플셔벗(1만9천원)
🕐 11:00~24:00 – 연중무휴
🔍 강원 양양군 현남면 새나루길 43
☎ 010-9915-2477 ⓟ 가능

영광정메밀국수 ✕✕✕ 막국수 | 수육

3대를 이어오는 오래된 막국숫집. 함흥이 고향인 할머니가 1974년부터 고향식 메밀국수를 팔기 시작해 지금은 며느리와 손자가 대를 잇고 있다. 한 달 이상 숙성시킨 차가운 동치미 국물과 제분한 지 일주일을 넘기지 않는 봉평 메밀로 직접 뽑는 구수한 국수 면발, 양파를 갈아 넣어 만든 매콤시원한 양념장이 맛의 비결이다. 동치미 막국수의 원조라고도 알려져 있다.

Ⓦ 메밀국수(1만원), 메밀전병(8천원), 감자전(1만2천원), 수육(3만원)
🕐 10:00~19:00(마지막 주문 18:30) – 화요일 휴무
🔍 강원 양양군 강현면 진미로 446
☎ 033-673-5254 ⓟ 가능

옛뜰 두부 | 홍합

40여 년간 직접 만들어 온 두부 맛이 좋은 곳. 직접 만든 모두부와 순두부가 고소하고 담백하다. 자연산 홍합인 섭을 넣고 끓인 섭국은 고추장과 된장으로 양념해 칼칼한 맛을 자랑한다.

Ⓦ 가마솥모두부(1만원), 들기름두부구이, 산초기름두부구이(각 1만8천원), 자연산섭국(1만5천원), 가마솥순두부(1만원), 순두부째복탕(1만2천원)
🕐 09:00~15:00(마지막 주문 14:30)(재료 소진 시 마감) – 월요일 휴무
🔍 강원 양양군 손양면 동명로 289
☎ 033-672-7009 ⓟ 가능

오산횟집 ✕✕ 생선회 | 홍합 | 세꼬시

앞바다에서 건져낸 싱싱한 섭(자연산 홍합)에 달걀을 풀고 부추와 미나리, 대파를 넣고 죽처럼 진하게 끓여 내는 섭국이 명물이다. 술 마신 다음 날 먹으면 더욱 시원하다. 섭무침과 해물전은 안주로 좋다. 신선한 회도 추천할 만하다.

Ⓦ 섭죽, 섭국, 섭해물전(각 1만5천원), 섭무침(3만원), 도다리세꼬시(10만원), 멍게(4만원), 오징어물회, 세꼬시물회(각 2만원), 우럭매운탕(6만원), 모둠회(소 10만원, 중 12만원, 대 15만원, 특대 20만원)
🕐 08:30~21:00 – 연중무휴
🔍 강원 양양군 손양면 선사유적로 306-7
☎ 033-672-4168 ⓟ 가능

오색식당 ✕✕ 백반 | 산채비빔밥 | 산채정식

산채정식 전문점으로, 오색약수로 지은 솥밥이 나오는 약수정식이 별미다. 반찬으로 갖가지 산채와 도토리묵, 황태구이, 된장찌개, 채소튀김 등이 나온다. 매콤하게 양념한 황태구이가 나오는 황태구이정식도 인기.

Ⓦ 약수가마솥정식(2인 이상, 1인 2만5천원), 약수곤드레정식(2인 이상, 1인 2만2천원), 더덕정식, 표고찌개정식, 황태구이정식, 불고기백반(각 2만원), 산채돌솥비빔밥, 곤드레돌솥비빔밥(각 1만5천원), 산채비빔밥, 얼큰순두부, 황태해장국, 육개장, 우거지해장국(각 1만2천원), 약수토종닭백숙(8만원)
🕐 07:00~21:00 – 연중무휴
🔍 강원 양양군 서면 대청봉길 58-120
☎ 033-672-3180 ⓟ 가능

월웅식당 꾹저구 | 은어 | 해물찜

양양 남대천에서 잡은 뚜거리(꾹저구)를 내장을 제거하고 고추장과 된장을 넣고 푹 삶은 뚜거리탕이 맛있는 곳. 대파와 갖은 양념을 넣고 가루가 될 정도로 탕을 만들어 얼핏 보면 추어탕처럼 보인다. 부담 없이 속을 풀어주기 때문에 해장에도 좋다.

Ⓦ 뚜거리탕(1만원), 은어튀김(3만원), 은어회(3만5천원), 해물찜, 해물찜(각 소 4만원, 중 5만원, 대 6만원)
🕐 11:00~14:30/16:30~21:00(마지막 주문 20:00) – 화요일 휴무

Q 강원 양양군 양양읍 남대천로 3

☎ 033-671-3049 ⓟ 가능

입암메밀타운 ✕ 막국수 | 수육

메밀의 독특한 향과 담백한 맛이 어우러진 메밀막국수를 맛
볼 수 있다. 막국수 육수는 25종의 재료로 만드는데, 명성과
비교하면 옛 맛을 잃었다는 평도 있다. 수육은 부드러운 암
퇘지를 사용해 기름 냄새를 제거해 입맛을 돋운다. 50년 넘
는 역사를 자랑한다.

ⓦ 물막국수, 비빔막국수(각 1만원), 수육(2만8천원)

🕐 하절기 10:00~14:30/15:30~19:00 | 동절기
10:00~14:30/15:30~ 18:00 – 월요일 휴무

Q 강원 양양군 현남면 화상천로 155

☎ 033-671-7447 ⓟ 가능

진솔메밀국수 메밀국수

90% 함량의 메밀이 들어간 메밀국수를 맛볼 수 있는 곳이
다. 메밀껍질 째 갈아서 면 색깔도 진하고, 먹기 좋게 끊어
진다. 비빔과 물 국수 중에 선택할 수 있으며, 물국수는 시
원한 동치미 국물이 들어가 맛이 좋다. 국수와 함께 도토리
묵이나 수육을 곁들여도 좋다.

ⓦ 메밀국수, 도토리냉면(각 보통 1만원, 곱빼기 1만1천원), 촌두
부, 도토리묵(각 1만원), 수육(2만8천원)

🕐 10:30~18:00 – 화요일 휴무

Q 강원 양양군 강현면 장산4길 7

☎ 033-671-0689 ⓟ 가능

창횟집 생선회

회를 시키면 전복, 해삼, 멍게, 닭새우 등의 곁들이 음식이
푸짐하게 나온다. 잡어를 사용한 물회도 인기 있는 메뉴다.
새콤달콤한 육수에 소면도 말아 먹는다. 아침 식사로 좋은
어죽도 인기 메뉴.

ⓦ 자연산모둠회(소 11만원, 중 15만원, 대 20만원, 특대 25만
원), 물회(3만원), 회무침(4만원~6만원), 우럭매운탕, 우럭맑은
탕(각 5만원~7만원)

🕐 08:30~21:00 – 둘째, 넷째 주 월요일 휴무

Q 강원 양양군 현남면 동해대로 254

☎ 033-671-5622 ⓟ 가능

천선식당 ✕ 꾹저구 | 은어 | 민물매운탕

30여 년의 내력을 쌓고 있는 뚜거리(꾹저구)탕 전문점이다.
시래기를 듬뿍 넣고 끓인 뚜거리탕에는 수제비도 들어가 있
다. 뚜거리탕 외에 은어와 메기매운탕도 맛볼 수 있다.

ⓦ 뚜거리탕(1만2천원), 뚜거리탕특정식(1만4천원), 뚜거리전골
(각 중 4만원, 대 5만원), 메기매운탕(중 4만5천원, 대 5만5천
원), 가정식백반(1만원)

🕐 07:00~20:00 | 일요일 07:00~15:00 | 하절기 07:00~21:00

– 연중무휴

Q 강원 양양군 양양읍 남대천로 13

☎ 033-672-5566 ⓟ 가능

카루나 KARUNA 카페

양양인구해변을 정면으로 바라보는 창 너머로 바다가 펼쳐
지는 카페와 라운지. 노출 콘크리트와 벽돌의 따뜻한 색감,
볕이 잘 드는 건물이 세련되었으며, 건축가인 주인이 레지
던스를 함께 운영하고 있기도 하다.

ⓦ 아메리카노(5천8백원), 카페라테(6천5백원), 차(6천5백원~7
천5백원), 에이드(7천5백원), 초코브라우니퍼지, 수플레치즈케
이크(각 8천5백원)

🕐 10:30~19:00 | 토요일 10:00~20:00 | 일요일 09:00~20:00

– 연중무휴

Q 강원 양양군 현남면 인구길 36

☎ 010-4480-4686 ⓟ 가능

통나무집식당 산채정식 | 산채비빔밥

60여 년 전통의 산채정식 전문점으로, 산나물 가득한 한식
을 맛볼 수 있다. 산채와 황태가 함께 나오는 통나무집정식
이 인기. 오색약수로 지어 누르스름한 약수밥에 취나물, 삼
나물, 고비, 곰버섯, 산더덕, 참나물 등이 반찬으로 나온다.
산나물의 향을 살리기 위해 콩기름만을 사용한 것이 특징이
다. 식낭 창밖으로 대청봉 성상이 보인나.

ⓦ 오색산채정식(1만5천원), 오색황태정식(1만7천원), 통나무집
정식(2인 이상, 1인 2만원), 황태해장국(1만1천원), 메밀파전, 감
자부침, 도토리묵(각 1만원), 산채돌솥비빔밥(1만3천원)

🕐 08:30~18:30 | 하절기 08:30~20:00 – 명절 휴무

Q 강원 양양군 서면 약수길 33

☎ 033-671-3523 ⓟ 가능

파머스키친 FARMER'S KITCHEN 햄버거

죽도해수욕장 인근의 햄버거 전문점. 미 서부 풍의 디자인
과 서핑 용품을 활용한 인테리어로 서퍼들에게 입소문이 났
다. 바다를 바라보며 햄버거를 즐길 수 있는 곳이다. 당일
재료 소진 시 일찍 마감한다.

ⓦ 치즈버거(7천5백원), 베이컨치즈버거(1만원), 아보카도버거(1
만1천원), 더블치즈버거(1만2천원), 감자튀김(5천5백원), 어니언
링(6천원), 밀크셰이크(5천5백원)

🕐 11:00~15:00(마지막 주문 14:30)/16:00~18:00(마지막 주문
17:30) – 화, 수요일 휴무

Q 강원 양양군 현남면 동산큰길 44-39

☎ 010-3022-0984 ⓟ 가능

플리즈웨잇 Please Wait 카페

인구해수욕장 앞에 위치한 카페. 입구의 큰 야자수를 비롯
해, 카페에 이국적 분위기가 형성되어 있으며, 테라스 자리

에서 바다를 바라볼 수도 있다. 바다소금라테가 대표 메뉴.

- Ⓦ 아메리카노(5천원), 카페라테(6천원), 바다소금라테(7천원), 트로피컬핑크에이드, 블루하와이안에이드, 스무디(각 7천원)
- Ⓣ 11:00~23:00(마지막 주문 22:30) | 일요일 11:00~15:00(마지막 주문 14:30) - 월, 화, 수, 목요일
- Ⓠ 강원 양양군 현남면 인구길 28-23
- ☎ 1577-8647 Ⓟ 불가

해촌 홍합

자연산 홍합인 섭을 넣고 끓인 섭국이 맛있기로 유명한 곳. 시원하면서도 칼칼한 국물 맛이 일품이며 함께 나오는 우동 사리를 넣어 먹으면 더욱 맛있다. 섭부침개와 섭탕, 통문어 숙회 등도 별미.

- Ⓦ 자연산섭국, 섭부침개(각 1만6천원), 자연산섭탕(5만원)
- Ⓣ 07:00~15:00(마지막 주문 15:20) - 수요일 휴무
- Ⓠ 강원 양양군 손양면 동명로 81
- ☎ 033-673-5050 Ⓟ 가능

강원도 영월군

강원토속식당 ✖ 칡국수

칡국수를 맛볼 수 있는 곳. 칡으로 만든 국수와 진한 국물 맛이 어우러지며 쫄깃한 면발이 일품이다. 매콤한 양념장이 올라간 칡비빔국수와 칡콩물국수 등도 별미다. 쫄깃한 감자 전과 감자송편 등을 곁들이면 더욱 맛있게 즐길 수 있다.

- Ⓦ 칡국수, 칡비빔국수, 채묵(각 9천원), 감자전, 감자송편(각 6천원), 도토리묵무침(1만2천원), 칡콩물국수(1만원)
- Ⓣ 11:00~19:00 - 수요일 휴무
- Ⓠ 강원 영월군 김삿갓면 영월동로 1121-16
- ☎ 033-372-9014 Ⓟ 가능

고향식당 칡국수 | 칼국수

40여 년의 내력을 지닌 집으로 칡으로 만든 칼국수로 사랑 받고 있다. 칡 향이 은은하게 퍼지는 면과 따뜻한 국물의 조화가 좋다. 이 외에도 칡콩국수, 칡비빔국수, 칡냉면 등도 다양하게 선보인다. 감자전, 감자떡 등을 곁들이면 좋다.

- Ⓦ 칡칼국수, 칡콩국수, 칡비빔국수, 칡냉면, 묵밥, 채묵(각 9천원), 감자전, 감자떡(각 6천원), 더덕구이(1만5천원)
- Ⓣ 08:00~19:30 - 연중무휴
- Ⓠ 강원 영월군 김삿갓면 영월동로 1121-11
- ☎ 033-372-9117 Ⓟ 가능

김인수할머니순두부 두부 | 순두부 | 청국장

60여 년 전통의 순두부집. 가마솥에 직접 두부를 쑤는 것이 특징이며 양념장을 얹어 먹는다. 직접 만든 두부의 담백한

맛이 그만이다. 비지장과 구수한 청국장 등도 인기 메뉴다. 열 가지가 넘는 반찬도 하나같이 맛깔스럽다.

- Ⓦ 엄가순두부, 황태순두부, 들깨순두부(1만2천원), 1966왕돈가스(1만3천원), 전통순두부(1만원), 고기비지장, 청국장, 얼큰순두부(각 1만1천원), 칼칼이감자전, 굴전(각 1만8천원), 황태구이(1만6천원)
- Ⓣ 08:10~20:00 - 수요일 휴무
- Ⓠ 강원 영월군 영월읍 단종로16번길 41
- ☎ 0507-1465-3698 Ⓟ 가능

덕포식당 ✖ 소고기구이

정육점을 겸하는 정육식당으로, 육질 좋은 고기를 다양하게 즐길 수 있다. 묵은지와 금방 무친 파채를 함께 먹는 맛이 일품이다. 직접 한우를 키우고 있으며, 조그만 독방이 여러 개 마련되어 있어 조용히 식사할 수 있는 것이 특징이다. 예약 필수.

- Ⓦ 한우등심(160g 4만7천원), 한우살치살(160g 5만원), 한우차돌박이(160g 3만2천원), 한우갈비탕(1만6천원)
- Ⓣ 06:00~21:30 - 일요일 휴무
- Ⓠ 강원 영월군 영월읍 덕포시장길 69
- ☎ 033-374-2420 Ⓟ 가능

사랑방식당 보리밥 | 오징어

현지인이 주로 찾는 보리밥집. 갖가지 산나물과 구수한 된장찌개, 보리밥이 나오는 보리밥정식이 인기다. 철판에 볶아 먹는 오징어구이도 인기가 많은데, 남은 양념에 밥을 볶아 먹으면 별미다. 식사는 점심시간에만 가능하며, 저녁에는 포장 판매만 한다.

- Ⓦ 오징어불백(2인 이상, 1인 1만4천원), 돼지불백(2인 이상, 1인 1만2천원)
- Ⓣ 11:00~19:30(홀 마감 15:00) - 일요일 휴무
- Ⓠ 강원 영월군 영월읍 절무리골길 12
- ☎ 033-373-1525 Ⓟ 가능

장릉보리밥집 ✖ 보리밥 | 더덕

50여 년 전통의 보리밥집으로, 장릉 주변에서 유명하다. 직접 담근 된장과 간장으로 양념한 나물들이 나오면 감자를 얹은 보리밥에 입맛대로 나물을 넣어 비벼 먹는다. 더덕구이와 감자메밀부침도 일품이다. 마감 시간이 유동적이므로 전화 확인 후 찾아가는 것이 좋다.

- Ⓦ 보리밥, 묵채(각 1만원), 도토리묵, 두부구이(각 7천원), 감자메밀부침(6천원), 두부(5천원), 더덕구이(1만8천원)
- Ⓣ 11:30~18:00 - 연중무휴
- Ⓠ 강원 영월군 영월읍 단종로 178-10
- ☎ 033-374-3986 Ⓟ 가능

제천식당 막국수 | 국수

영월에 있는 오래된 노포 국수집. 강원도 보릿고개 시절 질리게 먹어 '꼴두 보기싫다' 하여 붙은 이름의 꼴두국수를 김치 국물에 메밀면과 잘게 썬 두부를 올려 낸다. 물막국수와 비빔막국수도 추천할 만하다.

- Ⓦ 꼴두국수(7천원), 막국수(8천원), 비빔막국수(9천원), 손두부(1만원), 두부전골(2인 이상, 1인 1만원)
- ⏱ 10:00~19:00 | 목요일 10:00~15:00 – 연중무휴
- Ⓠ 강원 영월군 주천면 도천길 3
- ☎ 033-372-7147 Ⓟ 가능

주천묵집 ✕✕✕ 묵 | 감자옹심이 | 두부

이틀 혹은 사흘에 한 번씩 직접 쑨 묵으로 만든 묵밥을 맛볼 수 있는 곳. 채 썬 메밀묵과 도토리묵에 육수를 붓고 김가루, 참깨, 김치 등을 얹어 조밥과 함께 내며, 직접 감자를 갈아서 만드는 감자옹심이가 쫀득하게 씹힌다. 무말랭이, 고들빼기, 마늘종 등 밑반찬도 먹을 만하다. 따뜻할 때는 외양간을 개조한 야외 테이블에서 식사도 가능하다.

- Ⓦ 도토리묵밥(7천원), 메밀묵밥, 채묵비빔밥, 메밀전병(각 8천원), 산초두부구이(1만8천원), 두부버섯전골(소 1만5천원, 중 2만원, 대 2만6천원), 감자전, 옹심이(각 9천원), 해물파전(1만8천원)
- ⏱ 10:00~15:00/16:30~18:00 – 화요일 휴무
- Ⓠ 강원 영월군 주천면 송학주천로 1282-11
- ☎ 033-372-3800 Ⓟ 가능

주천묵집

주천찐빵 찐빵

영월에서 잘 알려진 찐빵집. 안흥찐빵이나 황둔찐빵처럼 전국적으로 이름나지는 않았지만, 맛은 그에 못지않다고 한다. 달콤한 팥소와 잘 발효된 부드러운 반죽이 잘 어울린다. 찐빵 외에 만두도 추천 메뉴.

- Ⓦ 찐빵(7개 5천원, 14개 1만원), 감자고기만두, 감자김치만두(각 8개 4천원), 김밥(2줄 5천원), 왕족발(3만원), 감자떡(32개 1만2천원)

- ⏱ 09:00~22:00 – 연중무휴
- Ⓠ 강원 영월군 주천면 주천로 67-1
- ☎ 033-372-4936 Ⓟ 불가

카페달 카페

공간 디자이너 최옥영 작가의 설치미술과 세계에서 수집한 앤티크한 가구의 인테리어가 돋보이는 영월의 복합 문화공간, 젊은달 와이파크 안 있는 카페. 미술관 내의 카페답게 예술적 감각이 곳곳에서 느껴지며, 각종 음료와 간단한 베이커리를 선보이고 있다.

- Ⓦ 에스프레소(4천원), 아메리카노(4천5백원~5천원), 카페라테(6천원~6천5백원), 요거트스무디(6천5백원), 청귤에이드(6천5백원), 크로크무슈(6천원)
- ⏱ 10:00~18:00(마지막 주문 17:30) – 연중무휴
- Ⓠ 강원 영월군 주천면 송학주천로 1467-9
- ☎ 070-4230-3637 Ⓟ 가능

강원도 원주시

553카페 카페

더치커피를 베이스로 한 553크림라테를 시그니처 음료로 선보이는 곳으로, 치악산 해발 553m 고지에 자리한 전망이 좋은 카페. 여름 한정 메뉴인 눈꽃팥빙수, 인절미눈꽃빙수, 수박주스 등을 추천한다.

- Ⓦ 에스프레소(4천원), 아메리카노(5천원), 카페라테(5천5백원), 눈꽃팥빙수(1만7천원), 인절미눈꽃빙수(1만9천원), 딸기눈꽃빙수(2만원), 말렌카(각 7천5백원),
- ⏱ 11:30~21:30(마지막 주문 21:00) – 연중무휴
- Ⓠ 강원 원주시 꽃밭머리길 86-17 (행구동)
- ☎ 0507-1393-3131 Ⓟ 가능

가평잣두부 ✕✕ 두부전골 | 두부 | 버섯전골

잣이 들어가 고소한 잣두부 요리를 맛볼 수 있다. 정식을 시키면 잣두부보쌈, 잣순두부, 잣두부조림 등 다양한 요리가 나온다. A정식은 전골, B정식은 구이가 메인 요리로 나오므로 취향에 맞게 고르면 된다.

- Ⓦ A정식, B정식(각 2만2천원), 능이버섯전골(2인 이상, 1인 1만8천원), 소고기잣두부전골(2인 이상, 1인 1만6천원)
- ⏱ 10:00~20:00(마지막 주문 19:30) – 수요일 휴무
- Ⓠ 강원 원주시 행구로 421 (행구동)
- ☎ 033-747-4415 Ⓟ 가능

금성식당 소갈비찜

대구식 매운 양념의 소갈비찜이 인기 있는 곳. 부드러운 송아지 갈비를 사용하는 것이 특징이다. 매운 양념은 직접 만

들며, 백김치를 곁들여 먹어도 좋다. 소불고기정식, 소갈비
탕과 두부찌개, 김치찌개도 준비되어 있다.
- Ⓦ 소갈비찜(2만1천원), 소불고기정식(1만3천원), 소갈비탕(1만3
천원), 간장돼지갈비찜, 매운돼지갈비찜(각 1만6천원)
- ⏲ 11:00∼22:00 – 일요일 휴무
- 📍 강원 원주시 중앙로 28 (인동)
- ☎ 033-735-7892 Ⓟ 불가

네이키드베이커리 Naked Bakery 베이커리

원주 일대에서 유명한 빵집. 자연발효빵 위주로 빵을 만들
고 있으며, 빵 종류가 다양하다. 바게트를 사용하여 빵집 곳
곳을 인테리어한 모습이 독특하다.
- Ⓦ 아메리카노(핫 3천원, 아이스 3천2백원), 카페라테(핫 3천5
백원, 아이스 4천원), 앙버터(4천원), 어니언크림치즈베이글(4천
8백원), 크랜베리치아바타(3천3백원)
- ⏲ 07:00∼22:00 – 연중무휴
- 📍 강원 원주시 남원로 441-14 (명륜동)
- ☎ 070-8869-2511 Ⓟ 불가

대복추어탕 추어탕

원주식 추어탕으로 알려진 집. 조그만 솥에 담겨 나오는 추
어탕에 미나리를 듬뿍 넣어 테이블 위에서 끓인 후 덜어 먹
는다. 밥은 돌솥에 갓 지어서 나온다. 국내산 토종 미꾸라지
만 사용한다.
- Ⓦ 갈추어탕, 통추어탕, 추어수제비(각 1만5천원), 추어튀김(1만4
천원), 숙회(4만5천원)
- ⏲ 11:00∼15:00/17:00∼21:00(마지막 주문 20:00) – 명절 휴무
- 📍 강원 원주시 치악로 1534 (단구동)
- ☎ 033-764-0044 Ⓟ 가능

동승루 東昇樓 일반중식 | 중국만두 | 만두

50여 년 전통의 중국집. 특히 만두가 맛있기로 유명하다. 노
릇하게 구운 군만두와 촉촉한 찐만두가 대표 메뉴다. 만두
외에 우육면 등 식사 메뉴도 있다.
- Ⓦ 군만두(5개 5천원, 10개 8천원), 찐만두(5개 4천5백원, 10개
7천5백원), 소룡포(4개 4천5백원, 8개 7천5백원), 물만두(7천원),
궈바로우(소 8천원, 대 1만5천원), 우육면(8천원)
- ⏲ 11:30∼15:00(마지막 주문 14:30) – 화요일 휴무
- 📍 강원 원주시 이화4길 30 (단계동)
- ☎ 033-742-8166 Ⓟ 불가

만낭포감자떡 떡

강원도 감자를 이용해서 만든 감자떡이 유명하다. 고속도로
휴게소에서 파는 감자떡과는 달리 알이 작지만 통통하다.
포장해 가려면 미리 전화를 해 두는 것이 빠르다. 그날그날
수작업으로 만들기 때문에 감자떡이 다 떨어지면 일찍 닫을
수도 있다.
- Ⓦ 만낭포감자떡(1.7kg 1만9천원), 흑삼이감자떡(1.7kg 2만3천
원), 정든팥감자떡(1.7kg 1만8천원)
- ⏲ 하절기 09:00∼19:00 | 동절기 09:00∼18:00 – 명절 휴무
- 📍 강원 원주시 지정면 지정로 97
- ☎ 033-731-9953 Ⓟ 가능

몽그리즈치즈카페 카페

한옥 건물을 사용하는 큰 규모의 카페로, 다양한 치즈 음료
와 디저트 뿐만 아니라 파니니, 와인, 맥주도 구비하고 있다.
색색의 과일큐브치즈세트가 인기 메뉴다. 넓은 정원에는 야
외 테이블도 마련되어 있어 힐링하기 좋은 장소다.
- Ⓦ 아메리카노(4천원), 카페라테(5천원), 바닐라라테(6천원), 치
즈슬러시(5천5백원), 치즈요거트(5천5백원), 과일치즈요거트스
무디(7천5백원), 치즈눈꽃빙수(1만1천원), 파니니세트(1만1천원
∼1만2천원), 과일큐브치즈세트(1만원)
- ⏲ 10:00∼22:00 – 월요일 휴무
- 📍 강원 원주시 소초면 하황골길 45-25
- ☎ 0507-1396-6464 Ⓟ 가능

박순례손말이고기산정집 소고기구이

말이고기라는 독특한 메뉴로 50년 넘게 이어온 곳. 얇게 저
민 고기에 쪽파와 미나리를 넣고 돌돌 말아서 낸다. 무쇠뚜
껑에 올려 고기를 굽고 특제 소스에 찍어 먹는 맛이 좋다.
다 먹은 후 고기를 구웠던 뚜껑에 된장찌개를 끓인다. 된장
찌개의 맛도 말이고기 못지않게 훌륭하다.
- Ⓦ 한우말이고기(1인 2만7천원), 한우시래기뚝배기된장(1만원)
- ⏲ 11:40∼14:00(마지막 주문 13:00)/17:00∼20:00(마지막 주문
19:00) – 일요일, 공휴일 휴무
- 📍 강원 원주시 천사로 203-13 (일산동)
- ☎ 033-742-8556 Ⓟ 가능(우강 주차장 이용, 1시간 무료)

사니다카페 CAFE SANIDA 캐주얼다이닝 | 카페

곳곳에 비치된 야외테이블에서 원주의 경치를 보며 커피 한
잔의 여유를 만끽할 수 있는 카페. 산속에 위치한 자연친화
적인 곳이다. 커피뿐 아니라 가지각색의 빵을 선보이고 있
으며, 식사 또한 가능하다.
- Ⓦ 아메리카노(6천원), 카페라테(6천5백원), 더치커피6천원), 아
인슈페너(7천원), 채끝스테이크(4만5천원), 안심스테이크, 양갈
비스테이크(각 4만8천원), 리코타샐러드(1만8천원), 고르곤졸라
피자(1만9천원)
- ⏲ 10:00∼21:00 – 연중무휴
- 📍 강원 원주시 호저면 칠봉로 109-128
- ☎ 070-7776-4422 Ⓟ 가능

수미감자탕 감자탕

감자탕 전문점이지만 뼈 구이와 뼈찜도 유명하다. 뼈 구이
는 큼지막한 돼지등뼈를 구운 후 콩나물, 감자, 버섯 등을

넣어 매운 양념에 푹 끓여 내온다. 함께 들어 있는 우동사리 맛도 일품이다.

Ⓦ 궁중뼈구이, 불뼈구이(각 소 3만2천원, 중 4만2천원, 대 5만2원), 왕뼈감자탕(소 2만9천원, 중 3만8천원, 대 4만7천원), 묵은지감자탕(소 3만2천원, 중 4만1천원, 대 5만원), 우거지뼈해장국(일반 8천원, 특 1만1천원)
🕐 11:00~23:00 – 화요일 휴무
🔍 강원 원주시 만대공원길 21 (무실동) 1층
☎ 033-743-4858 Ⓟ 불가

스톤크릭 ✕ STONECREEK 카페

수리봉의 깎아내린 듯한 절벽과 마운틴 뷰가 절경인 대형 카페. 절벽 앞으로 넓은 휴식 공간과 산책로가 있어 가족 나들이 공간으로 적합한 곳이다. 밀크티가 시그니처 음료이며, 핸드드립 커피도 준비되어 있다.

Ⓦ 아메리카노(5천9백원), 카페라테, 카푸치노(각 6천5백원), 드립커피(6천7백원~9천6백원), 다이스라테(8천2백원), 트리플캐러멜(7천2백원), 발로나바닐라(7천4백원), 다이스카페그릭(7천9백원)
🕐 10:30~20:00(마지막 주문 19:00) – 연중무휴
🔍 강원 원주시 지정면 지정로 1101
☎ 0507-1359-7423 Ⓟ 가능

스톤크릭

신라명과태장점 베이커리

원주에서 30여 년간 운영해온 베이커리 전문점. 저온 숙성 기법으로 빵을 만든다. 밤앙금페이스트리, 블루베리크림치즈, 찰호박페이스트리 등을 맛볼 수 있다. 블랙맘보스를 많이 찾는 편.

Ⓦ 아메리카노(3천원), 카페라테(3천5백원), 카푸치노(4천원), 팽오쇼콜라(4천5백원), 블루베리크림치즈(4천원), 버터퀸아망(4천2백원), 롤링빵(4천8백원)
🕐 10:00~22:00 – 첫째, 셋째, 다섯 번째 주 일요일 휴무
🔍 강원 원주시 흥양로51번길 9 (태장동)
☎ 010-6422-6389 Ⓟ 불가

신혼부부 분식 | 일반한식

원주 자유시장에서 40여 년 동안 영업하고 있는 곳으로, 떡볶이를 비롯해 다양한 식사 메뉴를 갖추고 있다. 저렴한 가격과 푸짐한 양, 친절한 서비스로 언제나 기다리는 줄이 많은 곳이다. 한쪽 공간은 복층형으로 되어 있다.

Ⓦ 떡볶이(4천5백원), 쫄면, 만둣국, 김치볶음밥, 볶음밥, 비빔밥, 오므라이스, 하이라이스(각 5천5백원), 돈가스, 제육덮밥, 잡채밥, 돌솥비빔밥(각 6천원)
🕐 10:00~19:50 – 일요일 휴무
🔍 강원 원주시 중앙시장길 11 (중앙동) 자유시장 지하 2-1
☎ 033-745-8037 Ⓟ 가능

엄나무집삼계탕 ✕ 삼계탕

엄나무와 황기, 한약재를 넣고 끓이는 엄나무삼계탕이 유명한 집. 삼계탕을 시키면 엄나무술이 서비스로 나온다. 마당에 커다란 엄나무가 있어 엄나무집으로 불리게 되었다.

Ⓦ 엄나무한방삼계탕(1만6천원)
🕐 11:00~15:00/17:00~21:00 | 토, 일요일 11:00~21:00 – 월요일, 명절 휴무
🔍 강원 원주시 동부순환로 2-7 (단구동)
☎ 033-761-0558 Ⓟ 가능

엘까미노 El camino 스페인식

스페인 요리를 전문으로 한 셰프가 운영하는 스페인 레스토랑. 각종 타파스와 직접 만들어 카빙해주는 이베리코베요타하몽, 폴포, 바칼라오파에야 등 다양한 스페인 요리를 맛볼 수 있다. 하몽과 각종 버섯을 넣어 맛을 낸 하몽파스타도 색다르게 맛보기 좋다.

Ⓦ 2인세트(8만2천원~9만2천원), 3인베스트세트(12만8천원), 4인베스트세트(18만2천원), 하몽파스타(1만9천원), 문어오븐구이(2만7천원~3만7천원), 감바스알아히요(2만1천원), 오징어먹물파스타(2만2천원), 먹물파에야(3만1천원), 꿀대구(2만5천원)
🕐 11:00~15:00/17:00~21:00(마지막 주문 20:00) – 월요일 휴무
🔍 강원 원주시 전망길 26 (단계동) 1층
☎ 033-734-4420 Ⓟ 가능(주변공영주차장이용)

오학닭갈비 닭갈비

원주 학생들 사이에 소문난 곳으로, 양념닭갈비가 맛있다. 1인분 양이 어마어마하게 많이 나오는 것으로 유명하다. 수북하게 쌓인 양념닭갈비를 다 먹고 나면 밥을 볶아 먹는다. 반찬은 김치와 동치미 국물, 상추와 채소 정도로 단출하다.

Ⓦ 닭갈비(200g 1만2천원), 볶음밥, 사리(각 2천원)
🕐 11:30~23:30 – 비정기적 휴무
🔍 강원 원주시 무실로 31-1 (일산동)
☎ 033-742-0156 Ⓟ 불가

우담 牛談 소고기구이

숙성 한우를 전문으로 하는 곳. 투뿔 등급의 한우 등심을 3주 정도 숙성해 크리스탈 불판에 구워 먹는 숙성 등심을 맛볼 수 있다. 불판에 차돌박이를 구워 사리에 올려 먹는 차돌박이초밥도 인기 메뉴.

- ⓦ 우담프리미엄(10만원), 우담하나(8만7천원), 우담둘(6만2천원), 우담셋(4만2천원), 우담프리미엄오마카세(1인 14만원), 런치오마카세(1인 12만원), 혼밥코스(6만8천원)
- ⏱ 11:30~16:00/17:00~21:30(마지막 주문 21:00) | 토, 일요일, 공휴일 11:30~21:30(마지막 주문 21:00) – 연중무휴
- 🔍 강원 원주시 능라동길 47 (무실동) 401호
- ☎ 033-745-7661 ⓟ 가능

우동하루 うどんはる 일식우동

매장에서 직접 반죽하고 뽑아 탱글하고 쫄깃한 우동을 맛볼 수 있는 일본 사누키 우동 전문점이다. 붓가케우동은 기호에 맞게 쯔유에 비벼먹을 수 있다. 주문하면 면을 삶기 시작하며 삶는 시간이 15분 정도 소요됨을 감안해야 한다.

- ⓦ 카케우동정식A(1만4천9백원), 자루붓카케우동정식B(1만6천9백원), 덴푸라우동(1만1천원), 김치우동(1만2천5백원), 치쿠타마텐붓카케우동(1만1천원), 니쿠타마붓카케우동(1만3천원), 명란버터가마타마우동(1만2천원), 하루크림우동(1만4천원)
- ⏱ 11:00~15:00(마지막 주문 14:40)/17:00~20:00(마지막 주문 19:40) – 월요일 휴무
- 🔍 강원 원주시 능라동길 30 (무실동) 채움빌딩
- ☎ 0507-1367-4507 ⓟ 가능(1시간 무료)

우동하루

원주복추어탕 ✕ 추어탕

원주 지역에서 손꼽히는 추어탕집. 버섯, 감자, 미나리가 들어가는 것이 특징이며 미꾸라지를 통째로 넣거나 갈아서 넣는 것 중 선택할 수 있다. 고추장을 넣는 원주식으로, 얼큰하면서도 맵지 않고 미꾸라지 비린내가 나지 않는다. 고추장은 직접 담가 4년을 묵혀 사용한다. 한우다짐육이 들어가는 한우추어탕도 별미.

- ⓦ 갈추어탕(1만3천원), 통추어탕(2인 이상, 1인 1만3천원), 한우추어탕(2인 이상, 1인 1만5천원), 튀김(1만2천원)
- ⏱ 09:00~15:00/17:00~21:00 – 마지막 주 수요일 휴무
- 🔍 강원 원주시 치악로 1748 (개운동)
- ☎ 033-763-7987 ⓟ 불가

이인숙황둔찐빵 찐빵

황둔마을은 찐빵으로 유명한 안흥과 인접해 있는 지역으로, 그 영향을 받아 찐빵 제조업소가 여러 군데 성업 중이다. 쌀을 넣은 찐빵 등 다양한 종류의 찐빵을 만들어 내는 것이 특징이다.

- ⓦ 우유쌀찐빵, 쑥쌀찐빵, 찰흑미쌀찐빵, 오색쌀찐빵, 오색보리쌀찐빵(각 20개 1만6천원), 만두(20개 1만4천원), 요술감자떡(1kg 1만4천원, 2kg 2만8천원)
- ⏱ 06:00~24:00 – 연중무휴
- 🔍 강원 원주시 신림면 신림황둔로 1239
- ☎ 033-764-2056 ⓟ 가능

카페서희 ✕ 카페

대하소설 토지를 주제로 꾸민 박경리 문화공원 안에 위치하고 있는 북카페. 모던하고 블랙으로 이루어진 인테리어가 세련된 느낌을 준다. 시그니처 메뉴로는 토지(에스프레소 크림과 구운고구마 밀크), 서희(메밀로 만든 밀크티와 쑥크림), 광복(복분자 레몬 꿀을 사용한 한국적인 루이보스티)이 있다.

- ⓦ 토지(6천원), 서희(5천원), 광복(5천5백원), 아메리카노(4천원), 카페라테(4천5백원), 바닐라라테(5천원), 방아꽃차(5천원), 기정떡(3천원)
- ⏱ 10:00~18:00 – 두 번째, 네 번째 월요일 휴무
- 🔍 강원 원주시 토지길 1 (단구동)
- ☎ 0507-1394-0481 ⓟ 가능(박경리 문화공원 주차장 이용)

커피라디오 ✕ coffee radio 커피전문점

전국에 매장을 두고 있는 커피라디오의 본점. 주문과 동시에 원두를 갈아 핸드드립으로 내려주는 커피부터 아이스크림을 넣은 라테까지 다양한 커피를 맛볼 수 있다. 커피에 레몬 과육을 넣은 카페시트론과 복숭아 과육을 넣은 카페피치가 시그니처 메뉴다. 티라미수케이크는 주문하면 바로 만들어 준다.

- ⓦ 에스프레소(2천5백원), 아메리카노(3천원), 카페라테(4천원), 카페시트론, 카페피치(각 5천5백원), 카페그라니타페스카(3천5백원), 쑥크림라테(4천5백원), 크로플크렘브륄레(5천원)
- ⏱ 09:00~22:00(마지막 주문 21:30) – 연중무휴
- 🔍 강원 원주시 치악고교길 19 (관설동)
- ☎ 033-765-5655 ⓟ 가능

하얀집가든 ✕ 오리

진흙오리구이로 주변 일대를 평정한 집이다. 살이 오른 오리에 찹쌀과 검은쌀, 밤, 은행, 인삼 등 온갖 몸에 좋은 것으로 가득 채운다. 인삼꿀동동주도 꼭 먹어 봐야 한다.

- Ⓦ 오리찰흙구이(8만원), 오리능이백숙(8만5천원), 오리떡갈비(1만5천원), 오리로스(7만5천원)
- ⓣ 11:00~21:00 – 월요일 휴무
- Ⓠ 강원 원주시 지정면 작압길 70
- ☎ 033-732-4882 Ⓟ 가능

향온 갈비탕

신림면 일대에서 탕 메뉴로 많이 알려진 집. 뼈다귀해장국과 갈비탕이 대표 메뉴다. 감악산 등산길에 들르는 사람이 많이 있다.

- Ⓦ 뼈다귀해장국, 된장찌개, 소내장탕, 만둣국(9천원), 감자탕(4만5천원), 육계장, 갈비탕(각 1만원)
- ⓣ 06:00~19:00(동절기) | 06:00~20:00(하절기) – 명절 당일 휴무
- Ⓠ 강원 원주시 신림면 제원로 1431
- ☎ 033-762-0525 Ⓟ 가능

황둔막국수 막국수 | 족발

60여 년의 전통이 있는 곳. 메밀을 도정하지 않고 껍질까지 사용하여 가루를 내는 점이 독특하다. 메밀 함량이 높고 직접 재배한 채소를 사용한다. 편육이나 수육이 없고 족발이 메뉴에 있는 점도 특징 중 하나.

- Ⓦ 물막국수, 비빔막국수(각 1만원), 메밀전(7천원), 고기만두, 김치만두(각 7천원), 수육(1만8천원)
- ⓣ 10:30~18:30 – 11~2월 휴무, 3월, 9~10월 목요일 휴무(공휴일 제외)
- Ⓠ 강원 원주시 신림면 신림황둔로 1242
- ☎ 033-764-2055 Ⓟ 가능

흥업묵집 ✕✕✕ 묵 | 묵밥

메밀묵을 채 썰어 육수에 넣고 김치와 김가루를 얹은 묵밥이 유명한 곳이다. 자극적이지 않고 슴슴한 맛으로, 조를 섞어 지은 밥을 말아 먹으면 그 맛이 일품이다. 메밀전병과 메밀전 등을 곁들이면 좋다.

- Ⓦ 메밀전(6천원), 메밀묵(9천원), 메밀묵한모(1만1천원), 메밀전병(7천원), 묵무침(1만5천원)
- ⓣ 09:00~15:00(마지막 주문 14:30)/17:00~20:00(마지막 주문 19:30) | 토, 일요일 09:00~20:00(마지막 주문 19:30) – 월요일 휴무
- Ⓠ 강원 원주시 흥업면 남원로 29-3
- ☎ 033-762-4210 Ⓟ 가능

고향집 ✕ 막국수 | 두부 | 두부전골

내공이 있는 손두붓집으로, 노부부가 직접 만든 두부 맛이 좋다. 강원도에서 나는 콩으로 만드는 것이 특징이며 들기름에 구워 먹는 두부구이가 별미다. 두부전골과 콩비지백반 등도 추천 메뉴. 함께 나오는 시골식 반찬이 맛깔스럽다.

- Ⓦ 두부구이, 두부전골(각 1만2천원), 콩국수, 콩비지백반, 모두부백반(각 9천원), 수육(2만2천원), 막국수(8천원), 전병(7천원)
- ⓣ 09:00~20:00(마지막 주문 19:30) – 수요일 휴무
- Ⓠ 강원 인제군 기린면 조침령로 115
- ☎ 033-461-7391 Ⓟ 가능

남북면옥 막국수 | 제육

부담없는 가격에 순메밀막국수를 맛볼 수 있는 곳. 인제에서 생산되는 메밀가루를 반죽해 면을 뽑으며 시원한 동치미 국물에 말아 내온다. 국물 맛이 일품이며 함께 나오는 김치도 맛깔스럽다.

- Ⓦ 순메밀동치미물국수, 순메밀잔치국수, 순메밀비빔국수, 감자전(각 8천원), 돼지수육(소 1만원, 중 1만5천원)
- ⓣ 11:00~20:00 – 화요일 휴무
- Ⓠ 강원 인제군 인제읍 인제로178번길 24
- ☎ 033-461-2219 Ⓟ 불가

더덕식당 백반 | 더덕 | 황태

황태구이와 더덕구이가 대표 메뉴인 백반집. 직접 채취한 산나물 반찬과 국물이 고소하고 진한 황태해장국 또한 선보이고 있다.

- Ⓦ 더덕구이정식, 황태구이정식(각 1만4천원), 산채비빔밥(1만원), 황태해장국(9천원), 더덕구이, 황태구이(각 1만8천원), 감자전(1만원)
- ⓣ 07:30~18:00 – 둘째, 넷째 주 화요일 휴무
- Ⓠ 강원 인제군 북면 진부령로 41
- ☎ 033-462-0413 Ⓟ 가능

백담황태구이 황태

백담사 인근에 자리한 황태구이 전문점. 용대리의 특산물인 황태요리를 맛볼 수 있다. 황태구이정식을 시키면 황태구이를 비롯해 황탯국, 밑반찬이 푸짐하게 나온다. 더덕구이나 산채비빔밥도 강원의 맛을 느끼기에 좋다.

- Ⓦ 황태구이정식, 더덕구이정식(각 1만5천원), 산채비빔밥, 황태해장국, 시골청국장, 순두부, 감자부침, 도토리묵, 전병(각 1만원), 모두부(9천원)
- ⓣ 06:30~19:30 – 연중무휴
- Ⓠ 강원 인제군 북면 백담로 24
- ☎ 033-462-5870 Ⓟ 가능

옛날원대막국수 닭백숙 | 막국수 | 수육

메밀막국수와 감자전, 두부구이 등의 음식을 선보이는 곳. 자체적으로 방앗간을 운영하고 있어 메밀을 직접 제분한다. 시원하고 얼큰한 육수에 쫄깃쫄깃한 면발이 일품이다. 편육과 동동주 한잔을 곁들여도 좋다. 군사병 할인업소로 지정되어 군인이 방문시 할인된다. 40년 넘는 역사를 자랑하는 곳. 영업시간과 상관없이 재료가 다 떨어지면 문을 닫는다.

ⓦ 곰취수육(반접시 1만3천원, 한접시 2만5천원), 강원도감자전(2장 1만2천원, 3장 1만8천원), 메밀전병(7천원), 물막국수, 비빔막국수(각 9천원, 곱빼기 1만1천원), 도토리묵사발(9천원), 옹심이칼국수(1만1천원), 도토리묵무침(1만5천원), 메밀전병(8천원)

⏰ 10:00~16:30(마지막 주문 16:30, 홀 마감 17:00) – 화요일 휴무

🔍 강원 인제군 인제읍 자작나무숲길 1113

☎ 033-462-1515 ⓟ 가능

용대진부령식당 황태

황태찜이 별미로, 황태 속살이 부드럽고 구수하다. 황탯국은 황태를 넣어 오래 우려내기 때문에 황태머리와 뼈가 푹 고아져서 담백하고 고소하다. 40여 년 역사를 자랑하는 곳.

ⓦ 황태구이정식(1만5천원), 황태해장국, 메밀전병(각 1만원), 더덕구이정식(1만7천원)

⏰ 07:30~19:00 – 연중무휴

🔍 강원 인제군 북면 진부령로 100

☎ 033-462-1877 ⓟ 가능

용바위식당 ✕✕✕ 황태

50여 년의 황태 건조와 요리의 역사가 담겨 있는 황태요리 전문식당이다. 황태구이정식을 시키면 뽀얀 황태해장국이 함께 나온다. 매콤한 양념을 덧발라 구운 황태구이 맛이 별미. 덕장에서 직접 황태를 말려 사용하는 것이 특징이다. 황태 건조의 원산지 진부령에서 처음으로 황태요리를 시작한 집이라고 한다.

ⓦ 황태구이(7천원), 황태구이정식(1만5천원), 황태국밥, 청국장, 감자전(각 1만원), 도토리묵, 메밀전병(1만2천원)

⏰ 08:00~18:00(마지막 주문 17:10) – 수요일 휴무

🔍 강원 인제군 북면 진부령로 107

☎ 033-462-4079 ⓟ 가능

일미장 소갈비 | 소고기구이 | 소불고기

3대째 내려오는 한우 전문점으로, 60여 년의 역사를 자랑하는 노포다. 고기 질이 좋으며, 가을 송이 철이 되면 송이불고기와 등심을 맛볼 수 있다.

ⓦ 점심한우불고기백반(1만5천원), 한우불고기(1만7천원), 한돈생삼겹(180g 1만5천원), 두루치기백반(점심 1만3천원), 한우가브리살, 한돈항정살(각 150g 1만5천원), 생목살(1만5천원), 뼈없는한우생갈빗살(4만9천원), 한우꽃등심, 한우업진살(각 4만5천

원), 한우육회, 사시미(3만원)

⏰ 11:30~13:30/17:00~22:00 – 일요일 휴무

🔍 강원 인제군 인제읍 인제로188번길 1

☎ 033-461-2396 ⓟ 가능

전씨네막국수 ✕✕ 두부 | 막국수

직접 메밀을 제분하여 면을 만드는 막국숫집. 겉메밀과 도정한 메밀을 섞어 제면하여 까칠까칠한 순메밀의 식감을 느낄 수 있다. 동치미와 김칫국물을 섞은 육수가 나오는 것이 특징이다.

ⓦ 물막국수, 감자전, 생두부(각 8천원), 메밀전병, 생두부(각 7천원), 비빔막국수, 온면, 도토리묵, 두부구이(각 9천원), 두부전골(2인 이상, 1인 1만원), 수육(1만8천원)

⏰ 10:00~19:00(마지막 주문 18:30) – 첫째, 셋째 주 월요일 휴무, 명절 당일 휴무

🔍 강원 인제군 인제읍 광치령로 143

☎ 033-461-2065 ⓟ 가능

청정골산채전문식당 ✕✕ 산채정식

직접 채취한 자연산 나물로 요리한 산채정식을 맛볼 수 있는 한식당. 다양한 나물과 된장국이 함께 나오며 밥에 나물을 넣어 비빔밥으로 먹어도 좋다. 황태정식, 더덕정식, 자연산 능이 백숙 등도 맛볼 수 있다.

ⓦ 산채정식(2인 이상, 1인 1만5천원), 황태정식, 더덕정식(각 1만5천원), 닭볶음탕(6만원), 자연산능이백숙(8만원), 비빔밥, 감자전(각 1만원)

⏰ 미정 – 비정기적 휴무

🔍 강원 인제군 북면 어두원길 8

☎ 033-461-0333 ⓟ 가능

황태령 황태

용대리 황태덕장에서 말린 황태를 사용하는 황태 요리 전문점. 취나물, 젓갈 등 함 나오는 밑반찬도 깔끔하다. 옆의 용대 영농조합법인 황태령직판장에서 황태 구매도 가능하다.

ⓦ 황태구이정식(1만5천원), 황태구이더덕해장국정식(1만8천원), 더덕구이정식(1만5천원), 산채비빔밥, 황태해장국(각 1만원)

⏰ 07:00~19:00 – 연중무휴

🔍 강원 인제군 북면 미시령로 1213

☎ 033-462-9991 ⓟ 가능

강원도 정선군

낙원회관 소고기구이

영월의 목장에서 직접 키운 소에서 나오는 고기를 사용하며 육질이 부드럽고 씹는 맛이 좋다. 안창살, 살치살 등이 나오는 특수부위도 인기다. 된장 국물에 국수를 말아서 나오는 된장소면이 별미다.

- ⓦ 안창살(130g 5만9천원), 특수부위(150g 4만9천원), 일반부위(150g 3만9천원), 된장찌개, 곰탕, 육개장(각 1만2원), 된장소면(4천원)
- ⏰ 11:00~22:00 – 연중무휴
- 🔍 강원 정선군 고한읍 고한6길 18
- ☎ 033-591-2510 ⓟ 가능

대운식당 곤드레밥 | 닭볶음탕

곤드레돌솥밥으로 유명한 곳. 주문하면 바로 쌀을 씻어 밥을 지어 내온다. 함께 나오는 마른김에 곤드레밥을 얹고 강된장이나 양념간장을 넣어 먹으면 맛이 일품이다. 잘 삶은 닭고기를 수육처럼 내오는 황기백쌈과 닭볶음탕, 콧등치기국수도 인기 메뉴 중 하나.

- ⓦ 곤드레솥밥(1만원), 황기백쌈, 닭볶음탕(각 8만원), 빠가사리매운탕(7만원), 콧등치기국수(7천원), 코다리조림(4만원), 육개장, 청국장(각 8천원), 두부전골(4만원)
- ⏰ 08:30~20:00 – 설날 당일 휴무
- 🔍 강원 정선군 여량면 노추산로 775
- ☎ 033-562-5041 ⓟ 가능

동광식당 국수 | 족발

메뉴는 황기족발과 콧등치기국수, 올챙이국수 세 가지뿐이다. 콧등치기국수는 메밀장국수의 일종으로, 우거지국에 메밀국수를 만 것이다. 먹을 때 국수 가락이 콧등을 친다고 해서 콧등치기국수라는 이름이 붙었다고 한다. 황기, 엄나무 뿌리, 오가피 등을 넣어서 삶은 황기족발도 인기다.

- ⓦ 콧등치기국수(8천원), 황기족발(중 3만9천원, 대 4만2천원)
- ⏰ 09:00~21:00 – 명절 휴무
- 🔍 강원 정선군 정선읍 녹송1길 27
- ☎ 033-563-3100 ⓟ 가능

동박골식당 곤드레밥

곤드레나물밥으로 유명한 곳. 곤드레(엉겅퀴) 나물을 넣고 밥을 지어 곤드레 향취가 일품이다. 양념간장, 막장, 고추장 등 세 가지 장 중에서 취향에 맞는 것을 골라서 비벼 먹을 수 있다. 돌솥밥에 눌어붙은 누룽지를 먹는 재미도 쏠쏠하다. 곤드레밥과 제육볶음이 함께 나오는 곤드레정식도 인기.

- ⓦ 돌솥곤드레밥(1만원), 돌솥곤드레정식(1만3천원), 돌솥영양밥, 메밀전병(각 1만2천원), 더덕구이(2만5천원), 제육볶음(2만5천원), 도토리묵(1만5천원)
- ⏰ 09:00~20:00 – 명절 휴무
- 🔍 강원 정선군 정선읍 정선로 1314
- ☎ 033-563-2211 ⓟ 불가

옥산장 🎗 玉山莊 곤드레밥 | 한정식

은은한 향이 입안 가득 퍼지는 곤드레밥을 선보이는 곳. 맛깔스러운 밑반찬이 한 상 가득 나오며 양도 많은 편이다. 곤드레밥 외에도 가정식 밥상, 황기백숙, 민물매운탕 등도 다양하게 맛볼 수 있다.

- ⓦ 아침메뉴–한식(1만2천원), 곤드레밥한정식(2만원), 제육볶음(1만원), 더덕구이(1만원), 감자전(1만원), 메밀전병(1만원)
- ⏰ 08:00~15:00/16:30~19:00(마지막 주문 18:30) – 첫째, 셋째 주 월요일 휴무
- 🔍 강원 정선군 여량면 여량3길 79
- ☎ 033-562-0739 ⓟ 가능

정선면옥 🎗 막국수 | 칼국수

막국수와 칼국수가 유명한 곳. 된장과 고추장을 섞은 국물의 장손칼국수 맛이 일품이다. 겨울에는 만둣국도 인기다.

- ⓦ 막국수, 장칼국수(각 8천원), 비빔막국수, 비빔칼국수, 만둣국(각 9천원), 제육(4만원), 두부구이, 파전(각 1만2천원)
- ⏰ 10:30~20:00(재료 소진시 마감) – 명절 휴무
- 🔍 강원 정선군 정선읍 봉양5길 35
- ☎ 033-562-2233 ⓟ 불가

청원식당 국수

콧등치기국수의 원조로 꼽히는 곳. 콧등치기는 메밀국수의 별명으로 쫄깃한 면을 빨아 들이면 콧등을 친다고 해서 붙여진 이름이다. 육수에 면을 풀고, 들깻가루를 듬뿍 뿌린다.

- ⓦ 콧등치기국수, 장칼국수(각 7천원), 메밀장떡(5천원)
- ⏰ 11:00~19:00 – 명절 휴무
- 🔍 강원 정선군 여량면 여량6길 10
- ☎ 033-562-4262 ⓟ 가능

혜원가든 소고기구이

질 좋기로 소문난 태백 한우 생등심을 판다. 육즙이 촉촉한 등심을 참숯불에 구워 먹고 나서 된장찌개나 멸치로 국물을 낸 소면으로 마무리하면 좋다. 좌석이 2백 석으로 규모가 크고, 오픈 주방인 데다 실내도 깔끔하다.

ⓦ 한우갈빗살, 한우등심(각 200g 4만원), 제주흑돼지(200g 2만2천원), 일반삼겹살(200g 1만8천원), 한우뚝불(200g 2만원), 한우육개장, 갈비탕(각 1만2천원), 한우뭇국, 곤드레밥(각 1만원)
ⓣ 09:00~23:00 – 명절 오후 휴무
ⓠ 강원 정선군 사북읍 사북중앙로 18–1
☎ 033–592–3356 ⓟ 가능

강원도 철원군

기와집 쌈밥

식당 이름처럼 기와집 건물에 위치한 쌈밥 전문점. 매콤한 제육볶음과 계란찜, 된장찌개, 몇 가지 반찬과 직접 만든 쌈장이 나온다. 밥은 돌솥밥에 나오며, 철원 오대쌀로 짓는다.

ⓦ 매콤제육쌈밥, 간장제육쌈밥(1만5천원), 소불고기쌈밥(1만6천원), 소불고기전골(중 4만원, 대 5만2천원), 불낙전골(소 2만8천원, 중 4만5천원, 대 6만원)
ⓣ 11:00~15:00/17:00~20:00 | 토, 일요일, 공휴일 11:00~15:30/ 17:00~20:00 (마지막 주문 19:00) – 목요일 휴무
ⓠ 강원 철원군 갈말읍 갈말로 369
☎ 033–455–2566 ⓟ 가능

내대막국수 막국수

철원막국수와 함께 철원 지역 막국수의 양대산맥으로 꼽히는 곳. 투박한 강원도 스타일의 막국수를 맛볼 수 있다. 직접 기른 채소를 사용하고 있으며 직접 메밀을 빻아 면을 만든다. 두툼하게 썬 편육을 곁들이면 더욱 맛있다.

ⓦ 물막국수, 비빔막국수(각 1만원), 편육(2만5천원)
ⓣ 11:20~15:30/17:00~19:00(마지막 주문 18:30) – 첫째, 셋째 주 화요일 휴무, 명절 휴무
ⓠ 강원 철원군 갈말읍 내대1길 29–10
☎ 033–452–3932 ⓟ 가능

마당예쁜집 한정식

군복의 벙거지 모양 모자인 전립투를 본따서 만든 냄비에 전골을 해 먹는 이색 음식을 맛볼 수 있다. 가운데 오목한 부분에서는 육수를 끓이고 챙 부분에 올려둔 채소와 고기를 넣어 먹는다. 오대꽃밥정식과 각색전립투전골은 예약이 필수다.

ⓦ 각색전립투전골(중 6만원 대 8만원), 오대꽃밥정식(2인 이상, 1인 2만원), 돌솥생선구이(2인 이상, 1인 1만2천원)

ⓣ 11:00~15:00(마지막 주문 14:00) | 토요일 11:00~16:00(마지막 주문 15:00) – 화요일 휴무
ⓠ 강원 철원군 동송읍 이평로 123
☎ 0507–1354–5366 ⓟ 가능

연사랑 한정식

주택을 개조하여 만든 듯한 분위기의 식당. 담백한 맛의 나물 반찬을 밥에 넣어 비벼 먹는데, 간장, 된장, 파프리카 고추장 세 가지 중 취향에 맞는 양념을 넣는다. 나물정식에 나오는 향긋한 미나리전도 좋다.

ⓦ 나물정식(1만2천원), 제육볶음(2만원), 오대소불고기(3만2천원), 돌미나리수육(3만6천원), 돌미나리전(1만원)
ⓣ 11:00~15:00/17:00~20:00(재료 소진 시 마감) – 화요일 휴무
ⓠ 강원 철원군 철원읍 금학로339번길 12–28
☎ 0507–1399–0775 ⓟ 가능

연사랑

임꺽정가든 민물매운탕

임꺽정의 본고장인 철원군에서 민물매운탕으로 알려진 곳. 메기매운탕이 시원하면서 얼큰하다. 닭백숙은 방문전 미리 예약하는 것이 좋다. 고석정 정자와 한탄강 등 주변 경관이 좋다.

ⓦ 메기매운탕(2인 4만원, 3인 6만원, 4인 7만5천원, 5인 11만원), 잡고기매운탕(2인 4만5천원, 3인 6만원, 4인 8만원, 5인 12만원), 쏘가리매운탕(2인 13만원, 3인 16만원, 4인 19만원), 쏘가리회(1kg 30만원)
ⓣ 09:00~20:00(마지막 주문 19:00) – 화요일 휴무
ⓠ 강원 철원군 동송읍 태봉로 1825–6
☎ 033–455–3128 ⓟ 가능

철원막국수 막국수 | 수육

70여 년 전통의 막국숫집으로, 철원 지역에서 유명한 곳이다. 투박한 메밀 맛과 질 좋은 고추 양념이 간결하면서도 시

골스러운 맛을 낸다. 직접 담근 짠지무가 올라간 물막국수 스타일이다. 사골을 우려낸 육수를 사용하며 간장, 고추장, 메주 등을 직접 담근다.

ⓦ 물막국수, 비빔막국수, 찐만두(각 9천원), 편육(소 2만원, 대 2만6천원), 녹두빈대떡(1만2천원)
ⓣ 10:00~15:30/16:30~20:00(마지막 주문 19:30, 재료소진시 마감) – 연중무휴
ⓠ 강원 철원군 갈말읍 명성로158번길 13
☎ 033-452-2589 ⓟ 가능

폭포가든 민물매운탕

직탕폭포 인근에 있는 매운탕 전문점으로, 메기, 빠가사리, 쏘가리 등 민물매운탕을 선보인다. 시원한 자연경관에 물소리를 들으면서 식사할 수 있다. 사계절 내내 야외 자리를 이용할 수 있는 것이 특징이다.

ⓦ 메기매운탕(2인 4만원, 3인 5만원, 4인 6만원), 잡고기매운탕(2인 4만5천원, 3인 6만원, 4인 7만원), 빠가사리매운탕(2인 5만원, 3인 7만원, 4인 9만원), 쏘가리매운탕(2인 10만원, 3인 13만원, 4인 16만원)
ⓣ 11:00~20:00(마지막 주문 19:00) | 월요일 11:00~19:00(마지막 주문 18:00) – 화요일 휴무
ⓠ 강원 철원군 농송읍 직탕길 86
☎ 033-455-3546 ⓟ 가능

강원도 춘천시

1.5닭갈비 닭내장 | 닭갈비

철판에 구운 닭갈비 볶음과 닭내장 볶음을 맛볼 수 있는 곳. 메뉴는 닭갈비와 닭내장 두 가지만 취급하며 우동, 떡, 고구마 사리를 추가하기도 한다. 닭갈비를 다 먹은 후 볶음밥을 많이 주문하며 밑반찬으로 내어주는 빨간 동치미 국물도 곁들이기 좋다.

ⓦ 닭갈비, 닭내장(각 1만5천원), 볶음밥, 우동사리(각 3천원)
ⓣ 11:00~22:00(마지막 주문 20:30) – 연중무휴
ⓠ 강원 춘천시 후만로 77 (후평동)
☎ 033-253-8635 ⓟ 불가

곰배령 한정식

강원도식 한정식 전문점. 맛깔스러운 강원도 나물을 밥에 비벼 먹는 나물밥을 중심으로 다양한 음식을 즐길 수 있다. 나물밥은 네 가지 양념장 중 선택할 수 있는 것이 특징. 모던한 인테리어가 돋보이는 대형 식당으로 단체 방문이 많다. 안쪽에는 테라스와 카페가 있어 디저트와 차를 즐길 수 있다.

ⓦ 곰배령한정식(3만2천원), 곰배령특정식(4만2천원), 강원나물밥정식(2만4천원), 평일점심나물밥(1만7천원)
ⓣ 11:15~15:00(마지막 주문 14:20)/16:00~20:30 – 명절 휴무
ⓠ 강원 춘천시 춘천로 19 (온의동)
☎ 033-255-5500 ⓟ 가능

남부막국수본관 ✖ 막국수 | 수육

50여 년의 역사를 자랑하는 곳으로, 한때는 강원의 3대 막국숫집으로 뽑힐 정도였다. 김치가 들어가 있어 면과 함께 씹히는 맛이 별미지만, 달착지근한 것이 현대적으로 개량화된 막국수를 먹는 느낌이 들기도 한다. 김치를 넣은 메밀전병인 총떡, 감자전, 편육 등을 곁들이면 더욱 맛있다.

ⓦ 막국수(9천원, 대 1만원), 감자전, 빈대떡, 메밀전병(각 8천원), 편육(중 2만5천원, 대 3만원), 모둠전(1만원)
ⓣ 10:00~20:30 – 연중무휴
ⓠ 강원 춘천시 춘천로81번길 16 (약사동)
☎ 033-254-7859 ⓟ 가능

남부해장국 선지해장국 | 우거지해장국 | 콩나물국밥

50여 년 전통의 선지해장국집. 선지해장국에는 큼지막한 선지와 내포, 콩나물 등이 푸짐하게 들어가며 함께 나오는 삭힌 고추, 간 양파 등을 넣어 먹으면 맛있다. 콩나물해장국과 우거지해장국도 시원한 맛이 좋다.

ⓦ 선지해장국, 한우소머리국밥(각 0천원), 콩나물해장고, 우기지해장국(각 8천원), 내장탕(1만2천원), 우거지갈비탕(1만1천원)
ⓣ 24시간 영업 – 연중무휴
ⓠ 강원 춘천시 퇴계로 12 (퇴계동)
☎ 033-257-7785 ⓟ 가능

다우등심 ✖ 소고기구이

질 좋은 한우등심구이를 즐길 수 있는 곳. 참숯에 구워 먹는 맛이 좋으며 칼칼한 김치찌개도 별미다. 호수 근처에 있어 전망도 좋다.

ⓦ 한우등심(200g 4만9천원), 한우김치찌개(2인 이상, 1인 5천원)
ⓣ 10:00~22:00 – 연중무휴
ⓠ 강원 춘천시 스포츠타운길 399 (삼천동)
☎ 033-262-7748 ⓟ 가능

다윤네집 ✖ 생선조림 | 닭백숙

모래무지찜을 잘하는 집으로 소문난 곳. 모래무지찜은 고추장 양념 베이스로 얼큰하게 조린 민물생선조림으로, 쪽파와 시래기 등이 푸짐하게 들어간다. 어른 손가락 굵기만한 모래무지가 넉넉히 들어 있다. 닭백숙도 맛이 좋다. 문 닫는 시간이 일정치 않으므로 전화하고 방문하는 편을 추천한다.

ⓦ 모래무지조림(소 4만원, 대 6만원), 오리능이백숙(6만5천원), 옻닭, 백숙, 닭볶음탕(각 6만원), 감자부침(1만원)

⏰ 09:00~21:00 – 화요일, 명절 휴무
📍 강원 춘천시 서면 경춘로 647-56
☎ 033-263-1888 ⓟ 가능

대룡산막국수 ✖ 막국수

씨앗막국수를 선보이는 곳. 메밀면 위에 메밀싹을 올린 것
이 특징이며 특색 있는 맛을 자랑한다. 순메밀로 만든 막국
수도 맛볼 수 있으며 전병, 묵사발 등의 향토음식을 곁들이
면 좋다. 자가제면소를 갖고 있을 정도로 규모가 큰 편. 겨
울에는 메밀싹을 올린 만둣국이, 여름에는 검은콩물냉막국
수가 별미다.

ⓦ 순메밀막국수(각 보통 8천원, 곱빼기 1만원), 메밀새싹쟁반막
국수(2인 2만2천원, 4인 4만2천원), 메밀전병(1만원), 부침(8천
원), 편육(2만2천원)
⏰ 10:00~21:00(마지막 주문 20:40) – 연중무휴
📍 강원 춘천시 동내면 동내로 180
☎ 033-261-1421 ⓟ 가능

대원당 ✖ 베이커리

춘천에서 가장 오래된 빵집으로, 50여 년의 전통을 자랑한
다. 달콤한 잼이 들어간 맘모스빵이 인기며 옛날 스타일의
버터크림빵, 생크림을 듬뿍 넣은 생크림슈 등도 추천한다.

ⓦ 대원당맘모스(7천7백원), 크림맘모스(6천6백원), 버터크림빵,
통팥빵(각 2천4백원), 생크림슈(3천원), 슈크림빵(1천9백원), 모
카크림빵, 초코크림빵(각 2천6백원)
⏰ 08:00~22:00(마지막 주문 21:30) – 연중무휴
📍 강원 춘천시 퇴계로 191 (석사동)
☎ 033-254-8187 ⓟ 가능

라모스버거 ✖ RAMOS BURGER 햄버거

미군 부대 근무 경력이 있는 외조부의 비법을 전수 받아 빵,
패티, 소스 등을 직접 모두 만드는, 춘천의 오래된 버거 전
문점. 일본 나고야 지방의 버거 가게에서 전수받았다고 하
는 나고야버거가 인기 메뉴 중 하나다.

라모스버거

ⓦ 라모스버거(1만9백원), 나고야버거, 뉴욕치즈의여신, 아보카
도삼바버거(각 1만2천9백원), 치즈스틱(7천9백원), 새우튀김(8천
9백원)
⏰ 10:00~21:00(마지막 주문 20:00) | 금요일 10:00~16:00/
17:00~22:00(마지막 주문 21:00) | 토요일 10:00~22:00(마지막
주문 21:00) – 연중무휴
📍 강원 춘천시 옛경춘로 835 (삼천동)
☎ 033-252-0006 ⓟ 가능

만강 일식

춘천에 있는 고급 일식집 중 하나다. 코스에 나오는 회의 종
류가 매우 다양하며 음식도 맛깔스럽다. 가격대에 따라 다
르지만 참치, 참치뱃살, 광어, 연어 등 여러 가지 종류의 회
를 맛볼 수 있다.

ⓦ 만강스페셜(1인 12만원), 만강특사시미(1인 9만원), 사시미(1인
7만원), 만강정식A코스(5만8천원), 만강정식B코스(4만8천원)
⏰ 10:00~23:00 – 연중무휴
📍 강원 춘천시 동내면 외솔길19번길 61
☎ 033-262-5900 ⓟ 가능

메바우명가춘천막국수 막국수

100% 순메밀을 사용하여 만드는 춘천식 막국숫집. 주전자
에 담겨 나오는 동치미는 취향에 맞게 조절해서 먹을 수 있
으며, 막국수 위에 청포묵이 올려져 나오는 것이 독특하다.
솔잎이 깔려 있는 찜기에 나오는 편육과 만두가 별미다.

ⓦ 순메밀막국수(1만1천원), 시래기메밀돌솥비빔밥(1만2천원),
시래기들기름막국수(1만3천원), 들기름두부구이(1만원), 매운순
메밀막국수(1만1천원), 편육(2만5천원), 메밀정식(2만4천원), 모
둠전(1만3천원)
⏰ 10:30~20:00(마지막 주문 19:30) | 토, 일요일 10:30~21:30
– 연중무휴
📍 강원 춘천시 당간지주길 76 (근화동)
☎ 033-254-2232 ⓟ 가능

명가막국수 ✖ 막국수 | 수육

50여 년 전통의 막국숫집. 원래의 상호인 호반막국수로 유
명했던 곳으로, 현지인이 좋아하는 곳이다. 양념장에 배추김
치를 잘게 다져서 넣는 것이 특징이며, 무순과 무김치가 고
명으로 올라간다. 쫀득한 감자부침과 메밀전병 등을 곁들이
면 좋다.

ⓦ 막국수(소 7천5백원, 보통 9천원, 곱빼기 1만1천원), 편육(1만
9천원), 메밀전병(1만1천원), 감자부침(1만원), 메밀부침(9천원),
도토리묵(8천원)
⏰ 10:00~21:00 – 연중무휴
📍 강원 춘천시 신북읍 상천3길 8
☎ 033-241-8443 ⓟ 가능

명물닭갈비 � 닭갈비

전통으로 내려오는 독특한 양념 비법으로 감칠맛 나는 닭갈비를 맛볼 수 있다. 젊은 사람 입맛에 맞게 양념 소스에 과일을 첨가해 매우면서도 달착지근한 맛이다. 남은 양념에 볶아 먹는 치즈볶음밥과 새싹막국수도 별미로 통한다.

ⓦ 철판닭갈비, 양념숯불닭갈비(각 300g 1만5천원), 닭내장(300g 1만6천원), 막국수(7천원), 쟁반막국수(3∼4인 2만원), 치즈닭갈비(300g 1만8천원),
🕐 10:00∼21:00 – 연중무휴
🔍 강원 춘천시 금강로62번길 8 (조양동)
☎ 033–244–2961 Ⓟ 불가

별당막국수 ✖✖ 막국수 | 수육

옛날 그대로의 방법을 고수하여 옛 맛이 살아 있는 막국수를 맛볼 수 있다. 면이 굵직한 편이며 새콤한 양념 맛이 좋다. 신선한 채소가 듬뿍 들어가는 채소비빔막국수도 별미. 구수한 메밀전병이나 장떡 등을 곁들이는 것도 좋다.

ⓦ 막국수(9천원), 메밀전병, 시골장떡, 촌두부, 메밀전, 도토리묵(각 8천원), 채소비빔막국수(1만원), 편육(2만원), 촌두부찌개(2인 1만4천원), 닭볶음탕(5만원), 토종닭백숙(6만원), 김치보쌈(4만원)
🕐 10:00∼21:00(마지막 주문 20:30) – 둘째, 넷째 주 화요일 휴무
🔍 강원 춘천시 춘천로81번길 15 (약사동)
☎ 033–254–9603 Ⓟ 가능

봉운장 ✖ 갈비탕 | 소불고기 | 소갈비찜

춘천에서 유명한 갈빗집으로, 갈비찜이 대표 메뉴다. 큼지막한 갈비와 달착지근한 양념 맛이 잘 어우러진다. 한우불고기도 추천할 만하며, 푸짐한 양의 갈비탕도 식사메뉴로 인기가 좋다.

ⓦ 한우갈비(300g 6만원), 육우갈비(300g 5만원), 육회(200g 3만3천원), 물냉면, 비빔냉면(각 8천원), 된장찌개(5천원), 갈비탕(1만5천원)
🕐 11:30∼14:30/17:00∼21:00 | 토, 일요일 11:30∼21:00 – 월요일 휴무
🔍 강원 춘천시 소양고개길 26 (소양로3가)
☎ 033–254–3203 Ⓟ 가능

부안막국수 ✖✖✖ 막국수 | 수육

막국수가 맛있는 곳으로, 곱게 간 메밀로 면을 뽑아 면발이 부드러운 것이 특징이다. 김치가 고명으로 올라가는 것이 특징이며 양념장 맛이 일품이다. 여름에는 정원에 있는 평상에서 시원하게 막국수를 즐길 수 있다. 외지인보다는 춘천 지역민 사이에서 특히 유명한 곳.

ⓦ 막국수(9천원, 곱빼기 1만1천원), 사리(7천원), 쟁반국수(소 1만2천원, 대 1만8천원), 도토리묵(9천원), 총떡, 빈대떡, 메밀부

침(각 9천원), 보쌈(320g 4만원), 편육(3만원), 족발(4만5천원)
🕐 11:00∼21:00(마지막 주문 20:30) – 명절 휴무
🔍 강원 춘천시 후석로344번길 8 (후평동)
☎ 033–254–0654 Ⓟ 가능

블랑제리춘천 카페

클래식피낭시에를 시그니처로 하는 베이커리 카페. 풍미 있는 베이커리가 다양하게 진열되어 있어 폭넓은 선택지를 제공한다. 크리스마스를 맞이해 특별하게 장식한 빵도 선보이고 있으며, 커피는 산미 없이 고소한 맛으로 즐길 수 있다.

ⓦ 아메리카노(5천원), 카페라테(6천원), 클래식피낭시에(3천4백원), 버터크루아상(4천5백원), 바닐라카늘레(4천원), 고메시오빵(3천5백원), 우유시로모찌(6천7백원), 바스크치즈케이크(7천5백원), 딸기보틀케이크(7천9백원)
🕐 11:00∼22:00(마지막 주문 21:40) – 연중무휴
🔍 강원 춘천시 김유정로 1852–11 (퇴계동)
☎ 0507–1382–2778 Ⓟ 가능

산토리니 ✖✖ Santorini 파스타 | 이탈리아식 | 카페

춘천에서 손꼽히는 분위기 좋은 곳으로, 디저트와 이탈리아 요리를 선보인다. 춘천 시내를 한눈에 내려다 볼 수 있는 시원한 전망과 그리스의 산토리니를 연상시키는 흰색과 파란색의 건축물이 포토존으로도 유명하다. 구봉산 카페거리를 만든 원소십으로, 최근 리뉴얼하여 실내 분위기도 밝고 쾌적하다.

ⓦ 에스프레소, 아메리카노(각 6천4백원∼6천9백원), 샐러드(1만2천원∼1만5천원), 피자(1만7천원∼2만3천원), 파스타(1만7천원∼2만1천원), 쿠키(3천8백원), 호두파이(6천5백원), 치즈케이크(7천5백원)
🕐 11:00∼21:00(마지막 주문 20:00) | 토요일 10:00∼22:00(마지막 주문 21:00) | 일요일 10:00∼21:00(마지막 주문 20:00) – 연중무휴
🔍 강원 춘천시 동면 순환대로 1154–97
☎ 033–242–3010 Ⓟ 가능

샘밭막국수 ✖✖✖ 막국수 | 수육

3대째 50여 년을 이어온 집이다. 찰기가 없는 메밀에 감자전분을 섞어 면에 약간의 찰기를 준다고 한다. 참기름을 뿌린 막국수 위에 매운 양념과 김가루, 참깨 가루를 올린다. 동치미를 부어 아삭한 신김치와 먹으면 맛이 더 살아난다.

ⓦ 순메밀막국수(1만2천원), 막국수(9천원) 감자전, 녹두전(각 1만원), 순두부, 모두부(각 9천원), 편육(1만6천원∼2만원), 보쌈(3만원)
🕐 10:00∼20:00 | 명절 전날, 당일 10:00∼15:00 – 연중무휴
🔍 강원 춘천시 신북읍 신샘밭로 644 1층
☎ 033–242–1712 Ⓟ 가능

섬향기 닭갈비 | 막국수 | 돼지고기구이

정통 장작구이 닭갈비를 맛볼 수 있는 바비큐 레스토랑. 자연을 벗 삼은 상쾌한 공간에서 바비큐를 비롯해 부대찌개, 막국수 등의 메뉴를 즐길 수 있다. 공간이 넓어 단체 식사 장소로도 좋다.

- ⓦ 철판닭갈비(2인 3만원, 3인 4만5천원, 4인 6만원), 버섯불고기전골(2인 3만4천원), 물막국수(1만원), 명태비빔막국수(1만2천원), 추억의도시락(8천원), 메밀전병(1만원)
- ⓣ 10:30~19:30 | 토, 일요일 11:00~19:30 – 연중무휴
- ⓠ 강원 춘천시 남산면 남이섬길 1
- ☎ 031-580-8054 ⓟ 불가

소울로스터리 SOUL ROASTERY COFFEE 카페

울창한 소나무숲 그늘 아래에서 힐링하기 좋은 대형 베이커리 카페. 로스팅도 직접 하고 있다. 시그니처 음료는 에스프레소와 크림, 그리고 초당옥수수가 어우러진 옥수수커피다. 3개 건물의 실내 공간부터 야외 좌석까지 잘 꾸며놓았다.

- ⓦ 에스프레소(6천원), 아메리카노(6천원), 카페라테(7천원), 옥수수커피(7천5백원), 콜드브루라테(6천5백원), 크로플(3천5백원)
- ⓣ 09:00~24:00 – 연중무휴
- ⓠ 강원 춘천시 동면 소양강로 530
- ☎ 033-253-7876 ⓟ 가능

신흥막국수 ✖ 막국수

순메밀로 만든 막국수를 맛볼 수 있는 곳이다. 면에 수육과 채썬 오이, 삶은 달걀이 올려져 나오면 취향에 맞춰 참기름에 비벼 먹던가 육수를 부어서 먹는 것이 특징이다. 참기름에 비벼 반 정도 먹다가 육수를 붓는 것도 먹는 방법 중의 하나. 얇게 부쳐져 나오는 감자전도 추천메뉴다.

- ⓦ 순메밀/들기름/평양식막국수, 감자전(각 9천원), 편육(2만2천원)
- ⓣ 11:00~20:00(마지막 주문 19:00)(재료 소진 시 조기 마감) – 월요일 휴무
- ⓠ 강원 춘천시 상마을1길 36 (퇴계동)
- ☎ 033-264-2031 ⓟ 가능

실비막국수 ✖ 막국수 | 수육

막국수 전문점으로, 메밀은 평창군에서 계약재배한 것만 사용하며 껍질째 보관했다가 그때그때 방앗간에서 가루를 내다 쓴다. 100% 메밀가루로 만든 국숫발이 적당히 쫄깃하고 매끄러우면서 씹을수록 뒷맛이 고소하다. 한우 사골을 고은 물과 정육 삶은 물로 만든 육수를 부어 먹기도 하고 비벼 먹기도 한다. 50년 넘는 역사를 자랑한다.

- ⓦ 막국수(8천원, 곱빼기 1만원), 고기막국수(1만2천원), 빈대떡(8천원), 수육(소 1만2천원, 중 1만8천원, 대 2만3천원)

- ⓣ 11:30~19:00(마지막 주문 18:30) – 화요일 휴무
- ⓠ 강원 춘천시 소양고개길 25 (소양로2가)
- ☎ 033-254-2472 ⓟ 가능(후문 쪽의 공영주차장 이용, 무료)

어스17 earth17 카페

춘천이 자연을 담은 감성 있는 카페. 야외 공간에 마련된 빈백에 앉으면 소양강 뷰를 바로 앞에서 감상할 수 있다. 2층 뮤직홀은 높은 음질의 음악을 들으며 리버뷰를 감상할 수 있는 공간. 꾸덕한 크림을 올린 아인슈페너를 시그니처로 한다.

- ⓦ 에스프레소(5천5백원), 아메리카노(6천원), 카페라테(7천원), 어스17아인슈페너(7천5백원), 어스17라테(7천5백원), 바닐라빈라테(7천원), 소프트아이스크림(7천원), 오렌지아메리카노(7천5백원), 딸기크림라테(8천원), 자몽얼그레이블렌딩티(8천원)
- ⓣ 11:00~21:30 – 연중무휴
- ⓠ 강원 춘천시 신북읍 신샘밭로 766
- ☎ 033-244-7876 ⓟ 가능

연산골막국수 ✖ 막국수 | 닭백숙

다양한 강원도 향토 음식을 만날 수 있는 곳. 툭툭 끊기면서 메밀 향이 은근하게 퍼지는 막국수 맛이 토속적이다. 뒷산에서 흘러내리는 맑은 물을 사용하는 것이 맛의 비결이라 한다. 닭백숙은 한 시간 전에 예약하고 가야 한다.

- ⓦ 막국수(9천원, 곱빼기 1만1천원), 메밀전병(1만1천원), 수육(소 2만1천원, 대 3만7천원), 토종닭누룽지백숙(6만5천원), 오리누룽지백숙(7만원)
- ⓣ 11:10~15:00/17:00~20:00(마지막 주문 19:10) | 토, 일요일 11:10~16:00/16:30~20:00(마지막 주문 19:10) – 화요일 휴무
- ⓠ 강원 춘천시 동면 연산골길 105-12
- ☎ 033-241-7025 ⓟ 가능

오수물막국수 osumul makguksu 막국수

3대가 함께 운영하는 30년 전통의 막국숫집. 면 위에 메밀순을 고명으로 올려주며, 양념은 자극적이지 않고 슴슴한

편이다. 시원한 육수를 조금 넣고 식초, 설탕, 겨자를 곁들여 비벼 먹으면 더 맛있게 즐길 수 있다. 보쌈과 촌두부도 인기 메뉴.

- Ⓦ 막국수(9천원), 곤드레전병, 빈대떡, 도토리묵, 촌두부(각 1만원), 보쌈(중 4만원, 대 4만8천원), 편육(2만원)
- ⏱ 11:00~20:00(마지막 주문 19:30) – 설 당일 휴무
- 📍 강원 춘천시 신북읍 맥국2길 15
- ☎ 033-242-4714 Ⓟ 가능

왕만두 만두

1979년부터 춘천에서 만두를 팔기 시작한 곳으로, 춘천의 맛집으로 유명하다. 냉면, 국수 등 다양한 음식을 팔고 있지만, 꼭 먹어야 하는 음식은 단연 만두다. 만두피와 속 재료 모두 직접 만들며 속이 알차게 차 있다.

- Ⓦ 통만두, 김치만두(각 6천원), 튀김만두, 김치튀김만두(각 6천5백원), 야채비빔만두, 왕만두(각 7천원), 만둣국, 얼큰만두탕, 모리소바, 김치만둣국, 섞어만둣국(각 9천원), 비빔밥, 순두부찌개, 돌우동(각 8천원)
- ⏱ 10:00~18:00 – 월요일, 명절 휴무
- 📍 강원 춘천시 방송길 77 (온의동) 춘천 센트럴타워 푸르지오 프리미엄몰 지하B125호
- ☎ 033-251-5480 Ⓟ 가능

우미닭갈비 ✕ 닭갈비

춘천의 명물 닭갈빗집으로, 양념이 맛있기로 유명한 집 중 하나다. 부드러운 닭고기와 매콤한 양념 맛이 어우러지며, 닭갈비를 다 먹고 난 후 양념에 볶아 먹는 볶음밥도 놓치면 안 된다. 주말에는 줄을 서야 할 정도로 인기가 많은 곳.

- Ⓦ 닭갈비(300g 1만5천원), 막국수(9천원), 볶음밥(3천5백원)
- ⏱ 10:00~20:30 – 수요일 휴무
- 📍 강원 춘천시 금강로62번길 4 (조양동)
- ☎ 033-253-2428 Ⓟ 불가

우성닭갈비 ✕✕ 닭갈비

2대째 운영하는 춘천 닭갈비 전문점. 국내산 닭다리만을 사용하며, 커다란 부위의 살을 구우면서 가위로 잘라준다. 자극적이지 않은 적절한 매운맛과 부드럽고 쫄깃한 식감이 조화롭다. 건물을 리모델링하여 실내도 넓고 쾌적하다.

- Ⓦ 닭갈비, 닭내장(각 300g 1만5천원), 비빔막국수, 돈가스(각 8천원), 우동사리, 볶음밥(각 3천원)
- ⏱ 11:00~15:00/17:00~21:50(마지막 주문 20:30) | 토, 일요일 11:00~21:50(마지막 주문 20:30) – 화요일 휴무
- 📍 강원 춘천시 동면 만천양지길 87
- ☎ 033-242-3833 Ⓟ 가능

원조숯불닭불고기집 ✕✕ 닭갈비

춘천 명동에서 원조 닭갈빗집으로 꼽히는 곳이다. 철판에 굽는 방식이 아니라 예전 그대로 숯불 석쇠에 닭갈비를 굽는다. 숯불향이 나는 닭불고기를 파김치와 상추에 싸서 먹는 맛이 그만이다. 닭갈비를 가스불이 아닌 숯불에 굽기 때문에 기름이 쫙 빠져 맛이 담백하다. 식사로는 멸치육수와 시골된장으로 끓인 된장찌개가 일품이다. 60년 넘는 역사를 자랑한다.

- Ⓦ 뼈없는닭갈비 간장닭갈비(각 250g 1만4천원), 뼈있는닭갈비, 오돌뼈소금구이, 닭내장(각 250g 1만5천원), 된장찌개(3천원), 막국수(8천원)
- ⏱ 10:30~21:00 – 수요일, 명절 전날, 당일 휴무
- 📍 강원 춘천시 낙원길 28-4 (중앙로2가)
- ☎ 033-257-5326 Ⓟ 불가(낙원 공영주차장 이용)

원조중앙닭갈비 닭갈비

명동닭갈비 골목의 수많은 닭갈빗집 중에서 가장 오래된 집 중 하나다. 매콤하면서도 달짝지근한 닭갈비를 맛볼 수 있다. 직접 만드는 특제 양념 비빔장의 맛이 인기의 비결.

- Ⓦ 닭갈비, 닭내장(각 1만5천원), 막국수(9천원), 감자전, 도토리묵(각 1만2천원)
- ⏱ 10:00~23:00 – 수요일 휴무
- 📍 강원 춘천시 금강로62번길 13-5 (조양동)
- ☎ 033-253-4444 Ⓟ 가능

유포리막국수 ✕✕✕ 막국수 | 수육

시원한 동치미 국물에 말아낸 순 메밀 막국수 맛이 일품인 집. 김, 양념간장만으로 담백한 맛을 내고 있어, 현대인의 입맛과 타협한 퓨전이 아니라 정통 막국수의 맛을 즐길 수 있다. 감자부침이나 녹두전과 같이 먹으면 좋다. 촌두부는 당일 정해진 수량만 판매한다.

- Ⓦ 막국수(9천원), 감자부침, 녹두부침, 촌두부, 메밀전병(각 1만원), 편육(1만8천원)
- ⏱ 11:00~19:30(마지막 주문 19:00) – 명절 2일 휴무
- 📍 강원 춘천시 신북읍 맥국2길 123
- ☎ 033-242-5168 Ⓟ 가능

육림닭강정 닭강정

춘천에서 유명한 30여 년 전통의 닭강정 전문점. 매운맛을 세 가지 중에서 고를 수 있다. 설탕 대신 조청을 사용하여 바삭하면서도 부드러운 식감이다. 테이크아웃만 가능하며 닭껍데기 강정은 하루 30개 한정 판매한다.

- Ⓦ 프라이드(2만원), 조청닭강정(중간맛 2만3천원, 매운맛 2만3천원), 닭껍데기강정(6천원)
- ⏱ 11:30~20:30 – 추석 당일 휴무
- 📍 강원 춘천시 소양고개길 46 (요선동)
- ☎ 033-244-1510 Ⓟ 불가

이디오피아 Ethiopia bet espresso 커피전문점

1968년 에티오피아 참전기념탑 제막식에 참석했던 에티오피아 황제의 청으로 지어진 커피 전문점이다. 우리나라 최초로 에티오피아 커피를 판매한 곳으로, 50년 넘는 전통의 원두커피 문화의 원조라 할 수 있다. 실내 분위기는 매우 빈티지하다.

ⓦ 핸드드립커피(1만원~1만4천원), 아메리카노(핫 5천원, 아이스 7천원), 에스프레소(5천5백원), 콘판나(6천원), 카페라테(핫 6천원, 아이스 8천원), 아포가토(1만원)
ⓣ 10:00~22:00(마지막 주문 21:20) – 연중무휴
ⓠ 강원 춘천시 이디오피아길 7 (근화동)
☎ 033-252-6972 ⓟ 가능

자유빵집 카페 | 베이커리

춘천에서 정통 프랑스식 빵을 맛볼 수 있는 곳이다. 천연효모를 사용하여 저온숙성한 반죽을 사용한다. 앙버터, 크루아상, 잠봉뵈르가 많이 찾는 메뉴. 카페로도 운영되기 때문에 음료 종류도 많은 편이다.

ⓦ 앙버터(5천원), 크루아상(3천8백원), 레몬크루아상(4천원), 잠봉뵈르(7천5백원), 크러핀(4천원), 대파빵(5천원), 소금빵(3천원), 크로크무슈(6천8백원), 팽오쇼콜라(3천8백원), 아메리카노(4천5백원), 라테(5천원)
ⓣ 10:30~18:00(마지막 주문 17:50) – 화요일 휴무
ⓠ 강원 춘천시 만천로199번길 28 (후평동)
☎ 033-911-9871 ⓟ 불가

장호닭갈비 닭갈비

춘천 지역에서 30여 년간 닭갈비를 선보이고 있는 곳. 본점인 이곳에서는 철판 닭갈비를, 인근 장호더그릴 신관에서는 두 딸이 숯불에 굽는 닭갈비를 맛볼 수 있다. 푸짐한 양배추와 촉촉한 닭고기의 맛이 많이 자극적이지 않아 가족끼리 방문하기도 좋다. 동치미와 열무김치, 상추, 양파 등이 곁들임 찬으로 나오며 떡, 우동 사리 등을 추가해도 좋다.

ⓦ 닭갈비(250g 1만6천원), 닭내장(300g 1만4천원), 쟁반막국수(1만6천원), 막국수(8천원), 애기밥, 볶음밥, 우동사리, 치즈떡사리(각 2천원)
ⓣ 10:00~21:00(마지막 주문 20:00) – 연중무휴
ⓠ 강원 춘천시 신북읍 신샘밭로 682
☎ 0507-1427-5877 ⓟ 가능

참나무숯불닭갈비 ✄ 닭갈비

소양강댐 진입로에 늘어서 있는 닭갈빗집 중 하나. 숯불에 맥반석을 올려놓고 그 위에 양념된 닭갈비를 구워 먹는 맥반석숯불닭갈비가 유명하다. 닭갈비를 먹고난 후에는 쟁반막국수로 마무리한다. 소양강물이 옆에서 흘러 운치가 있다.

ⓦ 매운맥반석숯불닭갈비, 맥반석숯불닭갈비(250g 각 1만6천

원), 메밀쟁반막국수(중 2만원, 대 2만7천원), 메밀막국수(9천원), 된장찌개(3천원)
ⓣ 10:00~21:00(마지막 주문 20:30) – 연중무휴
ⓠ 강원 춘천시 신북읍 신샘밭로 715
☎ 033-242-0388 ⓟ 가능

카페모요 ✄ MOYO 커피전문점

춘천의 스페셜티커피 산업의 변화를 선도하는 곳으로, 아름다운 조양루 건너편의 오래된 식당을 개조해서 운영하는 카페. 다양한 로스터의 싱글오리진 커피를 소개하고 있다. 매장의 추천 커피 중 하나인 모요라테는 진득하고, 단맛이 강렬한 블렌딩 커피에 일곱 가지 곡물을 혼합한 크림을 추가하여 복합적인 질감을 느낄 수 있다.

ⓦ 아메리카노(4천5백원), 카페라테(5천원), 바닐라빈라테(5천5백원), 모요크림라테(6천원), 플랫화이트(5천원), 무화과피낭시에(3천2백원), 솔티카라멜피낭시에(2천7백원), 클래식피낭시에(2천7백원)
ⓣ 07:30~18:00 – 일요일 휴무
ⓠ 강원 춘천시 모수물길 7-1 (요선동) 1층
☎ 0507-1347-7167 ⓟ 불가

커피쟁이비버씨 Mr. Beaver's Coffee 카페

다락방이 있는 아늑한 분위기의 카페. 비버의 숲과 비버프레소를 선보이며 카페 곳곳에는 비버 인형이 놓여있다. 핸드드립 커피와 옛날 코코아도 즐길 수 있다.

ⓦ 아메리카노(4천5백원), 카페라테(5천원), 눈꽃빙수(각 1만5천원), 비버의숲(6천원), 플랫화이트(5천원), 밀키라테(5천5백원), 아인슈페너, 크림모카(각 6천원).
ⓣ 08:30~21:00(마지막 주문 20:30) | 토요일 12:00~21:00(마지막 주문 20:30) | 일요일 13:00~19:00(마지막 주문 18:30) – 월요일 휴무
ⓠ 강원 춘천시 동내면 거두택지길 93-1 1층
☎ 033-264-7744 ⓟ 가능

통나무집닭갈비 ✄ 닭갈비

철판에 볶아 먹는 스타일의 닭갈비다. 점심시간이나 저녁시간 모두 번호표를 받아 기다릴 정도로 손님이 많으며, 소양강댐 아래에 있어 주변 환경이 넓고 쾌적하다. 봄고을2호점은 숯불에 구워먹는 스타일이다.

ⓦ 닭갈비, 닭내장, 닭목살(각 250g 1만5천원), 메밀물/비빔막국수(각 8천원), 쟁반비빔막국수(1만5천원), 빙어튀김(겨울, 1만2천원), 양푼이물막국수(1만5천원), 감자채전(9천원)
ⓣ 10:30~21:30(마지막 주문 20:30) – 연중무휴
ⓠ 강원 춘천시 신북읍 신샘밭로 763
☎ 033-241-5999 ⓟ 가능

통나무집닭갈비

퇴계막국수 ✖ 막국수

남춘천역 바로 맞은편에 자리잡고 있는 곳으로, 은근한 맛을 보여주는 막국숫집이다. 막국수에 곁들여 먹는 감자옹심이도 별미다. 오랜 시간 동안 현지인은 물론 외지인에게도 유명세를 떨치고 있다.

ⓦ 막국수(8천원, 곱빼기 9천원), 쟁반막국수(2인 1만7천원, 3인 2만4천원), 옹심이칼국수(9천원), 녹두전(8천원), 옹심이(1만원), 존누무(5천원), 수육(1만5천원, 특 2만6천원)
ⓒ 10:30~21:00(마지막 주문 20:30) – 화요일, 명절 휴무
ⓠ 강원 춘천시 영서로 2231 (퇴계동)
☎ 033-255-3332 ⓟ 가능

평남횟집 ✖ 민물생선회 | 민물매운탕

3대에 걸쳐 60여 년을 이어온 집으로, 쏘가리회와 매운탕을 비롯해 송어회, 향어회를 낸다. 특히 예약을 받아 고객의 취향에 맞춰 낸다는 자연산 쏘가리회와 매운탕 맛이 일품이다. 매운탕용으로 따로 담그는 고추장이 맛의 비결이다.

ⓦ 쏘가리회(시가), 산천어회(소 5만원 중 7만5천원 대10만원), 향어회+송어회(소 4만5천원, 중 6만원, 대 8만원), 메기매운탕(소 4만원, 중 5만원, 대 7만원), 쏘가리매운탕(소 10만원 중 12만원 대 14만원)
ⓒ 09:30~21:00 – 월요일 휴무
ⓠ 강원 춘천시 서면 삿갓봉길 25
☎ 033-244-2370 ⓟ 가능

회영루 ✖ 會英樓 일반중식

탕수육의 명가. 탕수육 외에도 해물이 듬뿍 들어간 짬뽕의 맛이 일품이다. 화학조미료나 색소를 넣지 않고 재래식으로 만든 전통 중국 춘장만 사용한 백년짜장도 별미다. 춘천에서 가장 오래된 화상중식당으로 알려져 있으며 50여 년의 역사를 자랑한다.

ⓦ 탕수육(소 2만원, 중 2만5천원, 대 3만5천원), 깐풍기(3만5천원), 짜장면(7천원), 백년짜장, 삼선볶음밥, 삼선짜장, 오므라이스, 잡채밥, 마파두부밥, 제육밥(각 9천원), 짬뽕, 볶음밥, 매운짜장, (각 8천원), 볶음우동, 중화국밥, 우동(각 8천5백원), 삼선짬뽕, 고추짬뽕, 백년짬뽕, 사천밥(각 9천5백원), 잡탕밥(1만5천원)
ⓒ 11:00~16:00/17:00~22:00(마지막 주문 20:30) | 토, 일요일 10:00~22:00(마지막 주문 20:30) – 화요일, 명절 휴무
ⓠ 강원 춘천시 금강로 38 (소양로3가)
☎ 033-254-3841 ⓟ 가능

강원도 태백시

고사리식당 다슬기 | 재첩

올갱이(다슬기)가 들어간 해장국을 전문으로 하는 곳. 시원하면서도 구수한 맛이 일품이다. 재첩국이나 조기구이도 맛볼 수 있다. 태백산 등산객이 주로 여기서 아침을 먹고 등산길에 오른다.

ⓦ 올갱잇국, 재첩국(각 8천원), 조기구이(1만2천원)
ⓒ 08:00~20:00 – 명절 당일 휴무
ⓠ 강원 태백시 전나무길 3 (화전동)
☎ 033-552-8438 ⓟ 가능

기와집갈비 돼지갈비

양념한 갈비와 통삼겹살을 선보이고 있는 참숯돼지구이 전문점. 갈비는 초벌구이 하여 나오기 때문에 오래 기다리지 않아 먹을 수 있다. 한우탕반과 21곡밥도 별미다.

ⓦ 통삼겹살(180g 1만5천원), 양념갈비(250g 1만5천원), 육전(180g 1만5천원), 냉면(7천원), 한우탕반(7천원), 시래기밥(3천원)
ⓒ 11:00~15:20/16:20~21:00 – 연중무휴
ⓠ 강원 태백시 짐대배기2길 4 (황지동)
☎ 033-553-6645 ⓟ 가능

김서방네닭갈비 ✖ 닭갈비

국물이 있는 태백식 물닭갈비를 하는 곳으로, 커다란 냄비에 뚜껑을 덮어 내온다. 배추, 미나리 등의 각종 채소와 떡, 면 사리 등이 들어가 있으며, 양념이 고루 퍼지도록 저어가면서 익혀 먹는다. 졸여 먹는 맛이 매력적이다. 남은 국물에 볶아 먹는 볶음밥도 별미.

ⓦ 물닭갈비(1만원), 사리추가(2천원), 볶음밥(3천원)
ⓒ 11:00~22:00 – 화요일, 명절 당일 휴무
ⓠ 강원 태백시 시장남1길 7-1 (황지동)
☎ 033-553-6378 ⓟ 불가

너와집 ✖ 한정식

1백 년 넘는 강원의 전통 가옥 너와집을 옮겨와 재건축한 식당으로, 강원의 토속 음식을 즐길 수 있는 곳이다. 대표 메뉴인 너와정식을 주문하면 산나물돼지갈비찜을 비롯해 수

수전, 메밀전병 등이 한 상 가득 차려진다. 더덕구이와 메밀전병, 수수전 등도 별미.
- ⓦ 너와정식(2인 이상, 1인 2만5천원), 소갈비찜정식(2인 이상, 1인 3만5천원), 옹기솥나물밥(1만3천원), 메밀전병, 수수전(각 1만2천원)
- ⓣ 11:00~15:00/17:00~20:30(마지막 주문 20:00) – 명절 휴무
- ⓠ 강원 태백시 고원로 35 (황지동)
- ☎ 033–553–4669 ⓟ 가능

배달식육실비식당 ✕ 소고기구이
연탄불에 석쇠를 얹어 고기를 구워 먹는 한우 전문점. 엄선된 한우 1등급 이상만 사용해 고기 단면의 마블링이 좋다. 주문 즉시 손질해 고기가 더욱 신선하다. 가격대비 만족도가 높은 곳.
- ⓦ 갈빗살, 등심(각 180g 3만4천원), 육회(300g 3만원)
- ⓣ 10:00~22:00 – 연중무휴
- ⓠ 강원 태백시 황지로 15 (황지동)
- ☎ 033–552–3371 ⓟ 가능

부래실비식당 소고기구이
연탄불에 석쇠를 올려 구운 한우를 즐길 수 있는 곳. 갈빗살, 등심, 양념주물럭 등도 있으며 육회도 추천할 만하다. 식사 메뉴로는 선지해장국이 인기가 많다.
- ⓦ 한우갈빗살, 한우등심, 한우주물럭, 한우육회, 한우육사시미(각 200g 3만4천원), 선지해장국(1만원), 설렁탕(1만2천원)
- ⓣ 24시간 영업 – 연중무휴
- ⓠ 강원 태백시 시장북길 24 (황지동)
- ☎ 033–552–9595 ⓟ 가능

시장실비식당 ✕ 소고기구이
한우 전문점으로, 연탄불 위에 석쇠를 얹은 뒤 고기를 굽는다. 쟁반에 담아 내오는 고기의 질이 신선하다. 실비모둠을 시키면 등심, 갈빗살, 안창살 등의 부위가 다양하게 나온다. 주물럭과 육회도 추천할 만하다.
- ⓦ 시장실비모둠, 주물럭(각 200g 3만4천원), 목삼겹(200g 1만5천원), 된장소면(5천원), 된장찌개, 소면(각 3천원)
- ⓣ 10:00~21:00(재료 소진시 영업 종료) – 연중무휴
- ⓠ 강원 태백시 시장북길 27 (황지동)
- ☎ 033–552–4893 ⓟ 가능

이모네식당 일반한식 | 김치찌개 | 된장찌개
60여 년간 한식을 전문으로 해온 집. 김치찌개, 된장찌개부터 코다리조림, 갈치조림, 고등어조림 등 어지간한 메뉴는 다 갖추고 있다. 반찬으로 곤드레나물, 오징어젓, 고추장아찌 등이 나오며 지역색이 잘 담겨 있다.
- ⓦ 김치찌개, 된장찌개, 청국장(각 9천원), 제육볶음(2인 이상, 1인 1만2천원), 코다리조림(2인 3만원), 갈치조림, 고등어조림(각

1인 1만2천원)
- ⓣ 06:00~21:00 – 비정기적 휴무
- ⓠ 강원 태백시 먹거리길 31 (황지동)
- ☎ 033–553–5812 ⓟ 불가

초막고갈두 ✕ 생선조림 | 두부
원래는 칼국수로 시작한 집이지만, 지금은 갈치조림, 고등어조림, 두부요리가 대표 메뉴다. 시래기를 넣은 고등어조림 맛이 훌륭하다. 1년치 시래기를 한 번에 말려 놓았다가 쓴다. 여러 가지 한약재를 넣어서 달여낸 육수가 맛의 비결.
- ⓦ 갈치조림(2인 이상, 1인 1만2천원), 고등어조림(2인 이상, 1인 1만원), 두부조림(8천원), 우렁두부조림(1만원)
- ⓣ 10:00~15:30(재료 소진 시 조기 마감) – 일요일 휴무
- ⓠ 강원 태백시 백두대간로 304 (황지동)
- ☎ 033–553–7388 ⓟ 가능

태백순두부 순두부
현지인이 많이 가는 소박한 순두부집. 순두부 한 그릇에 갓김치, 곤드레나물, 김치를 곁들여 먹으면 속이 든든하다.
- ⓦ 순두부(9천원), 된장(1.5kg 2만원), 고들빼기, 고추장아찌(각 1만원)
- ⓣ 07:30~15:00 – 월요일 휴무
- ⓠ 강원 태백시 초막2길 5 (화전동)
- ☎ 033–553–8484 ⓟ 가능

태백실비식당 소고기구이
연탄불에 한우를 구워 먹는 곳. 질 좋은 한우를 합리적인 가격에 즐길 수 있으며 은은한 양념을 더한 주물럭도 인기다. 식사로는 소면과 된장찌개 등이 있다.
- ⓦ 모둠갈빗살, 주물럭(각 180g 3만5천원), 삼총사(180g 4만9천원), 안창살, 명품한우(각 160g 4만9천원), 등심(180g 3만8천원), 육사시미, 육회(각 200g 3만4천원)
- ⓣ 11:00~22:00 – 연중무휴
- ⓠ 강원 태백시 감천로 8 (황지동)
- ☎ 033–553–2700 ⓟ 가능

태성실비식당

태백한우골실비식당 ✂ 소고기구이

한우생갈빗살이 유명한 고깃집. 연탄불에 구워 먹는 한우의 맛이 일품이다. 고기를 먹은 뒤에 먹는 된장 소면도 별미다. 기본찬은 무난한 편이며 야외에서도 식사할 수 있다.

ⓦ 한우생갈빗살, 한우생주물럭(각 180g 3만4천원), 한우모둠(180g 4만1천원), 한우안창살(180g 4만9천원), 한우등심(180g 3만7천원)
ⓣ 10:00∼22:00 – 연중무휴
ⓠ 강원 태백시 대학길 35 (황지동)
☎ 033-554-4599 Ⓟ 가능

태백한우마을 ✂ 소고기구이

한우짝갈비를 매일 필요한 만큼 손질해서 파는 갈빗살 전문점으로, 30여 년의 역사가 있는 곳이다. 꽃갈빗살과 생갈빗살이 대표 메뉴다. 질 좋은 고기를 참숯에 구워먹는 맛이 일품이다.

ⓦ 한우생갈빗살(200g 3만4천원), 한우꽃갈빗살(180g 4만5천원), 한우안창살(180g 4만8천원), 육회(200g 3만4천원)
ⓣ 11:00∼21:30 – 화요일 휴무
ⓠ 강원 태백시 번영로 349-1 (황지동) 이림상가 1층
☎ 033-552-5349 Ⓟ 가능

태성실비식당 ✂ 소고기구이 | 육사시미

화력 좋은 연탄을 사용한 소박한 상차림이지만 신선한 고기가 인상 깊다. 식사를 주문하면 우거지가 들어간 된장찌개가 함께 나온다. 원탁 테이블에 손님이 다 차면 가스불을 이용한 방과 비닐하우스가 있는 마당으로 나가게 된다.

ⓦ 한우갈빗살, 한우주물럭, 한우육회, 한우육사시미(각 180g 3만4천원)
ⓣ 11:00∼15:00/16:30∼21:30 – 둘째, 넷째 주 월요일 휴무
ⓠ 강원 태백시 감천로 4 (황지동)
☎ 033-552-5287 Ⓟ 가능

고향막국수 ✂ 막국수

2대째 메밀국수를 선보이는 곳으로, 20여 가지의 채소와 양념을 첨가해 만든 육수가 독특하다. 국물에 꿀을 넣는 것이 맛의 비결이라고 한다. 순메밀정식을 시키면 메밀국수와 돼지수육, 메밀묵, 메밀전, 메밀전병 등이 푸짐하게 나온다.

ⓦ 메밀물국수, 메밀비빔국수(각 1만2천원), 봉평전통메밀국수(1만3천원), 물,비빔막국수(각 9천원), 메밀모둠(1만7천원), 수육(소 2만6천원, 중 3만원), 메밀전병, 메밀왕만두(각 7천원)
ⓣ 10:00∼19:00 – 둘째, 넷째 주 수요일 휴무, 11월∼4월 수요일 휴무
ⓠ 강원 평창군 봉평면 이효석길 142
☎ 033-336-1211 Ⓟ 가능

기화양어장횟집 송어

송어요리를 전문으로 하는 곳으로, 식당 옆에 있는 양식장에서 직접 송어를 양식한다. 두툼하게 썬 송어회 맛이 일품이며 콩가루를 넣은 채소무침에 곁들이면 더욱 맛있게 즐길 수 있나. 송어회성식을 주문하면 송어회와 송어튀김, 초밥, 매운탕 등이 푸짐하게 나온다.

ⓦ 송어회(200g 2만원), 송어구이, 송어튀김(각 2만워) 송어회정식(2인 이상, 1인 2만3천원), 송어매운탕(소 4만원, 대 5만원), 송어회덮밥(1만5천원)
ⓣ 10:00∼22:00(마지막 주문 20:30) – 연중무휴
ⓠ 강원 평창군 미탄면 평창동강로 495-6
☎ 033-332-6277 Ⓟ 가능

남경식당 ✂ 꿩 | 막국수 | 만두

꿩만둣국이 유명한 집. 오돌오돌 씹히도록 꿩의 잔뼈를 넣고 직접 만든 꿩만두는 깨를 뿌려서 고소한 맛이 난다. 매콤한 양념 맛이 좋은 막국수도 수준급이다.

ⓦ 돼지수육(중 2만5천원 대 3만5천원), 꿩만둣국, 메밀막국수(각 1만원), 찐만두, 떡국(각 8천원)
ⓣ 10:30∼19:20(마지막 주문 18:50) – 명절 휴무
ⓠ 강원 평창군 대관령면 대관령마루길 347
☎ 033-335-5891 Ⓟ 가능

납작식당 ✂✂ 오징어 | 돼지불고기

오삼불고기의 원조로 일컬어지는 집으로, 50여 년의 내력을 지니고 있다. 큼지막한 오징어를 사용하기 때문에 육질이 두툼해서 씹는 맛이 좋으며 곁들여지는 반찬도 깔끔하다. 맵지 않으면서도 오묘한 맛을 내는 고추장 양념과 오징어, 삼겹살이 좋은 궁합을 이루고 있다.

ⓦ 오삼불고기, 생삼겹살, 고추장삼겹살(각 200g 1만6천원), 오

징어불고기(200g 1만7천원), 황탯국(8천원), 청국장, 된장찌개
(각 7천원), 우삼겹된장찌개(9천원)
🕐 11:30~14:40/17:00~21:00(마지막 주문 20:00) – 화요일 휴
무
📍 강원 평창군 대관령면 올림픽로 35
☎ 033-335-5477 ⓟ 가능

노다지 오징어 | 황태 | 돼지불고기

오삼불고기가 맛있는 곳. 신선한 오징어와 돼지불고기, 매콤
한 양념이 어우러져 맛이 좋다. 평창 지역의 명물인 황태 특
유의 부드럽고 연한 맛이 일품인 황태구이정식도 인기.

ⓦ 오삼불고기, 오징어불고기, 돼지주물럭(각 1만7천원), 곤드레
솥밥정식, 한우뚝배기불고기, 꼬막돌솥밥정식, 황태구이정식(각
1만5천원), 황태해장국, 황태미역국(각 1만원), 꼬막비빔밥(1만3
천원), 더덕오삼불고기(2만8천원), 생삼겹살(150g 1만8천원), 더
덕구이정식(2만8천원)
🕐 09:00~21:00(입장 마감 20:00) – 연중무휴
📍 강원 평창군 대관령면 올림픽로 153
☎ 033-335-4647 ⓟ 가능

대관령숯불회관 ✂ 소고기구이

얼리지 않은 신선한 대관령 한우 등심이 부드러우면서도 쫄
깃하게 씹힌다. 등심 외에도 차돌박이와 매콤한 양념을 더
한 주물럭 등을 선보인다. 칼칼하게 끓인 생태찌개도 별미.
한상 가득 차려지는 반찬도 맛깔스럽다.

ⓦ 생등심(130g 5만9천원), 차돌박이(130g 4만원), 주물럭(130g
3만5천원), 생태찌개(소 4만원, 대 5만원), 도루묵찜(소 5만원,
대 6만원), 된장찌개(5천원)
🕐 11:30~22:00 – 연중무휴
📍 강원 평창군 대관령면 횡계2길 3
☎ 033-335-5360 ⓟ 가능

대관령추어탕토종닭 ✂ 닭백숙 | 닭볶음탕 | 추어탕

닭백숙과 추어탕이 유명한 곳. 마당에 풀어 키운 닭을 압력
솥에 감자와 함께 넣고 고아 낸다. 쫄깃한 닭살에 된장을 얹
고 배추에 싸 먹는 맛이 일품이며 남은 국물에는 죽을 끓여
먹거나 무를 넣고 국을 끓인다.

ⓦ 닭백숙, 옻닭백숙, 닭볶음탕(각 6만원), 추어탕, 미꾸라지튀
김, 도토리묵무침(각 1만원)
🕐 11:00~14:00/17:00~21:00(마지막 주문 20:00) – 연중무휴
📍 강원 평창군 대관령면 대관령로 202-12
☎ 033-335-9333 ⓟ 가능

대관령황태촌 황태

황태요리 전문점. 대관령 황태덕장마을에서 말린 황태를 사
용한다. 새벽 일찍 문을 열기 때문에 인근 주민이나 평창 내
리조트 관광객들이 아침을 먹기 위해 많이 찾으며, 밑반찬

이 다양하여 푸짐하게 한끼를 먹을 수 있다.

ⓦ 황탯국, 황태미역국, 선짓국(각 9천원), 황태구이정식(1만5천
원), 황태찜(소 3만5천원, 중 4만원, 대 4만5천원), 오삼불고기,
오징어불고기(2인 이상, 1인 1만5천원)
🕐 07:00~19:00(마지막 주문 18:50) – 연중무휴
📍 강원 평창군 대관령면 송전길 14
☎ 033-335-8885 ⓟ 가능

도암식당 ✂ 오징어 | 돼지불고기 | 소고기구이

1층은 정육점, 2층은 식당으로 운영되는 정육식당. 한우등심
을 비롯해 질 좋은 소고기와 오삼불고기 등을 맛볼 수 있다.
오삼불고기에는 아삭한 배추가 푸짐하게 들어가며 다 먹은
뒤 밥을 볶아 먹어도 좋다. 식사로는 깔끔한 맛이 일품인 황
탯국을 추천한다.

ⓦ 오삼불고기, 주물럭전골(각 1만6천원), 오징어불고기(1만8
천원), 황태구이(1만5천원), 황태국, 된장찌개(각 1만원), 삼겹살
(200g 1만8천원)
🕐 10:30~15:00/17:00~21:00 – 비정기적 휴무
📍 강원 평창군 대관령면 대관령로 103
☎ 033-336-5814 ⓟ 불가

동양식당 오징어 | 돼지불고기

오삼불고기와 오징어불고기가 맛있는 집이다. 다양한 채소
에 양념장을 넣고 즉석에서 양념한 후 돌판에 굽는다. 두부
와 황태를 넣고 끓인 뽀얀 국물의 황태해장국도 추천할 만
하다. 1978년 문을 열어 40년 넘게 자리를 지키고 있다.

ⓦ 오삼불고기, 황태구이(각 200g 1만4천원), 오징어불고기
(200g 1만6천원), 한우불고기(200g 1만9천원), 더덕구이(1만8천
원), 황태해장국(9천원)
🕐 10:00~15:00/17:00~21:00(마지막 주문 19:50) | 토, 일요일
10:00~21:00(마지막 주문 19:50) – 수요일 휴무
📍 강원 평창군 대관령면 대관령로 118
☎ 033-335-5439 ⓟ 불가

두일막국수 ✂ 막국수 | 닭백숙

메밀 함량 높은 막국수를 선보이는 곳. 막국수 육수는 달착
지근하면서도 느끼하지 않고, 면발은 쫄깃하고 구수하다. 메
밀 주산지인 홍천에서 통 메밀을 사다가 그때그때 일정량을
겉껍질만 살짝 벗겨 내고 속껍질째 빻아서 면을 만드는 것
이 특징이다.

ⓦ 메밀막국수, 메밀전병(각 8천원), 메밀비빔막국수(9천원), 도
토리묵(1만원), 수육(2만3천원), 능이토종닭백숙(6만5천원), 토종
닭볶음탕(5만5천원)
🕐 10:00~20:00(마지막 주문 19:00) – 첫째, 셋째 주 수요일 휴
무
📍 강원 평창군 진부면 방아다리로 324
☎ 033-335-8414 ⓟ 가능

메밀꽃필무렵 막국수 | 메밀 | 묵

소설 〈메밀꽃필무렵〉의 작가 이효석 생가에서 생활하는 관리인 부부가 이효석 생가 답사객을 상대로 메밀국수, 메밀묵밥 등을 팔기 시작한 곳이다. 메밀국수, 메밀묵, 메밀전 등 메밀을 사용한 요리를 맛볼 수 있다. 도라지, 더덕, 명태회, 명이나물, 메밀싹 등을 듬뿍 넣은 메밀비빔막국수가 별미다.

ⓦ 메밀물국수, 메밀비빔국수, 메밀묵밥(각 1만1천원), 메밀전병(9천원), 감자떡, 감자만두(각 8천원), 간장나물메밀국수(비빔 1만5천원), 간장메밀국수(비빔 1만3천원), 메밀묵(1만3천원), 필무렵세트(겨울한정, 2만2천원)

ⓣ 09:30~16:30(마지막 주문 16:00) | 금요일 09:30~18:00(마지막 주문 17:30) | 토, 일요일 09:30~19:00(마지막 주문 18:30) – 비정기적 휴무

ⓠ 강원 평창군 봉평면 이효석길 33-11

☎ 033-335-4594 ⓟ 가능

방림메밀막국수 막국수

50년 넘는 오랜 전통의 막국수 전문점. 평창 봉평 메밀을 사용하여 메밀면을 만들며, 새콤달콤한 양념을 더한 비빔막국수가 별미다. 진한 메밀 향이 일품. 메밀 면으로 만든 메밀파스타노 난연 멸미나.

ⓦ 메밀물막국수(1만원), 메밀묵사발, 메밀찐만두(각 8천원), 메밀비빔막국수(1만1천원), 수육(소 1만9천원, 중 2만4천원, 대 2만9천원)

ⓣ 10:00~19:00 – 비정기적 휴무

ⓠ 강원 평창군 방림면 서동로 1323

☎ 033-332-1151 ⓟ 가능(협소)

봉평메밀미가연 味家宴 비빔밥 | 메밀 | 막국수

메밀을 활용한 다양한 요리를 만날 수 있는 곳. 메밀싹나물비빔밥은 채 썰어 데친 감자, 무, 호박, 참나물 그리고 메밀싹을 넣은 간결한 비빔밥으로, 메밀막국수에 이은 또 하나의 봉평 별미로 알려져 있다. 메밀물국수, 메밀비빔국수도 인기며 메밀 함량은 30%와 100% 중 선택할 수 있다.

ⓦ 메밀싹육회(2만5천원), 이대팔100%육회비빔국수(1만7천원), 이대팔100%메밀미가연, 이대팔100%메밀비빔국수(각 1만2천원), 메밀싹육회비빔밥(1만3천원), 메밀싹묵무침(1만2천원), 메밀전병(7천원)

ⓣ 10:00~16:00 – 수요일 휴무

ⓠ 강원 평창군 봉평면 기풍로 108

☎ 033-335-8805 ⓟ 가능

봉평메밀진미식당 막국수 | 묵

입구에 물레방아가 있는 운치 있는 집으로, 막국수 맛이 깔끔하다. 순메밀막국수도 맛볼 수 있다. 봉평 일대에서 현대막국수와 함께 가장 오래된 집으로, 50년이 넘는 전통을 자랑한다.

ⓦ 메밀막국수, 메밀비빔막국수(각 9천원), 메밀부침, 메밀전병(각 6천원), 메밀묵말이(1만원), 순메밀막국수(2인 이상, 1인 1만2천원), 메밀묵무침(1만5천원), 수육(2만5천원)

ⓣ 10:00~18:00 | 일요일 12:30~18:00 – 목요일 휴무

ⓠ 강원 평창군 봉평면 기풍로 186-3

☎ 033-336-5599 ⓟ 가능

부산식육식당 소고기구이 | 삼겹살

60년 전통의 고깃집으로, 돌판에 구워 먹는 소고기의 맛이 일품이다. 구수한 된장과 냉이를 넣고 끓인 된장찌개도 별미. 용평리조트가 가까워 겨울철에 스키어들이 많이 찾는다.

ⓦ 토시살, 살치살(각 150g 5만원), 등심(150g 4만원), 삼겹살(170g 1만7천원), 된장찌개(7천원)

ⓣ 12:00~22:00 – 연중무휴

ⓠ 강원 평창군 대관령면 대관령로 108

☎ 033-335-5415 ⓟ 불가

부일식당 산채정식

60년이 넘는 전통의 산채백반 전문점. 손님이 올 때마다 가마솥에 장작을 지펴 밥을 짓고, 전형적인 시골 밥상과 푸짐한 산채 반찬을 내어 온다. 직접 만든 부드러운 두부, 다양한 산채와 반찬은 입맛을 돋운다. 더덕구이 추가를 추천한다. 마지막에 나오는 구수한 누룽지 숭늉으로 식사를 마무리한다.

ⓦ 산채백반(1만3천원), 더덕구이(1만5천원), 황태구이, 불고기(각 1만원)

ⓣ 08:00~20:00 – 연중무휴

ⓠ 강원 평창군 진부면 진부중앙로 100-5

☎ 033-335-7232 ⓟ 가능

산골식당 닭백숙 | 닭볶음탕 | 오리

닭, 오리 백숙 전문점. 닭백숙을 시키면 닭모래집과 신선한 간이 식사 전에 나온다. 닭백숙이 나오면 다양한 한약재와 닭 뱃속에 가득 차 있는 솔잎을 빼내고 먹기 시작한다. 토종

닭이라 육질이 쫄깃하다. 삭힌 백김치에 닭고기 한 점을 올려 먹으면 별미다. 날이 좋은 때에는 야외에서 운치를 즐기며 식사할 수 있다.

ⓦ 오리숯불구이, 오리한방백숙(각 9만원), 오리능이백숙(11만원), 토종닭능이백숙(10만원), 토종닭백숙, 토종닭볶음탕(각 8만원)
🕐 10:00~22:00 – 명절 휴무
🔍 강원 평창군 대관령면 수하로 673-3
☎ 033-335-1281 ⓟ 가능

성주식당 ✂ 곤드레밥 | 닭백숙

말린 곤드레나물로 밥을 지은 곤드레밥을 선보인다. 5월 말부터 여름 사이에는 말리지 않은 파릇한 생곤드레나물로 밥을 하기 때문에 훨씬 향이 좋고 각종 쌈 채소도 풍성하다. 주변 경관이 아름답고 가게 앞에는 계곡이 흐른다.

ⓦ 곤드레한상(1만3천원), 도토리묵무침(1만원), 메밀전(6천원), 흑미능이닭백숙, 닭볶음탕(각 7만원), 황태구이와곤드레한상(2만4천원)
🕐 10:00~18:00(마지막 주문 17:00) – 수요일, 명절 휴무
🔍 강원 평창군 진부면 방아다리로 306
☎ 033-335-2063 ⓟ 가능

오대산가마솥식당 ✂ 산채정식 | 산채비빔밥

산채요리로 유명한 오대산 월정사 입구 식당촌에서 30년 넘게 산채요리를 전문으로 내놓고 있다. 산채정식을 시키면 두릅, 냉이, 더덕과 각종 버섯요리, 전을 포함하여 30여 가지의 반찬이 나오고 황태구이와 된장찌개도 푸짐하게 한 상 차려진다.

ⓦ 산채정식(2만2천원), 산채비빔밥, 도토리묵, 감자전, 두부구이, 모두부(각 1만2천원), 산채돌솥비빔밥, 황태해장국(각 1만3천원), 황태구이정식(2만7천원), 산나물전, 황태구이(각 1만5천원), 능이백숙(7만원), 메밀전병(1만원), 더덕구이(2만원)
🕐 08:00~20:00(마지막 주문 19:30) | 동절기 08:00~19:00(마지막 주문 18:30) – 연중무휴
🔍 강원 평창군 진부면 오대산로 152 11동 1호
☎ 033-333-5355 ⓟ 가능

오대산식당 ✂ 산채정식

월장사 앞의 오대산먹거리마을 초창기부터 있던 산채 정식 전문점. 정식을 시키면 16 가지의 산채 나물과 버섯, 장아찌, 감자전, 도토리묵, 생선구이, 더덕구이, 떡갈비, 된장찌개 등이 한상 가득 차려진다.

ⓦ 소불고기(소 4만5천원, 중 5만5천원), 코다리조림(소 3만5천원, 중 4만5천원), 가자미조림(소 4만원, 중 5만원), 제육볶음(2인 2만5천원), 오삼불고기(1인 1만5천원), 생선구이(1인 1만5천원), 한방갈비탕(1만5천원), 오징어김치전(1만7천원),
🕐 09:00~21:00 – 연중무휴

오대산식당

🔍 강원 평창군 대관령면 횡계길 39
☎ 033-335-6203 ⓟ 가능

용평회관 ✂✂✂ 소고기구이 | 생태

평창에서 질 좋은 소고기를 구워 먹을 수 있는 곳으로, 등심을 비롯해 차돌박이, 주물럭 등을 선보인다. 고기 외에 칼칼한 생태찌개도 유명하며, 구수하고 진한 된장찌개도 별미다. 용평에서 스키 타는 사람은 다 알만큼 유명한 곳이다.

ⓦ 등심(150g 5만9천원), 차돌박이, 주물럭(각 150g 4만9천원), 생태찌개(소 4만원, 중 4만5천원), 된장찌개(5천원)
🕐 12:00~15:00/17:00~21:00(마지막 주문 20:30) – 화요일 휴무
🔍 강원 평창군 대관령면 횡계2길 15
☎ 033-335-5217 ⓟ 불가(매장 앞 공영주차장 이용)

운두령 ✂✂✂ 송어

민물생선인 송어회를 전문으로 하는 곳으로, 꽁꽁 얼린 돌판에 송어회를 내오기 때문에 싱싱한 회 맛을 즐길 수 있다. 송어회는 각종 채소에 고추장, 콩가루, 들기름 등을 넣고 새콤매콤하게 무쳐 먹어도 좋다. 회를 먹고 나서 나오는 매운탕이 얼큰하다. 한옥을 개조해 운치 있는 분위기다.

ⓦ 송어회(반접시 4만3천원 2인 6만5천원, 3인 9만6천원, 4인 12만8천원), 송어구이(반마리 3만원, 한마리 6만원)
🕐 11:00~16:00 – 명절 전날 및 당일 휴무
🔍 강원 평창군 용평면 운두령로 825
☎ 033-332-1943 ⓟ 가능

원조맷돌순두부 두부 | 순두부

직접 재배한 콩을 맷돌에 갈아 순두부를 만드는 두부 전문점으로, 담백한 순두부를 맛볼 수 있는 곳이다. 매콤한 순두부찌개와 두부전골 또한 선보이고 있으며, 마감시간이 유동적이니 전화 확인 후 방문하기를 추천한다.

ⓦ 맷돌순두부(1만원), 순두부찌개(1만1천원), 두부전골(중 3만5천원, 대 4만5천원), 황태전골(4만5천원), 모두부, 모두부찌개(각

1만5천원), 오삼불고기, 오징어불고기(각 2인 3만5천원)
🕐 07:30~20:00 – 연중무휴
🔍 강원 평창군 대관령면 송천길 10
☎ 033-336-2386 ⓟ 가능(공영주차장)

유천막국수 ✖ 막국수 | 수육

순메밀국수 맛이 입소문으로 퍼져 전직 대통령 일행이 찾아 온 집이기도 하다. 대관령 한우뼈를 곤 국물에 동치미 국물 을 가미하는 것이 맛의 비결. 육수 맛과 다소 거칠게 간 메 밀국수의 구수한 뒷맛이 일품이다.

ⓦ 메밀물막국수, 도토리묵사발, 메밀전병(각 8천원), 메밀비빔 국수(9천원), 꿩만두찜(1만원), 꿩만둣국(동절기, 1만원), 도토리 묵(7천원), 수육(소 2만5천원, 대 3만원)
🕐 10:30~20:00(마지막 주문 19:30) – 비정기적 휴무
🔍 강원 평창군 대관령면 만과봉길 58
☎ 033-332-6423 ⓟ 가능

진태원 ✖ 일반중식

바삭하면서도 부드러운 탕수육 맛이 일품이다. 링 모양의 양파와 생부추가 듬뿍 올라가는 것이 특징이다. 횡계 시내 에서 잘하는 집으로 소문나 있다.

ⓦ 탕수육(중 3만2천원, 대 4만원), 짜장면(7천원, 곱빼기 8천 원), 짬뽕, 볶음밥, 간짜장, 삼선짜장, 짬뽕밥, 짜장밥(각 8천원, 곱빼기 9천원), 군만두(7천원), 우동, 울면(각 5천5백워), 양장피 (3만원)
🕐 11:00~16:00 | 일요일 12:30~16:00 – 비정기적, 명절 휴무
🔍 강원 평창군 대관령면 횡계길 19
☎ 033-335-5567 ⓟ 불가

현대막국수 ✖ 막국수

메밀의 고장 봉평에서 진미식당과 함께 가장 오래되고 유명 한 집이다. 메밀 함량이 약간 부족한 듯 싶으나 이런 경우는 순메밀을 시키면 된다. 사과, 배 등의 과일과 양파를 숙성시 켜 육수에 사용하는 것이 특징. 콩나물을 긴 시간 동안 우려 낸 육수의 맛이 시원하면서도 약간 달착지근한 편이다.

ⓦ 메밀물막국수(9천원, 곱빼기 1만원), 메밀비빔막국수(1만원, 곱빼기 1만1천원), 메밀묵무침(1만2천원), 메밀묵사발(9천원), 메 밀전병, 메밀부침(각 7천원), 수육(중 2만5천원, 대 3만5천원)
🕐 09:00~20:00(마지막 주문 19:30) – 연중무휴
🔍 강원 평창군 봉평면 동이장터길 17
☎ 033-335-0314 ⓟ 가능

황태덕장 황태

대관령에서 눈보라를 맞히며 꾸둑꾸둑하게 말린 황태를 사 용한다. 황태를 갖은 양념에 재 놓았다가 콩나물, 미더덕 등 과 끓여내는 매콤한 황태찜이 좋다. 황태 뼈와 머리로 끓여 낸 황탯국도 개운하다.

ⓦ 황태전골(중 4만5천원, 대 5만원), 황태구이정식(1인 1만5천 원), 황태미역국, 황탯국(각 1만원)
🕐 07:00~21:00 – 연중무휴
🔍 강원 평창군 대관령면 눈마을길 21
☎ 033-335-5942 ⓟ 가능

황태회관 ✖ 황태

직접 황태덕장을 운영하고 있기 때문에 질 좋은 황태로만 음식을 한다. 7~8가지에 이르는 다양한 황태 요리에 기본 반찬이 10여 가지 정도 나온다. 황태해장국은 뽀얗게 우려 내 국물이 담백하며 황태구이는 따뜻한 불판에 얹어 낸다.

ⓦ 황태해장국, 황태미역국, 된장찌개(각 9천원), 황태구이정식 (1만5천원), 황태찜, 황태불고기(각 중 3만9천원, 대 4만9천원), 오삼불고기, 오징어불고기(각 2인 이상, 1인 1만5천원), 황태전 골(4만8천원), 김치찌개(1만원), 더덕구이(3만원), 도토리묵(1만5 천원), 뚝배기불고기(1만8천원), 황태강정(중 3만9천원, 대 4만5 천원)
🕐 06:00~22:00(마지막 주문 21:30) – 연중무휴
🔍 강원 평창군 대관령면 눈마을길 19
☎ 033-335-5795 ⓟ 가능

강원도 홍천군

가리산막국수 ✖ 닭백숙 | 막국수 | 두부전골

막국수가 맛있는 곳. 구수한 메밀면 위에 비빔 양념장이 올 라가며 함께 나오는 동치미 국물을 취향에 따라 부어 먹는 다. 잘 삶은 편육이나 감자전 등을 곁들여 먹는 맛이 일품이 다. 칼칼하게 끓인 두부전골과 엄나무닭백숙 등도 인기다.

ⓦ 막국수, 청국장(1만원), 민물새우수제비, 두부전골(각 2인 2만 원), 편육(300g 2만원), 엄나무닭백숙, 닭볶음탕(각 6만원), 감자 전, 두부김치(각 1만원)
🕐 07:30~20:30(마지막 주문 19:30) – 명절 휴무
🔍 강원 홍천군 두촌면 가리산길23번길 7
☎ 033-435-2704 ⓟ 가능

길매식당 두부 | 막국수

막국수와 잣두부가 유명한 집. 마을에서 생산한 콩을 사용 하여 두부를 만들며 하루 준비량이 다 떨어지면 문을 닫는 다. 잣두부는 들기름으로 구워 더욱 고소하며 얼큰한 잣두 부전골도 별미다. 막국수를 먹을 때는 동치미 국물을 조금 넣어 먹는 편을 추천한다.

ⓦ 막국수(동절기 1만원), 잣두부전골, 잣두부구이백반(각 1만4 천원), 잣두부구이(1만5천원), 감자전(8천원)
🕐 10:00~17:00(마지막 주문 16:30) – 화, 수요일 휴무

ㅇ 강원 홍천군 화촌면 구룡령로 214-1

☎ 033-432-2314 ⓟ 가능

늘푸름임꺽정 소고기구이

홍천군 한우 브랜드인 늘푸름 홍천 한우만 취급하는 곳. 열흘 이상 숙성한 1++등급의 홍천 한우를 참숯으로 굽는다. 별도의 룸을 갖추고 있어 모임을 하기에도 좋다.

ⓦ 안창살, 토시살, 살치살(각 150g 4만6천원), 등심(150g 4만원), 육회(200g 2만5천원), 막국수(9천원)

ⓣ 10:00~22:00 – 연중무휴

ㅇ 강원 홍천군 홍천읍 무궁화로4길 11

☎ 033-432-9939 ⓟ 가능

늘푸름한우사랑 소고기구이 | 쌈밥

홍천군 한우 브랜드인 늘푸름 홍천 한우를 맛볼 수 있는 곳. 가격대도 합리적인 편이며 고기 질이 좋다. 돼지불고기와 신선한 쌈채소, 된장찌개 등이 나오는 쌈밥정식도 식사메뉴로 인기가 많다.

ⓦ 한우등심(100g 변동), 한우특수부위(100g 1만5천원), 세팅비(1인 4천원), 쌈밥정식(1만2천원), 육회비빔밥(8천원), 육회(130g 1만2천원), 차돌된장찌개(5천원), 후식냉면(4천원)

ⓣ 17:00~22:00 – 일요일 휴무

ㅇ 강원 홍천군 홍천읍 연봉로 36

☎ 033-432-6622 ⓟ 가능

양지말화로구이 삼겹살

홍천 일대에서 화로구이로 소문난 곳. 냉동시키지 않은 생삼겹살을 고추장 양념에 버무려 참숯에 직화로 구워 먹는다. 고추장 양념과 간장 양념 중 선택할 수 있으며 향긋한 더덕구이도 인기 메뉴. 후식으로 메밀커피를 무료로 제공한다.

ⓦ 고추장화로구이(2인 이상, 200g 1만8천원), 간장화로구이(2인 이상, 200g 1만9천원), 더덕구이(400g 3만원), 막국수, 양푼비빔밥(각 1만원), 온면(7천원), 도토리묵사발(여름메뉴 1만2천원)

ⓣ 11:00~20:30(마지막 주문 20:00) – 연중무휴

ㅇ 강원 홍천군 홍천읍 양지말길 17-4

☎ 033-435-7533 ⓟ 가능

오대산내고향 산채정식 | 산채비빔밥 | 두부

산채백반으로 유명한 곳으로, 홍천에서 채집한 산나물로 차리는 산채백반이 푸짐하다. 직접 담근 된장 맛도 일품이다. 닭볶음탕과 백숙은 예약 필수. 은행나무 숲을 방문하는 관광객이 자주 찾는다.

ⓦ 산채백반(2인 이상, 1인 2만원), 두부전골(2인 이상, 1인 1만원), 산채비빔밥(9천원), 촌두부구이한판(1만2천원), 토종닭백숙, 토종닭볶음탕(각 6만원)

ⓣ 09:00~20:00 – 12월~3월 휴무

ㅇ 강원 홍천군 내면 구룡령로 6898

☎ 0507-1444-7794 ⓟ 가능

원조생곡막국수 막국수

동치미막국수가 맛있기로 소문난 곳. 구수한 메밀면발 위에 오이, 참깨, 김가루 등이 고명으로 올라가며, 함께 나오는 시원한 동치미 국물을 넣어 먹는다. 감자전과 편육 등을 곁들이는 편을 추천한다.

ⓦ 메밀막국수(1만원), 촌두부(각 9천원), 감자전(1만3천원), 수육(2만1천원)

ⓣ 10:30~20:00 | 동절기 10:30~19:00(마지막 주문 19:00) – 화요일 휴무

ㅇ 강원 홍천군 서석면 군두리길 310

☎ 033-436-5061 ⓟ 가능

장남원조보리밥 보리밥

보리밥 전문점으로, 보리밥을 시키면 비벼 먹기에 좋은 나물이 반찬으로 깔리며 함께 나오는 된장찌개의 맛이 일품이다. 건강한 음식으로 한 끼 때울 수 있는 곳.으로, 소박하고 깊은 맛을 느낄 수 있다.

ⓦ 보리밥정식, 쌀밥정식(각 1만2천원), 두부구이, 감자전(각 9천원), 도토리묵무침(1만5천원)

ⓣ 07:30~21:00 – 일요일, 명절 휴무

ㅇ 강원 홍천군 두촌면 장남길 34

☎ 033-435-2206 ⓟ 가능

장원막국수 막국수 | 수육

막국수 전문점으로, 순메밀만을 사용한 막국수를 맛볼 수 있다. 양념이 강하지 않아 깨를 뿌리지 않으며 백김치를 곁들이면 더욱 좋다. 메밀가루는 그때그때 필요한 양만큼 빻아서 쓰는 것이 맛의 비결. 수육과 녹두빈대떡도 추천.

ⓦ 순메밀물국수(1만2천원), 순메밀비빔국수(1만1천원), 돼지수육(200g 2만5천원), 녹두전(1만3천원)

ⓣ 10:30~17:00(마지막 주문 16:30) – 화요일, 명절 휴무

강원 홍천군 홍천읍 상오안길 62
☎ 033-435-5855 ⓟ 가능

풍년식당 순대 | 순댓국

홍천시장 내에 자리한 순댓국 전문점. 오랜 시간 끓인 돼지 사골 국물에 순대와 파, 다진 마늘 등이 푸짐히 들어간다. 순대에는 당면과 찹쌀, 부추, 당근 등을 넣어 잡내 없이 깔끔한 맛이다.

ⓦ 순대국밥, 순대(각 9천원), 소머리국밥(1만원), 편육, 돼지머릿고기, 술국(각 1만7천원)
⊙ 07:00~15:00/17:00~20:30(마지막 주문 19:30) - 월요일 휴무
🔍 강원 홍천군 홍천읍 신장대로 92
☎ 033-434-4304 ⓟ 불가

홍천한우애 洪川 韓牛愛 소고기구이

유통 과정을 최소화하여 합리적인 가격대로 즐길 수 있는 한우전문정육식당. 고기는 숯불에 구워 먹는다. 직판장도 같이 운영하고 있어 우족, 꼬리 등 다양한 특수부위를 구매 할 수 있는 점이 좋다. 넓은 매장과 주차장, 단체룸, 어린이 놀이공간, 오락실 등 편의시설도 갖추고 있다.

ⓦ 한우애삼합세트(1만8천원), 버섯불고기전골(1만2천원), 갈비탕(1만5천원), 한우국밥(1만원)
⊙ 10:30~21:30 - 월요일 휴무
🔍 강원 홍천군 홍천읍 양지말길 12
☎ 033-432-9279 ⓟ 가능

강원도 화천군

광덕리329 카페

주인장과 마을 주민들이 직접 재배한 농산물로 커피를 제외한 모든 메뉴를 만드는 카페. 건강하고 정성이 가득한 음료와 디저트가 준비되어 있으며, 토마토빵과 바질빵이 특히 인기다.

ⓦ 아메리카노(4천원), 카페라테(5천원), 토마토빵(3천원), 바질빵(3천원), 야채빵(3천원), 토마토바질에이드, 오미자차, 토마토스, 진저몬아이스티, 귤라홍(각 6천원)
⊙ 11:00~19:00 - 월, 화요일 휴무
🔍 강원 화천군 사내면 포화로 828
☎ 0507-1485-2069 ⓟ 가능

광덕별아래 카페

계곡 물 소리를 들으며 커피를 즐길 수 있는 곳. 직접 만든 팥을 가득 올린 팥빙수와 브루잉발효커피가 추천 메뉴. 통창으로 바라보는 푸른 정원이 아름다운 곳으로, 힐링하기 좋은 곳이다.

ⓦ 에스프레소(4천5백원), 아메리카노(5천원), 카페라테(5천5백원), 브루잉발효커피(7천5백원), 눈꽃인절미팥빙수(2인 1만8천원), 블랜딩티(4천5백원), 생과일주스(7천원), 나무꾼케이크(8천원), 시로유키케이크(8천원)
⊙ 수요일 12:30~19:00 | 화, 목요일 12:00~19:00 | 금, 토요일 12:00~21:00 | 일요일 11:00~19:00 - 월요일 휴무
🔍 강원 화천군 사내면 천문대길 8
☎ 0507-1438-7799 ⓟ 가능

명가 名家 산천어 | 민물매운탕 | 민물생선회

제대로 된 산천어회와 쏘가리회, 매운탕을 먹을 수 있는 곳이다. 파로호와 화천천에서 잡아올린 민물고기만을 사용한다. 한겨울이 제철인 산천어가 대표 메뉴며 얼큰한 쏘가리매운탕도 인기다. 함께 나오는 밑반찬도 깔끔하다.

ⓦ 쏘가리회(시가), 자연산장어구이(시가), 산천어회(4만5천원), 송어회(4만원), 광어(소 6만원, 중 8만원, 대 9만원), 쏘가리매운탕(2만5천원)
⊙ 10:00~22:00 - 일요일, 명절 당일 휴무
🔍 강원 화천군 화천읍 상승로 57
☎ 033-442-2957 ⓟ 가능

천일막국수 ✕ 막국수 | 수육

화천 읍내에서 가장 오래된 막국수 전문점으로, 현지인이 추천하는 곳이다. 막국수에 고기 고명을 올려 내는 것이 독특하며, 제육은 메밀 삶은 물에 삶는다고 한다.

ⓦ 비빔막국수(9천원), 편육(소 1만5천원, 대 2만5천원), 빈대떡, 부추전(각 4천원), 골뱅이소면, 오징어볶음(각 2만원), 만둣국(1만1천원)
⊙ 11:00~15:00/17:00~19:00(재료 소진 시 마감) | 일요일 11:30~16:00 - 연중무휴
🔍 강원 화천군 화천읍 중앙로 34-9
☎ 033-442-2127 ⓟ 가능

콩사랑 두부

국산 콩으로 만든 두부정식을 한상 가득 맛볼 수 있다. 정갈하게 차려진 반찬들과 메인 요리는 두부, 수육, 전이 함께 나온다. 넓은 잔디 정원이 마련되어 있어 식사 후 주변 풍경을 즐기기에도 좋다. 방문 전 전화로 미리 예약하면 대기 시간을 줄일 수 있다.

ⓦ 콩사랑정식(1만8천원)
⊙ 11:30~15:00 - 수요일 휴무
🔍 강원 화천군 화천읍 대이리길 39
☎ 033-442-2114 ⓟ 가능

화천어죽탕 ✄ 어죽

일반적인 고추장을 풀어 만든 어죽이 아닌 추어탕스러운 진한 어죽을 맛볼 수 있다. 산초를 약간 곁들이면 더욱 좋다. 소박하고 시골스러운 반찬에 대나무술도 맛볼 수 있다.

- Ⓦ 잡고기어죽탕(1만1천원), 감자부침, 김치전, 두부구이(각 1만원)
- Ⓛ 09:00~19:00 – 비정기적 휴무
- Ⓠ 강원 화천군 간동면 파로호로 91
- ☎ 033–442–5544 Ⓟ 불가

강원도 횡성군

강림순대 순대 | 순댓국

구수한 순댓국이 유명한 곳. 직접 담근 막장과 들깨, 내장, 시래기, 순대 등을 넣어 끓이는 것이 맛의 비결이다. 순대를 주문하면 다양한 부위의 부속고기가 함께 나온다.

- Ⓦ 순댓국, 감자부침(각 1만원), 순대(1만3천원), 메밀전병(8천원), 머릿고기(1만6천원)
- Ⓛ 09:00~20:00 – 연중무휴
- Ⓠ 강원 횡성군 강림면 주천강로강림5길 35
- ☎ 033–342–7148 Ⓟ 가능

광암막국수 막국수

메밀막국수 전문점으로, 메밀을 반죽해 직접 뽑은 면이 구수하고 담백하다. 100% 순메밀만 사용하는 것이 특징. 간장양념을 더한 비빔막국수와 양념한 황태회를 푸짐하게 올린 황태비빔막국수도 별미다.

- Ⓦ 물막국수, 비빔막국수, 간장비빔막국수(각 9천원), 황태비빔막국수(1만원), 수육(중 3만3천원, 대 3만8천원), 녹두전(9천원)
- Ⓛ 11:00~20:00(마지막 주문 19:00) – 연중무휴
- Ⓠ 강원 횡성군 우천면 경강로 2887
- ☎ 033–342–2693 Ⓟ 불가

단골식당 ✄ 백반 | 일반한식

소박한 시골 밥상을 받아볼 수 있는 곳으로, 밑반찬 재료는 강원 둔내면의 무공해 채소를, 된장은 7년 정도 숙성하여 사용한다. 청국장이 구수하며 제육볶음과 불고기백반 등의 메뉴도 일품이다.

- Ⓦ 된장찌개, 두부찌개, 청국장찌개(각 1만원), 김치제육볶음, 버섯전골, 부대찌개(각 2인 이상, 1인 1만2천원), 불고기백반(1만3천원), 김치찌개(2인 이상, 1인 1만원)
- Ⓛ 10:00~15:00 – 화요일 휴무
- Ⓠ 강원 횡성군 둔내면 둔내로51번길 20
- ☎ 033–342–1033 Ⓟ 가능

둔내막국수 ✄ 막국수

새콤한 막국수를 맛볼 수 있는 곳. 메밀이 적당량 함유되어 있어 부드럽고 구수한 면발을 자랑한다. 양배추, 오이, 삶은 달걀이 고명으로 올라가며 양이 매우 푸짐하다. 잡내 없고 부드러운 수육도 함께 곁들이기 좋다. 겨울철에는 뜨끈한 떡만둣국이 인기다.

- Ⓦ 물막국수, 비빔막국수, 떡만둣국, 칼만둣국(각 7천원), 찐만두(6천원), 돼지수육(1만5천원)
- Ⓛ 11:00~19:00(마지막 주문 18:30) – 비정기적 휴무
- Ⓠ 강원 횡성군 둔내면 둔내로 30 2층
- ☎ 033–342–1644 Ⓟ 가능(협소)

면사무소앞안흥찐빵 찐빵

횡성에서 유명한 대표적인 안흥찐빵집. 직접 빚은 빵을 즉석에서 찌기 때문에 다 팔리면 다시 나올 때까지 줄을 서서 기다려야 한다. 팥앙금이 넉넉히 들어 있으며 반죽이 쫄깃한 것이 특징이다.

- Ⓦ 찐빵(1개 1천원, 5개 4천원, 10개 7천원, 16개 1만1천원, 20개 1만3천원)
- Ⓛ 08:00~19:00 – 연중무휴
- Ⓠ 강원 횡성군 안흥면 안흥로 30
- ☎ 033–342–4570 Ⓟ 가능

삼정 소고기구이

횡성에서 30여 년 동안 한우를 전문으로 하는 곳. 고기의 질이 좋으며 얇은 석쇠 위에 고기를 구워 먹는다. 고소한 육회와 육사시미를 곁들여도 좋으며 식사 메뉴로는 강원도 토속 된장으로 끓인 된장찌개를 추천한다. 실내 인테리어도 깔끔하고 밑반찬도 정갈하게 나온다.

- Ⓦ 삼정한우(예약한정, 1인 200g 14만원), 자연한우(1인 150g 9만2천원), 등심새우살(150g 8만원), 안심, 알등심(각 150g 7만원)
- Ⓛ 11:30~15:00/17:30~20:30 – 화요일 휴무
- Ⓠ 강원 횡성군 둔내면 경강로 4536–3
- ☎ 033–342–3365 Ⓟ 가능

새말토종순대 ✄ 순대국밥 | 순대

강원도식으로 막장을 넣은 순대국밥을 맛볼 수 있다. 매장에서 직접 만드는 순대와 살코기가 듬뿍 들어있으며, 누린내가 나지 않는 국물 맛이 일품이다. 순대국밥 특 사이즈에는 내장도 들어가며, 양이 상당하다.

- Ⓦ 장순댓국(일반, 머릿고기 각 1만1천원, 특 1만4천원), 모둠순대(소 1만8천원, 대 3만원), 오소리감투(1만원), 머리편육, 껍데기편육(각 9천원)
- Ⓛ 11:00~15:00/17:00~20:00(마지막 주문 19:30) | 화요일 08:00~15:00(마지막 주문 14:30) | 토, 일요일 09:00~15:00/17:00~20:00 (마지막 주문 19:30) – 수요일 휴무

새말토종순대

🔍 강원 횡성군 우천면 우항새말길 20-16

☎ 033-342-6469 ⓟ 가능

심순녀안흥찐빵 찐빵

안흥찐빵의 원조. 50년 넘는 비결과 정성으로 반죽을 숙성하고 의 숙성 과정은 물론이고 찜 솥의 김 오르는 모습만으로 가장 맛있는 상태의 찐빵을 정확히 쪄 낸다고 한다. 팥소는 횡성군과 유명 팥 산지에서 나는 국산 햇팥을 들여와 삶아 넣는다.

ⓦ 찐빵(20개 1만2천원, 25개 1만5천원, 40개 2만4천원, 50개 3만원)

🕐 09:00~19:00 - 연중무휴

🔍 강원 횡성군 안흥면 서동로 1029

☎ 033-342-4460 ⓟ 가능

용둔막국수 막국수

시골 길가에 있는 작은 막국숫집. 감칠맛 나는 양념이 더해진 막국수가 대표 메뉴로, 고소한 참기름을 살짝 넣으면 더욱 맛있다. 곁들이는 메뉴로는 감자전, 메밀전 등이 있다.

ⓦ 물막국수, 비빔막국수, 감자만둣국(각 8천원), 감자전, 들깨감자옹심이(1만원), 메밀전, 감자찐만두(각 8천원), 수육(소 2만5천원, 대 3만5천원)

🕐 10:30~18:00(마지막 주문 17:30) - 둘째, 넷째 주 월요일 휴무

🔍 강원 횡성군 우천면 경강로 2883

☎ 033-342-2695 ⓟ 가능

자매식당 ✂ 칼국수 | 만둣국

멸치 육수에 된장, 고추장을 푼 국물로 국수를 끓인 장칼국수와 만둣국, 김치만두 등을 선보인다. 장칼국수는 2인 이상 주문 가능하다. 저렴하면서도 푸짐한 양이 장점이며, 감자를 직접 갈아 부치는 감자전도 별미다. 다소 허름한 편이지만, 오랫동안 사랑 받는 곳이다.

ⓦ 칼국수, 칼만둣국, 장칼국수, 만둣국, 떡만둣국(각 7천원), 감

자전(8천원)

🕐 10:00~19:00 - 비정기적 휴무

🔍 강원 횡성군 둔내면 둔내로51번길 14

☎ 033-344-2317 ⓟ 가능

장미산장 ✂ 소불고기 | 곤드레밥 | 한정식

곤드레밥으로 소문난 집이다. 무쇠솥에 곤드레나물과 들기름을 넣어 즉석에서 밥을 지어내는데, 양념장에 비벼 먹는 맛이 일품이다. 이 외에도 달착지근한 양념 맛이 좋은 코다리구이, 더덕구이정식 등도 인기다.

ⓦ 곤드레밥정식(2인 이상, 1인 1만5천원), 코다리구이정식(2인 이상, 1인 1만3천원), 돼지두루치기정식(각 2인 이상, 1인 1만5천원), 더덕구이정식(2인 이상, 1인 1만8천원), 횡성한우버섯불고기(1만8천원), 한우곰탕(1만원), 더덕구이, 돼지두루치기(각 소 1만원, 중 2만원), 코다리구이(1만원)

🕐 08:30~20:00 - 연중무휴

🔍 강원 횡성군 우천면 전재로 234

☎ 033-342-2083 ⓟ 가능

저문강에삽을씻고 돈가스 | 경양식

횡성에서 30여 년 가까이 2대에 걸쳐 자리를 지켜온 경양식 레스토랑. 입구의 기찻길을 따라 들어가면 레스토랑이 나온다. 저문강돈가스가 시그니처 메뉴며 저문강스페셜정식은 오늘의 수프로 시작하여 샐러드, 떡갈비스테이크와 돈가스, 생선가스, 스파게티 등을 합리적인 가격으로 즐길 수 있다.

ⓦ 저문강돈가스(9천5백원), 저문강스페셜정식(1만5천원), 찹스테이크(1만4천원), 김치볶음밥(8천원), 토마토파스타, 아마트리치아나(각 1만원)

🕐 11:30~16:00/17:00~21:00(마지막 주문 20:00) - 연중무휴

🔍 강원 횡성군 횡성읍 화성로 104

☎ 033-343-0125 ⓟ 가능

큰터손두부 두부

60년 넘게 손수 맷돌에 콩을 갈아서 만드는 두부 맛이 일품인 손두부집이다. 밭에서 직접 재배한 콩으로 만든 두부를 사용하는 것이 특징이다. 가격도 저렴한 편.

ⓦ 두부정식(2인 이상, 1인 1만4천원), 두부찜, 두부구이, 모두부(각 1만원), 두부추어탕(1만1천원)

🕐 10:00~20:00 | 하절기 10:00~21:00 - 연중무휴

🔍 강원 횡성군 우천면 경강로 3291

☎ 033-342-2667 ⓟ 가능

통나무집 소고기구이

통나무로 지은 한우 고깃집. 횡성 숯가마의 참숯을 이용해서 고기를 굽는데, 직화와 흡입식 두 가지로 나뉘어 있어 손님의 취향대로 선택할 수 있게 해 놓았다. 구이 메뉴에는 육회와 간, 천엽 등이 함께 나온다. 신관에는 무료 디저트 카

페도 마련되어 있어 식사를 마친 후 방문하는 것도 좋다.
ⓦ 살치살(150g 4만5천원), 꽃등심A (150g 4만5천원), 갈빗살 (150g 4만원), 모둠구이(150g 3만8천원), 한우육회(130g 2만5천원), 모둠주물럭(150g 3만5천원)
ⓒ 11:00~21:00(마지막 주문 20:30) – 명절 당일 휴무
ⓠ 강원 횡성군 둔내면 고원로 173
☎ 033-344-3232 ⓟ 가능

함밭식당 ✕ 소고기구이

정육점을 같이 운영하고 있는 고깃집. 직접 선별, 도축한 한우를 들여오기 때문에 고기의 품질을 믿을 만하다. 70년간 3대에 걸쳐 횡성 한우를 전문으로 하고 있다. 원래 읍내에 있던 오래된 식당이었는데 1975년에 섬강 강변으로 옮겨와 새로 단장하였다.
ⓦ 불고기백반(200g 1만7천원), 두루치기백반(200g 1만5천원), 한우육회비빔밥(1만3천원), 한우육회냉면(1만2천원), 한우육개장(1만2천원), 한우설렁탕(1만1천원), 물냉면, 비빔냉면(각 8천원)
ⓒ 11:00~15:00/16:00~21:30(마지막 주문 20:30) | 토, 일요일 11:00~15:00/16:00~21:00(마지막 주문 20:00) – 화요일 휴무
ⓠ 강원 횡성군 횡성읍 섬강로 88
☎ 033-343-2549 ⓟ 가능

횡성축협한우프라자 ✕ 소고기구이

횡성 축협에서 선보인 한우 직판장 본점. 명품 횡성 한우의 참맛을 즐길 수 있다. 횡성 한우는 마블링이 뛰어나서 익힌 뒤에도 부드러운 육질과 풍부한 육즙이 살아 있어 입안에서 살살 녹는 맛이 좋다.
ⓦ 부시모둠(2인 이상, 1인 150g 6만2천원), 원더풀꽃등심, 원더풀모둠(각 2인 이상, 1인 150g 4만9천원), 양념육회(200g 3만원), 생육회(200g 4만원), 불고기(1만8천원), 한우탕(1만5천원, 특 1만8천원), 육회비빔밥(1만1천원)
ⓒ 11:00~21:00(마지막 주문 고기 19:30, 식사 20:00) – 월, 화요일 휴무
ⓠ 강원 횡성군 횡성읍 횡성로 337
☎ 033-343-9908 ⓟ 가능

충청북도

Chungcheongbuk-do Province

괴산매운탕 ✕✕✕ 민물매운탕 | 민물생선찜

다양한 종류의 민물매운탕을 전문으로 하는 곳. 싱싱한 민물고기에서 우러 나오는 맛이 좋으며 팽이버섯과 채소도 푸짐하게 올라간다. 자작하게 쪄서 나오는 쏘가리, 모래무지찜도 맛있기로 유명하다. 실내도 넓은 편.

ⓦ 메기매운탕(각 소 4만원, 중 5만원, 대 6만원), 잡고기매운탕, 모래무지(각 소 5만원, 중 6만원, 대 7만원), 빠가사리매운탕(각 소 5만5천원, 중 6만5천원, 대 7만5천원)

🕐 09:00~20:30(마지막 주문 19:30) – 셋째 주 월요일 휴무

🔍 충북 괴산군 괴산읍 괴강로 248

☎ 043-832-2838 ⓟ 가능

서울식당 다슬기

40년 넘게 다슬기(올갱이)국을 선보이는 곳. 아욱과 부추, 실파를 썰어 넣고 된장을 풀어 푹 끓인 국물이 담백하고 달큰하다. 다슬기에 밀가루 옷을 입힌 후 달걀물을 묻혀서 끓이는 것이 특징이다.

ⓦ 다슬기해장국(1만원)

🕐 06:30~19:00 – 연중무휴

🔍 충북 괴산군 괴산읍 읍내로 283-1

☎ 043-832-2135 ⓟ 가능

오십년할머니집 ✕✕✕ 민물매운탕 | 민물생선찜

일대에서 최고의 민물매운탕집으로 손꼽히는 유명한 곳. 생선조림도 유명했지만, 현재는 매운탕만 맛볼 수 있다. 주방은 작지만 깔끔하며 탕에 들어가는 우거지는 직접 말려서 사용한다.

ⓦ 메기매운탕(2인 4만원, 3인 5만원, 4인 6만원), 빠가사리매운탕(2인 5만5천원, 3인 6만5천원, 4인 7만5천원), 쏘가리매운탕(2인 9만원, 3인 11만원, 4인 13만원)

🕐 08:00~20:00(마지막 주문 19:00) – 연중무휴

오십년할머니집

🔍 충북 괴산군 괴산읍 괴강로느티울길 8-1

☎ 043-832-2974 ⓟ 가능

조령산묵밥청국장 ✕ 묵밥 | 일반한식

조령산 휴양림 입구에 자리한 묵밥 전문점. 묵 외에도 청국장 같은 토속음식을 선보인다. 노릇하게 부친 감자전도 별미다.

ⓦ 청국장, 묵밥, 양파전(각 1만원), 감자전, 해물전, 도토리전, 도토리묵, 손두부(각 1만3천원), 더덕구이+제육(4만5천원), 더덕구이(2만원), 토종닭백숙, 토종닭볶음탕, 토종오리백숙, 토종오리탕(7만원), 두부전골(1만5천원), 김치찌개(1만2천원), 된장찌개(8천원), 능이전(2만5천원)

🕐 08:00~19:00 – 연중무휴

🔍 충북 괴산군 연풍면 새재로 1854

☎ 043-833-4687 ⓟ 불가

팔도강산민물매운탕 민물매운탕 | 민물생선찜

괴산 현지인이 많이 찾는 민물매운탕집. 새뱅이를 넣고 끓인 새뱅이매운탕이 대표 메뉴며 메기매운탕, 쏘가리매운탕, 메기찜 등 다양한 민물고기 요리도 선보인다. 매운탕 국물에 넣어 먹는 쫄깃한 수제비 맛도 일품.

ⓦ 새뱅이탕, 메기매운탕(각 2인 4만원, 3인 5만원, 4인 6만원), 잡어매운탕, 메기찜(각 2인 5만원, 3인 6만원, 4인 7만원), 쏘가리찜(2인 9만원, 3인 12만원, 4인 15만원)

🕐 09:00~21:00(마지막 주문 20:40) – 연중무휴

🔍 충북 괴산군 괴산읍 괴강로느티울길 32

☎ 043-833-1165 ⓟ 가능

가마골쉼터 감자옹심이

들깨를 넣어 고소한 국물의 쫀득한 감자옹심이를 맛볼 수 있다. 감자만 넣어 구운 감자전을 곁들이는 것도 추천. 찜닭도 있으며, 방문 전 전화로 미리 문의 해야 한다.

ⓦ 들깨감자옹심이, 들깨콩국수, 감자전(각 1만1천원), 닭볶음탕, 찜닭(각 5만7천원)

🕐 11:30~19:00 – 연중무휴

🔍 충북 단양군 가곡면 새밭로 547-8

☎ 0507-1426-8289 ⓟ 가능

그집쏘가리 다슬기 | 민물매운탕

40여 년 동안 대를 이어 쏘가리매운탕을 전문으로 하고 있는 곳. 민물새우를 넣지 않아 자연산 쏘가리 본연의 맛을 느낄 수 있다. 직접 채취한 다슬기로 만든 요리도 별미.

(W) 쏘가리매운탕(소 8만원, 중 11만원, 대 13만원, 특대 15만원), 빠가사리매운탕(소 7만원, 대 9만원), 쏘가리회(1kg 20만원), 다슬기전골(소 5만원, 대 7만원), 다슬기무침(소 3만원, 대 4만원), 단양올갱이해장국(1만3천원), 산더덕구이, 올갱이파전(각 2만원), 단양올갱이무침(소 3만원)

(L) 08:00~21:00 – 연중무휴

(Q) 충북 단양군 단양읍 수변로 97

(T) 043-423-2111 (P) 가능

금강식당 산채비빔밥 | 산채정식

냉면사리에 20가지 산채나물을 넣어 비벼 먹는 산채도토리쟁반냉면 맛이 일품이다. 채소와 오징어 살이 들어 있는 도토리전이나 도토리묵밥도 인기 메뉴로 통한다.

(W) 산채비빔쟁반냉면(2인 이상, 1인 1만3천원), 도토리묵밥(1만2천원), 도토리전(1만2천원), 산채더덕백반(2인 이상, 1인 2만원), 더덕구이(2만5천원)

(L) 08:00~18:30 – 연중무휴

(Q) 충북 단양군 영춘면 백자1길 11

(T) 043-423-7350 (P) 가능

남한강쏘가리올갱이단양본점 민물매운탕 | 다슬기

쏘가리매운탕과 다슬기(올갱이)해장국이 인기 있는 곳. 다슬기순두부로도 즐길 수 있으며, 청양고추를 넣어 매콤하게 먹을 수 있다. 남한강에서 잡은 자연산 다슬기를 사용한다.

(W) 다슬기해장국, 다슬기순두부(각 1만2천원), 쏘가리매운탕(2인 8만원, 3인 11만원, 4인 13만원), 단양마늘떡갈비, 다슬기산채비빔(1인 1만5천원), 다슬기야채전(1만5천원), 다슬기무침(3만원)

(L) 06:00~21:00 – 수요일 휴무

(Q) 충북 단양군 단양읍 별곡10길 3

(T) 0507-1382-9944 (P) 가능

단양흑마늘쌈밥 쌈밥

단양흑마늘소스를 사용한 쌈밥을 맛볼 수 있는 곳. 직접 만든 쌈장, 다양한 쌈채소와 밑반찬, 그리고 흑마늘을 넣어 지은 밥이 함께 나온다. 낙지볶음, 제육볶음, 수육 등을 고를 수 있다.

(W) 흑마늘낙지볶음쌈밥(1만3천원), 흑마늘스페셜쌈밥(1만9천원), 흑마늘제육쌈밥한상(1만5천원), 흑마늘수육쌈밥한상(1만8천원)

(L) 10:30~14:40/16:30~20:00(마지막 주문 19:20)(재료 소진 시 조기 마감) – 목요일 휴무

(Q) 충북 단양군 단양읍 도전2로 9

(T) 0507-1447-0627 (P) 불가

돌집식당 다슬기 | 일반한식

부추, 대파, 된장을 넣고 구수하게 끓여낸 다슬기(올갱이)국을 맛볼 수 있다. 남한강에서 잡은 다슬기를 사용하며 시원한 국물은 숙취 해소에도 좋다. 곤드레정식을 시키면 곤드레나물을 넣은 돌솥밥을 비롯해 반찬이 한 상 가득 깔린다.

(W) 곤드레정식(2인 이상, 1인 1만4천원), 곤드레마늘정식(2인 이상, 1인 1만8천원), 흑마늘정식(2인 이상, 1인 2만6천원), 돌집정식(2만3천원), 불고기전골(1만5천원), 돌솥비빔밥(1만1천원), 올갱이해장국(1만원), 순두부찌개, 된장찌개(각 9천원)

(L) 10:00~21:00 – 연중무휴

(Q) 충북 단양군 단양읍 중앙2로 11

(T) 043-422-2842 (P) 불가

박쏘가리 ❌❌❌ 민물매운탕

민물매운탕을 전문으로 하며 쏘가리매운탕이 유명하다. 남한강에서 잡은 쏘가리를 사용하며 쏘가리가 있는지 미리 확인해 보고 가는 것이 좋다. 남한강변을 바라보며 먹는 매운탕 맛이 일품. 단양마늘을 사용한 떡갈비도 맛이 좋다.

(W) 쏘가리회(1kg 20만원), 쏘가리매운탕(2인 8만원, 3인 11만원, 4인 13만원), 빠가사리매운탕, 잡고기매운탕(2인 6만원, 3인 7만원, 4인 8만원), 메기매운탕(2인 5만원, 3인 6만원, 4인 7만원), 떡갈비정식(2인 이상, 1인 2만원)

(L) 10:00~21:00(마지막 주문 19:30) – 연중무휴

(Q) 충북 단양군 단양읍 수변로 85

(T) 043-421-8825 (P) 가능

박쏘가리

보리곳간 산채비빔밥 | 보리밥 | 일반한식

보리밥과 산채를 된장에 비벼 먹는 산채 보리밥을 맛볼 수 있다. 함께 나오는 청국장도 구수하여 보리밥에 곁들이기 좋다.

(W) 곳간밥상(1만4천원), 산채보리밥(1만2천원), 계절메밀전(1만2천원), 도토리묵무침(1만2천원)

(L) 10:00~19:00(마지막 주문 18:40) – 명절 당일 휴무

(Q) 충북 단양군 가곡면 사평3길 6-1

(T) 043-422-5860 (P) 가능

복생반점 일반중식

단양에서 3대에 걸쳐 60년 넘게 운영하고 있는 중식당이다. 중국식 우동과 짜장면이 인기 메뉴다. 우동은 개운하고 시원한 맛을 느낄 수 있고 짜장면은 고소하고 진한 춘장의 풍미를 느낄 수 있다.

- ⓦ 짜장면(6천원), 간짜장, 짬뽕, 우동, 볶음밥, 짬뽕밥, 짜장밥(각 8천원), 탕수육(소 2만원, 중 2만7천원, 대 3만4천원), 팔보채(3만5천원)
- ⏰ 11:00∼21:00 – 월요일 휴무
- 🔍 충북 단양군 단양읍 삼봉로 312
- ☎ 043-421-2210 ⓟ 불가

비원쏘가리 민물매운탕 | 민물생선회

쏘가리를 회로 맛볼 수 있는 곳. 신선한 쏘가리회 맛이 좋으며 매운탕과 약선요리가 함께 나온다. 이외에 메기매운탕, 빠가사리매운탕 등 다양한 민물매운탕과 단양마늘을 사용한 마늘떡갈비 등도 선보인다.

- ⓦ 쏘가리회(시가), 쏘가리매운탕(2인 8만원, 4인 14만원), 잡고기매운탕(2인 7만원, 4인 10만원), 한우단양마늘떡갈비(1인 2만4천원), 한돈단양마늘떡갈비(1인 2만1천원), 숭어회(4만원)
- ⏰ 10:00∼21:00 – 연중무휴
- 🔍 충북 단양군 단양읍 삼봉로 179
- ☎ 043-421-6000 ⓟ 가능

삼정정육점식당 삼겹살

고추장에 버무려 매콤하면서도 달달한 삼겹살구이를 먹을 수 있는 곳이다. 단양마늘을 얹어 상추와 함께 싸서 먹는 맛이 일품. 정육식당으로 운영하고 있어 고기 질도 좋다.

- ⓦ 별미고추장구이, 항정(각 200g 1만7천원), 한우꽃등심, 한우차돌박이(각 200g 3만원), 목삼겹살, 삼겹살, 돼지주물럭(각 200g 1만5천원)
- ⏰ 08:00∼22:00 – 연중무휴
- 🔍 충북 단양군 단양읍 상진2길 36
- ☎ 043-423-0975 ⓟ 가능

성골촌 ✖ 닭백숙 | 오리백숙

산장 같은 분위기에서 식사를 할 수 있는 곳. 진한 닭백숙이 대표 메뉴로, 엄나무, 두충나무, 황기, 천궁, 당귀 등 갖가지 약재를 넣고 푹 고아 낸다. 고소한 닭죽으로 식사를 마무리한다. 앞으로는 계곡물이 흐르고 뒤로는 높은 봉우리가 솟아 있는 경치가 아름다운 곳이다.

- ⓦ 토종닭백숙, 토종닭볶음탕, 오리백숙(각 7만원), 도토리묵무침, 마늘떡갈비(각 1만5천원)
- ⏰ 10:00∼20:00 | 토, 일요일 10:00∼15:00/17:00∼20:00 – 동절기 휴무
- 🔍 충북 단양군 영춘면 남천4길 82
- ☎ 010-8846-4261 ⓟ 가능

오학식당 묵밥 | 다슬기

소백산에서 나는 자연산 도토리를 주재료로 만든 도토리묵을 잘게 썰어 육수와 갖은 양념을 곁들인 묵밥 맛이 일품이다. 반찬으로 취나물, 더덕, 고사리 등의 산나물이 나온다. 돼지고기수육과 다슬기전골, 버섯찌개 등도 맛볼 수 있다.

- ⓦ 묵밥(9천원), 손두부(1만원), 돼지고기수육(3만원), 다슬기전골(중 3만원, 대 4만원), 버섯찌개(중 2만원, 대 3만원)
- ⏰ 09:00∼21:00 – 명절 휴무
- 🔍 충북 단양군 단양읍 상진13길 4-1
- ☎ 043-422-3313 ⓟ 불가

왕릉숯불갈비단양본점 한정식 | 돼지갈비

단양 마늘을 넣은 마늘솥밥정식이 인기 있는 곳. 마늘솥밥정식은 떡갈비, 더덕무침, 생선구이, 불고기전골 등 푸짐하게 차려진다. 부드러운 마늘돼지갈비도 추천 메뉴.

- ⓦ 마늘솥밥정식(2만5천원), 왕릉정식, 마늘떡갈비정식(각 2만원), 마늘돼지갈비(180g 1만5천원), 고구려맥적구이(A 3만5천원, B 2만5천원), 생갈빗살, 등심(180g 3만8천원), 생고기모둠(180g 1만7천원), 버섯불고기(1만7천원)
- ⏰ 10:30∼21:00 – 연중무휴
- 🔍 충북 단양군 단양읍 중앙2로 13
- ☎ 0507-1432-9294 ⓟ 가능

자연식당 더덕 | 백반

2대째 내려오는 더덕 요리 전문점. 쌉싸름한 더덕 맛이 일품이다. 직접 개발했다는 더덕주물럭은 더덕과 돼지목살을 양념에 버무려 구운 것으로, 별미로 통한다. 메기나 잡고기매운탕도 맛볼 수 있다.

- ⓦ 더덕구이정식(1만5천원), 마늘더덕주물럭(200g 2만원), 마늘불백돼지(200g 1만5천원), 산채비빔밥(1만원), 메기매운탕(중 5만원, 대 6만원), 잡고기매운탕(중 6만원, 대 8만원)
- ⏰ 10:00∼21:00 – 연중무휴
- 🔍 충북 단양군 단양읍 별곡10길 5-1
- ☎ 043-422-3029 ⓟ 가능

장다리식당 ✖ 솥밥 | 산채정식

단양 특산품인 육쪽마늘의 참맛을 살린 음식이 한상 가득 나오는 온달마늘정식이 대표 메뉴다. 마늘수육, 마늘육회, 두부김치, 마늘통튀김 등 다양한 음식이 나오며 솥밥에도 마늘이 들어가 맛을 더한다. 마늘떡갈비, 마늘수육 등은 별도 단품으로도 주문할 수 있다.

- ⓦ 온달마늘정식(1만8천원), 효자마늘정식(2만원), 마늘떡갈비정식(2만5천원), 장다리마늘정식(3만원), 마늘수육, 마늘떡갈비(각 2만원), 마늘비빔육회(200g 3만원), 진수성찬(3만5천원)
- ⏰ 10:30∼20:00 – 월요일 휴무
- 🔍 충북 단양군 단양읍 삼봉로 370
- ☎ 043-423-3960 ⓟ 가능

장다리식당

장림산방　일반한식 | 청국장

60여 년 동안 청국장으로 손맛을 자랑하는 곳. 콩과 대추 등을 넣고 지은 가마솥밥 맛이 좋으며 소백산에서 자생하는 곤드레산나물로 지은 가마솥밥이 나오는 곤드레정식도 인기다. 이외에도 버섯전골, 황태구이 등도 맛볼 수 있다. 모든 메뉴는 2인 이상부터 주문 가능하다.

- Ⓦ 약선정식(2만6천원), 산방정식(1만8천원), 곤드레가마솥밥(1만4천원), 능이버섯전골(1만7천원), 마늘석갈비정식(2만2천원), 황태구이(2만5천원), 더덕구이(2만원)
- ⏰ 08:00~21:00 – 화요일 휴무
- Ⓠ 충북 단양군 대강면 단양로 142
- ☎ 043-422-0010 Ⓟ 가능

카페산 ✖ CAFE SANN 카페

패러글라이딩으로 유명한 단양 카페. 산꼭대기 야외석에서 커피를 마시며 즐기는 풍경이 장관이다. 원두는 블랙수트와 벨벳화이트 두 종류 중에 선택이 가능하며, 콜드브루크림이 인기 메뉴. 다양한 디저트 종류도 함께 맛볼 수 있다.

- Ⓦ 아메리카노(6천5백원), 카페라테(7천원), 필터커피(6천원), 아몬드슈페너(7천8백원), 아이스티(6천5백원), 초콜릿라테, 망고크러시, 자몽에이드(각 7천5백원), 콜드브루크림(7천8백원), 티라미수롤(7천5백원), 누텔라바나나(5천8백원), 앙버터소금빵(5천5백원), 크림소금빵(5천2백원), 시오빵(3천8백원)
- ⏰ 09:30~18:30(마지막 주문 18:00), 1.5층/2층 이용 09:30~18:00 | 토, 일요일, 공휴일 09:30~19:00(마지막 주문 18:30), 1.5층/2층 이용 09:30~18:30 – 연중무휴
- Ⓠ 충북 단양군 가곡면 두산길 196-86
- ☎ 0507-1353-0868 Ⓟ 가능

강서면옥　평양냉면 | 수육

보은 최고의 평양냉면으로 꼽는 냉면집. 정통 평양냉면을 기대하고 가면 실망할 수도 있지만 나름 평양냉면에 가까운 맛을 내고 있다. 소머릿고기와 사태, 양지 등이 나오는 한우 모둠수육을 곁들이는 것도 좋다.

- Ⓦ 메밀물냉면, 메밀비빔냉면(각 1만1천원), 한우모둠수육(3만5천원)
- ⏰ 11:00~일몰 전 – 동절기 휴무
- Ⓠ 충북 보은군 보은읍 동편길 35
- ☎ 043-544-3895 Ⓟ 가능

경희식당 ✖✖✖ 京希 한정식

법주사 관광단지 내의 전통 있는 한정식집. 계절에 따라 40가지가 넘는 반찬이 나온다. 싸리버섯과 표고버섯전, 호두, 밤 등 견과류, 더덕, 마늘종, 갑오징어, 굴전, 은행, 더덕, 논우렁, 두릅, 감장아찌, 더덕순, 마늘장아찌, 소고기 장조림, 집장, 박고지, 인삼, 도라지, 씀바귀 등의 반찬은 모두 산의 정기를 이어받은 것이다. 50여 년의 역사를 자랑한다.

- Ⓦ 한정식(1인 3만5천원)
- ⏰ 09:00~19:00(마지막 주문 18:30) – 연중무휴
- Ⓠ 충북 보은군 속리산면 사내7길 11-4
- ☎ 043-543-3736 Ⓟ 가능

김천식당　순대 | 곱창전골

순대의 명가. 즉석에서 끓여 먹는 얼큰한 순대전골이 유명하다. 속이 꽉 찬 순대가 푸짐하게 들어가며 전골을 다 먹은 후에는 남은 국물에 밥을 볶아 먹는 맛이 별미다. 솥뚜껑에 볶는 닭갈비도 맛이 좋다.

- Ⓦ 순대곱창전골, 닭갈비(각 소 2만원, 중 2만5천원, 대 3만2천원), 소순대(1만1천원), 왕순대(1만5천원), 순대국밥, 내장국밥(각 9천원)
- ⏰ 10:00~15:00/17:00~21:00(마지막 주문 20:00) | 토, 일요일 10:00~21:00(마지막 주문 20:00) – 연중무휴
- Ⓠ 충북 보은군 보은읍 삼산로1길 25-4
- ☎ 043-543-1413 Ⓟ 가능

다래식당　산채정식

속리산 아래에 자리한 산채정식 전문점. 정식을 주문하면 각종 나물과 생선구이, 도토리묵, 전 등이 한상 가득 차려지며, 반찬 구성은 계절에 따라 달라진다. 더덕구이, 자연산버섯전골, 산채정식이 인기 메뉴.

- Ⓦ 자연산버섯전골(2인 이상, 1인 2만원), 더덕구이정식(2인 이상, 1인 2만2천원), 산채정식(2인 이상, 1인 2만원), 불고기정식(2

인 이상, 1인 2만5천원), 송이전골정식(2인 이상, 1인 3만원), 능이전골정식(2인 이상, 1인 2만5천원), 산채비빔밥(1만원), 산채돌솥비빔밥(1만2천원), 된장찌개(9천원), 능이해장국(1만2천원)
ⓒ 08:00~22:00(계절 변동) – 연중무휴
ⓠ 충북 보은군 속리산면 사내7길 7
☎ 0507-1331-5068 ⓟ 가능

동아리식당 산채정식 | 버섯전골

산에서 채취하는 자연산 버섯과 느타리, 팽이, 표고버섯 등을 넣은 버섯전골이 일품이다. 산나물이 듬뿍 들어간 산채정식도 추천메뉴다. 구수한 맛이 일품인 올갱이찌개도 인기.
ⓦ 버섯전골(중 4만5천원, 대 5만원), 송이백숙(8만원), 능이백숙(7만원), 닭볶음탕(5만5천원), 산채불고기정식(1인 2만원), 다슬기해장국(9천원), 동아리맛정식, 더덕구이정식(각 1인 1만8천원), 산채비빔밥(1만2천원), 능이해장국(1만3천원, 특 1만5천원), 김치찌개(1만원), 된장찌개, 청국장(각 9천원), 더덕구이(3만원)
ⓒ 06:00~20:00 – 비정기적, 명절 휴무
ⓠ 충북 보은군 속리산면 사내5길 5-2 연송호텔
☎ 043-542-5259 ⓟ 불가

서원두부밭 두부

두부전골과 순두부를 맛볼 수 있는 두부 요리 전문점. 두부전골은 얼큰한 국물이며, 두부만두버섯전골을 추천한다. 직접 만든 두부를 사용하며 밑반찬도 정갈하게 나온다.
ⓦ 두부만두버섯전골(중 3만5천원, 대 4만원), 두부버섯전골(중 3만3천원, 대 3만7천원), 얼큰순두부(중 3만원, 대 3만5천원), 순두부백반(9천원), 두부김치, 두부부침(각 1만5천원)
ⓒ 정해져 있지 않음(방문 전 전화 문의 필요) – 비정기적 휴무
ⓠ 충북 보은군 장안면 장안로 231
☎ 043-542-6392 ⓟ 가능

석정 산채정식 | 버섯전골

산채정식, 버섯찌개가 대표적인 음식으로, 한상 가득 맛깔스러운 반찬이 푸짐하게 깔린다. 더덕구이가 함께 나오는 더덕정식과 버섯전골 등도 인기가 많으며 해물파전을 곁들여도 좋다.
ⓦ 능이버섯전골, 산채더덕정식(각 2인 이상, 1인 2만원), 산채비빔밥(1만1천원), 해물파전(1만3천원), 버섯찌개(중 5만원, 대 6만원)
ⓒ 08:00~22:00 – 비정기적 휴무
ⓠ 충북 보은군 속리산면 법주사로 272
☎ 043-543-3686 ⓟ 가능

속리토속음식점 산채정식 | 버섯전골

여러 가지 버섯을 넣은 버섯전골과 속리산에서 채취한 산나물로 만든 산채비빔밥 등이 인기 있다. 버섯찌개정식을 시키면 한정식처럼 한상이 차려진다. 정식 메뉴는 2인 이상부

터 주문이 가능하다.
ⓦ 산채정식(2인 이상, 1인 1만7천원), 산채비빔밥(1만원), 산채버섯찌개정식, 산채더덕구이정식(각 2인 이상, 1인 2만원), 능이버섯전골정식(2인 이상, 1인 3만원), 송이버섯전골정식(2인 이상, 1인 3만5천원), 토속정식(2인 이상, 1인 2만8천원)
ⓒ 08:00~20:30(마지막 주문 19:30) – 연중무휴
ⓠ 충북 보은군 속리산면 법주사로 261
☎ 043-543-3917 ⓟ 가능

신라식당 백반

부담없는 가격으로 백반을 맛볼 수 있는 곳. 북어와 애호박, 파 등이 푸짐하게 들어간 북어찌개가 대표 메뉴로, 들기름을 사용해 구수한 맛을 더한다. 취나물, 두릅, 조개젓, 부침개 등 맛깔스러운 반찬이 한 상 가득 나온다.
ⓦ 북어찌개정식(1만3천원, 특 2만원), 불고기정식(4인 이상, 1인 2만2천원), 닭볶음탕(6만원), 닭백숙(6만5천원), 삼겹살(200g 1만5천원)
ⓒ 11:00~15:00/17:00~21:00(마지막 주문 19:30) – 첫째, 셋째, 다섯째 주 일요일 휴무
ⓠ 충북 보은군 보은읍 교사삼산길 40
☎ 043-544-2869 ⓟ 불가

신토불이약초식당 버섯 | 산채비빔밥

약초나물정식이 유명한 곳. 속리산에서 채취한 각종 자연 버섯과 산나물, 약초 뿌리와 줄기, 약초 잎을 사용해 개발한 30여 종의 나물 반찬과 자연산 버섯을 담은 약초산채비빔밥이 인기다.
ⓦ 약초산채버섯비빔밥(1만3천원), 능이해장국(1만5천원), 산채비빔밥(1만원), 약초산채버섯정식(1인 3만원), 더덕구이정식(1인 2만5천원), 버섯전골정식(1인 2만원)
ⓒ 08:30~21:00 – 연중무휴(폭설 시 휴무)
ⓠ 충북 보은군 속리산면 법주사로 268
☎ 043-543-0433 ⓟ 가능

태화루 일반중식

주문하면 그 자리에서 볶아내는 짬뽕이 별미다. 돼지고기와 꼬막이 넉넉하게 들어가는 것이 특징. 메뉴는 짜장면과 짬뽕 두 가지뿐이다. 하루 100그릇만 판매하고 문을 닫기 때문에 오후 일찍 영업이 끝난다.
ⓦ 짜장면(6천원), 짬뽕, 짬뽕밥(각 8천원)
ⓒ 11:30~16:00 – 화요일 휴무
ⓠ 충북 보은군 마로면 관기송현로 102
☎ 043-543-2237 ⓟ 불가

화풍정 버섯 | 산채정식

속리산 법주사 인근 버섯 요리 전문점으로, 한방백숙과 버섯전골을 선보인다. 신선하고 탱탱한 버섯의 향과 식감이

뛰어나다. 산나물과 버섯으로 꾸려진 기본 반찬도 정갈하게 나온다.

- Ⓦ 한방능이닭백숙(7만원), 닭볶음탕, 닭백숙(각 6만원), 송이버섯전골(소 4만원, 중 5만원, 대 6만원), 능이버섯전골(소 3만원, 중 4만원, 대 5만원), 산채비빔밥(1만원)
- ⏱ 07:00~20:00 – 연중무휴
- 📍 충북 보은군 속리산면 법주사로 21-5
- ☎ 043-543-3936 Ⓟ 가능

충청북도 영동군

가선식당 ✖ 어죽 | 도리뱅뱅이 | 민물매운탕

충청도식 어죽, 도리뱅뱅이가 유명한 곳이다. 어죽에는 칼국수 면과 수제비가 푸짐하게 들어가며 걸쭉하면서도 칼칼한 국물 맛이 좋다. 민물고기매운탕, 진기미(민물새우튀김), 생선튀김 등도 잘하는 편. 60년이 넘는 전통을 자랑한다.

- Ⓦ 어죽(9천원), 도리뱅뱅이(1만2천원), 새우튀김, 인삼튀김(각 1만5천원), 큰고기뱅뱅이(1만5천원), 잡고기매운탕(5원)
- ⏱ 09:30~18:00 – 연중무휴
- 📍 충북 영동군 양산면 금강로 760
- ☎ 043-743-8665 Ⓟ 가능

덕승관 德昇館 일반중식

오래된 화상 중국집으로, 짜장면과 탕수육이 주메뉴다. 불맛이 일품인 유니짜장면에는 돼지고기를 갈아 만든 소스가 들어간다. 거북하지 않고 깔끔한 맛이 일품.

- Ⓦ 짜장면(보통 7천원, 곱빼기 8천원), 짬뽕, 짬뽕밥(각 8천5백원), 탕수육(소 1만7천원, 중 2만5천원, 대 3만5천원), 군만두(5천원)
- ⏱ 11:00~15:00/17:00~19:00 – 월요일 휴무
- 📍 충북 영동군 황간면 소계로 5
- ☎ 043-742-4122 Ⓟ 가능(협소)

루나마켓 카페

푸른 숲의 뷰를 즐길 수 있는 전망 좋은 카페로, 잔디가 깔린 루프탑과 테라스 자리가 인기 있다. 시그니처 메뉴인 루나크림라테와 지역특산품인 영동 곶감을 넣어 만든 곶감코코넛쿠키도 맛보길 추천. 토스트, 파니니 등으로 브런치를 즐기기도 좋다.

- Ⓦ 아메리카노(4천3백원), 카페라테(4천8백원), 루나크림라테(6천3백원), 에이드(5천5백원~6천원), 쿠키(3천5백원), 프렌치토스트(9천원), 불고기가지파니니(7천5백원)
- ⏱ 10:00~19:00(마지막 주문 18:45) | 토, 일요일 10:00~19:30 (마지막 주문 19:15) – 월요일 휴무

- 📍 충북 영동군 황간면 석천길 16-43
- ☎ 010-4546-0035 Ⓟ 가능

선희식당 민물생선튀김 | 어죽

민물어죽이 유명한 집. 국수와 인삼, 수제비 등이 들어 있는 것이 특징이며 칼칼하면서도 걸쭉한 맛이 좋다. 양념해서 가지런하게 내는 도리뱅뱅이와 민물새우튀김, 빙어튀김 등도 별미로 통한다.

- Ⓦ 인삼어죽(2인 이상, 1인 1만원), 민물새우튀김, 도리뱅뱅(각 1만2천원), 빙어튀김(1만원)
- ⏱ 10:00~19:00(마지막 주문 18:00) – 명절 휴무
- 📍 충북 영동군 양산면 금강로 756
- ☎ 043-745-9450 Ⓟ 가능

아리랑가든 버섯전골 | 일반한식

능이버섯전골로 유명한 한식당. 한상 가득 차려지는 반찬은 종류도 다양하고 양도 푸짐하다. 시골집에서 해주는 것처럼 편안한 맛이 특징이다.

- Ⓦ 능이버섯전골(1만7천원), 청국장비빔밥(1만원), 김치전골, 호박고추장찌개(각 1만2천원), 토종닭볶음탕(6만원), 토종한방닭백숙(6만5천원), 녹차부리굴비정식(?만5천원), 오리한반백수(7만원)
- ⏱ 11:00~15:00/17:00~20:30 – 연중무휴
- 📍 충북 영동군 영동읍 학산영동로 1041
- ☎ 043-744-0203 Ⓟ 가능

안성식당 다슬기

70여 년 전통의 다슬기(올갱이)국밥집. 다슬기에 계란이나 밀가루를 묻히지 않고 넣은 스타일로, 아욱과 부추가 듬뿍 들어 있다. 능이버섯을 넣은 다슬기국밥도 독특한 메뉴로 통한다.

- Ⓦ 다슬기국밥(1만원, 특 1만3천원), 다슬기비빔밥(1만원), 능이버섯다슬기국밥(2만5천원), 자연산잡버섯다슬기국밥(1만오천원), 다슬기된장조림(1만2천원), 다슬기전(1만2천원), 다슬기무침(소 3만원, 중 4만5천원, 대 6만원)

안성식당

🕐 07:00〜19:30(마지막 주문 19:00) – 첫째, 셋째 주 월요일 휴무

🔍 충북 영동군 황간면 영동황간로 1618

☎ 043-742-4203 Ⓟ 가능

한천가든 민물매운탕 | 민물생선회

금강에서 나는 쏘가리로 만드는 매운탕과 회가 유명한 곳. 송시열이 지은 한천정사라는 서원 부근에 있는 대형 식당으로, 칼칼한 쏘가리매운탕이 별미다.

Ⓦ 쏘가리탕(7만원〜12만원), 메기탕(3만원〜6만원), 쏘가리회(변동), 빠가사리탕(4만원〜7만원)

🕐 11:00〜20:00 – 명절 당일 휴무

🔍 충북 영동군 황간면 원촌동1길 52

☎ 043-744-9944 Ⓟ 가능

충청북도 옥천군

경진각 일반중식

옥천읍에서 손짜장면을 30년 넘게 이어오고 있다. 짜장은 식용유와 돼지기름을 알맞게 섞어서 볶기 때문에 옛날식의 구수한 맛을 즐길 수 있다. 오징어와 볶은 채소가 푸짐하게 올라간 짬뽕도 인기가 좋다.

Ⓦ 짜장면(8천원), 짬뽕, 짬뽕밥(각 9천원)

🕐 11:00〜15:00/16:30〜19:30(마지막 주문 19:00) – 월요일 휴무

🔍 충북 옥천군 옥천읍 중앙로4길 11

☎ 043-731-2357 Ⓟ 가능

관산성한우옥천본점 소고기구이

워터에이징한 한우구이를 맛볼 수 있는 고깃집. 주말과 평일에 모두 가능한 한우점심특선은 한우구이와 한우된장찌개까지 합리적인 가격으로 즐길 수 있다. 프라이빗 룸에서 각종 모임을 하기 좋다.

Ⓦ 한우점심특선(160g 5만원), 골드프리미엄한우(400g 12만원, 800g 23만5천원), 한우뭉티기, 육사시미(각 2만2천원), 한우된장찌개(8천원), 한우탕, 전통한우냉면, 한우육회비빔밥(각 1만원)

🕐 10:00〜22:00(마지막 주문 21:00) – 연중무휴

🔍 충북 옥천군 옥천읍 향수3길 8

☎ 0507-1376-8293 Ⓟ 가능

구읍할매묵집 ✖ 묵

80여 년 전통의 묵집. 메밀묵과 도토리묵을 먹을 수 있다. 직접 도토리를 빻아 만들며 가마솥에 직접 장작을 때어 끓인다. 취향에 따라 뜨겁거나 차갑게 먹을 수 있으며 고소한

구읍할매묵집

도토리전을 곁들여도 좋다.

Ⓦ 도토리묵(8천원), 도토리골패묵(9천원), 도토리전(7천원), 메밀묵(1만원), 메밀골패묵(1만2천원)

🕐 11:00〜20:00 – 명절 휴무

🔍 충북 옥천군 옥천읍 향수길 46

☎ 043-732-1853 Ⓟ 가능

금강올갱이 다슬기

금강변에서 직접 잡은 다슬기(올갱이)를 재료로 하는 다슬기 전문식당. 된장을 풀고 아욱과 부추 등을 넣어 끓인 다슬기국은 해장에 좋다. 시원하고 구수한 맛이 일품.

Ⓦ 다슬기국밥(보통 1만2천원, 특 1만6천원)

🕐 09:00〜16:30(마지막 주문 16:20) | 토, 일요일 09:00〜15:00(마지막 주문 14:50) – 월요일 휴무

🔍 충북 옥천군 옥천읍 옥천로 1491

☎ 043-731-4880 Ⓟ 가능

대박집 어탕국수 | 도리뱅뱅이

깔끔한 맛의 생선국수를 맛볼 수 있는 곳. 각종 민물생선과 함께 여러 약재 등을 8시간 이상 삶아 만든 육수로 국물을 낸다. 걸쭉하면서 비리지 않은 매운탕 국물이 얼큰하면서 깔끔하다. 깻잎에 된장을 바른 고추와 마늘을 얹고 피라미를 싸 먹는 도리뱅뱅이도 별미다.

Ⓦ 생선국수, 생선국밥(각 8천원), 도리뱅뱅이(2만원), 메기매운탕, 메기+빠가사리매운탕(각 3만원)

🕐 10:00〜19:00 – 둘째, 넷째 주 수요일 휴무

🔍 충북 옥천군 옥천읍 성왕로 1250

☎ 043-733-5788 Ⓟ 가능

문정식당 일반중식

옥천의 3대 짬뽕집이라고 불리는 곳이다. 연세 지긋하신 주인이 웍을 돌린다. 짬뽕에 표고버섯과 민물새우를 넣어 개운하면서도 시원한 맛을 자랑한다. 비교적 낮은 가격대도 장점.

짜장면(6천원), 짬뽕, 간짜장(각 8천원), 볶음밥, 짜장밥, 짬뽕밥(각 9천원), 잡채밥(1만2천원), 쟁반짜장(1만8천원), 잡채(2만원)

🕐 11:00~14:00 – 첫째, 셋째 주 월요일 휴무

🔍 충북 옥천군 옥천읍 향수3길 20

☎ 043-731-4407 Ⓟ 가능

방아실돼지집 돼지고기구이

대청호 드라이브하면서 들리면 좋은 곳. 흑돼지 생고기 전문점으로 단일 메뉴만 판매한다. 흑돼지 삼겹살을 카운터 옆에서 직접 썰어줘 믿고 먹을 수 있으며, 가성비가 좋다.

Ⓦ 생고기(250g 1만2천원), 공기밥(1천원)

🕐 11:00~14:30/16:00~20:00(마지막 주문 19:20) – 연중무휴

🔍 충북 옥천군 군북면 방아실길 9

☎ 043-732-5653 Ⓟ 가능

별미올갱이해장국 다슬기

40년을 다슬기(올갱이)국밥 한 가지만 전문으로 해 온 곳. 시원한 다슬기국밥에는 아욱과 다슬기가 푸짐하게 들어 있다. 2인분 이상 포장해갈 수도 있다.

Ⓦ 다슬기국밥(1만원), 다슬기장떡(1만5천원)

🕐 08:00~19:00 – 연중무휴

🔍 충북 옥천군 옥천읍 삼금로2길 3-1

☎ 043-731-4423 Ⓟ 가능

선광집 ✕ 어탕국수 | 도리뱅뱅이

민물생선을 튀긴 후 양념을 끼얹은 도리뱅뱅이를 전문으로 하는 곳으로, 60여 년의 전통을 가지고 있다. 그 외에도 빠가사리, 꺽지, 눈치 등을 배를 따서 튀기는 생선튀김과 각종 민물생선을 넣고 끓인 생선국수를 맛볼 수 있다.

Ⓦ 도리뱅뱅이(소 7천원, 중 1만1천원, 대 1만6천원), 생선튀김(중 1만1천원, 대 1만6천원), 생선국수(중 7천원, 대 8천원)

🕐 10:30~15:30(재료 소진 시 마감) – 월요일, 명절 휴무

🔍 충북 옥천군 청산면 지전1길 26

☎ 043-732-8404 Ⓟ 불가(청산면사무소 앞 이용, 주말 무료)

옥천묵집 일반한식

합리적인 가격에 도토리가 들어간 요리와 직접 만든 도토리묵을 맛볼 수 있는 곳. 수제비와 칼국수에는 말린 묵이 들어가 꼬들꼬들한 맛이 일품이다.

Ⓦ 도토리묵밥(9천원), 도토리칼국수(8천원), 도토리수제비(8천원), 도토리파전(5천원), 도토리야채무침(7천원)

🕐 11:00~15:00/17:00~20:00 – 일요일 휴무

🔍 충북 옥천군 옥천읍 향수7길 8

☎ 043-732-7947 Ⓟ 가능

옥천초량순대 ✕ 순대 | 순댓국

2대째 운영하고 있는 노포 순대국밥집으로 옥천시장 내에 있다. 뽀얀 돼지뼈 육수에 순대와 내장이 넉넉하게 들었으며, 간이 슴슴하게 나오는데 새우젓을 넣으면 감칠맛이 확 올라간다. 간, 오소리감투, 허파 등 부속 고기가 포함된 순대도 잡내 없이 깔끔하며, 양도 푸짐하다.

Ⓦ 순대국밥(보통9천원, 특 1만원), 막창국밥, 오소리국밥(각 보통 1만원, 특 1만1원), 순대(소 1만5천원, 대 2만원), 내장전골(중 4만원, 대 5만원)

🕐 07:00~22:00 – 첫째, 셋째 주 월요일 휴무

🔍 충북 옥천군 옥천읍 금장로 22

☎ 043-732-1527 Ⓟ 불가

풍미당 분식 | 쫄면

물쫄면으로 유명해진 분식집. 메뉴는 물쫄면, 비빔쫄면, 수제비, 김밥, 4가지로 심플하다. 물쫄면은 잔치국수와 같은 진한 국물에 노란색 면의 쫄면 국수를 사용한다. 진한 멸치육수와 쫄깃한 면발, 국물에 풀어진 계란 맛이 일품이다. 수제비도 추천 메뉴.

Ⓦ 물쫄면, 비빔쫄면, 수제비(각 보통 8천원, 곱빼기 9천원), 김밥(3천원)

🕐 09:00~18:30 – 월요일 휴무

🔍 충북 옥천군 옥천읍 중앙로 23-1

☎ 043-732-1827 Ⓟ 불가

충청북도 음성군

명산식당 수제비 | 칼국수

30여년 업력을 가진 칼국수와 수제빗집. 도토리를 넣어 직접 만든 도토리칼국수와 진한 들깨수제비를 맛볼 수 있다. 밑반찬은 겉절이만 나오며, 함께 나오는 양념을 취향껏 국물에 넣어 먹는다. 바삭하게 구운 감자전도 추천한다.

Ⓦ 도토리칼국수, 들깨수제비, 감자전(각 8천원), 닭발(1만7천원)

🕐 10:00~14:00 – 토, 일요일 휴무

🔍 충북 음성군 음성읍 시장로 123

☎ 043-872-2173 Ⓟ 불가

사임당 한정식

상견례나 가족 모임을 하기 좋은 한정식집. 다양한 크기의 룸 좌석으로 구성되어 있어 프라이빗 한 식사를 즐길 수 있다. 식전죽을 시작으로 궁중잡채 등 다양한 요리가 정갈하게 나온다.

Ⓦ 일품한정식(3만5천원), 프리미엄한정식(5만5천원), 점심특선

(2만5천원), VIP한정식(8만5천원), 갈비찜한정식(4만5원)

🕐 11:00~15:00(마지막 주문 14:00)/17:00~20:00(마지막 주문 19:00) – 월요일 휴무

🔍 충북 음성군 금왕읍 맹동산단지원로 258

☎ 0507-1478-6300 ℗ 가능

외할머니집 ✖️ 두부 | 순두부 | 일반한식

상호에서 느껴지듯 옛날 외할머니가 해주시던 정성 어린 음식을 맛볼 수 있는 곳. 고소한 순두부를 비롯해 두부전골, 뚝배기제육볶음 등을 선보인다. 도토리빈대떡이나 두부김치 등을 곁들여도 좋다.

Ⓦ 외할머니순두부, 해장순두부, 청국장(각 1만1천원), 뚝배기제육볶음(1만2천원), 두부전골(소 2만4천원, 중 3만5천원, 대 4만6원), 손두부김치(1만5천원), 도토리빈대떡(1만원)

🕐 06:30~20:00(마지막 주문 19:30) – 월요일 휴무

🔍 충북 음성군 감곡면 가곡로 230

☎ 043-881-6122 ℗ 가능

충청북도 제천시

계절산책 카페

귀여운 토끼 모양의 푸딩을 맛볼 수 있는 카페. 탁 트인 통창유리와 야외 테라스가 마련되어 있어 운치 있는 카페다. 인기 메뉴인 토순이우유푸딩은 초코소스와 말차소스 중 선택할 수 있다.

Ⓦ 에스프레소(4천원), 아메리카노(4천5백원), 라테(5천5백원), 피스타치오라테(6천5백원), 아인슈페너(6천원), 여름블루라테(6천원), 딸기생크림케이크(7천5백원), 딸기크루아상(6천6백원), 토순이우유푸딩(5천원)

🕐 11:00~21:00(마지막 주문 20:30) – 월요일 휴무

🔍 충북 제천시 송학면 도화로 38-9 1층

☎ 0507-1382-2486 ℗ 가능

금왕식당 다슬기

다슬기(올뱅이)해장국을 전문으로 하는 곳. 된장을 베이스로 한 국물에 달걀을 입힌 다슬기와 아욱 등이 푸짐하게 들어가 시원한 맛을 낸다. 다슬기해장국 외에도 선지해장국, 황태해장국, 뼈다귀해장국 등의 해장국을 선보이고 있다.

Ⓦ 다슬기해장국(1만3천원), 다슬기전(2만원), 다슬기무침(3만원), 갈비탕, 해물순두부(각 1만원)

🕐 05:00~16:00 – 화요일 휴무

🔍 충북 제천시 내토로7길 2 (천남동)

☎ 043-645-9100 ℗ 가능

꼬네 Cogne 카페 | 커피전문점

직접 원두를 로스팅 하는 커피 전문점으로 커피 맛이 좋다는 평. 원목을 활용해 푸근한 느낌을 주는 실내 공간과 화창한 날에는 테라스를 이용해도 좋다. 건강한 맛의 베이커리도 선보이고 있다.

Ⓦ 에스프레소, 아메리카노(각 3천5백원), 카페라테(4천5백원), 아인슈페너(5천5백원), 레몬티, 자몽타, 히비스커스유자티(각 5천원), 자몽에이드, 레몬에이드, 망고스무디(각 5천5백원), 녹차라테(4천5백원)

🕐 09:00~21:00(마지막 주문 20:30) – 연중무휴

🔍 충북 제천시 의림대로 657 (모산동)

☎ 043-645-4535 ℗ 가능

꽃댕이묵마을 ✖️ 두부 | 묵

직접 쑤어 만든 도토리묵 요리와 손두부 요리 등을 선보이며, 고소한 도토리빈대떡, 감자전과 생감자옹심이 등의 메뉴를 맛볼 수 있다. 토종닭백숙을 즐기에도 좋다.

Ⓦ 꽃댕이정식(2인 이상, 1인 1만8천원), 도토리묵밥(8천원), 생감자옹심이(9천원), 생감자전(1만원), 도토리빈대떡(1만2천원), 묵무침(1만8천원), 산초두부구이(1만7천원), 토종닭볶음탕, 토종한방백숙, 오리한방백숙(각 7만원)

🕐 10:30~15:00/17:00~20:30(마지막 주문 19:30) – 일요일 휴무

🔍 충북 제천시 백운면 화당로2안길 22

☎ 043-653-0077 ℗ 가능

노다지맛집 비빔밥 | 약선요리

제천의 특산물인 약채락비빔밥을 맛볼 수 있다. 약채락비빔밥에는 황기, 뽕잎, 오가피가 들어가며 놋그릇에 정갈하게 나오는 비빔밥이 입맛을 돋운다. 상차림이 전체적으로 정갈하다. 삼겹살, 한우약선불고기 등도 선보인다.

Ⓦ 전통비빔밥, 돌솥비빔밥(각 1만2천원), 육회비빔밥(1만5천원), 약선불고기(150g 2만원), 삼겹살(200g 1만5천원)

🕐 11:30~22:00 – 둘째, 넷째 주 일요일, 명절 당일 휴무

🔍 충북 제천시 내토로47길 21 (화산동)

☎ 043-648-8865 ℗ 불가

느티나무횟집 송어 | 향어 | 민물매운탕

민물고기인 향어회가 유명한 곳. 상추, 무, 양배추, 당근 등 다양한 채소와 함께 새콤하게 무쳐 먹으면 더욱 입맛을 돋운다. 얼큰한 민물매운탕과 장어구이 등도 즐길 수 있다.

Ⓦ 송어회, 향어회(각 200g 2만5천원), 메기매운탕(소 5만원, 대 6만원), 빠가사리매운탕(소 6만원, 중 7만원, 대 8만원)

🕐 10:00~21:00(마지막 주문 19:30) – 연중무휴

🔍 충북 제천시 청풍면 배시론로 4

☎ 043-647-0089 ℗ 가능

대보명가 ✖️ 약선요리

제천에서 실력 있기로 손꼽히는 맛집으로, 약초를 사용해서
만든 건강한 음식이 한상 가득 차려진다. 약초 공부를 했던
주인이 종종 요리에 사용하는 약초의 효능에 관한 설명을
들려준다.

Ⓦ 제천약초밥상(2만원), 제천약초떡갈비(370g 2만5천원), 한우
제천약초쟁반(6만8천원)

Ⓛ 11:00~20:00(마지막 주문 19:20) – 목요일 휴무

Ⓠ 충북 제천시 용두대로 287 (신월동)

☎ 043-643-3050 Ⓟ 가능

대흥식당 만둣국

식당 아랫방에서 밀가루를 밀어서 국수 면을 손수 만들고,
만두도 직접 빚어서 판매한다. 만두는 얇은 피와 만두소에
포함된 당면이 인상적이다. 만둣국은 감칠맛이 좋으며, 양도
푸짐하다. 손님이 없으면 문을 일찍 닫는다고 하니 방문 전
전화 확인이 필수다.

Ⓦ 칼국수(7천원), 칼만둣국, 김치만둣국, 장칼국수(각 8천원),
찐만두, 콩국수(각1만원), 고기만둣국(9천원)

Ⓛ 08:00~17:00 – 월요일 휴무

Ⓠ 충북 제천시 백운면 애럽루 20

☎ 043-652-6067 Ⓟ 가능

두꺼비식당 곤드레밥 | 돼지갈비찜

곤드레나물밥과 양푼갈비가 유명한 곳이다. 양푼갈비는 등
갈비찜의 일종으로, 자극적이지 않고 적당히 맵다. 담백하고
고소한 곤드레나물밥과 양푼갈비 양념의 조화가 좋다. 양푼
갈비에 버섯이나 당면 등을 추가하면 더욱 맛있게 즐길 수
있다.

Ⓦ 양푼등갈비(1만4천원), 곤드레밥(4천원)

Ⓛ 10:30~22:00(마지막 주문 21:00) – 연중무휴

Ⓠ 충북 제천시 의림대로20길 21 (중앙로2가)

☎ 043-647-8847 Ⓟ 불가

묵마을 묵

묵을 전문으로 하는 집. 따뜻한 국물에 묵을 썰어 내놓는 채
묵이 대표 메뉴로, 김치와 고추, 무채 등을 넣어 먹으면 더
욱 맛있게 즐길 수 있다. 고소한 도토리전, 도토리묵무침 등
이 입맛을 돋운다.

Ⓦ 채묵밥, 묵김치(각 9천원), 도토리전, 칡전(각 8천원), 도토리
묵무침(1만3천원), 통묵(7천원), 도토리들깨수제비(1만원)

Ⓛ 11:00~20:00 – 화요일 휴무

Ⓠ 충북 제천시 봉양읍 주포로 3-1

☎ 043-647-5989 Ⓟ 가능

빨간오뎅보금자리

빨간오뎅보금자리 어묵 | 분식

제천의 명물인 빨간 어묵으로 유명하다. 어묵을 떡볶이 양
념에 버무려 빨간 것이 특징이며 가격도 매우 낮다. 주말에
가면 줄을 서서 기다려야 할 정도로 인기가 좋다.

Ⓦ 빨간어묵, 물어묵(각 6개 3천원), 튀김(4개 2천원), 떡볶이(4
천원)

Ⓛ 08:00~24:00 – 둘째, 넷째 주 화요일

Ⓠ 충북 제천시 의병대로18길 2 (남천동)

☎ 043-643-6395 Ⓟ 불가

사또가든 ✖️ 두부

건강한 두부요리 전문점. 두부전골, 순두부, 비지장 등 직접
만든 두부의 고소하고 담백한 맛을 즐길 수 있다. 12가지의
반찬이 함께 차려져 가격 대비 가성비도 좋다. 돌판 위에서
들기름에 부쳐 나오는 들기름두부도 별미.

Ⓦ 버섯두부전골(1만2원), 순두부, 청국장, 비지장(각 8천원), 모
두부(1만원), 들기름두부(1만5천원), 닭매운찜, 닭백숙, 오리매운
찜(각 6만원)

Ⓛ 10:00~15:00/16:00~19:00 – 화요일 휴무

Ⓠ 충북 제천시 봉양읍 제원로 394

☎ 043-653-4960 Ⓟ 가능

산아래 쌈밥 | 우렁쌈밥

유기농 쌈밥 전문점. 친환경 국내산 유기농 채소와 한방 식
재료를 사용하는 건강식을 맛볼 수 있다. 우렁 쌈장이 곁들
여 나오는 우렁쌈밥이 대표 메뉴며, 오징어와 더덕을 매콤
하게 두루치기로 만든 오덕쌈밥도 추천 메뉴다. 한쪽에는
반찬과 쌈채소를 마음껏 가져다 먹을 수 있는 셀프바가 있
다.

Ⓦ 동네한바퀴산아래정식(3만5천원), 자연인산아래정식(3만8천
원), 한우더덕불고기한상(3만3천원), 가브리살친환경쌈정식(2만
7천원), 우렁친환경쌈정식(2만5천원), 닭떡갈비김치전(2만원)

Ⓛ 월, 화요일 10:30~18:30(마지막 주문 17:00) | 목, 금요일

10:30~16:00/17:00~20:30(마지막 주문 19:00) | 토, 일요일 10:00~16:00/17:00~20:30(마지막 주문 19:00) – 수요일 휴무

Q 충북 제천시 봉양읍 앞산로 174

☎ 043-646-3233 Ⓟ 가능

셰프스노트 CHEF'S NOTE 파스타 | 피자

화덕 피자가 유명한 곳으로, 피자 도우에 대한 평이 좋다. 다양한 종류의 파스타도 인기 메뉴. 오픈 키친으로 구성돼 있어 화덕에서 피자를 굽는 모습을 구경하는 재미가 있다.

Ⓦ 알리오올리오(1만7천원), 홍합파스타, 풍기, 리코타샐러드(각 1만8천원), 고르곤졸라(2만6천원), 마르게리타(2만5천원), 스테이크피자(3만1천원)

Ⓛ 11:30~15:00/17:00~21:00(마지막 주문 20:30) – 화요일, 매달 마지막 주 수요일, 비정기적 휴무

Q 충북 제천시 죽하로15길 26 (장락동)

☎ 043-645-9517 Ⓟ 불가

송학반장 松鶴飯莊 일반중식

60년 넘는 세월의 흔적이 느껴지는 오래된 중식당. 돼지고기를 튀겨 깐풍기로 만든 돼지갈비가 독특하다. 왕만두를 추가해서 먹는 것도 추천.

Ⓦ 삼선짬뽕, 삼선간짜장(각 1만2천원), 기스면(1만원), 잡탕밥(1만5천원), 탕수육(2만6천원), 돼지갈비(3만8천원)

Ⓛ 12:00~15:00/17:00~20:00(14:20 이후는 포장만 가능) – 월요일 휴무

Q 충북 제천시 의병대로12길 7 (명동)

☎ 043-646-2038 Ⓟ 불가(골목 주차 가능)

순수해 SOONSOOHAE 베이커리

여러 가지 케이크가 맛있는 디저트 카페. 맞춤케이크나 특별한 케이크 주문도 가능하다. 전체적으로 화이트 톤의 깔끔한 인테리어로 편안한 분위기를 낸다.

Ⓦ 아메리카노(4천원), 초콜릿우유, 연유말차라테(각 5천8백원), 스무디(5천5백원), 티(4천5백원~5천5백원), 당근케이크(6천2백원), 말차초코케이크(7천5백원), 초코생크림(6천원), 피칸파이(4천5백원)

Ⓛ 11:00~22:00 – 월, 화요일 휴무

Q 충북 제천시 죽하로 71-1 (장락동)

☎ 043-652-0531 Ⓟ 가능

시골순두부 두부

주인 할머니가 매일 직접 두부를 만들고, 간장을 담그는 한식당. 손두부를 넣은 두부찌개, 두부에 산초기름을 발라서 구운 산초구이 등 건강한 식사 메뉴를 맛볼 수 있다. 두부가 모두 소진되면 영업을 마감한다.

Ⓦ 순두부, 두부찌개, 생두부(각 1인 1만원), 산초구이, 들기름구이(각 1만3천원), 옥수수엿술(7천원)

Ⓛ 09:00~14:30(재료 소진 시 마감) – 일요일 휴무

Q 충북 제천시 중말8길 22 (두학동)

☎ 043-643-9522 Ⓟ 가능

청풍떡갈비 ✕✕✕ 소떡갈비

제천 일대에서 떡갈비로 유명한 집. 철판에 구워 내오는 떡갈비를 비롯해 제천 황기와 한약재로 숙성한 양념을 사용하는 한방떡갈비, 단양 마늘을 사용하는 마늘떡갈비 등을 선보인다. 떡갈비와 함께 구수한 된장찌개와 맛깔스러운 반찬이 나오며 기본 2인 이상 주문해야 한다.

Ⓦ 숯불한우떡갈비(230g 2만6천원), 숯불마늘한우떡갈비(230g 2만9천원), 청풍물면/청풍비빔면(각 9천원), 두부김치, 도토리묵무침(각 1만7천원), 골뱅이회무침(2만5천원)

Ⓛ 09:30~20:00(마지막 주문 19:00) | 토, 일요일 10:00~20:00(마지막 주문 19:00) – 연중무휴

Q 충북 제천시 금성면 청풍호로 1643

☎ 043-644-1600 Ⓟ 가능

청풍떡갈비

청풍황금떡갈비 소떡갈비

강황이 들어간 건강 떡갈비를 파는 곳이다. 소고기떡갈비는 강황과 함께 파인애플, 사과, 배를 갈아 넣고, 양파, 파, 마늘, 간장으로 양념하여 일주일간 숙성시켜 나온다. 1호점은 송어회, 2호점은 송어회와 떡갈비를 모두 먹을 수 있다.

Ⓦ 떡갈비정식(300g, 2만2천원), 떡갈비+돌솥밥정식(300g, 2만6천원), 버섯불고기전골(2인 이상, 1인 2만원), 울금솥밥(5천원), 시골된장찌개, 황태해장국(1만2천원)

Ⓛ 09:00~20:50 – 연중무휴

Q 충북 제천시 청풍면 청풍호로 1682

☎ 043-647-6303 Ⓟ 가능

카우보이그릴 COWBOY GRILL 바비큐

테마파크처럼 꾸며진 바비큐 전문점으로, 텍사스 정통 바비큐를 맛볼 수 있는 곳이다. 캠핑 분위기에서 식사하는 이스턴 동과 일반 테이블 공간의 웨스턴 동으로 나뉘어 있다. 플

래터를 주문하면 비프립, 치킨, 풀드 포크, 브리스킷 등 여러 부위를 맛볼 수 있다. 식후에 야외 모닥불에서 마시멜로를 구워 먹는 것도 별미.

- Ⓦ 존스플래터(2인 8만8천원, 3인 13만2천원, 4인 17만6천원), 잭플래터(2인 11만8천원, 3인 17만7천원, 4인 23만6천원)
- 🕐 12:00~15:30/16:30~20:00 | 금. 토요일 11:30~15:30/16:30~21:00 | 일요일 11:30~16:00 /17:00~20:00 – 화. 수요일 휴무
- 🔍 충북 제천시 청풍면 학현소야로 415-24
- ☎ 043-647-3510 Ⓟ 가능

카페1929 카페

1929년에 등기된 고옥이 주는 고즈넉한 분위기가 살아있는 카페. 독일식 팬케이크인 더치베이비를 맛볼 수 있으며, 직접 만드는 직접 만든 정과도 맛이 좋다. 아포가토를 한국식으로 재해석한 한방홍시도 색다르다. 설날에는 안동식혜를 맛볼 수 있는 등 시즌별로 특별한 메뉴가 올라오기도 한다.

- Ⓦ 아메리카노(5천원), 카페라테(5천5백원), 한방홍시(9천원), 흑임자크림커피(6천5백원), 더치베이비(1만4천원~2만4천원)
- 🕐 11:00~19:00(마지막 주문 18:00) – 수요일 휴무
- 🔍 충북 제천시 단양로10길 104 (고명동) 카페1929
- ☎ 043-651-1929 Ⓟ 가능

카페피노 CAFE PINO 카페

마카롱이 맛있는 디저트 카페 바삭할가 동시에 쫀득한 시감의 코크에 여러가지 달콤한 필링이 채워진 마카롱 맛이 일품이다. 야외 테이블에서 마카롱과 함께 커피 한 잔의 여유를 즐기기에 좋다.

- Ⓦ 에스프레소, 아메리카노(각 4천2백원), 핸드드립커피(5천8백원~6천5백원), 차(6천원~8천5백원), 주스(5천5백원~6천원)
- 🕐 10:00~22:00(마지막 주문 21:30) – 연중무휴
- 🔍 충북 제천시 세명로2길 27 (모산동)
- ☎ 043-642-1376 Ⓟ 가능

커피라끄 COFFEE LAC 카페

청풍호가 한눈에 보이는 커피 전문점. 넓은 공간과 탁트인 뷰가 일상의 지친 피로를 풀어준다. 화창한 날 야외 테라스에서 음료와 함께 힐링하기에 좋다.

- Ⓦ 에스프레소(4천5백원), 아메리카노(5천5백원), 카페라테(5천8백원), 쑥크림라테(7천원), 쌍화라테(6천5백원), 차(5천5백원~6천5백원), 복숭아자두에이드(6천5백원), 바스크치즈케이크(6천2백원), 누룽지아이스크림(5천5백원)
- 🕐 10:00~19:00(마지막 주문 18:50) – 연중무휴
- 🔍 충북 제천시 금성면 청풍호로 1226
- ☎ 043-646-9741 Ⓟ 가능

티카페차센 Tea Cafe Chasen 티카페 | 일본디저트

분위기 좋은 티카페. 잎차를 주문하면 우림 차도구 세트에 정성스레 내어준다. 라테, 밀크티, 푸딩, 빙수 등 차를 응용한 음료와 쿠리킨톤, 모찌 등 일본식 디저트류도 갖추고 있으며, 시그니처인 말차라테에 당고를 추가하면 더욱 특별하게 즐길 수 있다.

- Ⓦ 차(9천원~1만7천원), 라테(핫 6천원, 아이스 6천5원), 말차아포가토(6천5백원), 빙수(1만원~1만7천), 모찌(2천원~2천8백원), 프렌치토스트(1만원), 푸딩(6천원), 당고(2천8백원), 모나카(4천원)
- 🕐 11:00~22:00 – 일요일 휴무
- 🔍 충북 제천시 의림대로44길 15 (모산동) 1층
- ☎ 010-2844-5911 Ⓟ 가능

학현식당 닭백숙 | 닭볶음탕

토종닭백숙 전문점으로, 직접 수확한 약초들로 백숙 국물을 우려내는 것이 특징. 조리 시간이 오래 걸리기 때문에 전화 예약하고 방문하는 것이 좋다.

- Ⓦ 토종닭백숙, 토종닭볶음탕(각 6만원), 산삼닭백숙, 산삼닭볶음탕(각 7만원)
- 🕐 12:00~20:00 – 연중무휴
- 🔍 충북 제천시 청풍면 학현소야로 390
- ☎ 043-647-9941 Ⓟ 가능

해동반점 海東飯店 일반중식

제천에서 40년 넘게 자리를 지키고 있는 중식당이다. 기름에 볶은 춘장에 돼지고기, 채소 등을 넣고 한 번 더 볶아 내어 고소한 맛이 좋은 간짜장이 인기 메뉴며, 위에 달걀 프라이를 얹어준다.

- Ⓦ 짜장면(6천원), 짬뽕, 간짜장(각 8천원), 삼선짬뽕(1만2천원), 볶음밥(9천원), 잡채밥(1만원), 군만두(5천원), 탕수육(미니 2만원, 소 2만3천원, 중 2만8천원, 대 3만8천원)
- 🕐 11:00~19:30 – 비정기적 휴무
- 🔍 충북 제천시 의림대로 3 (영천동)
- ☎ 043-647-2576 Ⓟ 불가(제천역 공영 주차장 이용)

송원칼국수 칼국수

육수를 끓이다가 직접 면을 넣고 끓여 먹는 칼국숫집. 새우, 미더덕, 바지락 등이 들어 있는 육수가 시원하다. 칼국수를 시키면 보리밥이 함께 나온다. 만두 사리나 해물 사리를 넣어서 먹으면 맛이 더욱 좋다.

ⓦ 칼국수(2인 이상, 1인 9천원), 해물사리(9천원), 김치만두사리(5천원)

ⓣ 11:00~15:00/17:00~21:00(마지막 주문 20:00) | 토, 일요일 11:00 ~16:00/17:00~21:00(마지막 주문 20:00) – 월요일 휴무 (공휴일과 겹칠 시에는 정상영업)

ⓠ 충북 증평군 증평읍 초중로 38

☎ 043-838-8721 ⓟ 가능

룹스퀘어 root square 베이커리

다양한 시설이 한 건물에 있는 복합문화공간. 1층에 베이커리 카페가 있으며, 북카페 라운지에서 커피를 마실 수도 있다. 식은 빵을 데워 먹을 수 있는 오븐도 준비되어 있다.

ⓦ 아메리카노(5천5백원), 쌀크림라테(7천원), 아이스크림라테(7천2백원), 딸기라테(7천5백원), 감귤생강차(6천8백원), 과일숲케이크(7천5백원), 얼그레이쇼콜라케이크(6천2백원), 쑥절미가토(7천2백원)

ⓣ 10:00~20:00(마지막 주문 19:30) – 연중무휴

ⓠ 충북 진천군 이월면 진광로 928-27

☎ 0507-1353-7180 ⓟ 가능

삼창구이 양곱창 | 곱창전골

60여 년 전통의 삼창구이를 먹을 수 있는 곳. 한약재로 우려낸 국물과 함께 곰양과 벌집위를 먹고, 국물이 졸아들면서 육수를 흡수한 곱창을 채소와 함께 구워서 먹는 것이 삼창구이의 특징이다. 냄새가 없고 부드러운 곱창과 구수하면서 깊은 맛을 내는 국물 맛이 일품이다.

ⓦ 삼창구이(2만8천원), 곱창구이(2만5천원), 곱창전골(2만3천원)

ⓣ 10:00~22:00 – 일요일 휴무

ⓠ 충북 진천군 진천읍 중앙동5길 3

☎ 043-533-7511 ⓟ 가능

송백가든 백반 | 청국장

천룡골프장을 방문하는 손님이 즐겨 찾는 곳. 깔끔한 송백정식이 인기며 구수한 청국장 맛이 좋다. 청국장으로 향토음식 경연대회에서 대상을 받은 곳이기도 하다.

ⓦ 송백정식(2만3천원), 간장게장정식(4만원), 제주산갈치조림(8만원), 한우특수부위(120g 5만3천원), 제육볶음(1인 1만7천원), 영양갈비탕(1만5천원), 토종닭능이백숙(7만원), 토종닭볶음탕(6만원)

ⓣ 08:00~21:00(마지막 주문 20:00) – 연중무휴

ⓠ 충북 진천군 이월면 진안로 362-6

☎ 043-536-2233 ⓟ 가능

송애집 붕어찜

붕어찜을 잘하기로 소문난 곳. 시래기를 많이 넣어 구수하고 비린내가 나지 않는다. 얼큰한 붕어찜을 다 먹고 나면 남은 양념에 밥을 볶아 먹는다. 메기찜, 메기매운탕 등도 별미로 통한다.

ⓦ 붕어찜(소 1만7천원, 중 1만9천원, 대 2만1천원), 메기찜(소 1만7천원, 중 1만9천원, 대 2만1천원), 메기탕, 새우탕(각 1만7천원), 닭볶음탕(6만원)

ⓣ 11:00~15:00/17:00~ 20:00 | 토, 일요일(11:00~19:00) – 격주 월요일 휴무

ⓠ 충북 진천군 초평면 초평로 1051-5

☎ 043-532-6228 ⓟ 가능

신궁전 한정식

다양한 구성의 요리가 정갈하게 나오는 한정식집. 11가지의 음식이 나오는 궁궐정식과 13가지의 음식이 나오는 대궐정식이 많이 찾는 메뉴. 식사로 강황솥밥과 계절에 맞는 채소김치, 밑반찬이 나온다.

ⓦ 궁궐정식(3만원), 대궐정식(4만원), 화랑정식(2만5천원), 떡갈비정식(1만8천원), 소불고기정식(1만8천원), 고추장양념구이정식(1만8천원), 녹두전, 수수부꾸미(1만5천원)

ⓣ 11:30~15:00/17:00~20:00(마지막 주문 19:00) – 일요일 휴무

ⓠ 충북 진천군 덕산읍 용몽2길 34

☎ 0507-1453-2849 ⓟ 가능

알라팔라 Alla Pala 피자 | 이탈리아식

나폴리 장작 화덕을 이용한 현대식 나폴리 피자를 맛볼 수 있는 곳. 화덕피자는 주문 즉시 조리에 들어가고, 500도 고온에서 단시간에 구워진다. 마르게리타를 많이 찾으며 크게 부푼 크러스트가 특징이다. 라구라자냐도 인기 메뉴.

ⓦ 시저샐러드(1만3천원), 카프레제(1만4천원), 라구라자냐, 마르게리타(각 1만8천원), 마르게리타에루콜라, 콰트로포르마지, 디아볼라(각 1만9천원)

ⓣ 11:30~21:30 | 토요일 12:00~20:30 – 일요일, 두 번째, 네

번째 토요일 휴무

Q 충북 진천군 덕산읍 대월1길 27-2

☎ 043-753-8444 ⓟ 가능

폴린커피로스팅룸 polincoffee 커피전문점

넓은 야외 테라스가 있어서 탁 트인 개방감을 선사하는 카페. 기계에서 자동으로 내려지는 필터 커피를 맛볼 수 있다. 아이스크림과 르뱅쿠키를 커피와 함께 디저트로 즐길 수 있다. 직접 로스팅 한 커피 원두도 판매한다.

ⓦ 필터커피(6천5백원~7천원), 에스프레소(4천원), 아메리카노(5천원), 라테(6천원), 바닐라라테(6천5백원), 소프트아이스크림(6천원), 아포가토(7천원), 르뱅쿠키(3천5백원), 커피원두(변동)

🕐 11:00-19:30 – 연중무휴

Q 충북 진천군 이월면 진광로 231 101호

☎ 0507-1352-3587 ⓟ 가능

충청북도 청주시

가화한정식 嘉禾 한정식

신선로와 구절판, 회와 잡채, 갈비찜, 모둠전, 청포묵, 두텁떡, 수정과와 식혜 등을 격식 있게 내놓는다. 게장과 젓갈. 풋고추와 장아찌도 일품. 청주에서 손꼽히는 한정식집이다.

ⓦ 한정식(3만원, 4만원, 5만원), 점심특선(2만3천원)

🕐 10:00~22:00 – 첫 번째, 세 번째 화요일 휴무

Q 충북 청주시 청원구 내덕로 27 (내덕동)

☎ 043-221-0231 ⓟ 가능

강서추어탕 장어 | 추어탕

상호는 추어탕이지만 장어구이가 메인인 식당. 옛 주택을 개조하여 내부는 고풍스러운 매력이 묻어 나는 곳. 주택의 방 구조를 고스란히 살려 룸 좌석이 적당하게 마련되어 있다. 장어구이는 소금과 양념 중에 선택이 가능한데, 13가지

강서추어탕

약재로 맛을 낸 양념구이가 인기.

ⓦ 장어구이(양념/소금 3만2천원), 장어정식(4만2천원), 런치세트(2인 5만2천원, 3인 9만3천원), 추어탕(1만1천원)

🕐 11:30~14:30(마지막 주문 13:30)/17:00~21:30(마지막 주문 20:30) – 연중무휴

Q 충북 청주시 흥덕구 가로수로 1142 (비하동)

☎ 043-231-9460 ⓟ 가능

개신동해장국 ✖ 선지해장국 | 소내장탕

소내장탕이 유명한 곳. 뽀얀 국물의 내장탕에 다진 양념이나 삭힌 고추를 넣어 먹으면 시원하다. 해장국에도 뽀얀 국물에 선지가 섞여 나오는 것이 특징. 고기와 내장이 푸짐하게 들어 있어 만족스럽다.

ⓦ 내장탕(1만5천원), 해장국(1만1천원), 소머리국밥(1만3천원), 소머리수육(3만원), 내장수육, 내장무침(각 4만원), 콩나물해장국(8천원)

🕐 06:00~15:30/17:00~21:00 – 연중무휴

Q 충북 청주시 서원구 모충로 16 (개신동)

☎ 043-273-4546 ⓟ 가능

공원당 일식돈가스 | 일식우동

60여 년 전통의 돈가스 전문점. 빵집과 우동을 전문으로 시작하였으며 현재는 돈가스와 우동이 주메뉴다. 멸치와 다시마로 국물을 낸 우동을 맛볼 수 있다. 시원한 메밀소바도 별미.

ⓦ 돈가스(1만원~1만5천원), 우동(7천원), 판메밀소바(보통 8천5백원, 곱빼기 1만2천원), 새우튀김우동(1만원)

🕐 11:00~15:00/17:00~19:30 – 화요일 휴무

Q 충북 청주시 상당구 상당로55번길 40-2 (남문로2가)

☎ 043-255-3894 ⓟ 가능(성안길상점가 공영주차장 이용, 30분 무료)

남들갈비 ✖ 돼지갈비

1960~70년대 포장마차 분위기로, 큼직한 갈비뼈가 붙어 있는 돼지갈비 맛이 좋다. 전날 절여 놓은 고기를 스테인리스 그릇에 내오는데, 마늘과 참기름, 채소즙이 들어간 양념 맛이 독특하다.

ⓦ 돼지갈비(300g 1만5천원), 잔치국수, 동치미국수(각 5천원)

🕐 11:30~23:00 – 연중무휴

Q 충북 청주시 서원구 청남로2133번길 8 (모충동)

☎ 043-285-5599 ⓟ 불가

남주동해장국 ✖ 선지해장국

80여 년 전통의 해장국집으로, 푸짐한 뚝배기에 담긴 칼칼하고 진한 국물 맛이 일품이다. 뼈다귀해장국과 선지해장국, 콩나물해장국이 주메뉴. 소뼈, 꼬리, 방광 등을 가마솥에 넣고 진한 국물을 만든 다음 선지를 넣으면 선지해장국이 되

고 뼈다귀를 넣으면 뼈다귀해장국이 된다. 미나리, 오이, 양파, 참깨 등으로 양념된 돼지껍데기무침도 별미다.
- Ⓦ 소고기해장국, 선지해장국(각 1만원, 특 1만2천원), 수육(소 2만5천원, 대 4만원)
- Ⓣ 06:00~15:00 – 월요일 휴무
- Ⓠ 충북 청주시 상당구 무심동로304번길 10 (남주동)
- ☎ 043-256-8575 Ⓟ 가능

다성식당 일반한식 | 청국장

청국장이 유명한 집. 국내산 콩으로 만든 구수하고 진한 청국장 맛이 일품이며 10여 가지의 반찬이 푸짐하게 나온다. 양푼 그릇에 밥과 반찬을 넣고 청국장을 떠서 비벼 먹으면 더욱 맛있다.
- Ⓦ 청국장, 해물순두부(각 9천원), 두부버섯전골(중 4만원 대 4만9천원), 두부김치, 두부부침(각 1만2천원), 닭볶음탕(4만원)
- Ⓣ 08:00~20:00(마지막 주문 19:30) | 일요일 08:00~17:00(마지막 주문 16:30) – 명절 당일 휴무
- Ⓠ 충북 청주시 흥덕구 예체로179번길 4 (봉명동)
- ☎ 043-272-2399 Ⓟ 가능

당조 糖朝 일반중식

화상이 운영하는 노포 중국집으로, 50여 년 가까운 역사를 지녔다. 전반적으로 음식의 맛이 자극적이지 않고 담백하며, 깔끔하다. 달지 않은 소스와 함께 바삭하게 튀겨져 나오는 탕수육의 인기가 많은 편.
- Ⓦ 짜장면(7천원), 짬뽕(8천원), 탕수육(소 1만7천원, 중 2만6천원, 대 3만5천원), 양장피(4만3천원)
- Ⓣ 11:30~14:30/17:00~20:00 – 화요일 휴무
- Ⓠ 충북 청주시 상당구 상당로 40-8 (서운동)
- ☎ 043-256-1780 Ⓟ 불가

대명도리탕 닭볶음탕

매운 맛의 닭볶음탕을 맛볼 수 있는 곳. 새빨간 국물 색깔이 눈에 띈다. 파전, 계란말이, 오징어찜 등 반찬도 푸짐하게 나오는 편이며 반찬으로 매운맛을 중화하면서 먹으면 좋다. 다 먹은 후에는 밥을 볶아 먹는다.
- Ⓦ 닭볶음탕(소 2만6천원, 중 3만2천원, 대 4만원), 토종닭볶음탕(5만원), 묵은지닭볶음탕(중 3만3천원, 대 4만5천원)
- Ⓣ 06:00~16:00/17:00~24:00 | 토, 일요일 및 공휴일 06:00~16:00 /17:00~23:00 – 연중무휴
- Ⓠ 충북 청주시 흥덕구 백봉로 188-1 (봉명동)
- ☎ 043-268-2560 Ⓟ 가능(협소)

대추나무집 일반한식

청주 출신 이외의 사람들에게는 생소한 짜글짜글 찌개 전문점. 맵게 양념한 돼지고기 찌개를 자글자글 끓인 후 고기를 채소에 싸 먹다가 남은 국물에 밥을 볶아 먹는다. 돼지 비곗

살이 고기에 붙은 채로 넣는 것이 특징.
- Ⓦ 촌돼지짜글찌개, 촌돼지김치찌개(각 1만3천원), 갈비짜글찌개(1만5천원)
- Ⓣ 11:00~20:00(마지막 주문 19:30) – 두 번째, 네 번째 월요일 휴무
- Ⓠ 충북 청주시 청원구 사천로18번길 5 (사천동)
- ☎ 043-217-8866 Ⓟ 가능

더스프링 The Spring 이탈리아식

코스요리와 단품을 즐길 수 있는 이탈리안 레스토랑. 스테이크가 맛있기로도 유명하다. 넓고 화려한 인테리어의 실내에 창밖으로 보이는 경치도 좋다. 날씨가 좋을 때는 테라스에서의 식사도 추천.
- Ⓦ 감자뇨키(1만5천원), 한우안심라자냐(2만7천원), 오징어먹물파에야(3만5천원), 문어구이(2만2천원), 이베리코스테이크(4만2천원), 한우안심스테이크(5만7천원), 런치코스(5만8천원), 코스1(6만7천원), 코스2(12만원), 2인세트(8만9천원), 4인세트(21만원)
- Ⓣ 11:30~21:30 – 월요일 휴무
- Ⓠ 충북 청주시 서원구 2순환로1814번길 56 (장성동)
- ☎ 043-294-5677 Ⓟ 가능

더스프링

데어데어 THEIR THERE 베이커리

청주 시내에서 가까운 무심천 라인에 위치한 대형 베이커리 카페. 1층은 중정이 있는 가든뷰, 2층은 무심천뷰, 3층은 루프탑으로 다양한 전망을 즐길 수 있다. 케이크를 비롯한 베이커리 종류가 다양하게 있으며, 소금빵이 인기 있다.
- Ⓦ 아메리카노(5천5백원), 카페라테(6천원), 티티라테(7천원), 스무디(7천원), 티, 에이드(각 6천8백원), 호두바스크(6천2백원), 무화과파운드(6천5백원), 소금빵(2천5백원)
- Ⓣ 09:00~22:00 – 연중무휴
- Ⓠ 충북 청주시 상당구 무심동로 72 (용암동)
- ☎ 043-295-9000 Ⓟ 가능

리정식당   설렁탕 | 육개장

설렁탕과 육개장이 유명한 집. 60여 년 넘는 역사를 자랑한다. 깔끔한 국물의 설렁탕은 담백한 맛으로 인기가 좋다. 다진 마늘과 송송 썬 대파가 푸짐하게 들어간 육개장은 칼칼한 맛이 좋다. 잘 삶은 수육을 곁들이는 것도 좋다. 저녁때는 술 한잔 하기에도 좋다.

- ⓦ 육개장, 설렁탕(각 1만원, 특 1만2천원), 수육(소 3만원, 대 3만5천원)
- ⓣ 08:00~21:30(마지막 주문 21:00) – 일요일 휴무
- ⓠ 충북 청주시 청원구 우암로 71–1 (내덕동)
- ☎ 043–254–8947 ⓟ 가능(협소)

무심천드래곤   無心川龍   미국식중식 | 퓨전중식

미국 스타일의 퓨전 중식을 맛볼 수 있는 곳. 인테리어는 홍콩 풍으로 꾸몄다. 식사로는 갈릭프라이드라이스, 크림짬뽕과 요리로는 궈바로우가 추천 메뉴.

- ⓦ 우육탕면(1만4천원), 새우완탕면(1만1천원), 탄탄면(1만원), 크림짬뽕(1만2천원), 곤이마파두부덮밥(1만2천원), 갈릭프라이드라이스(9천원), 오렌지치킨(1만5천원), 인절미궈바로우(1만7천원)
- ⓣ 11:30~15:00/17:00~22:00(마지막 주문 21:00) – 월요일 휴무
- ⓠ 충북 청주시 상당구 상당로121번길 34
- ☎ 043–232–0939 ⓟ 불가

미몽   みもん   일식오마카세

일식 오마카세 전문점으로, 충청도 향토 식재료에 일식 기법을 가미한 제철 요리를 선보인다. 8명 이하의 인원만 수용하여 조용한 분위기에서 음식에만 집중할 수 있다. 메뉴는 계절에 따라 변경되어 숙성 생선회와 계절 과일 및 채소를 활용한 식전 요리, 본식, 디저트까지 조화롭게 맛볼 수 있다. 음료나 주류 주문은 필수다.

- ⓦ 디너오마카세1인(8만9천원), 심야안주코스(3만9천원)
- ⓣ 18:00~23:55 – 일요일 휴무
- ⓠ 충북 청주시 청원구 오창읍 중심상업로 32–13 엔젤프리존 2층 207호
- ☎ 0507–1469–0538 ⓟ 가능

밀리미터베이커리카페&키친
MILLIMETER BAKERY CAFE & KITCHEN

베이커리 | 양식

루프탑을 포함해 3층으로 운영되는 대형 베이커리 카페. 2층은 밀리터리키친, 3층은 프라이빗 파티를 즐길 수 있는 가든으로 운영된다. 청주 특산물인 쌀을 빻아 만들어 쌀가루가 씹히는 독특한 식감의 '직지쌀슈페너'가 시그니처. 브레이크타임에는 식사 주문이 되지 않으니 참고할 것.

- ⓦ 에스프레소(4천5백원), 아메리카노(5천원), 피콜로라테(5천5백원), 직지쌀슈페너(6천5백원), 소금빵(2천5백원), 베이컨치아바타(4천2백원), MM라자냐(1만6천9백원), 왕새우필라프(1만3천9백원), 채끝등심스테이크(3만7천원)
- ⓣ 10:00~22:00 – 연중무휴
- ⓠ 충북 청주시 서원구 남지로5번길 18 (미평동) 1, 2층
- ☎ 043–288–3417 ⓟ 가능

바누아투과자점   Vanuatu   베이커리

2016년 세계제빵월드컵에서 1위를 차지한 박용주 제빵사가 운영하는 베이커리. 모든 빵에 건포도를 발효시켜 만든 자연 효모가 들어가는 것이 특징이다. 다크초콜릿이 들어간 팽오쇼콜라를 비롯해 파바게트, 크루아상 등 다양한 빵을 맛볼 수 있다.

- ⓦ 팽오쇼콜라(3천7백원), 크루아상(3천5백원), 몽블랑(5천원), 파게트(4천2백원), 소금빵(2천3백원), 코코브리(3천원), 전통바게트(3천5백원)
- ⓣ 08:00~23:00 – 명절 당일 휴무
- ⓠ 충북 청주시 흥덕구 죽천로79번길 29 (복대동)
- ☎ 043–236–0788 ⓟ 가능

백로식당   돼지불고기

한방양념불고기로 유명한 집. 쿠킹호일 위에 고추장으로 버무린 삼겹살을 구워 먹는 것으로, 특허까지 받았을 정도다. 마지막에는 김치를 넣어 밥을 볶아먹는 것도 별미다.

- ⓦ 한방양념불고기(200g 1만5천원), 원조땡밥(2천원), 치즈땡밥(3천원)
- ⓣ 11:00~22:00 – 연중무휴
- ⓠ 충북 청주시 흥덕구 1순환로 418 (신봉동)
- ☎ 043–273–0713 ⓟ 가

버섯찌개경주집   버섯 | 버섯전골

표고버섯찌개 전문점. 감자와 양파, 대파, 당면 위에 표고버섯과 다진 소고기 양지 살을 얹어 육수를 부어 가며 즉석에서 끓인다. 버섯 향이 향기롭고 육수를 연상케 하는 짙고 강한 국물 맛이 이채롭다. 반찬은 깍두기와 울릉도 취나물뿐이다. 50여 년의 역사를 자랑한다.

- ⓦ 버섯찌개(2인 이상, 1인 1만1천원)
- ⓣ 10:00~14:30/17:00~20:00(마지막 주문 19:00) – 월요일, 명절 휴무
- ⓠ 충북 청주시 상당구 남사로93번길 21 (서문동)
- ☎ 043–221–6523 ⓟ 불가

베이커리446   베이커리

건강한 빵을 만들고 판매하는 곳. 토, 일요일 오후 2시에 가면 빵이 안 남아 있을 정도로 인기 빵집 중 하나다. 1인 가게로 대량생산을 할 수 없어 빵 종류 당 4~5개씩만 만든다. 빵 나오는 시간은 오전 9시에서 10시 사이다.

ⓦ 호두단팥빵, 치즈롤(각 1천5백원), 흑임자크림치즈(2천원), 호두빵(2천5백원), 치아바, 올리브후가스(각 3천원), 소시지빵(3천), 크렌베리바게트, 바질치즈빵(각 3천5백원)
⊙ 08:00∼19:00(빵 소진 시 마감) – 월요일 휴무
🔍 충북 청주시 상당구 용정로38번길 17-1 (용정동)
☎ 043-292-4460 ⓟ 불가

보테가 ✖ BOTTEGA 퓨전

청주의 부티크호텔 호텔뮤제오에 자리한 퓨전 레스토랑. 퓨전짬뽕, 리조토, 파스타, 스테이크 등 새롭게 재해석한 퓨전요리를 다양하게 선보인다. 점심에는 비교적 캐주얼한 메뉴를, 저녁에는 스테이크 코스 등을 즐길 수 있다.
ⓦ 살치살블랙리조토(2만1천원), 불짬뽕(1만5천원), 돌문어청양트러플파스타(1만9천원), 티본스테이크(100g 3만원), 포터스테이크(100g 3만2천원), 엘본스테이크(100g 2만8천원), 서대갈스테이크(100g 2만9천원)
⊙ 11:30∼15:00(마지막 주문 14:30)/17:30∼21:30(마지막 주문 20:30) – 연중무휴
🔍 충북 청주시 흥덕구 가로수로1164번길 41-20 (강서동)
☎ 043-231-3205 ⓟ 가능

봉용불고기 삼겹살

시오야키라고 하는, 청주 스타일의 삼겹살을 하는 곳. 얼린 삼겹살을 간장으로 만든 물에 담가 두었다가 구워 먹는 것이 특징이다. 원래 시오야키는 소금구이라는 뜻이지만 청주에서는 물간장에 담갔다가 먹는 것을 시오야키라고 한다. 달짝지근한 파절임과 같이 먹는 삼겹살 맛이 일품이다. 고기를 다 먹은 후에는 김치를 넣어 밥을 볶아 먹는다.
ⓦ 돼지고기(200g 1만5천원), 기사백반(100g 1만원)
⊙ 08:00∼21:50 – 연중무휴
🔍 충북 청주시 청원구 중앙로 108 (우암동)
☎ 043-259-8124 ⓟ 가능(2시간 무료)

상주집 다슬기

50년 가까이 다슬기(올갱이)국을 끓여 온 집이다. 다슬기를 민물조개와 함께 넣고 된장을 알맞게 풀어 우거지를 넣어 끓인 다슬깃국은 구수하고 시원하면서도 뒷맛이 쌉쌀해 해장에 좋다. 술안주용으로 다슬기무침이 있다.
ⓦ 다슬깃국(1만2천원), 다슬기무침(4만원)
⊙ 07:30∼20:30 – 연중무휴
🔍 충북 청주시 상당구 남사로93번길 17 (서문동)
☎ 043-256-7928 ⓟ 가능

새가덕순대 순대｜순댓국

3대째 운영하는 40여 년 업력의 순대 전문점으로, 순댓국과 곱창전골이 인기 있다. 매콤한 특제 양념으로 맛을 낸 곱창볶음도 추천하며, 잡내 없는 곱창과 각종 야채들이 어우러지는 얼큰한 맛을 즐길 수 있다. 매장 앞 가마솥에서 순댓국을 끓이는 모습을 볼 수 있다.
ⓦ 곱창볶음, 곱창찌개(소 2만5천원, 중 3만원, 대 4만원), 순댓국(9천원), 순대(9천원), 머리고기(1만2천원), 모둠순대(1만7천원), 오소리감투(1만7천원), 암뽕(1만7천원)
⊙ 06:00∼21:00 – 연중무휴
🔍 충북 청주시 상당구 남사로140번길 71 (남문로1가)
☎ 043-254-2739 ⓟ 불가

생선구이전문점정가네 생선구이

500도가 넘는 화덕에서 구운 고등어, 서대, 가자미, 적어, 갈치를 맛볼 수 있는 생선구이 전문 식당. 모둠생선구이를 주문하면 돌솥밥과 함께 여러 가지 밑반찬이 나온다. 갈치조림, 고등어조림도 맛볼 수 있으며 단체 방문하기에도 좋다.
ⓦ 모둠생선구이(A 2만6천원, B 4만원, C 5만3천원), 고등어구이, 서대구이, 가자미구이(1만1천원), 적어구이(1만3천원), 갈치구이, 고등어조림(각 1만4천원), 갈치조림(1만6천원)
⊙ 11:00∼15:00/17:00∼21:00(마지막 주문 20:30) – 화요일 휴무
🔍 충북 청주시 흥덕구 사운로 199 (운천동)
☎ 043-267-1880 ⓟ 가능

생선구이전문점정가네

소영칼국수 칼국수

50년 가까이 이어온 칼국숫집이다. 가늘고 부드러운 칼국수와 사골 베이스 육수의 조화가 좋다. 은은하고 깊은 맛을 내며 쑥갓을 올려 먹는 것이 특징이다. 양념을 얼큰하게 풀면 해장용으로도 좋다.
ⓦ 칼국수(7천원), 두부(5천원)
⊙ 11:00∼20:00 – 첫째 주 월요일 휴무
🔍 충북 청주시 상당구 교동로3번길 146 (수동)
☎ 043-224-2642 ⓟ 가능

수이재1928 ✕ 소고기구이

100년의 역사가 있는 고택을 리뉴얼한 한우코스요리 전문점. 육회로 만든 아뮈즈부슈로 시작해 메인 요리인 소고기구이까지 코스로 진행된다. 직원이 고기를 구워 잘 달궈진 개인 돌판 위에 올려주기 때문에 식사 내내 고기 온도를 유지할 수 있다.

Ⓦ 런치코스(7만8천원), 코스(S 18만5천원, A 14만6천원, B 10만8천원), 수이재한우불고기(점심 2인 이상, 1인 3만원), 언양식한우석쇠불고기(점심 2인 이상, 1인 1만5천원), 서울식한우불고기(점심 2인 이상, 1인 2만8천원), 한우육회비빔밥, 한우육회비빔국수(점심 각 1만8천원), 한우곰탕(점심 1만5천원)

Ⓣ 11:30~15:00/17:00~22:00(마지막 주문 20:30) – 월요일 휴무

Ⓠ 충북 청주시 흥덕구 강서로71번길 4 (강서동)

☎ 043-235-1928 Ⓟ 가능

스티즈커피로스터스

Steeze Coffee Roasters 커피전문점

직접 로스팅한 질 좋은 커피를 맛볼 수 있는 커피 전문점. 커피 원두는 2가지 중에 고를 수 있으며, 모든 음료 메뉴에 시럽과 크림을 추가할 수 있다.

Ⓦ 스페셜티브루잉(변동), 커피(4천8백원~6천8백원), 망고에이드(6천5백원), 바닐라마들렌(2천7백원), 초코머핀(3천5백원), 블루베리머핀(3천8백원), 파미유(1천2백원)

Ⓣ 10:00~19:00 – 명절 당일 휴무

Ⓠ 충북 청주시 청원구 토성로120번길 165 (정상동)

☎ 043-217-3445 Ⓟ 가능

아성청국장 백반 | 청국장

청국장과 비지장을 잘하기로 유명한 곳. 구수하면서도 깔끔한 청국장의 맛이 일품이며 순두부와 된장국이 나오는 백반 메뉴도 인기다. 다른 백반 메뉴를 시켜도 기본찬으로 비지장을 약간씩 내주는 것이 특징이다.

Ⓦ 청국장, 비지장, 순두부, 된장찌개, 아성흰순두부(각 1만원), 두부김치(반접시 5천원, 한접시 1만원), 오징어볶음(3만원), 홍어찜(6만원), 두부짜글이(2만원), 호박새우젓찌개(1만1천원)

Ⓣ 10:30~21:00 – 연중무휴

Ⓠ 충북 청주시 흥덕구 흥덕로 166 (운천동)

☎ 043-266-0888 Ⓟ 불가

아웃트로커피 Outro:coffee 베이커리

독특한 구조의 건물에 자리한 대형 카페. 커피와 베이커리를 함께 즐기기 좋으며 흑임자 크림 라테와 레몬 사운드를 많이 찾는 편이다. 커피는 직접 로스팅한 원두를 고를 수 있으며 아웃트로 블렌딩은 고소하고, 은은한 단맛이 특징이다.

Ⓦ 에스프레소(5천원), 아메리카노(5천5백원), 카페라테(6천원), 브루잉커피(원두마다상이), 흑임자크림라테(7천원), 레몬사운드

(7천원), 커피크러쉬(7천5백), 치아바타샌드위치(7천5백원), 시나몬롤(5천6백원), 햄치즈롤(5천6백원), 앙버터소보로(5천6백원)

Ⓣ 11:00~21:00 – 월요일 휴무

Ⓠ 충북 청주시 상당구 낭성면 산성로 676

☎ 043-221-6222 Ⓟ 가능

에피 EPPY 카페

달콤한 크림을 올린 크림라테, 피넛 크림을 곁들인 피넛라테, 직접 만든 크림이 올라간 콜드브루화이트 등을 선보이는 카페. 크루아상과 쿠키를 조합한 크루키를 색다르게 맛볼 수 있으며 치킨커리미트파이도 추천할 만하다.

Ⓦ 체리블라썸, 포모도로(각 6천9백원), 크림라테, 피넛라테, 콜드브루화이트(각 6천8백원), 아메리카노(5천5백원), 카페라테(6천원), 바닐라라테(6천5백원), 라벤더플라워허브티(6천3백원), 에그타르트(3천8백원), 치킨커리미트파이(7천8백원), 크루키(5천8백원)

Ⓣ 11:00~21:00(마지막 주문 20:30) – 월요일 휴무

Ⓠ 충북 청주시 청원구 내수읍 도원세교로 350 1층

☎ 0507-1415-9224 Ⓟ 가능

옥산장날순대 순대 | 순댓국

70여 년의 역사를 자랑하는 오래된 순대국밥집이다. 뽀얀 국물이 아니라 얼큰하게 끓이는 스타일로, 누린내가 나지 않는 순대와 진한 국물이 일품이다. 국물에 가득 들어 있는 내장과 머릿고기가 부드럽다.

Ⓦ 순대국밥(보통 9천원, 특 1만1천원), 장날순대(중 1만8천원, 대 2만3천원), 곱창전골(중 4만원, 대 5만원)

Ⓣ 07:00~21:00 – 명절 휴무

Ⓠ 충북 청주시 흥덕구 옥산면 청주역로 653-7

☎ 043-260-4944 Ⓟ 가능

육거리소문난만두 만두

육거리시장 내에서 유명한 만두집으로, 지금은 확장 이전하여 리모델링하였다. 직접 만든 만두피로 다양한 종류의 만두를 낸다.

Ⓦ 전통고기만두, 전통김치만두(각 10개 6천원), 청양고추핵폭탄만두(5개 7천원), 고기왕만두, 김치왕만두, 통새우왕만두(각 5개 6천원), 감태칼국수(8천원), 얼큰감태칼국수(9천원), 시골칼국수(7천원)

Ⓣ 09:00~19:00(마지막 주문 18:15) – 연중무휴

Ⓠ 충북 청주시 상당구 상당로1번길 36 (석교동) 육거리소문난만두

☎ 043-252-1195 Ⓟ 가능

율량반점 일반중식

해물탕 스타일의 짬뽕이 인기 있는 중식당이다. 짬뽕은 주꾸미, 홍합, 새우 등 해물이 그릇 위에 듬뿍 올려져서 나오

는 것이 특징이며, 맵기는 3단계로 선택할 수 있다.

- ⓦ 짜장면(7천원), 짬뽕(1만원), 우동(1만1천원), 간짜장(9천원), 해물백짬뽕(2만2천원), 사천탕수육(소 2만3천원, 중 2만8천원, 대 3만3천원), 과일탕수육(소 2만원, 중 2만5천원, 대 3만원)
- 🕐 11:00~20:20 – 목요일 휴무
- 🔍 충북 청주시 청원구 율량로 30 (주중동)
- ☎ 043-213-3553 ⓟ 불가

장수정 장어

60여 년간 장어구이를 전문으로 해 온 집. 초벌구이가 된 장어를 숯불에 구워 먹는다. 소금구이와 양념구이 중에 선택할 수 있으며 생강채를 곁들이면 더욱 맛있다.

- ⓦ 장어구이1kg(손질후 500g 4만9천원), 장어탕(1만원)
- 🕐 11:00~21:00(마지막 주문 20:00) – 연중무휴
- 🔍 충북 청주시 서원구 현도면 청남로 12
- ☎ 042-932-1127 ⓟ 가능

전통꽃게장 ✖ 게장 | 꽃게

간장게장이 맛있기로 유명한 집. 속이 꽉 차있으며 짭조름하면서도 맛깔스러운 양념의 맛이 좋다. 칼칼하게 끓인 꽃게탕도 별미다.

- ⓦ 꽃게간장게장정식(1인 중 4만원, 특 4만5천원), 꽃게양념게장정식(1인 4만원), 꽃게탕(각 소 6만5천원, 중 7만5천원, 대 8만5천원), 꽃게LA갈비전골(소 7만5천원, 중 8만5천원, 대 9만5천원), 꽃게하얀찜(소 16만원, 중 18만원, 대 20만원)
- 🕐 11:30~16:00/17:30~22:00 | 토, 일요일 11:30~22:00 – 첫째 주 화요일 휴무
- 🔍 충북 청주시 흥덕구 주현로41번길 19 (봉명동)
- ☎ 043-271-1451 ⓟ 불가

점선에스프레소바 에스프레소바

에스프레소를 다양한 베리에이션으로 즐길 수 있는 곳이다. 아이스 에스프레소인 코니엘로, 우유와 견과류 크림이 올라가는 점선브레베 등이 시그니처 메뉴. 하루 12개만 판매하는 에스프레소와 크렘브륄레 세트도 기회가 된다면 추천한다.

- ⓦ 에스프레소(2천8백원), 스페셜에스프레스(변동), 에스프레소크렘드쇼콜라, 에스프레소피스타치오(각3천3백원), 딸기크림라테(6천5백원), 딸기판나코타(7천원), 레몬아메리카노(5천8백원), 피스타치오브레베(6천원), 더티라테(6천5백원)
- 🕐 08:00~18:00 | 일요일 11:00~18:00 – 월, 화요일 휴무(공휴일 경우 정상 영업)
- 🔍 충북 청주시 흥덕구 가로수로1164번길 41-48 (강서동) 경성하늘 1층 108호
- ☎ 010-2313-9367 ⓟ 가능

제이슨굿맨코튼클럽&화이트크리스마스 ✖
JASON GOODMAN COTTON CLUB 프랑스식

충북을 대표하는 파인 다이닝 레스토랑 화이트크리스마스에서 선보이는 또 다른 콘셉트의 세컨드 레스토랑. 유럽 위스키 바 감성을 가미한 곳으로, 캐주얼한 프렌치 코스를 경험할 수 있다. 앤티크한 소품들부터 고풍스러운 인테리어가 시선을 이끈다. 바 안쪽에는 화이트크리스마스가 자리하고 있다.

- ⓦ 화이트코스(11만원), 그린코스(32만원), 블루코스(25만원)
- 🕐 12:00~15:00/17:30~22:00(마지막 주문 20:30) – 월요일 휴무
- 🔍 충북 청주시 흥덕구 비하로42번길 2 (비하동)
- ☎ 043-287-1225 ⓟ 가능

조선면옥 ✖ 소갈비 | 소불고기 | 물냉면

소갈비를 즐길 수 있는 곳. 천연 채소 과즙으로 양념한 소갈비를 선보이며, 양념하지 않은 생갈비도 인기다. 갈비 외에도 꽃등심, 안창살 등도 선보이며 냉면, 갈비탕 등의 식사메뉴도 있다.

- ⓦ 양념특갈비(2대 3만8천원), 양념생갈비(2대 6만7천원), 한우불고기(200g 2만4천원), 꽃등심(130g 5만5천원), 물,비빔냉면(각 1만원), 회냉면(1만1천원), 갈비탕(1만3천원)
- 🕐 11:00~21:00 – 명절 휴무
- 🔍 충북 청주시 상당구 상당로69번길 58 (서문동)
- ☎ 043-254-6666 ⓟ 가능

청송통닭 ✖ 삼계탕 | 통닭

삼계탕과 통닭 두 가지만 전문으로 하는 곳. 깔끔한 국물 맛이 좋은 삼계탕은 영계를 사용하며 안에 백미가 들어 있어 든든하게 식사할 수 있다. 닭 한 마리를 통째로 튀겨내는 통닭도 단연 인기다. 50여 년의 역사가 있는 곳.

- ⓦ 삼계탕(1만6천원), 통닭(1만8천원)
- 🕐 10:00~21:00 – 연중무휴
- 🔍 충북 청주시 상당구 남사로 116 (남문로2가)
- ☎ 043-255-6535 ⓟ 가능(중앙주차장 이용)

카페후마니타스 Cafe Humanitas 카페 | 북카페

멋진 연꽃 뷰를 감상할 수 있는 한옥 북카페. 2022년 건축상 수상 경력이 있으며, 인문아카이브와 북카페를 이용할 수 있다. 다양한 베이커리들이 준비되어 있으며, 시그니처 음료인 연잎슈페너와 함께 즐겨도 좋다. 비용을 지불하면 공간 대여도 가능해 프라이빗 한 공간에서 모임을 즐기기도 좋은 곳.

- ⓦ 에스프레소(6천원), 아메리카노(6천5백원), 카페라테(7천원), 연잎슈페너(8천5백원), 후마니한방차(7천원), 오미자에이드(7천5백원), 망고스무디(8천5백원), 딸기스무디(8천5백원), 우유롤(6

카페후마니타스

천5백원), 단호박쑥갸토(7천5백원)
- 10:30~21:00(마지막 주문 20:30) – 월요일 휴무
- 충북 청주시 흥덕구 주봉로15번길 25 (비하동)
- 0507-1382-2527 Ⓟ 가능

콥프키노 KOPFKINO 카페

그레이톤의 인테리어와 어우러지는 푸릇푸릇 한 색감의 식물들로 차분함이 느껴지는 카페. 매장 한 편에는 LP 플레이어 존이 있어 헤드셋으로 음악 감상이 가능하다. 시그니처 음료는 콥, 프, 키, 노와 같이 4가지가 준비되어 있다.
- 아메리카노(5천5백원), 라테(5천8백원), 바닐라라테(6천원), 콥, 프, 키, 노(각 6천5백원), 레몬사이(6천5백원), 청보노샤이(6천5백원), 에이드(6천원), 피낭시에(3천원~3천7백원), 타르트(1천8백원~3천8백)
- 12:00~21:00(마지막 주문 20:30) | 토, 일요일 11:00~21:00 (마지막 주문 20:30) – 월요일 휴무
- 충북 청주시 흥덕구 가포산로 137 (강서동)
- 0507-1461-5701 Ⓟ 가능

타베르나 TABERNA 스페인식

10년 넘게 스페인 요리 경력을 쌓은 셰프가 스페인 바스크 지방의 현지 맛을 구현하는 곳. 대표 메뉴는 토마토부라타 치즈와 새우관자. 와인 리스트도 합리적인 편이며, 제철 식재료를 사용하여 선보이기 때문에 메뉴 가격이 변동될 수 있다.
- 샐러드와새우튀김(1만1천원), 아귀구이(변동), 양송이와초리조그릴구이(1만2천원), 부라타치즈와토마토(1만4천원), 치스토라그릴구이(9천원), 스페인문어구이(1만6천원), 스페인꿀대구(2만8천원)
- 12:00~15:00(마지막 주문 14:00)/17:00~ 22:00(마지막 주문 21:00) – 월요일 휴무
- 충북 청주시 청원구 율봉로 270 (율량동) 1층 102호
- 043-212-7950 Ⓟ 가능(협소)

타볼라 TAVOLA 피자 | 파스타

부부가 운영하는 피자와 파스타 전문점. 피자는 화덕에 구워져 나오며, 제철 식자재를 사용하여 계절마다 추천 메뉴가 변동된다. 피자 도우를 직접 반죽하는 것은 물론, 피클과 에이드도 직접 담는다.
- 아마트리치아나파스타(1만8천원), 봉골레파스타(1만7천원), 마르게리타(2만2천원), 페퍼로니피자, 카프리쵸사(각 2만3천원), 고르곤졸라피자(2만2천원), 스테이크피자(2만5천원), 알리오올리오(1만5천원)
- 11:30~15:00(마지막 주문 14:00)/17:30~ 21:00(마지막 주문 20:00) – 일, 월요일 휴무
- 충북 청주시 서원구 사운로46번길 21 (사직동)
- 010-8795-5082 Ⓟ 가능

타볼라

토성마을 카페

가을이면 정원이 핑크뮬리로 조성되는 카페. 넓은 정원과 야외 테라스 자리의 전망이 좋다. 방갈로 자리도 있어 야외에서 경치를 바라보며 여유롭게 시간을 보낼 수 있는 곳. 달콤한 크림을 얹은 토성커피가 시그니처 메뉴다.
- 에스프레소(4천원), 아메리카노(5천원), 카페라테(5천5백원), 핸드드립커피(6천원~8천원), 토성커피(6천5백원), 트로피칼선셋(6천5백원)
- 11:00~21:00(마지막 주문 20:30) – 연중무휴
- 충북 청주시 청원구 토성로 163-1 (정상동)
- 0507-1378-7293 Ⓟ 가능

트리브링 treebring 카페 | 베이커리

식물원 분위기의 초대형 베이커리 카페. 매장 한가운데 실내 정원으로 꾸민 분수대가 설치되어 있다. 40여 가지가 넘는 베이커리 종류와 신선한 샐러드를 선보이며, 아이스크림 초코버터푸딩과 크림스콘이 시그니처다.
- 아메리카노(5천5백원), 카페라테(6천원), 트리플베리에이드(6천5백원), 생딸기우유(7천원), 코코넛잼크루아상(4천5백원), 우유크림팡도르(6천8백원), 대파크림치즈프레첼(5천8백원)

⏱ 10:00~22:00(마지막 주문 21:00) – 연중무휴
🔍 충북 청주시 서원구 남이면 청남로 1388-36
☎ 043-267-7566 ℗ 가능

포이드캐롯 POIL DE CAROTTE 베이커리

붉은 벽돌 건물에 자리한 대형 베이커리 카페. 메주식빵, 게살치아바타, 단호박파운드 등을 맛볼 수 있으며 음료는 스카치 캐러멜 밀크에 에스프레소, 피스타치오 크림을 곁들인 포이드슈페너와 키위 에이드 베이스에 오렌지 당근 소르베가 올라간 포이드캐롯을 추천한다.

Ⓦ 에스프레소, 아메리카노(각 6천2백원), 카페라테, 말차라테, 초코라테(각 6천8백원), 히비스커스로즈(7천3백원), 포이드애플파인(7천8백원), 메주식빵(4천8백원), 치즈타르트(5천8백원), 단호박파운드(6천7백원), 게살치아바타(4천5백원), 포이드슈페너, 포이드캐롯(각 8천원)
⏱ 09:00~22:00(마지막 주문 21:00) – 연중무휴
🔍 충북 청주시 흥덕구 가포산로 39-18 (휴암동)
☎ 0507-1462-5402 ℗ 가능

푸에고네그로 Fuego Negro 스페인식

스페인 바스크 지방 요리로 유명한 타베르나에서 운영하는 곳. 숯불을 이용한 다양한 바스크 요리를 선보인다. 새끼 돼지를 통으로 저온 조리하는 스페인 전통 요리 코치니요아사도는 사전 예약해야 맛볼 수 있다.

Ⓦ 하몽피자(1만7천원), 스페인꿀대구(2만8천원), 해산물파에야(2만9천원), 푸에고라자냐(1만5천원), 코치니요아사도(반마리 19만원, 1마리 37만원), 이베리코안심웰링턴(200g 3만6천원), 참돔숯불구이(4만2천원), 츌레타스테이크(500g 9만원)
⏱ 11:30~15:00/17:00~22:00 – 연중무휴
🔍 충북 청주시 청원구 상당로 314 (내덕동) 문화제조창 1층
☎ 0507-1388-5032 ℗ 가능(문화제조창 평일 2시간, 주말 종일 무료)

하우트커피컴퍼니 ✂

HAUTE COFFEE COMPANY 커피전문점 | 베이커리

청주 외곽에 있어 드라이브 코스로도 좋은 커피 전문점으로, 타이어공장이었던 건물을 개조한 곳이다. 오랜 경력의 로스터가 로스팅한 스페셜티 커피를 합리적인 가격에 맛 볼 수 있으며 프랑스 정통 크루아상과 베이커리가 있다.

Ⓦ 에스프레소, 아메리카노(각 4천5백원), 카페라테(5천5백원), 바닐라라테(6천원), 핸드드립커피(6천원), 아이스오트밀라테(6천원), 소금빵(2천8백원), 크루아상(4천원), 팽오쇼콜라(4천3백원), 미니번(3천5백원)
⏱ 08:00~19:00 – 연중무휴
🔍 충북 청주시 청원구 내수읍 충청대로 904
☎ 070-4042-3212 ℗ 가능

화이트크리스마스 ✂✂✂

White Christmas 프랑스식

충북을 대표하는 클래식 프렌치 레스토랑. 김희겸 셰프가 주방을 맡고 있으며 정통 프렌치 요리를 코스로 즐길 수 있다. 맛은 물론 분위기에 대한 평 모두 좋다. 고풍스러운 인테리어와 앤티크 소품, 기물 등에서 오너의 레스토랑에 대한 애정이 느껴진다. 10세 이하의 어린이는 출입할 수 없으며, 드레스코드는 포멀 슈트, 비즈니스 캐주얼, 스마트 캐주얼이다. 2000년 충주에서 시작하여 2015년에 청주로 옮겨 다시 문을 열었다.

Ⓦ 블루코스(25만원), 그린코스(32만원), 화이트코스(11만원)
⏱ 12:00~15:00/17:30~22:00(마지막 주문 20:30) – 월요일 휴무
🔍 충북 청주시 흥덕구 비하로42번길 2 (비하동)
☎ 043-287-1225 ℗ 가능

화이트크리스마스

효자촌묵집 ✂ 묵

따뜻한 국물에 말아 내오는 도토리묵밥으로 유명한 집. 여름에는 동치미국물에 나오는 시원한 냉묵밥이 별미로 통한다. 묵밥 외에도 도토리로 만든 전, 수제비 등 다양한 음식을 선보인다.

Ⓦ 묵밥, 냉묵밥(각 9천원), 도토리수제비(2인 이상, 1인 9천원), 도토리전(7천원), 쟁반국수(2만원), 묵정식(2인 2만6천원, 3인 3만6천원, 4인 4만8천원, 5인 6만원)
⏱ 11:00~15:00/17:00~21:00(마지막 주문 20:30) – 목요일 휴무
🔍 충북 청주시 상당구 남일면 단재로 469
☎ 043-297-3768 ℗ 가능

흥흥제과 ✕✕ 베이커리

과일을 듬뿍 올린 타르트를 비롯해 직접 구운 쿠키, 스콘, 브라우니 등을 선보인다. 플랫화이트와 아인슈페너 등의 커피도 맛이 좋다. 타르트는 늦은 오후가 되면 거의 다 팔리는 편이니 일찍 방문하는 것이 좋다.

- ⓦ 딸기타르트, 블루베리타르트, 망고타르트(각 5천9백원), 당근케이크(3천5백원), 브라우니(3천5백원), 잼스콘(3천3백원), 쿠키(3천8백원), 아메리카노(4천5백원), 카페라테, 콜드브루라테(각 5천원)
- ⏰ 12:00~21:00 – 연중무휴
- 🔍 충북 청주시 상당구 중앙로 5-3 (북문로2가)
- ☎ 070-8827-7058 ⓟ 불가

충청북도 충주시

감나무집 ✕✕ 꿩 | 닭백숙

꿩 요리 전문점. 샤부샤부, 튀김, 만두, 탕수육, 부추볶음, 육회, 탕 등 7가지 요리를 코스로 즐길 수 있다. 메인으로 나오는 꿩샤부샤부가 특히 인기다. 꿩 코스 외에도 산채정식, 꿩송이백숙 등도 선보인다. 아름다운 정원과 창이 있고 주변 경관도 좋은 곳.

- ⓦ 꿩코스정식(2인 이상. 1인 4만원), 산나물정식(2인 이상. 1인 2만원), 꿩백숙(1마리 8만원)
- ⏰ 11:00~20:30(마지막 주문 19:20) | 토, 일요일 11:00~16:00/17:00~20:30(마지막 주문 19:20) – 다섯째 주 일요일 휴무
- 🔍 충북 충주시 수안보면 미륵송계로 339-1
- ☎ 043-846-0608 ⓟ 가능

달달숲 카페 | 베이커리

사방이 숲으로 둘러싸인 베이커리 카페. 주차를 한 후 숲길을 걸어 올라가면 카페가 나온다. 통유리를 통해 보이는 숲 전망이 매력적이다. 야외 공간은 반려견과 함께 놀기에도 좋다.

- ⓦ 아메리카노(5천원), 카페라테, 어른커피(각 5천5백원), 버터크림커피, 얼그레이밀크티(각 6천원), 크로넛(3천5백원), 에그타르트(2천5백원), 바질페스토파스타(1만4천5백원)
- ⏰ 11:00~20:30 | 토, 일요일 10:30~21:00 – 월요일 휴무
- 🔍 충북 충주시 신니면 모남1길 128
- ☎ 070-8879-1128 ⓟ 가능

대봉식당 칼국수 | 일반한식

수안보 일대에서 잘 알려진 한식집으로, 손칼국수가 맛있다. 콩가루를 넣어 만든 칼국수 면이 쫀득하며 깔끔한 국물과도 잘 어울린다. 가격대가 낮은 편이며 김치찌개, 청국장 등의

찌개류도 인기가 좋다.

- ⓦ 칼국수(9천원), 녹두전, 감자전, 부추전(각 1만3천원)
- ⏰ 10:00~18:00(마지막 주문 17:00) – 월요일 휴무
- 🔍 충북 충주시 수안보면 물탕2길 4
- ☎ 043-846-3404 ⓟ 가능

만리식당 꿩

다양한 꿩 요리를 코스로 즐길 수 있는 곳. 육수에 꿩 고기를 담가 먹는 꿩샤부샤부를 비롯해 불고기, 만두, 깐풍기 등 8가지 요리를 선보인다. 꿩 코스 외에 토끼볶음탕, 꿩볶음탕 등을 별도로 주문할 수도 있다. 50여 년 역사를 자랑한다.

- ⓦ 꿩샤부샤부코스(2인 7만원, 3인 10만원, 4인 12만원), 꿩볶음탕, 토끼볶음탕(각 8만원)
- ⏰ 09:00~21:00 – 연중무휴
- 🔍 충북 충주시 수안보면 물탕2길 5
- ☎ 043-846-3206 ⓟ 가능

베이커리이와정

BAKERY YIANDJUNG 페이스트리 | 베이커리

크루아상을 비롯한 페이스트리 전문 베이커리. 소금크루아상이 인기 있다. 페이스트리 외에도 구움 과사, 지아바타, 캄파뉴 등의 다양한 빵을 맛볼 수 있다. 단호박크림치즈캄파뉴, 올리브포카치아가 추천 메뉴. 요일과 시간에 따라 나오는 빵 종류가 다르므로 미리 확인하고 가면 좋다. 카페를 겸하고 있어 커피 등의 음료와 함께 즐길 수 있다.

- ⓦ 버터크루아상, 소금크루아상(각 3천8백원), 퀸아망(4천2백원), 캄파뉴(5천3백원~5천8백원), 크루키(5천6백원), 베이글(3천2백원~3천5백원), 아메리카노(3천8백원), 올리브포카치아(미니 3천5백원, 라지 5천8백원)
- ⏰ 09:30~19:00 – 월요일 휴무
- 🔍 충북 충주시 연수동산로7길 2 (연수동) 윤정빌딩 1층
- ☎ 070-7722-7700 ⓟ 가능(매장 앞 또는 연수제1공영주차장 이용. 2시간 무료)

베이커리이와정

세상상회 카페

동네 골목길에 있는 오래된 집을 개조하여 편안한 분위기의 카페. 원두를 직접 로스팅하며, 케이크와 쿠키도 여러 종류 있다. 대나무가 심어져 있는 루프탑에서 마셔보는 것도 추천. 매장에 원두를 비롯하여 굿즈 판매대도 마련되어 있다.

- 에스프레소, 아메리카노(각 4천원), 콘판나, 플랫화이트(4천5백원), 스윗에쏘이, 카페라테(각 5천원), 세상모카(5천5백원), 세상크림더치(6천원), 핸드드립커피, 세상밀크티, 아이스크림셰이크(각 6천5백원), 쿠키(각 4천5백원), 케이크(6천5백원~8천원)
- 12:00~21:00(마지막 주문 20:30) | 일요일 12:00~20:00(마지막 주문 19:30) – 월요일 휴무
- 충북 충주시 관아5길 4–1 (성내동)
- 0507–1313–3458 ⓟ 불가(골목 주차 가능)

세상상회

신라정 장어 | 민물생선찜

쏘가리찜은 쏘가리가 눌어붙지 않도록 냄비 바닥에 젓가락을 깔고 무를 넣고 졸여낸다. 맵고 얼큰한 국물 맛이 푹 스며들어 민물고기조림의 맛을 제대로 느낄 수 있게 해 준다. 돌판에 양파와 생강을 깔아 내놓는 장어구이도 수준급이다. 50여 년 역사를 자랑하는 곳.

- 장어구이(2만9천원), 장어곰탕(1만2천원), 간장게장(3만원)
- 11:00~22:00 – 연중무휴
- 충북 충주시 목행초길 13 (목행동)
- 043–844–7117 ⓟ 가능

아주국밥 순대 | 순댓국

합리적인 가격에 토속적인 순대를 푸짐하게 즐길 수 있다. 돼지뼈를 고아낸 진하고 깔끔한 국물의 순댓국도 자랑거리인데, 다진마늘이 푸짐하게 올라가는 것이 특징이다.

- 순대국밥(9천원), 머릿고기, 토종순대(각 1만7천원), 모둠순대(2만3천원), 순대전골(3만원), 술국(1만7천원)
- 09:00~22:00 – 명절 휴무
- 충북 충주시 형설로 95 (용산동)
- 043–847–2998 ⓟ 가능(중앙시장 주차장, 30분 무료 확인)

열명의농부 뷔페_한식 | 뷔페_채식

열명의 농부가 기른 농산물로 만든 채식 요리를 뷔페식으로 맛 볼 수 있다. 콩고기 불고기, 저염 쌈장, 갖가지 쌈 채소, 충주사과로 만든 국수 등 다양한 채식 요리를 선보인다.

- 뷔페(성인 1만7천9백원, 초등 1만2천원, 유아 8천원)
- 11:30~15:00(마지막 주무 14:30) – 명절 휴무
- 충북 충주시 신니면 장고개2길 62–46
- 0507–1431–6262 ⓟ 가능

영화식당 ✺ 산채정식 | 일반한식

산채정식을 시키면 돌솥밥과 된장찌개를 중심으로 산과 들에서 난 채소로 만든 30여 가지 반찬이 나온다. 그릇마다 나물 이름이 쓰여 있어서 알고 먹는 재미가 있다. 표고, 느타리 등 여러 가지 버섯이 들어간 버섯전골도 맛있다.

- 산채정식(2만5천원), 불고기(2만5천원), 더덕구이, 능이전골(각 3만원)
- 09:00~20:30(마지막 주문 19:00) – 화요일 휴무
- 충북 충주시 수안보면 물탕1길 11
- 043–846–4500 ⓟ 가능

우물있는정원 카페

100년 된 우물이 있는 단독 주택을 리모델링해 한옥카페로 탈바꿈한 곳. 우드톤의 인테리어와 넓은 정원, 고즈넉한 분위기가 편안한 시간을 제공한다. 쫀득한 텍스처가 특징인 가토리즈라는 이색 디저트를 맛봐도 좋다.

- 아메리카노(4천5백원), 카페라테, 바닐라라테(각5천5백원), 딸기라테(6천원), 상콤에이드(5천5백원), 고구마케이크, 순우유케이크, 칼루아케이크(각 6천원), 카토리즈(5천5백원)
- 11:30~22:30 – 일요일 휴무
- 충북 충주시 지현천변1길 33–8 (지현동)
- 043–856–1333 ⓟ 가능

운정식당 ✺ 다슬기

일대에서 다슬기(올갱이)해장국의 원조로 꼽히는 집. 괴산, 충주 남한강 일대, 철원, 무주 구천동 등에서 잡은 다슬기를 넣고 끓인 시원한 국물 맛이 일품이다. 아욱을 넣어 시원한 맛이 나며 함께 나오는 반찬도 맛깔스럽다.

- 다슬기해장국(1만원), 육개장(9천원), 된장찌개, 순두부(각 8천원)
- 06:00~17:00 – 연중무휴
- 충북 충주시 중원대로 3432–1 (문화동)
- 043–847–2820 ⓟ 불가

중앙탑메밀마당 프라이드치킨 | 막국수

메밀 막국수와 메밀 프라이드치킨을 맛볼 수 있는 곳. 중앙탑 관광지에서 짭짤하게 염지 된 프라이드치킨과 시원한 막국수를 함께 먹는 조합을 가장 먼저 선보인 곳이다. 막국수는 처음 주문 시에 무료 면 추가가 가능하다. 동절기에는 고소한 메밀 들깨 수제비를 판매한다.

ⓦ 메밀프라이드치킨(반마리 9천원, 1마리 1만7천원), 메밀막국수(8천원), 메밀들깨수제비(계절메뉴 8천원)
ⓣ 11:00~20:40(마지막 주문 19:50) – 명절 당일 휴무
ⓠ 충북 충주시 중앙탑면 중앙탑길 103
☎ 0438550283 ⓟ 가능(매장 앞 또는 중앙탑공원 주차창 무료 이용)

중앙탑메밀마당

중앙탑초가집 닭볶음탕 | 민물매운탕 | 민물새우

매운탕과 닭볶음탕이 유명한 집. 한방 재료를 넣어 끓인 닭백숙을 비롯해 민물새우의 일종인 새뱅이매운탕이 대표 메뉴로 통한다. 충주호를 둘러싼 중앙공원 내에 있는 200년 된 초가집에 위치했으나 초가집이 유형문화재로 지정되면서 공원 밖으로 이전하였다.

ⓦ 새뱅이매운탕(소 3만5천원, 중 4만5천원, 대 5만5천원), 쏘가리매운탕(시가), 빠가매운탕(소 5만원, 중 6만원, 대 7만원), 메기매운탕(소 4만5천원, 중 5만5천원, 대 6만5천원), 오리주물럭(500g 4만5천원, 800g 6만5천원), 한방토종닭볶음탕(6만5천원)
ⓣ 11:00~20:00(마지막 주문 19:00) | 토, 일요일 11:00~15:00/17:00~20:00(마지막 주문 19:00) – 수요일 휴무
ⓠ 충북 충주시 중앙탑면 중앙탑길 10
☎ 043-845-6789 ⓟ 가능

카페레이크249 CAFE LAKE249 베이커리 | 카페

레이크 크림라테와 케이크를 맛볼 수 있는 2층 건물에 자리한 베이커리 카페. 여유로운 분위기의 공간에서 음료와 베이커리, 디저트를 즐기기 좋으며 딸기 생크림 케이크와 컵

케이크가 추천할 만한 메뉴다.

ⓦ 에스프레소(5천원), 아메리카노(5천원), 카페라테(5천5백원), 카푸치노(5천5백원), 흑임자크림라테(7천원), 곡물라테(6천5백원), 발로나초코라테(6천원), 대추생강차(7천5백원), 케이크(7천2백원~7천5백원)
ⓣ 08:00~22:00 – 연중무휴
ⓠ 충북 충주시 중앙탑면 중앙탑길 249 1~2층
☎ 0507-1369-0435 ⓟ 가능

투가리식당 다슬기 | 민물새우

구수한 다슬기해장국이 유명한 곳. 남한강 상류에서 잡은 다슬기와 아욱, 부추 등을 넣고 된장을 풀어 시원하게 끓여내며 해장에도 좋다. 민물새우의 일종인 새뱅이를 넣고 끓인 새뱅이찌개도 별미다.

ⓦ 다슬기해장국, 뼈다귀해장국(각 1만2천원), 왕갈비탕, 능이버섯해장국(각 1만4천원), 청국장, 황태해장국(각 1만원), 새뱅이찌개(중 3만5천원, 대 4만5천원), 능이버섯만두전골(중 4만원, 대 5만원)
ⓣ 06:00~21:00 – 연중무휴
ⓠ 충북 충주시 수안보면 온천중앙길 15
☎ 043-846-0575 ⓟ 가능

향나무식당 한정식

두부요리와 청국장, 된장찌개 등의 메뉴를 선보이는 한식당. 정식을 시키면 청국장, 비지장이 찌개로 나오며 더덕, 잡채, 생선구이, 불고기 등 약 22가지의 반찬을 내어준다. 두부와 청국장, 콩비지는 직접 만든다.

ⓦ 향나무정식(1만6천원), 청국장, 비지장, 순두부, 비빔밥, 된장찌개(각 9천원), 불백(200g 1만4천원), 꿩샤부샤부(10만원), 꿩볶음탕, 토종닭능이백숙(각 7만원)
ⓣ 09:30~15:00/17:00~20:30(마지막 주문 20:00) – 연중무휴
ⓠ 충북 충주시 수안보면 장터1길 11
☎ 043-846-2813 ⓟ 가능

향나무집 두부 | 청국장

국산 콩으로 두부와 청국장, 콩비지를 거의 만들어내는 곳으로, 푸짐한 한정식 상차림을 맛볼 수 있다. 더덕구이정식, 산채정식, 꿩샤부샤부, 버섯전골 등을 맛볼 수 있다.

ⓦ 향나무정식(1만6천원), 청국장, 비지장, 순두부, 비빔밥, 된장찌개(각 9천원), 불고기백반(200g 1만4천원), 꿩샤부샤부(9만원), 자연산버섯전골(2인 이상, 1인 1만7천원), 토종닭백숙(6만원)
ⓣ 09:30~15:00/17:00~20:30(마지막 주문 19:40) – 연중무휴
ⓠ 충북 충주시 수안보면 장터1길 11
☎ 043-846-2813 ⓟ 가능

충청남도

Chungcheongnam-do Province

충청남도 계룡시

신도리한우촌 소고기구이 | 곰탕

소고기구이 전문점이지만, 점심에만 내는 곰탕으로 더욱 유명한 집이다. 부드러운 고기가 가득 들어가 있으며 제대로 고아낸 국물이 속까지 든든하게 해준다.

- ⓦ 등심(150g 3만5천원), 모둠구이(150g 4만4천원), 새우살, 치마살(각 150g 4만8천원), 육회(150g 3만원), 곰탕(보통 1만원, 특 1만5천원), 메밀왕만두(6천원)
- ⏱ 10:00~15:00/16:20~22:00(마지막 주문 21:00) | 토, 일요일 10:00~22:00(마지막 주문 21:00) – 명절 휴무
- ⌕ 충남 계룡시 엄사면 번영11길 4–57
- ☎ 042–841–7748 ⓟ 가능

예사랑막국수 막국수 | 족발

깔끔하고 매콤한 맛의 막국수가 인기다. 여름에는 시원한 국물이 들어간 막국수를 맛볼 수 있다. 양념족발도 이 집의 별미.

- ⓦ 불고기한판메밀막국수(1만2천원), 메밀막국수(9천원), 양념족발(중 1만3천원, 대 1만9천원), 불고기한상정식(1만3천원), 손칼국수(9천원), 해물파전(1만3천원), 찐만두(3천원)
- ⏱ 11:00~21:00(마지막 주문 20:00) – 화요일 휴무
- ⌕ 충남 계룡시 계룡대로 263 (금암동)
- ☎ 042–841–7171 ⓟ 가능

장원복집 복

참복, 밀복 등 다양한 복요리를 맛볼 수 있다. 시원한 맛의 복지리가 특히 인기며 생복수육도 추천할 만하다. 계룡대 인근의 지역 주민들이 많이 찾는 곳이다.

- ⓦ 참복지리, 참복탕(각 2만2천원), 아귀찜(소 3만3천원, 중 4만4천원, 대 5만5천원)
- ⏱ 10:00~14:00/16:00~22:00 – 일요일, 명절 휴무
- ⌕ 충남 계룡시 엄사면 평리길 71
- ☎ 042–841–7804 ⓟ 가능

향적산한상 한정식

톳밥정식이 인기 있는 곳으로, 계절에 따라 달라지는 10가지 반찬과 영광굴비, 국이 한상 가득 채워진다. 톳밥정식 외에도 돌솥밥을 함께 내어주는 보리굴비정식과 불고기정식, 오겹살, 항정살, 백숙 등의 요리가 준비되어 있다.

- ⓦ 톳밥정식(1만2천원), 보리굴비정식(2만5천원), 불고기정식(1만6천원), 숙성생오겹살(200g 1만5천원), 숙성생항정살(180g 1만8천원), 한방닭백숙(6만5천원), 능이한방닭백숙(7만5천원), 닭볶음탕(6만5천원)
- ⏱ 11:00~21:00 – 일요일 휴무

- ⌕ 충남 계룡시 엄사면 광석향한길 223
- ☎ 042–841–5557 ⓟ 가능

충청남도 공주시

공주쌍신집칼국수 칼국수

공주시 특산물인 알밤을 활용한 칼국수, 묵, 막걸리를 맛볼 수 있는 곳. 칼국수 면은 알밤을 넣고 반죽하여 좀 더 탱글탱글하며, 각종 채소와 물총조개가 잔뜩 들어있어 육수 맛이 깔끔하고 시원하다는 평. 맵기 조절이 가능해 기호에 맞춰 먹을 수 있다.

- ⓦ 알밤칼국수(물총 1만1천원, 민물새우 1만2천원), 밤두부김치보쌈(2만9천원), 모둠해물파전(2만원), 알밤묵무침(1만8천원), 메밀전병(8천원)
- ⏱ 11:00~16:00/17:00~20:00(마지막 주문 19:40) – 연중무휴
- ⌕ 충남 공주시 쌍신길 109–2 (쌍신동)
- ☎ 041–854–5459 ⓟ 가능

까우 CCOW 파스타 | 이탈리아식

파스타를 비롯한 다양한 메뉴를 맛볼 수 있는 이탈리안 레스토랑. 파스타는 소스, 파스타 면 종류 등두 다양해서 취향껏 고를 수 있다. 가격 대비 양도 많은 편이다.

- ⓦ 매운새우크림파스타(1만2천9백원), 청양봉골레오일(1만3천9백원), 명란로제(1만3천9백원), 트러플크림파네(1만6천9백원), 라구아란치니(1만5천9백원), 치킨크림카레리조토(1만4천9백원), 라구파타테(1만7천9백원), 오리스테이크(3만2천9백원)
- ⏱ 11:00~15:00/17:00~21:30(마지막 주문 20:30) – 연중무휴
- ⌕ 충남 공주시 번영3로 58 (신관동)
- ☎ 010–9399–9358 ⓟ 불가

도자카페 카페

제민천 인근의 멋스러운 한옥 카페. 강변 주위를 산책한 후 고즈넉한 곳에서 여유롭게 커피 한 잔 할 수 있는 곳이다. 1층에서는 주인이 수집하거나 직접 만든 도자기를 판매하고 있다.

- ⓦ 에스프레소, 아메리카노(4천5백원), 카페라테(6천원), 대추차(7천5백원), 바닐라라테(6천5백원), 아포카토(7천원), 꿀밤케이크, 한라봉홍차케이크(각 7천원)
- ⏱ 11:00~21:00 – 연중무휴
- ⌕ 충남 공주시 웅진로 145–12 (중동)
- ☎ 0507–1428–2306 ⓟ 가능

동해원 ✕ 일반중식

공주에서 짬뽕으로 유명한 집이다. 메뉴는 짜장과 짬뽕, 탕수육 세 가지로 간소하며 점심시간에만 영업하는 것이 특징이다. 매콤한 짬뽕 국물 맛이 일품이다.

- Ⓦ 짬뽕, 짬뽕밥(각 1만원), 짜장면(7천5백원), 짜장밥(8천5백원), 탕수육(소 1만6천원, 대 2만6천원)
- Ⓛ 11:00~15:00 | 토요일 11:00~15:30 – 일요일 휴무
- Ⓠ 충남 공주시 납다리길 22 (소학동)
- ☎ 041-852-3624 Ⓟ 가능

매향막국수 ✕ 막국수 | 평양냉면

100% 순메밀면을 사용하여 만든 막국수와 평양냉면을 맛볼 수 있는 곳으로, 메밀면은 아침마다 맷돌에 직접 갈아 만든다. 냉면보다는 막국수가 메밀 고유의 맛을 느끼기 더 좋다는 평이다. 편육을 매콤한 양념에 비빈 편육 무침도 별미로 통한다.

- Ⓦ 평양냉면, 막국수, 물/비빔냉면, 간장막국수(각 1만2천원), 편육무침(1만8천원), 어린이간장막국수(6천원)
- Ⓛ 11:00~15:00 – 연중무휴
- Ⓠ 충남 공주시 백미고을길 18 (금성동)
- ☎ 041-881-3161 Ⓟ 불가

밥꽃하나피었네 한정식

풍성한 구성의 한정식을 내어주는 곳으로, 천년초떡갈비정식, 미나리떡갈비정식, 돼지숯불볶음정식이 있으며, 천년초를 활용한 천년초떡갈비정식을 가장 많이 찾는다. 각종 나물, 튀김, 국 등 한상 가득 차려진다.

- Ⓦ 천년초떡갈비정식(3만4천원), 미나리떡갈비정식(2만8천원), 돼지숯불볶음정식(2만4천원)
- Ⓛ 11:30~15:00/17:00~20:00(마지막 주문 19:00) – 월요일 휴무
- Ⓠ 충남 공주시 계룡면 신원사로 502
- ☎ 0507-1385-0696 Ⓟ 가능

부자떡집 떡

산성시장 모퉁이에서 시작한 오래된 떡집. 대부분 국산 재료를 이용해서 만들며 인절미, 설기, 무지개떡 등을 많이 찾는다. 매장 안쪽에는 각종 떡이 베이커리처럼 전시되어있다. 당일 제작 당일 판매의 원칙을 고수한다.

- Ⓦ 알밤모찌(3개 6천원, 8개 1만6천원), 부자떡(10개 1만3천원, 20개 2만7천원), 인절미(4천5백원), 흑임자인절미(5천원), 찰떡(5천2백원)
- Ⓛ 08:00~19:00 – 명절 휴무
- Ⓠ 충남 공주시 용당길 11 (산성동)
- ☎ 041-854-5454 Ⓟ 불가

사계반상 모던한식

충청도와 공주의 제철 재료로 다채롭게 담은 한식 차림을 선보인다. 공주 한우산적과 부추무침을 메인으로 하는 섭산적반상과 약주로 향을 더한 깔끔한 조개탕, 통통하게 살이 오른 꼬막을 매콤하게 부쳐 비빈 꼬막비빔밥 등의 메뉴가 준비되어 있다.

- Ⓦ 섭산적반상(1만5천원), 깔끔조개탕(1만1천원), 꼬막비빔밥(1만2천원), 섭산적한조각(7천원), 양념게장(1만7천원)
- Ⓛ 11:30~20:30(마지막 주문 20:00)(재료 소진 시 마감) – 일, 월요일 휴무
- Ⓠ 충남 공주시 대통1길 27 (봉황동)
- ☎ 0507-1339-9340 Ⓟ 가능

삼부자손두부집 두부 | 닭백숙

직접 만든 손두부 맛이 좋은 곳. 고소한 모두부는 묵은지와 함께 먹으면 그 맛이 일품이다. 간을 하지 않고 뚝배기에 끓여낸 순두부는 양념간장을 넣어 먹는다. 얼큰한 요리를 맛보고 싶다면 두부버섯전골이나 두루치기를 주문하는 것이 좋으며 든든한 닭백숙도 맛볼 수 있다.

- Ⓦ 두부, 순두부, 청국장(각 8천원), 두부두루치기(1만7천원), 제육볶음(2만5천원), 능이두부전골(3만3천원), 닭볶음탕(5만원), 능이닭백숙(6만5천원), 능이오리백숙(7만원), 해물파전(1만8천원), 도토리묵무침(1만6천원), 얼큰소고기순두부(9천원)
- Ⓛ 09:00~20:00 | 토, 일요일 08:30~20:00 – 연중무휴
- Ⓠ 충남 공주시 반포면 동학사1로 174
- ☎ 042-825-1533 Ⓟ 가능

새이학가든 소고기국밥

오랫동안 따로국밥을 해온 곳. 1947년 5일장에서 장터국밥을 팔기 시작한 것이 시초로, 현재는 넓은 좌석을 갖춘 대형 식당으로 발전했다.

- Ⓦ 공주국밥, 하얀국밥(각 1만1천원), 연잎밥정식(3인 이상, 1인 2만5천원), 국밥정식(3인 이상, 1인 2만5천원), 버섯불고기(180g 1만5천원)
- Ⓛ 10:30~21:30 – 월요일, 명절 당일 휴무

충남 공주시 금강공원길 15-2 (금성동)
041-855-7080 ⓟ 가능

싸리골 게장 | 생선조림

간장게장, 갈치조림 등이 알려진 집. 반찬은 한정식집 수준으로 차려진다. 싸리골정식을 주문하면 갈치조림과 구이, 보리굴비를 모두 맛볼 수 있다. 행정 구역은 공주지만 대전에서 가까워 대전 사람도 많이 찾는다.

ⓦ 싸리골정식(2인 이상, 1인 3만5천원), 갈치조림, 갈치구이(1인 각 2만5천원), 간장꽃게장(1인 3만2천원), 보리굴비(1인 3만원)
ⓛ 11:30~16:00/17:00~21:00 | 토, 일요일 11:30~21:00 – 명절 당일 휴무
충남 공주시 반포면 정광터1길 137
041-856-9300 ⓟ 가능

어썸845 awesome845 카페

공주 계룡산 동학사로 올라가는 길목에 자리한 카페. 피자, 샌드위치, 안줏거리 등이 다양해 음료뿐만 아니라 간단한 식사를 즐기기에도 좋다. 3층 모두 전면 유리로 되어있어 계룡산을 바라보며 커피를 즐길 수 있다.

ⓦ 에스프레소, 아메리카노(각 5천원), 카페라테(6천원), 공주밤라테(7천5백원), 차(6천5백원~7천원), 고르곤졸라피자, 페퍼로니피자(각 1만9천원), 케이크(7천원)
ⓛ 10:00~22:00(마지막 주문 21:45) – 연중무휴
충남 공주시 반포면 동학사1로 209-8
042-822-5577 ⓟ 가능

옛날배씨네집 장어 | 참게 | 민물매운탕

숯불장어구이와 참게탕 등을 전문으로 한다. 숯불에 구운 후 고추장 양념을 발라 한 번 더 구워 내오는 장어 맛이 일품이다. 테이블에 놓인 숯불화로에서 원하는 만큼 더 구워 먹는다. 쏘가리매운탕과 참게탕도 유명하다.

ⓦ 숯불장어구이(7만원), 참게탕, 새우탕, 메기매운탕(각 소 4만원, 중 5만원, 대 6만원), 잡탕, 빠가매운탕(소 4만5천원, 중 5만5천원, 대 6만5천원), 참게장(1만5천원)
ⓛ 10:00~21:00(마지막 주문 20:00) – 목요일 휴무
충남 공주시 반포면 창벽로 718
041-852-7371 ⓟ 가능

원진노기순청국장 청국장 | 돼지갈비

노기순 전통장 명인이 운영하는 청국장집. 구수한 청국장찌개와 한정식 못지 않은 맛깔스러운 반찬이 한상 가득 나오는 청국장정식이 대표 메뉴다. 짜지 않으면서도 구수한 국물 맛이 좋다. 돼지갈비와 새콤한 한우물회도 인기.

ⓦ 청국장정식(공기밥 1만3천원, 솥밥 1만5천원), 김치짜글이(2인 이상, 1인 공기밥 1만4천원, 솥밥 1만6천원), 한우물회(1만3천원), 소갈비(280g 3만5천원), 돼지갈비(250g 1만7천원)

ⓛ 11:00~15:00/17:00~20:00 – 월요일 휴무
충남 공주시 백미고을길 6 (금성동)
041-855-3456 ⓟ 가능

장순루 長順樓 일반중식

공주의 3대 짬뽕이라고 불리는 곳. 고추를 잔뜩 넣은 매운 고추짬뽕이 유명하다. 서울 광진구에 있는 장순루 주인장과는 친척지간이라고 한다.

ⓦ 짜장면(9천원), 짬뽕(1만원), 고추짬뽕(1만1천원), 탕수육(2만5천원), 고추잡채(3만5천원), 쟁반짜장(3만원)
ⓛ 11:00~16:00 – 월요일 휴무
충남 공주시 계룡면 마방길 5-12
041-857-5010 ⓟ 가능

주봉마을우렁촌 우렁 | 우렁쌈밥

우렁을 듬뿍 넣고 끓인 쌈장과 각종 한약재로 직접 재배한 무공해 상추로 싸 먹는 쌈밥이 유명한 집이다. 무공해로 직접 양식한 왕우렁이와 유기농법으로 재배한 채소로 우렁쌈장쌈밥을 내고 있다.

ⓦ 우렁된장(8천원), 우렁쌈장쌈밥(1만원), 우렁쌈장돌솥밥(2인 이상, 1인 1만3천원), 우렁채소무침(2만원), 우렁쌈장도시락(3~4인 1만8천원)
ⓛ 11:00~20:00(마지막 주문 19:30) – 월요일, 명절 휴무
충남 공주시 이인면 검바위로 712
041-857-0949 ⓟ 가능

청양어죽 도리뱅뱅이 | 민물매운탕 | 어죽

충청도의 향토음식인 어죽을 맛볼 수 있는 곳. 개인 뚝배기에 나와 식사가 끝날 때까지 따뜻하게 먹을 수 있다. 민물새우, 감자, 애호박과 소면, 밥이 들어있다. 다른 민물고기 매운탕이나 도리뱅뱅이도 맛볼 수 있다.

ⓦ 어죽(1만원), 도리뱅뱅이(1만3천원), 민물새우매운탕(1만5천원), 잡고기매운탕(1만7천원), 메기매운탕(1만6천원), 빠가매운탕(1만7천원), 참게매운탕(2만원)
ⓛ 11:00~21:00 – 화요일 휴무
충남 공주시 한적2길 37-20 (금흥동)
041-881-6516 ⓟ 가능

청운식당 일반중식

공주에서 짬뽕으로 유명한 집 중 하나다. 동해원, 진흥각과 함께 공주 3대 짬뽕집으로 꼽힌다. 얼큰한 국물 맛이 일품이다. 점심시간에만 영업하며 메뉴도 짜장면과 짬뽕뿐이다.

ⓦ 짬뽕(1만원, 곱빼기 1만1천원), 짜장면(7천원, 곱빼기 8천원)
ⓛ 10:40~14:40(마지막 주문 14:20) | 토요일, 공휴일 10:30~14:40 (마지막 주문 14:20) – 일요일, 명절 휴무
충남 공주시 의당면 의당로 321-8
041-853-8314 ⓟ 가능

태화식당 한정식

더덕구이와 된장찌개를 중심으로 20여 종의 반찬을 맛볼
수 있는 오래된 한정식집이다. 구수한 청국장이 나오는 청
국장정식도 추천할 만한 메뉴 중 하나. 공주의 대표 사찰 중
하나인 마곡사를 방문 후 식사하기 좋은 곳.

- ⓦ 더덕정식(2만원), 산채정식(1만5천원), 청국장정식(1만5천원),
  표고찌개정식(1만8천원), 능이버섯전골(6만원), 산채비빔밥(1만
  원), 올갱이해장국(1만원)
- ⏰ 09:00∼19:30 – 연중무휴
- 🔍 충남 공주시 사곡면 마곡상가길 10
- ☎ 041-841-8020 ⓟ 가능

황해도전통손만두국 만두

손으로 직접 밀어 쫄깃하면서도 부드러운 식감의 만두를 맛
볼 수 있다. 냉동만두가 아닌 그날 만들어 손님 상에 내놓는
정성 가득한 만두다. 고추절임, 김치, 마늘종 등의 밑반찬도
깔끔하고 맛이 좋다. 만두가 소진되면 더 이상 장사를 하지
않는데, 보통 매장을 오픈하고 두 시간이면 동이 난다.

- ⓦ 군만두(8천원), 만두백반, 만두전골(9천원)
- ⏰ 11:00∼15:00/17:00∼20:00 | 일요일 11:00∼15:00 – 명절 휴
  무
- 🔍 충남 공주시 우금티로 744 (옥룡동)
- ☎ 041-855-4687 ⓟ 가능

충청남도 금산군

강변가든 어죽 | 도리뱅뱅이 | 민물새우

금강변 어죽거리에 있는 어죽집 중 하나. 어죽과 도리뱅뱅
이가 주메뉴다. 어죽은 밥과 국수가 반 정도의 비율로 들어
있다. 민물새우튀김과 빠가사리매운탕 맛도 일품.

- ⓦ 인삼어죽(2인 이상, 1인 8천원), 도리뱅뱅이, 인삼튀김, 새우
  튀김(각 1만2천원), 빠가사리매운탕(중 4만5천원, 대 5만5천원),
  메기매운탕(중 4만원, 대 5만원)
- ⏰ 10:30∼18:30 – 연중무휴
- 🔍 충남 금산군 제원면 용화로 10
- ☎ 041-752-7760 ⓟ 가능

금산관광농원 어죽

빠가사리, 메기 등의 민물고기에 인삼을 넣은 인삼어죽을
맛볼 수 있다. 쌀, 국수, 수제비를 넣어 어죽을 끓이는 것이
특징. 얼큰하면서도 구수한 맛을 자랑한다.

- ⓦ 인삼어죽(2인 이상, 1인 1만원), 도리뱅뱅이, 민물새우튀김(각
  1만2천원), 빠가사리매운탕(중 5만원, 대 6만원), 인삼튀김(1만5
  천원)

- ⏰ 11:00∼17:00(마지막 주문 16:20) | 토, 일요일 11:00∼18:00(마
  지막 주문 17:20) – 수요일 휴무
- 🔍 충남 금산군 제원면 금강로 286-8
- ☎ 041-754-8388 ⓟ 가능

남촌가든 민물매운탕

빠가사리 육수를 넣은 빠가만어죽과 민물매운탕을 주메뉴
로 한다. 빠가만어죽을 찾는 사람들이 많으며, 도리뱅뱅이도
추천 메뉴. 테이블에 앉아 월령산 출렁다리는 보며 식사할
수 있으며, 다양한 반찬을 메인 요리와 함께 내어준다.

- ⓦ 빠가만어죽(1만원), 빠가사리매운탕(소 6만원, 중 7만원, 대 8
  만원), 메기매운탕(소 5만원, 중 6만원, 대 7만원), 한방백숙, 볶
  음탕(예약주문 8만원), 도리뱅뱅이(1만3천원), 민물새우튀김(1만
  3천원)
- ⏰ 10:30∼19:00(마지막 주문 18:00) – 연중무휴
- 🔍 충남 금산군 제원면 낙안길 34-5
- ☎ 0507-1358-0878 ⓟ 가능

마달피가든 어죽

금강 상류에서 잡은 민물고기로 어죽을 끓이는데, 인삼을
넣어 어죽의 비린 맛을 없앤다. 어죽 외에도 빙어튀김, 떡갈
비, 삼계탕 등의 메뉴도 추천할 만하다.

- ⓦ 송어회(1kg 3만5천원, 1.5kg 5만3천원, 2kg 7만원), 인삼어죽
  (2인 이상, 1인 8천원), 메기매운탕(소 4만원, 대 5만원), 빠가사
  리매운탕(소 5만원, 대 6만원), 쏘가리매운탕(시가), 도리뱅뱅이,
  민물새우튀김(각 1만3천원), 송어회덮밥(1만2천원), 송어튀김(2
  만원)
- ⏰ 10:30∼20:30(마지막 주문 19:30) – 화요일 휴무
- 🔍 충남 금산군 제원면 용화로 272
- ☎ 041-754-7123 ⓟ 가능

명성각 일반중식

매운 짬뽕으로 소문난 중국집. 홍합, 오징어, 꽃게 등 해물이
푸짐하게 들어있는 얼큰하고 매운맛의 짬뽕 국물이 일품이
다. 탕수육은 고기가 두툼하고 푸짐하면서 가격도 합리적이
다.

- ⓦ 짜장(7천원), 짬뽕, 우동, 볶음밥, 짬뽕밥(각 9천원), 쟁반짜장
  (1만6천원), 탕수육(1만5천원), 국밥(2인 이상, 1인 9천원)
- ⏰ 10:30∼14:30(마지막 주문 14:00) | 토, 일요일
  11:000∼18:30(마지막 주문 18:00) – 월요일 휴무
- 🔍 충남 금산군 추부면 하마전로 64
- ☎ 041-753-5549 ⓟ 가능

산마루 한정식

청국장이 나오는 산마루정식이 유명한 한정식집. 직접 만든 두부, 생선구이, 제육볶음과 깔끔한 반찬을 맛볼 수 있다. 음식이 나오기 전 숭늉이 나와 입맛을 돋우기 좋다.

- Ⓦ 산마루정식(1만3천원), 오리버섯전골, 닭버섯볶음탕(각 6만원), 도토리묵무침(2만원), 버섯야채전(1만3천원), 두부(8천원)
- ⏱ 10:00~20:00(마지막 주문 19:30) – 연중무휴
- 🔍 충남 금산군 진산면 태고사로 441
- ☎ 041-754-6540 Ⓟ 가능

아일랜드금산 카페

물멍, 산멍하기 좋은 카페. 야외 테라스에서 금강과 천태산이 한눈에 보여 뷰맛집을 자랑한다. 편안한 테이블 구조로 되어있어 쉬어가기에 좋다.

- Ⓦ 에스프레소(5천원), 아메리카노(5천원), 카페라테(6천원), 바닐라라테(6천5백원), 아인슈페너(7천원), 모카라테(6천5백원), 소금빵(4천원), 나폴리식피자(1만4천원~1만7천5백원), 애플크럼블(8천5백원), 크루아상샌드위치, 소금빵샌드위치(각 9천원), 양송이수프(5천원)
- ⏱ 09:30~20:00(마지막 주문 19:30) – 연중무휴
- 🔍 충남 금산군 제원면 금강로 443
- ☎ 0507-1430-3015 Ⓟ 가능

원골식당 어죽 | 도리뱅뱅이

인삼어죽 전문점으로, 피라미, 꺽지, 쉬리, 쭈구리, 참마자 등 각종 민물고기를 뼈째 고아낸 육수에 된장을 풀고 인삼과 채소, 수제비를 넣어 다시 끓여 내온다. 프라이팬에 민물고기인 피라미를 빙 둘러 튀겨내 양념한 도리뱅뱅이는 맛이 고소하여 술안주로 좋다.

- Ⓦ 어죽(2인 이상, 1인 9천원), 도리뱅뱅이, 새우튀김(각 1만2천원), 인삼튀김(1만5천원)
- ⏱ 11:00~20:00 | 동절기 11:00~19:00 – 명절 휴무
- 🔍 충남 금산군 제원면 금강로 588
- ☎ 041-752-2638 Ⓟ 가능

인삼골식당 어죽

금산의 명물인 인삼을 넣어서 만든 어죽이 별미다. 어죽과 함께 먹기 좋은, 쌉싸름하면서도 고소한 인삼튀김도 인기 메뉴다.

- Ⓦ 인삼어죽(2인 이상 9천원), 인삼튀김(1만5천원), 도리뱅뱅이, 새우튀김, 생선튀김(각 1만원)
- ⏱ 11:00~18:00 – 연중무휴
- 🔍 충남 금산군 제원면 금강로 290
- ☎ 041-752-7516 Ⓟ 가능

저곡식당 어죽 | 도리뱅뱅이

금산의 명물인 인삼어죽과 도리뱅뱅이를 맛볼 수 있는 곳. 금강변에서 잡은 민물고기를 고아서 끓이며 인삼의 고유한 향이 잘 느껴진다. 파김치, 물김치, 나박김치, 고들빼기김치 등의 맛도 뛰어나다. 50년 넘는 역사를 자랑한다.

- Ⓦ 인삼어죽(9천원), 도리뱅뱅이, 생선튀김(각 1만원), 새우튀김(1만2천원)
- ⏱ 11:00~18:00 – 격주 월요일 휴무
- 🔍 충남 금산군 제원면 금강로 286
- ☎ 041-752-7350 Ⓟ 가능

토담 한정식

수육, 생선, 낙지볶음 등 다양한 선택지가 있는 한정식집. 정식은 2인 이상 주문 가능하며, 수육정식과 생선정식은 청국장이 함께 나온다. 각종 반찬과 장아찌, 나물 등이 10여 가지가 나와 든든한 식사를 할 수 있다.

- Ⓦ 수육정식, 생선정식(2인 이상, 각 1인 1만3천원), 토담낙지볶음정식(2인 이상, 1인 1만5천원), 토종닭볶음탕(6만원), 토종한방백숙(6만5천원), 모둠전(2만원), 야채전(1만원), 도토리묵(1만5천원), 두부김치(1만5천원)
- ⏱ 09:00~21:00 – 연중무휴
- 🔍 충남 금산군 진산면 태고사로 436
- ☎ 041-754-0506 Ⓟ 가능

충청남도 논산시

고향식당 도가니탕

40여 년간 한우 도가니만을 사용해온 도가니탕집. 도가니를 잔뜩 넣은 도가니탕은 국물 맛이 진하고 씹히는 맛이 살아있다. 도가니 수급이 쉽지 않아 재료가 금방 떨어지기 때문에 일찍 방문하는 것이 좋다.

- Ⓦ 도가니탕(1만9천원)
- ⏱ 11:00~14:00 – 일요일 휴무
- 🔍 충남 논산시 연산면 선비로 317
- ☎ 041-735-0407 Ⓟ 가능

대둔산양촌한우타운 소고기구이 | 소갈비

한우영농조합원이 손수 키운 소를 직접 공급하기 때문에 저렴한 가격에 한우를 맛볼 수 있는 곳이다. 1층에서 고기를 구입한 뒤 2층으로 들고 가서 먹으며 구워 먹는 비용은 고기 100g당 1천 원이다. 실한 갈비가 3대 들어간 갈비탕도 먹을 만하다.

- Ⓦ 돌솥밥+한우탕(평일 1만4천원), 한우우족도가니탕(1만2천원), 한우탕, 한우육회비빔밥, 한우내장탕, 한우설렁탕(각 1만원), 차

돌된장, 선지해장국(각 8천원)
🕐 10:30~21:30(마지막 주문 20:30) – 명절 휴무
📍 충남 논산시 양촌면 황산벌로 478
☎ 041-741-0838 Ⓟ 가능

만복정 ✄ 한정식

전통 한옥으로 된 실내에서 한상 가득 차려지는 깔끔한 한
정식을 받아볼 수 있는 곳이다. 비교적 합리적인 가격으로
한정식을 즐길 수 있어 인기가 많다. 잘 꾸민 정원이 운치를
더한다.

Ⓦ 만복정식(3만3천원), 란정식(4만3천원)
🕐 11:20~15:00/17:00~20:30(마지막 주문 19:00) – 화요일 휴
무
📍 충남 논산시 상월면 대촌4길 81
☎ 010-8802-5054 Ⓟ 가능

소나무한정식 Pine tree korean restaurant 한정식

한옥에서 조용하고 고급스럽게 즐기는 한정식 전문점. 전반
적으로 음식이 자극적이지 않고 정갈하다. 입구에서부터 운
치 있는 소나무와 한옥이 고즈넉한 느낌을 준다. 2층 룸에
서는 가족이나 모임이 식사하기 좋다. 한정식 코스는 2인
이상부터 주문이 가능하다.

Ⓦ 국화한정식(1인 2만7천원), 백합한정식(1인 3만8천원), 소나
무한정식(1인 4만8천원), 주말공휴일정식(1인 4만3천원)
🕐 11:30~15:00(마지막 주문 14:00)/17:00~20:00(마지막 주문
19:00) – 수요일, 명절 휴무
📍 충남 논산시 논산대로 357 (취암동) 소나무 한정식
☎ 041-735-7191 Ⓟ 가능

소나무한정식

시소디저트카페 SISO 카페

화이트톤 인테리어가 밝은 느낌을 주는 카페. 시소크림라테
가 시그니처 음료며, 소금빵이 인기 있다. 디저트 라인업은
변동되며, 인스타그램에서 확인할 수 있다.

Ⓦ 에스프레소, 아메리카노(각 3천8백원), 카페라테(4천3백원),

시소디저트카페

시소크림라테(5천5백원), 크랙소금빵, 소프트소금빵, 에그타르
트(각 3천5백원), 마카롱(2천5백원)
🕐 11:00~20:00 – 비정기적 휴무
📍 충남 논산시 시민로210번길 14-15 (내동) 1층
☎ 070-7715-0166 Ⓟ 가능

신풍매운탕 민물매운탕

식당 앞에 펼쳐진 저수지를 바라보며 식사할 수 있는 곳. 얼
큰한 매운탕을 맛볼 수 있으며 곁들여 나오는 반찬도 정갈
하다.

Ⓦ 참게탕(소 4만5천원, 중 5만5천원, 대 6만5천원), 매운탕, 새
우탕, 메기탕(각 소 3만5천원, 중 4만5천원, 대 5만5천원)
🕐 11:30~20:00 – 화요일, 명절 휴무
📍 충남 논산시 부적면 신풍길 84-15
☎ 041-732-7754 Ⓟ 가능

연산시장도토리묵 묵ㅣ묵밥

연산시장에서 도토리묵만 판매하다가 찾는 사람이 많아져
식당을 낸 곳. 대표 메뉴는 시원한 묵밥이며 도토리묵무침,
도토리해물파전 등을 곁들여도 좋다. 직접 도토리묵을 쑤는
모습도 볼 수 있다. 12~14시 사이에는 도토리묵 정식이 주
문 가능하며 묵무침, 도토리해물파전, 홍어무침보쌈 등이 함
께 나온다.

Ⓦ 묵밥, 묵냉채(각 9천원), 묵무침(1만5천원), 도토리파전(1만6
천원), 도토리묵정식(2인 이상, 1인 1만5천원)
🕐 10:00~20:00 – 명절 휴무
📍 충남 논산시 연산면 연산4길 10-5
☎ 041-735-1080 Ⓟ 불가

원조연산할머니순대 ✄ 순대ㅣ순댓국

신선한 돼지 선지로 만든 순대를 맛볼 수 있는 곳. 맑고 담
백하게 끓인 국물에 내장, 순대 등이 푸짐하게 들어간 순대
국밥의 맛도 일품이다.

Ⓦ 따로국밥(1만원), 순대국밥(9천원), 순대(소 1만원, 중 1만5천
원, 대 2만원)

⏱ 08:00~14:30/15:00~19:30 – 연중무휴
🔍 충남 논산시 연산면 황산벌로 1525
☎ 041-735-0367 Ⓟ 가능

은진손칼국수 ✖✖ 칼국수

메뉴는 손칼국수밖에 없으며 여름에는 콩국수도 한다. 멸치로 국물을 낸 육수가 시원하다. 점심때는 줄을 서야 할 정도로 인기가 있다.

Ⓦ 칼국수(7천원, 곱빼기 8천원), 콩국수(9천원, 곱빼기 1만원)
⏱ 11:30~18:00 | 토요일 11:30~17:00 – 일요일 휴무
🔍 충남 논산시 은진면 매죽헌로25번길 8
☎ 041-741-0612 Ⓟ 가능

지산농원 오골계 | 닭백숙

큰 규모로 오골계를 양식하는 데 성공한 곳. 한방에 쓰이는 약재들과 더덕, 대추, 마늘, 고추를 넣어 푹 찐 오골계황기탕은 보양식으로도 좋다. 방문 전에 예약해야 한다.

Ⓦ 오골계황기탕(4만5천원), 오골계황기보탕(3만5천원)
⏱ 11:00~21:00 – 연중무휴
🔍 충남 논산시 연산면 화악길 70
☎ 041 735 0707 Ⓟ 가능

평매매운탕 ✖ 민물매운탕 | 참게

충청노 일내에서 가장 큰 서수시인 팁칭저수지 인근에 있는 매운탕집. 대표 메뉴는 참게매운탕이다. 참게를 넣고 얼큰하게 팔팔 끓인다. 여기에 가을에 말려둔 무시래기와 민물새우, 우렁을 함께 넣어 시원한 맛을 더한다.

Ⓦ 참게매운탕, 섞어매운탕(각 소 4만원, 중 5만원, 대 6만원, 특대 7만원), 새우매운탕, 메기매운탕(각 소 3만원, 중 4만원, 대 5만원, 특대 6만원), 붕어찜(1인 1만7천원), 공기밥(1천원)
⏱ 11:00~15:00/17:00~20:00(마지막 주문 19:00) – 화요일 휴무
🔍 충남 논산시 가야곡면 산노1길 89-21
☎ 041-741-0926 Ⓟ 가능

황산옥 ✖ 생선회 | 웅어 | 복

3대에 걸쳐 90년 이상 영업을 해오고 있다. 1층은 주차장, 2층은 식당, 3층은 횟집, 4층은 연회장으로 구성된 규모가 큰 식당이다. 새콤달콤한 양념이 별미인 우어(웅어)무침이 일품이다. 깊은 국물맛이 훌륭한 황복탕도 인기 메뉴다.

Ⓦ 황복탕(4만5천원), 생복탕(2만9천원), 복탕(1만6천원), 아귀찜(소 5만5천원, 대 7만원), 우어무침(4만5천원, 특 5만5천원), 장어구이(반판 3만원, 한판 6만원)
⏱ 11:00~20:00(마지막 주문 19:30) – 수요일 휴무
🔍 충남 논산시 강경읍 금백로 34
☎ 041-745-4836 Ⓟ 가능

게눈감추듯 ✖✖✖ 게장

당진에서 맛있기로 손꼽히는 간장게장 전문점. 김치전, 청국장 등의 반찬도 맛깔스럽게 나온다. 밥은 솥밥으로 나오기 때문에 도착하기 전에 미리 예약하는 것이 좋다.

Ⓦ 간장게장(1인 3만5천원)
⏱ 11:00~15:00/17:00~20:00 – 일요일 휴무
🔍 충남 당진시 송악읍 안섬포구길 24-4
☎ 041-356-0036 Ⓟ 가능

더뿌리 The ppuri 베이커리

나무 소재의 인테리어로 포근한 인상을 주는 베이커리 카페. 겉은 바삭하고 속은 쫄깃한 식감이라는 소금빵과 버터 풍미 가득한 크루아상이 인기메뉴. 담백한 맛의 치아바타나 잠봉뵈르샌드위치도 식사대용으로 좋다.

Ⓦ 올리브치아바타(4천원), 소금빵(2천8백원), 바질소금빵(3천원), 먹물소금빵(3천원), 먹물치즈치아바타(4천원), 잠봉뵈르바게트샌드위치(9천5백원), 플레인크루아상(4천2백원), 소시지크루아상(4천원), 버터프레첼(4천원), 앙버터프레첼(4천5백원), 애플소금잠봉샌드위치(5천5백원), 잠봉뵈르샌드위치(플레인 9천5백원), 루콜라트러플 1만원), 아메리카노(4천3백원), 카페라테(5천원), 바닐라비라테(5천5백원)
⏱ 10:00~20:00(마지막 주문 19:50) – 월요일 휴무
🔍 충남 당진시 대덕1로 125-102 (대덕동) 1층
☎ 0507-1328-8433 Ⓟ 가능(매장 앞)

등대횟집 실치 | 생선회

갓 잡은 실치를 회로 내거나 시금치와 된장을 넣고 끓여낸다. 실치회는 얇게 썬 채소와 초장을 넣어서 비벼 먹는다. 실치 철이 아닐 때는 다른 횟감을 맛볼 수 있다.

Ⓦ 광어정식(1kg 7만원), 우럭정식(1kg 6만5천원), 간자미(3만원)
⏱ 07:00~21:00 – 연중무휴
🔍 충남 당진시 석문면 장고항로 301
☎ 041-353-0261 Ⓟ 가능

로드1950 ROAD 1950 브런치카페 | 카페

이국적인 분위기를 느낄 수 있는 오션뷰 카페. 미국 여행 온 듯한 분위기를 연출한다. 다양한 베이커리와 브런치도 맛볼 수 있으며, 야외테라스에 앉아 경치 구경하기도 좋다.

Ⓦ 로드1950버거, 올데이브런치(각 1만9천5백원), 슈림프버섯크림파스타(2만2천원), 바비큐폭립(3만6천원), 수비드돈마호크(4만5천원), 1950아인슈페너, 해나루쌀크림라테, 애플시나몬라테(각 9천5백원)
⏱ 10:30~21:00(마지막 주문 20:30) | 토, 일요일

10:00∼21:00(마지막 주문 20:30) – 연중무휴

충남 당진시 신평면 매산로 170

041-363-1950 Ⓟ 가능

미당면옥 ✕✕ 평양냉면

한정식집 미당이 냉면과 수육을 전문으로 하는 미당면옥으로 다시 시작한다. 돼지고기로 만든 제육과 소고기로 만든 수육을 구분해서 팔고 있는 것이 특징. 푸른 청보리밭이 창 너머로 펼쳐지는 뷰가 아름답다. 정원은 산책 코스로도 인기가 있다.

Ⓦ 순메밀평양물냉면, 순메밀비빔냉면), 순메밀들기름냉면, 한우맑은곰탕(각 1만3천원), 평양식만두(8천원), 어복쟁반(5만8천원), 국내산오겹수육(반접시 1만3천원, 한접시 2만5천원)

11:00∼15:30/16:30∼19:30(마지막 주문 19:00) – 연중무휴

충남 당진시 합덕읍 합덕대덕로 502-22

041-362-1500 Ⓟ 가능

석문명가 삼계탕 | 닭백숙

100년 넘은 기왓집에서 오리와 닭 백숙을 맛볼 수 있는 곳. 정원도 잘 꾸며두어 고풍스럽다. 한방 재료를 넣고 끓여 고기와 국물 맛이 좋다. 남은 국물에는 죽도 해 먹을 수 있다.

Ⓦ 한방옻오리백숙(한마리 11만원), 한방오리백숙(10만원), 오리주물럭(한마리 6만원, 한마리반 8만5천원, 반마리 3만원), 오리훈제(6만원)

11:00∼21:00 – 일요일 휴무

충남 당진시 석문면 다리들길 19

0507-1319-6768 Ⓟ 가능

옛날우렁이식당 우렁쌈밥 | 우렁

우렁이가 들어간 쌈장, 청국장 등을 맛볼 수 있는 우렁이 전문 한식당. 함께 나오는 쌈채소에 짭짤한 우렁이쌈장과 밥을 싸 먹을 수 있으며, 우렁이가 듬뿍 든 우렁이초무침도 추천 메뉴다. 쌈장과 강쌈장은 포장도 가능하다.

Ⓦ 우렁이정식(1만4천원), 우렁이쌈장, 우렁이강쌈장(각 1만원), 우렁이된장, 우렁이청국장(각 9천원), 우렁이초무침(1만7천원), 제육볶음(1만원), 바지락순두부(9천원)

07:00∼15:00/17:00∼20:00(마지막 주문 19:30) | 토, 일요일 07:00∼20:00(마지막 주문 19:30) – 연중무휴

충남 당진시 신평면 서해로 7434-1

041-363-0868 Ⓟ 가능

용왕횟집 생선회 | 실치

실치회로 유명한 집. 실치는 3월 중순부터 4월 중순까지만 회로 맛볼 수 있다. 오이, 깻잎, 미나리, 양배추, 당근 등의 채소를 썰어 넣어 초고추장에 버무려 먹고 남은 양념에는 밥을 비벼 실치된장국과 먹는다. 실치회를 맛볼 수 없는 시기에는 자연산 도다리, 광어, 놀래미 등을 낸다.

Ⓦ 회스페셜(15만원), 활어회(소 6만원, 중 10만원 대 12만원), 실치회(중 4만원, 대 5만원), 주꾸미샤부샤부(7만원), 우럭매운탕(6천원)

07:00∼22:00 – 연중무휴

충남 당진시 석문면 장고항로 309

041-352-4649 Ⓟ 가능

장수꽃게장 ✕✕✕ 게장 | 꽃게

꽃게장이 맛있는 집으로 현지인에게 많이 알려져 있다. 양파, 대파, 청양고추 등을 넣은 채소 육수와 까나리액젓, 간장 등을 이용해 간장게장을 담근다. 채소 육수가 많이 들어가 게장이 짜지 않은 것이 특징이다. 이외에도 꽃게탕, 꽃게찜, 꽃게범벅 등 다양한 꽃게 요리를 선보인다.

Ⓦ 꽃게장(1인 3만원), 꽃게무침(3만1천원), 꽃게탕(소 5만8천원, 중 6만8천원, 대 8만원), 꽃게찜, 낙지볶음(각 시가)

11:00∼15:00/17:00∼21:00(마지막 주문 20:30) – 둘째, 넷째 주 월요일 휴무

충남 당진시 당진중앙2로 344 (원당동)

041-355-3014 Ⓟ 가능

제일꽃게장 ✕✕ 게장

슴슴한 꽃게장 맛이 일품인 곳. 태안 안흥항에서 잡힌 알이 꽉 찬 암게로 간장게장을 담근다. 게다리를 잘 발라먹은 후 게딱지에 밥을 넣고 비벼, 커다란 김에 싸 먹는다.

Ⓦ 게장백반(1인 3만원), 꽃게탕(소 5만원, 중 6만7천원, 대 8만원)

11:00∼21:30(마지막 주문 20:30) – 명절 휴무

충남 당진시 백암로 246 (채운동)

041-353-6379 Ⓟ 가능

제일꽃게장

주희네칼국수 칼국수

직접 뽑은 면으로 만드는 바지락칼국수가 맛있는 집이다. 싱싱한 바지락을 사용하여 국물이 담백하고 맛이 좋다. 해

물파전도 별미다.

Ⓦ 바지락칼국수, 얼큰이칼국수, 들깨수제비(각 1만원), 해물파전(1만7천원), 왕만두(8천원)

Ⓣ 11:00~14:00/16:30~20:00(마지막 주문 19:30) | 토요일 11:00~ 14:30/16:30~20:00(마지막 주문 19:30) – 월요일 휴무

Ⓠ 충남 당진시 송산면 유곡1길 21–10

☎ 041–354–0312 Ⓟ 가능

카페피어라 Piora 카페 | 베이커리

넓은 정원과 청보리밭으로 유명한 전망 좋은 카페. 디저트 종류도 여러 가지 갖추고 있다. 봄에는 벚꽃, 초여름에는 청보리가 아름답다. 차 한잔 하고 산책하기 좋은 관광 코스이기도 하다. 미당면옥에서 함께 운영하고 있다.

Ⓦ 아메리카노(6천원), 카페라테(6천5백원), 할머니크럼블크림라테(7천5백원), 밀크티, 주스(각 7천원), 피어라에이드(7천5백원), 레몬케이크, 그린티케이크(각 6천8백원), 할머니당근케이크, 클래식초코케이크(각 7천5백원)

Ⓣ 10:30~19:30(마지막 주문 19:00) – 연중무휴

Ⓠ 충남 당진시 합덕읍 합덕대덕로 502–24

☎ 041–362–9900 Ⓟ 가능

충청남도 보령시

갱스커피 gang's coffee 카페

옛 탄광목욕탕이었던 건물을 개조해 만든 카페로, 요즘 인기를 끌고 있다. 병에 담아 판매하는 밀크티가 특히 인기다. 작은 도랑에 나 있는 돌다리를 건너면 입구로 이어진다. 독특한 분위기를 풍기며 산이 한눈에 내려다보이는 전망을 자랑한다.

Ⓦ 아메리카노(6천원), 카페라테(7천원), 노을에이드, 밀크티(8천원)

Ⓣ 10:00~20:00(마지막 주문 19:00) – 연중무휴

Ⓠ 충남 보령시 청라면 청성로 143

☎ 041–931–9331 Ⓟ 가능

김가네사골수제비 수제비

40년 넘게 수제비를 전문으로 해온 집. 사골 국물에 수제비를 끓이는 것이 특징이다. 국물 맛이 담백하면서도 개운하다. 잘 익은 배추김치와 무장아찌가 수제비와 잘 어울린다. 재료 소진 시 조기 영업 종료하니 참고 할 것.

Ⓦ 사골수제비(9천원), 김치수제비(1만원), 도가니사골수제비(1만3천원), 물만두(6천원)

Ⓣ 09:30~14:00(마지막 주문 13:30) – 화, 수요일 휴무

Ⓠ 충남 보령시 석서1길 57 (신흑동)

☎ 041–934–4706 Ⓟ 가능

김가네사골수제비

대전횟집 간자미 | 생선회

오천항의 별미 간자미를 맛볼 수 있는 곳. 간자미회무침을 먹은 후 냉면사리를 추가해 말아 먹거나 간자미회냉면을 시켜 맛보는 것도 좋다.

Ⓦ 모둠물회, 전복물회, 갑오징어, 일반물회(각 2만원, 특 2만5천원), 회덮밥(1만5천원, 특 2만원), 전복회덮밥(1만8천원), 간자미(중 5만원, 대 6만원), 우럭매운탕(소 4만원, 중 5만원, 대 6만원)

Ⓣ 11:00~22:00 – 명절 당일 휴무

Ⓠ 충남 보령시 오천면 소성안길 2

☎ 041–932–4188 Ⓟ 가능

두발횟집 ✖ 생선회

자연산 회가 유명한 곳으로, 세 시간 숙성한 회를 맛볼 수 있다. 회정식을 주문하면 모둠회와 함께 굴, 조개, 생선구이 등이 계속 나오고 식사로는 김밥을 말아준다. 마지막에 나오는 전복죽의 맛이 별미다. 메뉴는 코스 한 가지며 예약제로만 운영된다. 횟집거리 뒤편에서 단골 위주로 장사하다 유명해진 집이다.

Ⓦ 모둠회코스요리(3인 이상, 1인 5만원, 2인 11만원)

Ⓣ 12:00~15:00/17:00~21:00 | 금, 토요일 12:00~15:00/17:00~21:30 | 일요일 12:00~15:00/17:00~19:00 – 월요일 휴무(월요일이 공휴일인 경우 정상 영업, 화요일 휴무)

Ⓠ 충남 보령시 해수욕장4길 140 (신흑동)

☎ 041–934–6940 Ⓟ 가능

먹쇠네굴집 굴

합리적인 가격에 굴과 바지락이 들어간 해물 칼국수와 알이 큰 굴이 듬뿍 들어간 굴찜을 맛볼 수 있다. 칼국수와 굴찜 둘 다 양이 상당하며, 싱싱한 굴만 사용해 비리지 않다.

Ⓦ 굴찜(작은솥 4만5천원, 큰솥 5만원), 가리비찜(변동), 소라찜(변동), 낙지탕탕이(변동), 해물칼국수(1만원), 닭발편육한접시(1만원), 생굴한접시(2만원)

Ⓣ 11:00~20:00(마지막 주문 19:30) – 연중무휴

충남 보령시 천북면 홍보로 117
☎ 041-641-6200 ⓟ 가능

삼대냉면　물냉면

50여 년간 냉면 하나로 승부하는 집. 한우사골, 양지, 다시마, 엄나무, 헛개나무, 표고버섯, 디포리 등 15가지 재료와 함께 끓여 닭육수와 혼합하여 깊은 맛을 낸다. 면을 먹는 중간에 육수를 마시면 더욱 진한 냉면 맛을 느낄 수 있다.
ⓦ 물냉면(8천원), 비빔냉면(9천원), 떡갈비(4천원)
🕐 11:00~16:00 – 연중무휴
충남 보령시 청라면 냉풍욕장길 6
☎ 041-932-8280 ⓟ 가능

시월애　時越愛　카페

해안 절벽 위에 자리한 전망 좋은 카페 겸 레스토랑. 갓 볶아낸 원두로 만든 커피를 즐길 수 있으며, 각종 차 외에 식사도 가능하다. 한쪽 면이 통 유리창으로 되어 있어 바다가 내려다보여 낙조를 감상하기에 최적이다.
ⓦ 아메리카노, 에스프레소(각 5천원), 카페라테(6천원), 생과일주스(8천원~9천원), 와플, 케이크(각 5천원)
🕐 11:00~21:00 – 연중무휴
충남 보령시 천북면 홍보로 1061-166 동양관광휴양지
☎ 041-641-0240 ⓟ 가능

오양손칼국수　비빔국수 | 칼국수

비빔국수와 칼국수가 유명한 곳으로, 직접 만드는 육수와 면의 맛이 뛰어나다. 별미로 통하는 비빔국수는 납작한 그릇에 채소와 양념장이 푸짐하게 나오는 모습이 독특하다. 인심이 좋아 양도 넉넉하다.
ⓦ 오징어키조개칼제비(2인 이상, 1만3천원), 비빔오징어키조개칼제비(2인 이상, 1인 1만4천원), 콩국수(1만2천원), 갑오징어한접시(350g 1만5천원), 만두(7천원)
🕐 10:30~15:00/16:00~19:00(마지막 주문 18:55) | 일요일 10:30~15:00/16:30~19:00(마지막 주문 18:55) – 월요일 휴무 (공휴일인 경우 정상영업)
충남 보령시 옥마역길 77 (명천동)
☎ 041-932-4110 ⓟ 가능

우리횟집　생선회

우럭, 광어 등 신선한 회를 맛볼 수 있다. 회만 먹을 수도 있으며, 갖가지 찬을 곁들여 코스로도 즐길 수 있다. 회를 뜨고 남은 것으로 매운탕을 끓여준다.
ⓦ 회덮밥(1만3천원), 특회덮밥(1만5천원)
🕐 10:00~15:00 – 일요일 휴무
충남 보령시 오천면 오천해안로 782-12
☎ 041-932-4055 ⓟ 가능

우유창고　카페

창고를 개조하여 만든 체험형 카페. 아이스크림 만들기, 버터 만들기 등 유기농 보령우유 체험이 가능한 곳이다. 목장에서 직접 생산한 우유로 음료를 제조하며, 저지방과 무지방, 오리지널 우유 중에 선택할 수 있다. 유기농 재료로 만든 디저트 종류와 호밀 발효종으로 만든 빵도 함께 선보인다. 우유팩 모양을 본딴 건물들이 재미있다.
ⓦ 우유아이스크림(4천3백원), 아메리카노(6천원), 목장크림라테(7천5백원), 카페라테(7천원), 우유창고빵(2천5백원)
🕐 11:00~19:00 – 연중무휴
충남 보령시 천북면 홍보로 574
☎ 041-642-5710 ⓟ 가능

조개까는남자　생선회 | 조개구이

싱싱한 활어회와 조개구이를 맛볼 수 있는 곳. 유명 음식점과 호텔을 거친 요리사의 노하우와 자부심이 음식에서 느껴진다.
ⓦ 조개구이활어회세트, 조개구이대하구이세트, 활어회대하구이세트(각 소 10만원, 중 14만원, 대 18만원, 특대 20만원), 스페셜조개구이회대하구이세트(소 14만원 중 18만원 대 21만원 특대 21만원), 우럭, 광어(각 소 8만원, 중 12만원, 대 16만원, 특대 18만원), 도미, 농어(각 소 10만원, 중. 13만원, 대 16만원, 특대 19만원), 조개구이(소 6만원, 중 9만원, 대 12만원, 특대 15만원)
🕐 11:00~05:00(익일)(마지막 주문 04:00) – 연중무휴
충남 보령시 해수욕장4길 16 (신흑동)
☎ 041-932-8988 ⓟ 가능

한울타리　생선구이

생선구이를 무한 리필할 수 있는 곳이다. 미리 구워 놓은 것이 아니라 주문하면 그 자리에서 굽기 시작한다. 메뉴는 2인 이상부터 주문이 가능하며, 인원수에 맞춰 주문해야 무한 리필이 가능하다.
ⓦ 한울타리특선(2인 이상, 1인 1만6천원), 부대찌개(2인 이상, 1인 9천원)
🕐 11:00~14:00/17:00~19:00(마지막 주문 18:50) | 일요일 11:00~14:00(마지막 주문 13:50) – 월요일 휴무
충남 보령시 남대천로 51 (대천동)
☎ 041-936-0996 ⓟ 불가

황해원　일반중식

짬뽕과 짜장면 두 가지 메뉴만 전문으로 하는 곳. 짬뽕에는 돼지고기와 오징어가 푸짐하게 올라간다. 칼칼하면서도 깊은 국물 맛이 일품. 점심때만 영업한다.
ⓦ 짜장면(6천원), 짬뽕, 짬뽕밥(각 9천원)
🕐 10:30~14:00 – 첫째, 셋째 주 수요일 휴무
충남 보령시 성주면 심원계곡로 6
☎ 041-933-5051 ⓟ 가능

충청남도 부여군

구드래돌쌈밥 쌈밥 | 솥밥

부여의 구드래라는 동네에서 쌈밥으로 명성을 쌓은 집이다. 돌솥밥과 쌈밥이란 말을 줄인 돌쌈밥이 인기 있다. 돌쌈밥 정식을 시키면 케일, 겨자잎 등 20가지 이상의 쌈 채소가 나오며 채소에 밥과 돼지고기 편육 또는 소불고기를 싸서 먹는다. 고기의 풍미와 채소의 신선함이 어우러져 훌륭한 맛을 자랑한다.

Ⓦ 주물럭돌쌈밥(2인 이상, 1인 2만3천원), 불고기돌쌈밥(2인 이상, 1인 2만4천원), 돌쌈밥정식(2인 이상, 1인 2만9천원)
🕐 11:00∼21:00 – 연중무휴
🔍 충남 부여군 부여읍 나루터로 31
☎ 041-836-9259 Ⓟ 가능

구드래황토정 소갈비 | 소고기구이

한우 전문점으로, 한우 생등심을 참숯으로 구워 먹는다. 백제 문화와 역사를 자랑하는 부소산 자락에 한옥의 전통적인 분위기를 느낄 수 있으며 백마강을 끼고 있어 전망도 좋다.

Ⓦ 특선모듬(140g 3만원), 스페셜(140g 4만원), 육회(200g 2만5천원), 육사시미(180g 일반부위 2만5천원, 특수부위 3만5천원)
🕐 11:00∼15:00/17:00∼21:30 – 월요일 휴무
🔍 충남 부여군 규암면 백제문로 30
☎ 041-834-6263 Ⓟ 가능

나루터식당 장어 | 민물매운탕

50년 이상의 내력을 가진 집으로, 장어를 전문으로 하고 있다. 백마강에서 잡아올린 장어를 사용한 양념구이장어는 장어 특유의 비린내를 없애주는 양념장에 맛의 비결이 있다.

Ⓦ 장어구이(2인 이상, 1인 3만9천원), 장어덮밥(3만원), 보리굴비(2인 이상, 1인 3만3천원), 새우매운탕(소 6만원, 대 8만원)
🕐 11:30∼21:00(마지막 주문 20:00) – 연중무휴
🔍 충남 부여군 부여읍 나루터로 37
☎ 041-835-3155 Ⓟ 가능

백제궁수라간 한정식 | 연잎밥

연잎밥, 취나물밥을 고를 수 있는 한정식집. 10여 가지의 밑반찬과 된장찌개가 나오며, 정식 메뉴에 따라 오리훈제, 불고기, 떡갈비 등이 나온다. 자리에서 바로 끓여 먹는 버섯전골도 인기 메뉴.

Ⓦ 정식(연잎 2만5천원, 취나물 2만5천원, 불떡 2만2천원), 궁정식(연잎 2만8천원, 취나물 2만8천원, 공기 2만6천원), 불고기취나물밥, 연근떡갈비취나물밥(각 2만원), 버섯전골(2인 3만5천원, 대 4만8천원)
🕐 10:30∼21:00(마지막 주문 20:00) – 첫째, 셋째 주 수요일 휴무

백제의집 한정식 | 연잎밥

마와 연을 주재료로 한 한국 전통 음식을 맛볼 수 있는 점이 독특하다. 연잎 향이 그윽한 연잎밥이 인기메뉴다. 신선한 쌈 채소 등이 넉넉히 나오는 쌈밥정식을 추천할 만하다.

Ⓦ 우렁이연잎밥(1만3천원), 우렁이주물럭연잎밥(1만8천원), 우렁이불고기연잎밥(2만원), 우렁이쌈밥(1만원), 우렁이주물럭쌈밥(1만5천원), 우렁이불고기쌈밥(1만7천원)
🕐 10:00∼21:30 – 명절 휴무
🔍 충남 부여군 부여읍 성왕로 248
☎ 041-834-1212 Ⓟ 가능

사비향 연잎밥

궁남지 인근에 자리한 연잎밥을 전문으로 하는 한식당. 연잎밥과 함께 우렁무침, 제육볶음, 생선구이, 연근전, 잡채, 국 등이 푸짐하게 차려진다. 식사를 마친 후에 연잎차도 맛볼 수 있다.

Ⓦ 연잎밥정식(2인 이상, 1인 2만원), 떡갈비(6천원), 제육볶음(소 7천원, 대 1만3천원), 우렁무침(소 5천원, 대 1만원), 생선구이(3천원), 연잎밥(6천원)
🕐 11:00∼15:00(마지막 주문 14:20) | 토, 일요일 11:00∼20:00(마지막 주문 10:20) 수요일 휴무
🔍 충남 부여군 부여읍 궁남로 38
☎ 0507-1392-0437 Ⓟ 가능

산장식당 민물매운탕 | 장어

백마강 앞에 있는 매운탕 전문점이다. 쏘가리를 넣은 쏘가리 매운탕이 특히 인기다. 느끼하지 않은 담백한 맛의 장어구이도 별미로, 부담 없이 먹을 수 있어 여성이나 아이들도 많이 찾는다. 봄에 제철인 우어회도 별미로 통한다.

Ⓦ 메기매운탕(소 4만5천원, 중 5만5천원, 대 6만5천원, 특대 7만5천원), 장어구이(1인 3만원)
🕐 12:00∼22:00 – 월요일 휴무
🔍 충남 부여군 부여읍 사비로 11
☎ 041-835-3039 Ⓟ 가능

삼오식당 웅어 | 홍어

부여 향토음식인 우어회(웅어회)와 홍어회 전문점. 우어는 금강과 서해를 오가는 물고기로, 봄철 산란기에 강으로 올라올 때 잡는다. 곁들여 나오는 홍어무침, 코다리, 계란찜, 나물 등 밑반찬도 푸짐하다. 우어나 홍어를 좋아하는 현지인들의 평이 좋은 곳.

Ⓦ 우어회, 홍어회, 삼합(각 소 4만원, 중 5만원, 대 6만원, 특 8만원), 홍어탕(1만5천원), 백반(1만원), 누룽지(1천원)
🕐 11:30∼15:00/17:00∼20:00 | 일요일 11:30∼16:00 – 연중무

휴
충남 부여군 석성면 석성북로 3
☎ 041-836-5712 Ⓟ 가능

삼호식당 일반한식 | 산채비빔밥

무량사 앞에 있는 한식집. 식사를 시키면 정갈한 밑반찬이 열 종류 넘게 나온다. 표고버섯이 들어간 도토리묵이 독특하다. 집에서 담근 막걸리에 파전을 곁들이는 것도 좋다.
ⓦ 버섯전골(소 3만원, 중 4만원, 대 5만원), 파전, 우렁된장백반(각 1만원), 산채비빔밥, 우렁된장백반(1만2천원)
🕐 09:00~17:30 – 명절 당일 휴무
충남 부여군 외산면 무량로 190
☎ 041-836-5038 Ⓟ 가능

서동한우 소고기구이

숙성한 국내산 한우암소를 선보이는 곳. 다양한 부위의 한우를 비교적 합리적인 가격에 맛볼 수 있다. 고기를 시키면 육회와 간, 천엽이 기본으로 나온다. 참기름으로 양념한 고소한 육회의 맛이 특히 좋다.
ⓦ 서동명작(150g 9만9천원), 서동명품(150g 4만8천원), 서동등심&채끝(150g 3만9천원), 서동일품(150g 3만8천원), 한우육회비빔밥(1만원)
🕐 11:00~14:30/16:30~21:10 – 명절 휴무
충남 부여군 부여읍 성왕로 256
☎ 041-835-7585 Ⓟ 가능

연꽃이야기 연잎밥

연잎밥이 유명한 연 요리 전문식당. 연잎밥에는 대추, 밤과 같은 재료가 들어가며, 방금 쪄낸 찰밥에 연잎 향이 배어 있어 밥이 향긋하다. 아이들을 위한 메뉴인 연돈가스도 있다. 식사에 곁들여지는 밑반찬에도 연을 넣은 점이 인상적이다.
ⓦ 백련정식(2인 이상, 1인 2만3천원), 연잎밥정식, 돌솥밥 정식(2인 이상, 각 1인 1만9천원), 돈가스(1만1천원), 치즈돈가스(1만2천원), 연잎고기만두(6pcs 8천원), 오리훈제반마리(1만5천원), 자반고등어(5천원), 연잎밥, 돌솥밥(각 6천원), 인삼튀김(4pcs 6천원), 연근튀김(8pcs 6천원)
🕐 11:00~15:00/17:00~21:00(마지막 주문 20:20) | 일요일 11:00~ 18:00(마지막 주문 17:20) – 월요일 휴무
충남 부여군 부여읍 성왕로 22
☎ 041-833-3336 Ⓟ 가능

가야관 소고기구이 | 한정식

푸짐한 한정식과 한우를 맛볼 수 있는 곳. 돌판에 구워 먹는 한우의 맛이 일품이며 한정식도 정갈하게 나온다. 2층 건물에 8개의 별실이 따로 있어 가정집 같은 편안한 분위기다.
ⓦ 낮정식차림상(2인 3만8천원, 3인 이상 2만8천원), 저녁정식차림상(2인 6만원, 3인 이상 A코스 4만8천원, B코스 5만8천원), 한우스페셜모둠고기, 꽃등심(각 150g 5만5천원)
🕐 11:30~21:30 – 명절 휴무
충남 서산시 명륜3길 24-35 (읍내동)
☎ 041-667-6681 Ⓟ 가능

낙지한마당 낙지

박속낙지탕으로 유명한 곳. 박속, 감자, 양파, 고추 등을 넣어서 끓인 물에 낙지를 넣어 데쳐 먹는다. 낙지를 다 건져 먹은 후에는 칼국수를 넣어서 끓여 먹는데, 밀국낙지(산낙지)는 5월에서 7월까지만 맛볼 수 있다. 원두막에서 바다를 바라보며 먹는 맛이 일품이다.
ⓦ 산낙지(소 2만원, 중 4만원), 박속낙지, 낙지볶음(각 소 6만5천원, 중 8만원, 대 10만원)
🕐 11:00~21:00 – 연중무휴
충남 서산시 지곡면 어름들2길 83
☎ 041-662-9063 Ⓟ 가능

맛동산 ✂ 굴밥 | 간자미

견과류와 함께 굴을 넣어 짓는 영양굴밥은 담백한 맛이 일품이다. 굴밥에 넣는 굴은 겨울에 잡아서 급랭시킨 것을 사용하기 때문에 여름에도 영양굴밥을 즐길 수 있다. 굴밥 외에 갱개미(간자미) 무침도 맛볼 수 있다.
ⓦ 영양굴밥정식(1만5천원), 굴파전(2만원), 갱개미무침(3만원)
🕐 10:00~17:00 – 연중무휴
충남 서산시 부석면 간월도1길 95-5
☎ 041-669-1910 Ⓟ 가능

맛있게먹는날 ✂ 해물탕 | 주꾸미 | 새조개

서해안에서 잡은 싱싱한 해산물 요리를 맛볼 수 있는 곳. 해물탕은 낙지, 꽃게, 가리비 등 다양한 해산물이 푸짐하게 들어가며 새조개샤부샤부도 인기 메뉴다. 샤부샤부를 먹고 남은 해물 육수에 라면을 끓여 먹거나 밥을 볶아 먹는다.
ⓦ 해물탕(중 5만원, 대 7만원), 간자미무침(5만원), 아나고볶음(중 5만원, 대 6만8천원), 쭈꾸미볶음, 주꾸미샤부, 새조개샤부(각 시가)
🕐 10:00~21:00(마지막 주문 20:00) – 첫째, 셋째 주 월요일 휴무
충남 서산시 시장2로 13 (동문동)

☎ 041-665-9435 ⓟ 가능(서산동부 전통시장 공영 주차장 이용, 주차권 지원)

반도회관 ✂ 한정식

50년 역사의 한정식집. 육류와 해물이 풍성하게 올라오는 서산의 밥상을 맛볼 수 있다. 서산의 명물인 어리굴젓을 비롯하여 조기, 오징어, 멍게, 낙지, 홍어 등 다양한 해산물과 산나물이 한 상 가득 차려진다.

Ⓦ 육개장, 소머리국밥(각 1만1천원), 소머리내장탕(1만1천원), 찰솥육개장(1만2천원), 한정식(3인 이상, 1인 A코스 1인 5만8천원, B코스 4만8천원), 2인 정식(2인 12만원)
🕐 09:20~21:00 – 명절 당일 휴무
🔍 충남 서산시 홍안벌로 136 (수석동)
☎ 041-665-2262 ⓟ 가능

산해별미 ✂ 우럭

서해안의 별미인 우럭젓국을 전문으로 하는 곳. 우럭을 말렸다가 쪄내는 우럭포찜, 우럭포와 새우젓, 두부 등을 넣은 우럭젓국을 먹을 수 있다. 담백한 맛이 일품이다. 가격은 시장 상황에 따라 변동될 수 있다.

Ⓦ 우럭젓국(소 2만8천원, 중 4만2천원, 대 5만5천원), 우럭포(5만5천원), 간장게장(3만원), 산해정식(4인 15만원)
🕐 09:00~21:00 – 일요일 휴무
🔍 충남 서산시 대사동5로 10 (동문동)
☎ 041-663-7853 ⓟ 가능(협소)

삼기꽃게장 ✂ 게장 | 꽃게

간장게장으로 유명한 집. 큼직한 꽃게에 짭짤하게 배어든 장맛과 게살을 파먹는 재미가 있다. 숙성이 잘 된, 짭짤한 스타일의 간장게장이다. 반찬으로 나오는 어리굴젓 맛도 일품이다.

Ⓦ 간장게장(1인 2만8천원), 꽃게탕(2인 5만6천원)
🕐 11:30~16:00 – 첫째, 셋째 주 일요일. 명절 휴무
🔍 충남 서산시 고운로 162 (동문동)
☎ 041-665-5392 ⓟ 가능

삽교신창집 곱창전골 | 양곱창

곱이 가득 들어 있는 돼지곱창으로 유명한 집이다. 곱창의 씹는 식감이 특히 좋다. 곱창구이와 함께 얼큰한 국물의 곱창찌개도 별미로 통한다. 채소는 셀프바에서 무제한으로 리필 가능하다.

Ⓦ 곱창구이(250g 1만4천원), 곱창찌개(소 3만원, 중 3만5천원, 대 4만원), 볶음밥(2천원)
🕐 10:00~22:30(마지막 주문 21:30) – 명절 당일 휴무
🔍 충남 서산시 한마음8로 64 (석림동)
☎ 041-667-4120 ⓟ 가능

소박한밥상 ✂ 한정식

농가 한정식집으로, 직접 만든 장류를 사용하고 직접 재배하거나 국산 식재료만 사용한다. 메뉴는 연잎밥정식, 쌀밥정식 두 가지며, 굴비, 수육, 연잎밥, 부추전 등을 추가할 수 있다. 점심만 영업하며 반드시 예약하고 찾아가야 한다.

Ⓦ 연잎밥정식(1인 2만3천원), 쌀밥정식(1인 2만원), 참보리굴비(8천원), 수육(1만4천원), 연잎밥(5천원), 부추전(3천원)
🕐 11:00~15:00 – 월요일 휴무
🔍 충남 서산시 인지면 애정길 150-22
☎ 010-8718-3826 ⓟ 가능

수석가든 닭백숙 | 순두부

국산 콩을 사용하여 맛이 부드러운 순두부가 유명하다. 순두부가 나오는 구수한 맛의 보리밥도 인기 메뉴. 엄나무와 한약 재료를 넣고 푹 끓인 토종닭백숙도 추천할 만하다.

Ⓦ 보리밥, 제육볶음(각 9천원), 두부전골(중 2만5천원, 대 3만2천원), 동태찌개(중 2만7천원, 대 3만5천원), 토종닭엄나무한방백숙, 토종닭볶음탕(각 6만5천원)
🕐 11:00~15:00/17:00~21:00 – 둘째, 넷째, 다섯째 주 일요일 휴무
🔍 충남 서산시 수서1길 173 (수석동)
☎ 041-667-3563 ⓟ 가능

안흥일품꽃게장 ✂ 게장 | 꽃게

서산에서 꽃게장으로 유명한 곳이다. 꽃게는 그리 크지 않은 편이며 짜지 않은 양념이 괜찮다. 된장찌개에 조기찜, 열무김치, 김 등 반찬도 맛이 좋다.

Ⓦ 간장게장정식(소 2만원, 중 2만8천원, 대 3만5천원), 양념게장정식(2만5천원), 꽃게탕(2인 7만원, 4인 8만5천원)
🕐 10:00~21:00 – 명절 당일 휴무
🔍 충남 서산시 양열로 212 (석남동)
☎ 041-681-8601 ⓟ 가능

안흥일품꽃게장

영성각 ✕ 永盛閣 일반중식

얼큰하고 매운 짬뽕이 유명한 중식당. 해산물 등의 내용물
도 충실하다. 탕수육도 옛날 맛을 간직하고 있으며 소스와
고기의 조화가 훌륭하다.

Ⓦ 짜장(7천원), 짬뽕, 짬뽕밥(각 9천원), 탕수육(1만6천원), 팔보
채(3만8천원)
Ⓣ 10:40~19:00 – 월요일, 명절 휴무
Ⓠ 충남 서산시 해미면 남문1로 40-1
☎ 041-688-2047 Ⓟ 불가

용현집 민물매운탕 | 어죽

다양한 민물고기를 사용한 매운탕을 맛볼 수 있다. 서산에
오면 꼭 맛봐야 하는 어죽의 맛이 좋다. 양이 푸짐하게 나와
어죽 한 그릇으로 든든하게 식사를 할 수 있다.

Ⓦ 어죽(2인 이상, 1인 9천원), 빠가사리매운탕(중 4만5천원, 대
5만5천원), 닭백숙(6만원), 돈가스(1만원), 김치전(1만원)
Ⓣ 11:00~17:00 | 토, 일요일 11:00~18:00 – 월요일, 명절 당일
휴무
Ⓠ 충남 서산시 운산면 마애삼존불길 66
☎ 041-663-4090 Ⓟ 가능

우길 소고기구이

1++ 한우구이를 합리적인 가격으로 맛볼 수 있다. 자리마다
마련된 화력 좋은 숯불화로에 구워 먹는다. 안심과 눈꽃꽃
등심은 2인 이상 주문 가능하니 참고할 것.

Ⓦ 안심(150g 4만8천원), 안창살(120g 4만8천원), 갈빗살(120g 2
만9천원), 제비추리(120g 3만4천원), 살치살(120g 3만9천원), 양
념갈빗살(120g 2만9천원), 눈꽃꽃등심(150g 4만6천원), 한우육
회(160g 2만8천원), 물냉국수, 비빔국수(각 7천원)
Ⓣ 16:30~24:00(마지막 주문 23:00) – 연중무휴
Ⓠ 충남 서산시 읍내1로 5 (읍내동) 서령상가 A동 1층 36호
☎ 010-4584-0052 Ⓟ 불가

원조부석냉면 ✕ 물냉면

깔끔하고 산뜻한 육수 맛의 냉면을 전문으로 한다. 육수에
서산의 지역 특산물인 생강이 들어간 것이 특징. 부드러운
육수와 쫄깃쫄깃한 면발의 조화도 인상적이다. 돼지고기와
달걀 등 고명을 얹고 매콤한 양념장에 비벼 먹는 비빔냉면
맛도 괜찮다.

Ⓦ 물냉면(8천원), 비빔냉면(9천원)
Ⓣ 09:00~17:00 – 명절 당일 휴무
Ⓠ 충남 서산시 부석면 취평2길 15-10
☎ 041-662-4128 Ⓟ 가능

진국집 게국지

서산의 명물인 게국지 전문점. 게국지는 게장 국물에 김치,
황석어젓, 새우 등을 넣고 끓인 찌개를 말하는 것으로, 구수
한 맛이 일품이다. 간이 약간 강한 편이지만 밥과 함께 먹으
면 적당하다. 다양한 종류의 나물이 함께 나온다.

Ⓦ 게국지백반(1만원), 게국지수육정식(2인 3만4천원), 우럭젓국
(2인 6만5천원), 게국지보리굴비(2인 3만4천원), 우럭포찜(2인 6
만원), 게국지오징어볶음(2인 3만4천원)
Ⓣ 08:30~21:00 – 명절 당일 휴무
Ⓠ 충남 서산시 관아문길 19-10 (읍내동)
☎ 041-665-7091 Ⓟ 불가

청원꽃게장 게장 | 우럭

꽃게장과 우럭젓국을 맛볼 수 있다. 우럭젓국은 말린 우럭
으로 끓이는데, 말린 우럭은 북어보다 살이 많고 부드럽다.
여기에 꼬막을 넣고 새우젓으로 간을 해 칼칼한 국물 맛이
속을 달래는 데는 그만이다. 함께 나오는 10여 가지 밑반찬
도 깔끔하다.

Ⓦ 간장게장+보리굴비(4인 10만원), 간장게장(1인 2만9천원), 보
리굴비(1인 2만3천원), 돌솥정식(1만2천원)
Ⓣ 11:00~21:30 – 연중무휴
Ⓠ 충남 서산시 율지8로 80 (동문동) 한양빌딩
☎ 041-667-2012 Ⓟ 가능

큰마을영양굴밥 ✕ 굴 | 굴밥

은행, 대추, 호두, 밤 등이 들어 있는 영양굴밥이 추천메뉴
다. 밥을 덜어 먹은 후 솥에 뜨거운 물을 부어 숭늉을 만들
어 먹는다. 메인 요리와 반찬 모두 양이 매우 푸짐하다.

Ⓦ 영양굴밥, 바지락영양밥(각 1만7천원), 굴회무침, 바지락무침,
간자미회무침(각 소 2만5천원, 대 3만5천원)
Ⓣ 09:00~19:30 – 연중무휴
Ⓠ 충남 서산시 부석면 간월도1길 65
☎ 041-662-2706 Ⓟ 가능

향수가든 보리밥

보리밥정식을 시키면 삼삼한 맛의 나물과 다양한 종류의 싱
싱한 쌈이 한가득 나온다. 보리밥에 나물을 비벼 쌈에 싸 먹
는 맛이 일품이다. 같이 내는 비지찌개도 고소하다.

Ⓦ 오리주물럭(소 4만원, 중 5만5천원, 대 6만5천원), 보리밥정
식(2인 이상, 1인 1만3천원)
Ⓣ 11:20~20:00 – 연중무휴
Ⓠ 충남 서산시 해미면 관터로 43
☎ 041-688-3757 Ⓟ 가능

충청남도 서천군

금강식당 우렁쌈밥 | 웅어

충청, 전라 사투리로 우어라고도 부르는 웅어회무침을 맛볼 수 있는 백반집. 충남 부여의 향토음식으로, 새콤한 양념에 각종 채소와 함께 무쳐 나온다. 20여 가지의 밑반찬이 한상 가득 나온다.

- Ⓦ 웅어회백반(2인 이상, 1인 1만3천원), 우렁쌈밥정식(2인 이상, 1인 1만2천원), 된장찌개백반, 김치찌개백반(각 8천원), 비빔밥(8천원)
- Ⓛ 10:00~16:00(16:00 이후 예약제로 운영) – 월요일 휴무
- Ⓠ 충남 서천군 화양면 옥포길8번길 5
- ☎ 041-951-1152 Ⓟ 가능

서산회관 주꾸미 | 꽃게

매콤한 주꾸미철판구이가 별미다. 미나리가 푸짐하게 올라가며 남은 양념에 밥을 볶아 먹으면 맛있다. 이외에도 주꾸미샤부샤부, 꽃게탕, 우럭찌개 등도 선보인다.

- Ⓦ 주꾸미철판볶음(중 5만원, 대 6만원), 주꾸미샤부샤부, 꽃게탕, 우럭탕(각 0만원)
- Ⓛ 10:00~20:00(마지막 주문 19:00) – 명절 휴무
- Ⓠ 충남 서천군 서면 서인로 320
- ☎ 041-951-7077 Ⓟ 가능

수라원 한정식

된장찌개, 양념게장, 생선무조림 등 밑반찬이 푸짐하게 나오는 한정식집. 석쇠불고기정식과 돼지갈비찜정식이 인기 있는 메뉴다. 사이드메뉴인 육회를 추가하는 것도 추천.

- Ⓦ 석쇠불고기정식(3인 이상, 1인 1만3천원, 2인 2만8천원), 돼지갈비찜정식(3인 이상, 1인 1만5천원, 2인 3만2천원), 소갈비찜정식(3인 이상, 1인 1만9천원, 2인 4만원), 열무냉면(7천원), 한우육회(소 1만5천원, 대 2만8천원)
- Ⓛ 11:00~21:00(마지막 주문 20:30) – 월요일 휴무
- Ⓠ 충남 서천군 장항읍 장산로 641-9
- ☎ 0507-1435-6250 Ⓟ 가능

유정식당 꽃게

깔끔한 맛의 꽃게살 비빔밥을 맛볼 수 있다. 꽃게무침이 꽃게살을 발라 만든 꽃게살비빔밥인데, 깔끔한 양념에 살이 듬뿍 들어 있다. 청양고추가 듬뿍 들어가 매콤한 맛이 특징이다.

- Ⓦ 꽃게살무침, 붕장어구이(각 2만5천원)
- Ⓛ 11:00~14:30/16:30~21:00 – 둘째, 넷째 주 화요일, 명절 당일 휴무
- Ⓠ 충남 서천군 장항읍 장서로29번길 24
- ☎ 041-956-5494 Ⓟ 가능

장항집 백반

주꾸미볶음과 간장돼지불고기를 맛볼 수 있는 백반집. 서천 특산물인 자하젓을 포함한 각종 반찬과 밥, 국이 나오며, 밥과 국까지 모두 리필 가능하다. 평일 점심에는 인근 직장인을 위한 백반 메뉴도 선보이고 있다.

- Ⓦ 주꾸미볶음(2인 2만8천원, 4인 5만6천원), 간장돼지불고기(300g 1만3천원), 고추장돼지불고기(300g 1만3천원), 불고기백반(평일점심메뉴 1만원), 순두부찌개(1만2천원), 김치찌개(1만2천원)
- Ⓛ 06:00~08:30/11:00~14:00/17:00~20:00 | 토요일 06:00~08:30/11:00~20:00 | 일요일 08:00~14:00 – 월요일 휴무
- Ⓠ 충남 서천군 장항읍 장항로 173-1
- ☎ 010-8259-8241 Ⓟ 가능

할매온정집 아귀

3대째 아귀 맛을 이어오고 있는, 서천에서 유명한 아귀 전문점이다. 서해안에서 잡아오는 생아귀만을 사용한다. 시원하면서도 얼큰한 국물과 아귀의 쫄깃쫄깃한 맛이 어우러져 맛이 좋고 비린내도 없다.

- Ⓦ 아귀찜(중 8만원, 대 12만원), 아귀탕(2인 이상, 1인 1만9천원, 특 2만2천원)
- Ⓛ 10:30~15:00/17:00~20:30 – 월요일 휴무
- Ⓠ 충남 서천군 장항읍 장서로47번길 20
- ☎ 041-956-4860 Ⓟ 가능

해돋이회센타 전어 | 생선회

전어 축제로 유명한 서천에서 전어로 인기 있는 집이다. 2대째 내려오는 손맛이 일품. 전어를 잘게 썬 다음 갖은 양념과 채소로 버무린 전어무침, 전어 몸통에 칼집을 내어 구운 전어구이, 뼈째 썰어낸 전어회가 유명하다.

- Ⓦ 광어, 우럭(각 8만원), 농어, 놀래미(각 9만원), 주꾸미전골, 주꾸미볶음, 주꾸미무침(각 중 6만원, 대 7만원), 전어무침, 전어회(중 4만원 대 5만원, 계절요리)
- Ⓛ 09:00~22:00 – 연중무휴
- Ⓠ 충남 서천군 서면 서인로 299
- ☎ 041-951-9803 Ⓟ 가능

고려옥 ✄ 설렁탕 | 곰탕

부드러운 고기가 듬뿍 들어간 진한 국물의 곰탕을 맛볼 수 있다. 함께 나오는 양념장에 고기를 찍어 먹거나 곰탕에 넣어 먹어도 맛이 좋다.

- Ⓦ 소머리곰탕(1만1천원), 진곰탕(1만3천원), 우족곰탕(1만8천원), 꼬리곰탕(2만2원), 도가니탕(1만7천원)
- Ⓣ 09:00~15:00/16:30~22:00(마지막 주문 21:30) – 연중무휴
- Ⓠ 충남 아산시 청운로 163 (권곡동)
- ☎ 041-545-6254 Ⓟ 가능

길조식당 국수

호박국수가 유명한 곳. 애호박을 섞어서 만드는 면이 고소하고 쫄깃하다. 맛있는 국물에 호박 고명이 올라가 비주얼 또한 훌륭하다. 겨울에는 늙은호박, 여름에는 애호박으로 고명을 올린다. 식사 메뉴는 2인 이상부터 주문이 가능하다.

- Ⓦ 호박국수(8천원), 감자전(8천원), 홍어삼합(6만원)
- Ⓣ 11:00~15:00(재료 소진 시 마감) – 일요일 휴무
- Ⓠ 충남 아산시 도고면 도고온천로 164-17
- ☎ 041-542-0370 Ⓟ 가능

대황하 ✄ 大黃河 일반중식

정세군 셰프가 총괄 셰프를 맡고 있는 고급 중식당. 평일 런치 코스, 딤섬 코스 등의 코스 메뉴와 삼선짬뽕, 마늘향등갈비를 선보인다. 대황하특냉채도 추천하며 비건식이 가능한 메뉴도 준비되어 있다.

- Ⓦ 평일런치코스, 딤섬코스(각 2인 이상 1인 3만원), 삼선짬뽕, 대만식볶음면(각 1만6천원), 하가우(9천원), 마늘향등갈비(8ps 4만원), 대황하특냉채(8만원), 한찹쌀탕수육(2만5천원)
- Ⓣ 11:00~15:00/17:00~21:00 | 토, 일요일 11:00~16:00/17:00~21:00 – 연중무휴
- Ⓠ 충남 아산시 순천향로 399-4 (기산동) 대황하
- ☎ 041-547-8880 Ⓟ 가능

대황하

라울 카페

산과 저수지를 바라보며 힐링할 수 있는 한옥 카페. 송악 저수지 근처에 위치해 있으며, 가족과 함께 방문하기 좋은 곳이다. 내부와 외부 모두 잘 꾸며져 있어, 원하는 공간에서 휴식을 취할 수 있다. 빵을 주문하면 따뜻하게 데워서 준다.

- Ⓦ 에스프레소(7천원), 아메리카노(7천원), 카페라테(7천5백원), 홍차(7천원), 유자차(핫 7천원, 아이스 7천5백원), 단호박라테(7천5백원), 대추차(1만원), 홍백차(1만원), 에그타르트(3천원), 블루베리크라운, 딸기파이(각 3천5백원), 크루아상(4천원)
- Ⓣ 11:00~20:00(마지막 주문 18:50) – 명절 당일 휴무
- Ⓠ 충남 아산시 송악면 송악로463번길 1
- ☎ 041-533-4550 Ⓟ 가능

루티니아 Routineia 브런치카페 | 카페

각종 음료와 베이커리, 브런치까지 즐길 수 있는 대형 카페. 탁 트인 창으로 곡교천 전망을 감상하며 힐링하기 좋은 공간이다. 브런치는 오후 8시까지만 운영한다.

- Ⓦ 에스프레소(5천8백원), 아메리카노(5천8백원), 카페라테(6천5백원), 루티니아크림라테(7천5백원), 루티니아에이드(7천5백원), 소금빵(3천8백원), 육쪽마늘빵(3천8백원), 슈생크루아상(6천원), 새우아보카도오픈샌드위치, 프렌치토스트(각 1만4천5백원), 풍기크림파스타(1만6천5백원)
- Ⓣ 10:00~22:00 – 연중무휴
- Ⓠ 충남 아산시 곡교천로 203 (권곡동)
- ☎ 041-531-0203 Ⓟ 가능

목화반점 일반중식

줄 서서 먹는 중국집. 매장 입구에서 대기 순서를 적으면 전화를 해준다. 촉촉하고 탱글한 면발과 바삭한 탕수육이 인기 비결인 곳. 탕수육은 소스가 부어서 나오기 때문에 따로 먹고 싶을 때는 미리 요청해야 한다. 주말에는 재료 소진이 빠른 편이니 일찍 가서 먹는 것 추천.

- Ⓦ 짜장면(7천원), 짬뽕(1만원), 간짜장(2인 이상, 1인 1만원), 볶음밥, 짜장밥(각 1만원), 잡채밥(1만1천원), 탕수육(소 2만3천원, 대 4만7천원), 양장피(5만원)
- Ⓣ 11:00~18:00 – 월요일 휴무
- Ⓠ 충남 아산시 온주길 28-8 (읍내동)
- ☎ 041-545-8052 Ⓟ 가능

밀터칼국수 칼국수

해물칼국수가 유명한 집. 인원수대로 칼국수를 주문하면, 사리를 무료로 추가할 수 있다. 새우, 게 등 해물이 풍부하게 들어가 있어 국물 맛이 칼칼하다.

- Ⓦ 칼국수(9천원), 녹두해물전(1만6천원), 미니족볶음(2만2천원), 도토리전병(7천원)
- Ⓣ 10:30~14:30/17:00~20:00 – 금요일 휴무
- Ⓠ 충남 아산시 신창면 순천향로 43
- ☎ 041-532-1897 Ⓟ 가능

브릭빈커피로스터스
BRICK BEAN COFFEE ROASTERS 커피전문점

국가대표 황인규 바리스타의 커피를 맛볼 수 있는 카페. 다크초콜릿과 커피의 맛을 함께 느낄 수 있는 클라우드 쇼콜라, 화이트 초콜릿과 연유, 크림이 조화롭게 어우러진 퓨어스노우를 맛볼 수 있다. 브루잉커피도 추천하는 메뉴.

ⓦ 클라우드쇼콜라, 퓨어스노우(각 7천5백원), 에스프레소, 아메리카노(각 4천원), 카페라테, 카푸치노(각 4천5백원), 브루잉커피(6천원~8천원)

ⓣ 10:00~22:00(마지막 주문 21:30) – 월요일 휴무

ⓠ 충남 아산시 탕정면 탕정면로8번길 47-3

☎ 0507-1356-1034 ⓟ 가능

석정갈비   돼지고기구이 | 소고기구이

푸짐하게 내어주는 기본 반찬과 숯불구이를 즐길 수 있는 고깃집. 논밭을 배경으로 식사를 즐길 수 있다. 10가지 이상의 반찬을 내어주는 백반 정식과 양념된 숯불갈비가 많이 찾는 메뉴.

ⓦ 숯불갈비(250g 1만7천원), 숯불삼겹살(160g 1만7천원), 소갈빗살(150g 2만원), 한우등심(150g 4만2천원), 한우육회(200g 3만원), 불고기정식(1만6천원), 된장찌개정식(1만2천원)

ⓣ 11:00~14:00/15:30~21:00(마지막 주문 20:20) | 토, 일요일 11:00~21:00(마지막 주문 20:20) – 연중무휴

ⓠ 충남 아산시 읍봉면 읍봉로 633

☎ 041-532-3192 ⓟ 가능

소나무집   한정식

제대로 된 한정식집. 20여 가지의 밑반찬이 나오며 해마다 된장, 막장, 간장, 고추장을 비롯하여 김치, 장아찌 등을 모두 직접 담가서 사용한다.

ⓦ 무쇠솥영양밥정식(2만원), 소불고기정식(2만5천원), 불고기전골(1만5천원), 육회(3만5천원), 한정식(4만5천원)

ⓣ 11:00~15:00/16:40~21:00(마지막 주문 20:00) | 토, 일요일 11:00~21:00(마지막 주문 20:00) – 연중무휴

ⓠ 충남 아산시 충무로97번길 16 (권곡동)

☎ 041-547-9598 ⓟ 가능

아산짚불장어   장어 | 곰장어

짚불에 구운 장어를 맛볼 수 있는 곳으로, 일반 민물장어보다 큰 무태장어를 선보이는 곳이다. 밑반찬과 함께 장어전, 장어내장꼬치가 나온다. 부추무침, 명이나물, 생강채 등이 나와 장어와 곁들여 먹기 좋다.

ⓦ 짚불일반무태장어(500g 3만9천원), 짚불대물무태장어(500g 4만3천원), 곰장어(250g 2만4천원), 파김치장어(3만9천원), 짚불바다장어(500g 3만4천원), 짚불삼겹살(200g 1만7천원), 장어한마리탕(1만5천원), 장어시래기탕(1만원)

ⓣ 11:00~22:00(마지막 주문 20:30) – 첫 번째, 세 번째 화요일

휴무

ⓠ 충남 아산시 시민로422번길 11 (온천동) 상가 1층

☎ 0507-1306-1923 ⓟ 가능

연춘식당 ✖   장어 | 닭구이

장어와 닭숯불구이로 유명한 곳으로, 3대째 운영하는 80년이 넘는 전통의 식당이다. 간장, 흑설탕, 마늘, 생강, 후추, 참깨, 물엿 등으로 생닭을 양념해서 숯불에 구워 먹는다. 바로 옆 호수 경치를 보면서 실외에서 식사를 즐길 수 있다. 밤나무, 전나무, 앵두나무, 배나무 등 수백 그루의 수목이 어우러져 있어 좋은 휴식처이기도 하다.

ⓦ 장어구이(한마리 3만3천원, 한판 9만9천원), 닭구이(한판 3만8천원), 닭고기야채볶음(중 4만원 대 4만5천원), 된장찌개(2천원)

ⓣ 11:30~21:00(마지막 주문 19:30) | 토, 일요일 11:30~15:00/17:00~21:00(마지막 주문 19:30) – 월요일 휴무

ⓠ 충남 아산시 신정호길 67 (득산동)

☎ 041-545-2866 ⓟ 가능

염치정육점식당 ✖   소고기구이

선도와 질이 좋은 고기를 비교적 합리적이 가격에 먹을 수 있는 것으로 유명하다. 숯불구이가 아니라 철판에 우지를 녹인 후 구워 먹는 방식이다. 고기를 시키면 간장게장, 된장찌개 등 빈친도 10어 가지를 내어 준나.

ⓦ 꽃등심+특수부위(180g 5만원), 꽃등심(180g 4만원), 생등심(180g 3만3천원), 육회, 육사시미, 차돌박이(각 180g 3만원), 생삼겹살(180g 1만5천원), 육회비빔밥(1만원), 갈비탕(1만2천원)

ⓣ 10:00~22:00 – 명절 휴무

ⓠ 충남 아산시 염치읍 염성길 110

☎ 041-542-2768 ⓟ 가능

인주한옥점   INJU 베이커리

한옥의 정취와 자연 풍경이 어우러진 대형 한옥 베이커리 카페. 인주라테, 인주절미 등을 맛볼 수 있으며 한방쌍화차와 솔잎에이드도 추천하는 메뉴. 야외 좌석도 마련되어 있다.

ⓦ 아메리카노(6천원), 카페라테(6천5백원), 한방쌍화차(한상 1만5천원, 단품 1만1천원), 인주라테, 쑥흑임자라테, 솔잎차, 솔잎에이드(각 7천5백원), 인주명물쌀빵(7천2백원), 인주절미(7천4백원), 인주명물땅콩크림빵(7천원), 소금빵(4천1백원), 몽블랑(8천원)

ⓣ 10:00~22:00(마지막 주문 21:00) – 연중무휴

ⓠ 충남 아산시 인주면 아산만로 1608

☎ 041-532-1010 ⓟ 가능

큰고개정육점식당 ✕ 소고기구이

아산온천 인근에서 이름난 정육점 식당 중 하나. 직접 소를 기르기 때문에 고기 질이 상당히 좋다. 가스불에 구워먹는 한우 맛이 일품이다.

- ⓦ 고등심(150g 6만원), 생등심(150g 4만3천원), 육사시미, 육회(각 150g 3만8천원), 차돌박이(150g 3만5천원), 삼겹살(150g 1만6천원), 육회비빔밥(1만5천원), 육개장(1만2천원)
- ⓒ 10:30~21:30 – 연중무휴
- ⓠ 충남 아산시 염치읍 염성길 107
- ☎ 041-541-3391 ⓟ 가능

평양면옥 ✕ 평양냉면 | 함흥냉면

평양냉면 전문점으로, 한우사골과 뼈로 국물을 내며 잘 삶은 고기와 오이, 삶은 달걀 등이 고명으로 올라간다. 비빔냉면은 함흥냉면식으로 나오는 것이 특징. 노릇하게 구운 녹두부침을 곁들여도 좋다.

- ⓦ 평양냉면, 함흥냉면(각 1만1천원), 녹두부침(1만7천원)
- ⓒ 11:00~16:00 – 월요일 휴무
- ⓠ 충남 아산시 온천대로 1420-1 (온천동)
- ☎ 041-546-0092 ⓟ 가능

황금버섯 샤부샤부

주인 직접 운영하는 버섯 농장에서 따 온 버섯을 넣은 샤부샤부를 맛볼 수 있다. 각종 버섯이 듬뿍 들어간 샤부샤부 육수 맛이 일품이다. 금이버섯, 은이버섯, 표고버섯, 노루궁뎅이버섯을 생으로 나오는데 초장과 기름장에 찍어 먹는다.

- ⓦ 한우버섯샤부샤부(한상 6만8천원, 2인 4만8천원), 전복버섯샤부샤부(6만8천원), 어묵버섯샤부샤부(5만8천원), 한우육개장버섯전골(2인 이상, 1인 1만7천원), 버섯소고기전골(2인 이상, 1인 1만5천원)
- ⓒ 10:00~20:00 | 일요일 10:00~14:30 – 연중무휴
- ⓠ 충남 아산시 도고면 도고면로 163
- ☎ 041-532-3998 ⓟ 가능

고덕갈비 ✕✕ 소갈비

연탄불에 구워 먹는 한우소갈비 맛이 일품이다. 갈빗대가 통째로 붙어 나오며 특제 양념과 고기의 조화도 훌륭하다. 저녁때는 고기가 일찍 떨어질 수 있으므로 확인해야 한다.

- ⓦ 한우갈비(2인씩 주문 가능, 250g 4만원), 비빔냉면(7천원), 소면, 물냉면(각 6천원)
- ⓒ 11:00~20:00(마지막 주문 19:10) – 명절 휴무
- ⓠ 충남 예산군 덕산면 덕산온천로 371-8
- ☎ 041-337-8700 ⓟ 가능

동가룰가든 민물매운탕

예당저수지에서 잡은 민물고기로 만든 매운탕과 어죽을 맛볼 수 있다. 넉넉한 양의 어죽은 물고기를 갈아 양념과 소면을 넣는 것이 특징. 일부러 찾아오는 손님으로 북적인다.

- ⓦ 어죽(1인 1만원), 빠가사리매운탕, 메기탕, 붕어찜, 메기찜, 잡탕(각 소 4만원, 중 5만원, 대 6만원), 통메기찜, 민물새우탕(각 소 3만5천원, 중 4만5천원, 대 5만5천원), 새우튀김(소 1만5천원, 중 2만원, 대 2만5천원)
- ⓒ 09:00~15:00/16:00~19:00(마지막 주문 18:30) | 월, 화요일 09:00~19:00(마지막 주문 18:30) – 연중무휴
- ⓠ 충남 예산군 대흥면 예당금모로 358-27
- ☎ 041-334-9988 ⓟ 가능

뜨끈이집 선지해장국

선지해장국이 유명한 집이다. 모든 탕의 육수는 한우 사골로 맛을 낸다. 시래기가 듬뿍 들어가 있으며 선지가 넉넉하게 따로 나온다. 이외에 꼬리곰탕, 도가니탕, 수육 등도 맛볼 수 있다.

- ⓦ 해장국(1만원), 곰탕(1만2천원), 양곰탕(1만4천원), 도가니탕(1만9천원), 우족탕(1만7천원), 꼬리곰탕(2만3천원)
- ⓒ 06:00~15:30/17:00~20:00(마지막 주문 19:40) | 토, 일요일 06:00~20:00(마지막 주문 19:40) – 수요일, 명절 당일 휴무
- ⓠ 충남 예산군 덕산면 덕산온천로 331-6
- ☎ 041-338-3993 ⓟ 가능

백설농부 카페

사계절 뷰를 감상할 수 있는 카페. 잘 가꿔진 정원과 어우러지는 공간. 아이들을 위한 모래 놀이터와 잔디마당이 있어 아이와 방문하기 좋다. 쾌적한 실내에서 음료와 베이커리를 맛보며, 시원한 농촌 뷰를 감상할 수 있다.

- ⓦ 아메리카노(5천5백원), 카페라테(6천원), 아인슈페너(6천5백원), 딸기라테(7천원), 초코라테(6천원), 패션프루트에이드(7천원), 보리서리쌀라테(7천원), 피타츄라테(6천5백원), I'm쑥패너(7천원), 후렌치파이(3천5백원), 크루아상(3천5백원), 호두꿀케이

크(6천5백원)
🕐 10:30~20:00(마지막 주문 19:30) – 화요일 휴무
🔍 충남 예산군 봉산면 봉산로 516
☎ 041-337-1130 Ⓟ 가능

산마루가든 어죽 | 민물매운탕 | 민물새우

예당저수지의 댐 정상에 있어 전망이 아주 좋으며 민물고기를 사용한 어죽으로 유명하다. 걸쭉하게 끓인 어죽과 칼칼한 메기매운탕이 대표 메뉴며 민물새우탕도 별미다.

Ⓦ 어죽(기본 9천원, 곱빼기 1만원), 새우매운탕, 메기매운탕(각소 3만5천원, 중 4만5천원, 대 5만원)
🕐 09:30~19:10 – 월요일, 명절 휴무
🔍 충남 예산군 대흥면 예당금모로 406
☎ 041-334-9235 Ⓟ 가능

삼우갈비 ✕ 소갈비 | 갈비탕

예산에서 갈비로 유명한 집 중 하나. 주문하면 갈비가 구워져 나온다. 갈비 양념이 잘 배어 있어 맛이 좋다. 굴탕은 굴을 차가운 물에 넣고 양념장을 푼 것으로, 시원한 국물 맛을 자랑하며 해장에 좋다.

Ⓦ 갈비(200g 4만4천원), 갈비탕(1만7천원), 굴탕(3만5천원), 설렁탕(1만원)
🕐 11:30~14:00/17:00~20:00 – 연중무휴
🔍 충남 예산군 예산읍 인선로23번길 8
☎ 041-335-6230 Ⓟ 가능

소복갈비 ✕✕✕ 소갈비

예산에서 손꼽히는 갈비 전문점. 입구의 큼직한 화덕에 숯불을 피워 놓고 갈비를 구워 낸다. 양념갈비가 주메뉴다. 참숯불에 구운 갈비를 돌판에 담아 낸다.

Ⓦ 한우생갈비(250g 1인 5만2천원), 한우양념갈비(250g 4만4천원), 갈비탕(1만8천원), 설렁탕(9천원), 물냉면, 국수(각 8천원), 비빔냉면(9천원)
🕐 11:00~14:00/17:00~19:00(재료 소진 시 마감) – 연중무휴
🔍 충남 예산군 예산읍 천변로195번길 9
☎ 041-335-2401 Ⓟ 가능

수덕사약선공양간 약선요리 | 한정식

약선요리를 맛볼 수 있는 한정식집. 약선정식은 능이버섯찌개가, 더덕정식은 민물새우찌개가 나온다. 기운을 복돋는 사군자탕으로 끓인 오리백국도 추천 메뉴며, 3일 전 예약이 필수다.

Ⓦ 약선정식(2인 이상, 1인 2만3천원), 더덕정식(2인 이상, 1인 1만8천원), 산채정식(2인 이상, 1인 1만5천원), 사군자탕오리백숙(9만9천원), 비빔밥(1인 1만5천원), 연회상(예약메뉴 1인 3만9천원)
🕐 11:00~19:30(마지막 주문 18:30) – 연중무휴

🔍 충남 예산군 덕산면 수덕사안길 33-13 1층
☎ 0507-1318-7172 Ⓟ 불가(수덕사 주차장 이용, 승용차 3천원, 9인승 이상 5천원)

신창집 ✕ 곱창전골 | 돼지곱창

돼지곱창으로 유명한 곳이다. 양념이 거의 되어 있지 않지만, 돼지 특유의 냄새가 나지 않고 부드럽다. 양념 없이 통마늘과 같이 굽는 것이 특징. 반찬으로 나오는 묵은지와 곁들여도 깔끔하고 좋다. 얼큰한 곱창전골도 인기 메뉴. 삽다리곱창의 원조집이며, 60여 년의 전통을 자랑한다.

Ⓦ 곱창구이(500g 2만4천원), 곱창찌개(소 2만5천원, 중 3만원, 대 3만5천원)
🕐 11:00~21:00(마지막 주문 20:00) – 연중무휴
🔍 충남 예산군 삽교읍 삽교로4길 7-9
☎ 041-338-2357 Ⓟ 가능

이리정미소 카페

정미소였던 건물을 카페로 개조한 대형 카페. 카페 곳곳에 도정을 하는데 사용하던 농기계가 놓여져 있어 특색 있는 분위기를 연출한다. 음료 종류도 다양하며, 크로넛 등 베이커리도 맛볼 수 있다.

Ⓦ 에스프레소(1샷 2천8백원, 2샷 5천원), 아메리카노(블렌딩 5천5백원, 디카페인 6천원, 싱글스페셜티 7천원), 카페라테(6천원), 곤판나(3천8백원), 아인슈페너(7천원), 버터스카치크림라테(7천5백원), 딸기요거트스무디(7천5백원)
🕐 10:00~22:00 – 연중무휴
🔍 충남 예산군 삽교읍 다락로 103-3
☎ 0507-1434-0299 Ⓟ 가능

입질네어죽 어죽 | 민물매운탕

어죽은 붕어, 피라미 등 잡고기를 푹 삶아서 뼈를 골라낸 후 고추장 양념을 하여 국수와 쌀을 넣어 만든 죽이다. 레몬과 소금을 쳐서 비린내를 없앤 것이 특징. 중면이 들어가 양이 푸짐하다. 어죽 외에도 다양한 민물매운탕을 선보인다. 둔리

입질네어죽

저수지 근처에 자리 잡고 있어 맑은 공기와 멋진 경치를 자랑한다.

- ⓦ 어죽(1만원), 새우매운탕(소 4만원, 중 4만5천원, 대 5만원), 빠가사리매운탕(소 4만원, 중 4만5천원, 대 5만원)
- ⓣ 09:00~20:00 – 명절 휴무
- ⓠ 충남 예산군 덕산면 가루실길 30
- ☎ 041-337-5989 ⓟ 가능

중앙산채명가 산채정식 | 산채비빔밥

수덕사 입구에 있는 곳으로, 산채더덕구이한정식, 산채비빔밥, 우렁된장찌개 등을 맛볼 수 있다. 한상 가득 맛깔스러운 찬이 깔리며 아삭아삭한 더덕구이가 특히 별미다. 50년의 역사를 자랑한다.

- ⓦ 더덕구이산채정식(2인 이상, 1인 2만원), 더덕구이산채비빔밥(2인 이상, 1인 1만3천원), 더덕구이, 더덕무침(각 2만5천원), 도토리묵, 도토리빈대떡(각 1만5천원)
- ⓣ 08:00~21:00 – 명절 휴무
- ⓠ 충남 예산군 덕산면 수덕사안길 42-1
- ☎ 041-337-0077 ⓟ 가능

커피브리즈 COFFEE BREEZE 카페

매타쉐콰이어길이 푸르게 펼쳐지는 뷰가 장관인 카페. 예산의 네덜란드라는 '예덜란드'라는 별명도 가지고 있을 정도이다. 널찍한 규모의 카페지만 음료와 디저트 가격은 합리적인 편. 아이스크림라테가 시그니처 메뉴다.

- ⓦ 에스프레소(3천원), 아메리카노(3천5백원), 카페라테(4천5백원), 크림라테(5천5백원), 아이스크림라테(6천원), 녹차라테(5천원), 자몽에이드, 레몬에이드, 라임에이드(각 5천5백원), 쿠키(2천5백원), 피낭시에(2천5백원), 솔티카라멜피낭시에, 아몬드초코피낭시에(각 3천원), 티라미수(5천원)
- ⓣ 10:00~18:00 – 금요일 휴무
- ⓠ 충남 예산군 예산읍 대학로54번길 19
- ☎ 070-7325-7733 ⓟ 가능

파인그로브 PINE GROVE 베이커리

자연을 감상하며 음료와 베이커리를 즐길 수 있는 곳. 사과, 연근이 들어가 사연빵이란 이름의 빵을 선보인다. 사과케이크, 캐모마일애플아이스티와 같이 사과를 주재료로 한 다양한 메뉴를 맛볼 수 있다.

- ⓦ 에스프레소, 아메리카노(각 5천5백원), 카페라테(6천원), 도넛크림라테, 캐모마일애플아이스티(각 7천5백원), 사과케이크(2만8천원), 사연빵(3천5백원), 어니언베이글(7천원), 단호박크림빵(7천원), 무화과건강빵(6천5백원)
- ⓣ 10:00~21:30(마지막 주문 20:50) – 연중무휴
- ⓠ 충남 예산군 덕산면 덕산향교길 88-9
- ☎ 041-338-3147 ⓟ 가능

호반식당 붕어찜 | 민물매운탕

붕어 및 민물고기 요리를 전문으로 하는 식당. 붕어는 웬만한 잉어급으로 상당히 크다. 가시를 바르는 일이 번거롭기는 하지만 담백한 맛이 일품이다. 예당저수지 앞에 있어 경치가 좋다.

- ⓦ 어죽(2인 이상, 1인 8천원), 빠가사리매운탕(소 4만5천원, 대 6만원), 붕어조림(소 3만5천원, 대 5만원), 메기조림(소 4만원, 대 5만5천원), 붕어매운탕(소 3만원, 대 4만5천원), 메기매운탕(소 3만5천원, 대 5만원)
- ⓣ 11:00~19:00(마지막 주문 18:00) – 화요일 휴무
- ⓠ 충남 예산군 대흥면 예당로 848
- ☎ 041-332-0121 ⓟ 가능

충청남도 천안시

갈재산장 닭백숙

시원한 계곡을 바라보며 식당 평상에 앉아 백숙 등을 즐길 수 있는 물 좋고 공기 좋은 식당이다. 광덕산에서 차로 오를 수 있는 마지막 지점에 자리 잡고 있다. 넓고 운동 시설도 마련되어 있어서 단체 워크숍 등에 좋다. 방문 전 전화 문의 필수.

- ⓦ 옻닭, 능이닭백숙(각 9만원), 닭볶음탕(8만5천원), 호두빈대떡, 도토리묵(각 2만원), 능이오리백숙, 옻오리(각 9만5천원), 전골, 수육, 무침(2인 각 8만원), 삼겹살(4인부터 2만원), 메밀전병(1만5천원)
- ⓣ 09:00~20:00 – 연중무휴
- ⓠ 충남 천안시 동남구 광덕면 해수길 348
- ☎ 041-567-4231 ⓟ 가능

거재손두부 두부

직접 농사지은 콩으로 만든 두부를 사용하는 손두부 전문점. 아무 양념을 하지 않은 순한 맛의 순두부찌개와 얼큰한 양념이 더해진 매운 순두부찌개 중 선택할 수 있다. 찌개와 함께 나오는 밑반찬도 맛이 깔끔하고 자극적이지 않다는 것이 특징이다.

- ⓦ 순두부찌개, 비지찌개(2인 1만8천원), 두부전골(2인 2만2천원, 3인 3만3천원), 제육두부(3만6천원), 제육볶음(2만4천원), 두부두루치기(2만1천원), 두부부침(1만4천원), 두부김치(1민3천원), 김치전(1만2천원)
- ⓣ 12:00~21:30 – 비정기적 휴무
- ⓠ 충남 천안시 동남구 통정3로 29 (신방동)
- ☎ 041-572-9565 ⓟ 가능

광덕산호두과자전문점 ✖ 호두과자

천안의 명물 호두과자를 전문으로 하는 곳. 팥앙금, 단호박
앙금과 흑미오곡앙금 중 종류를 선택할 수 있다. 달지 않아
인기가 좋은 곳이다. 호두의 함량도 높은 편. 학화할머니호
두과자와 함께 천안 호두과자의 양대산맥이다.

- Ⓦ 단호박앙금호두과자, 흑미오곡앙금호두과자(각 15개 6천원,
  30개 1만2천원)
- Ⓣ 08:00~20:00 – 연중무휴
- Ⓠ 충남 천안시 동남구 천안대로 524 (구성동) 1층
- ☎ 041-555-5700 Ⓟ 가능

기린더매운갈비찜 돼지갈비찜

한돈 생갈비를 사용하는 매운갈비찜 전문점. 매운 강도를
세 가지 중에 골라서 주문할 수 있다. 낙지, 어묵, 당면, 치즈
등 입맛에 맞는 사리를 추가하면 좋다. 계란말이나 주먹밥
을 함께 먹으면 매운맛을 잡아준다.

- Ⓦ 한돈기린매운갈비찜(200g 1만3천원), 호주산기린매운소갈비
  찜(250g 2만3천원), 생치즈계란말이(1만3천원), 생치즈퐁듀(6천
  원), 생치즈밥볶음(4천5백원), 주먹밥(3천5백원)
- Ⓣ 12:00~15:30/17:00~21:30 | 토, 일요일 11:30~21:30(마지막
  주문 20:30) | 월요일 10:00~21:30(마지막 주문 20:30) – 화요
  일 휴무
- Ⓠ 충남 천안시 서북구 불당16길 34-6 (불당동)
- ☎ 041-523-9490 Ⓟ 가능

나정식당 ✖ 양곱창 | 곱창전골

소곱창구이를 잘하는 곳으로, 일단 초벌구이해서 나온 것을
다시 구워 먹는다. 고소하고 쫄깃쫄깃한 맛이 일품. 얼큰한
국물 맛의 소곱창전골도 맛이 좋다는 평이다.

- Ⓦ 소곱창구이(6만원), 모둠구이(6만5천원), 소곱창전골(소 3만9
  천원, 중 4만5천원, 대 5만2천원)
- Ⓣ 11:30~15:00/16:30~22:00(마지막 주문 21:00) – 일요일 휴
  무

- Ⓠ 충남 천안시 동남구 원성2교길 32 (원성동)
- ☎ 041-562-1305 Ⓟ 불가

남해전복 ✖ 전복 | 삼계탕

전복을 전문으로 하는 곳으로, 다양한 전복 요리를 맛볼 수
있다. 코스를 시키면 전복회, 참치회, 전복구이, 전복초밥,
해삼탕, 철판 요리, 전복죽, 내장무침 등이 나온다. 전복을
푸짐하게 넣어 끓인 전복삼계탕도 인기가 좋다.

- Ⓦ 전복삼계탕(1만7천원), 전복뚝배기(1만3천원), 한마리전복죽(1
  인 1만2천원, 반그릇 6천원), 매생이전복죽(1만3천원), 전복구이
  (5마리 3만원, 10마리 5만5천원), 전복삼합(1접시 5만5천원, 반
  접시 3만원)
- Ⓣ 10:00~22:00 – 연중무휴
- Ⓠ 충남 천안시 동남구 개목6길 11 (봉명동)
- ☎ 041-556-4001 Ⓟ 가능

녹원 한정식

깔끔한 맛의 한정식을 즐길 수 있는 곳. 모든 음식은 놋그릇
에 준비되어 나오며 다양한 음식이 정갈하게 나온다. 가격
대도 부담없는 편이며 실내가 각각의 개별 룸으로 나누어져
있어 모임을 하기에도 적합하나.

- Ⓦ 귀빈정식(2만5천원), 녹원정식(1만5천원), 평일점심저녁(1만8
  천원), 주말점심저녁(2만3천원)
- Ⓣ 11:30~21:00 – 월요일 휴무
- Ⓠ 충남 천안시 동남구 유량로 140 (유량동)
- ☎ 041-555-3531 Ⓟ 가능

도프 dope 파스타

직접 뽑는 생면을 사용한 10여 가지가 넘는 파스타 & 리조
토를 전문으로 하는 곳. 라구볼로네제, 대파스파게티 등 개
성 있는 메뉴를 맛볼 수 있다. 두 가지 파스타가 나오는 시
그니처 코스를 추천하며, 생면 파스타는 판매도 하고 있다.

- Ⓦ 구운뇨키(1만8천원), 대파스파게티(1만7천원), 아마트리치아
  나(1만8천원), 페스토봉골레스파게티(1만8천원), 시그니처코스(2
  만5천원), 안심스테이크(120g 3만5천원)
- Ⓣ 11:00~15:30(마지막 주문 14:30)/17:00~21:30(마지막 주문
  20:30) – 월요일 휴무
- Ⓠ 충남 천안시 서북구 불당32길 28 1층 102호
- ☎ 041-568-1692 Ⓟ 가능

동순원 ✖ 同順園 일반중식

옛맛이 느껴지는 짬뽕과 탕수육을 맛볼 수 있는 곳. 얼큰한
국물 맛을 내는 짬뽕은 채 썬 양파가 넉넉히 들어가 시원한
맛을 낸다. 바삭하게 튀겨낸 탕수육이나 깐풍기를 곁들이면
더욱 좋다.

- Ⓦ 짜장면(7천원), 짬뽕, 우동(각 8천원), 중국식냉면(1만1천원),
  탕수육(소 1만8천원, 대 3만원), 탕수기(2만4천원)

🕐 11:00~20:00 - 월요일 휴무
🔍 충남 천안시 서북구 성환읍 성환중앙로 33
☎ 041-581-2070 Ⓟ 불가

들마루 오리

이색적인 음식인 오리두루치기를 먹을 수 있는 곳. 오리두루치기는 오리고기와 부추가 듬뿍 들어가 얼큰하면서 담백하다. 오리고기로 두루치기를 요리해 고소하다.

Ⓦ 돌마루짬뽕, 오목전, 소목전, 양목전, 심목전(각 4만9천9백원), 부추볶음밥(2천원)
🕐 16:00~24:00 - 연중무휴
🔍 충남 천안시 동남구 통정9로 27 (신방동)
☎ 041-574-0260 Ⓟ 가능

뚜쥬루과자점 ✂ Toujours 베이커리 | 빙수 | 카페

천안에서 유명한 빵집. 널찍한 매장에 다양한 빵이 준비되어 있다. 2층은 카페로 운영된다. 천연효모를 사용하여 14시간 이상 발표시켜 만든 거북이 빵이 대표 메뉴며, 여름에는 우유 팥빙수가 인기가 좋다. 조각피자도 많이 찾는다.

Ⓦ 거북이빵(2천3백원), 조각피자(6천8백원), 우유팥빙수(1만8백원), 아메리카노(5천원)
🕐 08:00~22:00 - 명절 당일 휴무
🔍 충남 천안시 서북구 백석로 270 (성정동)
☎ 041-576-0086 Ⓟ 가능

랜드마크195 Landmark195 베이커리

다양한 빵과 파스타와 피자, 스테이크 등 식사까지 즐길 수 있는 대형 베이커리 카페. 울창한 야자수와 꽃으로 내부를 꾸몄다. 토마호크스테이크와 부라타페스토파스타가 인기 있으며 콘베이컨옥수수피자와 히말라야 핑크솔트가 들어간 랜드마크라테도 추천 메뉴.

Ⓦ 에스프레소, 아메리카노(각 5천5백원), 랜드마크라테(8천원), 랜드마크토마호크스테이크(100g당 1만8천원), 살치살스테이크(200g 3만2천원), 부라타페스토파스타(2만2천원), 갈빗살고르곤졸라파스타, 씨푸드토마토리조토(각 2만1천원), 페퍼로니파자(1만8천원)
🕐 10:00~22:00(마지막 주문 21:30) - 연중무휴
🔍 충남 천안시 동남구 유량로 195 (유량동)
☎ 0507-1438-1372 Ⓟ 가능

박순자아우내순대본점 순대 | 순댓국

천안의 명물인 병천순대 전문점. 돼지 내장을 깨끗이 씻어 밀가루를 바른 다음 들깨, 배추, 찹쌀, 마늘, 파, 당면 등 15가지의 양념을 넣어 삶아 만든다. 돼지머리와 사골을 삶아낸 국물에 머릿고기를 듬뿍 넣어 파와 양념을 얹어낸 순대국밥은 술국으로도 좋다.

Ⓦ 순대국밥(1만원), 모둠순대(1만6천원)

🕐 08:10~19:00(마지막 주문 18:55) - 연중무휴
🔍 충남 천안시 동남구 병천면 아우내순대길 47
☎ 041-564-1242 Ⓟ 가능

쁘띠빠리 Petit Paris 베이커리

다양한 종류의 빵과 케이크를 판매하고 있으며 식사빵 종류가 많은 편. 모든 빵은 우리밀과 생과일만을 사용하여 만들며 커피 로스팅도 직접 한다. 1층에서 3층까지 빵과 음료를 즐길 수 있는 공간이 있으며 잔디가 깔려 있는 루프탑 테라스도 이용할 수 있다.

Ⓦ 아메리카노(핫 4천원, 아이스 4천5백원), 카페라테(5천원), 호두쉬폰(변동), 고로케(3천원), 블루베리베이글(2천9백원), 덜단팥도넛(2천8백원)
🕐 08:00~22:00 | 일요일 08:00~21:00 - 명절 당일, 근로자의 날 휴무
🔍 충남 천안시 서북구 한들3로 88 (백석동)
☎ 041-553-6346 Ⓟ 가능

생생이두부보쌈 ✂ 두부 | 보쌈

직접 만드는 두부와 보쌈이 유명한 곳. 숯불에 굽는 고추장불고기와 녹두전도 추천할 만하다. 백 년 넘은 한옥을 개조한 실내 분위기가 토속적이다.

Ⓦ 보쌈, 숯불고추장불고기, 모둠(각 소 3만4천원, 중 5만2천원, 대 6만8천원), 모둠정식, 고추장돼지불고기정식, 보쌈정식(2인 이상 각 2만 4천원), 순두부정식(2인 이상, 1인 1만5천원), 녹두전(6천원), 청국장정식, 도토리묵(각 1만5천원)
🕐 11:00~15:00/16:30~22:00(마지막 주문 20:30) - 일요일, 명절 휴무
🔍 충남 천안시 동남구 서부대로 265 (신방동)
☎ 041-575-2877 Ⓟ 가능

송연 한정식

정갈한 한식을 먹을 수 있는 곳. 코스로 요리를 먹은 후 반찬과 생선, 밥이 나온다. 그릇 세팅도 깔끔하고 한옥으로 된 건물 분위기도 좋다.

Ⓦ 평일점심특선친구상차림(2만원), 송연상차림(2만8천원), 다나한상차림(3만8천원), 은혜상차림(5만8천원), 수라상차림(8만8천원)
🕐 11:30~15:00/17:00~20:00(마지막 주문 19:00) - 월요일 휴무
🔍 충남 천안시 동남구 양지말1길 11-4 (유량동)
☎ 041-554-2330 Ⓟ 가능

슈엔 順 일반중식 | 딤섬

70년 전통의 동순원에서 시작한 중화요리 전문점. 샤오룽바오의 육즙 가득 머금은 맛이 일품이다. 모던 차이니즈 풍의 이국적인 인테리어와 연회장과 프라이빗룸이 마련되어 있

어 모임 장소로 추천할 만하다.

ⓦ 딤섬(9천원~1만1천원), 재순코스(2만8천원), 동순코스(3만원), 태순코스(3만5천원), 동파육(중 5만원, 대 7만5천원), 슈엔 탕수육(중 2만6천원, 대 3만8천원), 명품짬뽕(1만8천원), 삼선짬뽕(1만2천원), 삼선짜장(1만원)
ⓒ 11:30~22:00 – 명절 휴무
ⓠ 충남 천안시 서북구 성정중1길 26-2 (성정동)
☎ 041-588-8899 ⓟ 가능

아비시니아커피 ✖
ABYSSINIA COFFEE ROASTERS 커피전문점

스페셜티 원두를 직접 로스팅하는 커피 전문점. 20가지가 넘는 원두를 골라 브루잉으로 즐길 수 있다. 블랙스노우라테, 블랑블랑아인슈페너가 시그니처 메뉴. 커피와 함께 와플도 많이 찾는다. 실제 장작을 넣어 불을 때는 벽난로가 있어 불멍카페라고 불리기도 한다.

ⓦ 에스프레소(4천3백원), 아메리카노(4천8백원), 카페라테(5천3백원), 블랑블랑아인슈페너(6천3백원), 블랙스노우라테(6천8백원), 브루잉커피(5천8백원~7천원), 미니와플(5천3백원), 베이직와플(8천8백원)
ⓒ 10:00~23:00(마지막 주문 22:00) – 연중무휴
ⓠ 충남 천안시 서북구 서부대로 471-8 (쌍용동) 아비시니아커피
☎ 041-575-6211 ⓟ 가능

온달네식당 ✖ 육개장

천안에서는 육개장으로 손꼽히는 집. 가마솥에 끓인 육개장 맛이 진하면서도 시원하다. 한우를 사용하여 옛날 맛이 느껴진다. 밥에 상황버섯 가루를 넣어서 짓는 것이 특징.

ⓦ 육개장, 제육볶음, 냉동삼겹살(각 1만1천원), 뚝배기불고기, 사골떡만둣국, 돼지불백(각 1만원), 떡국, 김치찌개, 된장찌개(9천원), 한우차돌박이(1만8천원), 생삼겹살(1만4천원), 소불고기(1만3천원)
ⓒ 06:00~21:30 – 일요일 휴무
ⓠ 충남 천안시 동남구 봉정로 56 (봉명동)
☎ 041-573-2006 ⓟ 불가

원조천안옛날호두과자 호두과자

80여 년간 호두과자를 만들어온 원조집 중의 하나. 당일 생산 당일 판매를 원칙으로 한다. 팥앙금과 호박앙금이 있으며, 덜 달아서 물리지 않고 계속 먹을 수 있다.

ⓦ 옛날호두과자(16개 6천원, 32개 1만2천원, 48개 1만7천원, 64개 2만2천원), 튀김소보로호두과자(1개 1천원, 7개 6천5백원, 14개 1만3천원, 28개 2만5천원)
ⓒ 07:00~23:00 – 연중무휴
ⓠ 충남 천안시 동남구 대흥로 237-1 (대흥동)
☎ 041-561-5000 ⓟ 불가

원조할머니학화호두과자 ✖ 호두과자

천안 호두과자의 원조로 알려졌다. 1934년에 처음 장사를 시작했다고 하니 80년을 훌쩍 넘겼다. 바삭하고, 촉촉한 빵 안에는 전통적인 방법으로 만든 달콤한 백앙금과 큰 호두가 들어 있다. 가게 앞에는 처음 호두과자를 만들었다는 심복순 할머니의 사진이 붙어 있다.

ⓦ 호두과자(15개 6천원, 30개 1만2천원, 50개 2만원, 80개 3만원)
ⓒ 08:00~21:00 – 연중무휴
ⓠ 충남 천안시 동남구 대흥로 233 (대흥동)
☎ 041-551-3370 ⓟ 불가

제스트 ZEST 이탈리아식

한식 재료를 더한 이탈리안 요리를 선보이는 레스토랑. 고추장으로 한국적인 맛을 가미한 고추장라구파스타, 매생이와 새우로 감칠맛을 낸 크림파스타, 매콤함으로 느끼함을 잡은 불새우크림파스타 등 다양한 파스타 요리가 준비되어 있다. 메인으로 부채살스테이크를 곁들이는 것도 추천한다.

ⓦ 수비드부채살스테이크(2만9천9백원), 아롱사태뵈프부르기뇽(2만4천5백원), 완도매생이&새우크림파스타(1만4천9백원), 라자냐(1만5천9백원), 도쿄등심스테이크(3만4천9백원), 시저샐러드(9천5백원), 트러플&불고기리조토(1만4천9백원), 페스카토레토마토파스타(1만4천9백원)
ⓒ 11:30~15:00(마지막 주문 14:30)/17:00~21:00(마지막 주문 20:30) – 화요일 휴무
ⓠ 충남 천안시 동남구 먹거리11길 43 (신부동) 남도빌딩 2층 201호
☎ 010-6496-4697 ⓟ 가능

진주회관 소불고기 | 갈비탕

성환의 특산품인 성환 배가 들어간 불고기가 유명한 집. 성환 배를 넣어 달착지근한 맛이 일품이며 당면이 들어가 있다. 대표 메뉴인 불고기 외에 갈비탕 등도 많이 찾는다. 80년이 넘는 역사를 자랑하는 오래된 집이다.

ⓦ 불고기, 삼겹살(2인 이상, 각 1인 1만5천원), 갈비탕, 왕돈가스, 비빔밥(각 1만원), 공기밥(1천원), 고추장불고기(2인 이상, 1인

1만4천원)

⏱ 09:00~14:30/16:00~20:00(마지막 주문 19:30) – 연중무휴

🔍 충남 천안시 서북구 성환읍 성환11길 15

☎ 041-581-2065 ⓟ 불가

청화집 순댓국 | 순대

50년이 넘는 세월 동안 3대에 걸쳐 내려오는 곳으로, 충남집과 함께 원조로 통한다. 돼지 사골과 머리뼈를 은근한 불과 센 불에 교대로 24시간 이상 우려낸 국물에 머릿고기와 염통 등을 담아 내오는 순대국밥이 인기다.

ⓦ 순대국밥(9천원), 순대(반접시 7천원, 한접시 1만4천원)

⏱ 09:00~17:00 | 토, 일요일 08:30~17:00 – 월요일, 명절 휴무

🔍 충남 천안시 동남구 병천면 충절로 1749

☎ 041-564-1558 ⓟ 가능

충남집순대 순댓국 | 순대

진한 국물의 순대국밥은 식사로, 다진 양념을 푼 순대국밥은 술 마시고 난 뒤 해장으로 추천할 만하다. 선지가 많이 들어가 부드러운 맛을 낸다. 돼지 큰 창자를 쓰는 함경도식과는 달리 병천순대는 작은 창자를 사용해서 만드는 것이 특징이다. 병천아우내 순대골목에서 청화집과 함께 순대국밥 원조집으로 통한다.

ⓦ 순대국밥(1만원), 순대(1만6천원)

⏱ 08:00~19:00 – 연중무휴

🔍 충남 천안시 동남구 병천면 충절로 1748

☎ 041-564-1079 ⓟ 가능(협소)

취팔선객잔 ✕ 醉八仙客棧 일반중식

현지 요리사가 만드는 정통 중식을 맛볼 수 있는 곳이다. 불향이 진하게 남아 있는 정통 중국요리가 일품이다. 실내 분위기도 중국 현지의 분위기를 재현하였다.

ⓦ 삼선짜장면(1만1천원), 삼선짬뽕(1만2천원), 삼선누룽지탕(6만원), 취팔선냉채(6만원), 탕수육(소 2만5천원, 중 3만원)

⏱ 11:00~15:00/16:30~24:00(마지막 주문 23:00) | 토요일 11:00~ 21:30(마지막 주문 20:30) – 일요일 휴무

🔍 충남 천안시 서북구 두정상가8길 20 (두정동)

☎ 041-567-2888 ⓟ 가능

클라시코 ✕ Classico 이탈리아식 | 파스타

코스요리를 비롯하여 파스타, 리조토, 스테이크 등을 선보이는 이탈리안 레스토랑이다. 파스타를 주문하면 전채요리가 함께 나온다. 전체적으로 음식의 완성도가 높은 편이다.

ⓦ 코스(A 6만8천원, B 8만8천원, 스페셜 12만원), 시칠리아식 새우링귀네(2만5천원), 포치니버섯리조토(2만8천원), 양갈비스테이크(5만8천원), 한우채끝스테이크(180g 6만5천원)

⏱ 11:30~15:00(마지막 주문 14:00)/17:00~ 22:00(마지막 주문 21:00) | 월요일 17:30~22:00 (마지막 주문 21:00) – 일요일 휴무

🔍 충남 천안시 서북구 불당5길 20 (불당동)

☎ 041-621-1204 ⓟ 가능(협소)

태극당 베이커리

호두과자 안에 넣은 팥고물이 연한 흰색이라 특이하다. 달달해서 아이들이 좋아한다. 호두과자를 빵과 케이크와 같은 매장에서 판매한다. 60여 년의 역사를 자랑한다.

ⓦ 간식용(9개 2천원), 선물용(5천원~2만원)

⏱ 08:00~22:00 | 동절기 08:00~21:00 – 연중무휴

🔍 충남 천안시 동남구 대흥로 225 (대흥동)

☎ 041-551-7330 ⓟ 불가

투가리해장국 선지해장국 | 일반한식

선지해장국을 비롯한 다양한 해장국을 선보이는 곳. 해장국에 날달걀을 넣어 먹는 것이 독특하다. 겉절이 김치와 깍두기 모두 맛나다.

ⓦ 선지해장국, 콩나물해장국(각 9천원), 내장탕(보통 1만1천원, 특 1만3천원), 전골(중 4만5천원, 대 5만5천원)

⏱ 09:00~15:00(마지막 주문 14:15)/17:00~22:00(마지막 주문 21:15) – 명절 휴무

🔍 충남 천안시 동남구 일봉로 12-12 (신방동)

☎ 041-577-1397 ⓟ 불가

평양냉면 평양냉면

천안에서 이북식 평양냉면을 맛볼 수 있는 곳. 10시간 이상 끓여낸 사골 국물에 동치미 국물을 섞어서 육수를 만든다. 면은 주문하면 즉시 뽑아내는 것이 특징. 평양냉면 특유의 밍밍한 맛이 살아 있으며 평양식으로 심심하게 담근 김치 맛도 좋다. 중앙시장에서 가장 오래된 식당 중의 하나로, 70여 년의 오랜 내력을 자랑한다.

ⓦ 평양냉면, 비빔냉면, 온면(각 1만3천원), 불고기(1인 1만6천원), 녹두빈대떡(1만2천원), 사리추가(냉면 5천원, 비빔 6천원)

접시만두(1만원)

🕐 11:00~15:30 – 비정기적 휴무

🔍 충남 천안시 동남구 큰시장길 27 (사직동)

☎ 041-551-4851 Ⓟ 불가

한일한정식 한정식 | 삼계탕

백반 스타일의 한정식집. 시래기나물과 잡채, 김치전, 도토리묵, 불고기, 계란찜 등의 반찬이 푸짐하면서도 맛깔스럽다. 밥은 돌솥밥에 나온다. 삼계탕도 인기 메뉴 중 하나.

Ⓦ 돌솥삼계탕(1만4천원), 돌솥정식(1만3천원), 한일정식(1만원), 소머리국밥(1만1천원)

🕐 11:00~21:00 – 명절 당일 휴무

🔍 충남 천안시 서북구 미라1길 3 (쌍용동)

☎ 041-576-8887 Ⓟ 불가

충청남도 청양군

바닷물손두부 두부 | 청국장 | 일반한식

직접 손두부와 청국장을 만드는 곳. 손두부를 전문으로 하지민 청국장백빈, 보리밥, 도토리묵 등도 맛볼 수 있나. 손두부는 일반 두부와 검은콩두부, 구기자두부 등 다양한 종류의 손두부를 맛볼 수 있다. 점심때는 줄을 서서 기다려야 할 정도다.

Ⓦ 청국장백반, 보리밥(각 9천원), 돌솥비빔밥(8천원), 도토리묵(1만2천원), 바닷물손두부(1만7천원)

🕐 10:00~20:00 – 명절 휴무

🔍 충남 청양군 대치면 한티고개길 1

☎ 041-943-6617 Ⓟ 가능

영순각 永順閣 일반중식

청양군에서 가장 오래된 화상 중식당이다. 고슬고슬한 식감이 좋은 볶음밥과 바삭한 돼지고기튀김에 은은한 단맛과 새콤한 소스를 부은 탕수육이 인기다.

Ⓦ 짜장면(6천원), 간짜장, 짬뽕, 볶음밥(각 8천원), 유니짜장, 잡채밥(각 9천원), 탕수육(소 1만5천원, 대 2만5천원)

🕐 11:00~19:30 – 비정기적 휴무

🔍 충남 청양군 청양읍 칠갑산로 265-1

☎ 041-943-2218 Ⓟ 불가

은행집 두부

바닷물을 넣어 만드는 두부 맛도 좋은 집이다. 청양군의 명물인 청양고추를 넣은 청양고추두부가 독특한 메뉴며 모둠두부를 시키면 네 가지 색의 다양한 두부를 맛볼 수 있다. 재료 소진 시 일찍 마감할 수 있으므로 확인해보고 가는 것이 좋다.

Ⓦ 청국장, 비빔밥(각 1만1천원), 청양고추두부(1만3천원), 서리태흑두부, 구기자두부(각 1만2천원), 흰두부(1만2천원), 모둠두부(1만3천원), 도토리묵(1만2천원)

🕐 10:30~19:00(마지막 주문 18:20) | 월요일 10:30~14:30(마지막 주문 13:50) – 명절 휴무

🔍 충남 청양군 대치면 한티고개길 11

☎ 041-943-3790 Ⓟ 가능

칠갑산맛집 두부 | 일반한식

손두부 한 접시를 시키면 산나물, 김치, 된장찌개가 함께 나온다. 청양에서 나오는 콩으로 두부와 메주를 만들어 사용한다. 나물비빔밥은 칠갑산에서 채취한 나물을 이용하는 것이 특징이다.

Ⓦ 청국장나물비빔밥(1만원), 토속정식(1만5천원), 버섯두부전골(5원), 닭백숙, 닭볶음탕(각 6만원), 오리백숙(6만5천원)

🕐 09:00~20:00 – 연중무휴

🔍 충남 청양군 대치면 장곡길 119-39

☎ 041-943-5912 Ⓟ 가능

태풍루 泰豊樓 일반중식

청양군에서 50여 년 동안 운영하고 있는 중식당이다. 강한 매운맛을 맛볼 수 있는 청양짜장면이 인기다. 짬뽕은 국물이 자극적이지 않고 맑고 개운한 편이다.

Ⓦ 짜장면(6천원), 짬뽕(8천원), 고추짜장면, 굴짬뽕, 고추짬뽕(각 1만원), 냉우동(1만2천원), 유산슬밥(3만5천원), 탕수육(소 1만6천원, 중 2만1천원, 대 2만6천원), 양장피, 팔보채(3만5천원)

🕐 10:30~15:00/17:00~20:00 – 연중무휴

🔍 충남 청양군 청양읍 중앙로 137

☎ 041-943-2178 Ⓟ 불가

한옥카페지은 전통차전문점

250년이 된 고즈넉한 방기옥 고택에서 전통차를 즐길 수 있는 한옥카페. 옛스러운 소품으로 꾸민 프라이빗한 방에서 쉬어가기 좋은 곳이다. 음료와 즐기기 좋은 디저트도 마련되어 있다.

Ⓦ 아메리카노(5천5백원), 카페라테(6천원), 쌍화차, 대추차(각 8천원), 딸기요거트스무디, 블루베리요거트스무디(각 7천원), 착즙자몽에이드, 트리플베리(7천5백원), 계피생강차(8천원)

🕐 11:00~21:00 – 월요일 휴무

🔍 충남 청양군 남양면 나래미길 60-4 1층

☎ 041-942-0388 Ⓟ 가능

두메식당 우럭

우럭을 말렸다가 국을 끓여 먹는 우럭젓국이라는 향토음식이 유명하다. 대파와 고추 등이 들어간 냄비에 거뭇한 우럭과 큼지막한 두부가 들어간다. 우럭은 오래 끓일수록 맛이 우러나기 때문에 미리 주문해 놓는 것이 좋다.

- ⓦ 우럭젓국, 낙지볶음, 불고기(각 2인 이상, 1인 1만5천원), 제육볶음(1만2천원), 등심(2인 이상, 1인 4만원), 생선찌개(1만5천원), 불낙전골(2만원)
- ⓣ 09:00~21:00 – 연중무휴
- ⓠ 충남 태안군 원북면 원이로 830
- ☎ 041-672-4487 ⓟ 가능

몽대횟집 생선회 | 주꾸미

자연산을 취급하며 회를 시키면 기본 상차림으로 나오는 꽁치, 우럭조림, 조기구이 등의 맛이 좋다. 회를 다 먹고 나면 얼큰하게 매운탕을 끓여준다. 겨울철 별미로 주꾸미샤부샤부도 맛볼 수 있다.

- ⓦ 모둠회(소 7만원, 중 9만원, 대 12만원), 주꾸미샤부샤부(중 6만원, 대 7만원)
- ⓣ 09:00~21:30 – 명절 당일 휴무
- ⓠ 충남 태안군 남면 몽대로 495-83
- ☎ 041-672-2254 ⓟ 가능

물새집 생선회 | 조개구이

신선한 활어회와 조개구이를 즐길 수 있는 곳. 여름에는 한창 살이 오른 농어의 맛을 제대로 볼 수 있다. 회를 시키면 아나고, 낙지, 해삼, 굴 등이 나오고 매운탕으로 식사한다. 겨울에는 숭어가 유명하다. 조개구이도 많이 찾는 메뉴.

- ⓦ 모둠회(소 11만원, 중 13만원, 대 15만원), 조개구이, 조개찜(각 중 8만원, 대 9만원)
- ⓣ 11:00~24:00 – 비정기적 휴무
- ⓠ 충남 태안군 안면읍 방포1길 29-1
- ☎ 041-673-4576 ⓟ 가능

바다꽃게장 게장

현지인이 많이 찾는 간장게장 맛집. 게딱지에 알도 꽉 차 있으며 반찬으로 나오는 어리굴젓 맛도 일품이다. 서해안의 명물인 우럭젓국도 맛볼 수 있다. 광어, 조개 등이 들어 있는 수족관도 있어 손님이 예약하면 회도 떠준다.

- ⓦ 꽃게장, 양념게장, 꽃게탕(각 3만3천원), 우럭젓국(2만3천원), 우럭포찜(중 6만원, 대 8만원), 바다차림상(17만원)
- ⓣ 09:00~20:00 – 명절 휴무
- ⓠ 충남 태안군 태안읍 능샘1길 45
- ☎ 041-674-5197 ⓟ 가능

선창횟집 실치 | 회덮밥

봄철이면 실치회를 먹으러 사람들이 몰려 오는 곳. 실치회는 실치와 같이 잡히는 작은 새우류와 함께 나오고 밑반찬으로 실치전, 실치볶음, 실칫국 등이 나온다. 초고추장으로 무친 실치회무침은 소면과 비벼 먹으면 좋다. 실치 외에 주꾸미샤부샤부, 갱개미(간자미)무침 등의 메뉴가 있다.

- ⓦ 갑오징어물회(4만5천원), 갑오징어물회+회덮밥(2인 6만원, 4인 8만7천원), 우럭, 광어(각 1kg 8만원), 매운탕, 지리탕(각 소 5만원, 대 7만원), 활어회덮밥(1만5천원)
- ⓣ 10:30~21:00 – 연중무휴
- ⓠ 충남 태안군 남면 마검포길 427-5
- ☎ 041-674-6270 ⓟ 가능

솔밭가든 게국지 | 우럭

직접 말린 우럭으로 끓여 내는 우럭젓국 맛이 일품. 주문이 들어오면 바로 조리하기 때문에 갓 만든 따끈한 음식을 맛볼 수 있다. 게국지와 대하탕도 추천할 만하다.

- ⓦ 우럭젓국(중 6만5천원, 대 7만5천원, 특대 8만5천원), 꽃게탕(중 8만5천원, 대 10만5천원), 게장백반(1인 3만2천원), 2인세트(10만5천원), 4인세트(13만5천원, 16만5천원)
- ⓣ 09:00~20:00 – 비정기적 휴무
- ⓠ 충남 태안군 안면읍 장터로 176-5
- ☎ 041-673-2034 ⓟ 가능

송정꽃게집 게장 | 게국지

꽃게요리 전문점으로, 간장게장이 유명하다. 꽃게 살을 발라서 쌈장을 만든 꽃게쌈장은 이곳에서 개발한 메뉴로, 상추에 싸 먹거나 밥에 비벼 먹어도 좋다. 얼큰한 국물의 게국지도 서해안에 오면 맛봐야 할 메뉴.

- ⓦ 간장게장(중 3만3천원, 대 3만6천원, 특대 4만원), 양념게장(3만원), 꽃게쌈장(3만원), 게국지(소 5만5천원, 중 6만5천원, 대 7만5천원)
- ⓣ 09:00~21:00 – 명절 휴무
- ⓠ 충남 태안군 안면읍 방포로 46
- ☎ 041-673-2666 ⓟ 가능

연옥당 연잎밥

맛깔스러운 밑반찬이 연잎밥과 함께 한상 가득 차려진다. 찰진 찰밥의 연잎밥과 다양한 반찬을 먹기 좋으며, 반찬은 리필 가능하다. 바로 부쳐주는 따뜻한 전도 함께 맛볼 수 있다. 점심에만 영업하니 참고할 것.

- ⓦ 연잎밥정식(1인 1만5천원), 흰쌀밥정식(1인 1만2천원)
- ⓣ 11:30~15:00(마지막 주문 14:30) – 화요일 휴무
- ⓠ 충남 태안군 남면 안면대로 605-8 1층
- ☎ 0507-1398-9945 ⓟ 가능

원풍식당 ✖ 낙지

박속밀국낙지탕이 유명. 박속과 대파, 마늘, 감자, 조개 등을 넣고 끓인 국물에 갯벌에서 잡은 산낙지를 통째로 넣어 샤부샤부처럼 해 먹는다.

- Ⓦ 박속밀국낙지탕, 낙지볶음(2인 이상, 각 2만원), 산낙지(2만원), 우럭젓국(1만5천원)
- Ⓛ 09:30~20:00 – 연중무휴
- Ⓠ 충남 태안군 원북면 원이로 841–1 1층
- ☎ 041–672–5057 Ⓟ 불가

이원식당 ✖✖ 낙지

60년 넘게 박속밀국낙지탕을 해온 집이다. 박속을 넣고 끓여 시원한 육수에 산낙지를 통째로 넣어 삶는다. 살짝 익혀서 부드러운 낙지를 먹고 난 후에 수제비나 칼국수를 넣어 끓여 먹는다.

- Ⓦ 박속낙지탕, 낙지볶음, 한우샤부(각 2만원), 불고기(2인 이상, 1인 200g 2만원), 삼겹살(2인 이상, 1인 200g 1만5천원), 백반(1만원), 낙지탕탕이(3만원)
- Ⓛ 09:00~21:00 – 연중무휴
- Ⓠ 충남 태안군 이원면 원이로 1539
- ☎ 041–672–8024 Ⓟ 가능

일송꽃게장백반 ✖✖ 게장 | 꽃게

서해안에서 나는 싱싱한 꽃게로 담근 찝찔한 간장게장이 유명하다. 흑미 찹쌀밥에 시원한 조개탕이 나오고 밑반찬도 푸짐하게 깔린다.

- Ⓦ 간장게장(1인 3만원), 대하장(1인 2만8천원), 양념게장(소 5만5천원, 대 8만5천원), 꽃게탕(2인 8만5천원, 3인 12만원, 4인 14만5천원), 게국지(2인 7만3천원, 3인 11만원, 4인 13만5천원)
- Ⓛ 09:00~21:00 – 연중무휴
- Ⓠ 충남 태안군 안면읍 안면대로 2676
- ☎ 041–674–0777 Ⓟ 가능

진미각 중국만두 | 일반중식

서울 면목동에서 만두로 유명했던 진미각이 태안에 새로 오픈하였다. 부추와 돼지고기가 듬뿍 들어간 찐만두가 추천 메뉴. 짜장면과 짬뽕도 수준급이며 전체 메뉴는 만두와 식사류, 탕수육으로 단출하다.

- Ⓦ 짜장면, 찐만두(각 7천원), 튀김만두(8천원), 간짜장(9천원), 짬뽕(1만원), 짬뽕밥(1만1천원), 볶음밥(8천원), 탕수육(1만7천원)
- Ⓛ 10:00~19:00 – 둘째, 넷째 주 수요일 휴무
- Ⓠ 충남 태안군 태안읍 원이로 352
- ☎ 010–9582–8988 Ⓟ 가능

토담집 ✖✖ 게장 | 우럭

알이 성글성글 꽉 찬 꽃게장이 유명한 곳으로, 싱싱한 게의 단맛이 잘 살아 있다. 굽지 않은 김에 밥을 싸 양념간장을 발라 먹거나 톳, 어묵무침, 갱개미젓갈 등을 넣고 비빔밥을 만들어 먹기도 한다. 우럭젓국은 말린 우럭으로 끓인 맑은 국이다. 북엇국에 비해 생선 향이 강하지만 그만큼 국물이 진하다.

- Ⓦ 꽃게장(1인 3만2천원), 우럭젓국(1인 1만7천원), 우럭포찜(1마리 6만원), 꽃게포장(1kg 8만5천원)
- Ⓛ 10:00~20:00 – 연중무휴
- Ⓠ 충남 태안군 태안읍 동백로 161
- ☎ 041–674–4561 Ⓟ 가능

화해당 ✖✖✖ 花蟹堂 게장

서해 태안에서 나는 꽃게로 담그는 게장 맛이 일품이다. 매년 봄에 싱싱한 꽃게를 급랭하여 일년 내내 사용한다. 인테리어가 모던하고 테라스 자리도 넉넉해서 분위기 있게 꽃게를 즐길 수 있다. 위생적으로 진공 포장해서 보내주는 택배도 이용해볼 만하다.

- Ⓦ 간장게장과돌솥밥(4만3천원)
- Ⓛ 10:00~20:00(마지막 주문 19:00) – 화요일 휴무
- Ⓠ 충남 태안군 근흥면 근흥로 901–8
- ☎ 041–675–4443 Ⓟ 가능

충청남도 홍성군

내당한우 ✖✖ 內堂 소고기구이 | 육사시미

30여 년 전통의 소고기 전문점이다. 살치살, 치맛살, 안창살 등 다양한 부위의 소고기를 맛볼 수 있다. 모두 날로 먹을 수 있을 정도로 신선하다. 좋은 고기가 없으면 문을 열지 않으므로 전화로 확인해 보는 것이 좋다.

- Ⓦ 안창살, 살치살(각 150g 6만원), 육회(200g 3만5천원), 추천모둠(150g 4만5천원), 육사시미(180g 3만5천원)
- Ⓛ 11:00~15:00/17:00~22:00 – 명절 휴무

라파쏘나 LA FASSONA 파스타

이탈리아 가정식을 표방하는 곳으로, 생면 파스타를 전문으로 한다. 생면의 매력을 제대로 살리는 메뉴를 다양하게 갖추고 있다. 테이블 간격이 넓어 여유롭고 편안하게 식사할 수 있는 분위기다.

₩ 평일런치세트(2인 기준 3만8천원), 갑오징어샐러드(3만2천원), 감자스프(2만5천원), 카프레제(1만8천원), 로제파스타(1만9천원),아라비아타(2만원), 레몬크림파스타(2만4천원), 살시챠파스타(2만5천원), 봉골레파스타(2만4천원), 볼로네제파스타(2만6천원), 멜란자네롤(2만2천원), 등심스테이크(250g 4만6천원), 생면라자냐(3만원), 완두콩리조토(1만8천원), 살시챠리조토(2만2천원), 볼로네제리조토(2만2천원), 봉골레리조토(2만2천원), 마르게리타(1만8천원), 고르곤졸라(2만2천원), 티본스테이크(13만원/예약필수)

🕐 11:00~14:30/17:30~21:45(마지막 주문 20:30) - 월요일 휴무
📍 충남 홍성군 홍북읍 애향4길 35 101호
☎ 041-633-0070 Ⓟ 가능

삼거리갈비 ✖ 갈비탕 | 소갈비

40년이 넘게 영업해 온. 홍성 읍내에서는 유명한 갈빗집이다. 독특한 무쇠 불고기판에 구워주는 양념갈비 맛이 일품이다. 점심시간에는 갈비탕이 인기가 많다.

₩ 한우생갈비(200g 5만3천원), 안창살(150g 5만8천원), 한우양념갈비(200g 4만5천원), 한우갈비찜(300g 6만원), 육회(200g 3만5천원), 갈비탕(1만8천원)

🕐 12:00~22:00 - 일요일, 명절 휴무
📍 충남 홍성군 홍성읍 월계천길 238
☎ 041-632-2681 Ⓟ 가능

삼삼복집 복

역사가 오래된 복어탕 전문점. 메뉴는 복어탕 한 가지뿐이며 김치와 무절임이 반찬으로 나온다. 아욱이 수북하게 나오는 복어탕은 얼큰한 국물에 고춧가루가 뿌려져 있다. 아욱을 건져 먹다 보면 복어 살이 익어간다.

₩ 생복어탕(2만원), 건복어탕(2만5천원)
🕐 10:00~15:00 | 토, 일요일 10:00~17:00 - 화요일 휴무
📍 충남 홍성군 갈산면 갈산로114번길 7-3
☎ 041-633-2145 Ⓟ 가능

삼천리수산횟집 대하구이 | 새조개 | 생선회

천수만에서 잡은 대하가 크고 싱싱하다. 알루미늄 호일에 올려놓고 번개탄에 구워 먹는 맛이 담백하다. 살아 있는 새우를 껍질만 벗겨 먹는 맛도 특별하다. 대하는 봄, 가을이 제철이며 겨울에는 새조개샤부샤부가 인기 있다.

₩ 대하, 새조개샤부샤부(각 시가), 우럭, 광어(각 7만원)
🕐 09:00~19:00 | 토, 일요일 09:00~20:00 - 명절 휴무
📍 충남 홍성군 서부면 남당항로 210
☎ 041-634-2672 Ⓟ 가능

삽다리곱창홍성본점 돼지곱창

예천의 명물인 삽다리곱창 전문점. 메뉴는 곱창구이와 곱창전골로 단출하다. 삽다리곱창은 연탄불에 돼지곱창을 구워 먹기 시작한 데서 유래한 이름이다. 지금은 살짝 데쳐서 나온 돼지곱창을 불판에 바싹하게 구워 고추장에 찍어 먹는다.

₩ 곱창구이(350g 1만8천원), 곱창전골(소 3만원, 중 3만4천원, 대 4원)
🕐 10:00~22:00(마지막 주문 21:00) - 연중무휴
📍 충남 홍성군 홍성읍 도청대로 6-1
☎ 041-634-0362 Ⓟ 가능

이슬회수산 ✖ 생선회 | 조개찜

남당항 앞에 즐비한 횟집 중에서도 신선도를 자랑하는 곳. 키조개, 새조개, 대하 등 철따라 방문하면 합리적인 가격에 신선한 해산물을 마음껏 먹을 수 있다. 자연산, 양식산 등 다양한 종류의 어종과 해산물을 갖추고 있다.

₩ 해물탕(소 6만원, 중 8만원, 대 10만원), 모둠회(2인 8만원, 3인 12만원, 4인 16만원), 농어(1kg 8만원), 조개찜세트(2인 6만5천원, 3인 9만원, 4인 11만원)
🕐 09:00~20:00 - 연중무휴
📍 충남 홍성군 서부면 남당항로213번길 1 홍성남당항 해양수산 복합공간
☎ 041-633-4857 Ⓟ 가능

인발루 ✖ 일반중식

화교가 40년 넘게 운영하고 있는 중식당이다. 외관에서부터 오랜 세월의 흔적을 풍긴다. 돼지고기, 오징어, 갖은 채소를 듬뿍 넣은 짬뽕이 인기다. 제대로 볶아 깊은 풍미를 느낄 수 있는 간짜장도 별미다. 양도 푸짐한 편이다.

₩ 짬뽕, 볶음밥, 간짜장(각 8천원), 짜장면, 군만두(각 6천원), 잡채밥(9천원), 탕수육(소 2만원, 중 2만4천원, 대 2만7천원), 잡채(1만8천원), 팔보채, 유산슬(각 3만5천원), 난자완스, 고추잡채, 라조육, 깐쇼새우(각 3만원), 계란탕(1만2천원)
🕐 11:00~20:00 - 연중무휴
📍 충남 홍성군 결성면 홍남서로 732-1
☎ 041-642-8206 Ⓟ 불가

전북특별자치도

Jeonbuk State

강촌숯불장어구이 장어

풍천장어를 사용하여 장어의 맛이 더욱 좋다. 고추장양념구
이와 소금구이 둘 다 괜찮은 편이다. 참나물무침, 취나물 등
같이 내는 반찬이 다양하며 수준 이상의 맛을 자랑한다.

- ⓦ 갯벌풍천장어(마늘양념, 고추장양념 각 4만2천원), 소금구이
4만1천원), 풍천장어(마늘양념, 고추장양념 각 3만6천원), 소금
구이 3만5천원), 메기매운탕(중 4만5천원, 대 5만원), 장어누룽
지탕(1인 7천원)
- ⓣ 10:00~21:00(마지막 주문 20:00) – 비정기적 휴무
- ⓠ 전북 고창군 아산면 인천강서길 6
- ☎ 063–563–3471 ⓟ 가능

꺼먹고무신 장어

고창에서 유명한 풍천장어를 맛볼 수 있는 곳이다. 느끼하
지 않은 장어의 맛이 입맛을 돋운다. 장어는 구워 내주어 먹
기 편하다. 같이 내는 찬도 괜찮은 편. 후식으로 나오는 복
분자 엑기스도 인기가 좋다.

- ⓦ 장어정식(4만2천원), 장어탕(3만원), 장어구이(4만원)
- ⓣ 11:00~19:00(마지막 주문 18:00) – 월요일 휴무
- ⓠ 전북 고창군 아산면 선운사로 63–7
- ☎ 063–561–1564 ⓟ 가능

다은회관 백합

고창의 유명한 백합을 사용하여 만든 다양한 요리가 준비되
어 있다. 시원한 백합탕에서부터 깔끔한 백합죽까지 전북의
백합 요리를 만날 수 있는 곳이다. 탕, 구이, 회, 죽 등을 코
스별로 맛볼 수 있는 백합정식이 인기다.

- ⓦ 아귀찜, 복어찜(각 중 5만원, 대 6만원), 병어찜(중 5만5천원,
대 7만원), 백합탕(중 5만원, 대 6만원), 백합정식(3만5천원), 백
합삼탕(1만8천원), 백합죽(1만3천원), 백합전(1만5천원), 백합무
침(3만원)
- ⓣ 11:00~15:00/17:00~21:00(마지막 주문 20:00) – 첫째, 둘째,
셋째, 넷째 주 수요일 휴무
- ⓠ 전북 고창군 고창읍 동산7길 1
- ☎ 063–564–3304 ⓟ 가능

명가풍천장어 장어

고창 선운사 입구 장어촌에서 유명한 양념장어구이 전문점
이다. 장어 맛이 일품이고, 같이 나오는 반찬도 전라도 특유
의 내공이 느껴진다.

- ⓦ 풍천장어(1인 3만6천원)
- ⓣ 09:00~22:00 – 연중무휴
- ⓠ 전북 고창군 아산면 선운사로 16–5
- ☎ 063–561–5389 ⓟ 가능

베이크샵워너비

Bake shop by wannabe 베이커리

프랑스 전통 아티장 방식을 재해석하여 제대로 만든 베이커
리. 바게트, 캄파뉴 등의 블랑제리와 크루아상, 팽오쇼콜라,
브리오슈 등의 비엔누아즈리 그리고 갈레트 브루통, 피낭시
에, 마들렌 등의 파티스리가 준비되어 있다. 월요일 하루만
영업하는 것이 특징.

- ⓦ 바게트(3천5백원), 팡브리에(5천원), 세이글(5천3백원), 무화
과&크림치즈캄파뉴(6천원), 팡콩플레, 팡오레페이잔, 베리캄파
뉴, 쇼콜라캄파뉴, 오곡캄파뉴, 블루바알리(청보리)캄파뉴, 스펠
트캄파뉴(각 5천5백원), 흑임자&크림치즈캄파뉴(6천원), 브리
오슈페이잔(5천8백원), 소금빵(2천3백원), 크루아상(4천원), 팽
오쇼콜라(4천3백원), 갈레트브루통(2천5백원), 피낭시에(2천3백
원), 티그레(1천3백원), 마들렌(2천원), 치아바타(2천5백원), 스콘
(3천원), 자허토르테(4천5백원), JLT샌드위치(3천5백원), 라페샌
드위치(3천8백원)
- ⓣ 08:00~19:00 – 일,수,토요일 휴무
- ⓠ 전북 고창군 고창읍 성산2길 50
- ☎ 063–923–9993 ⓟ 불가(매장 옆 공영주차장 이용)

본가 백합

백합 전문 요리점으로, 4월이면 제철인 백합 요리를 맛볼
수 있다. 변산반도와 전남 영광에서 잡은 백합을 사용한다.
새콤하게 무쳐낸 조개회무침이 추천할 만하다. 마당이 백합
껍데기로 뒤덮여 있는 모습이 독특하다.

- ⓦ 백합정식(2인 이상, 1인 3만5천원), 백합무침(3만원), 백합죽(1
만4천원), 바지락죽, 바지락비빔밥, 바지락국밥(각 1만1천원), 백
합샤부샤부(2인 이상 1인 2만원), 프리미엄등갈비찜, 바지락전
골(각 2인 이상 1인 1만5천원), 이베리코샤부샤부(2인 이상 1인 1
만8천원)
- ⓣ 09:00~21:00 – 명절 휴무
- ⓠ 전북 고창군 고창읍 석정2로 160
- ☎ 063–564–5888 ⓟ 가능

수궁회관 한정식

굴밥정식과 게장정식을 전문으로 하는 곳. 간이 제대로 배
어 있는 게장정식백반이 인기다. 백반이지만 게장의 양이
푸짐하다. 함께 나오는 반찬도 손맛이 있으며 망둥어구이가
인기가 좋다.

- ⓦ 굴밥정식(1만5천원), 게장정식(중 2만원, 대 2만5천원, 특 3만
원, 특대 3만5천원)
- ⓣ 10:00~21:00 – 연중무휴
- ⓠ 전북 고창군 심원면 심원로 218
- ☎ 063–564–5035 ⓟ 가능

신덕식당 ❌ 장어

풍천장어골목에서 오래된 장어 전문점 중의 하나. 장어를 고아 뽑아낸 육수에 고추장과 갖은 양념을 해 다시 몇 시간 동안 푹 끓여 장을 덧발라 가며 재벌구이한다. 곰삭은 젓갈과 대여섯 가지의 찬이 따라나오는 식사와 함께 진한 복분자주를 곁들여도 좋다.

- Ⓦ 죽염소금, 양념구이장어(각 1인 3만5천원)
- Ⓛ 11:00~20:00(마지막 주문 19:00) – 연중무휴
- Ⓠ 전북 고창군 아산면 선운사로 8
- ☎ 063-562-1533 Ⓟ 가능

아산가든 장어

선운사 앞 장어타운에 있는 장어 전문점 중 하나. 소금구이와 양념구이가 있다. 초벌구이 되어 나온 장어는 테이블에서 구워 먹는다. 채소와 여러 가지 밑반찬도 정갈하게 나온다. 실내 공간이 넓어 단체로 방문하기에도 좋다.

- Ⓦ 풍천장어(3만5천원)
- Ⓛ 11:00~20:30 – 첫 번째, 세 번째 화요일 휴무
- Ⓠ 전북 고창군 아산면 선운사로 116
- ☎ 063-564-3200 Ⓟ 가능

연기식당 장어

신덕식당과 더불어 고창 풍천장어골목에서 오래된 집 중 하나나. 고주상양념구이와 소금구이 중에서 선택할 수 있다. 치어를 방류해서 기른 반자연산 장어도 맛볼 수 있다. 강을 바라보며 식사할 수 있다.

- Ⓦ 보통장어(3만8천원), 갯벌장어(4만1천원), 장어탕(1만2천원)
- Ⓛ 09:00~21:00 – 연중무휴
- Ⓠ 전북 고창군 아산면 선운대로 2727
- ☎ 063-561-3815 Ⓟ 가능

우정회관 ❌ 게장

싱싱하고 알이 꽉 찬 간장게장을 맛볼 수 있는 곳. 짜지 않고 슴슴한 간장게장을 선보인다. 흰쌀밥에 비벼 김에 싸 먹는 것도 맛있게 먹는 방법. 주말만 영업을 하니 참고할 것.

- Ⓦ 간장게장(3만원~3만5천원)
- Ⓛ 10:00~16:00(마지막 주문 15:30) – 월, 화, 수, 목, 금요일 휴무
- Ⓠ 전북 고창군 심원면 심원로 196
- ☎ 0507-1423-2486 Ⓟ 가능

할매집풍천장어숯불구이 장어

선운사 앞 장어 전문점 40여 군데 중에 평이 좋은 곳 중 한 곳이다. 고소하고 쫀득한 풍천장어가 일품이다. 매콤한 양념을 발라 먹는 것도 좋으며, 밑반찬도 깔끔하게 나온다. 리모델링하여 분위기도 쾌적하다.

- Ⓦ 양념구이, 장어구이(각 3만5천원), 돌솥밥(3천원)
- Ⓛ 10:30~20:00 – 둘째, 넷째 주 월요일 휴무
- Ⓠ 전북 고창군 아산면 선운사로 29
- ☎ 063-562-1542 Ⓟ 가

전라북도 군산시

개화당 ❌ 開花黨 프랑스식

프랑스에서 수학하고 온 오윤석 셰프의 프렌치 레스토랑. 화사한 인테리어에서 아기자기한 프랑스 가정식 요리를 맛볼 수 있다. 1인 레스토랑이지만, 재료나 소스가 겹치는 부분 없이 많은 정성을 들이고 있다. 소고기를 페이스트리 반죽으로 감싸 구운 피티비에는 꼭 맛봐야 하는 메뉴로 미리 예약이 필요하다.

- Ⓦ 뵈프부르기뇽(2만4천원), 라타투이(2만3천원), 프렌치어니언수프(1만3천원), 토마토라구라자냐(2만원), 리옹샐러드(2만원), 부라타치즈샐러드(2만원), 버섯샐러드(2만원), 전복크림파스타(2만2천원), 연어스테이크(3만2천원)
- Ⓛ 11:45~15:00(마지막 주문 14:00)/17:30~21:00(마지막 주문 20:00) – 일요일 휴무
- Ⓠ 전북 군산시 신평안길 64 (지곡동)
- ☎ 063-464-7057 Ⓟ 불가(골목 주차 가능)

개화당

계곡가든 ❌❌ 게장

30여 년 역사의 꽃게장집. 간장에 한약재를 넣은 것이 맛의 비결이다. 간장게장, 양념게장 모두 후회하지 않을 맛이다. 게장정식을 시키면 한정식 수준의 반찬이 나온다. 4월에서 5월까지 알이 잘 밴 꽃게를 한 번에 구입해서 급랭하여 사용하며 택배 주문도 가능하다.

- Ⓦ 양념게장, 간장게장, 꽃게탕(각 1인 3만원), 꽃게통찜(중 6만원, 대 8만원), 야채꽃게찜(중 6만5천원, 대 8만5천원), 전복장(1

인 2만4천원)
- 11:00~20:30(마지막 주문 20:00) – 연중무휴
- 전북 군산시 개정면 금강로 470
- ☎ 063-453-0608 ℗ 가능

고우당 古友堂 카페
일본강점기에 지어진 건물을 사용하는 게스트하우스에서 운영하는 카페. 고즈넉한 분위기에서 다양한 종류의 커피와 음료를 즐길 수 있다. 음료 가격도 합리적인 편이며 더치커피도 병으로 판매하고 있다.
- 에스프레소(3천원), 아메리카노(3천원), 카페라테(5천원), 헤이즐넛라테(5천원), 딸기스무디, 블루베리스무디, 자몽스무디(각 6천원), 차(각 4천원), 쌍화차(1만원)
- 07:20~22:00 | 토, 일요일 07:00~22:00 – 연중무휴
- 전북 군산시 구영6길 19 (월명동)
- ☎ 063-443-2606 ℗ 가능

군산복집 ✖ 생선회
오랜 경력의 주방장이 내는 회 맛이 좋다. 농어, 고등어 등 다양한 회가 있으며 상호와는 달리 복어는 찜과 탕만 하고 있다. 복탕을 시키면 회와 오징어 숙회, 굴이 서비스로 나온다. 밑반찬도 종류와 양이 많다.
- 복찜(각 소 6만원, 중 7만원, 대 8만원, 특대 9만5천원), 아귀찜(소 5만8천원, 중 6만8천원, 대 7만8천원, 특 9만5천원), 조기탕, 아귀탕(각 1인 1만6천원), 갈치찜(2만8천원)
- 09:00~15:00/16:30~20:00(마지막 주문 19:00) – 월요일 휴무
- 전북 군산시 구영7길 15 (월명동)
- ☎ 063-446-0118 ℗ 가능

기연 ✖ 일식오마카세
서울의 일본요리점 모노로그에서 근무한 후 고향인 군산으로 내려온 전훈 셰프의 일본요리점이다. 매일 조금씩 달라지는 제철 식재료를 사용한 신선하면서도 훌륭한 맛의 정통 일본 요리를 오마카세 형식으로 낸다. 사케 리스트도 합리적인 가격에 구성도 훌륭하며 2부는 저녁 9시 반에 시작하기 때문에 2차로 들러 밤을 즐기기에도 좋다.
- 오마카세(10만원)
- 17:30~19:00/20:00~21:30 – 일요일 휴무
- 전북 군산시 구영3길 39 (월명동)
- ☎ 010-9445-3028 ℗ 불가

내갈비 소떡갈비
30년 동안 자리를 지켜온 석쇠구이 떡갈비 전문점이다. 한우를 잘게 썰어 불향을 입히고 송송 썬 파가 뿌려져 나오는 떡갈비를 파김치와 함께 먹는다. 진하게 끓여낸 곰탕 맛 또한 일품이다.

- 한우떡갈비(200g 3만원), 곰탕(1만5천원)
- 11:00~21:00 – 화요일 휴무
- 전북 군산시 부원로 13 (나운동)
- ☎ 063-465-7707 ℗ 가능

대가꽃게장 ✖ 게장
군산 현지인이 추천하는 꽃게장집. 남도답게 게장을 주문하면 한정식 수준의 반찬이 깔린다. 짜지 않고 슴슴한 게장 맛이 일품이다. 실내 분위기도 넓고 쾌적하다.
- 꽃게장, 꽃게무침(3만원), 꽃게탕(소 6만2천원, 중 9만2천원, 대 12만2천원)
- 11:00~15:00/17:00~21:00(마지막 주문 20:00) – 월요일 휴무
- 전북 군산시 개정면 금강로 466
- ☎ 063-453-0831 ℗ 가능

돈키호테 ✖ 타파스바 | 스페인식
스페인 현지식 요리와 술을 즐길 수 있는 타파스 바. 타파스는 스페인에서 식사 전 술을 곁들여 간단히 먹는 음식을 의미한다. 토마토마리네이드, 가지구이, 감바스알아히요 등 다양한 타파스를 선보인다. 스페인 생맥주와 병맥주도 있다.
- 토마테스라마, 베렌헤레예나(각 1만원), 참피뇨네스(1만3천원), 감바스알아히요(5피스 1만2천5백원, 10피스 2만7천원), 알본디가스(5피스 1만3천5백원, 10피스 2만7천원), 안심스테이크(200g 4만3천원), 봉골레파스타(1만6천원), 샤퀴테리(9천5백원~2만7천원)
- 17:30~23:00(마지막 주문 22:00) – 일, 월요일 휴무
- 전북 군산시 구영6길 111-7 (영화동)
- ☎ 0507-1322-7467 ℗ 불가

등대로 ✖ 燈臺路 생선회 | 생선매운탕
군산 비응항 방파제에 자리한 횟집. 아름다운 서해 낙조를 바라보며 신선한 회를 즐길 수 있다. 신선한 해물과 초밥, 활어회, 대하구이 등이 한 상 가득 푸짐하게 차려지는 코스를 추천할 만하다. 시원한 생우럭매운탕과 생조개버섯전골 등도 인기.
- 활어회코스(A 7만원, B 6만원, C 5만원), 매콤해물치즈돈가스(3만8천원), 우럭매운탕, 지티탕(5만4천원), 생조개버섯전골(6만4천원), 해물누룽지탕(2만원)
- 12:00~14:00(마지막 주문 14:00)/17:00~21:00(마지막 주문 19:30) – 월요일 휴무, 명절 전날과 당일 휴무
- 전북 군산시 비응로 71 (비응도동) 아무들광장 2층
- ☎ 063-446-9500 ℗ 가능

락원 樂園 청국장
군산에서 잘 알려진 한정식집이었지만, 최근에는 청국장과 뭇국을 선보이고 있다. 한식집이지만 음식점 내부는 근대

일본식 가옥 형태를 유지하고 있다. 식사를 마치고 인근에 영화 촬영 장소로도 쓰인 일본 전통가옥 히로쓰가옥을 둘러보는 것도 좋다.

ⓦ 청국장, 뭇국(각 1만원)
ⓣ 06:30~14:30 – 첫째, 셋째 주 월요일 휴무
ⓠ 전북 군산시 구영3길 21-1 (월명동)
☎ 063-446-9255 ⓟ 가능

명월갈비 ✖ 소갈비

60년이 넘는 전통의 갈빗집으로 한우 소갈비 한 가지 메뉴만 전문으로 한다. 갈비를 시키면 도토리묵, 계란찜, 물김치 등의 반찬이 푸짐하게 깔린다. 숯불에 구운 갈비를 상추에 얹어 양파 장아찌를 얹어 먹으면 맛이 일품이다. 식사로는 작은 양으로 나오는 곰탕을 시켜 먹으면 좋다.

ⓦ 한우양념갈비(200g 3만원), 생갈비(200g 4만원), 잔치국수(3천원, 곱빼기 4천원), 곰탕(3천원)
ⓣ 11:00~21:00(마지막 주문 20:00) – 둘째, 넷째 주 수요일 휴무
ⓠ 전북 군산시 구영7길 59 (신창동)
☎ 063-445-8283 ⓟ 불가

미곡창고 ✖ Migok Storage 커피전문점

군산에 있던 농협쌀창고를 고쳐 만든 카페로, 요즘 뜨거운 인기를 끌고 있다. 스페셜티 커피를 전문으로 하며 최고급 게이샤커피도 맛볼 수 있다. 함께 곁들일 수 있는 빵과 케이크 등의 디저트도 추천할 만하다. 복층 구조로 꾸몄으며 층고가 높아 탁 트인 느낌이 든다.

ⓦ 미곡아메리카노, 미곡에스프레소, 구암아메리카노, 구암에스프레소(각 6천원), 미곡라테, 구암라테(각 6천5백원), 브루잉커피(7천원~1만원)
ⓣ 10:00~21:00(마지막 주문 20:30) – 연중무휴
ⓠ 전북 군산시 구암3.1로 253 (구암동)
☎ 063-465-3007 ⓟ 가능

복성루 ✖ 일반중식

돼지고기 고명이 얹어진 꼬막짬뽕으로 유명한 중식당이다. 점심때는 짬뽕과 짜장면만 주문할 수 있다. 전국에서 가장 짬뽕 맛이 좋은 중식당 중 하나로 꼽히고 있다. 50년 넘는 역사를 자랑한다.

ⓦ 짜장면(8천원), 짜장밥(9천원), 물짜장(1만2천원), 짬뽕, 짬뽕밥(각 1만1천원), 볶음밥(1만원)
ⓣ 10:00~16:00 – 일요일 휴무
ⓠ 전북 군산시 월명로 382 (미원동)
☎ 063-445-8412 ⓟ 가능

빈해원 濱海園 일반중식

70년이 넘는 내력을 자랑하는 화상중식당이다. 화상답게 짬뽕을 잘하기로 유명하다. 널찍한 실내 분위기가 중국 본토스러운 대형 중식당 중 하나.

ⓦ 짜장면(6천원), 짬뽕(8천원), 군산삼선짬뽕, 하얀해물짬뽕(각 1만원), 탕수육(소 1만5천원, 중 2만5천원), 잡채(1만5천원), 짬뽕밥(9천원)
ⓣ 10:30~15:30/16:00~21:00(마지막 주문 19:30) | 토, 일요일 10:00~17:00/18:00~21:00(마지막 주문 19:30) – 월요일 휴무
ⓠ 전북 군산시 동령길 57 (장미동)
☎ 063-445-2429 ⓟ 가능

사계절꽃게무침 ✖ 꽃게

간장 게장이 대세인 군산에서 드물게 전라도식 꽃게무침을 내는 곳. 숙성되지 않은 신선하고 달큰한 게살과 물엿을 사용해 매콤, 달콤, 끈적한 자극적인 양념 맛의 조화가 매우 훌륭하다. 음식점 보다는 주점에 가까운 형태로 운영되며 주인의 손맛이 좋아 반찬 및 요리가 두루두루 맛있다.

ⓦ 꽃게무침(암게 8만원), 꽃게탕(숫게, 5만원), 갑오징어숙회(3만5천원), 갑오징어볶음(4만원), 병어조림, 갈치조림(각 소 3만5천원, 중 5만원), 대하소금구이(3만원), 참홍어회, 참홍어무침(각 5만원)
ⓣ 17:00~24:00 – 일요일 휴무
ⓠ 전북 군산시 부원로 8 (나운동)
☎ 063-463-2239 ⓟ 가능(주택가 골목)

사계절꽃게무침

쌍용반점 ✖ 일반중식

바닷가에 인접한 군산답게 해산물이 듬뿍 들어간 짬뽕을 맛볼 수 있다. 주문하면 그때부터 재료를 볶아서 내는 정통 짬뽕을 맛볼 수 있다. 영업시간과 관계없이 재료가 떨어지면 문을 닫는다.

ⓦ 조개짬뽕, 간짜장(각 1만1천원), 전복짬뽕(1만6천원), 짜장면(1만원), 탕수육(소 2만5천원, 중 2만8천원), 팔보채(3만2천원)
ⓣ 11:00~20:00 – 둘째, 넷째 주 월요일 휴무

압강옥 <일반한식 | 이북음식>

전라도식으로 변형된 이북 음식을 하고 있다. 쟁반전골이라고도 하는 어복쟁반, 냉면 등이 주메뉴. 놋그릇에 담겨 나오는 반찬이 정갈하다.

Ⓦ 복튀김(중 3만5천원, 대 4만5천원), 갈비구이(2인 이상, 1인 220g 3만1천원), 물냉면(1만1천원), 비빔냉면(1만2천원), 쟁반전골(2인 이상, 1인 2만2천원), 압강옥정식(예약필요 4인 18만원)

Ⓛ 11:40~14:30/17:00~20:30(마지막 주문 19:30) – 격주 화요일 휴무

Ⓠ 전북 군산시 삼수길 46 (사정동)

☎ 063-452-2777 Ⓟ 가능

영국빵집 <베이커리>

보리단팥빵이 맛있기로 유명한 빵집. 흰찹쌀보리빵은 밀가루 대신 군산에서 재배한 흰찹쌀보리를 사용해 만든 것으로, 고소하고 담백한 맛이 특징이다. 그 밖에 다른 빵도 가격이 싸고 맛이 좋다는 평.

Ⓦ 보리단팥빵(2천원), 슈크림빵(2천3백원), 채소빵(2천5백원), 양파치즈빵(4천원)

Ⓛ 08:00~21:00 – 연중무휴

Ⓠ 전북 군산시 대학로 144-1 (신풍동)

☎ 063-466-3477 Ⓟ 불가

옹고집쌈밥 <쌈밥 | 우렁쌈밥>

쌈밥정식을 전문으로 하는 곳이다. 황토에서 양식한 우렁이 들어간 쌈장 맛이 구수하다. 쌈 종류도 다양하게 나오며 호박과 두부를 썰어 넣고 끓여 낸 된장찌개도 담백하다. 직접 담가 2년 동안 푹 묵힌 된장을 사용한다. 밥은 군산 특산물인 청정쌀과 흰 찰보리쌀을 섞어 지었다. 폐교된 시골학교를 리모델링하여 식당으로 사용하고 있다.

Ⓦ 소불고기쌈밥(2만원), 매콤제육쌈밥(1만2천원), 한우육회(1만8천원), 소불고기추가(1만5천원), 제육추가(8천원)

Ⓛ 10:00~20:30 – 연중무휴

Ⓠ 전북 군산시 나포면 서왕길 34

☎ 063-453-8883 Ⓟ 가능

완주옥 <소떡갈비>

80여 년 전통의 떡갈비 전문점. 다져서 만든 떡갈비가 아니라 갈빗살을 저며 만든 떡갈비다. 연탄불에 마늘과 함께 터프하게 구워져 나온다. 현지인과 관광객 모두 많이 찾는 집. 공깃밥은 별도로 주문해야 한다

Ⓦ 한우떡갈비(2인 이상, 1인 200g 2만8천원), 한우곰탕(1만2천원), 미니곰탕(2천원)

Ⓛ 11:00~21:00 – 둘째, 넷째 주 화요일, 명절 휴무

Ⓠ 전북 군산시 큰샘길 42 (죽성동)

☎ 063-445-2644 Ⓟ 불가

우리떡갈비 <곰탕 | 소떡갈비>

30여 년 역사의 군산의 명물 떡갈비를 맛볼 수 있다. 한우를 다져서 넓적하게 만들었다. 달달한 향에 불맛을 입힌 것이 특징이다. 부추와 쪽파를 무친 파김치와 함께 먹는다. 공기밥을 시키면 작은 그릇의 곰탕이 함께 나온다.

Ⓦ 떡갈비(190g 2만8천원), 곰탕(1만3천원), 양곰탕(1만3천원), 술국(5천원), 미니곰탕(2천원)

Ⓛ 11:30~14:00/17:30~21:00(마지막 주문 20:00) – 수요일 휴무

Ⓠ 전북 군산시 백토로 36 (문화동)

☎ 063-463-4279 Ⓟ 가능

월명초밥 <스시>

부담없는 가격에 퀄리티 높은 오마카세를 즐길 수 있는 곳이다. 디너 코스는 신선한 회와 기본에 충실한 초밥을 맛볼 수 있다. 초밥 오마카세를 처음 경험하는 사람들에게 추천하기 좋다.

Ⓦ 디너(5만5천원)

Ⓛ 17:30~22:00 – 일요일, 월요일 휴무

Ⓠ 전북 군산시 구영5길 25 (월명동)

☎ 010-5882-1222 Ⓟ 가능

유성꽃게장 <꽃게>

꽃게장 전문점으로, 대표 메뉴인 간장꽃게장은 알이 꽉 차 있으며 비린내가 나지 않는다. 알이 꽉 차 있는 철에 서해에서 잡은 꽃게를 구매해 냉동해서 사용하므로 1년 내내 좋은 질의 꽃게장을 먹을 수 있다.

Ⓦ 꽃게장, 꽃게무침, 꽃게탕(각 1인 3만원), 꽃게찜 (1kg 9만4천원)

Ⓛ 10:40~20:30(마지막 주문 19:10) – 연중무휴

Ⓠ 전북 군산시 성산면 철새로 6-1

☎ 063-464-6670 Ⓟ 가능

이성당 ✕ 베이커리

우리나라 최초의 제과점으로, 단팥빵과 팥빙수가 유명하다. 넓은 매장에 다양한 종류의 빵들이 진열되어 있으며 샌드위치, 밀크쉐이크 등 젊은이들이 좋아하는 메뉴도 맛볼 수 있다. 70여 년이 넘는 역사를 자랑하는 군산의 상징이다.

- Ⓦ 단팥빵(2천원), 야채빵(2천5백원), 팥빙수(8천원), 통알밤앙금빵(3천3백원), 찹쌀깨찰빵, 고구마빵(각 2천5백원), 쌀메론빵(3천원)
- ⏰ 08:00~21:30 | 금, 토, 일요일 08:00~22:00 – 한 달에 한 번 비정기적 휴무
- 🔍 전북 군산시 중앙로 177 (중앙로1가)
- ☎ 063-445-2772 Ⓟ 불가

일해옥 ✕ 콩나물국밥

새우젓으로 미리 간이 다 되어 나오는 방식의 콩나물국밥이 유명하다. 토렴을 거쳐 나오는 것이 특징. 전주 콩나물국밥처럼 수란이 따로 나오지 않고 국밥에 달걀을 넣어 나온다

- Ⓦ 콩나물국밥(8천원)
- ⏰ 05:00~14:00 – 화요일 휴무
- 🔍 전북 군산시 구영7길 19 (월명동)
- ☎ 063-443-0999 Ⓟ 가능

일흥옥 ✕ 콩나물국밥

콩나물국밥을 전문으로 하는 곳. 멸치로 육수를 내어 맛이 시원하면서도 깔끔하다. 해장국과 함께, 쌀과 보리로 만든 모주를 곁들이는 것도 좋다. 50여 년간 한 자리를 지켜온 오랜 역사를 자랑한다.

- Ⓦ 콩나물국밥(8천원)
- ⏰ 05:00~15:00 – 수요일 휴무
- 🔍 전북 군산시 구영7길 124 (영화동)
- ☎ 063-445-3580 Ⓟ 가능

중동호떡 호떡

1943년부터 전통을 이어온 군산의 명물 호떡집. 기름에 튀기지 않고 구워내는 전통 방식을 사용하여 기름기 없이 담백한 맛이다. 흑설탕을 사용한 꿀도 전통적인 맛을 간직하고 있다. 주문 즉시 호떡을 만들어 주는데 집게로 잘라 먹어야 혀를 데지 않고 먹을 수 있다.

- Ⓦ 호떡(1개 1천5백원, 5개 7천원), 뽕잎크림치즈호떡(1개 2천5백원, 4개 9천원), 아메리카노(2천원)
- ⏰ 10:00~19:00 | 일요일 13:00~18:00 – 연중무휴
- 🔍 전북 군산시 서래로 52 (경암동)
- ☎ 063-445-0849 Ⓟ 불가

지린성 짬뽕전문점 | 일반중식

현지인이 자주 찾는 중국 음식점으로, 짬뽕과 고추짜장이 유명하다. 짬뽕은 해물이 듬뿍 들어가 푸짐하며 고추짜장은 양파와 고추가 들어간 양념을 한번 볶아서 면과 따로 내는 스타일이다.

- Ⓦ 짬뽕, 짬뽕밥(각 1만원), 고추짬뽕, 고추짜장(각 1만1천원), 짜장면(8천원), 짜장밥(9천원)
- ⏰ 10:00~16:00(재료 소진 시 마감) | 금요일 10:00~15:00 | 토, 일요일 09:30~16:00 – 화요일 휴무
- 🔍 전북 군산시 미원로 87 (미원동)
- ☎ 063-467-2905 Ⓟ 가능

지미원 ✕✕✕ 知味園 한정식

궁중음식을 전문으로 하는 한정식집. 무형문화재 궁중음식 38호로 지정된 조선왕조 궁중음식을 선보이며 방짜유기 그릇에 깔끔하게 나온다. 예약제로만 운영되며 상견례 하기 적합한 장소다.

- Ⓦ 한정식(2인 18만원, 4인상 24만원)
- ⏰ 12:00~19:30(예약 필수) – 연중무휴
- 🔍 전북 군산시 부곡1길 6 (나운동)
- ☎ 063-463-3900 Ⓟ 가능

진갈비 소떡갈비

떡갈비로 유명한 집, 주문하면 바로 양념해서 구워주는 떡갈비 맛이 신선하다. 뜨거운 돌판 위에 나와 따뜻하게 먹을 수 있다. 함께 나오는 밑반찬도 깔끔하다는 평.

- Ⓦ 떡갈비(200g 2만8친원), 힌우곰딩(1만2친원)
- ⏰ 11:30~14:30/16:30~21:30(마지막 주문 20:30) – 월요일 휴무
- 🔍 전북 군산시 구영1길 108-7 (영화동)
- ☎ 063-446-7707 Ⓟ 가능

째보식당 ✕ 게장

군산에서 인기를 끌고 있는 해물 전문점으로, 간장에 절인 해물요리를 주로 선보이고 있다. 특히 꽃게장을 비롯해 전복장, 새우장, 소라장, 연어장 등 다양한 메뉴로 구성된 째보간장모둠이 특히 인기다. 점심때는 꽃게장정식이나 연어장정식, 새우장정식과 같은 정식 메뉴를 맛볼 수 있다.

- Ⓦ 째보간장모둠세트(2인 3만8천원), 째보양념게장세트(2인 5만원), 양념게장(4만8천원), 째보간장모둠(3만5천원), 날치알꼬막비빔밥(1만3천원), 꽃게라면(1만원), 타코와사비(8천원), 명란구이(8천원)
- ⏰ 11:00~15:00/16:30~20:00 – 비정기적 휴무
- 🔍 전북 군산시 구영3길 70 (신창동)
- ☎ 070-8860-5312 Ⓟ 불가

카페신민회 新民會 카페

일제 적산가옥을 리모델링하여 외관부터 실내 소품까지 근현대의 정서가 물씬 풍기는 카페로, '신민회'의 역사적 의미를 콘셉트로 하고 있다. 말차슈페너와 신민회로얄밀크티가

대표 음료이며, 근대문화거리에 위치해 있어 군산 여행 중에 들르기 좋다.

- Ⓦ 아메리카노(4천5백원), 카페라테(4천7백원), 말차슈페너(6천7백원), 로열밀크티(6천7백원), 바닐라라테(6천원), 바스크치즈케이크(5천8백원), 말차수건케이크, 두바이초코수건케이크(각 1만1천원)
- ⏰ 11:00〜21:30(마지막 주문 21:00) – 연중무휴
- 📍 전북 군산시 구영7길 55 (신창동)
- ☎ 0507-1410-8203 Ⓟ 불가

파라디소페르두또
PARADISO perduto 피자 | 파스타 | 북카페

군산 은파호수가 보이는 이탈리안 레스토랑으로, 샌드위치와 화덕 피자, 파스타, 스테이크 등을 선보인다. 야외 테라스 공간이 넓으며, 공연이 있는 날에는 야외 공연장 분위기에서 밴드의 음악을 즐길 수도 있다. 음식의 맛과 분위기, 공연 세 가지를 모두 만족시킨다는 평이다.

- Ⓦ 파스트라미&브리치즈샌드위치(1만3천5백원), 새우&와사비샌드위치(1만4천5백원), 가든그린샐러드(1만3천원), 파스타(1만5천5백원〜2만1천5백원), 부라타&프로슈토(2만5천원), 연어카르파치오(2만4천원), 볼로네제(1만9천5백원), 채끝등심스테이크(4만8천원)
- ⏰ 11:00〜15:00/17:00〜22:30(마지막 주문 21:30) | 월요일 17:00〜22:30(마지막 주문 21:30) | 일요일 11:00〜15:00/17:00〜22:00(마지막 주문 21:00) – 연중무휴
- 📍 전북 군산시 한밭로 76-11 (나운동)
- ☎ 063-471-8525 Ⓟ 가능

파라디소페르두또

한일옥 소고기국밥

해장에 좋은 소고기뭇국이 유명한 집. 무와 소고기가 듬뿍 들어 있어 맑고 깔끔한 국물이 시원하다. 반찬은 김치와 풋고추 등 단출한 편이다. 고춧가루를 약간 뿌리면 얼큰한 맛이 좋다. 비빔밥은 평일 낮 12시부터 주문할 수 있다.

- Ⓦ 한우육회비빔밥(1만2천원), 콩나물국(7천원), 비빔밥, 김치찌개(각 1만원), 닭국(9천원), 한우무우국(1만1천원)
- ⏰ 06:00〜21:30(마지막 주문 20:40) – 명절 당일 휴무
- 📍 전북 군산시 구영3길 63 (신창동)
- ☎ 063-446-5502 Ⓟ 가능

대흥각 일반중식

길게 자른 돼지고기 고명이 듬뿍 올라가 있는 고추짬뽕이 유명한 중식당. 잘게 다진 돼지고기가 들어 있는 유니짜장 맛도 좋다. 포슬포슬하게 튀겨낸 탕수육도 범상치 않은 솜씨다. 탕수육 소스는 케첩이 들어간, 우리나라에만 있는 소위 사천식 탕수육이다. 점심때는 사람이 많아 요리를 주문하기 어려울 수도 있다.

- Ⓦ 고추짬뽕, 육미짜장(각 1만원), 고추짬뽕밥(1만1천원), 탕수육(3만원)
- ⏰ 11:30〜15:30/17:00〜19:00(마지막 주문 18:45) – 일요일 휴무
- 📍 전북 김제시 검산택지1길 29 (검산동)
- ☎ 063-547-5886 Ⓟ 가능

매일회관 한정식

반찬이 맛 좋기로 손꼽히는 한정식집. 30여 종의 반찬에 옛날 어머니의 손맛을 그대로 재현해 담아냈다. 밥은 찰기 있고 기름진 지평선 쌀로 짓는다.

- Ⓦ 특식(8만원), 불낙새전골(2인 이상, 1인 1만7천원), 버섯전골, 불고기전골(각 2인 이상, 1인 1만4천원)
- ⏰ 10:00〜14:00(마지막 주문 13:00)/17:00〜20:00(마지막 주문 19:00) – 일요일 휴무
- 📍 전북 김제시 남북로 140 (요촌동)
- ☎ 063-542-7345 Ⓟ 가능

아르블룸 ARBLOOM 카페

모던한 느낌의 본관과 전통적인 한옥 분위기가 느껴지는 별관으로 이루어진 카페. 정통 프렌치 디저트와 스페셜티 커피를 맛볼 수 있다. 원두도 직접 로스팅하고 있으며, 커피 클래스도 운영하고 있다.

- Ⓦ 아메리카노(6천원), 콘판나(6천5백원), 바닐라빈라테(7천2백원), 청귤에이드(7천5백원), 딥딸기라테(7천5백원), 꿀생강차(8천원), 몽블랑(7천2백원), 초코크루아상(6천2백원), 페레로로쉐케이크(7천4백원), 흑임자베이글(5천2백원)
- ⏰ 11:00〜17:00(마지막 주문 16:00) – 토, 일요일 휴무
- 📍 전북 김제시 금산면 우림로 188-26
- ☎ 010-9218-2799 Ⓟ 가능

청원골 ✕ 닭백숙

오리백숙 또는 닭백숙으로 몸보신할 수 있는 식당. 오리백숙, 옻오리, 닭백숙, 들깨수제비 등의 메뉴가 준비되어 있다. 밑반찬 가짓수도 한정식 수준으로 다양하게 제공되며, 검정콩두부전골도 인기 있는 메뉴다.

- ⓦ 오리백숙(6만5천원), 옻오리(6만5천원), 한방토종닭백숙(5만8천원), 검정콩들깨수제비(1만원), 검정콩두부전골(소 3만2천원, 중 4만3천원, 대 5만원), 검정콩두부보쌈(소 3만2천원, 중 4만5천원, 대 5만2천원), 검정콩두부김치(1만3천원)
- ⓛ 11:00~21:00 – 화요일 휴무
- ⓠ 전북 김제시 금산면 모악8길 20–6
- ☎ 063–548–4052 ⓟ 가능

전라북도 남원시

경방루 ✕ 일반중식

남원에서 가장 오래된 중국집으로, 100년이 넘게 4대째 가업을 이어오고 있는 노포다. 대표 메뉴는 탕수육으로, 연근, 목이버섯 등이 들어간 소스가 부어져 나오며, 고기가 부드러우면서도 바삭하다. 짬뽕도 이곳의 추천 메뉴.

- ⓦ 경코스(4인 3만8천원), 방코스(4인 5만원), 루코스(6인 6만원), 짜장면(8천원), 짬뽕(9천원), 우동, 간짜장(각 9천원), 볶음밥(1만원), 탕수육(소 2만3천원, 대 3만3천원)
- ⓛ 11:00~15:00/17:00~21:00(마지막 주문 20:00)(재료 소진 시 조기 마감) – 첫째, 셋째 주 월요일 휴무
- ⓠ 전북 남원시 광한북로 29 (금동)
- ☎ 063–631–2325 ⓟ 가능

그린테이블 Green Table 이탈리아식

직접 농사지은 채소와 엄선된 재료로 만든 이탈리아 요리를 선보인다. 채끝스테이크, 비프스파이시크림파스타, 비프오일파스타, 새우크림리조토 등의 메뉴를 맛볼 수 있다. 높은 층고의 개방감 있는 매장에서 쾌적하게 즐길 수 있다.

- ⓦ 아메리칸채끝스테이크(300g 4만8천원), 비프스파이시크림파스타(2만3천원), 비프오일파스타(2만3천원), 갈릭버터킹타이거토마토리조토(2만1천원), 갈릭버터킹타이거스파이시토마토(2만원), 킹블랙타이거새우크림리조토(2만1천원), 비프버터라이스(2만4천원)
- ⓛ 11:30~14:30/17:30~21:00(마지막 주문 19:50) | 일요일 11:30~14:30/17:30~20:30(마지막 주문 19:20) – 월, 화요일 휴무
- ⓠ 전북 남원시 이백면 초촌길 185
- ☎ 070–4414–1556 ⓟ 가능

금생춘 金生春 일반중식

짜장면과 짬뽕이 주메뉴다. 짬뽕은 남도의 신선한 해물을 풍성하게 사용하여 국물 맛이 시원하고 얼큰하다. 탕수육, 팔보채 등의 요리메뉴도 추천할 만하다.

- ⓦ 짬뽕, 울면, 우동, 짬뽕밥(각 9천원), 짜장면(7천원), 간짜장(8천원), 탕수육(소 1만7천원, 중 2만3천원, 대 3만4천원), 삼선짬뽕, 삼선국밥(각 1만5천원), 쟁반짜장(소 1만7천원, 대 2만2천원), 잡채밥, 볶음밥(각 1만원)
- ⓛ 10:30~14:00(재료 소진 시 마감) – 일요일 휴무
- ⓠ 전북 남원시 가방뜰길 117 (조산동)
- ☎ 063–631–7597 ⓟ 가능

늘,파인 카페

커다란 소나무 숲 속에 들어와 있는 듯한 느낌을 주는 숲 전망 카페. 루프탑에서도 소나무 정원을 감상할 수 있으며, 카페 뒤편 돌길을 따라가면 소나무 숲길로 연결되어 산책할 수 있다. 쑥크림라테인 쑥스러워와 소나무토핑의 말차라테인 아임파인땡큐가 시그니처 음료이다.

- ⓦ 쑥스러워, 아임파인땡큐, 치즈폼아인슈페너, 딸기크림라테(각 6천5백원), 늘,파인에이드(6천원), 아메리카노(5천원), 카페라테(5천5백원), 아이구마(5천8백원)
- ⓛ 10:30~20:00(마지막 주문 19:30) | 금, 토요일 10:30~21:00(마지막 주문 20:30) – 첫 번째, 세 번째 월요일 휴무
- ⓠ 전북 남원시 운봉읍 삼산길 8–17
- ☎ 010–8530–5674 ⓟ 가능

동춘원 일반중식

역사가 오래된 곳으로, 탕수육이 맛있기로 유명하다. 부드러운 튀김옷과 소스가 잘 어울린다. 단무지와 함께 나오는 겉절이를 곁들여 먹으면 일품이다. 짜장면과 짬뽕도 맛있다는 평이다.

- ⓦ 우동, 울면, 간짜장, 물만두, 짬뽕(각 9천원), 기스면(각 1만원), 동춘면, 동춘밥(각 1만2천원), 탕수육, 사천탕수육(각 2만8천원), 해물쟁반짜장(2만4천원)
- ⓛ 11:00~21:00 – 연중무휴
- ⓠ 전북 남원시 비석길 95 (죽항동)
- ☎ 063–625–1731 ⓟ 가능

두꺼비집 민물매운탕 | 붕어찜

붕어를 끓인 국물에 우거지를 넣고 나서 된장, 간장, 다진 마늘 등 갖은 양념을 넣고 끓인 어탕 맛이 맑고 개운하다. 냇가에서 잡은 생선을 바로 끓여 먹는 맛이 일품이다. 참붕어가 많이 잡힐 때에는 즙을 내어 팔기도 한다.

- ⓦ 어탕, 어탕국수(각 1만2천원), 붕어찜, 메기찜, 메기매운탕(각 소 4만원, 대 5만원)
- ⓛ 08:30~21:00 – 화요일 휴무
- ⓠ 전북 남원시 인월면 인월장터로 3
- ☎ 063–636–2979 ⓟ 가능

매월당 전통차전문점

전통 방식으로 우려낸 우리 차를 만날 수 있는 공간. 자연 경치를 감상하며 조용하고 한적한 분위기에서 차 한잔의 여유를 즐길 수 있다. 홍차, 구기자차, 목련차, 녹차 등 다양한 전통차를 경험할 수 있다.

- Ⓦ 매월당홍차(1만원), 목련꽃차(1만원), 구기자차(1만원), 고려단차(2만원), 약발효잎차(3만원), 초암차(3만원), 매월당(3만원), 녹차(2만원)
- ⏰ 10:00~18:00 – 연중무휴
- 🔍 전북 남원시 금지면 매촌길 47-34
- ☎ 0507-1433-5383 Ⓟ 가능

부산집 ✂ 추어탕

50년이 넘는 전통 있는 집으로, 단골손님이 많다. 토종 자연산 미꾸라지를 고집하며 직접 담근 간장과 된장, 고추장으로 맛을 낸다. 들기름에 볶은 추어숙회도 술안주로 좋다. 현지인이 많이 찾는 곳이다.

- Ⓦ 추어탕(1만2천원), 튀김(소 1만원, 대 2만원)
- ⏰ 08:00~15:00/17:00~20:00(마지막 주문 19:15) – 첫째, 셋째 주 월요일 휴무
- 🔍 전북 남원시 요천로 1411 (천거동)
- ☎ 063-632-7823 Ⓟ 가능

산들다헌 ✂ 카페 | 전통차전문점 | 빙수

대추빙수로 유명한 찻집. 한옥을 개조해서 만든 곳으로, 전통적인 분위기가 물씬 풍긴다. 바깥으로는 나무로 만든 입식 테이블이, 방에는 좌식 테이블이 놓여져 있다. 작은 소품까지 구석 구석 주인의 손길이 닿지 않은 곳이 없어 구경하는 재미도 쏠쏠하다. 티라미수는 음료와 함께 주문 시 7천원에 맛볼 수 있다.

- Ⓦ 대추팥빙수(1만4천원), 티라미수(9천원), 아메리카노(4천5백원), 카페라테(5천원), 쌍화차(8천원), 오미자차(5천5백원), 허브차(6천원), 스무디(6천원)
- ⏰ 11:00~21:00 | 일요일 11:00~17:00 – 월요일 휴무
- 🔍 전북 남원시 향단로 21 (쌍교동)
- ☎ 063-632-3251 Ⓟ 불가

새집추어탕 ✂ 추어탕

60년이 넘는 전통의 남원추어탕 터줏대감으로, 추어숙회를 개발한 곳이기도 하다. 미꾸리는 시골에서 흔히 잡던 토종 미꾸라지로, 길고 둥글며 맛이 더 좋다. 미꾸리가 통째로 나오는 추어숙회를 깻잎이나 상추에 싸서 초고추장에 찍어 먹는 맛도 일품이다. 모든 장류는 직접 담가서 사용한다.

- Ⓦ 추어탕(1만2천원), 추어숙회(중 4만원, 대 5만원), 새집정식(12만원), 춘향정식(10만원)
- ⏰ 09:00~14:30/16:30~20:30 – 연중무휴

- 🔍 전북 남원시 요천로 1397 (천거동)
- ☎ 063-625-2443 Ⓟ 가능

신촌매운탕 민물매운탕 | 닭볶음탕

시원하고 칼칼한 메기매운탕과 매콤한 닭볶음탕이 인기다. 지리산 약초와 과실로 만들어진 백합을 원료로 하는 춘향주를 비롯하여 복분자주를 식사에 곁들이면 더욱 좋다. 외딴 곳에 있어 한적하다.

- Ⓦ 메기매운탕(소 4만원, 중 5만원, 대 6만원), 메기빠가사리탕(소 5만원, 중 6만원, 대 7만원), 닭볶음탕(중 4만원, 대 6만원), 토종백숙(7만원)
- ⏰ 11:30~15:00/17:00~21:00(마지막 주문 20:20) – 목요일 휴무
- 🔍 전북 남원시 원천로 27-8 (신촌동)
- ☎ 063-625-6291 Ⓟ 가능

심원첫집 ✂ 산채정식 | 돼지고기구이

하늘 아래 첫 마을이라고 하는 심원마을에서 갖가지 산채정식을 먹을 수 있는 집이다. 산채정식을 시키면 20여 가지의 산나물들이 나온다. 흑돼지구이도 많이 찾는 메뉴며 직접 쑨 도토리묵과 청국장의 맛도 일품이다.

- Ⓦ 산채정식(2만원), 산채비빔밥(1만5천원), 산채더덕구이정식(2만5천원), 엄나무오가피백숙, 묵은지닭볶음탕(각 7만5천원), 돼지두루치기(2만5천원), 도토리묵무침(2만원)
- ⏰ 11:00~15:00/17:00~20:00 – 월요일 휴무
- 🔍 전북 남원시 모정길 21-3 (신촌동) 1층
- ☎ 063-632-5475 Ⓟ 가능

심원첫집

잡학다식 베이커리

식사빵 위주의 유럽풍 건강한 빵을 만드는 곳. 실내 분위기도 고풍스러운 유럽 분위기다. 오후 5시까지 영업하지만, 그전에 품절되기가 쉬우니 오전에 방문할 것을 추천한다.

- Ⓦ 단풍빠다(4천5백원), 아몬드블루베리오트(5천원), 오트밀빵(4천5백원), 일자무식(3천5백원), 속없이크빵(6천원), 고소소(4천

5백원), 호두설타나(4천6백원), 자두살구(5천원), 꿀고르곤졸라(6천5백원), 무화과크림치즈(6천원)

🕐 09:00~17:00 – 화, 수, 목요일 휴무

🔍 전북 남원시 하정2길 7 (하정동)

☎ 0507-1438-5221 Ⓟ 가능

지리산천왕봉식당 산채비빔밥 | 민물매운탕 | 닭백숙

산채비빔밥은 지리산 자락에서 나는 갖은 산나물을 주재료로 사용한다. 직접 닭을 키우고 있어 닭백숙이나 닭볶음탕을 시키면 바로 잡아서 요리해 준다. 그 밖에 송어회나 표고버섯탕 등도 맛볼 수 있다. 예약하고 가는 편이 좋다.

Ⓦ 산채정식(1만원), 닭볶음탕, 백숙(각 6만원), 옻닭(6만5천원), 표고버섯탕(소 3만5천원, 대 4만5천원)

🕐 08:00~20:00 – 비정기적 휴무

🔍 전북 남원시 산내면 지리산로 1241

☎ 063-626-1915 Ⓟ 가능

현식당 ✖ 추어탕

남원에서 현지인이 좋아하는 추어탕집 중 하나. 남원에서 나는 미꾸라지를 사용하며 시래기와 고구마순이 듬뿍 들어 있는 추어탕 맛이 구수하다. 추어탕이 부족한 사람에게는 리필을 해주는 등 인심도 후하다. 점심때는 줄을 설 각오를 해야 한다.

Ⓦ 추어탕(1만2천원)

🕐 07:30~15:00/17:00~20:00(마지막 주문 19:40) – 둘째 주 수요일 휴무

🔍 전북 남원시 의총로 8 (천거동)

☎ 063-626-5163 Ⓟ 가능

전라북도 무주군

강나루 민물매운탕 | 어죽

금강에서 잡은 민물고기로 끓이는 얼큰한 어죽 맛이 일품이다. 시래기를 듬뿍 넣어 끓이는 매운탕도 맛볼 만하다. 무주반딧불축제가 열릴 때면 관광객이 몰리는 곳이다.

Ⓦ 어죽(1만원), 도리뱅뱅, 빙어튀김(각 1만3천원), 빠가매운탕(중 5만원, 대 6만원), 쏘가리매운탕(중 9만원, 대 11만원)

🕐 09:00~20:00 – 명절 휴무

🔍 전북 무주군 무주읍 내도로 123

☎ 063-324-2898 Ⓟ 가능

금강식당 ✖ 민물매운탕 | 어죽

어죽의 원조로 꼽히는 곳으로, 25여 년 역사를 자랑하는 민물고기 전문점. 민물고기 특유의 비린내를 제거하여 담백하고 깔끔한 맛을 내는것이 특징이다. 여러가지 약재와 재료

로 끓인 육수로 만들어 시원하고 칼칼한 맛의 매운탕도 인기 메뉴.

Ⓦ 어죽(1만원), 쏘가리탕(소 6만원, 중 8만원, 대 10만원), 빠가사리탕(중 5만5천원, 대 6만5천원), 메기탕(중 4만5천원, 대 5만5천원), 빠가사리국밥(1만2천원)

🕐 10:30~14:30/17:00~19:30 – 연중무휴

🔍 전북 무주군 무주읍 단천로 102

☎ 063-322-0979 Ⓟ 불가

별미가든 산채정식

산채정식이 유명한 곳이다. 덕유산에서 나는 40여 가지의 산채로 상이 차려진다. 약초를 넣어 만든 동동주를 곁들이면 좋다.

Ⓦ 산채정식(2만5천원), 특산채비빔밥(1만5천원), 더덕정식(2만5천원), 별미특정식(15만원), 더덕구이(3만5천원), 표고전(1만5천원), 감자전(1만5천원), 산나물전(1만5천원)

🕐 10:00~17:00 – 비정기적 휴무

🔍 전북 무주군 설천면 구천동로 948

☎ 063-322-3123 Ⓟ 가능

별미가든

섬마을 ✖ 민물매운탕 | 어죽

빠가사리를 많이 넣어 국물이 시원한 어죽을 맛볼 수 있다. 재료는 직접 금강에 나가 잡아 오는 것을 주로 사용한다. 빠가국밥을 시키면 밥은 따로 나온다.

Ⓦ 빠가사리어죽, 빠가사리국밥(각 1만원), 쏘가리탕(중 8만원, 대 10만원), 빠가매운탕(중 6만원, 대 7만원), 메기매운탕(중 5만원, 대 6만원), 빙어튀김, 도리뱅뱅이(각 1만5천원)

🕐 10:00~15:00/17:00~20:00(마지막 주문 19:30) – 연중무휴

🔍 전북 무주군 무주읍 내도로 126

☎ 063-322-2799 Ⓟ 가능

정원산책 庭園散策 카페

다양한 꽃과 나무로 꾸민 5천평 규모의 정원이 있는 단독 건물에 자리한 카페. 정원에는 사진 찍기 좋은 자리도 마련

되어 있다. 1인 1음료 주문이 필수이니 참고할 것.

Ⓦ 에스프레소, 아메리카노(각 6천5백원), 카페라테(7천원), 바닐라라테(7천5백원), 아몬드라테(7천8백원), 과일청에이드(8천5백원), 홍차, 과일허브차(6천5백원), 스콘(4천원), 고메앙버터(5천5백원)

Ⓛ 11:00~19:00(마지막 주문 18:00) – 4월~11월 화, 수요일 휴무 | 12월~3월 비정기적 휴무

Ⓠ 전북 무주군 안성면 덕유산로 468–37 1층

☎ 0507–1312–2707 Ⓟ 가능

창복평양냉면 평양냉면 | 꿩

한우 사골을 오랜시간 고아서 육수를 내는 평양식 냉면 전문점. 면 또한 직접 메밀로 반죽하여 뽑아낸다. 겨울철에 맛볼수 있는 여러가지 꿩요리 또한 별미인데 1시간 전에 예약 필수다.

Ⓦ 회냉면(1만5천원), 비빔냉면, 물냉면(각 1만원), 갈비탕(1만1천원), 손통만두(7천원), 한우차돌박이(200g 1만8천원), 삼겹살(200g 1만3천원)

Ⓛ 10:00~19:00 – 연중무휴

Ⓠ 전북 무주군 무주읍 단천로 114

☎ 063–324–3883 Ⓟ 가능

천지가든 일반한식 | 산채비빔밥

산채비빔밥은 뜨겁게 달궈나온 돌솥에 밥과 버섯, 산나물, 달걀 등을 집어넣고 고추장 양념에 비벼 먹는 스타일이다. 석이, 싸리 등의 버섯 향기가 입맛을 돋운다. 이 외에도 다양한 메뉴를 갖추고 있다.

Ⓦ 능이버섯전골(2만원), 천지정식(8만원), 천지정식특(10만원), 불낙전골(1만5천원), 능이닭백숙(8만원), 토종닭백숙(6만원), 닭볶음탕(6만원)

Ⓛ 11:00~20:30(마지막 주문 19:00) | 토, 일요일 11:00~15:00/17:00~20:00(마지막 주문 18:30) – 명절 휴무

Ⓠ 전북 무주군 무주읍 괴목로 1313

☎ 063–322–3456 Ⓟ 가능

카페로뎀 cafe RODEM 카페

무주의 남대천 둔치가 한눈에 보이는 로스터리 카페. 적당한 산미의 깊고 깔끔한 커피를 맛볼 수 있으며 다양한 음료 및 디저트도 판매한다. 커피향 그윽한 넓은 공간에서 여유를 만끽하기 좋은 곳.

Ⓦ 에스프레소(3천9백원), 아메리카노(핫 3천9백원, 아이스 4천5백원), 카페라테(핫 4천5백원, 아이스 5천원), 아포가토(5천원), 딸기라테(5천5백원), 차(4천5백원~5천5백원), 빙수(1만1천원~1만5천9백원)

Ⓛ 11:00~21:00 | 토요일 11:00~18:00 – 일요일 휴무

Ⓠ 전북 무주군 무주읍 적천로 317

☎ 063–324–0715 Ⓟ 불가

계화회관 ✕ 백합

40년이 넘는 역사를 자랑하는 곳으로, 백합죽이 유명하다. 쌀을 불려 끓이다가 다진 백합살을 넣어 만들어 담백하고 고소하다. 깨끗한 백합에 물을 붓고 끓인 백합탕은 송송 썰어 넣은 고추 맛과 어우러져 시원하고 얼큰하다. 백합이 듬뿍 들어가고, 두툼한 두께의 백합파전도 별미다.

Ⓦ 백합죽(1만3천원), 백합파전(1만7천원), 백합탕(3만2천원), 백합구이(각 3만4천원), 백합찜(3만6천원)

Ⓛ 09:30~15:00/17:00~20:00(마지막 주문 19:00) – 화요일 휴무

Ⓠ 전북 부안군 행안면 변산로 95

☎ 063–584–3075 Ⓟ 가능(8대)

계화회관

군산식당 생선회 | 백합

신선한 백합을 사용한 백합죽과 푸짐한 생선회로 인기인 곳이다. 대표 메뉴는 충무공정식으로, 꽃게탕에 제육볶음, 양파김치, 갑오징어무침, 각종 젓갈, 갈치조림 등이 푸짐하게 나온다. 외지인은 물론 현지인도 많이 찾는 곳.

Ⓦ 충무공정식(2~3인 5만원, 4인 6만원), 백합죽(1만2천원), 백합정식(2인 6만5천원, 3인 9만5천원, 4인 11만원), 우럭매운탕, 해물탕(각 중 5만5천원, 대 6만5천원)

Ⓛ 08:30~15:00/16:30~20:00 – 명절 휴무

Ⓠ 전북 부안군 변산면 격포항길 16

☎ 063–583–3234 Ⓟ 가능

김인경원조바지락죽 죽 | 바지락

바지락을 아끼지 않고 넣은 삼삼한 맛의 바지락죽 전문점. 죽 하나를 시켜도 반찬이 푸짐하게 나와 든든하게 식사할 수 있다.

Ⓦ 바지락죽(1만원), 뽕잎바지락죽(1만2천원), 바지락뽕회무침(3만원), 바지락뽕잎전(1만9천원)

⏱ 하절기 08:00〜20:00 | 동절기 08:00〜19:00 – 연중무휴
🔍 전북 부안군 변산면 묵정길 18
☎ 063-583-9763 Ⓟ 가능

내소식당 청국장 | 일반한식

뽕잎밥과 청국장으로 이름난 곳. 청국장과 손두부는 100% 국산콩으로 직접 만든다. 2인 이상 주문 가능한 뽕잎밥 정식에는 청국장, 조기구이, 전, 젓갈 등 반찬이 한상 가득 차려진다. 바지락전, 뽕잎비빔밥도 별미.

Ⓦ 뽕잎밥정식(2인 이상, 1인 2만원), 뽕잎비빔밥(1만원), 청국장(1만원), 젓갈백반(1만3천원), 해물파전(1만7천원), 바지락전, 도토리묵(각 1만5천원), 손두부(1만2천원)
⏱ 09:00〜17:45(마지막 주문 17:00) – 연중무휴
🔍 전북 부안군 진서면 내소사로 181
☎ 063-582-7281 Ⓟ 불가

다해꽃게장 게장

간장게장과 젓갈을 함께 맛볼 수 있는 곳. 정식을 주문하면 다양한 젓갈이 기본 찬으로 나온다. 식사 후 입 안을 헹굴 수 있는 양치실이 마련되어 있으며, 옆 건물 곰소다해젓갈에서 포장 판매도 겸하고 있다.

Ⓦ 꽃게장정식(2인 이상, 1인 2만9천원), 돌게장정식(2인 이상, 1인 1만5천원), 새우장정식(1만5천원), 젓갈정식(1인 1만2천원)
⏱ 10:00〜19:00 – 둘째 넷째 화유일 휴무
🔍 전북 부안군 보안면 청자로 1283
☎ 063-582-7205 Ⓟ 가능

당산마루 한정식 | 붕어찜

한정식 전문점. 매콤한 양념의 참붕어찜과 계절마다 다른 생선을 쓰는 매운탕, 생선회, 홍어찜, 조기구이, 고등어조림 등 30여 가지의 반찬이 상에 오른다. 조개젓, 갈치속젓 등의 젓갈도 입맛을 돋운다. 집에서 빚은 동동주를 곁들이는 것도 좋다. 전통 한옥과 농장이 있는 고풍스러운 분위기다.

Ⓦ 오디한정식(10만원), 당산마루한정식(15만원), 매창한정식(20만원), 돌솥밥(1만5천원)
⏱ 11:00〜21:00 – 명절 휴무
🔍 전북 부안군 부안읍 당산로 71
☎ 063-581-1626 Ⓟ 가능

변산명인바지락죽 죽

바지락죽을 처음 개발했다고 알려진 집. 바닷가가 보이는 곳에 대형으로 운영되고 있다. 관광객은 물론이고 지역 주민도 많이 찾는다.

Ⓦ 인삼바지락죽(1만2천원), 바지락회비빔밥(1만3천원), 모밀바지락전(1만6천원), 바지락회무침(소 2만5천원, 중 3만5천원)
⏱ 08:40〜15:00/16:00〜19:00(마지막 주문 18:30) – 연중무휴
🔍 전북 부안군 변산면 변산해변로 794
☎ 063-584-7171 Ⓟ 가능

변산온천산장 바지락

30년 전통의 변산의 명물 바지락죽 전문점. 인근 해창 갯벌에서 갓 캐낸 바지락 살을 잘 발라 인삼, 마늘, 당근, 녹두와 함께 끓인 바지락죽은 10년 이상 된 국내산 소금으로만 간을 한다. 고운 고춧가루로 만든 숙성 양념을 곁들인 매콤새콤한 바지락회무침 역시 인기 있는 메뉴로, 참기름을 넣어 밥에 비벼 먹으면 더욱 맛있다.

Ⓦ 바지락죽(1만원), 바지락무침(소 3만원, 중 4만원, 대 5만원), 바지락채소전, 바지락죽(각 1만2천원)
⏱ 08:00〜20:00 – 연중무휴
🔍 전북 부안군 변산면 묵정길 83-6
☎ 063-584-4876 Ⓟ 가능

신용횟집 생선회

회를 시키면 밑반찬이 한 상 푸짐하게 깔리는 곳. 주꾸미 철에는 상추와 깻잎에 싸 먹는 주꾸미회 맛이 일품이다. 식당 통유리로 보이는 시원한 바다 전망이 멋스럽다.

Ⓦ 회정식(소 8만원, 중 12만원, 대 15만원), 회정식스페셜(20만원), 도다리(8만원), 모둠회(7만원), 산낙지(3만원)
⏱ 11:00〜21:00 – 비정기적 휴무
🔍 진북 부인군 변신면 궁띵엉상길 11
☎ 063-582-8911 Ⓟ 가능

오뚜기회관 백반

가격대가 낮으면서 정갈한 맛의 백반이 인기인 식당으로, 주로 찌개 종류를 전문으로 한다. 생선구이, 게장, 잡채, 풀치조림 등 여러 가지 반찬이 맛깔스럽다. 저녁때는 삼겹살을 구워 먹기에도 좋다.

Ⓦ 가정식백반, 홍어탕백반(각 7천원), 갈치찌개백반(1인 1만원, 기본 3만원), 아귀찜(중 4만5천원, 대 5만원), 해물탕(중 3만원, 대 4만원), 생삼겹살(200g 1만4천원), 닭백숙(4만5천원)
⏱ 08:00〜21:00 | 일요일 08:00〜13:00 – 명절 휴무
🔍 전북 부안군 부안읍 부풍로 7
☎ 063-584-3012 Ⓟ 가능

칠산꽃게장 게장

부안 일대에서 유명한 간장게장 전문점. 짜지 않고 적당한 간의 게장이다. 감칠맛 나는 양념이 더해진 꽃게무침이 추천메뉴. 게장과 꽃게무침은 기본 2인분 이상 주문해야 한다. 반찬으로 나오는 오징어젓갈의 맛이 좋다.

Ⓦ 꽃게간장게장, 꽃게양념게장(각 2만8천원), 꽃게탕(소 4만5천원, 대 6만원), 돌게장(1만5천원)
⏱ 10:30〜19:00(마지막 주문 18:30) – 명절 휴무
🔍 전북 부안군 진서면 청자로 906
☎ 063-581-3470 Ⓟ 가능

카페쿠송 couchant 카페

쿠송은 프랑스어로 노을을 뜻하는 의미로, 변산 해수욕장 2
층에 있어 반짝이는 바다와 석양과 아이들이 물놀이하는 풍
경을 감상할 수 있다. 다양한 종류의 브런치와 디저트가 인
기 있으며, 노을과 오션뷰를 즐길 수 있는 창가자리를 많이
찾아 1시간 제한을 두고 있으니 참고할 것.

- Ⓦ 아메리카노(5천8백원), 바닐라라테(7천원), 흑임자라테(7천
  원), 쿠송플래터(1만5천5백원), 쿠송오픈샌드위치(1만5천5백원),
  에그인헬(1만6천원), 쿠송수프(9천원), 인절미크로플(9천9백원)
- Ⓛ 10:00~19:00(마지막 주문 18:50) | 수．목요일
  10:00~18:00(마지막 주문 17:50) – 연중무휴
- Ⓠ 전북 부안군 변산면 변산로 2104 2층
- ☎ 0507-1339-7706 Ⓟ 가능

풍차식당 백합 | 죽 | 바지락

바지락요리 전문점. 바지락을 사용한 다양한 요리가 준비되
어 있다. 위에 부담 없이 먹을 수 있는 삼삼한 백합죽과 시
원한 맛이 강한 바지락 칼국수가 특히 인기다.

- Ⓦ 바지락칼국수(2인 이상, 1인 1만원), 백합죽(2인 이상, 1인 1만
  1천원), 바지락회무침(3만원), 왕만두(6천원)
- Ⓛ 08:00~20:00 – 비정기적 휴무
- Ⓠ 전북 부안군 하서면 변산로 1449
- ☎ 063-583-3883 Ⓟ 가능

전라북도 순창군

2대째순대 순댓국 | 순대

60년 가까운 전통을 자랑하는 순대 전문점으로, 2대째 맛을
전하고 있다. 대창에 당근, 콩나물 등의 채소와 선지를 알차
게 넣은 피순대의 맛이 좋다. 맑게 끓인 순댓국도 식사메뉴
로 인기가 많으며 다양한 내장과 순대, 콩나물 등이 들어가
는 순대전골도 추천할 만하다.

- Ⓦ 순대만국밥, 내장국밥, 머리국밥(각 8천원), 막창국밥, 새끼
  보국밥, 삼합국밥, 콤비국밥(각 1만원), 순대수육(소 1만원, 중 2
  만원, 대 3만원), 순대전골(소 2만원, 중 3만원, 대 4만원), 새끼
  보전골(4만원)
- Ⓛ 08:00~14:30(마지막 주문 14:00) – 비정기적 휴무
- Ⓠ 전북 순창군 순창읍 남계로 52
- ☎ 063-653-0456 Ⓟ 가능

민속집 ✕ 한정식

합리적인 가격의 백반 스타일 한정식을 맛볼 수 있다. 된장
찌개, 연탄불에 구운 생선구이와 돼지불고기 외에도 낙지,
계란찜 등 20여 가지의 반찬이 깔린다. 반찬은 계절에 따라
조금씩 달라진다. 60여 년 역사를 자랑한다.

- Ⓦ 한정식(2인 3만6천원, 3인 5만원, 4인 이상 1인 1만5천원)
- Ⓛ 11:30~19:30 – 연중무휴
- Ⓠ 전북 순창군 순창읍 순창8길 5-1
- ☎ 063-653-8880 Ⓟ 가능

베르자르당 Verre Jardin COFFEE & BREAD 카페

온실에서 커피 한 잔을 즐길 수 있는 이국적인 카페다. 예
식장으로 사용되던 건물을 개조한 곳으로, 야외에는 앞에는
작은 수영장과 실내에는 전시공간도 운영하고 있다. 순창의
식자재로 만든 순창고추장소시지크루아상 등의 베이커리와
다양한 음료가 준비되어 있는 곳.

- Ⓦ 에스프레소(6천원), 아메리카노(7천원), 카페라테(8천원), 소
  금빵(3천원), 무화과치아바타(5천2백원), 사색식빵(5천4백원),
  통밀캄파뉴(5천9백원), 순창고추장소세지크루아상(5천4백원),
  갈릭바게트볼(4천9백원)
- Ⓛ 10:00~22:00 – 연중무휴
- Ⓠ 전북 순창군 순창읍 순창로 102-2
- ☎ 0507-1325-5305 Ⓟ 가능

새집 ✕ 한정식

순창에서 손꼽히는 한정식집. 연탄불에 구운 석쇠 불고기와
함께 장아찌, 전, 생선구이, 꽃게탕, 동치미 등 30여 종 이상
의 반찬이 나온다. 불고기 정식은 사람 수가 많을수록 가격
이 내려간다. 오래된 한옥 온돌방에서 받는 한상차림이 푸
짐하다. 60여 년 역사를 자랑한다.

- Ⓦ 한정식(1인 2만2천원), 조기탕, 홍어탕(각 5만원), 소불고기(3
  만원), 돼지불고기(2만5천원)
- Ⓛ 11:30~19:30 – 명절 휴무
- Ⓠ 전북 순창군 순창읍 순창6길 5-1
- ☎ 063-653-2271 Ⓟ 가능

순창전통유과 한과

60여 년간 이어오고 있는 전통 순창 유과집. 기름에 튀기지 않고 연탄불에 굽는 전통적인 제조 방식을 유지하기 위해 모든 작업은 수작업으로 진행된다. 질 좋은 찹쌀로 만든 유과는 기름을 사용하지 않아 맛이 깔끔하다. 전국 배송이 가능하며 직접 방문할 경우 영업시간이 일정하지 않기 때문에 하루 전 문의하는 것이 좋다.

- Ⓦ 나락유과, 가루유과(각 6천원)
- Ⓣ 09:00~19:00(전화 문의 필수) – 연중무휴
- Ⓠ 전북 순창군 순창읍 순창1길 23–10
- ☎ 063–653–2254 Ⓟ 가능

한정당 카페

70년된 한옥을 개조한 분위기 있는 카페. 국내산 식재료를 사용한 다양한 음료와 커피를 즐길 수 있다. 최초로 순창고추장을 상품화했다고 하는 창녕조씨 집안이 건축한 건물이다. 정원에 있는 발효테마파크도 한번 둘러볼 것을 추천한다.

- Ⓦ 아메리카노(4천5백원), 카페라테(5천원), 한정당크림커피(6천원), 아로니아레몬차(5천5백원), 블루베리요거트스무디(6천3백원), 현미쌀무설탕식빵, 현미쌀비건식빵(각 9천원), 현미쌀단팥빵(4천원), 현미쌀소금빵(3천5백원)
- Ⓣ 09:00~21:00(마지막 주문 20:30) – 연중무휴
- Ⓠ 전북 순창군 순창읍 옥천로 25
- ☎ 063–653–1819 Ⓟ 가능

향가산장 민물매운탕

민물매운탕이 유명한 집. 부드러운 시래기와 메기살을 얼큰한 국물과 함께 떠 먹으면 칼칼하다. 고추장아찌, 연근조림, 브로콜리, 미역냉채 등의 반찬도 깔끔하게 입맛을 돋운다.

- Ⓦ 메기탕(소 3만원, 중 4만원, 대 5만원), 메기찜(소 4만2천원, 중 5만2천원, 대 6만2천원), 참게메기탕(소 4만2천원, 중 5만2천원, 대 6만2천원)
- Ⓣ 11:00~15:00(마지막 주문 14:30) – 두 번째 화요일 휴무
- Ⓠ 전북 순창군 풍산면 향가로 574–45
- ☎ 063–653–6651 Ⓟ 가능

골목집 ✖ 한정식

작은 간판만 걸어두고 영업하고 있어 아는 사람만 아는 곳으로, 푸짐한 전주식 한정식을 맛볼 수 있다. 적어도 한두 시간 전에 전화 예약을 하고 찾아가야 한다.

- Ⓦ 한정식(4인 8만원, 6~8인 16만원)
- Ⓣ 11:30~13:00/17:30~19:00 – 월요일 휴무
- Ⓠ 전북 완주군 고산면 고산로 97–5
- ☎ 063–262–5176 Ⓟ 가능

다다미일식 ✖ 일식

전원주택에 온 듯한 분위기의 한국식일식집. 보리굴비정식이 대표 메뉴로, 직접 농사지은 채소로 만드는 반찬을 맛볼 수 있다. 전주에서 가장 오래된 일식집 중의 하나로 꼽혔던 곳으로, 현재는 전주 근교인 완주군으로 이전하였다.

- Ⓦ 보리굴비정식(2만8천원), 떡갈비구이, 대나무잎고등어구이(각 2만5천원), 사시미(2인기준 6만원, 3인기준 8만원, 4인기준 10만원), 전복사시미(6만원)
- Ⓣ 11:00~22:00 – 연중무휴
- Ⓠ 전북 완주군 소양면 소양로 257–34
- ☎ 063–241–8114 Ⓟ 가능

목향밥상 일반한식

견과류와 밥을 연잎에 찐 연잎밥 정식이 인기있는 곳. 된장찌개도 함께 나오고 밑반찬도 가짓수가 많아 밥과 먹기 좋다. 보리굴비 정식도 추천.

- Ⓦ 연잎밥정식(1만2천원), 보리굴비정식(2만원), 메밀전(1만원), 약선버섯탕(1만2천원), 한방누룽지닭백숙(5만5천원), 한방누룽지오리백숙(6만원)
- Ⓣ 11:00~21:00 – 연중무휴
- Ⓠ 전북 완주군 구이면 원두현길 3–12
- ☎ 063–229–3689 Ⓟ 불가

산에는꽃이피네 전통차전문점

통나무집으로 된 전통찻집. 직접 솔을 따다 만들어내는 솔즙, 진한 대추즙, 호박죽, 흑임자깨를 갈아서 만든 깨죽 등 국산 재료로 만든 전통차를 즐길 수 있다.

- Ⓦ 대추차, 쌍화차(각 1만원), 모과차(7천원), 유자차, 산수유(각 6천원)
- Ⓣ 11:00~19:00 – 명절 휴무
- Ⓠ 전북 완주군 구이면 구이로 797–18
- ☎ 063–221–6513 Ⓟ 가능

스시우니&어스테판 �֎ すしうに 스시 | 데판야키

전북혁신도시에 위치한 스시야. 지리산 함양 철갑상어알, 철원 생와사비, 이천쌀 등 엄선된 식재료를 사용하여 스시 오마카세를 추구하는 정성이 엿보인다. 메인 테이블 외에 룸도 여유롭게 있어 모임을 하기에도 좋다.

- ₩ 스시우니런치오마카세(5만9천원), 스시우니디너오마카세(11만9천원), 모둠사시미(1인 3만4천원, 2인 5만8천원), 후토마키(2만1천원), 사바보우스시(2만3천원)
- 🕐 10:00~16:00/17:00~23:00(마지막 주문 22:00) – 일, 월요일 휴무
- 🔍 전북 완주군 이서면 오공로 21-13 호텔원빌딩 3층
- ☎ 063-225-9331 ℗ 가능

원조화심두부 ✖ 순두부 | 두부

60년이 넘는 전통의 직접 만드는 생두부집. 모두부를 시키면 썰지 않고 덩어리째로 나오는데, 칼을 대면 맛이 없어지기 때문에 숟가락으로 파 먹어야 한다. 바지락이나 굴이 들어가는 순두부백반도 얼큰하고 시원하다. 두부로 만든 도넛을 후식으로 곁들이면 좋다.

- ₩ 화심순두부, 고기순두부(각 9천5백원), 들깨순두부(1만1천원), 두부등심돈가스, 두부조림(각 1만2천원), 두부탕수육(1만8천5백원), 두부전(1만4천5백원), 해물파전(1만7천5백원), 화심두부(8천원)
- 🕐 08:30~20:00 – 명절 휴무
- 🔍 전북 완주군 소양면 전진로 1066
- ☎ 063-243-8952 ℗ 가능

유성식당 순댓국

여러 가지 돼지부속고기가 푸짐하게 들어간 순대국밥을 맛볼 수 있는 곳. 순대국밥이지만 순대는 따로 요청해야 넣어주는 것이 특징이다. 인근의 익산 지역 주민도 일부러 찾아오는 40년이 넘는 전통의 유명한 맛집이다.

- ₩ 순대국밥, 머리국밥(각 1만원, 곱빼기 1만1천원), 막창피순대(1만8천원), 머릿고기(2만원), 모둠순대(2만3천원)
- 🕐 07:00~21:00 – 두 번째, 네 번째 월요일, 명절 휴무
- 🔍 전북 완주군 삼례읍 동학로 29
- ☎ 063-291-8182 ℗ 불가

할머니국수집 국수

양은 대접에 심플하게 나오는 국수가 맛있는 곳. 금방 말아 내놓은 국수 위에 곱게 빻은 고춧가루와 파가 올라가 있으며, 국물 맛이 담백하고 얼큰하다. 부뚜막을 중심으로 ㄴ자 형태로 배치된 의자에 앉아 먹는다.

- ₩ 할머니국수(소 5천원, 중 6천원, 대 7천원, 특대 8천원)
- 🕐 동절기(11월~3월) 10:00~18:30 | 하절기(4월~10월) 10:00~20:00 – 월요일 휴무
- 🔍 전북 완주군 봉동읍 봉동동서로 138-1
- ☎ 063-261-2312 ℗ 가능

화산손두부 두부

가마솥에 만드는 재래식 두부요리 전문점. 3대째 50년 이상의 전통을 이어오고 있다. 상차림으로 올려주는 반찬 중 특히 전라도식 김치 평이 좋으며, 두부와 함께 먹기 좋다. 가마솥순두부와 모두부가 추천 메뉴.

- ₩ 가마솥순두부(1만원), 모두부(1만원), 가마솥두부전(2만원), 소고기두부전골(중 4만원, 대 5만원)
- 🕐 11:00~20:00(마지막 주문 19:00) – 격주 수요일 휴무
- 🔍 전북 완주군 화산면 상호길 29-2
- ☎ 010-5537-6864 ℗ 가능

전라북도 익산시

고려당 메밀국수 | 찐빵

익산에서 메밀소바가 맛있기로 유명한 곳. 해산물을 넣고 진하게 우린 쯔유에 구수한 메밀면을 찍어 먹는 맛이 좋다. 달달한 단팥 앙금이 들어간 찐빵과 만두 등을 곁들이면 더욱 맛있다. 50년이 넘는 역사를 자랑한다.

- ₩ 냉메밀(중 7천원, 대 9천원), 비빔메밀, 비빔국수, 쫄면, 온소바(각 7천원), 찐빵, 만두(7천원)
- 🕐 금요일 11:00~17:00 | 토, 일요일, 공휴일 11:00~16:00(당분간 금,토,일요일만 영업) – 월,화,수,목 휴무일
- 🔍 전북 익산시 중앙로 52 (갈산동)
- ☎ 063-856-8373 ℗ 가능

마동국수 콩국수 | 잔치국수 | 비빔국수

깔끔한 맛의 잔치국수를 맛볼 수 있는 곳. 멸치로 진한 육수 맛을 내며 별다른 고명이 올라가지 않는다. 얼갈이김치와 먹으면 일품이며 새콤하게 무쳐낸 비빔국수와 콩국수 등도 맛이 좋다. 직접 뽑는 면은 쫄깃한 면발을 자랑한다.

- ₩ 물국수(6천원), 비빔국수(8천원), 콩국수(9천원), 곱빼기(1천원 추가)
- 🕐 11:00~16:00 | 일요일 11:00~15:00 – 둘째, 넷째 주 일요일 휴무
- 🔍 전북 익산시 서동로 160-1 (마동)
- ☎ 063-853-0334 ℗ 불가

마띠나 ✖ MATTINA 이탈리아식 | 와인바

익산 신시가지에 위치한 김성수 셰프의 작은 와인바로 클래식 이탈리안 퀴진을 지향한다. 트러플을 올린 타야린, 관찰레를 사용한 아마트리치아나, 카르보나라 등 식재료의 사용, 구성, 조립법 모두 현지 스타일이며 특히 건면 파스타는 라

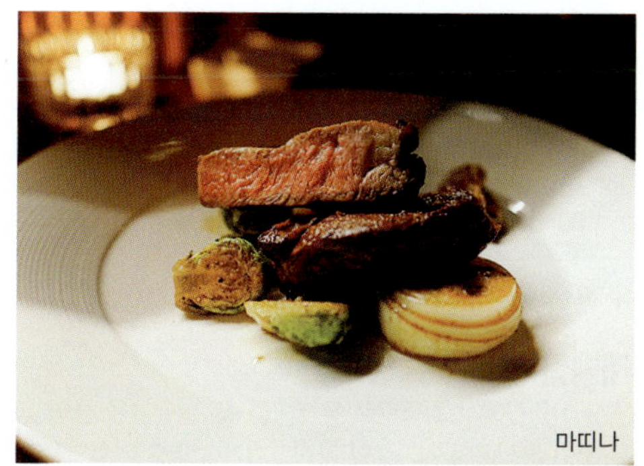

마띠나

파브리카, 젠틸레 등 고급 아티장 제품을 사용한다. 셰프가 와인에 조예가 깊어 와인 리스트도 수준급이며 가격도 합리적이다.
- ₩ 메뉴변동
- ⏰ 17:30~01:00(익일)(마지막 주문 23:00) – 일, 월요일 휴무
- 🔍 전북 익산시 하나로11길 32-7 (영등동) 훈하우스 1층
- ☎ 070-8285-8048 ⓟ 불가

명장추어탕 추어탕

된장을 넣어서 끓이는 전라도식 추어탕을 맛볼 수 있다. 버섯추어탕, 추어만두 등 다양한 메뉴가 있다. 돌솥에 나오는 밥맛이 좋다.
- ₩ 돌솥추어탕(1만1천원), 추어만두(6천원), 추어튀김(1만3천원)
- ⏰ 08:00~20:00 – 명절 휴무
- 🔍 전북 익산시 무왕로 1428 (팔봉동)
- ☎ 063-831-5560 ⓟ 가능

미륵산순두부 순두부 | 두부

직접 만드는 순두부 전문점. 순두부백반을 시키면 감자전, 부추겉절이, 배추겉절이 등의 반찬이 나온다. 붉은 순두부찌개가 얼큰하면서 시원하다. 두부 공장이 바로 옆에 있다.
- ₩ 한방순두부찌개(1만1천원), 맛동순두부찌개(1만원), 생두부(6천원), 오리주물럭(7만원), 두부김치, 파전(각 2만원), 도토리묵(1만5천원), 소고기버섯전골(소 3만5천원, 대 4만5천원)
- ⏰ 10:30~15:00(마지막 주문 14:20)/16:30~20:00(마지막 주문 19:20) | 월요일 10:30~15:00(마지막 주문 14:20) | 토, 일요일 09:00~20:00(마지막 주문 19:20) – 명절 휴무
- 🔍 전북 익산시 금마면 미륵사지로 397
- ☎ 063-835-8919 ⓟ 가능

백제가든 닭백숙

토종닭을 사용한 닭볶음탕과 닭백숙을 맛볼 수 있는 향토음식점. 닭고기가 부드럽고 쫄깃하다는 평이다. 밑반찬은 김치, 샐러드, 잡채, 김치전 등 다양하게 나온다.
- ₩ 토종닭볶음탕(6만원), 토종닭백숙(6만5천원), 토종능이백숙

(8만원), 오리주물럭(반마리 3만5천원, 한마리 5만5천원), 오리로스(반마리 2만5천원, 한마리 5만5천원), 오리한방백숙(7만5천원), 메기매운탕, 새우매운탕(2인 이상, 각 1인 1만5천원), 빠가매운탕, 잡탕(2인 이상, 각 1인 1만6천원)
- ⏰ 10:00~21:30 – 연중무휴
- 🔍 전북 익산시 선화로65길 34-10 (어양동)
- ☎ 0507-1406-3007 ⓟ 가능

신동양 ✕ 新東洋 일반중식

매콤하면서 동시에 시원한 고추짬뽕으로 유명한 식당이다. 돼지고기로 육수를 내어 새햐얀 국물에 각종 해산물을 넣었다. 그 위에는 배추와 청양고추를 썰어 곁들였다.
- ₩ 하얀고추짬뽕(8천5백원), 짜장면(6천원), 짬뽕, 볶음밥(각 8천원), 삼선물짜장(1만1천원)
- ⏰ 11:00~15:00/17:00~20:00 – 토요일 휴무
- 🔍 전북 익산시 평동로11길 60 (갈산동)
- ☎ 063-855-3100 ⓟ 불가

어스플러그 ausflug 카페

단아하고 차분한 분위기의 카페. 주택을 개조해서 만든 곳으로, 주택의 형태를 그대로 유지하고 있어 룸 형태로 이루어져 있다. 낮도 좋지만 조명이 켜진 밤이 더 감성있으며 다양한 디저트와 음료가 마련되어 있다. 바나나푸딩이 인기 있는 편.
- ₩ 아메리카노(4천3백원), 카페라테(4천8백원), AF라테(6천2백원), 누룽지라테(6천2백원), 소금빵(2천8백원), 바나나푸딩(5천8백원), 레몬젤리(3천6백원)
- ⏰ 11:00~21:00(마지막 주문 20:30) | 일요일 11:00~18:00(마지막 주문 17:30) – 월요일 휴무
- 🔍 전북 익산시 익산대로50길 14-1 (남중동)
- ☎ 0507-1352-2051 ⓟ 불가

어스플러그

예지원 한정식

한옥을 개조한 한정식집으로, 예약제로만 운영한다. 다양한 한정식 상차림을 선보이며 환갑, 돌잔치 등 큰 행사를 하기에 좋다.

- Ⓦ 한정식(4인 기준 1상 12만원)
- Ⓣ 예약제로 운영 – 연중무휴
- Ⓠ 전북 익산시 춘포면 미등골길 290
- ☎ 063–835–1155 Ⓟ 가능

이탈 ITAL 이탈리아식 | 와인바

이탈리안 요리를 캐주얼하게 풀어낸 레스토랑으로, 식사와 함께 와인 한잔하기 좋은 곳이다. 부드러운 식감의 뇨키, 생면을 사용하는 아롱사태라구, 훈연의 맛이 살아있는 이베리코 등이 추천 메뉴.

- Ⓦ 카프레제(1만3천원), 뇨키(1만8천원), 카르파치오(1만6천원), 트러플파스타(2만8천원), 비스크(2만2천원), 채끝등심(4만6천원), 문어(2만8천원), 아란치니(1만2천원)
- Ⓣ 17:30~23:00(마지막 주문 21:30) – 일요일 휴무
- Ⓠ 전북 익산시 무왕로17길 44–4 (영등동) 유진빌딩 1층
- ☎ 063–833–1744 Ⓟ 불가

이탈

정순순대 순대

선지로 속을 채우는 피순대를 맛볼 수 있다. 돼지고기 육수에 순대를 넣고 국수를 말아내는 순대국수가 독특하다. 50여 년의 역사를 지닌 집이다.

- Ⓦ 순댓국밥(9천원), 순대국수(7천원), 모둠피순대(1만5천원)
- Ⓣ 09:30~21:30 – 연중무휴
- Ⓠ 전북 익산시 중앙로1길 24–9 (창인동1가)
- ☎ 063–854–0922 Ⓟ 불가

진미식당 육회비빔밥 | 육회

90여 년의 역사를 자랑하며, 황등 비빔밥을 유명하게 만든 곳. 육회비빔밥은 사골국물에 토렴하여 따뜻하게 데워진 상태로 맛볼 수 있다. 정성이 가득한 음식에서 느껴지는 맛이 일품이다. 같이 나오는 선짓국의 맛도 좋다.

- Ⓦ 육회비빔밥(1만1천원, 특 1만4천원), 소불고기비빔밥(1만원), 선지국밥(9천원), 선짓국(5천원), 육회(3만8천원), 고구마순대(1만2천원)
- Ⓣ 11:00~16:00(마지막 주문 15:30) – 일요일 휴무
- Ⓠ 전북 익산시 황등면 황등로 158
- ☎ 063–856–4422 Ⓟ 가능

태백칼국수 칼국수

익산역 인근에서 칼국수로 유명해진 곳. 달걀물을 풀어 넣은 것이 특징이며 김가루와 다진고기가 고명으로 올라간다. 담백한 국물 맛이 일품. 칼국수 외에도 떡국, 비빔밥, 왕만두 등을 다양하게 선보인다.

- Ⓦ 칼국수(8천원, 곱빼기 9천원), 만둣국, 떡국(각 1만백원), 왕만두, 비빔밥(각 8천원)
- Ⓣ 11:00~16:00/17:00~19:00 – 월요일 휴무
- Ⓠ 전북 익산시 중앙로 15–5 (중앙동1가)
- ☎ 063–855–1529 Ⓟ 가능(익산 중앙시장 주차장 이용, 주차권 지원)

풍성제과 P.S BAKERY 베이커리

익산을 대표하는 노포 베이커리. 옥수수식빵으로 유명하다. 기본 옥수수식빵 외에 옥수수찹쌀식빵, 옥수수밤식빵, 마늘바게트도 추천한다. 맘모스빵, 꽈배기 등 옛날 빵 종류가 많아 빵지 순례자에게 인기 있는 곳 중 하나이다.

- Ⓦ 옥수수식빵, 옥수수찹쌀식빵, 옥수수밤식빵(각 5천원), 마늘바게트(1천9백원)
- Ⓣ 08:00~22:00 – 첫째, 셋째 주 월요일 휴무
- Ⓠ 전북 익산시 서동로 103 (마동)
- ☎ 063–856–8408 Ⓟ 불가

하이디 Heidi 카페

푸른 하늘 아래 미륵산을 배경으로 한 카페. 카페 앞으로 넓게 펼쳐진 초록 잔디와 식물 위주의 인테리어가 편안한 분위기를 자아낸다. 빵은 오븐에 데워져 따뜻하게 제공되며, 커스터드가 듬뿍 들어간 커스터드파이도 추천할 만하다.

- Ⓦ 아메리카노(5천원), 카페라테(5천8백원), 하이디주스(6천5백원), 금마주스(7천원), 커스터드파이, 옥수수파이, 갈릭크림치즈파이(각 4천5백원)
- Ⓣ 11:00~18:00(마지막 주문 17:00) – 수요일 휴무
- Ⓠ 전북 익산시 금마면 구룡길 25–15
- ☎ 0507–1309–7214 Ⓟ 가능

한솔가든 닭볶음탕 | 오리주물럭

닭볶음탕과 오리주물럭구이가 대표 메뉴다. 육질이 좋은 닭을 약간 매운 양념에 버섯, 양파, 감자, 당근을 넣고 조린다.

오리주물럭은 갖은 채소와 버섯을 넣고 국물이 많지 않게 자글자글 끓여 먹는다.
- 닭볶음탕(5만3천원), 오리주물럭, 오리탕(각 5만6천원), 한방오리백숙(5만8천원)
- 11:10~15:00/17:00~20:30 – 월요일 휴무
- 전북 익산시 쌍능길 20-1 (덕기동)
- 063-832-5327 Ⓟ 가능

한일식당 ✕ 육회비빔밥

익산 스타일의 황등비빔밥을 맛볼 수 있는 곳. 황등비빔밥은 밥이 고추장 양념에 비벼 나오고 그 위에 육회가 푸짐하게 올라가는 것이 특징이다. 갈비탕 국물에 선지가 들어가는 국물이 함께 나온다.
- 황등육회비빔밥(1만1천원), 특황등육회비빔밥(1만3천원), 한우육회(300g 3만5천원), 한우갈비전골(2만9천원)
- 11:00~15:00/17:00~20:00(마지막 주문 19:30) – 월요일 휴무
- 전북 익산시 황등면 황등로 106
- 063-856-4471 Ⓟ 가능

황등시장비빔밥 ✕ 육회비빔밥 | 선지해장국

익산의 명물 황등비빔밥을 전문으로 하는 곳. 시장 안에 있는 허름한 식당이지만 맛은 뛰어나다. 순대와 다양한 내장 부위가 들어간 선지해장국 맛도 일품이다. 맑게 나오는 국물에 다진 양념을 풀어 먹는다.
- 육회비빔밥(1만1천원, 곱빼기 1만4천원), 선지순대국밥(9천원), 모둠순대(1만원)
- 11:00~14:00 – 일요일 휴무
- 전북 익산시 황등면 황등7길 25-8 황등시장
- 063-858-6051 Ⓟ 가능

이즈피자 IS PIZZA 미국식피자

임실치즈를 사용하는 피자집. 불고기, 감자, 바비큐, 고구마, 치즈 등 다양한 종류의 피자가 있으며, 반반 메뉴를 선택해 두 가지 맛을 한 번에 즐겨도 좋다. 치즈를 듬뿍 올린 치즈오븐스파게티도 인기 있다.
- 불고기피자, 매콤불고기피자, 감자피자, 바비큐피자, 고구마피자, 콤비네이션피자, 치즈, 페퍼로니피자(L 2만3천원, M 1만6천원), 투블럭피자(L 2만4천원, M 1만6천원), 치즈오븐스파게티, 해물스파게티(각 7천원), 미트스파게티(6천원)
- 11:00~21:00(홀 마감 20:00) | 수요일 12:00~21:00(홀 마감 20:00) – 월요일 휴무
- 전북 임실군 임실읍 중동로 35
- 0507-1402-8880 Ⓟ 가능

하루 전통차전문점

전북 고창군 해리면에서 옮겨온 유서깊은 송하정이라는 정자와 녹차밭으로 이루어진 전통찻집. 고즈넉한 건물에서 녹차밭을 바라보며 힐링할 수 있는 공간을 대여해준다. 섬진강의 인공호수 옥정호를 바라보며 차를 즐길 수 있는 공간이다. 공간 대여 후 1인 1만5천원을 추가하면 다과와 음료를 즐길 수 있다.
- 공간대여(문의), 음료및다과(1인 1만5천원)
- 11:00~18:00 – 월, 화, 수요일 휴무 | 한옥 소하정, 사랑채 예약제로 운영
- 전북 임실군 운암면 강운로 1175-17
- 0507-1346-5076 Ⓟ 가능

행운집 국수

임실에서만 생산되는 자연건조 방식의 백양면을 사용한 국수를 맛볼 수 있다. 시골스러운 투박한 맛과 멋이 있는 곳. 주인 할머니가 가게를 비우고 밭에 나가 있을 경우가 많으므로 가기 전에 확인해야 한다.
- 물국수(5천원), 비빔국수(6천원), 팥칼국수(2인 이상, 7천원), 김치수제비(2인 이상, 6천원)
- 09:30~19:00 – 둘째, 넷째 주 수요일 휴무
- 전북 임실군 강진면 호국로 14-12
- 010-4364-1094 Ⓟ 불가

화덕쿡 피자

참나무 장작 화덕에서 구워낸 바삭하고 쫄깃한 피자를 선보인다. 피자, 스파게티, 리조토, 샐러드 등 다양한 메뉴를 갖추고 있다. 치즈테마파크 역사관 바로 앞에 위치해 있어 더욱 특별하게 즐길 수 있는 곳.

ⓦ 화덕쿡피자(2만9천원), 불고기피자(2만8천원), 콰트로포르마지(2만5천원), 고르곤졸라(2만2천원), 마르게리타(2만4천원), 화덕목살플레이트(2만3천원), 화덕삼겹살플레이트(2만3천원), 새우로제스파게티(1만7천원), 새우상하이스파게티(1만6천원)
ⓣ 10:00~18:00(마지막 주문 17:00) – 월요일 휴무
ⓠ 전북 임실군 성수면 도인2길 50
☎ 063-644-8287 ⓟ 가능

전라북도 장수군

옛날순두부   순두부 | 육개장

두부를 주재료로 다양한 요리를 선보이는 두부요리 전문점. 정감 가는 분위기의 매장에서 순두부찌개, 청국장, 두부전골, 소고기순두부 등의 요리를 즐길 수 있다. 구수한 맛을 느끼고 싶다면 옛날 청국장도 추천할 만하다.
ⓦ 옛날순두부찌개(1만원), 옛날청국장(9천원), 옛날비지찌개(1만원), 옛날된장찌개(1만2천원), 김치찌개(9천원), 육개장(1만2천원), 갈비탕(1만2천원), 소고기순두부(1만2천원), 두부전골(중 4만2천원, 대 4만9천원), 묵은지갈비찜(6만원), 감자묵은지닭볶음탕(6만원), 토종한방백숙, 토종옻닭백숙(각 6만원)
ⓣ 미정 – 비정기적 휴무
ⓠ 전북 장수군 계북면 장무로 1336
☎ 063-352-2968 ⓟ 불가

옛터가든   삼계탕

닭과 오리를 활용한 요리를 맛볼 수 있다. 전북에서 나고 자란 식재료로 반찬부터 메인 요리까지 만들어 내는 곳. 부드러운 고기와 찰진 찹쌀이 가득 들어가 든든하게 즐길 수 있는 장수보약삼계탕이 추천 메뉴 중 하나다.
ⓦ 장수보약삼계탕(1만9천원), 청동오리주물럭(변동), 토종닭볶음탕(변동)
ⓣ 11:00~15:00(마지막 주문 14:30)(동절기 단축 운영) – 연중무휴
ⓠ 전북 장수군 계남면 장무로 170
☎ 063-351-0101 ⓟ 가능

청기와집가든   오리탕 | 오리

한방오리탕을 전문으로 하는 곳. 오리는 진안의 농장에서, 약재는 금산에서 직접 조달하고 기본 재료에 정성을 들인다. 채소도 직접 무농약으로 재배하고 있다.
ⓦ 토종닭볶음탕, 토종닭백숙, 한방오리탕, 오리훈제(각 6만원), 오리생구이, 오리주물럭(각 5만원), 우렁된장백반, 청국장(각 8천원)
ⓣ 09:30~21:30 – 수요일 휴무
ⓠ 전북 장수군 장계면 한들로 181
☎ 063-353-5292 ⓟ 가능

전라북도 전주시

PNB풍년제과본점   PNB 베이커리

70년이 넘는 역사의 오래된 빵집. 팥빵, 슈크림빵 등 옛날 스타일의 빵 맛이 좋다. 전주 명물이 된 초코파이는 하루에 5천 개 이상 팔릴 정도로 인기 메뉴다. 프랜차이즈 빵집에서는 느낄 수 없는 옛 맛을 느낄 수 있어 찾는 손님이 많다.
ⓦ 오리지널초코파이(2천3백원), 화이트초코파이, 바나나초코파이(각 2천5백원), 콘봇세, 초코잇슈(각 2천3백원)
ⓣ 08:00~22:30 – 연중무휴
ⓠ 전북 전주시 완산구 팔달로 180 (경원동1가)
☎ 063-285-6666 ⓟ 가능

가운데집   족발

양념족발을 전문으로 하는 집이 몰려 있는 용산다리(추천대교) 인근에서도 오래되기로 유명한 곳. 50년이 넘는 전통의 족발집이다. 일반적인 족발과 달리 매운 양념을 해서 구워 나오는 것이 특징이다.
ⓦ 양념족발(1만6천원), 비빔밥(5천원), 물국수, 누룽지(각 3천원)
ⓣ 11:00~20:30 – 월요일 휴무
ⓠ 전북 전주시 덕진구 추천로 171 (팔복동2가)
☎ 063-211-5366 ⓟ 가능

가족회관   일반한식 | 비빔밥

한옥마을 인근의 비빔밥 전문집. 비빔밥을 시키면 한정식처럼 15가지 반찬이 나온다. 유기를 사용하기 때문에 시간이 지나도 나물 향이 그대로 남아 있고 사골 국물로 지은 밥알이 쫀득쫀득한 맛을 유지한다. 가족회관정은 예약해야 한다.
ⓦ 전주비빔밥(1만4천원), 육회비빔밥(1만7천원), 가족회관정식(4인 12만원)
ⓣ 10:30~20:00(마지막 주문 19:50) – 명절 휴무
ⓠ 전북 전주시 완산구 전라감영5길 17 (중앙동3가)
☎ 063-284-0982 ⓟ 가능

가족회관

갑기회관 비빔밥

정갈한 비빔밥을 맛볼 수 있는 곳. 비빔밥은 놋그릇에 담겨 나오는데 뜨거우므로 조심해야 한다. 속을 개운하게 해주는 콩나물국이 함께 나온다. 전골 종류도 추천할 만하다. 멸치, 동치미, 고사리 등의 기본 반찬이 비빔밥과 잘 어울린다.

- ₩ 육회비빔밥(1만7천원), 불낙전골(1만9천원), 갈비전골(2만4천원), 육회(200g 3만2천원, 300g 4만2천원)
- ⏰ 11:00~21:00 – 연중무휴
- 🔍 전북 전주시 덕진구 상리로 50 (팔복동2가)
- ☎ 063-212-5766 Ⓟ 가능

갓포마츠 ✖ KAPPO MATSU 갓포요리

전주 신시가지에 위치한 재패니즈 다이닝. 사시미의 선도와 숙성도도 훌륭하고 흔히 판매하지 않는 우설 이시야키 등 독특한 메뉴도 있다. 식사로도 좋고 다이닝 후 2차로 가더라도 여흥을 이어줄 수 있을 정도로 요리의 수준이 훌륭하다. 다양한 라인업의 사케 셀렉션도 큰 장점 중 하나다.

- ₩ 사시미모리아와세(2인 5만원), 독도새우(2만4천원), 금태숯불구이(5만원), 와규부챗살구이(200g 3만8천원), 누룩항정살구이(200g 2만5천원), 모치프라이(1만2천원), 만체고치즈아에(2만6천원)
- ⏰ 18:00~01:00(익일)(마지막 주문 23:30) | 토요일 17:30~01:00(익일)(마지막 주문 23:30) | 일요일 17:30~24:00(마지막 주문 22:30) – 연중무휴
- 🔍 전북 전주시 완산구 홍산북로 25 (효자동2가) 2층
- ☎ 063-222-2221 Ⓟ 불가(JJ 주차장 이용, 3시간 무료)

걸프델리마켓 gULP. 햄버거

주택을 개조해서 만든 아늑한 분위기의 수제버거 전문점. 다양한 사이드 메뉴도 있으며 탱글한 새우버거가 인기 많다. 매장에서 직접 패티와 빵을 만들며 번은 따로 판매도 하고 있다. 2층은 노키즈존이니 참고할 것.

- ₩ 안녕하새우(200g 1만2천8백원), 안녕핫새우(300g 1만3천9백원), 텍사스맥앤치즈(220g 1만3천5백원), 투더블(220g 1만2천원), 헤비스모키(440g 1만8천5백원), 걸프(110g 8천3백원), 베이컨(110g 1만1천5백원), 비프칠리(110g 1만5백원), 피시앤칩스(1만1천8백원), 칠리치즈(6천8백원), 어니언링(6천3백원), 감자튀김(4천8백원)
- ⏰ 11:00~21:00(마지막 주문 20:00) | 토, 일요일 11:00~20:00(마지막 주문 19:00) – 설날, 추석 당일 및 1월1일 휴무
- 🔍 전북 전주시 완산구 전주객사4길 96 (고사동) 1, 2층
- ☎ 0507-1362-6051 Ⓟ 가능(GS타임즈 전주고사동주차장 이용, 1시간 무료)

고궁 ✖ 古宮 비빔밥

옛날 임금의 수라상에 오르던 궁중의 비빔밥을 현대 감각에 맞게 재현하였다. 골동반정식을 시키면 모주, 수삼샐러드,

불고기, 전주식묵육회, 코다리찜, 홍어찜, 해물신선로, 모둠전 등 한상 차림이 나온다. 전통 유기그릇에 전주식 생육회와 오실과로 맛과 멋을 낸 전주 전통 비빔밥이 돋보인다.

- ₩ 전주전통비빔밥(1만3천원), 돌솥비빔밥(1만5천원), 육회비빔밥(1만7천원), 채소불고기전골(1만8천원), 고궁전골(2만원), 돌판불고기(180g 2만5천원), 해물파전(1만6천원)
- ⏰ 11:00~21:00(마지막 주문 20:30) – 명절 전날, 당일 휴무
- 🔍 전북 전주시 덕진구 송천중앙로 33 (덕진동2가)
- ☎ 063-251-3211 Ⓟ 가능

고궁담 ✖ 비빔밥

전주비빔밥 전문점 고궁에서 운영하는 한정식집. 정식을 주문하면 한 상 가득 정갈한 전라도 음식이 차려진다. 고궁의 비빔밥과 달리 미리 비벼져 나오는 것이 특징. 모던하고 세련된 인테리어가 갤러리를 연상케 하며, 음식을 담는 그릇도 모두 도기를 사용하여 고급스러운 느낌이다. 별도의 룸도 갖추고 있어 돌잔치나 상견례 장소로도 인기가 많은 곳.

- ₩ 평일점심(2만1천원), 한상차림(3만4천원), 담정식(4만4천원), 스페셜정식(5만4천원), 연회정식(20인 이상, 1인 3만9천원)
- ⏰ 11:30~14:30/17:00~21:30 | 토, 일요일 11:30~21:30 – 월요일 휴무
- 🔍 전북 전주시 완산구 유연로 170 (효자동3가)
- ☎ 063-228-3711 Ⓟ 가능

고궁수라간한옥마을점 비빔밥

전주의 대표 음식인 비빔밥과 떡갈비가 맛있는 곳으로 50여 년의 전통의 비빔밥집 고궁에서 운영하고 있다. 전통 한옥을 재현한 건물, 반찬을 담는 놋그릇 등이 옛 정취를 느끼게 해준다.

- ₩ 전주전통비빔밥(1만2천원), 떡갈비(1만2천원), 전주육회비빔밥(1만5천원), 전주돌솥비빔밥(1만4천원), 불고기돌솥비빔밥(1만6천원), 돌판불고기(2만1천원), 해물파전(1만4천원), 전주황포묵무침(1인 9천원)
- ⏰ 11:00~15:00/17:00~20:30(마지막 주문 20:00) | 토, 일요일 11:00~20:30(마지막 주문 20:00) – 연중무휴
- 🔍 전북 전주시 완산구 은행로 31 (풍남동3가)
- ☎ 063-285-3211 Ⓟ 불가(공영주차장 이용)

광커피로스터리 ✖

光 COFFEE ROASTERY 커피전문점

스페셜티 커피를 선보이는 로스팅전문카페. 직접 만든 티라미수가 인기 있는 편. 로스팅과 커핑, 핸드드립을 직접 배워볼 수 있는 클래스도 운영하고 있다.

- ₩ 에스프레소, 아메리카노(각 3천5백원), 카페라테(4천5백원), 필터커피(6천원~8천원), 패션프루트차(4천5백원), 캐러멜피낭시에(2천8백원)
- ⏰ 11:00~19:00(마지막 주문 18:30) – 일요일, 마지막 주 월요일

휴무
전북 전주시 완산구 서학로 29 (동서학동)
☎ 063-288-5816 Ⓟ 불가

교동다원 ✕ 전통차전문점

100년이 넘은 한옥을 개조하여 만든 찻집으로, 본채와 아래 채 두 채로 나뉘어 있다. 찻집에 들어서면 한약재로 만든 천연 향내가 가득하다. 전통 우리차와 중국차를 편안하게 즐길 수 있으며 요기할 수 있게 전통 과자가 준비되어 있다.

Ⓦ 황차, 동정오룡(각 6천5백원), 보이차, 삼림계(각 7천원), 가바오룡, 목책철관음(각 8천원), 동방미인(1만원), 흑임자양갱(4천2백원), 구름설기, 꿀약과(각 4천5백원)

Ⓗ 11:00~19:00 – 화요일 휴무
전북 전주시 완산구 은행로 65-5 (교동)
☎ 063-282-7133 Ⓟ 불가

궁 ✕✕✕ 宮 한정식

전주 최고의 한정식으로 꼽을 만한 곳. 궁중요리 전수자인 고황혜성 선생과 한복려 선생에게 사사 받은 유인자 선생이 운영한다. 궁중요리를 충실히 재현하면서 적절하게 현대화하였다. 전통 음식의 고장 전주답게 유기그릇에 음식이 정갈하게 담겨 나와 손님을 접대하기에도 좋은 곳이다. 모든 그릇은 무형문화재 이봉주공방의 유기를 사용하며 실내 분위기도 전통과 현대적인 것이 적절히 조화되었다.

Ⓦ 류(1인 7만원), 운(1인 8만원), 본(1인 2만5천원), 기(1인 3만5천원)

Ⓗ 12:00~15:00/18:00~21:00 – 명절 휴무
전북 전주시 완산구 천잠로 337 (효자동3가)
☎ 063-227-0844 Ⓟ 발레 파킹

그때산집 복

전주에서 복탕으로 첫손에 꼽히는 곳 중 하나. 1972년부터 지금까지 40년 넘는 세월 동안 대를 이어 복탕의 맛을 유지하고 있다. 잘 손질된 신선한 까치복을 자리에서 직접 끓여 먹는 스타일로, 향긋한 미나리와 콩나물이 듬뿍 들어간다. 시원하면서도 진한 국물 맛이 단연 일품이며 함께 나오는 반찬도 복탕을 즐기기에 부족함이 없다.

Ⓦ 복탕(2만원), 아귀탕(1만6천원), 복찜(중 6만5천원, 중 7만5천원, 대 8만5천원), 아귀찜(소 4만5천원, 중 5만5천원, 대 6만5천원), 복튀김(1만5천원)

Ⓗ 09:00~21:00 – 연중무휴
전북 전주시 완산구 태평5길 13-4 (태평동)
☎ 063-277-0492 Ⓟ 가능

금암우족탕 ✕ 우족탕

3대째 이어오고 있는 우족탕 전문점으로, 50여 년의 업력을 가진 곳. 우족탕은 우족, 소머리 등 다양한 부위를 끓여내는데, 다른 곳과 달리 오직 한우로만 푹 고아 깔끔하고 고소한 맛이 특징이다. 국밥과 함께 내어주는 수육은 초장에 들깨가루를 섞은 소스에 살짝 찍어 먹는다.

Ⓦ 한우특우족탕(1만9천원), 전복우족탕(1만7천원), 한우갈비탕(1만5천원), 한우설렁탕(1만2천원), 수육(중 4만5천원, 대 5만5천원)

Ⓗ 08:00~22:00 – 연중무휴
전북 전주시 덕진구 태진로 136 (금암동)
☎ 063-252-8052 Ⓟ 가능(가게 앞)

금암피순대 ✕ 순대

돼지 대창에 양념한 선지를 가득 넣은 피순대를 맛볼 수 있는 곳이다. 식사로도 든든하지만 술안주로도 제격이다. 대표 메뉴는 순대 국밥이며, 막창 모둠도 많이 찾는다. 기본 반찬으로 김치와 깍두기, 부추무침, 콩나물무침이 나온다.

Ⓦ 순대국밥(1만원, 특 1만2천원), 막창모둠(소 2만원, 대 2만5천원), 피순대국밥(1만1천원), 머리국밥(1만원), 뼈다귀탕(1만원), 내장국밥(1만원), 머릿고기(소 2만원, 대 2만5천원)

Ⓗ 10:00~22:00 – 명절 휴무
전북 전주시 덕진구 기린대로 400-61 (금암동)
☎ 063-272-1394 Ⓟ 가능

기찻길옆오막살이 닭볶음탕

닭볶음탕 전문점으로, 비법 마늘양념으로 24시간 저온 숙성한 마늘닭볶음탕이 대표 메뉴다. 국물이 얼큰하면서 진하다. 식당 이름의 콘셉트에 어울리게 입구에는 기찻길을 만들어 놓고, 아이들이 탈 수 있는 기차놀이 기구도 있다.

Ⓦ 마늘숙성닭볶음탕(중 3만6천원, 대 5만1천원), 만새전(1만7천8백원), 묵은지김치전(1만4천9백원), 타이거왕새우튀김(2마리 5천원)

Ⓗ 11:30~15:00/17:00~21:00(마지막 주문 20:00, 재료 소진 시 조기 마감) – 월요일 휴무
전북 전주시 덕진구 인교9길 71 (우아동1가)
☎ 063-245-5870 Ⓟ 가능

김판쇠전주우족탕 ✕ 우족탕

전주에서 우족탕이 맛있기로 유명한 집. 보통 우족탕이라 하면 소 다리로 끓인 탕을 생각하지만, 전주에서 말하는 우족탕은 머릿고기 등을 포함해 소의 다양한 부위를 한데 넣고 끓인 탕을 의미한다. 깔끔하게 끓인 국물에 머릿고기와 우족, 소꼬리, 도가니 등이 푸짐하게 들어가 만족도가 높다.

Ⓦ 전주우족탕(1만5천원, 특 1만9천원), 전주갈비탕(1만4천원), 도가니탕(2만원), 수육(소 4만5천원, 대 5만5천원)

Ⓗ 07:30~21:00 – 연중무휴

전북 전주시 덕진구 태진로 132 (금암동)

☎ 063-252-5010 ⓟ 가능

꽃밭정이 ✖ 추어탕

추어탕을 시키면 겉절이와 추어튀김이 함께 나온다. 얼큰한 추어탕에 부추를 듬뿍 넣어 먹으면 좋다. 가격대비 만족도가 높은 편이다. 포장 구매는 오전 9시부터 할 수 있다.

ⓦ 추어탕(1만1천원), 치즈돈가스, 새우튀김(각 1만원), 추어튀김(1만2천원), 추어군만두(8천원)

⏰ 11:00~15:00/17:00~21:00 | 목요일 11:00~15:00/17:00~18:00 – 명절 휴무

전북 전주시 완산구 평화17길 11 (평화동1가)

☎ 063-223-6923 ⓟ 가능

남양집 ✖ 민물매운탕

70여 년 전통의 매운탕집. 전주천에서 잡히는 메기와 쏘가리, 피라미 등을 넣어 얼큰하게 끓여내는 매운탕 맛이 일품이다. 채소, 양념을 적당히 섞어 끓인 국물과 양념이 짙게 밴 민물고기 맛이 얼큰하면서도 담백하다.

ⓦ 쏘가리매운탕(소 7만원, 중 10만원, 대 12만원), 빠가사리매운딩(소 5민원, 종 0민원, 디 7만원), 메기메운탕, 피라미매운탕, 새우매운탕(각 소 4만, 중 5만원, 대 6만원)

⏰ 09:00~21:00(마지막 주문 20:30) – 연중무휴

진북 진주시 완신구 전주천동로 10 (교동)

☎ 063-284-1912 ⓟ 불가(생태박물관 주차장 이용, 무료)

다이닝스푼 Dining spoon 이탈리아식 | 파스타

아늑한 분위기와 식물을 활용한 인테리어가 어우러진 이탈리안 레스토랑. 크림소스파스타, 로제파스타, 오일파스타, 토마토파스타 등 10여 가지 종류의 파스타를 선보이는데, 블루크랩이 올라간 꽃게파스타와 차돌박이가 들어간 로제파스타 등이 인기다.

ⓦ 꽃게로제파스타(1만7천원), 통오징어먹물리조토, 타이거바질크림리조토, 누룽지해산물리조토(각 1만7천원), 목살들깨크림파스타(1만4천원), 오리엔탈목살스테이크(2만2천원), 살치살스테이크(3만1천원)

⏰ 11:30~15:00/17:00~22:00(마지막 주문 21:00) – 수요일 휴무

전북 전주시 완산구 전주객사4길 74-11 (고사동)

☎ 063-255-9636 ⓟ 불가

덕천식당 순대국밥

매운 양념이 들어간 칼칼한 국물이 특징인 순대국밥집. 이름은 순댓국이지만 순대 없이 내장만 들어가는 내장국밥에 가깝다. 잘 삶은 내장과 막창은 잡내가 없으며 칼칼한 국물은 밥을 말면 부드럽고 구수해진다.

ⓦ 순대국밥, 머리국밥(각 8천5백원), 콩나물국밥(7천원), 막창국밥(9천5백원), 콩나물국밥(7천원), 머리고기(소 1만5천원), 내장(소 1만5천원)

⏰ 07:30~20:30(마지막 주문 19:50) – 일요일 휴무

전북 전주시 덕진구 명륜1길 6 (금암동)

☎ 063-254-7365 ⓟ 가능

디오차드 THE ORCHARD 카페

싱그러운 꽃과 나무들로 가득한 정원이 있는 갤러리 카페. 가게에서 직접 만든 요구르트를 활용한 리얼요구르트가 인기 메뉴. 편안한 분위기 속에서 곳곳에 전시된 미술 작품들을 감상하고, 아기자기한 소품들을 구매할 수 있다.

ⓦ 에스프레소, 아메리카노(각 6천원), 카페라테(6천5백원), 핸드드립(7천5백원), 코코넛크림라테(8천원), 망고스무디(7천5백원), 오차드크루아상(4천원)

⏰ 10:00~22:00(마지막 주문 21:00) – 연중무휴

전북 전주시 완산구 한절길 32-30 (효자동2가)

☎ 063-282-1153 ⓟ 가능

디오차드

라볼타 ✖ la volta 이탈리아식

중화산동 신시가지 일대에서 인기를 끌고 있는 곳으로, 흰색 외관과 실내가 깔끔한 느낌을 주는 레스토랑. 오픈키친에서 만드는 생면 파스타를 맛볼 수 있다. 분위기, 맛, 서비스 모두 만족할 만한 곳이다.

ⓦ 해산물파스타(2만6천원), 킹크랩크림파스타(2만9천원), 코스메뉴(런치 3만9천원, 디너 10만원, 15만원)

⏰ 11:30~15:00/17:30~22:00(마지막 주문 21:00) – 일, 월요일 휴무

전북 전주시 완산구 화산천변6길 7-3 (중화산동2가)

☎ 063-224-3314 ⓟ 불가

르델리스 ✖ Le Delice 프랑스식

한옥마을에서 멀지 않은 전주천변에 위치한 프렌치 레스토랑. 호주에서 요리학교를 나오고 레스쁘아 등에서 경력을 쌓은 정예원 오너 셰프가 주방을 맡고 있다. 프렌치 어니언

수프, 비프부르기뇽, 시골풍의 파테 등 풍미 진한 완성도 높은 클래식 프랑스 요리를 단품으로 선보이고 있다. 작지만 화이트톤의 밝고 화사한 분위기라 와인 한 잔 곁들이기도 좋다.

ⓦ 어니언수프(6온즈 1만5천원, 8온즈 1만7천원), 에스카르고, 리오네즈샐러드(각 1만5천원), 트러플크림라비올리(2만2천원), 레몬봉골레(2만1천원), 비프부르기뇽(2만4천원), 비프웰링턴(6만9천원)
ⓣ 11:00～15:00/17:00～21:00(마지막 주문 20:00) | 일요일 10:00～15:00(마지막 주문 14:00) – 수요일, 명절 휴무
ⓠ 전북 전주시 완산구 전주천동로 248–1 (다가동4가) 무진빌딩 1층
☎ 063–288–0618 ⓟ 가능(중앙자차장 이용, 1시간 지원)

르델리스

마노 ✕ MANO 이탈리아식

신선한 재료로 만든 이탈리안 코스를 맛볼 수 있는 곳. 예약제로만 운영된다. 제철 식재료를 사용하여 매번 바뀌는 코스의 구성을 경험할 수 있다. 예약제로만 운영한다.

ⓦ 셰프테이스팅코스(11만5천원), A코스(9만5천원), B코스(6만8천원), 스테이크코스(4만8천원), 파스타코스(2만4천원)
ⓣ 11:30～15:00/17:00～22:00(마지막 주문 20:30) – 연중무휴
ⓠ 전북 전주시 완산구 홍산로 253 (효자동2가) 1층 106
☎ 010–7544–9011 ⓟ 가능(건물 지하주차장 이용)

마래당 ✕ 카페 | 마카롱

필링이 많이 들어간 일명 '뚱카롱'으로 인기인 카페. 마카롱의 종류가 다양하고 단맛, 식감 모두 좋은 평가를 받고 있다. 당고와 크림이 올라간 커피가 함께 나오는 마래당고커피도 시그니처 메뉴. 음식 담음새부터 인테리어까지 하나하나 보는 재미가 있다.

ⓦ 아메리카노(4천5백원), 카페라테(5천원), 마래당고커피인절미, 마래당고커피흑임자(각 7천원), 마카롱(2천9백원)
ⓣ 12:30～21:00 | 토, 일요일 12:00～20:30 – 연중무휴

ⓠ 전북 전주시 완산구 전주객사3길 46–12 (고사동)
☎ 070–7543–5005 ⓟ 불가

마이마이케이크 케이크

생크림과일케이크를 전문으로 하는 카페. 우유생크림을 사용한 딸기폭탄케이크, 과일폭탄케이크가 대표 메뉴다. 요거트 크림 또는 우유 생크림에 과일이 들어가 있는 캔케이크도 많이 찾는다. 레몬케이크도 추천할 만하다.

ⓦ 딸기폭탄케이크(1호 4만2천원), 과일폭탄케이크(3만9천원), 캔케이크(6천5백원～6천9백원), 마틸다케이크(4천7백원), 과일생크림미니케이크, 레몬케이크(각 1만5천원), 바스크치즈케이크(1만3천원)
ⓣ 12:00～제품 소진 시 마감 – 일, 월요일 휴무
ⓠ 전북 전주시 덕진구 들사평로 41–2 (덕진동1가) 1층, 101호
☎ 010–8781–1477 ⓟ 불가(인근 공영주차장 이용)

만성한정식 ✕ 한정식

현지인 사이에서 인기가 많은 한정식집. 40여 가지 찬과 요리가 푸짐하게 나오는 한상차림을 선보인다. 깔끔하고 쾌적한 분위기로 꾸며 모임 장소로도 좋다. 오찬과 만찬의 식사 시간은 각각 오전 11시 30분, 오후 5시30분부터이며, 비정기적으로 월 3회 월요일, 일요일이 휴무기 때문에 전화로 문의해야 한다.

ⓦ 만성정식(정성 16만원, 풍미 20만원, 일품 24만원, 명가 28만원, 진수 36만원, 수라 44만원, 황제 56만원)
ⓣ 11:00～15:00/17:00～21:30 – 월, 화, 수요일 중에 휴무(전화문의)
ⓠ 전북 전주시 완산구 바우배기1길 31–9 (효자동2가)
☎ 063–232–4141 ⓟ 가능

메르밀진미집 메밀국수 | 콩국수

메밀국수를 면으로 사용하여 만든 검은색 국수에 하얀 콩국물을 부은 콩국수의 맛이 일품이다. 전주식으로 설탕을 넣어 단맛이 나기도 하지만 중독성 있는 맛이다. 달착지근한 소스에 찍어 먹는 소바도 한번 맛볼 만하다. 콩국수, 소바, 냉면은 사계절 맛볼 수 있으며 한겨울에는 칼국수, 팥죽 등의 메뉴도 선보인다.

ⓦ 메밀소바, 메밀비빔소바, 메밀콩국수, 메밀물냉면, 메밀비빔냉면(각1만원)
ⓣ 10:00～20:00(마지막 주문 19:30) – 연중무휴
ⓠ 전북 전주시 완산구 전주천동로 94 (전동)
☎ 063–288–4020 ⓟ 가능(남부시장 천번 유료주차장 1시간 무료)

무궁화 ✕ 한정식

한국 정통 반가 음식을 새롭게 해석한 고급 한정식을 내는 곳. 전주의 팔미를 다채롭게 즐길 수 있다. 탕평채, 소라무

침, 더덕구이, 대하찜, 장어구이, 조기찜, 게장, 모둠전, 보쌈
등 화려한 한 상이 차려진다
- Ⓦ 한정식(4인 16만원~52만원), 평일굴비정식(2만7천원)
- Ⓛ 11:00~21:30 – 연중무휴
- Ⓠ 전북 전주시 덕진구 권삼득로 436 (덕진동2가)
- ☎ 063-271-3307 Ⓟ 가능

반야돌솥밥 ✄ 비빔밥

돌솥밥을 최초로 개발한 식당으로 자부심이 높은 곳. 지금
도 돌솥밥 한 가지만 전문으로 한다. 한약재를 우린 물로 밥
을 지어 밥맛이 좋다. 밤, 잣, 검은콩, 완두콩, 당근, 버섯, 옥
수수, 우엉, 은행을 넣어 지은 밥에 간장양념장을 넣고 비벼
먹는 비빔밥 맛이 일품이다.
- Ⓦ 반야돌솥밥(1만5천원), 소고기돌솥밥, 인삼돌솥밥(각 1만8천
원), 송이돌솥밥, 바싹불고기(각 3만원), 생녹두전(1만5천원), 특
돌솥밥(2만원)
- Ⓛ 11:00~15:00/17:00~20:30 – 명절 휴무
- Ⓠ 전북 전주시 완산구 홍산1길 6 (효자동2가)
- ☎ 063-288-3174 Ⓟ 가능

밥스터 Bopster 커피전문점

원두와 추출방식을 선택할 수 있는 커피 전문점. 추출방식
은 에스프레소 머신, 핸드드립, 사이폰 3가지 중 하나를 택
할 수 있다. 커피 음료 외에 미키롱, 시폰 등 디저드류도 맛
이 좋아 인기다.
- Ⓦ 에스프레소(4천원), 롱블랙, 카페라테(각 5천원), 더치커피,
핸드드립커피(각 6천원), 스페셜커피(7천원)
- Ⓛ 09:00~22:00 – 연중무휴
- Ⓠ 전북 전주시 완산구 마전로 11 (효자동3가)
- ☎ 070-7762-0659 Ⓟ 가능

백송회관 ✄ 육회비빔밥 | 육회 | 소고기구이

육회비빔밥이 유명한 곳이다. 비빔밥과 함께 나오는 갖가지
반찬이 맛깔스럽다. 평일에는 서비스로 육사시미가 나오기
도 한다. 식후에 나오는 누룽지가 구수하다.
- Ⓦ 전주비빔밥, 육회비빔밥(각 1만원, 특 1만3천원), 갈비탕(1만2
천원, 특 1만5천원), 갈낙(2만원), 불낙(1만7천원), 낙지볶음(소 2
만5천원, 중 3만5천원), 한우육회(소 2만5천원, 중 3만5천원, 대
4만5천원), 한우육사시미(2만5천원), 한우꽃살, 한우꽃갈빗살(각
3만5천원), 한우생등심(3만원), 한우생갈비(2만7천원)
- Ⓛ 10:00~22:00 – 명절 휴무
- Ⓠ 전북 전주시 완산구 기린대로 177 (서노송동)
- ☎ 063-282-5001 Ⓟ 가능

베테랑칼국수 ✄ 칼국수

전주를 상징하는 칼국숫집. 고춧가루, 김가루, 들깻가루가
듬뿍 얹어져 나오는 것이 특징이다. 같이 먹는 깍두기 맛도

별미다. 널찍한 전용 주차장이 마련되어 있을 정도로 늘 문
전성시를 이루고 있다. 40년이 넘는 역사를 자랑한다.
- Ⓦ 칼국수(8천원), 쫄면(7천원), 만두(6천원), 콩국수(9천원), 소바
(9천원)
- Ⓛ 09:00~20:00 – 연중무휴
- Ⓠ 전북 전주시 완산구 경기전길 135 (교동)
- ☎ 063-285-9898 Ⓟ 가능

뽀빠이순대 순댓국 | 순대

순댓국 전문점. 주력 메뉴는 순대국밥이지만, 돌솥에 담겨져
나오는 돼지불고기덮밥도 많이 찾는 메뉴다. 셀프 코너에서
반찬을 리필할 수 있으며, 구수한 숭늉도 준비되어 있다.
- Ⓦ 순대국밥, 머리국밥(8천원), 암뽕국밥(1만원), 돼지불고기밥(9
천원), 순대전골(소 2만2천원, 중 2만8천원, 대 3만4천원), 암뽕
(각 1만5천원), 순대(1만원)
- Ⓛ 11:00~15:00/17:00~21:30 | 토요일 11:00~21:30 – 일요일
휴무
- Ⓠ 전북 전주시 덕진구 덕용3길 5 (여의동2가)
- ☎ 063-212-9045 Ⓟ 불가

삼백집 ✄ 콩나물국밥 | 일반한식

전주를 대표하는 콩나물국밥은 콩나물, 김치, 밥, 새우젓 등
단출한 재료를 뚝배기에 담아 끓이는 간단한 음식이다. 하
루에 3백 그릇만 팔았다고 해서 삼백집이라고 한다. 국밥
안에도 달걀이 들어가 있고 반찬으로 달걀프라이가 하나씩
나온다. 외지인에게도 이미 널리 알려진, 70년 이상 된 오랜
전통의 집이다.
- Ⓦ 콩나물국밥(8천원), 한우선지온반(1만원), 고추군만두(6천원),
대패삼겹철판(200g 1만9천원)
- Ⓛ 06:00~22:00(마지막 주문 21:30) – 연중무휴
- Ⓠ 전북 전주시 완산구 전주객사2길 22 (고사동)
- ☎ 063-284-2227 Ⓟ 가능

삼양다방 카페

전주에서 가장 오래된 다방. 옛 다방의 인테리어와 소품들
이 레트로한 분위기를 준다. 오랫동안 자리를 지켜온 곳으
로, 1950년대의 수많은 영화인과 예술인들의 발자취가 담겨
있다. 향수를 불러일으키는 조용한 분위기에서 쌍화탕과 함
께하면 옛날 정취를 즐길 수 있다.
- Ⓦ 허브티, 홍차, 녹차, 수제차(각 5천원), 옛날팥빙수(1만2천원),
삼양커피(4천원)
- Ⓛ 09:00~23:00(마지막 주문 22:30) – 연중무휴
- Ⓠ 전북 전주시 완산구 동문길 94 (경원동2가)
- ☎ 063-231-2238 Ⓟ 가능

성미당 ✄ 비빔밥

비빔밥 전문점으로, 60년 가까이 한 자리를 지키고 있다. 비빔밥에는 고사리, 표고버섯, 도라지, 오이, 당근, 쑥갓, 상추, 김, 잣, 밤, 대추 등이 들어간다. 찹쌀고추장, 간장, 참기름은 직접 만들어 사용한다. 밥을 양념에 비벼 놋그릇에 담고 육회 등 11가지 고명을 올려 불에 얹어 지진 후 나무받침에 받쳐 내는, 전형적인 전주 스타일이다.

- ⓦ 전주전통육회비빔밥(1만7천원), 전주비빔밥(1만5천원), 해물파전, 황포묵무침(각 1만4천원), 황포묵(1만원), 육회(소 3만5천원, 대 4만5천원)
- ⓣ 11:00〜16:00/17:30〜20:00 – 월요일 휴무
- ⓠ 전북 전주시 완산구 전라감영5길 19–9 (중앙동3가)
- ☎ 063–287–8800 ⓟ 가능

세이토 SEITO 일식우동

자가제면으로 만드는 우동을 먹을 수 있는 곳. 탄력 있는 면발을 느낄 수 있는 마제우동이 대표 메뉴다. 닭다리살과 대파가 들어간 토리우동도 인기. 육수는 8가지가 넘는 재료의 배합으로 만든다.

- ⓦ 가케우동(8천5백원), 마제우동(1만3천원), 토리우동, 니쿠우동, 덴푸라우동(각 1만2천5백원), 가츠카레(1만3천5백원)
- ⓣ 11:30〜14:30/17:30〜21:00(마지막 주문 20:00) – 화요일 휴무
- ⓠ 전북 전주시 완산구 마전중앙로 13 (효자동3가) 동화빌딩 1층
- ☎ 0507–1354–4322 ⓟ 가능

수정관 일반중식

전주의 명물로 유명한 물짜장을 맛볼 수 있는 중화요리집. 물짜장은 전분이 들어가 점성이 있는 것이 특징이며, 해산물이 푸짐히 올라간다. 흔히 짬뽕과 울면, 짜장면이 섞인 듯한 느낌이라고 하지만, 정확히 설명하기 어려운 오묘한 맛을 자랑한다.

- ⓦ 물짜장, 짬뽕, 간짜장(각 9천원), 짜장면(7천원), 쟁반짜장(1만3천원), 해물쟁반짬뽕, 해물쟁반물짜장(각 2만원), 볶음밥, 짬뽕밥(각 9천원), 잡채밥(1만원), 탕수육, 깐쇼육(각 소 2만원, 중 2만5천원, 대 3만원), 깐풍기, 깐풍새우(각 3만5천원), 만두(6천원)
- ⓣ 10:30〜18:00 – 화요일 휴무
- ⓠ 전북 전주시 완산구 문화광장로 18 (서노송동)
- ☎ 063–287–7268 ⓟ 불가

수플레 ✄ souffle 디저트전문점

다양한 케이크와 구움과자를 전문으로 하는 디저트 카페. 시폰케이크, 당근케이크 등 다양한 종류의 디저트를 선보인다. 시그너처 음료는 피넛크림라테. 야외 정원과 테라스 자리도 아담하게 꾸며놓았다.

- ⓦ 아메리카노(4천5백원), 카페라테(5천원), 당근케이크(7천5백원), 딸기생크림케이크(7천8백원), 피낭시에(3천원), 무화과얼그레이파운드(3천2백원), 에그타르트(4천원), 아몬드피넛크림라테(7천원)
- ⓣ 11:00〜21:00 – 연중무휴
- ⓠ 전북 전주시 완산구 우전2길 63 (효자동2가)
- ☎ 063–236–0246 ⓟ 가능

스시요헤이 ✄✄✄ すしよへい 스시

서울 워커힐호텔 출신 김영대 오너 셰프가 운영하는 스시야. 그날 들어온 최상의 재료로 만드는 오마카세 단일 코스만을 선보이며 합리적인 가격대로 다양한 구성의 스시를 만날 수 있다. 스시를 알맞게 숙성하여 내는 것이 특징.

- ⓦ 점심오마카세(4만8천원), 저녁오마카세(9만원)
- ⓣ 12:00〜14:30/18:00〜22:30 – 일요일 휴무
- ⓠ 전북 전주시 완산구 우전로 299 (효자동3가)
- ☎ 063–221–9500 ⓟ 불가

시즈너 seasoner 이탈리아식

오픈된 키친에서 이탈리안 요리를 선보이는 레스토랑. 제철 식재료를 사용하여 시즌마다 새로운 메뉴를 개발한다. 시그니처인 오렌지 연어 크림 파스타는 사계절 맛볼 수 있는 메뉴. 실내는 확 트인 통유리창으로 되어 시원한 느낌을 준다.

- ⓦ 봉골레파스타, 새우로제파스타, 홍가리비관자토마토파스타(각 1만8천원), 돌문어먹물리조토(각 1만9천원), 오렌지연어크림파스타(2만원), 부채살포르치니리조토(2만3천원), 채끝스테이크(3만8천원)
- ⓣ 11:00〜15:00(마지막 주문 14:00)/17:00〜21:30 – 월요일 휴무
- ⓠ 전북 전주시 덕진구 만성서로 121–18 (여의동) 2층
- ☎ 0507–1318–1178 ⓟ 가능

아느양과 구움과자

구움과자 전문점으로, 포장만 가능하며 줄 서서 먹을 정도로 인기 있다. 제품이 오후 3시쯤이면 소진되니 일찍 방문하는 것을 추천한다. 메뉴 라인업은 SNS 공지 참고할 것.

- ⓦ 에그타르트(4천원), 피낭시에, 카늘레, 마들렌(각 3천3백원), 아메리카노(4천5백원), 카페라테(5천원)
- ⓣ 12:00〜19:00(마지막 주문 18:30) | 토, 일요일 12:00〜18:00(마지막 주문 17:30) – 월요일 휴무
- ⓠ 전북 전주시 완산구 팔달로 110 (전동) 1, 2층
- ☎ 0507–1321–8007 ⓟ 불가

아서원1920전주본점 ✄ 雅敍園 일반중식

중화요리 전문점으로, 고급스러운 분위기에서 계절별 코스 요리를 선보인다. 합리적인 가격으로 풍성한 코스를 맛볼

수 있으며, 런치코스도 인기가 많다. 혼밥부터 단체 회식까지 가능한 곳으로, 독립된 룸도 마련되어 있어 다양한 모임에 적합하다.

ⓦ 모둠해물볶음짜장(1만4천원) 통오징어짬뽕(1만5천원), 아서원매코스(3만3천원), 아서원런치세트B(2만5천원), 아서원백짬뽕(1만2천원), 북경탕수육(2만5천원), 동파육(3만8천원)
🕐 11:00~15:00/17:00~21:30(마지막 주문 20:30) – 연중무휴
🔍 전북 전주시 덕진구 송천중앙로 225 (송천동2가) 파인트리몰 336호
☎ 0507-1360-1789 Ⓟ 가능

아중도토리묵촌 닭도가니탕 | 묵

토종닭에 찹쌀과 한약재를 넣고 요리한 다음 채소를 곁들여 담백하고 맑게 우려낸 닭도가니탕이 별미다. 닭도가니탕 코스를 시키면 닭도가니탕에 도토리묵무침, 도토리묵냉채, 도토리전, 닭볶음탕이 코스로 나온다.

ⓦ 닭도가니탕, 닭매운탕(각 5만5천원, 세트 6만7천원), 도토리묵, 도토리전(각 1만원), 도토리냉채(9천원) 도토리묵밥(8천원)
🕐 11:30~15:00/17:00~21:30(마지막 주문 20:30) – 명절 휴무
🔍 전북 전주시 덕진구 동부대로 381 (우아동1가)
☎ 063-244-1233 Ⓟ 가능

야키토리켄 ✖ 焼鳥賢 이자카야

동경의 가이세키 요리전 센가쿠지몬젠 몬야에서 오랫동안 근무한 오현인 셰프의 이자카야. 처음에는 캐주얼한 일본요리를 표방하였지만 지금은 오뎅, 야키토리 같은 이자카야 메뉴를 내고 있다.

ⓦ 옥동가라아게(2만7천원), 야키토리6종모둠(2만3천원), 사시미모리아와세(4만8천원), 일본식오뎅모둠(1만8천원), 유자시오라멘(1만3천원), 전복크림고로케(2만원), 바질토마토가츠나베(1만9천원), 가지고기튀김(1만8천원), 붕장어튀김(2만6천원)
🕐 18:00~24:00(마지막 주문 23:00) | 일요일 17:00~24:00 – 월요일 휴무
🔍 전북 전주시 완산구 바우배기2길 17-5 (효자동2가)
☎ 063-222-5289 Ⓟ 불가(인근 공영주차장 이용)

야키토리켄

양반가 ✖ 한정식

전주 한옥마을 내에 자리한 한정식 전문점. 코스 메뉴가 다양하게 있으며 게장, 갈비찜, 황태구이 등의 단품요리도 준비되어 있다. 전통 한옥 형식의 내외관이 고풍스러운 분위기를 낸다.

ⓦ 한정식(미 12만원, 선 14만원, 진 18만원, 특 22만원, 수라상 30만원), 2인정식(2인 11만원, 14만원), 양반가전통상(3~4인 40만원), 갈비찜(3만5천원), 양념게장(1만5천원), 삼합(소 1만5천원, 중 2만5천원), 광어회, 신선로, 보리굴비, 불고기(각 3만원), 육회(소 1만5천원, 대 3만원), 황태구이, 더덕구이, 낙지볶음(각 2만원)
🕐 11:00~15:00/17:00~21:00 – 화요일 휴무
🔍 전북 전주시 완산구 최명희길 30-2 (풍남동3가)
☎ 063-282-0054 Ⓟ 불가

에루화 ✖ 돼지떡갈비

전주에서 유명한 돼지고기 떡갈빗집. 참 숯불에 구운 후 다시 무쇠 돌판에 구워 먹는 떡갈비를 맛볼 수 있다. 노릇하게 구워진 떡갈비와 함께 먹는 냉면과 김치찌개의 조합이 훌륭하다.

ⓦ 떡갈비, 불낙전골(2인 이상, 1인 1만5천원), 갈비탕(1만5천원), 동치미냉면, 비빔냉면, 김치찌개(각 1만원)
🕐 11:00~15:00/17:00~21:00(마지막 주문 20:20) | 토, 일요일 11:00~21:00(마지막 주문 20:20) – 월요일 휴무
🔍 전북 전주시 완산구 고사평5길 25 (서신동)
☎ 063-252-9946 Ⓟ 가능

연지본관 ✖ 소머리국밥 | 수육

우족탕(우두탕), 설렁탕을 맛볼 수 있는 전주의 오래된 노포 중 하나. 다른 지역과 달리 전주의 우족탕은 소머리와 다양한 부위를 넣고 끓인다. 우족탕의 끈적한 감칠맛과 설렁탕의 뽀얗고 고소한 맛을 동시에 느낄 수 있다. 모둠탕은 우족, 꼬리, 도가니, 소힘줄(스지) 등 다양한 부위가 푸짐하게 들어간다.

ⓦ 우두탕(1만2천원, 특 1만6천원), 설렁탕(1만원, 특 1만4천원), 갈비탕(1만3천원, 특 1만8천원), 모둠탕(1만7천원, 특 2만원), 수육(4만원), 꼬리수육(5만원), 현미수육(5만5천원), 모둠수육(5만원)
🕐 09:00~21:00 – 연중무휴
🔍 전북 전주시 완산구 현무1길 15 (경원동3가)
☎ 063-286-4988 Ⓟ 가능

옛날피순대 순대국밥 | 순대

전주를 대표하는 피순대를 전문으로 하는 곳으로, 남부시장 내에 자리하고 있다. 고소함이 입안 가득 퍼지는 피순대를 맛볼 수 있으며 취향에 따라 초장과 새우젓에 찍어 먹으면 된다. 잡내 없이 깔끔한 맛의 순댓국도 추천.

ⓦ 순대국밥(8천원), 특국밥(9천원), 머리국밥(9천원), 암뽕국밥, 막창국밥(각 11천원), 피순대(소 1만2천원, 대 1만7천원), 모둠고기(소 1만2천원, 대 1만7천원)
ⓣ 24시간 영업 – 연중무휴
ⓠ 전북 전주시 완산구 풍남문2길 63 (전동3가) 남부시장
☎ 063-288-0082 ⓟ 불가

옛촌막걸리 한식주점

전주의 독특한 막걸리 문화인 막걸리 한상차림을 선보이는 곳으로, 부담없는 가격으로 막걸리와 푸짐한 안주를 즐길 수 있다. 주문하는 상의 종류에 따라 삼계탕, 돼지고기김치찜, 족발, 부침개, 메밀전병, 생선구이, 홍어삼합 등의 안주가 푸짐하게 차려진다.

ⓦ 커플상(4만3천원), 가족상(5만9천원), 잔칫상(7만9천원), 스페셜상(9만9천원)
ⓣ 12:00~22:00(마지막 주문 21:00) – 연중무휴
ⓠ 전북 전주시 완산구 서신천변로 11 (서신동)
☎ 063-272-9992 ⓟ 불가

오뉴월 카페

전통 한옥의 멋과 현대적인 스타일과 소품이 잘 어우러진 카페. 커피 음료 외에도 다양한 종류의 프라페, 허브티, 전통차를 즐길 수 있다. 곳곳에 포토존도 마련되어 있다.

ⓦ 에스프레소, 아메리카노(각 4천5백원), 카페라테(5천5백원), 오뉴월크림(6천원), 오뉴월크림라테(6천5백원), 사케라토(6천원), 오미자에이드(8천원), 오미자차(8천원), 생강차(7천원), 유자차, 자몽차, 레몬차(각 6천원), 당근케이크(6천5백원), 치즈케이크, 티라미수케이크(각 6천원), 초콜릿케이크(5천5백원)
ⓣ 10:00~18:00 | 토, 일요일 09:00~19:00 – 연중무휴
ⓠ 전북 전주시 완산구 향교길 56 (교동)
☎ 063-284-2588 ⓟ 불가(교동주차장 유료 이용, 1시간 3천원)

오래옥 콩나물국밥

전주식 콩나물국밥 전문점. 표고버섯과 헛개나무 등을 넣어 육수를 끓이는 것이 특징으로, 속을 풀어주는 해장음식으로 제격이다. 메뉴는 콩나물국밥 한 가지뿐이며, 맛깔스러운 모주를 곁들이면 더욱 좋다.

ⓦ 콩나물국밥(8천원)
ⓣ 06:30~14:00(재료 소진 시 마감) – 월요일 휴무
ⓠ 전북 전주시 완산구 홍산남로 14 (효자동2가)
☎ 063-227-9935 ⓟ 가능(공영주차장)

오원집 돼지고기구이

연탄불에 구워내는 고추장 돼지고기구이를 맛볼 수 있는 곳. 상추에 김밥과 돼지고기를 함께 싸 먹는 것이 특징. 고기를 먹고 나면 가락국수로 마무리한다.

ⓦ 연탄불돼지구이, 양념족발(각 1만2천원), 오징어볶음, 무뼈닭

오원집

발볶음(각 1만4천원), 가락국수(4천원), 닭볶음탕(2만7천원), 김밥(2천원)
ⓣ 16:20~03:00(익일)(마지막 주문 02:30) – 연중무휴
ⓠ 전북 전주시 완산구 공북로 82 (태평동)
☎ 063-275-1123 ⓟ 가능

왱이콩나물국밥 콩나물국밥

전주 남부시장식 국밥의 대표 격으로, 콩나물국밥만 선보인다. 중탕으로 흰자위를 익혀 나오는 수란에 국물을 몇 숟가락 떠 넣고 김가루를 넣어 국밥이 나오기 전에 먼저 먹는다. 국밥에는 오징어 토막이 들어 있는 것이 특징이며 다시마 등으로 낸 국물이 시원하다.

ⓦ 전주왱이국밥(8천원), 어린이국밥(7천원)
ⓣ 07:00~21:00(마지막 주문 20:30) – 연중무휴
ⓠ 전북 전주시 완산구 동문길 88 (경원동2가)
☎ 063-287-6980 ⓟ 가능

외할머니솜씨 전통차전문점 | 빙수 | 떡카페

한옥마을에 자리한 한식 디저트 전문점. 다양한 전통차, 떡, 빙수 등을 즐길 수 있다. 여름에는 흑임자팥빙수가 유명하다. 한옥으로 된 실내가 운치 있다. 여름에는 줄을 서서 기다려야 할 때가 많다.

ⓦ 옛날흑임자팥빙수(1만1천원), 단팥죽(1만2천원), 파시솜솜, 딸기솜솜(각 1만9천원)
ⓣ 11:00~18:00(마지막 주문 17:30) | 토, 일요일 11:00~21:00(마지막 주문 20:30) – 연중무휴
ⓠ 전북 전주시 완산구 오목대길 81-8 (교동)
☎ 063-232-5804 ⓟ 불가

용진집막걸리 한식주점

전주식 막걸릿집. 삼천동 막걸리 골목에서 가장 오래되고 유명한 집 중 하나다. 막걸리 한 주전자를 시키면 열 가지가 넘는 안주가 깔린다. 안주가 무한으로 리필된다는 점도 장점. 40년이 넘는 전통을 자랑한다.

ⓦ 가족한상차림(7만5천원), 커플상(4만3천원), 주전자추가(1만원), 주전자+안주추가(1만8천원)
🕐 15:00~22:50(마지막 주문 22:05) | 금요일 15:00~23:50(마지막 주문 23:05) | 토요일 14:00~23:50(마지막 주문 23:05) – 연중무휴
🔍 전북 전주시 완산구 거마산로 14 (삼천동1가)
☎ 063-224-8164 ⓟ 불가

용진집막걸리

원제과점 베이커리

80여 년의 오랜 역사를 지닌 제과점. 추억의 바나나빵이 대표 메뉴로, 빵의 향과 촉감이 인상적이다. 전주 여행 후 지인늘을 위한 선물로 주전한다.
ⓦ 바나나빵, 콘스틱(각 2천2백원), 초코파이(2천원)
🕐 09:00~22:00 – 명절 당일 휴무
🔍 전북 전주시 완산구 풍남문3길 3 (전동)
☎ 063-288-6820 ⓟ 불가

원조치마살숯불구이 돼지고기구이

돼지 치마살을 맛볼 수 있는 곳. 치마살은 항정살을 결을 다르게 썰어낸 부위로, 지나치게 기름지지 않고 부드럽고 고소한 맛이다. 고춧가루와 가볍게 버무려 수북하게 담아 내어주는 파무침과 궁합이 좋다. 직접 담근 김치, 볶음김치, 동치미 등 반찬도 훌륭하다. 구수한 청국장은 식사의 마무리로 추천한다.
ⓦ 치마살숯불구이, 소막창숯불구이(각 180g 1만8천원), 누룽지, 라면(각 4천원)
🕐 16:00~22:00(마지막 주문 21:00) – 일요일 휴무
🔍 전북 전주시 완산구 산월2길 32 (중화산동2가)
☎ 063-225-9779 ⓟ 불가

육일식당 ✖ 감자탕

전주의 유명한 감자탕집. 등뼈와 사골을 사용하여 진한 맛의 육수로 끓인 푸짐한 뼈고기 위에 고구마순을 듬뿍 얹은 특별한 감자탕을 선보인다. 고구마순의 아삭한 질감과 구수

한 맛이 감자탕과 잘 어울린다. 오랫동안 영업했지만 최근 신축 건물로 확장 이전하여 쾌적하게 식사할 수 있다. 너른 주차장도 장점이다.
ⓦ 원조감자탕, 사골로만감자탕(각 소 2만5천원, 중 3만6천원, 대 4만8천원), 등뼈로만감자탕(소 2만7천원, 중 3만8천원, 대 5만원)
🕐 10:00~22:00 – 비정기적 휴무(전화 확인)
🔍 전북 전주시 완산구 천잠로 17 (삼천동2가)
☎ 063-221-3687 ⓟ 가능

이연국수 ✖ 잔치국수 | 비빔국수

부담없는 가격에 잔치국수를 맛볼 수 있는 곳다. 대표 메뉴인 잔치국수는 진하게 우린 멸치육수와 자가제면한 가늘고 부드러운 면이 조화를 이룬다. 첨가제 없이 자연건조한 면을 건식숙성하는 것이 비결이며, 취향에 따라 간장으로 간을 한 후 먹으면 된다.
ⓦ 잔치국수, 비빔국수(각 5천원), 냉국수(6천원), 동동만두(2인 6천원), 불오징어(1만6천5백원)
🕐 11:00~18:00 – 월요일, 명절 휴무
🔍 전북 전주시 덕진구 견훤왕궁로 286-3 (인후동2가)
☎ 063-242-0036 ⓟ 가능

일품향 一品香 중국만두 | 일반중식

우동과 군만두가 유명한 화상중식당. 튀기 군만두가 아닌 제대로 팬에 구운 군만두를 맛볼 수 있다. 우동은 국물이 맑고 깔끔한 스타일이다. 70년의 전통을 자랑한다.
ⓦ 군만두, 찐만두, 물만두, 우동(각 8천원), 짜장면(7천원), 탕수육(소 1만8천원, 대 2만8천원), 잡채밥(1만원)
🕐 11:00~15:00/16:30~21:00 – 화요일 휴무
🔍 전북 전주시 완산구 전주객사3길 10 (중앙동2가)
☎ 063-284-1901 ⓟ 가능

일피오레 IL FIORE 파스타 | 피자

모던한 인테리어의 이탈리안 레스토랑. 실내가 통유리창으로 되어 있어 확 트인 느낌이다. 직접 만든 생면과 도우를 사용하여 쫄깃한 식감의 요리를 선보인다. 오징어먹물 반죽으로 만든 칼조네피자가 인기 메뉴. 세트 메뉴로 주문하면 할인된 가격으로 맛볼 수 있다.
ⓦ 매콤치킨로제파스타(1만5천원), 새우로제파스타, 오징어먹물리조토, 카프레제샐러드(각 1만7천원), 라구라자냐(1만9천원), 베이컨크림칼조네(2만원), 찹스테이크바질리조토, 찹스테이크리조토(각 1만8천원)
🕐 11:30~15:00/17:00~21:00 – 연중무휴
🔍 전북 전주시 완산구 홍산4길 8 (효자동3가) 2층
☎ 063-223-1454 ⓟ 가능

전라도음식이야기 ✖ 한정식

3대째 대를 이어 맛을 전하고 있는 한정식집으로, 전라도 전통 한정식을 선보이는 곳이다. 된장과 고추장, 간장 등을 모두 직접 담가 사용하는 것이 특징이다. 홍어삼합을 비롯해 신선한 회, 간장게장, 떡갈비, 갈비찜, 조기찜 등 20여 가지의 맛깔스러운 요리가 한 상 가득 차려진다.
- ⓦ 선 (1인 5만원), 진(1인 7만원), 미(1인 4만원), 향(1인 3만원), 란(1인 2만원)
- ⓣ 11:00~15:00/16:30~21:30 – 월요일 휴무
- ⓠ 전북 전주시 덕진구 아중6길 14-6 (우아동2가)
- ☎ 063-244-4477 ⓟ 가능

전라회관 ✖✖✖ 한정식

70여 년 전통의 한정식집으로, 4인 기준으로 한 상 가득 차려진다. 서해의 풍부한 해산물과 기름진 평야의 오곡, 각종 산나물을 재료로 만든 맛깔스러운 반찬 20여 가지가 푸짐하게 나온다. 각종 나물을 비롯해 구절판, 간장게장, 탕평채, 떡갈비, 민물새우인 토하(새뱅이)로 만든 토하젓, 해파리냉채, 갈비찜, 홍어삼합 등 다채로운 음식이 상에 오른다.
- ⓦ 한정식(4인 16만원)
- ⓣ 12:00~15:00/18:00~21:00 – 명절 휴무
- ⓠ 전북 전주시 완산구 안행4길 5 (삼천동1가)
- ☎ 063-228-3033 ⓟ 가능

전라회관

전일갑오 가맥집

전주에서 **빼놓을** 수 없는 가맥문화를 대표하는 곳. 가맥이란 가게에서 먹는 맥주라는 뜻으로, 황태구이나 갑오징어를 눌러 구운 안주로 맥주를 즐길 수 있다. 잘게 찢은 황태구이를 이곳만의 특제 마요네즈 소스에 찍어 먹는다.
- ⓦ 황태포(1만2천원), 달걀말이(8천원), 건조한치(2만5천원), 갑오징어(3만원~4만원)
- ⓣ 15:00~01:00(익일) – 일요일 휴무

- ⓠ 전북 전주시 완산구 현무2길 16 (경원동3가)
- ☎ 063-284-0793 ⓟ 불가

조점례남문피순대 순대

남부시장 내에 있는 오랜 역사의 순댓집. 돼지창자에 선지와 고기, 채소 등을 넣어 만드는데, 선지가 들어가서 부드러우면서도 진한 맛을 느낄 수 있다. 하루 동안 돼지 사골을 푹 고아 만든 육수에 순대를 넣어 끓이는 순대국밥은 해장에도 좋다. 여름 성수기에는 새벽 1시까지 영업한다.
- ⓦ 순대국밥(9천원), 잡채순대만국밥(8천원), 피순대로만국밥(1만원), 특국밥(1만2천원), 잡채순대(1만1천원), 피순대(소 1만4천원, 대 1만9천원), 모둠순대(소 1만5천원, 대 2만원)
- ⓣ 06:00~22:00 – 명절 휴무
- ⓠ 전북 전주시 완산구 풍남문2길 39 (전동)
- ☎ 063-232-5006 ⓟ 가능

종로회관 ✖ 비빔밥

전주식 비빔밥을 전문으로 하는 곳. 각종 채소와 양념된 육회가 들어가는 육회비빔밥과 불고기가 올라가는 비빔밥이 대표 메뉴다. 놋그릇에 비빔밥을 내는 것이 특징. 밑반찬도 정갈하게 나온다.
- ⓦ 전주비빔밥(1만4천원), 육회비빔밥(1만7천원), 육회(180g 3만원), 한상차림(2인 이상, 1인 2만1천원), 산더미불고기(중 4만8천원, 대 6만4천원), 떡갈비, 파전(1만4천원)
- ⓣ 10:50~20:30 – 연중무휴
- ⓠ 전북 전주시 완산구 전동성당길 98 (전동)
- ☎ 063-288-4578 ⓟ 가능

진미반점 일반중식

된장으로 만든 물짜장과 짬뽕이 유명한 곳. 푸짐한 해물과 은은하게 감도는 된장 맛이 일품이다. 함께 곁들일 깐풍육도 많이 찾는 메뉴다.
- ⓦ 된장해물짜장, 된장해물짬뽕(각 9천원), 짜장(7천원), 짬뽕(8천원), 해물짜장(9천원), 깐풍육(2만6천원), 탕수육(소 1만7천원, 중 2만원, 대 2만5천원), 군만두(6천원)
- ⓣ 10:00~21:00 – 월요일 휴무
- ⓠ 전북 전주시 덕진구 명주3길 19-2 (인후동2가)
- ☎ 063-246-9295 ⓟ 가능

진미집 돼지불고기

돼지불고기와 돼지족발이 유명한 곳. 매장 한가운데서 주인장이 직접 연탄불에 고기를 굽고 있는 모습을 볼 수 있다. 이곳에서는 특별히 고기와 김밥을 상추에 싸 먹는데 그 맛이 일품이다.
- ⓦ 돼지불고기, 양념족발(각 1만2천원), 닭발볶음, 오징어볶음(각 1만5천원), 닭모래집(7천원), 김치찌개(1만원), 김밥, 어묵(각 2천원), 가락국수(5천원)

⏱ 17:00~01:00(익일) – 첫째, 셋째 주 일요일 휴무
📍 전북 전주시 완산구 노송여울2길 106 (서노송동)
☎ 063-254-0460 ⓟ 가능

초만원식당 ✖ 우족탕

소머리를 포함해 다양한 부위로 끓여내는 전주식 우족탕 전문점으로 40년 이상 영업한 노포다. 콜라겐이 듬뿍 들어있는 진한 맛의 우족탕이 일품이다. 손맛이 좋아 반찬도 푸짐하고 맛있다.

🆆 우족탕, 갈비탕(각 1만4천원), 제육볶음, 소수육(각 소 3만원, 대 4만원), 김치찌개(1만원)
⏱ 07:00~21:00 – 첫 번째, 세 번째 일요일 휴무
📍 전북 전주시 완산구 전주객사4길 43-4 (고사동)
☎ 063-284-9774 ⓟ 불가

토방 백반 | 일반한식 | 청국장

푸짐한 양의 불고기 백반으로 유명해진 백반 전문점. 양푼이도 제공하여 불고기, 채소, 나물반찬, 계란 후라이를 넣어 비빔밥을 해 먹을 수 있다. 기본으로 나오는 청국장도 구수하며, 요청 시 잡곡밥으로 변경도 가능하다.

🆆 가정식백빈(9천원), 돼지불고기백반(2인 이상, 1인 1만1천원), 보쌈정식백반(2인 이상, 1인 1만5천원), 보쌈(소 3만원, 중 4만원, 대 5만원)
⏱ 09:30~20:30 – 일요일 휴무
📍 전북 전주시 완산구 평화18길 19 (평화동1가)
☎ 063-226-1080 ⓟ 불가

파스톨로지 PASTOLOGY 뇨키 | 파스타

뇨키가 맛있기로 유명한 파스타 전문점. 꾸덕함이 제대로 살아 있는 버섯크림소스의 뇨키를 맛볼 수 있다. 아란치니와 트러플감자튀김도 사이드 메뉴로 추천. 호주 시드니에 있는 이탈리아 레스토랑에서 경력을 쌓은 김광욱 셰프가 한국인의 입맛을 반영한 이탈리아 요리를 낸다.

🆆 프라이크림뇨키(1만8천원), 베이컨크림스파게티, 미트볼로제파스타, 치킨파마지아나, 볼로네즈스파게티, 해산물리조토(각 1만7천원), 아란치니볼(2개 6천5백원, 4개 1만2천원)
⏱ 11:30~15:00/17:00~20:50 – 월요일 휴무
📍 전북 전주시 완산구 전주객사3길 98 (고사동) 1층
☎ 010-6858-3001 ⓟ 가능(오후2시까지는 가게 앞 주차 가능)

파인 ✖✖✖ FINE 모던한식 | 뉴코리안

한식당 가온의 수셰프였던 최영 셰프가 고향인 전주로 내려와 오픈한 컨템포러리 코리안 다이닝. 가온과 마찬가지로 직접 장류를 만들고 누룩소금을 만들어 사용하는 등 심혈을 기울였다. 진안 등 전남 지역의 식재료를 적극 사용하며 구성 요소는 모두 한식이나 양식적인 테크닉을 사용하여 세련된 아시안 프렌치를 맛보는 느낌이다.

🆆 런치코스(10만원), 디너코스(15만원)
⏱ 12:00~22:00(마지막 주문 19:30) – 월, 화, 수요일 휴무
📍 전북 전주시 완산구 바우배기1길 31-11 (효자동2가)
☎ 063 225 6243 ⓟ 가능

펄펄닭내장 ✖ 닭내장

지방 고유의 음식인 닭내장탕을 전문으로 하는 곳. 닭내장과 닭모래집 등의 부속물에 미나리 등을 얹고 고추장과 고춧가루 양념을 해서 끓여 나온다. 양이 매우 푸짐하며 남은 국물에 볶아 먹는 밥의 맛도 일품이다.

🆆 닭내장탕, 돼지갈비전골(소 2만8천원, 중 3만5천원, 대 4만원, 특대 5만원), 닭내장주물럭(중 3만5천원, 대 4만원, 특대 5만원)
⏱ 10:00~22:00 – 연중무휴
📍 전북 전주시 완산구 공북로 100 (서노송동)
☎ 063-277-3257 ⓟ 가능(1시간 무료)

페어링 ✖ PAIRING 와인바

부산 라꽁띠에서 근무한 모현문 셰프의 와인바로, 내추럴 와인을 주로 다룬다. 부냉누아, 포르게타와 같이 쉽게 접하기 힘든 요리도 맛볼 수 있으며, 파인다이닝 레스토랑의 요리 기법을 사용하는 정성을 경험할 수 있다. 1인 매장으로 준비된 재료가 많지 않아, 예약을 추천한다.

🆆 사워도우(5천원), 부라타치즈(1만7천원), 구운대구(3만원), 화이트라구, 오늘의파스타(각 2만3천원), 칠리콘카르네라자냐(3만4천원), 이베리코플루마(200g 4만5천원), 포르게타(5만원), 비프부르기뇽(5만원)
⏱ 18:00~24:00(마지막 주문 21:30) – 일, 월요일 휴무
📍 전북 전주시 덕진구 건지로 10-10 (금암동)
☎ 0507-1326-8123 ⓟ 불가

풍남정 비빔밥

전주한옥마을 내에 자리한 전주비빔밥 전문점으로, 현지인뿐만 아니라 많은 여행객이 찾는 곳이다. 사골을 우린 물로 밥을 짓는 것이 특징이며 콩나물과 미나리, 애호박, 소고기, 노란 황포묵, 달걀노른자 등 10여 가지의 신선한 재료가 푸짐히 들어간다. 놋그릇에 정갈하게 담아 보기에도 멋스럽다. 소고기 대신 육회가 올라간 육회비빔밥도 단연 별미.

🆆 전주비빔밥(1만3천원), 돌솥비빔밥(1만4천원), 육회비빔밥(1만6천원), 육회(200g 3만원), 전주콩나물국밥(8천원), 떡갈비(200g 1만2천원), 뚝배기불고기(1만4천원), 치즈김치전(1만3천원)
⏱ 09:30~21:00(마지막 주문 20:30) – 연중무휴
📍 전북 전주시 완산구 태조로 52 (전동)
☎ 063-285-7782 ⓟ 불가(남부시장공영주차장 이용, 1시간 무료)

풍남피순대 순댓국 | 순대

남부시장에서 알아주는 순댓집. 선지와 파, 마늘 등을 넣어 만드는 피순대가 유명하다. 순댓국에는 부추를 듬뿍 넣어 먹으면 좋다. 가격대도 저렴한 편.

- Ⓦ 순대국밥(보통 9천원, 특 1만원), 피순대(반접시 1만원, 한접시 1만8천원), 머릿고기(1만5천원), 모둠고기(1만8천원), 암뽕(2만5천원)
- 🕐 08:00~21:00 – 첫째, 셋째 주 월요일 휴무
- 🔍 전북 전주시 완산구 풍남문2길 63 (전동3가) 남부시장
- ☎ 063-282-4289 Ⓟ 가능(남부시장천변 주차장 이용, 1시간 무료)

풍전콩나물국밥 콩나물국밥

달걀을 따로 수란으로 내주는 전주식 콩나물국밥집이다. 잘게 썬 김치와 콩나물이 푸짐하다. 한약재를 넣고 끓인 모주를 해장국과 함께 곁들이면 좋다.

- Ⓦ 콩나물국밥, 선짓국, 시래깃국(각 8천원)
- 🕐 24시간 영업 – 연중무휴
- 🔍 전북 전주시 완산구 동문길 73 (경원동2가)
- ☎ 063-231-0730 Ⓟ 가능

하숙영가마솥비빔밥 🎀 비빔밥

청포묵, 나물 등이 들어간 전주식 육회비빔밥으로 유명한 집. 대접에 나물과 육회가 담겨 나오고 가마솥에 갓 지은 밥이 함께 나온다. 직원이 직접 비벼 주는 것이 특징. 밥을 덜어낸 솥에는 물을 부어 누룽지를 만들어 먹는다. 여름에는 육회가 아니라 익힌 고기를 사용한다. .

- Ⓦ 옛날가마솥육회비빔밥(1만7천원), 옛날가마솥비빔밥(1만5천원), 육회(200g 3만5천원), 해물파전(1만5천원), 황포묵무침(각 1만3천원)
- 🕐 11:00~15:30/17:30~19:50(마지막 주문 19:20) | 수요일 11:00~14:30(마지막 주문 14:00) – 연중무휴
- 🔍 전북 전주시 완산구 전라감영5길 19-3 (중앙동3가)
- ☎ 063-285-8288 Ⓟ 가능

하숙영가마솥비빔밥

한국관 🎀 비빔밥

전주식 비빔밥 전문점. 육회비빔밥은 다양한 나물과 육회가 넉넉히 들어가며 전통 놋그릇에 담겨 나온다. 비빔밥마다 나오는 그릇이 다른 것이 특징. 큰 뚝배기 그릇에 약재를 넣어 달인 모주도 한 잔 곁들이면 좋다. 50여 년의 역사를 자랑한다.

- Ⓦ 전통육회비빔밥(1만5천원), 채소비빔밥(각 1만3천원), 돌그릇비빔밥, 놋그릇비빔밥(각 1만4천원), 놋그릇인삼비빔밥(1만6천원), 황포묵(1만8천원), 불고기(250g 1만8천원), 뚝배기불고기(250g 1만5천원)
- 🕐 11:30~16:00/17:00~20:30(마지막 주문 20:00) – 연중무휴
- 🔍 전북 전주시 덕진구 기린대로 425 (금암동)
- ☎ 063-272-9229 Ⓟ 가능

한국식당 백반

30여 가지 반찬이 나오는, 한정식 못지않은 푸짐한 백반을 맛볼 수 있는 곳. 구수하게 끓인 된장찌개, 김치찌개, 달걀찜을 비롯해 생선구이, 나물, 장아찌 등 밑반찬의 맛이 깔끔하다. 식사는 2인부터 가능하다.

- Ⓦ 백반정식(1만2천원)
- 🕐 11:00~20:00 – 명절 휴무
- 🔍 전북 전주시 완산구 전라감영로 48-1 (중앙동4가)
- ☎ 063-284-6932 Ⓟ 가능

한국집 🎀 비빔밥

70년 넘게 3대째 전주 전통 비빔밥을 지키고 있는 곳이다. 갖은 나물 외에도 호두, 잣, 대추, 은행, 밤, 소고기 등의 고명도 화려하다. 육회, 녹두묵회, 불고기, 비빔밥 등을 코스로 즐길 수 있는 정식메뉴도 추천할 만하다. 한옥으로 된 외관과 아늑한 실내 정원이 운치 있다.

- Ⓦ 전주비빔밥, 돌솥비빔밥(각 1만5천원), 육회비빔밥(1만7천원), 갈비탕(1만8천원), 한국집정식(2인 이상, 1인 3만8천원)
- 🕐 09:50~21:00(마지막 주문 20:15) – 연중무휴
- 🔍 전북 전주시 완산구 어진길 119 (전동)
- ☎ 063-284-2224 Ⓟ 가능(업체 확인증 발급 필요)

한라 이자카야 | 야키토리

정성 들여 구워주는 야키토리를 전문으로 하는 이자카야. 대화를 나누며 잔잔한 분위기를 즐기기 좋은 공간에서 특별한 안주와 술을 곁들이기 좋다. 불향과 육즙을 가득 머금은 추천야키토리5가지와 츠루우메유즈하이볼을 추천한다.

- Ⓦ 추천야키토리(4가지 1만2천원), 탄탄토리나베(1만5천원), 치킨난반(1만5천원), 안심가스(1만2천원), 중화짬뽕(1만4천원), 마보두부(1만4천원), 토마토라면(1만3천원), 요다레토리(1만4천원)
- 🕐 18:00~24:00 – 일요일 휴무
- 🔍 전북 전주시 완산구 마전들로 49 (효자동3가)
- ☎ 010-8489-8271 Ⓟ 가능

한벽집 ✕ 민물매운탕

시래기를 뚝배기 안에 깔고 메기, 쏘가리 등을 넣고 얼큰하게 끓인 오모가리(뚝배기의 전주 사투리)탕으로 유명하다. 얼큰한 매운탕의 맛이 일품이며 밑반찬도 푸짐히 나온다.

- Ⓦ 쏘가리탕(소 7만원, 중 10만원, 대 12만원), 빠가사리탕(소 5만원, 중 6만원, 대 7만원), 메기탕, 피라미탕, 새우탕(각 소 4만원, 중 5만원, 대 6만원)
- 🕐 11:00〜15:00(마지막 주문 14:30)/17:00〜21:00(마지막 주문 20:30) – 명절 휴무
- 🔍 전북 전주시 완산구 전주천동로 4 (교동)
- ☎ 063-284-2736 Ⓟ 가능

한양불고기 돼지불고기

40년이 넘는 전통을 자랑하는 불고기 전문점이다. 돼지불고기에 콩나물과 당면을 넣어 끓여 먹는 것이 특징. 솥에 고기와 각종 채소 등을 넣고 끓여 먹는데, 다 먹은 후 남은 양념에 밥을 볶아 먹어도 좋다.

- Ⓦ 돼지불고기(1만3천원), 낙지불고기, 돼지갈비전골(1만5천원), 한우소불고기(1만7천원), 한우불낙전골(1만8천원), 돼지불고기전골 (소 2만4천원, 중 3만6천원, 대 4만8천원)
- 🕐 11:00〜22:00 – 연중무휴
- 🔍 전북 전주시 완산구 우전2길 6 (효자동2가)
- ☎ 063-228-8011 Ⓟ 가능

한일관 콩나물국밥

70여 년 전통의 콩나물해장국집. 팔팔 끓는 뚝배기에 토종 콩나물을 듬뿍 넣고 새우젓, 깨소금, 다진 파 등을 얹어 나온다. 자극적이지 않으면서도 깔끔한 뒷맛이 해장에 좋다. 전주에서 유명한 비빔밥도 맛이 좋다는 평.

- Ⓦ 콩나물국밥(9천원), 전주비빔밥, 전주돌솥비빔밥, 묵은지와 꽁치(1만3천원), 황태콩나물국밥(1만원), 고추장제육볶음(2인 이상, 1인 1만3천원), 갈비찜(2만원), 비빔밥정식(2인 5만6천원, 3인 8만4천원), 4인 11만원)
- 🕐 07:00〜15:00/17:00〜20:00(마지막 주문 19:50) – 일요일 휴무
- 🔍 전북 전주시 완산구 어은로 48 (중화산동2가)
- ☎ 063-226-1569 Ⓟ 가능

해이루 ✕ 감자탕

돼지등뼈를 사용한 뼈다귀해장국 맛이 일품이다. 돼지등뼈에 살이 많이 붙어 있으며 푹 익혀 나와 살을 발라내기가 편하다. 묵은지를 사용한 묵은지감자탕도 별미다.

- Ⓦ 감자탕(1만2천원), 묵은지감자탕(1만3천원), 감자탕전골(중 3만5천원, 대 4만원), 묵은지감자탕전골(중 4만원, 대 4만5천원)
- 🕐 09:30〜14:40/17:00〜21:00(마지막 주문 20:30) – 월요일 휴무
- 🔍 전북 전주시 덕진구 명륜5길 9 (덕진동1가)
- ☎ 063-905-5000 Ⓟ 가능

현대옥남부시장점 ✕✕✕ 콩나물국밥

왱이콩나물국밥집과 같은 스타일의 해장국을 내는 집으로, 국물이 맑고 시원한 맛을 낸다. 잘 삶은 오징어를 추가해 먹는 것도 좋으며 젓갈과 김치 등을 곁들여 먹는다. 의자가 10여 개에 불과하기 때문에 이른 아침부터 줄을 선다.

- Ⓦ 콩나물국밥(8천원), 오징어사리(2천원)
- 🕐 06:00〜14:00 – 연중무휴
- 🔍 전북 전주시 완산구 풍남문2길 63 (전동3가) 남부시장
- ☎ 063-282-7214 Ⓟ 불가(전주남부시장 공영 주차장 이용)

현대옥남부시장점

호남각 ✕✕✕ 한정식 | 비빔밥

고급스러운 한정식집. 현대화된 한정식으로, 현지인에게는 인기가 좋은 곳이다. 전주의 명물인 전주비빔밥도 맛이 좋다는 평. 비빔밥 정식을 시키면 비빔밥과 함께 한정식이 한 상 차려진다. 주말에는 정식 메뉴만 가능하니 참고할 것.

- Ⓦ 정찬(2인상 9만원, 3인 이상 1인 4만3천원), 전주비빔밥정식(2인 이상, 1인 3만2천원), 영양소갈비찜비빔밥정식(2인 이상, 1인 3만7천원), 전통소불고기비빔밥정식, 떡갈비비빔밥정식, 불낙전골비빔밥정식(각 2인 이상, 1인 3만3천원), 황태구이비빔밥덩식(2인 이상, 1인 3만1천원)
- 🕐 11:00〜21:00(마지막 주문 20:30) – 명절 휴무
- 🔍 전북 전주시 덕진구 시천로 65 (송천동2가)
- ☎ 063-278-8150 Ⓟ 가능

효자문 ✕ 갈비탕 | 소갈비찜

군산의 완주옥 떡갈비 스타일과 비슷하게 갈비를 저며서 붙인 후 연탄불에 즉시 구워내는 불갈비가 일품이다. 갈비탕은 국간장으로 간을 맞춰 노르스름한 색이 도는데 국물이 진하고 시원하다. 갈비탕에 들어간 갈빗대도 손질을 독특하게 한다. 테이블마다 비치된 단지에서 마음껏 덜어 먹을 수 있는 김치와 젓갈도 훌륭하다.

- Ⓦ 갈비탕(1만5천원, 특 1만8천원), 영양갈비탕(2만원), 우두탕(1만5천원), 불갈비(2인 이상, 1인 200g 3만9천원), 갈비전골(소 6만2천원, 대 7만7천원), 수육(소 4만원, 대 5만원)

🕙 11:00～15:00/16:30～21:00 – 월요일 휴무
🔍 전북 전주시 완산구 전주객사4길 43–24 (고사동)
☎ 063–284–4236 ⓟ 가능

흑두부이야기 ✂ 두부

검정콩으로 만든 건강한 맛의 흑두부를 선보이는 곳. 국산 서리태만을 사용해 두부를 만드는 것이 특징이며 천연 해수 간수를 사용해 두부를 만든다. 간장게장, 부침개, 잡채 등 맛깔스러운 반찬이 맛을 더한다. 부드럽게 삶은 보쌈을 흑두부와 부추무침, 김치 등에 싸 먹는 흑두부보쌈도 인기가 많으며 칼칼하게 끓인 흑두부버섯전골도 식사메뉴로 좋다.

ⓦ 흑두부보쌈(4인 4만5천원, 3인 4만원, 2인 3만3천원), 흑두부버섯전골(4인 4만8천원, 3인 3만3천원, 2인 2만4천원), 흑두부청국장(1만원), 흑순두부찌개(1만원)
🕙 11:30～15:00/ 17:00～22:00 – 일요일 휴무
🔍 전북 전주시 완산구 서곡2길 30–19 (효자동3가)
☎ 063–273–2332 ⓟ 가능

전라북도 정읍시

대일정 백반 | 참게

섬진강 하구에서 잡은 신선한 민물참게를 요리하는 곳으로, 참게장백반과 민물참게탕이 인기 있다. 참게장백반을 시키면 남도식으로 15가지 이상의 반찬이 같이 나오며 참게장에는 매콤한 양념이 얹어져 나오는 것이 특징.

ⓦ 참게장정식, 한돈떡갈비정식, 한돈주물럭정식(각 2만6천원), 떡갈비탕(1만6천원), 백반(1만3천원), 참게탕(7만원)
🕙 10:40～20:40 – 화요일 휴무
🔍 전북 정읍시 태인면 수학정석길 3
☎ 063–534–4030 ⓟ 가능

명인관 한정식

담백한 산채정식으로 인기 있는 곳이다. 산채정식 외에 김치찌개, 청국장찌개 등 찌개백반도 많이 찾는다. 밑반찬의 종류도 많고 양도 푸짐하다. 관광객이 많이 찾는 집.

ⓦ 단풍미락정식(1인 3만8천원), 산채한정식(1인 3만원), 귀리떡갈비정식(1인 2만8천원), 대장금정식(1인 2만원), 돌솥산채비빔밥(1만4천원), 버섯돈육칼(1만3천원), 등뼈버섯콩탕(3인 이상, 1인 1만4천원)
🕙 10:00～15:00/17:00～19:00 – 화요일 휴무
🔍 전북 정읍시 내장산로 941–13 (내장동)
☎ 063–538–8981 ⓟ 가능

백학정 ✂✂✂ 소떡갈비 | 백반

3대째 내려오는 떡갈비백반 전문점. 손질된 고기를 뼈에 다시 붙인 후 양념장을 발라 숯불에 굽는다. 장아찌 등의 밑반찬도 20여 가지가 나온다. 참게장백반도 인기가 좋다. 토, 일요일에는 예약이 필수다.

ⓦ 떡갈비백반(2인 이상, 1인 3만6천원), 갈비탕(1만5천원, 특 2만9천원), 기본백반(1만2천원), 참게장백반(1인 2만5천원), 떡갈비(3만6천원), 참게장(소 1만4천원, 대 3만6천원)
🕙 11:00～15:00 | 토, 일요일 11:00～20:00 – 수요일 휴무
🔍 전북 정읍시 태인면 태인로 29–3
☎ 063–534–4290 ⓟ 가능

백학정

삼일회관 한정식

내장산 입구에 있는 산채정식 전문점으로, 홍어찜, 죽순구이 등 30여 가지 반찬이 함께 나오는 정갈한 한정식을 맛볼 수 있다. 내장산을 찾는 관광객이 반드시 들르는 집.

ⓦ 삼일산채정식(4인 12만원), 불고기백반(2만5천원), 버섯전골찌개백반(1만8천원), 돌솥산채비빔밥(1만4천원), 산채비빔밥(1만2천원), 된장찌개(1만원), 더덕구이(4만원)
🕙 10:00～19:00 – 연중무휴
🔍 전북 정읍시 내장산로 930–8 (내장동)
☎ 063–538–8131 ⓟ 가능

신가네정읍국밥 ✂ 순댓국

정읍에서 오래된 순대국밥 전문점. 찰순대국밥에는 찹쌀순대가 들어가고 신국밥에는 내장이, 정읍국밥에는 내장과 순대가 들어간다. 국물은 얼큰한 스타일이다. 반찬으로는 배추김치, 깍두기와 부추무침이 나온다. 국밥에 부추를 듬뿍 넣어 먹으면 좋다.

ⓦ 전통국밥, 돼지국밥, 신국밥(각 1만5백원), 암뽕국밥(1만1천5백원), 순대국밥, 콩나물국밥(각 9천5백원), 전통순대(1만8천5백원), 곱창전골(소 3만2천5백원, 중 4만3천5백원, 대 4만8천5백원)

원조할매곰탕 곰탕

2대째 이어져온 30년 전통의 곰탕집. 깔끔하고, 깊은 국물의 곰탕을 선보인다. 고기가 푸짐하게 들어간 것이 특징이며 밑반찬도 정갈하다. 양곰탕과 수육도 많이 찾는 편이며 수육 전골도 추천할 만하다.

- Ⓦ 곰탕, 얼큰이곰탕(각 8천원 특 1만원), 양곰탕(1만원), 우족탕(1만4천원), 수육(중 2만5천원, 대 4만5천원), 수육전골(중 3만원, 대 5만원), 도가니수육(중 3만원, 대 5만5천원), 도가니전골(중 3만5천원, 대 6만원)
- ⏰ 08:30~21:00 – 일요일 휴무
- 🔍 전북 정읍시 조곡천2길 38 (시기동)
- ☎ 063-531-3721 Ⓟ 가능

이오일스페이스 카페

다양한 작가의 전시품들이 모여있는 큰 규모의 갤러리 카페. 작품에 대한 설명도 상세히 적혀있다. 중앙 잔디밭에 있는 대형 스크린으로 추억의 비디오판을 감상할 수 있으며, 종종 공연이나 강연도 관람할 수 있어 힐링하기 좋다. 플랫 화이트 베이스에 고소한 흑임자 크림이 올라간 이오일라테가 대표 메뉴.

- Ⓦ 에스프레소, 아메리카노(각. 6천원), 카페라테(7천5백원), 이오일커피(8천원), 핸드드립커피(8천원), 서리태홍시팥빙수(1만8천원), 이오일대추차(7천5백원), 고구마라테(7천5백원), 티라미수(7천5백원), 크로플(7천원)
- ⏰ 10:30~20:00(마지막 주문 19:30) | 토, 일요일 10:30~21:00(마지막 주문 20:30) – 연중무휴
- 🔍 전북 정읍시 내장산로 222 (금붕동)
- ☎ 070-8691-2611 Ⓟ 가능

제이포렛 J. FOREST 카페

꽃과 숲 정원이 있는 카페. 전라북도 민간정원 3호인 들꽃마당과 협업으로 운영되고 있어 정원의 규모가 상당히 크고 잘 관리되어 있다. 카페에서 음료를 구매하면 정원 관람이 가능하다. 노키즈, 노펫 존인 점은 참고할 것.

- Ⓦ 아메리카노(6천원), 카페라테(6천5백원), 바닐라라테(7천원), 바아라, 녹아라, 오미자에이드, 백향과에이드(각 7천5백원), 케이크(6천원~6천5백원)
- ⏰ 10:30~18:00(마지막 주문 17:30) – 연중무휴
- 🔍 전북 정읍시 정읍사로 388 (신월동)
- ☎ 063-531-3877 Ⓟ 가능

종가집 한정식

전통 전주식 한정식 전문식당으로, 60여 년의 전통을 자랑하며 3대째 이어오고 있다. 산채비빔밥과 더덕구이 등이 인기 메뉴이다. 내장산의 정취와 함께 맛있는 음식을 즐길 수 있어 등산을 온 단체손님이 많다.

- Ⓦ 산채한정식(3만원), 불고기정식, 더덕구이정식(각 2만5천원), 산채돌솥비빔밥(1만4천원), 버섯된장찌개, 전주비빔밥(각 1만3천원), 닭볶음탕(7만원)
- ⏰ 10:00~21:00 – 연중무휴
- 🔍 전북 정읍시 내장산로 927 (내장동)
- ☎ 063-538-8078 Ⓟ 가능

풍성한숯불갈비 돼지갈비

숯불에 구워 나오는 돼지갈비가 맛있는 집. 돼지갈비는 뜨거운 돌판 위에 올려져 나오며 주방에서 완전히 조리되어 나온다. 일반 가정집을 개조해서 만든 곳으로, 편안한 분위기에서 식사할 수 있다.

- Ⓦ 돼지갈비(300g 1만5천원), 냉면(7천원), 국수(4천원)
- ⏰ 10:30~22:00(마지막 주문 21:00) – 월요일 휴무
- 🔍 전북 정읍시 초산3길 3 (시기동)
- ☎ 063-535-2373 Ⓟ 가능

한국관 산채정식

정갈하고 토속적인 맛의 산채정식을 내는 곳이다. 등산을 하고 내려가는 사람들이 많이 찾는 곳. 고소한 도토리묵이나 파전도 인기이다.

- Ⓦ 산채한정식(2인 이상, 1인 3만5천원), 더덕불고기정식(2인 이상, 1인 2만8천원), 불고기정식, 더덕정식(2인 이상, 각 1인 2만5천원), 돌솥산채비빔밥(1만5천원), 산채비빔밥(1만3천원), 닭볶음탕, 촌닭토종백숙(7만원), 더덕구이(3만원), 해물파전(2만원)
- ⏰ 06:30~24:00 – 연중무휴
- 🔍 전북 정읍시 내장산로 920-1 (내장동)
- ☎ 063-538-7790 Ⓟ 가능

화순옥 순댓국 | 순대

80여 년이라는 오랜 전통의 순대국밥집. 부드러운 내장이 들어간 얼큰한 순대국밥을 맛볼 수 있다. 뒤집은 소창에 선지, 채소 등을 푸짐하게 넣은 순대의 맛이 일품이다. 저녁때 술 한잔하기에도 좋다.

- Ⓦ 국밥(8천원), 막창국밥, 술국(각 1만원), 순대(2만원), 모둠안주(1만5천원)
- ⏰ 08:00~20:00 – 일요일 휴무
- 🔍 전북 정읍시 태평7길 11 (시기동)
- ☎ 063-531-6837 Ⓟ 불가

국태가든   더덕

마이산 가는 길목에 있는 식당. 진안의 향토음식인 더덕구이, 표고버섯 요리, 도토리묵, 산채비빔밥 등을 선보인다. 음식은 정갈하며 더덕구이는 양념이 과하지 않아 더덕 향이 그윽하게 느껴진다. 500명 정도 수용할 수 있는 대형 식당이다.

- ⓦ 더덕구이정식(2인 이상, 1인 2만2천원), 모둠버섯전골(2인 이상, 1인 1만7천원), 더덕구이세트(2인 이상, 1인 2만원), 흑돈제육세트(2인 이상, 1인 1만7천원), 흑돼지오겹살+더덕세트(2인 이상, 1인 2만8천원), 뚝배기비빔밥+된장찌개(1만2천원), 비빔밥+된장찌개(1만1천원), 더덕구이(3만원), 도토리묵무침(1만3천원)
- 🕐 08:00~20:00 – 연중무휴
- 🔍 전북 진안군 진안읍 외사양길 25
- ☎ 063-433-5588 ⓟ 가능

마이담   일반한식

정갈하게 차려지는 한정식을 여유롭게 즐길 수 있다. 진안의 특산물인 홍삼을 활용한 음식이 특징. 홍삼시래기밥정식, 혼삼마늘밥정식, 홍삼떡갈비, 시래기등갈비 등의 메뉴를 맛볼 수 있다.

- ⓦ 홍삼시래기밥정식(1만2천원), 홍삼시래기밥특정식(1만4천원), 홍삼마늘밥정식(1만4천원), 홍삼마늘밥특정식(1만6천원), 홍삼떡갈비(9천원), 시래기등갈비찜(예약메뉴 6만5천원)
- 🕐 11:00~20:00 – 월요일 휴무
- 🔍 전북 진안군 부귀면 전진로 1947
- ☎ 063-433-5535 ⓟ 가능

마이산옛터   일반한식

새끼 돼지를 잡아 백숙처럼 끓이는 전라북도 진안의 향토음식 애저탕을 맛볼 수 있는 곳. 다양한 열매를 장아찌로 담가 만든 반찬과 각종 나물 등을 밑반찬으로 내어준다. 탕이 한 번 끓으면 고기는 직접 손질해 준다. 고기에 초장이나 새우젓을 곁들여 먹는 것이 별미.

- ⓦ 애저탕(특 12만원), 더덕정식, 버섯전골(각 1인 1만5천원), 닭백숙녹두죽, 닭볶음탕(각 6만5천원)
- 🕐 07:00~21:00(마지막 주문 20:00) – 비정기적 휴무(전화 확인)
- 🔍 전북 진안군 진안읍 마이산로 263
- ☎ 063-432-4201 ⓟ 가능

진안관   애저

전국에서 몇 안 되는 애저(새끼 돼지) 전문점. 양파, 파, 후추, 마늘, 생강 등 채소와 양념을 넣고 쪄낸 애저찜을 다 먹은 후에는 김치와 콩나물, 육수를 더 넣고 죽이나 라면을 끓여 먹는다. 조리하는 데 3시간 가량 소요되므로 미리 예약하는 것이 좋다.

- ⓦ 애저(1인 2만5천원), 불낙전골(1만8천원), 소불고기(2만원), 돼지불고기(1만2천원)
- 🕐 09:00~20:00 – 명절 휴무
- 🔍 전북 진안군 진안읍 진장로 21
- ☎ 063-433-2629 ⓟ 가능

진안제일순대   순대국밥 | 순대

깔끔한 국물의 콩나물이 들어간 순대국밥을 맛볼 수 있다. 취향에 맞게 새우젓과 고추를 넣어 먹는다. 국밥과 잘 어울리는 섞박지, 배추김치, 무생채도 좋다.

- ⓦ 순대국밥(보통 1만원, 특 1만2천원), 돼지머리국밥(1만원), 암뽕국밥(1만5천원), 모둠순대(소 2만7천원, 중 3만3천원, 대 4만원), 콩나물보쌈(3만원), 술안주뚝배기(1만5천원)
- 🕐 10:00~22:00 – 연중무휴
- 🔍 전북 진안군 진안읍 우화4길 2
- ☎ 031-963-3033 ⓟ 가능

초가정담 ✖   산채정식 | 산채비빔밥 | 돼지등갈비

산채비빔밥과 산채정식 전문점. 참나무 장작에 구운 돼지등갈비도 인기 있는 메뉴다. 마이산도립공원 안쪽에 있기 때문에 입장료를 내지 않고 식당만 방문하려면 식당에 전화를 해서 직원과 함께 들어가야 한다.

- ⓦ 정담세트2인(A 3만원, B 3만5천원), 산채비빔밥(1만원), 돌솥비빔밥(1만4천원), 참나무장작등갈비구이, 참나무장작돼지목살구이(각 소 1만2천원, 대 1만7천원)
- 🕐 09:00~21:00 – 연중무휴
- 🔍 전북 진안군 마령면 마이산남로 213
- ☎ 063-432-2469 ⓟ 가능

전라남도

Jeollanam-do Province

강진만한정식 한정식

한정식으로 유명한 강진의 손맛을 느낄 수 있는 곳. 갖가지 나물과 게장, 철에 따른 생선회, 육회와 홍어삼합, 떡갈비까지 푸짐하게 한상 차려지는 한정식을 맛볼 수 있다. 기본 4인 기준으로 한정식이 차려지기 때문에 인원수를 맞춰가야 한다.

- Ⓦ 일품한정식(4인 16만원), 명품한정식(4인 20만원), 강진만정식(4인 14만원), 영랑정식 (4인 6만6천원), 다산정식(9만8천원)
- ⏱ 11:30~21:00 – 화요일 휴무
- 🔍 전남 강진군 강진읍 보은로 73
- ☎ 061-433-0234 Ⓟ 가능

도반 道伴 사찰요리

서울 양재동에서 홍승 스님이 운영한 사찰요리 전문점으로, 강진으로 이전하며 강진사찰음식체험관에 자리하고 있다. 토마토, 더덕, 우엉, 감자, 버섯, 마, 수삼 등 채소만으로 이루어진 요리를 낸다. 코스는 예약제로 운영되며, 전화로 문의.

- Ⓦ 점심(1만원), 점심특선(1만6천원), 코스(정진 3만원, 선정 5만원, 반야 7만원)
- ⏱ 11:30~14:00(마지막 주문 13:30)/16:50~18:30(마지막 주문 18:00) – 화요일 휴무
- 🔍 전남 강진군 강진읍 오감길 2 누리타운 3동
- ☎ 061-432-6665 Ⓟ 가능

둥지식당 한정식

한정식이 유명한 강진에서도 손꼽히는 한정식집. 강진에서 나는 각종 해산물과 육류로 푸짐하게 한상이 차려진다. 특히 낙지호롱말이와 생고기문어쌈 등 맛깔스러운 반찬이 입맛을 돋운다.

- Ⓦ 정겨워정식(4인 10만원), 정드네정식(4인 12만원), 정갈한정식(4인 16만원), 둥지정식(4인 20만원)
- ⏱ 11:00~19:00 – 명절 휴무
- 🔍 전남 강진군 강진읍 보은로3길 48-3
- ☎ 061-433-2080 Ⓟ 가능

명동식당 한정식

강진을 대표하는 한정식집 중 한 곳. 생선회, 생선구이, 새우찜 등의 해산물부터 육류까지, 바다와 육지 음식이 조화롭게 차려진다. 바로 맞은편에 있는 해태식당과 함께 인기 있는 한정식집.

- Ⓦ 한정식(2인 8만원, 3인 10만원, 4인 12만원)
- ⏱ 11:00~14:00/17:00~21:00 – 연중무휴
- 🔍 전남 강진군 강진읍 서성안길 5
- ☎ 061-433-2147 Ⓟ 가능

명동식당

목리장어센터 장어

자연산 민물장어를 취급하는 곳으로, 60년이 넘는 전통을 자랑한다. 목리포구에서 잡히는 자연산 장어를 사용하는 것이 특징이며 알맞게 구워서 내온다. 예약하고 방문하는 편을 추천한다.

- Ⓦ 장어(2만5천원), 장어탕(1만2천원), 장어죽(5천원), 누룽지(3천원)
- ⏱ 11:00~14:00/17:00~21:00 – 명절, 비정기적 휴무
- 🔍 전남 강진군 강진읍 목리길 80
- ☎ 061-432-9292 Ⓟ 가능

백운차실 전통차전문점 | 티카페

이한영전통차문화원과 함께 있는 전통찻집. 녹차, 발효차부터 계절차까지 준비되어 있다. 프라이빗한 한옥차실에서 곁들임 다과, 차와 함께 월출산 전망을 즐기기 좋은 한상차림을 추천한다.

- Ⓦ 백운옥판차–작설(1만5천원), 레몬홍차(7천원), 한상차림(2인 3만9천원), 약과(8천원), 월산떡차(7천원), 말차팥빙수(9천원), 대추차(7천원), 생과일요거트(7천원), 말차레몬에이드(7천원)
- ⏱ 10:00~18:30 – 월요일 휴무
- 🔍 전남 강진군 성전면 백운로 107
- ☎ 0507-1345-4995 Ⓟ 가능

설성식당 한정식

푸짐하게 나오는 남도식 한정식을 맛볼 수 있는 곳. 가격은 백반 수준이지만 나오는 상차림은 한정식 못지않다. 숯불돼지고기, 홍어, 조기구이 등의 맛이 좋다.

- Ⓦ 2인상(2만6천원), 1인추가(1만3천원), 생선추가, 연탄불고기추가, 홍어추가(각 1만2천원)
- ⏱ 11:00~15:00/17:00~19:00 – 월요일, 명절 휴무

수인관 한정식

돼지불고기백반이 유명한 집. 연탄불에 굽는 돼지불고기와 함께 토하젓을 비롯한 20여 가지의 반찬이 나온다. 직접 재배한 채소를 사용하여 반찬을 만드는 것이 특징. 후덕한 시골의 인심을 즐길 수 있다.

- Ⓦ 연탄불고기백반(2인 3만4천원, 3인 4만2천원, 4인 5만6천원)
- 🕐 11:00~20:00 – 수요일 휴무
- 🔍 전남 강진군 병영면 병영성로 107-10
- ☎ 061-432-1027 Ⓟ 가능

청자골종가집 ✖✖✖ 한정식

종갓집에 초대되어 대접을 받는 듯한 기분을 즐길 수 있는 한정식 전문점. 육사시미, 생선회, 돼지고기 편육, 살짝 데친 꼬막, 더덕양념구이, 조기구이, 산낙지, 돔배, 밴댕이부터 바지락젓과 매실, 무장아찌 등 입맛 돋우는 젓갈류, 고사리, 토란 등 각종 나물까지 40여 가지의 반찬이 푸짐하게 차려진다. 청자의 고장 강진답게 그릇들은 모두 청자기를 사용한다. 4인 기준으로 한상이 차려지므로 인원을 맞춰가야 한다. 고택과 넓은 정원이 운치를 더한다.

- Ⓦ 고베상(2인 10만9천원, 3인 14만5천원, 4인 16만원)
- 🕐 11:30~15:00/17:00~20:30 – 명절 휴무
- 🔍 전남 강진군 군동면 종합운동장길 106-11
- ☎ 061-433-1100 Ⓟ 가능

해태식당 ✖ 한정식

기름진 농토와 청정 갯벌에서 생산되는 농수산물을 재료로 한상 가득 차려진다. 계절이 바뀔 때마다 제철 음식이 나온다. 겨울에는 매생잇국이 상에 오르며, 산낙지, 조기구이, 피조개, 세꼬막, 갈비 등의 음식이 맛깔스럽다.

- Ⓦ 해태정식(2인 8만원, 3인 12만원, 4인 16만원)
- 🕐 11:00~15:00/17:00~21:00(마지막 주문 19:00) – 연중무휴
- 🔍 전남 강진군 강진읍 서성안길 6
- ☎ 061-434-2486 Ⓟ 가능

mkr커피 ✖ mkr coffee 커피전문점

정겨운 정취의 녹동항에 비집고 들어온 트렌디한 무드의 카페. 약간은 러프하지만 세련된 감각이 느껴지는 곳. 시그니처인 아인슈페너에 올라가는 크림은 오리지널과 바닐라 중에 고를 수 있다. 커피의 산미와 달달한 크림의 밸런스가 좋다는 평.

- Ⓦ 아메리카노, 에스프레소(각 4천원), 라테, 플랫화이트(각 4천5백원), 아인슈페너(5천5백원~6천5백원), 초콜릿라테, 말차크림, 레몬크러시, 자몽크러시(각 5천5백원)
- 🕐 11:00~21:00(마지막 주문 20:30) – 수요일 휴무
- 🔍 전남 고흥군 도양읍 비봉로 177
- ☎ 061-843-0023 Ⓟ 불가(가게 맞은편 공영주차장 이용)

대흥식당 ✖ 백반

고흥 현지인 사이에서 오랫동안 사랑받는 가정식 백반 전문점. 백반을 주문하면 맛깔스러운 갈치조림을 비롯해 10여 가지가 훌쩍 넘는 밑반찬이 한상 가득 깔린다. 다양한 반찬에서 남도의 구수한 맛이 느껴진다. 백빈징식이나 득징식은 예약해야 한다.

- Ⓦ 백반(2인 이상, 1인 1만원), 정식(2인 이상, 1인 3만원), 매운탕(2인 이상, 1인 2만원), 주물럭(대 6만원, 소 4만원), 삼겹살(3인 이상, 1인 1만4천원), 장어탕(2인 이상, 1인 1만4천원)
- 🕐 06:00~20:00 – 연중무휴
- 🔍 전남 고흥군 고흥읍 고흥로 1694
- ☎ 061-834-4477 Ⓟ 가능

소문난갈비탕 갈비탕 | 소갈비찜

60여 년 전통의 갈비탕집. 갈비 두 대가 푸짐하게 들어가는 갈비탕의 국물 맛이 좋다. 왕소금, 고춧가루로 양념해 칼칼한 맛이 나며 달걀을 풀어 부드러운 맛을 더한다. 대추, 은행을 넣고 푹 찐 갈비찜도 유명하다.

- Ⓦ 소갈비탕(1만2천원, 특 1만5천원), 갈비찜(5대 기본 7만원, 1대 추가 1만4천원)
- 🕐 08:00~20:00 – 명절 휴무
- 🔍 전남 고흥군 동강면 고흥로 4259
- ☎ 061-833-2052 Ⓟ 가능

가든산장 참게 | 은어

섬진강과 보성강이 만나는 아름다운 압록유원지에서 맑은 강물을 바라보며 먹는 은어튀김과 참게매운탕 맛이 일품이다. 인기 메뉴는 메기와 참게를 넣고 끓인 매운탕으로, 참게 특유의 향이 좋다.

Ⓦ 매운탕, 참게탕, 메기탕(각 소 3만5천원, 중 5만원, 대 6만원), 은어튀김(소 2만원, 중 3만원, 대 4만원)
🕐 10:30~20:00 – 비정기적 휴무
🔍 전남 곡성군 죽곡면 섬진강로 1015
☎ 061-362-8343 Ⓟ 가능

광주가든 민물생선회 | 민물매운탕

보성강변에 있는 민물매운탕집. 민물고기 살이 꽉 차 있으며 칼칼한 국물 맛이 좋다. 매운탕과 회뿐만 아니라 자라, 오골계 등으로 만드는 용봉탕도 보양식으로 유명하다.

Ⓦ 쏘가리탕(소 5만원, 중 8만원, 대 10만원), 쏘가리회(1kg 12만원), 참게탕, 잡어탕, 메기탕(소 3만5천원, 중 5만원, 대 6만원)
🕐 10:00~21:00 – 연중무휴
🔍 전남 곡성군 죽곡면 대황강로 1071
☎ 061-363-6700 Ⓟ 가능

나루터 민물매운탕

섬진강변에 자리한 민물매운탕 전문점. 쏘가리탕, 메기탕, 참게탕 등의 민물매운탕이 칼칼한 맛을 자랑한다. 참게에 수제비를 넣은 참게수제비도 별미이며 1시간 전에 예약해야 한다. 새콤한 다슬기회무침을 곁들여도 좋다.

Ⓦ 메기탕(소 3만5천원, 중 4만5천원, 대 5만5천원), 참게탕(소 4만원, 중 5만원, 대 6만원), 참게수제비(1만5천원), 은어튀김, 빙어튀김, 다슬기회무침(각 소 3만원, 대 4만원), 다슬기전(1만5천원), 다슬기수제비(1만원), 쏘가리탕(소 8만원, 중 9만원, 대 10만원)
🕐 11:00~20:00 – 비정기적 휴무
🔍 전남 곡성군 죽곡면 하한길 3
☎ 061-362-5030 Ⓟ 가능

별천지가든 민물매운탕

참게탕, 메기탕, 쏘가리탕 등 민물매운탕을 맛볼 수 있는 곳. 인기 메뉴인 참게탕은 얼큰한 국물에 시래기가 가득 들어 있으며, 반으로 잘라져 있어 살을 발라먹기 편하다. 은어튀김이나 은어구이를 추가해도 좋다.

Ⓦ 참게탕, 메가+참게탕(각 소 4만5천원, 중 5만5천원, 대 6만5천원), 쏘가리+참게탕(소 7만원, 중 9만원, 대 11만원), 빠가사리+참게탕(소 5만5천원, 중 6만5천원, 대 7만5천원), 은어조림(8만원), 은어튀김(4만원), 은어구이(8만원)

🕐 11:00~20:30(마지막 주문 19:00) – 연중무휴
🔍 전남 곡성군 오곡면 섬진강로 1266
☎ 061-362-8746 Ⓟ 가능

새수궁가든 [illegible] 민물매운탕 | 참게

참게장이 유명한 곳. 새송이버섯과 무를 먹인 참게장 맛이 일품이다. 강바람에 말린 무청시래기와 집에서 담근 된장, 들깻물을 넣고 끓인 메기탕도 맛있다. 평일에는 요리 강의로 인해 휴무할 수도 있어 전화로 문의하는 것이 좋다.

Ⓦ 국내산참게탕(소 5만원, 중 6만원, 대 8만원), 수입산참게탕(소 4만5천원, 중 5만5천원, 대 6만원), 메기탕, 참게+메기탕(각 소 4만원, 중 5만원, 대 6만원), 은어튀김(소 3만원, 대 5만원), 은어회(소 4만원 중 6만원)
🕐 11:00~14:30/15:30~17:00 – 비정기적 휴무
🔍 전남 곡성군 죽곡면 섬진강로 1015-2
☎ 061-363-4633 Ⓟ 가능

새수궁가든

옥과한우촌본점 소고기구이

정육식당으로 운영되는 한우 전문점으로, 상차림비는 받지 않는 곳이다. 기본 밑반찬으로 맑은 국물의 선짓국과 동치미가 나온다. 다양한 한우 부위를 숯불에 구워 먹을 수 있으며, 육회도 많이 찾는 메뉴다.

Ⓦ 한우광양숯불구이(150g 3만3천원), 한우불백(150g 2만3천원), 한우생고기(250g 3만원, 500g 6만원), 한우육회(300g 3만원, 600g 6만원), 한우곰탕(1만5천원), 한우육개장(1만2천원)
🕐 10:00~21:00(마지막 주문 20:30) – 연중무휴
🔍 전남 곡성군 오산면 오산로 983
☎ 061-363-6062 Ⓟ 가능

용궁산장 은어 | 참게

민물생선을 전문으로 하는 곳. 석쇠에 구운 은어를 왕소금에 찍어 먹는 은어구이가 대표 메뉴다. 은어회, 조림, 튀김 등 다양한 은어 요리를 맛볼 수 있다. 쏘가리매운탕이나 송어회도 많이 찾는 메뉴. 들깻물을 넣고 끓이는 참게탕도 고

소하면서 시원하다.

- Ⓦ 은어회, 은어튀김, 빙어무침, 빙어튀김(각 소 3만원, 중 4만원, 대 5만원), 송어회, 향어회, 눈치회(각 7만원), 참게탕, 메기탕, 잡탕(각 소 3만5천원, 중 5만원, 대 6만원), 쏘가리탕(소 6만원, 중 7만원, 대 8만원), 용봉탕(시가), 은어구이(중 4만원, 대 5만원), 쏘가리회(15만원), 메기찜, 은어조림, 잡어조림(중 5만원, 대 6만원)
- ⏰ 11:00~20:00(마지막 주문 19:30) – 연중무휴
- 🔍 전남 곡성군 죽곡면 대황강로 1598–17
- ☎ 061–362–8346 Ⓟ 가능

현이네매운탕 민물매운탕 | 참게 | 은어

압록강 인근에서 민물매운탕이 유명한 곳 중 하나. 살이 꽉 찬 참게탕을 비롯해 메기탕, 쏘가리탕 등의 매운탕을 맛볼 수 있다. 쫄깃한 은어회와 다슬기무침도 별미.

- Ⓦ 참게탕(소 4만원, 중 5만원, 대 6만원), 쏘가리탕(소 6만5천원, 중 7만5천원, 대 8만5천원)
- ⏰ 10:30~19:00(마지막 주문 18:30) – 연중무휴
- 🔍 전남 곡성군 죽곡면 섬진강로 849
- ☎ 061–362–8473 Ⓟ 가능

전라남도 광양시

광양불고기금목서 ✖✖✖ 소불고기

광양식 숯불구이 불고기가 유명하다. 양념에 잰 한우 불고기를 참숯에 구워 육질이 살아 있다. 각종 장아찌와 묵은지, 나물 등의 밑반찬도 고기와 잘 어울린다. 잘 꾸며진 마당에는 오래된 금목서 나무가 서 있다.

- Ⓦ 한우광양불고기(150g 2만5천원), 특양구이(2만7천원), 왕갈비탕(1만3천원), 한우살치살, 한우토시살(각 4만5천원), 한우꽃등심, 한우갈빗살(각 4만원)
- ⏰ 11:00~21:00(마지막 주문 20:00) – 수요일 휴무

광양불고기금목

- 🔍 전남 광양시 광양읍 읍성길 199
- ☎ 061–761–3300 Ⓟ 가능

대중식당 ✖ 소불고기

광양불고기를 전문으로 하는 곳. 양념에 잰 불고기를 참숯불에 구워 먹는 맛이 일품이다. 불고기와 함께 약간의 곱창을 곁들여내는 것이 특징. 파채와 파김치 등에 싸 먹으면 더욱 맛있다. 불고기는 기본 3인 이상 주문해야 한다.

- Ⓦ 불고기(180g 2만원), 꽃등심(180g 4만원), 양구이(150g 2만5천원)
- ⏰ 10:00~21:30(마지막 주문 20:30) – 명절 휴무
- 🔍 전남 광양시 광양읍 매일시장길 12–9
- ☎ 061–762–5670 Ⓟ 가능

대한식당 ✖ 소불고기

주문이 들어오면 바로 양념을 해서 전통적인 방식으로 석쇠에 올려 참숯불에 굽는다. 양념이 자극적이지 않아서 고기의 맛을 충분히 느낄 수 있다. 외지인보다는 지역 주민이 많이 찾는 곳. 가격대비 만족도도 뛰어나다.

- Ⓦ 국내산광양불고기(180g 2만5천원), 호주산광양불고기, 미주산광양불고기(각 200g 2만원), 소특양구이(200g 2만5천원)
- ⏰ 11:30~15:30/16:30~21:30(마지막 주문 21:00) – 연중무휴
- 🔍 전남 광양시 광양읍 매일시장길 12–15
- ☎ 061–763–0005 Ⓟ 가능

매실한우광양불고기 ✖ 소불고기

광양 한우 불고기 전문점. 불고기를 포함한 모든 특수 부위도 한우만을 취급하기 때문에 고기의 신선도가 좋으며, 가격도 합리적인 편이다. 곁들임 반찬으로 나오는 매실 장아찌가 불고기의 감칠맛을 더해준다.

- Ⓦ 광양한우불고기(180g 1만9천원), 한우특수부위(120g 3만3천원), 돼지숯불불고기(200g 1만3천원), 후식냉면(5천원)
- ⏰ 11:00~21:00 – 연중무휴
- 🔍 전남 광양시 광양읍 서천1길 46
- ☎ 061–762–9178 Ⓟ 가능

모리 森 후토마키 | 일식장어 | 일식덮밥

나고야식 장어덮밥인 히츠마부시, 연어덮밥인 사케동, 후토마키를 전문으로 하는 일식당. 제대로 만든 일식 요리를 즐길 수 있다. 쟁반에 1인분씩 담겨 나와 깔끔하게 식사할 수 있다. 사시미나 장어구이, 닭구이 등의 안주 메뉴도 준비되어 있으며 실내 분위기도 넓고 쾌적하다.

- Ⓦ 생연어덮밥정식(1만5천원), 생연어반반덮밥정식(1만6천원), 특선민물장어히츠마부시(5만5천원), 바닷장어히츠마부시(2만6천원), 후토마키정식(8pcs 3만원, 4pcs 1만6천원), 돈토로동(1만6천원), 토리스미비동(1만4천원)
- ⏰ 111:30~15:00/17:00~22:00(마지막 주문 21:30) | 일요일

11:30～21:00 (마지막 주문 20:30) – 월요일 휴무

🔍 전남 광양시 길호5길 2 (중동) 1층

☎ 061-792-8009 Ⓟ 불가

삼대광양불고기집 소불고기 | 소고기구이

참숯불에 구운 광양불고기를 전문으로 하는 곳. 구리 석쇠 불판에 고기를 구워 먹으며 한우와 호주산 중 선택할 수 있다. 양념이 달거나 짜지 않아 남녀노소 부담 없이 즐길 수 있다. 갈빗살과 특양구이 등도 인기.

Ⓦ 불고기(한우 180g 2만5천원, 호주산 180g 1만9천원), 갈빗살, 특양구이(각 180g 2만7천원), 누룽지(2천원)

🕐 11:00～21:00(마지막 주문 20:00) – 연중무휴

🔍 전남 광양시 광양읍 서천1길 52

☎ 061-763-9250 Ⓟ 가능

시내식당 소불고기

광양불고기로 유명한 집 중 하나로, 70여 년간 3대째 맛을 이어오고 있다. 광양식으로 즉석에서 양념한 불고기를 참숯불에 구워 먹는다. 불고기 외에 특양구이도 별미로 통한다.

Ⓦ 광양불고기(한우 180g 2만5천원, 호주산 180g 1만9천원), 특양구이(180g 2만5천원), 후식냉면(5천원)

🕐 10:30～21:00(마지막 주문 20:00) – 명절 휴무

🔍 전남 광양시 광양읍 서천1길 38

☎ 061-763-0360 Ⓟ 가능

장원회관 소고기구이

참숯불에 구워 먹는 광양불고기를 전문으로 하는 곳. 양념에 잰 불고기를 참숯불에 구워 먹는 스타일로, 함께 나오는 밑반찬도 맛깔스럽다. 구수한 누룽지로 식사를 마무리하는 편을 추천한다.

Ⓦ 광양불고기(한우 180g 2만5천원, 호주산 180g 2만원), 특양구이(180g 2만5천원), 누룽지(2인 이상 2천원)

🕐 11:00～15:30/16:30～21:30(마지막 주문 20:30) – 명절 당일 휴무

🔍 전남 광양시 광양읍 매천로 821-5

☎ 061-761-6006 Ⓟ 가능

조선옥 소불고기

노포 광양불고기집 중 하나. 얇게 저민 고기를 사용하는 일반적인 광양불고기와 달리, 다양한 부위의 고기를 도톰하게 썰어내는 것이 특징이다. 다른 곳에 비해 조금 단 맛이 있는 편.

Ⓦ 한우불고기(200g 3만원), 호주산불고기(200g 1만9천원), 쌀국수(3천원)

🕐 10:00～22:00 – 연중무휴

🔍 전남 광양시 광양읍 숲샘길 70

☎ 061-762-7333 Ⓟ 불가

지곡산장 닭구이

토종닭숯불구이로 유명한 곳. 갓 잡은 닭고기를 숯불에 구워 먹는 맛이 일품이다. 닭 한 마리를 시키면 간, 닭모래집 등 모든 부위를 골고루 맛볼 수 있다. 닭가슴살회와 식사 후 나오는 녹두죽의 맛도 별미다.

Ⓦ 토종닭숯불구이, 토종닭한방백숙, 토종닭볶음탕(각 6만5천원), 토종닭능이백숙(9만5천원)

🕐 16:30～21:30 – 일요일 휴무

🔍 전남 광양시 광양읍 서북로 59

☎ 061-761-3335 Ⓟ 가능

청룡식당 재첩

50년 가까이 재첩 요리만을 전문으로 하는 곳이다. 대형 솥에 항상 재첩국을 끓이고 있어 바로바로 재첩국을 맛볼 수 있다. 재첩회에는 직접 만든 과일 식초와 고추장이 들어가며, 텃밭에서 재배한 채소를 사용한다. 여름 장마철에 재첩 맛이 떨어질 때는 영업을 일시 중단하기도 한다. 섬진강이 흐르는 모습이 한눈에 들어오는 강변에 있어 경치가 좋다.

Ⓦ 재첩국(8천원), 재첩회(소 1만5천원, 중 2만5천원, 대 3만5천원)

🕐 10:00～19:30 – 월요일, 명절 휴무

🔍 전남 광양시 진월면 섬진강매화로 160-1

☎ 061-772-2400 Ⓟ 가능

쿠로비 KUROBY 이탈리아식

레몬 먹물 파스타와 크림 파스타를 조합한 쿠로시로 파스타를 선보이는 이탈리안 레스토랑. 수비드로 조리한 부챗살스테이크도 인기 메뉴로, 예약을 추천한다. 재첩과 마늘, 올리브오일로 맛을 낸 재첩알리오올리오도 추천 메뉴.

Ⓦ 쿠로시로파스타, 쿠로리조토(각 1만6천9백원), 수비드부채살스테이크(예약필수 2만7천9백원), 베이컨크림리조토(1만4천9백원), 이태리얼큰해장파스타(1만5천9백원), 씨푸드로제파스타(1만5천9백원), 재첩알리오올리오(1만5천9백원)

🕐 11:30～21:00(마지막 주문 20:30) – 수요일 휴무

🔍 전남 광양시 눈소5길 24 (마동) 예솔빌딩 1층 전층

☎ 0507-1354-6203 Ⓟ 가능

한국식당 소불고기

광양불고기로 유명한 집 중의 하나. 4대째 불고기를 하는 집으로, 광양에서도 이름이 높다. 즉석에서 양념해 오는 고기를 백운산 참숯불에 구워 먹는다. 반찬도 가짓수가 많지는 않지만 깔끔하다. 50여 년의 역사를 자랑한다.

Ⓦ 광양불고기(한우 180g 2만7천원, 호주산 180g 2만원), 특양구이(180g 2만7천원), 곱창(180g 2만3천원)

🕐 10:00～22:00 – 명절 휴무

🔍 전남 광양시 광양읍 매일시장길 48

☎ 061-761-9292 Ⓟ 가능

전라남도 구례군

구례소나무정원 한정식

푸릇한 정원을 감상하며 식사를 즐길 수 있는 한정식집. 조기구이, 된장찌개와 10여 종이 넘는 나물 반찬이 나온다. 돈가스 메뉴도 있어 아이와 함께 가족 단위로 방문하기도 좋다.

ⓦ 제육정식(2인 이상, 1인 2만원), 산채백반(2인 이상, 1인 1만5천원), 묵은지고등어조림(2인 이상, 1인 1만4천원), 치즈돌솥비빔밥(1만4천원), 돌솥비빔밥(1만2천원), 돈가스(1만3천원), 산채비빔밥(1만1천원), 차돌된장찌개(1만2천원), 황태해장국(1만1천원)

ⓣ 09:00~20:00(마지막 주문 19:30) | 토, 일요일 08:00~20:00(마지막 주문 19:30) – 격주 수요일 휴무

ⓠ 전남 구례군 마산면 화엄사로 325

☎ 0507-1341-0996 ⓟ 가능

단테텍사스바베큐 바비큐

참나무로 오랜 시간 훈연한 바비큐를 전문으로 하는 곳. 브리스킷, 스페어립, 통삼겹 등 다양한 메뉴가 준비되어 있다 빵에 넣어 취향껏 각종 피클을 넣어 먹을 수 있는 풀드포크도 추천 메뉴.

ⓦ 브리스킷(3만2천원), 스페어립(2만5천원), 동심컵(2만3천원), 풀드포크(1만9천원), 고르곤졸라피자(1만9천원), 뉴욕피자(1만9천원), 스페어립피자(2만7천원), 페퍼로니피자(2만3천원)

ⓣ 11:00~15:00/16:30~21:00(마지막 주문 20:30) – 월, 화요일 휴무

ⓠ 전남 구례군 산동면 원좌1길 24-9

☎ 0507-1391-7915 ⓟ 가능

당골식당 ✂ 닭백숙 | 닭구이

산닭구이가 유명한 곳. 갓 잡은 토종닭을 참숯불에 구워 먹는 것으로, 고소한 양념 맛이 좋다. 준비 시간이 길기 때문에 예약 후 방문하는 것을 추천한다. 전채로 나오는 신선한 닭육회도 별미로 통한다.

ⓦ 산닭구이, 백숙, 옻닭(각 7만원), 닭볶음탕, 닭곰탕, 청둥오리탕/백숙/구이(각 6만원)

ⓣ 12:00~15:00/17:00~20:00 – 화요일 휴무

ⓠ 전남 구례군 산동면 당골길 86-31

☎ 061-783-1689 ⓟ 가능

동아식당 돼지족탕 | 가오리

구례읍내에서 오래된 식당 중의 하나로, 지역 주민의 사랑방 역할을 하는 곳이다. 맑고 칼칼하게 끓인 돼지족탕과 감칠맛 나는 양념을 더한 가오리찜이 대표 메뉴다. 기본으로 나오는 밑반찬도 깔끔하다.

ⓦ 가오리찜(중 2만5천원, 대 3만5천원), 돼지족탕(중 2만원, 대 3만원)

ⓣ 12:00~15:00/17:00~21:00 – 연중무휴

ⓠ 전남 구례군 구례읍 봉동길 4-5

☎ 061-782-5474 ⓟ 불가

라플라타 La Plata 카페

섬진강 인근에 있어 리버뷰를 즐길 수 있는 대형 카페. 자리가 건물 3층과 루프탑도 있어 풍경을 즐기며 커피를 마시기 좋다. 베이커리도 다양하며, 생크림과 과일을 넣은 과일생크림크루아상을 많이 찾는다.

ⓦ 에스프레소(6천원), 아메리카노(6천원), 카페라테(6천5백원), 쫀득밀크아이스크림(5천5백원), 페퍼민트(6천5백원), 캐모마일(6천5백원), 바닐라라테(7천5백원), 아포가토(7천원), 라플라타말차라테(7천원), 크루아상샌드위치, 과일생크림크루아상(각 8천원)

ⓣ 10:00~18:00(마지막 주문 17:50) | 토, 일요일 10:00~19:00(마지막 주문 18:50) – 연중무휴

ⓠ 전남 구례군 구례읍 산업로 270

☎ 061-782-2701 ⓟ 가능

만남가든 산채정식

화엄사 가는 길에 자리한 곳으로, 30여 가지의 반찬이 나오는 산채정식을 전문으로 한다. 산채와 함께 조기구이, 된장찌개 등이 나오며 쌉쌀한 산나물 고유의 향과 맛이 그대로 살아 있다. 구례에서 유명한 산수유막걸리를 곁들여도 좋다.

ⓦ 자연산송이버섯전골(소 5만원, 중 6만원, 대 8만원), 능이한방백숙(9만원), 토종한방백숙(8만원), 산채한정식(1만8천원), 산채비빔밥(1만1천원), 백반정식(1만3천원), 순두부백반(8천원), 섬진강재첩국, 파전(각 1만2천원), 더덕구이(3만원), 도토리묵(1만5천원)

ⓣ 08:00~19:00 – 연중무휴

ⓠ 전남 구례군 마산면 한국통신로 8

☎ 061-782-9172 ⓟ 가능

목월빵집 ✂ Mogwol Bread 베이커리

천연효모로 자연 발효하여 빵을 굽는 베이커리. 구례에서 생산되는 품종인 금강밀을 기본으로 하는 건강한 빵을 맛볼 수 있다. 계란과 우유를 사용하지 않는 것이 특징이며 버터는 페이스트리에만 사용한다. 매장 앞에 빵이 나오는 시간표가 적혀 있으니 참고할 것. 주말에는 웨이팅을 감수해야 한다.

ⓦ 목월호밀100%덩어리빵, 앉은키통밀덩어리빵, 아라진흑밀덩어리빵(각 1만1천5백원), 앉은키통밀목월팥빵(3천5백원), 긴빵(3천원), 젠피긴빵(4천원), 구례두부긴빵(4천5백원), 블루베리오곡저온발효빵(9천5백원)

ⓣ 10:00~18:00 | 토, 일요일 10:00~12:30/13:30~15:00/15:30

목월빵집

~18:00 – 연중무휴

전남 구례군 구례읍 서시천로 85

061-781-1477 ⓟ 불가

목화식당 ✕✕✕ 선지해장국

30년이 넘는 전통의 소내장탕집. 선지와 곱창, 양, 허파 등의 소내장이 다양하게 들어가 있는 맑은 국물 스타일이다. 함께 나오는 부추무침과 깍두기도 맛있다. 건물은 허름하지만 멀리서도 찾아오는 손님이 있을 만큼 유명하다.

한우소내장탕(1만원), 선짓국(8천원)

07:30~20:00 – 비정기적 휴무

전남 구례군 구례읍 구례2길 33

061-782-9171 ⓟ 가능

봉성식당 소머리국밥 | 돼지국밥

돼지국밥과 소머리국밥이 유명한 곳. 깔끔하게 끓인 국물 맛이 좋다. 부담없는 가격에 든든하게 끼니를 해결할 수 있는 곳이며 국물과 밥은 무한리필된다.

돼지국밥, 순대국밥(각 8천원), 소머리곰탕(9천원), 돼지머리수육(소 1만5천원, 대 2만원), 소머리수육(3만원)

08:00~15:00/17:00~20:00(마지막 주문 19:20) | 토요일 08:00~15:00(마지막 주문 14:20) | 일요일 장날 08:00~15:00 – 일요일 휴무(일요일이 장날인 경우에는 정상 영업)

전남 구례군 구례읍 봉동길 8-9

061-782-7262 ⓟ 불가

부부식당 ✕ 다슬기 | 수제비

구수하고 맑은 다슬기수제비가 맛이 좋기로 유명한 곳. 다슬기가 푸짐하게 들어가며 우리밀로 반죽한 수제비가 맛을 더한다. 특사이즈를 시키면 전체적인 양이 아니라 다슬기 양이 많아진다. 새콤하게 무쳐져 나오는 다슬기회무침이 입맛을 돋운다. 영업시간과 관계없이 재료가 소진되면 일찍 문을 닫는다.

다슬기수제비(1만원), 다슬기회무침(소 3만원, 대 4만원)

11:00~14:00 – 월요일 휴무

전남 구례군 구례읍 구례2길 30

061-782-9113 ⓟ 불가

섬진강재첩국수 재첩

섬진강변의 작은 휴게소. 재첩회, 재첩 백반, 재첩 국수를 선보인다. 키오스크로 주문 후 음식은 셀프로 가져다 먹는다. 재첩 비빔국수도 추천하는 메뉴며 전병을 곁들여 함께 맛보기 좋은 편.

재첩회(소 3만원, 대 4만원), 재첩국수, 재첩비빔국수(각 8천원), 전병(1만원), 회덮밥(1만5천원), 재첩전(1만5천원), 산채비빔밥(1만2천원), 도토리묵무침(1만3천원)

09:00~19:00 – 목요일 휴무

전남 구례군 토지면 섬진강대로 4276

061-783-2547 ⓟ 가능

수구레국밥 수구레국밥

구례오일장 안에 있는 수구레국밥집. 소 목덜미 아래 부분 가죽 안쪽의 쫄깃한 부위인 수구레와 선지가 넉넉히 들어가며 얼큰한 맛이 일품이다.

수구레국밥, 섬진강재첩국(각 1만원), 수구레술국(9천원)

06:30~18:00 – 매월 4, 9, 14, 19, 24, 29일 휴무

전남 구례군 구례읍 5일시장작은길 20

061-783-2228 ⓟ 불가

양미한옥가든 염소고기 | 닭구이

지리산에서 방목해서 키운 닭을 숯불에 구워 먹는 닭구이가 유명하다. 후추, 참기름, 마늘로만 간을 하는 것이 특징이며 불 맛을 살린 맛이 일품이다. 식사로는 닭죽이 나온다. 닭구이 외에도 염소불고기, 흑돼지구이 등도 맛볼 수 있다. 운치 있는 한옥이 분위기를 더욱 자아낸다.

토종닭구이(7만원), 토종닭백숙(8만원), 염소불고기(140g 3만2천원), 흑돼지구이(140g 1만5천원), 멧돼지구이(140g 1만7천원)

11:00~22:00 – 명절 휴무

전남 구례군 산동면 당골길 110

061-783-7079 ⓟ 가능

전원가든 ✕ 은어 | 민물매운탕

쏘가리, 메기, 참게 매운탕 등 얼큰하고, 시원한 맛이 일품인 매운탕 전문점. 은어, 빙어 튀김도 식감이 바삭하고, 고소한 맛이 훌륭하다. 새콤, 달콤한 맛이 별미인 산수유 식혜를 후식으로 시원하게 맛볼 수 있다.

은어튀김, 빙어튀김(각 중 3만원, 대 5만원), 쏘가리탕(소 7만원 중 9만원 대 12만원), 메가+참게탕(소 4만원, 중 5만5천원, 대 7만원), 참게탕, 잡어탕(각 소 4만5천원, 중 7만원, 대 8만5천원)

11:00~19:30(마지막 주문 18:00) – 월요일 휴무

지리각식당 버섯 | 백반

지리산에서 채취한 싸리버섯을 넣고 끓인 싸리버섯전골이 추천 메뉴. 싸리버섯은 8월~10월이 제철이며, 나머지 기간 에는 염장해 놓은 싸리버섯을 사용한다. 산나물로 된 20여 가지의 반찬이 입맛을 돋운다.

- ⓦ 버섯전골(2인 이상, 1인 1만6천원), 산채한정식(2인 이상, 1인 1만4천원), 더덕구이정식(2인 이상, 1인 1만8천원), 한우떡갈비정식(1만9천원), 더덕구이(3만원), 도토리묵, 산나물전, 해물부추전(각 1만2천원), 파전(1만2천원), 참게탕(중 4만원, 대 5만원), 토종닭능이백숙(7만원) 닭볶음탕(5만원)
- ⓒ 07:30~19:30 – 연중무휴
- 전남 구례군 마산면 화엄사로 381
- ☎ 061-782-2066 ⓟ 가능

평화식당 육회비빔밥 | 설렁탕

구례에서 비빔밥 하면 떠오르는 집으로, 60여 년간 비빔밥을 해왔다. 육회비빔밥은 신선한 한우육회, 소박한 나물, 곱게 부쳐낸 달걀프라이, 과하지 않은 양념과의 어우러짐이 좋다. 새뱃국을 함께 내는 것이 이색적이다.

- ⓦ 육회비빔밥(1만2천원, 특 1만6천원), 육회(중 4만원, 대 5만원), 한우떡국(1만원), 불백전골(중 3만원, 대 5만원), 한우떡국(1만원)
- ⓒ 11:00~20:00(마지막 주문 19:45) – 첫번째, 세번째 목요일 휴무
- 전남 구례군 구례읍 북교길 12
- ☎ 061-782-2034 ⓟ 가능

평화식당

금일홍어 홍어

나주 홍어거리에 있는 홍어집 중 하나로, 가게에 들어서자마자 홍어 특유의 냄새가 코를 찌른다. 국내산스페셜메뉴를 주문하면 홍어애, 특수부위 6종, 홍어껍질, 홍어전, 홍어튀김, 홍어무침, 삼합, 홍어찜, 홍어앳국이 푸짐하게 나온다.

- ⓦ 칠레산정식(2인 4만원, 4인 8만원), 국내산스페셜(4인 12만원), 국내산홍어삼합(소 5만원, 중 6만원, 대 7만원), 칠레산홍어삼합(소 3만원, 중 4만원, 대 5만원), 국내산홍어회(3만원~4만원), 칠레산홍어회(1만원~3만원), 홍어무침, 홍어탕, 홍어전, 홍어튀김(각 대 3만원), 묵은지갈비찜(대 4만원)
- ⓒ 09:00~21:00 – 연중무휴
- 전남 나주시 영산포로 202 (영산동)
- ☎ 061-334-0092 ⓟ 가능

남평할매집 ✕ 곰탕

나주곰탕이 유명한 집. 나주곰탕은 뼈를 사용하지 않고 고기만을 사용하여 육수를 내기 때문에 국물이 맑은 것이 특징이다. 일반 곰탕 같은 진한 여운은 없지만 깔끔하고 개운한 맛이다. 60여 년의 전통을 자랑한다.

- ⓦ 곰탕(1만1천원), 수육곰탕(1만3천원), 수육(500g 3만8천원)
- ⓒ 08:00~20:00   공휴일, 명절 당일 휴무
- 전남 나주시 금성관길 2 (중앙동)
- ☎ 061-334-4682 ⓟ 가능

노안집 ✕ 곰탕 | 수육

3대에 걸쳐 60년이 넘는 전통을 이어가는 나주곰탕집. 한우고기와 사골뼈를 전통 가마솥에서 3~4시간 우려내 담백하면서도 구수한 맛이 난다. 아롱사태와 소 머릿고기가 푸짐하게 들어간 수육곰탕도 인기. 취향에 따라 고기를 초장에 찍어 먹으면 더욱 맛있게 즐길 수 있다.

- ⓦ 곰탕(1만1천원), 수육곰탕(1만3천원), 수육(300g 3만5천원)
- ⓒ 07:00~20:00 – 월요일 휴무
- 전남 나주시 금성관길 1-3 (금계동)
- ☎ 061-333-2053 ⓟ 가능

대지회관 백반

20여 가지의 반찬이 나오는 전라도식 상차림으로 유명한 백반집이다. 반찬이 정갈한 편이며, 직접 담은 김치도 칼칼하게 입맛을 돋운다. 예약하고 방문하는 편을 추천한다.

- ⓦ 대지정식(소 1만원, 중 1만7천원, 대 2만2천원 특대 2만7천원), 육회, 육사시미, 홍어무침, 홍어사시미(각 4만원), 우낙탕탕이(7만원)
- ⓒ 11:00~21:00 – 연중무휴

전남 나주시 삼영2길 9 (삼영동)
☎ 061-332-5353 ⓟ 가능

사랑채 ✕ 한정식

나주의 유명한 한정식집. 맛깔스러운 각종 반찬이 깔리고 찌개와 돼지불고기, 조기구이 등이 추가로 나온다. 예약제로 운영된다. 고택인 박경중 가옥의 사랑채를 그대로 활용하고 있다.

ⓦ 한정식(2인 3만원), 특정식(4인 6만원), 특대정식(4인 8만원), 굴비정식(1인 1만7천원)
ⓣ 11:30~14:10/17:00~20:30 – 일요일 휴무
전남 나주시 금남길 61 (산정동)
☎ 061-333-0116 ⓟ 불가

송현불고기 ✕ 돼지고기구이

간판도 없는 곳이지만 연탄불에 돼지불고기를 구워주는 집으로 유명하다. 돼지고기 목살과 삼겹살 부위만 직접 손으로 썰어서 연탄불에 구워 독특한 맛을 낸다. 짜지 않은 된장과 싱싱한 채소에 싸 먹는 맛이 좋다. 양도 푸짐하다.

ⓦ 불고기(250g 1만4천원)
ⓣ 11:00~15:00/17:00~21:00(마지막 주문 20:30) | 토, 일요일 11:00~15:00/16:30~ 21:00(마지막 주문 20:30) – 월요일 휴무 (월요일이 공휴일인 경우 화요일 휴무)
전남 나주시 건재로 193 (대호동)
☎ 061-332-6497 ⓟ 불가

송현불고기

신흥장어 장어

나주에서 오래된 장어구이 전문점. 소금구이와 양념구이 중 선택할 수 있다. 장어구이는 완전히 구워 철판 위에 얹어 나온다. 생강채를 곁들이면 더욱 맛있게 즐길 수 있다.

ⓦ 양념장어구이, 소금장어구이(각 2만7천원), 장어탕(1만4천원), 장어구이(1kg 8만원)

ⓣ 11:00~20:30 – 둘째, 넷째 주 일요일 휴무
전남 나주시 다시면 구진포로 58
☎ 061-335-9109 ⓟ 가능

영일복집 복

시원한 복탕전골을 맛볼 수 있는 곳. 살이 통통하게 오른 복어와 시원한 국물 맛이 잘 어우러진다. 미나리와 살짝 넣은 된장이 더욱 맛을 더한다. 콩나물냉채, 파김치, 갈치속젓 등의 밑반찬도 깔끔하고 정갈하다. 진한 장어탕도 별미.

ⓦ 복탕전골(2인 이상 1인 2만원)
ⓣ 11:00~20:00 – 일요일 휴무
전남 나주시 영산3길 22 (영산동)
☎ 061-334-3596 ⓟ 가능

왕곡가든 육회비빔밥 | 생고기

한우 육회와 신선한 야채가 어우러지는 육회비빔밥을 주메뉴로 한다. 푸짐한 양으로 가득 담아주는 육회비빔밥은 각종 반찬과 곁들여 먹기 좋다. 생고기비빔밥 외에 익힘비빔밥, 돌솥비빔밥, 생고기, 사골진곰탕 메뉴도 선보이고 있다.

ⓦ 생고기(200g 3만원, 300g 4만원), 생고기비빔밥(1만4천원, 특 1만9천원), 익힘비빔밥(1만4천원, 특 1만9천원), 돌솥비빔밥, 사골진곰탕(각 1만4천원)
ⓣ 11:00~14:00(재료 소진 시 마감) – 일요일, 공휴일 휴무
전남 나주시 왕곡면 나주서부로 389
☎ 061-337-9990 ⓟ 가능

카페소감&나주미술관 카페

드로잉 체험을 할 수 있는 한옥 갤러리 카페. 넓은 잔디 정원 한쪽에서 드로잉 체험을 하며 자연의 정취와 함께 여유로운 시간을 보내기 좋다. 나주미술관에서 진행하는 전시도 함께 관람할 수 있다.

ⓦ 아메리카노(5천원), 카페라테(5천5백원), 바닐라라테(6천원), 소감라테(7천원), 홍시아이스크림(6천5백원), 오란다(3천원), 소감피자(2만5천원), 소감눈꽃빙수(1만9천원)
ⓣ 11:00~19:00(마지막 주문 18:00) – 월요일 휴무
전남 나주시 산포면 예림길 21-5
☎ 0507-1478-1514 ⓟ 가능

태광갈비본점 Taekwang galbi 돼지갈비

나주식 갈비를 선보이는 30년 전통의 갈빗집. 매콤하고 새콤한 양념의 돼지갈비는 주방에서 모두 구워져 나와 식사를 즐길 수 있다. 직접 뽑은 면으로 내어주는 냉면을 곁들이는 것도 좋다.

ⓦ 나주식갈비(2인 3만원, 3인 4만5천원, 4인 6만원), 묵은지갈비전골(1만5천원), 쟁반냉면(1만2천원), 물냉면(8천원), 비빔냉면(8천원).

🕐 11:00～15:00/17:00～22:00(마지막 주문 20:50) – 연중무휴
🔍 전남 나주시 북망문길 36–15 (성북동)
☎ 0507–1386–8926 ⓟ 가능

하얀집 ✕✕✕ 곰탕 | 수육

곰탕을 끓여온 햇수만 해도 1백 10년이 넘는 곳. 시할머니, 시어머니에게 배운 곰탕의 맛을 4대째인 며느리가 이어오고 있다. 곰탕은 국물이 맑은 스타일로, 달걀지단이 올라가는 것이 특징이다. 커다란 가마솥과 살강에 놓인 뚝배기, 커다란 나무 둥치를 통째로 쓰는 도마가 눈에 띈다. 시할머니 때부터 써온 이 가마솥은 1백 년이 넘는다고 한다. 두 개의 커다란 가마솥에서는 항상 곰탕이 끓고 있다.

ⓦ 곰탕(1만1천원), 수육곰탕(1만3천원), 수육(3만8천원)
🕐 08:00～20:00 – 수요일 휴무
🔍 전남 나주시 금성관길 6–1 (중앙동)
☎ 061–333–4292 ⓟ 가능

헤일로로스터스 ✕✕ HALO ROASTERS 커피전문점

국가대표 바리스타 출신이 운영하는 곳으로, 로스팅을 직접하고 원두 납품도 겸하고 있다. 아메리카노나 라테를 시킬 때는 4가지 블렌딩 원두 중에 고를 수 있다. 눈앞에서 내려지는 사이폰커피는 보는 재미가 있다. 여러 가지 맛의 피낭시에와 같은 구움과자도 직접 베이킹하고 있다.

ⓦ 에스프레소, 아메리카노(4천원), 브루잉커피(6천원～9천원), 라테(4천5백원), 헤일로크림라테(6천원), 시즌메뉴(변동)
🕐 08:00～21:30이 토, 일요일 09:00～17:30 – 연중무휴
🔍 전남 나주시 빛가람로 747 (빛가람동) 108호
☎ 061–334–8444 ⓟ 가능

홍어1번지 ✕✕ 홍어

홍어로 유명한 집. 남도 스타일로 푹 삭힌, 톡 쏘는 홍어회를 맛볼 수 있는 홍어삼합과 매콤한 양념으로 무친 홍어무침 등이 있다. 50년이 넘는 전통을 자랑한다.

ⓦ 국내산홍어정식(2인 7만원, 3인 9만원, 4인 12만원), 국내산홍어삼합(소 5만원, 중 7만5천원), 국내산홍어회(소 5만5천원, 중 7만5천원), 칠레산홍어삼합(소 3만원, 중 4만5천원), 칠레산홍어회(소 3만원, 중 4만원), 홍어무침(2만원)
🕐 10:30～15:00/16:00～20:30(마지막 주문 19:45) – 월요일, 명절 휴무
🔍 전남 나주시 영산3길 2–1 (영산동)
☎ 061–332–7444 ⓟ 가능

남도예담 소떡갈비 | 돼지떡갈비 | 대통밥

참숯에 노릇하게 구워진 떡갈비, 그리고 담양 대나무 통밥으로 유명한 식당. 천장을 가득 메운 대나무 조명이 독특하면서 인상 깊은 곳. 정식에는 13가지 종류의 푸짐하고 정갈한 밑반찬이 제공 된다. 떡갈비는 한우와 한돈 중에서 고를 수 있으며 반반으로도 가능하다.

ⓦ 한우떡갈비정식(공깃밥 3만3천원, 대통밥 3만6천원), 반반떡갈비정식(공깃밥 2만8천원, 대통밥 3만1천원), 한돈떡갈비정식(공깃밥 2만3천원, 대통밥 2만6천원)
🕐 11:00～21:00(마지막 주문 20:00) – 명절 휴무
🔍 전남 담양군 월산면 담장로 143 남도예담
☎ 0507–1437–7768 ⓟ 가능

달빛뜨락 소떡갈비 | 삼계탕

담양식 한우떡갈비와 죽순영계탕을 전문으로 하는 곳이다. 떡갈비를 시키면 한정식 한상이 차려진다. 죽순삼계탕은 부드러운 영계를 사용하여 저염식으로 조리하는 것이 특징. 식사를 마친 후 직접 만든 시원한 수정과도 맛볼 수 있다.

ⓦ 전통닭국(1만5천원), 죽순영계탕, 참옻삼계탕(각 1만7천원), 한방삼계탕(1만8천원), 한우떡갈비(1인 150g 2만5천원), 달빛정식(2만9천원)
🕐 11:00～20:00(마지막 주문 19:30) – 연중무휴
🔍 전남 담양군 봉산면 한수동로 155
☎ 061–382–2355 ⓟ 가능

담빛예술창고문예카페 카페 | 북카페

양곡창고를 개조하여 문화예술공간으로 재탄생한 카페. 통유리창으로 보이는 대나무숲의 경치가 좋으며, 실내에서 파이프 오르간 정기 연주도 감상할 수 있다. 층고가 높고 도서관처럼 많은 책이 구비되어 있어 독서와 커피를 즐기며 힐링하기 좋은 곳이다. 바로 옆 건물에서 기획 전시도 운영하는 것이 특징.

ⓦ 아메리카노(5천원), 카페라테(5천5백원), 바닐라라테, 자몽에이드(6천원), 플레인요거트, 딸기라테(각 6천5백원), 뉴욕치즈케이크, 티라미수케이크(각 6천5백원)
🕐 10:00～19:00(마지막 주문 18:30) – 연중무휴
🔍 전남 담양군 담양읍 객사7길 75
☎ 061–383–8240 ⓟ 가능

담양앞집 ✕✕ 소떡갈비 | 국수

담양 떡갈비와 떡갈비국수 전문점. 면은 메밀과 담양 댓잎을 이용해 매일 자가제면하며, 참숯에 직화로 구워낸 떡갈비는 구운 채소와 함께 유기에 정갈하게 차려져 나온다. 창

너머로 대나무가 보이는 실내 공간은 좌석이 넓직하게 배치
되어 쾌적하며, 뒷마당에는 휴식 공간이 잘 꾸며져 있다.
- Ⓦ 매운떡갈비국수(1만7천원), 죽순바삭만두(1만2천원), 반반숯
불떡갈비(240g 1만5천5백원), 죽순들기름국수(1만4천원), 물비
빔국수(1만1천원), 떡갈비골동반(1만7천원), 담양육반(2만원), 왕
갈비탕(2만원), 육회(2만5천원), 대통밥(6천원)
- 🕐 11:00〜14:30/17:00〜21:00(마지막 주문 19:30) | 토, 일요일
11:00〜15:00/17:00〜21:00(마지막 주문 19:30) − 화요일 휴무
- 🔍 전남 담양군 담양읍 죽향문화로 22
- ☎ 061-381-1990 Ⓟ 가능

덕인갈비 ✖️ 대통밥 | 소떡갈비

떡갈비 전문식당. 초벌구이를 해서 나온 떡갈비를 무쇠 솥
에서 조금 더 익혀 먹는다. 남도답게 반찬은 15가지 가량 푸
짐하게 나온다. 떡갈비와 더불어 담양의 3대 음식으로 통하
는 추어탕, 대통밥을 모두 맛볼 수 있는 장점이 있다.
- Ⓦ 덕인떡갈비(200g 3만원), 갈빗살불고기(370g 6만원), 통밥정
식(2만7천원), 대통밥(1만4천원), 죽순추어탕(1만원)
- 🕐 11:00〜21:00 − 수요일 휴무
- 🔍 전남 담양군 담양읍 담주1길 6
- ☎ 061-381-2194 Ⓟ 가능

들풀 ✖️ 산채정식

산채 정식을 시키면 댓잎이 담겨 있는 물병이 나오고 이어
정식, 샐러드와 삼합, 7가지 잡곡으로 지은 밥, 집에서 만든
두부전, 새송이버섯전, 도토리묵 등이 나온다. 40여 가지 반
찬이 푸짐하게 차려진다.
- Ⓦ 들풀정식(2인 이상, 1인 2만원), 떡갈비(1만2천원), 육전, 새우
구이(각 1만원)
- 🕐 11:00〜14:00/16:00〜20:00(마지막 주문 19:00) − 화요일 휴
무, 명절 휴무
- 🔍 전남 담양군 고서면 분향용대길 3-6
- ☎ 061-381-7370 Ⓟ 가능

명가은 ✖️ 茗可隱 전통차전문점

20년 넘게 자리를 지키고 있는 전통찻집. 아늑한 한옥에 넓
고 운치있는 정원이 편안하고 아름답다. 부담스럽지 않은
한식 디저트와 계속 리필해서 우릴 수 있는 전통차를 즐길
수 있다. 차 도구와 찻잎도 판매하고 있다.
- Ⓦ 홍차라테, 녹차, 황차, 백련잎차, 말(각 7천원), 청차, 홍차, 보
이차(각 8천원) 찹쌀약과(2천원), 우리밀약과(3천원), 양갱(4천
원), 오란다(2천원), 팥빙수(8천원), 그릭요거트(7천원)
- 🕐 11:00〜18:00 − 월요일 휴무
- 🔍 전남 담양군 가사문학면 반석길 48-8
- ☎ 061-382-3513 Ⓟ 가능

소예르 SOLLER 카페

담양을 상징하는 대나무로 꾸며진 카페. 우드톤의 인테리어
와 따뜻하고 자연스러운 분위기가 휴양지를 연상시킨다. 촉
촉한 댓잎시트와 담양 특산물인 딸기가 올라간 밤부케이크
가 대표 메뉴로, 계절에 따라 망고나 샤인머스켓으로도 즐
길 수 있다.
- Ⓦ 에스프레소(4천5백원), 아메리카노(5천원), 카페라테(5천5백
원), 담양딸기라테(7천5백원), 댓잎크림라테(6천8백원), 골드라
테슈페너(7천5백원), 러스크(2천원), 크로플(3천8백원), 밤부딸
기케이크(7천원), 바스크치즈케이크(6천5백원)
- 🕐 11:00〜19:00 | 토, 일요일 11:00〜20:00 − 연중무휴
- 🔍 전남 담양군 담양읍 지침6길 78-6
- ☎ 0507-1344-5819 Ⓟ 가능

송죽정 죽순 | 대통밥

대나무통 속에 다섯 가지 곡물을 넣고 1시간쯤 쪄내 대나무
향이 배어 있는 대통밥을 맛볼 수 있다. 죽순에 민물우렁과
산나물을 넣고 새콤달콤하게 무친 죽순회도 별미다.
- Ⓦ 대통밥(1만원), 송죽정정식(1인 2만원), 떡갈비정식(1인 2만8
천원), 죽순회무침(소 1만원, 중 2만원, 대 2만5천원)
- 🕐 10:30〜20:30(마지막 주문 20:15) − 연중무휴
- 🔍 전남 담양군 담양읍 죽향대로 1171
- ☎ 061-381-3291 Ⓟ 가능

승일식당 ✖️ 돼지갈비

돼지갈비가 유명한 곳. 돼지갈비를 생강, 마늘, 양파 등의 양
념에 푹 담가 두었다가 초벌구이한 뒤 다시 숯불에 구워 먹
는다. 황토아궁이에서 직접 만든 숯 향이 고기 맛을 더한다.
재래식 집된장을 이용한 시래깃국과 백김치, 무나물 등도
인기. 고기를 다 먹은 후에는 누룽지로 입가심한다. 냉동고
기가 아닌 생고기를 사용한다.
- Ⓦ 숯불돼지갈비(200g 1만9천원), 물냉면, 비빔냉면(각 7천원)
- 🕐 09:30〜20:30(마지막 주문 19:40) − 명절 휴무
- 🔍 전남 담양군 담양읍 중앙로 98-1
- ☎ 061-382-9011 Ⓟ 가능

신사와칼국수담양본점 칼국수 | 돈가스

칼국수와 돈가스를 주메뉴로 선보이는 곳으로, 특별한 조합
을 맛볼 수 있다. 물총조개가 푸짐하게 들어간 물총칼국수
와 각종 채소, 감태초밥, 다양한 소스를 곁들여 먹는 쌈돈가
스가 대표 메뉴.
- Ⓦ 물총칼국수(2인 2만4천원, 3인 3만6천원, 4인 4만8천원), 쌈
돈가스한상(소 3만2천원, 대 5만2천원), 통팥칼국수(2인 2만4
천원, 3인 3만6천원, 4인 4만8천원), 들기름냉칼국수(1만3천원),
정갈한돈가스(1만5천원)
- 🕐 11:00〜15:00/17:00〜20:00(마지막 주문 19:30) − 월요일 휴
무

전남 담양군 대전면 대치5길 131
☎ 061-381-9282 ⓟ 가능

신식당 ✕✕✕ 소떡갈비 | 비빔밥

담양을 대표하는 떡갈빗집으로, 약한 참숯불에 양념장을 발라 구운 부드러운 떡갈비 맛이 일품이다. 가마솥에 갈빗살과 뼈를 넣고 푹 고아내 국물 맛이 진한 갈비탕, 그리고 각종 나물과 직접 담근 고추장 맛이 좋은 비빔밥을 추천할 만하다. 1909년부터 떡갈비를 시작하여 4대째, 1백 년이 넘게 내려오는 곳으로, 떡갈비의 원조로도 알려졌다.

ⓦ 떡갈비구이(250g 3만5천원), 죽순떡갈비전골(250g 4만원), 신식당소반(2인 이상, 1인 떡갈비 167g+대통밥, 2만9천원), 비빔밥(1만2천원)

🕐 11:30~15:00/17:00~20:00(마지막 주문 1930) – 명절 휴무

🔍 전남 담양군 담양읍 담주2길 18-13

☎ 061-382-9901 ⓟ 가능

원조대나무국수 국수

40년이 넘는 전통의 국숫집. 멸치육수가 진하고 구수하다. 다른 국숫집보다 국수 면발이 더 오동통한 편이다. 댓잎을 넣고 삶아낸 댓잎달걀도 쫀득하고 비리지 않아 별미다.

ⓦ 멸치국수(5천원), 열무비빔국수(6천원), 열무냉국수(7천원), 검정콩국수(8천원), 댓잎달걀(2개 1천원) , 파전(1만원)

🕐 08:30~20:00 – 비정기적 휴무

🔍 전남 담양군 담양읍 객사2길 15-69

☎ 061-383-6445 ⓟ 가능

원조창평시장국밥 돼지국밥

오랜 전통의 돼지국밥집. 창평시장의 국밥 거리에서도 원조로 알려진 곳이다. 가격대비 푸짐한 국밥을 즐길 수 있다. 인공적이지 않고 자연스러운 맛. 슴슴하게 느껴질 때는 다진 양념을 넣으면 좋다.

ⓦ 따로국밥(1만원), 비빔밥, 내장국밥, 선지국밥, 머리국밥, 비

빔밥(각 8천원), 콩나물국밥(8천원), 국수(보통 8천원, 특 9천원), 수육(1만8천원)

🕐 08:00~15:30/17:00~20:00 – 수요일, 명절 휴무

🔍 전남 담양군 창평면 사동길 14-25

☎ 061-383-4424 ⓟ 가능(공영주차장)

전통식당 ✕✕✕ 한정식 | 남도음식

남도 한정식의 진수를 맛볼 수 있는 곳이다. 홍어삼합부터 시작해서 담양의 특산품인 죽순숙회, 다진 소고기로 속을 채운 섬진강 참게장, 민물새우젓인 토하젓과 굴로 만든 진석화젓, 전어 내장젓인 돔배젓 등 젓갈류만 해도 여러 종류가 나온다. 갈치구이 등의 생선 요리는 물론 떡갈비찜, 감장아찌, 더덕장아찌와 10여 가지의 산나물 등 반찬 수가 40여 가지에 이른다. 여러 차례 방송 이후 관광객들의 방문이 많아지며 이들의 요청에 따라 젓갈과 장아찌 반찬이 줄어들고 있는 추세지만, 여전히 남도 밥상의 진수를 보여준다.

ⓦ 남도한상(1인 4만원), 담양한상(1인 1만9천원), 소쇄원한상(1인 3만1천원) , 대통령한상(1인 6만원), 홍어삼합(1만원), 보리굴비(1만5천원)

🕐 11:00~15:30/16:30~20:00(마지막 주문 19:00) – 명절 휴무

🔍 전남 담양군 고서면 고읍천길 30 4 1층

☎ 061-382-3111 ⓟ 가능

죽림원가든 ✕✕ 대통밥 | 죽순

죽순회와 대통밥을 전문으로 한다. 대통밥 정식을 시키면 죽순나물, 생지, 묵은지, 버섯나물 등의 반찬이 나온다. 대통용찜은 토종닭, 문어, 한우 등 열 가지 재료를 대나무에 넣어 찐 것으로, 시간이 걸리므로 미리 주문하는 것이 좋다. 마당에는 5천여 평에 달하는 대나무 숲이 펼쳐져 있다.

ⓦ 대통밥정식(2인 이상, 1인 1만5천원), 떡갈비정식, 모둠정식(각 2인 이상, 1인 2만9천원), 우렁죽순회, 떡갈비(각 1만8천원), 대통찜(1마리 6만9천원)

🕐 11:00~20:00(마지막 주문 19:00) – 첫 번째, 세 번째 주 수요일 휴무

🔍 전남 담양군 월산면 가산길 358

☎ 061-383-1292 ⓟ 가능

진우네집국수 ✕ 국수

담양국수거리의 원조집으로 꼽히는 곳 중 하나. 특별한 맛은 아니지만 어릴 때 어머니가 해주던 소박한 맛과 부담없는 가격으로 유명하다. 삶은 달걀을 따로 사서 까먹는 것도 재미있다. 60년 넘는 역사를 자랑한다.

ⓦ 멸치국수, 비빔국수(각 5천원), 삶은달걀(2개 1천원), 돼지고기육전(8천원), 냉열무물국수(7천원)

🕐 09:00~20:00 – 명절 휴무

🔍 전남 담양군 담양읍 객사3길 32

☎ 061-381-5344 ⓟ 가능

창평전통안두부 두부

70년이 넘게 3대가 이어온 손두부 맛이 일품이다. 두부전골에는 별다른 반찬이 없지만 국물이 맑고, 다진 양념이 따로 나와 기호에 맞게 넣어 먹을 수 있다.

ⓦ 순두부찌개, 두부국수, 콩죽국수(각 1만원), 보쌈정식(1인 1만4천원), 두부버섯전골(소 2만7천원, 대 4만원)
ⓣ 11:00~15:30/17:00~20:00(마지막 주문 19:30) | 토, 일요일 11:00~16:00/17:00~20:00(마지막 주문 19:30) – 월요일 휴무 (공휴일인 경우 정상영업)
ⓠ 전남 담양군 창평면 의병로 31
☎ 061-383-9288 ⓟ 가능

청운식당 순댓국 | 순대

전라도식 토종순대를 맛볼 수 있는 곳. 선지와 콩나물을 넣어 만든 옛날 순대 외에 돼지 내장의 일종인 암뽕으로 만든 순대를 다양하게 선보인다. 남도식 추어탕도 맛이 좋다.

ⓦ 막창순대, 암뽕반반(각 2만5천원), 모둠국밥, 순대국밥, 내장국밥, 추어탕(각 9천원), 새끼보국밥(1만원)
ⓣ 10:30~20:00(마지막 주문 19:30) – 명절 휴무
ⓠ 전남 담양군 담양읍 담주1길 7
☎ 061-381-2436 ⓟ 가능

한상근대통밥집 ✂ 대통밥 | 죽순

제대로 된 대나무통밥을 맛볼 수 있는 곳. 직접 가꾼 대밭에서 채취한 죽순으로 차려내는 죽순회와 죽계탕이 별미다. 햇죽순을 삶은 후 초고추장과 물엿으로 맛을 낸 죽순회가 새콤달콤하다. 대통밥 정식을 시키면 죽순을 넣은 된장국과 찰진 대통밥에 남도식 반찬이 가득 차려진다.

ⓦ 한상근정식(1인 2만8천원), 대통밥정식(1인 1만9천원), 돼지숯불갈비(200g 1만8천원), 한우떡갈비(200g 2만9천원), 죽계찜(8만원)
ⓣ 10:30~15:20(마지막 주문 14:40) | 금, 토, 일요일 10:30~20:00(마지막 주문 19:20) – 연중무휴
ⓠ 전남 담양군 월산면 담장로 113 1층
☎ 0507-1487-2002 ⓟ 가능

한우명가 ✂ 갈비탕 | 소고기구이

한우 정육식당으로, 생등심이나 갈빗살 같은 고기가 신선하고 육질이 좋다. 가격대비 만족도가 높으며 소고기육회와 생고기비빔밥도 인기가 있다.

ⓦ 생고기(500g 4만2천원), 육회(500g 4만6천원), 생고기비빔밥, 익힘비빔밥(1인 1만1천원, 2인 이상 1만원), 갈비탕(1만5천원)
ⓣ 11:00~21:00(마지막 주문 20:30) – 명절 휴무
ⓠ 전남 담양군 담양읍 추성로 1313
☎ 061-382-8969 ⓟ 가능

가락지 떡

목포의 명물인 쑥꿀레를 만들어 파는 곳이 목포에서 단 두 곳인데 그중 한 곳이다. 목포역과 10분 거리에 있어 별미 간식 선물로 사가기 좋다. 푸짐하게 나오는 팥칼국수도 인기 메뉴다.

ⓦ 쑥꿀레(6천원), 칼국수팥죽, 해물칼국수(각 9천원), 호박죽, 야채죽, 깨죽, 동지팥죽(각 1만원)
ⓣ 10:00~20:00 – 둘째 주, 넷째 주 수요일 휴무
ⓠ 전남 목포시 수문로 45 (남교동)
☎ 061-244-1969 ⓟ 불가

곰집갈비 비빔냉면 | 돼지갈비 | 낙지

갈비 맛도 좋지만, 냉면 위에 산낙지 한마리가 통째로 들어간 세발낙지 비빔냉면이 유명하다. 비빔냉면과 함께 나오는 수육무침도 단연 추천할 만하다.

ⓦ 돼지갈비(250g 1만9천원), 매운돼지갈비(250g 2만원), 후식물냉면, 후식비빔냉면(각 9천원), 수육무침(4만4천원), 돼지갈비수육무침(4만3천원)
ⓣ 11:30~15:00/17:00~21:00(마지막 주문 20:30)(재료 소진 시 마감) – 화요일 휴무
ⓠ 전남 목포시 호남로58번길 14 (창평동)
☎ 061-244-1567 ⓟ 가능

금메달식당 ✂✂ 홍어

흑산도 홍어만을 고집하고 있으며 삶은 돼지고기, 2년 가량 묵힌 배추김치에 막걸리를 함께 곁들이는 홍탁삼합이 일품이다. 홍어의 독특한 맛과 미나리의 향긋한 맛이 조화를 이루는 홍어회도 좋다. 홍어탕은 홍어삼합을 시키면 추가 메뉴로 주문할 수 있다. 한때 무안으로 잠시 이전하였다가 현재는 목포의 원래 위치로 재이전하였다.

ⓦ 흑산도홍어삼합+탕(2인 15만원, 4인 25만원), 흑산도홍어삼합+탕+찜(2인 20만원, 4인 35만원), 흑산도홍어탕(2만5천원)
ⓣ 10:00~22:00 – 연중무휴
ⓠ 전남 목포시 후광대로143번길 8 (옥암동)
☎ 061-272-2697 ⓟ 가능

김근호한정식 한정식

전라도 산지 재료로 정갈한 한상차림을 제공하는 한정식집. 시그니처로 목포김근호상이 준비되어 있다. 매장 내에 스타일러가 구비되어 있어 의류 케어 서비스도 받을 수 있으며, 단체 손님도 수용 가능한 룸이 마련되어 있어 단체 회식 장소로도 추천할만하다.

ⓦ 목포김근호상(4인 28만원), 목포정식(2인상 1인 1만7천원~3

만7천원, 3~5인상 1인 1만5천원~3만5천원)
ⓣ 11:30~15:00/17:00~21:30(마지막 주문 20:30) | 토요일
11:30~21:30(마지막 주문 20:30) | 일요일 11:35~16:30(마지막
주문 15:30) – 월요일 휴무
ⓠ 전남 목포시 정의로 4-3 (옥암동)
☎ 0507-1314-5777 ⓟ 가능

대명관 꼬리곰탕 | 설렁탕

뽀얗게 끓여지다 못해 끈끈한 고소함이 눈으로 보여질 만
큼 진득한 소꼬리곰탕을 전문으로 하는 곳. 곁들임 반찬으
로 빨갛게 무쳐서 산처럼 쌓여 나온 양념게장 한 마리를 밥
과 함께 즐기는 것도 별미. 반찬으로 나오는 파무침을 곰탕
에 넣어 먹어도 좋다.

ⓦ 꼬리곰탕(3만원), 도가니탕(3만원), 특꼬리+도가니(3만3천원)
ⓣ 10:00~20:00 – 수요일 휴무
ⓠ 전남 목포시 유동로16번길 17 (유동) 1층
☎ 061-245-3642 ⓟ 불가

대반동201 브런치카페 | 카페

목포 스카이워크에 자리한 전망 좋은 카페. 넓고 탁 트인 공
간에서 바다를 바라보며 음료와 치킨, 피자, 샌드위치 등을
즐길 수 있다. 디트불고기피자와 크림치즈마늘빵이 인기 메
뉴 중 하나.

ⓦ 아메리카노(6천원), 카페라테(7천원), 트러플크림리죠토, 관
자오일파스타(각 2만4천원), 로제소스소시지(2만1천원), 디트불
고기피자(2만8천원), 크림치즈당근케이크, 딸기생크림케이크
(각 8천원), 시나몬롤(7천원), 크림치즈마늘빵(6천5백원)
ⓣ 10:00~23:00 – 연중무휴
ⓠ 전남 목포시 해양대학로 59 (죽교동) 유달유원지2층
☎ 061-244-8884 ⓟ 가능

덕인집 ✖✖✖ 홍어

홍어와 삼합이 유명한 곳. 가격이 비교적 합리적인 편이라
서민적인 주점이라고 할 수 있다. 홍어회와 구기자 동동주
의 궁합이 잘 맞는다. 홍어회 외에도 은학상어, 강달이 등

목포에서 맛볼 수 있는 먹거리가 많다.

ⓦ 흑산홍어삼합(9만원), 흑산홍어(8만원), 흑산홍어찜(10만원),
홍어애탕(3만원), 돼지수육(각 2만원)
ⓣ 12:00~21:00 – 월요일, 명절 휴무
ⓠ 전남 목포시 영산로73번길 1-1 (무안동)
☎ 061-242-3767 ⓟ 불가

독천식당 ✖ 낙지

40여 년간 낙지만 요리해 온 집으로, 갈낙탕이 유명하다. 갈
비탕을 끓인 후 세발낙지 몇 마리를 넣고 담백하게 국물을
우려낸다. 살짝 볶은 낙지와 콩나물, 미나리, 무채 등을 얹은
낙지비빔밥에 갈낙탕이나 연포탕을 곁들이면 더욱 좋다. 연
포탕은 낙지를 연하게 익힌 탕으로, 상에 올린 다음 적당한
크기로 잘라준다. 연포탕이나 갈낙탕은 고춧가루나 고추장
을 넣지 않고 말갛게 끓인다.

ⓦ 산낙지, 낙지무침, 낙지볶음(각 중 4만5천원, 대 6만원), 갈낙
탕(2인 이상, 1인 2만3천원), 연포탕(2만원), 낙지비빔밥(1만4천
원)
ⓣ 11:00~15:00/17:00~20:50 – 둘째, 넷째 주 일요일, 명절 휴
무
ⓠ 전남 목포시 호남로64번길 3-1 (호남동)
☎ 061-242-6528 ⓟ 가능

뚝보횟집 낙지

목포 북항 회센터에 있는 낙지 전문점. 세발낙지를 나무젓
가락에 돌돌 감아 초고추장에 찍어 한입에 먹는다. 연포탕
은 개운한 국물 맛과 담백한 낙지살을 즐기기에 좋다.

ⓦ 낙지회, 낙지볶음, 우럭매운탕, 연포탕(각 6만원), 광어, 농어,
참돔, 우럭(각 13만원)
ⓣ 10:00~22:00 – 연중무휴
ⓠ 전남 목포시 해안로 271 (광동1가)
☎ 061-244-4508 ⓟ 가능

만선식당 ✖ 밴댕이 | 남도음식

목포 9미 중 하나인 우럭간국으로 유명한 노포 식당. 전라
도에선 송어나 밴댕이라고도 부르는 반지를 회로 맛볼 수
있는 곳으로, 진한 목포의 풍미를 즐길 수 있다. 풀치조림,
밴댕이 고추젓 등 반찬도 맛이 좋다.

ⓦ 우럭탕(우럭간국)(소 3만9천원, 중 4만9천원, 대 5만9천원),
송어회(밴댕이회)(2만9천원), 병어회(5만원), 갈치조림(중 5만5
천원, 대 6만5천원), 장어탕(1만5천원)
ⓣ 10:30~15:30/16:30~20:30 – 두번째, 네번째 월요일 휴무
ⓠ 전남 목포시 서산로 2 (금화동)
☎ 061-244-3621 ⓟ 불가

만호유달횟집 민어

40년이 넘는 전통의 민어 전문점. 민어의거리에서도 원조로 꼽히는 집. 민어회를 시키면 낙지, 병어, 홍어회 등이 제철에 맞게 나온다. 민어회정식을 시키면 민어전부터 시작해 민어회, 민어탕 등 부담 없이 민어의 모든 것을 맛볼 수 있다.

ⓦ 민어전, 민어회(각 5만원), 민어회정식(2인 10만원, 3인 13만원, 4인 16만원, 5인 20만원)
ⓣ 10:00~22:00 – 연중무휴
ⓠ 전남 목포시 번화로 46 (만호동)
☎ 061-242-8025 ⓟ 가능

명신식당 곰탕 | 갈비탕

달걀을 올린 옛날식 갈비탕을 맛볼 수 있는 곳. 칼집이 들어가 있는 갈빗대에는 고기가 제법 붙어 있는데, 다짐육을 뼈에 붙인 것이다. 진한 국물 맛이 좋으며 양도 넉넉한 편.

ⓦ 떡갈비탕(1만5천원), 곰탕, 육개장(각 1만2천원), 내장탕(1만3천원), 수육(5만원)
ⓣ 09:00~19:30 – 둘째 주 화요일 휴무
ⓠ 전남 목포시 영산로40번길 10 (중앙동2가)
☎ 061-244-0479 ⓟ 가능

명인집 홍어 | 생선조림 | 게장

약식동원 사상을 근본으로 하는 오래된 한정식집. 좋은 재료만 엄선하여 만든 전라도 음식을 맛볼 수 있다. 갈치조림, 간장게장 등이 대표 메뉴다.

ⓦ 갈치조림(2인 이상, 1인 3만원), 지도민어간국(2인 이상 1인 2만2천원), 지도병어조림(5만8천원), 양념게장(2만5천원), 간장게장(4만원), A코스(15만원), B코스(20만원)
ⓣ 11:00~16:00/17:00~22:00(마지막 주문 20:30) – 화요일 휴무
ⓠ 전남 목포시 하당로30번길 14 (상동)
☎ 061-245-8808 ⓟ 가능

미락식당 게장

목포에서 꽃게살비빔밥으로 유명한 곳이다. 꽃게살비빔밥은 이름 그대로 양념을 가미한 꽃게 살을 밥에 비벼 먹는 비빔밥이다. 생물 꽃게만 사용해서 비리지 않으며 양념에는 비파열매로 담근 청을 넣어 감칠맛을 잘 살려냈다. 목포의 명물 생선인 민어의 새끼를 가리키는 말인 '통치'를 구운 생선구이도 인기다.

ⓦ 꽃게비빔밥(1인 1만5천원), 병어조림, 갈치구이(각 6만원), 갈치구이(2인 이상, 1인 2만원), 생선구이(2인 이상, 1인 1만5천원), 꽃게찜, 꽃게탕, 꽃게무침(각 중 7만원, 대 10만원)
ⓣ 11:00~15:30/17:00~21:00(마지막 주문 20:30) – 월요일 휴무
ⓠ 전남 목포시 백년대로231번길 12 (상동)
☎ 061-272-3828 ⓟ 가능

별스넥 생선찜 | 덕자 | 병어

덕자와 병어, 삼치만을 전문으로 하는 곳. 덕자찜은 생선조림처럼 매운 양념에 보글보글 끓여서 먹는다. 살이 두툼하면서도 달콤한 맛이 일품이다. 덕자회+찜세트로 시킬 것을 추천하며 덕자회만 먹을 경우 부대찌개로 마무리하는 것도 좋다.

ⓦ 덕자회+찜(소 13만9천원, 중 15만5천원, 대 16만9천원), 덕자찜(중 8만7천원, 대 9만5천원), 병어찜(소 7만3천원, 중7만9천원, 대 8만5천원), 덕자회(7만9천원), 병어회(8만5천원), 삼치회(6만원), 부대찌개(소 2만2천원, 중 3만2천원, 대 4만2천원)
ⓣ 11:30~23:00 | 일요일 11:30~22:00 – 수요일 휴무
ⓠ 전남 목포시 옥암로 11 (상동)
☎ 061-283-8114 ⓟ 불가

석산 SUKSAN 카페 | 브런치카페

목포 항구 앞에 위치한 카페로, 탁 트인 바다를 감상할 수 있다. 약 3000평의 부지를 자랑하며, 매장 한편에서는 시즌마다 전시도 진행한다. 음료와 베이커리 외에도 브런치와 디너를 제공하여 다양한 시간대에 방문하기 좋은 곳.

ⓦ 에스프레소(6천원), 아메리카노(6천원), 스탠다드라테(7천원), 오리지널아인슈페너(7천5백원), 피넛버터라테(1만원), 카카오라테(8천원), 말차라테(8천5백원), 초당옥수수라테(1만원), 브런치 플레이트(2만원), 버섯수프(5천원), 크림뇨키(1만8천원), 불고기피자(1만8천원)
ⓣ 10:00~22:00(마지막 주문 21:30) – 토, 일요일 휴무
ⓠ 전남 목포시 고하대로 588 (죽교동)
☎ 1533-2302 ⓟ 가능

석산

석심횟집 생선회 | 민어

용당동 민어의거리에서 유명한 횟집 중 하나. 부드러우면서도 찰지게 숙성된 민어회 맛이 일품이다. 민어회를 시키면 민어 부레, 껍질 등의 특수부위와 병어회무침 같은 곁들이 음식이 간단하게 나온다. 민어매운탕 맛도 좋다.

ⓦ 민어전, 민어회, 농어, 광어(각 5만5천원), 낙지(시가)

⏱ 10:00~22:00 – 연중무휴
🔍 전남 목포시 영산로307번길 16 (용당동)
☎ 061–279–6060 ⓟ 불가

선경준치회집 ✖ 준치

목포 음식의 정체성을 잘 표현하는 식당 중 하나. 다른 곳에서 보기 드문 준치회무침이 메인이며 병어회, 송어회(밴댕이), 갈치조림, 장어구이 등 다양한 요리를 선보인다. 맛의 고장 목포답게 반찬도 준수하며 묵은지와 뼈까지 씹어먹을 수 있는 풀치(건조한 어린 갈치) 조림이 일품이다

ⓦ 준치회무침, 병어회무침, 송어회무침(각 1인 1만원), 병어사시미(3만원), 송어사시미(2만원), 갈치구이, 갈치찜, 병어찜(각 2인 이상, 1인 1만5천원)
⏱ 10:30~20:40 – 월요일 휴무
🔍 전남 목포시 해안로57번길 2 (온금동)
☎ 061–242–5653 ⓟ 가능

선창횟집 준치 | 병어

준치와 병어만 전문으로 하는 횟집. 준치회무침과 밥이 담긴 대접이 나오면 준치회무침을 넣어 비벼 먹는다. 준치 철은 5월로, 이때 잡은 것을 냉동해두었다가 일 년 내내 내고 있다. 병어찜 맛도 일품이다.

ⓦ 준치회무침(소 2만4천원, 중 3만6천원, 대 4만8천원), 병어회(6만원), 병어찜, 갈치찜(각 중 5만원, 대 6만원), 깡다리조림(2인 이상, 1인 1만2천원)
⏱ 11:00~15:00(마지막 주문 14:30)/17:00~20:00(마지막 주문 19:30) – 일요일 휴무
🔍 전남 목포시 만호로 6–1 (금동2가)
☎ 061–244–3708 ⓟ 가능

성식당 ✖ 소떡갈비

목포에서 떡갈비로 유명한 곳. 석쇠에 고기를 올려 연탄불에 구워서 내온다. 갈빗대에 붙어 있는 살을 그대로 칼집을 내어 떡갈비로 만든 스타일로, 터프한 질감을 느낄 수 있다. 떡갈비와 떡갈비백반은 모두 2인 이상 주문해야 한다. 60여 년간 대를 이어온 집이다.

ⓦ 떡갈비(2인 이상, 1인 3만2천원), 떡갈비백반(2인 이상, 1인 3만3천원), 갈비탕(1만5천원), 내장탕(1만3천원)
⏱ 11:30~15:00/17:00~20:00 – 목요일 휴무
🔍 전남 목포시 수강로4번길 6 (영해동1가)
☎ 061–244–1401 ⓟ 불가

쑥꿀레 떡

목포여고 앞에서 유명한 집. 쑥꿀레는 쑥을 빚어 만든 찹쌀떡 경단에 콩고물을 묻힌 후 묽은 조청에 굴려 먹는 간식이다. 쑥꿀레 외 다른 분식류도 맛이 좋다는 평.

ⓦ 쑥꿀레, 단팥죽, 떡볶이(각 6천원), 냄비국수(8천원), 비빔국

수(9천원)
⏱ 11:00~15:30/16:30~21:00 – 명절 휴무
🔍 전남 목포시 영산로59번길 43–1 (죽동)
☎ 061–244–7912 ⓟ 불가

안골정꼬리곰탕 도가니탕 | 꼬리곰탕

뽀얀 국물의 꼬리곰탕과 도가니탕을 전문으로 하는 곳. 잡내 없이 부드러운 육수 맛이 일품이며, 일반 공깃밥 대신 돌솥에 한 갓지은 밥이 나오는 것이 특징이다. 밥을 다 먹은 후에는, 둥굴레차를 부은 돌솥밥 숭늉으로 마무리하면 좋다.

ⓦ 꼬리곰탕+솥밥(3만3천원), 도가니탕+솥밥(3만3천원), 특꼬리+도가니+솥밥(3만5천원), 솥밥(2천원)
⏱ 09:30~21:00(마지막 주문 20:15) – 월요일 휴무
🔍 전남 목포시 번화로 41–5 (대의동1가)
☎ 061–242–6985 ⓟ 불가

영란횟집 ✖✖✖ 민어 | 생선회

40년이 넘는 전통의 민어회 전문 횟집. 민어회 외에 민어의 껍질, 부레, 뼈와 살을 다져 양념한 것 등 다양한 민어요리를 맛볼 수 있다. 막걸리를 6개월 삭혀 만든 식초와 엿, 된장, 파, 생강, 고춧가루로 만들어내는 초고추장이 별미다. 미어매운탕은 깔끔하고 시원한 맛이다.

ⓦ 민어회, 민어회무침, 민어전(각 5만원), 민어코스요리(2인 10만원, 3인 13만원, 4인 16만원), 뻘낙지(5만원), 매운탕(1인 6천원)
⏱ 10:00~22:00 – 연중무휴
🔍 전남 목포시 번화로 42–1 (만호동)
☎ 061–243–7311 ⓟ 가능

영암식당 ✖✖✖ 소떡갈비

60여 년 전통을 자랑하는 떡갈비 전문점. 떡갈비와 함께 차려지는 풍성한 반찬에 한 번, 떡갈비의 맛에 두 번 놀라게 된다. 김치류와 젓갈류가 맛을 더한다.

ⓦ 떡갈비정식, 생고기(각 2만9천원), 갈비탕, 비빔밥(각 1만5천원)
⏱ 09:00~21:30 – 월요일, 명절 휴무
🔍 전남 목포시 마인계터로15번길 23 (죽동)
☎ 061–244–4600 ⓟ 가능

옥정한정식 한정식

전통 궁중 한정식집으로 유명한 곳이다. 주택을 개조해 식당으로 사용하고 있어 운치가 있다. 전복회, 민어회, 떡갈비 등 다양한 요리를 한상으로 즐길 수 있다.

ⓦ 옥정한정식(2인상 15만원, 4인상 22만원), 1인추가(5만5천원)
⏱ 12:00~21:30 – 연중무휴
🔍 전남 목포시 미항로 8 (상동)
☎ 061–243–0012 ⓟ 가능

유달콩물 ✖ 일반한식 | 콩국수

여러 가지 한식 메뉴를 하는 집이지만 콩물이 가장 유명하다. 콩물은 아침 식사 대신 간단히 마시거나 식사 후 디저트로 마셔도 좋다. 콩물은 따로 포장해갈 수도 있다.

- Ⓦ 노란콩(콩물 6천원, 콩국수 1만2천원 곱빼기 1만4천원), 검은콩(콩물 7천원, 콩국수 1만4천원, 곱빼기 1만6천원), 비빔밥, 육회비빔밥(각 1만1천원)
- Ⓣ 08:00~17:30(마지막 주문 17:00) | 동절기(11월~4월) 08:00~15:00(마지막 주문 14:30) – 화요일 휴무
- Ⓠ 전남 목포시 호남로58번길 23-1 (대안동)
- ☎ 061-244-5234 Ⓟ 불가

인동주마을 ✖ 홍어 | 게장

인동초를 이용하여 만든 인동주 막걸리와 인동초참게장이 유명한 집. 게장백반을 시키면 여러 가지 안주와 식사가 나온다. 홍어에 묵은지와 반찬으로 나온 매생이를 싸 먹어도 좋다.

- Ⓦ 인동주마을정식(수입산홍어 6만4천원, 국내산흑산도홍어 9만5천원), 홍어삼합(수입산 3만5천원, 국내산 6만5천원), 간장꽃게장정식, 양념꽃게장정식(각 2만원)
- Ⓣ 10:00~22:00 – 연중무휴
- Ⓠ 전남 목포시 복산길12번길 5 (옥암동)
- ☎ 061-284-4068 Ⓟ 가능

장터식당 ✖ 꽃게

꽃게무침을 전문으로 하는 곳. 양념게장과 비슷해 보이지만 게에 양념을 해서 바로 먹는 것이 차별점이다. 삭히는 과정이 빠지므로 게장과는 맛이 다르고 양념도 게장보다 덜 자극적이다. 몸통의 살을 빼먹고 나서 껍질에 들어찬 양념에 밥과 함께 나온 나물을 넣고 비벼 먹는 것이 제대로 즐기는 방법.

- Ⓦ 꽃게무침, 꽃게살, 준치초무침, 병어초무침, 간재미초무침(각 3만원), 꽃게탕(소 3만8천원, 대 4만8천원)
- Ⓣ 11:30~15:00/17:30~21:00 – 첫째, 셋째 주 일요일, 둘째, 넷째, 다섯째 주 월요일 휴무
- Ⓠ 전남 목포시 영산로40번길 23 (중동1가)
- ☎ 061-244-8880 Ⓟ 가능

조선쭐복탕 ✖ 졸복

졸복을 으깨어 푹 익혀 걸쭉한 졸복탕을 맛볼 수 있다. 취향껏 부추무침을 넣고 식초를 살짝 뿌려 먹는다. 밑반찬도 남도식의 진한 맛이 특징이며, 갈치속젓에 무친 고추장아찌가 별미다.

- Ⓦ 졸복탕(1만5천원), 졸복지리, 까치복지리(2인 이상, 예약 주문, 각 1인 1만8천원), 밀복(2인 이상, 예약 주문, 1인 2만원)
- Ⓣ 08:00~20:00(마지막 주문 19:00) – 명절 휴무

- Ⓠ 전남 목포시 해안로 115 (금화동)
- ☎ 061-242-8522 Ⓟ 가능

중화루 ✖ 中華樓 일반중식

목포에서만 볼 수 있는 중깐이라는 메뉴를 개발한 원조집. 중깐은 '중화식당의 간짜장'의 준말로, 간짜장보다 양념이 더 잘게 다져 있는 형태라고 생각하면 된다. 옛날 스타일의 탕수육도 맛볼 수 있다.

- Ⓦ 탕수육(소 2만4천원, 대 3만3천원), 유산슬, 팔보채(각 소 4만5천원, 대 5만원), 삼선샥스핀(12만원), 짬뽕밥, 간짜장, 짬뽕(각 9천원), 삼선짬뽕, 삼선간짜장(각 1만6천원)
- Ⓣ 11:00~15:00/16:30~19:00(마지막 주문 18:30) – 월요일 휴무
- Ⓠ 전남 목포시 영산로75번길 6 (상락동2가)
- ☎ 061-244-6525 Ⓟ 불가

초원음식점 ✖ 꽃게 | 갈치

꽃게무침이 유명한 곳이다. 처음에는 게살로만 무치지 않고 껍데기째 다져서 게살무침을 했지만, 손님들이 껍데기를 싫어해 게살만을 빼서 무쳐본 것이 지금의 맛을 내게 되었다고 한다. 꽃게가 많이 나는 봄에 1년 치 꽃게를 사서 냉동실에 넣어둔다. 먹음직스러워 보이는 두툼한 갈치구이도 괜찮다. 주문은 2인부터 가능하다.

- Ⓦ 갈치찜, 갈치구이, 꽃게살비빔밥, 병어찜(각 2인 이상, 1인 1만5천원)
- Ⓣ 09:30~15:00(마지막 주문 14:30)/17:00~19:30(마지막 주문 19:00) – 둘째, 넷째 주 화요일 휴무
- Ⓠ 전남 목포시 영산로 42 (대의동2가)
- ☎ 061-243-2234 Ⓟ 불가

초원음식점

코롬방제과 Colombang 베이커리

70년이 넘는 전통의 빵집. 생크림을 목포에서 처음 사용한 곳으로, 크림치즈바게트와 새우바게트가 유명하다. 2층은 1층에서 산 빵을 가져다 먹을 수 있는 카페로 되어 있다.

(W) 크림치즈바게트, 새우바게트, 마늘바게트, 연유볼(각 6천원)
(L) 08:00~21:00 – 연중무휴
(Q) 전남 목포시 영산로75번길 7 (무안동)
(T) 061-244-0885 (P) 가능

태동반점 일반중식

목포의 명물인 중깐이 유명한 중식당. 현지인들이 선호하는 곳이다. 중깐은 목포에만 있는 짜장면 형태로, 가는 면발에 재료를 잘게 다져 만든 짜장 소스가 얹어진다. 삼선짜장에는 해산물이 듬뿍 들어가며 중깐과 짜장을 시키면 짬뽕과 탕수육이 나오는 것이 특징.

(W) 짜장(7천원), 간짜장, 짬뽕(각 8천원), 볶음밥(9천원), 우동(8천원), 삼선짬뽕, 삼선간짜장(각 1만1천원), 탕수육(소 2만원 중 2만5천원 대 3만5천원), 팔보채(4만원)
(L) 11:00~14:30/15:40~19:00(마지막 주문 18:30) – 첫째, 셋째 주 화요일 휴무
(Q) 전남 목포시 마인계터로40번길 10-1 (죽동)
(T) 061-243-3351 (P) 불가(공영 주차장 이용)

트라이팟 이탈리아식 | 파스타

목포의 9미를 프렌치로 풀어내 많은 사랑을 받았던 비스트로 시에 정호중 셰프의 레스토랑이다. 건면처럼 탄력 있는 링귀니부터 입안에서 부드럽게 녹는 타야린까지 다양한 질감이 생면 파스타를 맛볼 수 있다. 직접 만든 프로슈토를 올린 피자나 와규 스테이크도 훌륭하며 메뉴를 주문하면 샐러드와 명란 솥밥, 레몬 소르베까지 제공되어 가성비도 좋다. 한층 캐주얼해졌지만, 여전히 목포의 축복이다.

(W) 우니파스타, 생트러플파스타(각 2만8천원), 생합봉골레(2만원),우니파스타, 생트러플파스타(각 2만8천원), 생합봉골레(2만원), 새우와한치먹물파스타, 새우아라비아타(각 1만9천원), 와규스테이크(5만5천원), 프로슈토코토피자(2만4천원)
(L) 11:30~15:00(마지막 주문 14:00)/17:00~21:00(마지막 주문 20:00) – 월요일 휴무
(Q) 전남 목포시 당가두로14번길 28 (옥암동) 1층
(T) 0507-1357-7698 (P) 가능

한미르 한정식

신선로와 홍어삼합에 남도음식 40여 가지가 나오는, 궁중한정식에 전통 남도식 상차림을 가미한 한정식집이다. 홍어삼합, 계절 생선회 등 해산물이 정갈하면서도 푸짐하다. 한정식 한 상은 3~4인 기준으로 준비되므로 인원수를 맞춰 가는 것이 좋다.

(W) 2인정식(11만원), 한정식(4인 15만원~22만원)
(L) 10:00~22:00 – 월요일 휴무
(Q) 전남 목포시 유달로 112 (유달동)
(T) 061-243-7227 (P) 가능

전라남도 무안군

도리포횟집 생선회

숭어를 전문으로 하는 집. 숭어 새끼인 동어는 물론 숭어 알을 말린 어란도 맛볼 수 있다. 갓 잡아 올린 모치(숭어 새끼)를 바닷물로 씻어 굵은 소금에 절여 보름 정도 둔다. 진액이 우러나면 찹쌀과 돼지 비계를 넣고 함께 끓여 낸다.

(W) 능성어(12만원), 민어활어, 돔(각 8만원), 광어, 농어, 우럭(각 6만원), 숭어(5만원), 황가오리찜(4인 8만원), 연포탕(5만원)
(L) 11:00~21:00 – 연중무휴
(Q) 전남 무안군 해제면 만송로 838-17
(T) 061-454-6890 (P) 가능

동원식당 웅어 | 낙지

기절낙지를 주문하면 낙지 다리를 큰 소쿠리에 넣고 점액질이 빠질 때까지 문질러 댄다. 이렇게 기절시킨 낙지를 소스에 찍으면 다시 살아나는데 부드럽지만 미끈거리지 않고 꼬들꼬들하게 씹히는 맛이 일품이다. 10월 낙지 제철에 맞춰서 가면 푸짐하게 먹을 수 있다. 여름에는 웅어회로 만든 회비빔밥이 별미다.

(W) 계절초무침(1인 1만원), 아나고탕(2인 이상, 1인 1만원), 낙지초무침(1만5천원), 기절낙지(시가)
(L) 11:00~14:00 – 일요일 휴무
(Q) 전남 무안군 망운면 압창길 6
(T) 061-452-0754 (P) 가능

두암식당 삼겹살

불이 센 짚불을 이용하여 돼지고기를 굽는다. 처음에는 솔잎으로 굽다가 그을음이 많이 나서 볏짚으로 바꾸었다고 한다. 삼겹살과 목살을 석쇠에 끼운 후 불타는 볏짚에 집어넣는다. 볏짚이 타면서 내는 연기가 훈제 효과를 낸다. 짚불돼지고기에 게소스, 양파 김치를 함께 곁들이면 더욱 맛있다.

(W) 짚불구이(삼겹살 200g 1만7천원, 목살 180g 1만7천원), 칠게장비빔밥(5천원)
(L) 11:00~15:00/16:00~20:00(마지막 주문 19:00) – 목요일 휴무
(Q) 전남 무안군 몽탄면 우명길 52
(T) 061-452-3775 (P) 가능

루나파스타 LUNA PASTA 파스타

통창으로 보이는 전망이 좋은 파스타 전문 레스토랑. 장작을 때우는 난로가 한켠에 있어 매장의 분위기를 더한다. 슈림프오일파스타, 오징어먹물리조토 등 다양한 메뉴가 있으며 피자도 맛볼 수 있다.

(W) 슈림프오일파스타(1만9천원), 아라비아타파스타(2만원), 슈림

프로제파스타(2만원), 명란크림파스타(2만1천원), 투움바파스타(2만2천원), 브리치즈파스타(2만2천원), 오징어먹물리조토(2만1천원), 마르게리타피자(2만4천원)
🕐 11:10～15:00/17:00～21:00 – 일요일 휴무
🔍 전남 무안군 일로읍 황소안길 24-29
☎ 0507-1331-7994 ⓟ 가능

무안식당 ✖ 소고기구이

무안 5미 중 하나인 양파한우 전문점. 부드럽게 씹히는 한우 맛이 일품이다. 고기를 먹은 후 식사로 누룽지를 시키면 갓김치, 매생이, 물김치, 토하젓 등 7가지 반찬이 새로 나온다. 샤부샤부와 안창살구이가 대표 메뉴.
Ⓦ 한우생고기(300g 5만5천원), 샤부샤부, 로스구이(각 150g 3만7천원), 육회비빔밥(1만원, 특 1만5천원), 돌솥비빔밥(1만2천원, 특 1만5천원), 불고기백반(1만6천원)
🕐 09:00～22:00 – 연중무휴
🔍 전남 무안군 무안읍 면성2길 36
☎ 061-453-1919 ⓟ 가능

베이커스모먼트

BAKER's MOMENT 페이스트리 | 베이커리

다양한 프랑스식 페이스트리를 맛볼 수 있는 곳이다. 여러 가지 맛이 준비되어 있는 크루아상, 퀸아망 등이 추천 메뉴. 빵에 곁들일 버터와 잼, 밤스프레드 등은 별도로 판매도 하고 있다. 테이크아웃만 가능.
Ⓦ 앙버터프레첼(4천7백원), 레몬퀸아망(4천3백원), 크루아상(3천9백원), 바닐라크림크루아상(4천9백원), 올리브치즈치아바타(4천5백원), 팔미에(4천2백원), 몽블랑(5천2백원)
🕐 11:00～20:00 – 월요일 휴무
🔍 전남 무안군 삼향읍 대죽동로16번길 21 협승프라자 102호
☎ 010-2299-9779 ⓟ 불가

숙이네식당 낙지

신선한 해물과 낙지 등이 들어간 낙지초무침으로 유명하다. 자연산 낙지를 사용해 맛이 더욱 좋다. 굴과 생선회를 가득 담아내는 굴물회도 별미.
Ⓦ 낙지탕탕이(소 5만원, 중 6만원, 대 7만원), 호롱구이(시가), 낙지비빔밥(2만원), 육낙탕탕이(7만원), 초무침, 볶음(각 소 5만원, 중 6만원, 대 7만원), 굴물회(2인 3만5천원, 3인 4만5천원)
🕐 09:00～21:00 – 첫째, 셋째 주 화요일 휴무
🔍 전남 무안군 무안읍 성남1길 172
☎ 061-452-9857 ⓟ 가능

옛날시골밥상 ✖ 백반

전남 무안 일로전통시장 골목에 위치한 백반집이다. 나물 반찬, 해물, 각종 김치류, 젓갈을 포함해 약 스물 다섯 가지의 정갈한 반찬이 푸짐하게 차려진다. 가짓수가 많아도 허투루 내는 반찬 없이 알차다. 생선탕과 생선조림도 좋으며, 젓갈과 김치는 남도의 풍미를 제대로 느낄 수 있다.
Ⓦ 백반(1만원)
🕐 10:00～19:00 – 연중무휴
🔍 전남 무안군 일로읍 시장길 17-10
☎ 061-282-7777 ⓟ 불가

일로일로 illoillo 베이커리

다목적 문화 공간과 카페를 겸하는 대형 베이커리 카페. 쌀라테와 일로일로라테가 인기 있으며 간단한 베이커리와 함께 음료를 즐길 수 있다. 매장 내부는 넓고, 깔끔하게 꾸며져 있으며 넓은 정원과 꽃밭도 있다.
Ⓦ 에스프레소(4천원), 아메리카노(핫 5천5백원, 아이스 5천8백원), 카페라테(핫 5천8백원, 아이스 6천3백원), 일로일로라테(핫 6천5백원, 아이스 7천원), 쌀라테(핫 5천7백원, 아이스 6천3백원), 용산리소금빵(시그니처)1봉지 1만원
🕐 10:00～22:00(마지막 주문 21:00) – 연중무휴
🔍 전남 무안군 일로읍 삼일로 613 일로일로
☎ 0507-1309-9663 ⓟ 가능

제일회식당 ✖ 낙지

살아 있는 낙지를 대바구니에 넣어 비비면서 점액질을 알맞게 뺀 기절낙지가 일품이다. 낙지발을 물초장에 찍어 참기름을 발라 상추에 싸 먹는다. 병어, 준치, 죽상어, 갯장어 등 계절 생선으로 회무침을 낸다.
Ⓦ 기절낙지(2만5천원), 낙지호롱(2만원), 연포탕(2만5천원), 낙지비빔밥(1만5천원)
🕐 11:00～21:00 – 첫째, 셋째 주 월요일 휴무
🔍 전남 무안군 망운면 망운로 13
☎ 061-452-1139 ⓟ 가능

향림낙지한마당 낙지

무안의 명물인 산낙지를 전문으로 하는 집. 뜨거운 돌솥비빔밥 재료 위에 산낙지를 올려서 비비면 살짝 데친 낙지가 된다. 산낙지와 달리 탱글탱글한 맛이 일품이다. 땅속 항아리에 묻어두었다 내오는 묵은지, 밑반찬도 나무랄 데가 없다. 살아있는 낙지를 먹는 것이 부담스러운 사람들에게는 기절낙지를 추천한다.
Ⓦ 낙지볶음, 낙지초무침(각 소 5만원, 대 7만원), 연포탕(소 4만원, 중 6만원, 대 8만원), 산낙지돌솥비빔밥, 산낙지생비빔밥(각 1인 2만원, 특 2만5천원), 세발낙지, 기절낙지, 낙지호롱(각 시가)
🕐 10:00～21:00(마지막 주문 20:30) – 첫번째 월요일 휴무
🔍 전남 무안군 무안읍 뻘낙지길 34
☎ 061-453-2055 ⓟ 가능

국일식당 ✖✖✖ 꼬막

벌교읍 꼬막식당 중 가장 명성이 있는 식당이다. 겨울철에는 꼬막을 삶아서 내놓고, 여름철에는 간장, 고춧가루 등 양념에 무쳐 내고 6월과 7월에는 국물이 있는 꼬막장을 내놓는다. 백반에는 고사리, 버섯, 고구마순 등의 나물과 전어, 갈치, 조기구이, 홍어, 숭어사시미, 전어회무침, 삶은 꼬막, 묵, 주꾸미불고기, 토하젓이 나오고 농어, 노래미, 도다리를 넣고 끓인 매운탕까지 다양한 요리가 한상 가득 나온다.

- ⓦ 꼬막정식(2만원), 백반(중 1만원, 대 1만5천원, 특대 2만원), 삼계탕(1만2천원), 대구탕(1만5천원)
- ⏰ 08:00~21:00 – 명절 휴무
- ◉ 전남 보성군 벌교읍 태백산맥길 18–1
- ☎ 061–857–0588 ⓟ 가능(협소)

늘푸른흑염소가든 염소고기

흑염소 요리 전문점이다. 칼칼한 국물의 흑염소 전골에는 버섯이 가득 들어있어, 푸짐한 식사를 할 수 있다. 취향에 따라 들깨가루를 추가해 먹어도 좋다. 밥도 솥밥으로 니외 누룽지까지 먹을 수 있다.

- ⓦ 흑염소코스요리(4만원), 흑염소탕(1만7천원), 수육, 전골(각 소 5만원 중 /반원 내 9반원), 떡갈비, 낭수육, 불고기(각 3만원)
- ⏰ 11:00~21:00 – 일요일 휴무
- ◉ 전남 보성군 노동면 예재로 397
- ☎ 061–853–0206 ⓟ 가능

늘푸른흑염소가든

벌교우렁집 우렁 | 우렁쌈밥

우렁 요리를 전문으로 하는 곳. 대표 메뉴는 우렁쌈정식으로, 우렁을 넣은 구수한 강된장과 신선한 쌈채소 등이 푸짐하게 나온다. 구수한 우렁탕도 별미.

- ⓦ 우렁쌈정식(1만8천원), 우렁탕(9천원), 우렁정식(1만5천원)
- ⏰ 11:00~20:00 – 월요일, 명절 휴무
- ◉ 전남 보성군 벌교읍 채동선로 367
- ☎ 061–857–7613 ⓟ 가능

역전식당 짱뚱어 | 꼬막

짱뚱어와 꼬막을 전문으로 하는 곳. 짱뚱어탕은 추어탕과 비슷한 방식으로 된장, 시래기, 풋고추 등을 넣어 끓인다. 국물 맛이 얼큰하고 감칠맛이 나며 개운하다. 벌교의 명물인 꼬막회도 별미로 통한다.

- ⓦ 짱뚱어탕(2인 이상, 1인 1만원), 짱뚱어전골(3인 이상, 1인 1만5천원), 꼬막회무침(1만원), 꼬막정식(2인 이상, 1인 2만원), 장뚱어구이(2인 이상, 1인 3만원), 아나고구이(2인 이상, 1인 1만5천원), 낙지볶음, 주꾸미볶음(각 2인 이상, 1인 1만3천원)
- ⏰ 08:30~20:00 – 비정기적 휴무
- ◉ 전남 보성군 벌교읍 계성1길 3–1
- ☎ 061–857–2073 ⓟ 가능(벌교역 앞 주차장 이용, 주차권 지원)

원조꼬막식당 꼬막

꼬막정식이 대표 메뉴다. 꼬막회, 꼬막무침, 꼬막전 등 꼬막으로 만든 반찬과 기타 맛깔스러운 반찬이 한 상 가득 나온다. 추가 리필이 가능한 꼬막탕이 별미다.

- ⓦ 새꼬막정식(2인 이상, 1인 2만원), 참꼬막정식(2인 이상, 1인 3만원)
- ⏰ 09:30~21:00 – 설날 당일 휴무
- ◉ 전남 보성군 벌교읍 채동선로 213
- ☎ 061–857–7675 ⓟ 가능

청광도예원 닭볶음탕 | 닭백숙

도예원에서 운영하는 식당. 닭볶음탕, 닭백숙 등 닭요리를 전문으로 한다. 도예원에서 만든 도자기에 음식을 내어 전통적인 한국의 미가 살아있다.

- ⓦ 청광정식(1인 2만원), 녹차정식(1인 2만5천원), 특녹차정식(1인 3만원), 토종닭볶음탕, 토종닭한방백숙(각 7만원), 삶은꼬막(3만원)
- ⏰ 10:00~22:00 – 두 번째, 네 번째 월요일, 명절 휴무
- ◉ 전남 보성군 보성읍 사동길 52–11
- ☎ 061–853–4125 ⓟ 가능

초록잎이펼치는세상 ✖✖ 전통차전문점

다원을 운영하는 주인이 운영하는 전통찻집. 생엽 하나를 띄운 녹차에 직접 만든 녹차양갱을 곁들이는 맛이 훌륭하다. 민박도 겸하고 있어 하루 묵으면서 아침 일찍 일어나 차밭을 거니는 것도 좋다.

- ⓦ 녹차, 녹차라테, 홍차, 녹차아이스크림(각 5천원), 말차(7천원), 녹차양갱, 쿠키(각 2천원), 티라미수(4천원)

⏱ 11:00~18:00 – 수요일 휴무
🔍 전남 보성군 회천면 녹차로 613
☎ 061-852-7988 ⓟ 가능

춘운서옥 카페

운치 있는 정원이 있는 고즈넉한 분위기의 한옥 카페. 사장이 직접 파서 만든 동굴이 있어 특이한 경험을 할 수 있는 곳이다. 보성산 녹차가루로 만든 녹차라테가 추천 메뉴.

Ⓦ 에스프레소(5천5백원), 아메리카노(5천5백원), 카페라테(6천5백원), 카푸치노(6천5백원), 바닐라라테(7천원), 캐러멜라테(7천원), 아인슈페너(7천5백원), 녹차라테(7천5백원), 쑥라테(7천5백원), 자몽차(7천원), 백향과차(7천원)
⏱ 10:30~20:00 – 월요일 휴무
🔍 전남 보성군 보성읍 송재로 211-9
☎ 0507-1388-8959 ⓟ 가능

행낭횟집 전어 | 생선회

어머니의 뒤를 이어 아들이 맛을 내는 50여 년 전통의 횟집. 싱싱한 전어회를 맛볼 수 있다. 빨간 양념에 무쳐 내오는 전어회 맛이 고소하며 밥에 전어회를 얹어 먹는 비빔밥도 별미다. 바지락회도 유명하다.

Ⓦ 전어회, 전어무침, 전어구이(각 소 4만원, 중 5만원, 대 6만원), 활어회(8만원~15만원), 키조개무침, 키조개구이, 바지락무침, 서대회무침, 해산물(각 소 4만원, 중 5만원, 대 6만원), 전어코스(8만원~12만원), 갈치조림(중 5만원, 대 6만원), 병어조림(중 6만원, 대 7만원), 제육볶음(중 4만원, 대 5만원)
⏱ 11:00~22:00 – 연중무휴
🔍 전남 보성군 회천면 남부관광로 2285-18
☎ 061-852-8072 ⓟ 가능(협소)

The미주농원120순천본점 ✖

TheMijunonwon120 닭요리 | 한정식

닭요리를 한정식 코스로 내는 곳이다. 닭구이, 닭떡갈비 등의 닭을 주제로 한 요리가 정갈하게 차려진다. 푹 고아낸 백숙과 오리편백찜 같은 단품 요리도 준비되어 있다. 숲 속의 별장 같은 분위기로, 먼 거리에서도 찾아오는 단골이 많다.

Ⓦ 순천닭요리한정식코스요리(2만5천원), 보약오리누룽지백숙(8만원), 보약닭누룽지백숙(8만원), 오색빛깔오리훈제편백찜(8만원)
⏱ 11:00~15:00/17:00~21:30(마지막 주문 20:00) – 수요일 휴무
🔍 전남 순천시 상사호길 120 (덕월동) The미주농원120
☎ 010-3935-8253 ⓟ 가능

강변장어 장어

대대포구 선착장 근처에 자리 잡은 장어구이 전문점으로, 순천만에서 나는 자연산 장어와 양식 장어를 맛볼 수 있다. 장어를 굽는 동안 나오는 참꼬막 등의 밑반찬도 푸짐하다. 짱뚱어를 갈아 넣은 짱뚱어탕도 별미로 통한다.

Ⓦ 양념장어정식, 소금장어정식(각 1인 3만원), 짱뚱어탕(중 4만5천원, 대 5만5천원), 장뚱어전골(6만원)
⏱ 10:00~21:00(마지막 주문 19:30) – 격주 월요일 휴무
🔍 전남 순천시 순천만길 436 (대대동)
☎ 061-742-4233 ⓟ 가능

건봉국밥 ✖ 돼지국밥 | 수육

입구에 가마솥을 걸어놓고 24시간 동안 돼지 뼈를 고아 육수를 만든다. 육수를 만드는 공간이 별개로 마련되어 있을 만큼 국밥을 전문으로 한다. 반찬도 여러 가지가 나오며 모두 정갈하다. 국밥에 들어가는 밥은 토렴해서 나온다.

Ⓦ 건봉국밥, 머리국밥, 내장국밥(각 1만원), 머리내장수육(소 2만원, 중 2만5천원, 대 3만원), 모둠수육(소 2만5천원, 중3만원, 대 3만5천원)
⏱ 07:00~21:00(마지막 주문 20:30) – 명절 휴무
🔍 전남 순천시 장평로 65 (인제동) 건봉빌딩 1
☎ 061-752-0900 ⓟ 불가

고력당 ✖✖✖ 殺羅堂 염소고기

염소고기를 전문으로 하는 곳으로, 감각적인 인테리어로 꾸민 것이 특징이다. 친환경 흑염소 농장에서 직접 염소고기를 받아온다. 잡냄새 없이 끓인 궁중 수육 전골도 별미. 점심시간에는 합리적인 가격에 정식 메뉴를 선보인다.

Ⓦ 흑비고력뼈대갈비(250g 5만8천원), 참숯생불고기(120g 2만

8천원), 궁중수육전골(소 5만8천원. 중 9만8천원), 고력보양2인특선(9만8천원)

🕐 11:30~15:00/17:00~22:00(재료 소진 시 마감, 마지막 주문 21:00) – 연중무휴

🔍 전남 순천시 왕지3길 18–28 (왕지동)

☎ 061–727–0013 ⓟ 가능(법원 공영주차장 3시간 무료)

고향정가 보리밥 | 일반한식

조계산 등산로에 있는 보리밥집으로 등산객과 관광객에게 인기 있는 곳이다. 보리밥과 함께 나오는 찬이 푸짐하다. 조계산의 절경이 보리밥의 맛을 더한다.

Ⓦ 고향정가정식, 꼬막정식, 갈치조림, 버섯불고기(각 2인 이상, 1인 2만원), 쌈밥정식, 정어리쌈밥, 해물파전(각 1만2천원), 동태탕, 김치찌개, 도토리묵(각 1만2천원)

🕐 08:00~20:00(마지막 주문 19:30) – 명절 휴무

🔍 전남 순천시 낙안면 삼일로 34

☎ 061–754–3419 ⓟ 가능

금빈회관 ✂ 백반 | 소떡갈비

큼직한 떡갈비와 함께 갈치속젓 등 20여 가지의 반찬이 차려진다. 살코기만 다져서 납작하게 만들어 구운 방식의 떡갈비가 나온다. 주문은 2인 이상부터 가능하나. 토, 일요일과 공휴일에는 누룽지가 나오지 않는다.

Ⓦ 돼지떡갈비한정식(1인 200g 1만8천원), 한우떡갈비한정식(1인 200g 3만원)

🕐 11:00~21:00(마지막 주문 20:00) – 화요일, 명절 휴무

🔍 전남 순천시 장명4길 8 (장천동)

☎ 061–744–5553 ⓟ 가능

금성가든 ✂ 흑염소떡갈비

흑염소고기로 만드는 흑염소떡갈비가 독특하다. 흑염소의 여러 부위를 뭉쳐 떡갈비로 만들어 숯불에 구워낸다. 반찬 종류가 매우 많으며 김치와 장아찌류가 훌륭하다. 식사를 주문하면 나오는 흑염소 뼈를 고아 만든 곰탕도 별미다.

Ⓦ 흑염소떡갈비(3만원), 토종닭장, 토종백숙, 토종닭구이(각 6만원)

🕐 11:00~20:30 – 셋째 주 화요일 휴무

🔍 전남 순천시 승주읍 선암사길 358

☎ 061–754–6060 ⓟ 가능

나눌터 일반한식

건강하게 즐길 수 있는 도토리 요리를 전문으로 하는 곳. 도토리임자탕, 도토리냉묵밥, 도토리묵비빔밥 등 도토리를 주재료로 활용한 다양함 메뉴를 맛볼 수 있으며, 다양한 구성의 세트메뉴도 준비되어 있다. 들깨를 넣어 고소하게 즐길 수 있는 임자탕이 특히 인기 메뉴.

Ⓦ 도토리임자탕(1만2천원), 다람쥐세트(9만2천원), 도토리묵보

쌈세트(5만7천원), 도토리묵무침셋트(3만7천원), 토로리냉무밥(1만1천원), 도토리묵비빔밥(1만1천원), 도토리냉면(1만1천원), 도토리토속전(1만원)

🕐 11:00~15:30/17:00~21:00(마지막 주문 20:30) – 목요일 휴무

🔍 전남 순천시 팔마1길 4 (연향동) 나눌터

☎ 061–726–0536 ⓟ 불가

나눌터

남창식당 민물매운탕

민물매운탕 전문점으로, 참게탕, 쏘가리탕, 빠가사리탕 등 매운탕 종류가 다양하다. 국물 맛이 칼칼한 편. 50년이 넘는 역사를 자랑한다.

Ⓦ 참게탕(소 5만원, 중 7만원, 대 9만원), 메기탕(소 3만5천원, 중 5만원, 대 6만5천원), 잡어탕(소 4만원, 중 5만5천원, 대 7만원), 쏘가리탕(소 7만원, 중 9만원, 대 11만원)

🕐 09:00~20:00 – 명절 휴무

🔍 전남 순천시 황전면 섬진강로 228

☎ 061–782–3705 ⓟ 가능

대원식당 ✂✂ 한정식 | 남도음식

남도에서 손꼽히는 한정식집. 정식을 주문하면 진석화젓, 토하젓, 돔배젓, 게장, 표고선, 호박전, 더덕구이, 수삼무침, 능성어조림, 양태구이, 버섯나물, 배추나물, 무볶음, 꼬막, 된장찌개, 동치미, 깍두기, 김치 그리고 싱싱한 열무와 배추 쌈재료 등이 한 상 가득 차려진다. 40여 년의 넘는 역사를 자랑하는 곳으로, 2인상 이상부터 주문할 수 있다.

Ⓦ 수라상정식(1인 3만9천원), 대원상정식(1인 4만9천원)

🕐 11:30~15:00/17:00~21:30(마지막 주문 20:00) – 월요일 휴무

🔍 전남 순천시 장천2길 30–29 (장천동)

☎ 061–744–3582 ⓟ 가능

르꼬앙 ✕ LE COIN BISTRO 프랑스식

프랑스의 가정식 식당에 온 듯한 감성의 레스토랑이다. 프랑스 출신의 셰프가 직접 요리하여 프랑스 현지의 맛을 경험할 수 있다. 와인 안주로 제격인 샤퀴테리플래터도 있으며, 메뉴판에는 어울리는 와인과 음료를 표기해두었다. 프랑스 가정식인 비프부르기뇽을 맛볼 수 있는 기회.

ⓦ 비프부르기뇽(2만9천원), 라자냐(1만9천원), 수비드양갈비(3만8천원), 새우레몬파스타(1만7천원), 크림잠봉파스타(1만9천원), 프랑스피자(2만1천원~2만7천원), 클래식피자(1만7천원~1만9천원)
Ⓛ 11:00~15:00/17:00~21:00(마지막 주문 20:00) – 월요일 휴무
Ⓠ 전남 순천시 오천2길 3-15 (오천동) 1층
☎ 010-5555-2099 Ⓟ 불가

리노 ✕ LINO 이탈리아식

밀라노와 트렌티노–알토 아디제 지역에서 근무 후 귀국한 박건호 셰프의 업장이다. 순천 문화의 거리에 위치한 고즈넉하고 로맨틱한 한옥 건물에서 이탈리안 코스 요리를 선보인다. 간결하면서도 진한 맛이 이탈리아 본토에서 맛보는 듯하다. 와인 리스트도 매우 훌륭하며 순천 인근 와인 애호가들의 아지트이기도 하다.

ⓦ 런치파스타(2만5천원), 런치스테이크(5만원), 코스(7만원)
Ⓛ 12:00~21:30(마지막 주문 20:00) – 일, 월요일 휴무
Ⓠ 전남 순천시 영동길 71 (행동)
☎ 061-753-0623 Ⓟ 불가

벌교식당 ✕ 산채정식

정갈하게 손질한 산나물이 어우러지는 산채비빔밥을 맛볼 수 있다. 송광사 입구에 있는 여러 식당 중 규모가 큰 편으로, 항상 많은 사람으로 붐빈다.

ⓦ 산사비빔밥(1만2천원), 산채정식(2만원), 더덕정식(2만5천원), 촌닭백숙(7만원), 더덕비빔밥, 꼬막비빔밥(1만5천원), 벌교꼬막정식(2만5천원), 촌닭백숙(7만원), 옻닭(9만원), 묵은지주물럭, 버섯전골(각 6만원), 오리로스(5만원)
Ⓛ 08:00~20:00 | 동절기 09:00~19:00 – 연중무휴
Ⓠ 전남 순천시 송광면 송광사안길 125
☎ 061-755-2305 Ⓟ 가능

상사포레브 FOREV cafe & bakery 카페

자연 풍경과 어우러진 정원이 매력적인 대형 베이커리 카페. 실내, 루프탑, 테라스에 좌석이 마련되어 있어 각기 다른 분위기 속에서 여유로운 시간을 즐길 수 있다. 바삭한 바게트 위에 짭짤한 감자샐러드를 올린 포테이토빵이 추천 메뉴 중 하나.

ⓦ 아메리카노(5천5백원), 카페라테(6천5백원), 카페모카크림라

테(7천원), 포레브슈페너(7천5백원), 포레브아포가토(7천5백원), 포레브딸기샤벳라테(7천5백원), 키르로얄레몬에이드(7천5백원), 소보로진한밤식빵(6천5백원), 감자사라다바게트(5천5백원), 육쪽마늘빵(5천원)
Ⓛ 10:00~18:00(마지막 주문 17:30) – 수요일 휴무
Ⓠ 전남 순천시 상사면 우산보길 77
☎ 0507-1458-3618 Ⓟ 가능

송광사길상식당 ✕ 산채정식 | 산채비빔밥

절에 가는 길에 들려서 먹는 산채정식이나 산채비빔밥의 맛이 좋다. 산채정식에는 고사리, 취, 토란나물, 더덕, 죽순무침, 생채, 묵은지, 홍어, 굴, 버섯전, 조기구이 등 20여 가지의 음식이 푸짐하게 나온다. 김을 서너 장씩 튀겨서 기름을 뺀 다음, 엿과 간장으로 만든 양념장에 담근 김장아찌의 맛이 일품이다. 50여 년의 역사를 자랑한다.

ⓦ 산채비빔밥(1만2천원), 더덕산채정식(2만5천원), 꼬막나물백반(1만5천원), 산채백반(2만원), 돌솥비빔밥, 꼬막비빔밥(각 1만3천원), 제육볶음, 김치전골(각 5만원), 닭볶음탕(6만원), 토종닭백숙(7만원)
Ⓛ 09:00~19:00 – 연중무휴
Ⓠ 전남 순천시 송광면 송광사안길 123
☎ 061-755-2173 Ⓟ 가능

수련산방 ✕ 연잎밥 | 산채비빔밥

아름다운 한국식 정원을 가진 고즈넉한 고택에서 맛보는 한 상 차림 한정식. 연밥정식과 산채비빔밥을 맛볼 수 있다. 연밥 정식을 주문하면 생선구이와 불고기, 칠게가 밑반찬으로 나온다. 음식은 간이 세지 않고 깔끔하고 건강한 편이다.

ⓦ 연밥정식(1만8천원), 산채비빔밥(1만3천원), 연잎오리훈제찜(소 1만원, 대 2만원), 뚝배기연잎불고기(소 6천원, 대 1만원)
Ⓛ 11:30~15:00(마지막 주문 14:30) – 수, 목요일 휴무
Ⓠ 전남 순천시 월등면 농곡길 1-4
☎ 0507-1329-003 Ⓟ 불가

수정식당 백반 | 닭백숙

선암사 초입에 몰려있는 식당 중 하나. 산채나물 반찬, 도토리 묵, 더덕구이 등을 내는 전형적인 산 밑턱 음식점이지만, 산채나물 반찬이 도드라지게 훌륭하다. 백반이나 정식을 주문하면 스물대여섯 가지의 푸짐한 찬을 곁들인 한상을 맛볼 수 있다. 자극적이지 않은 건강한 맛이다.

ⓦ 백반(2인 이상, 1인 1만6천원), 정식(4인 이상, 1인 2만원), 닭볶음탕(7만원), 도토리묵, 파전(각 1만5천원), 비빔밥(1만2천원)
ⓣ 08:00~18:00 – 연중무휴
ⓠ 전남 순천시 승주읍 승암교길 17
☎ 0507–1442–7103 ⓟ 가능(선암사 주차장 이용)

순천한정식명궁관 ✖ 明窮館 한정식

30년 전통의 남도 한정식을 맛볼 수 있는 곳. 메뉴는 수라상, 용궁상, 명궁상, 보리굴비 정식 등으로 구성되어 있다. 수라상을 주문하면 죽, 활어회, 홍어삼합, 한우육사시미, 회무침 등을 맛볼 수 있다.

ⓦ 명궁상(3인 이상, 1인 8만9천원), 용궁상(3인 이상, 1인 5만9천원), 수라상(3인 이상, 1인 3만9천원), 법성포굴비정식(2인 이상, 1인 점심 2만5천원, 저녁 3만원), 한우눈꽃떡갈비(3만5천원)
ⓣ 11:00~15:00(미지막 주문 14:30)/17:00~21:30(미지막 주문 20:30) – 월요일, 명절 휴무
ⓠ 전남 순천시 중앙2길 7 (장천동)
☎ 001–741–2020 ⓟ 불기(골목 주치 기능)

스시태 스시

평소 접하기 힘든 제철 생선과 해산물을 맛볼 수 있는 일식 오마카세. 초밥에 대한 설명과 함께 알맞은 속도로 쥐어준다. 3년 숙성한 식초를 사용한 샤리를 맛볼 수 있다.

ⓦ 런치(5만원), 디너(9만원)
ⓣ 19:00~22:00 – 연중무휴
ⓠ 전남 순천시 해룡면 조례못등3길 11–9
☎ 061–722–0541 ⓟ 불가

신화정 ✖ 한정식

남도의 맛을 제대로 느낄 수 있는 곳. 떡갈비를 메인으로 한 한정식을 맛볼 수 있다. 정갈하면서도 깔끔한 스타일의 음식으로 상견례나 손님 접대 장소로도 좋다. 2인, 3인, 4인 기준으로 한상이 차려지며 1인 반상도 주문 가능하다.

ⓦ 반반떡갈비반상(2인 6만5천원, 3인 9만4천원, 4인 12만원), 한우떡갈비반상(2인 7만4천원, 3인 10만8천원, 4인 14만원), 한동떡갈비상(2인 4만5천원, 3인 6만4천원, 4인 8만원)
ⓣ 11:30~15:30(마지막 주문 14:30)/17:00~21:30(마지막 주문 20:30) – 연중무휴
ⓠ 전남 순천시 구암길 26 (연향동)
☎ 061–741–8100 ⓟ 가능

아삐에노 appieno 카페

11가지 재료로 만든 크림커피 아삐에노를 시그니처 음료로 선보이는 디저트 카페. 주택을 개조해 고즈넉하면서도 현대적인 분위기를 갖춘 매장에서 바스크치즈케이크, 에그스콘, 소금빵, 팬케이크 등 다양한 베이커리를 음료와 함께 즐길 수 있다.

ⓦ 아메리카노(5천원), 카페라테(5천3백원), 아삐에노(5천8백원), 바크롤(6천5백원), 바스크치즈케이크(6천5백원), 에그스콘(3천8백원), 소금빵(3천6백원), 팬케이크(8천원, 1만3천원)
ⓣ 11:30~21:30(마지막 주문 21:00) – 연중무휴
ⓠ 전남 순천시 중앙3길 5 (장천동)
☎ 0507–1310–8814 ⓟ 가능

양와당 양갱

앤티크한 분위기의 한식 디저트 전문점. 직접 만든 양갱과 옛날 팥빙수를 선보인다. 인공첨가제를 사용하지 않고 달지 않은 건강식 디저트를 만드는 것이 특징이다. 선물용으로 별도 포장도 가능하다.

ⓦ 팥양갱(2천4백원), 구운찰떡(2천원), 양와빙수(9천원), 아메리카노(4천원), 흑임자크림라테(5천5백원), 백향과에이드(5천원), 백향괴치(6천원)
ⓣ 11:00~22:00(마지막 주문 21:00) – 연중무휴
ⓠ 전남 순천시 구암1길 11–3 (연향동)
☎ 061 745 2345 ⓟ 가능

언베일커피스탠드

UN:VEIL COFFEE STAND 커피전문점 | 카페

모모스, 리브레 등 유명한 로스터리의 원두를 한 곳에 모아 둔 카페로, 원두 종류를 다양하게 즐길 수 있다. 소파가 있는 자리가 많아서 여유롭게 커피를 즐길 수 있으며, 달콤한 꿀 케이크는 커피와 잘 어울린다.

ⓦ 에스프레소(4천5백원), 아메리카노(4천5백원), 카페라테(5천원), 아몬드카페라테(7천5백원), 미숫가루카페라테(7천원), 언베일슈페너(6천5백원), 아이스크림크로플(9천원), 꿀케이크(6천원), 에그타르트(3천3백원)
ⓣ 11:00~22:00 | 토요일 12:00~21:00 – 일요일 휴무
ⓠ 전남 순천시 해룡면 신대4길 4–25 베다내과 1층 102호
☎ 061–727–1972 ⓟ 불가(골목 주차 가능)

오트르망 ✖ AUTREMENT 프랑스식

영국과 프랑스에서 20여년간 근무하고, 피에르상 셰프와 오랫동안 함께한 이노선 셰프가 2021년 말 귀국하여 고향인 순천에 오픈한 프렌치 레스토랑. 클래식에 기반하면서도 경쾌하고 트위스트가 있는 컨템포러리 스타일이며, 치즈, 감귤류, 큐민 등의 스파이스의 사용이 과감한데도 호불호 갈리지 않을 정도로 밸런스가 훌륭하다.

ⓦ 런치코스(5만원), 디너코스(11만5천원)
🕐 12:00~14:00/17:30~21:30 – 일, 월요일 휴무
🔍 전남 순천시 이수1길 15-6 (조곡동)
☎ 010-6559-0156 ⓟ 불가

일일캠프닉타운 ✖   카페

출사지로도 유명한 물 위의 찻집. 주암호 주변 깊은 산속에 있어 풍경이 멋지다. 입장료를 내면 사진도 찍고 차도 마실 수 있다. 아침 일찍 물안개 오를 때 가면 멋진 사진을 찍을 수 있다.

ⓦ 입장료(5천원), 오리전골, 오리백숙, 닭백숙(4인, 각 8만5천원), 닭구이(4인 9만5천원), 닭볶음탕(2인 5만5천원)
🕐 08:00~18:00 – 연중무휴
🔍 전남 순천시 송광면 월산길 400
☎ 010-2015-6276 ⓟ 가능

장원식당 ✖   산채정식 | 닭백숙

선암사 관광단지에서 음식점 간판을 가장 먼저 내건 원조집이다. 산채정식과 산채백반, 토종닭백숙이 고향의 맛으로 손꼽힌다.

ⓦ 산채비빔밥(1만1천원), 백반(2인 이상, 1인 1만4천원), 산채정식(2인 이상, 1인 1만9천원), 닭백숙, 닭볶음탕, 닭장(각 6만5천원)
🕐 08:30~19:00(마지막 주문 18:30) – 연중무휴
🔍 전남 순천시 승주읍 승암교길 15
☎ 061-754-6362 ⓟ 가능

젠또 Gentto   젤라토

제철 과일과 식재료를 활용한 젤라토를 선보이는 곳. 모찌 안에 젤라토를 넣어주는 젠모찌도 맛볼 수 있다. 수영장을 표현한 시원한 느낌의 포토존도 있다.

ⓦ 컵(2가지맛 5천원), 박스M(3가지맛 1만8천원), 박스L(4가지맛 2만3천원)
🕐 12:00~22:00 – 화요일 휴무
🔍 전남 순천시 오천6길 27-14 (오천동) 101호
☎ 0507-1431-5594 ⓟ 불가

조계산보리밥집   보리밥

조계산의 선암사와 송광사를 찾는 관광객이 자주 들르는 보리밥집. 보리밥에 여러 가지 산나물을 넣고 참기름을 뿌려 고추장에 비벼 먹는 맛이 일품이다.

ⓦ 보리밥(1만원), 도토리묵(1만원), 채소파전(1만원), 제육볶음(2만5천원)
🕐 10:00~16:30(마지막 주문 15:30) – 월, 화요일 휴무
🔍 전남 순천시 송광면 굴목재길 247
☎ 061-754-3756 ⓟ 불가

진일기사식당 ✖   김치찌개

프라이팬에 돼지고기를 큼지막하게 썰어 넣어 만든 김치찌개로 유명하다. 기본으로 나오는 파김치, 무김치, 갓김치, 신김치 등과 각종 나물 반찬이 10여 가지가 넘는다.

ⓦ 김치찌개백반(1만원), 삼겹살백반(2인 이상, 1만2천원)
🕐 07:00~20:00 – 명절 휴무
🔍 전남 순천시 승주읍 선암사길 48
☎ 061-754-5320 ⓟ 가능

청강다슬기   다슬기

다슬기 요리 전문점. 자그마한 다슬기가 가득 들어간 시원한 맛의 푸른 다슬기탕이 인기다. 다슬기탕을 시키면 돌솥밥이 함께 나온다. 매콤새콤한 다슬기회무침도 별미며 전골은 예약해야 맛볼 수 있다.

ⓦ 돌솥밥+다슬기탕(1만3천원), 돌솥밥+제첩탕(1만2천원), 다슬기수제비(1만2천원), 다슬기전골(3만원), 다슬기회무침(3만원)
🕐 07:00~20:00 | 일요일 07:00~14:00 – 연중무휴
🔍 전남 순천시 연향상가4길 7 (연향동)
☎ 061-724-0078 ⓟ 불가

풍미통닭   통닭 | 마늘치킨

40년 가까운 역사의 통닭집으로, 순천에서 마늘통닭의 원조라고 불리운다. 닭을 옛날식으로 압력솥에 통째로 튀겨내 촉촉한 육즙이 살아있으며, 알싸한 마늘향의 풍미가 가득하다. 17시 이전이라면 마늘통닭과 새싹주먹밥, 음료수가 나오는 풍미정식도 추천할 만하다.

ⓦ 마늘통닭(2만2천원), 프라이드통닭(2만원), 시골통닭(1만7천원), 닭모래집(소 1만원, 대 1만5천원), 양념닭모래집(1만6천원), 풍미정식(2만6천원)
🕐 11:00~24:00 – 연중무휴
🔍 전남 순천시 성남뒷길 3 (장천동) 태광대리점 1층
☎ 061-744-7041 ⓟ 불가(골목 주차 가능)

풍미통닭

할머니옛날순대국밥집 순댓국 | 순대

순천괴목시장 내에 있는 순대국밥집. 콩나물과 양배추, 선지 등을 넣어 만든 피순대를 맛볼 수 있으며 진한 맛이 인상적이다. 돼지 사골로 끓인 순대국밥과 내장, 순대가 푸짐하게 들어간 국밥이 대표 메뉴.

- Ⓦ 순대만국밥(1만원, 특 1만2천원), 모둠국밥(9천원, 특 1만2천원), 새끼보국밥(1만2천원), 옛날순대, 모둠순대(각 소 2만원, 중 2만5천원, 대 3만원), 생삼겹살(1만5천원).
- 🕐 08:00~21:30 – 명절 휴무
- 🔍 전남 순천시 황전면 괴목길 21
- ☎ 061-754-0052 Ⓟ 가능

향토정 香土亭 한정식

한 상 푸짐하게 나오는 남도 한정식집. 계절 정식을 시키면 육사시미부터 시작해서 홍어삼합, 생선회, 소불고기 등이 나오고 여러 가지 반찬과 함께 밥상 차림이 나온다. 정식에는 일품요리를 추가로 주문할 수 있다. 가격 대비 만족도도 높은 편이다.

- Ⓦ 남도정식(2만9천원), 계절정식(3만9천원), 평일점심한돈떡갈비정식(2만원), 평일점심영광보리굴비정식(2만5천원), 평일점심한우떡갈비정식(3만원), 2인한정식(A 7만원, B 10만원), 순천길정식(3인 이상 1인 5만9천원)
- 🕐 11:00~15:00/17:00~21:30(마지막 주문 20:30) – 화요일 휴무
- 🔍 전남 순천시 남신월4길 13-26 (조례동)
- ☎ 061-726-6692 Ⓟ 가능

화월당 ✳ 카스텔라 | 찹쌀떡

1928년부터 만들어 온 볼카스텔라와 옛날식 찹쌀떡을 맛볼 수 있는 곳. 볼카스텔라는 카스텔라 안에 팥앙금이 듬뿍 들어 있는 것으로, 부드러운 팥과 카스텔라 특유의 맛이 조화롭게 잘 어울린다. 카스텔라와 찹쌀떡 위주로 판매하고 있으며 예약 판매로 운영하므로 전화로 예약해야 한다.

- Ⓦ 찹쌀떡(낱개 1천3백원, 12개 1만5천6백원, 21개 2만7천3백원), 볼카스텔라(1천9백원, 6개 1만1천4백원, 12개 2만2천8백원)
- 🕐 10:00~18:00 – 둘째, 넷째 주 일요일 휴무
- 🔍 전남 순천시 중앙로 90-1 (남내동)
- ☎ 061-752-2016 Ⓟ 불가

흥덕식당 남도음식 | 백반

남도 한정식 차림을 부담없는 가격으로 맛볼 수 있는 백반집. 2인 이상 주문해야 하며 20여 가지의 맛깔스러운 반찬이 한상 가득 나온다. 순천만을 찾아오는 관광객이 많이 방문하는 곳.

- Ⓦ 백반(2인 이상, 1인 9천원), 정식(2인 이상, 1인 1만4천원), 소불고기전골(2인 이상, 1인 1만7천원)

- 🕐 08:30~15:00/16:00~20:00(마지막 주문 19:30) – 두 번째, 네 번째 화요일 휴무
- 🔍 전남 순천시 역전광장3길 21 (풍덕동)
- ☎ 061-744-9208 Ⓟ 가능

전라남도 신안군

남하부엌 이탈리아식

직접 만든 하몽을 사용하는 이탈리안 레스토랑. 카페와 레스토랑을 같이 운영하는 카페. 음식을 주문하면 먼저 바게트와 피클을 내어준다. 직접 만든 하몽과 달달한 배가 어우러지는 신안하몽피자와 키조개오일파스타를 선택해도 좋다.

- Ⓦ 토마토파스타(1만5천원), 장흥키조개오일파스타(1만8천원), 하몽크림파스타(1만8천원), 크림파스타(1만6천원), 새우로제파스타(1만7천5백원), 스테이크크림리조토(2만7천5백원), 리코타치즈샐러드(2만원), 하몽샐러드(2만1천5백원), 신안하몽피자(2만5천원)
- 🕐 11:00~15:00/17:00~20:00 – 화요일 휴무
- 🔍 전남 신안군 암태면 장단고길 7-81 1층
- ☎ 061-261-2611 Ⓟ 가능

바다횟집 홍어 | 생선회

홍어회와 홍어찜을 잘한다. 홍어 철이 아닐 때는 우럭, 전복, 농어 등 자연산 회를 맛볼 수 있다. 흑산도의 뛰어난 경치를 바라보며 먹는 홍어의 맛이 일품이다.

- Ⓦ 홍어회, 삼합(각 소 5만원, 대 7만원), 우럭, 농어(각 1kg 7만원), 광어(1kg 8만원)
- 🕐 07:30~22:00 – 비정기적 휴무
- 🔍 전남 신안군 흑산면 예리1길 64
- ☎ 061-275-5152 Ⓟ 불가

영생식당 홍어 | 생선회

자연산 회와 각종 해산물을 취급한다. 가리비찜과 해물시골된장찌개가 대표 메뉴. 회를 시키면 매운탕을 비롯해 백반식 반찬이 많이 나오므로 식사로도 충분하다. 홍어와 막걸리도 푸짐하게 맛볼 수 있다.

- Ⓦ 가리비찜(1인 1만2천원), 해물시골된장찌개(8천원), 소라회, 매운탕, 장어탕(각 2만원~3만원), 홍어찜(3만5천원~5만원), 우럭(1kg 4만5천원)
- 🕐 07:00~23:00 | 일요일 13:00~23:00 – 연중무휴
- 🔍 전남 신안군 흑산면 예리2길 45-1
- ☎ 061-275-7978 Ⓟ 불가

지도횟집 생선회

신안 앞바다에서 바로 잡은 싱싱한 민어회를 먹을 수 있는 곳으로, 전국 각지에서 찾아올 정도다. 살아 있는 민어를 잡은 후 얼음 속에서 하루 동안 숙성시켜서 내는 것이 맛의 비결이다.

- Ⓦ 실장님스페셜, 민어코스(각 20만원), 민어회(중 12만원, 대 15만원), 돔(중 10만원, 대 13만원), 숭어(중 10만원, 대 12만원)
- 🕐 11:00~21:00 – 토, 일요일 휴무
- 🔍 전남 신안군 지도읍 송도2길 47
- ☎ 061-275-7119 Ⓟ 가능

전라남도 여수시

경도회관 갯장어

하모(갯장어) 전문점답게 메뉴는 하모유비키와 하모회 두 가지다. 유비키는 샤부샤부식으로 팔팔 끓인 육수에 살짝 데쳐 먹는 것으로, 육수는 장어 뼈와 머리, 인삼과 감초 등의 한약재를 넣고 10시간 이상 고아낸 것이다. 여기에 살 전체에 섬세한 칼집을 넣어 포를 뜬 하모를 살짝 익혀 먹으면 된다. 간장을 달인 소스나 초고추장에 찍어 먹어도 좋고 담백하게 소금에 찍어 먹어도 좋다. 9월에는 주꾸미샤부샤부를, 겨울에는 새조개샤부샤부를 선보인다.

- Ⓦ 하모유비키(13만원), 하모사시미(10만원), 하모유비키반추가(6만5천원), 하모사시미반추가(5만원), 붕장어유비키(겨울메뉴 13만원), 새조개샤부샤부(겨울메뉴 시가)
- 🕐 11:00~20:50(마지막 주문 19:50) – 연중무휴
- 🔍 전남 여수시 대경도길 2-2 (경호동)
- ☎ 061-666-0044 Ⓟ 가능

구백식당 서대 | 생선회

대표 메뉴는 서대회와 금풍생이구이, 거문도갈치왕소금구이다. 금풍생이는 생선의 배를 가르지 않고 그대로 굽는다. 발효된 듯한 깊은 맛을 내는데, 집에서 직접 만든 막걸리 식초로 맛을 내는 것이 비결이다. 서대회는 음력 4월에서 6월이 가장 좋은 맛을 낸다.

- Ⓦ 서대회, 갈치구이(각 1만3천원), 아귀탕(1만2천원), 금풍생이구이(1만5천원), 내장탕(1만3천원), 대창찜(2만5천원)
- 🕐 07:00~15:00 | 토, 일요일 07:00~18:00 – 둘째, 넷째 주 화요일 휴무
- 🔍 전남 여수시 여객선터미널길 18 (교동)
- ☎ 061-662-0900 Ⓟ 불가(여수여객선터미널주차장 이용)

길손식당 서대 | 생선회

서대회로 유명한 곳. 식초가 많이 들어간 듯 새콤한 맛이 특징이며 회무침은 포장해갈 수도 있다. 서대회 외에도 생선조림, 생선구이, 매운탕 등 다양한 음식을 선보인다.

- Ⓦ 서대회, 아귀찜(2인 이상, 각 1인 2만원), 아귀탕(1만3천원), 갈치구이(2만3천원)
- 🕐 11:00~21:00 – 비정기적 휴무
- 🔍 전남 여수시 중앙로 54 (교동)
- ☎ 061-666-0046 Ⓟ 불가

꽃게살비빔밥꽃게탕시청점 꽃게

꽃게사시미부터 꽃게탕, 꽃게살비빔밥 등 꽃게 요리를 전문으로 하는 곳. 양념은 단맛보다는 매운 맛이 진한 편이다. 비빔밥과 꽃게탕을 함께 즐길 수 있는 세트도 선보인다.

- Ⓦ 꽃게살비빔밥(2인 이상, 1인 1만2천원), 꽃게사시미(예약 주문, 5만원), 꽃게탕(소 4만5천원, 대 5만5천원), 꽃게회무침(소 3만원, 대 4만원), 꽃게살비빔밥+꽃게탕(2인 이상, 1인 2만1천원)
- 🕐 11:30~15:00/17:30~20:30(마지막 주문 19:30) – 둘째, 넷째 주 화요일 휴무
- 🔍 전남 여수시 시청서1길 50-7 (학동)
- ☎ 0507-1316-4022 Ⓟ 불가

노래미식당 생선회

여수의 별미인 노래미탕과 노래미정식을 50년 가까운 세월 동안 내는 곳이다. 노래미탕을 처음 개발한 곳으로, 홍고추와 마늘, 쑥갓을 듬뿍 넣은 국물이 시원하고 담백하다. 노래미정식에는 모둠회와 여러 가지 곁들이 음식이 나온다.

- Ⓦ 노래미탕(1만원), 노래미정식(3만원), 선어사시미(소 5만원, 중 8만원, 대 15만원, 특대 20만원), 전복사시미(중 6만원, 대 10만원), 활어(시가)
- 🕐 09:30~22:00 – 일요일 휴무
- 🔍 전남 여수시 중앙1길 10 (중앙동)
- ☎ 061-662-3782 Ⓟ 가능

대풍마차 전어 | 생선회 | 갯장어

봄철 도다리를 맛볼 수 있는 제철회 전문점으로, 여름에는 갯장어(하모), 가을에는 전어, 겨울에는 대방어를 맛볼 수 있다. 맛보기 회, 밑반찬, 산낙지, 생선구이 등으로 푸짐하게 차려주고 회를 먹은 후에는 알밥과 전도 내어 준다.

- Ⓦ 도다리(소 9만원, 중 11만원, 대 13만원, 특대 15만원), 매운탕(소 3만원, 중 4만원), 하모(소 8만원, 중 10만원, 대 12만원), 전어세트(2인 6만원, 3인 8만원, 4인 10만원, 5인 12만원), 대방어(소 8만원, 중 10만원, 대 12만원, 특대 15만원)
- 🕐 10:00~22:00 – 일요일 휴무
- 🔍 전남 여수시 소호4길 10-1 (소호동) 대풍마차
- ☎ 061-681-7295 Ⓟ 가능

돌산식당 서대 | 갈치

갈치조림이 유명한 집으로, 아침과 점심만 영업한다. 메뉴는 갈치조림과 서대회 두 가지로, 새콤하게 무친 서대회가 별미다. 남도식으로 기본 반찬이 한 상 가득 나온다.

- ⓦ 갈치조림2인(3만원), 서대회무침(1만2천원)
- ⏰ 08:00~15:00 – 화요일 휴무
- 🔍 전남 여수시 교동남2길 13 (중앙동)
- ☎ 061-662-3037 ⓟ 가능

돌산황금게장 일반한식 | 게장 | 갈치

신선한 꽃게장과 돌게장을 맛볼 수 있다. 짜지 않고 적당한 간의 간장 게장이 인기메뉴다. 노릇노릇한 생선구이가 함께 나오는 정식도 추천.

- ⓦ 꽃게장정식(2인 이상, 1인 3만원), 게장정식(2인 이상, 1인 1만5천원), 서대회무침(소 2만원, 중 4만원, 대 6만원), 갈치조림, 갈치구이(2인 이상, 각 1인 2만원), 생선구이정식(2인 이상, 1인 2만 5천원)
- ⏰ 09:00~20:30(마지막 주문 19:40) – 연중무휴
- 🔍 전남 여수시 돌산읍 돌산로 3396
- ☎ 061-644-3939 ⓟ 가능

돌섬선어 생선회

선어 숙성회 전문점. 찰진 숙성회의 맛이 제대로인 현지인 추천 맛집이다. 테이블 4~5개의 아담한 식당이지만 묵은 갓김치, 나물 등의 반찬을 정갈하고 맛깔나게 내어주며, 조기도 푸짐하게 구워준다. 회를 미리 숙성해야 하므로 점심은 전날에 예약해야 하며, 저녁 식사는 당일 예약 가능하다.

- ⓦ 선어모둠(3인 10만5천원, 4인 14만원), 마구로참치(15만원)
- ⏰ 15:00~22:00 – 연중무휴
- 🔍 전남 여수시 신기남4길 18 (신기동)
- ☎ 061-681-2947 ⓟ 불가

동백회관 한정식 | 해물

해물한정식을 전문으로 한다. 60가지 이상의 반찬이 차려지는 한정식이 시선을 끈다. 한정식은 기본 2인 이상 주문해야 한다.

- ⓦ A코스(53만원), B코스(48만원), C코스(45만원), A정식(2인상 12만원, 3인상 14만원, 4인상 16만원, 5인상 20만원)
- ⏰ 11:00~15:00/17:00~21:00 – 명절 휴무
- 🔍 전남 여수시 오동도로 74 (수정동)
- ☎ 061-664-1487 ⓟ 가능

두꺼비게장 ✄ 백반 | 게장

고등어, 정어리쌈이 함께 나오는 게장백반 전문점이다. 짭조름한 돌게장이 중독성 있는 맛으로 인기다. 백반을 주문하면 양념게장과 간장게장이 같이 나오며, 양념게장과 간장게장 중 한 가지를 1회 리필도 가능하다.

- ⓦ 돌게장정식(1인 1만6천원), 갈치조림+돌게장정식(2인 이상, 1인 2만원), 모둠꽃게장정식(2인 이상, 1인 3만원)
- ⏰ 08:00~21:00(마지막 주문 20:20) – 명절 휴무
- 🔍 전남 여수시 봉산남3길 12 (봉산동)
- ☎ 061-643-1880 ⓟ 가능

등가게장 게장

봉산동 게장골목에서 유명한 게장집 중 하나. 질 좋은 국산 돌게장을 사용하고 있다. 게장백반을 주문하면 긴징게징과 양념게장이 나오고 10여 가지의 반찬이 깔린다. 간장게장은 1회에 한하여 리필이 가능하다.

- ⓦ 게장정식(1만6천원), 갈치조림+게장정식(2인 이상, 1인 2만2천원)
- ⏰ 09:00~20:30 – 연중무휴
- 🔍 전남 여수시 봉산남4길 12 (봉산동)
- ☎ 061-643-0332 ⓟ 가능

라피끄 ✄ RAFIK 카페 | 베이커리

돌산 여수 예술랜드 내에 있는 베이커리를 겸하는 카페. 층고가 무척 높아 통창 너머로 탁 트인 바다를 볼 수 있는 최고의 전망을 자랑한다. 해변가의 테라스 자리도 추천. 몽돌 해변으로 이어지는 길도 있어 바닷가 산책하기도 좋다.

- ⓦ 아메리카노(6천5백원), 카페라테(7천원), 라피끄라테(8천원), 몽돌크림라테(9천원), 말차라테(7천5백원), 크림치즈연탄빵(1만2천원), 육쪽마늘빵(8천5백원), 딸기모찌(3천9백원), 생딸기케이크(1만1천9백원)
- ⏰ 09:00~19:00(마지막 주문 18:30) – 연중무휴
- 🔍 전남 여수시 돌산읍 무술목길 142-1
- ☎ 061-924-1004 ⓟ 가능

명동게장　게장

한상 가득 차려지는 게장과 갈치조림 백반 전문점. 모둠꽃 게장을 주문하면 전복, 문어, 대하, 딱새우, 간장게장이 담겨 나온다. 게장은 돌게장으로 3회까지 리필이 가능하다.

- 갈치조림+돌게장정식(2인 이상, 1인 2만2천원), 모둠꽃게장+양념꽃게장정식(2인 이상, 1인 3만5천원), 돌게장백반정식(1인 1만6천원), 1인돌게장정식(1만8천원)
- 07:00~20:50(마지막 주문 20:20) – 연중무휴
- 전남 여수시 봉산남4길 23–26 (봉산동)
- 010–3621–0593 ⓟ 가능

미로횟집　생선회

자연산 회를 선보이는 곳으로, 그날그날 들어오는 생선을 사용한다. 광어, 도미, 농어 등이 주로 나오며 특별한 생선이 들어오는 날은 시가로 계산한다. 잘 숙성된 회 맛이 일품이다. 곁들여 나오는 해산물도 푸짐하여 술 한잔하기 좋다.

- 다금바리, 옴도다리, 감성돔, 돌돔, 능성어(시가), 산낙지, 해삼멍게(각 2만원), 전복버터구이(5만원), 해물라면(1만원), 사시미(1인 4만원)
- 17:00~22:00 – 일요일 휴무
- 전남 여수시 시청서3길 18 (학동)
- 061–682–3772 ⓟ 불가

미림횟집　갯장어

하모 요리(갯장어 요리)의 원조 격인 곳이다. 몸통의 잔뼈가 씹히지 않도록 칼집을 넣는 솜씨가 뛰어나다. 샤부샤부를 해 먹은 후 국물에 불려둔 쌀을 넣어 죽을 쑤어 먹는다. 찰옥수수, 감자 가루, 밀가루를 혼합해서 만든 개떡도 별미.

- 갯장어회(10만원), 갯장어샤부샤부(2인 10만원, 중 12만원, 대 15만원), 죽, 라면사리(각 3천원)
- 10:00~22:00 – 비정기적 휴무
- 전남 여수시 대경도길 2 (경호동)
- 061–666–6677 ⓟ 가능

보물섬　해물

직접 기르거나 잡은 해산물을 사용하는 곳으로, 신선한 해산물을 부담없는 가격으로 제공한다. 해물전복물회와 전복죽이 인기 메뉴. 싱싱한 해산물이 어우러져 더욱 깊은 맛을 낸다.

- 해물전복물회(1만9천원), 전복비빔밥(1만원), 전복죽(1만4천원), 전복회(3만9천원), 전복버터구이(4만5천원), 참소라숙회(3만5천원), 뿔소라회(3만5천원), 산낙지볶음(4만원)
- 11:00~14:30/17:00~22:00(마지막 주문 21:00) – 월요일 휴무
- 전남 여수시 하멜로 49 (종화동)
- 061–921–8635 ⓟ 가능

복춘식당　아귀 | 서대

아귀찜이 유명하다. 된장 국물에 끓이기 때문에 맵지 않은 편이라 초고추장에 찍어 먹기도 한다. 아귀찜을 시키면 커다란 대접에 김 가루를 뿌린 밥이 함께 나온다. 아귀 간과 대창이 듬뿍 들어있다. 50여 년의 역사를 자랑하는 곳이다.

- 갈치구이(2인 2만4천원), 아귀찜(2인 이상, 1인 1만5천원), 아귀탕, 서대회, 장어탕(각 1만원), 아귀대창(1인 2만원)
- 09:00~15:00/17:00~21:00(마지막 주문 20:00) – 월요일 휴무
- 전남 여수시 교동남1길 5–8 (교동)
- 061–662–5260 ⓟ 가능

사시사철삼치회　서대 | 생선회 | 삼치

여수의 대표적인 음식인 삼치회를 전문으로 한다. 삼치회를 다진 마늘, 참기름 등을 넣은 간장에 찍어 먹는 맛이 일품이다. 삼치회는 참치회처럼 썰어 내기 때문에 얼핏 보면 참치회와 비슷해 보인다.

- 삼치회, 생선회(각 소 4만원, 중 6만원, 대 8만원), 서대탕(1만3천원), 대구지리탕(2만6천원), 회덮밥(1만2천원), 갈치구이(1만5천원), 서대회무침(1만2천원), 갈치조림(3만원)
- 10:00~21:00 – 연중무휴
- 전남 여수시 교동남1길 5–11 (교동)
- 061–666–1445 ⓟ 가능

사시사철삼치회

산골산장어　갯장어

소금구이와 양념구이 장어구이로 유명한 곳이다. 구이를 먹은 뒤 공깃밥을 주문하면 장어탕이 서비스로 나온다. 숙주나물과 쑥갓이 올라가는 장어탕은 여수에서 해장용으로도 인기다. 장어구이에 반찬으로 나오는 간장게장도 맛있다.

- 소금구이, 양념구이(각 1인 150g 2만4천원), 장어탕(1만6천원)
- 08:00~22:00(마지막 주문 21:00) – 명절 휴무
- 전남 여수시 봉산1로 24 (봉산동)
- 061–642–3455 ⓟ 가능

삼학집 ✕ 생선회

60년이 넘게 서대회를 전문으로 하는 곳. 밥을 비벼 먹을 수 있게 그릇과 참기름이 함께 나온다. 무와 초고추장을 버무려 새콤하게 무친 맛이 일품이다. 돌산 갓김치와도 잘 어울린다.

ⓦ 서대회무침, 갈치조림, 갈치구이(1만5천원)
ⓒ 09:00~21:00(마지막 주문 20:10) – 연중무휴
ⓠ 전남 여수시 이순신광장로 200–3 (종화동) 1층
☎ 061–662–0261 ⓟ 가능(1시간 무료)

상록수식당 ✕ 생선회 | 생선매운탕

여수 금오도의 유명한 맛집이다. 상다리가 휘어질 정도로 푸짐한 밑반찬과 싱싱한 활어회와 제철 나물까지 맛볼 수 있다. 금오도에서 나는 해물만을 사용하며 바다가 바로 앞에 있어 전망도 좋다.

ⓦ 생선회(10만원), 생선구이(소 5만원, 대 7만원), 매운탕(1만5천원), 고등어조림(1만5천원), 오리불고기(6만5천원), 삼겹살(1만5천원), 백반(1만원)
ⓒ 09:00~20:00 – 연중무휴
ⓠ 전남 여수시 남면 금오로 854
☎ 061–665–9506 ⓟ 불가

순심원 順心園 일반중식

여수에시 몇 인 되는 화싱 중국집. 해산물이 푸짐하게 들어가는 것이 특징이다. 갓김치와 깍두기가 반찬으로 나온다.

ⓦ 짜장면(7천원), 삼선짬뽕(1만2천원), 볶음밥(9천원), 탕수육(중 2만6천원, 대 3만8천원), 깐풍기(3만7천원), 양장피(4만3천원)
ⓒ 11:00~15:00(마지막 주문 14:30)/17:00~ 20:00(마지막 주문 19:30) – 금요일 휴무
ⓠ 전남 여수시 교동남1길 5–17 (교동)
☎ 061–663–5482 ⓟ 불가

아와비 ✕ あわび 죽 | 전복

펜션처럼 지어진 하얀 건물의 운치 있는 전복 전문점이다. 지역에서 해녀와 잠수부가 채취한 참전복만을 사용한다. 전복회를 시키면 다양한 해물이 곁들여 차려진다. 내장(게우)을 넣어서 만든 전복죽은 담백하고 깊은 맛이 난다.

ⓦ 전복죽(2만5천원), 전복(500g 8만원, 1kg 15만원)
ⓒ 11:30~19:00 – 일요일 휴무
ⓠ 전남 여수시 돌산읍 돌산로 595
☎ 061–644–2255 ⓟ 불가

언덕에바람 전통차전문점

전통차를 비롯해 직접 키운 허브차를 즐길 수 있는 곳. 바다가 보이는 언덕 위에 놓인 나무 의자에 앉아 바다를 볼 수 있으며 실내에서는 창밖으로 작은 배, 바다, 섬이 내다보인다. 해질 무렵 가면 분위기가 더욱 좋다.

ⓦ 에스프레소, 아메리카노(6천원), 카페라테(6천5백원), 아포가토(8천원), 허브차(7천원)
ⓒ 10:00~18:30 | 토, 일요일 10:00~19:30 – 화요일 휴무
ⓠ 전남 여수시 돌산읍 돌산로 717
☎ 061–643–6338 ⓟ 가능

오죽헌한정식 한정식 | 남도음식

해물 위주로 많이 나오는 한정식집. 회부터 시작하여 꼬막무침, 나물 전, 버섯전, 낙지 숙회, 김치전, 전복찜, 초밥 등 다양한 상차림과 탕이 준비된다. 밑반찬이 정갈하다. 계절과 시장 상황에 따라 메뉴들은 조금씩 변동되며 예약 후 방문하는 것이 좋다.

ⓦ 충무공밥상(1인 5만원), 오죽헌밥상(1인 6만원), 궁중밥상(1인 7만원), 세종밥상(1인 9만원), 보리굴비돌솥정식(점심 1인 2만5천원), 돌문어전복삼계탕(점심 2만5천원)
ⓒ 11:30~15:00/17:00~21:00 | 일요일 11:30~15:00 – 연중무휴
ⓠ 전남 여수시 시청서1길 36 (학동)
☎ 061–685–1700 ⓟ 가능

원앙식당 게장

여수의 명물인 돌게장 전문점. 게장백반을 주문하면 양념게장과 간장게장이 한 접시씩 나온다. 게장 외의 반찬도 한정식집 수준으로 푸짐하게 차려진다.

ⓦ 게장백반(1만3천원), 채소불고기(1만5천원), 서대회무침(소 2만원, 대 4만원)
ⓒ 09:00~16:00(마지막 주문 15:30) | 토요일 09:00~20:00 – 명절 휴무
ⓠ 전남 여수시 교동남1길 6–7 (교동)
☎ 061–664–5567 ⓟ 불가

조일식당 삼치

삼치회 전문 식당으로, 숙성이 알맞게 잘 된 삼치회를 맛볼 수 있다. 특제 소스에 찍어 김에 싸 먹으면 그 맛이 일품이다. 삼치 회 외에도 삼치구이, 초밥 등도 맛볼 수 있다.

ⓦ 선어사시미(소 5만원, 중 6만5천원, 대 8만원), 새우튀김(1만8천원)
ⓒ 16:00~22:00 – 일요일 휴무
ⓠ 전남 여수시 여문문화1길 65 (여서동)
☎ 061–655–0774 ⓟ 가능(여문공원공용주차장 이용, 1시간 무료 확인)

지노한우노블 소고기구이

한우 숯불 구이 전문점 지누한우의 프리미엄 브랜드. 한우 목장을 직접 운영하고 있으며, 21일 숙성한 한우도 맛볼 수 있다. 소금, 된장, 기름장, 연겨자 등 고기에 곁들일 수 있는 양념장도 다양하다. 실내는 모두 룸으로 되어 있어 모임을 하기에도 좋다.

ⓦ 한우특생갈빗살모둠(100g 3만5천원), 한우육사시미, 육회(각 180g 3만6천원), 한우특수부위모둠세트(400g 15만9천원), 한우특상등심(100g 4만9천원), 한우특된장찌개(7천원), 한우육전평양냉면(6천원)
ⓒ 11:00~22:00(마지막 주문 21:00) – 연중무휴
ⓠ 전남 여수시 시청서3길 25–8 (학동) 2층
☎ 010–5303–3155 ⓟ 발레 파킹

진미꽃게탕 해물탕 | 꽃게

꽃게탕과 꽃게찜을 전문으로 하는 곳. 큼지막한 낙지도 한 마리 들어간 꽃게탕은 국물이 끓일수록 꽃게 맛이 우러나와 더욱 맛있어 진다.

ⓦ 꽃게탕(소 4만원, 중 5만원, 대 6만원), 꽃게찜매콤한맛(소 4만원, 중 5만원, 대 6만원), 꽃게찜담백한맛(시가)
ⓒ 09:00~15:00/17:00~21:00 – 월요일 휴무
ⓠ 전남 여수시 시청서1길 8–12 (학동)
☎ 061–684–1747 ⓟ 가능

청정게장촌 생선조림 | 게장

봉산동 게장골목에 자리 잡은 게장집. 게장뿐만 아니라 갈치조림도 함께 판매하며 여수갈치의 맛을 제대로 느낄 수 있다. 양념게장과 간장게장 모두 포장해갈 수 있다.

ⓦ 갈치조림+돌게장정식(2인 이상, 1인 2만2천원), 돌게장정식(1만6천원), 모둠꽃게장정식(3만7천원), 꽃게탕+돌게장정식(2만5천원)
ⓒ 07:00~21:00(마지막 주문 20:15) – 연중무휴
ⓠ 전남 여수시 봉산남4길 23–32 (봉산동)
☎ 061–643–7855 ⓟ 가능

칠공주장어탕 장어

장어골목으로 유명한 교동의 10여 곳의 장어탕집 중 여수 사람들이 주저 없이 손꼽는 집이다. 다른 집처럼 미리 한꺼번에 끓여 두는 것이 아니라 주문을 받고 나서 분량에 맞게 작은 냄비에 끓여 내오는 것이 특징이다. 숙취 후 해장으로도 좋다. 장어구이는 양념구이와 소금구이 중 선택할 수 있

칠공주장어탕

으며 구이를 주문하면 장어탕 국물이 함께 나온다.
ⓦ 장어구이(2인 이상, 1인 180g 2만4천원), 장어탕(1만5천원), 후식장어탕(2천원)
ⓒ 09:30~14:00/16:00~20:00 – 명절 휴무
ⓠ 전남 여수시 교동시장2길 13–3 (교동)
☎ 061–663–1580 ⓟ 불가

프롬나드 PROMENADE 카페

식물원 콘셉트의 오션뷰 카페. 초록 식물의 실내 정원이 있는 공간에서 통창으로 펼쳐지는 바다 전망을 즐길 수 있다. 아인슈페너나 라테 음료를 추천하며, 베이커리도 다양하다. 지하는 동백나무 둘레길이나 바닷길로 연결되어 산책을 즐길 수도 있다.

ⓦ 아메리카노(6천5백원), 카페라테(7천원), 해풍쑥라테(8천원), 여수바다솔티아인슈페너(8천7백원), 썸머라테, 애플망고에이드(각 8천5백원), 복숭아아이스티(6천5백원), 망고스무디(8천8백원), 크루아상(3천8백원), 브라운치즈아이스크림크로플(1만4천원)
ⓒ 09:00~21:00(마지막 주문 20:30) – 연중무휴
ⓠ 전남 여수시 돌산읍 우두3길 98
☎ 061–641–1248 ⓟ 가능

피윰카페 카페

카페로 들어가는 숲길이 영화의 한 장면 같은 분위기를 자아내며, 숲길을 지나면 아담한 콘크리트 카페가 나타난다. 우도땅콩을 넣은 콘판나, 한라봉오미자 등 제주를 연상시키는 음료가 준비되어 있다.

ⓦ 아메리카노(7천원), 카페라테(7천5백원), 바닐라라테(8천원), 피윰쑥페너(8천원), 피윰콘판나(8천원), 흑임자돌체라테(8천5백원), 한라봉오미자(8천원), 대파크림퀸아망(1만2천원)
ⓒ 09:30~20:00(마지막 주문 19:40) – 연중무휴
ⓠ 전남 여수시 돌산읍 돌산로 3292–6
☎ 061–643–3292 ⓟ 가능

한일관 한정식

남도 한정식을 하는 곳으로, 회정식이 주메뉴다. 메밀화전과 함께 나오는 굴, 멍게, 개불, 전복, 해삼 등 신선하고 다양한 해산물이 맛깔스럽다.

ⓦ 해산물한정식특(2인 12만원, 3인 16만원, 4인 20만원), 해산물한정식(2인 10만원, 3인 13만원, 4인 16만원), 생선회, 전복회(각 5만원)
ⓒ 11:00~14:30/17:00~21:00(마지막 주문 20:10) – 명절 휴무
ⓠ 전남 여수시 봉산2로 32 (봉산동)
☎ 061–654–0091 ⓟ 가능

함남면옥 함흥냉면 | 만두 | 수육

여수에서 유명한 함흥냉면집. 기호에 따라 차가운 육수를 부어 먹을 수 있는 것이 특징이며 맛깔스러운 양념장을 더해도 좋다. 회냉면에는 새콤한 가오리무침이 올라가 맛을 더한다. 70년이 가까운 역사를 지닌 곳.

- ⓦ 냉면(1만2천원, 곱빼기 1만4천원), 회냉면(1만4천원, 곱빼기 1만6천원), 왕찐만두(4개 6천원), 한우갈비탕(1만6천원), 한우설렁탕(1만2천원)
- ⓛ 10:30~20:00 – 비정기적 휴무
- ⓠ 전남 여수시 중앙1길 8 (중앙동)
- ☎ 061-662-2581 ⓟ 가능

전라남도 영광군

007식당 ✖ 한정식 | 굴비

굴비정식을 주문하면 20여 가지의 반찬이 푸짐하게 차려진다. 양념게장, 병어조림, 장대찌개 등도 맛나지만 압권은 굴비. 노릇노릇한 상등품 굴비가 맛있다.

- ⓦ 굴비정식(중 6만원, 내 8만원, 특 10만원~15만원), 소기배운탕(중 4만원, 대 5만원), 꽃게탕(5만원), 부세보리굴비백반(2만원)
- ⓛ 09:00~20:30 – 멍질 휴무
- ⓠ 전남 영광군 법성면 굴비로 98
- ☎ 061-356-2216 ⓟ 가능

골목식당 생선회

생선회 전문점이지만 점심시간에는 굴비정식으로 더욱 인기 있는 곳이다. 다양한 반찬과 함께 영광굴비의 맛을 느낄 수 있다. 아귀찜과 꽃게탕의 맛도 좋다는 평.

- ⓦ 특보리굴비정식(2만5천원), 보리굴비정식(2만원), 굴비정식(1만7천원), 조기매운탕(4만5천원), 서대탕, 꽃게탕(5만원)
- ⓛ 10:00~19:00(마지막 주문 18:00) – 명절 휴무

골목식당

국제식당 백반 | 굴비

굴비와 함께 삼삼한 맛의 다양한 반찬이 나오는 굴비한정식 전문점. 굴비는 물론, 반찬의 맛이 좋아 어느새 밥 한 공기가 뚝딱이다.

- ⓦ 굴비정식(1인 2만원), 간자게장정식(4인기준 12만원)
- ⓛ 10:00~17:00 | 토, 일요일 10:00~19:00 – 월요일, 명절 휴무
- ⓠ 전남 영광군 법성면 굴비로 86
- ☎ 061-356-4243 ⓟ 가능

동원정 ✖ 한정식 | 굴비

굴비한정식을 전문으로 하는 곳으로, 한정식을 주문하면 고추장굴비, 간장게장, 서대찜, 굴비구이, 조기매운탕 등과 함께 30여 가지의 반찬이 정성스럽게 나온다.

- ⓦ 2인정식(6만원, 9만원), 3인정식(8만원, 11만원), 4인정식(9만원, 12만원), 5인정식(15만원), 특정식(16만원), VIP특정식(20만원)
- ⓛ 11:00~15:00/17:00~20:40(마지막 주문 19:30) | 토, 일요일 11:00~20:40(마지막 주문 19:30) – 둘째, 넷째 주 수요일, 명절 휴무
- ⓠ 전남 영광군 법성면 법성포로3길 12-19
- ☎ 061-356-3323 ⓟ 가능

문정한정식 한정식

남도한정식 전문점. 다양한 종류의 찬이 깔끔하게 나온다. 간장게장, 굴비구이, 떡갈비 등 삼삼한 남도의 맛을 느낄 수 있다.

- ⓦ 한정식(4인 10만원, 15만원, 20만원)
- ⓛ 12:00~14:00/15:30~20:30 – 첫째 주 월요일, 명절 휴무
- ⓠ 전남 영광군 영광읍 중앙로5길 16-10
- ☎ 061-352-5450 ⓟ 가능

일번지식당 굴비 | 한정식

굴비한정식 전문점. 고추장굴비, 굴비찜, 굴비장아찌 등 굴비로 만들 수 있는 음식을 맛볼 수 있다. 굴비 외에도 활어회, 육회, 떡갈비, 홍어회, 간장게장 등의 음식이 나온다. 2층에서는 바다 풍경이 한눈에 보여 전망이 좋다.

- ⓦ 굴비정식(2인 5만원, 3인 6만5천원, 4인 8만원), 굴비한정식(특 10만원, 특선 12만원, 특품 14만원)
- ⓛ 11:00~15:30/16:30~21:00(마지막 주문 20:00) – 연중무휴
- ⓠ 전남 영광군 법성면 굴비로 37
- ☎ 061-356-2268 ⓟ 가능

※ 전남 영광군 법성면 굴비로 9-2
☎ 061-356-4270 ⓟ 가능

종가집굴비정식설궁 ✕ 굴비 | 한정식

정갈한 영광굴비 정식을 맛볼 수 있는 곳. 20여 가지의 정갈한 밑반찬에 간장게장과 양념게장도 나오며, 한상 푸짐하게 깔리는 남도 음식 스타일의 식사를 할 수 있다. 밥은 돌솥에 나온다.

Ⓦ 서해한상스페셜코스(5만원), 영광굴비정식(2만원), 보리굴비녹차밥정식(2만2천원), 간장게장정식(2만5천원), 영광한상(2만8천원), 불갑산한상(3만5천원), 백수해안도로한상(4만원)

Ⓣ 10:30~21:00(마지막 주문 20:30) – 연중무휴(재고 소진에 따라 임시 휴무)

Ⓠ 전남 영광군 영광읍 천년로11길 14

☎ 061-351-8585 Ⓟ 가능

카페뜰107 카페

탁 트인 오션뷰를 감상할 수 있는 테라스 카페. 바다 노을을 배경으로 여유로운 시간을 보내기 좋은 곳이다. 넓고 쾌적한 공간에서 다양한 음료를 즐길 수 있으며, 대추원액으로 만들어 깊고 진한 풍미를 자랑하는 대추차도 추천할만하다.

Ⓦ 에스프레소(5천원), 아메리카노(5천원), 카페라테(6천원), 대추차(8천원), 생강레몬차(7천), 107에이드(7천원), 블루베리셰이크(7천5백원), 토마토주스(7천원)

Ⓣ 11:00~18:30 | 토, 일요일 10:00~19:00 – 첫째 주 화요일 휴무

Ⓠ 전남 영광군 백수읍 해안로 693

☎ 061-352-6331 Ⓟ 가능

카페밭뷰 카페

배 과수원 뷰를 감상할 수 있는 아기자기한 감성 카페. 1층은 비누, 캔들, 석고 방향제 만드는 방법을 배울 수 있는 공방으로 운영되며, 2층은 과수원 뷰가 보이는 카페로 운영된다. 시그니처 음료로 배로 만든 밭뷰요거트스무디를 선보인다.

Ⓦ 에스프레소(4천원), 아메리카노(4천원), 카페라테(4천5백원), 바닐라라테(5천원), 제주감귤착즙주스(5천5백원), 밭뷰배요거트스무디(6천원), 푸른새벽보리라테(5천5백원), 계절크와플(9천8백원), 스콘(4천백원), 감자빵(4천5백원), 얼그레이초콜릿타르트(7천원)

Ⓣ 12:00~18:00(마지막 주문 17:30) – 일요일 휴무

Ⓠ 전남 영광군 군서면 복호로 193 2층

☎ 0507-1350-7161 Ⓟ 가능

태능갈비 소갈비 | 돼지갈비

질좋은 소고기와 갈비, 돼지갈비를 맛볼 수 있는 곳. 소갈비를 비롯하여 등심 등 소고기의 부드러운 육질을 제대로 느낄 수 있다. 양도 푸짐한 편이다.

Ⓦ 생고기(300g 3만3천원, 500g 5만5천원), 육회(500g 5만5천원), 양념갈비(1만5천원), 꽃등심(150g 3만2천원), 갈비탕(1만3천원), 생비빔밥, 돌솥비빔밥(각 9천원), 도가니탕(1만5천원)

Ⓣ 11:00~21:20(마지막 주문 20:40) – 격주 월요일 휴무

Ⓠ 전남 영광군 영광읍 옥당로 234

☎ 061-353-3366 Ⓟ 가능

전라남도 영암군

남도손두부 두부

가마솥에 직화로 가열하여 만든 손두부를 맛볼 수 있는 식당. 손두부는 땅콩과 세발나물을 넣고, 12시간의 제조 과정을 거치는 것이 특징이다. 밑반찬은 매일 직접 만들어 내어 주며 청국장과 두부전골을 많이 찾는다.

Ⓦ 보쌈(4만원), 두부, 해물두부전(각 1만2천원), 보쌈정식(1만1천원), 두부전골(중 3만원, 대 3만5천원), 콩국수(1만1천원), 얼큰이, 김치찌개, 청국장, 비지장(각 1만원), 순둥이(9천원)

Ⓣ 11:00~14:30/17:00~20:00 | 토요일 11:00~14:30 – 일요일 휴무

Ⓠ 전남 영암군 삼호읍 용당로 72-15

☎ 061-464-2798 Ⓟ 가능

더자반 생선구이

매일 색다른 반찬을 내는 생선구이 전문점. 시즌마다 신선한 제철 생선을 선보이며, 여러 종류를 한 번에 맛볼 수 있는 모둠생선구이와 갈치조림이 대표 메뉴. 정갈하게 차려지는 밑반찬과 함께 식사를 즐길 수 있다.

Ⓦ 모둠구이(2인 3만8천원, 3인 5만1천원, 4인 6만4천원), 갈치조림(2인 4만8천원, 3인 5만8천원, 4인 6만8천원), 고등어구이(1만7천원), 볼락구이(1만7천원), 고등어조림(2인 3만8천원, 3인 4만8천원, 4인 5만8천원)

Ⓣ 11:00~15:00/17:00~19:40(마지막 주문 19:00) – 월요일 휴무

Ⓠ 전남 영암군 삼호읍 난전로 83 1층

☎ 061-462-3595 Ⓟ 가능

독천식당 ✕✕✕ 낙지

독천리 낙지골에서 갈낙탕의 원조로 꼽히는 집이다. 갈낙탕에는 낙지 한 마리와 갈비 한 대가 들어간다. 낙지만을 넣어 조리하던 연포탕에 소갈비를 함께 끓여 내면서 인기를 얻은 것. 같이 나오는 10여 가지의 반찬도 입맛을 돋운다. 50년이 넘는 전통을 자랑한다.

Ⓦ 갈낙탕, 낙지연포탕(각 1인 2만6천원), 낙지구이, 산낙지다짐(각 소 4만원, 중 6만원), 낙지볶음, 낙지초무침(각 소 5만원, 중 7만원)

Ⓣ 11:00~16:00/17:00~19:40 | 토, 일요일 11:00~19:40 – 넷째 주 월요일, 명절 휴무

Ⓠ 전남 영암군 학산면 독천로 162-1

☎ 061-472-4222 Ⓟ 가능

독천식당

동락식당 낙지

남도 특유의 전어창젓과 토하젓 및 맛깔스러운 반찬이 푸짐하게 한상 차려지는 세발낙지 전문점이다. 식당 한쪽에는 낙지가 들어 있는 수족관이 있어 볼거리도 제공한다.

Ⓦ 낙지볶음(1인 1만5천원), 낙지초무침(1만9천원), 연포탕(2만5천원), 육낙탕탕이(소 5만원, 중 7만원, 대 9만원)

Ⓒ 10:00~14:00/17:00~20:00 – 둘째, 넷째 주 화요일, 명절 휴무

Ⓠ 전남 영암군 영암읍 서문로 10

☎ 061-473-2892 Ⓟ 가능

수궁한정식 백반

전형적인 전라도식 백반으로 20여 가지가 넘는 반찬이 차려진다. 된장찌개 대신 해물탕이 나오는 것이 특징이다. 합리적인 가격에 다양한 맛을 볼 수 있어 좋다는 평이다.

Ⓦ 정식(1인 1만3천원, 2인 이상 1인 1만2천원)

Ⓒ 09:00~16:00/17:00~20:00(마지막 주문 19:30) – 일요일, 명절 휴무

Ⓠ 전남 영암군 삼호읍 용당로 80-1

☎ 061-464-9652 Ⓟ 가능

중원회관 짱뚱어 | 낙지

갈낙탕과 짱뚱어탕을 맛볼 수 있는 곳. 짱뚱어는 기름진 뻘에서만 나는 청정 어종으로, 고소하고 담백한 맛이 일품이다. 갈낙탕과 짱뚱어탕을 받쳐주는 토종 양념으로 숙성시킨 여러 가지 젓갈 맛도 좋다.

Ⓦ 갈낙탕(2만4천원), 짱뚱어탕(1만1천원), 육낙탕탕이(시가), 호롱구이(시가)

Ⓒ 09:00~21:30 – 명절 휴무

Ⓠ 전남 영암군 영암읍 군청로 2-13

☎ 061-473-6700 Ⓟ 가능

미원횟집 전복

전복구이가 유명한 곳. 싱싱한 회와 전복을 비교적 합리적인 가격에 맛볼 수 있다. 전복 코스는 4인 기준으로 한상이 나온다.

Ⓦ 전복코스(1인 5만원), 전복구이(1kg 12만원)

Ⓒ 12:00~20:30(마지막 주문 20:00) – 일요일 휴무

Ⓠ 전남 완도군 완도읍 해변공원로 65

☎ 061-554-2506 Ⓟ 가능

신지횟집 생선회 | 전복

전복회와 전복요리를 전문으로 하는 식당. 전복 스페셜 메뉴를 주문하면 전복구이, 전복회, 전복죽, 전복 탕수육, 전복물회 등의 상차림이 나오며 기본 반찬도 푸짐하게 내어준다. 전복회는 기름장 찍어서 먹는 것이 별미.

Ⓦ 전복스페셜(2인 10만원, 3인 15만원, 4인 20만원), 전복회, 전복구이(각 1kg 12만원), 줄돔(20만원), 매운탕, 지리탕, 장어탕(각 중 6만원, 대 7만원)

Ⓒ 11:00~21:00(마지막 주문 20:00) 연중무휴

Ⓠ 전남 완도군 완도읍 해변공원로 117

☎ 061-552-5244 Ⓟ 가능

유일정식당 백반

합리적인 가격의 백반정식을 맛볼 수 있는 한식당. 미역국과 12가지가 넘는 다양한 밑반찬을 한상차림으로 내어준다. 나물 반찬과 해산물 반찬 등 골고루 맛볼 수 있으며 전복 해초 비빔밥도 많이 찾는다.

Ⓦ 백반정식(2인 이상 1인 1만원), 전복해초비빔밥(1만3천원)

Ⓒ 08:00~14:00 – 일요일 휴무

Ⓠ 전남 완도군 완도읍 개포로 11-28

☎ 061-552-1265 Ⓟ 불가

구르미머무는 카페

편안히 차를 즐기기 좋은 한옥 분위기의 고즈넉한 카페. 따뜻한 대추차와 쌍화차가 인기 있으며, 다양하게 마련된 베이커리와 즐겨도 좋다. 날씨 좋은 날 정원을 산책하며 시간을 보낼 수 있는 곳이다.

- ⓦ 아메리카노(5천5백원), 카페라테(6천원), 아인슈페너(7천원), 쌍화차, 대추차(각 8천원), 백향과차, 자몽차, 레몬차(각 7천원), 말린달심차, 클렌즈티(각 6천5백원), 로얄밀크티, 얼그레이밀크티(각 7천원)
- ⓒ 10:00〜21:00(마지막 주문 20:30) – 연중무휴
- ⓠ 전남 장성군 진원면 불태3로 168
- ☎ 0507-1362-5100 ⓟ 가능

마음한끼 두부 | 순두부 | 일반한식

편백산 숲을 감상하며 국내산 콩으로 만든 두부 요리를 맛볼 수 있는 곳이다. 마음한끼 정식을 시키면 두부 강정, 두부 수육, 두부 전골 등 다양한 두부 요리를 먹을 수 있다.

- ⓦ 마음한끼정식(2만원), 들깨순두부(1만원), 해물순두부(1만원), 모둠돈가스(1만2천원), 강황가마솥밥(3천원)
- ⓒ 11:00〜15:00 – 월요일 휴무
- ⓠ 전남 장성군 서삼면 축령로 917
- ☎ 0507-1328-8045 ⓟ 가능

산아래집밥 산채정식 | 산채비빔밥

백양사 인근 산채정식의 원조집. 특정식이나 산채정식 모두 괜찮다. 두릅, 계란찜, 홍어, 죽순, 된장찌개, 낙지, 도라지, 더덕, 우렁, 미나리, 생취나물, 고사리, 해파리냉채 등 상차림이 푸짐하다. 파전, 도토리묵 등을 곁들이면 더욱 좋다.

- ⓦ 산채정식(1인 2만원), 산채비빔밥(1만2천원), 촌닭백숙(7만원), 버섯전골(5만5천원), 해물파전(1만7천원), 도토리묵, 메밀전병(각 1만5천원), 더덕구이, 더덕무침(각 3만8천원)
- ⓒ 10:00〜22:00 – 연중무휴
- ⓠ 전남 장성군 북하면 백양로 1112
- ☎ 061-392-7427 ⓟ 가능

산촌자연밥상 한정식

정갈한 한식을 즐길 수 있는 한정식집. 정성스럽게 구운 굴비와 깊은 맛의 간장게장을 주메뉴로 선보인다. 굴비, 간장게장, 그리고 갓지은 솥밥이 함께 제공되는 산촌세트가 인기 메뉴다.

- ⓦ 간장게장(2만5천원), 굴비구이(2만원), 은대구뽈탕(1만8천원), 도다리쑥국(1만9천원), 백합탕(1만6천원), 꽃게탕(2만원), 애호박찌개(1만1천원)

- ⓒ 10:30〜19:30(마지막 주문 18:30) – 월요일 휴무
- ⓠ 전남 장성군 황룡면 홍길동로 441
- ☎ 0507-1432-7401 ⓟ 가능

명희네음식점 일반한식

초록색 매생이를 듬뿍 넣고 끓인 매생이탕이 대표 메뉴다. 고기를 먹은 후 느끼해진 속을 달래기에도 좋다. 시원한 국물에 국수를 말아 먹는 한우된장물회도 인기 있다.

- ⓦ 매생이탕, 매생이떡국(각 9천원), 바지락비빔밥(1만3천원), 바지락회무침(중 4만원, 대 5만원)
- ⓒ 09:00〜21:00 – 화요일 휴무
- ⓠ 전남 장흥군 장흥읍 토요시장2길 3-6
- ☎ 061-862-3369 ⓟ 가능

바다하우스 키조개 | 바지락

2대째 대를 이어 운영하고 있는 집. 바지락회무침이 유명하다. 주인이 직접 막걸리로 만든 천연 식초와 고추장이 맛의 비결. 새콤매콤한 양념은 부드러운 조갯살과 조화를 잘 이룬다.

- ⓦ 바지락회무침, 키조개무침(각 1만7천원), 키조개탕(1만9천원), 우럭매운탕(중 4만원, 대 5만원), 소고기삼합(3만9천원), 키조개구이(2만5천원)
- ⓒ 11:00〜21:00(마지막 주문 19:30) – 월요일 휴무(공휴일인 경우 정상 영업)
- ⓠ 전남 장흥군 안양면 수문용곡로 139
- ☎ 061-862-1021 ⓟ 가능

장흥갯마을 한정식 | 키조개

어머니와 아들이 함께 운영하는 한정식집. 계절마다 장흥 제철 재료를 활용한 요리를 선보인다. 향긋한 미나리와 초고추장으로 맛을 낸 바지락회무침정식 또는 키조개회무침정식이 추천 메뉴.

- ⓦ 바지락회무침정식, 키조개회무침정식(각 1인 1만7천원), 우럭탕정식(1인 1만9천원), 키조개탕정식(1인 1만9천원), 바지락비빔밥, 키조개비빔밥(점심특선 1만2천원), 장흥삼합(4만원), 키조개구이(3만원)
- ⓒ 10:40〜15:00/17:00〜21:00(마지막 주문 20:00) | 토, 일요일 10:40〜21:00(마지막 주문 20:00) – 화요일 휴무
- ⓠ 전남 장흥군 안양면 수문용곡로 141
- ☎ 0507-1493-1609 ⓟ 가능

청송횟집 물회

먹음직스럽게 차려져 나오는 불그스름한 된장물회는 싱싱한 돔, 열무김치, 된장, 식초 맛이 어우러져 새콤하면서도 매콤담백함이 일품이다. 얼음이 동동 떠 있는 국물에 밥을 말면 밥이 쫄깃쫄깃해진다. 7월과 8월에는 물회 손님으로 가득 찬다.

Ⓦ 된장물회(2인 3만2천원, 3인 4만3천원, 4인 5만4천원)
🕙 10:00~21:00 – 연중무휴
🔍 전남 장흥군 회진면 회진중앙길 16
☎ 061-867-6245 Ⓟ 가능

취락식당 소고기구이 | 키조개

키조개로스구이로 유명한 집이다. 키조개 관자와 얇게 썬 소고기 등심을 돌판에 올려 구워 먹는다. 고기를 다 먹은 후에는 돌판에 된장찌개를 부어 끓여 먹는다. 된장찌개에도 해물이 듬뿍 들어간다.

Ⓦ 삼합(200g 2만8천원), 한우육회비빔밥(1만1천원), 한우육회(250g 3만5천원)
🕙 11:30~21:00 – 두 번째, 네 번째 일요일 휴무
🔍 전남 장흥군 장흥읍 물레방앗간길 36
☎ 061-863-2584 Ⓟ 불가

전라남도 진도군

구름숲아토리 카페

운림예술촌에 위치한 진도의 문화와 민속예술을 체험할 수 있는 카페다. 옛스러운 돌담과 진도의 상징, 진돗개 조형물이 있는 곳. 클래식한 가구들이 어우러지는 매장에서 향긋한 핸드드립커피를 즐겨도 좋다.

Ⓦ 구름숲아침고요티(1만3천원), 핸드드립커피시음(1인 8천원~1만8천원), 선물세트(6만원), 골든스윗로즈마리티(1만3천원), 레드베리선셋티(1만3천원), 시크릿베리루이보스티(1만3천원)
🕙 10:00~18:00(마지막 주문 17:30) – 일, 월요일 휴무
🔍 전남 진도군 의신면 의신사천길 26
☎ 0507-1377-5426 Ⓟ 가능

신호등회관 꽃게

간장게장, 꽃게살비빔밥, 성게알비빔밥 등 다양한 해산물 요리를 즐길 수 있는 곳. 잘 발라진 꽃게살을 밥에 비벼 먹으면 조화가 좋다. 밑반찬으로 푹 익은 김치와 곰삭은 갈치속젓을 내어 준다.

Ⓦ 꽃게살비빔밥(1만5천원), 간장게장(1인 3만9천원), 양념게장(1인 1만5천원), 낙지비빔밥, 전복비빔밥(각 2만원), 성게비빔밥(2만원), 꽃게탕(7만원), 낙지탕탕이(5만원), 불고기백반(1만5천원)

🕙 10:00~15:00/17:00~20:30(마지막 주문 19:30) | 토, 일요일 10:00~20:30(마지막 주문 19:30) – 연중무휴
🔍 전남 진도군 진도읍 남동1길 66
☎ 0507-1413-4449 Ⓟ 가능(협소)

신호등회관

옥천횟집 한정식

회정식을 전문으로 하는 곳으로, 회와 해물이 주로 나오는 한정식을 맛볼 수 있다. 김치나 나물, 떡갈비나 육회를 제외하고 모두 바다에서 나는 재료로 음식을 만든다. 된장국도 해초의 일종인 가시리로 끓인다. 전복젓, 해삼창지젓, 성게알젓, 전복창젓 등 직접 담근 20여 가지의 젓갈을 번갈아 상에 올린다. 점심에는 장어탕이나 매운탕도 먹을 수 있다. 회정식은 예약 필수.

Ⓦ 회정식(4인 20만원), 장어탕(2인 3만원), 매운탕(2인 3만원, 4인 5만원)
🕙 10:00~22:00 – 예약제로 운영
🔍 전남 진도군 진도읍 성동길 9
☎ 061-543-5664 Ⓟ 가능

이화식당 꽃게

진도에서 손 꼽히는 해산물 맛집. 진도와 목포의 독특한 음식인 꽃게 살만 발라낸 꽃게무침이 유명하다. 일반적인 형태의 꽃게무침과 알, 내장을 무쳐낸 양념이 게껍데기에 담겨 나온다. 매콤하면서도 시원하고 달큰한 맛이 일품이다 꽃게살무침은 밥에 비벼 비빔밥으로 먹을 수 있는데, 매콤하면서도 시원하고 달큰한 맛이 일품이다. 식사를 주문하면 16가지 정도의 반찬이 나오는데 모두 정갈하니 맛있다.

Ⓦ 꽃게탕(중 6만원, 대 8만원), 장어탕, 연포탕, 병어조(각 중 5만원, 대 6만원), 꽃게무침(중 6만원, 대 8만원), 낙지초무침(중 5만원, 대 6만원), 간재미무침, 바지락초무침(각 중 4만원, 대 5만원)
🕙 11:00~15:00(마지막 주문 14:30)/17:00~20:00(마지막 주문 19:30) – 수요일 휴무

전남 진도군 진도읍 남동1길 55
☎ 061-544-5688 ℗ 불가(우체국 주차장 이용)

전라남도 **함평군**

녹유원 카페

직접 만든 전통차를 선보이는 한옥 카페. 노른자를 넣어 먹는 쌍화차는 너무 달지 않고 은은한 맛으로 많은 사람들이 즐겨 찾는다. 마루에 앉아 마당을 바라보며 여유를 즐길 수 있는 곳으로, 꿀과 함께 제공되는 가래떡구이가 인기 메뉴.

Ⓦ 아메리카노(3천5백원), 카페라테(5천원), 헤이즐넛아메리카노(4천원), 쌍화차(8천원), 대추차(7천원), 자몽에이드(6천원), 가래떡구이(7천원), 커피콩빵(3천원)
🕐 10:00~17:30 – 월요일 휴무
전남 함평군 대동면 대동길 101
☎ 0507-1330-1469 ℗ 가능

대흥식당 ✖ 육회 | 육회비빔밥

대를 이어 50여 년 넘게 육회를 팔고 있다. 소고기는 함평 우시장에서 나오는 한우의 박살만 사용하는 것이 특징이다. 박살은 엉덩이 부위를 말하는데, 기름이 거의 없고 육질이 부드럽다. 육회를 넣은 육회비빔밥도 맛있다. 선지를 넣고 끓인 맑은 국물도 함께 나온다.

Ⓦ 육회비빔밥(1만원, 특 1만5천원), 육회, 생고기(각 250g 3만5천원)
🕐 11:00~15:00/17:00~20:00 – 화요일, 명절 당일 휴무
전남 함평군 함평읍 시장길 112
☎ 061-322-3953 ℗ 가능

대흥식당

목포식당 육회비빔밥 | 육회

바닷가에서 사육되는 질 좋은 함평 한우를 이용한 한우 육회와 육회비빔밥을 선보인다. 남도 특유의 풍미를 맛볼 수 있는 곳으로 70년이 넘는 역사를 자랑한다.

Ⓦ 육회비빔밥(1만원, 특 1만5천원), 육회, 생고기(각 250g 3만5천원)
🕐 10:30~20:00 – 명절 당일, 다음날 휴무
전남 함평군 함평읍 시장길 32
☎ 061-322-2764 ℗ 가능

장안식당 곱창전골 | 곱창국밥

다른 곳에서는 보기 드문 곱창국밥을 전문으로 하는 곳. 곱창이 듬뿍 들어 있는 국밥은 된장을 풀어 구수한 맛이다. 곱창전골과 곱창수육도 맛볼 수 있다.

Ⓦ 곱창국밥(보통 1만원, 특 1만3천원), 생고기비빔밥(보통 1만원, 특 1만 5천원), 선지국밥(보통 9천원, 특 1만2천원), 생고기, 육회(각 300g 4만원)
🕐 11:00~14:00/17:30~20:00 – 월요일 휴무
전남 함평군 함평읍 함평천우길 54
☎ 061-322-5723 ℗ 가능

전주식당 육회비빔밥 | 육회

함평한우를 맛볼 수 있는 곳으로, 육회비빔밥이 유명하다. 육회가 중간에 듬뿍 들어가고 양념장, 당근, 오이, 계란 상추 등이 들어있는데, 함께 어우러지는 맛이 일품이다. 기본찬으로 돼지등뼈와 반찬 3종이 나오며, 한우생고기를 주문하면 서비스로 생고기초밥도 나온다.

Ⓦ 한우반반(중 5만5천원, 대 8만원), 한우생고기, 한우육회(소 2만8천원, 중 4만8천원), 한우초밥(8p 1만5천원), 홍어무침(3만원), 낙지무침(시가)
🕐 11:30~18:00 – 일요일 휴무
전남 함평군 함평읍 신기산길 22
☎ 061-322-2342 ℗ 불가

화랑식당 ✖ 비빔밥 | 육회

생고기 육회비빔밥이 유명하다. 밥 위에 콩나물과 부추, 육회가 올라가고 김, 계란, 파 등이 고명으로 올라간다. 선짓국과 돼지 비계도 따라나오는 것이 특징. 보통 선짓국은 양념을 한 해장국 스타일이지만 이곳에서는 소고기뭇국처럼 말갛게 나온다. 비빔밥에 양념장을 한 숟가락 넣고 비계를 함께 섞어 비벼 먹는다.

Ⓦ 육회비빔밥(보통 1만원, 특 1만5천원), 낙지비빔밥(시가), 생고기, 육회(각 300g 4만원, 450g 6만원)
🕐 10:00~20:00 – 명절 휴무
전남 함평군 함평읍 시장길 96
☎ 061-323-6677 ℗ 가능

전라남도 해남군

바다동산 전복 | 생선회

땅끝마을 해남에서 오래된 식당 중 하나다. 전복과 매생이를 사용한 다양한 메뉴를 선보이며 신선한 활어회도 맛볼 수 있다. 함께 나오는 곁들이 음식도 깔끔한 편.

- 코스(A 7만원, B 11만원, C 14만원, 특 17만원), 활어회+매운탕(6만원), 산낙지연포탕, 산낙지볶음(소 4만원, 대 7만원), 전복비빔밥(2만원), 전복매생이, 전복물회, 전복죽(각 1만5천원)
- 09:00~22:00 – 연중무휴
- 전남 해남군 송지면 땅끝마을길 52
- 061-532-3004 P 가능

삼산브레드 베이커리

푸른 자연과 조화롭게 어우러지는 베이커리. 천연발효종을 사용한 캄파뉴, 사워도우와 같은 식사빵을 위주로 선보인다. 담백한 맛의 치아바타가 추천 메뉴다. 일주일에 하루, 토요일에만 영업하는 점이 아쉽다.

- 캄파뉴사워도우(1만원), 올리브호랑이빵(7천원), 젝스콘브롯(1만1천원), 뺑오쇼콜라(4천5백원), 크루아싱(4천원), 통밀시워도우(7천원), 브리오슈(1만원), 치아바타(4천원), 전통바게트(4천원), 씨앗바게트(4천백원), 잠봉크루아상(5천원)
- 11:00~16:00 – 토요일반 영업
- 전남 해남군 삼산면 신기큰길 28
- 061-532-3301 P 가능

소망식당 백반

돼지 주물럭 정식과 홍어만 선보이는 곳으로, 주물럭 정식은 인원수대로 주문해야 한다. 다양한 밑반찬과 김치찌개나 된장찌개도 내어준다. 뚝배기에 나오는 매콤달콤한 양념의 주물럭은 양도 상당한 편.

- 뚝배기주물럭정식(2인 이상, 1인 1만5천원), 뚝배기주물럭추가(1만5천원), 찌개주가(6천원), 홍어(반접시 1만원, 한접시 2만원)
- 10:30~15:00/16:00~20:00 – 일요일 휴무
- 전남 해남군 해남읍 구교2길 2
- 061-533-3456 P 불가(공영 주차장 또는 길가에 주차)

어성장어센타 장어

장어는 맛이 고소하고 담백하며 비릿한 맛이 전혀 느껴지지 않는다. 장어구이가 나오기 전에 민물잡어튀김이 먼저 나온다. 1천2백 평의 농장에서 밑반찬의 재료나 쌈배추, 고추, 양파, 과일 등을 직접 재배한다.

- 장어구이정식, 장어통찌개(각 3만원), 장어탕(1만2천원), 용봉탕(시가)
- 11:00~14:00/17:00~21:00(마지막 주문 20:00) – 첫 번째, 세

번째 수요일 휴무
- 전남 해남군 삼산면 해남화산로 464
- 061-534-4944 P 가능

용궁해물탕 해물탕

해물탕을 전문으로 하는 곳. 보리새우, 세발낙지, 꽃게, 석화, 미더덕 등 30여 가지나 되는 재료를 넣어 해물탕을 만든다. 멸치로 만든 육수에 콩나물, 미나리를 더해 시원한 국물을 낸다.

- 해물탕(2인 5만원, 3인 6만원, 4인 7만원)
- 09:00~21:30 – 토, 일요일 휴무
- 전남 해남군 해남읍 행운길 7
- 061-535-5161 P 가능

원조장수통닭 오리 | 닭백숙

닭 한 마리를 코스로 선보이는 곳. 닭고기회를 시작으로 닭주물럭, 닭육수로 끓인 녹두죽, 백숙 등이 차례로 나온다. 특히 고소하고 담백한 닭고기회가 별미다. 한 마리를 시키면 3~4인이 배부르게 먹을 수 있다.

- 토종닭코스요리, 토종닭주물럭, 오리주물럭(각 8만원), 2인 닭주물럭(4만원)
- 11:00~21:00(마지막 주문 19:30) – 둘째, 넷째 주 수요일 휴무
- 전남 해남군 해남읍 고산로 295
- 061-535-1003 P 가능

전주식당 버섯 | 버섯전골

표고전골로 잘 알려진 집. 두륜산 고지대에서 캐온 표고버섯에 소고기, 바지락, 새우 등 해물과 채소를 듬뿍 넣고 육수를 부어 내온다. 두륜산 표고는 그 향이 진하며 크고 두툼하다. 표고산적은 채소와 소고기를 다져 달걀을 입힌 후 표고 위에 얹어 지져 낸다. 1년 이상 묵힌 김치에 싸서 먹는 맛이 일품이다. 생더덕, 두릅, 파전, 더덕구이, 표고산적 등 30여 가지 음식이 차례대로 나오는 산채성식도 추천 메뉴다.

- 산채버섯비빔밥(1만2천원), 표고전골(1만5천원), 토종닭백숙(7만원)
- 09:00~20:00 – 명절 휴무
- 전남 해남군 삼산면 대흥사길 170
- 061-532-7696 P 가능

천일식당 한정식

1924년에 오픈하여 3대째 대를 이어오고 있는 집이다. 주메뉴는 두 가지로, 불고기한정식과 떡갈비한정식이다. 20여 가지가 넘는 다양한 반찬을 한 상 가득 내놓는다. 철따라 나오는 제철 음식과 토하젓, 석화젓, 돔배젓 등의 젓갈들이 전라도의 독특한 맛을 보여준다.

떡갈비정식(3만3천원), 불고기정식(2만9천원), 갈비추가(2만 8천원), 목살구이추가(2만2천원)
🕙 10:00～21:00 – 연중무휴
📍 전남 해남군 해남읍 읍내길 20-8
☎ 061-535-1001 Ⓟ 불가

한아름식당 ✖ 생고기 | 소고기구이

질 좋은 한우 고기를 선보이는 곳으로, 신선한 생고기를 맛 볼 수 있다. 생고기 외에도 꽃등심, 갈빗살, 삼겹살, 목살, 주 물럭을 메뉴로 갖추고 있는 곳. 웨이팅이 잦은 편이니 참고 할 것.

💲 생고기(600g 6만원), 꽃등심(600g 9만원), 갈빗살(600g 9만 9천원), 삼겹살(600g 3만9천원)
🕙 11:00～14:00/17:00～19:00 – 월요일 휴무
📍 전남 해남군 마산면 산이로 332
☎ 061-533-7774 Ⓟ 불가

전라남도 화순군

금성대중음식점 홍어

화순고인돌전통시장 인근의 홍어 전문 식당으로, 현지인들 에게 인기가 많다. 저렴한 가격에 푸짐한 양의 홍어탕을 맛 볼 수 있으며, 홍어애가 들어간 진한 국물이 인상적이다. 홍 어 요리 외에도 갈치탕, 조기탕 등을 맛볼 수 있으며 미더 덕, 꽃게 등을 함께 넣어 국물이 깔끔하고 시원하다.

💲 홍어탕, 갈치탕, 조기탕(각 2인 이상, 1인 4천원), 홍어찜(중 2 만9천원, 대 3만9천원), 홍어삼합(중 3만4천원, 대 4만4천원), 홍어회(중 2만4천원, 대 3만4천원)
🕙 10:00～21:00(마지막 주문 19:00) – 15일, 30일 휴무
📍 전남 화순군 화순읍 시장길 40
☎ 061-374-4365 Ⓟ 가능

능주삼거리식당 족발

돼지 머릿고기와 족발이 유명한 곳. 족발을 처음 한 번 소금 으로 간을 맞춰 삶아낸 후 다시 찜통에서 수증기로 삶는다. 마늘씨와 참기름을 넣어 잡내를 잡는 것이 특징.

💲 돼지족발(1만3천원), 돼지주물럭(1만원), 돼지머릿고기(7천 원), 돼지머리국밥, 돼지내장국밥, 순대국밥(각 8천원)
🕙 08:00～20:00 – 일요일, 명절 휴무
📍 전남 화순군 능주면 죽수길 25
☎ 061-372-1376 Ⓟ 가능

달맞이흑두부 ✖ 일반한식 | 두부

검은콩으로 만든 흑두부를 선보이는 곳. 그날그날 사용할 두부를 가마솥에 장작불로 직접 끓여서 만든다. 흑두부보쌈, 흑두부삼합, 흑두부탕수육 등 흑두부로 만든 다양한 메뉴가 있다.

💲 흑두부삼합(소 4만5천원, 대 5만5천원), 흑두부보쌈(소 3만5 천원, 대 4만5천원), 흑두부탕수육(2만원), 가마솥흑두부(8천원)
🕙 09:30～20:00 – 명절 휴무
📍 전남 화순군 동면 충의로 849
☎ 061-372-8465 Ⓟ 가능

사평다슬기수제비 다슬기

다슬기로 만드는 해장국을 잘하는 집. 섬진강에서 잡은 다 슬기를 사용한다. 다슬기를 곱게 갈아 맑은 국물에 끓여 호 박, 파, 고추 등을 넣어 맛을 내는 것이 특징. 부드럽고 쌉쌀 한 맛이 숙취 해소에 좋다.

💲 다슬기탕(8천원), 다슬기수제비(1만원), 다슬기비빔밥(1만1천 원), 다슬기전(1만5천원)
🕙 10:30～14:30/17:00～20:30 | 토, 일요일 10:30～20:30 – 첫 째 주 월요일 휴무
📍 전남 화순군 화순읍 서양로 79
☎ 061-372-6004 Ⓟ 가능

색동두부 두부 | 보쌈

포두부보쌈이 유명한 집. 포를 뜨듯 얇게 만든 포두부를 깔 고 그 위에 돼지 머릿고기, 표고버섯, 달걀지단, 고추, 새우 젓 등을 올려 싸 먹는다. 찰진 잡곡밥이 맛있고 밑반찬도 정 갈하다. 두부전골과 순두부백반도 먹을 만하다.

💲 색동두부정식(3인 이상 1인 1만8천원, 2인 이상 1인 4만원), 황금두부보쌈(소 2만7천원, 중 3만3천원, 대 4만원), 색동두부 (소 3천원, 대 5천원), 두부전골(소 2만5천원, 중 3만5천원, 대 4 만원), 색동탕수두부(1만원), 색동두부어울림메뉴(선 6만4천원, 미 5만4천원)
🕙 11:00～15:30/16:30～21:00(마지막 주문 20:30) – 명절 휴무
📍 전남 화순군 도곡면 지강로 438
☎ 061-375-5066 Ⓟ 가능

석란 한정식

정갈한 한정식을 즐길 수 있는 곳. 생선회, 육회, 삼합, 잡채, 홍어찜, 버섯전, 떡, 밤, 멍게, 해삼, 버섯구이, 계란찜, 떡갈 비, 매생이국 등이 나온다. 한상을 받으려면 4인이 가야 한 다.

💲 한정식(1인 2만원, 3만원, 4만원), 석란특선(2인 1만3천원)
🕙 11:30～14:00/17:30～21:00 | 일요일 11:30～14:00 – 연중무휴
📍 전남 화순군 화순읍 교동길 20
☎ 061-375-5333 Ⓟ 가능

송원숯불갈비 소떡갈비 | 돼지갈비

송원숯불갈비는 뼈 붙은 고기를 양념해서 직화로 구워내는 담양식 돼지 갈비를 맛볼 수 있는 집이다. 주문하면 그 자리에 바로 숯불에 굽기 시작하기 때문에 시간이 조금 소요된다. 돼지와 양념, 그리고 숯불이 만났기 때문에 맛은 보장된다.

- Ⓦ 소떡갈비(2만4천원), 돼지갈비(1만3천원), 돼지갈비(1만3천원), 후식냉면(4천원)
- 🕐 11:30~20:30 | 토, 일요일 10:00~22:00 – 명절 휴무
- 🔍 전남 화순군 능주면 학포로 1894
- ☎ 061-373-9165 Ⓟ 가능

송원숯불갈비

수림정 樹林庭 한정식

화순에서 손꼽히는 한정식집으로, 코스로 나온다. 샐러드를 시작으로 매생이국, 회, 병어조림, 홍어삼합, 떡갈비, 생선구이, 잡채, 부침개 등이 잇따라 나온다. 이어 전복, 개불, 해삼 등이 든 해산물 한 접시와 멍게 한 접시, 홍합오징어 요리, 꼬막 삶은 것, 다슬깃국, 튀김 등 맛깔스러운 남도 반찬이 한 상 가득 나온다.

- Ⓦ 기본정식(2만5천원), 특정식(3만5천원), 여미정식(4만5천원), 수림정식(6만원), 굴비한마리정식(1만7천원)
- 🕐 11:10~15:00/17:00~21:00(마지막 주문 20:00) – 연중무휴
- 🔍 전남 화순군 화순읍 진각로 154
- ☎ 061-374-6560 Ⓟ 가능

엄지빈 카페 | 빙수

화순산 팥으로 만드는 팥빙수가 유명한 카페. 우유와 물을 섞어 얼린 얼음을 사용하며, 비벼 먹지 않고 그대로 떠먹어야 맛있다. 빙수 외에도 커피와 차, 과일주스 등도 즐길 수 있다.

- Ⓦ 팥빙수(7천원), 단팥죽(5천원), 아메리카노(3천원), 카페라테(3천5백원), 계절과일주스(6천원)
- 🕐 10:00~21:00 – 연중무휴

- 🔍 전남 화순군 화순읍 진각로 168
- ☎ 061-374-9193 Ⓟ 가능

오케이목장가든 닭구이

안양산자락의 넓은 부지에 사슴, 흑염소, 닭 등을 기르며, 직접 잡아 요리하는 곳이다. 양념 없이 참숯에 구워 먹는 닭구이가 대표 메뉴. 닭구이를 시키면 백숙과 닭육회 등이 함께 나온다. 촌닭 특유의 탄탄한 식감과 쫄깃한 껍질의 맛이 일품이다. 주변 경관도 훌륭하다.

- Ⓦ 산닭참숯불구이, 오리참숯불구이(각 한마리 7만원, 반마리 4만5천원), 산닭백숙(7만5천원), 닭볶음탕(8만원), 녹용백숙(9만원)
- 🕐 11:30~15:00/16:30~21:00(마지막 주문 20:00) – 월요일 휴무
- 🔍 전남 화순군 화순읍 안양산로 72
- ☎ 061-372-9433 Ⓟ 가능

하늘아래 닭백숙

계곡에서 물놀이하면서 식사할 수 있는 곳. 다리 아래로 계곡이 흘러 야외 좌석에 앉으면 물에 발을 담글 수 있다. 산양 산삼 4뿌리, 백숙, 삼 달인 물, 죽이 코스로 나오는 산양산삼촌닭, 산양산삼오리가 대표 메뉴다. 6천 평이나 되는 큰 규모다.

- Ⓦ 김핑삼겹살(100g 8천원), 산방산삼촌닭, 오리, 낙지닭볶음(11만원), 낙지닭볶음, 약찜닭, 옻닭, 약오리찜(각 3인 7만5천원), 흑염소탕(1만8천원), 흑염소수육(7만5천원)
- 🕐 11:30~21:00 – 연중무휴
- 🔍 전남 화순군 동면 건덕길 75
- ☎ 061-373-9229 Ⓟ 가능

화성식육식당 생고기 | 돼지고기구이

생고기비빔밥이 유명한 생고기 전문점. 소머리, 돼지머리 편육이 주메뉴다. 고기는 물론 김치까지도 국내산을 사용한다. 1975년에 개업해서 현재까지 화순의 대표식당으로 자리잡은 곳이다.

- Ⓦ 생고기(150g 2만5천원), 돼지고기편육(200g 1만원), 소머리국밥(1만1천원), 생삼겹살, 생목살(각 180g 1만6천원)
- 🕐 10:00~15:00/16:30~21:00(마지막 주문 20:30) – 연중무휴
- 🔍 전남 화순군 화순읍 칠충로 162
- ☎ 061-374-2806 Ⓟ 가능

경상북도

Gyeongsangbuk-do Province

경상북도 **경산시**

남산식육식당 ✄ 소고기구이

한우로 유명한 경산에서도 잘 알려진 고깃집. 돌판에 소기름을 두르고 갈빗살을 구워 먹는다. 마블링 좋은 고기는 별다른 밑반찬 없이도 부족함이 느껴지지 않는다. 소고기찌개라고 할 만큼 소고기가 가득한 된장찌개 맛도 일품이다. 육회와 생고기만 주문 가능하며 토시살과 안창살은 예약 주문해야 한다.

- ⓦ 안창살(120g 2만8천원), 토시살(120g 3만원), 육회, 생고기(각 260g 3만6천원)
- ⏱ 11:00~20:30(마지막 주문 19:30) – 월요일 휴무(공휴일인 경우 화요일 휴무)
- 🔍 경북 경산시 남산면 산양1길 6
- ☎ 053–852–5124 ⓟ 가능

부천성 富泉城 일반중식

경산에서 유명한 깔끔하고 고급스러운 분위기의 중식당이다. 구수하고 부드러운 삼선누룽지탕과 바삭하고 달콤한 탕수육이 별미다. 저녁 코스 요리도 추천할 만하며 기본 2인 이상 주문해야 한다.

- ⓦ 짜장면(9천5백원), 탕수육(소 3만2천원, 중 4만5천원), 코스 메뉴(3만원~12만원)
- ⏱ 11:30~15:00/17:00~21:00 | 토, 일요일, 공휴일 11:30~21:00 – 명절 휴무
- 🔍 경북 경산시 대학로 73–2 (중방동)
- ☎ 053–814–5042 ⓟ 가능

성암골가마솥국밥 소고기국밥

대구, 경산 지역에서 유명한 해장국집. 육개장 스타일의 국밥을 먹을 수 있다. 장작불로 가마솥에 불을 때서 끓이는 것이 특징이며 시원한 국물 맛을 자랑한다. 경산시에 있지만 대구에서도 가까워 대구 시민들이 많이 찾는다.

- ⓦ 국밥, 육국수(각 1만1천원), 떡갈비(300g 2만5천원)
- ⏱ 07:00~21:30 – 둘째, 넷째 주 월요일 휴무
- 🔍 경북 경산시 삼성현로 42 (옥산동)
- ☎ 053–815–0130 ⓟ 가능

안포레 Aan foret 카페 | 브런치카페

에펠탑 조형물과 어우러지는 푸른 정원이 있는 브런치 카페. 대구 근교 나들이하기 좋은 곳이다. 음료, 디저트부터 브런치 메뉴까지 다양하게 준비되어 있다. 청양불고기버거, 청양옥수수피자 등이 독특한 메뉴.

- ⓦ 아메리카노(5천원), 카페라테(6천5백원), 안포레라테(6천8백원), 청양불고기버거(1만6천9백원), 송화불고기피자(2만6천9백

원), 브리스킷짬뽕파스타(1만8천9백원), 청양옥수수피자(2만4천9백원), 청양불고기버거(1만6천9백원), 안포레크림파스타(1만7천9백원)
- ⏱ 11:00~19:00 – 월요일 휴무
- 🔍 경북 경산시 자인면 원효로 757–5
- ☎ 0507–1435–1405 ⓟ 가능

찰스아노 Charles Ano 브런치카페 | 카페

시크한 분위기가 감도는 대형 카페. 고급스러운 공간에서 흑임자크림라테와 생망고빙수를 선보인다. 전망이 좋은 테라스와 루프탑도 마련되어 있으며, 트러플크림양송이마팔디네와 아보카도김치볶음밥 등의 식사도 맛볼 수 있다.

- ⓦ 생망고빙수(1만8천5백원), 트러플크림양송이마팔디네(1만6천9백원), 클래식프렌치토스트(1만3천5백원), 비스크오일파스타(1만7천9백원), 마리나라파스타(1만6천9백원), 트러플풍기리조토(1만6천9백원), 부라타치즈떡볶이(1만4천8백원)
- ⏱ 10:00~20:30(마지막 주문 19:30) – 연중무휴
- 🔍 경북 경산시 남산면 삼성현문화길 9
- ☎ 053–853–3581 ⓟ 가능

커피명가본 ✄ 카페 | 베이커리

대구에서 품질좋은 커피와 딸기케이크로 인기를 끌었던 커피 명가가 이전한 본점. 로스팅 공간을 겸하고 있는 대형 베이커리 카페다. 높은 층고와 통창이 시원한 느낌을 주며, 층별로 다른 콘셉트의 테이블과 의자로 인테리어 되어 있다.

- ⓦ 아메리카노(6천원), 카페라테, 명가치노, 말차명가치노, 리얼쇼콜라(각 7천원), 오늘의커피(8천원), 딸기케이크(8천5백원), 단호박케이크(7천5백원), 딸기라즈베리케이크(8천5백원)
- ⏱ 10:00~21:00(마지막 주문 20:30) – 연중무휴
- 🔍 경북 경산시 압량읍 임당로 230
- ☎ 053–815–0892 ⓟ 가능

경상북도 **경주시**

11체스터필드웨이 ✄

11 Chesterfield Way 캐주얼다이닝 | 와인바

11체스터필드웨이가 2022년 6월에 다시 돌아왔다. 1인 업장으로 운영하며 다양한 요리를 단품으로 맛볼 수 있다. 단품 테이스팅 코스와 메뉴판에 없는 계절 식자재와 고급 식자재를 활용한 고메 코스도 준비되어 있다.

- ⓦ 이베리코베요타목살구이와토마토리조토(3만5천원), 홍새우비스크파스타(2만2천원), 맛있는뇨키, 초리조마늘파스타(각 1만9천원), 채끝등심스테이크(4만2천원), 바질새우오리키에파스타(2만1천원), 카르보나라(1만9천원), 돌김아몬드파스타(1만5천원),

라타투이(1만원), 초콜릿퐁당트(9천원)
🕐 12:00〜15:00(마지막 주문 14:00)/17:00〜21:00(마지막 주문 20:00) – 연중무휴(휴무 시 인스타그램 공지)
🔍 경북 경주시 화랑로37번길 30-1 (성건동) 1층
☎ 054-624-7045 Ⓟ 가능

1894사랑채 카페

황리단길 한옥카페로, 예전에는 게스트하우스로 운영되었다고 한다. 1894년에 지어졌다는 한옥 여러 채로 구성되어 있어 프라이빗 공간이 많다. 정원에는 우물과 연못도 있어 한옥의 운치를 즐길 수 있다.

Ⓦ 에스프레소(5천원), 아메리카노(5천5백원), 카페라테(6천원), 티(6천5백원〜7천5백원), 오미자에이드(6천5백원), 눈꽃팥빙수(1만5천원), 팥물찐빵(2알 4천원)
🕐 11:00〜22:00(마지막 주문 21:00) | 토, 일요일 10:00〜22:00(마지막 주문 21:00) | 명절 당일 11:00〜22:00 – 연중무휴
🔍 경북 경주시 포석로1068번길 23 (황남동)
☎ 054-776-4086 Ⓟ 불가

경주원조콩국 ✕ 콩국수

오래된 콩국수 전문점. 70여 년 세월 동안 3대째 내려오고 있다. 진한 콩국에 찹쌀도넛과 검은깨, 들깨, 검은콩, 계란노른자 등과 참기름, 꿀, 흑설탕이 첨가된 이색적인 콩국을 낸다. 여름에는 시원하게 겨울에는 따뜻하게 즐길 수 있다. 해장용으로도 많이 찾는다.

Ⓦ 콩국수(소 9천원, 대 1만원), 냉우무콩국(7천원), 순두부찌개, 생콩우거지탕(각 1만2천원), 생콩해물파전(1만3천원)
🕐 09:00〜10:30/11:30〜16:30/17:30〜19:45(마지막 주문 19:15) – 일요일, 명절 휴무
🔍 경북 경주시 첨성로 113 (황남동)
☎ 054-743-9644 Ⓟ 가능

경주콩나물국밥 콩나물국밥 | 소고기국밥 | 굴국밥

콩나물국밥, 굴 국밥, 소고기 국밥 등을 맛볼 수 있는 곳. 콩나물국밥은 전주식이 아닌 경주식으로 조리된다. 기본 콩나물국밥에 굴, 소고기 등이 들어간 국밥도 추천할 만하다. 산채비빔밥에는 시금치, 당근, 고사리, 도라지, 무생채, 콩나물 등 8가지 채소가 들어가며 제철에 따라 조금씩 종류가 변경될 수 있다.

Ⓦ 콩나물국밥(8천원), 굴국밥, 소고기국밥, 산채비빔밥(각 9천원)
🕐 07:00〜16:00 – 화요일 휴무
🔍 경북 경주시 태종로791번길 7-1 (황오동)
☎ 0507-1493-0461 Ⓟ 불가

고향숯불갈비 ✕ 소고기구이

한우 생고기를 저렴하게 먹을 수 있는 곳. 특수부위로는 안창살, 꽃갈비 등 다양한 부위를 취급하고 있다. 양념불고기보다는 생고기가 더 인기가 높다. 반찬도 정갈하게 나온다.

Ⓦ 소금구이, 양념구이(각 100g 2만5천원), 꽃갈비, 안창살(각 100g 3만원), 육회(200g 3만원), 된장국수(5천원)
🕐 10:00〜21:00 – 명절 휴무
🔍 경북 경주시 천북면 화산안길 11-15
☎ 054-774-0962 Ⓟ 가능

교리김밥 김밥

채 썬 달걀지단을 듬뿍 넣은 김밥을 내며, 관광객에게 인기가 좋다. 소박한 김밥이지만 나름의 개성이 있어 교촌 한옥마을과 경주 향교를 산책할 때 간식으로 맛보기 좋다. 1인당 2줄씩 판매한다.

Ⓦ 김밥(2줄 1만2천원, 3줄 1만8천원), 잔치국수(8천5백원)
🕐 08:30〜17:30 | 토, 일요일, 공휴일 08:30〜18:30 – 수요일 휴무(공휴일인 경우 정상 영업)
🔍 경북 경주시 탑리3길 2 (탑동)
☎ 054-772-5130 Ⓟ 가능

교리김밥

국시집 ✕ 칼국수

경주 시내에서 칼국수로 소문이 자자한 곳이다. 밀가루의 느끼함이 없고 부드러운 면발이 일품이다. 입속에서 목으로 후루룩 넘어가는 맛이 좋다. 겉절이 김치를 곁들여 먹는다.

Ⓦ 칼국시(8천원), 만두(5천원), 콩국수(9천원)
🕐 10:00〜15:00/17:00〜22:00(마지막 주문 21:30) – 연중무휴
🔍 경북 경주시 북문로 31 (성건동)
☎ 054-773-3050 Ⓟ 불가

놋전국수 ✕ 국수

다양한 국수를 전문으로 하는 곳. 주문을 하면 그 자리에서 국수를 삶기 시작하기 때문에 조금 기다려야 한다. 투박한

양은그릇에 담겨나오는 국수에 김치와 김가루, 호박, 양념장이 올라가 있다. 멸치육수의 향도 좋다. 개업한 지 40년이 넘는 집이다.

- ⓦ 잔치국수(6천원), 비빔국수, 칼국수(각 7천원), 회국수(9천원), 파전, 부추전(각 1만원)
- ⓣ 11:00~19:00 – 화요일 휴무
- ⓠ 경북 경주시 첨성로 55–8 (사정동)
- ☎ 054–749–2162 ⓟ 불가(골목 주차 가능)

놋전집 솥밥

모던하면서도 전통적인 한옥 인테리어 속 건강한 솥밥 정식을 즐길 수 있는 한식 전문점. 솥밥 정식은 솥밥과 해물순두부전골, 고추장불고기, 간장불고기, 양념LA갈비 중 하나를 선택해 함께 맛볼 수 있다.

- ⓦ 해물순두부찌개+솥밥(1만2천원), 고추장불고기+솥밥(1만6천원), 간장불고기+솥밥(1만6천원), 양념LA갈비+솥밥(2만원), 표고버섯튀김(9천원)
- ⓣ 10:30~20:00(마지막 주문 19:30) | 토, 일요일 10:30~15:00/16:00~20:00(마지막 주문 19:30) – 화요일 휴무
- ⓠ 경북 경주시 놋전1길 23 (황남동)
- ☎ 010–7723–1136 ⓟ 가능

대구갈비 ✂ 돼지갈비찜

대구의 매운 갈비찜에서 유래한, 고춧가루로 버무린 돼지갈비찜이 별미다. 상추나 깻잎에 싸 먹으면 매운맛이 많이 누그러진다. 양은냄비에 나오는 갈비찜을 다 건져 먹고 남은 양념에는 상추와 깻잎, 매운 풋고추를 잘라 넣고 밥을 비벼 먹는다.

- ⓦ 돼지갈비찜, 돼지갈비(각 1만3천원), 소갈비찜, 소갈비(각 2만4천원), 갈비탕(1만2천원)
- ⓣ 09:00~22:00(마지막 주문 21:30) – 명절 휴무
- ⓠ 경북 경주시 북정로 5 (황오동)
- ☎ 054–772–1384 ⓟ 불가

대구막창 돼지막창

초벌구이 된 막창을 연탄불 위 석쇠에 올려놓고 구워 먹는 방식이다. 동국대학교 경주캠퍼스 인근을 지나는 형산강이 보이는 큰 건물 1층에 자리 잡고 있다.

- ⓦ 생막창(120g 9천원), 생삼겹살, 갈매기살(각 120g 9천원), 한우차돌박이(100g 1만3천원)
- ⓣ 16:30~03:00(익일) – 비정기적 휴무
- ⓠ 경북 경주시 양정로 197 (동천동)
- ☎ 054–741–4663 ⓟ 가능

도솔마을 한정식

한국적인 분위기에서 정갈한 한식을 즐길 수 있는 곳. 저렴한 가격에 맛깔스러운 음식을 푸짐하게 먹을 수 있다. 들어

가는 입구에는 나무가 울창하여 상쾌한 기분이 든다. 140년 된 한옥을 개조하여 고풍스러운 느낌이 든다.

- ⓦ 수리산정식(1만3천원), 모둠전, 파전, 가오리무침, 가자미구이, 떡갈비(정식 주문시 추가가능 각 1만원)
- ⓣ 11:00~15:00/17:00~21:00(마지막 주문 20:00) – 화, 수요일 휴무
- ⓠ 경북 경주시 손효자길 8–13 (황남동)
- ☎ 054–748–9232 ⓟ 가능

랑콩뜨레 ✂ Rencontre 베이커리

대전 성심당 출신의 파티시에가 운영하는 곳. 황성동 일대에서는 손꼽히는 빵집이다. 피낭시에, 마카롱 등 프랑스식 디저트도 맛볼 수 있다. 얼그레이프레첼과 멜론빵을 많이 찾는다.

- ⓦ 얼그레이프레첼(4천5백원), 알프스몽블랑(5천5백원), 메론빵(3천2백원), 양파프레글(4천8백원), 노아레즌(6천8백원), 아나까(4천8백원), 명인앙금빵(2천8백원)
- ⓣ 09:00~21:00 – 연중무휴
- ⓠ 경북 경주시 황성로27번길 10 (황성동) 신안상가 1층 102호
- ☎ 054–743–8017 ⓟ 불가

료미 후토마키 | 일본가정식 | 일식덮밥

일본 가정식을 먹을 수 있는 곳. 후토마키와 다양한 덮밥을 전문으로 하며, 소바에 깻잎과 바질페스토가 어우러진 고마소바도 인기 메뉴다. 한옥의 멋스러움을 잘 살려낸 인테리어로 분위기가 좋다.

- ⓦ 후토마키(5피스 1만6천원, 10피스 3만1천원), 스테이크덮밥, 소보로덮밥, 가쿠니덮밥(각 1만4천원), 고마소바, 돈지루소바, 야키소바(각 1만2천원)
- ⓣ 11:00~15:00/17:00~21:00(마지막 주문 20:30) – 연중무휴
- ⓠ 경북 경주시 포석로 1058–1 (황남동)
- ☎ 054–624–5060 ⓟ 불가

리루하 lionel louis house 이탈리아식

예약제로 운영되는 이탈리안 레스토랑. 셰프 한 명이 운영하며 한 팀만 프라이빗하게 식사할 수 있도록 예약제로 운영된다. 직접 만든 소스를 사용한 파스타를 비롯해 송아지안심스테이크 등의 이탈리아 요리를 단품으로 선보인다.

- ⓦ 2인리루하코스(18만2천원), 2인리오넬코스, 2인루이코스(각 15만원), 3인리루하코스(27만 3천원), 3인리오넬코스, 3인루이코스(각 22만 5천원), 송아지굴라쉬, 트러플송화버섯크림파스타(각 2만2천원), 송아지안심스테이크, 송아지티본 스테이크, 오소부꼬(각 4만8천원)
- ⓣ 11:00~21:00(마지막 주문 20:00) – 연중무휴
- ⓠ 경북 경주시 양남면 신대로 66–9
- ☎ 010–2836–7719 ⓟ 가능

릭버거 lik burger 햄버거

한옥으로 된, 카페 같은 느낌의 햄버거 전문점. 부드럽고 두툼한 패티에 베이컨과 치즈 등이 들어간 릭버거가 시그니처 메뉴다. 감자튀김에 칠리소스가 얹어진 칠리콘카르네도 사이드 메뉴로 꼭 맛보아야 한다.

- ₩ 치즈버거, 경주버거(각 9천5백원), BLT버거(9천8백원), 릭버거(1만8백원), 감자튀김(5천원), 칠리콘카르네(8천5백원)
- ⏰ 10:00〜21:00(마지막 주문 20:30) – 수요일 휴무
- 🔍 경북 경주시 포석로 1039–1 (사정동)
- ☎ 010-9520-9999 ⓟ 불가

맷돌순두부 ✖ 순두부 | 돼지고기구이

콩을 직접 맷돌로 갈아 가마솥에 쪄서 만든 순두부에 새우와 바지락 등 해물을 듬뿍 넣은 순두부찌개가 인기 메뉴다. 계절마다 곁들이는 신선한 채소와 버섯류가 순두부찌개의 얼큰하고 시원한 맛을 더한다. 특별 메뉴로는 통돼지바비큐가 있다.

- ₩ 맷돌순두부찌개, 맷돌순두부(각 1만2천원), 해물파전(1만3천원), 반모두부(7천원), 바비큐샐러드(1만5천원)
- ⏰ 08:00〜16:00/17:00〜21:00 | 토, 일요일 08:00〜21:00 – 목요일 휴무
- 🔍 경북 경주시 북군길 7 (북군동)
- ☎ 054-620-9000 ⓟ 가능

밀면식당 밀면

경주역 부근의 밀면 골목에서 유명한 집으로, 경주에서는 밀면의 원조로 꼽히는 곳이다. 육수에 한약재를 넣어 만드는 것이 특징이며 비빔밀면보다는 물밀면이 더 인기가 좋다. 겨울철에는 영업을 하지 않으므로 사전에 확인하고 가는 것이 좋다.

- ₩ 물밀면, 비빔밀면(각 8천원, 곱빼기 9천원), 손만두(6천원)
- ⏰ 11:00〜16:00(마지막 주문 15:45, 재료 소진 시 마감) – 명절, 목요일 휴무
- 🔍 경북 경주시 태종로791번길 9 (황오동)
- ☎ 054-749-8768 ⓟ 불가(중심상가 공영 주차장 이용)

박용자경주명동쫄면 쫄면

40년 넘게 영업하고 있는 쫄면집으로, 경주에서 학창시절을 보낸 사람들에게는 추억이 서려 있는 식당이다. 일반적인 비빔쫄면 외에도 따뜻한 멸치 육수에 쫄면을 담아 내는 유부쫄면, 어묵쫄면 등도 인기가 많다.

- ₩ 비빔쫄면, 유부쫄면, 어묵쫄면, 냉쫄면(각 9천원)
- ⏰ 11:20〜15:00/16:30〜19:30(마지막 주문 19:10) | 토, 일요일 11:20〜19:30(마지막 주문 19:10) – 화, 수요일 휴무
- 🔍 경북 경주시 계림로93번길 3 (노동동)
- ☎ 054-743-5310 ⓟ 불가

반도불갈비식당 ✖ 소갈비

경주 시내에서 50여 년간 영업한 식당으로, 소갈비와 소갈빗살을 취급한다. 가격에 비해 마블링이 좋은 고기를 내며 과하게 달지 않은 양념구이가 인기다. 연탄불에 석쇠로 구워 먹는 정취가 인상적이다.

- ₩ 한우생갈비, 한우양념갈비, 한우갈빗살소금구이, 한우갈빗살양념구이(각 100g 2만4천원)
- ⏰ 16:00〜21:00 – 연중무휴
- 🔍 경북 경주시 화랑로 83 (서부동)
- ☎ 054-772-5340 ⓟ 불가

반도불갈비식당

백년찻집경주점 ✖ 전통차전문점

대구팔공산점에 이어 사랑받는 전통찻집이다. 전통 한옥과 넓은 정원이 어우러져 운치가 있다. 조명이 은은한 실내에서 차 한잔의 여유를 느낄 수 있으며 한지로 만든 아름다운 등공예와 아기자기한 다기도 구경할 수 있다.

- ₩ 백년차, 대추차, 솔잎차, 보이차(각 8천원), 석류차, 계피차, 수정과, 매실차, 오미자차, 장미차, 국화차(각 7천원)
- ⏰ 11:00〜24:00 – 연중무휴
- 🔍 경북 경주시 양북면 추령재길 72
- ☎ 054-773-3450 ⓟ 가능

별채반교동쌈밥 일반한식 | 쌈밥

푸짐한 쌈밥정식을 맛볼 수 있는 곳. 10여 가지가 넘는 맛깔스러운 반찬이 한상 가득 깔리며 고기의 종류는 돼지불고기와 오리불고기, 한우불고기 중 선택할 수 있다.

- ₩ 교동쌈밥(한우 2만원, 오리 1만8천원, 돼지 1만7천원), 6부촌육개장(1만2천원)
- ⏰ 11:00〜16:00/17:00〜21:00(마지막 주문 20:00) – 명절 휴무
- 🔍 경북 경주시 첨성로 77 (황남동)
- ☎ 054-773-3322 ⓟ 가능

복길 솥밥 | 전복

전복 솥밥과 전복죽을 대표 메뉴로 맛볼 수 있는 전복요리 전문점. 솥밥과 죽에는 버터가 들어가 있다. 솥밥은 골고루 비벼 김과 젓갈을 곁들여 먹는다. 전복 외에 한우불고기솥밥도 추천할 만하다.

- ⓦ 전복솥밥, 전복죽, 한우불고기솥밥(각 1인 1만7천원), 고등어구이(1만2천원), 전복구이(6마리 2만1천원, 8마리 2만8천원)
- ⓣ 10:30~16:00/17:00~21:00(마지막 주문 20:10) – 연중무휴
- ⓠ 경북 경주시 첨성로 71 (황남동)
- ☎ 054–748–3555 ⓟ 가능(1시간 무료)

브래드몬스터 BREAD MONSTER 베이커리

유럽식 천연발효빵 전문점. 빵은 다양한 천연발효종을 사용해 12시간 이상 저온숙성과 자연발효 과정을 거쳐 담백하고 풍미 깊은 맛을 낸다. 가격대비 만족도가 높은 곳이다.

- ⓦ 캄파뉴(5천원~5천3백원), 베이글샌드위치(변동), 앙버터(4천5백원), 팽오쇼콜라(4천3백원), 햄치즈크루아상(4천3백원), 크루아상(4천원), 올리브치아바타(4천3백원), 트리플치즈(4천5백원)
- ⓣ 10:30~19:40 | 토요일 10:00~18:00 – 일요일 휴무
- ⓠ 경북 경주시 용담로92번길 53 (황성동)
- ☎ 054–777–1710 ⓟ 불가

산드레 약선요리 | 한정식

한옥 분위기에서 약선요리와 한정식을 즐길 수 있는 곳으로, 프라이빗한 모임이 가능한 룸도 통창문을 설치하여 풍경을 즐길 수 있다. 유기 그릇에 정갈하게 음식이 나오며, 음식도 짜지 않고 자극적이지 않은 맛이다.

- ⓦ 우슬초정식한상(2만원), 백복령코스(3만원), 하수오코스(4만원), 삼백초보쌈, 떡갈비, 버섯탕수(각 1만5천원)
- ⓣ 11:00~20:00(마지막 주문 18:50) – 월요일, 명절 전일, 당일 휴무
- ⓠ 경북 경주시 보불로 299–5 (하동)
- ☎ 054–746–5400 ⓟ 가능

산해 山海 돼지고기구이

석쇠 연탄불에 구운 양념 돼지고기에 김치찌개 스타일의 김치찜을 곁들여 먹는 곳이다. 돼지고기 석쇠구이는 연탄불에 구워 상으로 가져다준다. 김치찜은 두툼한 삼겹살을 넣어 끓여 나오며 2인 이상 주문해야 한다.

- ⓦ 석쇠구이(2인 이상. 1인 170g 1만2천원), 청국장(8천원), 간장게장(한 마리 2만원), 김치찜(1만원)
- ⓣ 11:00~15:30/17:00~20:30(마지막 주문 20:00) – 명절 휴무
- ⓠ 경북 경주시 숲머리길 130–5 (보문동)
- ☎ 054–743–7791 ⓟ 가능

삼릉고향칼국수 ✕ 칼국수

납작하게 밀어서 만든 손칼국수가 유명하다. 우리 밀을 사용하여 면을 만들며 국물은 멸치육수에 잡곡 가루를 넣어 걸쭉한 것이 특징이다. 오징어가 가득 들어간 해물파전을 곁들이면 좋다.

- ⓦ 손칼국수(8천원, 곱빼기 9천원), 해물파전(1만원), 소머리수육(1만2천원), 도토리묵(8천원)
- ⓣ 08:30~20:30 – 연중무휴
- ⓠ 경북 경주시 삼릉3길 2 (배동)
- ☎ 054–745–1038 ⓟ 가능

석하한정식 ✕ 한정식

석하는 옛 강이라는 뜻으로 과거에 강이 있던 자리여서 붙여진 이름이라고 한다. 단정하면서도 웅장한 전통 한옥에 고풍스러운 장식품이 있는 실내, 창 너머로 과수원과 포도원이 보이는 풍경이 아름답다. 정갈한 한식이 코스로 제공된다.

- ⓦ 석하정삼품(3만8천원), 석하정이품(4만8천원), 석하정일품(6만3천원), 평일특선(2만2천원)
- ⓣ 12:00~15:00/16:30~21:30 – 명절 휴무
- ⓠ 경북 경주시 흥무로 51–14 (충효동)
- ☎ 054–774–2050 ⓟ 가능

설월 雪月 카페 | 한식디저트

한국식 디저트를 선보이는 카페. 내부 인테리어도 모던하면서 한국 전통의 미를 표현하였다. 대표 메뉴는 대릉원타르트며 커피의 종류도 다양하다.

- ⓦ 대릉원타르트(8천원), 증편파니니(9천원), 제철과일케이크(8천5백원), 필터커피(7천5백원), 아메리카노(5천원), 피치청귤에이드(7천5백원), 젤라토아이스크림(5천5백원)
- ⓣ 11:00~21:00(마지막 주문 20:50) – 연중무휴
- ⓠ 경북 경주시 첨성로81번길 22–13 (황남동)
- ☎ 010–3292–6011 ⓟ 불가

수리뫼 한정식

조선왕조 궁중음식 기능보유자인 이수자가 운영하고 있는 한식당. 정갈하면서도 깔끔한 아름다운 한국 음식의 맛과 멋을 느낄 수 있으며 주변 경치도 뛰어나다. 손님이 방문하는 시간에 맞춰 요리를 만들기 시작하기 때문에 방문 하루 전 전화 문의는 필수다.

- ⓦ 수코스(5만5천원), 리코스(7만7천원), 뫼코스(9만9천원)
- ⓣ 11:30~15:30/17:00~21:00(마지막 주문 19:00) – 화요일 휴무
- ⓠ 경북 경주시 내남면 포석로 110–32
- ☎ 054–748–2507 ⓟ 가능

수석정 ✕ 壽石政 한정식

경주박물관 앞에 있는 오래된 한정식집. 현지인들이 많이
가는 곳이다. 정식을 시키면 신선한 해산물과 갈비찜 등이
차려진다. 음식은 자극적이지 않고 담백한 편이다. 상호처럼
정원에 오래된 소나무와 분재, 돌들이 가득하다.

ⓦ 궁중비빔밥(1만8천원), 떡갈비정식(2인 이상, 1인 2만7천원),
주인상(3만3천원), 수라상(4만5천원), 석류상(5만5천원)
🕐 11:00~20:30(마지막 주문 19:20) – 화요일 휴무
🔍 경북 경주시 내리길 41 (배반동)
☎ 054-748-0835 ⓟ 가능

슈만과클라라 ✕ Schumann & Clara 커피전문점

진한 맛의 일본식 핸드드립 커피를 마실 수 있다. 클래식 음
반만 1만6천여 장을 보유하고 있어 음악과 커피를 즐길 수
있는 곳이다.

ⓦ 아메리카노(6천원), 카페라테(6천5백원), 아이리쉬커피(1만
원), 핸드드립커피(8천원~1만2천원), 아인슈페너(6천5백원), 프
랑스초코무스케이크(7천원), 레어치즈케이크(6천원), 더블토스
트(6천5백원)
🕐 10:30~22:30 – 연중무휴
🔍 경북 경주시 한빛길36번길 36-1 (성건동)
☎ 054-749-9449 ⓟ 가능

스틸룸 STILLROOM 이탈리아식

이탈리안 다이닝 & 바. 한우 채끝 등심을 다른 재료들과 함
께 페이스트리로 감싸 만든 비프웰링턴이 시그니처 메뉴며
세트 메뉴를 시키는 것이 가격 대비 만족도가 높다. 저녁때
는 위스키나 와인바로도 이용된다. 창밖으로 봉황대 공원이
보이는 전망을 자랑한다.

ⓦ 한우웰링턴(160g 4만4천원), 한우채끝스테이크(160g 3만4천
원), 이베리코베요타항정살(2만4천원), 우리비스크파스타(2만5
천원), 라구볼로네제파스타(1만8천원), 단새우와감태냉파스타(1
만6천원), 영덕붉은대게냉파스타(2만3천원), 전복리조토(2만원),
샐러드, 카프레제(각 1만1천원), 뇨키(1만8천원)
🕐 17:00~24:00 │ 토, 일요일, 공휴일 11:30~15:00/17:00

~24:00(마지막 주문 22:30) – 연중무휴
🔍 경북 경주시 원효로 87 (노동동)
☎ 054-741-7001 ⓟ 가능(해동주차장 이용, 2시간 무료)

시즈닝 seasoning 파스타

전통 한옥을 재현하여 앤티크한 분위기의 이탈리안 레스토
랑. 한국적인 맛을 가미한 개성 있는 파스타와 덮밥 등을 맛
볼 수 있다. 가격대비 만족도도 높은 편이다.

ⓦ 크림파스타(1만3천원), 치킨마니스, 쿠로라이스, 시즈닝크림
리조토(각 1만3천5백원), 콥샐러드, 푸틴(각 7천5백원)
🕐 10:30~15:30/17:00~21:00(마지막 주문 20:30) – 화요일 휴
무
🔍 경북 경주시 첨성로99번길 25-2 (황남동)
☎ 054-774-7477 ⓟ 불가

어향원 ✕ 御香苑 일반중식

1960년대에 화교출신 셰프가 오픈하여 3대째 운영중인 중
식당. 찹쌀 탕수육이 인기 메뉴며 다양한 코스요리도 있어
식사 대접하기에도 좋다. 노포지만, 내부와 음식이 전반적으
로 깔끔하다. 대만식동파육이 새로운 메뉴. 처음에 미화반
점에서 시작하여 연래춘을 거쳐 현재 위치로 오면서 상호를
어향원으로 변경하였다.

ⓦ 동파육(5만원), 가지만두(8천원), 새우샤오마이(8천원), 대만
우육면(1만2천원), 삼선짬뽕(1만원), 궈바로우(2만2천원), 짬뽕(7
천원), 탕수육(2만원)
🕐 11:00~14:30/17:00~19:30 – 월요일 휴무
🔍 경북 경주시 화랑로 76-1 (서부동)
☎ 054-772-2821 ⓟ 가능

엘라토경주 EL RATO GYEONGJU 멕시코식

울산에 본점을 둔 황리단길의 멕시코 식당. 기다란 선인장
으로 장식된 입구부터 이국적인 분위기가 느껴지는 곳. 풍
미 가득한 고기를 취향대로 싸먹는 대표 메뉴인 파히타의
토르티야와 소스는 리필이 가능하다. 모든 메뉴엔 고수가
기본적으로 들어가지 않으며, 요청해야 한다.

ⓦ 파히타(2인 3만9천원), 해초연어보울(1만6천5백원), 비프보
울(1만5천5백원), 부리토(포크, 치킨 각 1만4천5백원, 비프, 베지
각 1만5천5백원), 과카몰레&나초(1만3천5백원), 케사디야(치킨
1만4천5백원, 비리아 1만5천5백원, 아보카도슈림프, 아보카도
루콜라 각 1만6천5백원), 타코(포크, 치킨 각 1만1천5백원, 베지,
비프, 슈림프 각 1만2천5백원)
🕐 11:30~15:00/17:00~21:00(마지막 주문 20:30) – 화요일 휴
무
🔍 경북 경주시 포석로 1045 (사정동)
☎ 070-7799-9018 ⓟ 불가(황남공영주차장 30분 5백원, 이후
10분당 2백원)

연화바루 ✕ 사찰요리

사찰음식을 전문으로 하는 곳. 정식을 주문하면 사찰음식을 약간 변형한 퓨전 스타일의 음식을 정갈하게 코스로 내온다. 자연식 재료만을 사용해 만든 건강한 웰빙음식을 맛볼 수 있으며 깔끔한 인테리어와 상차림이 돋보인다.

- ⓦ 바루특정식(1인 2만원), 산채비빔밥, 녹두빈대떡(각 1만원), 버섯탕수(중 1만5천원 대 2만원), 소이찜(2만5천원)
- ⓣ 12:00~21:00 – 월요일 휴무
- ⓠ 경북 경주시 대경로 4827 (서악동)
- ☎ 054-774-5378 ⓟ 가능

영양숯불갈비 소고기구이

50년의 오래된 역사를 가진 고깃집이다. 숯불에 석쇠를 올려 구워 먹는다. 국내산 한우 고기만을 취급하며, 고기가 얇지만 부드러운 편이다. 직접 만든 된장으로 끓인 찌개의 맛도 일품이며 아삭한 배와 어우러지는 육회의 맛도 추천할 만하다.

- ⓦ 한우갈빗살양념구이, 한우갈빗살소금구이(각 110g 2만6천원), 한우치마살양념구이, 한우치마살소금구이(각 110g 2만9천원), 육회(120g 1만8천원)
- ⓣ 10:30~15:00/17:00~21:00(마지막 주문 20:30) | 토, 일요일 10:30~21:30(마지막 주문 21:00) – 명절 당일 휴무
- ⓠ 경북 경주시 봉황로 79 (서부동)
- ☎ 054-771-2627 ⓟ 가능

옛날경주숯불 ✕ 소고기구이 | 소갈비

화산 불고기 단지에 자리한 고깃집. 고기 질이 좋기로 유명하다. 숯불에 구워 먹는 고기가 가격 대비 만족도가 높다. 육즙이 가득하고, 풍미가 훌륭한 소고기를 부위 별로 다양하게 맛볼 수 있다.

- ⓦ 갈빗살소금구이, 갈빗살양념구이(각 100g 2만원), 살치살(100g 2만7천원), 안창살(100g 3만2천원), 차돌박이(100g 1만8천원), 한우육회(200g 2만5천원)
- ⓣ 11:00~21:00 – 명절 휴무
- ⓠ 경북 경주시 천북면 천강로 447
- ☎ 054-776-8301 ⓟ 가능

온당 溫堂 이탈리아식

초록색 벽과 은은한 조명의 분위기가 좋은 비스트로. 다이닝과 함께 와인이나 하이볼을 함께 즐기기 좋은 곳이다. 게우파스타, 보타르가 등의 이탈리안 베이스 파스타와 차돌숙주볶음, 부추 땡초전 등 퓨전 한식 메뉴가 적절히 조화를 이루고 있다.

- ⓦ 한우채끝스테이크(3만6천원), 게우파스타(1만9천원), 슈림프크림파스타, 목살매콤크림파스타(각 1만7천원), 차돌숙주볶음, 김치삼겹살볶음(각 1만8천원), 부라타치즈샐러드(1만6천원), 명란달걀말이(8천원)

온당

- ⓣ 17:30~24:00 – 연중무휴
- ⓠ 경북 경주시 용황로8길 20 (용강동)
- ☎ 010-6688-9656 ⓟ 가능(공영주차장, 건물 주차장, 길가 주차)

올바릇식당 꼬막

보문호 경치가 좋은 꼬막 전문점. 시그니처인 꼬막육전대판은 꼬막무침과 꼬막비빔밥, 소고기육전이 한판에 가득 담겨 나온다. 꼬막비빔밥을 콩나물 반찬과 함께 비벼 먹으면 더욱 맛있게 먹는 방법. 김에 싸서 간장게장 소스에 찍어 먹는 것도 좋다.

- ⓦ 꼬막육전대판(3만7천원), 꼬막대판(3만8천원), 꼬막1인상(1만3천원), 소고기육전(1만2천원)
- ⓣ 11:00~15:30/17:00~20:00(마지막 주문 19:30) | 토, 일요일 11:00~20:00(마지막 주문 19:30) – 연중무휴
- ⓠ 경북 경주시 보문로 368-5 (신평동) 1층
- ☎ 054-777-7793 ⓟ 가능

외바우 ✕ 버섯전골

50년 넘게 2대에 걸쳐 한우 전문점을 운영하는 곳. 버섯한우전골이 대표 메뉴. 버섯한우전골에는 여러 가지 버섯이 듬뿍 들어가 있고, 국물이 시원하다. 한우 전골에 들어간 콩나물과 당면이 어우러진 맛이 일품이다.

- ⓦ 버섯불삼겹새우철판, 버섯불삼겹철판볶음, 버섯불삼겹낙지철판볶음, 버섯불삼겹오징어철판볶음, 버섯한우낙지전골(각 1만7천원), 버섯한우전골(1만5천원), 꽃등심(2만5천원), 한우육회(중 3만7천원)
- ⓣ 11:00~22:00 – 연중무휴
- ⓠ 경북 경주시 안강읍 구부랑3길 12
- ☎ 054-763-7733 ⓟ 가능

요석궁1779 ✕✕✕ 瑤石宮 한정식

50년 역사의 요석궁이 2022년 4월 리뉴얼 오픈하였다. 유서깊은 한옥 건물에서 사계절의 절기를 주제로 펼쳐지는 전통 한식을 맛볼 수 있다. 신라시대 요석공주가 살던 궁궐의

이름을 따서 요석궁이라고 부르는 곳으로, 경주를 대표하는 유서 깊은 최부자집으로 알려진 곳이기도 하다. 예약제로만 운영된다.

- Ⓦ 자미(6만9천원), 천미(12만원), 차돌도가니탕(2만2천원), 도가니탕(1만8천원), 육개장(1만8천원), 뚝배기불고기(1만5천원)
- ⏱ 12:00~16:00/17:00~21:00(마지막 주문 20:30) – 화요일 휴무
- 🔍 경북 경주시 교촌안길 19-4 (교동)
- ☎ 054-772-3347 Ⓟ 가능

용강국밥 ✕ 돼지국밥

경주를 대표하는 돼지국밥집. 정구지(부추)와 새우젓을 넣어 먹는다. 순대국밥, 내장국밥, 따로국밥 등의 여러 가지 국밥 메뉴가 있다. 수육과 두루치기도 추천할 만하다.

- Ⓦ 돼지국밥, 순대국밥, 내장국밥(각 1만1천원), 수육백반(1만5천원), 소금탕(1만2천원), 소수육(소 4만원, 대 5만원), 전골, 두루치기(각 소 3만5천원, 대 4만원)
- ⏱ 08:30~21:00(마지막 주문 20:30) – 둘째, 넷째 주 일요일 휴무
- 🔍 경북 경주시 승삼3길 16 (용강동)
- ☎ 054-771-8290 Ⓟ 가능

월성과자점 카페

경주시 건축상을 받을 정도로 외관과 인테리어가 인상적인 디저트 카페. 대릉원과 황리단길의 한옥뷰를 보며 다양한 커피와 디저트를 즐길 수 있다.

- Ⓦ 에스프레소(4천5백원), 아메리카노(5천원), 카페라테(5천5백원), 피낭시에(2천5백원~3천원), 로투스스모어쿠키(5천5백원), 르뱅쿠키(5천원), 크로플(1만2천원), 우유아이스크림(3천8백원), 미숫가루바닐라라테(6천원)
- ⏱ 09:00~19:00(마지막 주문 18:30) | 토, 일요일 09:00~20:00(마지막 주문 19:30) – 연중무휴
- 🔍 경북 경주시 포석로1068번길 17-7 (황남동)
- ☎ 054-624-7010 Ⓟ 불가

은정횟집 생선회 | 복

감포회타운에서 30여 년 전통을 자랑하는 복국집. 맑게 끓여 내는 복어탕이 대표 메뉴며, 복어풀코스는 2명 기준으로 나온다. 코스는 세꼬시를 비롯한 해산물과 복회, 복껍질, 내장 수육, 복어탕 등으로 구성된다. 복 외에 여러 가지 회도 맛볼 수 있으며 밑반찬도 깔끔한 편이다.

- Ⓦ 참복탕(3만5천원), 생아귀탕(1만5천원), 참복코스(2인 14만원), 잡어회(소 6만원, 중 8만원, 대 9만원)
- ⏱ 09:00~20:00(마지막 주문 19:30) – 연중무휴
- 🔍 경북 경주시 감포읍 감포로2길 113-3
- ☎ 054-744-8600 Ⓟ 가능

이스트1779 ✕ CAFE EYST 1779 카페

1779년 교동에서 터를 잡은 최부잣집의 내력과 가풍을 잇는 하우스오브초이에서 운영하는 카페. 오래된 양옥을 리모델링해서 만들었다. 전통 지붕 선, 오래된 고목들, 미니멀한 붉은 벽돌의 현대적 건축물이 잘 어우러져 웅장한 느낌을 준다. 소금을 올린 크림라테가 시그니처 메뉴.

- Ⓦ 아메리카노(5천5백원), 카페라테(6천원), 시그니처초이라테(6천5백원), 체리밀크티(7천원), 복숭아블랙티(6천5백원), 소금모나카(4천원), 이스트컵빙수(5천원)
- ⏱ 11:00~21:00 – 화요일 휴무
- 🔍 경북 경주시 교촌안길 21 (교동)
- ☎ 054-777-4500 Ⓟ 가능

이조한정식 ✕ 한정식

4백 평 가까운 기와집으로, 한옥과 어우러진 정취를 느낄 수 있다. 기본 요리 12가지에 밑반찬 20여 가지가 나오며 기본 2인분부터 상차림이 가능하다. 모둠회, 생선회, 생선구이, 새우찜, 오향장육, 부꾸미, 죽순 등의 요리가 차례로 제공된다. 밀전병에 채소와 고기를 싼 담백하고 고소한 부꾸미의 맛이 일품이다. 식사로는 솥밥이 1인분씩 나온다. 명절 당일에는 오전에만 영업한다.

- Ⓦ 한정식코스(건 2만9천원, 강 3만5천원, 을 4만9천원, 담 5만5천원, 다 6만9천원)
- ⏱ 11:00~15:00/17:00~21:00(마지막 주문 20:00) – 수요일 휴무
- 🔍 경북 경주시 숲머리길 136 (보문동)
- ☎ 054-775-3260 Ⓟ 가능

이풍녀구로쌈밥 쌈밥

전라도의 젓갈, 갓김치와 경상도의 무짠지, 콩잎절임, 배추 겉절이 등 서로 색다른 맛이 어우러진 상차림이 특징이다. 쌈밥에 콩잎장아찌를 포개고 젓갈을 얹어 함께 싸 먹는 맛이 일품이다. 머구, 신선초 등 10여 가지에 달하는 쌈과 해물파전이 밥상에 오른다.

- Ⓦ 구로쌈밥(1만8천원), 떡갈비, 순두부찌개(각 1만2천원), 제육추가(5천원)
- ⏱ 09:00~20:30 – 연중무휴
- 🔍 경북 경주시 첨성로 155 (황남동)
- ☎ 054-749-0060 Ⓟ 가능

젤라꾸띠 jellakkutti 카페

인도식 커피와 밀크티를 맛볼 수 있는 카페. 아름다운 정원과 인도풍 인테리어가 돋보이는 아늑한 실내 공간이 마련되어 있다. 인도 소품샵으로도 운영되는 이곳은 인도에서만 구매할 수 있는 소품들을 판매하고 있다. 달콤하고 시원하게 즐길 수 있는 라씨를 추천.

☎ 핸드드립(6천5백원), 인도밀크티(6천원), 아이스티(5천5백원), 허브티(5천원), 다즐링티(6천원), 블루밍티(1만2천원), 라씨(6천원), 시골간식플레이트(6천원), 요거트볼(7천원)
🕐 11:30~18:00 – 일, 월요일 휴무
🔍 경북 경주시 양지길 47 (인왕동)
☎ 0507-1358-7675 ⓟ 가능

주스트윤 ✂ Juste Une 프랑스식

분위기 좋은 프렌치 레스토랑. 소고기나 양고기 스테이크를 즐기기 좋은 곳이다. 앙트레부터 디저트까지 구성이 좋으며, 메뉴는 계절에 따라 약간씩 변동이 있다. 황리단길 인근에서 주차가 가능한 것도 장점이다.
ⓦ 코스(6만원, 9만원)
🕐 12:00~15:00(마지막 주문 14:00)/17:00~23:00(마지막 주문 21:00) – 연중무휴
🔍 경북 경주시 화랑로107번길 10-5 (동부동) 1층
☎ 010-7650-0984 ⓟ 가능

줄리스 Julies 파스타

퓨전이탈리안 레스토랑. 한옥 특유의 분위기를 현대적으로 잘 해석해 낸 인테리어가 인상적이다. 음식 맛도 수준급.
ⓦ 클래식치킨시저샐러드(1만3천원), 슈림프알리오올리오, 머시룸리조토, 치킨케사디야(각 1만4천원), 버터치킨커리플래터(1만6천원)
🕐 10:00~16:00/17:00~21:00(마지막 주문 20:00) – 연중무휴
🔍 경북 경주시 손효자길 20 (황남동)
☎ 054-705-5705 ⓟ 불가

청온채 青溫彩 퓨전한식

한옥을 개조하여 고즈넉하면서도 모던한 분위기의 한식 전문점. 일반적인 한식 요리에 치즈, 아보카도 등을 넣은 퓨전한식을 맛볼 수 있다. 육회비빔밥과 아보카도명란비빔밥이 인기 메뉴.
ⓦ 육회비빔밥(간장/고추장 1만4천5백원), 육회물회(1만4천5백원), 미나리닭한마리(2인 3만4천원), 들기름메밀국수(간장/비빔

청온채

1만원), 새우치즈감자전(1만7천원), 명란치즈순두부찌개(1만4천원), 마늘항정수육(2만1천원), 한우육회(2만9천원)
🕐 11:00~15:30(마지막 주문 15:00)/17:00~ 20:30(마지막 주문 20:00)| 금, 토, 일요일 11:00~15:30(마지막 주문 15:00)/17:00~21:00(마지막 주문 20:30) – 연중무휴
🔍 경북 경주시 포석로1079번길 8-5 (사정동)
☎ 0507-1324-3904 ⓟ 불가(서라벌문화회관 주차장 이용, 무료)

최영화빵 ✂ 팥빵

황남빵의 원조집. 4대째 전통을 이어가고 있는 곳으로, 경주산 팥을 사용하며 팥 본연의 맛을 느낄 수 있는 것이 특징이다. 팥소는 입안에 넣자마자 사르르 녹을 만큼 부드럽다.
ⓦ 1개(1천2백원), 10개(1만2천원), 20개(2만4천원), 30개(3만6천원)
🕐 09:00~21:00 – 연중무휴
🔍 경북 경주시 북정로 6-1 (황오동)
☎ 054-749-5599 ⓟ 불가

커피플레이스 ✂✂✂ Coffee Place 커피전문점

경주를 기반으로 스페셜티 커피를 선도하고 있는 곳. 창가에 앉으면 봉황대가 눈에 들어와(일명 능 뷰) 경주에 있음을 실감하게 해준다. 매일 다른 핸드드립으로 내려주는 오늘의 커피를 맛바두 좋다.
ⓦ 에스프레소, 아메리카노(각 3천원), 카페라테(3천5백원), 오늘의커피(변동), 밀크티, 생강라테(각 4천5백원)
🕐 08:00~18:00(마지막 주문 17:45) – 명절 당일, 근로자의 날 휴무
🔍 경북 경주시 중앙로 18 (노동동)
☎ 0507-1387-2573 ⓟ 불가

키녹카페스니프 KINOCK CAFE SNIFF 카페

반려동물호텔 내에 있는 카페로, 반려견을 위한 실내 운동장과 야외 운동장이 마련되어 있다. 소형견과 대형견 존이 분리되어 오프리시로 편하게 뛰어놀 수 있다. 생수, 물티슈, 그릇 등 강아지와 견주의 편의를 위한 용품들이 곳곳에 마련되어 있다.
ⓦ 아메리카노(6천5백원), 카페라테(7천원), 바닐라빈라테(7천5백원), 버터크림라테(7천5백원), 오곡당고(8천원), 소금빵(3천5백원), 명란소금빵(4천5백원), 크루아상(4천5백원), 퀸아망(3천5백원), 스니프브런치(1만3천원), 에그베네딕트(2만원)
🕐 07:30~21:00 – 연중무휴
🔍 경북 경주시 보문로 280-12 (북군동)
☎ 054-778-5301 ⓟ 가능

타베르나 ✄ TAVERNA 프랑스식 | 유럽식

스위스 로잔과 미국 콜로라도 프렌치 파인 다이닝 레스토랑에서 근무한 셰프가 오픈한 천년고도 경주의 한옥 프렌치 다이닝. 프랑스 조리법을 기본으로 한국인의 입맛에 맞게 재해석하여 선보인다. 날씨가 좋을 때는 2층 테라스에서 전망을 즐기며 식사할 것을 추천.

Ⓦ 시그니처코스(2인 10만원), 에스카르고(2만원), 양파수프(1만2천원), 콩피된문어다리(2만7천원), 크렘프앙시스(2만4천원), 채끝등심(5만3천원)

Ⓣ 11:00~15:30/17:00~21:00(마지막 주문 20:00) – 화요일 휴무

Ⓠ 경북 경주시 첨성로81번길 18 (황남동)

☎ 010–6321–4247 Ⓟ 불가(황남공영주차장 이용)

평양냉면집 ✄ 함흥냉면 | 평양냉면

지방에서는 드물게 전통적인 냉면 맛이 유지되는 집이다. 배, 무, 배추, 오이, 돼지고기, 계란 등 냉면에 들어가는 고명은 평양냉면의 기본을 지키고 있다. 육수는 동치미 국물을 섞은 맛이며 면발은 전분이 많이 들어간 스타일이다. 함흥식 냉면도 따로 주문할 수 있다. 고기는 3인분 이상 주문 가능하다.

Ⓦ 함흥식냉면(1만1천원), 함흥식비빔냉면(1만1천원), 갈비탕(1만3천원), 한우양념갈비(100g 1만8천원), 돼지양념갈비(200g 1만1천원)

Ⓣ 11:00~22:30 – 명절 휴무

Ⓠ 경북 경주시 원효로105번길 10 (노동동)

☎ 054–774–5445 Ⓟ 가능

하연지 한정식

연요리를 전문으로 하는 곳으로, 연을 주제로 한 여러 가지 요리와 연밥이 나오는 한정식을 즐길 수 있다. 연을 테마로 한 소품으로 된 인테리어가 인상적이다. 연샐러드, 연잡채 등 푸짐하게 나오는 연잎한정식이 대표 메뉴.

Ⓦ 원효반상(1인 1만8천원), 선덕반상(1인 1만5천원), 돼지불고기(1만원)

Ⓣ 11:30~21:30 – 명절 당일 휴무

Ⓠ 경북 경주시 포석로 932–4 (탑동)

☎ 054–777–5432 Ⓟ 가능

향화정 일반한식 | 꼬막

정갈한 한식을 맛볼 수 있는 곳으로, 맛깔나게 버무린 벌교 꼬막무침비빔밥이 인기 메뉴다. 곳곳에 자리한 고풍스러운 소품과 한옥을 재현한 실내 및 외관이 눈길을 끈다.

Ⓦ 꼬막무침비빔밥(2인 2만9천9백원), 육회(2만8천원), 한우육회비빔밥, 한우육회물회(각 1만4천9백원), 경주소불고기(1만9천원), 해물파전(1만5천원)

Ⓣ 11:00~15:00(마지막 주문 15:00)/17:00~21:30(마지막 주문

20:30) – 연중무휴

Ⓠ 경북 경주시 사정로57번길 17 (사정동)

☎ 0507–1359–8765 Ⓟ 불가

현대밀면 ✄ 밀면

경주에서 유명한 밀면집. 메뉴는 물밀면과 비빔밀면 두 가지뿐이다. 양도 매우 푸짐한 편이어서 곱빼기를 따로 주문하지 않아도 배부르게 먹을 수 있다. 점심때는 줄을 서야 할 정도로 사람이 많다.

Ⓦ 밀면, 비빔밀면(각 8천원) 곱빼기(1천원 추가), 사리추가(2천원)

Ⓣ 11:00~17:00 – 월요일 휴무

Ⓠ 경북 경주시 화랑로 61 (서부동)

☎ 054–771–6787 Ⓟ 가능

화산숯불 ✄ 소고기구이 | 소갈비

화산불고기단지 안에서도 맛있기로 소문난 집이다. 주문하면 즉석에서 고기를 썰어주는 것이 특징이며 1+ 등급 이상의 암소만 사용하는 것이 맛의 비결이다. 매주 금요일과 토요일 저녁에는 라이브 공연도 진행한다.

Ⓦ 갈빗살소금구이, 갈빗살양념구이(각 100g 2만2천원), 등심(100g 2만5천원), 안창살(100g 3만2천원), 육회(150g 2만원)

Ⓣ 11:00~21:00 | 일요일 11:00~20:30 – 연중무휴

Ⓠ 경북 경주시 천북면 천강로 460

☎ 054–774–0768 Ⓟ 가능

황남빵 ✄ 팥빵

1939년부터 영업하고 있는 곳으로, 경주를 대표하는 별미인 황남빵을 판매한다. 뜨거울 때는 바삭한 껍질이 식으면서 부드러워진다. 식혀서 먹는 것이 더 맛이 좋다. 적당히 달콤한 맛의 앙금과 얇고, 부드러운 빵피가 잘 어울린다.

Ⓦ 황남빵(1호 20개 800g 2만4천원, 2호 30개 1,200g 3만6천원)

Ⓣ 08:00~22:00 – 연중무휴

Ⓠ 경북 경주시 태종로 783 (황오동)

☎ 054–749–7000 Ⓟ 가능

경상북도 고령군

고령금산한우 소고기구이

한우 숯불구이 전문점. 1++ 등급의 한우를 특수부위부터 등심, 갈빗살, 살치살 등 다양한 부위로 즐길 수 있으며, 특히 꽃갈빗살이 인기 메뉴. 다양한 장아찌와 정갈한 밑반찬을 고기에 곁들여 먹기 좋다.

- Ⓦ 등심(300g 6만9천원), 갈빗살(300g 7만5천원), 꽃갈빗살(300g 8만4천원), 제비추리(300g 8만4천원), 살치살(300g 9만원), 육회(소 3만원, 중 4만5천원, 대 6만원), 된장찌개+공기밥(2천원), 물냉면, 비빔냉면(각 7천원)
- 🕐 11:00~21:00(마지막 주문 20:00) – 월요일 휴무
- 🔍 경북 고령군 성산면 성산로 946–5
- ☎ 054–956–4484 Ⓟ 가능

고령모듬추어탕 추어탕

국내산 미꾸라지로 만드는 경상도식 추어탕을 맛볼 수 있는 곳. 우거지와 된장을 넣어서 끓이는 스타일이며 얼큰하게 끓인 미꾸라지매운탕도 맛볼 수 있다.

- Ⓦ 추어탕(9천원), 미꾸라지매운탕(1만2천원), 미꾸라지조림, 미꾸라지튀김(각 1만6천원), 된장찌개(9천원), 파전(7천원)
- 🕐 10:00~20:00 | 토, 일요일 10:00~15:00 – 연중무휴
- 🔍 경북 고령군 대가야읍 장기터길 10–7
- ☎ 054–954–3757 Ⓟ 불가

부엔빠리오 BUENFARIO 카페

스페인어로 행운을 뜻하는 부엔빠리오를 상호로 하는 카페. 높은 층고와 개방감 있는 통창으로 베이커리와 커피를 즐기며 청량한 풍경을 감상할 수 있다. 직접 만든 크림을 올린 부엔라테크림과 고소하게 즐길 수 있는 부엔피넛이 시그니처 중 하나.

- Ⓦ 아메리카노(4천9백원), 카페라테(5천5백원), 부엔라테(6천3백원), 부엔피넛(6천3백원), 부엔샤베트(6천원), 솔티가라멜라테(5천9백원), 피치블랙에이드(6천원), 멜로소라테(6천5백원), 샤베트라테(6천원)
- 🕐 10:30~21:00(마지막 주문 20:30) – 연중무휴
- 🔍 경북 고령군 대가야읍 낫질로 32
- ☎ 0507–1313–9055 Ⓟ 가능

원조소풍 칼국수 | 꼬리곰탕

곰탕, 칼국수, 닭볶음탕 등 다양한 한식과 흔치 않은 닭고기전까지 맛볼 수 있는 곳. 닭고기전은 잘게 찢은 살코기를 전으로 부쳐내는데 촉촉하고 바삭한 식감과 짭조름 고소한 풍미가 튀긴 닭이나 구운 닭과는 또 다른 별미. 고디탕(다슬기국)도 시원한 맛이 추천할 만하다.

- Ⓦ 닭고기전(1만1천원), 곰탕(1만4천원), 바지락칼국수, 얼큰칼국수(각 8천원), 들깨고디탕(9천원), 해물닭볶음탕(중 3만원, 대 4만원)
- 🕐 10:30~20:00 – 연중무휴
- 🔍 경북 고령군 쌍림면 영서로 3379–3
- ☎ 054–956–1007 Ⓟ 가능(가게 앞)

경상북도 구미시

곱곱 양곱창

당일 도축한 한우 곱창을 맛볼 수 있는 곳으로, 옥계동에서 유명했던 황소돌양곱창이 이전해서 오픈하였다. 초벌 되어 나오는 곱창을 돌판에 구워 먹는다. 반반 모둠구이에는 곱창과 대창이 함께 나온다. 뭉티기라고 하는 육사시미와 육회 맛도 좋은 편. 뭉티기는 월, 수, 금요일에만 주문 가능하니 참고할 것.

- Ⓦ 반반모둠구이, 곱창구이, 대창구이(각 250g 2만4천원), 뭉티기(한접시 2만9천원), 한우육회(한접시 2만4천원), 낙곱새(1인 1만3천원), 주먹밥(4천원)
- 🕐 13:00~23:30(마지막 주문 22:30) – 일요일 휴무
- 🔍 경북 구미시 산호대로23길 27 (옥계동)
- ☎ 010–6616–8365 Ⓟ 가능(이마트 에브리데이 주차장 이용, 무료)

궁원 ✄ 한정식

고즈넉한 한옥 건물에서 한정식을 즐길 수 있는 곳. 정갈하게 내어주는 음식과 차분한 분위기로 특별한 모임과 행사 장소로도 많이 찾는다. 한우떡갈비정식과 보리굴비정식이 인기 메뉴로 추천할만하다.

- Ⓦ 한우떡갈비정식(2만5천원), 보리굴비정식(2만7천원), 난초상(3만8천원), 매화상(5만원), LA갈비구이정식(3만원), 옥동구이정식(2만9천원), 육회비빔밥정식(2만8천원)
- 🕐 11:30~15:00/17:00~21:00 – 월요일 휴무
- 🔍 경북 구미시 금오산로 126 (원평동)
- ☎ 0507–1497–9904 Ⓟ 가능

너와숲 카페

대나무 숲이 있는 고즈넉한 분위기의 한옥 카페. 안채와 별채, 그리고 반려견 동반이 가능한 공간이 따로 마련되어 있다. 음료는 진한 쑥향의 쑥크림라테와 고소한 흑임자라테를 추천.

- Ⓦ 아메리카노(4천8백원), 카페라테(5천8백원), 흑임자라테(6천8백원), 쑥크림라테(6천8백원), 바닐라빈라테(6천5백원), 플레인소금빵(3천2백원), 조개빵마들렌(1천5백원), 씨앗동그라미(5천5백원), 크렘브륄레(3천8백원)

ⓒ 11:00~23:00 – 월요일 휴무
🔍 경북 구미시 고아읍 들성로 171-34
☎ 010-2221-5882 ⓟ 가능

농우마실 소불고기 | 돼지고기구이 | 돼지갈비

구미에서 돼지갈비 맛집으로 유명한 곳이다. 석쇠에 구워 먹는 돼지갈비의 맛이 일품이며 고기는 기본 3인분 이상 주문해야 한다. 식당 옆의 정육점에서 소고기를 구매한 후 상차림비만 내고 구워 먹을 수도 있다. 한우버섯불고기 등의 점심특선 메뉴도 추천할 만하다.

Ⓦ 돼지갈비(200g 1만1천원), 삼겹살(150g 1만2천원), 한우육회(130g 1만8천원), 한우버섯불고기정식(1만3천원)
ⓒ 11:00~22:00 – 명절 휴무
🔍 경북 구미시 금오대로 401 (오태동)
☎ 054-464-1282 ⓟ 가능

달달한오븐 베이커리

천연발효종 프랑스 밀로 식사빵을 만드는 빵집. 버터와 계란, 설탕이 들어가지 않은 건강한 빵 종류를 선보이며, 자극적이지 않고 담백한 맛이다. 치아바타는 인기가 좋아 시그니처로 통한다.

Ⓦ 크루아상(3천원), 소금빵(2천5백원), 스콘(3천5백원), 치즈치아바타, 올리브치아바타(각 5천3백원), 바게트(3천7백원), 메론생크림빵(4천2백원)
ⓒ 10:00~20:00(마지막 주문 19:00) – 연중무휴
🔍 경북 구미시 산동읍 신당2로 29 대호프라자107호
☎ 054-473-0409 ⓟ 불가

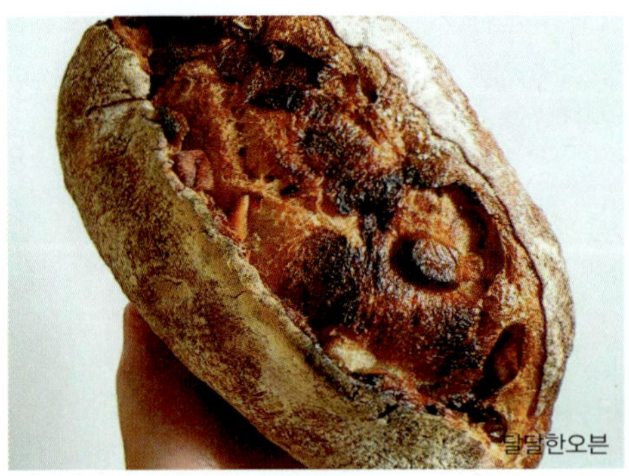

대한곱창 돼지곱창

50년이 넘는 전통을 자랑하는 곱창 전문점. 생곱창을 기계가 아닌 손으로 일일이 손질하여 냄새를 잡는다. 국산돼지곱창만을 취급하며 얼리지 않은 생곱창만을 가공한다.

Ⓦ 곱창전골(2인 1만8천원, 3인 2만7천원), 철판야채곱창(2인 2만원, 3인 3만원), 철판통마늘곱창(2인 2만4천원, 3인 3만6천

원), 순대곱창볶음(2인 2만4천원, 3인 3만6천원), 순대볶음(2인 2만원, 3인 3만원)
ⓒ 17:00~24:00(마지막 주문 23:00) – 연중무휴
🔍 경북 구미시 선산읍 남문로 44
☎ 054-481-2970 ⓟ 가능

동광알탕 ✂ 東光 알탕

동광일식에서 동광알탕으로 상호를 바꾸고 영업할 정도로 알탕으로 유명한 집이다. 알탕에 명란이 많이 들어가 약간 퍽퍽하지만 구수한 맛을 느낄 수 있다.

Ⓦ 동광알탕(1만5천원), 한우불고기뚝배기정식(1만4천원), 메밀국수(하절기 1만3천원), 해물뚝배기우동(해물 1만1천원), 새우튀김, 복어튀김(각 3천5백원)
ⓒ 10:00~20:00(마지막 주문 19:30) – 연중무휴
🔍 경북 구미시 1공단로7길 86-9 (공단동)
☎ 054-463-3001 ⓟ 가능

싱글벙글복어 ✂ 복

50여 년 전통의 복요리집이다. 시원한 국물이 일품인 복지리와 얼큰한 복매운탕이 대표 메뉴고, 황복과 밀복 중 선택할 수 있다. 복튀김과 복껍질무침회도 별미로 즐기기 제격이다. 지금은 분점도 많이 생겼지만, 역시 본점이 가장 낫다는 평이다.

Ⓦ 복지리, 복매운탕(각 황복 1만2천원, 밀복 1만6천원), 복튀김(소 1만2천원, 중 2만4천원, 대 3만6천원), 복수육(중 4만6천원, 대 6만1천원)
ⓒ 08:00~21:00 – 월요일 휴무
🔍 경북 구미시 역전로 10 (원평동)
☎ 054-456-4515 ⓟ 가능

에끌로흐 Éclore 디저트전문점

프랑스식 디저트 전문 카페. 살구 콩포트와 부드러운 크림을 초콜릿으로 코팅하여 다쿠아즈 위에 올린 살구가 인기 메뉴. 음료는 네 가지 종류의 차와 아메리카노만 취급한다. 내부 공간은 협소하니 참고할 것.

Ⓦ 차(5천8백원~6천1백원), 아메리카노(핫 4천원, 아이스 4천2백원), 엘드앙쥬(9천2백원), 두쇠르다무르(9천4백원), 밀푀유사하장(9천2백원), 프레지에클라시크(9천2백원), 파리브레스트오프헤즈(9천2백원), 타르트만다린(9천1백원), 생토노레럼(9천원)
ⓒ 12:30~19:00 – 월, 화, 수요일 휴무
🔍 경북 구미시 금오산로18길 14-19 (원평동) 1층
☎ 010-3085-7809 ⓟ 가능(구미역 후면광장 주차장 이용, 1시간 무료)

외할머니가 청국장 | 게장 | 일반한식

흰색 외관의 카페 같은 분위기의 청국장집. 청국장에는 순두부가 듬뿍 넣어져 나온다. 낙지볶음, 양념게장, 전복장 등

세트는 2인 이상 주문 가능하다. 반찬도 여섯 가지 정도 정갈하게 나온다.

ⓦ 직화낙지볶음(1만6천원), 돼지불고기(1만5천원), 양념게장(1만7천원), 오징어무침회(1만6천원), 맛보기수육(1만5천원)

Ⓣ 10:30~15:00(마지막 주문 14:00)/17:00~21:00(마지막 주문 20:00) | 일요일 10:30~15:00 – 첫째, 셋째, 다섯째 일요일 휴무

Ⓠ 경북 구미시 인동중앙로7길 17 (황상동)

☎ 054–476–8882 Ⓟ 불가

윤쉐프의고기집 양고기

양등심, 양갈비 등을 맛볼 수 있는 양갈비 전문점. 직접 만든 밑반찬과 소스를 함께 내어주며 사이드 메뉴는 김치찌개를 많이 찾는 편이다. 양갈비 외에도 한우꽃살치살, 돼지왕갈비구이를 즐길 수 있다.

ⓦ 양등심(180g 2만5천원), 양갈비 (200g 2만4천원), 한우꽃살치살(100g 3만원), 생오겹살(130g 1만1천원), 생목살(130g 1만1천원), 왕갈비(200g 1만1천원), 돼지껍데기(8천원), 김치찌개(8천원)

Ⓣ 16:00~22:00 – 일요일 휴무

Ⓠ 경북 구미시 신시로14길 10 (송정동) 상산에이스타운 105호

☎ 054–452–6766 Ⓟ 불가(광평천 공영주차장 이용)

이조곰탕 곰탕

구미에서 유명한 곰탕집. 한촌설렁탕과 더불어 구미의 양대 탕집이라는 평가를 받고 있다. 찾아가기가 조금 어려운 편이라 전화로 문의해서 가는 것이 좋다.

ⓦ 곰탕(1만3천원), 돌솥곰탕, 설곰탕, 양곰탕(각 1만8천원), 도가니탕(2만원), 모둠수육(7만원)

Ⓣ 10:00~20:00 – 일요일, 명절 휴무

Ⓠ 경북 구미시 구미중앙로31길 12 (원평동)

☎ 054–456–6188 Ⓟ 가능

천안문 天安門 일반중식

구미에서는 가장 유명하다고 하는 50여 년 전통의 중식당으로, 고추짜장이 유명하다. 흑미가 들어간 흑미면이 독특하다. 고추짜장에는 잘게 썰어낸 청양고추가 들어가 매콤한 맛을 낸다. 짬뽕과 탕수육 맛도 기본은 하는 편이다.

ⓦ 짜장면(6천원), 짬뽕, 볶음밥(7천원), 고추쟁반짜장면(1만6천원), 탕수육(소 2만2천원, 중 2만7천원, 대 3만3천원), 양장피(4만원), 알짬뽕, 통오징어짬뽕, 마파두부밥(각 1만원), 칠리탕수육(소 2만4천원, 중 2만9천원, 대 3만4천원), 궈바로우(2만8천원), 황비홍중새우(4만원), 중화비빔밥, 삼선볶음밥, 새우볶음밥(각 9천원)

Ⓣ 10:30~20:30 – 연중무휴

Ⓠ 경북 구미시 봉곡로10길 10 (봉곡동)

☎ 054–444–1008 Ⓟ 가능

한촌설렁탕 설렁탕

이조곰탕과 더불어 구미에서 유명한 설렁탕집. 설렁탕 한 가지만으로 오랫동안 사랑받아온 곳으로, 분당에서 유명한 감미옥의 전통을 이어받았다고 한다. 설렁탕에 손만두가 들어간 만두설렁탕도 추천할 만하다. 2층에서는 돼지갈비, 소갈빗살 등을 맛볼 수 있다.

ⓦ 설렁탕(1만1천원), 얼큰설렁탕, 만두설렁탕(각 1만2천원), 도가니탕(1만9천원), 손만두(8천원)

Ⓣ 10:00~21:00 – 명절 당일 휴무

Ⓠ 경북 구미시 금오시장로1길 14 (원평동)

☎ 054–456–6114 Ⓟ 가능

경상북도 김천시

강성면옥 평양냉면 | 수육

김천에서 유명한 평양냉면집. 평양냉면식으로 나오는 물냉면은 양념과 고명을 듬뿍 올리는 스타일이며, 함흥냉면식으로 나오는 비빔냉면은 매콤새콤한 양념 맛이 좋다. 회를 올린 회냉면도 별미. 부드럽게 삶은 수육을 곁들어도 좋다.

ⓦ 물냉면, 비빔냉면(각 1만원), 회냉면(1만1천원, 대 1만2천원), 수육(1만8천원)

Ⓣ 11:30~15:00/17:00~20:00(마지막 주문 19:30) – 번슝부휴

Ⓠ 경북 김천시 구농고2길 3 (부곡동)

☎ 054–432–4582 Ⓟ 가능

둥지톳밥 한정식

정갈한 반찬과 찰진 톳밥이 나오는 톳밥정식이 있는 한식당. 각종 나물로 구성된 12첩 반상은 게장, 장조림, 톳밥이 함께 나와 풍성한 한 상을 완성한다. 오징어두루치기를 추가해 먹어도 좋다.

ⓦ 톳밥정식(1만2천원), 오징어두루치기(1만원)

Ⓣ 11:00~15:00/17:00~20:30(마지막 주문 19:30) | 월요일 11:00~15:00(마지막 주문 14:00) – 화요일 휴무

Ⓠ 경북 김천시 연화지1길 26–3 (교동)

☎ 0507–1382–7821 Ⓟ 가능

마타아시타 MATAASHITA 일본가정식

일본 가정식을 선보이는 곳. 대표 메뉴는 미카야키현의 일품요리인 치킨난반정식으로, 닭다리살을 이용하여 부드러운 맛을 낸다. 인기 메뉴인 미소가츠정식은 일일 한정 수량으로 판매한다.

ⓦ 치킨난반정식(1만2천원), 미소가스정식(1만1천원), 미소치즈가스정식(1만3천5백원), 우삼겹카레정식, 가라아게카레정식(각 1만1천원), 돈가츠카레정식(1만3천원)

Ⓣ 11:30~16:00/17:00~21:00 – 연중무휴

🔍 경북 김천시 시청1길 27 (신음동)
☎ 010-4157-0870 ⓟ 가능

서울식당 산채정식

산채정식을 전문으로 하는 곳으로, 불고기와 더덕구이를 비롯한 30여 가지 반찬이 한상에 푸짐하게 나온다. 직지사를 찾는 방문객들이 꼭 들르는 곳이다.

🅦 산채모둠한정식(2만3천원), 산채한정식, 더덕구이(각 1만8천원), 산채비빔밥(1만원), 불고기구이, 더덕구이(2만원), 멧돼지구이(1만5천원), 버섯볶음(3만원), 버섯찌개(5만원), 도토리묵, 산채무침(1만원)
🕐 10:00~20:00 – 연중무휴
🔍 경북 김천시 대항면 황학동길 10
☎ 054-436-6121 ⓟ 가능

장영선지례원조삼거리불고기 ✖

돼지불고기 | 돼지고기구이

60년 넘게 한 자리에서 흑돼지를 전문으로 하는 곳. 대표 메뉴는 양념불고기로, 연탄불 위에 석쇠를 놓고, 고기를 초벌구이해 손님에게 낸다. 두툼한 소금구이도 추천할 만하며 나물과 함께 비벼 먹는 보리밥도 식사메뉴로 제격이다.

🅦 양념불고기(소 3만원, 중 4만5천원, 대 6만원), 소금구이삼겹, 목살(각 170g 1만4천원)
🕐 11:00~14:30/15:30~20:00(마지막 주문 19:00) – 명절 휴무
🔍 경북 김천시 지례면 장터길 64
☎ 054-435-0067 ⓟ 가능

중국만두 중국만두

작고 허름한 실내지만 만두 맛 하나만은 일품인 곳. 피가 두껍지 않고 재료를 굵게 다져 만든 만두소는 식감이 뛰어나고 속이 알차다. 육즙이 많아 뜨거울 때 덥석 먹으면 입천장이 데일 수 있으니 주의해야 한다. 언제나 사람이 많아 줄을 서야 할 때가 많다. 만두소가 떨어지면 영업이 종료되니 늦은 시간에 방문할 경우 전화 문의 필수.

🅦 찐만두(10개 7천원)
🕐 11:00~21:00 – 연중무휴
🔍 경북 김천시 용머리5길 5 (용두동)
☎ 054-434-2581 ⓟ 불가

추풍령할매갈비 돼지갈비

옛날식 고추장 양념 돼지갈비가 유명한 집. 기다란 갈빗대에 살이 붙어 있는, 진짜 돼지갈비를 맛볼 수 있다. 원래 1950년대에 이금덕할머니가 추풍령삼거리에서 시작한 것이 추풍령할매갈비의 시초다. 이후 1990년대에 후손들이 현재의 자리로 이전하였다고 한다.

🅦 양념갈비(150g 1만1천원), 잔치국수(4천원)
🕐 11:00~21:00(마지막 주문 20:00) – 화요일 휴무
🔍 경북 김천시 봉산면 봉산로 15
☎ 054-439-0150 ⓟ 가능

경상북도 문경시

깊은산속화로구이 소고기구이 | 삼겹살 | 돼지고기구이

문경새재 맛집으로 소문난 곳. 질 좋은 고기를 참숯에 구워 먹는다. 두툼한 삼겹살은 씹는 맛이 좋아 인기 있고 달착지근한 양념에 잰 돼지갈비도 부드러운 맛을 자랑한다.

🅦 한우갈빗살(150g 5만원), 등심(150g 4만5천원), 돼지갈비(200g 1만7천원), 삼겹살, 목살(각 150g 1만7천원), 두부전골(중 3만원, 대 4만원), 더덕구이(2만원)
🕐 10:00~20:00 – 연중무휴
🔍 경북 문경시 문경읍 새재로 863
☎ 054-571-7978 ⓟ 가능

동성반점 同盛飯店 일반중식

화교 부부가 운영하는 문경에서 오래된 중식당이다. 쫄깃하게 튀겨낸 돼지고기 튀김에 투명한 소스를 부은 탕수육이 인기다. 면발이 일품인 짜장면과 짬뽕도 추천할 만하다.

🅦 짜장면, 우동(각 6천원), 간짜장, 짬뽕(각 7천원), 울면(8천원), 잡채밥, 기스면(각 8천원), 삼선간짜장, 삼선짬뽕(각 1만원), 탕수육(2만원), 깐풍기(2만8천원), 양장피(4만원)
🕐 12:00~19:00 – 연중무휴
🔍 경북 문경시 신기3길 11-2 (신기동)
☎ 054-553-6170 ⓟ 가능

목련가든 순두부 | 두부

현지 재배한 콩으로 만든 두부가 유명하다. 두부에 새우, 소고기, 채소가 들어간 두부전골, 순두부산채비빔밥이 인기 메뉴다. 드라마 〈태조왕건〉 촬영 세트장이 근처에 있어 관광객이 많이 찾는다.

ⓦ 고추장석쇠구이정식(1만5천원), 더덕구이정식(1만4천원), 두부전골, 순두부전골(각 소 3만원, 대 4만원), 산채비빔밥(1만원), 민물매운탕(5만5천원)
ⓒ 08:00~21:00 – 연중무휴
ⓠ 경북 문경시 문경읍 새재2길 31
☎ 054-572-1940 ⓟ 가능

문경새재오는길 한정식

농가밥상을 재현한 곳. 황토를 사용해서 지은 옛날 농가식 건물에서 시골 느낌이 물씬 나는 밥상을 받아볼 수 있다. 이틀 전에 예약해야 식사가 가능하며, 미리 문의하면 전통주 만들기 체험 학습도 가능하다.
ⓦ 채미락반상(2만원)
ⓒ 11:30~19:00 – 예약제로 운영
ⓠ 경북 문경시 문경읍 각서윗길 7
☎ 054-572-3392 ⓟ 가능

새재할매집 산채비빔밥 | 돼지고기구이

문경새재 도립공원 안에 있는 50년 전통의 한식 전문점. 석쇠에 바짝 구워 나오는 석쇠구이정식과 묵채에 밥을 비벼 먹는 묵채밥이 대표 메뉴다. 쌉쌀한 맛이 일품인 더덕구이정식도 별미며 모든 정식은 2인 이상 주문해야 한다.
ⓦ 고추장양념석쇠구이(1만5천원), 더덕구이(1만4천원), 묵채밥, 도토리묵(각 1만2천원), 파전(1만3천원)
ⓒ 11:00~18:00(마지막 주문 17:30) | 토, 일요일 11:00~18:30(마지막 주문 18:00) – 명절 휴무
ⓠ 경북 문경시 문경읍 새재로 922
☎ 054-571-5600 ⓟ 가능

서울만두 만두

만두로 유명한 집. 군만두와 찐만두에는 돼지고기가 들어가지만 절만두에는 두부가 들어가며 절만두를 공양으로 쓰려는 전국의 사찰에서 주문이 들어온다. 준비한 만두가 다 떨어지면 일찍 문을 닫기도 한다.
ⓦ 군만두, 찐만두(각 5천원), 비빔만두(6천원)
ⓒ 10:00~20:00 – 월요일 휴무
ⓠ 경북 문경시 신흥로 161-8 (점촌동)
☎ 054-555-3838 ⓟ 불가

솔베이지 카페

문경에서 생산된 팥을 직접 삶아서 팥빙수를 만드는 카페. 팥빙수는 달지 않고, 구수한 팥 향기가 난다. 유기그릇에 팥빙수가 담겨서 나온다. 카페는 그림과 빈티지 소품들로 아기자기하게 꾸며졌다.
ⓦ 팥빙수(소 1만4천원, 대 1만9천원), 녹두빙수(소 1만4천원, 대 1만9천원), 팥라테, 단팥라테(각 6천원), 애플망고빙수(1만8천원), 눈꽃팥빙수(1만8천원)

ⓒ 06:40~22:00 – 연중무휴
ⓠ 경북 문경시 중앙로 126 (점촌동)
☎ 054-555-9434 ⓟ 불가

아천교횟집 송어

송어회와 송어튀김 단 두 가지의 음식만 판매하는 송어 전문점. 송어회와 송어튀김은 각각 500g씩 주문이 가능하여 둘 다 맛볼 수 있다. 회무침을 해 먹을 수 있는 채소와 양념장도 제공하며, 콩가루는 요청해야 한다.
ⓦ 송어회, 송어튀김(각 kg당 3만8천원)
ⓒ 11:00~20:00(마지막 주문 19:30) – 월요일 휴무
ⓠ 경북 문경시 산북면 운달로 55
☎ 054-553-8584 ⓟ 가능

영흥반점 榮興飯店 일반중식

50년의 오랜 역사를 자랑하는 곳으로, 화상 중식당이다. 광둥식 궈바로우의 튀김옷처럼 푹신하면서도 도톰한 튀김옷의 탕수육이 일품이다. 일본식으로 볶은 야키우동도 인기가 좋다.
ⓦ 짜장면, 우동(각 5천원), 짬뽕(6천원), 야키우동(8천원), 탕수육(소 2만원, 대 3만원)
ⓒ 12:00~20:00 | 토, 일요일 12:00~19:00 – 명절 휴무
ⓠ 경북 문경시 상신로 6-1 (점촌동)
☎ 054-555-2670 ⓟ 불가

원조진남매운탕 ✕✕✕ 민물매운탕

낙동강 상류에서 잡은 메기를 삶은 국물에 인삼과 헛개나무, 당귀 등 10여 가지 한약재를 넣어 한 번 더 끓여 하루 숙성하여 사용한다. 빨갛게 우러난 국물은 얼큰하면서도 감칠맛이 난다. 취향에 따라 수제비와 국수사리를 넣어 먹는다. 진남매운탕은 10여 종류의 민물고기를 넣어 끓인 것이다. 50년이 넘는 역사를 자랑한다.
ⓦ 진남매운탕(1인 3만3천원), 잡어매운탕(1인 2만5천원), 메기매운탕(1인 2만2천원), 쏘가리매운탕(시가)

원조진남매운탕

⏱ 09:00~24:00 – 연중무휴
🔍 경북 문경시 마성면 진남1길 210
☎ 054-552-8888 ⓟ 가능

초곡관 ✖ 삼겹살 | 돼지고기구이

문경약돌돼지 전문점. 문경에서만 나는 약돌(거석정)을 사료에 섞어 먹여 키운 문경약돌돼지는 누린내가 없고 육질이 부드럽다. 육류는 기본 3인분 이상 주문해야 한다.

ⓦ 약돌생삼겹살(150g 1만5천원), 산고등어구이정식(2인 이상, 1인 1만3천원), 양념석쇠구이정식(150g 1만7천원), 더덕구이정식(2인 이상, 1인 1만5천원), 능이버섯전골(소 3만8천원, 중 5만원, 대 6만원, 특대 7만원)
⏱ 09:00~20:00 – 연중무휴
🔍 경북 문경시 마성면 진남1길 179
☎ 010-9597-2020 ⓟ 가능

카페나무창고 cafe namoochango 카페

목공방과 함께 운영하는 카페로, 직접 구운 디저트와 원목 소품을 둘러볼 수 있다. 따뜻한 톤의 원목 인테리어의 공간에서 편안한 시간을 보낼 수 있다. 음료와 함께 바삭한 에그스콘을 곁들여 즐기는 것을 추천.

ⓦ 에스프레소(3천5백원), 아메리카노(4천5백원), 카페라테(5천원), 바닐라라테(5천5백원), 창고크림라테(6천5백원), 제주유기농말차라테(6천원), 발로나초코라테(6천원), 창고스콘(4천5백원), 창고의여름날(7천5백원), 에그스콘(4천5백원)
⏱ 10:00~18:00 – 일, 월요일 휴무
🔍 경북 문경시 영신7길 25 (영신동)
☎ 없음 ⓟ 불가

카페라밀 CAFE LAMEAL 카페

커다란 식물들로 실내가 꾸며진 플렌테리어 카페로, 희귀식물이 많기로 유명하다. 카페 앞에 숲이 있어 숲뷰까지 더해져 힐링하기 좋다. 10시에서 12시까지 운영하는 브런치 세트가 양도 넉넉하고 구성도 좋아 인기 있으며, 베이커리류도 직접 만든다.

ⓦ 에스프레소(3천8백원), 아메리카노(4천2백원) 카페라테(5천원), 자몽에이드, 레몬에이드(각 6천5백원), 자몽차, 레몬차(각 5천5백원), 소세지베이컨플레터(1만7천원), 소금빵(3천원)
⏱ 10:00~22:00(마지막 주문 21:25) | 브런치 10:00~14:00 – 두 번째, 네 번째 주 월요일 휴무
🔍 경북 문경시 영신로 101 (흥덕동) 1,2층
☎ 054-553-1232 ⓟ 가능

동궁회관 송이 | 솥밥

엄나무순으로 만든 돌솥밥을 맛볼 수 있는 곳. 돌솥에 엄나무를 넣고 지은 돌솥밥의 맛이 일품이며 송이버섯을 넣은 메뉴도 인기가 좋다. 이 외에 버섯을 넣은 전골, 불고기 등도 선보인다.

ⓦ 엄송이돌솥밥(2만2천원), 송이전골, 송이불고기, 능이전골(각 중 4만원, 대 5만5천원), 송이돌솥밥(2만원), 엄나무순돌솥밥(1만3천원), 능이돌솥밥(1만7천원), 엄나무순비빔밥(9천원), 봉화영양돌솥밥(1만1천원), 송이육회(5만원), 한우육회(3만원)
⏱ 10:30~21:00(마지막 주문 20:00) – 명절 휴무
🔍 경북 봉화군 춘양면 의양로2길 13-1
☎ 054-672-2702 ⓟ 불가

봉화본가 소갈비 | 소고기구이 | 돼지고기구이

한약 약재(당귀, 천궁, 작약 등)를 먹여서 키운 봉화 한약우 갈비를 맛볼 수 있다. 생갈비와 안창살은 한정판매이므로 미리 물량이 있는지 확인하고 가는 것이 좋다. 국내산 돼지고기도 맛있다는 평이다.

ⓦ 생갈비(1대 6만원), 안창살, 갈비꽃살(각 100g 2만8천원), 갈빗살, 차돌박이(각 100g 2만원), 육회(한접시 3만원), 목살양념, 돼지갈비(각 200g 1만3천원), 생삼겹살(200g 1만2천원)
⏱ 10:30~22:00 – 일요일 휴무
🔍 경북 봉화군 봉화읍 내성천1길 60
☎ 054-673-3600 ⓟ 가능

오시오숯불식육식당 ✖ 소고기구이 | 돼지고기구이

봉성의 돼지숯불구잇집 중 손꼽히는 곳으로, 봉성숯불단지에서 지금의 위치로 이전하였다. 솔잎이 깔려 나오는 돼지숯불구이가 유명하다. 기본 반찬으로 나오는 담백한 배추전도 맛이 좋다는 평.

ⓦ 돼지숯불구이(200g 1만3천원), 양념숯불구이(200g 1만5천원), 생삼겹(200g 1만4천원), 한우등심(150g 2만9천원)
⏱ 08:00~20:00 – 연중무휴
🔍 경북 봉화군 명호면 광석길 46-37
☎ 054-673-9012 ⓟ 가능

용두식당 ✖ 송이

송이 전문점. 가장 많이 찾는 메뉴는 송이돌솥밥으로, 밤, 대추, 호두, 잣, 당근, 감자 등을 넣고 밥을 짓다가 뜸을 들이기 전 송이버섯을 밥 위에 얹어 송이 향을 살린다. 밑반찬도 산나물을 비롯해 15가지가 차려진다.

ⓦ 능이돌솥밥(2만원), 능이전골, 송이돌솥밥(각 2만5천원), 송이전골(3만원), 표고돌솥밥(1만5천원), 송이된장정식, 영양돌솥

밥(각 1만3천원), 송이전(1만7천원), 송이구이, 송이야채무침(각 6만원)

🕐 11:00~15:00/16:00~18:30(마지막 주문 18:00) – 일요일 휴무

🔍 경북 봉화군 봉성면 다덕로 526-4

☎ 054-673-3144 Ⓟ 가능

경상북도 상주시

명주정원 카페

찜질방이었던 건물을 직접 수리하여 운영 중인 대형카페. 야외공원과 내부 공간이 잘 구성되어 있으며, 큰 창으로 보이는 정원뷰와 함께 커피를 즐길 수 있다. 명주라테와 바닐라라테에 아이스크림을 올린 여름라테가 추천 메뉴. 다양한 베이커리 외에도 브런치 메뉴가 준비되어 있다.

Ⓦ 아메리카노(5천원), 카페라테(5천5백원), 명주라테(6천8백원), 여름라테(7천5백원), 상주의봄다과상(1만8천원), 딸기라테(7천5백원), 생초코라테(7천원), 고구마소금빵(4천2백원), 당일생산베이커리(변동), 명주정원브런치(변동)

🕐 10:00~22:00(마지막 주문 21:30) – 연중무휴

🔍 경북 상주시 함창읍 새잼이길 7

☎ 054-541-0043 Ⓟ 가능

명주정원

부흥식육식당 돼지불고기

석쇠구이 돼지불고기가 유명한 곳. 석쇠에 구워 내오는 불고기 맛이 좋다. 석쇠구이는 2명이 나누어 먹기 적당하다. 반찬은 서너 가지가 나와 단출한 편이며 밥을 주문하면 된장찌개가 함께 나온다.

Ⓦ 석쇠구이(400g 2만3천원), 소금구이(400g 2만6천원)

🕐 11:30~21:00 – 둘째, 넷째 주 화요일 휴무

🔍 경북 상주시 남적로 6-75 (남적동)

☎ 054-532-6966 Ⓟ 가능

수라간 일반한식

전통 한옥에서 한정식을 맛볼 수 있다. 맛깔스러운 기본 반찬이 푸짐하게 나온다. 음식들은 짜지 않게 적당히 간이 되어 있어 깔끔하다. 후식으로 나오는 식혜도 맛있다.

Ⓦ 간장게장정식(3만원), 갈치조림정식, 갈치구이정식, 옥돔구이정식(각 2만5천원), 보리굴비정식(2만원)

🕐 11:30~14:00/17:00~21:00 – 월요일 휴무

🔍 경북 상주시 상서문3길 119 (남성동)

☎ 054-535-8890 Ⓟ 가능

안압정 한정식

고조리서인 시의전서를 재해석한 한식을 선보인다. 비빔밥정식, 메밀묵밥육전정식, 소고기육전 등이 복원한 메뉴다. 정식을 시키면 유기그릇에 나물 반찬 등과 함께 정갈하게 나온다.

Ⓦ A정식(4만원), 점심특선(1만2천원), 안압지정식(3만원), 특정식(5만원), 비빔밥정식(1만원), 메밀묵밥육전정식(1만원), 육전(3만원)

🕐 11:00~21:00 – 일요일 휴무

🔍 경북 상주시 동문1길 8 (인봉동)

☎ 054-531-9290 Ⓟ 가능

지천통나무집 콩나물밥 | 연잎밥 | 솥밥

간장양념을 넣어서 비벼먹는 홍합밥과 콩나물밥이 인기 있는 식당이다. 통나무 정식을 시키면 두부김치, 전, 인삼과 고구마 튀김 등 다양한 요리를 맛볼 수 있으며, 식사는 홍합밥과 콩나물밥 중에 고를 수 있다.

Ⓦ 홍합밥(1만2천원), 콩나물밥(1만원), 연잎밥, 뽕잎돌솥밥(각 1만4천원), 나물비빔밥(9천원), 순두부찌개(7천원), 통나무정식(2만5천원), 뽕나무토종닭백숙(6만원), 인삼튀김(2만5천원)

🕐 11:00~15:00/17:00~20:00 – 일요일 휴무

🔍 경북 상주시 지천1길 43 (지천동)

☎ 054-533-3313 Ⓟ 가능

홍성식육식당 소고기구이

가격대비 질 좋은 고기를 맛볼 수 있는 곳으로, 자체 농장에서 기르는 소를 사용하기 때문에 가격이 저렴한 편이다. 고기를 손님이 원하는 두께로 썰어 주는 것이 장점.

Ⓦ 등심(150g 2만원), 암소갈빗살(130g 2만4천원), 불고기(120g 1만2천원), 육회(200g 2만원, 300g 3만원), 삼겹살, 항정살, 돼지갈비(각 170g 1만2천원)

🕐 10:00~21:00 – 명절 휴무

🔍 경북 상주시 남성4길 10 (남성동)

☎ 054-535-6608 Ⓟ 가능

왜관식당 청국장 | 콩국수

구수한 청국장으로 잘 알려진 집. 같이 나오는 토속적인 반찬도 입맛을 돋운다. 투박하게 썰어내는 촌두부도 별미로 통한다. 여름에는 콩국수를 찾는 사람이 많은데, 국산 콩을 이용한 콩국을 사용한다.

ⓦ 할매청국장정식, 전통비지찌개정식(각 1만2천원), 차돌청국장정식(1만5천원), 간장제육볶음(2만5천원), 촌두부(1만원)

ⓣ 09:00∼20:00 – 연중무휴

ⓠ 경북 성주군 월항면 주산로 382

☎ 054-932-9554 ⓟ 가능

촌두부집 두부

산속 아래에 자리한 오래된 한식당. 정겨운 분위기의 공간에서 직접 만든 촌두부와 칼국수를 맛볼 수 있다. 칼국수에는 고기를 추가해 함께 먹기도 하며 채소전도 인기 메뉴. 예약은 받지 않으며 재료 소진 시 조기 마감할 수 있다.

ⓦ 촌두부, 칼국수(각 7천원), 수육(소 2만원, 대 3만2천원), 채소전, 칼비빔(각 8천원), 콩국수(9천원), 고기추가(3천원)

ⓣ 10:00∼16:00 – 월요일 휴무

ⓠ 경북 성주군 월항면 지산로 64

☎ 0507-1359-7636 ⓟ 가능

카페노랑 카페

직접 생산한 참외로 만든 참외주스와 참외셰이크, 참외커피셰이크를 맛볼 수 있는 카페. 실외에 아이들이 놀기 좋은 공간도 마련되어 있어서 가족과 함께 방문하기 좋다. 커스터드식빵과 크림치즈바질브레드 등 음료와 함께 맛보기 좋은 디저트도 준비되어 있다.

ⓦ 참외주스(6천원), 참외셰이크(6천5백원), 참외커피셰이크(7천원), 아메리카노(5천원), 카페라테(5천5백원), 커스터드식빵, 크림치즈바질브레드(각 5천원)

ⓣ 10:00∼19:00(마지막 주문 18:50) – 수요일 휴무

ⓠ 경북 성주군 벽진면 벽봉로 89

☎ 0507-1315-9592 ⓟ 가능

거창갈비 ✖ 소갈비

소갈비구이가 유명한 안동에서도 손에 꼽는 맛집이다. 주문 즉시 갈빗대에서 살을 해체하여 준비해주는 것이 특징이며 남은 뼈를 모아 갈비찜으로 만들어준다. 가격대도 경쟁력이 있는 편이다.

ⓦ 한우생갈비, 한우양념갈비, 안동한우갈비찜(각 200g 3만2천원)

ⓣ 11:30∼20:00 – 연중무휴

ⓠ 경북 안동시 음식의길 10 (운흥동) 대림상가

☎ 054-857-8122 ⓟ 가능

골목안손국수 묵밥 | 국수

안동에서 유명한 건진국수를 전문으로 하는 곳. 건진국수는 국수를 한 번 삶은 후 찬물에 헹구어서 다시 육수를 부은 국수를 말한다. 국수가 나오기 전에 밥과 쌈채소가 나온다. 들깨국수와 메밀묵밥도 인기 메뉴로 통한다.

ⓦ 손국수(8천원), 들깨국수, 메밀묵밥(각 9천원), 돼지주물럭(2인 이상. 1인 9천원)

ⓣ 하절기 10:00∼17:00 | 동절기 10:00∼16:00 – 일요일, 명절 휴무

ⓠ 경북 안동시 남문로 2 (남문동)

☎ 054-857-8887 ⓟ 불가

구름에396커피 카페 | 북카페

구름에 전통리조트 안에 있는 한옥 북 카페. 벽이 통유리로 되어있어 울창한 숲을 바라보며 힐링할 수 있다.

ⓦ 아메리카노(5천5백원), 카페라테(6천원), 벨벳라테(6천원), 에스프레소소다(8천원), 잎차, 냉차, 396커피(각 6천5백원), 커피플레이트(1만원)

ⓣ 08:00∼18:00 – 연중무휴

ⓠ 경북 안동시 민속촌길 190 (성곡동)

☎ 070-4912-1767 ⓟ 가능

구서울갈비 ✖ 소갈비

60년 역사의 갈빗집으로, 안동갈비골목에서 가장 오래된 집으로 꼽힌다. 양념을 강하게 하지 않은 안동식 갈비를 숯불에 구워 먹을 수 있다. 남은 갈빗대를 넣어서 끓이는 갈비찜 맛도 일품. 원래는 서울갈비가 상호였으나 이전하면서 구서울갈비라는 상호를 사용하게 되었다.

ⓦ 한우생갈비, 한우양념갈비(각 200g 3만2천원), 냉면(7천원)

ⓣ 11:00∼22:00(마지막 주문 21:30) – 연중무휴

ⓠ 경북 안동시 음식의길 14 (운흥동)

☎ 054-857-5981 ⓟ 가능(1시간 무료)

까치구멍집  백반

1979년, 안동에서는 두 번째로 헛제삿밥을 시작한 집이다. 상에 오르는 요리 수는 10여 가지. 계절에 따라 조금씩 다르지만 제사에 사용되는 3색 나물 한 대접과 각종 전과 적이 한데 담겨 나온다. 안동 지역의 제사 전통에 따라 돔베기(상어고기)가 올라가는 것이 특징. 제사 음식인 만큼 재래식 간장과 깨소금, 참기름 외에는 파, 마늘, 고추 등의 자극적인 양념을 넣지 않아 외국인들도 좋아한다. 양반상을 시키면 조기와 탕평채, 찰떡, 안동식혜가 추가로 나온다.

- ⓦ 헛제삿밥(1만4천원~1만5천원), 양반상(2만4천원), 성현상(5만원), 안동식혜(3천원)
- ⓣ 10:00~15:00/16:00~21:00(마지막 주문 20:00) – 연중무휴
- ⓠ 경북 안동시 석주로 203 (상아동)
- ☎ 054-821-1056 ⓟ 가능

까치구멍집

뉴서울갈비 소갈비

예전 서울갈비 자리에 새로 생긴 갈빗집. 안동식 갈비를 맛볼 수 있으며 마늘양념이 인상적인 마늘생갈비도 인기 메뉴로 통한다.

- ⓦ 한우마늘갈비, 한우양념갈비, 한우찜갈비, 한우생갈비(각 200g 3만2천원)
- ⓣ 11:00~21:30 – 연중무휴
- ⓠ 경북 안동시 음식의길 10 (운흥동)
- ☎ 054-843-1400 ⓟ 가능

맘모스제과 Mammoth 베이커리

50여 년의 역사를 가지고 있는 빵집. 고풍스러운 인테리어가 돋보이며 크림치즈빵이 맛있기로 유명하다. 맘모스빵을 유행시킨 옛날 스타일의 빵집이지만 마카롱 같은 최신 트렌드도 발 빠르게 도입하고 있다.

- ⓦ 크림치즈빵(2천5백원), 유자파운드(1만8천원), 홍차에딸기케이크(3만3천원)
- ⓣ 08:30~19:00 – 명절 당일 휴무

- ⓠ 경북 안동시 문화광장길 34 (남부동)
- ☎ 054-857-6000 ⓟ 가능(1만원 이상 구매 시 무료)

맛50년헛제사밥 일반한식 | 백반

1978년에 안동 헛제삿밥을 처음으로 메뉴에 넣어 상품화시킨 곳으로, 지금은 하회 별신굿탈놀이 기능 보유자가 대를 이어 운영하고 있다. 제사 음식인 만큼 재래식 간장과 깨소금, 참기름만 사용하여 자극적이지 않고 담백하다.

- ⓦ 헛제삿밥(1만4천원), 선비상(2만3천원), 현학금상(4만원), 안동간고등어구이(1만5천원)
- ⓣ 10:00~20:00 – 화요일 휴무
- ⓠ 경북 안동시 석주로 201 (상아동)
- ☎ 054-821-2944 ⓟ 가능

목석원가든 고등어 | 찜닭

하회마을 초입에 있는 식당으로, 안동에서 유명한 간고등어 정식을 추천할 만하다. 밑반찬도 깔끔한 편이며 안동찜닭의 맛도 좋다는 평. 여러 장승과 자그마한 정원이 고즈넉한 분위기를 풍긴다.

- ⓦ 숯불고등어정식(2인 3만4천원), 안동찜닭(3만8천원), 선비상(0만2천원~9만9천원), 양반상(6만6천원~8만6천원), 김치찜닭(4만9천원)
- ⓣ 09:00~18:00 – 명절 휴무
- ⓠ 경북 안동시 풍천면 진서로 159
- ☎ 054-853-5332 ⓟ 가능

문화갈비 소갈비

옛날식 갈비구이 맛을 내는 집. 조선간장만으로 간을 하여 고기의 맛을 충분히 살리고 있다. 미리 재워두지 않기 때문에 고기의 선도도 확인 가능하다. 갈비는 기본 3인분 이상 주문해야 한다. 50년이 넘는 전통을 자랑한다.

- ⓦ 한우갈비(3인 이상, 1인 200g 3만2천원)
- ⓣ 11:00~22:00 – 연중무휴
- ⓠ 경북 안동시 음식의길 32-9 (동부동)
- ☎ 054-857-6565 ⓟ 가능(1시간 무료)

미드레인지 mid range 홍차전문점

아늑한 한옥 건물에서 다양한 종류의 홍차와 차를 즐길 수 있는 찻집. 홍찻잎 시향도 가능해 취향에 맞는 차를 고를 수 있다. 유리병에 담긴 아이스보틀밀크티가 인기 있는 음료다.

- ⓦ 아메리카노(4천원), 라테(4천5백원), 홍차, 우롱차, 녹차, 허브차(각 5천5백원), 아이스보틀밀크티, 과일티에이드(각 6천원), 말차라테, 호지라테(각 5천5백원), 가래떡구이(3천5백원), 크림치즈베이글(4천5백원)
- ⓣ 11:00~21:00 – 월요일 휴무
- ⓠ 경북 안동시 태사길 53-14 (옥정동)
- ☎ 010-4749-4841 ⓟ 가능(웅부공원공영주차장 이용, 1시간 무료)

버버리찰떡 찹쌀떡

80년의 역사를 자랑하는, 안동 지역의 대표 디저트인 찰떡을 맛볼 수 있는 곳. 찹쌀떡에 콩고물, 거피팥, 붉은팥 등을 묻혀 나오며 달착지근하면서도 쫄깃한 맛이 일품이다. 버버리는 경상도 사투리로 벙어리라는 뜻으로, 떡을 먹고 나면 아주 맛있어서 벙어리가 된다는 의미라고 한다.

- ₩ 붉은팥찰떡, 기피팥찰떡, 콩가루찰떡, 검은깨찰떡, 참깨찰떡(각 1개 1천4백원)
- ○ 08:00~19:00 – 연중무휴
- ○ 경북 안동시 제비원로 128 (옥야동)
- ☎ 054-843-0106 ℗ 가능

솔밭식당 일반한식 | 고등어 | 찜닭

하회마을에 있는 곳으로, 간고등어와 찜닭을 맛볼 수 있다. 정식은 간이 잘 배어 있는 간고등어 구이에 12가지의 밑반찬과 된장찌개가 나온다. 달콤 짭조름하게 졸인 안동찜닭도 인기 메뉴다.

- ₩ 세트(2인 4만원, 3인 5만원, 4인 6만원), 안동찜닭(3만5천원), 간고등어정식(2만8천원), 간고등어구이(1만6천원), 파전, 감자전, 고추전, 손두부, 묵무침(각 1만2천원)
- ○ 10:00~18:00(마지막 주문 17:30) | 토, 일요일 10:00~19:00(마지막 주문 18:30) – 연중무휴
- ○ 경북 안동시 풍천면 전서로 214-6
- ☎ 054-853-0660 ℗ 가능

솔송이구이 돼지고기구이

각종 채소와 과일을 달여 만든 양념에 마늘을 곁들여 버무린 갈매기살 구이를 맛볼 수 있는 곳. 갈매기살과 함께 맛보기 좋은 막창, 삼겹살, 무뼈닭발도 준비되어 있다. 양념 갈매기는 주문 즉시 양념에 버무리며 당일 손질한 고기를 판매하는 것이 특징이다.

- ₩ 황금갈매기살, 생갈매기살(각 150g 1만2천원), 황금양념삼겹살, 초벌네모막창(각 150g 1만1천원), 무뼈닭발(150g 1만원), 함흥물냉면, 비빔냉면(각 7천원), 된장찌개(2천원)
- ○ 17:00~00:30(익일) – 일요일 휴무
- ○ 경북 안동시 강남5길 25 (정하동)
- ☎ 054-856-2157 ℗ 가능

안동매일찜닭 찜닭

안동구시장 내 찜닭 골목에 있는 40년 전통의 집이다. 찜닭에 당면, 양파, 대파, 시금치, 감자가 곁들여 나오며 양이 푸짐한 편이다.

- ₩ 안동찜닭, 조림닭(각 중 3만2천원, 대 4만8천원)
- ○ 10:00~21:30(마지막 주문 21:00) – 둘째, 넷째 주 수요일 휴무
- ○ 경북 안동시 번영1길 47 (남문동)
- ☎ 054-854-4128 ℗ 불가

예미정 ✖✖ 禮味亭 한정식

안동 종가집 한정식을 선보이는 곳. 탕평채를 비롯해 삼색전, 산적, 육회, 떡갈비, 신선로 등 10여 가지가 훌쩍 넘는 종가요리를 한상 가득 차려낸다. 메뉴는 계절에 따라 조금씩 변동이 있는 편. 한정식코스 외에도 간고등어구이정식, 돌문어숙회정식, 갈비찜정식 등을 맛볼 수 있다. 전통 한옥식으로 꾸며 운치가 있다.

- ₩ 예코스(9만9천원), 미코스(6만5천원), 정코스(4만5천원), 안동간고등어상차림(2만원), 육회비빔밥상차림(1만5천원), 보리굴비정식(3만5천원)
- ○ 11:30~21:00(마지막 주문 20:15) – 본채 월요일 휴무, 별채 화요일 휴무
- ○ 경북 안동시 옹정골길 111 (정상동)
- ☎ 054-822-0500 ℗ 가능

옥동손국수 ✖✖ 칼국수

국수 장사로만 40년이 넘은, 안동에서는 유명한 집이다. 밀가루에 콩가루를 섞어 면발이 부드럽고 고소하다. 고기 육수에 가느다란 면발이 해장용으로도 좋다. 국수를 먹기 전에 조밥 한 그릇이 갓 담근 김치와 함께 나온다.

- ₩ 옥동손국수, 메밀묵밥(9천원), 옥동들깨국수(1만원), 해물파전(1만2천원), 돼지고추장불고기(2인 이상, 1인 1만2천원)
- ○ 11:00~20:00 – 화요일 휴무
- ○ 경북 안동시 강변마을1길 91 (당북동)
- ☎ 054-855-2308 ℗ 가능

옥야식당 ✖✖✖ 선지해장국

시장통에 있는 선지국밥집. 안동한우를 사용한 제대로 된 선지국밥을 맛볼 수 있다. 고기가 푸짐하게 들어 있어 따로 수육 메뉴가 없어도 될 정도다. 얼큰한 국물 맛이 일품이며 선지를 따로 빼고 주문할 수도 있다. 전화로 미리 예약하는 것도 가능하다.

- ₩ 선지국밥(1만원), 포장(4만5천원)
- ○ 08:30~19:00 | 일요일 08:30~16:00 (재료 소진 시 조기 마감) – 명절 당일 휴무
- ○ 경북 안동시 중앙시장길 7 (옥야동)
- ☎ 054-853-6953 ℗ 불가

월영교달빵 月映橋 베이커리

월영교 앞에 위치한 둥근 보름달 모양의 안동 명물 크림빵집이다. 안동의 특산품인 참마가루가 반죽에 들어가며 100% 유기농 밀 천연 벌꿀, 무항생제 계란을 넣은 건강한 빵이다.

- ₩ 흑임자크림빵, 요거트크림빵, 딸기크림빵, 팥크림빵, 녹차크림빵(각 2천5백원), 아메리카노, 카페라테(각 3천2백원)
- ○ 11:00~19:00 | 금, 토, 일요일 11:00~21:00 – 연중무휴

위생찜닭 찜닭

안동시장 내에 있는 40년이 넘는 전통의 찜닭집이다. 닭과 당면, 채소 등의 조화가 훌륭하며 양도 푸짐하다. 조림닭도 많이 찾는 메뉴.

ⓦ 찜닭, 조림닭(각 중 3만2천원, 대 4만8천원), 닭볶음탕(3만5천원)
⏱ 09:00~21:00(마지막 주문 20:00) – 연중무휴
🔍 경북 안동시 번영1길 47 (남문동)
☎ 054-852-7411 ⓟ 가능

유진찜닭 찜닭 | 마늘치킨

안동구시장에 있는 찜닭집. 손님이 많이 찾는 곳 중 하나다. 감칠맛 나는 양념이 닭고기에 잘 스며 있으며 약간 매콤한 맛이 매력적이다. 마늘 양념을 올린 마늘치킨도 별미로 통한다.

ⓦ 안동찜닭(한 마리 3만2천원, 한 마리 반 4만8천원)
⏱ 10:00~21:00 – 월요일, 공휴일 휴무
🔍 경북 인동시 번영1길 47 (남문동)
☎ 054-854-6019 ⓟ 불가

일직식당 고등어

간잽이 명인 이동삼 선생과 아들이 운영하는 식당으로, 안동의 명물 간고등어구이를 맛볼 수 있다. 간이 삼삼하게 밴 간고등어의 맛이 일품이며 조리되지 않은 간고등어는 포장 판매하기도 한다. 안동역에 인접해 있어 접근성도 좋다.

ⓦ 안동간고등어구이정식(1만3천원), 안동간고등어조림정식(2인 이상, 1인 1만5천원), 된장찌개(9천원), 소불고기(2인 이상 150g 1만5천원), 돼지주물럭(2인 이상 150g 1만2천원)
⏱ 08:00~21:00(마지막 주문 20:30) – 월요일 휴무
🔍 경북 안동시 경동로 676 (운흥동) 매일신문사
☎ 054-859-6012 ⓟ 불가

제비원삼겹 돼지고기구이

숯가마를 운영하던 곳으로, 국내산 돼지고기를 칼집을 내서 백탄 숯불에 초벌구이 해서 나온다. 초벌구이 한 고기를 한 입 크기로 잘라 숯불에 구워 먹는 맛이 일품. 날씨가 좋을 때는 야외 자리를 추천한다. 식사 메뉴인 안동 맥주도 맛볼 수 있다.

ⓦ 제비원삼겹살, 제비원목살(각 150g 1만3천원), 된장국수(6천원), 온국수, 냉국수(각 5천원), 된장찌개(2천원)
⏱ 17:00~21:00(마지막 주문 20:00) | 토, 일요일 12:00~15:00/ 16:00~21:00(마지막 주문 20:00) – 화요일 휴무
🔍 경북 안동시 제비원로 493-10 (이천동)
☎ 054-842-8484 ⓟ 가능

중앙찜닭 찜닭

찜닭의 원조 안동 찜닭거리에서 오랫동안 이어온 찜닭집. 달착지근한 양념이 쏙 배어 있다. 외지인도 많이 찾으며 택배 주문이 끊이지 않는다.

ⓦ 안동찜닭(중 3만2천원, 대 4만8천원), 조림닭(3만2천원), 간장치킨, 마늘통닭(각 2만2천원)
⏱ 09:00~21:00 – 연중무휴
🔍 경북 안동시 번영1길 51 (서부동)
☎ 054-855-7270 ⓟ 불가

폴모스트 FOREMOST 카페

탁 트인 창밖으로 안동강 뷰를 볼 수 있는 베이커리 카페. 옛날 모텔 건물을 개조한 곳이다. 빵 종류는 당일 생산과 당일 판매를 원칙으로 한다. 야외 테라스석도 마련되어 있어 자연의 경치를 즐기기도 좋다.

ⓦ 아메리카노, 더치아메리카노(5천5백원), 카페라테, 더치라테(6천원), 마블라테(6천5백원), 카늘레(3천원~5천원), 소금빵(3천원)
⏱ 10:00~20:00(마지막 주문 19:45) – 연중무휴
🔍 경북 안동시 남후면 암산1길 15
☎ 070-1128-1980 ⓟ 가능

하회민속식당 고등어

안동하회마을 내 하회장터에 있는 식당으로, 간고등어와 찜닭이 대표 음식이다. 큼지막하고 간이 잘되어 짭짤하면서 통통한 고등어를 먹을 수 있다.

ⓦ 간고등어정식(2인 2만8천원), 안동찜닭(한마리 3만5천원, 반마리 2만5천원), 가족한상(6만원), 하회한상(5만원), 민속한상(4만원), 능이버섯찜닭(한마리 4만6천원, 반마리 3만6천원)
⏱ 09:30~18:00 – 연중무휴
🔍 경북 안동시 풍천면 전서로 214-6
☎ 054-853-0521 ⓟ 불가

호록 **horok** 홍차전문점

홍차를 전문으로 하는 카페. 블랙티부터 단일 다원 홍차까지 선택의 폭이 넓다. 호록냉침밀크티, 크림슨에이드 등 차에 변화를 준 메뉴가 특색 있다. 같이 곁들일 티 푸드로는 크림얼그레이피낭시에와 플레인스콘을 추천한다.

- ⓦ 크림티세트(1만원), 호록냉침밀크티(각 5천5백원), 얼그레이왈츠(6천5백원), 크림슨에이드, 홍차(기문 등 6천원), 다즐링(7천원), 크림얼그레이피낭시에(2천8백원), 플레인스콘(3천5백원)
- ⏰ 11:00~21:00(마지막 주문 20:30) | 토요일 11:00~20:00(마지막 주문 19:30) – 일요일 휴무
- 🔍 경북 안동시 풍천면 수호로 88-16 대박빌
- ☎ 0507-1453-1256 ⓟ 가능

경상북도 영덕군

선미횟집 생선회 | 물회

자연산 회를 맛볼 수 있는 곳. 물회가 맛있는 집으로도 유명하며 반찬으로 나오는 꾸다리무침, 보리멸치볶음, 가자미식해 등은 다른 곳에서는 맛보기 어려운 별미다.

- ⓦ 자연산활어회(소 5만원, 중 6만원, 대 8만원, 특대 10만원), 잡어, 광어(각 6만원), 물회(2만원)
- ⏰ 09:00~21:00 – 비정기적 휴무
- 🔍 경북 영덕군 영덕읍 노물길 17
- ☎ 054-733-7539 ⓟ 가능

정직한바다횟집 생선회 | 대게

고래불해수욕장 인근에서 40년 이상 운영해온 맛집. 신선한 회를 된장과 마늘, 고추장을 넣어 만든 소스에 찍어 먹는 맛이 좋다. 대게철에는 대게탕도 맛볼 수 있다.

- ⓦ 모둠회(소 7만원, 중 9만원, 대 12만원, 특대 15만원), 바다횟집스페셜(18만원), 붉은대게탕(6만원), 대게탕(중 7만원, 대 10만원)
- ⏰ 10:00~22:00 – 비정기적 휴무
- 🔍 경북 영덕군 병곡면 병곡1길 88
- ☎ 054-733-2037 ⓟ 가능

죽도산 대게

강구항 대게거리에 즐비하게 있는 대게 전문점 중에서도 깊은 안쪽에 자리한 곳이다. 대게 철인 겨울에 방문하면 실한 대게를 맛볼 수 있다. 40여 년 전통을 자랑하는 영덕대게 전문점이다.

- ⓦ 대게(변동), 코스(A 12만원, B 9만8천원), 물회(2만원), 전복죽(2만원), 대게탕(변동), 랍스터(15만원)

- ⏰ 09:30~21:00(마지막 주문 20:00) – 연중무휴
- 🔍 경북 영덕군 강구면 강구대게길 47-1
- ☎ 054-733-4148 ⓟ 발레 파킹

진일대게회 ✖ 대게 | 생선회

품질 좋은 대게를 부담 없는 가격에 맛볼 수 있는 곳. 동해의 일출을 바로 바라볼 수 있는 곳에 자리 잡고 있어서 분위기 좋은 식사가 가능하다. 싱싱한 모둠 회와 전복 회도 일품이다.

- ⓦ 대게(시가), 대게장볶음밥(2천원), 모둠회(소 7만원 중 10만원 대 13만원 특 16만원), 전복회(10만원)
- ⏰ 09:00~21:00 – 연중무휴
- 🔍 경북 영덕군 영덕읍 영덕대게로 894
- ☎ 054-734-1205 ⓟ 가능

태보회대게 ✖ 대게 | 생선회

강구항과 해맞이공원 사이의 한적한 해변에 있는 곳으로, 대게와 자연산 생선회를 즐길 수 있다. 얼음이 담긴 그릇 위에 구멍이 뚫린 접시가 올려지고 그 위에 회를 내오기 때문에 신선함이 유지된다. 커다란 유리창 밖으로는 동해 바다가 펼쳐진다. 식사 후에는 바닷가에 있는 파라솔에서 커피를 마시면 좋다. 민박도 겸하고 있다.

- ⓦ 자연산모둠회(소 6만원, 중 8만원, 대 10만원), 물회, 회밥, 전복죽(각 2만원), 대게탕(5만원), 대게(시가)
- ⏰ 07:00~23:00 – 연중무휴
- 🔍 경북 영덕군 영덕읍 영덕대게로 664
- ☎ 054-732-8010 ⓟ 가능

화림산가든 은어 | 참게 | 민물매운탕

은어 낚시의 명소로 유명한 영덕 오십천에서 직접 잡은 자연산 은어를 재료로 사용한다. 7월이 영덕 금태은어를 맛보기 가장 좋은 때다. 민물 참게를 갈아 만든 참게탕도 얼큰한 맛을 자랑한다.

- ⓦ 참게탕(소 3만원 ,중 3만5천원, 대 4만5천원), 메기탕(소 2만5천원, 중 3만5천원 ,대 4만5천원), 꿩탕(중 3만5천원, 대 4만5천원)
- ⏰ 11:00~22:00 – 일요일, 명절 휴무
- 🔍 경북 영덕군 영덕읍 강변길 366
- ☎ 054-734-0945 ⓟ 가능

경상북도 영양군

맘포식당숯불갈비 소고기구이 | 돼지고기구이

질 좋은 한우를 저렴하게 먹을 수 있는 곳. 반찬도 여러 가지 정갈하게 나온다. 빨갛게 양념되어 나오는 돼지고기주물럭도 인기 메뉴다.

- Ⓦ 갈빗살숯불구이, 등심숯불구이(각 150g 3만3천원), 돼지주물럭, 돼지곱창(각 150g 1만4천원)
- 🕐 11:00~22:00 – 명절 휴무
- 🔍 경북 영양군 영양읍 시장3길 15
- ☎ 054-683-2339 Ⓟ 가능

선바위가든 산채비빔밥 | 산채정식

산채정식과 산채비빔밥이 인기 있다. 영양에서 난 산나물로 만든 반찬과 찌개 등을 양껏 즐길 수 있다. 각종 산채와 오징어를 넣어 부친 할매지짐이도 추천한다.

- Ⓦ 산채정식(2만2천원), 산채비빔밥(1만원), 밀쭤유나베(1만4천원), 소불고기(200g 1만5천원), 할매지짐이(9천원)
- 🕐 11:00~20:00(마지막 주문 19:00) – 월요일 휴무
- 🔍 경북 영양군 입암면 영양로 883-17
- ☎ 054-682-7429 Ⓟ 가능

음식디미방 ✖✖✖ 한정식

여중군자 장계향 선생의 업적을 기려 한글 조리서 음식디미방에 소개된 전통음식 가운데 70여 종을 현대적 의미로 재해석하여 전통 한정식 메뉴로 정착시켜 체험 프로그램을 운영하고 있다. 최소 10인 이상 예약제로 운영된다.

- Ⓦ 정부인상코스(5만5천원), 소부인상코스(3만3천원)
- 🕐 12:00~14:00/18:00~20:00 – 월요일, 명절 휴무
- 🔍 경북 영양군 석보면 두들마을길 66
- ☎ 054-682-7764 Ⓟ 가능

경상북도 영주시

부석사식당 백반

영주 부석사 앞에 있는 식당으로, 40여 년 전에는 부석사 앞의 유일한 밥집이었다고 한다. 푸짐한 양의 산채비빔밥이 대표 메뉴며 비빔밥과 함께 구수한 청국장이 나온다.

- Ⓦ 산채비빔밥(1만1천원), 산채버섯두부전골(2인 3만원), 고등어정식(2인 2만8천원), 파전(1만3천원), 감자전, 도토리묵무침, 청국장정식, 손두부(각 1만2천원), 더덕구이(2만5천원)
- 🕐 10:00~19:00 – 연중무휴
- 🔍 경북 영주시 부석면 부석사로 317
- ☎ 054-633-3317 Ⓟ 가능

뷔네커피바 BUHNE 바 | 커피전문점

고급스러운 분위기의 커피전문점으로, 커피바를 표방한다. 다양한 종류의 원두로 내리는 핸드드립커피 뿐만 아니라 위스키도 맛볼 수 있다. 원두와 위스키를 취향에 맞게 추천 받을 수도 있다.

- Ⓦ 드립커피(6천원~8천5백원), 비엔나(7천원), 더치라테(6천5백원), 더치커피(6천원), 레몬시소에이드(5천5백원)
- 🕐 12:00~24:00(마지막 주문 23:30) – 연중무휴(휴무 시 인스타그램 공지)
- 🔍 경북 영주시 대학로 142 (가흥동) 한솔빌딩 1층
- ☎ 0507-1449-664 Ⓟ 불가

서부냉면 ✖✖✖ 평양냉면 | 소불고기

50여 년 역사의 냉면집. 순면 함량이 상당히 높은 편이고 육수도 진한 색에 비해 무겁지 않은 깔끔한 맛을 보여 준다. 소백산 주변의 토종 메밀을 통 메밀로 보관해 두었다가 가루로 빻아 사용하기 때문에 면발이 신선하고 메밀 향이 짙다. 냉면 국물은 한우 사골과 양지 삶은 국물에 알맞게 익은 동치미 국물을 배합한다. 한약재를 넣은 육수의 맛은 호불호가 갈릴 수도 있다. 한우불고기의 맛도 수준급이다.

- Ⓦ 메밀냉면(1만3천원, 곱빼기 1만7천원), 한우불고기(2인 이상, 1인 200g 2만원)
- 🕐 11:00~19:00 – 비정기적, 명절 휴무
- 🔍 경북 영주시 풍기읍 인삼로3번길 26
- ☎ 054-636-2457 Ⓟ 가능

서부냉면

서부불고기 ✖✖ 소불고기 | 소고기구이 | 돼지고기구이

귀환길 열차를 타기 전 들른다는 식당으로, 40년이 넘는 역사를 자랑한다. 감칠맛 나는 양념이 일품인 등심불고기가 대표 메뉴다. 매콤하게 양념한 돼지주물럭도 인기 메뉴.

- Ⓦ 갈빗살(200g 3만6천원), 등심불고기(200g 1만5천원 100g 7천5백원), 돼지주물럭(250g 9천원), 냉면(8천원), 삼겹살(200g 1만3천원)

🕐 11:30~14:00/17:00~20:30(마지막 주문 20:00) | 일요일 11:30~14:00(마지막 주문 13:30) – 비정기적 휴무
🔍 경북 영주시 풍기읍 동성로 102–20
☎ 054–636–2649 Ⓟ 가능

순흥전통묵집 묵밥

50년간 가마솥에서 메밀묵을 쑤어온 집. 처음에는 묵채만 내었으나 식사를 원하는 사람을 위해 조밥을 곁들인 묵밥을 내놓게 되었다. 묵밥을 주문하면 조밥 한 그릇에 참기름과 깨소금을 넣고 멸치 국물을 부은 묵사발이 한 그릇 나온다.

Ⓦ 전통묵밥(9천원)
🕐 10:00~19:00(마지막 주문 18:30) – 명절 휴무
🔍 경북 영주시 순흥면 순흥로39번길 21
☎ 054–634–4614 Ⓟ 가능

우리복어식당 🎀 복

40여 년 전통의 복어 전문점. 저렴한 가격에 푸짐하게 복어를 먹을 수 있다. 복어매운탕에는 콩나물이 잔뜩 들어 있는데 콩나물을 따로 건져내어 참기름과 양념을 넣고 버무려 먹으면 일품이다.

Ⓦ 복매운탕(1만원), 황복매운탕(1만2천원), 생복매운탕(1만5천원), 복껍질, 복수육, 복불고기(각 2만원)
🕐 07:00~21:30 – 연중무휴
🔍 경북 영주시 번영로 177 (영주동)
☎ 054–631–0011 Ⓟ 불가

일월식당 일반중식

경북 부석사 가는 길에 위치한 조그마한 마을의 수타면 전문점. 옛날 방식의 짜장면에 고춧가루를 뿌려 먹으면 맛있기로 알려져 있다. 모든 면을 직접 손으로 만들어서 면발이 탄력이 있고 식감이 쫄깃하다.

Ⓦ 짜장면, 간짜장, 물만두(각 6천원), 짬뽕, 우동, 짬뽕밥(각 7천원), 잡채밥(8천원), 잡탕밥(1만2천원)
🕐 11:00~16:00/17:00~19:00 – 연중무휴
🔍 경북 영주시 부석면 부석로 25–1
☎ 054–633–3162 Ⓟ 가능

종점식당 🎀 일반한식 | 산채정식 | 닭백숙

남원 출신인 주인의 전라도 음식 솜씨가 뛰어나다. 청국장이 따라나오는 산채비빔밥과 산더덕에 된장찌개를 곁들이는 산채정식이 메인메뉴다. 봄과 여름에는 된장찌개를, 가을과 겨울에는 청국장찌개를 준비한다.

Ⓦ 산채비빔밥(1만2천원), 산채정식(2인 이상, 1인 1만3천원), 간고등어정식(2인 이상, 1인 1만5천원), 토종닭백숙, 닭볶음탕(각 6만원), 감자전, 순두부, 도토리묵(각 1만2천원), 산더덕구이(3만원)
🕐 08:00~20:00 – 연중무휴

🔍 경북 영주시 부석면 부석사로 319
☎ 054–633–3606 Ⓟ 가능

중앙식육식당 소고기구이 | 막국수

갈빗살로 유명한 집. 메뉴는 갈빗살과 막국수 두 가지다. 영주 지역은 고기를 잡아 숙성을 시키지 않은 상태에서 먹는 것이 특징이며, 숙성된 살과 다른 묘미가 있다. 주문 즉시 고기를 손질해 내기 때문에 신선한 고기를 즐길 수 있다.

Ⓦ 갈빗살(150g 3만원), 안창살(150g 3만5천원), 막국수(5천원)
🕐 11:00~22:00 – 첫째 주 월요일, 명절 당일 휴무
🔍 경북 영주시 중앙로 113–1 (하망동)
☎ 054–631–3649 Ⓟ 가능

태극당 TAEGEUKDANG 베이커리

영주에서는 잘 알려진 오래된 빵집. 한때는 포항의 시민제과, 안동의 맘모스제과와 함께 경북 3대 베이커리에 꼽히기도 했다. 현재 아들이 이어받아 2대째 운영하고 있다. 직접 앙금을 만들어 넣은 단팥빵이 맛있으며 카스텔라인절미가 독특한 메뉴다.

Ⓦ 카스텔라인절미(8조각 2천5백원원, 70조각 1만6천원, 140조각 3만원), 어니언베이글(4천원), 과일크루아상(3천원), 크루아상(2천원), 아메리카노(3천원), 카페라테(3천5백원)
🕐 08:00~21:00 – 일요일 휴무
🔍 경북 영주시 번영로 154 (하망동)
☎ 054–633–8800 Ⓟ 불가

풍기삼계탕 🎀 삼계탕

40년이 넘는 역사를 자랑하는 삼계탕집. 1백여 마리가 들어가는 무쇠솥에 한 번에 많은 양을 넣어 삶는 것이 맛의 비결이다. 삼계탕과 잘 어울리는 인삼주를 곁들이면 좋다.

Ⓦ 삼계탕(1만5천원), 홍삼삼계탕(2만2천원), 닭모래집(1만2천원)
🕐 11:30~14:00/17:30~20:00 – 첫째, 셋째 주 일요일 휴무
🔍 경북 영주시 중앙로 130 (하망동)
☎ 054–631–4900 Ⓟ 가능

풍기인삼갈비 🎀 소갈비 | 돼지갈비

갈비와 풍기 인삼에 영주 사과까지 한 상에 차려내는 인삼갈빗집. 상 위에 인삼 향기가 가득하다. 고기의 질이 좋은 편이며 갈비찜과 누룽지탕, 음료수 등이 나오는 세트메뉴도 추천할 만하다.

Ⓦ 한우갈빗살(100g 2만5천원), 한우인삼불고기(150g 1만5천원), 인삼돼지갈비(150g 1만원), 인삼갈비탕(1만5천원, 특 1만8천원), 육회비빔밥(1만2천원, 특 1만5천원), 한우육회(100g 1만3천원, 200g 2만5천), 원기회복탕(2만3천원)
🕐 09:00~20:00(마지막 주문 19:30) – 연중무휴
🔍 경북 영주시 풍기읍 소백로 1933
☎ 054–635–2382 Ⓟ 가능

경상북도 영천시

삼송꾼만두 만두

영천에서 잘 알려진 만둣집. 만두소는 수분을 최대한 빼서 수분기가 없도록 만들었다. 군만두는 삶은 만두로 튀기는 것이 특징이다. 단무지를 간장에 찍어 군만두에 올려 먹는 것이 군만두를 제대로 먹는 방법으로 통한다.

- 군만두(6개 7천원)
- 09:00~19:00(재료 소진 시 마감) – 둘째, 넷째 주 화요일 휴무
- 경북 영천시 중앙동1길 12 (문외동)
- 054-333-8806 가능

숲속안골길 한정식

직접 재배한 농산물을 사용한 한정식을 선보인다. 숲속반상이 대표 메뉴며, 뽕잎밥, 표고버섯강정, 감자콩국냉채 등이 나온다. 전통 방식으로 발효한 이양주를 곁들여도 좋다. 숲속에 자리하고 있어 자연과 어우러지는 매력적인 공간에서 식사를 슬길 수 있다.

- 숲속반상(2만2천원), 안골반상(1만7천원), 채약반상(3만3천원)
- 11:30~15:00 – 월요일 휴무
- 경북 영천시 안골길 20-75 (괴연동)
- 054-332-2377 가능

포항할매집 곰탕

3대를 이어오는 오래된 곰탕집. 영천시장 안 곰탕골목의 원조집 중 하나다. 머릿고기, 볼살, 갈비뼈, 양천엽 등 여러 부위의 고기를 넣고 푹 곤 국물이 맑으면서도 감칠맛 있다. 곰탕은 뚝배기에 밥이 토렴해서 나온다.

- 한우소머리곰탕(1만원), 소머리곰탕, 양곰탕(각 9천원), 돼지곰탕(8천원), 소모둠수육, 돼지수육(각 소 1만8천원, 대 2만3천원)
- 07:00~20:00(마지막 주문 19:30) – 매월 1일, 15일 휴무
- 경북 영천시 시장4길 52 (완산동) 영천공설시장 제2지구
- 054-334-4531 불가

화평대군 육회

영천 토박이 사이에서 육회가 맛있기로 소문난 곳. 한우로 만든 육회가 입에 착 달라붙는다. 같이 나오는 채소와 고기 모두 신선하고 반찬도 정갈하다. 육회비빔밥도 많이 찾는다.

- 육회(150g 2만2천원), 육회비빔밥(1만9천원), 소금구이(100g 2만4천원), 소주물럭(150g 2만원), 한우소찌개(1만원)
- 11:00~22:30(마지막 주문 21:30) | 토, 일요일 11:00~22:00(마지막 주문 21:00) – 연중무휴

- 경북 영천시 최무선로 212 (성내동)
- 054-334-2514 가능

경상북도 예천군

단골식당 순대 | 돼지불고기 | 오징어

불 맛이 강한 돼지불고기, 오징어불고기와 돼지막창 순대가 유명한 곳. 식사시간에는 줄을 서서 기다려야 할 정도다. 용궁생막걸리를 곁들이면 더욱 좋다. 상주에서는 아들이 분점을 하고 있는데 역시 인기가 높다.

- 오징어불고기, 돼지불고기(각 1만2천원), 막창양념구이(1만2천), 모둠순대(1만3천원), 전통막창순대(1만3천원)
- 09:00~21:00(마지막 주문 20:30) – 연중무휴
- 경북 예천군 용궁면 용궁시장길 30
- 054-653-6126 가능

박달식당 순대국밥 | 순대

순대 위주의 메뉴를 선보이는 곳으로, 순대와 순대국밥이 인기 있다. 막창으로 만든, 독특한 느낌의 막창순대는 이 집만의 별미다. 연탄에 구운 매콤한 오징어탄구이도 추천할 만하다.

- 박달순대국밥(8천원), 순대랑수육(1만3천원), 오징어탄구이(1만2천원), 치즈곱창탄구이(1만4천원)
- 10:00~21:00(마지막 주문 20:00) – 월요일 휴무(월요일이 공휴일인 경우 화요일 휴무)
- 경북 예천군 용궁면 용궁로 77
- 054-652-0522 가능

백수식당 육회 | 뭉티기 | 소고기구이

질 좋은 예천 한우육회를 맛볼 수 있다. 뭉티기(육사시미)도 맛볼 수 있으며 신선한 채소와 육회가 조화를 이루는 육회

비빔밥도 인기 메뉴다.

- ⓦ 육회(300g 3만5천원), 뭉티기육회(230g 3만5천원), 육회비빔밥(소 1만4천원, 대 1만7천원), 등심구이(300g 5만8천원), 소불고기(400g 3만원)
- 🕐 11:00~19:00 – 화요일, 명절 휴무
- 🔍 경북 예천군 예천읍 충효로 284
- ☎ 054-652-7777 ⓟ 가능

새대구숯불구이 소불고기

예천 한우를 전문으로 하는 곳으로, 숯불에 구워 먹는 불고기가 유명한 집이다. 소불고기에는 다진 마늘 양념이 듬뿍 올라가는 것이 특징이며, 육사시미, 육회 등도 신선하며 숯불에 양념 삼겹살을 구워 먹기에도 좋다. 40여 년간 3대로 내려오는 역사를 자랑한다.

- ⓦ 특불고기(150g 2만5천원), 소불고기(150g 1만8천원), 특모둠, 갈빗살, 생등심, 육회(각 250g 3만원), 물냉면(7천원), 비빔냉면(8천원)
- 🕐 11:30~14:30/16:30~21:30(마지막 주문 20:30) – 월요일 휴무
- 🔍 경북 예천군 예천읍 시장로 61
- ☎ 054-654-1547 ⓟ 가능

흥부네토종한방순대 순댓국 | 순대

막창순대로 유명한 곳으로 제대로 된 순대를 즐길 수 있다. 고소한 막창순대는 채소와 찹쌀이 들어가 쫄깃쫄깃한 맛을 자랑한다. 석쇠에 구워 먹는 매콤한 오징어석쇠구이도 별미.

- ⓦ 순대국밥(8천원), 순대(1만3천원), 머릿고기, 오징어석쇠구이(각 1만2천원), 순대양념볶음(2만5천원)
- 🕐 09:00~21:00 – 셋째 주 수요일 휴무
- 🔍 경북 예천군 용궁면 용궁로 131
- ☎ 054-653-6210 ⓟ 가능

경상북도 울릉군

99식당 홍합 | 해물

울릉도의 진미를 보여 주는 집. 오징어내장탕, 따개비밥, 홍합밥 등 울릉도 특산 요리를 전문으로 한다. 약초해장국이 인기 있으며 뱃멀미에도 좋다고 한다. 홍합과 비슷한 따개비를 쌀과 함께 볶은 따개비밥도 울릉도 토속메뉴다. 부둣가에서 횟감을 사오면 이곳에서 회를 직접 떠주기도 한다.

- ⓦ 오징어내장탕, 약초해장국(각 1만5천원), 홍합밥, 따개비밥(각 2만원), 홍합죽, 따개비죽(각 2만5천원)
- 🕐 06:00~21:00 – 비정기적 휴무
- 🔍 경북 울릉군 울릉읍 도동길 89
- ☎ 054-791-2287 ⓟ 불가

나리촌식당 산채정식 | 산채비빔밥

울릉도에서 나는 산나물만을 사용하여 토속음식을 하는 곳으로, 야외 테이블에서 동동주와 먹는 여러 가지 전의 맛이 일품이다. 직접 재배한 나물로 만든 산채비빔밥도 맛있다.

- ⓦ 산채정식(2인 이상, 1인 2만5천원), 산채비빔밥(2인 이상, 1인 1만5천원), 감자전, 더덕파전, 오징어전(각 1만5천원), 더덕무침, 삼나무회무침(2만5천원), 오리불고기(7만원), 참고비나물(3만원), 오삼불고기(1만8천원)
- 🕐 07:00~19:00(마지막 주문 18:30) – 연중무휴
- 🔍 경북 울릉군 북면 나리1길 31-115
- ☎ 054-791-6082 ⓟ 가능

다애식당 홍합

울릉도의 명물인 홍합밥, 따개비밥을 맛볼 수 있다. 같이 나오는 명이나물, 부지깽이나물 등이 인상적이다. 울릉도에서 나는 토종 홍합으로 만든다.

- ⓦ 홍합밥, 따개비밥, 홍따밥, 오삼불고기, 오징어불고기, 전복죽(각 2만원), 김치찌개, 오징어내장탕(각 1만5천원), 백반(1만2천원), 홍합죽, 소라밥, 산나물밥, 따개비죽, 소라죽(각 1만8천원), 통삼겹구이(2만원)
- 🕐 07:00~20:00 – 연중무휴
- 🔍 경북 울릉군 울릉읍 도동길 63
- ☎ 054-791-8862 ⓟ 불가

명가식당 일반한식

울릉도에서 나는 식재료를 사용하는 한식당. 따개비칼국수, 홍합밥, 따개비밥, 따개비죽 등의 메뉴가 준비되어 있으며, 신선한 오징어가 들어간 오삼불고기가 인기 메뉴 중 하나. 자연산 홍합인 섭이 넉넉하게 들어간 홍합밥도 많이 찾는다.

- ⓦ 오삼불고기, 따개비죽, 따개비밥, 홍합밥(각 2인 이상, 1인 2만원), 오징어내장탕, 따개비칼국수(각 1만5천원)
- 🕐 06:50~15:00/16:30~20:30 – 연중무휴
- 🔍 경북 울릉군 울릉읍 울릉순환로 212-21
- ☎ 054-791-9295 ⓟ 불가

산마을식당 산채비빔밥

울릉도에서 나는 산나물로 요리한 산채비빔밥을 먹을 수 있는 곳이다. 고비나물, 부지깽이나물, 생더덕, 취나물 등 여러 가지 울릉도산 나물로 채워진다. 나물을 잘 비벼 시래깃국과 함께 먹으면 일품이다. 뱃길 사정이 나쁘면 문을 열지 않으니 방문 전 전화를 해보는 것이 좋다.

- ⓦ 산채비빔밥(1만3천원), 산채전(1만3천원), 산채정식(3인 이상 예약 필수, 1인 3만원)
- 🕐 08:30~19:00 – 동절기(12월~2월) 휴무
- 🔍 경북 울릉군 북면 나리길 588
- ☎ 054-791-4643 ⓟ 가능

신애분식 칼국수 | 국수

따개비칼국수가 유명한 집. 울릉도 따개비를 써서 맛있다고
한다. 손으로 반죽해 만든 칼국수 면발과 진한 국물 맛이 조
화를 이뤄 맛이 좋다. 겨울에는 따개비가 나오지 않아서 영
업을 하지 않으니 4월 이후부터 여름이 끝나기 전에 방문하
는 것이 좋다.

- Ⓦ 따개비칼국수(1만2천원)
- 🕐 11:00~14:00 – 동절기 휴무, 일요일 휴무
- 🔍 경북 울릉군 북면 천부1길 2
- ☎ 054-791-0095 Ⓟ 불가

약소마을 소고기구이

울릉도 산자락에서 방목하여 산채, 약초를 먹여 키운 약소
를 전문으로 하는 고깃집. 고기는 3인분 이상부터 주문 가
능하며, 다양한 가짓수의 밑반찬과 울릉도산 명이나물을 함
께 곁들일 수 있다. 룸이 있어 모임을 하기도 좋다.

- Ⓦ 약소구이(130g 3만5천원), 약소불고기(250g 2만5천원), 양념
  돼지갈비(150g 1만7천원), 생삼겹살(150만7천원), 지리산흑돼지
  (150g 1만9천원), 육회(250g 4만원)
- 🕐 12:00~22:00(마지막 주문 20:30) – 비정기적 휴무
- 🔍 경북 울릉군 울릉읍 울릉순환로 395
- ☎ 054-791-7001 Ⓟ 가능

전금수산 생선회

살아 움직이는 신선한 독도새우를 눈앞에서 손질해 준다.
쫀득하고 달달한 생새우를 먹을 수 있으며, 닭새우, 꽃새우,
도화새우 모두 맛볼 수 있다. 세트에 따라 머리튀김 또는 새
게탕이 포함되어 있으며, 모둠회도 준비되어 있다.

- Ⓦ 독도새우(변동), 특대새우(변동), 새게탕(5만원), 모둠회(6만
  원)
- 🕐 11:00~21:30 – 연중무휴
- 🔍 경북 울릉군 울릉읍 봉래길 6
- ☎ 0507-1353-0122 Ⓟ 가능

향우촌 鄕牛邨 곰탕 | 소고기구이

자신의 농장에서 직접 키운 약소만 내놓는 곳이다. 구이용
과 국거리용을 구분하여 좋은 부위는 비싸게 받는 대신 나
머지는 싼값에 팔고 있다. 약소머리곰탕은 12시간 이상 곤
곰탕으로, 보양탕으로 인기가 높다. 산채와 약초가 상에 같
이 오른다.

- Ⓦ 약소구이(130g 3만2천원), 약소양념불고기(150g 2만5천원),
  약소육회(중 3만원, 대 5만원)
- 🕐 09:00~20:00 – 일요일, 명절 휴무
- 🔍 경북 울릉군 울릉읍 도동길 186
- ☎ 054-791-8383 Ⓟ 가능

경상북도 울진군

동심식당 ✸ 전복죽 | 생선회

정직하게 만들어 내는 맛있는 전복죽을 맛볼 수 있는 곳. 전
복, 참깨, 참기름, 쌀이 들어가는 전복죽은 싱싱한 전복과 좋
은 참깨, 아무리 바빠도 생쌀을 30분 이상 끓여내는 것이
맛의 비결이라고 말한다.

- Ⓦ 전복죽(1만4천원)
- 🕐 08:00~15:30(마지막 주문 15:00) – 설날 당일 휴무
- 🔍 경북 울진군 후포면 후포로 244-2
- ☎ 054-788-2557 Ⓟ 가능

진해식당 일반한식 | 소고기구이 | 삼겹살

등심 등 소고기와 돼지고기, 육개장 등의 식사메뉴 등 다양
한 한식메뉴를 맛볼 수 있는 시골 식당. 차돌박이와 육회가
대표 메뉴며 고기는 기본 3인분 이상 주문해야 한다. 연탄
불에 올려 끓여 먹는 된장찌개의 맛도 좋다. 연탄불에 올라
가는 오래된 철망이 오랜 역사를 말해주는 듯하다.

- Ⓦ 차돌박이(150g 2만원), 삼겹살(150g 1만4천원), 돼지갈비
  (200g 1만5천원), 차돌삼합(2만8천원), 육회(소 3만원, 중 4만원,
  대 5만원), 육개장(1만1천원)
- 🕐 11:00~14:00/17:00~22:00 – 비정기적 휴무
- 🔍 경북 울진군 죽변면 죽변중앙로 160-25
- ☎ 054-783-7203 Ⓟ 가능

하나대게회센타 대게

먹기 좋게 손질해주는 대게 전문점. 샐러드, 해산물, 생선구
이, 전 등 푸짐한 밑반찬이 먼저 나온다. 대게와 모둠회를
함께 즐겨도 좋으며, 대게를 다 먹은 후 볶음밥이나 라면을
추가하는 것도 추천한다.

- Ⓦ 모둠회(소 7만원, 중 8만원, 대 10만원, 특대 12만원), 자연산
  잡어회(소 7만원, 중 8만원, 대 10만원, 특대 12만원), 하나대게
  스페셜(35만원), 커플세트(20만원~25만원), 볶음밥(2천원), 라
  면(3천원)
- 🕐 10:00~21:30 – 화요일 휴무
- 🔍 경북 울진군 죽변면 죽변항길 239 울진대게어회유통센터 수
  협3호
- ☎ 0507-1407-3587 Ⓟ 가능

달빛레스토랑 RESTAURANT DAL BICH 경양식

의성 마늘의 풍미가 담긴 음식을 선보이는 경양식 레스토랑. 와인 소스가 곁들여지는 마늘돈가스와 알싸한 마늘 향이 가득한 오일파스타가 시그니처 메뉴다. 페이스트리 도우를 사용하는 페퍼로니피자는 이곳에서만 맛볼 수 있는 독특한 메뉴.

ⓦ 의성마늘돈가스(1만5천원), 갈릭오일파스타(1만1천원), 콰트로머시룸크림파스타(1만5천원), 아라비아따(1만5천원), 시저샐러드(6천원), 한돈풀드포크버거(1만7천원)
ⓣ 11:30~14:00/17:00~20:00(마지막 주문 19:50) – 월, 화요일 휴무
ⓠ 경북 의성군 안계면 소보안계로 2070
☎ 054–862–2292 ⓟ 가능

서원한정식 한정식

마늘돌솥밥정식을 시키면 마늘 육회 등 마늘을 이용한 음식과 보쌈, 생선회, 과메기 등이 한 상 푸짐하게 나온다.

ⓦ 한정식(1만5천원~10만원), 직화돼지불고기(1만2천원), 동태찌개(1만원), 갈치찌개(1만5천원), 옛날불고기(1만3천원), 두부조림(1만원), 버섯전골(1만2천원), 코다리찜(1만2천원)
ⓣ 12:00~15:00(마지막 주문 14:00)/18:00~22:00(마지막 주문 21:00) – 연중무휴
ⓠ 경북 의성군 의성읍 동서2길 28–1
☎ 054–834–0054 ⓟ 가능

의성마늘소덕향 소고기구이

의성 마늘을 먹여 키운 의성마늘소를 맛볼 수 있는 곳. 합리적인 가격으로 소고기를 맛볼 수 있으며, 이외에도 전골불고기, 육회 등이 준비되어 있다. 마늘양념구이도 인기 있으며, 점심 한정으로 선보이는 원기탕도 추천할 만한 메뉴.

ⓦ 상차림비(5천원), 원기탕(점심특선 1만4천원), 마늘양념구이(점심특선 2만원), 마늘양념구이(250g 2만5천원), 꼬리곰탕(2만원), 마늘소육회비빔밥(1만2천원), 차돌된장찌개(8천원), 전골불고기(1만2천원)
ⓣ 11:00~21:00(마지막 주문 20:00) – 연중무휴
ⓠ 경북 의성군 봉양면 도리원3길 41
☎ 054–834–6800 ⓟ 가능

다사랑 일반한식 | 산채비빔밥

가마솥정식을 시키면 두부, 미나리전, 불고기, 돌솥밥 등 푸짐하게 한상이 나온다. 산채비빔밥도 많이 찾는 메뉴. 실외 평상에서 먹으면 좋은 공기와 함께 건강해지는 느낌이다.

ⓦ 가마솥정식(1만2천원), 비빔밥(9천원), 부추전, 미나리전(각 중 6천원, 대 8천원), 촌두부(8천원), 불고기(1만5천원)
ⓣ 11:00~20:00 – 명절 휴무
ⓠ 경북 청도군 각북면 헐티로 1342
☎ 054–373–9080 ⓟ 가능

버던트 Verdant 카페

아보카도를 주재료로 만든 음료와 브런치를 선보이는 곳. 공장을 개조한 큰 규모의 카페로, 싱그러운 식물들이 반겨주는 입구를 지나 카페에 들어서면, 큰 규모의 넓고 개방감 있는 공간이 나온다. 가장 인기 있는 메뉴 중 하나인 아보카도커피를 추천.

ⓦ 더블에스프레소(5천원), 아메리카노(5천8백원), 카페라테(6천원), 몬테비앙코(7천5백원), 아보카도커피(7천5백원), 아보카도초코(7천5백원), 아보카도스무디(7천5백원), 아보카도아이스크림(9천5백원), 아보카도샌드위치(1만2천원)
ⓣ 10:00~22:00(마지막 주문 21:30) – 연중무휴
ⓠ 경북 청도군 이서면 연지로 330
☎ 0507–1323–5923 ⓟ 가능

산동관 소불고기 | 소고기구이

금천 한우를 전문으로 하는 고깃집. 두툼하게 썰어서 내는 주먹시(토시살) 고기가 유명하다. 한우불고기는 커다란 냄비에 육수를 붓고 당면과 채소, 버섯 등을 넣어 푸짐하게 끓여내는 스타일이다. 직접 농사를 지어 만든 반찬도 깔린다. 시골 손맛을 느끼게 하는 시래기 된장국 맛도 일품.

ⓦ 주먹시(3만8천원), 갈빗살(2만8천원), 불고기(1만5천원), 육회(3만원)
ⓣ 07:00~21:00 – 연중무휴
ⓠ 경북 청도군 금천면 금천로 55
☎ 054–372–3215 ⓟ 가능

소나무식당 청국장

국산 콩으로 직접 만든 메주를 재료로 하는 청국장집이다. 청국장에 들어가는 두부와 채소도 모두 직접 만들고 재배하는 유기농재료이기 때문에 안심하고 먹을 수 있다.

ⓦ 청국장정식, 촌된장정식(각 9천원), 코다리찜(1만원), 오리백숙(5만원), 한방닭백숙(소 4만3천원, 대 4만8천원)
ⓣ 10:00~20:00(마지막 주문19:00) – 연중무휴
ⓠ 경북 청도군 각북면 오산4길 29
☎ 054–373–7566 ⓟ 가능

시골집 찜닭 | 닭백숙

옹치기 전문점. 청도에서는 닭 한 마리를 요리해 먹는 것을 옹치기 해먹자고 한다고 한다. 닭불백숙은 닭다리는 백숙으로 고아내고 나머지 부위는 잘게 다져서 불고기로 구워낸다. 매콤한 맛이 입맛을 돋우어 준다. 찜닭과 비슷한 맛이다.

ⓦ 옹치기(한 마리2만8천원, 한 마리 반 3만8천원), 청송약수백숙죽(2인 이상. 1인 1만3천원), 박봉김밥(4천원)
🕐 11:00~14:00/ 15:30~18:45(마지막 주문 18:40) – 월요일 휴무
🔍 경북 청도군 청도읍 고수동5길 18
☎ 054-373-0303 ⓟ 가능

안압정 ✖️ 한정식

좋은 재료를 사용한 음식을 맛볼 수 있는 한정식 전문점. 정식에는 육회비빔밥과 버섯비빔밥 중 선택할 수 있으며 생고기나 육회 등의 추천 메뉴를 추가할 수 있다. 2022년 대구에서 청도로 이전하였다.

ⓦ 보리굴비정식, 육회밥정식, 버섯밥정식(각 3만원), 간장게장정식(4만원), 육회(6만원), 아보카도(5만원)
🕐 11:30~20:00 – 월요일 휴무
🔍 경북 청도군 화양읍 연시난길 33-11
☎ 054-371-3533 ⓟ 가능

역전추어탕 추어탕

청도역 앞에 있는 추어탕 전문점으로, 60년 역사를 자랑하는 곳이다. 추어탕에는 미꾸라지 외에도 여러 가지 민물고기가 함께 들어가는 것이 특징이다. 바삭하게 튀겨낸 미꾸라지튀김도 별미로 즐기기 제격이다.

ⓦ 전통추어탕(9천원), 미꾸라지튀김(중 1만원, 대 1만5천원)
🕐 07:00~21:00 – 연중무휴
🔍 경북 청도군 청도읍 청화로 204
☎ 054-371-2367 ⓟ 가능

원조청도추어탕고디탕 추어탕 | 다슬기

경상도식 추어탕을 끓이는 곳. 맑은 국물에 간을 알맞게 한 추어탕이 깔끔하고 맛이 좋다. 경상도 사투리로 고디라고 불리는 다슬기를 넣고 끓인 고디탕도 고소한 맛이 별미다.

ⓦ 추어탕, 고디탕(각 9천원), 미꾸라지튀김(소 1만원. 대 1만5천원)
🕐 06:30~20:00 – 두 번째. 네 번째 화요일 휴무
🔍 경북 청도군 청도읍 청화로 211
☎ 054-371-5510 ⓟ 불가

의성식당 추어탕

제대로 된 경상도식 추어탕을 맛볼 수 있다. 미꾸라지를 통째로 갈아 넣고 계절에 따른 잡어를 갈아 넣어 걸쭉하고 진한 맛을 자랑한다. 맑고 하얀 국물을 띠는 것이 특징이다. 일대에서 청도민물추어탕의 원조 격인 집으로, 60여 년의 역사를 지니고 있다.

ⓦ 추어탕(9천원)
🕐 07:30~19:00 – 연중무휴
🔍 경북 청도군 청도읍 청화로 202-3
☎ 054-371-2349 ⓟ 불가

할매김밥 김밥

마약김밥으로 유명한 청도의 김밥 전문점. 양념한 단무지와 기타 재료들을 넣어 김밥을 만든다. 재료는 단순하지만 그 맛이 일품이다. 예약을 하지 않으면 못 먹을 정도로 인기가 많다. 재료가 소진되면 영업시간과 상관 없이 문을 닫는다.

ⓦ 김밥(6줄 4천원)
🕐 10:30~17:00 – 토, 일요일, 공휴일 휴무
🔍 경북 청도군 청도읍 고수동4길 15-3
☎ 054-371-5857 ⓟ 가능

경상북도 청송군

달기약수촌 닭백숙

2대가 이어 가는 전통 향토음식 전문점이다. 달기약수에 토종닭 등을 넣어 만든 백숙은 몸보신에 좋아 인기가 많다. 닭가슴살에 양념을 해 석쇠에 구워낸 닭불고기와 백숙이 함께 나온다. 불백숙을 주문하는 것도 좋다.

ⓦ 산더덕구이(2만원), 오리백숙(5만원), 토종닭상황버섯백숙, 토종닭능이버섯백숙(각 2인 5만5천원, 3~4인 7만원), 토종닭엄나무백숙(2인 4만5천원, 3~4인 6만원), 토종닭불백숙(1인 2만5천원), 오리능이버섯백숙(1마리 7만5천원)
🕐 10:00~20:00 – 연중무휴
🔍 경북 청송군 청송읍 약수길 54-5
☎ 054-873-2662 ⓟ 가능

명궁약수가든 닭백숙

누룽지 백숙 전문점. 식당 옆 약수터에서 나오는 약숫물에 찹쌀, 닭다리, 녹두, 대추 등을 넣고 푹 끓여 내며, 산삼배양근까지 들어 있어 보양식으로 그만이다. 누룽지불백숙과 닭불백숙에는 닭불고기가 포함되어 나오며, 청송의 사과로 만든 사과 깍두기 반찬도 매콤 달콤한 맛이다.

ⓦ 누룽지불백숙(2만1천원), 닭불백숙(1만7천원), 닭불고기(1만3천원), 닭날개구이(1만9천원)
🕐 10:00~20:00(마지막 주문 19:30) | 토, 일요일 10:00~15:30/ 17:00~20:00(마지막 주문 19:30) – 둘째, 넷째 주 목요일 휴무 (7, 8월은 휴무 없음)

삼보식당 산채비빔밥 | 산채정식

더덕구이를 메인으로 하는 산채정식과 산채비빔밥이 인기 있는 곳. 더덕구이정식은 산나물, 된장찌개, 도토리묵, 산나물전, 생선구이 등 푸짐하게 나온다. 달기약수와 흑미, 약초를 넣어 끓인 흑미약물닭백수도 추천 메뉴. 방문 전 예약을 추천한다.

- Ⓦ 흑미약물백숙(5만원), 더덕구이정식(2인 이상, 1인 2원), 산채비빔밥(1만2천원), 청국장(1만2천원), 칼국수(8천원), 토종참옻닭(2인 5만원, 3인 5만5천원, 4인 6만원)
- ◷ 08:00~19:00 – 연중무휴
- ◯ 경북 청송군 주왕산면 공원길 180
- ☎ 0507-1406-4463 Ⓟ 가능

신촌식당 닭백숙

약수로 유명한 청송에서 청송약수를 사용하여 만든 닭백숙과 닭불고기로 유명한 집이다. 자리에 앉으면 푸짐하게 차린 상을 통째로 가져다 준다. 닭불백숙이 주메뉴로, 닭고기를 다져 양념을 해서 석쇠에 구운 것과 닭다리가 들어 있는 닭백숙이 나온다.

- Ⓦ 닭불백숙(3만4천원), 닭백숙, 닭불고기(각 1만3천원), 닭날개, 닭어깨봉(각 1만9천원)
- ◷ 10:00~20:30 – 연중무휴
- ◯ 경북 청송군 진보면 신촌약수길 18
- ☎ 054-872-2050 Ⓟ 가능

주왕산청솔식당 한정식

운문사 부근의 한식당집으로, 운문사 가는 길에 방문하기 좋다. 산채비빔밥이 유명하며 도토리묵이나 파전에 동동주를 마시기에도 좋은 곳이다. 큼지막한 감자가 들어가는 닭볶음탕도 좋다. 식사를 마치면 바깥에 있는 테라스 자리에서 차를 즐길 수도 있다.

- Ⓦ 산채더덕구이정식(2만2천원), 달기약수흑미토종백숙(6만5천원), 닭볶음탕(중 4만5천원, 대 5만5천원), 달기약수토종닭백숙(6만원), 산채비빔밥(1만2천원), 순두부찌개(1만2천원), 청국장(1만2천원)
- ◷ 08:00~20:00(마지막 주문 19:00) – 두 번째, 네 번째 수요일 휴무
- ◯ 경북 청송군 주왕산면 공원길 164
- ☎ 054-873-8808 Ⓟ 가능

대경식당 오리백숙 | 닭백숙 | 꿩

가마솥에 좋은 약재를 넣어 끓여 내는 약선능이백숙이 인기 있다. 방갈로에서 프라이빗한 식사를 즐길 수 있다. 꿩샤부샤부, 보리굴비 등도 많이 찾는 메뉴. 밥은 솥밥으로 나온다.

- Ⓦ 약선능이백숙(5만원), 오리황토가마구이(5만원), 오리고추장불고기(4만원), 꿩샤부샤부(7만원), 시래기밥코다리찜정식(1만4천원), 보리굴비정식(2만3천원), 황태찜(3만5천원)
- ◷ 10:00~22:00 – 연중무휴
- ◯ 경북 칠곡군 동명면 기성3길 27
- ☎ 054-975-7979 Ⓟ 가능

만리궁 일반중식

야키우동으로 유명한 중식당이다. 갖가지 해산물과 채소가 들어간 야키우동은 땀이 절로 나올 정도로 맛있게 맵다. 마무리로 밥을 비벼 먹으면 좋다.

- Ⓦ 짬뽕밥, 야키우동(각 1만1천원), 야키밥(1만2천원), 짜장면(6천원), 짜장밥(8천원), 짬뽕(1만원)
- ◷ 10:30~16:00 – 일요일 휴무
- ◯ 경북 칠곡군 왜관읍 석전로12길 7
- ☎ 054-974-1121 Ⓟ 불가

백년찻집 ✕ 전통차전문점

팔공산에 자리 잡은 전통찻집. 전통 한옥 건물에 넓은 정원까지 있어 분위기가 좋다. 조명이 은은한 실내에서 차 한 잔의 여유를 가질 수 있다. 한지로 만든 아름다운 등공예와 아기자기한 다기로 꾸며져 있다.

- Ⓦ 백년차, 대추차, 솔잎차, 우전, 보이차, 오룡차(각 8천원), 석류차, 계피차, 수정과, 매실차, 오미자차, 장미차, 국화차, 세작(각 7천원)
- ◷ 10:30~24:00 – 연중무휴
- ◯ 경북 칠곡군 동명면 한티로 573
- ☎ 054-975-2464 Ⓟ 가능

시호재&시차 카페

고요하고 평화로운 분위기 속에서 여유롭게 정원을 둘러볼 수 있는 카페. 건축상을 수상한 멋진 건축물이 돋보이며, 실내에는 아름다운 그림들이 곳곳에 전시되어 있다. 추가 비용을 지불하면 개인 정원이 있는 룸에서 프라이빗한 시간을 즐길 수 있다.

- Ⓦ 아메리카노(6천원), 라테(6천5백원), 조청슈페너(8천원), 시차에그샌드위치(1만7천원), 슈림프와사비크루아상샌드위치(1만7천원), 당근라페치아바타샌드위치(1만7천원), 애플타르트(1만원), 단호박바스크(1만2천원), 마롱케이크(9천원)
- ◷ 10:00~20:00(마지막 주문 19:00) – 연중무휴

경북 칠곡군 석적읍 망정1길 11–21
☎ 0507–1331–4234 ⓟ 가능

안심식당 닭백숙

칠곡 지역에서는 예로부터 참옻나무를 사용하여 옻닭을 즐겨 먹었다. 옻을 넣어 끓인 옻닭백숙이 대표 메뉴다. 옻나무 밭에서 기른 오골계를 사용한다. 개운하고 시원한 옻닭 국물에 밥을 말아 먹어도 좋으며 1시간 전에 미리 전화로 주문하고 가는 것이 좋다.

ⓦ 능이오리백숙(7만3천원), 능이백숙(소 6만4천원,대 6만9천원), 옻닭(소 5만4천원, 대 5만9천원)
🕐 11:00～21:00 – 연중무휴
🔍 경북 칠곡군 동명면 송림길 101
☎ 054–976–6464 ⓟ 가능

인어브리즈 IN A BREEZE 카페

푸른 풍경과 흐르는 시냇물을 보며 힐링할 수 있는 대형 브런치 카페. 산 중턱에 있는 카페로 커피, 빵, 케이크, 샌드위치, 샐러드 등을 판매하고 있어 다양하게 즐길 수 있다. 샌드위치, 샐러드, 아보카도스무디를 한 번에 즐길 수 있는 아보카도세트를 맛봐도 좋다.

ⓦ 에스프레소(5천5백원), 카페라테(6천원), 아보카도커피(8천5백원), 아보카도스무디(1만2천원), 화이트라테(7천원), 아이스크림라테(7천5백원), 모카숲라테(9천원), 스페셜플레이트(3만2천5백원), 인어브런치(1만9천5백원), 불고기버섯파스타(1만8천5백원), 아보카도에그샌드위치(1만3천원), 트러플잠봉샌드위치(1만3천원), 아이스크림크로플(1만4천원)
🕐 09:30～20:00(마지막 주문 19:00) – 연중무휴
🔍 경북 칠곡군 동명면 구남로 101
☎ 0507–1407–8099 ⓟ 가능

인어브리즈

40년전통할매손칼국수 칼국수

1956년부터 손맛을 이어오고 있는 칼국숫집. 칼국수 면을 직접 만들어 쫄깃한 식감을 그대로 느낄 수 있으며, 국물 맛이 시원하다. 오천시장 안에서 조그맣게 장사를 시작했으며, 점점 규모가 커졌다.

ⓦ 손칼국수(6천원, 곱빼기 7천원)
🕐 10:00～15:00(마지막 주문 14:50) | 장날 10:00～16:00 – 월요일 휴무(월요일이 장날인 경우 정상 영업)
🔍 경북 포항시 남구 오천읍 장기로1690번길 16–1
☎ 054–292–0254 ⓟ 가능

강산식당 아귀

30년 전통의 아귀요리 전문점. 아귀탕, 아귀찜, 아귀수육 등을 맛볼 수 있으며 매장은 2층까지 있다. 아귀요리 외에도 낙지볶음과 물회도 추천할 만하다. 룸과 단체석이 마련되어 있어서 모임에도 좋다.

ⓦ 아귀탕, 물회, 회덮밥(각 2만원), 아귀찜, 낙지볶음, 물가자미회(각 소 4만6천원, 중 6만원, 대 7만원), 아귀수육(소 8만원, 중 11만원, 대 13만원)
🕐 11:00～15:00/16:30～21:30(마지막 주문 20:40) – 일요일 휴무
🔍 경북 포항시 북구 죽도로40번길 21 (죽도동)
☎ 054–275–9030 ⓟ 가능

고래사냥 고래

포항에서 밍크고래로 손꼽히는 집 중 하나. 고래수육과 육회, 불고기, 전골, 두루치기 등 다양한 부위의 고래고기를 다양한 조리법으로 맛볼 수 있다. 모둠을 시키면 12가지 다른 맛의 고래를 즐길 수 있다. 오베기, 우네 등을 고급 부위로 쳐준다. 전화 예약 후 방문하는 것이 좋다.

ⓦ 고래수육(4만원～10만원), 고래모둠(10만원～20만원), 고래육회, 고래전골(각 소 3만원, 대 5만원), 고래두루치기(1인 5만원), 고래육회밥(1만원)
🕐 11:30～23:30 – 일요일 휴무
🔍 경북 포항시 남구 대이로127번길 18–6 (이동)
☎ 054–275–5293 ⓟ 가능

까꾸네모리국수 국수

생선과 해물이 들어간 국수. 50년이 넘게 쌓인 할머니의 노하우가 들어간 손맛을 느낄 수 있다. 국수 양이 매우 푸짐한 편이다.

ⓦ 모리국수(2인 1만5천원, 3인 2만5백원, 4인 2만6천원, 5인 3만2천5백원, 6인 3만9천원)
🕐 10:30～17:00 – 연중무휴

ㅇ 경북 포항시 남구 구룡포읍 호미로 239-13

☎ 054-276-2298 ⓟ 불가

논실커피로스터스 ✖ nonsil 커피전문점 | 베이커리

아늑하면서도 고풍스러운 분위기로 꾸민 카페. 핸드드립 커피가 대표 메뉴로, 산지별 원두를 다양하게 갖추고 있어 선택의 폭이 넓다. 케이크를 비롯해 빵 종류도 다양해 커피에 곁들이기 좋다.

Ⓦ 아메리카노(5천5백원), 카푸치노, 카페라테(각 6천원), 핸드드립커피(7천5백원, 8천원), 더치커피(7천5백원~8천원), 이나카(7천원), 밤식빵, 플레인식빵, 잡곡식빵(각 6천원)

ⓒ 11:00~21:30 – 월요일, 첫째 주 일요일, 명절 휴무

ㅇ 경북 포항시 남구 희망대로514번길 46 (대잠동)

☎ 054-274-4258 ⓟ 가능

다락방 ✖ 과메기

과메기를 전문으로 하는 곳. 과메기는 양념과 생미역, 파 등을 포함해서 포장이 가능하다. 과메기 외에 코다리찜, 두루치기 등 입맛 살리는 안주메뉴로 가득하다. 10월부터 과메기 철 동안만 영업하므로 방문 전에 확인해야 한다.

Ⓦ 과메기(2만8천원), 돼지두루치기, 오삼불고기(각 2만5천원), 알탕(2만2천원), 파전(1만8천원), 어묵탕(1만5천원), 통영생굴(1만7천원)

ⓒ 16:00~24:00 – 연중무휴

ㅇ 경북 포항시 북구 양학천로 39 (죽도동)

☎ 054-283-1915 ⓟ 불가

라멘묘조 ラーメンみょうじょう 라멘

닭 육수로 끓인 토리파이탄라멘만을 선보이는 곳 토리파이탄라멘은 특선에는 간장으로 조린 목살 차슈와 김, 멘마가 추가된다. 자리는 카운터석과 2인석, 4인석 테이블이 마련되어 있다.

Ⓦ 토리파이탄라멘(기본 9천원, 특선 1만1천원), 카라파이탄(1만원)

ⓒ 11:30~14:30/17:00~20:00 – 수요일 휴무

ㅇ 경북 포항시 북구 장량로 140 (장성동)

☎ 0507-1330-2734 ⓟ 가

로타리냉면 평양냉면

처음에는 냉면모리로 시작하였던 곳으로, 한우로 만드는 육수가 맛있다. 사골, 양지머리, 파, 양파 등의 재료를 넣고 푹 끓여낸다. 비빔냉면 맛도 좋은 편.

Ⓦ 물냉면, 비빔냉면(각 1만원), 사리(4천원), 돼지고기수육(1만5천원)

ⓒ 11:30~19:00(마지막 주문 18:40) – 월요일 휴무(10월~2월)

ㅇ 경북 포항시 북구 서동로 82 (상원동)

☎ 054-247-2651 ⓟ 불가

마고닭 마늘치킨

30여 년의 역사를 자랑하는 포항식 마늘치킨 전문점. 치킨 뼈를 다 발라내고 살만 뜯어내 먹기 좋게 내어준다. 알싸한 다진 마늘 듬뿍 올라간 치킨과 조합이 좋다. 청양고추가 들어간 맵싸한 고추치킨도 인기 메뉴.

Ⓦ 마늘치킨, 고추치킨, 간장치킨, 양념치킨, 반반치킨(각 2만2천원), 프라이드, 통마리(각 2만천원)

ⓒ 16:00~23:00(마지막 주문 22:30) – 일요일 휴무

ㅇ 경북 포항시 남구 상대로 107 (상도동)

☎ 054-282-6788 ⓟ 가능

마라도회식당 물회 | 생선회

얼음 육수 맛이 독특한 물회 달인의 맛집이다. 물회에 매실, 아카시아 꿀, 다시마 엑기스 등 천연 재료로 만든 육수를 사용하여 산뜻하면서 개운한 맛을 선보인다. 최강달인물 회에는 전복, 해삼, 소라, 개불 등 다양한 재료가 들어간다. 회를 다 먹으면 소면을 넣어서 먹는다.

Ⓦ 최강달인물회(2만6천원), 물회(1만8천원), 대게코스(2인 19만원, 3인 31만원, 4인 35만원), 대방어회(소 10만원, 중 15만원, 대 20만원), 회덮밥(1만8천원), 참가자미물회(2만2천원), 자연산모둠회(소 9만원, 중 13만원, 대 16만원)

ⓒ 10:30~15:30/17:00~21:00(마지막 주문 20:00) – 연중무휴

ㅇ 경북 포항시 북구 해안로 217-1 (두호동)

☎ 054-251-3850 ⓟ 가능

만포갈비 ✖ 소고기구이 | 소갈비

한우 갈비를 참숯 화로에 구워 부드럽고 고소한 맛이 일품이다. 양념구이의 양념 소스는 18가지 재료를 엄선하여 만든 것으로, 즉석에서 뿌리기 때문에 신선한 고기의 맛을 느낄 수 있다.

Ⓦ 한우명품갈빗살, 명품양념갈빗살(각 100g 2만3천원), 갈빗살, 양념갈빗살(100g 1만8천원), 안창살(100g 2만7천원), 옛날불고기(200g 1만6천원), 육회(200g 3만원, 300g 4만원), 갈비탕(1만1천원)

ⓒ 11:00~22:00 – 명절 휴무

ㅇ 경북 포항시 남구 양학천로 160 (대도동)

☎ 054-272-9366 ⓟ 가능

명가정통민물장어 장어

전북 고창에 있는 양식장에서 들여오는 싱싱한 장어를 사용하는 곳. 한약재와 간장, 과일, 양념 등을 넣어 이틀 동안 끓인 다음, 다시 한 번 달여낸 소스를 발라가며 구리 석쇠 위에서 참숯에 굽는다. 소스의 향긋한 맛이 장어의 비린 맛을 없애 구수하고 담백한 장어를 즐길 수 있다.

Ⓦ 장어소금구이, 장어양념구이(각 190g 3만6천원)

ⓒ 11:30~20:30 – 명절 당일 휴무

🔍 경북 포항시 북구 청하면 용산길 235
☎ 054-231-3646 Ⓟ 가능

명승원만두　중국만두

만두가 유명한 곳으로, 대만식 통만두를 전문으로 한다. 만두소에 생강이 듬뿍 들어가 뒷맛이 깔끔한 것이 특징. 고추장 양념을 얹은 채소와 통만두(찐만두)가 함께 나오는 비빔만두도 많이 찾는다.

Ⓦ 비빔만두, 만둣국(각 8천5백원), 군만두, 통만두, 왕만두, 쫄면(각 7천5백원)
🕐 11:00~20:00(마지막 주문 19:30) – 수요일 휴무
🔍 경북 포항시 북구 중앙상가3길 20 (상원동)
☎ 054-232-5658 Ⓟ 불가

모모식당　고래

고래고기 전문식당으로 알아주는 집. 바다에서 포획한 고래를 바로 구매하여 전국으로 도매하는 직영점이다. 고래 부위가 다양하여 고래고기의 12가지 맛을 모두 경험할 수 있다. 고래 특유의 향내를 내는 목덜미 부분의 우네, 부드러운 맛의 아가미살, 껍질, 가슴살, 옆구리살, 내장, 꼬리, 고소한 간 등을 맛볼 수 있다.

Ⓦ 고래전골(2인 4만원), 고래수육(소 7만원, 중 10만원, 대 12만원, 특대 15만원), 고래육회(5만원)
🕐 10:00~20:30 – 연중무휴
🔍 경북 포항시 남구 구룡포읍 호미로 245-31
☎ 054-276-2727 Ⓟ 가능

보경식당　칼국수

즉석에서 홍두깨로 밀어 만들어주는 손칼국수가 인기 메뉴인 곳. 근처 내연산 등산로 입구에 있어 내연산 등산객 사이에 입소문이 났다.

Ⓦ 손칼국수(2인 이상, 1인 8천원), 산채비빔밥(1만2천원), 토종닭백숙(6만5천원), 오리백숙, 옻닭백숙(각 7만원)
🕐 09:00~20:00 – 연중무휴
🔍 경북 포항시 북구 송라면 보경로 463
☎ 054-262-3664 Ⓟ 가능

삼육식당 ✖　닭수육 | 닭무침 | 닭개장

시원한 맛의 닭육수로 만든 닭냉국수가 유명하다. 겨울에는 닭개장을 많이 찾는다. 토종닭을 사용하기 때문에 살이 쫄깃한 닭수육을 곁들이는 것도 좋다. 닭개장 정식을 시키면 반찬이 푸짐하게 깔린다.

Ⓦ 닭개장정식(1만1천원), 닭냉국수, 닭비빔국수(각 1만원), 닭무침(2만8천원), 닭수육(소 1만2천원, 대 2만4천원)
🕐 10:30~20:00(마지막 주문 19:20) – 명절 휴무
🔍 경북 포항시 남구 오천읍 문덕로43번길 6-4
☎ 054-292-3999 Ⓟ 가능

송학할매손두부　두부 | 칼국수

가마솥에 장작불을 때서 두부를 만드는 곳. 직접 담그는 김치가 두부와 잘 어울린다. 굵직한 면발과 멸치육수가 어우러지는 칼국수도 인기 메뉴.

Ⓦ 손두부(8천원), 손칼국수(7천원), 해물파전(1만4천원), 더덕구이(1만5천원)
🕐 11:00~20:00 – 월요일 휴무
🔍 경북 포항시 남구 연일읍 새마을로 626
☎ 054-278-6491 Ⓟ 가능

수가성　순두부

다양한 순두부 메뉴를 선보이는 곳. 취향에 맞게 골라서 주문하면 된다. 순두부찌개의 매운맛이 조금 강한 편이다. 밥은 돌솥에 나오며 숭늉을 만들어 먹을 수 있다. 2003년에 시작하여 포항의 순두부 명가로 자리 잡았다.

Ⓦ 순두부(1만1천원~2만원), 돌솥비빔밥(1만1천원), 제육볶음+순두부(2만1천원)
🕐 24시간 영업 | 일요일 00:00~21:00 – 연중무휴
🔍 경북 포항시 북구 상대로 31 (죽도동)
☎ 054-273-8533 Ⓟ 가능

수향회식당 ✖　물회

죽도시장 안에 있는 물회 전문점. 우럭을 잘게 썰어 그릇에 담고 배, 오이, 상추, 김 가루 등을 얹은 뒤 깨와 참기름을 얹어 고추장과 함께 낸다. 육수가 더해진 일반 물회가 아닌, 초장으로 맛을 낸 정통 포항식 물회를 맛볼 수 있다.

Ⓦ 물회, 회덮밥(각 1만7천원), 도다리물회(2만2천원)
🕐 10:30~20:00(마지막 주문 19:30) – 수요일 휴무
🔍 경북 포항시 북구 죽도시장14길 3 (죽도동)
☎ 054-241-1589 Ⓟ 불가

시민제과　베이커리

포항에서 가장 오래된 빵집으로 알려져 있다. 대표 메뉴는 연유바게트. 이외에도 다양한 빵을 선보이고 있으며 추억의 빵부터 현대적인 빵까지 여러 세대를 아우르고 있다.

Ⓦ 1949단팥빵(2천1백원), 1949찹쌀떡(1천5백원), 연유바게트(5천원), 검정고무신(5천5백원), 정구지빵(2천3백원)
🕐 09:00~22:00 – 연중무휴
🔍 경북 포항시 북구 불종로 48 (대흥동)
☎ 054-243-2330 Ⓟ 가능

시장식육식당 ✖　소고기구이 | 삼겹살 | 돼지고기구이

저렴하고 질 좋은 소고기가 유명한 집으로, 정육점을 겸해 운영하고 있다. 돼지고기 목덜미 부위인 항정살이 인기이며 소의 차돌박이처럼 씹히는 맛이 좋다.

Ⓦ 갈빗살(100g 2만2천원), 소등심(100g 2만원), 소주물럭(100g 1만3천원), 생삼겹살, 목살(각 130g 1만2천원), 돼지두루치기(1만

2천원), 소지개(2인 이상, 1인 1만2천원)
🕐 10:30~15:00/17:00~21:00 – 화요일 휴무
🔍 경북 포항시 북구 청하면 청하로200번길 10-1
☎ 054-232-2670 ⓟ 가능

아라비카카커피숍 ✄ Arabica 커피전문점

일반 가정집을 개조해서 만든 카페로, 포항에서 제대로 된 핸드드립 커피를 마실 수 있는 곳이다. 고풍스러운 분위기의 가구가 그 멋을 더하며, 고급스러운 찻잔에 커피를 내온다. 커피 강좌도 겸하고 있는 것이 특징이다.
🏧 핸드드립커피(7천원~1만1천원), 더치커피(핫 6천원, 아이스 7천원), 에스프레소(싱글 5천5백원), 아메리카노(핫 5천5백원, 아이스 6천원), 카페라테(핫 6천원, 아이스 7천원), 조각케이크(6천5백원~7천원)
🕐 12:00~22:00 – 화요일 휴무
🔍 경북 포항시 북구 칠성로47번길 11 (중앙동)
☎ 054-248-0148 ⓟ 가능(협소)

안동소머리곰탕 ✄ 소머리국밥 | 곰탕

국내산 한우를 사용하는 소머리곰탕을 전문으로 한다. 걸하고 진한 국물 맛이 일품. 밥과 국수 사리가 따로 나와 양껏 넣어 먹으면 된다. 원하는 만큼 추가도 가능하다. 곰탕에 고기를 아낌없이 사용하고 수육의 양이 푸짐하다.
🏧 곰탕(1만3천원), 양곰탕, 특곰탕(각 1만5천원), 수육(소 4만5천원, 대 6만원)
🕐 10:00~20:00 – 일요일 휴무
🔍 경북 포항시 남구 상공로 107 (대도동)
☎ 054-277-4840 ⓟ 가능

연일물회 ✄ 물회

가자미회를 썰어 넣고 양념을 해서 내오면 차가운 물을 부어서 먹는 물회 맛이 일품이다. 가자미를 주로 취급하지만, 도다리회나 가을철 전어도 추천할 만하다. 물회에 밥과 해물이 가득 들어간 된장찌개가 함께 나오는 것이 특징이다.
🏧 물회(각 1만7천원), 회덮밥(1만5천원), 해삼물회(2만5천원), 옹가지물회(2인 이상, 1인 2만2천원)
🕐 10:00~17:00 | 동절기 10:00~15:00 – 월요일 휴무
🔍 경북 포항시 남구 연일읍 연일로159번길 9-1
☎ 054-285-5281 ⓟ 불가

오거리곰탕 선지해장국 | 곰탕

가게이름은 곰탕이지만, 곰탕보다는 선지해장국이 더 맛있는 곳. 선지와 시래기가 푸짐하게 들어 있으며 사골로 육수를 우려 국물이 진하고 얼큰하다. 깔끔한 맛의 곰탕도 괜찮다는 평.
🏧 선지해장국, 곰탕(각 6천원), 수육(소 2만5천원, 대 3만원)
🕐 07:30~18:30 – 연중무휴

🔍 경북 포항시 북구 중앙로 222-8 (죽도동)
☎ 054-248-1182 ⓟ 불가

온정가 제육 | 돼지곰탕

돼지곰탕과 특수부위 수육으로 유명한 곳. 메뉴의 청곰탕은 맑은 곰탕, 홍국밥은 뼈다귀해장국을 뜻한다. 깔끔한 실내 분위기에 어울리게 곰탕과 반찬도 정갈하게 나온다.
🏧 청곰탕(보통 9천원 대 1만1천원), 홍국밥(8천원), 고기순대(각 7천원)
🕐 11:00~14:30 – 일요일 휴무
🔍 경북 포항시 북구 장량주택로18번길 1 (양덕동)
☎ 054-256-1560 ⓟ 불가

인브리즈 파스타

파스타와 샌드위치 그리고 커피까지 즐길 수 있는 파스타 바. 깔끔하게 인테리어 한 공간에서 편안한 식사를 즐길 수 있다. 이탈리안홀토마토스튜와 비스크버터오일파스타도 추천할 만한 메뉴.
🏧 알리오올리오, 이탈리안홀토마토스튜(각 1만9백원), 정통카르보나라, 비스크로제파스타, 클리셰브런치플레이트(각 1만3천9백원), 볼로네제라구파스타(1만5천9백원), 카피콜라뵈르(7천5백원), 아메리카노(3천8백원), 착즙레몬에이드(4천5백원)
🕐 08:00~17:00(마지막 주문 16:00) – 일요일 휴무
🔍 경북 포항시 북구 장량로 140 (장성동) 1, 2층
☎ 070-7725-0925 ⓟ 가능

장기식당 ✄ 곰탕

포항 죽도시장 안에 있는 곰탕집. 곰탕과 수육에 사용되는 고기는 한우 소머리로, 부드럽고 야들야들한 식감을 느낄 수 있다. 곰탕의 국물이 진한 편이며 양도 푸짐하다. 영업시간과 관계없이 재료 소진 시 문을 닫는다.
🏧 곰탕(소 1만5천원, 대 1만7천원), 수육(4만5천원, 대 5만5천원)
🕐 08:00~14:00/15:00~19:30(마지막 주문 19:00) | 토, 일요일 08:00~14:00/16:00~19:00(마지막 주문 18:30) – 월요일 휴무
🔍 경북 포항시 북구 죽도시장3길 9-10 (죽도동)
☎ 054-247-0764 ⓟ 불가

장룡민물장어나라 ✄ 장어

국내산 민물장어 전문점으로, 주문하면 활어를 바로 잡아 내오기 때문에 싱싱하고 담백한 맛을 즐길 수 있다. 소금구이는 불판에 직접 구워 먹으며 양념구이는 구워져 나온다. 쌈, 김치, 장아찌 등 부족한 반찬은 셀프바에서 리필할 수 있다.
🏧 소금구이(3만5천원), 양념구이(3만8천원), 장어탕(점심특선 1만5천원), 된장찌개(3천원), 공기밥(1천원), 소면, 된장국수(각5천원)

⏰ 11:00~21:30(마지막 주문 21:00) – 명절 휴무
🔍 경북 포항시 남구 희망대로 911 (해도동) 장룡민물장어나라
☎ 054-273-8088 ⓟ 가능

죽도회대게타운 대게

포항의 죽도시장 내에서 게요리로 유명한 집이다. 가마솥대
게찜이라 하여 특허낸 기법으로 찌는데, 향이 좋고 비린맛
이 없다. 죽도풀코스를 시키면 자연산 회, 대게, 우럭구이,
물회, 해산물 등을 한 번에 맛볼 수 있다.
ⓦ 박달대게스페셜(2인 13만원, 3인 17만원, 4인 22만원), 영덕
대게, 랍스타스페셜(각 2인 10만원, 3인 13만원, 4인 16만원), 죽
도대게풀코스(30만원)
⏰ 08:00~24:00 – 연중무휴
🔍 경북 포항시 북구 죽도시장길 29 (죽도동)
☎ 054-246-1188 ⓟ 불가

철규분식 팥죽 | 찐빵

찐빵과 팥죽 전문점. 팥이 들어간 찐빵은 적당히 달면서 팥
의 고소함을 느낄 수 있다. 국산 팥만을 갈아서 만드는 팥
죽도 별미다. 찐빵을 뜯어 팥죽에 넣어 먹기도 한다. 포항초
시금치나 애호박이 들어가는 소박한 맛의 멸치 국수도 많이
찾는다.
ⓦ 국수(4천원), 단팥죽(3천원), 찐빵5개+단팥죽(6천원)
⏰ 08:00~(재료 소진 시 마감) – 비정기적 휴무
🔍 경북 포항시 남구 구룡포읍 구룡포길 62-2
☎ 054-276-3215 ⓟ 불가

한스드림베이커리 Hans dream bakery 베이커리

포항에서 유명한 베이커리. 유기농 재료를 사용하며 장시간
저온숙성시킨 천연효모를 사용해 빵을 만든다. 특히 갈릭바
게트가 맛있기로 유명하다. 2013년 리모델링을 하면서 마인
츠돔에서 한스드림으로 상호가 바뀌었으며 2020년 두호동
으로 이전하였다.
ⓦ 갈릭바게트(6천원), 몽블랑(5천5백원), 메론빵(4천5백원), 딸
기브리오슈(6천원), 에그타르트(3천2백원)
⏰ 10:00~21:00 – 연중무휴
🔍 경북 포항시 북구 새천년대로1020번길 39 (두호동)
☎ 054-272-8896 ⓟ 불가

할매식당 백반

계절에 맞게 생선회와 생선찌개 등을 내는 백반집. 양념게
장, 갈치조림, 대구탕 등 할머니의 손맛을 느낄 수 있는 여
러 가지 맛깔스러운 반찬들이 한상 가득 차려진다.
ⓦ 갈치정식(소 1만5천원, 대 2만원)
⏰ 10:30~21:00 – 월요일 휴무
🔍 경북 포항시 북구 새마을로 29 (용흥동)
☎ 054-247-9521 ⓟ 가능

해구식당

해구식당 과메기

1980년경부터 과메기를 시작한 곳으로, 과메기, 해조류, 초
고추장의 어울림이 일품이다. 과메기는 비릿하지만 신선한
해조류, 채소와 함께 먹으면 제맛을 낸다. 10월 중순부터 2
월말까지만 영업하므로 가기 전에 확인하는 것이 좋으며 전
국 각지에 택배 배송도 가능하다.
ⓦ 꽁치과메기, 청어과메기(각 3만원)
⏰ 09:00~20:00 – 비정기적 휴무
🔍 경북 포항시 북구 중앙상가2길 18 (남빈동)
☎ 054-247-5801 ⓟ 불가

형제통닭 통닭 | 마늘치킨

자르지 않고 통으로 튀겨낸 마늘통닭을 맛볼 수 있는 곳. 적
당히 매콤하고 닭에 양념이 잘 배어 있어 맛이 좋다. 가격대
가 높은 편이지만 닭의 크기도 크고 맛도 좋아 인기가 많다.
ⓦ 마늘통닭, 양념통닭, 양념반프라이드반(각 2만3천원), 프라이
드치킨, 제사닭(각 2만2천원)
⏰ 15:30~23:00 – 일요일 휴무
🔍 경북 포항시 북구 죽파로 36 (죽도동)
☎ 054-241-2257 ⓟ 불가

환여횟집 물회

물회와 물회국수가 유명하다. 살얼음이 끼어 있는 고추장
소스를 물회에 부어 먹는다. 물회에 국수 면을 넣은 물회국
수도 별미. 손님이 많아 번호표를 뽑고 기다려야 할 정도다.
ⓦ 물회, 물회국수, 회덮밥(각 1만8천원), 도다리물회, 도다리물
회국수(각 2만4천원), 단지물회(2만6천원), 전복죽(8천원), 도다
리막회(6만원), 전복회(4만원), 활우럭매운탕(2인 4만원, 3인 6
만원), 막회(소 4만원, 중 6만원)
⏰ 10:00~10:20/11:00~15:00/16:30~20:30(마지막 주문 19:20)
– 연중무휴
🔍 경북 포항시 북구 해안로 189-1 (두호동)
☎ 054-251-8847 ⓟ 불가

경상남도

Gyeongsangnam-do Province

경상남도 거제시

강성횟집   생선회

해녀가 운영하면서 직접 잡은 신선한 해산물만을 사용하는 횟집. 자연산 광어회와 농어회 등을 추천할 만하며 성게비빔밥, 물회 등도 추천할 만하다.

- Ⓦ 모둠회(소 8만원, 중 10만원, 대 12만원, 특대 15만원), 성게비빔밥(2만3천원), 멍게비빔밥(1만5천원), 물회(기본해녀 1만5천원, 스페셜 2만5천원, 달인스페셜(2인 4만원)
- ⏲ 11:00~22:00 – 연중무휴
- Ⓠ 경남 거제시 일운면 지세포해안로 204
- ☎ 055-681-6289 Ⓟ 가능

거제도굴구이 ✂   굴

10월에서 3월까지 거제도에서 잡은 굴구이를 먹을 수 있다. 생굴, 튀김, 전 등 다양한 조리법으로 내는 굴 요리를 맛볼 수 있다. 굴회, 굴전, 굴구이 등 다양한 굴 요리로 구성된 코스도 추천할 만하다. 현지인이 많이 찾는 곳.

- Ⓦ 굴전, 굴회, 굴튀김(각 3만원), 굴구이(4만원), 굴코스(5만원~12만원), 새우구이, 굴탕수육, 굴강정(각 3만원), 굴국밥, 굴떡국(1만원)
- ⏲ 10:00~20:30(마지막 주문 19:30) – 연중무휴
- Ⓠ 경남 거제시 거제면 거제남서로 3474
- ☎ 055-632-9272 Ⓟ 가능

뜨라또리아다파비오 ✂

Trattoria da Fabio 이탈리아식

이탈리아에서 오랫동안 근무한 파비오 셰프의 레스토랑으로, 거제에 거주하는 외국인들에게 먼저 인기를 얻은 곳이다. 한국인들의 입맛에 맞는 파스타 종류부터 아뇰로티델플린, 오소부코알라밀라네제 같은 오리지널 메뉴까지 두루 갖추고 있으며 현지에 가까운 맛을 구현하고 있다.

- Ⓦ 카프레제샐러드(1만원), 피자(2만원), 아뇰로티, 탈리아텔레,

뜨라또리아다파비오

라비올리(각 2만원), 오소부코(5만원), 소안심스테이크(5만원), 코스(A 7만5천원, B 4만5천원)
- ⏲ 11:00~15:00/17:00~21:30 | 토, 일요일 11:00~21:30 – 연중무휴
- Ⓠ 경남 거제시 옥포성안로 30 (옥포동) 고센빌딩 1층
- ☎ 055-634-5959 Ⓟ 불가

룡소   라멘

진한 국물의 일본라멘을 맛볼 수 있는 곳. 바지락을 듬뿍 넣은 바지락시오라멘이 인기 메뉴다. 비벼 먹는 스타일의 즈부라소바도 특색 있다. 밥은 무료로 추가할 수 있다.

- Ⓦ 특바지락시오라멘, 즈부라소바(1만3천9백원), 조개멘(1만4천원), 카라이돈코츠(1만1천5백원), 오리지널돈코츠(1만1천원)
- ⏲ 12:10~15:00/17:00~19:00 | 토요일 11:30~19:00 – 일요일휴무
- Ⓠ 경남 거제시 용소3길 6 (아주동)
- ☎ 0507-1315-0974 Ⓟ 불가

리묘   林孝   구움과자 | 카페

평온한 느낌의 한옥 스타일 카페. 음료는 리묘브루잉커피가 대표 메뉴며 아인슈페너가 인기. 디저트는 모시인절미크레이프케이크, 홍무화과타르트 등을 맛볼 수 있다. 조용한 시골에 있어 힐링하기에 좋은 곳.

- Ⓦ 오늘이커피(6천5백원), 싱글우리진(7천5백원) 카페라테(5천5백원), 브루잉커피(4천5백원~6천5백원), 잎차(6천원~6천5백원), 홍무화과타르트(8천8백원), 모시인절미크레이프(8천5백원), 솔티캐러멜타르트(8천원), 고구마케이크(7천5백원)
- ⏲ 11:00~18:00 – 월, 화요일 휴무
- Ⓠ 경남 거제시 둔덕면 하둔길 49
- ☎ 055-634-1811 Ⓟ 불가

명화식당 ✂   경상도음식

평소에는 토종닭 백숙, 장어탕을 전문으로 하며, 봄철에는 거제 지역의 향토음식인 사백어를 내는 곳이다. 거제 지역에서는 병아리, 벵아리로 부르는 투명한 물고기인데, 죽으면 하얗게 된다고 하여 사백어라고 한다. 농어목 망둥어과의 생선으로 작지만 치어가 아니며, 성어가 산란을 위해 회유할 때 잡는다. 사백어 회, 전, 국의 코스로 즐길 수 있으며 봄나물을 활용한 반찬도 별미다.

- Ⓦ 사백어(각 1인 전 1만원, 국 1만5천원, 회 1만5천원), 사백어풀코스(2인 6만원)
- ⏲ 12:00~15:00/16:00~19:00(재료 소진 시 마감) | 토, 일요일 12:00~15:00/16:00~18:00 – 비정기적 휴무
- Ⓠ 경남 거제시 동부면 동부로 13
- ☎ 055-633-2985 Ⓟ 불가

백만석 ✂ 멍게비빔밥 | 생선회 | 생선매운탕

멍게비빔밥 전문점. 4월~6월 멍게 철에 잡아 싱겁게 간을 해 살짝 얼려둔 멍게를 비빔밥에 올려 낸다. 김가루, 깨소금, 참기름에 비벼 먹으면 맛이 조화롭다. 와다라고 불리는 해삼 창자젓으로 만든 비빔밥도 있다. 50년 전통을 자랑한다.

ⓦ 멍게고추장비빔밥, 생선회덮밥, 멍게비빔밥, 생우럭매운탕(각 1만5천원), 성게비빔밥, 해삼내장비빔밥(각 2만2천원), 간장게장정식(1만5천원, 무한리필 1만8천원), 병어회무침(3만원), 물메기탕(2만5천원), 생우럭매운탕(1만5천원)
ⓒ 09:30~20:00 – 연중무휴
ⓠ 경남 거제시 계룡로 47 (상동동) 오형빌딩
☎ 055-638-3300 ⓟ 가능

양지바위횟집 ✂ 물메기 | 대구탕

계절에 따라 다채로운 제철 생선 요리를 맛볼 수 있는 곳이다. 봄에는 멸치, 여름과 가을에는 우럭, 삼치, 겨울에는 대구와 물메기 요리가 훌륭한 맛을 자랑한다. 사계절 내내 먹을 수 있는 메뉴로는 매운탕과, 회덮밥, 멍게비빔밥 등이 있다.

ⓦ 모둠회(소 7만원, 중 10만원, 대 12만원), 우럭튀김정식, 도다리쑥국(각 2만원), 매운탕, 회덮밥(각 1만8천원), 멍게비빔밥, 멸치쌈밥, 삼치정식(각 1만5천원)
ⓒ 10:30~20:00(마지막 주문 19:00) – 연중무휴
ⓠ 경남 거제시 장목면 외포5길 28
☎ 055-635-4327 ⓟ 가능

온기당 오리백숙 | 닭백숙

고급스럽게 인테리어한 오리, 닭 백숙 전문점. 십전대보가 들어간 요리와 사골전복삼계탕은 미리 예약이 필요하다. 밑반찬도 깔끔하게 나온다. 프라이빗 룸도 마련되어 있어 모임을 하기에도 좋다.

ⓦ 십전대보한방백숙, 녹두백숙(각 7만원), 십전대보한방탕, 한방옻탕(각 7만원), 오리로스불고기(400g 3만5천원, 700g 5만원), 사골전복삼계탕(2만5천원), 감자삼계탕/옻삼계탕(1만6천원), 초계냉채(1만6천원)
ⓒ 11:30~16:00/17:00~21:00(마지막 주문 20:00) – 연중무휴
ⓠ 경남 거제시 고현로 138-77 (양정동) 온기당
☎ 055-633-5255 ⓟ 가능

외도널서리 OEDO NURSERY 카페

외도보타니아에서 운영하는 카페. 온실을 콘셉트로 하고 있다. 야외 테라스에서 보는 바다의 경치도 좋다. 아라비카 원두로 스페셜티 커피를 선보이며, 프랑스 정통 기술로 만드는 돌 모양의 디저트가 인기다. 구조라에이드와 널서리커피가 시그니처 메뉴.

ⓦ 널서리커피(8천원), 몽돌쇼콜라, 선인장티라미수(각 1만원), 티라미수(7천5백원), 시트롱(9천5백원), 쇼콜라케이크(7천5백원), 에스프레소, 아메리카노(각 5천5백원), 카페라테, 페퍼민트, 캐모마일메들리(각 6천원)
ⓒ 11:00~18:30(마지막 주문 17:30) | 토, 일요일, 공휴일 10:00~19:00(마지막 주문 18:00) – 연중무휴
ⓠ 경남 거제시 일운면 구조라로4길 21
☎ 055-682-4541 ⓟ 가능

외포11번가횟집 ✂

외포항에 위치한 횟집. 일반적인 회, 물회를 맛볼 수도 있지만 겨울이면 대구회, 대구전, 대구탕, 대구떡국 등 특별한 향토 음식을 맛볼 수 있다. 일반적인 횟집과는 다르게 반찬도 매우 준수한 편이며 대구 아가미젓, 알젓, 갈치젓 등 이 지역에서 먹는 독특한 젓갈을 맛볼 수도 있다.

ⓦ 회덮밥(1만5천원), 물회(2만원), 멍게비빔밥(1만8천원), 도다리쑥국(1만8천원), 생선구이백반(2만원), 매운탕(1만8천원), 자연산모둠회(7만원~15만원), 멸치회무침(4만원~6만원), 대구탕(2만원), 메기회무침(5만원~7만원), 아귀수육(5만원~7만원)
ⓒ 08:30~20:00(마지막 주문 19:00) – 연중무휴
ⓠ 경남 거제시 장목면 외포5길 60
☎ 0507-1495-998 ⓟ 가능

천화원 ✂ 天和園 일반중식

외관은 소박하지만, 70년이 넘는 역사를 간직한 곳이다. 흥남에서 중국집을 하던 화교가 6·25 전쟁 이후 피난와서, 거제도의 작은 어구인 장승포에서 짜장면을 만들면서 시작된 곳이다. 지금은 한국 여성과 결혼한 아들과 손자가 운영하고 있다. 음식은 느끼하지 않고 깔끔한 맛이 난다. 바닷가에 접해 있는 만큼 신선한 해산물을 사용하고 있다.

ⓦ 유니짜장(8천원), 짬뽕, 삼선짬뽕(각 1만원), 탕수육(2만9천원), 유산슬, 팔보채(각 4만5천원), 동파육(대 5만5천원), 깐풍새우, 두반새우(각 대 6만원, 소 3만5천원)
ⓒ 11:00~15:30/17:30~20:30 – 화요일 휴무
ⓠ 경남 거제시 신부로 2-4 (장승포동)
☎ 055-681-2408 ⓟ 가능

충남식당 돼지국밥

거제 현지인들 사이에서 유명한 순대국밥집. 상당히 많은 양의 내장과 부속고기를 자랑한다.

ⓦ 내장국밥, 순대국밥, 섞어국밥(각 9천원), 어린이국밥(4천원), 내장국, 순댓국, 섞어국(각 1만원)
ⓒ 08:00~16:00/17:00~19:00(마지막 주문 18:30) – 화요일, 셋째 주 일요일 휴무
ⓠ 경남 거제시 거제중앙로 1883-2 (고현동) 고현종합시장
☎ 055-632-1332 ⓟ 가능

키친루셀로 Kitchen Rucello 피자 | 파스타 | 이탈리아식

여행 느낌을 제대로 낼 수 있는 분위기 좋은 이탈리안 레스토랑. 수준 높은 퀄리티의 이탈리안 음식과 자연으로 힐링

공간을 즐길 수 있는 곳이다. 입구부터 잘 꾸며진 정원이 기분을 좋게 한다. 피자와 파스타 외에 해산물 스튜도 별미다.
- Ⓦ 먹물리조토(2만4천원), 거제도몽돌스테이크(5만원), 치킨샐러드(2만3천원), 새우&가리비관자구이샐러드(2만4천원), 감바스알아히오(2만5천원), 한우비프카르파치오(2만3천원), 마르게리타(2만4천원)
- Ⓣ 11:00~15:30/17:00~20:45 | 토, 일요일 11:00~20:45(마지막 주문 20:00) – 월요일 휴무
- Ⓠ 경남 거제시 일운면 거제대로 1861
- ☎ 055-681-2031 Ⓟ 가능

할매함흥냉면 함흥냉면 | 수육

함흥냉면 전문점이면서 소고기 수육을 잘하는 집이다. 물냉면의 감칠맛 나는 육수와 넉넉한 고기 고명은 만족스럽다는 평이다. 가을 별미인 매콤새콤한 회무침도 추천메뉴. 50여 년 역사를 자랑한다.
- Ⓦ 비빔냉면, 물냉면(각 1만2천원), 곱빼기 1만4천원), 수육, 가오리회무침(각 4만원)
- Ⓣ 3, 4, 9, 10월 10:00~16:00 | 토, 일요일 10:00~17:00 5, 6, 7, 8월 10:00~19:30 – 동절기 휴무
- Ⓠ 경남 거제시 신부로1길 2-1 (장승포동)
- ☎ 055-681-2226 Ⓟ 가능

항만식당해물뚝배기 해물탕

생선류를 사용해 끓여낸 매운탕이 아닌 소라, 바지락, 백합, 꽃게, 참새우, 딱새우, 갯가재, 미더덕, 굴 등의 조개류를 무쇠솥 뚝배기에 넣어 얼큰하게 끓여 낸 것이 특징. 오징어찌개 국물과 비슷한 시원한 국물 맛이 난다. 해물을 다 건져 먹은 후 공깃밥을 주문해 국물에 말아 먹으면 든든하다.
- Ⓦ 스페셜해물뚝배기(소 7만원, 대 10만원), 일반해물뚝배기(소 3만8천원, 대 5만4천원)
- Ⓣ 08:00~21:00(마지막 주문 20:00) – 명절 휴무
- Ⓠ 경남 거제시 장승포로7길 8 (장승포동)
- ☎ 055-682-4369 Ⓟ 가능

효진수산횟집 대구

외포항에 위치한 횟집이다. 봄에는 멸치회와 도다리, 여름에는 하모회, 가을에는 전어, 겨울에는 대구회를 한다. 계절메뉴가 모두 훌륭하여 4계절 인기 있는 집이다. 특히 생대구탕은 해장 식사로도 인기가 좋다.
- Ⓦ 하모회(소 10만원, 중 13만원, 대 15만원), 건대구찜(1만8천원, 중 6만원, 대 8만원), 우럭구이(5만원), 회덮밥(1만8천원), 모둠회(소 7만원, 중 10만원), 대 13만원, 특대 15만원)
- Ⓣ 08:30~20:15 – 연중무휴
- Ⓠ 경남 거제시 장목면 외포5길 58
- ☎ 055-636-9006 Ⓟ 가능

가남보리밥전문식당 보리밥

옛날식으로 커다란 양은 쟁반에 보리밥과 반찬이 담겨 나온다. 화려하지 않은 소박한 시골의 맛을 즐길 수 있다. 직접 농사지은 콩으로 담근 간장과 된장 맛이 좋다.
- Ⓦ 보리밥, 비빔밥, 된장찌개(각 8천원), 두부(4천원)
- Ⓣ 11:30~21:00 – 연중무휴
- Ⓠ 경남 거창군 가조면 지산로 1485
- ☎ 055-942-3103 Ⓟ 가능

가치 모던한식

제철 재료로 요리한 모던한식 다이닝을 맛볼 수 있는 곳. 맡김상을 주문하면 수프와 작은 한 입 거리, 제철 채소 샐러드를 시작으로 거창한국수, 토란으로 속을 채운 가지, 감태 고추다대기김밥, 튀긴 제철 야채, 고기 온반을 맛볼 수 있다. 단품 메뉴로 깻잎순바질크림뇨키, 훈연한맥돈보쌈과 같은 정갈한 퓨전 한식 메뉴가 준비되어 있다.
- Ⓦ 맡김상(런치 2만원, 디너 2만5천원), 훈연맥돈보쌈(300g 3만원), 가치의고추다대기김밥(1만2천원), 고추다진양념김밥(1만2천원), 들기름향이나는거창한국수, 부라타제철샐러드(각 1만8천원), 가치있는스프링롤(7천원)
- Ⓣ 11:30~14:30/17:30~21:00(마지막 주문 19:30) – 일요일 휴무
- Ⓠ 경남 거창군 거창읍 강변로 277 1층
- ☎ 0507-1342-0399 Ⓟ 불가

가치

건계정 닭백숙

거창에 있는 40여 년 전통의 닭찜, 토종닭백숙 전문점이다. 계곡의 경치가 잘 보이는 곳에 있다. 큰 무쇠그릇에 나오는 토종닭백숙이 맛있다. 황기, 헛개, 오가피 등 갖은 한약재를 넣어서 만들어서 건강에 좋고 토종닭이라서 쫄깃하다. 해물

찜닭도 매콤하니 푸짐하다.
- ⓦ 토종닭백숙(6만원), 해물찜닭(5만5천원), 야채찜닭(4만1천원), 해물찜닭스페셜(6만5천원)
- ⓘ 11:00~21:00 – 명절 당일 휴무
- ⓠ 경남 거창군 거창읍 거안로 1173–21
- ☎ 055–944–7833 ⓟ 가능

삼산이수 ✖ 三山二水 갈비탕 | 소갈비찜

전통 한옥으로 된 집에서 먹는 갈비찜의 맛이 좋다. 간장이 아닌 고춧가루 양념을 사용한 갈비찜은 매콤하면서도 달콤하다. 정원에는 연못과 나무가 있어 운치 있다.
- ⓦ 갈비탕(1만4천원, 특 1만7천원), 갈비찜(소 5만원, 중 5만8천원, 대 6만5천원)
- ⓘ 11:00~20:00 – 비정기적 휴무
- ⓠ 경남 거창군 거창읍 내학길 35–4
- ☎ 055–942–1844 ⓟ 가능

풍전복집 복

거창 상림리에 있는 복집으로, 오랜 경력의 손맛이 유명하다. 복 매운탕은 인공조미료를 사용하지 않고 조리하여 국물이 시원하다. 밑반찬도 깔끔하고 야채 등도 직접 재배한다. 그 외 메뉴는 복수육, 복국, 복 불고기, 껍질 무침 등이 있다.
- ⓦ 복수육(소 5만원, 대 6만원), 밀복매운탕(1만8천원), 복매운탕(1만1천원), 복불고기(소 4만원, 대 5만원), 껍질무침(소 2만원, 대 2만5천원)
- ⓘ 09:00~21:00 – 명절 휴무
- ⓠ 경남 거창군 거창읍 상동2길 11
- ☎ 055–942–7572 ⓟ 가능

경상남도 고성군

옥천식당 ✖ 닭백숙 | 산채비빔밥

토종닭, 무, 감자 등을 넣고 맑게 끓여낸 닭국이 유명한 곳이다. 국물은 맑지만 일반적으로 접하는 삼계탕 국물보다 진하고 고기도 쫄깃하다. 더덕구이도 잘 두드려 구워 맛이 좋다. 잘 가꿔진 정원을 보며 야외에서 식사할 수 있는 것도 장점이다.
- ⓦ 토종닭백숙(6만원), 닭국(2인 이상, 1인 1만2천원), 산채비빔밥, 고추전(각 8천원), 산더덕구이(3만원)
- ⓘ 11:00~19:00 – 연중무휴
- ⓠ 경남 고성군 개천면 연화산1로 544
- ☎ 055–672–0081 ⓟ 가능(가게 앞)

자란들 카페

벽돌집을 리모델링 한 고즈넉한 카페. 깔끔하고 차분한 톤의 원목 가구로 인테리어된 공간에서, 간단한 브런치와 베이커리를 음료와 함께 즐길 수 있다. 커스터드 크림과 흑설탕 러스크가 곁들여진 슬로우라테, 솔티드 캐러멜을 얹은 진한 롱블랙을 추천한다.
- ⓦ 아메리카노(5천원), 카페라테(6천원), 롱블랙(7천원), 그린슈페너(7천원), 슬로우라테(7천원), 포카치아플레이트(7천5백원), 감자수프(5천5백원), 리얼다래우유(6천5백원), 바스크치즈케이크(6천5백원), 감태잠봉뵈르(8천5백원)
- ⓘ 10:00~19:00(마지막 주문 18:00) – 월요일 휴무
- ⓠ 경남 고성군 삼산면 병산3길 81–4
- ☎ 010–3125–2658 ⓟ 가능

자란들

카페해이준 카페

남다른 개방감을 자랑하는 오션뷰 카페. 내부로 들어서자마자 보이는 통창으로 오션뷰가 펼쳐진다. 넓은 공간에 배치된 테이블과 편안한 좌석으로 구비되어 있으며, 시그니처 음료로는 히말라야슈페너와 해이준라테가 있다.
- ⓦ 아메리카노(6천5백원), 카페라테(7천3백원), 바닐라빈라테(6천9백원), 히말라야슈페너(7천9백원), 해이준라테, 자몽에이드(각 8천5백원), 플레인스무디, 말차쇼콜라, 레드벨렛(각 7천5백원)
- ⓘ 10:30~19:30(마지막 주문 20:00) | 토요일 10:00~20:00(마지막 주문 19:30) | 일요일 10:00~19:30(마지막 주문 19:00) – 연중무휴
- ⓠ 경남 고성군 동해면 조선특구로 2114
- ☎ 0507–1385–2128 ⓟ 가능

경상남도 **김해시**

가야미학 ✄ GAYAMIHAK 모던한식

한식에 기반한 캐주얼 파인 다이닝. 제철 식재료로 계절마다 새롭게 구성한 코스 요리를 선보인다. 오픈된 주방과 카운터석 구조로 되어 있으며, 프라이빗한 룸도 따로 마련되어 있다.

ⓦ 평일(화, 수, 목)디너시그니처코스(15만원), 주말(금, 토, 일)시그니처코스(15만원), 주말(금, 토, 일)코스(8만원), 평일런치코스(5만원), 평일디너코스(8만원)

Ⓣ 12:00~15:00/18:00~21:00(마지막 주문 19:30) – 월요일 휴무

Ⓠ 경남 김해시 율하4로 46 (장유동) n스퀘어 9층

☎ 055-321-9955 Ⓟ 가능

강변매운탕 민물매운탕

자연산 민물고기를 사용하는 매운탕이 유명하다. 잡내가 나지 않고 국물이 진하며 주재료가 듬뿍 들어가 평이 좋다. 식사 시간에는 손님이 많으므로 예약하는 편이 좋다.

ⓦ 메기매운탕, 붕어매운탕(각 소 2만5천원, 중 3만5천원, 대 4만5천원), 빠가사리매운탕, 참게탕(소 3만원, 중 4만원, 대 5만원)

Ⓣ 10:30~21:00 – 명절 휴무

Ⓠ 경남 김해시 대동면 동남로1번길 22

☎ 055-323-0292 Ⓟ 가능

경화춘 일반중식

김해 최초의 중식당으로, 3대째 내려오고 있다. 해물 베이스의 깔끔하고 담백한 짬뽕과 진한 춘장맛이 느껴지는 전통 중식 짜장면을 맛볼 수 있다. 새콤달콤한 소스를 얹은 바삭한 탕수육도 사이드로 추천하는 메뉴.

ⓦ 짜장면(6천원), 짬뽕(8천원), 간짜장(9천원), 우동(8천원), 삼선짬뽕(1만원), 삼선간짜장(1만1천원), 볶음밥(9천원), 잡채밥(9천원), 탕수육(소 1만5천원, 중 2만3천원, 대 3만원), 코스(A 5만원, B 10만원, C 13만원, D 16만원)

Ⓣ 10:00~15:00/17:00~21:00 – 연중무휴

Ⓠ 경남 김해시 분성로335번길 8-1 (동상동)

☎ 055-326-5168 Ⓟ 불가

김덕규베이커리 ✄ 베이커리

김덕규 제과제빵 명장이 운영하는 곳. 천연 과일과 호밀에서 발생되는 자연 발효종을 사용해 빵을 만든다. 처음에는 그린하우스라는 상호로 시작하였으며 드라마의 모티브가 되기도 하였다.

ⓦ 소금오빵(4천원), 데리버거(5천3백원), 어니언베이글(5천9백원), 아메리카노(3천8백원), 카페라테(4천원), 캐모마일(5천원)

Ⓣ 07:00~22:00 – 연중무휴

Ⓠ 경남 김해시 활천로 32 (삼정동) 호성상가 1층

☎ 055-333-3874 Ⓟ 가능

남포통닭 프라이드치킨 | 닭구이

닭목살구이가 유명한 치킨집. 닭목살구이는 소금과 양념 중 선택할 수 있으며 테이블 가운데에 있는 연탄불에 직접 구워 먹는다. 바삭하게 튀겨 나오는 프라이드치킨도 추천. 양념소스, 치킨무 등도 직접 만들고 있다.

ⓦ 켄터키프라이드(반마리 1만원, 한마리 1만7천원), 닭목살구이(500g 1만9천원), 양념치킨(반마리 1만1천원, 한마리 1만8천원), 반반치킨(1만8천원), 닭근위구이(6천원), 닭볶음탕(반마리 1만5천원, 한마리 2만4천원), 닭근위튀김(1만2천원)

Ⓣ 16:00~23:00(마지막 주문 22:00) – 일요일 휴무

Ⓠ 경남 김해시 평전로 2 (외동)

☎ 055-337-4226 Ⓟ 불가

달카페 Dal's Dutch 카페

낙동강의 풍경을 바라보며 커피를 즐길 수 있는 카페. 낙동강 하류변에 자리 잡고 있어 석양진 노을을 볼 수 있다. 실내는 아기자기한 쇼품 등 모던한 북유럽 분위기로 꾸며져 있다. 다양한 더치커피를 즐길 수 있으며 커피원액, 허브, 갓 볶은 원두를 구입할 수 있다.

ⓦ 핸드드립커피(4천3백원~5천3백원), 에스프레소(3천8백원), 아메리카노(4천3백원), 카페라테(5천3백원), 아포카토(6천원), 달빵(1만2천원), 불암동토스트(7천원), 인절미와플, 어니언브래드(각 8천원), 모던토스트(6천원)

Ⓣ 10:00~22:00 – 명절 휴무

Ⓠ 경남 김해시 식만로 354-41 (불암동)

☎ 055-324-5514 Ⓟ 가능

대동할매국수 국수

60년 전통의 국숫집. 메뉴는 국수와 유부초밥이며, 비빔과 물국수 중에서 선택할 수 있다. 곱빼기는 1천원이 추가된다. 김과 시금치 등의 고명을 얹은 국수에 진한 멸치 육수를 부어서 먹으면 된다. 면은 일반 소면보다 약간 굵은 편이다. 이곳을 시작으로 대동면에 국수 골목이 형성되었다.

ⓦ 물국수(6천원), 비빔국수(7천원), 유부초밥(4천원), 곱빼기추가(1천원)

Ⓣ 10:30~15:00/16:00~18:50 – 월요일, 명절 휴무

Ⓠ 경남 김해시 대동면 동남로45번길 8

☎ 055-335-6439 Ⓟ 가능

도도플레이트 DODOPLATE 카페 | 마카롱

매장에서 직접 구워내는 마카롱과 스페셜티 커피 전문점. 마카롱 필링 속에 재료가 꽉 차있고 화학첨가물이 가미되지 않았으며, 많이 달지 않아 단골 고객이 많다.

ⓦ 마카롱(2천4백원), 쿠키(3천8백원), 에그타르트(3천원), 스콘(3천8백원), 아메리카노(4천원), 카페라테(4천5백원)
🕐 11:00~21:00 | 일요일 13:00~21:00 – 월요일 휴무
🔍 경남 김해시 율하카페길 13 (관동동)
☎ 055-311-6062 Ⓟ 불가

바자라 일식장어

일본식 민물장어 덮밥을 선보이는 맛집으로, 일본인 부부가 운영하고 있다. 국내산 최고급 풍천장어만을 고집하며 사용하는 채소도 유리온실의 스마트팜에서 직접 재배한다.
ⓦ 우나동(3만9천원), 특우나동(5만8천원)
🕐 11:00~20:00(마지막 주문 19:30) – 연중무휴
🔍 경남 김해시 대동면 동남로209번길 26
☎ 010-6466-4046 Ⓟ 가능

봉화맷두부 두부

매일 아침 9시 가마솥에서 직접 두부를 만드는 두부전문점. 해물순두부, 된장순두부, 백순두부를 선보이며 모두부도 맛볼 수 있다. 연탄 불고기와 소고기뭇국이 함께 나오는 육회비빔밥도 많이 찾는다.
ⓦ 해물순두부, 된장순두부, 백순두부(각 1만원), 육회비빔밥(1만2천원), 검은콩콩국수, 모두부(각 9천원), 김치해물파전(1만4천원), 호박전(1만3천원), 보쌈(소 2만9천원, 중 3만9천원, 대 4만9천원), 연탄불고기(소 2만8천원, 중 3만8천원, 대 4만8천원)
🕐 09:30~20:30(마지막 주문 20:00) – 연중무휴
🔍 경남 김해시 생림면 인제로 545-25
☎ 055-314-9998 Ⓟ 가능

봉화맷두부

불암정 장어

살이 통통한 민물장어구이 한상을 맛볼 수 있는 장어구이 전문점. 소금구이, 양념구이 모두 추천하며, 된장식사를 주문하면 된장찌개와 흑미밥, 여섯 가지 반찬을 한 상 가득 채워줘 더욱 풍성한 한상을 즐길 수 있다. 룸이 있어 모임을 하기에도 좋다.
ⓦ 소금구이(3만1천원), 양념구이(3만2천원), 된장식사(3천원)
🕐 11:00~21:00(마지막 주문 20:00) – 연중무휴
🔍 경남 김해시 장어타운길 33 (불암동)
☎ 0507-1398-6463 Ⓟ 가능

삼대부대찌개 부대찌개

쑥갓이 들어간 깔끔한 맛의 파주식 부대찌개를 맛볼 수 있다. 김가루도 내어주어 밥에 부대찌개와 곁들여 먹으면 좋다. 밥은 무료로 추가가 가능하다.
ⓦ 부대찌개(9천), 옛날돈가스(7천원), 칼바사(6천원), 우삽겹사리(6천원), 라면사리(2천원)
🕐 10:00~22:00(마지막 주문 21:20) – 연중무휴
🔍 경남 김해시 김해대로2529번길 56 (어방동)
☎ 055-321-7988 Ⓟ 가능(식당 앞 10대 주차 가능)

삼대부대찌개

삼일뒷고기 돼지고기구이

김해에서 뒷고기 맛집으로 유명한 곳. 뒷고기는 여러 부위의 돼지고기가 섞여서 나오는 것을 말한다. 포장마차에서 식사하는 듯한 분위기다.
ⓦ 뒷고기(6천원), 볶음밥(3천원), 국수(4천5백원)
🕐 17:00~23:00 | 토요일 16:00~23:00 – 일요일 휴무
🔍 경남 김해시 전하로 277 (외동)
☎ 055-334-4138 Ⓟ 가능

신라가든 소갈비

김해 진영읍에서 유명해진 진영갈비 전문점. 진영갈비란 갈비를 얇게 포를 떠서 둘둘 말아 양념에 재운 것을 말한다. 소갈비, 돼지갈비 모두 맛볼 수 있다.
ⓦ 한우등심, 한우생고기(각 110g 3만7천원), 한우양념갈비(160g 3만2천원), 돼지갈비(200g 1만5천원), 돼지양념목살(140g 1만5천원)
🕐 10:00~22:00 – 연중무휴
🔍 경남 김해시 진영읍 진영로 464
☎ 055 342-5354 Ⓟ 가능

에디스키친 ✕ EDDY`S KITCHEN 유럽식

대청계곡에 위치한 유로피안 레스토랑. 코스요리와 다양한 단품 요리를 선보인다. 좋은 분위기 속에서 식사를 즐길 수 있는 곳.

- Ⓦ 시즌코스(5만원), 시그니처코스(7만5천원), 키즈코스(2만9천원), 상견례코스(7만5천원)
- Ⓣ 12:00~15:30(마지막 주문 14:00)/17:30~ 21:30(마지막 주문 20:00) – 월요일 휴무
- Ⓠ 경남 김해시 대청계곡길 46 (대청동)
- ☎ 0507-1341-4200 Ⓟ 가능

왕십리양곱창 양곱창

합리적인 가격으로 소양곱창을 먹을 수 있는 곱창집. 대창, 막창, 곱창, 염통을 모두 맛볼 수 있는 모둠구이가 인기 있다. 한우곱창전골도 준비되어 있다.

- Ⓦ 모둠구이, 대창구이(각 200g 1만2천원), 막창구이(180g 1만2천원), 곱창구이(150g 1만5천원), 특양구이(150g 1만8천원), 한우곱창전골(중 3만원, 대 4만원), 김치말이국수(5천원)
- Ⓣ 16:00~24:00(마지막 주문 23:00) – 연중무휴
- Ⓠ 경남 김해시 해반천로144번길 23-6 (삼계동)
- ☎ 0507-1352-8193 Ⓟ 불가

한일뒷고기 돼지고기구이

김해가 원조인 뒷고기를 전문으로 하는 곳. 뒷고기란 돼지고기의 여러 부위를 섞어서 내는 것을 말한다. 가격 대비 만족도가 뛰어나다.

- Ⓦ 뒷고기(5천원), 뒷통구이, 막창(각 8천원), 무뼈닭발(1만2천원), 촌돼지김치찌개(1만원)
- Ⓣ 17:00~24:00(마지막 주문 23:00) – 둘째, 넷째 주 일요일 휴무
- Ⓠ 경남 김해시 삼계로1번길 4-18 (삼계동)
- ☎ 055-331-5432 Ⓟ 불가

향옥정 장어

불암동 장어마을에서도 오랜 역사를 자랑하는 민물장어 전문점. 연탄불에 구운 장어 맛이 좋다.

- Ⓦ 선암장어(200g 3만4천원), 향옥장어(4만8천원), 메기탕(소 3만원, 중 4만원, 대 5만원)
- Ⓣ 11:30~15:00/17:00~21:00 | 토, 일요일 11:30~21:00 – 연중무휴
- Ⓠ 경남 김해시 김해대로 2787-19 (불암동)
- ☎ 055-336-6283 Ⓟ 가능

공주식당 생선회 | 멸치

갈치회, 멸치회 전문점. 봄에서 여름 사이에는 멸치회 양념무침을 맛볼 수 있다. 비린 맛이 없고 새콤달콤매콤하게 버무려져 나오는 멸치회가 안줏거리로도 그만이다. 양아깐이라는 남해에서만 나는 야생초 반찬도 별미다.

- Ⓦ 갈치회무침, 멸치회무침(각 소 3만5천원, 중 4만5천원, 대 5만원), 갈치구이, 갈치조림(각 소 4만원, 중 5만원, 대 6만원)
- Ⓣ 08:00~21:00 – 명절 휴무
- Ⓠ 경남 남해군 미조면 미조로 230
- ☎ 055-867-6728 Ⓟ 가능

다랭이맛집 멸치

해물칼국수와 오징어파전, 멸치쌈밥으로 유명한 식당. 오징어파전은 여름이 되면 오징어부추전으로 변경되어 나온다. 야외 테라스에서 다랭이마을 논밭을 보며 남해 특산물인 유자막걸리를 곁들여도 좋다.

- Ⓦ 멸치회무침(3만원), 갈치회무침, 가오리회무침(대 3만원), 생선구이, 갈치조림(2인 이상, 각 1인 1만7천원), 오징어파전, 도토리묵, 두부김치(각 1만5천원), 칼국수(9천원)
- Ⓣ 08:30~19:00(마지막 주문 18:30) – 연중무휴
- Ⓠ 경남 남해군 남면 남면로679번길 31-10
- ☎ 055-863-3338 Ⓟ 가능

달반늘 ✕ 붕장어

살아 있는 장어를 즉석에서 다듬어 매콤한 고추장 양념을 발라 숯불에 굽는다. 산 장어를 토막 내어 뚝배기에 넣고 무시래기와 숙주나물, 들깨를 갈아 넣은 맑은 육수를 부어 즉석에서 끓여 내는 장어탕은 식사는 물론 해장국으로도 좋다.

- Ⓦ 장어돌판구이(130g 1만4천원, 2.5인 3만5천원), 장어탕(5천원), 장어탕정식(1만원)
- Ⓣ 11:00~15:00/17:00~19:30(마지막 주문 19:00) – 연중무휴
- Ⓠ 경남 남해군 삼동면 죽방로 99
- ☎ 055-867-2970 Ⓟ 가능

당케슈니첼 DANKE SCHNITZEL 독일식 | 유럽식

남해 독일마을에서 독일을 비롯한 오스트리아, 헝가리 등의 유럽 가정식 요리를 제대로 즐길 수 있는 곳이다. 돼지고기를 얇게 두드려 튀긴 슈니첼이 대표 음식이며, 빵이나 굴라시와 곁들여 먹거나 세트 메뉴를 이용해 골고루 맛보기를 추천하다.

- Ⓦ 슈바인슈니첼, 휘너슈니첼(각 2만1천원), 케제슈패츨레첼, 슈

니첼브뢰첸(각 1만9천원), 무셀토프(2만7천원), 굴라시(8천원)
- ⏱ 11:00~15:40(마지막 주문 15:00) | 금, 토, 일요일 11:00 ~15:00 /16:30~20:10(마지막 주문 19:30) – 연중무휴
- 📍 경남 남해군 삼동면 독일로 27
- ☎ 070-8994-6613 Ⓟ 가능

대청마루 ✖ 멸치 | 갈치

멸치 요리를 먹을 수 있는 곳. 멸치한상을 시키면 멸치쌈밥과 멸치회무침, 멸치튀김 등을 먹을 수 있다. 30여 년 넘게 어머니가 운영하던 식당을 이어받아 2대째 운영하고 있다.

- Ⓦ 멸치쌈밥(1만4천원), 멸치한상(2만2천원), 연잎쌈밥(2만5천원), 수육쌈밥(1만5천원), 멸치회무침(중 3만원, 대 4만원), 멸치튀김(중 1만5천원, 대 2만5천원), 갈치한상(2만5천원), 갈치구이(2만원), 갈치조림(1만8천원)
- ⏱ 09:00~20:00 – 연중무휴
- 📍 경남 남해군 삼동면 동부대로 1293
- ☎ 055-867-0008 Ⓟ 가능

때깔로무역 Teccallo Trade 멕시코식 | 유럽식

유럽 가정식 햄을 직접 만드는 곳. 매콤한 소스를 뿌린 때깔로타코가 인기 메뉴다. 일주일 동안 숙성시켜 만든 잠봉햄에 마늘향이 곁들인 잠봉 오일 파스타와 저온 숙성한 부챗살 스테이크를 맛볼 수 있다.

- Ⓦ 때깔로타코(1만3천원), 잠봉오일파스타(1만5천원), 때깔로플래터(2만4천원), 부챗살스테이크(변동)
- ⏱ 11:00~17:00(마지막 주문 16:50) – 연중무휴
- 📍 경남 남해군 서면 남서대로1687번길 55 때깔로무역
- ☎ 010-4125-4486 Ⓟ 가능

르뱅스타독일빵집 ✖ LEVAINSTAR 베이커리

유럽식 발효빵을 선보이는 베이커리. 천연발효종으로 만드는 빵을 맛볼 수 있으며 유기농 밀가루와 유기농 설탕을 사용한다. 쫄깃한 무화과치아바타와 남해 유자를 사용한 황금유자빵 등이 특히 인기다.

- Ⓦ 황금유자빵(1만2천원), 무화과치아바타(1만원), 슈톨렌(소 1만2천원, 중 3만5천원), 프레첼(4천5백원), 크림치즈호두브로첸(3천5백원), 호두크렌베리호밀빵(6천원), 블랙올리브치아바타(4천원), 브로첸(1천5백원)
- ⏱ 10:00~17:00 | 토, 일요일 09:00~18:00 – 수, 목요일 휴무
- 📍 경남 남해군 삼동면 동부대로1030번길 77
- ☎ 055-864-7588 Ⓟ 가능

시장콩죽 팥죽 | 콩국수 | 팥칼국수

남해읍 시장 입구에 자리하고 있는 오래된 콩죽집. 노부부가 운영하는 곳으로 팥죽과 콩죽 모두 심심한 듯, 아닌 듯 은은한 달큼함이 매력적인 곳이다.

- Ⓦ 새알콩죽, 새알팥죽, 냉콩국수구수새얼섞어콩죽, 국수새알섞

어팥죽(각 7천원), 팥칼수, 콩국수죽(각 6천원)
- ⏱ 08:30~18:00 – 비정기적 휴무(전화 확인)
- 📍 경남 남해군 남해읍 화전로96번나길 15 1층
- ☎ 055-864-3396 Ⓟ 불가

앵강마켓 ✖ 鶯江市場 카페 | 양갱

카페 겸 로컬푸드마켓. 화이트와 우드로 된 실내가 일본풍의 정갈한 느낌을 준다. 양갱과 말차, 호지차 등을 즐길 수 있다. 멸치, 미역 같은 남해 기념품도 판매하고 있다.

- Ⓦ 양갱(3천원), 보리커피, 브루잉커피(각 6천원), 과일소다, 티라테(각 7천원), 유자주스(7천5백원), 호지냉차(6천원), 차(6천원~7천5백원)
- ⏱ 11:00~17:30(마지막 주문 17:00) – 비정기적 휴무(인스타그램 공지)
- 📍 경남 남해군 남면 남서대로 772
- ☎ 055-863-0772 Ⓟ 가능

앵강마켓

우리식당 ✖✖ 멸치 | 갈치

멸치로 유명한 죽방렴어구에 있는 식당. 갈치와 멸치요리를 잘하기로 유명하다. 멸치회, 멸치쌈밥이 많이 찾는 메뉴. 멸치회는 뼈를 발라낸 후 막걸리로 버무려 양념해서 나온다. 40년이 넘는 전통을 자랑한다.

- Ⓦ 멸치쌈밥(2인 이상, 1인 1만5천원), 갈치찌개(2만원), 갈치구이(2만5천원), 갈치/ 멸치회무침(각 소 3만원, 중 4만원, 대 5만원)
- ⏱ 08:30~20:00 – 연중무휴
- 📍 경남 남해군 삼동면 동부대로1876번길 7
- ☎ 055-867-0074 Ⓟ 가능

유즈노모레 Yuznomore 카페

남해 독일마을에 위치한 곳으로, 상호는 불가리아어로 남쪽 바다라는 뜻이다. 주택을 개조해서 카페로 운영하고 있으며 불가리아 디저트와 요거트를 맛볼 수 있다. 시레네 치즈와 요기트기 들이간 비니차, 피스타치오와 짓, 호두를 넣고 구

운 뒤 시럽에 재운 바클라바도 추천할 만한 메뉴.

ⓦ 유즈노크렘, 로즈멘타(각 7천5백원), 로즈얼그레이(8천원), 불독(1만2천원), 키셀로몰랴코(1만4천천원), 바니차(7천5백원), 숍스카살라타(1만7천원), 유자바클라바(2천9백원), 바클라바(3천2백원)

ⓣ 11:00~18:00(마지막 주문 17:30) | 토, 일요일 10:00~18:00(마지막 주문 17:30) – 화요일 휴무

ⓠ 경남 남해군 삼동면 동부대로1030번길 104

☎ 0507-1413-2624 ⓟ 가능

유진횟집 ✂ 생선회

자연산 돌돔과 우럭찜, 매운탕이 맛있는 곳. 가을에는 감성돔 맛이 좋다. 무를 얇게 썬 후 둥글게 말아 그 위에 회를 올려서 나오는 것이 특징이다. 횟집이 몰려 있는 노량마을에서 많이 알려져 있는 곳으로, 남해대교가 보이는 전망도 일품이다. 식사 후에는 바닷가 테라스에서 커피 한 잔 할 수 있다.

ⓦ 러블리세트(2인 15만원, 2~3인 20만원, 3~4인 24만원, 4인 28만원), 돌돔(2인 25만원, 2~3인 35만원, 3~4인 45만원, 4인 55만원), 참돔, 감성돔, 도다리, 농어(각 2인 12만원, 2~3인 17만원, 3~4인 22만원, 4인 27만원), 모둠회(2인 9만원, 2~3인 12만원, 3~4인 15만원, 4인 18만원)

ⓣ 10:00~21:00 | 금, 토요일 10:00~22:00 – 연중무휴

ⓠ 경남 남해군 설천면 노량로183번길 14

☎ 055-862-4040 ⓟ 가능

이태리회관 ✂ 이탈리아식

서울 몰토 출신의 윤준 셰프가 운영하는 작은 이탈리안 레스토랑. 합리적인 가격에 전채, 수프, 쇠고기커틀릿, 파스타, 디저트까지 다섯 가지 요리를 코스로 맛볼 수 있다. 음식 재료의 질, 만듦새, 풍미 모두 훌륭하다. 에스프레소만 주문할 수도 있다.

ⓦ 조식(1만원), 점심(단일메뉴, 1만9천8백원), 티라미수, 판나코나(각 3천원), 아메리카노(3천5백원), 에스프레소(2천5백원)

ⓣ 08:30~10:30/11:30~16:00(마지막 주문 15:30) – 수요일 휴무

ⓠ 경남 남해군 삼동면 봉화로 22-1 2층

☎ 010-4234-2307 ⓟ 불가

제일횟집 생선회

남해대교 밑에 위치한 곳으로, 40년이 넘는 꽤 오래된 횟집이다. 바다를 보며 신선한 회를 즐길 수 있다. 실내 분위기도 쾌적하다.

ⓦ 모둠회, 농어, 광어, 노래미, 우럭(각 소 7만원, 중 9만원, 대 12만원, 특대 15만원), 소라, 멍게, 해삼, 낙지(소 5만원, 중 6만원, 대 7만원)

ⓣ 10:00~22:00 – 연중무휴

ⓠ 경남 남해군 설천면 노량로183번길 10

☎ 055-862-2484 ⓟ 가능

지산식당 ✂ 민물매운탕 | 복 | 갈치

노부부가 운영하는 곳으로 평소에는 복국, 겨울에는 물메기탕을 맛볼 수 있는 곳. 물메기(표준명 꼼치)는 물텀벙, 곰치, 꼼치 등 다양한 이름으로 불리는 못생긴 생선으로 경남 바닷가 지역에서 시원하게 맑은탕으로 끓여먹는다. 물메기전도 별미로 미리 예약을 해야 한다. 오래된 가게이지만 관리가 잘 되어 깔끔하고 반찬도 준수하다.

ⓦ 물회(2만원), 복국(1만5천원), 오리간장불고기(소 3만5천원, 대 5만5천원), 오리고추장불고기(소 3만5천원, 대 5만5천원), 계절물메기탕(2인 이상, 1인 1만8천원)

ⓣ 08:00~14:00/17:00~19:30(마지막 주문 18:30) – 월요일 휴무

ⓠ 경남 남해군 미조면 미조로 180

☎ 055-867-7754 ⓟ 가능

카페유자 ✂ CAFE YUJA 카페 | 카스텔라

매일 구워내는 유자카스텔라가 유명한 곳. 한옥 느낌을 살린 인테리어의 공간에서 유자차와 유자주스, 커피 등을 즐길 수 있다. 남해의 특산물인 유자 향이 가득한 유자카스텔라는 선물용으로도 좋다.

ⓦ 아메리카노(4천5백원), 라테(5천5백원), 유자차(5천원), 유자주스(5천5백원), 드립커피(4천원), 콜드브루커피(5천원~5천5백원), 우유(2천원), 유자카스텔라(접시 5천원, 박스포장 1만4천원)

ⓣ 10:30~17:00 | 토, 일요일 10:00~17:00 – 수요일 휴무

ⓠ 경남 남해군 삼동면 동부대로 1423

☎ 055-867-5201 ⓟ 가능

해사랑전복마을 ✂ 전복죽 | 전복

미조항 해변가에 지어진 예쁜 집에서 남해 바다를 바라보며 전복죽을 먹을 수 있는 곳. 전복회나 전복구이 등 전복으로 만든 요리도 즐길 수 있다.

ⓦ 전복죽(1만5천원, 특 1만8천원), 전복회(4만원, 2인 8만3천원, 3~4인 12만5천원), 전복구이(소 8만8천원, 대 13만5천원), 해사랑세트(2인 이상, 1인 5만5천원), 치즈전복구이세트(2인 이상 1인 2만6천원), 톳전복죽(2만원)

ⓣ 09:00~15:30/17:00~20:00(마지막 주문 19:00) | 토, 일요일 09:00~20:00(마지막 주문 19:00) – 연중무휴

ⓠ 경남 남해군 미조면 미송로 193

☎ 0507-1313-3910 ⓟ 가능

화랑갈비 ✂ 돼지갈비

40여 년 역사의 돼지갈비구이집. 구멍이 송송 난 옛날식 철판을 연탄불 위에 올려 돼지갈비를 구워먹는다. 심심한 듯하면서도 간이 잘 맞는 고기 맛이 별미다.

ⓦ 생갈비, 양념갈비(3인 이상, 1인 1만원)
🕐 11:00~재료 소진 시 마감 – 비정기적 휴무
🔍 경남 남해군 남해읍 화전로38번길 21-1
☎ 055-864-2360 Ⓟ 불가

경상남도 밀양시

단골집 돼지국밥 | 수육

60년째 돼지국밥을 전문으로 해온 곳. 소머리와 사태, 뼈 등을 넣어 맑게 끓이는 스타일이다. 부추와 산초, 방아잎을 넣어 깔끔한 맛을 낸다.
ⓦ 돼지국밥, 순대국밥, 섞어국밥, 머리국밥, 내장국밥(각 9천원), 고기수육, 머리수육(대 2만3천원), 모둠수육(2만7천원), 순대(1만5천원), 수육백반(1만2천원)
🕐 10:00~14:30 – 수요일 휴무
🔍 경남 밀양시 상설시장3길 18-16 (내일동)
☎ 055-354-7980 Ⓟ 가능

단장면커피로스터스 커피전문점

계곡 옆에 있는 카페로, 자연 속에서 여유롭게 커피를 즐길 수 있다. 카페 뒷편에 계곡을 따라 테라스 좌석이 길게 놓여져 있어 시원한 전망이 펼쳐진다. 사연리콜드브루, 단장면밀크티가 시그니처 음료며, 티라미수가 대표 디저트 메뉴다.
ⓦ 아몬드크림라테, 사연리콜드브루, 단장면밀크티(각 7천5백원), 코코미수(6천5백원), 단장면티라미수(8천원), 에스프레소, 아메리카노(각 5천5백원), 카페라테(6천5백원), 생딸기우유(7천원)
🕐 10:00~19:00(마지막 주문 18:00) – 연중무휴
🔍 경남 밀양시 단장면 표충로 679
☎ 010-9528-1517 Ⓟ 가능

동부식육식당 돼지국밥

돼지국밥이 탄생한 곳으로 알려진 밀양에서 70여 년간 돼지국밥을 내왔다. 잡내가 거의 없고 국물이 맑으면서 담백하다. 수육과 국밥이 함께 나오는 돼지수백이 특히 인기다.
ⓦ 돼지국밥, 따로국밥(각 9천원), 소곰탕(1만원), 소곰탕따로국밥(1만원), 돼지수육백반1만2천원), 돼지수육(소 2만5천원, 중 3만5천원, 대 4만5천원), 소수육(소 3만5천원, 중 4만5천원, 대 5만5천원)
🕐 10:00~15:30/17:00~19:00 – 월요일 휴무
🔍 경남 밀양시 무안면 무안중앙길 5
☎ 055-352-0023 Ⓟ 가능

밀양돼지국밥 ✖ 돼지국밥

돼지 국밥 전문점. 국밥을 주문하면 공기밥과 소면이 함께 나온다. 국밥에 부추를 양껏 넣어 먹는다. 순대국밥과 내장

국밥 등을 즐길 수 있고 수육과 오리훈제도 선보인다.
ⓦ 돼지국밥, 내장국밥, 순대국밥(각 9천원), 수육백반(1만3천원), 돼지수육, 내장수육(각 소 2만5천원, 중 3만5천원)
🕐 10:00~21:00 – 월요일 휴무
🔍 경남 밀양시 북성로 28 (내이동)
☎ 055-354-9599 Ⓟ 가능

밀양할매메기탕 민물매운탕

메기로 만든 요리를 선보이는 곳. 메기와 각종 채소, 수제비 등이 듬뿍 들어간 메기탕이 대표 메뉴다. 바로 옆에 별관 건물이 있지만 식사 시간에는 늘 붐빈다. 모든 메뉴는 2인 이상부터 주문 가능하다.
ⓦ 메기탕(1만5천원), 인삼메기탕(1만9천원), 메기구이(소 3만9천원, 중 5만5천원)
🕐 11:00~20:30 – 월요일 휴무
🔍 경남 밀양시 용평로 438 (교동)
☎ 055-356-6664 Ⓟ 가능

블랙티하우스 Black Tea House 홍차전문점

동서양의 조화를 느낄 수 있는 한옥 카페. 홍차와 드립 커피 전문점이다. 고즈넉한 한옥에서 앤티크한 찻잔으로 티타임을 즐기고, 고풍스러운 그릇에 담긴 디저트를 맛볼 수 있다. 우선 예약제로 운영하는 곳으로 미리 예약 후 방문하는 것을 추천한다.
ⓦ 다즐링블랙티(8천원), 기문블랙티(8천원), 아쌈블랙티(8천원), 레이디그레이(8천원), 밀크티라테(7천원), 블루마운틴드립커피(5천5백원), 블랙미숫가루(7천원), 쑥꽃차스틱(7천원)
🕐 11:00~19:00 | 토, 일요일 10:00~20:00 – 화요일 휴무
🔍 경남 밀양시 산외면 희곡1길 91
☎ 0507-1395-9232 Ⓟ 가능

산삼장어구이 ✖ 장어

30년이 넘은 업력의 장어구이집. 보양식으로 제격인 산삼장어구이를 주메뉴로 한다. 양념 맛이 자극적이지 않으며, 장어탕의 평도 좋다. 온 가족이 함께 식사하기 좋은 곳으로 추천한다.
ⓦ 산삼장어구이(3만원), 산삼장어탕(2만원)
🕐 11:00~21:00 – 월요일 휴무
🔍 경남 밀양시 영남루2길 5 (내일동)
☎ 0507-1350-6166 Ⓟ 가능

설봉돼지국밥 ✖✖ 돼지국밥

밀양에서 유명한 돼지국밥집 중 하나. 담백한 맛의 뽀얀 국물에 부추를 넣어 먹는 스타일이다. 독특한 풍미의 암뽕수육도 먹을 수 있는 것이 특징.
ⓦ 돼지국밥, 내장국밥, 순대국밥(각 9천원), 수육백반(1만2천원), 돼지수육, 내장수육, 섞어수육(각 소 2만5천원, 대 3만원),

설봉돼지국밥

암뽕수육(3만원)
- 10:00~21:30(마지막 주문 21:00) | 토, 일요일, 공휴일 10:00~15:00/17:00~21:30(마지막 주문 21:00) – 첫째, 셋째 수요일, 명절 휴무
- 경남 밀양시 노상하3길 9 (내이동)
- 055-356-9555 ⓟ 불가

인골산장　오리

숲속에서 오리구이를 먹을 수 있는 곳. 주차장 옆 커다란 나무 아래 간이 테이블에 차려지는데, 판대기 위에 올려진 생오리를 대나무 막대기로 구워 먹는다. 갓 잡은 신선한 오리를 묵은지와 함께 구워 먹는 맛이 일품이다. 자연 속에서 슬기는 식사와 산 뷰가 인상적이며, 방문 하루 전 예약은 필수니 참고할 것.
- 오리(6만원), 닭(5만5천원)
- 11:00~18:00 – 비정기적 휴무
- 경남 밀양시 산내면 인곡길 150
- 055-353-6531 ⓟ 가능

제일식육식당　돼지국밥

동부식육식당과 더불어 돼지국밥으로 유명한 곳. 깔끔하고 담백한 국밥을 맛볼 수 있으며 양도 푸짐하여 한 끼 식사로 든든하다. 부드러운 돼지고기 수육을 곁들이면 더욱 좋다.
- 돼지국밥(9천원), 소국밥(9천원), 돼지수육(소 2만5천원, 중 3만5천원, 대 4만5천원), 수육백반(2인 이상 1만3천원)
- 11:00~15:00/17:00~20:00 – 연중무휴
- 경남 밀양시 무안면 동부1길 7-4
- 055-353-2252 ⓟ 가능

차군커피로스터스　커피전문점

밀양역 인근에 있는 로스터리 커피 전문점으로, 필터커피를 맛볼 수 있다. 이태리산 마스카포네 치즈만을 사용해 만든 티라미수도 인기 있다. 청록색 페인트와 목재 가구의 인테리어로 따뜻한 분위기를 자아낸다.

- 아메리카노(4천원), 카페라테, 플랫화이트(각 5천원), 핸드드립커피(6천원), 숏라테(4천원), 얼그레이밀크티(5천5백원)
- 12:00~19:00(마지막 주문 18:30) – 월요일 휴무
- 경남 밀양시 가곡11길 4 (가곡동)
- 010-3378-6759 ⓟ 가능

퇴로정한옥카페　退老亭 카페

고즈넉한 한옥 건물에 자리한 대형 카페. 매장 내부도 자개장 등을 활용해 한옥의 정취를 물씬 느낄 수 있다. 과일찹쌀떡, 양갱, 인절미꼬치 등과 음료가 나오는 마실세트가 추천 메뉴다.
- 마실세트(1만5천원), 붕어떡구이(1만5천원), 쑥떡아이스크림와플(1만원), 생딸기생크림케이크(7천5백원), 바스크치즈케이크(7천원), 우유푸딩(4천원), 플로랑탱(3천원), 오란다(3천원), 아메리카노(6천원), 카페라테(6천5백원)
- 10:00~21:00 – 연중무휴
- 경남 밀양시 부북면 퇴로3길 12-3
- 070-7769-3730 ⓟ 가능

행랑채　일반한식 | 비빔밥 | 전통차전문점

운치 있는 분위기의 식당 겸 전통찻집. 흑미와 나물이 들어간 비빔밥과 수제비가 인기 메뉴다. 나무로 된 실내와 커다란 난로가 운치 있는 산장에 온 듯한 느낌을 준다. 데이트 필수 코스로도 유명하다.
- 원두커피, 냉커피(각 4천원), 생강차, 유자차, 모과차, 냉녹차(각 5천원), 쟈스민, 국화(각 5천원), 우롱차, 보이차(각 5천원), 홍차(5천원)
- 10:00~20:00 – 둘째, 넷째 주 월요일 휴무
- 경남 밀양시 산외면 산외로 731
- 055-352-8927 ⓟ 가능

향촌갈비　소갈비 | 돼지갈비

중정이 있는 고즈넉한 한옥에서 운치를 느끼며 갈비를 맛볼 수 있다. 대표 메뉴로 소갈비양념과 부드러운 갈빗살이 있으며, 신선한 쌈채소에 갈비를 싸 먹어도 좋다. 진한 국물의 메밀면을 함께 먹어도 좋다.
- 소갈비양념(150g 2만9천원), 갈빗살(120g 3만원), 돼지갈비양념(200g 1만2천원), 메밀면(7천원), 삼겹생고기(130g 1만2천원), 생고기육회(130g 3만원), 안창살(120g 3만8천원), 꽃등심(120g 3만원), 소고기버섯전골+돌솥정식(1만8천원), 메밀면(7천원)
- 11:30~15:00/17:00~21:00(마지막 주문 19:30) – 연중무휴
- 경남 밀양시 내일상가1길 10 (내일동)
- 055-354-2538 ⓟ 가능

남촌횟집 굴

비토섬 앞바다를 바라보며 셀프로 장작 굴구이를 해 먹을 수 있는 곳. 큼지막하고 알맹이가 실한 굴을 맛 볼 수 있다. 매장에서 파는 굴구이와 주류를 제외한 육류나 새우, 감자 등은 직접 가져와야 한다. 야외 캠핑 감성을 제대로 느낄 수 있다.

ⓦ 굴구이, 굴찜, 가리비찜, 가리비(각 4만5천원), 섞어(굴+가리비)(6만원), 굴라면(5천원)

⏲ 10:30~20:00(마지막 주문 18:00) – 연중무휴

🔍 경남 사천시 서포면 거북길 468–91

☎ 0507–1370–1966 ⓟ 불가(가게 앞 길가 주차)

덕합반점 ✖ 德合飯店 일반중식

2대에 걸쳐 이어온 화상중식당. 과일이 많이 들어간 탕수육이 인기가 좋다. 짜장면 맛도 무난한 편이며 볶음밥에도 불맛이 살아 있다.

ⓦ 짜장면(7천원), 짬뽕(8천원), 덕합짜장, 고추짜장, 덕합짜장, 잡채밥(각 1만원), 삼선짜장(1만2천원), 고추잡채밥, 잡탕밥(각 1만8천원), 사천탕수육(2만5천원), 탕수육(2만2천원), 간짜장, 짬뽕밥(각 9천원)

⏲ 11:30~15:00(마지막 주문 14:30)/17:00~20:30(마지막 주문 19:55) – 연중무휴

🔍 경남 사천시 사천읍 읍내1길 81

☎ 055–852–2165 ⓟ 불가

드베이지 DE BEIGE 카페 | 베이커리

바다와 삼천포대교가 보이는 전망 좋은 카페. 날씨가 좋은 날에는 루프탑 테라스에서 여유롭게 시간을 보내기 좋다. 음료를 포함해 직접 제빵한 다양한 빵도 판매하고 있다.

ⓦ 에스프레소(4천5백원), 아메리카노(5천원), 카페라테(5천5백원), 바닐라라테(6천원), 소금빵(3천원), 자색고구마빵(3천5백원)

⏲ 10:00~22:50 – 연중무휴

🔍 경남 사천시 사천대로 26 (대방동)

☎ 055–833–0300 ⓟ 가능

삼다도전복죽 죽 | 전복

제주 출신 사장이 내는 전복요리를 맛볼 수 있다. 전복죽은 물론, 전복과 해삼이 들어간 물회 맛이 일품이다. 반찬으로 제공되는 전복젓갈도 별미다.

ⓦ 전복죽(1만7천원), 전복물회(1만9천원), 전복회, 전복구이(각 6만5천원)

⏲ 10:00~15:30/17:00~20:00(마지막 주문 19:10) – 수요일, 명절 휴무

🔍 경남 사천시 팔포3길 2 (서금동)

☎ 055–833–1566 ⓟ 가능

삼천포원조물회 생선회 | 물회

팔포매립지에서 가장 오래된 곳 중의 하나로, 전통의 맛을 자랑한다. 이 부근에서 물회를 처음 시작한 것으로 알려져 있다. 물회에는 상추, 배, 오이 등의 채소와 제철 생선회가 들어간다.

ⓦ 물회(1만5천원), 해물특물회(1만6천원), 전복물회(1만8천원), 활우럭매운탕(2인 이상, 1인 1만5천원), 전복죽, 회덮밥(각 1만5천원), 해물, 낙지탕탕이(각 3만원), 전복구이(5만원)

⏲ 10:30~20:30 – 두 번째, 네 번째 화요일 휴무

🔍 경남 사천시 팔포3길 27 (동금동)

☎ 055–852–2800 ⓟ 가능

삼천포한옥집 한식주점

낮엔 갈비찜을, 저녁엔 실비를 판매한다. 실비는 인당 주류 2병이 포함되어 있으며, 정갈하고 푸짐한 상차림을 제공한다. 가지각색의 반찬이 가득 채워져 있으며 싱싱한 해산물과 육고기를 모두 맛볼 수 있다.

ⓦ 실비(4만원), 점심특선(1만5천원), 소갈비찜(5만원)

⏲ 11:00~22:00 – 연중무휴

🔍 경남 사천시 선구2길 12 (선구동)

☎ 055–833–1333 ⓟ 가능

샤인레스토랑 ✖ SHINE RESTAURANT 경양식

삼천포의 오래된 경양식집. 직접 빚어낸 함박스테이크와 돈가스에 직접 끓여낸 수제 소스를 곁들여낸다. 추억의 맛이다. 꽃무늬가 들어간 소파 등 옛날 경양식집을 연상하게 하는 레트로한 분위기에서 식사할 수 있다.

ⓦ 돈가스(9천원), 피자돈가스(1만원), 롤돈가스(1만원), 크림스파게티(1만원), 함박스테이크(1만1천원), 치킨가스(1만원), 생선가스(1만3천원), 비후가스(1만1천원), 안심스테이크(2만4천원), 찹스테이크(2만4천원), 페스카토레(1만원), 해불볶음밥(1만원)

⏲ 12:00~22:00 – 비정기적 휴무

샤인레스토랑

경남 사천시 목섬길 105 (서금동)

☎ 055-833-1717 ⓟ 가능

씨맨스카페 Seamans Cafe 카페

일몰을 감상할 수 있는 것으로 유명한 선상카페. 카페 실내나 외부에서 바다와 환상적인 저녁 노을을 볼 수 있다. 카페로 들어가는 나무 데크로 된 다리를 배경으로 사진을 찍는 이들이 많다. 태풍이나 파도가 심한 날은 휴무니 참고할 것.

ⓦ 씨맨스커피(7천5백원), 씨맨스라테(8천원), 에스프레스(5천5백원), 아메리카노(6천원), 카페라테(6천5백원), 고구마라테(7천원), 자두에이드, 망고스무디(각 7천5백원)

🕐 11:00~20:00 | 토, 일요일, 하절기 10:00~22:00 – 연중무휴 (태풍이나 파도 심한 날은 휴무)

경남 사천시 해안관광로 381-5 (송포동)

☎ 055-832-8285 ⓟ 가능

예지분식 국수

사천 읍내의 시장골목 내에 자리한 오래된 분식집. 홍합과 미역을 넣어 시원한 국물에 울퉁불퉁 손으로 썰어낸 칼국수, 손으로 툭툭 뜯어낸 수제비를 맛볼 수 있다. 메뉴에 없지만 칼국수외 수제비를 동시에 맛볼 수 있는 칼제비도 인기다.

ⓦ 물국수, 칼국수, 수제비(각 5천원), 비빔국수, 콩국수(각 6천원)

🕐 10:30~20:00 – 비정기적 휴무(전화 확인)

경남 사천시 사천읍 시장길 16 사천읍시장 내

☎ 055-854-1054 ⓟ 불가(인근 공영주차장 이용)

재건냉면집 ✂ 비빔냉면 | 물냉면

사천을 대표하는 오래된 냉면집이다. 육전이 올라가 있는 것이 특징이며, 비빔냉면이 유명하다. 일반 냉면과는 다른 이색적인 맛이다. 70여 년의 전통을 자랑한다.

ⓦ 물냉면, 비빔냉면, 온면(각 소 1만1천원, 대 1만3천원), 돼지육전(소 1만5천원, 대 3만원), 한우소머리수육(소 2만원, 대 4만원)

🕐 11:00~19:25(마지막 주문 19:20) – 둘째, 넷째 주 월요일 휴

재건냉면집

무

경남 사천시 사천읍 무산3길 2-11

☎ 055-852-2132 ⓟ 가능

진남식육식당 소고기구이 | 육회

식육점을 함께 운영하고 있어 합리적인 가격에 질 좋은 소고기를 맛볼 수 있다. 육회는 양념이 강해 술안주로 적합하다. 비빔밥에 육회를 올려주는 육회비빔밥도 인기다. 40년 역사를 자랑한다.

ⓦ 생갈비(200g 3만7천원), 꽃등심(130g 3만원), 육회(150g 2만원, 250g 3만원), 가브리살(150g 1만2천원), 목살, 삼겹살(각 150g 1만1천원), 육회비빔밥(1만1천원)

🕐 10:00~14:40/16:40~21:00 – 첫째 주 월요일, 명절 휴무

경남 사천시 곤명면 완사1길 33-11

☎ 055-853-2120 ⓟ 가능

풍년복집 ✂ 복

복찜, 복튀김 등 다양한 복요리를 즐길 수 있는 곳. 비교적 부담없는 가격으로 복요리를 즐길 수 있다. 예약이 없으면 일찍 문을 닫으므로 저녁에 방문하려면 전화하여 확인하는 것이 좋다.

ⓦ 참복국, 복매운탕(각 1만5천원), 복찜, 복튀김(각 5만원), 복불고기(2만원), 복수육(소 5만원, 대 6만원)

🕐 00:00~10:00 – 명절 당일 휴무

경남 사천시 수남길 82 (동동)

☎ 055-832-8909 ⓟ 가능

해원장횟집 ✂ 생선회 | 백합

찹쌀에 백합을 푸짐하게 넣고 대추, 생삼 뿌리, 약간의 마늘과 함께 끓여 내는 백합죽을 선보이는 곳. 영양가도 높고 소화가 잘 되어 음주 후 속풀이에 제격이다. 소금이나 간장을 거의 넣지 않고 백합에서 우러나는 염분으로 간을 맞춘다. 백합구이와 백합회는 술안주로 좋다.

ⓦ 백합죽(1만4천원), 활어통마리(시가), 백합회, 백합구이, 백합탕(각 소 5만원, 중 6만원, 대 7만원, 특대 10만원), 모둠회(소 6만원, 중 8만원, 대 10만원, 특대 15만원)

🕐 11:00~15:00/16:30~21:30 – 명절 휴무

경남 사천시 용현면 선진공원길 487

☎ 055-854-4433 ⓟ 가능

늘비식당　민물생선튀김 | 어탕국수

경호강에서 잡은 자연산 잡어로 끓이는 어탕국수로 유명하다. 다 먹은 후에는 미나리, 버섯, 부추 등을 넣어 밥을 비벼 먹어도 좋다. 어탕국수와 함께 피라미를 튀긴 피리튀김도 별미다.

- ⓦ 어탕국수(2인 이상, 1인 9천원), 어탕칼국수(2인 이상, 1인 1만 1천원), 피라미튀김(3만원) , 빙어튀김(2만원)
- ⏰ 11:00〜20:00 – 월요일 휴무
- 🔍 경남 산청군 생초면 산수로 1030–18
- ☎ 055–972–1903 ⓟ 가능

늘비식당

원조우정식당　민물생선튀김 | 민물매운탕 | 어탕국수

어탕국수로 유명한 집. 어탕국수는 붕어를 몇 시간 고아서 양념과 시래기, 국수를 넣고 끓인 것으로, 제피가루를 듬뿍 얹어 먹으면 맛이 그만이다.

- ⓦ 어탕국수(9천원), 어탕칼국수(1만원), 다슬기수제비(1만원), 미꾸라지숙회(4만원), 피래미조림, 메기매운탕(각 3만5천원)
- ⏰ 08:00〜20:00 – 연중무휴
- 🔍 경남 산청군 생초면 생초로 25–6
- ☎ 055–972–2259 ⓟ 가능

일신식당　민물생선찜 | 민물매운탕

생초매운탕촌에서 40년 동안 영업을 해온 곳으로, 한방쏘가리탕이 유명하다. 경호강에서 직접 잡은 민물고기로 매운탕을 끓여낸다. 이 외에도 은어조림, 은어회가 대표 메뉴다. 물살이 빠르고 강폭이 넓은 경호강에서 잡은 물고기는 살이 단단하고 싱싱한 것이 특징이다.

- ⓦ 쏘가리탕(소 7만원, 중 9만원, 대 11만원), 메기탕, 잡어탕(각 소 3만원, 중 4만원, 대 5만원), 은어조림, 메기찜(각 중 4만원, 대 5만원)

⏰ 07:30〜20:30 – 연중무휴
🔍 경남 산청군 생초면 산수로 1022–1
☎ 055–972–2175 ⓟ 가능

지리산약초장어 ✄　장어

지리산 약초로 키운 민물장어를 맛볼 수 있는 곳이다. 참숯에 구운 민물장어는 참숯 향이 은은하게 나며 장어 특유의 흙냄새가 없고 담백한 맛이 좋다. 매콤한 고추장양념을 발라 구운 향긋한 더덕구이를 곁들여 먹으면 좋다.

- ⓦ 장어구이(1kg 5만9천원), 장어구이세트(1kg 6만9천원), 점심 장어구이알밥정식(1만2천원), 장어탕(소 4천원, 대 8천원), 더덕구이(150g 1만5천원)
- ⏰ 11:00〜20:30 – 월요일 휴무
- 🔍 경남 산청군 금서면 친환경로2605번길 6–1
- ☎ 055–974–2211 ⓟ 가능

플래닛커피산청점　cafe planet 27　카페

산청 논밭 사이에 자리한 카페로, 다양한 시그니처 커피가 유명하다. 달달한 크림과 라테가 어우러진 크림라테와 달콤한 초콜릿 맛이 느껴지는 모카몽블랑이 인기다. 산청에서 유명한 산애삼을 활용한 산애삼슈페너도 독특한 메뉴. 소담한 정원과 야외 테라스 자리도 있다.

- ⓦ 아메리카노(4천원), 카페라테(4천5백원), 크림라테(5천원), 모카몽블랑(5천5백원), 말차슈페너(5천원), 스콘(3천원〜3천5백원), 에그스콘(3천5백원), 플레인베이글(3천원)
- ⏰ 11:00〜19:00(마지막 주문 18:30) | 토, 일요일 11:00〜21:00(마지막 주문 20:30) – 연중무휴
- 🔍 경남 산청군 금서면 경호로 27
- ☎ 010–2930–0251 ⓟ 가능

경기식당　일반한식 | 산채정식

50여 년 동안 산채정식을 전문으로 해온 곳이다. 산채정식을 시키면 나오는 반찬이 모두 깔끔하다. 나물 향이 물씬 나는 산채비빔밥도 기본기에 충실한 맛이다.

- ⓦ 찹쌀파전(1만원), 산채비빔밥, 산채정식(각 8천원), 더덕정식(1만2천원), 더덕구이(1만5천원)
- ⏰ 09:00〜19:00 – 월요일 휴무
- 🔍 경남 양산시 하북면 신평강변로 86
- ☎ 055–382–7772 ⓟ 가능

다다물회집　물회

물회만 전문으로 하는 곳. 물회에 사용될 회를 선택할 수 있는 것이 특징이다. 기본 밑반찬도 푸짐하게 나오는 편.

ⓦ 참가자미물회(1만6천원), 곱빼기 2만1천원, 사발물회 4만8천원), 돌돔물회(2만원, 곱빼기 2만7천원, 사발물회 6만원)

🕐 10:30~15:30/16:00~21:00(마지막 주문 20:30) – 월요일 휴무

🔍 경남 양산시 상북면 상북중앙로 397

☎ 055-374-3306 ⓟ 가능

다이닝숲 DINNIG FOREST 피자 | 파스타 | 이탈리아식

숲 뷰를 즐기며 조용하게 식사할 수 있는 분위기 좋은 이탈리안 레스토랑. 10가지 이상의 파스타 메뉴가 있으며, 피자, 리조토, 스테이크 등도 맛볼 수 있다. 통창으로 된 창가 자리에 앉으면 숲 속에서 식사하는 기분이다.

ⓦ 목살스테이크, 포크안심스테이크(각 중 2만3천5백원, 대 2만6천5백원), 숯불바비큐폭립구이(2만9천5백원), 카르보나라, 베이컨토마토파스타, 상하이파스타, 스위트크림치즈피자, 갈릭새우치즈피자, 핫페퍼로니피자(각 1만9천5백원), 게살오이스터파스타(1만9천8백원)

🕐 11:30~15:00/17:00~21:00(마지막 주문 20:00) – 화요일 휴무

🔍 경남 양산시 상북면 충렬로 541

☎ 055-382-7774 ⓟ 가능

미몽 美夢 파스타 | 이탈리아식 | 와인바

비스트로 & 와인바를 콘셉트로 하는 곳으로, 와인과 어울리는 음식을 맛볼 수 있다. 횡성한우를 다져서 넣은 화이트트러플라구파스타가 추천 메뉴. 컨벤션 와인과 내추럴 와인 모두 리스트에 있어 취향에 맞춰 페어링 할 수 있으며 전통주도 일부 준비되어 있다. 1인 셰프가 운영하는 작은 업장으로, 1인 1메뉴가 필수

ⓦ 프라임살치살스테이크(5만8천원), 버섯크림뇨키(2만5천원), 클래식봉골레파스타(1만6천원), 미소파스타(1만6천원), 토마토파스타(1만6천원), 생명란오일파스타(1만8천원)

🕐 11:00~15:30/17:00~22:00(마지막 주문 21:00) – 월요일 휴무

🔍 경남 양산시 물금읍 신주3길 15-18 101호

☎ 055-913-1770 ⓟ 가능

서리단 ✖ Seoridan 메밀

현대식 한옥 분위기의 메밀 요리 전문 한식당. 들기름 메밀면과 흑임자 옹심이 메밀수제비, 흑임자 옹심이 메밀국수 등을 맛볼 수 있다. 흑임자 옹심이 메밀수제비를 많이 찾는 편.

ⓦ 흑임자옹심이메밀수제비(1만3천원), 감태새우옹심이(1만3천원), 들기름메밀면(1만2천원), 메밀만두전골(3만원), 물비빔메밀면(1만2천원), 우삼겹새싹비빔밥(1만3천원), 연탄불고기새싹비빔밥(1만3천원), 청어알항정수육(2만5천원)

🕐 11:00~15:00/17:00~21:00(마지막 주문 20:30) | 토, 일요일

11:00~21:00(마지막 주문 20:30) – 연중무휴

🔍 경남 양산시 물금읍 화산길 10

☎ 0507-1462-2290 ⓟ 가능

설야멱 ✖ 雪夜覓 삼겹살 | 돼지고기구이

합리적인 가격으로 숙성육을 선보이는 삼겹살과 특수부위 전문점. 직원이 직접 고기를 구워주며 알맞게 숙성된 고기를 맛볼 수 있다. 놋그릇에 담겨 나오는 각종 소스를 고기에 곁들여 먹는다. 사이드 메뉴인 볶음밥도 많이 찾는 편.

ⓦ 특등심덧살, 특갈매기살(각 100g 1만3천원), 특목살, 특삼겹살(각 130g 1만3천원), 특항정살, 특돼지갈빗살(각 1만4천원), 한우우둔육회(소 1만5천원, 대 2만4천원), 얼음김치말이국수, 명품비빔면(각 6천원), 된장찌개, 순두부찌개(각 6천원), 볶음밥(2~3인 9천5백원)

🕐 15:30~23:30 | 토, 일요일 11:00~23:30 – 연중무휴

🔍 경남 양산시 물금읍 백호1길 11

☎ 010-6555-1888 ⓟ 가능

아름빌 일반한식 | 소고기구이 | 돼지고기구이

한우, 오리, 해신탕을 주메뉴로 하는 한식당으로, 다양한 반찬을 한상차림으로 제공한다. 단체석과 프라이빗한 룸까지 마련되어 있어 가족 모임이나 회식 장소로도 적합하다. 식사 후에는 인근의 산책로를 따라 가볍게 걸으며 여유로운 시간을 보낼 수 있는 곳.

ⓦ 안거미, 안창살(각 100g 3만8천원), 꽃살, 살치살(각 100g 3만5천원), 등심, 갈빗살(100g 2만8천원), 해신탕(소 15만원, 대 20만원), 옻백숙(7만원), 닭오리한방백숙(6만5천원), 오리불고기(5만원), 오리석쇠(5만5천원)

🕐 11:00~22:00(마지막 주문 21:30) – 연중무휴

🔍 경남 양산시 물금읍 가촌서로 17-21

☎ 055-382-1919 ⓟ 가능

웅상아덴플러스카페 Aden+ 카페

프랑스 전통 프리미엄 디저트를 맛볼 수 있는 곳. 베이커리 종류가 다양한 대형 베이커리 카페. 층마다 조금씩 다른 인테리어와 뷰를 즐길 수 있다. 고소한 통깨 크림이 올라간 웅상커피가 시그니처 음료.

Ⓦ 에스프레소, 아메리카노(각 5천원), 카페라테(5천5백원), 웅상커피(6천5백원), 쇼콜라티에(5천5백원), 떠먹는요거트(7천원), 시나몬롤(5천원), 바게트(6천원), 소금빵(3천3백원), 몽블랑(6천5백원)

🕐 11:00~22:00(마지막 주문 21:20) – 수요일 휴무

🔍 경남 양산시 신흥길 53-22 (소주동)

☎ 0507-1326-8478 Ⓟ 가능

원조손두부 두부

통도사 인근에서 100여 년에 걸쳐 4대째 직접 두부를 만들어 온 집. 간수를 직접 만든다. 가족이 농사지은 국산 콩을 사용하는 것도 맛의 비결이다.

Ⓦ 닭백숙(6만원), 순두부전골, 두부조림(각 소 2만원, 대 3만원), 청국장, 파전(각 1만원)

🕐 10:00~19:00 – 비정기적 휴무

🔍 경남 양산시 하북면 평산마을1길 22

☎ 055-382-8571 Ⓟ 가능

육동면 肉飼麵 비빔국수 | 국수

밀양의 5대국수인 미풍국수를 사용하는 국수 전문점. 1급품 밀가루를 사용하여 쫄깃한 식감이 특징이다. 4가지 메뉴만 판매하며 라유소스를 넣으면 매콤함을 더해준다.

Ⓦ 동면, 매운동면, 우삼겹비빔면, 들기름비빔면(각 9천5백원), 육동, 육전물비빔면(각 1만원), 원동미나리곱창국수(1만2천원), 웰빙박고지김밥(5천원), 직화삼겹초밥(6천원)

🕐 10:30~21:00(마지막 주문 20:30) – 연중무휴

🔍 경남 양산시 물금읍 범구로 14 유림노르웨이숲아파트 D동 4,5호

☎ 055-367-6050 Ⓟ 가능

이자카야아카 AKA JAPANESE DINING 이자카야

제철 재료를 활용한 일식 기반의 코스 요리를 선보이는 이자카야. 제철 생선으로 구성된 모둠사시미가 인기 있는 메뉴. 오픈형 주방으로 운영되어 요리하는 모습도 볼 수 있다.

Ⓦ 코스요리(5만5천원), 계절모둠사시미(2인 4만2천원, 4인 7만8천원), 하코타르타르(3만3천원), 시메사바(2만6천원), 후토마키(10ps 2만8천원, half 1만5천원), 안키모마키(1만8천원), 단새우우니(5만3천원), 단새우연어(5만5천원)

🕐 16:00~03:00(익일)(마지막 주문 02:10) – 연중무휴

🔍 경상남도 양산시 중부로 12 (중부동) 2층

☎ 010-3510-1879 Ⓟ 가능

첸트로 Centro 파스타 | 이탈리아식

합리적인 가격대로 다양한 파스타와 피자를 맛볼 수 있는 이탈리안 레스토랑. 조미료를 사용하지 않고 천연 재료만을 사용하여 맛을 내는 점이 좋다. 매주 화요일은 와인데이로 모든 와인을 10% 할인한다.

Ⓦ A세트(8만9천원), B세트(14만9천원), 리코타치즈샐러드(1만5천원), 아마트리치아나, 카르보나라(각 1만7천원), 한우안심스테이크(150g 6만1천원), 한우채끝등심스테이크(200g 5만9천원), 고르곤졸라피자(1만9천원), 관자오일파스타, 해산물오징어먹물오일파스타(각 2만2천원), 해산물토마토파스타(2만1천원)

🕐 11:30~15:00/17:00~21:00(마지막 주문 20:00) | 토, 일요일, 공휴일 11:30~15:00/16:00~21:00(마지막 주문 20:00) – 수요일 휴무

🔍 경남 양산시 물금읍 범구로 25

☎ 0507-1311-0889 Ⓟ 가능

해월당호포점 베이커리

언양불고기 고로케로 유명해진 베이커리. 다양한 맛의 고로케를 비롯하여 생크림이 듬뿍 든 해월빵이 시그니처 메뉴. 카페를 겸하고 있으며 낙동강을 바라보는 뷰도 좋다. 2024년 르빵바게트&크루아상챔피언십에서 크루아상 부문 우승을 한 매장이기도 하다.

Ⓦ 해월빵(6천8백원), 고로케(3천2백원~3천8백원), 육쪽흑마늘빵(7원), 뱅오쇼콜라(4천5백원), 슈블랑(8천원), 저스트밤(8천원), 아몬드크루아상(5천3백원), 시나몬나비(7천4백원), 치즈퐁듀(6천4백원), 아메리카노(4천5백원), 카페라테(5천원)

🕐 09:00~22:00(마지막 주문 21:30) – 연중무휴

🔍 경남 양산시 동면 양산대로 83

☎ 055-363-1007 Ⓟ 가능

호포옛날할매집 민물매운탕

메기매운탕과 붕어매운탕이 유명하다. 칼칼하고 얼큰한 매운탕 국물에 넣어 먹는 수제비 맛도 좋다.

Ⓦ 민물장어매운탕(소 3만6천원, 중 4만9천원, 대 6만4천원), 붕어찜, 빠가매운탕(각 소 3만4천원, 중 4만8천원, 대 6만원), 참게메기매운탕, 메기찜(각 소 3만4천원, 중 4만8천원, 대 6만원)

🕐 10:00~21:00 – 월요일 휴무

🔍 경남 양산시 동면 호포로 50

☎ 055-384-3357 Ⓟ 가능

황금코다리남양산역점 코다리

코다리조림을 전문으로 하는 식당. 시래기코다리조림, 갈비코다리조림 등 다양한 메뉴를 선보이며 셀프바에서는 막걸리를 자유롭게 가져다 맛볼 수 있다. 1층에는 커피와 차를 즐길 수 있는 공간이 따로 마련되어 있어서 식사 후 이용하기 좋다.

ⓦ 코다리조림(소 2만8천원, 중 4만원, 대 5만2천원), 코다리&
갈비조림(소 3만8천원, 중 5만1천원, 대 6만4천원), 코다리&시
래기조림(소 3만1천원, 중 4만3천원, 대 5만5천원)
ⓒ 11:00~15:00/17:00~21:00(마지막 주문 20:30) – 연중무휴
ⓠ 경남 양산시 물금읍 범구2길 20 황금코다리 남양산역 점
☎ 055-388-2210 ⓟ 가능

경상남도 의령군

다시식당

꽃피는산골 오리 | 오리백숙 | 닭백숙

알차고 깔끔한 구성의 오리백숙 전문점. 오리와 닭 중 선택
할 수 있으며, 산야초누룽지백숙과 명인산야초삼계탕이 대
표 메뉴로 인기 있다. 쾌적한 공간에서 푸른 산을 보며 오리
백숙을 맛볼 수 있어 가족과 방문하기에도 좋다.
ⓦ 명인산야초삼계탕(2만원), 명인산야초전복삼계탕(2만5천원),
산야초황제백숙(12만원), 산야초누룽지백숙(6만5천원), 옻누룽
지백숙(6만5천원), 효소오리불고기(소 3만5천원, 대 5만원)
ⓒ 11:30~15:00/17:00~21:00 – 월요일, 명절 당일 휴무
ⓠ 경남 의령군 의령읍 수암로 278-16
☎ 055-573-5553 ⓟ 가능

수정식당 소고기국밥 | 곰탕 | 수육

3대에 걸쳐 소고기국밥을 전문으로 해온 곳. 한우를 사용하
여 가마솥에 끓여낸다. 그 외에도 수육이나 곰탕, 따로국밥
등의 메뉴도 있다.
ⓦ 소고기국밥(각 1만원), 소고기곰탕(1만1천원), 소고기수육(중
4만원, 대 5만원)
ⓒ 11:00~20:00 – 비정기적 휴무
ⓠ 경남 의령군 의령읍 의병로23길 6
☎ 055-573-2465 ⓟ 가능

의령망개떡 떡

의령의 토속식품인 망개떡의 원조 격인 집. 망개떡은 망개
잎으로 떡을 싸면 빨리 쉬지 않는다는 점에 착안하여 만들
기 시작한 것이라 한다. 60년이 넘는 역사를 자랑하는 곳으
로, 망개떡은 의령의 3미 중 하나로 꼽힌다.
ⓦ 망개떡(4개 3천원, 7개 5천원, 16개 1만원, 20개 1만2천원, 40
개 2만4천원)
ⓒ 08:00~18:00 – 명절 휴무
ⓠ 경남 의령군 의령읍 의병로18길 3-4
☎ 055-573-2422 ⓟ 불가

꽃피는산골

다시식당 소바

80여 년 전통의 소바집. 냉면처럼 육수에 말아 양지고기 고
명을 올린 냉소바가 유명하다. 국물은 멸치와 소고기로 만
드는 한국적인 맛이다. 소고기국밥, 망개떡과 함께 의령의 3
미로 꼽힐 정도다.
ⓦ 냉소바, 비빔소바, 온소바(각 1만1천원, 곱빼기 1만5천원), 감
자만두(6천원)
ⓒ 10:30~19:00(마지막 주문 18:30) – 화요일, 명절 휴무
ⓠ 경남 의령군 의령읍 의병로18길 6
☎ 055-573-2514 ⓟ 불가

의령소바 소바

의령 메밀을 사용한 소바로 오랜 역사를 자랑하는 집. 직접
손으로 면을 뽑으며 한국식으로 사골육수와 과일을 넣은 소
스를 사용하고 있다.
ⓦ 온메밀국수(8천원), 냉메밀국수, 비빔메밀국수(각 9천원), 장
터소국밥, 장터해장국, 선지해장국(각 1만원)
ⓒ 10:00~20:00(마지막 주문 19:30) – 연중무휴
ⓠ 경남 의령군 의령읍 의병로18길 3-5
☎ 055-572-0885 ⓟ 가능(공영주차장)

의령화정소바국수 메밀국수

의령 소바의 원조로 불리는 곳 중의 하나. 다시식당과 함께 의령 소바의 양대산맥으로 불린다. 장조림이 고명으로 올라가는 것이 특징이다. 깔끔하면서 얼큰하고 깊은 육수 맛이 일품이다.

- Ⓦ 온소바(8천원), 비빔소바, 냉소바, 등심돈가스(각 9천원), 들기름소바, 눈꽃치즈돈가스(각 1만원), 메밀짜장, 메밀전병(각 6천원), 메밀만두(4천원)
- ⏰ 10:00~20:00(마지막 주문 19:20) – 연중무휴
- 🔍 경남 의령군 의령읍 의병로18길 9-3
- ☎ 055-573-4193 Ⓟ 가능

제일소바 소바

다시식당과 함께 의령에서 손꼽히는 소바집 중의 하나. 50여 년 전 의령에 소바를 가장 먼저 소개한 집으로 알려져 있다.

- Ⓦ 온소바, 냉소바, 비빔소바, 섞어소바(각 8천원), 만두(4천원), 면추가(1천원)
- ⏰ 09:30~19:00 – 두 번째, 네 번째 월요일 휴무
- 🔍 경남 의령군 의령읍 의병로 222
- ☎ 055-572-3863 Ⓟ 가능

종로식당 소고기국밥 | 수육

70여 년 전통의 소고기국밥으로 유명한 집. 가마솥에서 푹 삶아서 부드러운 소고기와 얼큰한 국물 맛이 좋다. 의령 한우를 사용하며 수육을 시키면 선지, 사태, 양지, 대창 등이 곁들여 나온다. 곰탕은 점심시간 한정메뉴이다.

- Ⓦ 소고기국밥, 곰탕(각 1만원), 수육(소 4만원, 대 5만원)
- ⏰ 07:00~19:00 – 명절 휴무
- 🔍 경남 의령군 의령읍 충익로 47-6
- ☎ 055-573-2785 Ⓟ 가능

초가산장 소고기구이

한우직판장을 겸하는 합리적인 가격의 한우 구이 전문점. 세미나실도 있어 대규모 회식에도 적당하다. 따로 마련되어 있는 정육점에서 고기 구매 후 상차림비를 내고 먹는 시스템이다. 식사로 인기인 된장찌개는 소고기 기름이 남아 있는 돌판에 된장 베이스를 부어준다.

- Ⓦ 한우모둠(200g 2만4천원), 등심, 갈빗살(각 200g 2만8천원), 특수부위(200g 3만2천원), 육회(200g 2만원, 300g 3만원), 돌판된장찌개(3천원), 차돌박이된장찌개(7천원), 상차림비(3천원)
- ⏰ 11:00~15:00/16:00~21:00 | 토, 일요일, 공휴일11:00~21:00 – 연중무휴
- 🔍 경남 의령군 가례면 홍의로 273
- ☎ 055-573-4200 Ⓟ 가능

금산골 geumsangol 곱창전골 | 양곱창

한우곱창 전문점으로, 9가지 부위가 들어있는 곱창전골이 대표 메뉴다. 곱창전골을 주문하면 샤부샤부 고기가 서비스로 나온다. 소곱창모둠구이, 한우대패구이도 인기 메뉴다.

- Ⓦ 한우모둠곱창전골(2인 3만8천원, 3인 5만6천원, 4인 7만5천원), 한우곱창모둠구이(120g 2만3천원), 한우대패한접시구이(500g 6만원), 한우뭉티살(100g 2만5천원)
- ⏰ 11:00~14:30/17:00~22:00(마지막 주문 21:20) | 토요일 11:15~14:30/17:00~22:00(마지막 주문 21:20) | 일요일 17:00~21:30 – 일요일 휴무
- 🔍 경남 진주시 충의로 20-22 (충무공동)
- ☎ 055-753-6200 Ⓟ 가능

노블레스레스토랑 ✖
NOBLESSE RESTAURANT 양식

68년대부터 영업한 진주의 아이코닉한 호텔인 아시아 리버사이드 호텔에서 99년 오픈한 오래된 양식당. 아주 고풍스런 분위기에서 클래식한 호텔식 양식 요리를 맛볼 수 있는 곳이다. 겉보기에는 옛날 스타일을 하고 있지만 디테일이 좋고 고급 식재료를 사용하고 있으며 조리 기술도 뛰어나 레트로에 가깝다.

- Ⓦ 시그니처코스(5만8천원), 프리미엄코스(7만8천원), 수비드우대갈비와왕새우구이(5만3천원), 수비드우대갈비스테이크(4만8천원), 프라임안심스테이크(4만3천원), 꽃등심스테이크(3만9천원), 왕새우필라프(3만8천원), 블랙파스타(2만4천원)
- ⏰ 07:00~22:00(마지막 주문 20:30) – 연중무휴
- 🔍 경남 진주시 남강로1번길 133 (판문동) 아시아레이크사이드 호텔 1층
- ☎ 055-747-4257 Ⓟ 가능

대룡중식당 大龍 홍콩식중식 | 광동식중식

합리적인 가격에 고급스러운 광동식 중국 요리를 맛볼 수 있는 곳. 소스에 토마토 케첩이 들어간 광동식탕수육이 추천 메뉴다. 일반적인 짜장면, 짬뽕 대신 새우탕면, 볶음밥 등을 식사 메뉴로 선보인다. 다양한 종류의 중국 고량주도 구비하고 있다.

- Ⓦ 완도산전복냉채(1만6천원), 광동식탕수육(2만5천원), 흑후추한우볶음(3만8천원), 목이버섯오이냉채(6천원), 마늘소스가리비관자찜(3만6천원), 남해산우럭찜(6만원), 산라새우딤섬(1만원), 새우탕면, 돼지고기계란볶음면, 새우관자볶음밥(각 1만2천원),
- ⏰ 11:30~14:30/17:30~21:30 – 월, 화요일 휴무
- 🔍 경남 진주시 순환로553번길 7 (평거동) 한보하이타운 1층 157호
- ☎ 070 4833 3002 Ⓟ 가능

대룡중식당

더하우스갑을 the house 甲乙

육회비빔밥 | 소고기구이

전통 진주비빔밥과 소고기를 전문으로 하는 곳. 육회가 들어가는 진주식 비빔밥에는 뭇국이 함께 나온다. 식사를 시키면 샐러드바를 무료로 이용할 수 있다.

ⓦ 갑을한정식(4만원), 전통진주비빔밥(1만2천원), 진주밥상(2만2천원), 갈비탕(1만3천원)

ⓣ 11:30〜15:00/17:00〜21:00 | 토, 일요일 11:30〜21:00 – 월요일 휴무

ⓠ 경남 진주시 남강로 519 (신안동)

☎ 055-742-9292 ⓟ 가능

도비치아진주혁신도시점 dovizia 이탈리아식

클래식한 이탈리아의 맛을 지역적 특색에 맞춰 풀어내는 이탈리안 레스토랑. 스테이크, 파스타, 화덕피자, 음료를 한 번에 즐길 수 있는 패밀리세트가 마련되어 있어 가족이나 소중한 사람과 함께하기 좋다. 탁 트인 시원한 전망까지 더해져 더욱 여유로운 시간을 보낼 수 있는 곳.

ⓦ 해피패밀리세트(9만9천9백원), 기버터안심스테이크(300g 6만8천원), 프라임부채살스테이크(200g 3만1천원), 알리고치즈라자냐(1만6천9백원), 버섯치즈크림감자뇨키(1만7천9백원), 베이컨투움바파스타(1만7천9백원), 마르게리타화덕피자(2만2천원), 고르곤졸라화덕피자(1만9천원), 백합봉골레(1만4천9백원)

ⓣ 11:00〜15:00/17:00〜21:30(마지막 주문 20:50) – 연중무휴

ⓠ 경남 진주시 에나로127번길 30 (충무공동) 드림어반스퀘어 4층

☎ 0507-1466-1590 ⓟ 가능

문산제일염소불고기 ✂ 염소고기

고기와 양념을 듬뿍 넣은 염소불고기를 맛볼 수 있는 곳. 염소 뼈를 고아서 우려낸 염소우거지탕도 구수하고 담백하다. 농장에서 직접 키운 염소를 사용한다. 50년이 넘는 역사를 자랑한다.

ⓦ 흑염소불고기(200g 3만3천원), 흑염소로스구이(200g 4만원), 흑염소버섯육개장(1만5천원), 흑염소곰탕(1만3천원), 흑염소우거지탕(9천원)

ⓣ 10:00〜15:00/17:00〜21:00 – 셋째 주 월요일 휴무

ⓠ 경남 진주시 문산읍 월아산로 1082

☎ 055-761-7020 ⓟ 가능

밀레다임커피 ✂ MILLEDIGMCOFFEE 커피전문점

다양한 스페셜티 커피 원두를 보유하고 있는 로스터리 카페다. 아메리카노를 주문하면 드립할 원두를 두 가지 중에서 기호에 따라 선택할 수 있다. 전체적으로 화이트 톤의 깔끔하고 모던한 실내에 로스팅룸도 오픈되어 있다.

ⓦ 에스프레소, 아메리카노(각 4천5백원), 필터커피(변동), 카페라테, 밀크티(각 5천5백원), 얼그레이티, 카카오라테(5천5백원), 캐러멜라테, 아인슈페너(각 6천원)

ⓣ 10:00〜22:00(마지막 주문 21:30) – 연중무휴

ⓠ 경남 진주시 진주대로1087번길 3 (평안동)

☎ 055-747-8377 ⓟ 불가

백와 白瓦 커피전문점

전통 한옥의 느낌과 현대적인 요소를 조화롭게 넣어 인테리어 한 카페. 기와 상인이 돌담과 기와를 씻아서 민들었다. 하우스 블렌드 원두를 베이스로 한 라테백와, 보리로 만든 미숫가루인 보리개역, 구황작물 모양의 빵을 맛볼 수 있다.

ⓦ 아메리카노(6천원), 라테백와(6천5백원), 보리개역, 로열밀크티, 샤케라토, 탐라주스(각 7천원), 벌집아이스크림(8천원), 구황작물빵(각 4천5백원)

ⓣ 12:00〜21:00(마지막 주문 20:30) – 월요일 휴무

ⓠ 경남 진주시 금산면 월아산로1370번길 11 YH빌딩 1층

☎ 0507-1360-8111 ⓟ 가능

뱅해이네 생선회

연어회와 밀푀유나베를 맛볼 수 있는 주점. 두툼하게 썰어 나오는 숙성 연어회가 인기다. 제철 식재료를 사용하여 메뉴가 변동되기도 한다.

ⓦ 연어막회(3만1천원, 4만3천원), 밀푀유전골(2만7천원), 치킨난반, 유린기(각 2만4천원)

ⓣ 18:00〜24:00(마지막 주문 23:00) – 일요일 휴무

ⓠ 경남 진주시 동진로120번길 6-1 (상대동)

☎ 010-2632-3279 ⓟ 불가

보리키친 이탈리아식 | 크래프트맥주바

생면 파스타를 전문으로 하는 이탈리안 레스토랑 겸 맥주 브루어리. 파스타는 물론 피맥을 즐기기 좋다. 자체 양조장에서 만든 맥주를 직접 따라 마실 수 있는 셀프 탭도 있다. 창문 밖은 야자수로 꾸며져 이국적인 느낌을 주며 멀리 남강 뷰를 바라볼 수도 있다.

보리샐러드(1만9백원), 칼라마리먹물파스타(2만4천9백원), 만조포르마지피자(2만9천9백원), 김페스토파스타(1만7천9백원), 게살로제리조토(1만8천9백원)
11:00~15:00/17:00~22:00(마지막 주문 21:20) – 연중무휴
경남 진주시 남강로 491 (신안동) 남도레포츠타운 1층
055-748-7766 ⓟ 가능(3시간 무료)

북경장 北京莊 중국만두 | 일반중식

오랜 기간 화상이 운영해온 중식당. 다양한 종류의 중국만두가 유명하며, 도삭면도 맛볼 수 있는 흔치 않은 곳이다. 전체적인 메뉴의 간과 맛이 맵거나 짜지 않고 순한 편이다. 별실이 많아 모임에도 좋다.

짜장면(7천5백원), 짬뽕(9천원), 중식냉면(1만원), 딤섬(9천원~1만원)
11:00~21:00 – 화요일, 명절 휴무
경남 진주시 남강로 661 (동성동)
055-741-2757 ⓟ 가능

빠리지엔느 Parisienne 프랑스식

프랑스 요리를 코스로 맛볼 수 있는 곳. 요리가 나올 때마다 친절한 설명이 곁들여진다. 실내는 프랑스에서 가져온 소품으로 가득하다. 테이블이 몇 개 없기 때문에 반드시 예약을 하고 가야 한다. 코스 구성은 정기적으로 변경된다.

프랑스전통가정식코스(4만5천원), 스테이크코스(7만원)
12:00~14:00/18:00~21:00 – 일요일 휴무
경남 진주시 신평공원길 61-1 (평거동)
055-747-7722 ⓟ 가능

산청흑돼지 ✄ 돼지고기구이

진주의 노포 돼지고기집. 산청에서 기른 흑돼지를 내며 고기의 퀄리티가 훌륭하다. 시원한 국물에 땡초를 넣어 칼칼한 맛이 별미인 갈비수육도 빼놓을 수 없다. 마무리로는 구수한 느낌의 시골된장찌개와 비빔밥을 추천한다.

생삼겹살(130g 1만2천원), 껍데기(130g 7천원), 갈비수육(중 3만6천원, 대 5만7천원), 땡초갈비찜(중 4만원, 대 6만3천원), 매콤양푼이갈비찜, 갈비김치찌개(각 1만2천원)
10:00~15:00/16:00~22:00 | 토, 일요일 10:00~22:00 – 연중무휴
경남 진주시 북장대로59번길 7-1 (봉곡동)
0507-1479-019 ⓟ 가능(전용 주차장)

생초식당 ✄ 아귀

진주시 중앙시장에서 오랫동안 영업하던 유명한 생초식당을 동생이 물려받아 운영하는 곳으로 이곳 역시 맛집으로 소문난 곳이다. 삼천포산 생아귀만 고집한다고 하는데 아귀수육이 비린내 없이 아주 깔끔하고 부드러워 일품이다. 아귀찜도 준수하다 서부 경남에서는 만나기 어려운 친절함도

장점이다.

수육+순살아귀찜(소 8만천원, 중 9만5천원, 11만원), 순살아귀찜(2인 3만7천원, 3인 4만6천원, 4인 5만4천원), 내장수육(2인 4만6천원, 3인 6만1천원, 4인 7만6천원), 아귀찜(2인 3만3천원, 3인 4만1천원, 4인 4만9천원)
11:00~15:00/17:00~21:00(마지막 주문 20:30) – 월요일 휴무
경남 진주시 신평공원길 61 (평거동)
0507-1348-8373 ⓟ 불가

설야진주전통비빔밥전문점 ✄

雪野 육회비빔밥 | 소불고기 | 육회

천황식당, 제일식당과 함께 진주에서 손꼽히는 진주비빔밥 전문점이다. 일곱 가지 이상의 나물과 육회가 함께 나오는 것이 특징이다. 비빔밥에는 탕국이 같이 나온다. 비빔밥 그릇은 놋그릇을 사용하고 반찬 그릇은 옛날 막사발 스타일의 도기를 사용하여 고풍스러운 느낌이 든다.

전통비빔밥(1만원, 대 1만3천원), 석쇠구이(2만5천원), 육회(소 2만5천원, 대 3만5천원)
11:00~21:00 – 일요일 휴무
경남 진주시 동부로169번길 12 (충무공동) 윙스타워 1층 A109호
055-762-0585 ⓟ 불가

송기원진주냉면 진주냉면 | 갈비탕

30년에 걸쳐 맛을 이어오고 있는 진주냉면 전문점으로, 자가제면한 메밀면을 사용한다. 순조1800년, 논개1593년 등 독특하게 메뉴 이름을 지었다. 시그니처 메뉴는 송기원1997년으로, 양념장의 감칠맛과 시원한 해물 육수에 고소한 육전을 비롯한 다채로운 고명으로 조화롭게 맛을 낸다.

순조1800년(물냉면)(1만2천원), 논개1593년(비빔냉면), 송기원1997년(섞음냉면)(각 1만3천원), 우전(2만5천원), 동일가애(갈비탕)(1만5천원)
10:00~15:30/17:00~20:00 | 토, 일요일 10:00~16:60/17:00~ 20:00(마지막 주문 19:40) – 화요일 휴무

송기원신수냉면

양식당오브 BISTRO AUBE 유럽식

프랑스에서 유학한 셰프가 파스타, 에스카르고, 굴라시 등 이탈리안, 프렌치, 헝가리 음식을 선보이는 레스토랑. 반죽부터 모든 걸 다 자가제면하는 생면 파스타 비스트로로, 타야린, 먹물 리가토니, 파파르델레, 스파게티, 페투치네 등 다양한 생면을 뽑는다. 속초 명란과 김페스토로 만든 김페스토명란파스토와 오브라구파스타가 인기 메뉴다.

- ⓦ 부채살스테이크(3만6천원), 에스카르고(1만4천원), 명란타야린(2만원), 김페스토명란스파게티(1만8천원), 오븐가든샐러드(1만4천원), 페코리노카르보나라(1만5천원), 베이컨크림리조토(1만5천원)
- ⓛ 11:30~15:20/17:00~21:30(마지막 주문 20:30) – 월요일 휴무
- ⓠ 경남 진주시 신평공원길 33 (평거동) 1층
- ☎ 055-747-5394 ⓟ 가능

유정장어 장어

석쇠에 양파를 듬뿍 놓고 그 위에 초벌구이한 장어를 올려 굽는 방식이 독특하다. 상에 낼 때 장어머리와 꼬리 부분을 고아낸 국물에 고추, 마늘, 생강 등 양념을 가미해 만든 소스를 발라 한 번 더 구워 낸다. 민물장어와 함께 바닷장어도 취급하고 있다.

- ⓦ 바다장어구이(2만6천원), 민물장어구이(3만6천원), 진주장어탕(9천원), 진주메밀냉면(1만원), 장어탕수육(2만6천원)
- ⓛ 10:00~15:00/16:00~21:30 – 연중무휴
- ⓠ 경남 진주시 진주성로 2 (남성동)
- ☎ 055-746-9235 ⓟ 가능

이동우커피 leedongwoo coffee 커피전문점

진주에서 스페셜티 커피를 맛볼 수 있는 곳. 일반 원두보다 질 좋은 생두를 직접 로스팅해서 커피를 내린다. 창밖으로 보이는 정원도 분위기가 좋다.

- ⓦ 핸드드립커피(각 6천5백원), 카페라테, 카푸치노(각 6천원), 아메리카노(5천원)
- ⓛ 07:30~20:00 | 토, 일요일, 공휴일 07:30~18:00 – 연중무휴
- ⓠ 경남 진주시 신평공원길 63-1 (평거동)
- ☎ 055-741-3652 ⓟ 가능

제일식당 선지해장국 | 육회비빔밥

60여 년간 2대에 걸쳐 내려온 진주비빔밥으로 유명한 곳이다. 밥물은 곰국을 사용하고 다양한 나물과 푸른 해초, 육회를 올린다. 배추김치, 물김치, 진미채볶음 등이 반찬으로 나온다. 소고기선지국밥도 많이 찾는 메뉴.

- ⓦ 육회비빔밥(소 1만원, 대 1만2천원), 가오리무침(소 2만원, 대 3만원), 육회(소 3만5천원, 대 5만원), 소고기선지국밥(8천원)
- ⓛ 10:30~19:30(재료 소진 시 마감) – 둘째, 넷째 주 월요일 휴무

- ⓠ 경남 진주시 모덕로47번길 1-2 (상대동)
- ☎ 055-758-2210 ⓟ 가능

송화한정식 한정식

깔끔한 실내에서 정갈한 한정식을 맛볼 수 있다. 샐러드와 구절판, 녹두전, 화전, 회와 해산물, 보쌈, 조기구이, 갈비찜 등 다양한 요리가 나온다. 식사로는 밥, 된장찌개에 열 가지 반찬이 깔린다. 예약 후 방문은 필수인 곳이다.

- ⓦ 점심특선(1만8천원), 일품정식(2만5천원), 궁중정식(3만5천원), 수라정식(5만원), 스페셜교방상차림(8만원)
- ⓛ 11:30~15:00/17:00~21:00(마지막 주문 20:00) – 명절 휴무
- ⓠ 경남 진주시 도동천로 82 (상대동)
- ☎ 055-753-4443 ⓟ 가능

수복빵집 찐빵

단팥 소스를 끼얹어 나오는 조그마한 찐빵이 유명하다. 여름엔 팥빙수도 인기다. 팥과 얼음, 계핏가루 등 심플한 구성이다.

- ⓦ 찐빵(4개 3천5백원), 꿀빵(5개 5천원), 단팥죽, 팥빙수(각 6천원)
- ⓛ 12:00~17:00(재료 소진 시 미감) – 둘째, 넷째 주 화요일 휴무
- ⓠ 경남 진주시 촉석로201번길 12-1 (평안동)
- ☎ 055-741-0520 ⓟ 가능

시마다 しまだ 소바

일본에서 배워온 기술로 직접 수타면을 뽑아내는 곳이다. 대표 메뉴는 우동과 소바. 소바는 메밀 도정도에 따라 종류가 나뉘며 우동도 쯔유에 찍어 먹는 차가운 우동과 따뜻한 국물에 담겨 나오는 온우동 두 종류가 있다. 처음에는 서울 건국대학교 인근에서 오픈했던 곳으로, 진주로 이전했다.

- ⓦ 왕새우튀김우동(각 1만1천원), 가케우동(7천원), 와가메우동, 츠키미우동(각 8천원)
- ⓛ 11:10~14:30(마지막 주문 14:20) – 일요일 휴무
- ⓠ 경남 진주시 가좌길48번길 15-1 (가좌동)
- ☎ 055-763-0208 ⓟ 불가

야키토리준 やきとりジユン 야키토리 | 이자카야

주문 즉시 숯불에 구워 주는 야키토리 전문점. 목살, 염통, 안심, 가슴 연골 등 부위별 닭고기를 꼬치로 맛볼 수 있다. 꼬치류 외에 간단한 안주류도 있으며, 하이볼이나 생맥주, 사케를 곁들이면 좋다.

- ⓦ 랜덤꼬치(3종 1만원), 대파닭다리살, 날개, 목살, 가슴연골(각 4천원), 안심, 껍질, 염통(각 3천5백원), 닭고기완자(5천원)
- ⓛ 18:00~23:00 – 일요일, 첫째, 셋째 주 월요일, 명절 휴무
- ⓠ 경남 진주시 새들말로68번길 9-10 (평거동)
- ☎ 0507-1461-2317 ⓟ 불가

Q 경남 진주시 중앙시장길 37-8 (대안동)
☎ 055-741-5591 ⓟ 가능(시장 공영주차장 이용, 1시간 무료)

진주육거리곰탕 ✖️ 곰탕 | 수육

70년 넘게 2대째 이어오는 전통 있는 곰탕집으로, 사골을
15시간 이상 고아서 만든 곰탕은 깊고 진한 맛을 낸다. 국수
가 함께 나오는 것이 특징이며 밑반찬으로 짭짤한 부추김치
와 깍두기가 함께 나온다. 수육도 추천할 만하다.
ⓦ 곰탕(1만2천원), 수육(소 3만2천원, 대 4만2천원)
🕐 10:30~15:00/16:30~21:00 – 월요일 휴무
Q 경남 진주시 망경로 303 (강남동)
☎ 055-757-6969 ⓟ 가능(제일주차장 이용, 주차권 지원)

진주헛제사밥 ✖️ 한정식

안동, 대구, 진주 등 몇몇 지역에서만 명맥이 이어지는 헛제
삿밥을 내는 곳이다. 제사 음식 스타일로 나오기 때문에 붉
은 음식은 거의 없고 간이 심심한 편이며, 비빔밥 역시 간장
비빔밥으로 내어준다. 경상도 지역에서 주로 먹는 전 찌개
도 별미다.
ⓦ 헛제사비빔밥(1만5천원), 헛제사정식(2만3천원), 전탕(소 2만
5천원, 대 3만5천원), 수육(1만원)
🕐 11:30~15:00/17:30~20:00 – 첫째, 셋째 주 일요일 휴무
Q 경남 진주시 금산면 월아산로 1296-6
☎ 055-761-7334 ⓟ 가능

천수식당 ✖️ 육회비빔밥 | 소불고기

현지인에게 인기가 많은 곳으로, 신선한 소고기를 사용한
육회비빔밥이 대표 메뉴다. 비빔밥을 시키면 함께 나오는
선짓국도 진한 맛으로 비빔밥과 잘 어울린다. 훈연향이 나
는 석쇠불고기도 인기 메뉴다.
ⓦ 육회비빔밥(중 9천원, 대 1만원), 석쇠불고기(2만원), 육회(3
만원)
🕐 09:00~21:00 – 명절 당일 휴무, 비정기적 휴무
Q 경남 진주시 향교로8번길 3 (평안동)
☎ 055-742-7977 ⓟ 가능(협소)

천황식당 ✖️✖️ 육회비빔밥 | 육회 | 소불고기

진주식 비빔밥 전문점. 고깃국물에 토렴한 밥에 호박나물,
무나물, 콩나물, 숙주나물, 시금치, 양배추, 무, 고사리 같은
부드러운 나물과 육회를 올려 낸다. 선짓국물이 같이 나오
는 것도 진주비빔밥의 특징. 집에서 재래식으로 담근 간장
과 된장, 고추장 등을 재료로 사용하는 것이 맛의 비결. 육
회나 석쇠불고기를 곁들이면 더욱 좋다. 1927년 개업한 후,
3대째 가업을 이어 한자리에서 비빔밥을 팔아온 전통과 관
록을 자랑하는 맛집이다.
ⓦ 진주비빔밥(1만3천원), 불고기(3만원), 육회(5만원), 냉면(1만3

천원), 수육, 육전(각 3만원)
🕐 10:00~21:00(마지막 주문 20:00) – 연중무휴
Q 경남 진주시 촉석로207번길 3 (대안동)
☎ 055-741-2646 ⓟ 불가

카페갤러리4978 ✖️
CAFE GALLERY4978 디저트전문점

호텔에서 오래 근무한 파티시에가 운영하는 진주의 숨은 보
석 같은 디저트 카페. 정석대로 기본을 지켜 만들어낸 파티
세리가 장점인 곳이다. 과일에도 진심으로 딸기, 복숭아, 블
루베리 등 제철 과일을 잘하는 농장을 찾아 공급받아 밀푀
유, 타르트 등을 만들며 과일 맛이 조금이라도 떨어지면 내
지 않는다.
ⓦ 아메리카노(5천5백원), 카페라테(6천5백원), 플랫화이트(6천
5백원), 아인슈페너(6천5백원), 생딸기밀푀유(변동), 슈게트(3천
원), 딸기판나코다(변동), 발로나초코티라미수(9천5백원)
🕐 13:00~21:00(마지막 주문 20:00) | 일요일 13:00~20:00(마
지막 주문 19:00) – 월요일 휴무
Q 경남 진주시 진주성로24번길 10 (인사동) 1층
☎ 070-8994-4978 ⓟ 불가

카페랄콜 Lall Coll 카페

유럽 광장을 모티브로 한 포토존이 있는 큰 규모의 카페. 음
료부터 디저트까지 다양하게 준비되어 있어 선택의 폭이 넓
다. 다양한 토핑이 올라가는 더치베이비는 간단하게 식사로
도 손색이 없다. 이색적인 포토존이 곳곳에 있으며, 아이와
함께 방문하기 좋다.
ⓦ 아메리카노(5천원), 카페라테(5천5백원), 트러플버섯더치베
이비(1만6천원), 에그베이컨아보카도더치베이비(1만6천원), 푸
룻생크림더치베이비(1만7천원), 바나나넛크럼블더치베이비(1만
5천원), 초코라테(6천원), 흑임자크림라테(7천원), 땅콩크림라테
(7천원), 라테스크림(7천원), 한라봉얼그레이티(6천5백원), 메론
소다(7천원)
🕐 11:00~18:30(마지막 주문 18:00) | 토, 일요일
10:00~19:00(마지막 주문 18:30) – 목요일 휴무
Q 경남 진주시 미천면 오방로487번길 58
☎ 010-6215-2536 ⓟ 가능

커피플라워 COFFEE FLOWER 카페

아늑한 분위기의 카페. 매장은 1층과 2층으로 운영되며 매
장 한 편에 다채로운 찻잔들을 전시해 놓았다. 야외 정원에
는 프라이빗한 좌석도 마련되어 있다. 오후 3시부터 5시에
는 음료를 주문한 손님 한정으로 갓 수확한 햇콩과 신상 원
두로 내린 커피를 무료로 내어준다.
ⓦ 에스프레소(4천5백원), 아메리카노(4천8백원), 핸드드립커피
(5천8백원~), 카페라테(5천5백원), 카푸치노(5천5백원), 아포가
토(7천원), 돌체라테(5천8백원), 아인슈페너(6천3백원), 카라멜

라테(6천원), 아몬드크림라테(6천5백원), 커피플라워와플(1만2천원), 설향딸기와플(2만3천원)
🕐 10:00~22:00 – 연중무휴
🔍 경남 진주시 남강로 36 (판문동) 커피플라워
☎ 0507-1351-7846 ⓟ 가능

프랜치 ✖ Frenchie 프랑스식

프랑스에서 요리학교를 나오고 즈 키친 갈르리(ze kitchen galerie)와 프렌치(Frenchie) 등 여러 레스토랑에서 근무하고 돌아온 박준수 오너 셰프의 프렌치 레스토랑. 클래식한 프랑스 요리부터 한국 사람 입맛에 맞춰 땡초를 넣은 매콤한 한국식 양식 요리까지 다양한 메뉴를 선보인다. 고기 전용 숙성고를 갖추고 있을 만큼 스테이크에도 신경을 쓰고 있다. 외국인 요리사와 서버가 근무하고 있어 이국적인 느낌을 준다.
ⓦ 살치살스테이크(240g 3만7천원, 340g 5만3천원), 프라임부채살(250g 3만4천원), 스페셜안심(300g 8만4천원), 트러플양송이수프(1만1천원), 구운로메인(1만5천원), 부라타카프레제(1만7천원)
🕐 11:30~14:30/17:00~21:30(마지막 주문 20:30) – 월요일 휴무
🔍 경남 진주시 신평공원길 41 (평거동) 1층
☎ 0507-1409-426 ⓟ 불가

프랜치|

필립 Phillip 브런치카페

깔끔하게 인테리어한 올데이 브런치 카페. 프렌치토스트, 매콤갈릭새우링귀니, 치킨커틀릿 등 다양한 브런치 메뉴를 맛볼 수 있다. 페퍼크림소스를 곁들인 플랫아이언스테이크는 디너에만 가능하다.
ⓦ 치킨커틀릿(1만5천5백원), 소금집잠봉&머시룸토스트(1만9천5백원), 프렌치토스트(1만6천원), 매콤갈릭새우링귀니(1만5천5백원), 플랫아이언스테이크(디너 3만5천원), 롱블랙, 아메리카노(4천5백원), 카페라테, 플랫화이트(각 5천원)
🕐 10:30~16:00(마지막 주문 15:00)/17:00~21:00(마지막 주문

20:00) – 연중무휴
🔍 경남 진주시 초전북로39번길 5-28
☎ 055-761-0075 ⓟ 가능

하동복집 아귀 | 복

중앙시장에서 70여 년의 역사를 자랑하는 복국 전문점. 맑은 국물의 시원한 복국으로 해장하려는 사람들이 많이 찾는다. 매콤한 아귀찜과 아귀수육의 맛도 수준급이다.
ⓦ 복국(1만4천원), 아귀찜(소 3만5천원, 대 4만5천원), 아귀수육(소 5만원, 대 6만원), 복수육(소 5만원, 대 6만원), 아귀탕(1만3천원)
🕐 08:00~20:00 – 명절 휴무
🔍 경남 진주시 진양호로 553 (대안동)
☎ 055-741-1410 ⓟ 가능(1시간 무료)

하연옥 ✖ 진주냉면

진주식 냉면 전문점. 육수는 담백한 맛을 내는 멸치, 개발(바지락), 건홍합, 마른명태, 표고버섯 등을 넣어 해물 향이 강하다. 육전, 계란지단, 고기 등 고명을 푸짐하게 얹은 것이 진주비빔밥을 연상시킨다.
ⓦ 진주물냉면, 소선지국밥(가 1만1천원), 진주비빔냉면, 지리산흑돼지맑은곰탕(각 1만2천원), 진주비빔냉면(1만2천원), 진주육전(2만7천5백원), 돌판소참갈비(2인 750g 4만5천원)
🕐 10:00~21:00(마지막 주문 20:30) – 연중무휴
🔍 경남 진주시 진주대로 1317-20 (이현동)
☎ 055-746-0525 ⓟ 가능

한정식아리랑 한정식

진주의 교방상을 재현한 것으로 알려져 있다. 신선로, 탕평채 등 궁중요리와 홍어삼합, 대하찜, 전복회 등으로 한 상이 차려진다. 젓갈도 가자미젓, 전복젓 등 다양하게 낸다. 방문 시 예약은 필수다.
ⓦ 한정식(5만원, 7만원, 10만원)
🕐 11:30~15:00/17:00~20:30 – 월요일, 명절 휴무
🔍 경남 진주시 남강로471번길 5 (신안동)
☎ 055-748-4556 ⓟ 가능

남마뮤지엄 Namma Museum 카페

낙동강 전망을 감상할 수 있는 대형 카페. 블랙과 화이트톤의 인테리어는 모던하고 차분한 느낌을 준다. 커피 등의 음료는 물론, 다양한 베이커리가 갖춰져 있어 선택의 폭이 넓다.

Ⓦ 아메리카노오리진, 클래식(각 5천5백원), 카페라테(6천5백원), 바닐라라테(7천원), 남마솔트라테(7천원), 아이스크림라테(7천원), 아이스크림(5천원), 눈꽃팥빙수(1만5천원), 티라미수(6천8백원), 딸기케이크(7천5백원), 블루베리타르트(7천5백원)

Ⓣ 10:30~22:00(마지막 주문 21:30) – 연중무휴

Ⓠ 경남 창녕군 남지읍 남지강변길 100

☎ 0507-1378-2454 Ⓟ 가능

도리원 한정식

전통적인 분위기에서 한정식을 맛볼 수 있는 곳. 가마솥밥이 인기 메뉴 중 하나다. 장독을 활용하여 꾸민 마당이 인상적이며 식사 후 산책을 즐기기도 좋다.

Ⓦ 가마솥밥(1만2천원), 돼지삼겹(120g 1만원), 소고기(120g 2만원), 유황오리훈제(소 3만원, 중 4만5천원), 섞어막국수(9천원)

Ⓣ 11:00~15:00/16:30~20:00(마지막 주문 19:00) – 연중무휴

Ⓠ 경남 창녕군 영산면 온천로 103-25

☎ 055-521-6116 Ⓟ 가능

이방식당 수구레국밥

신선한 수구레와 선지가 들어있는 수구레국밥을 메인으로 한다. 쫄깃한 수구레와 구수한 선지의 조합이 진한 국물이 어우러진다. 수구레국수도 특이한 메뉴며, 석쇠불고기를 곁들여도 좋다.

Ⓦ 수구레국밥(1만원), 수구레국수(1만원), 수구레양념볶음(1만2천원), 연탄석쇠불고기(1만2천원)

Ⓣ 06:30~16:00 – 연중무휴

Ⓠ 경남 창녕군 이방면 옥야길 1

☎ 055-532-5075 Ⓟ 가능

초우 소고기구이

창녕의 인동초 한우를 먹을 수 있는 정육식당. 마블링과 육질 상태가 좋은 인동초 한우를 사용한 것으로 인근에 알려져 있다. 기본 음식으로 천엽과 꽃게장이 나온다. 마블링이 화려해 구웠을 때 정말 부드럽다.

Ⓦ 모둠구이(500g 8만8천원), 한우갈빗살(100g 2만9천원), 한우등심(100g 2만5천원), 갈빗살(100g 2만9천원), 불고기정식(1만5천원), 갈비탕(1만3천원)

Ⓣ 11:30~15:00/16:30~21:00 – 화요일 휴무

Ⓠ 경남 창녕군 남지읍 동포로 45

☎ 055-526-3733 Ⓟ 가능

국일성 일반중식

3대째 이어가고 있는 70여년 전통의 중국집. 가족 모임으로 많이 방문하며 밀가루가 아닌 쌀가루로 면을 만드는 것이 특징이다. 밥류를 시키면 짬뽕국물이 아닌 계란국을 내어준다.

Ⓦ 짜장(7천원), 짬뽕(1만원), 쟁반짜장(1만원), 수소면(1만5천원), 특면(1만3천원), 삼선간짜장(1만원), 탕수육(소 2만2천원, 중 3만원, 대 4만원), 삼선볶음밥(1만원), 잡채밥(1만원)

Ⓣ 11:40~15:00/17:00~21:00 | 토, 일요일 11:40~16:00/17:00~21:00 – 첫째, 셋째, 넷째 주 화요일 휴무

Ⓠ 경남 창원시 의창구 의안로31번길 26 (중동)

☎ 055-255-3588 Ⓟ 불가

동경관 東京館 이자카야 | 중식주점

정통 일식과 고급 중식을 새롭게 해석한 퓨전 요리를 선보이는 이자카야. 고등어의 식감을 경험할 수 있는 초회고등어, 부드럽게 삶은 동파육, 흑후추새우, 고소하고 진득한 누룽지탕 등 다양한 메뉴가 준비되어 있다.

Ⓦ 동파육(300g 3만6천원), 고마사바한마리(2만8천원), 뚝배기마파두부(1만8천원), 흑후추새우(1만8천원), 누룽지탕(3만6천원), 파인애플크림새우(1만8천원), 후토마키(6p 1만6천원), 사바보우스시(2만6천원), 소고기어묵탕(2만2천원), 해산물짬뽕탕(2만1천원)

Ⓣ 17:00~03:00(익일)(마지막 주문 02:00) | 일요일 17:00~02:00(익일)(마지막 주문 01:00) – 연중무휴

Ⓠ 경남 창원시 의창구 원이대로261번길 16-4 (봉곡동) 1층

☎ 055-256-2566 Ⓟ 가능

라룬크루아상

La lune croissant 페이스트리 | 크루아상

크루아상과 페이스트리를 전문으로 하는 베이커리 카페다. 매일 아침 여러 겹의 얇은 층이나 결을 이루게 반죽하여 바삭하게 구워낸다. 특히 겹겹이 쌓아 올린 크루아상에 다크초콜릿 파우더를 듬뿍 뿌린 초코크루아상이 인기다.

Ⓦ 오리지널크루아상(3천8백원), 초코크루아상(4천8백원), 소시지페이스트리(4천5백원), 팽오쇼콜라(4천8백원), 퀸아망(3천8백원), 핸드드립커피(블렌딩원두5천원, 싱글원두 6천원), 웨딩임페리얼밀크티(7천원)

Ⓣ 11:00~19:30(마지막 주문 19:00) – 일, 월, 화, 수, 목요일 휴무

Q 경남 창원시 성산구 용지로133번길 9 (중앙동) 마사이워킹센터 1층

☎ 055-262-2515 Ⓟ 불가

모테나시 일본가정식

정갈한 일본가정식을 선보이는 일식집. 1인 트레이에 밥, 국, 밑반찬과 메인 요리가 나온다. 규가스, 소고기스테이크, 연어 등 메뉴도 다양하다.

Ⓦ 스테이크정식(1만6천원), 연어정식(1만8천원), 우나기정식(2만원), 오마카세정식(2만5천원), 규가츠돈부리정식(새우가츠나베, 토리가츠나베 각 1만5천원), 연어돈부리정식(규가츠나베 1만8천원, 새우가츠나베, 토리가츠나베 각 1만6천원), 스테이크돈부리정식(규가츠나베 1만7천원, 새우가츠나베 1만6천원, 토리가츠나베 1만5천원)

🕐 11:00~21:00(마지막 주문 20:20) | 토, 일요일 11:00~20:30(마지막 주문 19:50) – 월요일 휴무

Q 경남 창원시 성산구 외동반림로254번길 28 (용호동)

☎ 0507-1469-0632 Ⓟ 가능

박말순레스토랑 ✖ 이탈리아식 | 파스타

참나물, 미나리, 고사리, 대파 등 한식 재료를 개성 있게 사용한 파스타를 맛볼 수 있는 이탈리안 레스토랑. 완도전복리조토도 추천 메뉴다. 오래된 가옥의 느낌을 살려 리모델링하여 빈티지한 느낌이다. 박말순 할머니가 60여 년 간 산집을 개조해서 만든 곳이라 한다.

Ⓦ 투뿔한우채끝스테이크(6만9천원), 제주흑돼지돈마호크(3만6천원), 완도전복리조토(2만5천원), 톳명란오일파스타(1만9천원), 박말순평일런치세트(4만8천6백원), 라구리가토니(1만7천원)

🕐 11:30~15:00(마지막 주문 14:00)/17:00~ 21:00(마지막 주문 20:00) – 연중무휴

Q 경남 창원시 의창구 읍성로34번길 17-8 (중동)

☎ 055-298-5502 Ⓟ 가능

박말순레스토랑

브라바스 BRAVAS de vino 스페인식

모던한 인테리어의 스페인 레스토랑. 스페인식 통감자 튀김 요리인 파타타스브라바스, 감바스알아히요, 파에야 등 다양한 스페인 요리를 맛볼 수 있다. 합리적 가격에 디저트까지 즐길 수 있는 런치 세트 메뉴도 많이 찾는다. 와인은 가격대가 낮은 편이나, 서비스 차지를 따로 지불해야 한다.

Ⓦ 파타타스브라바스(9천원), 감바스알아히요(1만2천원), 브라바스에그인헬(1만9천원), 해산물파에야(3만3천원), 비프크림파스타(1만8천원), 런치세트(3만1천원)

🕐 11:30~16:00/17:00~02:00(익일) – 연중무휴

Q 경남 창원시 의창구 남산로115번길 49 (서상동)

☎ 055-292-1030 Ⓟ 가능

브런치팩토리 Brunch Factory 브런치카페

올데이 브런치를 즐길 수 있는 브런치 카페. 파니니와 리코타치즈샐러드가 유명하다. 오후 5시부터 저녁 9시까지는 디너타임으로 운영하여 파스타와 샐러드를 합리적인 가격으로 즐길 수 있다.

Ⓦ 슈림프샐러드, 연어샐러드, 닭가슴살샐러드(각 9천5백원), 리코타치즈샐러드(1만1천5백원), 클럽샌드위치, 햄치즈샌드위치(각 7천5백원), 보싸렐라토마토파니니(8천5백원), 해물칠리도마토파스타, 올리브봉골레파스타, 스파이시치킨크림리조토(각 1만2천9백원), 햄치즈파니니(각 8천5백원), 베이컨크림파스타(1만1천9백원)

🕐 10:30~21:00(마지막 주문 20:30) – 연중무휴

Q 경남 창원시 성산구 마디미서로 26 (상남동) 한독빌딩 103호

☎ 070-8868-6233 Ⓟ 가능

성산명가 소고기구이 | 소갈비

창원의 명물인 벚꽃갈비를 선보이는 곳. 천연 벚꽃꿀을 사용한 특제 양념 비법으로 숙성시키는 것이 특징이다. 두툼한 살에 칼집 사이로 양념이 잘 배어있다. 분위기가 고급스럽고 코스 메뉴가 있어 상견례나 가족모임으로 많이 찾는다.

Ⓦ 한우벚꽃갈비(260g 5만8천원), 벚꽃갈비(260g 4만2천원), 벚꽃갈비특선(평일 4만7천원, 주말, 휴일 4만9천원), 성산왕갈비탕(1만2천원)

🕐 11:15~22:30(마지막 주문 21:30) – 연중무휴

Q 경남 창원시 성산구 마디미로63번길 7 (상남동) 2층

☎ 055-263-6618 Ⓟ 가능

성산옥 평양냉면 | 이북음식

슴슴한 맛이 매력인 평양냉면 전문점이다. 매일 직접 뽑는 메밀면을 사용하여 구수한 메밀향을 맛볼 수 있다. 테이블에 비치된 다시마 식초를 뿌려 감칠맛을 더해도 좋다.

Ⓦ 평양냉면, 평양비빔냉면(1만3천원), 어복탕(1만3천원), 어복쟁반(중 7만원, 대 8만5천원), 어복탕(1만3천원)

ⓣ 11:00−15:30/16:00∼22:00(마지막 주문 21:00) | 일요일 11:00∼15:30/16:00∼21:00(마지막 주문 20:00) − 연중무휴

ⓠ 경남 창원시 성산구 마디미로70번길 14 (상남동) 1층

☎ 055−263−2385 Ⓟ 가능

수금재 한정식

도쿄의 유명 한식당 윤가의 창원 분점. 갤러리처럼 고급스럽게 꾸민 내부가 인상적이다. 코스는 죽으로 시작해 육회, 전, 해산물, 고기 순서로 나오며 맛뿐만 아니라 담음새도 깔끔하고 정갈하여 보기에도 아름답다. 아이스크림, 수정과 등의 후식도 매장에서 직접 만들어 깔끔한 맛을 자랑한다. 코스는 방문 하루 전까지 예약하는 것이 좋다.

Ⓦ 런치코스(A 4만원, B 5만원), 코스요리(7만원∼10만원)

ⓣ 11:30∼15:00(마지막 주문 14:00)/17:30∼ 22:00(마지막 주문 20:30) − 연중무휴

ⓠ 경남 창원시 성산구 마디미로4번길 5 (상남동)

☎ 055−286−4008 Ⓟ 가능

스시타로 すし太郎 스시

가격대비 좋은 구성의 스시코스를 선보이는 곳. 입맛 돋우는 전채요리부터 다양한 스시, 구이, 튀김까지 만족도가 높다. 그날그날 최상의 재료를 사용하는 오마카세를 맛보려면 예약은 필수다.

Ⓦ 디너코스(12만원)

ⓣ 18:00∼19:30/20:00∼21:50 − 일요일 휴무

ⓠ 경남 창원시 의창구 남산로 109−1 (서상동) A빌딩 1층

☎ 055−255−5567 Ⓟ 가능

언양각식당 ✖ 소고기국밥 | 소불고기

연탄에 석쇠를 올려놓고 구운 연탄석쇠소불고기로 유명한 집. 떡갈비와 비슷한 맛을 낸다. 고기에 밴 불 맛과 양념이 일품이며 양도 많아 좋은 평을 받는다. 국밥도 인기가 좋다.

Ⓦ 석쇠불고기(1만8천원), 소국밥, 설렁탕(각 1만원), 도가니탕(2만3천원), 도가니수육(5만원), 모둠수육(4만원)

ⓣ 09:30∼21:30 − 명절 휴무

ⓠ 경남 창원시 의창구 용지로 253−1 (용호동)

☎ 055−266−8050 Ⓟ 가능

오우가 五友歌 디저트전문점

주택을 개조한 모던 한옥 카페. 두 채로 나누어진 공간은 여유롭게 시간 보내기 좋다. 현무암 같은 모습에, 속은 블루베리콩포트로 달콤함을 채운 시그니처석블랙이 인기 디저트다. 주기적으로 진행되는 타브랜드와의 협업 메뉴도 기대해 볼 만하다.

Ⓦ 아메리카노(유기농 5천원, 디카페인 5천5백원), 카페라테(유기농 5천5백원, 디카페인 6천원), 오우가찬합세트(매장 2만4천원, 포장 2만6천5백원), 시그니처죽케이크 (1만3천원), 시그니처

석케이크(1만1천원), 시그니처월에이드, 시그니처수에이드(각 7천5백원), 시그니처송플랫화이트(6천원)

ⓣ 10:00∼22:00(마지막 주문 21:30) − 연중무휴

ⓠ 경남 창원시 의창구 의안로17번길 12 (중동)

☎ 070−7720−1130 Ⓟ 가능

임진각식당 ✖ 소떡갈비

떡갈비가 유명한 곳. 고기를 잘게 다져서 양념한 것을 참숯불에 구워낸다. 석쇠구이 소불고기라고도 하며 언양식 불고기라 부르기도 한다. 함께 나오는 백김치가 특히 맛이 좋다는 평. 상추에 백김치, 고기를 함께 싸 먹는 것이 맛있게 먹는 방법이다.

Ⓦ 소불고기(300g 1만8천원), 소국밥, 소따로국밥(각 1만원), 공기밥(1천원)

ⓣ 11:00∼20:30(마지막 주문 20:00) − 명절 휴무

ⓠ 경남 창원시 의창구 팔용로 515 (팔용동)

☎ 055−256−3535 Ⓟ 가능

창원삼거리식당창원유니시티점

된장찌개 | 돼지두루치기

칼칼한 된장찌개와 두루치기가 맛있는 집. 30여 년 전 분식점으로 시작했지만, 두루치기와 된장찌개가 유명해지면서 2016년에 삼거리식당으로 상호를 바꾸고 지금 자리로 이전하였다. 조개로 진한 국물을 낸 된장찌개, 매콤한 양념의 두루치기와 함께 고등어구이가 나오는 세트 메뉴를 주문하면 골고루 맛을 볼 수 있으며, 가격도 합리적이다.

Ⓦ 삼거리집밥(1만5천원), 프리미엄도시락(1만6천원), 스페셜도시락(1만5천원), 일품두루치기(소 2만2천원, 중3만2천원, 대 4만원)

ⓣ 11:00∼15:00/17:00∼21:00(마지막 주문 20:30) − 일요일 휴무

ⓠ 경남 창원시 의창구 평산로171번길 2 (서상동)

☎ 055−288−8997 Ⓟ 가능

쿠버스그릴 ✖ Cubers Grill 이탈리아식

일본풍이 가미된 이탈리안 요리를 즐길 수 있는 레스토랑. 상호인 쿠버스는 굽다의 경상도 사투리 '꿉었쓰'를 재미있게 표현한 것으로, 소스를 사용하지 않고 참숯 그릴에 구운 스테이크가 대표 메뉴다. 1층에 와인숍에서 1천여 종의 와인을 숍 가격으로 구매하여 이탈리안 음식과 매칭할 수 있다.

Ⓦ 런치세트(파스타A 1만8천9백원, 파스타B 1만9천8백원, 파스타C 2만1천원), 새우페퍼로니피자(2만3천원), 한우꽃등심스테이크(300g 10만9천원 400g 13만원)

ⓣ 06:30∼15:00/17:00∼22:00(마지막 주문 21:00) − 연중무휴

ⓠ 경남 창원시 성산구 용지로169번길 5 (용호동) 호텔에비뉴 2층

☎ 055−284−0840 Ⓟ 가능

퀸즈라운지 Queens Lounge 이탈리아식

고급스러운 분위기에서 이탈리안 파인 다이닝을 즐길 수 있는 곳. 아뮤즈부슈, 애피타이저, 파스타, 스테이크, 디저트로 코스가 구성된다. 화려한 샹들리에와 클래식한 인테리어가 분위기를 더한다.

- Ⓦ 모던런치(5만원~5만5천원), 모던디너(8만원~8만5천원), 디너코스(15만5천원~16만원)
- Ⓣ 12:00~15:00/18:00~22:00(마지막 주문 20:00) – 월요일 휴무
- Ⓠ 경남 창원시 의창구 원이대로56번길 2-1 (도계동) 1층
- ☎ 055-238-6611 Ⓟ 가능

프랑스베이커리 France bread&cake 베이커리

한국제과기능장이 운영하는 베이커리로, 다양한 종류의 프랑스식 빵을 선보인다. 통마늘바게트와 쌀찐빵이 인기 메뉴며 케이크와 롤케이크도 종류가 다양하다.

- Ⓦ 통마늘바게트(4천9백원), 팽오쇼콜라(4천원), 애기엉덩이빵(2천6백원), 소금빵(2천원), 진짜고구마빵(2천5백원), 바나나카스텔라(6천원), 크림샌드(3천2백원)
- Ⓣ 08:00~23:00 – 일요일 휴무
- Ⓠ 경남 창원시 성산구 창이대로 737 (시피동) 시피동 성이피드 상가 1층
- ☎ 055-263-5371 Ⓟ 불가

플러스33 +33 프랑스식

프랑스에서 경력을 쌓은 셰프가 고향인 창원 가로수길에 오픈한 프렌치 레스토랑이다. 주문 즉시 요리를 시작하기 때문에 시간이 걸리지만, 신선한 맛을 즐길 수 있다. 오리스테이크, 비스크딱새우파스타가 인기 메뉴다.

- Ⓦ 240오리스테이크(3만5천원), 치즈크림풀레(2만7천원), 베이컨버섯뇨키(2만2천원), 비스크딱새우파스타, 연어그라브락스(각 2만원), 리옹식샐러드(1만2천원), 트러플감자티라미수(6천원)
- Ⓣ 11:30~15:00(마지막 주문 14:00)/17:00~ 21:00(마지막 주문 19:30) – 월요일 휴무, 마지막주 화요일 휴무
- Ⓠ 경남 창원시 성산구 외동반림로 270 (용호동)
- ☎ 010-4429-8115 Ⓟ 불가

피케 feeke 카페

글루텐프리 디저트를 맛볼 수 있는 카페. 소파 좌석으로 마련되어 있어 편안히 커피와 디저트를 즐기기 좋다. 디저트와 보틀케이크 가격도 부담없는 편.

- Ⓦ 아메리카노(4천원), 카페라테(5천원), 오렌지피케이드, 청사과피케이드(각 6천5백원), 초당옥수수라테(5천5백원), 딸기생크림쌀케이크(7천5백원), 쌀마들렌(1천9백원~2천3백원)
- Ⓣ 10:00~22:00(마지막 주문 21:30) – 일요일 휴무
- Ⓠ 경남 창원시 의창구 도계로4번길 46 (도계동) 성문빌딩 102호 일부
- ☎ 010-4762-0930 Ⓟ 불가

경상남도 창원시(마산)

가포옛날영도집 장어

3대째 40여 년 전통을 이어온 장어구이 전문점. 장어구이 특화거리 중에서도 깊은 내공이 느껴지는 곳이다. 주문 시 장어는 미리 구워져 나오며, 통통하게 오른 살이 부드럽고 촉촉하다는 평이다. 기본 찬으로 나오는 장어뼈튀김도 별미다.

- Ⓦ 양념장어구이, 소금장어구이(각 중 5만원, 대 6만원), 장어국수(4천원)
- Ⓣ 11:30~15:00/16:00~20:50(마지막 주문 19:30) – 월요일 휴무
- Ⓠ 경남 창원시 마산합포구 가포해안길 37 (가포동)
- ☎ 055-246-9294 Ⓟ 가능

가포옛날영도집

고려당 베이커리

마산에서 오랫동안 사랑받아온 빵집. 60년이 넘는 역사를 자랑한다. 달콤한 앙버터와 생크림치즈스틱, 햄버거가 인기 있는 메뉴다. 팥빵은 빵의 밀도가 낮아 부담없이 먹기에 좋다. 버터크림빵은 부드러운 맛이 일품이다.

- Ⓦ 생크림치즈스틱(3천원), 소금빵(3천3백원), 앙버터(4천8백원), 공룡알빵(4천6백원), 마늘바게트(5천5백원), 햄버거(6천원), 밀크셰이크(3천5백원)
- Ⓣ 09:00~24:00 – 연중무휴
- Ⓠ 경남 창원시 마산합포구 동서북10길 68 (창동)
- ☎ 055-243-0011 Ⓟ 불가

남성식당 복

마산식 복국을 먹을 수 있는 곳. 마산복요리거리의 원조집이라 할 수 있는 곳으로, 튀김, 찜, 수육 등 다양한 복요리를 즐길 수 있다. 3대째 내려오는 70여 년의 역사를 자랑한다.

- Ⓦ 참복국(2만2천원), 졸복매운탕(2만원), 까치매운탕(1만7천원), 졸복수육(8만원)

⏱ 07:00~20:00 – 월요일 휴무
🔍 경남 창원시 마산합포구 오동동10길 3 (오동동)
☎ 055-246-1856 Ⓟ 가능(1시간 무료)

노렌스시 ✂ Noren Sushi 일식 | 스시

창원을 대표하는 일식집. 일식과 양식을 조화시킨 새로운 트렌드로 창원의 일식 요리를 한 단계 성장시킨 것으로 평가 받고 있다. 인테리어 또한 일본 특유의 오픈형 룸으로, 이국적인 감성을 나타낸다.

Ⓦ 스시런치코스, 사시미런치코스(각 4만5천?원), 디너스시코스, 디너사시미A코스(각 7만5천원), 디너사시미B코스(10만원)
⏱ 11:30~15:10/17:00~22:00(마지막 주문 20:00) – 명절 휴무
🔍 경남 창원시 마산합포구 해안대로 288 (신포동1가)
☎ 055-242-7812 Ⓟ 가능

동굴집 청둥오리 | 닭백숙

촌닭(토종닭)백숙과 오리백숙을 먹을 수 있는 곳. 일본군이 만들어 놓은 인공 방공호를 개조하여 만든 곳이라 동굴집이라 불린다. 백숙은 끓이는 데 시간이 오래 걸리므로 도착하기 한 시간 전에 미리 주문해 놓는 것이 좋다.

Ⓦ 촌닭백숙, 한방오리백숙(각 6만원), 오리불고기(소 4만원, 중 5만원, 대 6만원), 오리훈제(3만원), 오리탕(1만2천원)
⏱ 11:30~15:30/16:30~21:30(마지막 주문 20:00) – 월요일, 연휴 당일 휴무
🔍 경남 창원시 마산합포구 가포해안길 35 (가포동)
☎ 055-221-0668 Ⓟ 가능

뜨라또리아다젠나 daGENNA 파스타 | 이탈리아식

흰색 외관의 입구가 눈길을 끄는 이탈리안 레스토랑. 내부 인테리어도 고풍스러우면서 화려하다. 고급스러운 분위기에서 파스타와 스테이크 등을 즐길 수 있다. 프라임 티본스테이크인 비스테카알라피오렌티나는 예약이 필수다.

Ⓦ 살치살스테이크(200g 4만5천원), 폴포(2만5천원), 디아볼라(2만2천원), 돌체크레마(2만3천원), 보스까이올라(2만1천원), XO 소프트쉘크랩(2만3천원), 시저샐러드(1만원), 홈메이드베이컨아마트리치아나(1만9천원)
⏱ 11:50~15:30(마지막 주문 14:30)/17:30~ 21:30(마지막 주문 20:30) – 월요일 휴무
🔍 경남 창원시 마산회원구 3 · 15대로 728 (합성동) 마산요리학원 1층
☎ 055-256-5545 Ⓟ 가능(AK주차장 이용, 1시간 무료)

라쌍떼 LA SANTÉ 카페 | 베이커리

산 속에 위치하여 주변 경치가 좋은 대형 베이커리 카페. 제과기능장이 직접 만드는 다양한 종류의 빵을 맛볼 수 있다. 반려견 동반이 가능한 것이 장점이다. 합성동과 석전동에 1, 2호점이 있다.

Ⓦ 에스프레소(4천원), 아메리카노(5천원), 카페라테(5천5백원), 생크림팡도르(7천5백원), 어니언베이글, 허니모카(각 5천5백원), 쌀소금빵(3천8백원), 자몽에이드(6천5백원)
⏱ 10:00~22:00(마지막 주문 21:30) – 연중무휴
🔍 경남 창원시 마산회원구 제2금강산길 135 (합성동)
☎ 055-255-4588 Ⓟ 가능

몬스터로스터스 Monster Roasters 커피전문점

수준 높은 커피를 합리적인 가격에 즐길 수 있는 로스터리 카페. 에스프레소용 블렌딩 원두로 중강배전한 파이어맨과 약배전한 뎀프시롤 두 가지가 준비되어 있어 취향에 따라 선택할 수 있다. 부드러운 카페라테와 원형으로 깎은 커다란 얼음 하나가 들어가는 아이스더치가 인기 있다.

Ⓦ 에스프레소, 아메리카노(각 3천8백원), 카페라테(4천원), 브루잉커피(4천5백원, 5천원), 카야토스트(2천원)
⏱ 07:30~21:00 | 토, 일요일, 공휴일 12:00~20:00 – 연중무휴
🔍 경남 창원시 마산합포구 월영동9길 14 (해운동)
☎ 070-8790-8980 Ⓟ 불가

반달집 돼지고기구이

마산에서 돼지석쇠불고기를 처음 선보인 곳으로 알려져 있다. 양념이 된 돼지고기를 초벌해서 낸다. 넉넉히 제공되는 마늘과 함께 고기를 굽고, 상추겉절이를 곁들이는 맛이 일품이다. 서비스로 담백한 곰국이 나온다.

Ⓦ 돼지석쇠불고기(350g 1만8천원), 돼지국밥(6천원), 된장찌개(3천원)
⏱ 11:30~22:00(마지막 주문 21:00) – 첫째 주 화요일 휴무
🔍 경남 창원시 마산합포구 반월남2길 20 (반월동)
☎ 0507-1373-6662 Ⓟ 불가(야구장 주차장 이용, 60분 1천원)

백제령 ✂ 삼계탕

40여 년 역사를 지닌 삼계탕 전문점. 한옥을 개조하여 만들어 고풍스러운 분위기를 풍긴다. 주문제작한 도자기 그릇에 나오는 기본찬이 깔끔하다. 고소하고 담백한 국물의 삼계탕이 인기 메뉴다.

Ⓦ 삼계탕(1만8천원), 닭한방구이(소 1만원, 대 2만원), 민물장어구이(소 3만1천원, 대 6만2천원)
⏱ 11:00~15:00(마지막 주문 14:30)/17:00~21:00(마지막 주문 20:30) – 명절 휴무
🔍 경남 창원시 마산합포구 3 · 15대로 385 (중성동)
☎ 055-248-8800 Ⓟ 가능

베이스워터커피 ✂ base water coffee company 커피전문점

진주혁신도시 내에 자리한 커피 전문점. 직접 원두를 로스팅하는 것이 특징이며 블렌딩한 원두로 내린 커피 맛이 좋나. 콜드브루도 추천할 만하며 다크초콜릿, 자몽블랙티 등의

음료도 인기가 많다.
- Ⓦ 에스프레소, 아메리카노(각 4천원), 라테(4천5백원), 필터커피(5천5백원~7천5백원), 아포가토(5천5백원)
- 🕐 11:00~19:30 – 월요일 휴무
- 🔍 경남 창원시 마산회원구 합성동2길 47 (합성동)
- ☎ 0507-1318-7377 Ⓟ 불가

불로식당 ✕ 한정식

마산에서 유명한 한정식집. 처음에는 백반과 생선국으로 시작하였으나 1960년대부터 해산물을 중심으로 한 한정식을 내기 시작하였다. 부담없는 가격으로 생선구이, 수육 등을 맛볼 수 있다. 70년 넘는 역사를 자랑한다.
- Ⓦ 한정식(2인 5만원, 3인 이상, 1인 2만원)
- 🕐 11:30~21:00 – 일요일 휴무
- 🔍 경남 창원시 마산합포구 남성로 137 (동성동)
- ☎ 055-246-6260 Ⓟ 가능

삼대초밥 스시

마산에서 3대째 일식집의 명맥을 이어오고 있는 곳. 초밥뿐만 아니라 전반적인 일본식 해산물 요리들을 맛볼 수 있다. 깔끔한 솜씨로 마산 일대에서 사랑을 받고 있다.
- Ⓦ 국화상(점심, 3만원), 매화상(점심, 4만원), 무궁화상(5만5천원), 특진미(7만5천원), 삼대스페셜(10만원), 초밥정식(A 7만원, B 5만원)
- 🕐 11:30~14:30/16:30~22:00 (마지막 주문 20:30) – 연중무휴
- 🔍 경남 창원시 마산합포구 합포로 11 (신포동2가) 티지 2층
- ☎ 055-246-0568 Ⓟ 가능

엘리 ALLEY 파스타

한옥 주택을 개조한 파스타 전문점. 방 구조를 살려 단체석은 예약시 룸 전체를 사용할 수 있다. 직접 만든 리코타치즈 토마토샐러드와 생면에 속을 채워 돌돌 말아 오븐에 구운 미트볼로톨로가 시그니처. 아란치니도 인기 메뉴.
- Ⓦ 통베이컨토마토파스타, 포르치니버섯크림파스타(각 1만9천원), 미트볼로톨로(2만5천원), 리코타치즈토마토샐러드(1만5천원), 아란치니(4조각 1만4천원)
- 🕐 12:00~16:00(마지막 주문 15:00)/17:00~21:00(마지막 주문 20:00) – 연중무휴
- 🔍 경남 창원시 마산합포구 산호북2길 8 (산호동)
- ☎ 010-2122-1433 Ⓟ 가능(삼영 주차장 이용, 1시간 무료)

오동동아구할매집 ✕ 아귀

마산의 대표 아귀요리 전문점 중 하나. 수입 아귀나 철 지난 아귀를 사용하지 않으며 요리에 쓰는 된장은 직접 담근다. 아귀찜에는 마른 아귀를, 나머지 요리에는 생아귀를 사용하는 것이 특징이다.
- Ⓦ 건아귀찜, 냉동생아귀찜(각 1인 2만원, 소 3만원, 중 4만3천원, 대 5만5천원), 생물아귀찜(1인 2만2천원, 소 4만원, 중 6만원, 대 8만원), 아귀수육(소 4만5천원, 중 6만5천원, 대 8만5천원), 섞어찜(소 3만3천원, 중 4만6천원, 대 5만8천원)
- 🕐 10:00~22:00(마지막 주문 21:00) – 연중무휴
- 🔍 경남 창원시 마산합포구 아구찜길 13 (동성동)
- ☎ 055-246-3075 Ⓟ 가능

오동동진짜초가집 ✕ 아귀

전분이 전혀 들어가지 않은 국물과 양념에 된장을 사용하는 것이 다른 집과 차별화되는 점이다. 아귀도 냉동했던 것을 쓰지 않고 말린 것을 쓴다. 아귀찜을 제일 먼저 시작한 것으로 알려져 있다. 60여 년의 역사를 자랑한다.
- Ⓦ 아귀찜, 미더덕찜(각 소 2만원, 중 2만5천원, 대 3만원, 특 4만원), 아귀수육(중 3만원, 대 4만원), 아귀탕(7천원)
- 🕐 09:30~21:00(마지막 주문 20:30) – 둘째, 넷째주 화요일 휴무
- 🔍 경남 창원시 마산합포구 오동남3길 8-2 (오동동)
- ☎ 055-246-0427 Ⓟ 가능(아귀찜 거리 공용 주차장 이용, 업체에서 주차증 발급 필요)

창동복희집 분식 | 어묵 | 떡볶이

떡볶이가 유명한 분식집으로, 너무 맵지 않고 자극적이지 않은 양념의 떡볶이를 맛볼 수 있다. 바삭한 오징어 튀김도 곁들여 먹으면 좋다 매장에서 직접 쑤는 팥을 듬뿍 올려주는 팥빙수로 마무리할 것을 추천한다.
- Ⓦ 떡볶이(4천5백원), 오징어튀김(4천5백원), 어묵2개(2천원), 냄비우동(6천5백원), 냄비라면(4천5백원), 김밥2줄(6천원), 팥빙수(7천원), 단팥죽(7천원)
- 🕐 11:30~20:00(마지막 주문 19:30) – 월요일 휴무
- 🔍 경남 창원시 마산합포구 동서북14길 21-1 (창동)
- ☎ 055-244-1157 Ⓟ 가능(공영주차장 이용, 1시간 지원)

창동복희집

코아양과 Core Bakery 베이커리

마산에서 유명한 오래된 빵집이다. 옛날식 빵부터 트렌디한 종류까지 다양하며 커피도 판매한다. 밀크셰이크도 인기가 많다. 빵을 먹고 갈 수 있는 자리도 갖추고 있다.

- ⓦ 순우유생크림스틱(4천원), 스위트마늘빵(5천9백원), 나가사키꿀카스텔라(8천5백원), 대파소금빵(3천2백원), 아이스아메리카노(3천5백원), 밀크셰이크(5천5백원)
- 🕐 10:00~23:00 – 일, 월요일 휴무
- 🔍 경남 창원시 마산합포구 불종거리로 28 (동성동)
- ☎ 055-243-1331 Ⓟ 불가

화성갈비 ✖ 돼지갈비

50여 년 전통의 갈빗집. 1등급 국내산 고기만을 고집하며 소갈비, 돼지갈비를 모두 맛볼 수 있다. 가격대비 만족도도 높은 편이다.

- ⓦ 한우갈비(250g 3만원), 한우불고기(150g 2만원), 돼지갈비(220g 1만3천원), 갈비탕(2만2천원), 냉면(1만원)
- 🕐 12:00~16:00/17:00~21:00 – 월, 화요일 휴무
- 🔍 경남 창원시 마산합포구 오동서7길 36 (중성동)
- ☎ 055-246-9194 Ⓟ 가능

경상남도 창원시 (진해)

고려갈비 삼겹살 | 돼지갈비

진해에서 유명한 갈빗집. 갈비가 유명하지만 장작구이도 많이 찾는 메뉴다. 양념게장과 채소 등의 밑반찬이 나오고 식사로 된장찌개를 시키면 밥 반찬이 따로 나온다.

- ⓦ 소갈비, 소양념갈비(각 150g 1만9천원), 돼지갈비(200g 9천원), 생삼겹, 장작구이(각 120g 9천원), 갈비탕(1만원), 냉면(6천원), 된장+밥(3천원)
- 🕐 17:00~22:00(마지막 주문 21:00) – 격주 월요일 휴무
- 🔍 경남 창원시 진해구 중원로80번길 6 (송학동)
- ☎ 055-546-3631 Ⓟ 불가

곱돌이 곱창전골 | 양곱창

50여 년 전통에 2대째 가업을 이어온 곱창전골 전문점. 푸짐하면서 맛도 좋아 인기가 있는 집이다. 전골은 곱창, 양, 내장 불고기 등 들어가는 재료에 따라 가격이 달라진다.

- ⓦ 곱창전골(2인 4만5천원), 양곱창전골(2인 3만7천원), 모둠전골(2인 3만7천8백원), 불고기전골(2인 3만2천원), 모둠철판(2인 3만9천9백원), 곱창철판(2인 4만8천원), 내장뚝배기, 불고기뚝배기(각 9천9백원)
- 🕐 17:00~22:00(마지막 주문 21:20) – 화요일 휴무
- 🔍 경남 창원시 진해구 중원서로 58 (대천동)
- ☎ 055-547-9792 Ⓟ 가능

김해횟집 ✖ 도다리쑥국 | 생선회

신선한 자연산 회와 해산물을 먹을 수 있는 곳. 도다리와 볼락이 추천메뉴다. 곁들여 나오는 채소는 직접 밭에서 재배한 것을 사용한다. 봄에는 바지락쑥국과 도다리쑥국도 맛볼 수 있다. 분위기는 허름하지만 수많은 연예인과 정치인이 다녀간 곳으로도 이름 높다.

- ⓦ 모둠회(소 6만원, 중 8만원, 대 10만원), 대구탕, 장어탕(각 2만5천원), 회덮밥(2만원)
- 🕐 11:00~14:00/16:30~20:00(마지막 주문 18:30) – 월요일 휴무
- 🔍 경남 창원시 진해구 용원동로 213-1 (용원동)
- ☎ 055-552-2123 Ⓟ 가능

도선장횟집 ✖ 졸복

50년 전통의 노포 횟집이다. 자연산 모둠 회를 맛볼 수 있으며 겨울에는 졸복탕도 맛볼 수 있다. 회덮밥과 물회를 주문하면 매운탕이 같이 나온다. 단호박찜, 가지나물, 콩나물무침 등 밑반찬도 정갈하다.

- ⓦ 스페셜모둠회(2인 7만원 3인 10만원 4인 12만원), 물회(일반 2만원, 특 2만5천원), 회덮밥(1만8천원), 우럭매운탕, 삼식이매운탕(각 2만원)
- 🕐 11:00~21:00(마지막 주문 20:00) – 비정기적, 명절 휴무
- 🔍 경남 창원시 진해구 용원동로 225 (용원동)
- ☎ 055-552-2244 Ⓟ 가능

미진과자점 MIJIN 베이커리

50여 년의 전통을 지닌 빵집. 진해 특산품인 벚꽃빵을 개발한 곳으로 알려져 있으며, 은은한 벚꽃 향을 내는 것이 특징이다. 벚꽃꿀을 넣어 만든 마들렌, 벚꽃롤, 벚꽃치즈타르트 등도 대표 메뉴다.

- ⓦ 벚꽃빵(10개 1만4천원, 20개 2만8천원), 벚꽃롤(1만원), 허니마들렌(1만3천원), 벚꽃크림치즈타르트(2천8백원), 피너츠빵(1천9백원), 슈크림빵(2천원)
- 🕐 07:00~22:00 – 연중무휴
- 🔍 경남 창원시 진해구 충장로130번길 4 (충무동)
- ☎ 055-545-3133 Ⓟ 불가

스위트랩 ✖ sweet lab 디저트전문점

생크림롤케이크나 카스텔라 등 고급 재료를 사용한 일본식 빵을 맛볼 수 있는 곳. 서울의 레골두스와 나카무라 아카데미 출신 셰프의 솜씨를 볼 수 있다. 음료를 시키면 쿠키가 서비스로 나온다.

- ⓦ 시로모찌(6천8백원), 후레쉬롤케이크(5천5백원), 우유카스텔라(6천원), 마늘바게트(6천원), 코코넛쿠키(4천원), 아메리카노(4천5백원)
- 🕐 10:00~23:00 – 연중무휴

Q 경남 창원시 진해구 속천로 73-1 (대죽동)
☎ 055-547-8588 Ⓟ 불가

신생원 ✖ 新生園 일반중식

매운 사천짜장이 유명한 중식당. 매장 내부는 고풍스러운 느낌으로 인테리어 했다. 볶음밥과 짬뽕도 많이 찾는 편이다. 탕수육은 다른 음식과 함께 먹기에 항상 인기 있는 메뉴다. 밑반찬은 간단하게 김치와 단무지, 생양파, 춘장이 나온다.

Ⓦ 짜장면(6천원), 삼선간짜장, 삼선짬뽕, 새우볶음밥, 야키우동(각 1만원), 깐풍기, 라조기(각 2만7천원), 탕수육(소 2만2천원 대 2만5천원)
Ⓒ 09:00~15:00/17:00~21:00 – 연중무휴
Q 경남 창원시 진해구 중원로 83 (송학동)
☎ 055-545-1452 Ⓟ 가능

오든 ODN 카페 | 양식

레스토랑과 함께 운영하는 3층 대형 카페. 2층은 식사 공간으로, 3층은 카페로 이용된다. 봉골레오일파스타와 트러플크림뇨키가 인기 있다. 베이커리도 다양하게 준비되어 있다.

Ⓦ 바지락&냉이나물봄리조토(1만7천원), 미더덕&냉이나물봄제철파스타(1만7천원), 오든플레이트(3만1천원), 전복리조토(1만9천원), 루콜라피자(1만6천원), 아메리카노(4천4백원), 오든바닐라빈라테(6천5백원), 오든슈페너(6천5백원)
Ⓒ 카페 10:00~21:20(마지막 주문 20:50) | 식당 10:30~14:20/17:00~20:20 – 연중무휴
Q 경남 창원시 진해구 신항4로 42-27 (용원동) 오든빌딩 1-3층
☎ 0507-1384-7170 Ⓟ 가능

진해제과 ✖ 베이커리

진해에서 가장 오래된 제과점. 진해특산품인 벚꽃을 사용한 벚꽃빵이 특히 인기다. 벚꽃 모양의 빵 속에는 벚꽃 앙금이 들어 있다. 70여 년의 역사를 자랑한다.

Ⓦ 벚꽃빵(10개 1만6천원, 20개 3만원), 레몬빵(2천6백원), 벚꽃허니마들렌(2천5백원), 벚꽃크림치즈케이크(3천5백원)
Ⓒ 08:30~22:30 – 연중무휴
Q 경남 창원시 진해구 중원로 45 (광화동)
☎ 055-546-3131 Ⓟ 불가

촌돼지보쌈 ✖ 보쌈

보쌈의 고기 질이 뛰어나고 삶는 솜씨가 좋다. 돼지고기를 큼직하게 썰어 넣은 김치찌개로도 유명한데 청양고추가 듬뿍 들어가 알싸한 맛이 나는 것이 특징이다.

Ⓦ 보쌈(소 3만5천원, 중 4만원, 대 4만5천원), 김치찌개(9천원)
Ⓒ 11:30~13:30/17:30~21:00 – 토, 일요일, 공휴일 휴무
Q 경남 창원시 진해구 충무로 50-2 (수송동)
☎ 055-542-4257 Ⓟ 불가

푸름각 일반중식

진해에서 유명한 중국집 중 하나. 면 요리가 특히 괜찮다는 평을 받는다. 짜장면이 인기 메뉴며 히딩크쟁반짬뽕이라는 쟁반짬뽕이 매콤하면서도 맛있다.

Ⓦ 짜장면(6천원), 짬뽕(8천원), 쟁반짜장, 히딩크쟁반짬뽕(각 2인 1만7천원 3인 2만5천5백원), 볶음밥(8천원), 돼지고기탕수육(소 1만9천원, 중 2만5천원, 대 3만2천원), 깐풍기(소 2만9천원, 3만9천원)
Ⓒ 11:00~15:00/17:00~20:30 | 일요일 11:00~ 16:00 – 월요일 휴무
Q 경남 창원시 진해구 백구로 58-1 (평안동)
☎ 055-546-5557 Ⓟ 가능

경상남도 통영시

강변실비 ✖ 한식주점 | 해물

통영에 있는 수많은 다찌집 중에서도 알짜배기 맛집. 철에 따라 나오는 메뉴는 다르지만, 싱싱하고 양도 푸짐하다. 생선구이, 생선회, 조림, 게, 조개, 각종 해물이 특히 많이 나오며 편안한 분위기에서 즐길 수 있는 곳이다.

Ⓦ 기본(4만원)
Ⓒ 18:00~24:00 – 첫째 주 일요일 휴무
Q 경남 통영시 항남1길 19 (항남동)
☎ 055-641-3225 Ⓟ 불가

거구장 소갈비

한우갈비구이를 전문으로 하는 곳으로, 여러 쌈 종류와 전, 샐러드, 연근무침 등을 밑반찬으로 놓아준다. 고기도 직접 손질하며, 눈앞에서 직접 구워주는 고기를 맛볼 수 있다. 양념갈비는 물론 생갈비도 있으며, 생등심도 추천 메뉴.

ⓦ 안창(100g 4만3천원), 생갈비(150g 3만6천원), 생등심(100g 3만6천원), 양념갈비(200g 3만3천원), 육회(200g 3만5천원), 불고기(120g 3만6천원), 갈비탕(1만7천원), 냉면(9천원)
Ⓣ 11:30~21:00 – 첫째 주 일요일 휴무
Ⓠ 경남 통영시 동충2길 22-3 (항남동)
☎ 055-645-0029 Ⓟ 불가

거북선꿀빵 베이커리

통영의 명물인 꿀빵을 전문으로 한다. 유자, 블루베리, 초콜릿 등을 반죽에 넣어 전통적인 꿀빵과 차별화하였다. 아몬드 가루를 사용하여 좀 더 고급스러운 맛이 나는 것이 특징. 소도 팥, 치즈, 고구마, 호두 등 다양하다.
ⓦ 거북선꿀빵(6개 7천2백원, 10개 1만2천원), 유자빵(4개 1만원, 6개 1만5천원), 초콜릿케이크(1만2천원), 거북선빵(1만원)
Ⓣ 08:00~20:00 – 연중무휴
Ⓠ 경남 통영시 통영해안로 351 (동호동)
☎ 055-649-9490 Ⓟ 불가

굴향토집 굴

찜, 전, 국, 솥밥, 정식에 굴라면까지 다양한 굴요리가 있는 곳. 굴이 제철일 때는 짜지 않고 시원한 굴젓을 맛볼 수 있다. 어느 요리에서든 굴 특유의 향기와 시원한 맛을 느낄 수 있다. 굴찜은 매콤함과 깔끔한 맛이 일품이다.
ⓦ 향토코스(2만6천원), 굴코스(A 2만1천원, B 1만4천원), 굴찜(소 2만원, 중 2만5천원, 대 3만원), 굴회(1만3천원), 굴튀김(1만5천원), 굴무침(2만4천원), 굴보쌈(4만원)
Ⓣ 10:00~22:00 – 연중무휴
Ⓠ 경남 통영시 무전5길 37-41 (무전동)
☎ 055-645-4808 Ⓟ 가능

남옥식당 졸복 | 복

복전문점으로, 복요리를 시키면 밑반찬과 굴, 제철 생선회 등이 서비스로 나온다. 조기를 넣어 담근 조기김치가 특이하다. 50여 년의 역사를 자랑하는 오래된 곳이다.
ⓦ 졸복지리(1만4천원), 참복지리(1만6천원), 참복매운탕(1만6천원), 황복매운탕(1만5천원), 복수육(소 5만원, 중 6만원, 대 8만원), 해물탕(소 4만원, 중 5만원, 대 6만원, 특대 8만원), 아귀찜(소 4만원, 중 5만원, 대 6만원)
Ⓣ 06:00~18:00 – 비정기적 휴무
Ⓠ 경남 통영시 통영해안로 221 (서호동)
☎ 055-643-2551 Ⓟ 가능

대추나무 해물

작은 식당 분위기의 술집으로, 온갖 해산물이 푸짐하게 나오는 안주로 유명하다. 안주를 주문하면 각종 나물과 야채, 게다리찜, 갈치포찜, 회무침, 생선구이, 생선회와 각종 해물, 조개탕, 매운탕 등이 나온다. 안주는 계속 리필을 할 수 있

으며 먼 곳에서 찾아오는 사람들도 많다.
ⓦ 기본메뉴(2인 8만원)
Ⓣ 18:00~24:00) 월요일 17:00~24:00 – 비정기적 휴무
Ⓠ 경남 통영시 항남1길 15-7 (항남동) 미성실비
☎ 055-641-3877 Ⓟ 불가

도남식당 해물탕

해물된장뚝배기가 유명한 집. 미더덕, 참소라 등의 해물이 구수한 된장에 풀어져 나온다. 매일 새벽 충무어시장에서 사오는 싱싱한 해산물이 맛의 비결이다.
ⓦ 갈치조림(1만5천원) 갈치조림정식(2만원), 해물된장정식, 굴밥정식, 멍게정식(각 2인 이상, 1인 2만원), 굴국밥, 회덮밥, 굴밥, 물회(각 1만5천원), 해물된장, 멍게비빔밥(각 1만2천원), 뭉티삼합(4만원), 연평도꽃게장정식(2만8천원)
Ⓣ 10:00~15:00/16:00~21:00(마지막 주문 19:30) – 월요일 휴무
Ⓠ 경남 통영시 도남로 272 (도남동)
☎ 055-643-5888 Ⓟ 가능

동광식당 졸복 | 도다리쑥국

50년이 넘는 역사를 자랑하는 졸복국집. 청정해역인 통영 인근에서 잡힌 생졸복만을 쓰며 다른 육수를 섞지 않고 순수하게 복 자체에서 우러나온 육수를 사용하여 깊은 맛을 느낄 수 있다. 겨울에는 물메기탕, 봄에는 도다리쑥국 등 통영의 별미를 맛볼 수 있다.
ⓦ 졸복국(1만3천원), 황복국(1만7천원), 까치복국(2만원), 참복국(2만3천원), 성게비빔밥, 물회, 회비빔밥, 도다리쑥국, 회비빔밥(각 1만7천원), 복수육(5만원), 볼락매운탕(1만6천원), 전복물회, 한치물회(각 2만2천원), 전복버터구이(3만5천원), 멍게비빔밥(1만5천원), 물메기탕(2만원)
Ⓣ 07:30~15:00/16:00~20:30(마지막 주문 20:00) – 연중무휴
Ⓠ 경남 통영시 통영해안로 343-1 (중앙동)
☎ 055-644-1112 Ⓟ 불가(중앙전통시장 공영 주차장 이용, 3시간 이내 50% 지원)

뚱보할매김밥집 김밥

70년이 넘는 역사를 자랑하는 집으로, 충무김밥을 처음 개발한 것으로 알려져 있다. 뱃사람을 상대로 김밥을 팔던 어두리 할머니가 잘 상하지 않는 김밥을 고민한 끝에 찾은 매콤달콤한 오징어무침과 무김치의 조합이 큰 인기를 끌었다. 지금은 어두리 할머니의 자손들이 운영하고 있다.
ⓦ 충무김밥(6천원)
Ⓣ 06:00~22:00 – 연중무휴
Ⓠ 경남 통영시 통영해안로 325 (중앙동)
☎ 055-645-2619 Ⓟ 가능

동보할매김밥집

만성복집 졸복

졸복국으로 유명한 집으로, 50년의 역사를 자랑한다. 미나리와 실한 복을 넣고 시원하게 끓인 복국 맛이 일품이다. 복국만 시켜도 멸치회무침, 멍게무침 등 밑반찬이 푸짐하게 깔린다. 주말, 공휴일에는 복국만 주문할 수 있다. 현지인이 많이 찾는 곳이다.

- Ⓦ 졸복국(1만3천원), 참복국(1만7천원), 졸복매운탕(1만6천원), 참복매운탕(2만원)
- Ⓛ 05:30~17:00 – 연중무휴
- Ⓠ 경남 통영시 새터길 12–13 (서호동)
- ☎ 055–645–2140 Ⓟ 불가

명촌식당 ✕ 생선구이

생선구이가 맛있기로 소문난 곳. 메뉴는 생선구이 하나뿐이며, 주문하면 인원수에 맞게 나온다. 철에 맞게 다양한 생선을 맛볼 수 있는데, 직화로 구운 뒤 고춧가루를 푼 간장 양념과 파를 뿌려 내오는 것이 특징이다.

- Ⓦ 생선구이(1만1천원)
- Ⓛ 11:30~14:00/17:00~21:00 – 연중무휴
- Ⓠ 경남 통영시 통영해안로 237 (항남동)
- ☎ 055–641–2280 Ⓟ 불가

벅수다찌 해물 | 해물포차

통영에서 주로 경험할 수 있는 다찌 전문점. 신선한 제철 해산물, 회, 구이 등이 한 상 가득 차려진다. 먹다 보면 튀김과 조림도 내어주며, 식사의 마무리로 매운탕도 맛볼 수 있다. 점심에는 나물비빔밥, 멍게비빔밥, 회덮밥 등 식사도 가능하다.

- Ⓦ 다찌(5만원), 통영전통나물비빔밥(2인 이상, 1만8천원), 멍게비빔밥(1만8천원), 물회, 회덮밥(각 1만8천원)
- Ⓛ 11:00~14:00/16:00~22:00(마지막 주문 20:30) – 연중무휴
- Ⓠ 경남 통영시 동충2길 41–5 (항남동)
- ☎ 055–641–4684 Ⓟ 불가

부일식당 ✕✕✕ 졸복

통영산 졸복만을 사용하는 복국이 유명하다. 졸복과 복매운탕, 복수육 등을 맛볼 수 있다. 반찬으로 회를 비롯한 여러 가지 해산물이 나온다. 50여 년의 역사를 자랑한다.

- Ⓦ 복국(소 1만4천원, 대 1만6천원), 복매운탕(1만6천원), 복찜(소 5만원, 대 6만원)
- Ⓛ 06:00~15:30 – 월요일 휴무
- Ⓠ 경남 통영시 서호시장길 45 (서호동)
- ☎ 055–645–0842 Ⓟ 가능(공영주차장 이용. 1시간 무료)

산양식당 곰탕

소머리곰탕으로만 70년이 넘는 오랜 역사를 자랑한다. 소머리와 양지머리를 사용하여 끓여내는 곰탕에 부추를 넣어 먹는 맛이 좋다. 통영전통비빔밥도 인기 메뉴 중 하나다.

- Ⓦ 소머리곰탕(1만3천원, 특 1만5천원), 비빔밥(1만3천원), 수육(소 5만원, 중 6만원, 대 7만원), 수육백반(4만5천원), 가자미조림(3만5천원), 막곰탕(1만1천원), 멍게비빔밥(1만6천원), 전복곰탕(2만원)
- Ⓛ 11:00~14:30/16:30~20:30 – 명절 휴무
- Ⓠ 경남 통영시 강구안길 29 (중앙동) 해피하우스
- ☎ 055–645–2152 Ⓟ 불가(통제영주차장 이용)

삼문당 ✕ 三文堂 커피전문점

통영이 떠오르는 스페셜티 커피 로스터리 전문점. 라이트 로스팅하여 원두의 다양한 풍미를 표현한다. 1층은 로스팅룸, 2층은 카페이며 기존의 표구사 자리에 카페를 오픈하여 멋스러움이 있다.

- Ⓦ 삼문당에스프레소, 아메리카노(각 4천원), 삼문당라테, 카푸치노(각 5천원), 싱글오리진에스프레소(6천원)
- Ⓛ 11:00~19:00(마지막 주문 18:30) | 일요일 11:00~18:00(마지막 주문 17:30) – 월요일 휴무
- Ⓠ 경남 통영시 중앙로 168 (태평동)
- ☎ 055–645–9092 Ⓟ 불가

수향 ✕ 水鄕 일식 | 스시

일식집 스타일에 지역 특색이 가미된 곳이다. 풀코스를 주문하면 해삼초무침, 굴조림 등의 전채요리와 생선회, 개불, 멍게, 갯가재, 해삼, 전복 등 싱싱한 해산물이 나온다. 이 외에도 열기구이, 튀김, 초밥, 매운탕 등이 차례로 나온다. 가격대비 양이 많은 편.

- Ⓦ 점심특선(3만원~4만원), 저녁풀코스(6만원~10만원)
- Ⓛ 12:00~15:00/17:00~21:00 – 셋째 주 일요일, 명절 휴무
- Ⓠ 경남 통영시 항남3길 29 (항남동)
- ☎ 055–645–3052 Ⓟ 가능

심가네해물짬뽕 짬뽕전문점

해물짬뽕으로 유명한 집. 짬뽕의 맵기를 단계별로 선택할 수 있으며, 한우 사골 육수를 사용해 국물맛이 진하고 깊다. 전복, 새우 등 각종 해물이 푸짐하게 들어간 해물특짬뽕도 먹어볼 만하다. 주문과 동시에 음식을 만들며, 웨이팅이 있는 편이지만 회전율은 좋다.

- ⓦ 해물짬뽕(1만원), 해물특짬뽕(2인 3만2원), 하얀짬뽕(1만원), 해물접시짜장(9천원), 등심탕수육(소 2만원, 대 3원)
- ⏱ 10:00~20:00 – 연중무휴
- 🔍 경남 통영시 새터길 74-4 (서호동)
- ☎ 055-649-8215 ⓟ 불가

야소주반 冶所酒盤 한정식

해물을 주제로 한 코스 요리를 먹을 수 있는 곳. 셰프의 테이블 한 가지밖에 없으며, 매일 새벽 시장에서 가져온 해물을 활용해 완성도 높은 요리를 선보인다. 100% 예약제로만 운영하고 있으니 방문하기 전 참고할 것. 직접 운영하는 양조장에서 천연탄산막걸리와 약주도 생산하고 있다.

- ⓦ 셰프의테이블(2인 이상, 1인 12만원)
- ⏱ 11:30~14:00 | 17:30~21:00(마지막 주문 20:30) – 월, 화요일 휴무
- 🔍 경남 통영시 산양읍 금평길 42-23
- ☎ 0507-1343-8680 ⓟ 가능

영빈관 굴밥 | 굴 | 멸치

굴정식, 굴밥, 굴전, 굴국밥 등 굴요리를 전문으로 하는 곳. 굴 외에도 멍게, 해물뚝배기, 멸치회무침 등을 맛볼 수 있다. 정식으로 주문하면 멸치회무침, 굴전, 생선구이까지 나온다.

- ⓦ 굴정식, 멍게정식, 해물정식(각 2인 이상, 1인 2만원), 멸치회덮밥(1만5천원), 굴회, 굴회무침, 멸치회무침(각 2만원)
- ⏱ 08:00~20:00 – 화요일 휴무
- 🔍 경남 통영시 도남로 274 (도남동)
- ☎ 055-646-8028 ⓟ 가능

옛날충무꼬지김밥 ✂ 김밥

1970년대까지 여러 종류 반찬을 꼬치에 끼워 내던 전통 충무꼬치김밥을 재현하고 있는 곳이다. 어묵, 오징어, 갑오징어, 주꾸미, 홍합 등 다섯 가지의 삶은 재료들을 한 꼬치에 한 종류씩 끼워 냉장 보관했다가 손님이 오면 양념을 발라 낸다. 양념이 진하지 않아 해산물 맛과 향이 살아 있다. 김밥을 시키면 섞박지와 시락국이 같이 나온다.

- ⓦ 충무꼬치김밥(6천원)
- ⏱ 09:00~21:00 – 월요일 휴무
- 🔍 경남 통영시 새터길 53 (서호동)
- ☎ 055-641-8266 ⓟ 불가

오늘도바다해 솥밥 | 퓨전한식

신선한 해산물을 담은 풍성한 솥밥을 선보인다. 싱싱한 통영산 가리비를 비법 양념장에 비벼 넣은 가리비비빔솥밥, 탱글한 새우를 맛볼 수 있는 양념새우솥밥, 톳을 넣어 톡톡 터지는 식감을 더한 톳명란파스타가 대표 메뉴다. 메뉴는 계절에 따라 변동 될 수 있다.

- ⓦ 가리비비빔솥밥(1만8천원), 톳명란파스타(1만9천원), 양념새우장솥밥(1만7천원), 굴안초비솥밥(2만원), 채끝등심솥밥(2만3천원), 돌문어홍합솥밥(1만8천원), 감태주먹밥(7천원), 해우크로켓(9천원)
- ⏱ 11:00~15:00(마지막 주문 14:30) | 토, 일요일 11:00~14:30/17:00~19:30(마지막 주문 19:00) – 수요일 휴무
- 🔍 경남 통영시 항남1길 37 (항남동)
- ☎ 055-646-0666 ⓟ 불가

오미사꿀빵 팥빵

통영의 명물 꿀빵의 원조집. 도넛처럼 노랗고 폭신한 빵 반죽으로 팥고물을 얇게 감싸 튀긴 다음 시럽을 뿌리고 깨를 묻힌다. 달콤한 팥고물과 구수한 빵이 잘 어울린다. 꿀빵이 떨어지면 가게 문을 닫기 때문에 가기 전에 전화로 확인해 보는 것이 좋다.

- ⓦ 팥꿀빵(10개 1만원)
- ⏱ 08:30~빵 소진 시 – 비정기적 휴무
- 🔍 경남 통영시 충렬로 14-18 (항남동)
- ☎ 055-645-3230 ⓟ 가능

오월 ✂ O'Wall 이탈리아식

프랑스에서 유학한 김현정 셰프가 약간의 프랑스 요리 기법을 가미하여 오픈한 이탈리안 레스토랑. 매일 아침 서호시장에서 가져온 통영의 제철 해산물로 만든 전채 요리와 생선 요리가 돋보인다. 가정집을 개조하여 아늑한 느낌이며, 예약은 필수다.

- ⓦ 코스요리(4만원~7만원)
- ⏱ 12:00~16:00/17:00~22:00(마지막 주문 20:30) – 비정기적

오월

휴무
경남 통영시 데메3길 64-12 (도남동) 2층
☎ 010-3005-441 ⓟ 불가(골목 주차)

울산다찌 한식주점

통영의 대표적인 다찌집 중 하나다. 술만 시키면 안주가 푸짐하게 딸려 나온다. 전어회, 쥐치회, 멸치회 등 각종 생선회에 바다달팽이, 굴, 문어, 바닷가재, 게다리, 미역, 조갯살 등 각종 안주가 제공된다. 예약손님을 우선적으로 받고 있기 때문에 미리 전화하는 것이 좋다. 이용시간이 2시간으로 한정되어 있으며, 주말의 경우 웨이팅은 필수다.

ⓦ 기본상(9만원), 큰상(A 16만원, B 12만원), 생선구이(3만원), 달걀말이(1만3천원), 회덮밥, 물회(각 2만원), 성게비빔밥(2만원)
ⓗ 12:00~22:00 - 연중무휴
경남 통영시 미수해안로 157 (봉평동)
☎ 055-645-1350 ⓟ 가능(매장 앞 4대)

원조3대충무할매김밥 김밥

60여 년 전통의, 3대째 내려오는 충무김밥 집. 인근의 다른 충무김밥 집에 뒤지지 않는 맛이다. 오징어와 어묵을 섞어 무친 것과 무김치를 김밥에 곁들어 먹는다. 시래깃국은 따로 요청해야 한다.

ⓦ 충무김밥(6천원)
ⓗ 05:30~21:30 - 연중무휴
경남 통영시 통영해안로 327 (중앙동)
☎ 055-645-9977 ⓟ 불가

원조밀물식당 도다리쑥국 | 물메기 | 멍게비빔밥

멍게비빔밥으로 유명한 집. 잘 익힌 멍게젓갈에 김과 깨소금, 참기름을 넣어 비벼 먹는 맛이 일품이다. 멍게 특유의 향을 잘 즐길 수 있다. 봄에 먹을 수 있는 도다리쑥국과 겨울의 물메기탕도 별미다. 밑반찬으로 다양한 해산물이 푸짐하게 나온다.

ⓦ 멍게비빔밥, 굴국밥, 생선구이, 돼지두루치기백반(각 1만2천원), 생선매운탕, 장어탕(1만3천원), 봄도다리쑥국, 물메기탕(각 2만원), 멍게전골(소 3만원, 대 4만원), 갈치조림 (2인 이상, 1인 1만 5천원), 돼지두루치기(소 2만5천원, 대 3만5천원)
ⓗ 08:00~21:00 - 연중무휴
경남 통영시 중앙시장1길 8-42 (중앙동)
☎ 055-643-2777 ⓟ 가능

원조시락국 시락국

시래깃국 하나만으로 유명해진 곳. 시락국은 시래깃국의 통영 사투리다. 장어 머리를 푹 곤 국물에 무청과 된장을 넣어 끓인 국물 맛이 좋다. 끓는 국물에 산초와 유사한 제피가루와 김가루, 청양고추, 부추무침을 입맛대로 넣어 먹는다.

ⓦ 시락국밥(7천원)
ⓗ 04:30~18:00 - 명절 휴무
경남 통영시 새터길 12-10 (서호동)
☎ 055-646-5973 ⓟ 가능

터미널회식당 도다리쑥국 | 생선회 | 대구탕

봄철에 맛볼 수 있는 통영의 토속 음식인 도다리쑥국의 맛이 좋다. 가격대도 낮은 편이며 자연산 도다리와 야생 쑥을 사용하는 것이 맛의 비결이다. 멍게무침, 멸치회 등의 밑반찬이 맛깔스럽다. 겨울에만 판매하는 대구탕도 별미.

ⓦ 회정식(2인 이상, 1인 2만5천원), 도다리쑥국(2만원), 물회(1만5천원), 대구탕(시가), 생선회(소 6만원, 중 7만원, 대 8만원)
ⓗ 09:00~22:00 - 명절 휴무
경남 통영시 동충4길 7 (항남동)
☎ 055-641-0711 ⓟ 불가

토담실비 한식주점

술을 시키면 기본으로 안주가 나오는 다찌집이다. 술을 한 병씩 추가할 때마다 안주가 추가되는 방식으로, 멸치회무침, 주꾸미, 석화, 미더덕회, 잡어회 등이 나온다.

ⓦ 기본(4인 이상, 1인 3만원) 특(1인 4만원)
ⓗ 17:00~24:00 - 연중무휴
경남 통영시 무전8길 14-12 (무전동) 주영에이스빌 3차 상가 1층
☎ 055-646-1617 ⓟ 불가

통영해물가 해물 | 굴

굴요리를 전문으로 하는 통영 해물 전문점. 굴국밥과 굴코스 요리가 대표 메뉴다. 굴코스에는 석화회, 굴무침, 굴물회, 굴전, 굴탕수육, 굴밥 등이 나온다. 멍게 비빔밥과 해물뚝배기도 추천할 만하다.

ⓦ 반반칼국수(2인 이상, 1인 2만2천원), 고기칼국수(2인 이상, 1인 1만4천9백원), 진국칼국수(2인 이상, 1인 9천9백원), 낙지해물파전, 통영굴무침(1만5천원)
ⓗ 10:00~21:00 - 수요일 휴무
경남 통영시 통영해안로 377 (동호동)
☎ 055-641-4982 ⓟ 가능

풍화김밥 김밥

전통 충무김밥의 맛을 느낄 수 있으며 시락국(시래깃국) 맛 또한 일품이다. 80여 년의 전통을 자랑하는 곳으로, 사람에 따라서는 이곳이 가장 맛있다고 평하기도 한다.

ⓦ 충무김밥(2인 이상, 1인 5천5백원)
ⓗ 04:30~19:00 - 연중무휴
경남 통영시 통영해안로 233-1 (서호동)
☎ 055-644-1990 ⓟ 불가

플레이볼인통영 펍

굴 중에서도 프리미엄 굴이라 불리는 스텔라마리스 굴을 항시 맛볼 수 있는 스포츠 펍. 통영 굴로 요리한 감바스, 통영에서 잡은 제철 생선으로 요리한 피시&칩스 등이 인기 메뉴다. 생맥주 리스트도 화려한 편. 비어 소믈리에가 있으니 추천 받아 페어링 해 즐길 것을 추천한다.

- Ⓦ 통영굴감바스(2만5천원), 돌문어샐러드(2만3천원), 통영피시&칩스(2만3천원)
- Ⓛ 18:00~24:00(마지막 주문 11:30) | 금, 토요일 18:00~23:00 – 수요일 휴무
- Ⓠ 경남 통영시 미수해안로 104 (미수동) 1층
- ☎ 0507-1486-3344 Ⓟ 가능

플레이볼인통영

한려곰장어 쥐치 | 곰장어

현지인에게 사랑받는 곳. 곰장어를 전문으로 하지만, 다른 곳에서 보기 어려운 쥐치(쥐고기)매운탕도 많이 찾는다. 곰장어수육도 독특한 메뉴. 반찬으로 나오는 호래기젓갈(꼴뚜기젓갈), 멸치젓갈 등 젓갈 맛도 일품이다.

- Ⓦ 곰장어수육, 곰장어두루치기, 곰장어소금구이(각 1만8천원), 볼락매운탕, 쥐고기매운탕(각 1만5천원), 모둠회(중 6만원, 대 8만원), 볼락구이(소 6만원, 대 7만원)
- Ⓛ 06:30~20:30 – 연중무휴
- Ⓠ 경남 통영시 정동4길 57 (정량동)
- ☎ 055-646-7633 Ⓟ 불가

한산섬식당 도다리쑥국 | 해물탕

볼락요리를 잘하기로 유명한 곳. 공깃밥과 멸치, 김치, 굴젓 등 여섯 가지 반찬이 함께 차려진다. 얼큰하고 뒷맛이 깨끗한 것이 장점. 볼락은 어획량이 적기 때문에 미리 전화해서 확인하고 가는 것이 좋다. 봄에는 통영의 대표적인 별미인 어린 쑥을 넣고 끓인 도다리쑥국이 향긋하다.

- Ⓦ 볼락매운탕, 쥐치매운탕, 쏨뱅이매운탕, 쑤기매운탕(각 1만8천원), 봄도다리쑥국, 겨울물메기탕(각 2만원), 겨울생대구탕(2만3천원), 볼락구이(소 4만원, 중 5만원, 대 6만원)
- Ⓛ 06:30~20:30 – 명절 당일 휴무
- Ⓠ 경남 통영시 정동4길 58 (정량동)
- ☎ 055-642-8330 Ⓟ 불가

한일김밥 김밥

참기름 냄새가 고소한 김밥과 매콤한 오징어, 어묵무침, 무김치가 잘 어우러진다. 가마솥에 쌀뜨물을 붓고 멸치와 조선된장, 시래기에 된장을 넣어 끓인 시락국을 서비스로 준다.

- Ⓦ 충무김밥(6천5백원)
- Ⓛ 06:00~23:00 – 연중무휴
- Ⓠ 경남 통영시 통영해안로 319 (항남동)
- ☎ 055-645-2647 Ⓟ 불가

항남뚝배기 일반한식 | 해물탕

해물뚝배기와 반찬으로 나오는 젓갈이 입맛을 돋운다. 잠수부에게서 직접 공급받는 신선한 해물이 맛의 비결이다. 계절 생선도 한 마리씩 구워서 나온다.

- Ⓦ 해물뚝배기코스(A 2만4천원, B 2만1천원), 해물뚝배기(소 2만9천원, 중 4만2천원, 대 5만3천원), 해물된장뚝배기(1만1천원), 해물찜(소 3만5천원, 대 4만5천원), 김치굴전, 굴전, 해물파전(각 1만1천원), 생멸치회무침, 생굴회무침(각 1만6천원), 가오리회무침(2만원)
- Ⓛ 09:00~21:00 – 연중무휴
- Ⓠ 경남 통영시 무전3길 32 (무전동)
- ☎ 055-643-4988 Ⓟ 가능

해원횟집 생선회

미더덕회, 굴, 문어, 멍게 등 싱싱한 해산물과 멸치회, 바지락국, 도다리매운탕 등 다양한 메뉴를 맛볼 수 있는 횟집. 양도 많고 맛이 훌륭하다. 봄철에는 자연산 도다리회를 맛볼 수 있으며 겨울에는 돔을 추천할 만하다.

- Ⓦ 모둠회(소 12만원, 중 15만원, 대 20만원, 특 25만원), 스페셜모둠(30만원), 멍게해초비빔밥(2만원), 물회(2만원, 2만5천원, 3만원)
- Ⓛ 11:00~22:00 – 명절 휴무
- Ⓠ 경남 통영시 미수해안로 125-5 (미수동) 마이웨이빌딩 2층
- ☎ 055-648-2580 Ⓟ 가능

호동식당 졸복

남해 연안에서 주로 잡히는 작은 졸복에 콩나물을 듬뿍 넣고 맑게 끓여 낸 국물이 시원하여 해장에도 좋다. 살점은 쫄깃한 맛이 일품이다. 생굴, 학꽁치회 등 계절에 맞는 해물이 반찬으로 나온다. 70여 년의 전통을 자랑한다.

- Ⓦ 복국(1만4천원, 특 2만5천원), 아귀국(1만4천원), 복매운탕, 아귀매운탕(가 1만6천원), 복수육, 아귀수육(각 7만원), 이귀찜(소

4만원, 대 6만원)
- 🕐 07:00~15:00/17:00~19:00 – 월요일 휴무
- 🔍 경남 통영시 새터길 47 (서호동)
- ☎ 055-645-3138 ⓟ 가능

경상남도 하동군

계곡산장 gyegogsanjang 대통밥 | 산채비빔밥

삼성궁 인근에 자리한 30여년 전통의 한식당. 산채비빔밥, 재첩국, 된장찌개, 대통밥 등 한식을 즐길 수 있다. 밑반찬도 집밥 스타일로 정갈하게 나온다. 대통밥과 닭백숙, 닭볶음탕은 조리가 1시간 걸리니 미리 주문하는 것을 추천.
- Ⓦ 대통밥(3인 이상, 1인 1만 4천원) 시골된장찌개, 재첩국(각 2인 이상, 1인 1만2천원), 토종닭백숙, 닭볶음탕(각 7만원), 산채비빔밥, 파전, 도토리묵(각 1만원)
- 🕐 08:00~20:00 – 연중무휴
- 🔍 경남 하동군 청암면 청학로 2548
- ☎ 055-882-7395 ⓟ 가능

도재명차 전통차전문점

자연의 맑은 품에서 차를 마실 수 있는 전통차 전문점. 지리산 자라 바위틈에서 자란 유기농 찻잎을 전통 방식으로 덖어 완성된 차를 맛볼 수 있다. 30여 년이 넘는 시간 동안 차 수확부터 가공까지 수작업으로 진행하는 곳으로, 녹차와 홍차 등 여러 대용차들을 코스로 시음할 수 있는 티세레모니를 즐길 수 있다.
- Ⓦ 티세레모니(2만원)
- 🕐 10:00~18:00 – 연중무휴
- 🔍 경남 하동군 화개면 목암길 39-2
- ☎ 0507-1467-8101 ⓟ 가능

동백식당 ✖ 참게 | 재첩 | 은어

60여 년 전통의 식당으로, 섬진강에서 나는 은어회로 일가를 이룬 집이다. 섬진강의 3대 요리라고 하는 은어, 참게, 재첩을 모두 맛볼 수 있다. 강하고, 매콤한 산초의 맛이 특색 있는 참게탕이 유명한 메뉴다. 참게가 깊게 우러나와 얼큰하고, 시원한 맛과 국물의 진한 풍미가 훌륭하다.
- Ⓦ 참게탕, 메기탕(각 2인 3만5천원, 3인 4만5천원, 4인 5만5천원), 재첩국+돌솥밥(1만2천원), 재첩회(소 3만원, 중 4만원, 대 5만원), 은어회, 은어튀김, 빙어회, 빙어튀김(각 소 3만원, 중 4만원, 대 5만원)
- 🕐 08:00~20:00 – 명절 휴무
- 🔍 경남 하동군 화개면 화개로 13
- ☎ 055-883-2439 ⓟ 가능

동정산장 닭구이 | 닭백숙

닭 숯불구이와 백숙, 옻닭 등 닭 요리를 전문으로 하는 곳. 토종닭으로 하는 영양 백숙은 갖가지 한방 재료가 첨가되어 몸에 좋고 맛도 좋다. 미리 예약하면 흑염소 숯불 구이도 맛볼 수 있다. 휴무는 비정기적으로 운영되므로 미리 전화로 확인 후 방문할 것.
- Ⓦ 닭숯불구이(1kg 6만원), 백숙(6만원), 옻닭, 닭볶음탕(각 6만5천원), 더덕구이(1만5천원), 감자전, 파전, 도토리묵(각 1만원), 흑염소숯불구이(시가)
- 🕐 09:00~22:00 – 비정기적 휴무(전화 확인)
- 🔍 경남 하동군 화개면 화개로 796
- ☎ 055-883-9886 ⓟ 가능

동흥재첩국 재첩

3대째 내려오는 전통 있는 재첩국 전문점. 맑은 섬진강에서 잡아 온 재첩을 한꺼번에 솥에 넣고 물을 적게 부어 진하게 끓이는 것이 맛의 비결이다. 부추가 듬뿍 들어간 뽀얀 재첩국 한 그릇이면 속이 시원해진다. 메기탕과 참게탕은 겨울 한정 메뉴로 10월부터 맛볼 수 있다.
- Ⓦ 재첩정식(1만2천원), 재첩전(1만원), 재첩회덮밥(1만5천원), 재첩회(소 3만5천원, 대 4만5천원)
- 🕐 08:30~19:30 – 연중무휴
- 🔍 경남 하동군 하동읍 경서대로 94
- ☎ 055-883-8333 ⓟ 가능

법향다원 전통차전문점

1200년의 녹차 역사를 지닌 하동의 시배지 차나무에서 난 찻잎으로 우린 차를 맛볼 수 있다. 발효차는 2년 넘게 발효하여 생기는 깊은 맛이 인상적이다.
- Ⓦ 죽로차(2만원), 죽로발효차(1만5천원), 시배지우전/발효차(각 1만원), 녹차(우전 9천원, 세작, 발효차 각 8천원)
- 🕐 08:30~21:00 – 비정기적 휴무
- 🔍 경남 하동군 화개면 화개로 113
- ☎ 0507-1407-2609 ⓟ 가능

벚굴식당 굴

벚굴구이를 전문으로 하는 식당으로 벚굴구이, 벚굴찜, 벚굴전 등을 맛볼 수 있다. 섬진강 하구의 강물과 남해 바닷물이 섞이는 지역에 서식하는 벚굴은 강굴이라고도 불리며 벚꽃이 피는 시기에 맛볼 수 있어 붙여진 별명이다. 벚굴은 일반 굴에 비해 5~6배 이상 크며 비리지 않고 구우면 살은 달큰하며 뽀얀 국물이 매우 고소한 별미다.
- Ⓦ 벚굴구이, 벚굴찜(각 5kg 7만원), 벚굴전(2만원), 재첩회무침(3만원), 재첩국, 벚굴죽(각 1만원)
- 🕐 08:30~21:00 – 비정기적 휴무
- 🔍 경남 하동군 고전면 재첩길 215
- ☎ 055-883-4342 ⓟ 가능

설송 참게 | 재첩 | 은어

은어회와 참게장을 즐길 수 있다. 참게장정식을 시키면 재
첩국이 서비스로 나온다. 섬진강 재첩을 사용하며 자연산
은어가 나오는 철에는 양식은 취급하지 않는다.

Ⓦ 은어회, 은어튀김(각 2인 5만원, 3인 6만원, 4인 7만원), 참게
탕(2인 4만5천원, 3인 5만5천원, 4인 6만5천원), 섬진강재첩국(1
만2천원), 다슬기국(1만4천원)
🕐 09:00∼20:00 – 연중무휴
🔍 경남 하동군 화개면 화개로 6−1
☎ 055−883−1866 Ⓟ 가능

여여식당 재첩

재첩국에 들어가는 재료는 재첩, 소금, 부추, 물이 전부지만,
뽀얗게 우러난 국물이 쌉쌀하면서도 구수한 맛을 낸다. 아
미노산, 칼슘, 타우린이 들어 있어 숙취해소에도 좋다. 삶은
재첩 알맹이를 건져 갖은 채소와 함께 초고추장에 버무린
재첩회무침도 별미다.

Ⓦ 재첩국백반(1만2천원), 재첩회덮밥(1만5천원), 재첩회무침(소
3만5천원, 대 4만5천원)
🕐 08:00∼20:00 – 명절 휴무
🔍 경남 하동군 하동읍 경서대로 92
☎ 055−884−0080 Ⓟ 가능

원조강변할매재첩식당 ✂ 참게 | 재첩

섬진강변에서 재첩국을 처음으로 시작한 원조집으로, 60년
이 넘는 전통을 자랑한다. 재첩국, 참게장, 참게탕이 유명하
다. 재첩국은 껍질을 떼어 낸 재첩 살을 푹 우려내고 부추를
넣어 먹는데 맛이 담백하다. 민물참게장과 은어회도 맛볼
수 있으며 재첩국과 참게장은 택배가 가능하다.

Ⓦ 재첩국(1만원), 재첩덮밥(1만3천원), 참게탕(소 4만원, 중 5만
원, 대 6만원), 재첩회(소 3만원 대 4만원)
🕐 08:00∼20:00 – 명절 휴무
🔍 경남 하동군 고전면 재첩길 286−1
☎ 055−882−1369 Ⓟ 가능

원조나루터재첩식당 ✂ 재첩

섬진강에서 채취한 재첩으로 만든 재첩국을 전문으로 하는
곳으로, 50여 년간 맛을 이어가고 있다. 재첩국밥, 재첩덮밥,
재첩회무침 등 다양한 재첩 요리가 있다. 창문 밖으로는 섬
진강의 경치가 바라다 보인다.

Ⓦ 재첩국(1만원), 재첩덮밥(1만3천원), 재첩회무침(소 3만원, 대
4만원), 참게탕, 메기매운탕(각 소 4만원, 중 5만원, 대 6만원)
🕐 08:30∼18:30 – 연중무휴
🔍 경남 하동군 고전면 재첩길 286
☎ 055−882−1370 Ⓟ 가능

좋은세상식당 한정식

고소한 나물향이 물씬 풍겨오는 한정식집. 좋은세상정식, 더
덕구이정식, 재첩정식, 산채정식 등의 메뉴가 준비되어 있
다. 좋은세상정식을 주문하면 더덕구이와 재첩국이 나물, 부
침개, 묵무침 등의 찬과 함께 나온다.

Ⓦ 좋은세상정식(2만2천원), 더덕구이정식(1만6천원), 재첩정식
(1만6천원), 산채정식(1만3천원), 산채비빔밥(1만원), 도토리묵(1
만원), 감자전(1만원), 파전(1만원), 메밀전병(1만원), 더덕구이(소
2만원, 대 3만원), 재첩회(소 2만원, 대 3만원)
🕐 09:00∼19:00 – 비정기적 휴무
🔍 경남 하동군 화개면 차시배지길 23
☎ 055−883−3363 Ⓟ 가능

혜성식당 ✂ 참게 | 재첩 | 은어

섬진강의 맛인 재첩과 은어, 참게 등을 맛볼 수 있다. 깻잎
이나 상추에 싸 먹는 은어회의 맛이 일품이며 새콤달콤한
재첩숙회도 꼭 먹어봐야 할 메뉴. 쌍계사 가는 길에 있어 주
변 풍광도 운치 있다.

Ⓦ 재첩모둠(2인 이상, 1인 2만원), 은어회, 은어튀김, 은어구이
(각 소 4만원, 중 5만원, 대 6만원), 참게탕, 메기탕(각 소 4만원,
중 5만5천원, 대 6만5천원)
🕐 09:00∼20:00 – 연중무휴
🔍 경남 하동군 화개면 화개로 48
☎ 055−883−2140 Ⓟ 가능

혜성식당

경상남도 **함안군**

대구식당 소고기국밥

50여 년의 역사를 자랑하는 전통의 국밥집. 부담없는 가격으로 정성이 가득 담긴 푸짐한 한우국밥을 맛볼 수 있다. 부드럽고 개운하면서 얼큰한 맛이 일품이다. 식당 내부는 오랜 세월의 흔적이 그대로 묻어나지만 청결하게 잘 관리되어 깔끔하다.

- Ⓦ 국밥, 국수, 짬뽕(각 8천원), 한우수육, 한우불고기(각 3만5천원), 돼지수육, 돼지불고기(각 2만원)
- Ⓒ 08:30~18:00 | 토, 일요일 08:30~17:00 – 세 번째 월요일 휴무
- Ⓠ 경남 함안군 함안면 북촌2길 50-27
- ☎ 055-583-4026 Ⓟ 가능

아라곰탕 곰탕 | 소고기국밥

콜라겐이 녹아든 진한 국물의 한우곰탕과 한우국밥을 선보인다. 이외에도 비빔밥, 한우족탕, 한우순대 등의 메뉴가 구비되어 있으며, 푸짐하게 내어주는 순대도 많이 찾는다. 매장도 넓어 쾌적하게 식사를 즐길 수 있다.

- Ⓦ 한우국밥(9천원), 한우곰탕(1만1천원), 비빔밥(9천원), 한우족탕(1만6천원), 모둠순대(소 1만7천원, 대 2만7천원), 한우수육(소 3만5천원, 대 4만5천원)
- Ⓒ 09:00~21:00 – 연중무휴
- Ⓠ 경남 함안군 가야읍 말산로 101
- ☎ 055-582-6466 Ⓟ 가능

투폴드 TWOFOLD 카페

저수지와 탁 트인 숲뷰를 감상할 수 있는 카페. 야외석도 마련되어 있어 풍경을 즐기며 여유롭게 커피 한잔하기 좋다. 음료 외에 베이커리나 아이스크림 등 먹을거리도 다양하다.

- Ⓦ 아메리카노(5천원), 카페라테(5천5백원), 너티카라멜(6천5백원), 투폴드비엔나(6천8백원), 필터커피(변동), 소금빵(3천8백원), 애플파이(3천5백원), 크루아상(4천원), 아이스크림(5천원), 크로플(1만3천원)
- Ⓒ 11:00~20:00(마지막 주문 19:30) – 월요일 휴무
- Ⓠ 경남 함안군 칠서면 삼칠로 1150-1
- ☎ 0507-1356-0685 Ⓟ 가능

경상남도 **함양군**

갑을식당 버섯전골 | 소고기구이 | 곱창전골

함양 읍내에서 인기 있는 식당. 소고기버섯전골과 곱창전골이 인기며, 반반 전골로 주문도 가능하다. 가격도 합리적이며, 음식 맛에 대한 평도 좋다.

- Ⓦ 소고기버섯전골(1만2천원), 곱창전골(1만2천원), 소고기소금구이(140g 2만8천원), 양념소불고기(160g 1만5천원), 차돌곱창(차돌 120g 곱창 200g 1만7천원)
- Ⓒ 11:00~15:00/17:00~21:00(마지막 주문 20:00) – 두 번째, 네 번째 화요일 휴무
- Ⓠ 경남 함양군 함양읍 함양로 1104-1
- ☎ 055-962-3510 Ⓟ 불가

대성식당 ✖ 大成食堂 소고기국밥

함양에서 가장 오래된 소고기국밥집으로, 70년 넘는 내력을 자랑한다. 한우사태와 양지로 국물을 낸 후 재료를 넣고 얼큰하게 끓이는 것이 특징. 육개장처럼 토란대가 듬뿍 들어가 있지만, 경상도식 소고깃국에 가까운 맛이다. 반찬도 푸짐하게 깔린다. 준비된 재료가 다 떨어지면 오후 2~3시쯤에도 문을 닫는다.

- Ⓦ 따로소고기국밥(1만3천원), 소고기수육(소 5만원, 대 6만원)
- Ⓒ 11:00~15:00/17:00~19:00 | 토요일 11:00~15:00/17:00~18:00 – 일요일 휴무
- Ⓠ 경남 함양군 함양읍 용평6길 4
- ☎ 055-964-5400 Ⓟ 불가

병곡식당 ✖ 순댓국 | 순대

3대째 내려오는 60여 년 전통의 피순대 맛집. 함양 흑돼지의 대창과 소창에 돼지피와 채소를 넣은 피순대 맛이 좋다. 구수하게 끓인 순댓국 맛도 일품.

- Ⓦ 순대국밥, 내장국밥, 머리국밥(각 9천원), 모둠순대, 피순대(각 소 1만5천원, 중 2만5천원, 대 3만5천원)
- Ⓒ 07:00~20:00 – 연중무휴
- Ⓠ 경남 함양군 함양읍 중앙시장길 2-29
- ☎ 055-964-2236 Ⓟ 불가(시장 주차장 이용)

안의원조갈비집 ✄ 갈비탕 | 소갈비찜

50년 넘는 전통의 갈빗집이다. 갈비가 푸짐하게 나오고 맛이 좋다. 갈비탕은 담백하여 예스러운 맛을 느낄 수 있으며, 지은 지 오래된 한옥 방이 운치 있다.

- ₩ 갈비찜(소 6만5천원, 대 8만5천원), 갈비탕(1만6천원)
- 🕐 10:30~20:00 – 월요일 휴무(공휴일인 월요일 정상영업)
- 🔍 경남 함양군 안의면 광풍로 127-2
- ☎ 055-962-0666 ⓟ 가능

조샌집 어탕국수

함양에서 어탕국수로 50여 년간 전통을 이어온 곳. 위천과 엄천강에서 잡은 메기, 붕어 등의 민물고기를 넣고 푹 고아 탕을 만든 후 국수를 말아서 낸다. 국물 맛이 얼큰하면서도 시원하다.

- ₩ 어탕국수, 어탕밥(각 9천원), 민물고기튀김(3만원)
- 🕐 11:00~15:00/17:00~20:00 – 목요일 휴무
- 🔍 경남 함양군 함양읍 학사루길 36
- ☎ 055-963-9860 ⓟ 가능

조샌집

청학산 곰탕 | 백반

곰국 정식이 유명한 집. 12시간 진하게 고은 곰국에 말려둔 콩잎을 쓴맛을 빼서 넣어 은은한 콩잎 향이 나는 곰국 맛이 일품이다. 함께 나오는 20여 가지 밑반찬도 좋은 편이다.

- ₩ 특정식(2만5천원), 콩잎곰국정식(1만8천원), 정식(1만5천원), 버섯전골(4만5천원), 조기매운탕(4만원), 청국장, 된장찌개, 시래깃국(각 9천원)
- 🕐 11:20~15:00/17:00~20:00 – 둘째, 넷째 주 일요일 휴무
- 🔍 경남 함양군 함양읍 함양로 619-6
- ☎ 055-962-4183 ⓟ 가능

케빈커피로스터스
KEVIN COFFEE ROASTERS 커피전문점

다양한 종류의 필터 커피를 갖추고 있는 스페셜티 커피 전문점. 아메리카노도 4가지 맛의 원두 중에서 선택이 가능하며, 가장 인기 있는 원두는 다크초콜릿과 자몽맛의 중배전인 마브로. 인근 상림공원을 방문하면서 들르기에 좋다.

- ₩ 아메리카노(핫 3천3백원, 아이스 3천9백원), 필터커피(4천3원~7천5백원), 카페라테(3천5백원), 콜드브루(3천8백원), 카라멜마키아토(4천3백원)
- 🕐 07:30~22:30 – 연중무휴
- 🔍 경남 함양군 함양읍 상림1길 26
- ☎ 055-964-0515 ⓟ 가능

함양집 어탕국수

뜨끈한 어탕국수와 튀김 한 접시를 즐길 수 있다. 슴슴하면서도 맛깔난 반찬들을 다양하게 올려준다. 어탕국수는 반쯤 즐기다가 공깃밥을 추가해 말아 먹어도 좋으며, 제핏가루를 뿌려 그 향을 온전히 즐기면 좋다.

- ₩ 어탕국수, 어탕밥(각 2인 이상, 1인 9천원), 어탕칼국수(1만1천원), 민물고기조림(4만원)
- 🕐 08:00~20:00 – 월요일 휴무
- 🔍 경남 함양군 함양읍 용평5길 22
- ☎ 055-963-6366 ⓟ 가능

경상남도 합천군

감로식당 ✄ 산채정식 | 산채비빔밥

해인사 가는 길에 산채정식이나 산채비빔밥 등의 산나물을 즐길 수 있는 곳이다. 산채한정식에는 취나물, 고사리 등 각종 산나물과 더덕구이, 표고버섯볶음 등 20여 가지의 반찬이 나온다. 예약에 따라 마감시간이 달라질 수 있다.

- ₩ 산채한정식(2인 이상, 1인 1만5천원), 산채비빔밥, 된장찌개백반(각 8천원), 도토리묵, 부추전(각 7천원)
- 🕐 07:00~18:00 – 명절 휴무
- 🔍 경남 합천군 가야면 치인1길 8-1
- ☎ 055-932-7330 ⓟ 불가

고바우식당 ✄ 한정식

산채정식, 비빔밥, 송이, 더덕 등의 건강식을 맛볼 수 있다. 반찬은 주로 나물과 채소로 구성되어 있다. 정식에 나오는 청국장찌개와 향이 진한 표고버섯볶음이 별미다. 50년의 전통을 자랑한다.

- ₩ 산채한정식(2인 이상, 1인 1만7천원), 송이불고기정식(시세변동), 송이버섯한정식(시세변동), 불고기정식(2인 이상, 1인 1만5

천원), 더덕구이, 표고버섯볶음(각 2만원)
🕐 09:00~20:00 – 연중무휴
🔍 경남 합천군 가야면 치인1길 13–5
☎ 055–932–7311 ⓟ 가능

백운식당 한정식

3대째가 운영하고 있는 한정식집. 더덕구이정식과 도토리비
빔밥세트가 주 메뉴다. 3층 규모의 넓은 공간에서 한정식을
맛볼 수 있다. 도토리비빔밥세트는 고명으로 도토리묵채를
올려주며, 육전을 함께 내준다. 정갈한 한식을 맛볼 수 있는
곳.

ⓦ 도토리비빔밥세트(1만7천원), 더덕구이정식(2만원), 채식나물
밥상(1만7천원), 도토리비빔밥(1만2천원), 소고기덮밥(1만2천원),
소고기육전(2만원)
🕐 10:00~19:00(마지막 주문 18:00) – 연중무휴
🔍 경남 합천군 가야면 치인1길 13–23
☎ 055–932–7393 ⓟ 가능

복흥반점 일반중식

옛날 맛 나는 군만두가 유명하다. 군만두 크기는 큼직하며,
개수도 제법 많은 편이다 만두는 부드러우면서도 고소하며
중국식 군만두에 가깝다. 음식은 중국 향신료 내음이 강하
다.

ⓦ 군만두(5천원), 아키우동(1만원), 미니딩수육(1만2천원), 찜뽕
(7천원), 짜장면(6천원), 간짜장(7천원), 울면(1만원)
🕐 10:30~20:00(마지막 주문 19:30) – 연중무휴
🔍 경남 합천군 합천읍 동서로 84
☎ 055–931–2204 ⓟ 가능(2시간 무료)

삼성식당 산채정식

해인사 앞의 식당가에서 산채정식을 전문으로 하는 곳이다.
정식을 시키면 산나물과 더덕, 도토리묵 등의 반찬이 열다
섯 가지 이상 나오는데 하나같이 맛깔스럽다. 70년의 역사
를 자랑한다.

ⓦ 납작뚝배기불고기(1만5천원), 산채비빔밥(1만3천원), 도토리
묵, 더덕무침(각 1만2천원), 더덕구이(1만5천원)
🕐 11:00~19:00 – 연중무휴
🔍 경남 합천군 가야면 치인1길 24–3
☎ 055–932–7276 ⓟ 가능

적사부 翟師溥 일반중식

우리나라 중식의 4대 문파를 논할 때 빠지지 않는 신라호텔
적림길 사부가 은퇴 후 합천에 차린 중식당. 동네 중식당이
지만 호텔처럼 깔끔하게 관리되고 있고, 음식 맛 역시 훌륭
하다. 소스에 적셔도 바삭함을 잃지 않는 달인탕수육, 구수
한 쇠고기탕면이 대표 메뉴.

ⓦ 달인탕수육(소 2만2천원, 중 2만7천원), 칠리탕수육(소 2만4

천원, 중 2만9천원), 칠리새우(3만8천원), 쇠고기탕면(1만원), 짜
장면(7천원)
🕐 11:00~20:00 | 토, 일요일 11:00~19:00(재료 소진 시 마감) –
월요일 휴무
🔍 경남 합천군 합천읍 동서로 74
☎ 055–931–5033 ⓟ 불가

합천돼지국밥 돼지국밥

뽀얀 국물의 돼지국밥을 내어주는 국밥 전문점. 돼지고기와
내장을 섞어 주는 돼지국밥을 맛볼 수 있다. 돼지국밥 외에
도 순대국밥, 내장국밥, 모둠국밥, 한방닭곰탕 등 다양한 국
밥이 구비되어 있다.

ⓦ 돼지국밥(8천원), 순대국밥(8천원), 내장국밥(8천원), 모둠국
밥(8천원), 한방닭곰탕(9천원), 돼지수육(중 2만5천원, 대 3만원)
🕐 10:00~21:00 – 목요일 휴무
🔍 경남 합천군 합천읍 문화로 9
☎ 055–931–3321 ⓟ 가능

향원식당 한정식

건강한 맛으로 즐길 수 있는 한정식을 다양하게 선보인다.
더덕구이와 생선구이를 메인으로 하는 해인안정식, 불고기
또는 향원찜닭 중 선택 가능한 향원한정식, 각종 반찬과 된
장찌개를 내어주는 산채한정식이 대표 메뉴. 각종 산채로
만든 반찬을 다양하게 맛볼 수 있다.

ⓦ 해인한정식(2만2천원), 향원한정식(3만원), 산채한정식(1만7
천원), 불고기정식(2만원), 소불고기덮밥(1만5천원), 산채비빔밥
정식(1만4천원), 향원찜닭(1만5천원), 닭볶음탕(5만원)
🕐 08:00~20:00 – 연중무휴
🔍 경남 합천군 가야면 치인1길 9–1
☎ 055–932–7575 ⓟ 가능

제주특별자치도

Jeju Special Province

제주특별자치도 **서귀포시**

가시식당 순댓국

60여 년 전통의 순댓국 전문점. 찹쌀로 만드는 일반적인 순대와 달리 멥쌀로만 만들어 독특한 맛을 내는 것이 특징. 모자반이 들어간 향토음식 몸국도 별미로 통한다. 파채가 듬뿍 올라가는 돼지두루치기도 인기 메뉴다. 간이 세지 않아 매운 음식에 익숙지 않은 사람도 부담없이 먹을 수 있다.

Ⓦ 두루치기(2인 이상, 1인 1만원), 순대백반, 몸국, 순대한접시(각 1만원), 수육한접시(1만5천원), 순대국수, 고기국수(각 7천원), 삼겹살, 목살(2인 이상, 각 1인 1만5천원)

Ⓣ 08:30~15:00/17:00~20:00(마지막 주문 18:30) – 둘째, 넷째 주 일요일 휴무

Ⓠ 제주 서귀포시 표선면 가시로565번길 24

☎ 064-787-1035 Ⓟ 가능

가시아방국수 ✄ 고기국수

성산일출봉 인근의 인기 국수집. 국수에도 고기가 올려져 나오나 돔베고기를 따로 주문해 푸짐하게 즐기는 것도 좋은 방법. 고수는 진한 육수 맛이 좋은 고기국수와 매콤한 비빔국수 모두 인기다.

Ⓦ 멸치국수(7천원, 곱빼기 8천원), 고기국수, 비빔국수(각 9천원, 곱빼기 1만원), 물만두(1만2천원), 돔베고기(3만3천원, 절반 1만7천원), 커플세트(3만6천원)

Ⓣ 10:00~20:30(마지막 주문 19:50) – 수요일 휴무

Ⓠ 제주 서귀포시 성산읍 섭지코지로 10 1층

☎ 064-783-0987 Ⓟ 가능

게우지코지카페 GEUZY COZY 카페

운수가 좋은 날에는 돌고래를 만날 수 있는 대형 베이커리 카페. 제주 바다가 한눈에 들어오는 곳으로, 날이 좋을 때 본관 앞 테라스에서 경치를 감상하기에 좋다. 20년 경력의 바리스타가 내려주는 커피와 함께 제수팥빵을 곁들이는 것을 추천한다.

Ⓦ 아메리카노(6천원), 카페라테(6천5백원), 바닐라라테(6천8백원), 산딸기라테(7천8백원), 제주목장요거트(7천8백원), 수망리말차라테(7천3백원), 블루베리스무디(7천8백원), 마시멜로크루키(6천원), 소금빵(4천5백원), 크루아상(4천5백원)

Ⓣ 09:00~19:30 – 첫 번째, 세 번째 화요일 휴무

Ⓠ 제주 서귀포시 보목포로 179 (하효동)

☎ 0507-1368-5555 Ⓟ 가능

고수목마식당 ✄ 말고기

직접 농장을 운영하며 신선한 말고기를 공급하면서, 생고기로 석쇠 숯불구이를 하는 곳이다. 진한 붉은색에 쫀득하면서도 질기지 않고 담백하며 미네랄이 풍부한 말고기는 별미

중의 별미다. 꼬릿하고 구수한 말곰탕도 놓치지 말아야 할 진미다. 원래 노포의 분위기가 물씬 풍기는 곳이었지만, 최근 리모델링을 하여 쾌적해졌다.

Ⓦ 조말랑코스(1인 7만원), 한라산코스(1인 5만원), 영주산코스(3만5천원), 고수목마코스(1인 2만5천원), 모둠회(3만원), 육회(3만원), 숯불생구이(2만5천원), 숯불양념구이(2만원)

Ⓣ 11:00~21:30(마지막 주문 20:30) – 연중무휴

Ⓠ 제주 서귀포시 표선면 표선중앙로 64-3

☎ 064-787-4210 Ⓟ 가능

공천포식당 ✄ 물회

40여 년 전통 물회의 진수를 맛볼 수 있는 곳. 된장 육수를 베이스로 하는 제주도식 물회를 선보인다. 여름철에는 한치물회와 자리물회, 겨울철은 소라와 해삼물회를 즐길 수 있다. 탁 트인 앞바다가 펼쳐지는 전망이 좋은 곳이다. 점심시간이 되면 줄을 서서 기다릴 정도로 손님이 많다.

Ⓦ 전복물회, 전복회덮밥(1만6천원), 한치물회, 전복죽, 고등어구이(각 1만3천원), 홍해삼물회(1만4천원)

Ⓣ 10:00~19:30 – 목요일 휴무

Ⓠ 제주 서귀포시 남원읍 공천포로 89

☎ 064-767-2425 Ⓟ 가능

꺼멍목장 삼겹살 | 돼지고기구이

숙성한 제주 흑돼지고기를 먹을 수 있는 곳. 숯불에 구워 육즙이 가득하고 쫄깃한 고기 맛이 좋다. 밑반찬으로 나오는 유채장아찌를 곁들이면 더욱 맛있게 즐길 수 있다. 넓은 잔디밭에 바다가 보이는 전망도 좋다.

Ⓦ 쫄깃흑돼지생갈비, 숙성흑오겹살, 숙성흑목살(180g 각 2만1천원), 숙성백오겹살, 숙성백목살(180g 각 1만6천원), 제주딱새우된장찌개, 얼큰김치찌개, 냉열무국수(7천원)

Ⓣ 12:00~15:00/16:30~22:00(마지막 주문 20:50) – 연중무휴

Ⓠ 제주 서귀포시 이어도로 338 (하원동)

☎ 064-739-9289 Ⓟ 가능

나니아레스토랑 ✄
NARNIA RESTAURANT 캐주얼다이닝

제철 식재료를 활용한 음식을 선보이는 레스토랑으로, 베이힐풀앤빌라 단지 내에 자리하고 있다. 아침과 브런치 타임에는 음식을 곁들인 한식 반상을 선보이며, 저녁에는 리조토, 파스타 등의 양식을 맛볼 수 있다.

Ⓦ 아메리칸브렉퍼스트(2만9천원), 신선한과일과그래놀라(2만7천원), 제주한우소고기미역국, 제주식육개장, 한라산표고버섯전복죽(각 2만5천원)

Ⓣ 08:00~10:30/11:00~15:00/17:00~21:30(마지막 주문 19:30) – 연중무휴

Ⓠ 제주 서귀포시 예래로 424 (하예동) 베이힐풀앤빌라

☎ 064-801-9078 Ⓟ 가능

나목도식당 돼지고기구이

수십 년 전통의 정통 제주식 식육식당. 고기와 함께 제주의 독특한 멜젓을 함께 곁들인다. 제주식 순대국수와 멸치국수도 맛이 좋다는 평. 허름했던 건물을 새롭게 지으면서 보다 쾌적한 환경에서 식사를 할 수 있게 되었다.

ⓦ 삼겹살, 목살(각 200g 1만5천원), 흑돼지삼겹살, 흑돼지목살(각 200g 2만원), 생고기(200g 1만원), 두루치기, 순대백반(각 9천원), 순대국수(8천원), 멸치국수(5천원)

🕒 09:00~20:00 – 첫째, 셋째 주 수요일 휴무

🔍 제주 서귀포시 표선면 가시로613번길 60

☎ 064-787-1202 ⓟ 가능

나목도식당

남경미락 南京味樂 생선회

제주를 대표하는 횟집으로 유명한 곳이다. 각종 활어회와 20여 가지 곁들이 음식을 맛볼 수 있다. 특히 다금바리회 맛이 좋다. 다금바리를 맛보려면 미리 전화해서 다금바리가 있는지 확인해야 한다. 바다에 면한 절벽 위에 있어 뛰어난 경치를 자랑하며 음식 맛도 일품이다.

ⓦ 다금바리, 붉바리(각 1kg 28만원) 돌돔(1kg 27만원), 구문쟁이(1kg 18만원), 흑돔(1kg 17만원), 참돔(1kg 16만원)

🕒 11:30~15:00(마지막 주문 13:00)/17:00~21:00(마지막 주문 19:00) – 화요일 휴무

🔍 제주 서귀포시 안덕면 사계남로 190-7

☎ 064-794-0077 ⓟ 가능

남양수산 생선회

제주도민이 주로 찾는 횟집으로, 별도의 메뉴판 없이 그날그날 들어온 생선을 선보인다. 회를 먹고 나면 사골국물로 끓인 맑은 지리탕을 준다. 테이블이 6개 남짓한 아담한 매장으로, 예약은 따로 받지 않으며 횟감이 떨어지면 문을 닫으므로 방문 전 전화를 하고 찾는 것이 좋다.

ⓦ 참돔, 도다리(소 6만원, 중 7만원, 대 8만원), 활고등어, 곰장어(각 6만원)

🕒 14:00~21:00(마지막 주문 20:00) – 비정기적 휴무

🔍 제주 서귀포시 성산읍 고성동서로56번길 11

☎ 064-782-6618 ⓟ 가능(협소)

네거리식당 생선매운탕

갈칫국이 유명한 곳. 칼칼하고 시원한 국물이 해장에도 좋다. 포슬포슬한 갈치살이 부드럽게 부서지는 갈치조림도 인기 메뉴다.

ⓦ 갈칫국, 성게국, 옥돔미역국, 옥돔무우국, 옥돔정식(각 1만6천원), 갈치구이(1인 3만원, 2인 5만5천원, 3인 8만원), 갈치조림(2인 5만5천원, 3인 6만5천원), 고등어조림(2인 3만5천원, 3인 4만5천원), 고등어구이(1만 5천원), 옥돔구이(국내산 3만5천원, 중국산 2만5천원)

🕒 07:00~21:40(마지막 주문 20:40) – 연중무휴

🔍 제주 서귀포시 서문로29번길 20 (서귀동)

☎ 064-762-5513 ⓟ 가능

대유가든 돼지갈비 | 삼겹살

흑돼지 양념갈비와 두툼한 오겹살을 제대로 맛볼 수 있는 곳이다. 흑돼지 오겹살은 부드러우면서도 비계와 살코기가 적당히 조화를 이룬다. 오랫동안 현지인에게 사랑받고 있는 곳이다.

ⓦ 흑돼지오겹살(200g 2만원), 흑돼지양념갈비(350g 1만5천원), 오겹살(200g 1만5천원), 생갈비(200g 1만7천원)

🕒 14:00~22:00 – 명절 휴무

🔍 제주 서귀포시 남원읍 태위로2번길 2

☎ 064-764-4400 ⓟ 가능

댄싱포크 DANCING FORK 영국식

일본과 아일랜드 더블린에서 경력을 쌓은 이우식 셰프의 유러피언 레스토랑. 영국과 아일랜드 음식에 중점을 둔 곳이다. 다른 곳에서 흔히 맛보기 힘든 차우더수프나 코타지파이, 스카치에그, 오랫동안 브레이징한 램생크 등을 맛볼 수 있다. 공간도 요리도 모두 훌륭하다.

ⓦ 올리브오일파스타(1만9천원), 코티지파이(2만1천원), 누와드생자크(2만1천원), 피시앤칩스(2만3천원), 기네스비프파이(2만8천원), 토마호크스테이크(500g 10만5천원), 어니언수프(1만2천원), 하우스샐러드(1만5천원)

🕒 11:00~15:00/17:00~21:00(마지막 주문 20:00) | 월, 화, 수요일 11:00~16:00(마지막 주문 15:00) – 목요일 휴무

🔍 제주 서귀포시 안덕면 산방로388번길 6

☎ 0507-1375-265 ⓟ 가능

덕성원 德盛園 일반중식

80여 년 전통의 제주의 전설적인 중식당. 가장 크게 인기를 끈 메뉴는 게짬뽕이다. 게를 넣은 짬뽕 국물이 칼칼하면서 감칠맛이 훌륭하다. 탕수육과 꿩으로 만든 깐풍기두 맛

이 좋다. 화교 출신답게 튀김의 기술이 좋으며 소스는 제주에서 나온 고구마 가루를 사용하는 것이 독특하다.
- ⓦ 짬뽕, 간짜장(각 9천원), 꽃게짬뽕(1만5백원), 볶음밥(8천원), 탕수육(소 1만8천원), 깐풍기(2만8천원)
- ⓣ 11:00~21:00(마지막 주문 20:20) – 둘째 주 화요일, 명절 휴무
- ⓠ 제주 서귀포시 태평로401번길 4 (서귀동)
- ☎ 064–762–2402 ⓟ 불가

덕승식당 ✖ 생선조림 | 갈치 | 물회

덕승호에서 잡은 자연산 활어를 취급하는 곳이다. 탱글탱글한 살이 살아 있는 우럭조림과 갈치조림이 인기 메뉴다. 가격도 대체로 저렴한 편이며, 2인 이상부터 주문 가능하다.
- ⓦ 갈치조림(1만5천원), 갈치구이(3만원), 잡어회(6만원), 특대방어회(소 5만원, 중 7만원, 대 10만원), 활어물회(1만3천원), 회덮밥(1만3천원), 성게미역국(1만2천원), 한치물회(1만5천원)
- ⓣ 10:00~15:30/16:30~20:40 – 화요일 휴무
- ⓠ 제주 서귀포시 대정읍 하모항구로 66
- ☎ 064–794–0177 ⓟ 가능

델픽제주스톤하우스 DELPHIC 티카페

사계 해안가 근처에서 가볍게 차를 즐기기 좋은 곳. 차와 다구를 선보이는 델픽 브랜드의 제주 분점으로, 창고를 개조한 너른 공간에서 동서양의 다양한 차를 즐길 수 있다.
- ⓦ 델픽시그니처세트(1만2천원), 밀리필리(9천원), 티(1만1천원~1만5천원), 말차라테(7천5백원), 앙버터다쿠아즈(4천5백원), 황치즈버터바(6천원), 바스크치즈케이크, 단호박타르트(각 9천원)
- ⓣ 11:00~18:00 – 월요일 휴무
- ⓠ 제주 서귀포시 안덕면 사계남로 87
- ☎ 070–4458–9146 ⓟ 가능

럼피 ✖ LUMTP 파스타

산방산 뷰가 근사한 안덕면 사계리에 자리한 캐주얼 생면 파스타바. 미국 플로리다의 리츠칼튼 등에서 경력을 쌓고 돌아온 김재훈 셰프의 업장이다. 미국식이 가미된 요리를 하는 이탈리안 셰프에게 배워와서 느낌이 독특하다. 관찰레를 직접 만들거나 허브를 키우는 등 많은 부분을 정성 들여 손수 하고 있다.
- ⓦ 버터밀크잉크펜네(2만원), 봉골레페투치네(2만원), 머시룸타야린(2만원), 라구비앙코타야린(2만원), 크랩로소스파게티(2만원), 라구로소페투치네(2만원), 잉크리조토(1만8천원), 밀크리조토(1만8천원), 시저샐러드(1만4천원)
- ⓣ 11:00~15:00/17:00~21:00(마지막 주문 20:00) – 목요일 휴무
- ⓠ 제주 서귀포시 안덕면 사계북로 57 1층
- ☎ 0507–1360–026 ⓟ 가능

레이지박스 Lazybox Coffee 카페

산방산 아래에 자리한 카페. 한라봉주스와 당근케이크가 유명하다. 당근케이크와 브라우니는 매장에서 직접 굽는다. 창밖으로 산방산이 보여 경치도 좋다.
- ⓦ 아메리카노(5천원), 한라봉스무디, 당근주스, 한라봉크림라테, 풋귤에이드(각 6천5백원), 생바닐라큐브라테(5천5백원), 제주당근케이크(6천5백원)
- ⓣ 09:30~19:00 | 하절기 09:30~19:00 – 연중무휴
- ⓠ 제주 서귀포시 안덕면 산방로 208
- ☎ 064–792–7347 ⓟ 가능

로이앤메이 ✖ ROY & MAY 호남식중식

중국인 남편 로이와 한국인 아내 메이가 제주에서 선보이는 후난식 요리점. 호남성 역시 사천성, 귀주성과 함께 매운 음식으로 유명한데, 깔끔하게 매운 스타일이라 한국인에게 더 친숙하다. 원래는 가정집을 개조한 작은 식당이었으나 최근 리뉴얼 오픈하며 본격적인 레스토랑으로 거듭나 후난성을 중심으로 한 다양한 지역 요리와 로이 셰프의 집안 요리를 선보인다. 중국식 햄을 비롯한 각종 식재료를 직접 만들고 중식 향신료도 적극 활용하여 본토의 느낌이 물씬 풍겨 중식 애호가들을 만족시키기에 부족함이 없다.
- ⓦ 점심(3만5천원), 저녁(5만원)
- ⓣ 12:00~16:00/17:00~21:00 – 토, 일요일 휴무
- ⓠ 제주 서귀포시 성산읍 온평상하로15번길 12–7
- ☎ 0507–1417–810 ⓟ 불가(인근 공터 주차 가능)

르쉬느아 ✖ 북경오리 | 광동식중식

제주 신화월드 메리어트 호텔 내에 위치한 중식 레스토랑. 카지노에 방문한 중국인 관광객들을 타겟으로 만들었던 곳으로, 국내 중식당 중 가장 본토에 가까운 요리들을 선보이는 곳이다. 원래 광동요리 전문점이었으나 최근 상하이의 미슐랭 스타 레스토랑 용푸에게 기술전수를 받아 닝보식 요리도 선보이고 있다. 발효시킨 고추와 찐 생선찜, 꽃게 볶음, 달콤한 쇠고기찜 등은 국내 일반 중식당에서는 만날 수 없는 맛이다.
- ⓦ 모둠딤섬(2만원), 북경오리(반마리 8만8천원, 한마리 15만8천원), 올데이세트(1인 13만8천원), 런치세트(2인 9만8천원, 4인 26만원), 디너세트(2인 11만8천원, 4인 42만원)
- ⓣ 11:30~14:30/17:30~20:30(마지막 주문 20:00) | 토, 일요일 11:30~15:00/17:30~21:00(마지막 주문 20:30) – 연중무휴
- ⓠ 제주 서귀포시 안덕면 신화역사로304번길 38 제주신화월드 호텔앤리조트 메리어트관 G층 르 쉬느아
- ☎ 064–908–1240 ⓟ 가능

만선식당 고등어 | 생선회

신선한 고등어회를 먹을 수 있는 곳. 비린 맛 없는 탱탱한 고등어회의 맛을 느낄 수 있으며, 김 위에 회를 올리고 양파 절임과 마늘쌈장을 더하면 더 맛있게 먹을 수 있다. 고등어회를 주문하면 고등어탕과 조림이 함께 나온다.

- ⓦ 고등어회, 방어회(각 소 6만원, 대 8만원), 딱새우회, 딱새우장(각 6만5천원), 갈치조림(소 6만원, 대 8만원), 고등어구이(1만 5천원), 해물라면(8천원)
- 🕙 10:00~21:00(마지막 주문 20:00) – 화요일 휴무
- 🔍 제주 서귀포시 대정읍 하모항구로 44
- ☎ 064-794-6300 Ⓟ 가능

만선식당

메르앤테르 ✕✕✕ Mer & Terre 스시 | 스키야키

해비치 호텔 & 리조트에서 운영하는 스시 오마카세와 관서식 스키야키를 선보이는 식당. 호시카이 출신으로 그랜드 하얏트 제주와 메리어트 제주의 일식당을 오픈했던 김승환 셰프가 주방을 맡고 있다. 타 스시야와 차별점을 만들기 위해 요리적인 요소를 더 넣고 샛줄멸 같이 잘 쓰지 않는 네타를 쓰거나, 청귤주스에 절인 카스고처럼 같은 네타라도 손질법을 달리하여 색다른 느낌을 주려는 시도가 훌륭하다.

- ⓦ 관서식스키야키(18만원), 스시오마카세(23만원)
- 🕙 17:30~22:00(마지막 주문 19:30) – 화요일 휴무
- 🔍 제주 서귀포시 표선면 민속해안로 537 해비치리조트&호텔
- ☎ 064-780-8330 Ⓟ 가능

모노클제주 ✕ Monocle Jeju 카페

감귤 농장을 개조한 베이커리로, 빈티지한 분위기가 인상적이다. 파운드케이크, 치즈케이크, 마들렌 등이 있으며 종류도 다양한 편이다. 야외 자리도 마련되어 녹음과 풍경을 즐기며 빵과 음료를 먹기 좋다.

- ⓦ 아메리카노(4천5백원), 카페라테(5천5백원), 홀케이크(변동), 모노클클래식치즈케이크(7천원), 제주애월읍단호박치즈케이크(7천5백원), 제주성읍말차로쉐파운드(5천4백원), 모노클클래식스콘(4천원), 얼그레이치즈케이크(7천2백원)
- 🕙 10:00~17:00(마지막 주문 16:30) – 월요일 휴무
- 🔍 제주 서귀포시 남원읍 태위로360번길 30-8
- ☎ 070-7576-0360 Ⓟ 가능

목포고을 돼지고기구이

토종 흑돼지구이 전문점. 연탄불에 구워 먹는 돼지고기가 맛있다. 두껍게 썬 고기를 불 위에 올려놓고 굽다가 익기 시작하면 알맞게 잘라 먹는다. 고기가 매우 두꺼우므로, 다 구워지기까지는 인내심이 필요한 곳이다.

- ⓦ 흑돼지(600g 7만2천원, 800g 9만6천원, 1kg 12만), 김치찌개(1만원), 재래식된장찌개(8천원), 김치국밥(7천원)
- 🕙 12:00~22:30(마지막 주문 21:00) – 명절 휴무
- 🔍 제주 서귀포시 상예로 242 (상예동)
- ☎ 064-738-5551 Ⓟ 불가

민트레스토랑 ✕ Mint 이탈리아식

모던한 분위기에서 이탈리아 음식을 즐길 수 있는 곳. 성산일출봉이 보이는 전망이 훌륭하며 유명한 건축가 안도 다다오가 설계한 건물 내에 있는 것만으로도 한 번 방문해볼 만하다. 휘닉스 주차장에 차를 세우고 미니셔틀을 타고 올라간다.

- ⓦ 아페티초이(성인 6만9천원, 어린이 4만5천원), 민트세트메뉴(5만9천원)
- 🕙 11:30~16:30/17:30~20:00 – 연중무휴
- 🔍 제주 서귀포시 성산읍 섭지코지로 93-66 글라스하우스 2층
- ☎ 064-731-7773 Ⓟ 불가

밀리우 ✕✕✕ Milieu 프랑스식

제주에서 가장 고급스러운 요리와 격조 있는 서비스를 경험할 수 있는 프렌치 파인 다이닝 레스토랑. 김민규 셰프의 총괄 아래 여러 파인다이닝 레스토랑에서 경력을 쌓은 김승련 셰프가 주방을 맡고 있다. 곶자왈을 모티브로 한 정원에서 코쿤 테이블에 앉아 맛보는 최고급 식재료로 만든 정통 프렌치 요리는 이국적인 휴양지에 온 듯한 기분을 느끼게 해준다.

- ⓦ Je t'aime Couple Course(42만2천원~66만원), 8코스(25만원), 5코스(16만원), 어린이코스(6만원)
- 🕙 18:00~22:00(마지막 주문 20:30) – 수, 목요일 휴무
- 🔍 제주 서귀포시 표선면 민속해안로 537 해비치호텔앤드리조트 1층
- ☎ 064-780-8328 Ⓟ 가능

바다다 ✕✕ VADADA 카페 | 펍

DJ가 선곡한 음악과 함께 오션뷰를 즐길 수 있는 비치 라운지. 낮에는 카페로, 밤에는 펍으로 운영된다. 누꺼운 패티가

들어간 버거의 평이 좋다. 해외 리조트를 연상시키는 이국적인 분위기의 야외석이 인상적이다. 반려동물 동반도 가능하다.

- Ⓦ 아메리카노(핫 8천원, 아이스 8천5백원), 카페라테(핫 9천원, 아이스 9천5백원), 에이드(1만2천원~1만6천원), 티(9천원~1만원), 케이크(8천원~9천원)
- 🕐 11:00~18:00 – 수요일 휴무
- 🔍 제주 서귀포시 대포로 148-15 (대포동)
- ☎ 064-738-2881 Ⓟ 가능

벌집식당 ✖ 도가니탕

푹 끓여 진한 사골 국물과 쫄깃한 도가니 고기를 맛볼 수 있다. 얼큰한 맛을 원한다면 매운 도가니탕을 주문하는 것도 좋다. 40년이 넘는 시간 동안 도가니탕으로 유명한 곳이다.

- Ⓦ 도가니탕(1만8천원), 꼬리탕, 옥돔정식(각 2만원), 설렁탕, 육개장(각 1만원), 도가니수육, 도가니전골(각 소 4만원, 중 6만원, 대 8만원), 소내장전골(소 4만원, 대 6만원)
- 🕐 09:30~21:00 – 일요일 휴무
- 🔍 제주 서귀포시 태평로 416 (서귀동)
- ☎ 064-762-9230 Ⓟ 가능

범일분식 ✖ 순내 | 순댓국

돼지 막창에 선지와 찹쌀, 채소를 듬뿍 넣어 두툼하게 썬 순대를 맛볼 수 있는 곳. 걸쭉하게 끓인 수댓국과 밥, 깻잎장아찌로 구성된 순대백반이 대표 메뉴다. 영업시간과 상관없이 재료가 소진되면 문을 닫는다.

- Ⓦ 순대백반(9천원), 순대접시(1만1천원)
- 🕐 09:00~17:00 – 토요일 휴무
- 🔍 제주 서귀포시 남원읍 태위로 658
- ☎ 064-764-5069 Ⓟ 불가

베메로 BAKE MAKE ROAST 브런치카페 | 베이글

커피와 함께 다양한 브런치 메뉴를 즐길 수 있는 카페. 브런치 메뉴 중에서는 베이글과 스크램블, 구운 채소 및 샐러드로 구성된 베메로플레이트를 맛볼 수 있다. 베메로플레이트는 세트로 주문하면 아메리카노 한 잔이 함께 나온다.

- Ⓦ 베메로플레이트(세트 2만3천원, 단품 1만9천원), 트러플양송이수프+베이글, 풀드포크샌드위치(각 1만2천원), 직접만든요거트와그래놀라(1만원), 아보카도에그베이글샌드위치(1만1천원), 아메리카노, 에스프레소(각 5천5백원)
- 🕐 08:00~20:30(마지막 주문 20:25) – 연중무휴
- 🔍 제주 서귀포시 중문관광로72번길 29-9 (색달동)
- ☎ 064-738-7832 Ⓟ 가능(2시간 무료)

봉주르마담 ✖✖

Bonjour Madame 베이커리 | 크루아상

유기농 밀가루를 사용하는 베이커리. 결이 살아 있는 크루아상이 대표 메뉴며, 초콜릿 크림을 입힌 초코크루아상도 인기다. 카늘레, 캄파뉴 등의 프랑스식 베이커리와 케이크 등의 디저트도 다양하게 선보인다.

- Ⓦ 크루아상(3천5백원), 초코크루아상(4천원), 카늘레(3천원), 밀푀유앙버터(5천5백원), 오리지널피낭시에(2천2백원), 라즈베리무스(6천원)
- 🕐 09:00~21:00(빵 소진 시 마감) – 연중무휴
- 🔍 제주 서귀포시 대청로 33 (강정동) 오름빌딩1차
- ☎ 064-739-2900 Ⓟ 가능(협소)

부두식당 ✖ 제주음식 | 생선조림 | 갈치

제주토속음식을 먹을 수 있는 곳으로, 갈치조림 전문점이지만 호박, 배추, 갈치 등이 들어간 시원한 갈칫국이 유명하며 성게국도 별미다. 그 외에 다양한 제주의 별미를 골고루 맛볼 수 있는 곳이다. 고등어회와 방어회도 맛이 좋다는 평.

- Ⓦ 갈치조림(소 4만5천원, 대 5만5천원), 갈치구이(4만원), 고등어회(2인 6만원, 3~4인 7만5천원), 방어회(소 5만원, 중 7만원, 대 9만원)
- 🕐 10:00~22:00 – 연중무휴
- 🔍 제주 서귀포시 대정읍 하모항구로 62
- ☎ 064-794-1223 Ⓟ 가능

비오토피아레스토랑 ✖✖✖

Pinx biotopia 제주음식 | 일반한식 | 이탈리아식

고급스러운 분위기의 레스토랑으로, 핀크스 비오토피아 타운하우스 단지 안에 있다. 사전 예약제로만 운영되며, 조용하고 프라이빗한 공간으로 인기가 많다. 제주의 식재료를 사용한 코스 요리를 정갈하게 풀어낸다. 가족 손님을 위한 피자와 파스타 등의 메뉴도 준비되어 있으며 화덕피자는 오후 한시부터 주문 가능하다. 곳곳에 걸린 예술가들의 작품을 보는 재미가 있다.

- Ⓦ 바당몽돌코스(18만원), 제주한상코스(12만원), 특선양갈비스테이크코스(12만원), 태워니피자(4만9천원), 해물뚝배기와흑돼지목살구이반상(5만6천원), 버섯돌솥밥정식(4만5천원)
- 🕐 12:00~16:00(마지막 주문 15:00)/17:00~21:50(마지막 주문 21:00) – 첫 번째 화요일 휴무
- 🔍 제주 서귀포시 안덕면 산록남로762번길 79 (비오토피아커뮤니티센터)
- ☎ 064-793-6030 Ⓟ 가능

빌라레코드사계 ✖✖ 칵테일바

안덕면 사계리 펜션촌 깊숙히 숨어있는 보석 같은 칵테일바. 가구 브랜드인 빌라레코드에서 운영하는 숙소와 바로

빌라레코드사계

서울에서 파견된 숙련된 바텐더들이 다양한 제주의 식재료들로 제주를 해석한 완성도 높은 오리지널 칵테일을 선보인다. 시중에서 구하기 힘든 다양한 리큐르 셀렉션으로 메뉴에 없는 칵테일을 요청하는 것도 재미다.

- 에스프레소(4천원), 아메리카노(4천5백원), 카페라테(5천5백원), 바닐라라테(6천원), 히드누들(1만원), 고구마프라이(1만5천원), 멜론&하몽(2만원), 감바스(2만원)
- 16:00〜24:00(마지막 주문 23:30) – 연중무휴
- 제주 서귀포시 안덕면 사계북로 157-20
- 064-792-6006 Ⓟ 가능(빌라사계 펜션 주차)

산방식당 ✖ 밀면 | 수육

밀가루로 만드는 밀면이 대표 메뉴. 돼지고기와 양념장이 고명으로 올라간다. 면발도 부드럽고 밀가루 냄새도 나지 않아 맛이 좋다는 평. 촉촉한 수육을 먹으러 찾는 이도 많다. 여름에는 번호표를 받고 줄을 서야 할 정도로 찾는 사람이 많다. 11월부터 2월까지는 온밀면도 맛볼 수 있다.

- 밀냉면, 비빔밀냉면(각 9천원), 수육(200g 1만9천원)
- 11:00〜18:00 – 수요일, 명절 휴무
- 제주 서귀포시 대정읍 하모이삼로 62
- 064-794-2165 Ⓟ 가능

삼보식당 생선조림 | 해물탕 | 제주음식

40여 년 전통의 해물뚝배기 전문점. 서귀포에서 진주식당과 쌍벽을 이루는 전복뚝배기 맛이 일품이다. 고등어조림, 갈치조림 등의 메뉴도 인기가 있다.

- 전복뚝배기백반(1만8천원, 특 2만5천원), 전복구이(5만5천원), 옥돔구이(중 6만원, 대 7만원), 고등어구이(1만7천원), 전복죽(1만6천원), 성게미역국백반(2만원), 갈치구이, 갈치조림(각 6만원)
- 08:00〜21:00(마지막 주문 20:00) – 둘째, 넷째 주 수요일 휴무
- 제주 서귀포시 중정로 25 (서귀동)
- 064-762-3620 Ⓟ 가능

색달식당중문갈치조림구이본점 ✖

제주음식 | 일반한식

통으로 나오는 제주산 은갈치조림과 구이를 먹을 수 있는 곳. 갈치와 함께 솥밥과 반찬으로 식탁이 풍성하게 차려진다. 갈치구이는 직원이 먹기 편하게 가시를 발라주며, 문어통갈치조림에는 전복, 통문어 등이 들어가 비주얼이 화려하다. 실내도 고급스럽고 깔끔하며 테이블 간격도 넓어 쾌적하다.

- 통갈치조림, 통갈치구이(각 2인 7만원, 3인 9만원, 4인 12만원), 문어통갈치조림(2인 10만원, 3인 15만원, 4인 20만), 문어통갈치조림구이세트(4인 16만원, 6인 22만)
- 10:00〜15:00/16:00〜21:00(마지막 주문 20:00) – 연중무휴
- 제주 서귀포시 예래로 255-18 (하예동)
- 064-738-1741 Ⓟ 가능

서귀다원 ✖ 전통차전문점

한라산을 배경으로 녹차밭이 펼쳐지는 풍경을 즐길 수 있는 다원이다. 10월부터 3월에는 동백나무의 모습도 함께 볼 수 있다. 다실에 방문하면 1인당 5천원에 녹차와 절인 귤도 맛볼 수 있다. 80대 노부부가 운영하고 있다.

- 입장권(1인 5천원)
- 09:00〜17:00 – 화요일 휴무
- 제주 서귀포시 516로 717 (상효동)
- 064-733-0632 Ⓟ 가능

서귀포권당네 ✖ 갈치 | 생선조림

매콤한 맛이 일품인 갈치조림 전문점. 칼칼한 양념과 부드러운 갈치, 다양한 해산물이 어우러져 조화를 이룬다. 풋고추를 넣어 갈치의 비린 맛 없이 시원하고 담백한 맑은 국물의 갈칫국도 별미다.

- 갈치조림(소 5만원, 중 6만원, 대 7만원), 통갈치조림(소 12만원, 대 15만원), 갈치구이(1토막 2만5천원), 통갈치구이(소 6만원, 중 8만원, 대 10만원, 특대 15만원), 갈치회(4만원)
- 08:00〜20:30 – 연중무휴
- 제주 서귀포시 칠십리로 123 (서귀동)
- 064-732-3757 Ⓟ 가능

서귀포흑돼지명가 돼지고기구이

제주흑돼지고기를 맛볼 수 있는 곳. 푸른 바다를 비롯해 뛰어난 경치를 바라보며 식사할 수 있다. 두툼한 흑돼지가 대표 메뉴며 오분자기뚝배기나 양념갈비도 많이 찾는다.

- 흑돼지오겹살, 흑돼지목살(각 180g 2만2천원), 돼지생갈비(300g 2만2천원), 돼지양념갈비(300g 2만원)
- 12:00〜22:00 – 일요일 휴무
- 제주 서귀포시 태평로 122 (호근동)
- 064-738-6939 Ⓟ 가능

섭지해녀의집 ✄ 전복죽 | 전복 | 해물

전복죽의 명가로 알려진 집. 얇게 썬 전복을 참기름에 볶다가 물에 불린 쌀을 넣어 끓인다. 이때 전복의 내장인 게우를 같이 넣어서 끓이는 것이 맛의 비결. 게를 잘게 빻아서 죽을 쑨 겡이(갱이)죽도 별미다. 겡이(갱이)는 제주어로 '바다게'를 뜻한다. 옆에 위치한 건물에서는 해물라면과 칼국수를 맛볼 수 있다.

ⓦ 모둠회, 전복회, 소라회, 문어회(각 3만원), 전복죽, 겡이죽, 성게미역국, 성게칼국수(각 1만2천원)

Ⓣ 07:30~18:30 – 명절 휴무

Ⓠ 제주 서귀포시 성산읍 섭지코지로 93-15 아쿠아플래닛제주

☎ 064-782-0672 Ⓟ 가능

수희식당 ✄ 제주음식 | 성게국 | 전복

제주향토음식을 잘하는 곳. 미역과 성게 알을 넣어 끓인 성게국과 전복뚝배기의 맛이 일품이다. 실내 인테리어도 깔끔해 쾌적한 분위기에서 식사할 수 있다.

ⓦ 전복뚝배기(1만7천원, 특 2만2천원), 갈칫국(1만7천원), 성게미역국(2만원), 고등어조림(소 3만5천원, 중 4만5천원, 대 5만5천원), 성게전복물회(2만5천원), 성게소라물회(2만원), 한치볶음(3만5천원), 전복볶음, 전복회(각 5만5천원), 몸국(1만1천원), 흑돼지고기반(1만2천원), 갈치조림(소 5만5천원, 대 9만원)

Ⓣ 08:00~15:00/17:00~21:00(마지막 주문 20:15) – 명절 휴무

Ⓠ 제주 서귀포시 태평로 377 (서귀동)

☎ 064-762-0777 Ⓟ 가능

숨도카페 카페 | 체험카페

석부작박물관이란 이름으로 운영되던 곳으로, 제주의 고유 자연을 잘 살린 정원과 산책로가 조성된 카페. 숨도 농장에서 직접 재배한 귤을 활용한 음료와 디저트가 인기다. 정원 입장권 구매 시 음료는 20% 할인 혜택을 받을 수 있다.

ⓦ 아메리카노(6천원), 카페라테(7천원), 하귤에이드(7천5백원), 스콘(5천원)

Ⓣ 08:00~18:00 – 연중무휴

Ⓠ 제주 서귀포시 일주동로 8941 (호근동)

☎ 없음 Ⓟ 가능

스톤 STONE 이탈리아식

파스타와 타파스를 맛볼 수 있는 1인 셰프 업장. 와인바를 겸하고 있어 연어그라브락스나 샤퀴테리와 같은 다양한 타파스를 안주로 와인 마시기에도 좋다. 좌석 수는 많지 않아 미리 예약하는 것이 좋다.

ⓦ 연어그라브락스(1만1천원), 샤퀴테리(1만2천원), 루콜라피자(1만9천원), 매콤크림파스타(1만8천원), 로제소스꽃게파스타(2만원), 돼지목살스테이크(2만5천원), 부채살수비드스테이크(2만9천원)

Ⓣ 11:30~15:00/17:00~24:00(마지막 주문 23:30) – 월요일, 명

절 휴무

Ⓠ 제주 서귀포시 김정문화로 6 (강정동) 서호2차현대맨션 102, 103호

☎ 0507-1497-8027 Ⓟ 가능

시흥해녀의집 ✄ 전복죽 | 전복 | 해물

해녀가 직접 따온 싱싱한 해산물을 사용하여 조리한 향토음식 전문점. 전복죽, 조개죽, 오분자기죽을 맛볼 수 있다. 죽은 30분 정도 걸리며 그 전에 미역, 튀김 등을 내어준다. 소라나 문어, 해삼 등의 싱싱한 해물도 맛볼 수 있다.

ⓦ 전복죽(1만2천원), 오분자기죽, 소라, 문어(각 1만5천원), 조개죽(1만1천원)

Ⓣ 07:00~20:00 – 명절 휴무

Ⓠ 제주 서귀포시 성산읍 시흥하동로 114

☎ 064-782-9230 Ⓟ 가능

신라원 ✄ 말고기

말고기 전문점. 소고기 육회와 맛이 거의 흡사한 말고기 육회가 인기 있다. 전복이 들어간 뚝배기도 맛이 깊다. 말사시미와 말생구이는 가능한 날짜가 때에 따라 다르므로 방문 전 미리 문의하는 것이 좋다.

ⓦ 말샤부샤부, 말갈비찜(각 1인 2만5천원), 말고기육회(180g 3만원), 말고기정식(2인 이상, 1인 3만8천원)

Ⓣ 10:30~22:00(마지막 주문 21:00) – 화요일 휴무

Ⓠ 제주 서귀포시 법환하로28번길 6 (법환동)

☎ 064-739-3395 Ⓟ 가능

신우가촌 ✄ 돼지고기구이 | 삼겹살 | 돼지갈비

흑돼지구이로 유명한 집. 흑돼지삼겹살구이와 돼지양념갈비가 인기 메뉴다. 고기를 시키면 육회, 양념게장, 돼지껍데기 등 여러 가지 밑반찬이 실하게 나온다. 두툼하게 썬 삼겹살을 숯불에 구워 먹는다.

ⓦ 흑돼지오겹살구이(200g 2만2천원), 돼지양념구이(400g 1만9천원), 소갈비구이(200g 2만2천원), 소갈비양념구이(400g 3만2천원)

Ⓣ 11:00~14:30/16:30~22:00(마지막 주문 21:00) – 화요일 휴무

Ⓠ 제주 서귀포시 이어도로 1042 (서호동)

☎ 064-739-1854 Ⓟ 가능

쌍둥이횟집 ✄ 생선회

회를 시키면 굴무침, 고등어, 해삼, 멍게, 소라, 전복, 산낙지 등 각종 해산물 등이 곁들이 음식으로 나온다. 회를 두껍게 썰어 내기 때문에, 씹는 맛이 좋다. 식사시간 때에는 번호표를 받고 기다려야 할 정도로 인기가 많다. 초밥은 무한 리필되며 남은 회는 튀겨주기도 한다.

ⓦ 모둠회스페셜(2인 7만원, 2인 특 10만원, 4인 13만원, 4인 특

16만원, 4인 자톡 20만원)
- ⏰ 11:00~22:00(마지막 주문 20:30) – 연중무휴
- 🔍 제주 서귀포시 중정로62번길 14 (서귀동)
- ☎ 064-762-0478 Ⓟ 가능

앞바당 붕장어

서귀포의 해안가 바로 앞에 자리하여 제주 다운 멋진 경치를 바라보며 붕장어구이를 맛볼 수 있는 곳이다. 휴게 식당으로 분류되어 주류를 판매하지 않으며 주류 반입도 불가하니 참고할 것.
- ₩ 우럭매운탕(3만원), 아나고구이(3만3천원), 아나고김치찌개(3만3천원)
- ⏰ 12:00~17:00 – 비정기적 휴무
- 🔍 제주 서귀포시 보목로70번길 8 (보목동)
- ☎ 064-732-9310 Ⓟ 가능

어진이네횟집 ✖ 자리돔 | 물회 | 제주음식

자리물회 전문점. 보목동에서 나오는 자리는 구이용이 아니라 물회와 젓갈용으로 주로 쓰이는데, 가시도 연해서 바로 초장에 찍어 먹어도 좋다. 바다가 보이는 경관이 빼어나 풍경을 감상하며 먹기에도 좋다.
- ₩ 객주리조림한상, 제주흑돼지한상(2인 이상, 1인 3만원), 갈치조림(5만원), 자리물회(1만4천원), 갈칫국(1만6천원), 옥돔구이, 자리돔구이(각 3만5천원)
- ⏰ 09:30~21:00(마지막 주문 20:00) – 연중무휴
- 🔍 제주 서귀포시 보목포로 93 (보목동)
- ☎ 064-732-7442 Ⓟ 가능

에르미타주 ✖ Hermitage 프랑스식

조용한 주택가에 자리잡은 프렌치 레스토랑으로, 도쿄의 장조지 등 해외의 유명 레스토랑에서 수학한 장신영 셰프가 재패니즈-프렌치를 선보인다. 프랑스 가정집 분위기에서 콜라비나 옥돔 등 제주도 식재료를 잘 활용한 프렌치 요리를 맛볼 수 있다.
- ₩ 계절코스(10만원), 계절코스&와인페어링(18만원)
- ⏰ 17:00~21:30 | 일, 월, 화요일 12:00~15:00 – 비정기적 휴무(인스타그램 공지), 수요일 휴무
- 🔍 제주 서귀포시 신서로52번길 3-8 (강정동)
- ☎ 0507-1366-1823 Ⓟ 가능(바로 옆 공영주차장 이용. 무료)

여우물 ✖✖ 일식오마카세

JW 메리어트 제주의 히든 레스토랑. 원래는 메리어트 플래티넘 멤버 이상 등급만을 프라이빗 레스토랑이었으나 최근 일반에도 공개됐다. 직원의 안내를 받아 손님을 위한 출입문이 아닌 것 같은 문을 통과하면 고급스러운 카운터 공간이 펼쳐진다. 이대진 셰프가 주방을 맡고 있으며 제주의 식재료와 한식 터치를 가미한 창작 일본요리. 도예가의 그릇들, 그리고 제주 자연의 설화를 버무려 멋진 스토리로 풀어내는데 요리 하나하나가 예술 작품 같은 느낌이며 풍미 또한 다채롭고도 훌륭하다. 특별한 제주를 경험하고 싶다면 꼭 방문해볼 만 하다.
- ₩ 코스(20만원)
- ⏰ 17:00~22:00 – 화, 수요일 휴무
- 🔍 제주 서귀포시 태평로 152 (호근동) JW메리어트 제주
- ☎ 064-803-7777 Ⓟ 가능

여우물

오르막가든 ✖ 돼지고기구이 | 삼겹살

두툼하게 썬 토종 흑돼지에 굵은 소금을 뿌려 구워 먹는 곳이다. 멜젓에 찍어 먹는 맛이 일품이다. 흑돼지고기는 숙성 방식에 따라 맛과 가격이 다르며 드라이에이징과 웻에이징 중에서 선택할 수 있다.
- ₩ 흑돼지오겹살(180g 2만원), 흑돼지한마리(700g 8만4천원), 흑돼지반마리(450g 5만4천원), 백돼지양념(300g 1만7천원), 백돼지생갈비(300g 2만1천원)
- ⏰ 10:00~15:00/17:00~22:00(마지막 주문 21:30) – 일요일,명절 당일 휴무
- 🔍 제주 서귀포시 대포중앙로 12 (대포동)
- ☎ 064-738-7755 Ⓟ 가능

오조해녀의집 ✖✖✖ 전복죽 | 전복 | 해물

제주에는 해녀가 조합 형식으로 식당을 차리고 직영하는 해녀의 집이 많은데, 그중에서도 전복죽이 맛있기로 소문난 집이다. 성산일출봉이 한눈에 보여 경관이 뛰어나다.
- ₩ 전복죽(1만2천원), 전복(1kg 11만원), 자연산전복(소 15만원, 대 18만원), 문어, 소라(1접시 각 1만2천원), 모둠(3만5천원)
- ⏰ 07:00~19:00 – 명절 휴무
- 🔍 제주 서귀포시 성산읍 한도로 141-13
- ☎ 064-784-7789 Ⓟ 가능

원앤온리 ONE AND ONLY 카페

산방산의 전망과 해변의 경치를 한눈에 볼 수 있는 대형 카페. 이색적인 음료와 함께 브런치, 파스타 등을 맛볼 수 있다. 야자수 조경의 이국적인 분위기를 즐길 수 있는 야외석을 추천한다.

ⓦ 아메리카노(7천5백원), 카페라테(8천원), 백일몽(1만1천원), 코코스머프(1만2천원), 밀크티, 말차라테, 초코라테(각 9천원), 아보카도샌드위치(1만6천원), 비스크로제파스타(1만8천원)
ⓣ 09:00~19:00(마지막 주문 18:30) – 연중무휴
ⓠ 제주 서귀포시 안덕면 산방로 141
☎ 064-794-0117 ⓟ 가능

유동커피 ✖ 커피전문점

서귀포를 대표하는 스페셜티 커피 매장으로, 각종 바리스타 대회를 휩쓴 조유동 바리스타가 운영하고 있다. 세 가지 종류의 원두 중 선택할 수 있는 것이 특징이다. 핸드드립 커피를 비롯해 티라미수카페라테, 에스프레소가 들어간 그린티라테, 고소한 견과류를 토핑으로 뿌린 송산동커피 등도 인기 메뉴다.

ⓦ 에스프레소, 아메리카노(각 4천5백원), 카페비엔나, 카페모카, 티라미수카페라테, 송산동커피, 쑥떡라테(각 6천원~6천5백원), 쓰나미해운대커피(6천5백원), 그린티라테(5천5백원~6천원)
ⓣ 08.00~21.00(마지막 주문 20.30) – 명절 당일 휴무
ⓠ 제주 서귀포시 태평로 406-1 (서귀동)
☎ 064-733-6662 ⓟ 불가

이디해비치호텔앤드리조트 ✖ iidy 이탈리아식

제주 오션뷰를 즐기며 화덕피자와 이탈리아 음식을 즐길 수 있는 레스토랑. 비스테카알라피오렌티나를 맛볼 수 있으며 하몽이 곁들여진 이스타테와 로마식 소 내장 요리인 트리파도 추천한다. 애플망고 빙수를 디저트로 즐겨도 좋다.

ⓦ 비스테카알라피오렌티나(25만원), 카르파치오디만조(6만원), 폴포인과세토(5만5천원), 브루스게타(3만원), 이스타테(3만5천원), 트리파(2만8천원), 뇨키에스캄피(5만원), 애플망고빙수(8만원)
ⓣ 07:00~10:00/11:00~17:00/18:00~21:30 – 연중무휴
ⓠ 제주 서귀포시 표선면 민속해안로 537 해비치리조트&호텔 1층
☎ 064-780-8314 ⓟ 가능

제남가든 삼겹살 | 돼지갈비

느끼하지 않고 담백한 맛의 흑돼지오겹살이 인기 메뉴. 두툼한 흑돼지 고기와 함께 맛깔스러운 반찬들이 한가득 나온다. 관광객보다 현지인이 더 많이 찾는 집. 예약은 필수이며 식사를 하려면 오후 5시 반까지는 입장해야 하니 방문 시

참고할 것.

ⓦ 돼지생갈비(400g 2만1천원), 돼지양념갈비(400g 1만8천원), 삼겹살, 오겹살, 갈매기(각 200g 1만8천원), 제남정식(1만원), 냉면, 소면(각 6천원), 후식된장찌개(3천원)
ⓣ 11:00~14:00(마지막 주문 12:30)/17:00~21:00(마지막 주문 19:30) – 명절 휴무
ⓠ 제주 서귀포시 남원읍 태위로 551-44
☎ 064-764-8000 ⓟ 가능

중문해녀의집 ✖ 전복죽 | 해물 | 전복

어촌의 조그마한 식당으로, 해녀가 잡은 해산물로 만든 요리를 맛볼 수 있다. 전복 내장을 함께 넣어 끓인 전복죽의 맛이 일품이다. 날이 좋은 날에는 야외에서 바닷가 풍경을 감상하면서 식사하는 것도 좋다.

ⓦ 전복죽(1만3천원), 소라, 멍게, 문어(각 2만원), 전복회, 해삼(각 3만원), 모둠(3만원~5만원)
ⓣ 하절기 08:00~18:00 | 동절기 08:00~17:00 – 연중무휴
ⓠ 제주 서귀포시 중문관광로 194 (중문동)
☎ 064-738-9557 ⓟ 가능

중앙식당 ✖ 성게국 | 제주음식 | 갈치

성게보말국이 유명한 곳. 제주에서 자연 서식하는 성게는 보라성게로, 껍질을 깨면 나오는 노란 살은 달콤한 맛이 난다. 성게를 미역과 함께 참기름으로 살짝 볶은 후 오분자기를 넣고 국으로 끓인 성게보말국은 담백한 맛을 낸다.

ⓦ 성게보말국, 갈칫국(각 1만5천원), 자리물회(1만3천원), 갈치구이(2만4천원), 갈치조림(소 5만원, 대 7만원)
ⓣ 06:00~20:00 | 목요일 08:00~11:00 – 명절 당일 휴무
ⓠ 제주 서귀포시 안덕면 화순로 108
☎ 064-794-9167 ⓟ 가능

진미명가 ✖✖ 眞味名家 다금바리 | 생선회

4대째 다금바리를 전문으로 하는 곳으로, 다금바리 껍질, 회, 뽈살, 엔가와, 주도로, 오도로, 창, 혓바닥, 힘줄, 입술, 다금바리지리 등을 코스로 즐길 수 있다. 갈 때는 미리 전화로 다금바리가 있는지 물어보고 가는 것이 좋다.

ⓦ 다금바리회(25만원)
ⓣ 17:40~21:00 – 월 2회 월, 화요일 휴무
ⓠ 제주 서귀포시 안덕면 사계남로 167
☎ 064-794-3639 ⓟ 가능

진주식당 ✖ 오분자기 | 전복 | 갈치

제주의 명물 오분자기뚝배기가 유명하다. 조개, 성게 알에 파와 매운 고추를 넣고 된장을 풀어 끓인 얼큰한 국물 맛과 고소한 오분자기 맛이 일품이다. 밑반찬으로 나오는 갈치속젓과 노란 참조기젓, 자리돔젓 등도 입맛을 돋운다.

ⓦ 전복뚝배기(1만8천원, 특 2만4천원), 전복죽(1만7천원), 오분

자기뚝배기(2만5천원), 전복구이, 토막갈치구이, 갈치조림(각 6만원)

🕐 08:00~20:00 – 연중무휴

🔍 제주 서귀포시 태평로 353 (서귀동)

☎ 064-762-5158 Ⓟ 가능

천지 ✖ 제주음식 | 한정식

제주 신라호텔 내의 한식당. 제주도의 다양한 향토 요리를 맛볼 수 있다. 음식이 깔끔하고 푸짐하다. 고급스럽고 깔끔한 식당의 분위기는 식사의 격을 높여준다.

₩ 신라코스(15만원), 숨비코스(12만원), 유채꿀석쇠불고기(8만5천원), 자연송이맑은탕(7만원), 한우전복신선로(7만원), 제주은갈치조림(6만원), 제주표고갈비찜(6만원)

🕐 17:30~22:00(마지막 주문 21:00) – 연중무휴

🔍 제주 서귀포시 중문관광로72번길 75 (색달동)

☎ 064-735-5342 Ⓟ 가능

천짓골식당 ✖ 돔베고기

돔베고기가 유명한 곳. 돔베고기는 도마 위에 올려져서 나오는 통삼겹살 수육이라고 생각하면 된다. 합리적인 가격의 백돼지오겹이 가장 인기가 많다. 주문하면 삶기 시작하기 때문에 30분 전쯤에 예약하는 것이 좋다.

₩ 돔베고기(600g 백돼지 4만8천원, 흑돼지 6만원)

🕐 17:10~21:30 – 일요일 휴무

🔍 제주 서귀포시 중앙로41번길 4 (서귀동)

☎ 064-763-0399 Ⓟ 불가

최남단식당 생선회

모슬포항에 있어 바다를 바라보며 해산물을 즐길 수 있는 곳이다. 회를 시키면 각종 해산물이 찬으로 나온다. 겨울에는 방어 코스도 인기 있다.

₩ 모둠회(22만원), 사시미코스(소 12만원, 중 14만원, 대 16만원, 특 20만원), 참돔(1kg 12만원), 점심특선회정식(2인 이상, 1인 1만7천원), 고등어구이(1만2천원)

🕐 11:00~21:30 – 첫째, 셋째 주 월요일 휴무

🔍 제주 서귀포시 대정읍 최남단해안로 40

☎ 064-794-9191 Ⓟ 가능

춘미향 제주음식

보말국과 벵에돔김치찜과 같은 향토음식을 전문으로 한다. 싱싱한 재료를 사용하여 음식을 만들며, 음식 양도 푸짐하다. 산방산 인근에 있어 올레길 탐방객이 많이 찾는 곳이다.

₩ 춘미향정식(2만2천원), 전복성게미역국(1만2천원), 흑돼지두루치기(2인 이상, 1인 1만2천원), 갈치조림(소 4만원, 중 6만원, 대 8만원), 흑돼지목살(180g 2만2천원), 돈목살(180g 1만7천원), 전복성게미역국(1만2천원), 고사리육개장(1만원), 흑돼지김치찌개(9천원), 생옥돔통구이(2마리 2만원)

🕐 11:30~14:00/17:30~21:00(마지막 주문 20:00) – 수요일 휴무

🔍 제주 서귀포시 안덕면 산방로 378

☎ 064-794-5558 Ⓟ 불가

크래커스 ✖ CRACKERS 커피전문점

제주에서 맛있는 커피로 손 꼽히는 카페 중 하나. 예전에는 레이블이란 이름의 어두운 공간과 커피 맛으로 인기를 끌었던 곳인데 한경면에 로스터리와 카페 지점을 확장하며 크래커스로 명칭을 변경했다. 잡다한 디저트류 보다 커피맛 그 자체에 주력해서 메뉴가 심플한 편이다. 귤창고를 개조한 제주스러운 분위기도 한몫 한다.

₩ 에스프레소(플라이트, 비기너 각 7천원), 아메리카노(5천원), 카페라테(5천5백원), 썸머라테(7천원), 아인슈페너(6천원), 유자크림슨(6천원), 아이스크림(5천5백원), 솔티드크래커(3천원), 바스크치즈케이크(6천원)

🕐 08:30~17:30(마지막 주문 17:00) – 연중무휴

🔍 제주 서귀포시 대정읍 보성구억로126번길 34 1층

☎ 064-792-8900 Ⓟ 가능

페를로 PERLO 이탈리아식

내부를 블랙톤으로 꾸민 고급스러운 분위기의 이탈리안 레스토랑. 제주에서 난 식재료를 사용한 이탈리안 음식을 맛볼 수 있다. 보말을 갈아 만든 소스의 문어보말파스타가 추천 메뉴.

₩ 시그니처피쉬스테이크세트(2인 7만9천원, 3인 9만원), 시그니처흑돼지스테이크세트(2인 8만9천원), 문어보말파스타, 성게어란파스타(각 2만4천원), 버팔로마르게리타(2만원)

🕐 11:00~15:30/17:30~20:50(마지막 주문 14:30/20:00) – 연중무휴

🔍 제주 서귀포시 안덕면 덕수회관로74번길 33

☎ 010-5752-9501 Ⓟ 가능

페를로

포도호텔레스토랑 ✄✄✄
PODO Hotel Restaurant 퓨전한식

세계적인 건축가 '이타미 준'이 설계한 호텔에서 고품격 미식을 즐길 수 있는 곳. 제주의 귀하고 신선한 식재료를 사용하며, 독창적인 시그니처 우동부터 제주의 퓨전 코스요리까지 다채로운 메뉴를 선보인다. 레스토랑의 통 유리창 너머로 아름다운 산방산 뷰가 파노라마처럼 펼쳐진다.

- Ⓦ 포도한상, 지라식스시정식, 포도엄블랑한상(각 6만5천원), 멍게비빔밥한상, 일본식참돔머리조림(각 5만5천원), 삼합나베(5만원), 흑돼지불고기쌈정식(4만2천원), 왕새우튀김우동세트(2만8천원), 제주보말우동(3만7천원), 한우스키야키우동(5만원)
- Ⓛ 07:00~10:30(마지막 주문 10:00)/12:00~15:00(마지막 주문 14:30)/17:00~21:50(마지막 주문 21:00) – 연중무휴
- Ⓠ 제주 서귀포시 안덕면 산록남로 863
- ☎ 064-793-7030 Ⓟ 가능

포도호텔레스토랑

풍로 ✄✄ 風爐 돼지고기구이

부타카세라고 하는, 돼지고기 오마카세를 전문으로 하는 곳. 여러 부위의 제주산 돼지고기 구이를 코스로 맛볼 수 있으며, 돼지고기를 이용한 다양한 요리를 즐길 수 있다. 9시 이후에는 단품 주문도 가능하며, 다양한 와인도 구비하고 있어 함께 페어링해도 좋다.

- Ⓦ 부타카세(런치 4만9천원, 디너 2인 이상, 1인 6만9천원)
- Ⓛ 12:00~21:30 – 연중무휴
- Ⓠ 제주 서귀포시 안덕면 신화역사로 423 2층
- ☎ 064-792-1108 Ⓟ 가능

하영횟집 생선회

여름이 제철인 자연산 따돔을 맛볼 수 있어 유명한 곳이다. 생선이나 해산물이 모두 신선하다. 기본 찬으로 나오는 해물의 양이 푸짐하다.

- Ⓦ 다금바리, 구문쟁이, 갯돔(각 시가), 광어, 방어, 히라스, 모둠회(각 2인 10만원, 3인 12만원, 4인 15만원), 소라회, 해삼, 고등

어회(각 5만원), 산낙지(3만5천원)
- Ⓛ 16:00~22:00(마지막 주문 20:30) – 일요일 휴무
- Ⓠ 제주 서귀포시 이어도로 1043 (서호동)
- ☎ 064-739-8161 Ⓟ 가능

하찌 はち 일식오마카세

1993년부터 경력을 쌓아온 전석창 셰프가 운영하는 일식 오마카세. 제주의 정취를 느낄 수 있는 공간에서, 제주도에서만 나는 생선으로 셰프의 내공이 담긴 코스 요리를 선보인다. 전복망고초밥 등 특별한 초밥을 맛볼 수 있다.

- Ⓦ 오마카세(15만원)
- Ⓛ 12:00~21:00 – 화요일 휴무
- Ⓠ 제주 서귀포시 호근남로 180 (호근동)
- ☎ 010-4909-8687 Ⓟ 가능

해녀의집 ✄✄ 전복죽 | 전복

전복을 비롯한 여러 가지 해산물을 맛볼 수 있는 곳이다. 대표 메뉴는 역시 전복죽이다. 게우와 전복살이 실하게 들어있는 전복죽 맛이 그만이다. 제주의 향토 음식인 작은 바다게를 갈아 끓인 겡이죽을 맛 볼 수 있는 몇 안 되는 식당이기도 하디.

- Ⓦ 전복죽(1만2천원), 해물(시가)
- Ⓛ 08:30~18:00 – 연중무휴
- Ⓠ 세주 서귀포시 싱신읍 일출도 284-34
- ☎ 064-783-1135 Ⓟ 가능

호텔리어스커피 ✄✄ Hoteliers' Coffee 카페

유럽의 가정에 온 듯한 화이트 톤의 넓고 화사한 공간의 카페로, 통창 밖으로는 제주 바다와 야자수를 감상할 수 있다. 레몬이 들어간 샤케라토를 맛볼 수 있으며, 고소하고 달콤한 맛의 컨시어지라테도 추천한다.

- Ⓦ 에스프레소(5천원), 아메리카노(6천원), 카페라테(6천8백원), 컨시어지라테, 벨맨커피(각 7천원), 제주당근라페참치샌드위치(9천5백원), 양송이크림수프(6천원), 바나나브레드(7천원), 호텔리어스브라우니(8천원)
- Ⓛ 08:00~16:00(마지막 주문 15:30) | 토, 일요일 09:00~17:00(마지막 주문 16:30) – 화요일 휴무
- Ⓠ 제주 서귀포시 중문관광로 23-1 (색달동) 아리아호텔 1층
- ☎ 064-738-8982 Ⓟ 가능

휴일로 HUEILOT 카페

바다가 바로 앞에 보이는 곳에 있는 디저트 카페. 외벽이 큰 유리로 되어 있어 내부에서도 바다가 훤히 보이며, 시원한 바닷바람을 쐴 수 있는 야외 테라스도 있다. 콜드브루와 크림으로 만든 휴라테가 시그니처 메뉴다.

- Ⓦ 아메리카노(6천5백원), 카페라테(7천5백원), 휴라테, 마당라테, 설록라테(각 8천5백원), 에이드(8천원), 한라산(9천원), 딸기

레어치즈케이크(8천원), 과일페이스트리큐브, 초당옥수수페이스트리큐브(각 6천8백원)
🕐 10:00~19:00(마지막 주문 18:30) – 연중무휴
🔍 제주 서귀포시 안덕면 난드르로 49–65
☎ 010–7577–4965 Ⓟ 가능

히노데 🍴 日出 스시 | 일식
제주도의 청정해에서 잡아 올린 싱싱한 해산물로 요리한 정통 일식 요리를 낸다. 싱싱한 제주 해물을 즉석에서 맛깔스럽게 구워내는 철판구이 코너와 스시카운터도 인기다. 신라에서만 20년 경력의 박영환 셰프가 이끄는 스시 오마카세는 제주 3대 스시로 꼽힌다. 서울 신라호텔의 아리아께와 마찬가지로 모든 재료는 국내산, 제주산 사용을 원칙으로 하여 신선도와 숙성도가 훌륭하고 이를 이용해 호방하게 쥐어내는 스시는 초심자부터 골수 마니아까지 모두 만족시키기에 충분하다.
Ⓦ 히노데코스(23만원), 데판야키(23만원), 사시미코스(18만원), 스시코스(18만원), 튀김코스(9만원), 특선도시락(9만8천원), 채식메뉴(4만5천원)
🕐 17:30~22:00(마지막 주문 21:00) – 연중무휴
🔍 제주 서귀포시 중문관광로72번길 75 (색달동) 제주신라호텔 3층
☎ 064–735–5339 Ⓟ 가능

제주특별자치도 제주시

0626와홀 🍴 이자카야
한일 부부가 운영하는 이자카야. 원래 접근성이 어려운 와홀리에 있었으나, 24년 봄에 제주시내로 이사 왔다. 저가부터 고가까지 수십 종의 사케와 일본소주를 잔으로 즐길 수 있으며, 일본인 사장이 만들어주어 본토 느낌이 물씬 나는 오뎅, 카레, 우동 같은 안주류도 별미다.
Ⓦ 일본식카레우동(1만2천원), 일본식스지카레(1만2천원), 오뎅(6천원), 모찌리두부(6천원), 야키소바(1만원), 규스지카레(1만원)
🕐 18:00~01:00(익일)(마지막 주문 23:30) – 목요일 휴무
🔍 제주 제주시 전농로 48–1 (삼도일동) 1층
☎ 0507–1411–062 Ⓟ 불가

가치 가이세키 | 일식오마카세 | 모던재패니즈
블랙이 포인트인 심플한 인테리어의 이자카야. 오마카세를 시키면 숙성 사시미와 여러 가지 요리가 나온다. 금태, 은갈치 등의 회와 멜튀김, 갈치튀김 등 제주도의 신선한 식재료를 즐길 수 있다.
Ⓦ 모둠사시미(1인 2만8천원, 2인 5만6천원, 3인 8만4천원, 4인

11만2천원), 제주특선사시미3종(소 5만원, 중 7만5천원, 대 10만원), 소고기스키야키(3만8천원), 딱새우요세나베(2만9천원), 우삼겹탄탄나베(2만9천원), 고등어봉초밥(1만6천원), 동파육(2만9천원)
🕐 16:30~02:00(익일) – 연중무휴
🔍 제주 제주시 동한두기길 17 (용담일동) 용담마이빌 1층
☎ 010–8477–5945 Ⓟ 가능

감초식당 순대 | 순댓국
깔끔한 맛의 순대국밥 전문점. 순대국밥은 맛이 담백하고 콩나물이 들어가서 시원한 맛이 난다. 모둠순대는 머릿고기와 순대가 나오며 내장을 추가할 수도 있다. 제주식으로 순대를 초고추장에 찍어 먹어도 좋다. 영업시간과 관계없이 재료 소진 시 문을 닫는다.
Ⓦ 모둠순대(1만5천원, 2만원, 2만5천원), 순대국밥(9천원), 순대전골(3만5천원), 내장전골(3만5천원), 닭볶음탕(3만5천원)
🕐 10:00~22:00(마지막 주문 21:30) – 첫 번째, 세 번째 일요일, 명절 휴무
🔍 제주 제주시 동광로1길 32 (이도일동)
☎ 064–753–7462 Ⓟ 불가

거부갈비 소갈비
훈연되어 나오는 부드러운 돔베갈비와 한우를 시그니처로 선보이는 곳. 웅장한 제주의 매력을 담은 공간에서 특별한 비주얼의 돔베갈비를 맛볼 수 있다. 정갈한 기본 반찬과 신선한 야채를 돔베갈비와 곁들여 먹는다. 이국적이면서 고급스러운 인테리어의 공간에서 식사를 즐길 수 있다.
Ⓦ 돔베갈비(300g 3만8천원), 생갈비(230g 3만8천원), 양념갈비(230g 3만8천원), 한우손차돌(130g 4만원), 한우생갈빗살(130g 4만5천원), 한우살치살(120g 5만5천원), 한우육회(3만5천원), 해물뚝배기(1만5천원), 모둠야채구이(1만8천원)
🕐 11:30~23:00 – 연중무휴
🔍 제주 제주시 제원4길 3 (연동)
☎ 064–745–7782 Ⓟ 가능

검은쇠몰고오는제주공항본점 🍴 소고기구이
제주도 하면 빼놓을 수 없는 것이 제주 "흑우"다. 흑우는 일제강점기를 거치며 거의 멸종되다시피 하였다가 1990년대 복원사업이 진행되었고 2013년에는 천연기념물 546호로 지정되어 3–4백 마리가 사육 중이라고 한다. 〈검은쇠 몰고오는〉은 이 제주 흑우를 전문적으로 다루는 몇 되지 않는 식당 중 하나다. 흑우는 한우에 비해 사육하기가 까다롭고 성장 속도가 느려 고기의 퀄리티가 다소 들쑥날쑥 하지만, 질긴 듯 부드럽게 쫄깃한 질감과 풍부한 육향, 미네랄이 뛰어나다. 식사 마무리로 쇠고기 사골 무국에 메밀을 풀어 만든 놈삐국을 꼭 주문할 것 (놈삐는 무의 제주 방언)

검은쇠볼고오는제주공항본점

ⓦ 흑우불고기정식(1인 2만원), 흑우떡갈비코스(1인 3만원), 흑우탕(1만5천원), 흑우미역국(1만3천원), 흑우우둔샐러드(3만원), 흑우육회(100g 2만원, 200g 4만원), 흑우떡갈비(3만원), 검은쇠수라상(1인 13만원), 흑우등심코스(1인 11만원), 흑우일품코스(1인 9만원)

ⓣ 11:00~22:00 – 연중무휴

ⓠ 제주 제주시 신대로20길 27 (연동) 그린빌라 1층

☎ 0507-1352-1692 ⓟ 가능

골막식당 고기국수 | 수육

국수 위에 돼지고기가 올라가는 고기국수가 유명하다. 맑은 국물에 두툼한 돼지고기가 네 점 정도 올라간다. 그 외에 파, 당근 정도가 뿌려져 있을 뿐 다른 고명은 하나도 없다. 국수 면발은 일반 국수 면발보다는 굵지만, 툭툭 잘 끊어지는 편. 잘 익은 배추김치를 곁들여 먹으면 일품이다.

ⓦ 고기국수(8천원, 곱빼기 9천원), 비빔국수(9천원), 수육(2만원)

ⓣ 06:30~18:00(마지막 주문 17:30) – 명절 휴무

ⓠ 제주 제주시 천수로 12 (이도이동)

☎ 064-753-6949 ⓟ 가능

골목식당 꿩 | 국수

담백한 육수와 제주산 꿩고기, 메밀로 만든 면발이 최고의 궁합을 이루는 꿩국수가 유명하다. 마늘을 듬뿍 넣어 양념을 한 꿩 구이, 국수와 수제비의 중간쯤 되는 꿩메밀국수를 맛볼 수 있다. 원래 제주는 척박한 땅이었고 상대적으로 흔한 편이었던 꿩은 제주 도민들의 중요한 단백질 공급원 중 하나였다고 한다. 제주에서는 얼마 남지 않은, 40여 년이 넘은 귀한 노포다.

ⓦ 꿩메밀칼국수(1만2천원), 꿩구이(3만5천원)

ⓣ 10:30~20:00 – 비정기적 휴무

ⓠ 제주 제주시 중앙로 63-9 (이도일동)

☎ 064-757-4890 ⓟ 가능

곰막 회국수 | 생선회

성게가 푸짐하게 들어간 성게국수와 회국수가 유명한 집. 싱싱한 고등어회도 맛볼 수 있다. 바다를 바라보며 식사할 수 있는 야외 자리도 있으며, 식사 후 널찍한 정원을 둘러보아도 좋다.

ⓦ 해산물모둠(3만5천원), 세트메뉴(4인 10만원), 다금바리(1kg 자연 13만원, 양식 7만원), 회국수(1만2천원), 성게국수(1만8천원), 회덮밥(1만3천원), 활한치국수, 고등어구이, 활우럭탕, 활전복죽, 대가리구이(각 1만5천원), 고등어회(3만8천원), 산낙지(2만원), 물회(1만8천원), 넙치, 광어(3만5천원), 참돔(4만8천원), 잿방어(3만원)

ⓣ 09:30~21:00(마지막 주문 20:00) – 두 번째, 네 번째 목요일 휴무

ⓠ 제주 제주시 구좌읍 구좌해안로 64

☎ 064-727-5111 ⓟ 가능

곰해장국 곰탕 | 꼬리곰탕 | 수육

곰탕 전문점으로, 특히 파가 듬뿍 들어간 깔끔한 맛의 꼬리곰탕이 유명하다. 꼬리뼈에 붙은 살을 발라 먹은 다음 밥을 말아 먹는다. 국수사리도 넉넉히 들어있어 속이 든든하다.

ⓦ 곰탕(1만원, 특 1만2천원), 콩나물해장국(8천원), 사골해장국(9천원), 꼬리곰탕(2만3천원), 소머리수육(4만5천원), 꼬리수육(5만원)

ⓣ 06:00~21:00 – 연중무휴

ⓠ 제주 제주시 복지로3길 1-4 (도남동)

☎ 064-744-8867 ⓟ 불가

광양해장국 선지해장국 | 소내장탕

뚝배기에 선지와 콩나물을 듬뿍 담아 내오는 해장국의 맛이 시원하다. 속에 들어 있는 고기도 질기지 않고 좋으며 고추기름을 넣어 얼큰한 맛을 자랑한다. 입맛에 맞게 다진 마늘을 넣어 먹는다.

ⓦ 소뼈해장국(9천원), 해장국(1만원), 내장탕(1만1천원)

ⓣ 06:00~15:00 – 월요일, 명절 휴무

ⓠ 제주 제주시 광양13길 25 (이도이동)

☎ 064-751-1777 ⓟ 가능

구아우쇼콜라 GUAU CHOCOLAT 초콜릿

현무암 모양의 초콜릿을 시그니처로 판매하는 초콜릿 전문점으로, 100% 카카오버터 커버춰를 사용한다. 현무초콜릿미니는 다크, 녹차 맛과 밀크와 흑임자 맛을 고를 수 있다. 카카오 함량을 고를 수 있는 초콜릿 음료도 깊은 맛을 느낄 수 있다.

ⓦ 아메리카노(4천5백원), 카페라테(5천5백원), 카페모카(6천원), 쇼콜라쇼56%(6천원), 쇼콜라쇼64%, 쇼콜라쇼70%, 아이스쇼콜라(각 6천5백원), 100%카카오수프(7천원), 위스키쇼콜라쇼(8천원), 현무초콜릿미니(8천5백원), 현무초콜릿(2만4천원), 파

베초콜릿(1만7천원)

ⓒ 10:30~16:00 – 화, 수요일 휴무

Q 제주 제주시 구좌읍 김녕항2길 14

☎ 0507-1401-4557 Ⓟ 가능(협소)

구좌상회 카페

제주도 돌담을 살려서 지은 외관과 당근케이크로 유명한 카페. 당근케이크는 적당히 촉촉한 시트와 너무 달지 않은 크림이 당근, 견과류와 어우러져 맛이 좋다. 따뜻한 분위기의 인테리어로 사진 촬영 명소로도 꼽히고 있다.

Ⓦ 아메리카노(5천5백원), 라테, 카푸치노, 바닐라라테, 패션플라워티(각 6천원), 당근케이크(7천5백원), 브라우니, 치즈케이크(각 6천5백원)

ⓒ 10:30~17:50 – 화, 수요일 휴무

Q 제주 제주시 조천읍 선교로 198-5

☎ 010-6600-6648 Ⓟ 불가

국수마당 ✄ 국수 | 고기국수

제주공항 근처에 있는 국수 전문점이다. 고기국수를 시키면 하얀 돼지 뼈 국물에 굵은 국수가 나오는데, 국물이 진하고 돼지고기 편육은 푸짐하다. 국물에 김가루와 양념장을 넣기도 한다.

Ⓦ 멸치국수(9천원), 고기국수, 열무국수(각 9천원), 비빔국수, 콩나물국밥(각 8천원), 돔베고기(3만원), 아강발(2만원)

ⓒ 09:00~22:55(마지막 주문 22:25) – 명절 휴무

Q 제주 제주시 삼성로 65 (일도이동)

☎ 064-727-6001 Ⓟ 불가

그린루스카 ✄

GREEN RUSKA COFFEE HOUSE 커피전문점

이미커피, 하소로 커피에서 근무했던 바리스타가 독립하여 오픈한 매장. 로컬스러운 분위기 뿐만 아니라 아라비아 커피 잔으로 제공하는 커피가 정성스럽고, 다양한 커피가 맛있다. 최근에는 파인로부스타 커피를 이용한 창작 메뉴도 꼭 마셔볼 것을 추천한다.

Ⓦ 브루잉커피(5천원~1만2천원), 카페페퍼밀크(7천원), 밀크브루라테(6천원), 피낭시에(3천5백원)

ⓒ 11:00~18:30(마지막 주문 18:00) – 일, 월요일 휴무

Q 제주 제주시 서사로12길 45 (삼도일동)

☎ 없음 Ⓟ 불가

금능반지하 호프

바다가 보이는 인스타 감성 충만한 맥줏집. 맥주 외에 무알콜, 칵테일, 하이볼, 상그리아, 뱅쇼 등 다양한 음료를 즐길 수 있다. 바다 바로 앞에 있는 야외 자리를 추천. 촘촘히 깔려 있는 자갈 바닥에 나무로 된 소박한 탁자와 의자가 운치

있다. 밤에는 드럼통에 캠프파이어를 해주기도 한다.

Ⓦ 반지하감바스, 바비큐폭립(각 3만원), 치킨궈바로우(2만5천원), 로제떡볶이(2만2천원), 몽골리안볶음면(1만8천원), 스팀소시지(1만8천원)

ⓒ 17:00~23:00 – 목요일 휴무

Q 제주 제주시 한림읍 금능9길 30

☎ 0507-1333-4337 Ⓟ 가능

남춘식당 고기국수 | 콩국수 | 김밥

돔베고기를 얹은 고기국수로 유명하다. 소고기와 유부, 당근, 시금치 등이 들어간 제주식 김밥도 중독성이 있다. 여름에는 콩국수도 많이 찾는데, 검은콩을 갈아서 만든 콩국수는 걸쭉하면서 시원한 맛을 자랑한다.

Ⓦ 고기국수(9천원), 수제비(2인 이상, 1인 9천원), 멸치국수(7천원), 비빔국수(7천5백원), 콩국수(1만1천원), 김밥(4천원)

ⓒ 11:00~16:30 | 포장 11:00~18:30 – 일요일, 명절 휴무

Q 제주 제주시 청귤로 12 (이도이동)

☎ 064-702-2588 Ⓟ 불가

너는파라다이스길리 카페

파란 외벽이 눈에 띄는 카페. 당근과 한라봉이 들어간 음료 및 디저트가 시그니처. 음료를 주문 즉시 착즙하여 만드는 것이 특징이다. 디톡스 보울도 유명한데, 보울 메뉴는 녹색 채소나 라즈베리를 진하게 갈아 만든 주스 위에 과일, 견과류, 그래놀라를 토핑으로 올려내 상큼하고 건강한 맛이다.

Ⓦ 에스프레소(4천원), 아메리카노(5천원), 카페라테(6천원), 당근주스, 당근차, 당근스무디(각 7천원), 레드보울(8천5백원), 당근바스크치즈케이크, 티라미수, 구좌당근케이크(각 7천원), 당근스콘, 한라봉스콘(각 4천5백원)

ⓒ 11:00~17:00 – 비정기적 휴무

Q 제주 제주시 구좌읍 월정1길 65

☎ 064-782-2208 Ⓟ 가능

넘은봄 ✄ 모던한식

강병욱 셰프의 한식 비스트로. 제주산 식재료와 농장에서 직접 공수한 제철 식재료로 계절마다 변동되는 비스트로 요리를 선보인다. 예약제로 운영하며, 창밖으로 보이는 청귤물 뷰가 시선을 끈다. 주류 주문은 필수이니 참고할 것.

Ⓦ 감태면(2만1천원), 제주마른두부(1만5천원)

ⓒ 12:00~15:00/17:00~22:00 | 목요일 17:00~22:00 – 수요일 휴무

Q 제주 제주시 구좌읍 김녕로1길 75-1 1층

☎ 070-8028-8743 Ⓟ 가능

느루온 이자카야

제주에서 나는 제철 식재료를 활용한 요리를 내는 이자카야. 계절에 따라 다양한 구성으로 내어주는 모둠숙성회와

제주산 고등어봉초밥, 후토마키 등이 인기 메뉴. 사케 종류도 다양한 편.

ⓦ 숙성회(혼술 2만5천원, 중 5만5천원, 대 7만5천원), 후토마키(2만8천원), 사시미슈토아에(2만5천원), 고등어봉초밥(2만3천원), 전복게우크림파스타(2만2천원), 메로숯불구이(2만8천원), 닭목살숯불구이(1만8천원), 아보가도명란튀김(1만8천원), 소고기스키야키(3만원)

ⓣ 17:00〜24:00(마지막 주문 22:50) – 연중무휴

ⓠ 제주 제주시 신설로9길 33 (이도이동)

☎ 070-8691-1749 ⓟ 가능

늘봄흑돼지 돼지고기구이 | 돼지갈비

제주산 흑돼지를 전문으로 한다. 기름기가 적고 담백한 맛의 흑돼지를 맛볼 수 있다. 기본으로 나오는 반찬이 정갈하고 푸짐하다.

ⓦ 삼겹살, 목살(각 180g 2만2천원), 생갈비(220g 2만6천원), 양념구이(300g 2만2천원), 항정살, 가브리살, 갈매기살(각 160g 2만2천원)

ⓣ 11:00〜23:00 – 연중무휴

ⓠ 제주 제주시 한라대학로 12 (노형동)

☎ 064-744-9001 ⓟ 가능

대광식당 평양냉면 | 함흥냉면 | 돼지갈비

가우리회가 들어간 비빔냉면이 유명한 곳. 물냉면은 고기로 육수를 내서 진한 고기 향이 난다. 면발은 제주에서 난 메밀을 사용해 뽑았다. 메밀 함량이 그리 높지 않지만 찰진 면이 괜찮다는 평. 돼지갈비도 인기 메뉴다.

ⓦ 함흥회냉면, 메밀물냉면, 갈비탕, 육개장(각 1만원), 왕만두(9천원)

ⓣ 10:00〜21:00(마지막 주문 20:30) – 9〜3월 마지막 주 수요일 휴무

ⓠ 제주 제주시 중앙로23길 9 (이도일동)

☎ 064-758-7768 ⓟ 가능

대우정 전복 | 솥밥

전복 돌솥밥으로 유명한 집. 사골 육수로 지은 밥에 전복이 푸짐히 들어간다. 양념간장과 마가린을 넣어 비벼 먹는 맛이 일품이다. 밥을 다 먹은 후 바닥에 두껍게 눌어 있는 누룽지를 긁어 먹는 재미도 빼놓을 수 없다. 돌솥밥을 짓는 데는 15분 정도 시간이 걸린다.

ⓦ 순살갈치돌솥밥(1만5천원), 소라성게돌솥밥(1만5천원), 전복돌솥밥, 해물전복뚝배기(각 1만4천원), 성게미역국(1만3천원), 불고기돌솥밥(1만1천원), 콩나물돌솥밥(1만원)

ⓣ 09:00〜18:00 – 일요일 휴무

ⓠ 제주 제주시 서사로 152 (삼도일동)

☎ 064-757-9662 ⓟ 불가

더스푼 파스타 | 이탈리아식

서울 청담동 뚜또베네의 수셰프 출신인 박기쁨 셰프가 제주에서 선보이는 제주–이탈리안 퀴진이다. 제주의 해산물을 적극 사용하고 이탈리아 전역의 레시피를 활용하여 제주 전통 음식을 재해석 하기도 한다. 셰프가 직접 반죽한 생면파스타도 맛볼 수 있으며 총각무 피클, 티라미수 등 조금씩 남아 있는 뚜또베네의 DNA를 찾는 것도 재미있다.

ⓦ 통영갓굴과아브르카카비어(4pc 1만6천원), 제주돌문어구이(2만5천원), 트리파(1만5천원), 굴콩피(1만6천원), 명란타르트(2pc 1만1천원), 성게스파게티(3만2천원), 안초비버터스파게티(2만7천원), 나폴리라구파스타(2만4천원), 포모도로스파게티, 버터타야린(1만8천원), 카르토치노(3만9천원), 한우채끝스테이크(180g 7만8천원)

ⓣ 18:00〜22:30(마지막 주문 20:30) – 월, 화요일 휴무

ⓠ 제주 제주시 구남동1길 45 (아라이동)

☎ 064-725-1324 ⓟ 가능

더스푼

델문도 Cafe' Delmoondo 카페

함덕 해변에서 아름다운 뷰로 유명한 베이커리 카페. 통유리로 되어 있어 바다를 한눈에 바라볼 수 있으며, 야외 테라스 지리는 바다를 바로 앞에 두고 있어 인기가 좋다. 로스터리 카페로, 커피 맛도 좋은 편이다.

ⓦ 아메리카노(7천원), 카페라테, 콜드브루(각 8천원), 우도땅콩라테(8천5백원), 젤라토(6천5백원), 제주당근케이크(7천5백원), 제주돌빵(4천5백원), 팽오쇼콜라(5천원), 크루아상(4천5백원)

ⓣ 06:30〜24:00(마지막 주문 23:50) – 연중무휴

ⓠ 제주 제주시 조천읍 조함해안로 519–10

☎ 064-702-0007 ⓟ 가능

도남오거리식당 소고기구이 | 소갈비 | 돼지고기구이

제주에서 소고기 생각이 나면 찾을 만한 곳이다. 황소모둠을 주문하면 큰 접시 가운데 부분에는 육회, 간, 천엽, 아롱, 골 등 날로 먹을 수 있는 부위를 내온다. 주위에는 등심, 안

창, 차돌박이, 갈비, 염통, 곱창 등 구이용 고기가 올려진다. 점심식사로 쌈밥정식도 권할 만하다. 가격 대비 만족도가 뛰어난 곳이다.

Ⓦ 황소모둠(1kg 8만4천원, 1.6kg 11만2천원), 황소구이모둠 (500g 5만7천원, 800g 8만4천원), 꽃등심(180g 2만9천원), 차돌박이(180g 2만7천원), 육회(150g 1만5천원, 300g 2만9천원), 소양념갈비(400g 3만2천원), 돼지생갈비(360g 2만1천원), 돼지양념갈비(360g 1만4천원)

Ⓣ 15:00~23:00 – 월요일 휴무

Ⓠ 제주 제주시 도남로6길 16 (도남동)

☎ 064-722-4844 Ⓟ 가능

도라지식당 ✖ 제주음식 | 생선조림 | 생선구이

계절에 따라 끓여내는 생선국을 전문으로 하는 곳으로, 40년이 넘는 내력을 지닌 유명한 집이다. 갈치구이, 옥돔미역국, 한치물회 등 다양한 메뉴가 있다.

Ⓦ 갈치구이(2만5천원), 고등어구이(2만원), 전복해물뚝배기(1만7천원), 옥돔구이(4만5천원), 갈치조림(소 2만5천원, 중 6만5천원, 대 7만5천원), 한치물회(1만5천원)

Ⓣ 09:00~20:30(마지막 주문 19:30) – 화요일 휴무

Ⓠ 제주 제주시 연삼로 128 (오라삼동)

☎ 064-722-3142 Ⓟ 가능

돌하르방식당 ✖ 각재기 | 전갱이 | 해물탕

각재깃국(전갱이국)이 유명한 곳. 해장에 좋다는 각재깃국을 시키면 콩잎과 풋고추, 된장, 멸치젓, 오징어젓, 고등어조림 등이 나온다. 취향에 따라 양념장을 넣어 먹는 각재깃국의 시원한 맛이 일품이다. 4인 이상 주문하면 커다란 고등어구이가 서비스로 나온다.

Ⓦ 각재깃국, 해물뚝배기(각 1만원), 고등어구이(1만5천원)

Ⓣ 10:00~15:00(마지막 주문 14:50) – 일요일, 공휴일 휴무

Ⓠ 제주 제주시 신산로11길 53 (일도이동)

☎ 064-752-7580 Ⓟ 가능(바로 앞 공영 주차장 이용, 무료)

동귀리갈칫집 ✖ 갈치

제주산 갈치구이 정식집. 튀기듯이 구운 갈치를 무한리필로 먹을 수 있다. 동귀리 출신 주인이 '동귀리'라는 명칭의 정식을 차려내는데, 10년 넘게 제주 수산물 유통을 한 경험으로 좋은 재료를 사용하며, 가격도 합리적이다.

Ⓦ 동귀1리(2만1천9백원), 동귀2리(1만9천9백원), 동귀3리(1만6천9백원), 돔베편육과명태회(6천9백원), 수향미솥밥(4천원), 제주흑돼지등심가스(8천9백원), 돔베편육과명태회(6천9백원), 제주흑돼지간장볶음(6천9백원)

Ⓣ 10:00~15:00/17:00~21:00(마지막 주문 20:15) – 화요일 휴무

Ⓠ 제주 제주시 월랑로 83 (노형동)

☎ 064-743-3392 Ⓟ 가능

동백키친 파스타

제주 서쪽 한림마을에 있는, 파스타를 전문으로 하는 작은 식당. 현지에서 나는 식재료를 사용한 파스타와 필라프를 맛볼 수 있다. 딱새우파스타, 흑돼지파스타, 흑돼지필라프 등이 인기 메뉴다.

Ⓦ 제주갈치파스타, 전복고사리파스타, 뼈등심돈가스(각 1만6천9백원), 해산물토마토파스타(1만5천9백원), 전복필라프(1만5천원)

Ⓣ 11:00~20:00(마지막 주문 19:00) – 수요일 휴무

Ⓠ 제주 제주시 한림읍 수원7길 42

☎ 064-796-1014 Ⓟ 가능

두루두루식당 쥐치 | 생선회 | 생선조림

객주리 회와 조림이 맛있는 집. 객주리는 제주도 말로 쥐치를 말하는데, 쫀득한 식감이 일품이다. 우럭조림을 비롯해 갈치, 고등어조림도 맛볼 수 있으며 빨갛고 진한 양념이 입안을 알싸하게 만든다.

Ⓦ 객주리회(2인 4만원, 3인 6만원, 4인 7만원), 객주리조림, 객주리탕, 우럭탕, 우럭조림(각 소 4만5천원, 대 5만5천원)

Ⓣ 16:00~24:00 – 수요일 휴무

Ⓠ 제주 제주시 삼무로3길 14 (연동)

☎ 064-744-9711 Ⓟ 불가

딜레탕트 DILETTANTE 파이

제주도 조천읍 해안가와 가까운 2층 카페. 달걀과 크림을 사용해 만드는 프랑스 가정식 파이인 키슈를 전문으로 한다. 딱새우, 흑돼지, 감자 등 다양한 맛의 키슈를 만날 수 있다. 그 외에도 현무암을 모티브로 만든 현무암쿠키가 유명하다.

Ⓦ 아메리카노(5천5백원), 카페라테(6천원), 키슈브런치1인세트(1만7천5백원), 두바이초콜릿파이미니쿠키(1만5천원), 제주딱새우로제키슈파이, 제주흑돼지불고기치즈키슈파이(각 9천3백원), 현무암들(4pc 6천원), 에그파이(4천원)

Ⓣ 09:00~20:00 – 연중무휴

Ⓠ 제주 제주시 조천읍 신북로 144 1, 2층

☎ 010-3328-0727 Ⓟ 가능

라스또르따스 LAS TORTAS 멕시코식

이국적인 분위기를 풍기는 멕시코 음식 전문점. 옥수수 토르티야 위에 정통 멕시코 스타일의 돼지고기 토핑이 올려진 카르니타스, 달고기 생선 토핑이 올려진 페스카도, 한우 곱창 토핑이 올려진 트리파를 선보인다. 타코 위에 올려진 소스와 재료들이 조화롭다는 평.

Ⓦ 카르니타스(9천원~1만3천5백원), 페스카도(1만1천원~1만6천5백원), 트리파(1만3천원~1만9천5백원), 카마로네스(1만5천원)

Ⓣ 11:00~15:00 – 월, 화요일 휴무

제주 제주시 광양11길 8-1 (이도이동)

☎ 064-799-5100 ⓟ 불가

라우나 ✖ La UNA 피자

제주에서 가장 멋진 화덕피자를 맛볼 수 있는 곳. 살바토레 쿠오모에서 피자를 배우고 잇마이피자에서 박기쁨 셰프와 함께 독특한 피자를 디벨롭 했던 한혜진 셰프의 업장이다. 폭신폭신 쫄깃한 도우에 산미, 감미, 함미 밸런스 완벽한 촉촉한 피자는 당시의 살바토레를 이미 넘어섰다. 피자뿐 아니라 파스타와 디저트까지 수준급으로 만든다.

ⓦ 한우살치살스테이크(6만5천원), 한우알등심스테이크(5만4천원), 제주산닭다리살스테이크(3만4천원), 멜란자네(2만5천원), 마리나라(1만5천원), 마르게리타(1만9천5백원), 디아볼라(2만5천5백원)

🕐 12:00~15:30(마지막 주문 14:30)/18:00~22:00(마지막 주문 21:00) – 목요일 휴무

제주 제주시 인다13길 24 (아라일동) 102호

☎ 0507-1439-240 ⓟ 가능

라우나

랜디스도넛 Randys Donuts 도넛

미국 LA의 랜디스 도넛 제주직영점. 매장에서 직접 제조하여 신선하고 풍부한 맛을 내는 것이 특징이다. 다양한 토핑이 뿌려진 도넛을 맛볼 수 있다.

ⓦ 스모어도넛, 애플프리터, 글레이즈도넛, 베이컨메이플롱존, 메이플크림롱존, 초콜릿초코롱존, 딸기필링도(각 4천원), 스프링어니언도넛, 애월녹차필링도넛, 초코크런치스트로베리도넛(각 4천3백원), 애월블렌드(5천1백원), 카페라테(5천5백원)

🕐 10:00~19:00(마지막 주문 18:00) – 연중무휴

제주 제주시 애월읍 애월로 27-1

☎ 064-799-0610 ⓟ 가능

로스터리묶음 COFFEE ROASTERY 커피전문점

들어가는 입구부터 커피향이 진하게 감도는 로스터리 샵. 커피 추출 바와 테이블 두어 개 정도의 자그마하지만 안락한 분위기의 공간이다. 직접 로스팅한 원두 4가지 중 선택해 맛볼 수 있는 필터커피와 묵직한 무게감이 느껴지는 아메리카노를 메인으로 한다. 원두를 구입하면 커피를 한 잔 내려준다.

ⓦ 에스프레소(4천5백원), 아메리카노(4천5백원), 필터커피(5천5백원), 오트라테(5천5백원)

🕐 화, 수, 목요일 12:00~17:00 | 일, 월요일 13:00~17:00 – 금, 토요일 휴무

제주 제주시 한림읍 한림로 214

☎ 064-796-0365 ⓟ 불가

로쿤커피 ROKUN COFFEE 커피전문점

다양한 브루잉커피를 갖춘 로스터리 카페. 두 층으로 이루어져 있으며 2층에는 에스프레소바가 위치하고 있다. 넓은 공간 배치로 편안하게 커피를 즐기기 좋다. 복닥거리지 않고 한적한 분위기다.

ⓦ 아메리카노(5천5백원), 카페라테(6천원), 오늘의커피(7천5백원), 로쿤크림커피(8천원), 피낭시에(2천5백원), 크런키피낭시에(3천2백원)

🕐 09:30~19:00(마지막 주문 18:30) – 화, 수요일 휴무

제주 제주시 애월읍 납읍밧길 1 1

☎ 070-4242-1836 ⓟ 가능

뤼미에흐 ✖ Lumiere 프랑스식

광주 알랭 출신 조경재 셰프가 운영하는 프렌치 레스토랑. 제주의 식재료를 매우 적극적으로 사용하고 있으며, 흔히 쓰는 채소나 생선, 한우 뿐 아니라 양식에서 쉽게 사용하기 힘든 더덕이나 고유 품종의 밀, 쌀 같은 특이한 재료들을 잘 활용하고 있다. 그에 맞춰 풍미도 상당히 이노베이티브하며 완성도 또한 높은 것이 인상적이다. 피트한 위스키를 스프레이하여 너티한 풍미를 극대화 하는 것이나 머랭을 숯으로 지져 스모키한 향을 내는 퍼포먼스도 빼놓을 수 없다.

ⓦ 프레르루미에르코스(10만원), 레터링디저트(1만5천원)

🕐 12:00~14:00/19:00~21:00 – 수요일 휴무

제주 제주시 무근성길 38 (삼도이동)

☎ 010-2687-3576 ⓟ 가능

르부이부이 ✖ lebouiboui 프랑스식

종달리의 프이스트 엔드와 프렌치 터틀로 많은 사랑을 받았던 임상만, 이은주 셰프 부부의 프렌치 레스토랑. 파리 뒷골목의 비스트로에 와 있는 듯한 이국적인 분위기에서 완성도 높은 현지 스타일 비스트로 요리와 내추럴 와인을 합리적인 가격에 맛볼 수 있다.

ⓦ 2코스(3만8천원), 3코스(4만7천원)
ⓣ 17:30~22:30(마지막 주문 21:00) – 일, 월요일 휴무
ⓠ 제주 제주시 사라봉7길 32 (건입동)
☎ 070-4187-4732 ⓟ 불가

리보스코화덕피자 ✖ REiBOSCO PIZZA 피자

톳을 넣어 반죽한 도우가 특징인 화덕피자전문점. 제주를 연상케하는 독특한 메뉴들을 만나볼 수 있다. 산처럼 쌓아 올린 푸짐한 토핑의 비주얼도 눈을 즐겁게 한다. 한라산용 암피자가 인기메뉴.

ⓦ 한라산용암피자(3만7천원), 유채꽃현무암치킨피자(3만9천원), 페퍼로니해녀꽃피자(3만원), 루콜라듬뿍피자(3만2천원)
ⓣ 11:00~21:00(마지막 주문 20:30) – 수요일 휴무
ⓠ 제주 제주시 수목원길 27 (연동)
☎ 064-745-0904 ⓟ 가능

릴로제주 ✖ L'îlot Jéju 프랑스식 | 샌드위치

프랑스식 오픈 샌드위치인 타르틴을 맛볼 수 있는 곳. 리코타 치즈부터 소스까지 매일 아침 직접 만든 신선한 재료만을 사용해 샌드위치를 만든다. 샌드위치는 와인과 함께 즐기기 좋아 낮술을 위해 찾는 이도 많다. 곳곳에 비치된 프랑스 스타일의 소품이 보는 재미를 더하는 곳.

ⓦ 수비드비프타르틴(1만3천5백원), 아보카도&사과타르틴(1만5천원), 바게트비프샌드위치(9천5백원), 릴로플레이트(2인 2만9천9백원), 감자수프(8천5백원), 토마토치킨수프(1만2천9백원)
ⓣ 10:00~15:00(마지막 주문 14:30) – 화요일 휴무
ⓠ 제주 제주시 구좌읍 하도13길 63
☎ 0507-1337-4945 ⓟ 가능

마라도횟집 ✖ 생선회 | 방어 | 고등어

연동에서 방어회로 유명했던 곳으로, 최근 도남동으로 이전하였다. 제철 방어회를 합리적인 가격에 맛볼 수 있으며 방어회 외에도 고등어회, 다금바리회 등도 별미다. 모든 메뉴는 세트로 구성되어 있어 푸짐하게 즐길 수 있다.

ⓦ 대방어회, 특대방어+고등어회, 모둠회(각 5만5천원), 특대방어뱃살(7만5천원), 마라도특선(9만5천원), 다금바리세트(8만5천원)
ⓣ 11:30~23:00 – 일요일 휴무
ⓠ 제주 제주시 청사로3길 1-6 (도남동)
☎ 064-746-2286 ⓟ 가능

마마롱 ✖ ma marron 디저트전문점

한적한 분위기의 파티세리 숍. 수준급의 프렌치 디저트 종류를 선보인다. 몽블랑을 생크림케이크로 만든 마마롱케이크가 대표 메뉴며, 에클레르도 인기다. 디저트가 일찍 품절되는 편이니, 서둘러서 방문하는 것을 추천한다.

ⓦ 에스프레소, 아메리카노(5천5백원), 카페라테(6천5백원), 허

브티(6천5백원), 마마롱케이크(1만원), 마마롱에클레어(7천8백원), 딸기생크림케이크(1만원), 구좌당근케이크(9천원), 얼그레이케이크(1만원)
ⓣ 10:30~18:00 – 월요일 휴무
ⓠ 제주 제주시 애월읍 평화로 2783 1층
☎ 064-747-1074 ⓟ 가능

맘마리아 ✖ Mamma Lia 파스타

이탈리아 시칠리아 출신인 프란체스코 셰프의 생면 파스타전문점. 이탈리아 전역의 다양한 파스타를 프란체스코 셰프의 해석으로 풀어낸다. 이탈리아 본토의 진하면서도 부드러운 맛을 즐길 수 있다.

ⓦ 로토로리아(1만8천5백원), 아란치니(1만2천원), 카바텔리콘체타(1만6천5백원), 페투치네프랑타(1만3천5백원), 카프레제수프(1만2천원), 스파게티쏘렐라(1만5천5백원), 부시아테파파(2만3천5백원)
ⓣ 12:00~20:00 – 월, 화요일 휴무
ⓠ 제주 제주시 한림읍 귀덕5길 7 1층
☎ 0507-1309-318 ⓟ 가능

맥파이브루어리 크래프트맥주바

이태원 경리단길에서 시작한 맥파이브루잉컴퍼니가 2016년 문을 연 양조장. 양조장과 탭룸이 함께 있다. 피자, 치킨과 같은 간단한 안주류의 음식과 함께 맥파이가 만드는 다양한 맥주를 즐길 수 있다. 토, 일요일에는 맥주를 마시며 즐기는 양조장 투어 프로그램도 있다.

ⓦ 페퍼로니피자(1만8천원), 프라이드치킨반마리세트(1만7천원), 쿨랜치피자(1만9천원), 스파이시램피자(2만1천원)
ⓣ 12:00~20:00(마지막 주문 19:00) | 토, 일요일 12:00~21:00 (마지막 주문 20:00) – 월, 화요일 휴무
ⓠ 제주 제주시 동회천1길 23 (회천동)
☎ 064-721-0227 ⓟ 가능

명당양과 베이커리

제주에서 오래된 빵집. 옛날 스타일의 빵부터 최신 유행하는 디저트까지 다양하게 선보이고 있다. 쌀가루로 만든 빵으로도 유명하며 모든 재료를 직접 만드는 것이 특징이다. 직접 끓인 통팥이 들어간 팥빵이 인기다.

ⓦ 통호밀빵(6천5백원), 제주탐나샌드(1박스 2만원), 마늘바게트(5천8백원), 쌀시폰케이크(8천원), 소금빵(2천8백원), 우리밀통밀100%식빵(4천5백원), 크루아상(3천9백원), 생도넛(2천원), 코요타(3천5백원)
ⓣ 07:00~23:30 – 첫째 주 일요일 휴무
ⓠ 제주 제주시 원노형로 83 (노형동) 창원빌딩
☎ 064-746-1848 ⓟ 불가

명랑스낵 cheerful snack 튀김 | 분식

비양도와 바다가 보이는 한적한 곳에 위치한 분식집으로, 튀김이 대표 메뉴다. 일식 덴푸라를 만들던 셰프의 고급스러운 튀김과 함께 떡볶이를 맛볼 수 있다. 튀김옷이 바삭한 왕새우튀김이 추천 메뉴.

ⓦ 왕새우튀김(8천원), 한치튀김(1만5천원), 흑돼지튀김(8천원), 김말이(3천5백원), 떡볶이(4천5백원), 짜장떡볶이(1만1천원)
⊙ 11:30~18:00(홀 마감 17:30) – 연중무휴
ℚ 제주 제주시 한림읍 한림로 585 1층
☎ 070-7755-4548 ⓟ 가능(건너편 공터에 주차)

명호마농갈비 明浩 소갈비

제주산 한우 갈비 전문점. 1+ 등급 이상의 한우 갈비를 직접 정형하여 내는 곳으로, 마늘로 양념한 마농갈비가 대표 메뉴다. 한정 메뉴인 생안창살도 인기 있으며 마농카레를 곁들여도 좋다.

ⓦ 마농갈비, 생갈비(각 120g 2만5천원), 생안창살(100g 3만8천원), 육회(150g 2만5천원), 한우국밥, 장아찌국수. 마농카레(각 7천원)
⊙ 13:00~15:30/17:00~23:00(마지막 주문 22:00) – 연중무휴
ℚ 제주 제주시 신대로12길 15 (연동) 1층
☎ 064-744-8985 ⓟ 가능

모디카 ✖ MODICA

한림의 한적한 주택가에 자리한 이탈리안 레스토랑으로, 그 중에서도 시칠리아 쪽의 음식을 선보인다. 이성우 오너셰프는 이탈리아의 국제 요리학교 ALMA에서 수료하고 시칠리아의 레스토랑들에서 근무하다 제주로 건너왔다고 한다. 잘 꾸며진 정원을 지나 하얀 테이블보와 핀포인트 조명으로 심플하게 꾸며진 식당은 이탈리아에서 만날 수 있는 전형적인 파인다이닝 레스토랑의 느낌이다. 모든 메뉴가 남부 이탈리아 요리인 것은 아니지만 감자를 곁들인 문어샐러드, 시칠리아식정어리파스타 등은 남부 이탈리아의 느낌을 만끽하기에 충분하다.

ⓦ 프로슈토멜론샐러드(2만6천원), 토마토소스해산물스파게티(2만6천원), 볼로네제라구생면라자냐(2만6천원), 트리플리조토(3만3천원), 피스타치오를입힌양갈비(3p 4만9천원), 달고기요리(2만7천원), 초콜릿토르티노(8천원)
⊙ 11:30~15:00/18:00~22:00 – 화, 수요일 휴무
ℚ 제주 제주시 한림읍 한림상로 134-5
☎ 0507-1483-052 ⓟ 가능

모리 ✖ MORI 스시

스시 호시카이와 스시 코하쿠를 거친 이용민 셰프의 스시야. 햇살 가득 들어오는 화사한 공간에서 재기발랄한 스시를 맛볼 수 있는 곳이다. 셰프가 업장 오픈 전 여러 일류 스

모리

시야들을 탐방하며 각각의 장점을 조금씩 녹여내 자신만의 스타일을 잘 만들었다. 식재료와 스시에 대한 상세한 설명도 즐겁고 제주 맛집 추천도 유익하다. 기타큐슈의 테루즈시에 버금가는 셰프의 퍼포먼스도 빼놓을 수 없다.

ⓦ 런치오마카세(8만원), 디너오마카세(17만원)
⊙ 12:00~20:00 – 비정기적 휴무(인스타그램 공지 확인)
ℚ 제주 제주시 아란11길 11 (아라일동) 1층
☎ 0507-1439-606 ⓟ 가능

모리노아루요 ✖ 일식덮밥 | 카이센동

김승민 셰프가 전개하는 일식당으로, 신선한 재료를 얹은 덮밥 메뉴를 다양하게 선보인다. 카이센농이 인기 있으며, 참치, 전복, 문어, 우니를 아낌없이 올려 풍성한 비주얼과 깊은 맛을 자랑한다. 두툼하게 썰린 생선회를 따뜻한 밥 위에 얹고 와사비를 곁들여 한 입 먹으면, 신선한 감칠맛과 부드러운 식감이 입안 가득 퍼진다.

ⓦ 카이센동(2만5천원), 메로동(1만5천원), 부타동(1만원), 가키아게(5천원), 가라아게(5천원)
⊙ 11:30~14:30(마지막 주문 14:00) – 일요일. 명절 휴무
ℚ 제주 제주시 애월읍 하소로 769-58
☎ 0507-1377-4253 ⓟ 가능

모슬포해안도로식당 고등어

고등어회 전문점. 김에 밥과 고등어회를 올리고 부추나 마늘, 풋고추와 함께 먹는다. 새콤하게 무친 무생채를 함께 곁들이는 것도 좋다. 신선한 고등어를 사용하여 비린내가 나지 않는다.

ⓦ 고등어회(8만원), 고등어조림(소 2만원, 대 4만원), 고등어구이(1만5천원), 우럭조림(소 3만원, 대 5만원)
⊙ 10:00~15:00/17:00~22:00 – 비정기적 휴무
ℚ 제주 제주시 신대로18길 16 (연동) 삼다연동맨션
☎ 064-794-7665 ⓟ 불가

모이세해장국 ✖ 선지해장국 | 콩나물국밥

40년간 해장국으로 명성을 날리는 곳. 테이블마다 비치되어 있는 날달걀을 해장국에 풀어 먹는다. 반찬으로 나오는 김치와 깍두기도 해장국과 잘 어울린다.

- ⓦ 모이세해장국, 육개장(각 1만원), 내장탕(1만1천원), 콩나물해장국, 순두부(각 8천원)
- ⓣ 06:00~16:00 – 연중무휴
- ⓠ 제주 제주시 연북로 221 (오라이동)
- ☎ 064-746-5128 ⓟ 가능

무상찻집 ✖ 티카페

가정집을 개조한 화이트톤의 고요한 분위기에서 제주의 유기농 녹차, 말차, 호지차 등 다양한 차와 차를 사용한 음료를 맛볼 수 있는 곳이다. 양갱 등의 다과도 수준급이다.

- ⓦ 제주유기농녹차, 제주유기농호지차(각 5천5백원), 제주쑥차(6천5백원), 도라지생강차(7천원), 제주말차라테, 제주호지차라테(각 6천5백원), 식혜(5천원), 모과차(6천원), 유기농영귤차(6천원), 양모나카(3천원), 양양갱(3천원), 양토스트(5천원)
- ⓣ 11:00~18:00 – 화, 수요일 휴무
- ⓠ 제주 제주시 서광로5길 10 (용담일동)
- ☎ 010-3898-1314 ⓟ 불가

무우수커피로스터스 ✖ 無憂樹 커피전문점

붉은 벽돌이 눈에 띄는 로스터리 카페로, 심플한 감성의 인테리어. 다양한 종류의 싱글오리진 커피를 맛볼 수 있다. 커피와 함께하기 좋은 피낭시에 같은 구움과자도 구비.

- ⓦ 필터커피(7천원~9천원), 아메리카노(4천5백원), 라테, 플랫화이트(5천원), 아인슈페너(6천원), 피넛크림라테(6천5백원), 바닐라카늘레(2천7백원), 피낭시에(2천7백원~2천9백원)
- ⓣ 08:30~18:00 – 연중무휴
- ⓠ 제주 제주시 조천읍 조천11길 22-2
- ☎ 010-2816-2745 ⓟ 불가(혼모심 주차장 이용)

물항식당탑동점 ✖ 생선회 | 물회 | 갈치

제주도 식당 중에서 육지에까지 폭넓게 알려진 횟집이다. 원래 고등어회로 이름을 날리기 시작했으며, 고등어조림, 갈치회와 갈칫국 등이 유명하다. 신선한 맛과 부담 없는 가격으로 인기가 있다.

- ⓦ 고등어회(4만원), 갈치회(4만원), 모둠회(6만원), 갈치구이(5만5천원), 갈치구이백반(1만5천원), 고등어조림(소 3만원, 대 3만5천원), 고등어구이(2만5천원), 갈치조림(중 4만5천원, 대 6만원)
- ⓣ 08:00~15:00/16:00~21:00 – 화요일, 명절 휴무
- ⓠ 제주 제주시 임항로 37-4 (건입동)
- ☎ 064-755-2731 ⓟ 가능

미엘드세화 ✖ Miel de Sehwa 디저트전문점

세화해변이 바로 보이는 곳에 자리한 디저트 카페. 실내와 외관 모두 고급스럽고 모던하게 꾸며 여행 중 들러 휴식을 분위기를 즐기기 좋다. 커피에 꿀을 넣고 생크림을 올린 미엘커피와 미엘라테가 시그니처 음료다. 케이크 종류를 곁들이면 더욱 좋다.

- ⓦ 에스프레소, 아메리카노(각 5천원), 카푸치노, 카페라테(5천5백원), 미엘커피(6천5백원), 당근케이크(6천원), 마롱케이크(7천원)
- ⓣ 10:00~18:00 – 수요일 휴무
- ⓠ 제주 제주시 구좌읍 해맞이해안로 1464
- ☎ 064-782-6070 ⓟ 가능

미풍해장국 ✖ 선지해장국

고추기름으로 맛을 내는 50여 년 역사의 해장국집. 국물 맛이 맵고 진하다. 콩나물, 우거지, 당면, 선지, 머리 고기 등을 푸짐하게 넣는다. 새벽부터 전날 마신 술로 쓰린 속을 달래려는 사람들로 북적인다.

- ⓦ 해장국(1만1천원)
- ⓣ 05:30~15:00 – 명절 휴무
- ⓠ 제주 제주시 중앙로14길 13 (삼도이동)
- ☎ 064-758-7522 ⓟ 가능(중앙성당 주차장 이용, 30분 무료)

밥이보약 ✖ 비빔밥 | 순두부

채소와 두부 등을 사용한 음식만을 내는 곳으로, 메뉴는 채소비빔밥, 순두부, 들깨수제비 세 개로 단출한 편이다. 같이 나오는 반찬은 토속 나물을 사용해 만든다.

- ⓦ 채소비빔밥, 순두부(각 1만2천원)
- ⓣ 11:30~15:00 – 일요일 휴무
- ⓠ 제주 제주시 도령로 11 (노형동)
- ☎ 064-744-7782 ⓟ 불가

백선횟집 ✖ 생선회

주문을 하면 바로 잡아주는 싱싱한 회를 맛볼 수 있다. 회를 먹고 나오는 매운탕에는 민물매운탕처럼 밀가루 수제비가 들어간다. 관광객보다 주민이 더 많이 찾는 곳이다.

- ⓦ 생선회(중 6만원, 대 7만원), 고등어구이(1만5천원), 부침개(5천원)
- ⓣ 16:00~22:00 – 화요일, 명절 휴무
- ⓠ 제주 제주시 도남로 10 (삼도일동)
- ☎ 064-751-0033 ⓟ 가능

보영반점 ✖ 寶榮飯店 일반중식

50년이 넘는 전통의 중식당. 튀김 공력이 탕수육에서 나타난다. 게살에 녹말을 묻혀 튀긴 후 깐풍 소스에 볶은 깐풍게살, 라조기나 깐쇼새우, 깐풍기 등을 잘하며 국물이 없는 간

짬뽕이라는 메뉴도 독특하다.

ⓦ 짜장면(7천원), 짬뽕(8천원), 탕수육(미니 1만6천원, 중 2만2천원, 대 3만원), 사천탕수육(중 2만5천원, 대 3만3천원), 깐풍기, 라조기(각 소 2만7천원, 대 3만7천원)
ⓒ 11:00~19:30 – 둘째, 넷째 주 목요일 휴무
ⓠ 제주 제주시 한림읍 한림로 692-1
☎ 064-796-2042 ⓟ 불가

봉개족탕순대 ✄ 돼지족탕

점차 사라져가는 제주의 토속음식인 족탕을 내는 귀한 곳 중 하나. 원래 족탕은 척박한 제주 땅에서 충분한 영양분을 섭취하기 어려웠던 임산부를 위한 보양식이었다고 한다. 입술이 쩍 들러붙을 정도로 젤라틴 가득한 국물에 메밀가루를 풀어넣어 구수한 감칠맛이 일품이다. 소짜로도 푸짐하게 나오는 내장수육과 순대도 곁들이면 좋다.

ⓦ 족탕(1만원), 내장탕(1만원), 순대백반(9천원), 한치물회(1만3천원), 머릿고기(1만5천원), 순대모둠(소 1만7천원, 중 3만원, 대 4만원)
ⓒ 08:30~21:00 – 금요일 휴무
ⓠ 제주 제주시 삼봉로 329 (봉개동)
☎ 064-721-0882 ⓟ 가능

블랑로쉐 Blanc Rocher 카페

히고수등 비디 비로 옆에 자리한 카페. 우도 땅콩으로 만든 아이스크림과 음료는 고소한 맛이 일품이다. 땅콩잼토스트, 땅콩크림치즈케이크 등의 디저트류도 인기다. 캔커피 브랜드와의 컬래버레이션으로 인지도가 높다.

ⓦ 아메리카노(6천8백원), 카페라테(7천8백원), 우도땅콩아이스크림(6천8백원), 우도땅콩카페라테(8천3백원), 우도땅콩크림라테(8천9백원)
ⓒ 10:30~17:00 – 연중무휴
ⓠ 제주 제주시 우도면 우도해안길 783
☎ 064-782-9154 ⓟ 불가

블레블랑제리 ✄

Ble' Boulangerie 베이커리 | 크루아상

현지인 사이에서 인기가 많은 베이커리. 숙성 발효하여 결이 살아 있는 크루아상과 바게트 등이 대표 메뉴다. 크루아상 사이에 팥과 버터가 들어간 크루아상앙버터도 인기. 음료와 함께 빵을 먹고갈 수 있는 공간도 마련되어 있다.

ⓦ 퀸아망(4천원), 크루아상(3천5백원), 카늘레바닐라, 소금빵(각 2천5백원), 치즈바게트(5천5백원), 무화과바게트(6천원)
ⓒ 10:30~19:00 – 일요일 휴무
ⓠ 제주 제주시 아란5길 22 (아라일동)
☎ 0507-1315-3224 ⓟ 불가

쁘띠부숑 ✄ PETIT BOUCHON 프랑스식

뉴욕의 Blue Hill at Stone Barns, 파리의 chez la vieille 등에서 경력을 쌓고 돌아와 리스투아로 많은 사랑을 받았던 전준호 셰프의 캐주얼 프렌치 레스토랑. 어니언수프, 볼로네제 파스타, 잠발라야, 한우스테이크 등의 캐주얼한 요리를 내는데 미리 예약하면 리스투아 시절의 파인다이닝 코스 요리도 맛볼 수 있다. 버터를 입혀 에이징한 한우를 조스퍼 차콜오븐에 구워내는 독특한 스테이크를 꼭 맛볼 것.

ⓦ 하몽뵈르샌드위치(1만4천원), 드라이에이징등심스테이크(5만4천원), 오늘의생선뫼니에르(변동), 관자귤뵈르블랑(2만7천원), 제주돼지볼로네제(1만9천원), 잠발라야(2만2천원), 바질페스토냉파스타(1만9천원)
ⓒ 11:30~14:30/18:00~23:00(마지막 주문 22:00) | 월요일 18:00~ 23:00(마지막 주문 22:00) – 일요일 휴무
ⓠ 제주 제주시 국기로 52 (연동) 1층
☎ 010-6442-1652 ⓟ 불가

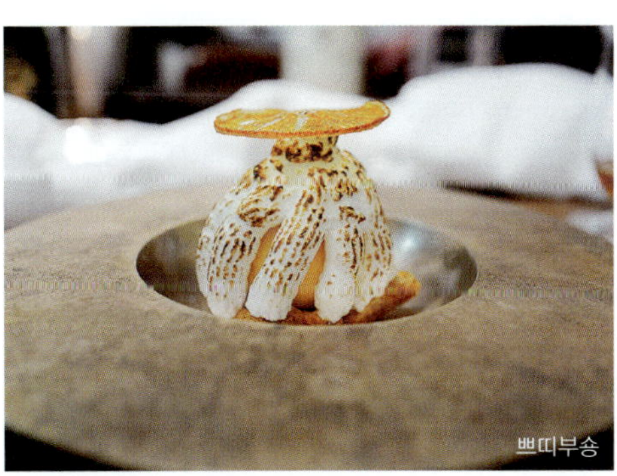
쁘띠부숑

사형제횟집 ✄ 생선회 | 해물

동네 사람들에게 유명한 횟집. 모둠회코스를 시키면 새우, 고등어회, 조기회, 성게알, 상어간, 전복, 자리돔 등 30가지가 넘는 다양한 종류의 해산물들이 밑반찬으로 나온다. 특히 딱새우와 고등어회가 맛이 좋다는 평.

ⓦ 사형제스페셜(15만원), 특사형제스페셜(20만원), 모둠회(8만원, 12만원), 회덮밥(1만5천원)
ⓒ 11:00~22:00(마지막 주문 21:00) – 화요일 휴무
ⓠ 제주 제주시 한림읍 한림상로 273
☎ 064-796-8709 ⓟ 가능

산지물식당 ✄ 물회 | 한치 | 갈치

물회 전문점. 제주 근해에서 낚시로 올려지는 15cm 내외의 어랭이를 다져서 내오는 어랭이물회가 별미다. 한치회, 갈치회, 고등어회도 추천 메뉴다. 리모델링해서 실내 분위기도 쾌적하다.

ⓦ 모둠물회(2만원), 전복물회, 소라물회(각 1만5천원), 전복죽(중 1만3천원, 대 1만6천원), 회덮밥(1만5천원), 성게미역국, 갈칫국(각 1만6천원), 갈치조림(소 4만5천원, 중 6만원, 대 7만원)
ⓣ 07:30~22:30(마지막 주문 21:30) – 연중무휴
ⓠ 제주 제주시 임항로 26 (건입동)
☎ 064-752-5599 ⓟ 가능

산지해장국 ✄ 선지해장국

제주 도민들에게 오랫동안 사랑받던 해장국집으로 관광객들에게는 비교적 최근에 알려졌다. 제주 3대 해장국 중 하나로 꼽히기도 한다. 크게 자극적이지 않고 시원한 편으로 자꾸 숟가락이 가게 하는 특유의 풍미가 있다.
ⓦ 소고기해장국(1만원), 소내장탕(1만1천원)
ⓣ 06:00~14:30 – 수요일 휴무
ⓠ 제주 제주시 임항로 34 (건입동)
☎ 064-723-4978 ⓟ 불가

산호전복 ✄ 전복

전복만 전문으로 요리하는 식당. 전복회, 전복구이 등을 맛볼 수 있으며 식사에 따라나오는, 미역과 성게를 넣고 끓이는 성게국도 별미다. 전복, 소라, 성게, 해삼 등 각종 해물을 즐길 수 있는 모둠회도 있다. 수족관에는 살아 있는 국내산 전복이 들어있다.
ⓦ 전복구이, 전복회(각 2인 4만원, 3인 6만원, 4인 8만원), 전복죽, 전복뚝배기, 전복돌솥밥(각 1만5천원), 성게국(1만2천원)
ⓣ 07:00~21:00(마지막 주문 20:00) – 연중무휴
ⓠ 제주 제주시 탑동로 59 (삼도이동)
☎ 064-758-0123 ⓟ 가능

살롱드라방 SALON de LAVANT 카페 | 팬케이크

팬케이크가 유명한 카페. 팬케이크 사이에 크림치즈를 바르고 달콤하게 절인 사과를 올린 크림치즈애플토핑팬케이크가 시그니처 메뉴다. 음료 중에는 시나몬 스틱을 꽂아 내는 시나몬모카가 인기다. 감성적인 인테리어가 인상적인 곳. 라방조식은 9시반부터 11시까지 주문 가능하다.
ⓦ 에스프레소(4천5백원), 아메리카노, 에스프레소콘판나(각 5천원), 카페라테(6천원), 크림치즈애플팬케이크, 팬토아, 토스트샐러드(각 1만3천원)
ⓣ 09:30~17:30(마지막 주문 17:00) | 토, 일요일 09:00~15:00(마지막 주문 14:30) – 목, 금요일 휴무
ⓠ 제주 제주시 애월읍 하가로 146-9
☎ 070-7797-3708 ⓟ 가능

삼다가 돼지고기구이 | 돔베고기

흑돼지구이 전문점. 얼리지 않은 생고기를 투박하게 썰어낸다. 숯불 위에 석쇠를 얹고 굵은 소금을 뿌려 굽는 생구이를 추천할 만하다 밑반찬두 깔끔하게 ㅣ 오는 편. 최근 연동으

로 확장 이전하였다.
ⓦ 흑오겹살&가마솥밥(120g 1만5천원), 양념갈비&가마솥밥(150g 1만5천원), 생갈비&가마솥밥(150g 1만5천원), 몸국, 김치찌개(각 9천원)
ⓣ 11:00~22:00(마지막 주문 21:30) – 명절 휴무
ⓠ 제주 제주시 아연로 11 (연동)
☎ 064-747-4711 ⓟ 가능

삼대국수회관 ✄ 고기국수 | 돔베고기 | 아강발

국수에 고명으로 돼지고기를 얹은 고기국수가 맛있는 곳이다. 부드럽고 진한 맛을 자랑한다. 아강발로 불리는 족발, 돼지수육으로 불리는 돔베고기도 맛볼 수 있다. 실내 분위기도 넓고 깨끗하다. 제주에서는 아주 오래된 식당으로, 90년 넘는 역사를 지니고 있다.
ⓦ 고기국수, 비빔국수, 국밥(각 9천원), 멸치국수(7천5백원), 돔베고기(중 1만5천원, 대 2만9천원), 물만두(중 8천원, 대 1만3천원), 아강발(1만8천원)
ⓣ 08:30~01:30(익일) – 연중무휴
ⓠ 제주 제주시 삼성로 41 (일도이동)
☎ 064-759-6645 ⓟ 가능

삼성혈해물탕 ✄ 해물탕

해물탕으로 유명해 관광객이 많이 찾는 곳. 위에 올라간 문어가 살아 움직이는 신선한 해물탕을 푸짐하게 먹을 수 있다. 해물탕이 끓기 시작하면 직원이 와서 손질을 해준다.
ⓦ 해물탕(2인 7만원, 3인 8만원, 4인 9만5천원, 5인 11만원), 전복죽, 전복뚝배기, 고등어구이(각 2만원), 전복회(소 3만원, 중 5만원), 산낙지, 문어숙회(각 4만원), 옥돔구이(3만원)
ⓣ 10:00~21:00 – 연중무휴
ⓠ 제주 제주시 선덕로5길 20 (연동)
☎ 064-745-3000 ⓟ 불가(제주도청 주차장 이용)

서울식당 돼지갈비 | 삼겹살

50여 년간 돼지갈비만 해온 곳. 뼈 달린 돼지갈비를 제대로 낸다. 달지 않으면서 적당히 간을 한 양념 맛이 일품이며 생갈비도 좋다. 밥을 주문하면 된장시래깃국이 함께 나온다.
ⓦ 돼지양념갈비(340g 1만8천원), 돼지생갈비(300g 1만9천원), 흑돼지오겹살(200g 2만원), 물/비빔냉면(각 6천원)
ⓣ 11:30~15:00/16:00~21:00(마지막 주문 20:00) – 목요일 휴무
ⓠ 제주 제주시 조천읍 함덕13길 5
☎ 064-783-8170 ⓟ 가능

선흘방주할머니식당 묵 | 두부 | 콩국수

천연 그대로의 맛을 내는 건강음식 전문점. 바닷물로 응고시킨 해수두부와 서리태 콩국물로 만든 검정콩국수 등이 대표 메뉴다. 직접 만든 두부와 함께 ㅣ 오는 돼지보쌈도 맛이

좋다는 평. 날씨가 좋을 때는 툇마루에서 식사가 가능하다.

ⓦ 도토리부침개, 검정콩국수, 고사리비빔밥(각 1만원), 두부한접시(9천원), 두부전골(1만원), 흑돼지보쌈(5만원)

ⓣ 10:00~14:20/15:00~19:00(마지막 주문 18:20) | 동절기 10:00~14:30/15:00~18:00 – 일요일 휴무

ⓠ 제주 제주시 조천읍 선교로 212

☎ 064-783-1253 ⓟ 가능

성미가든 ✖ 닭백숙

토종닭을 재래식으로 사육하여 다양한 방법으로 요리하는 전원풍의 토종닭집이다. 가슴살과 닭껍질, 닭모래집을 샤부샤부로 해 먹고 나머지는 백숙으로 끓여 내온다. 마지막으로 먹는 녹두를 넣어 만든 죽도 별미 중 별미.

ⓦ 닭볶음탕, 샤부샤부(각 소 7만원, 대 8만원)

ⓣ 11:00~20:00 – 둘째, 넷째 주 목요일 휴무

ⓠ 제주 제주시 조천읍 교래1길 2

☎ 064-783-7092 ⓟ 가능

세몰라 ✖ SEMOLA 파스타

더스푼, 잇마이피자에서 오랫동안 근무한 김준영 셰프의 자그마한 파스타 전문점. 메뉴 자체는 어디에나 있는 알리오올리오, 홍합파스타, 라구파스타이지만 만드는 방법은 상당히 세련됐다. 구운 마늘과 생 마늘을 섞어 향미오일을 만들거나, 재료를 갈아서 깊은 풍미를 만드는 등 파인 다이닝 레스토랑에서 사용하는 다양한 조리기법을 사용한다. 다양한 질감의 생면도 즐겁다. 깊은 풍미의 세련된 파스타를 좋아하는 사람들에게 추천한다.

ⓦ 그린샐러드(1만원), 토마토카프레제(1만5천원), 아란치니(8천원), 알리오올리오(1만7천원), 카치오에페페(1만8천원), 라자냐(2만4천원), 포르치니뇨키(1만8천원), 카르보나라(1만9천원), 티라미수(9천원)

ⓣ 12:00~15:00/17:30~22:00(마지막 주문 21:00) – 첫째, 둘째, 셋째 주 수요일 휴무

ⓠ 제주 제주시 서광로11길 38 (삼노일동) 101호

☎ 0507-1373-049 ⓟ 불가

센슈어스 SENSUOUS 이탈리아식 | 프랑스식

제주에서 나는 제철 식재료를 활용한 이탈리안과 프렌치 요리를 선보이는 레스토랑. 신선한 샐러드, 파스타, 피자 등 다양한 요리가 준비되어 있으며, 호텔 출신 셰프가 요리한다. 오픈 주방으로 운영되어 요리하는 모습도 감상할 수 있다. 제주 신라호텔에서 각각 17년, 15년간 근무한 한동익, 한지안 셰프가 요리한다.

ⓦ 오늘의제철생선(변동), 차콜드치킨시저샐러드(1만6천원), 리코타치즈체리토마토샐러드(1만5천원), 관자구이시즌샐러드(1만9천원), 드라이에이징오리가슴살스테이크(3만1천원), 한우등심

센슈어스

스테이크(5만4천원), 스트라치아텔라체리토마토스파게티(1만7천원)

ⓣ 11:00~15:00/17:30~22:30(마지막 주문 21:30) – 월요일 휴무

ⓠ 제주 제주시 수덕5길 85-11 (노형동) 1층

☎ 010-8292-0106 ⓟ 가능

숙성도 熟成到 돼지고기구이

제주 공항 인근에 줄 서서 먹는 고깃집으로 유명한 곳. 개량 품종인 난축맛돈을 720시간 숙성하여 선보이며 부드러운 육즙이 일품이다. 뼈등심과 뼈목살은 하루에 80인분 한정으로 판매하니 이른 시간에 방문하는 것을 추천한다.

ⓦ 교차숙성흑돼지(200g 2만1천원), 720숙성삼겹살, 720숙성1%목살(각 200g 2만2천원), 960숙성흑뼈등심(350g 3만8천원), 720숙성뼈목살(360g 3만7천원), 갈치속젓볶음밥(8천원)

ⓣ 11:30~14:30/15:30~21:30(마지막 주문 21:00) – 연중무휴

ⓠ 제주 제주시 제원길 30 (연동) 2, 3층

☎ 064-711-5212 ⓟ 불가

스시앤 ✖ すしえん 스시

제주도 스시호시카이 출신 김호열 셰프가 운영하는 곳. 모든 샤리(밥)에 적초를 사용하는 것이 특징이며 제주산 식재료를 직극직으로 사용한다. 제주에서 수준 높은 오마카세를 즐길 수 있는 곳 중 하나.

ⓦ 런치오마카세(8만원), 디너오마카세(13만원)

ⓣ 런치1부 12:00~13:40, 런치2부 13:40~15:00/19:00~21:00 – 연중무휴

ⓠ 제주 제주시 고산동산5길 21-1 (이도이동)

☎ 064-726-9696 ⓟ 가능

스시코쿠라 ✖ 스시

국내 유수의 호텔에서 다년간 근무 중 기타큐슈의 텐즈시에서 연수 경험을 바탕으로 독특한 소금스시를 선보이는 박현록 셰프의 스시야. 소금으로만 맛을 내 조금 더 생선 본연의 맛을 즐길 수 있다. 민어, 조기, 갈치 등 제주의 생선을 적극

활용하며 다양한 고명을 얹어 다채로운 맛을 내는 것이 이채롭다.
- ⓦ 런치오마카세(8만원), 디너오마카세(16만원)
- ⓘ 11:30~21:30 – 명절 휴무
- ⓠ 제주 제주시 오남로6길 19 (오라일동) B동 1층
- ☎ 064-799-4353 ⓟ 가능

스시키요 ✖✖ 스시

미들급 스시야. 제주의 재료만 고집하지 않고, 셰프가 일본인 스승한테 배운대로 클래식한 스시를 내기 위해 재료의 상당 부분을 육지에서 들여온다. 제주를 맛보기 위한 관광객들을 위한 스시야라기보다는, 육지맛 스시를 먹고 싶은 도민들을 위한 스시야다. 가격대에 비해 좋은 재료를 사용해 풍미도 진한 편이라 주류를 곁들이기 좋다.
- ⓦ 런치스시오마카세(10만원), 디너스시오마카세(15만원)
- ⓘ 10:00~22:00 – 연중무휴
- ⓠ 제주 제주시 남광북1길 36-1 (이도이동) 1층
- ☎ 0507-1469-080 ⓟ 불가

스시호시카이 ✖✖✖ 鮨星海 스시

제주의 대표적인 하이엔드 스시야. 뿔소라, 군소, 딱새우, 자바리 등 제주에서 나는 해산물을 적극 사용하는 훌륭한 오마카세 스시를 맛볼 수 있다. 일반적인 상식과는 반대로 흰살 생선에는 적초 샤리를, 붉은살 생선과 등푸른 생선에는 흰 샤리를 사용하여 독특한 느낌을 선사한다. 스시 카운터 외에도 테이블 자리가 마련되어 있으며 독립된 룸이 있어 모임 장소로 찾기도 좋다.
- ⓦ 런치오마카세(13만원), 디너오마카세(23만원), 키즈로시카이소면세트(3만5천원), 점심주니어오마카세(9만1천원), 저녁주니어오마카세(16만1천원)
- ⓘ 12:00~15:00/18:00~21:00 – 명절 휴무
- ⓠ 제주 제주시 오남로 90 (오라이동) 1층
- ☎ 064-713-8838 ⓟ 가능

스테이크하우스 ✖✖ 스테이크

최고층에서 파노라믹 뷰를 감상하며 파인 다이닝을 즐길 수 있는 곳. 한우꽃등심스테이크, 제주흑돼지토마호크, 시푸드플래터 등을 선보이며 다양한 해산물 박스도 맛볼 수 있다.
- ⓦ 스테이크프릿츠(80g 4만8천원), 드림해산물박스(3만2천원), 양상추샐러드(2만2천원), 씨푸드플래터(2인 15만8천원), 한우포터하우스(500g 16만8천원, 1kg 38만8천원), 한우꽃등심(180g 12만8천원), 연어스테이크(4만8천원)
- ⓘ 18:00~22:00 – 월, 화요일 휴무
- ⓠ 제주 제주시 노연로 12 (노형동) 제주드림타워 복합리조트 내 그랜드하얏트제주 38층
- ☎ 1533-1234 ⓟ 가능

스트라토 ✖✖ STRATO 파스타

더 스푼에서 근무했던 오현석 셰프가 신제주에 오픈한 자그마한 파스타 바. 다른 생면 파스타 전문점들이 세련되고 얌전한 음식을 내는 반면, 이곳은 터프하고 직관적인 요리를 낸다. 힘차게 팬을 흔들어 만테카레하여 재료 볶는 소리와 향으로 가게를 가득 채우는 젊고 에너지 넘치는 공간이다.
- ⓦ 귤대파오일파스타(1만8천원), 아란치니(5천원), 라자냐(1만8천원), 부라타치즈샐러드(1만3천원), 리코타치즈샐러드(1만1천원), 멜란자네(8천원), 명란파스타(1만8천원), 부라타치즈포모도로탈리올리니(1만9천원), 카로차(5천원)
- ⓘ 11:30~15:00/18:00~21:00(마지막 주문 20:00) | 토, 일요일 12:00~15:00/18:00~21:00 (마지막 주문 20:00) – 월요일 휴무
- ⓠ 제주 제주시 사장길 17 (연동) 1층
- ☎ 0507-1428-3423 ⓟ 가능

슬기식당 ✖✖ 동태

안전식당, 동서지간, 고니식당과 함께 제주의 4대 동태찌개집으로 꼽히며 30년 이상 영업한 노포다. 뚝배기에 동태살과 이리, 알이 가득 들어 있는데 비린맛 없이 짭조롬하고 칼칼한 자극적인 맛이 해장하기에 그만이다. 하루 4시간 정도만 영업하며 재료가 소진되면 일찍 닫는다. 영업하는 동안은 거의 내내 웨이팅이 있어 일찍 방문하는 것을 추천한다.
- ⓦ 동태찌개(1만원)
- ⓘ 10:00~14:00 – 토, 일요일 휴무
- ⓠ 제주 제주시 사라봉7길 36 (건입동)
- ☎ 064-757-3290 ⓟ 불가

시골길 주꾸미

글로시한 단맛을 빼고 칼칼하고 맵싹한 옛날 매운맛을 구현한 청국장과 낙지볶음을 메인으로 하는 곳. 진하고 꾸릿한 청국장과 매운 낙지를 비벼 먹을 밥은 참기름을 넣은 큰 볼에 담아 내어준다. 찬으로 나오는 심심한 콩나물과 미역 나

물을 더해 비벼 먹으며 막걸리를 곁들여도 좋다.
Ⓦ 낙지볶음(소 2만4천원, 대 3만6천원), 청국장(7천원)
Ⓣ 10:30~20:30 – 토, 일요일 휴무
Ⓠ 제주 제주시 오복2길 23 (이도이동)
☎ 0507–1368–0566 Ⓟ 불가

신촌덕인당 찐빵

3대째 내려오는 찐빵집으로, 보리빵이 대표 메뉴다. 제주산 보리를 주재료로 하며 설탕을 넣지 않고 소금으로 간을 맞춰 단맛은 없지만, 씹을수록 고소한 맛을 자랑한다. 쑥 향이 깊게 배어 있는 쑥빵도 별미다. 가격도 매우 저렴한 편.
Ⓦ 보리빵(1천원), 쑥빵(1천1백원), 팥보리빵(1천4백원)
Ⓣ 09:00~17:30 – 일요일, 명절, 공휴일 휴무
Ⓠ 제주 제주시 조천읍 신북로 36
☎ 064–783–6153 Ⓟ 가능

심야식당코나카 ✕ 이자카야

제주시 아라동 주택가의 작고 오래된 이자카야. 제주에 일식 요리점이 드물던 시절부터 현지 스타일의 이자카야 소요리들과 나베요리, 다양한 사케를 선보였던 곳이다. 카운터에서 혼술하기 좋고 아늑한 고다쓰 자리는 친구들과 함께하기 좋다.
Ⓦ 모둠사시미(4만2천원), 중간사시미(3만1천원), 1인사시미(1만9천원), 스키야키(2만9천원), 요세나베(2만8천원), 다시마키타마코(9천5백원), 모츠나베(3만5천원), 생굴나베(2만8천원), 굴튀김(9천5백원)
Ⓣ 17:30~23:30(마지막 주문 22:30) – 월, 화요일 휴무
Ⓠ 제주 제주시 인다14길 28–12 (아라일동)
☎ 010–6255–4665 Ⓟ 불가

십원향 十源香 중국만두

하얼빈 출신 부부가 운영하는 곳으로, 중국 본토 스타일의 만두를 즐길 수 있다. 다양한 종류의 속이 채워진 물만두와 군만두를 전문으로 한다. 육즙과 향이 가득 퍼지는 속에 쫄깃한 만두피 식감이 일품이다.
Ⓦ 왕만두(2천원), 배추물만두, 샐러리물만두, 해물물만두, 해물군만두, 양파군만두(각 1만2천원), 부추납작만두(2천원), 만둣국, 소시지(각 8천원)
Ⓣ 10:00~20:30 – 비정기적 휴무
Ⓠ 제주 제주시 원노형로 23 (노형동)
☎ 064–742–6779 Ⓟ 불가

싱푸미엔관 ✕ 대만식중식

대만식 우육면 등 다양한 국수와 가벼운 요리를 전문으로 한다. 향신료 향을 살짝 줄이긴 했으나 현지의 맛을 비교적 충실히 재현했다. 가게 내부도 대만의 오래된 로컬 식당처럼 꾸며 여행을 온 듯한 기분을 느낄 수 있다. 서귀포와 광

주에도 분점이 있다.
Ⓦ 홍소우육면(1만1천원), 량면(1만원), 루러우판(1만4천원), 창잉터우(1만4천원), 마파두부(1만3천원), 샹창(1만2천9백원), 쉬에짜오(7천원), 홍유초수(7천원)
Ⓣ 11:30~20:00(마지막 주문 19:30)(재료 소진 시 조기 마감) – 비정기적 휴무
Ⓠ 제주 제주시 구남로2길 32 (이도이동) 정우빌 1층
☎ 0507–1311–6751 Ⓟ 가능

아니따파스타한림금악본점 Anitta 파스타 | 양식

제주 식재료를 활용한 생면파스타를 선보이는 양식 레스토랑. 감태와 제주 식재료를 넣은 감태페스토파스타와 제주 돌문어와 명란이 어우러지는 제주돌문어명란파스타가 인기 있다. 현지 식재료를 활용한 음식을 맛보기 좋다.
Ⓦ 제주대파백명란파스타(1만7천9백원), 흑돼지안심스테이크(2만9천9백원), 감태페스토파스타(1만7천9백원), 제주돌문어먹물명란파스타(2만2천9백원), 흑돼지라구파스타(1만4천9백원), 풍기리조토&비프스테이크(2만8천9백원), 제주마농꽃멸치파스타(1만4천9백원)
Ⓣ 11:00~17:00(마지막 주문 16:20) – 화요일 휴무
Ⓠ 제주 제주시 한림읍 금악로1길 1
☎ 010–3248–1128 Ⓟ 가능(만차 시 다목적회관 주차장 이용)

아브르 ✕ HAVRE 프랑스식

제주 더스푼, 오프레 등을 거친 고영훈 셰프의 클래식 프렌치 레스토랑. 요리는 모두 묵직하게 스트레이트다. 부드럽게 으깨지는 차가운 홍합, 쫀득하면서도 질기지 않은 허브 향 그득한 에스카르고, 부드러운 커리향의 겉은 바삭 속은 반투명하게 익은 관자, 포실포실한 비스큐소스의 딱새우크넬, 2주간 드라이에이징하여 햄같은 질감과 풍미의 오리가슴살, 은은한 시트러스향의 밀푀유 등등 하나하나가 시그니처에 가깝다. 클래식 프렌치를 사랑하는 많은 분들의 마음 속에 방점을 찍을 곳이다.
Ⓦ 닭간파테(1만5천원), 홍합플래터(1만8천원), 제주한우타르타

아브르

르(2만2천원), 에스카르고(1만9천원), 가리비(2만7천원), 오리구이(3만7천원), 영계구이(3만5천원)
- ⏰ 18:00∼23:00(마지막 주문 22:00) – 목요일 휴무
- 🔍 제주 제주시 태성로4길 14 (일도이동) 1층
- ☎ 010-5116-3618 ⓟ 가능

아우스 와인바 | 디저트전문점

퀄리티 높은 디저트를 선보였던 파티세리동광과 제주에서 와인 비스트로로 유명했던 빅디어를 한공간에 담아낸 곳. 낮엔 달콤한 계절 디저트를, 저녁엔 와인과 페어링 하기 좋은 수준 높은 안주들을 맛볼 수 있다.

- ⓦ 옥돔(3만3천원), 한우스테이크(220g 5만5천원), 시나몬롤(3천8백원), 계절콤부차(6천5백원)
- ⏰ 12:00∼15:30/18:00∼22:00(마지막 주문 21:30) – 화, 수요일 휴무
- 🔍 제주 제주시 인다13길 12 (아라일동)
- ☎ 0507-1384-0296 ⓟ 가능

아주반점 일반중식

해산물을 아낌없이 쓴 삼선짬뽕과 해물팔보채가 맛있기로 유명한 중식당이다. 60년째 성업 중이며 화교 손님이 많이 찾는 곳이기도 하다.

- ⓦ 짜장면(7천원), 짬뽕(8천원), 삼선짬뽕(1만원), 볶음밥(8천원), 탕수육(1만8천원), 팔보채(3만5천원)
- ⏰ 10:30∼20:30 – 연중무휴
- 🔍 제주 제주시 관덕로13길 4 (일도일동)
- ☎ 064-722-5161 ⓟ 불가

아카이브 Archive 유럽식

유러피안비스트로. 돌벽에서 제주스러움이 느껴지는 곳이다. 인기 메뉴는 직접 끓인 라구 소스를 활용한 라자냐와 구좌 감자를 넣어 반죽한 크레마뇨키. 본관과 별관으로 나뉘어 운영되며 별관은 대관도 가능하다.

- ⓦ 치미추리스테이크(4만8천원), 타프나드를곁들인연어밀푀유(3만8천원), 알리오올리오파스타(1만6천원), 카르보나라파스타(1만8천원), 포르치니크레마뇨키(1만8천원), 라자냐(2만6천원), 가지그라탱(1만3천원)
- ⏰ 11:00∼15:00/17:30∼21:00(마지막 주문 20:00) – 목요일 휴무
- 🔍 제주 제주시 조천읍 와선로 204
- ☎ 010-8451-5535 ⓟ 가능(매장 앞)

아피스 APIS 프랑스식

프랑스의 여러 미슐랭 스타 레스토랑과 특급 호텔에서 근무한 로망 리비에르 셰프의 캐주얼한 프렌치 레스토랑. 프렌치 어니언수프, 에스카르고, 미트파이 같은 클래식한 프랑스 요리들과 제주식 부아베스, 흑돼지 라비올리 같은 제주 식재료를 사용한 퓨전 요리를 선보인다. 캐주얼한 음식들이지만 시간과 정성을 들인 정직한 깊은 맛을 낸다.

- ⓦ 제주식부야베스(3만4천원), 제주산흑돼지크림라비올리(3만5천원), 미트파이(2만6천원), 새우감바스아란치니(2만8천원), 감자그라탱안심스테이크(3만8천원), 볼로네제파스타(2만2천원), 비트부라타샐러드(1만7천원)
- ⏰ 16:00∼23:00(마지막 주문 22:00) – 일, 월요일 휴무
- 🔍 제주 제주시 중앙로3길 4 (일도일동) 1층
- ☎ 0507-1387-100 ⓟ 불가

알마커피제작소 alma coffee 커피전문점

제주 북촌포구의 정취를 느낄 수 있는 로스터리 카페. 특히 2층에서는 액자같은 사각 창문을 통해 평온한 바닷가 풍경을 볼 수 있다. 자체 블렌딩한 겨울오름과 여름바당, 두가지 원두와 다양한 싱글오리진의 핸드드립커피를 즐길 수 있다.

- ⓦ 에스프레소, 아메리카노(각 4천원), 카페라테(4천5백원), 스노우아메리카노(6천원), 콜드브루아포가토(6천5백원), 달코롱버터라테(6천5백원), 카페리모네(5천5백원), 패망에이드(6천원), 크루아상(3천5백원), 아이스크림크로플(4천5백원)
- ⏰ 11:00∼18:00(마지막 주문 17:30) – 화요일 휴무
- 🔍 제주 제주시 조천읍 북촌11길 23
- ☎ 0507-1327-3715 ⓟ 가능

앞돈지 쥐치 | 생선조림

제주에서만 볼 수 있는 객주리(쥐치)조림이 유명한 곳이다. 생선조림에 무말랭이와 우도 땅콩을 넣어 만드는 것이 특징이다.

- ⓦ 쥐치조림, 우럭조림, 모둠조림(각 소 4만원, 중 5만원, 대 6만원), 갈치조림(소 5만원, 중 6만원, 대 7만원), 고등어조림(소 3만원, 중 4만원, 대 5만원), 성게국, 자리물회(각1만5천원), 성게전복물회(2만3천원), 고등어회(6만원), 고등어구이 2만원)
- ⏰ 09:30∼21:40(마지막 주문 20:50) – 격주 수요일 휴무, 5∼8월 연중무휴
- 🔍 제주 제주시 중앙로1길 28 (건입동)
- ☎ 064-723-0987 ⓟ 불가

앞뱅디식당 각재기 | 멸치 | 전갱이

신선한 각재깃국, 멜국 등의 맛이 일품이다. 각재기는 전갱이의 방언으로, 뚝배기에 배춧잎과 각재기를 넣고 푹 끓여낸 각재깃국이 담백하고 시원하다. 제주에서 나는 생멸치인 멜을 튀긴 멜튀김과 돔베고기는 오후 2시 이후부터 주문할 수 있다.

- ⓦ 각재깃국, 멜국(1만원), 각재기조림(2만5천원), 멜조림(2만원), 멜튀김(1만5천원)
- ⏰ 06:00∼21:00 | 월요일 09:00∼21:00(마지막 주문 20:30) | 일요일 06:00∼14:00(마지막 주문 13:30) – 명절 휴무
- 🔍 제주 제주시 선덕로 32 (연동)
- ☎ 064-744-7942 ⓟ 가능

앞뱅디식당

애월맛차 카페

녹차밭이 펼쳐진 전경이 아름다운 카페. 제주동다원에서 재배한 유기농 녹차와 한라봉을 사용하여 음료를 만든다. 직접 쑨 팥앙금이 들어간 말차빙수의 달콤 씁쓸한 맛이 좋다.
Ⓦ 말차빙수(1~2인용 1만6천원, 3인용 2만3천원), 망고빙수(1~2인용 1만6천원), 말차(6천원), 말차라테(6천5백원), 한라봉블랜딩티, 청귤블랜딩티(각 6천5백원), 크로플(1만1천원)
Ⓣ 11:00~18:00(마지막 주문 17:30) – 화요일 휴무
Ⓠ 제주 제주시 애월읍 하광로 183
☎ 070-7740-2737 Ⓟ 가능

어글리딜리셔스 Ugly Delicious

맛을 보장하는 더 스푼, 잇마이피자 등을 운영하는 빅픽쳐컴퍼니에서 오픈한 카페. 못생겨도 맛있다는 모토로 재료를 아끼지 않은 미국식 쿠키, 타르트류, 케이크를 선보인다. 뚜또베네 스타일의 녹진한 티라미수를 맛볼 수 있는 곳이기도 하다.
Ⓦ 아메리카노(4천원), 카페라테(4천5백원), 바닐라라테(5천원), 쿠키(4천원), 티라미수(7천원)
Ⓣ 11:30~18:00 – 연중무휴
Ⓠ 제주 제주시 구남동2길 19-8 (이도이동)
☎ 0507-1319-1031 Ⓟ 불가

어머니빵집 Everyday Good Bakery 1985 베이커리

제주에서 비교적 오래된 빵집으로, 현지인 사이에 인기가 높은 곳이다. 모양이 세련되지는 않았지만, 좋은 재료로 만든 빵 맛이 아주 좋다. 크림치즈와 바질의 조합이 좋은 바질베이글이 시그니처 메뉴며, 마늘바게트, 치즈대파빵, 생크림팥빵등도 인기 메뉴다. 크리스마스 시즌에는 슈톨렌도 맛볼 수 있다.
Ⓦ 현무암빵(4천5백원), 생크림팥빵(3천5백원), 치즈대파빵(6천5백원), 양파빵(4천5백원), 시오빵(2개 5천원), 치즈카스텔라(7천원), 아메리카노(3천5백원), 카페라테(4천원)

Ⓣ 07:00~22:00 – 명절 당일 휴무
Ⓠ 제주 제주시 도령로 103 (연동) 한일시티파크 1층106호
☎ 064-752-1281 Ⓟ 불가

어우늘 전복 | 일반한식

돌담과 항아리, 대나무 숲으로 둘러싸여 경치가 좋은 곳이다. 코스로 시키면 다양한 전복 요리를 맛볼 수 있다. 전복과 해산물을 가득 넣은 전복돌솥밥이 인기 있다. 실내 분위기도 세련되었다.
Ⓦ 돌솥구이정식(3만3천원), 전복죽(1만7천원), 전복돌솥밥(2만2천원), 전복회, 전복구이(각 5만5천원)
Ⓣ 11:00~15:00(마지막 주문 14:00) – 일요일, 명절 휴무
Ⓠ 제주 제주시 연북로 222 (오라이동)
☎ 064-743-5131 Ⓟ 가능

어장군 갈치 | 물회 | 제주음식

제주의 향토음식인 갈치 요리를 잘하는 곳. 갈치조림은 갈치와 무, 감자를 넣고 푹 졸이다가 통고추와 대파 등 갖은 양념을 해 매콤달콤하고 구수하다. 여름 갈치는 살이 퍽퍽하기 때문에 겨울에 잡아 급속 냉동한 갈치를 쓰는 것이 맛의 비결이다.
Ⓦ 묵은지고등어조림(1만5천원), 갈치조림(소 5만5천원, 대 8만원), 제주전통물회(1만6천원), 전복뚝배기(1만8천원), 활우럭조림(소 5만원, 대 7만원)
Ⓣ 09:00~21:00(마지막 주문 20:30) – 명절 휴무
Ⓠ 제주 제주시 신대로 72 (연동) 현일센츄럴파크뷰 1층
☎ 064-744-2258 Ⓟ 가능

엘코테 ELKOTE 스테이크

우드 그릴로 구운 숙성 스테이크를 즐길 수 있는 그릴 & 와인바. 운이 좋으면 밀랍 에이징한 스테이크도 맛볼 수 있다. 제주 생선으로 만든 세비체와 단새우비스크파스타도 인기 메뉴.
Ⓦ 엘본스테이크(100g당 2만원), 티본스테이크(100g당 3만원), 알리올리오파스타(1만7천원), 크림파스타(1만8천원), 바질파스타(2만원), 단새우비스크파스타(2만6천원), 매콤비프라구파스타(2만4천원), 밀랍에이징안심스테이크(100g당 7만원)
Ⓣ 10:00~22:00(마지막 주문 21:00) – 연중무휴
Ⓠ 제주 제주시 신설로5길 5-10 (이도이동) 이도해든빌 비동
☎ 010-4629-1033 Ⓟ 불가

연리지가든 돼지고기구이

제주 재래종 흑돼지를 만날 수 있는 곳. 축산진흥원에서 복원하여 천연기념물로 등록된 흑돼지 품종을 분양 받아 자연 방사하여 기른 고기를 사용한다. 메뉴는 한 가지 뿐으로, 부위를 지정하여 주문할 수 없고, 여러 가지 부위가 섞여 나온

다. 육질이 붉고 피하지방이 두껍지만 느끼하지 않다. 기르는 데만 18개월이 걸려 물량이 많지 않은 편이므로 미리 문의하고 예약해야 한다.

Ⓦ 정육(500g 6만원), 고기추가(180g 2만2천원), 된장찌개+공깃밥(5천원)
Ⓣ 12:00~20:00(예약제로 운영) – 수, 일요일 휴무
Ⓠ 제주 제주시 한경면 두조로 190-20
☎ 064-796-8700 Ⓟ 가능

연미정 전복 | 솥밥

제주의 수많은 전복 솥밥 전문점 중에서도 꼽히는 곳 중 하나. 고슬고슬하고 짭조름 고소한 전복 솥밥 맛이 훌륭하다. 전복죽, 전복구이를 곁들이면 더 좋다. 전복밥 전복구이 혹은 전복회를 곁들일 수 있는 혼밥세트가 있는 것도 장점이다.

Ⓦ 전복돌솥밥(1만5천원), 전복죽(1만2천원), 전복뚝배기(1만7천원), 전복구이(2만5천원), 전복회(3만원), 혼밥세트(2만5천원), 등심돈가스(1만2천원), 치즈돈가스(1만3천원)
Ⓣ 09:00~15:00/17:00~21:00(마지막 주문 20:00) – 첫 번째, 세 번째, 다섯 번째 수요일 휴무
Ⓠ 제주 제주시 구좌읍 세평항로 14
☎ 0507-1361-885 Ⓟ 가능

연정식당 ✖ 돼지고기구이

가브리살과 항정살이 맛있는 곳이다. 고기를 철판에 구워 깻잎절임에 싸먹는 맛이 그만이다. 고기에 청국장을 곁들이면 더욱 좋다. 호남 출신 주인의 손맛이 좋다. 남도의 진한 맛을 내는 김치와 청국장이 특히 훌륭하다.

Ⓦ 가브리살(150g 2만3천원), 삼겹살, 오겹살, 목살(각 150g 2만원), 곱창전골(5만원), 김치찌개, 청국장(각 소 1만4천원, 중 2만1천원, 대 2만8천원)
Ⓣ 09:00~21:00(마지막 주문 20:30) – 첫째, 셋째 주 일요일 휴무
Ⓠ 제주 제주시 신광로10길 29 (연동)
☎ 064-747-3959 Ⓟ 불가

옐로우돕 ✖ Yellow Dope 아시아식 | 퓨전

더 스푼, 닷츠, 홈프롬귀를 거친 강준혁 셰프의 아시안 가스트로 펍이다. 상호는 "아시아 마약 음식," "쩌는 아시안" 등의 의미로 지었다고 한다. 요리 스타일은 중동에서 동남아시아, 극동아시아까지 아우르는데, 타마린드, 큐민, 하리사, 어향소스, 피시소스 등의 향신료 듬뿍 들어간 완성도 높은 요리를 선보인다. 포션이 크지 않고 메뉴가 다양해 식사로 가도 좋고 2차로 가도 좋다.

Ⓦ 점심셰어코스(3만5천원), 이귀만두(1만8천원), 계란튀김(8천원), 커리(1만9천원), 태국식닭구이(2만4천원), 마라누들(2만1천원), 생선누들(2만7천원), 홍콩토스트(1만원)

Ⓣ 12:00~14:30/18:00~23:00(마지막 주문 22:00) – 연중무휴
Ⓠ 제주 제주시 고마로16길 9 (일도이동)
☎ 0507-1387-400 Ⓟ 가능(협소)

오데뜨제주 ODETT from JEJU 이탈리아식 | 퓨전

창고형 퓨전 이탈리안 레스토랑. 실내는 빈티지한 인테리어와 앤티크한 소품이 가득하다. 날치알새우크림우동과 전복리조토가 시그니처 메뉴. 핑크크림우동도 추천할 만하다. 반려견 동반이 가능한 것이 특징으로, 수비드로 만든 반려견용 스테이크도 선보인다. 또한 반려견 스냅작가가 항시 대기하며 무료 촬영이 가능하다.

Ⓦ 날치알새우크림우동(1만6천원), 전복리조토(1만8천원), 핑크크림우동(1만5천원), 수비드흑돼지안심스테이크(1만9천원), 흑돼지안심카레크림우동(1만7천원), 반려견스테이크(9천원)
Ⓣ 10:00~19:00 – 월요일 휴무
Ⓠ 제주 제주시 한림읍 중산간서로 4995-6
☎ 064-796-4987 Ⓟ 가능

오래옥식당 생선회

조림과 탕이 맛있는 해산물 전문 식당. 두툼한 우럭과 채소에 얼큰한 양념이 배어들어 감칠맛이 그만인 우럭조림이 추천 메뉴며, 간장게장이 나오는 밑반찬도 푸짐하다. 신선한 제주의 식재료에 전라도 출신 주인의 감칠맛나는 음식을 맛볼 수 있어 로컬 맛집으로 꼽힌다.

Ⓦ 황돔, 광어(각 6만원), 쥐치탕, 과메기(각 5만원), 우럭탕, 우럭조림(각 4만원), 소라구이(3만5천원), 동태탕(3만5천원), 옥돔구이(3만원)
Ⓣ 14:00~24:00 – 둘째, 넷째 주 목요일 휴무
Ⓠ 제주 제주시 신대로16길 36 (연동)
☎ 064-747-1356 Ⓟ 불가

오오치 ууч 이자카야

제주 출신의 셰프가 운영하는 이자카야. 서울의 이치에 등에서 근무한 실력파 지용탁 셰프가 주방을 맡고 있다. 참치, 도미, 광어와 제철 생선을 숙성해서 내주는 사시미모리아와세가 추천 메뉴다. 매장에서 직접 짚불에 구워 불향을 입힌 구이메뉴도 맛볼 수 있다.

Ⓦ 사시미모리아와세(1인 2만4천원, 2인 5만원, 3인 7만원, 4인 9만원), 카라스미(2만5천원), 멘타이코야키(1만4천원), 마구로치즈아에(2만원), 스테키동(3만원), 치즈함박(1만9천원), 나폴리탄스파게티(1만7천원), 도테야키(1만7천원), 야마가케우동(1만5천원)
Ⓣ 18:00~24:00(마지막 주문 23:00) – 비정기적 휴무
Ⓠ 제주 제주시 박성내동길 25 (아라이동) 1층
☎ 010-5557-5278 Ⓟ 불가(골목 주차 가능)

오팬파이어 ✖ OH PAN FIRE 스페인식

오세득 셰프가 선보이는 한국식 파에야 전문점. 철판에 밥을 지어 해물, 채소에 육수를 넣고, 제주도의 식재료를 곁들여 한국식으로 재해석한다. 황게, 딱새우와 블랙 타이거 새우가 들어간 황딱타이거파에야와 바삭하게 구운 옥돔이 올라간 옥돔파에야를 맛볼 수 있다.

- ⓦ 황딱타이거(중 4만2천원, 대 8만원). 옥돔파에야(중 5만9천원), 갈비파에야(중 4만2천원). 등갈비플래터(2만8천원~5만2천원), 반반파에야(변동)
- ⓛ 10:30~15:00(마지막 주문 14:00)/16:30~20:00(마지막 주문 19:00) – 연중무휴
- ⓠ 제주 제주시 조천읍 남조로 1781
- ☎ 0507-1372-6806 ⓟ 가능

오팬파이어

올래국수 ✖ 고기국수

구수한 육수에 청정 돼지고기 수육을 얹은 고기국수가 맛나다. 장소가 좁아 미리 시켜놓고 줄 서서 기다리는 경우가 많다. 메뉴는 고기국수 한 가지뿐이다.

- ⓦ 고기국수(1만원)
- ⓛ 08:30~15:00(마지막 주문 14:50) – 일요일, 명절 휴무
- ⓠ 제주 제주시 귀아랑길 24 (연동)
- ☎ 064-742-7355 ⓟ 가능(제주도청 공영주차창 이용, 1천원 지원)

옹포별장가든 ✖ 전복 | 돔베고기

전복요리와 돔베고기로 유명한 곳. 돔베고기는 갓 삶은 흑돼지고기를 나무 도마에 얹어 덩어리째 썰어 먹는 제주도 향토 음식이다. 밑반찬으로 나오는 새콤달콤한 선인장김치와 귤김치는 요리와 궁합이 좋다. 3대를 이어온 이 집은 대통령 맛집으로도 잘 알려져있다.

- ⓦ 전복돌솥밥(1만6천원), 고등어구이, 삼계탕(각 1만5천원), 전복죽(1만3천원), 전복구이(3만3천원). 미나리닭샤부샤부(2~3인 7만원, 3~4인 8만원)
- ⓛ 11:00~16:00/17:00~21:00(마지막 주문 19:30) – 목요일, 명절

휴무
- ⓠ 제주 제주시 한림읍 한림상로 24
- ☎ 064-796-3146 ⓟ 가능

용두네해장국 제주음식 | 돔베고기

우무가 들어간 우무접짝뼈국, 고사리해장국, 돔베고기초무침 등 제주 향토음식을 맛볼 수 있는 곳이다. 우무접짝뼈국과 고사리 해장국은 기본 맛과 얼큰한 맛 중에서 선택할 수 있다. 매장 내부는 깔끔하게 정돈되어 있어서 편안한 식사가 가능하다.

- ⓦ 우무접짝뼈국, 얼큰우무접짝뼈국(각 1만2천원), 고사리해장국, 얼큰고사리해장국(각 1만1천원), 돔베고기초무침(소 2만2천원 대 3만6천원)
- ⓛ 07:00~17:00(마지막 주문 16:30) – 연중무휴
- ⓠ 제주 제주시 서해안로 456-4 (용담삼동) 1층
- ☎ 064-743-1020 ⓟ 가능

용출횟집 ✖ 생선회

바다 전망을 보며 식사할 수 있는 용두암 인근 횟집. 황돔회가 맛있기로 유명하다. 초밥용 밥에 회, 양념장을 올려 직접 초밥을 만들어 먹는 것도 색다르다. 곁들이 음식으로 나오는 해산물도 푸짐한 편.

- ⓦ 붉바리(1kg 25만원), 다금바리(1kg 22만원), 갓돔(1kg 22만원), 구문쟁이(1kg 18만원), 흑돔(1kg 15만원), 황돔(1kg 10만원)
- ⓛ 12:00~21:00 – 명절 당일 휴무
- ⓠ 제주 제주시 서해안로 660 (용담삼동) 용두암1차현대아파트
- ☎ 064-742-9244 ⓟ 가능

우수미회센타 ✖ 생선회 | 졸복

자연산 활어회 전문점. 졸복이 맛있기로 소문난 곳이다. 졸복을 맛보려면 전화 예약 후 방문하는 것을 추천한다. 미역이 들어간 지리탕을 곁들이기도 좋다. 본점 옆에 별관이 나란히 마련되어 있다.

- ⓦ 막회(모둠회), 도다리세꼬시(각 소 6만원, 중 7만원, 대 8만원). 졸복(중 10만원, 대 15만원), 졸복튀김, 딱새우튀김(각 3만원)
- ⓛ 16:00~22:00 – 수요일 휴무
- ⓠ 제주 제주시 연화로2길 24-1 (연동)
- ☎ 064-745-3848 ⓟ 불가

우연못 ✖ 티카페

블랜딩 티 전문점. 깔끔하고 고즈넉한 분위기에서 다양한 녹차와 홍차, 가향차, 블렌딩 티 등 다양한 차 종류를 맛볼 수 있다. 일상의 차, 대중적인 차 문화를 만드는 것을 목표로 하는 곳으로, 차에 대해 잘 몰라도 가벼운 마음으로 방문하여 즐길 수 있다. 티클래스도 운영하고 있다.

ⓦ 제주브렉퍼스트(7천원), 나이트오브곶자왈(7천원), 제주우전 (9천원), 제주청차(7천원), 호지밀크티(7천원), 단호박케이크, 레몬케이크(각 4천5백원), 얼그레이초코타르트(6천5백원), 단호박타르트(5천5백원)

ⓣ 12:00~19:00 – 화요일 휴무

ⓠ 제주 제주시 은수길 110 (노형동) 2층

☎ 064-712-1017 ⓟ 가능

우진해장국 육개장

제주식 육개장을 맛볼 수 있는 곳. 돼지고기 육수에 제주산 고사리를 넣고 다시 죽처럼 풀어질 때까지 끓인 것이 독특하다. 약간 걸쭉한 국물을 자랑하며 모자반을 넣고 끓인 몸국도 맛볼 수 있다.

ⓦ 고사리육개장, 사골해장국, 몸국(각 1만원), 녹두빈대떡(1만5천원)

ⓣ 06:00~22:00 – 화요일 휴무

ⓠ 제주 제주시 서사로 11 (삼도이동)

☎ 064-757-3393 ⓟ 불가

윌리스 Willy's 샌드위치

샌드위치를 전문으로 하는 카페. 매일 직접 구워내는 빵을 사용하며 브런치로 즐기기에도 좋다. 삼양해변가에 있으며 붉은 벽돌 외관과 우드톤 유럽풍 인테리어가 분위기 있다.

ⓦ 로스트비프샌드위치, 훈제연어샌드위치(각 1만4천원), BLT샌드위치(1만2천원), 토마토치즈바질샌드위치(1만원), 소금빵(3천5백원), 가든샐러드(1만4천원)

ⓣ 11:00~19:00 | 목, 금, 토요일 11:00~21:00 – 수요일 휴무

ⓠ 제주 제주시 지석15길 7 (삼양이동)

☎ 010-7689-1039 ⓟ 가능

유빈 ✖ 전복죽 | 전복 | 해물

전복 내장과 쌀을 볶아 만든 전복죽 맛이 일품이다. 자연산, 양식, 수입산 전복을 따로 구분해서 각기 다른 가격으로 판다. 시원한 국물 맛이 일품인 성게국은 미역과 성게, 오분자기를 넣고 끓인다.

ⓦ 전복죽(1만3천원), 성게미역국(1만원), 전복돌솥밥, 전복물회, 전복뚝배기, 전복구이정식(각 1만5천원), 전복회, 전복구이(각 소 6만원, 중 8만원, 대 10만원), 전복(자연산 1kg 20만원, 양식 1kg 13만원)

ⓣ 08:00~19:00 – 비정기적 휴무

ⓠ 제주 제주시 탑동로 55 (삼도이동)

☎ 064-753-5218 ⓟ 가능

유일반점 唯一飯店 일반중식

50년이 넘는 기간 동안 제주에서 사랑 받은 노포 중국집. 달걀프라이와 오이채가 가지런히 올려진 간짜장이 유명한데, 양을 선택하여 먹을 수 있다. 바삭하게 튀겨진 등심탕수

육과 양장피도 인기 메뉴. 전반적으로 음식의 간이 과하지 않고 정갈하다.

ⓦ 짜장면(소 6천원, 중 7천원, 대 8천원), 간짜장(소 8천5백원, 중 1만원, 대 1만2천원), 짬뽕(소 7천5백원, 중 8천5백원, 대 9천5백원), 간짬뽕(1만2천원), 볶음밥(소 8천원, 대 1만2천원), 탕수육(소 2만원, 대 3만6천원), 양장피(소 3만원, 대 5만원)

ⓣ 11:30~15:00/17:00~21:00 – 일요일 휴무

ⓠ 제주 제주시 광양7길 13 (이도이동)

☎ 064-722-4100 ⓟ 불가

윤옥제주점 라멘

일본에서 유행하는 토리파이탄을 제주산 닭으로 재해석한 라멘을 맛볼 수 있는 곳. 부드럽게 수비드한 닭가슴살이 토핑으로 올라가며, 삼겹차슈를 추가해도 좋다. 양이 부족할 경우 면이나 밥을 더 내어준다.

ⓦ 신윤라멘, 윤라멘(각 1만5백원), 윤탄탄(1만1천원), 된장라멘(1만5백원), 토마토절임(3천원), 삼겹차슈(2장 3천원)

ⓣ 11:30~20:00(마지막 주문 19:30) – 공지 후 명절 휴무

ⓠ 제주 제주시 구남동2길 19-4 (이도이동) 1층 상가

☎ 0507-1318-4636 ⓟ 불가

은희네해장국 ✖ 선지해장국

메뉴는 소고기해장국 하나로, 콩나물과 우거지, 소고기, 선지가 푸짐하게 들어 있다. 반찬은 깍두기와 배추김치, 풋고추 세 가지로 간단하다. 뚝배기에 팔팔 끓는 해장국이 나오면 취향대로 다진 마늘과 양념을 넣어 먹는다. 2인 이상 부터 식사가 가능하다.

ⓦ 소고기해장국(1만1천원)

ⓣ 06:00~15:00 | 토, 일요일, 공휴일 06:00~14:00 – 목요일 휴무

ⓠ 제주 제주시 고마로13길 8 (일도이동)

☎ 064-726-5622 ⓟ 가능

이노찌 ✖ 스시

청담 이노찌, 여의도 하쯔호 등을 거친 김제성 셰프의 업장이다. 서울에서의 각박한 생활과 손님들의 끝없는 기대가 부담되어서 조금 편히 지내고 싶었다는 이야기와는 다르게 고민이 듬뿍 담긴 멋진 창작스시를 선보인다. 두릅과 생전복, 고구마크림과 우엉조림을 올린 보리새우, 영하에서 장기간 숙성한 고등어 등등 보통의 스시야에서는 접하기 어려운 다양한 가미와 독특한 조합으로 예상치 못한 훌륭한 맛을 이끌어낸다.

ⓦ 런치스시(10만원), 디너스시(10만원), 스시오마카세(15만원)

ⓣ 10:00~14:30/17:00~22:00 – 토, 일요일 휴무

ⓠ 제주 제주시 애월읍 장전로 16

☎ 064-753-1634 ⓟ 가능

이자카야기분 ✖ 気分 이자카야

서울 논현동에서부터 다양한 사케를 맛볼 수 있는 곳으로 유명했던 이자카야 기분이 2020년경 제주도로 이사왔다. 여전히 다양한 사케와 쇼츄를 잔술로 주문할 수 있고 다양한 안주류도 즐길 수 있다. 우설 돌판구이를 맛볼 수 있는 흔치 않은 이자카야다

ⓦ 고등어회(2만원), 문어숙회(2만5천원), 미소라멘(1만2천원), 토마토오뎅나베, 스키야키, 우설구이(각 2만5천원), 야키소바(1만6천원), 오이홀릭(8천원), 조개술찜(1만5천원), 모찌리도후(9천원)

ⓣ 18:00~02:00(익일)(마지막 주문 00:30) – 월, 화요일 휴무

ⓠ 제주 제주시 만덕로 9 (건입동) 1층

☎ 0507-1494-566 ⓟ 가능

일공일 ✖ 이자카야

제주 연동에 자리한 고급스러운 분위기의 니혼슈바. 다양한 사케와 쇼츄를 잔술로 즐길 수 있으며 킷사텐(간단한 요리를 내놓는 찻집) 풍의 나폴리탄, 함바그 등을 맛볼 수 있는 곳이다. 현지 느낌의 요리 뿐 아니라 제일교포인 대표와 일본인 직원들 덕분에 일본에 놀러간 듯한 착각마저 든다.

ⓦ 나폴리탄(1만원), 함바그(1만5천원), 오뎅(1만원), 갈릭토리가라아게(1만2천원), 에이히레(1만원), 트러플감자튀김(1만원), 타코가라아게(1만2천원)

ⓣ 20:00~01:00(익일) – 일요일 휴무

ⓠ 제주 제주시 국기로2길 19 (연동) 1층

☎ 070-8771-0101 ⓟ 불가

잇마이피자 ✖ EAT MY PIZZA 피자

더 스푼, 어글리 딜리셔스 등을 운영하는 빅픽쳐 컴퍼니의 세 번째 프로젝트다. 부풀어 오른 라이트하고 바삭한 도우에 창의적인 다양한 토핑을 얹어내 이탈리아식 피자와 미국식 피자의 장점을 모두 취했다. 피자도 훌륭하지만 어니언링이나 치즈스틱 등 곁들임 음식도 훌륭하다. 시청 본점 외에 제대, 아라동에도 지점이 있다.

ⓦ 반반피자(2만7천원), 페퍼로니피자(2만3천원), 바질토마토피자(2만4천원), 불고기버거피자(2만3천5백원), 치즈피자(2만1천원), 오븐스파게티(9천5백원), 어니언링(9천5백원), 치즈스틱(5천5백원)

ⓣ 12:00~15:30/16:30~22:00(마지막 주문 21:30) | 토, 일요일 12:00~22:30(마지막 주문 22:00) – 연중무휴

ⓠ 제주 제주시 중앙로 253 (이도이동) 성진빌딩 2층

☎ 0507-1374-132 ⓟ 불가

자매국수 ✖ 고기국수

제주식 고기국수를 선보이는 곳. 진하게 우린 뽀얀 사골 육수의 맛이 일품이며 잘 삶은 수육이 푸짐하게 올라간다. 수

육 요리인 돔베고기를 비롯해 아강발 등을 맛볼 수 있으며 절반 크기로도 주문할 수 있다.

ⓦ 고기국수, 비빔국수(각 1만원), 돔베고기(소 1만9천원, 대 3만6천원)

ⓣ 09:00~14:30/16:10~18:00(마지막 주문 17:50) – 수요일 휴무

ⓠ 제주 제주시 항골남길 46 (이호일동)

☎ 064-746-2222 ⓟ 가능

자매국수

자연몸국 ✖ 몸국 | 제주음식

동문시장 내에 위치한, 관광객들에게는 비교적 알려지지 않은 도민 맛집이다. 동네 아저씨들이 낮부터 생선을 사와 매운탕 끓여달라 부탁하며 반주하는 재미있는 장면을 볼 수도 있다. 모자반이 실하게 씹히는 걸쭉한 몸국과 구수하면서도 은은한 감칠맛이 나는 접짝뼈국, 겉바속촉하게 구운 고등어 등 두루두루 맛있는데 크게 자극적이지 않아 집밥 같은 느낌이다.

ⓦ 자연몸국, 접작뼈국(각 1만원), 고등어구이(1만3천원), 옥돔구이(1만5천원), 아강발(1만5천원), 해물파전(1만원)

ⓣ 10:30~20:00 – 비정기적 휴무

ⓠ 제주 제주시 중앙로 63-11 (이노일동)

☎ 064-725-0803 ⓟ 불가

정성듬뿍제주국 ✖ 제주음식

현지인 사이에서 인기가 좋은 토속음식점. 기본 찬도 충실하게 깔리며 멜튀김과 멜조림, 맑은 장대국과 각재깃국이 해장국으로도 안성맞춤이다.

ⓦ 멜국, 각재깃국, 장대국, 몸국, 된장뚝배기(각 1만원), 멜튀김(2만원, 반 1만원), 멜회무침(2만원), 갈치국(1만3천원), 멜튀김(2만원, 반 1만원)

ⓣ 10:00~15:00/17:30~20:30(마지막 주문 19:30) | 토요일, 공휴일 10:00~15:00(마지막 주문 14:00) – 일요일, 명절 휴무

ⓠ 제주 제주시 무근성7길 16 (삼도이동)

☎ 064-755-9388 ⓟ 불가

제레미 ✕✕ Jeremy

애월에 위치한 작은 카페. 커피 마니아들 사이에서 소문난 곳으로, 항상 붐빈다. 핸드드립, 라테, 아메리카노 두루두루 수준급이다.

- ⓦ 아메리카노(5천원), 핸드드립커피(6천원), 제레미커피(6천원), 숏스트롱(5천원), 바닐라라테(7천원), 계절특선에이드(7천원), 모닝세트(1만원), 토스트(5천원)
- ⓣ 09:00~17:30(마지막 주문 17:10) – 일, 월요일 휴무
- ⓠ 제주 제주시 애월읍 애월로 106-1
- ☎ 070-7717-6857 ⓟ 불가

제주이와이 ✕✕✕ いわい 스시

제주 3대 스시야 중 하나로 꼽히는 곳. 스시효 출신으로 제주 스시 호시카이를 성공적으로 런칭시킨 임덕현 셰프가 일본 가이세키 요리점 이시카와에서 연수 후 오픈한 스시야다. 옥돔, 자바리, 능성어, 고등어, 전갱이 등 제주산 생선을 고집하며 푸짐한 사시미 모리와 불향 가득한 생선 구이, 스시까지 두루두루 훌륭하다. 선도 좋은 고등어로 가볍게 초절임한 보우즈시, 얇게 저민 쥬토로 세 장을 겹쳐 사이사이 와사비를 듬뿍 넣어 쥐어내는 삼겹 쥬토로 스시와 마무리 솥밥 오차즈케가 특징적이다.

- ⓦ 디너코스(13만원), 금태코스(17만원)
- ⓣ 17:00~21:30(1부 17:00 | 2부 19:10) – 연중무휴
- ⓠ 제주 제주시 애월읍 하귀로 4
- ☎ 010-7109-9104 ⓟ 가능

제주한면가 濟州韓麵家 돔베고기 | 고기국수

전통 방식으로 만든 돔베고기와 고기국수를 내는 곳. 셰프의 어머니가 북촌리 앞바다에서 직접 채취한 보말을 올린 보말비빔국수도 별미다. 전통가옥을 개조한 외관이 운치를 더한다.

- ⓦ 흑돈돔베고기(200g 2만2천원), 흑돈전통고기국수(1만원), 제주보말비빔국수(1만2천원)
- ⓣ 10:30~15:30(마지막 주문 15:00) – 수요일, 명절 당일 휴무
- ⓠ 제주 제주시 조천읍 북선로 373
- ☎ 064-782-3358 ⓟ 가능

젤라떼리아섬 GELATERIA SUM 젤라토

제주시 노형동에 위치한 작은 젤라토 가게. 제주의 제철 식재료를 사용해 색소첨가나 가향을 하지 않고 자연주의적으로 만드는 곳이다. 풍미가 진하면서도 쫀득한 질감이 제대로 만든 젤라토임을 느낄 수 있다.

- ⓦ 젤라토크로플(7천5백원), 젤라토두가지맛(콘/컵 5천원), 젤라토박스(세가지맛 1만8천5백원), 애플크럼블빙수(1만6천원), 미쿠니밀크티빙수(1만6천원), 우지말차빙수(1만7천원), 리조아포가토(7천5백원), 이달의홍차(5천원), 드립커피(5천원)

- ⓣ 12:00~21:00(마지막 주문 20:55) – 연중무휴
- ⓠ 제주 제주시 노형5길 7 (노형동) 1층
- ☎ 0507-1344-6808 ⓟ 가능

차이나하우스 ✕✕ 모던차이니즈

그랜드하얏트제주 3층에 위치한 중식당. 중국 현지인 요리사들이 중국 각 지역의 본토 느낌 물씬 나는 요리를 낸다. 딤섬과 북경오리를 특히 추천할만하다.

- ⓦ 북경오리(한마리 13만8천원, 반마리 6만9천원), 제주흑돼지차슈(4만6천원), 전통베이징덕세트메뉴(4인 42만8천원), 모둠전채요리(6만8천원), 랍스터치즈버터구이(12만8천원), 동파육(5만8천원), 돼지고기소룡포(5p 2만6천원)
- ⓣ 11:30~15:00/17:00~22:00 | 화, 수요일 17:00~22:00 – 연중무휴
- ⓠ 제주 제주시 노연로 12 (노형동) 제주드림타워 복합리조트 내 그랜드하얏트제주 3층
- ☎ 1533-1234 ⓟ 가능

치로리 ✕✕ 이자카야

단 6좌석만 마련된 아담한 공간의 이자카야다. 코스요리는 1부, 2부로 나눠서 진행하며, 메뉴가 고정되어 있지 않고 날에 따라 달라진다. 본토 느낌 물씬 나는 소요리오마카세, 다양한 단품요리와 다양한 사케를 맛볼 수 있는 곳이다. 주류 주문은 필수다.

- ⓦ 츠마미코스(안주코스)(4만5천원), 사시미모리아와세(2만8천원), 일본식계란말이(1만6천원)
- ⓣ 1부 19:00~21:00, 2부 21:30~23:30, 심야 23:30~02:00(마지막 주문 01:00) – 일요일 휴무
- ⓠ 제주 제주시 고마로 94 (일도이동) 청풍아트빌 1층
- ☎ 0507-1310-8789 ⓟ 불가

칠돈가본점 돼지고기구이

숯불에 구운 제주 흑돼지 고기구이와 한우 구이를 맛볼 수 있는 곳. 고기를 주문하면 함께 나오는 고사리 멸치젓을 곁들여 먹는다. 흑돼지 수육, 제주 흑돼지 국밥, 미나리 한우

육회 비빔밥도 맛볼 수 있으며 흑돼지 김치찌개도 많이 찾는다.

- 흑돼지근고기(600g 6만6천원), 백돼지근고기(600g 5만4천원), 김치찌개(8천원), 된장찌개(6천원), 물냉면, 비빔냉면(각 7천원)
- 12:00~15:00/17:00~22:00(마지막 주문 21:30) – 수요일 휴무
- 제주 제주시 일주서로 7779 (노형동)
- ☎ 0507-1357-0765 ⓟ 가능

카메오 ✖ CAMEO 와인바

제주 더 스푼과 제로컴플렉스, 제주 아우스 등을 거친 유병건 셰프가 운영하는 내추럴 와인바. 이탈리안과 컨템포러리 프렌치를 접목하여 독특한 스타일의 요리를 낸다. 와인을 곁들인 식사로도 훌륭하지만 스몰디시가 많아 식사 후 방문하여 가볍게 여흥을 즐기기도 안성맞춤이다. 합리적인 가격의 내추럴 와인 위주의 셀렉션도 장점이다.

- 미니코스샐러드(1만원), 고등어토스트(1만7천원), 조개나물(1만7천원), 비프타르타르(1만8천원), 새우비스크스파게티(2만3천원), 한우스테이크(3만9천원), 알리오올리오(1만6천원), 토마토스파게티(1만8천원)
- 18:00~01:00(익일)(마지막 주문 23:30) – 월, 화요일 휴무
- 제주 제주시 서광로28길 21 (이도이동) 1층
- ☎ 0507-1472-8318 ⓟ 불가

카페단단 커피전문점

오래된 주택의 1층을 개조한 커피전문점. 방마다 콘셉트가 다른 것이 특징이다. 싱글 오리진과 플랫화이트를 즐기기 좋으며 디저트는 바나나푸딩이 인기 있다. 금귤치즈바게트가 독특하며 퐁당라테도 추천하는 메뉴.

- 핸드드립, 퐁당라테, 바나나푸딩(각 6천5백원), 쿨허브, 저스트프룻(각 6천원), 에스프레소, 아메리카노(각 4천5백원), 플랫화이트(5천원), 카페라테(5천5백원), 금귤치즈바게트(4천원)
- 11:00~18:00 – 수, 목요일 휴무
- 제주 제주시 관덕로4길 1-6 (삼도이동) 1층
- ☎ 0507-1336-2846 ⓟ 불가

커피코알라 커피전문점

화려한 경력의 추영민 바리스타가 운영하는 커피 전문점. 브라운톤의 은은한 인테리어로 편안한 느낌이다. 비교적 저렴한 가격으로 수준 있는 커피의 향을 느낄 수 있는 곳이다.

- 핸드드립(6천원), 에스프레소(4천5백원), 아메리카노(4천5백원), 민트아이스아메리카노(5천5백원), 카페라테(4천8백원)
- 09:00~22:00 – 일요일 휴무
- 제주 제주시 과원북4길 71 (연동) 효정빌딩 2차 1층
- ☎ 064-773-7004 ⓟ 불가

커피템플 ✖✖✖ Coffee Temple 커피전문점

우리나라를 대표하는 스페셜티 커피 매장으로, 김사홍 바리스타가 운영하고 있다. 진하고 깊은 커피 맛을 느낄 수 있다. 천혜향감귤주스도 인기 메뉴. 탁 트인 유리창 너머로 보이는 풍경이 아름답다. 일찍 문을 닫는 곳이니 방문 시 참고할 것.

- 아메리카노(변동), 카페라테(변동), 텐저린카푸치노, 아이스텐저린라테, 아이스유자아메리카노(각 7천원)
- 09:00~18:00(마지막 주문 17:30) – 연중무휴
- 제주 제주시 영평길 269 (월평동)
- ☎ 070-8806-8051 ⓟ 가능

커피파인더 ✖ COFFEE FINDER 커피전문점

분위기가 힙한 제주 시내 커피 전문점. 오늘의브루잉커피는 직접 로스팅하는 원두를 핸드드립으로 즐길 수 있으며, 땅콩라테를 비롯한 3종의 시그니처 라테도 추천할 만하다. 2층에서 1층이 내려다 보이는 구조로 주택을 개조하였으며, 공간을 여러 가지 감성으로 꾸며 놓았다.

- 아메리카노(4천원), 수박주스(7천원), 필터커피(변동), 에스프레소+참깨라테, 에스프레소+땅콩라테(각6천원), 복숭아요거트스무디(7천원), 파인더라테(5천5백원), 레몬차(6천원)
- 10:00~22:00 – 연중무휴
- 제주 제주시 서광로32길 20 (이도이동) 1층
- ☎ 064-726-2689 ⓟ 불가

코스모스커피컴퍼니 ✖

cosmos coffee company 커피전문점 | 북카페

브루잉커피에 주력하고 있는 스페셜티커피 전문점. 커피템플 실장이 오픈한 것으로도 잘 알려졌다. 아침 일찍 모닝세트를 즐겨보는 것도 좋으며 글루텐프리 디저트와 가래떡 등도 준비되어 있다. 개방형 공간이어서 노트북을 사용하거나 책을 읽으면서 쉬기에도 부담 없다.

- 에스프레소, 아메리카노(각 5천원), 코스모스모닝세트(6천5백원), 화이트(6천원), 코스코스골드슈페너(6천5백원), 브루잉, 싱글오리진(변동), 제주감귤주스(6천원), 제주댕유자차, 제주댕유자에이드, 제주보리개역(각 6천5백원)
- 09:00~17:00 – 일요일 휴무
- 제주 제주시 관덕로 44 (일도일동) 제주 소통협력센터 1층
- ☎ 0507-1304-8037 ⓟ 가능

클랭블루 Kleinblue 카페

신창풍차해안도로 인근에 있는 오션뷰 카페. 갤러리 전시나 공연이 펼쳐지는 복합문화공간으로, 2층에 창 너머로 풍력발전소가 보이는 포토존도 있다. 진하고 깊은 스페셜티 커피를 선보이며, 우도땅콩라테가 시그니처 메뉴. 제철 과일을 사용하여 매달 케이크와 주스가 바뀐다.

아메리카노(6천5백원), 카페라테(7천원), 우도땅콩라테(8천원), 성산유기농말차라테(8천5백원), 제주한라봉주스(9천원), 얼그레이롤, 성산유기농말차롤(각 8천원), 진저인허브청귤, 폴링인러브청귤(각 8천원)
- 11:00~19:00(마지막 주문 18:40) – 연중무휴
- 제주 제주시 한경면 한경해안로 552-22
- 010-8720-5338 ℗ 가능

클레망스 ✄ Clemence 디저트전문점

전문 파티시에가 만든 수준급의 케이크와 초콜릿이 훌륭한 곳이다. 시그니처 케이크는 클라미수로, 티라미수에 초콜릿을 코팅한 것이다. 피낭시에를 비롯하여 샤브레, 머랭쿠키 등 구움과자로 구성된 선물세트도 준비되어 있다.

- 딸기프레지에(9천8백원), 클라미수(7천8백원), 딸기생크림케이크(9천원), 골드키위생크림케이크(7천5백원), 초코바나나케이크(7천원), 파베생초콜릿(2만1천원), 샤브레아망드쇼콜라(1만3천5백원), 프티선물세트(변동), 아메리카노(4천5백원), 라테(5천5백원)
- 11:00~19:00 – 일, 월, 화요일 휴무
- 제주 제주시 구남동4길 23 (이도이동)
- 010-2798-6789 ℗ 가능

탐라가든 ✄ 돼지갈비

돼지 생갈비로 유명한 곳으로, 30여 년 이상 영업해온 노포 식당. 기본 찬은 양념게장을 포함해 쌈 채소, 파채, 양배추 샐러드 등이 상에 먹음직스럽게 차려진다. 공깃밥 주문 시 꽃게가 들어간 시원한 해물된장찌개를 주어 함께 즐기기 좋다. 첫 주문은 3대 이상부터 가능하며, 양념갈비와 섞어서도 가능하다.

- 돼지생갈비(1대 1만3천원, 2대 2만6천원), 돼지양념갈비(1대 1만1천원, 2대 2만2천원), 흑오겹(180g 1만8천원), 냉면(7천원)
- 12:00~21:40(마지막 주문 20:40) – 월요일 휴무
- 제주 제주시 서사로 51 (삼도이동)
- 064-726-1300 ℗ 가능

털보산해횟집 생선회

제주시 연동에 있는 자연산 활어와 각종 돔을 먹을 수 있는 횟집이다. 황돔, 참돔, 빙어돔 등이 있다. 각종 지리도 괜찮다. 식사로 나오는 게우비빔밥과 미역국이 좋다.

- 황돔(1kg 10만원), 갓돔(1kg 18만원), 솔치(1kg 11만원), 다금바리(1kg 변동)
- 17:00~22:00 – 연중무휴
- 제주 제주시 은남4길 29 (연동)
- 064-742-4441 ℗ 가능

파뷔노파스타바 ✄ PAVINO PASTA BAR 파스타

호주 르코르동블루를 졸업하고 호주의 대표적인 파인 다이닝 레스토랑인 Quay 등에서 근무한 김병훈 셰프의 생면 파스타바. 합리적인 가격에 다채로운 풍미의 훌륭한 파스타와 스테이크를 맛볼 수 있다.

- 런치파스타코스(2만7천원), 디너파스타코스(3만9천원), 생면파스타(변동)
- 12:00~14:00/17:30~23:00(마지막 주문 22:00) – 화요일 휴무
- 제주 제주시 신성로12길 2 (이도이동) 1층
- 0507-1329-543 ℗ 불가

파티세리도라지 구움과자

스와니예 출신의 신현석 셰프와 디저트 전문점 세드라 출신의 정지향 셰프가 선보이는 프랑스 디저트 전문점. 플레이팅 디저트부터 가토, 구움과자와 커피 및 음료가 준비되어 있다. 특별한 날을 위한 홀 케이크도 주문이 가능하다.

- 에스프레소, 아메리카노(각 4천5백원), 카페라테(5천원), 피스타치오딸기프레지에(9천5백원), 플라워하프케이크(변동), 토마토매실주수(6천5백원), 딸기라테(6천5백원), 플레인피낭시에(2천7백원),
- 09:00~19:00 – 금요일 휴무
- 제주 제주시 신설로11길 15 (아라이동)
- 0507-1357-8739 ℗ 가능

파페로 ✄ PAPERO 피자 | 파스타 | 이탈리아식

지성배 셰프와 김영록 소믈리에가 운영하는 이탈리안 와인바. 이탈리아 현지에서 유행하는 카노토 피자(Pizza Canotto)를 맛볼 수 있는데, 피자의 가장자리인 코르니치오네가 부풀어 올라 푹신한 스타일이다. 다양하고 합리적인 가격의 이탈리아 와인도 추천 받을 수 있다. 아늑한 분위기에 늦은 시간까지 영업하여 저녁 식사는 물론 2차로 와인 한 잔 하기도 좋은 곳이다.

- 마르게리타피자(1만9천원), 고르곤졸라(2만3천원), 타르투포(2만7천원), 오늘의메뉴(변동), 알리오올리오(1만9천원), 앤초비비골리(2만원), 파스타치오뇨키(2만3천원), 티본스테이크(8만8천원)
- 18:00~24:00(마지막 주문 22:30) – 수요일 휴무, 비정기적 휴무(인스타그램 공지)
- 제주 제주시 원노형6길 14 (노형동) 1층
- 0507-1309-3984 ℗ 불가

페로즈 ✄ Feroz 타파스바

국내의 호텔에서 경력을 쌓고 스페인 요리에 푹 빠져 하몽 카빙마스터 과정까지 수료한 박상성 셰프의 타파스바. 스페인의 클래식 유리에 기반한 제대로 된 스페인 요리를 내는

타파스바다. 스페인 황실에 납품되는 5J 싱코 호타스(Cinco Jotas) 하몽을 맛볼 수 있는 귀한 곳이기도 하다. 스몰 디시가 많고 식사로 할만한 메인요리급 디시도 갖추고 있어 혼밥, 혼술이나 2차로 즐기기에도 좋다.
- Ⓦ 5J이베리코베요타하몽(30g 2만6천원), 해산물파에야(2만3천원), 폴포스테이크(3만4천원), 머시룸크림파케리파스타(2만1천원), 하몽폴포링귀니파스타(2만1천원), 딱새우카르파치오(2만6천원), 감바스알피멘톤(1만7천원)
- ⏱ 18:00~24:00(마지막 주문 23:00) – 일요일 휴무
- 🔍 제주 제주시 남광로 72 (이도이동) 1층
- ☎ 0507-1389-548 Ⓟ 불가

플랫포커피 ✖ flat 4 커피전문점

영국에서 유학한 바리스타의 커피 전문점. 가게 이름도 영국식으로 플랫포라고 읽고 커피나 디저트 구성도 모두 영국식이다. 로스터리를 겸하고 있는데다 바리스타의 실력도 출중하여 제주에서 손꼽힐 정도로 훌륭하다.
- Ⓦ 에스프레소(4천5백원), 롱블랙(4천5백원), 라테, 플랫화이트, 카푸치노(각 5천원), 모카, 바닐라(각 5천5백원), 초콜릿(5천원), 티(5천원)
- ⏱ 08:00~18:30 | 토, 일요일 09:00~18:30 – 연중무휴(휴무 시 인스타그램 공지)
- 🔍 제주 제주시 원노형5길 27 (노형동) 카리스빌
- ☎ 0507-1418-034 Ⓟ 불가

해녀의부엌북촌점 ✖ 제주음식

해녀의부엌에서 오픈한 두 번째 공연 다이닝 레스토랑. 본점과는 달리 코스 요리로 진행되며, 미디어 아트를 사용해 전문 배우의 공연과 해녀의 요리 시연으로 각 요리에 맞춘 스토리텔링을 곁들인다.
- Ⓦ 런치코스(6만9천원), 디너코스(8만9천원)
- ⏱ 런치 11:00~12:20/14:00~15:20 | 디너 17:00~19:00 – 월, 화, 수요일 휴무
- 🔍 제주 제주시 조천읍 북촌9길 31
- ☎ 0507-1476-158 Ⓟ 불가

해녀촌 ✖ 海女村 국수 | 회국수 | 제주음식

국수로 유명한 집으로 성게국수, 회국수가 맛있다. 회국수는 신선한 회와 채소, 새콤한 초장이 함께하며 쟁반국수처럼 서브된다. 그 외에 생선조림, 생선구이 등의 메뉴도 있다.
- Ⓦ 회국수, 전복죽, 뿔소라국수(각 1만2천원), 고등어구이, 회덮밥, 성게국수, 한치국수, 해삼국수, 한치물회, 자리물회, 한치덮밥, 회덮밥(각 1만3천원), 갈치조림, 갈치구이(각 2만5천원), 모둠물회(1만7천원), 전복, 생선회, 한치(각 3만5천원), 홍삼(2만5천원), 낙지, 멍게, 소라, 문어(각 2만원)
- ⏱ 09:00~19:00(마지막 주문 18:30) – 둘째, 넷째 주 화요일 휴무

- 🔍 제주 제주시 구좌읍 동복로 33
- ☎ 064-783-5438 Ⓟ 가능

해오름식당 ✖ 돼지갈비 | 돼지고기구이

흑돼지통갈비와 특수부위모둠꼬치구이를 많이 찾는다. 10여 분간 숯불에 초벌구이를 해서 가져오면 테이블 위에서 익혀 먹는다. 숯불에 구운 돼지고기를 멜젓(멸치젓을 끓인 것)에 찍어 먹는 것이 제주식이다. 특수부위모둠꼬치는 항정살, 갈매기살 등 특수부위와 호박, 버섯, 돼지고기, 양파 등을 한 꼬치에 꿰어내 굽는다.
- Ⓦ 옛날통갈비(450g 2만9천원), 특수부위모둠꼬치(1kg 9만9천원), 해오름왕꼬치(2.2kg 18만원), 접짝뼈국(9천원)
- ⏱ 11:00~15:00(마지막 주문 14:30)/17:00~23:00(마지막 주문 22:00) – 화요일 휴무
- 🔍 제주 제주시 오일장서길 21 (도두일동)
- ☎ 064-744-0367 Ⓟ 가능

향토음식유리네 ✖ 제주음식 | 돔베고기 | 갈치

고등어구이, 갈치구이, 성게미역국, 물회 등 토속음식 전문점이다. 싱싱하고 구수한 성게미역국이 제맛을 낸다. 갈치구이는 부드러운 살이 단맛이 날 정도다. 몸국도 꼭 먹어봐야 하는데, 돼지 한 마리를 통째로 삶은 육수에 해초의 일종인 모자반(몸)을 넣어 만든다. 담백함과 구수한 맛이 일품이다
- Ⓦ 성게미역국(1만3천원), 갈치구이(4만원), 도새기몸국(1만원), 갈치조림(소 3만6천원, 중 5만4천원, 대 7만2천원), 한치무침, 자리무침(각 3만5천원), 돔베고기(3만원)
- ⏱ 09:00~16:00/17:30~21:00(마지막 주문 20:20) – 연중무휴
- 🔍 제주 제주시 연북로 146 (연동)
- ☎ 064-748-0890 Ⓟ 가능

흑돈가 ✖ 黑豚家 돼지고기구이

제주산 흑돼지만 내놓는 곳으로, 제주도에서 가장 먼저 흑돼지를 취급한 원조로 꼽힌다. 숯불에 구워 먹으며 반찬으로 나오는 백김치와 양념게장, 겉절이김치 등도 먹을 만하다. 본관과 별관이 있을 정도로 규모가 매우 크고 개별 방도 많이 있어 모임을 하기에 좋다.
- Ⓦ 흑돼지생구이(170g 2만1천원), 양념구이(270g 2만1천원), 항정살(150g 2만1천원), 흑돈가숯불구이정식+솥밥(120g 1만2천원)
- ⏱ 11:20~22:00(마지막 주문 21:00) – 연중무휴
- 🔍 제주 제주시 한라대학로 11 (노형동)
- ☎ 064-747-0088 Ⓟ 가능

블루리본서베이 전국의 맛집 2025

2025년 10월 24일 초판 2쇄 인쇄 / 2025년 10월 31일 초판 2쇄 발행
2025년 4월 29일 초판 1쇄 인쇄 / 2025년 5월 7일 초판 1쇄 발행

발행인 겸 편집인: 여민종 | 발행처: BR미디어

등록번호: 제2011-000074호 | 등록일: 2011년 3월 8일

BR미디어 주식회사 06098 서울특별시 강남구 학동로 320 (논현동)

e-mail: br@blueR.co.kr
website: http://www.blueR.co.kr

정가 21,000원

ISBN   978-89-93508-67-3 04590
            978-89-957250-0-9 (세트)

© 여민종 2025